Massivbau

Peter Bindseil

Massivbau

Bemessung und Konstruktion im Stahlbetonbau mit Beispielen

5., vollständig überarbeitete und aktualisierte Auflage

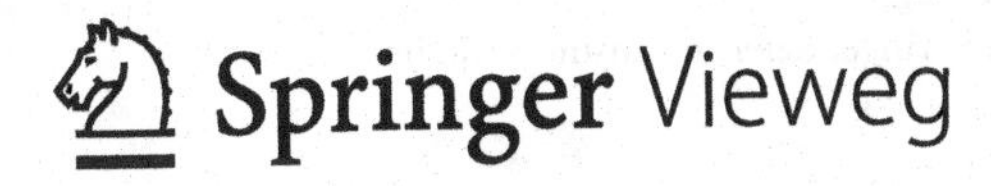

Peter Bindseil
Kaiserslautern, Deutschland

ISBN 978-3-8348-1322-0

Die Deutsche Nationalbibliothek verzeichnet diese Publikation in der Deutschen Nationalbibliografie; detaillierte bibliografische Daten sind im Internet über http://dnb.d-nb.de abrufbar.

Springer Vieweg

Lektorat: Ralf Harms, Annette Prenzer

Gedruckt auf säurefreiem und chlorfrei gebleichtem Papier

Springer Vieweg ist eine Marke von Springer DE.
Springer DE ist Teil der Fachverlagsgruppe Springer Science+Business Media.
www.springer-vieweg.de

Vorwort zur fünften Auflage

Die fünfte Auflage wurde unter Beibehaltung der Gliederung überarbeitet und aktualisiert. Die immer noch im Fluss befindlichen Änderungen etlicher Normen und insbesondere des EC2 haben wieder einmal zu einer Verzögerung des ursprünglich geplanten Erscheinungstermins geführt. Das Buch beinhaltet den derzeit aktuellen Stand der DIN EN 1992-1-1 (EC2) einschließlich des Nationalen Anhangs von April 2013. Insbesondere die neuen Regeln zum Durchstanzen von Deckenplatten und Fundamenten haben eine umfangreiche Überarbeitung der entsprechenden Kapitel dieser Auflage erfordert.

Die Ausführungen zur Thematik Bauen im Bestand wurden durch einen Hinweis auf die VDI-Richtlinie 6200 zu regelmäßigen Überprüfungen von Bauwerken ergänzt. Die entsprechenden Stellen sind im Sachwortverzeichnis unter den Stichworten „Bauen im Bestand“ und „Bestandsbauten“ zu finden.

Die Überarbeitungen des EC2, insbesondere auch des nationalen Anhangs, haben dazu geführt, dass darin vergleichbare oder gar gleiche Sachverhalte mit unterschiedlichen Bezeichnungen versehen sind. Ich habe versucht dies weitgehend auszugleichen.

Auch in dieser Auflage möchte ich allen Lesern danken, die mich in Zuschriften auf Fehler aufmerksam gemacht und zu Ergänzungen des Inhalts angeregt haben. Über die zahlreichen positiven Reaktionen habe ich mich besonders gefreut.

Fast alle Zeichnungen und Fotos stammen von mir. Einige zusätzliche Zeichnungen und etliche Bemessungsdiagramme wurden mit Quellenangabe übernommen. Trotzdem kann ich nicht völlig ausschließen, dass die eine oder andere Fremddarstellung unbeabsichtigt ohne Quellenangabe wiedergegeben sein könnte. Hierfür bitte ich gegebenenfalls um Entschuldigung.

Besonders danke ich Herrn Dipl.-Ing. (FH) Uebel, der bei der Erstellung von Bemessungsdiagrammen und bei der Überprüfung der FEM-Berechnungen wertvolle Unterstützung geleistet hat.

Die Inserenten haben wieder geholfen, den Preis des Buches in einem für Studierende erträglichen Rahmen zu halten.

Kaiserslautern, im April 2014 P. Bindseil

Vorwort zur fünften Auflage

Die fünfte Auflage [illegible] der [illegible] auf aktuellen [illegible]. Die [illegible] Änderungen [illegible] und [illegible] zur Verbesserung des ursprünglich [illegible]. Das Buch berücksichtigt den derzeit aktuellen Stand der DIN EN 1992-1-1 (EC 2) einschließlich des nationalen Anhangs vom April 2013. [illegible] zum Durchstanzen von Deckenplatten und Fundamenten haben eine [illegible] Überarbeitung der entsprechenden Kapitel dieser Auflage erfordert.

Die Ausführungen zur [illegible] Bauen im Bestand wurden durch einen Hinweis auf die [illegible] Richtlinie 6200 [illegible] Überprüfungen von [illegible] Bauwerken ergänzt. Die [illegible] Stellen [illegible] dem Stichwort „Bauen im Bestand“ und [illegible].

Die Übernahme [illegible] des [illegible] auch die [illegible] der [illegible] ergänzt [illegible].

Auch in dieser Auflage [illegible] Beispiele [illegible] Schritten [illegible] [illegible] des Inhalts [illegible] den positiven Reaktionen [illegible].

[illegible] Tabellen [illegible] einige [illegible] Auflage übernommen [illegible].

[illegible]

[illegible]

[illegible], im April 2013 [illegible]

Inhaltsverzeichnis

Teil A Grundlagen und Bemessung von Tragwerken

1 Grundlagen des Stahlbetons

1.1 Allgemeines

1.1.1 Zielsetzung

Statik, Baustoffkunde und Bauphysik sind wichtige **Grundlagenfächer**. Stahlbeton ist ein **übergeordnetes, anwendungsorientiertes Fachgebiet.** Um ein gutes Bauwerk (Qualität) zu erhalten, ist bereits im Rahmen der Gesamtplanung die Tragwerksgestaltung auf die Eigenschaften des Baustoffes und die Möglichkeiten der Herstellung abzustimmen.

Wegen der sich hieraus ergebenden, z. T. gegensätzlichen Anforderungen ist eine Wechselwirkung zwischen diesen Einflüssen zu berücksichtigen (Bild 1.1-1).

Bild 1.1-1 Spannungsfeld maßgeblicher technisch-wissenschaftlicher Einflüsse

Übergeordnete Zielsetzung:

- Dimensionierung von Stahlbetonbauteilen

Einzelzielsetzungen:

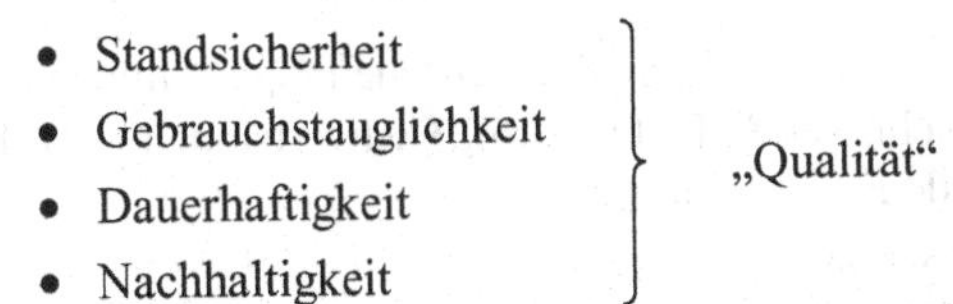

Diese Zielsetzungen werden nicht nur von den schon genannten technisch-wissenschaftlichen Grundlagen beeinflusst, sondern auch von **wirtschaftlichen** und insbesondere **rechtlichen Gesichtspunkten**. Die wesentlichen zu berücksichtigenden Grundlagen sind auf Bild 1.1-2 zusammengefasst.

Einzel-zielsetzungen	wesentliche technische Grundlagen	wesentliche physikalische Einflussgrößen	rechtliche Grundlagen
Standsicherheit	-Statik -Baustoffkunde -Konstruktion	-Gleichgewicht -Materialfestigkeit	-Bauordnung(Gesetz) -Normen
Gebrauchstauglichkeit	-Statik -Baustoffkunde -Konstruktion -Bauphysik	-Verformungsverhalten	-Bauordnung -Normen -Vertragsbedingungen
Dauerhaftigkeit Nachhaltigkeit	-Baustoffkunde -Konstruktion -Bauphysik -Bauchemie -Baubiologie	-zeitabhängiges Materialverhalten	-Bauordnung -Normen -Vertragsbedingungen

Bild 1.1-2 Grundlagen zum Erreichen der Einzelzielsetzungen

1.1.2 Historische Entwicklung und Stand der Technik

1861 Monier baut drahtverstärkte Blumenkübel aus Beton (Frankreich)
1861 **Coignet**: Grundsätze für das Bauen mit bewehrtem Beton (Frankreich)
1878 Deutschland: Vorschrift über „Einheitliche Lieferung und Prüfung von Portland - Cement“
1902 **E. Mörsch**: Erste wissenschaftlich begründete Darstellung der Wirkungsweise des Eisenbetons (Deutschland)
1904 Deutschland: „Bestimmungen für die Ausführung von Konstruktionen aus Eisenbeton bei Hochbauten“
1904/06 Stampfbetonbogenbrücke bei Kempten für die Eisenbahn, Spannweite 69,5 m
1907 Deutscher Ausschuss für Stahlbeton (DAfStb)
1926/27 Stahlbetonbogenbrücke Strecktal (Pirmasens), Spannweite 81 m, Bogendicke 1,3 m bis 2,5 m
1928 Stahlbeton-Zweigelenkbogen mit vorgespanntem Zugband bei Alsleben a. d. Saale, Spannweite 68 m
1938 Erste Spannbetonbrücke bei Oelde, Spannweite 33 m
ab 1945 Rasante Entwicklung im Spannbetonbau, insbesondere beim Brückenbau (Rückschläge durch Fehleinschätzungen und Bauschäden)

Der derzeitige **Stand der Technik** (juristischer Begriff) wird im Wesentlichen bestimmt durch:

- **Normen (DIN, Eurocodes)** für häufig wiederkehrende technische Fragestellungen
- **Richtlinien** von Behörden, Fachausschüssen (z.B. DAfStb), Fachverbänden (z.B. Beton-Verein) für neuere, schnell zu regelnde Fragestellungen
- **Regeln** (wie vor, aber auch Handwerksregeln)
- **Allgemeine Bauaufsichtliche Zulassungen** (im folgenden **abZ** genannt) des Deutschen Institutes für Bautechnik in Berlin (DIBt)
- **Europäische Zulassungen** (**ETA** European Technical Approval) der EOTA (European Organisation for Technical Approval) herausgegeben für Deutschland vom DIBt

Die wichtigsten Grundnormen für Stahlbeton und Spannbeton sind:

- **DIN EN 1992-1-1 Eurocode 2-1-1:** Bemessung und Konstruktion von Stahlbeton- und Spannbetontragwerken, Teil 1-1: Allgemeine Bemessungsregeln und Regeln für den Hochbau (Januar 2011) [1-11] mit DIN EN 1992-1-1 NA Nationaler Anhang (April 2013) [1-13]
- **DIN EN 1992-1-2 Eurocode 2-1-2:** Bemessung und Konstruktion von Stahlbeton- und Spannbetontragwerken, Teil 1-2: Allgemeine Regeln – Tragwerksbemessung für den Brandfall (Dezember 2010) [1-12] mit DIN EN 1992-1-2 NA Nationaler Anhang
- **DIN EN 206-1** Beton; Eigenschaften, Herstellung, Verarbeitung und Gütenachweis, Juli 2001
- **DIN 1045-2** Beton - Festlegung, Eigenschaften, Herstellung und Konformität – Nationale Anwendungsregeln zu DIN EN 206-1
- **DIN EN 13670:** Ausführung von Tragwerken aus Beton (März 2011)

Die weiteren Teile EC2-2: Betonbrücken und EC2-3: Silos und Behälterbauten sind noch in Bearbeitung. Hier gelten die bisherigen deutschen Baubestimmungen. Für Brücken wird auf die DIN Fachberichte 101 und 102 verwiesen.

Der nationale Anhang zu EC2-1-1 verweist auf Heft 600 des DAfSt [1-16].

1.1.3 Zur Sonderstellung des Stahlbetons in Bezug auf Statik und Festigkeitslehre

Stahlbeton ist ein hochgradig inhomogener Baustoff:

- Stahlbeton
  - Beton
    - Gesteinskörnung
    - Zementstein
  - Betonstahl

Stahlbeton verhält sich insbesondere unter Zugspannungen physikalisch **nichtlinear**, d. h. sein Tragverhalten lässt sich nicht durch das Hooke`sche Gesetz (Robert Hooke, 1635 bis 1703) beschreiben. Durch Rissbildung bereits bei geringen Zugspannungen ändern Stahlbetonquerschnitte bei Laststeigerung ihre Querschnittseigenschaften und damit ihre Steifigkeiten. Dadurch gelten die elementaren Beziehungen der linearen Festigkeitslehre **nicht** mehr:

$$\sigma \neq N/A \pm M/W$$

Dies hat zur Folge, dass auch das Proportionalitätsgesetz der Elastostatik nicht mehr gilt. Hinzu kommt, dass die Nachweise der Tragfähigkeit überwiegend unter rechnerischer Bruchlast geführt werden. Dabei befinden sich die Werkstoffe im plastischen Bereich. Spannungen können daher nur noch unter Lastfallkombinationen ermittelt werden und nicht durch lineare Überlagerung der Spannungen aus Einzellastfällen.

Im Stahlbetonbau gilt daher eine nichtlineare Festigkeitslehre. Dieses nichtlineare Verhalten beeinflusst die Querschnittsbemessung sowie alle verformungsabhängigen Nachweise, insbesondere die zur **Stabilität nach Theorie II. Ordnung**. Der „Knicksicherheitsnachweis“ bedarf daher einer ausführlichen Sonderbehandlung.

Der (durchaus vorhandene) Einfluss des nichtlinearen Verhaltens auf die Schnittgrößenermittlung nach Theorie I. Ordnung darf in vielen Fällen vernachlässigt werden (vgl. Abschnitt 2.). Die lineare Stabstatik gilt dann näherungsweise weiterhin. Sie muss ergänzt werden in Hinblick auf die im Massivbau häufig angewandten Flächentragwerke, insbesondere Platten.

Wegen der zahlreichen konstruktiven und baubetrieblichen Besonderheiten des Spannbetonbaus beschränkt sich dieses Buch auf nicht vorgespannte Bauteile aus Stahlbeton. Da Spannbeton ein Sonderfall des Stahlbetons ist, werden jedoch gelegentlich Hinweise auf diese Bauart gegeben.

1.2 Stahlbeton als Verbundbaustoff

1.2.1 Allgemeines

Stahlbeton ist ein **stark inhomogener Verbundbaustoff mit nichtlinearem Verhalten**. In ihm wirken unterschiedliche Materialien zusammen:

- der druckfeste Beton
- der zugfeste Stahl.

Entsprechend diesen unterschiedlichen, charakteristischen Eigenschaften findet eine „Aufgabenteilung“ innerhalb des Gesamtquerschnittes statt: Der Beton übernimmt vorzugsweise Druckspannungen, der Stahl vorzugsweise Zugspannungen.

Stahlbeton besteht im klassischen Sinne aus **Normalbeton** und **Betonstabstahl** (bzw. aus zu Matten verarbeitetem Draht nach DIN 488). EC2 umfasst die Betonarten vom Konstruktionsleichtbeton bis zu hochfesten Betonen.

Betonstahl (im Spannbetonbau ergänzt durch Spannstahl) wird gezielt in ausgesuchten Bereichen des Betonquerschnittes angeordnet. Er wird als **Bewehrung** bezeichnet und erzeugt lokal eine gerichtete Zugfestigkeit innerhalb des Verbundquerschnittes. In Sonderfällen werden auch Stahlfasern dem Beton beigemischt. Sie sollen eine homogen verteilte, angehobene Zugfestigkeit des Betons erreichen (Faserbeton).

Für das Zusammenwirken der Bestandteile des Stahlbetons ist der **Verbund** zwischen Beton und Stahl maßgebend.

Die Formulierung des Materialverhaltens von Beton und Stahlbeton basiert überwiegend auf Versuchsergebnissen. Untersucht werden:

- Einzelbaustoffe, insbesondere Beton
- Versuchskörper mit Bewehrung
- idealisierte Bauteilausschnitte (z.B. Konsolen)
- Bauteile im Maßstab 1:1.

Für die Berechnung von Tragwerken aus Stahlbeton werden wegen des komplexen Materialverhaltens vereinfachende Annahmen getroffen. Man bedenke bei allen Berechnungen, dass infolge der vielen Vereinfachungen und recht groben Annahmen auf der Lastseite, zum Materialverhalten und zur Modellbildung (statisches System) die Ergebnisse nur Näherungen an das tatsächliche Tragverhalten darstellen.

Die Angabe von mehr als drei Ziffern in numerischen Ergebnissen ist meist sinnlos bzw. irreführend. Trotz der heute verfügbaren numerischen Verfahren und der leistungsfähigen Computer gilt immer noch die Feststellung von Pieper aus [1-1], Seite 68: „Man kann sich dabei auf die Schlauheit der Konstruktion und des Baustoffes mehr verlassen, als auf die Dezimale des Rechenergebnisses".

1.2.2 Beton

Grundsätzlich kommen in Frage: Normalbeton, Leichtbeton, Porenbeton, Schwerbeton, Faserbeton. Im Folgenden wird nur **Normalbeton** behandelt. Dieser schließt den Bereich des hochfesten Betons mit ein. EC2 enthält ein gesondertes Kapitel mit abweichenden Regeln für Leichtbeton (im Sinne von gefügedichtem Konstruktionsbeton LC).

Wegen der inhomogenen Zusammensetzung von Beton (Gesteinskörnung, Zement, Wasser-Zement-Wert) und der je nach Herkunft unterschiedlichen Eigenschaften der Ausgangsstoffe streuen alle Materialeigenschaften des Festbetons selbst bei gleicher Festigkeitsklasse stark.

• Wichtigste Eigenschaft ist die **Druckfestigkeit**, i. a. unter einaxialer, in Sonderfällen auch unter zwei- oder dreiaxialer Beanspruchung. Die Druckfestigkeit eines vorgegebenen Betons hängt in dreifacher Weise von der Zeit (t) ab. Von Einfluss ist:

- das Belastungsalter
- die Belastungsgeschwindigkeit
- die Belastungsdauer.

Normalerweise wird für die Bemessung von mäßiger Belastungsgeschwindigkeit, einem Belastungsalter von 28 Tagen und unbegrenzter Belastungsdauer ausgegangen. In begründeten Fällen kann hiervon abgewichen werden (z.B. geringeres Belastungsalter bei Bauzuständen, höheres Belastungsalter bei Bauwerken mit langer Rohbauphase, kurze Belastungsphasen bei seltenen oder einmaligen Lastfällen).
Weiterhin hängt die in Versuchen gemessene Festigkeit von der Probenform ab. Die Festigkeitsklassen des EC2 beziehen sich primär auf zylindrische Probekörper. Die Ergebnisse aus würfelförmigen Probekörpern können entsprechend umgerechnet werden.

Wie alle Materialeigenschaften des Betons streut auch die Druckfestigkeit stark (Bild 1.2-1). Je nach Fragestellung wird mit Mittelwerten oder Quantilwerten gerechnet. Die Einteilung des Betons nach Festigkeitsklassen (Tabelle 1.2-1) basiert auf den 5%-Quantilwerten der an zylindrischen Probekörpern mit 150 mm Durchmesser und 300 mm Höhe nach DIN EN 206 gemessenen Kurzzeit-Druckfestigkeiten. **Dieser Quantilwert wird als charakteristische Druckfestigkeit f_{ck} bezeichnet**. Zusätzlich wird nach dem Schrägstrich noch die an Würfeln mit 150 mm Kantenlänge ebenfalls nach DIN EN 206 ermittelte Würfeldruckfestigkeit $f_{ck,cube}$ angegeben.

Für die Ermittlung der Tragfähigkeit eines Betonquerschnittes wird der **Zusammenhang zwischen Druckspannung und Dehnung** (σ - ε - Diagramm) benötigt. Bild 1.2-2 zeigt Versuchsergebnisse mit unterschiedlichen Belastungsgeschwindigkeiten.

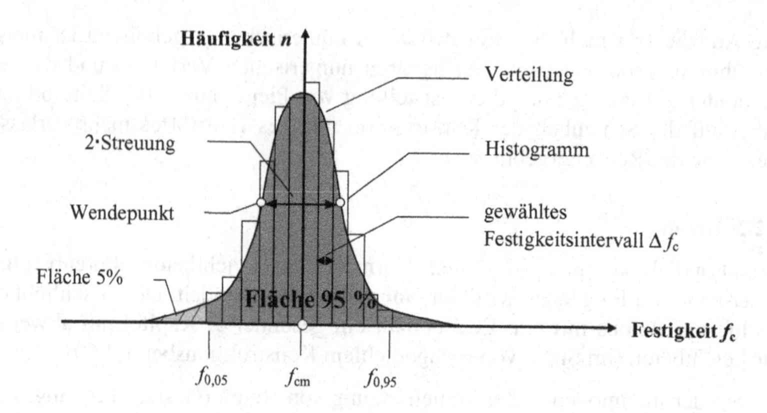

n	Häufigkeit (Anzahl von Proben im Festigkeitsintervall)
f_{cm}	Mittelwert der Betondruckfestigkeit (c - concrete)
$f_{ck;0,05}$	5% - Quantil der Druckfestigkeit (= 95% aller Proben liegen höher)
$f_{ck;0,95}$	95% - Quantil (= 95% aller Proben liegen tiefer, nur 5% liegen höher)

Bild 1.2-1 Streuung der Druckfestigkeit f_c des Betons

Bild 1.2-3 zeigt einen unter „normgemäßer" Belastungsgeschwindigkeit gemessenen Spannungs-Dehnungs-Verlauf. Dieser wird für die rechnerische Behandlung vereinfacht. Die erreichte Höchstdruckspannung (= Druckfestigkeit) wird auf einen geringeren „Rechenwert" abgemindert (siehe Abschnitt 4).

Die Abminderung berücksichtigt Unterschiede zwischen Versuchsbedingungen (Normversuche nach DIN EN 206) und (näherungsweise) dem „tatsächlichen" Tragverhalten, jeweils unterschiedlich für Nachweise der Gebrauchstauglichkeit oder von Grenzzuständen (Bemessung).

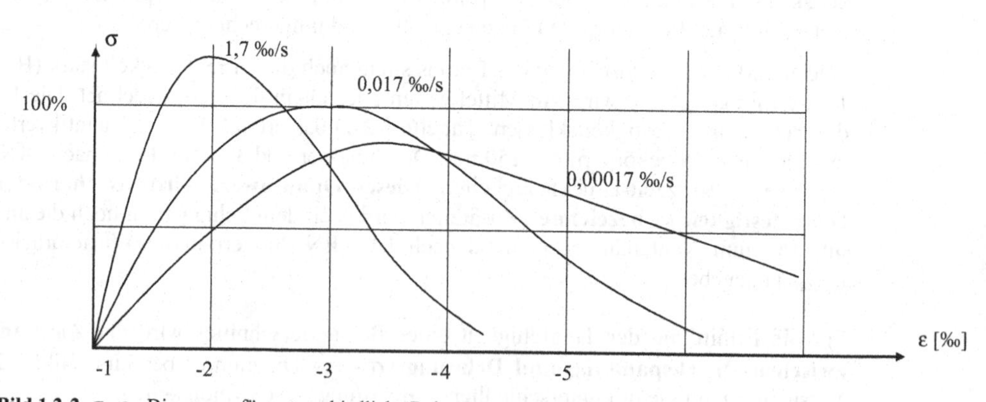

Bild 1.2-2 σ - ε - Diagramm für unterschiedliche Belastungsgeschwindigkeiten

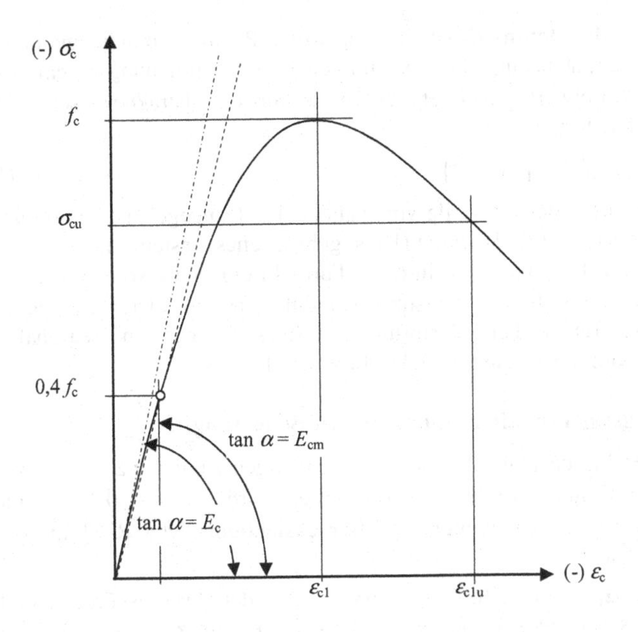

f_c Betondruckfestigkeit (Höchstwert der Spannungs-Dehnungslinie)
ε_{c1} Dehnung (Stauchung) unter dem Höchstwert
ε_{c1u} Bruchstauchung

Bild 1.2-3 σ-ε - Verlauf (Spannungs-Dehnungslinie) für einachsigen Druck

- Die **Zugfestigkeit** des Betons beträgt nur etwa 10 % der Druckfestigkeit. Sie hängt stark von der Art der Spannungsverteilung im Querschnitt ab (zentrischer Zug, Biegezug, Spaltzug). Die Zugfestigkeit streut noch wesentlich stärker als die Druckfestigkeit. Sie wird bei der Ermittlung der Querschnittstragfähigkeit auf Biegung nicht angesetzt, wohl aber bei den Nachweisen zur Schubtragfähigkeit und bei Verformungs- und Rissnachweisen, wobei je nach Fragestellung Mittelwert oder Quantilwerte zu verwenden sind.

Diese dürfen aus der Druckfestigkeit errechnet werden:

$f_{ctm} = 0{,}30\ f_{ck}^{2/3}$ $\leq$ C50 Mittelwert der Zugfestigkeit
$f_{ctm} = 2{,}12\ \ln(1+f_{cm}/10)$ $\geq$ C55 (mit $f_{cm} = f_{ck}+8$)
$f_{ctk;0,05} = 0{,}7\,f_{ctm}$ unterer Grenzwert (5 % -Quantil)
$f_{ctk;0,95} = 1{,}3\,f_{ctm}$ oberer Grenzwert (95 % Quantil)

Man sieht bereits hier, dass sich die hochfesten Betone anders verhalten als Normalbeton der früher üblichen Festigkeitsklassen. Bei den höheren Festigkeitsklassen wird die Druckfestigkeit des Zementsteins größer als die der Gesteinskörnung. Hierdurch verändert sich das innere Tragverhalten des Betons und damit natürlich auch die Abhängigkeit seiner maßgebenden Eigenschaften von der Druckfestigkeit.

Die Anwendung der Festigkeitsklassen ≥ C90/105 bzw. ≥ LC70/77 bleibt zunächst an eine allgemeine bauaufsichtliche Zulassung (abZ) oder eine Zustimmung im Einzelfall gebunden.

• Der **Elastizitätsmodul des Betons E_c** ist eine von vielen Parametern abhängende Größe. Für die Nachweise der Gebrauchstauglichkeit kann in einem Beanspruchungsniveau bis etwa $\sigma_c \leq 0{,}4\, f_{ck}$ mit einem Mittelwert gerechnet werden, der aus der charakteristischen Druckfestigkeit errechnet werden darf:

$$E_{cm} = 22.000\,(0{,}1 \cdot f_{cm})^{0{,}3} \quad [\text{N/mm}^2] \qquad \text{mit } f_{ck} \text{ in N/mm}^2$$

Damit erhält man die in der untersten Zeile von Tabelle 1.2-1 angegebene Zuordnung. Da weder die Art und Form der Gesteinskörnung (Kies, gebrochenes Gestein), noch die Art des Gesteins (Kalkstein, Basalt, Porphyr usw.) in diese Formeln eingehen, können diese Werte um etwa ± 30 % abweichen. Ist der Elastizitätsmodul von besonderer Bedeutung für rechnerische Nachweise (etwa bei Verformungseinflüssen), müssen regionale Abweichungen der Betonzusammensetzung berücksichtigt werden.

Als weitere Verformungseigenschaften sind noch von Bedeutung:

• Die **Querdehnzahl ν**: Sie darf für elastische Berechnungen zu $\nu = 0{,}2$ gesetzt werden. Bei der Schnittgrößenermittlung von Flächentragwerken wird oft $\nu = 0$ verwendet, es empfiehlt sich jedoch $\nu = 0{,}2$ anzunehmen. Bei Berücksichtigung von Rissbildung sollte besser $\nu = 0$ gesetzt werden.

• Die **Wärmedehnzahl α_T**: Sie darf (obwohl stark von Art der Gesteinskörnung und dem Feuchtegehalt des Betons abhängig, siehe hierzu [1-14]) bei nicht zu großem Einfluss als Mittelwert zu $10 \cdot 10^{-6}$ angenommen werden (siehe aber Anmerkung zum E-Modul).

• Beton hat ein **zeitlich veränderliches Verformungsverhalten**, das im Wesentlichen durch sein **Schwind- und Kriechverhalten** bestimmt wird.

Schwinden ist eine **lastunabhäng**ige Dehnungsänderung (in der Regel eine Verkürzung), **Kriechen** eine Vergrößerung **lastabhängig**er elastischer Dehnungen. Beide Effekte hängen stark von der Zusammensetzung und dem Feuchtegehalt des Betons ab.

Die Dehnungen verursachen bei statisch unbestimmt gelagerten oder sonst dehnungsbehinderten Bauteilen Zwangs- bzw. Eigenspannungen. Im Stahlbetonbau sind insbesondere die Vergrößerungen der elastischen Verformungen unter Dauerlast bei Durchbiegungsnachweisen und bei Nachweisen nach Theorie II. Ordnung zu berücksichtigen. Im Spannbetonbau machen sich besonders die Spannkraftverluste infolge der Zunahme der Betonstauchungen bemerkbar.

Bei nicht zu großem Einfluss dieser Effekte können die auf eine „unendlich" lange Lebensdauer des Bauteiles bezogenen Endschwindwerte $\varepsilon_{cc\infty}$ und die (noch vom Zeitpunkt der Belastung t_0 abhängigen) Endkriechwerte $\varphi(\infty, t_0)$ den Nomogrammen des EC2 entnommen werden. In Abschnitt 13 dieses Buches wird hierauf eingegangen. Für ausführliche Nachweise (insbesondere für unterschiedliche Zeitpunkte $t < t_\infty$ im Spannbetonbau) sind im EC2 Anhang B Berechnungsgleichungen angegeben. Auch hier gilt, dass die Variationskoeffizienten etwa 30 % betragen. Bei empfindlichen Systemen sollte auch dies berücksichtigt werden.

Bei hohen Dauerdruckspannungen im Beton über $0{,}45\, f_{ck}(t_0)$ ist eine überlineare Zunahme des Kriechens zu berücksichtigen.

	C*) 12/15	C 16/20	C**) 20/25	C 25/30	C 30/37	C 35/45	C 40/50	C 45/55	C 50/60	C 55/67	C 60/75	C 70/85	C 80/95	C 90/105	C 100/115
f_{ck}	**12**	**16**	**20**	**25**	**30**	**35**	**40**	**45**	**50**	**55**	**60**	**70**	**80**	**90**	**100**
f_{cm}	20	24	28	33	38	43	48	53	58	63	68	78	88	98	108
f_{ctm}	1,6	1,9	2,2	2,6	2,9	3,2	3,5	3,8	4,1	4,2	4,4	4,6	4,8	5,0	5,2
$f_{ctkc0,05}$	1,1	1,3	1,5	1,8	2,0	2,2	2,5	2,7	2,9	3,0	3,1	3,2	3,4	2,5	3,7
$f_{ctkc0,95}$	2,0	2,5	2,9	3,3	3,8	4,2	4,6	4,9	5,3	5,5	5,7	6,0	6,3	6,6	6,8
E_{cm}	27	29	30	31	33	34	35	36	37	38	39	41	42	44	45
n	2,0									1,75	1,6	1,45	1,4	1,4	1,4
ε_{c2}	-2,0 ‰									-2,2	-2,3	-2,4	-2,5	-2,6	-2,6
ε_{c2u}	-3,5 ‰									-3,1	-2,9	-2,7	-2,6	-2,6	-2,6

*) nur bei überwiegend ruhenden Lasten **) Mindestfestigkeitsklasse für Spannbeton

Tabelle 1.2-1 Betonfestigkeitsklassen von Normalbeton nach EC2-1-1 (Werte in N/mm²), Elastizitätsmodul in kN/mm², Dehnungsgrenzen für die Bemessung

Weitere wesentliche Eigenschaften des Betons:

- Wärmeentwicklung beim Abbinden des Betons (Hydratationswärme). Diese kann zu Eigenspannungszuständen mit erheblichen Zugspannungen und damit zu Rissen im noch jungen Beton führen.
- Unterschiedliche Verdichtungsgrade des Betons je nach Lage im Bauteil. In der Regel schlechtere Verdichtung und fast ganz fehlende Zugfestigkeit bei Arbeitsfugen.

1.2.3 Betonstahl

Betonstahl (**nicht** „Baustahl") ist stabförmiger Bewehrungsstahl aus speziellen Stahlsorten. Betonstähle sind in der Normenreihe DIN 488-1 bis DIN 488-5 (Ausgaben 2009-08) und DIN 488-6, 2010-01 [1-15] geregelt. Die Bezeichnung wurde dabei von BSt in B geändert. Die Norm erfasst nur noch eine Stahlsorte B500.

Man unterscheidet:

- Stähle mit normaler Dehnfähigkeit (normale Duktilität A) A_{gt} (= ε_{uk}) > 25 ‰
- Stähle mit hoher Dehnfähigkeit (hohe Duktilität B) A_{gt} (= ε_{uk}) > 50 ‰
- Stähle mit gerippter Oberfläche und hohem Verbund
- Stähle mit profilierter Oberfläche (P; z. B. bei Betonstahlmatten der neuen Generation)
- Stähle mit glatter Oberfläche (G) und mäßigem Verbund

Alle gerippten und profilierten Stähle nach DIN 488-2 und -3 erfüllen die Anforderungen an Betonstahl mit hohem Haftverbund.

Für die Einstufung in die Duktilitätsklassen ist neben dem Verhältnis von Zugfestigkeit zu Streckgrenze (f_t/f_y) vor allem die unter Höchstspannung auftretende Dehnung ε_u maßgebend. Bild 1.2-4. zeigt ein typisches σ-ε - Diagramm (Die Bezeichnungen weichen von denen in DIN 488 ab).

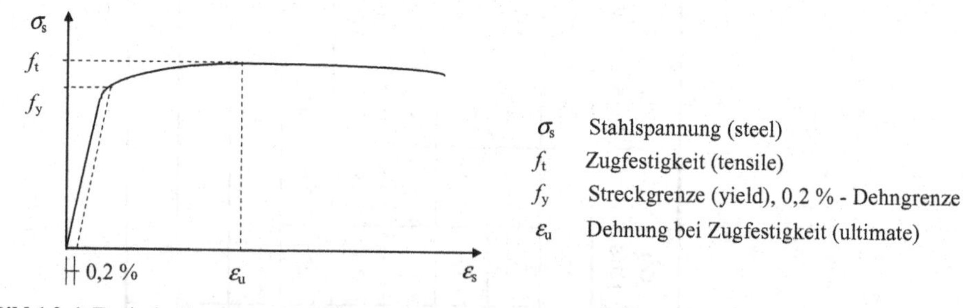

Bild 1.2-4 Typische Spannungs-Dehnungslinie (σ-ε - Verlauf) von Betonstahl (kaltverfestigt)

In DIN 488 sind die charakteristischen mechanischen Mindesteigenschaften festgelegt. Alle Zahlenwerte sind charakteristische Werte (5 % Quantilwerte für Festigkeiten und 10 % Quantile für Dehnungen) und tragen deshalb den Fußindex k. Obwohl die Eigenschaften von Stahl weniger streuen als die von Beton, liegen die tatsächlichen Festigkeiten und Streckgrenzen oft weit über den geforderten Werten. Dies ist **nicht immer** günstig.

EC2-1-1 behandelt explizit nur den Betonstahl der **Festigkeitsklasse B500** mit Streckgrenze f_{yk} = 500 N/mm^2 mit dem Zusatz **A** oder **B** für die unterschiedlichen Duktilitätsklassen und **P** bzw. **G** für nicht gerippte Oberflächen. Eine sinngemäße Anwendung von EC2-1-1 auf andere Stahlsorten, etwa beim Bauen im Bestand, ist möglich.

Für das Bauen in Erdbebengebieten steht Betonstahl der Duktilitätsklasse C nach abZ zur Verfügung.

Die Abmessungen von Betonstahl sind in DIN 488 als Nenndurchmesser ϕ (der tatsächliche Querschnitt ist nicht kreisförmig) in mm festgelegt:

- DIN 488-2, Stabstahl ϕ [mm]: 6 8 10 12 14 16 20 25 28 32 40
- DIN 488-3, Stahl für Matten ϕ [mm]: 4 4,5 5 5,5 6 6,5 7 7,5 8 8,5 9 9,5 10 10,5 11 11,5 12
  (Lagermatten nur ϕ = 6 7 8 9 10)
  Die Durchmesser 4 mm bis 5,5 mm dürfen nur für statisch nichttragende Bewehrungen verwendet werden.
- Weitere Informationen zu Betonstahlmatten enthält Beispiel 11.3 in Abschnitt 11.
- Mit abZ: Stabstahl ϕ [mm]: 50

Normale Lieferlängen (Transport!) bis 18 m. Betonstahl kann durch Stöße verlängert werden, näheres zu Stößen siehe Abschnitt 8. Man unterscheidet:

- Übergreifungsstoß („Nebeneinanderlegen", große Übergreifungslängen erforderlich)
- Schweißverbindung (Laschenstoß nach DIN EN ISO 17600)
- Muffenstöße (nur mit abZ: geschraubt, gepresst).

1.2.4 Herstellen des Verbundes zwischen Stahl und Beton

Verbund ist die im Gebrauchszustand möglichst schlupffreie Verbindung zwischen Stahl und Beton. Mit zunehmender Beanspruchung wird der Schlupf größer. Neben Rissen geht der Verbund bis auf nahezu Null zurück. Ursachen des Verbundes sind:

- **Haftung** (Beitrag gering, geht insbesondere bei Lastwechseln schnell verloren)
- **Verzahnung** (maßgebender Anteil, durch gerippte Stahloberfläche erzeugt)
- **Gleitreibung** (Restverbund nach Zerstörung der Verzahnung).

Dem σ-ε - Diagramm des Betons und des Stahls entspricht beim Verbund ein Verbundspannungs - Schlupf - Diagramm (Bild 1.2-5). Dabei ist die Verbundspannung f_b als Mittelwert über die Verbundlänge definiert.

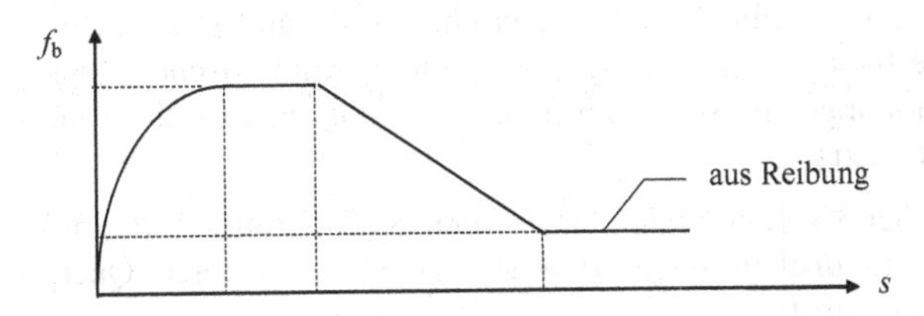

Bild 1.2-5 Idealisiertes Verbund-Schlupf-Diagramm

Die Verbundfestigkeit nimmt mit steigender Betonfestigkeit zu, Bild 1.2-6:

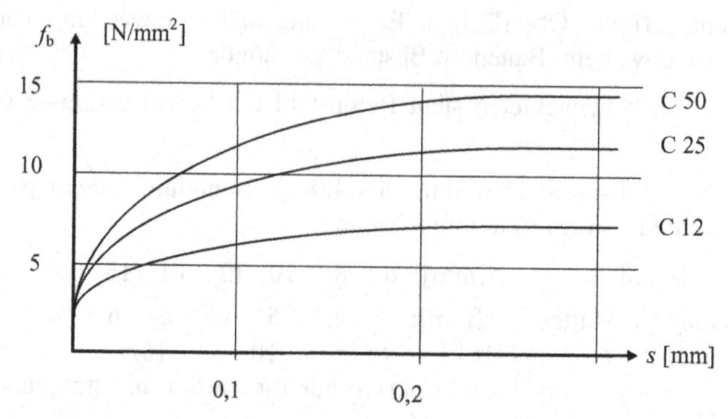

Bild 1.2-6 Einfluss der Betonfestigkeit auf die Verbundfestigkeiten (bei $c/\phi = 2$)

Wesentliche Einflüsse auf die Verbundfestigkeit sind:

- Form der Verzahnung (Verzahnung mit genormter bezogener Rippenfläche)
- Betonfestigkeit
- Lage im Bauteil (Verdichtung des Betons, Verbundbedingungen)
- vorhandene Betondeckung c
- vorhandene Querpressung oder Querbewehrung
- Durchmesser ϕ (Einfluss gering).

Der Verbund wird bei jeder Veränderung der Stahlzugkraft F_s (x) beansprucht:

- bei Stabverankerungen
- durch Momentengradienten bei veränderlichem Biegemoment
- bei Übergreifungsstößen
- im Bereich von Rissen.

Bei der **Bemessung** der einzelnen Querschnitte (vgl. Abschnitt 4.) wird vereinfachend davon ausgegangen, dass **keine Verschiebungen** (d.h. kein Schlupf) zwischen Stahl und Beton auftreten: **sogenannter starrer Verbund**.

Bild 1.2-7 zeigt den tatsächlichen und den für die Berechnung idealisierten Verlauf der Verbundspannungen f_b im Bereich einer Endverankerung eines Bewehrungsstabes im Beton.

Bild 1.2-8 erläutert die lokale Kraftübertragung zwischen Stahl und Beton. Um jeden Bewehrungsstab tritt bei Verbundbeanspruchung ein rotationssymmetrischer Zugspannungszustand auf. Diese Zugspannungen müssen vom Beton aufgenommen werden (hier wird also dessen Zugfestigkeit ausgenutzt).

Dies erfordert ein ausreichendes Betonvolumen um den Stab herum. Andernfalls würden Betonzerstörungen und bei randnahen Stäben Betonabplatzungen auftreten. Querpressungen oder Querbewehrung wirken günstig.

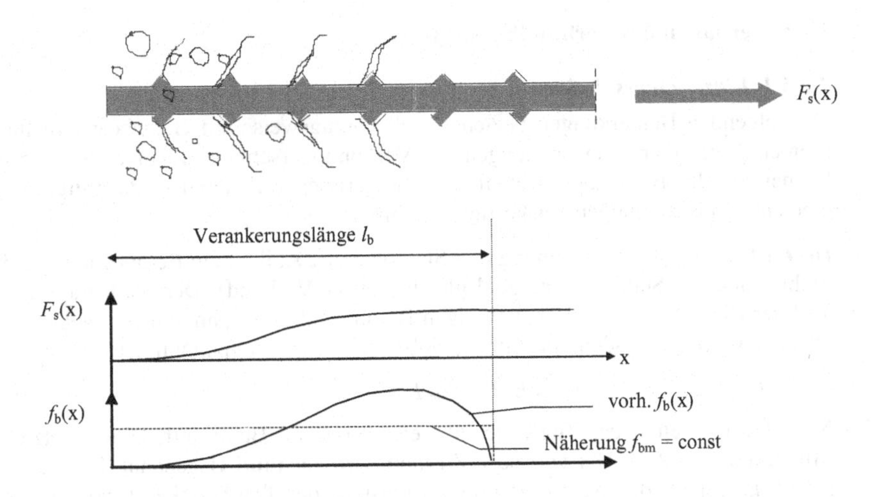

Bild 1.2-7 Verlauf der Verbundspannungen f_b

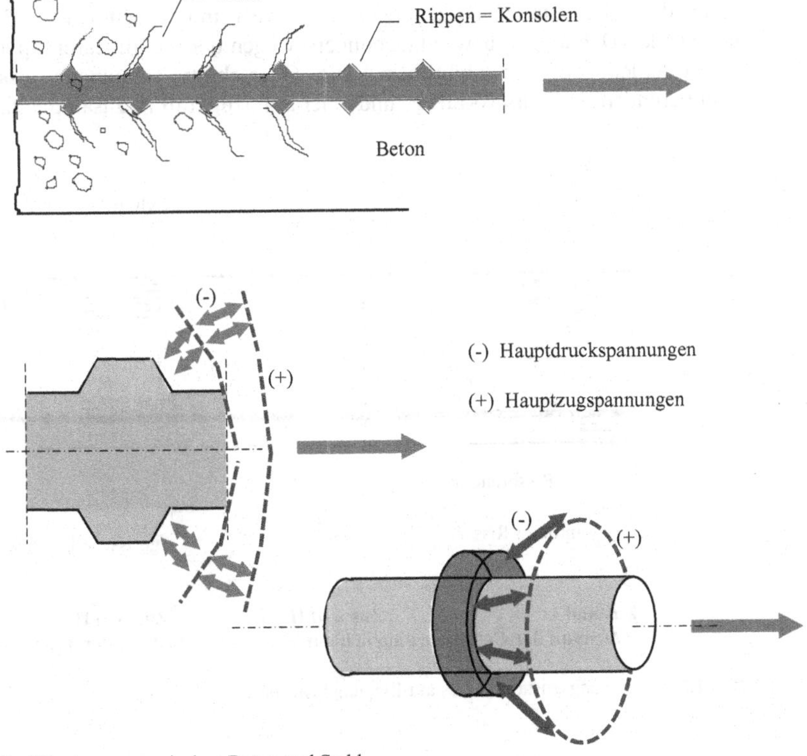

Bild 1.2-8 Kraftübertragung zwischen Beton und Stahl

1.2.5 Verhalten des Verbundbaustoffs

1.2.5.1 Einzel-Querschnitte

Die folgenden Bemerkungen beziehen sich vorzugsweise auf Biegebeanspruchung. Biegemomente erzeugen Zugspannungen im Verbundquerschnitt. Solange die Zugspannungen kleiner als die Betonzugfestigkeit sind (ungerissener Zustand = **Zustand I**), gelten die elementaren Beziehungen der Festigkeitslehre.

Im Zustand I gilt Betondehnung ε_c = Stahldehnung ε_s, d.h., die Betondehnung auf Höhe des Stahles und die Stahldehnung sind gleich (starrer Verbund). Der Stahl trägt anteilig einen Teil der Biegezugkraft. Die zugehörigen Beton- und Stahlspannungen ergeben sich aus den jeweiligen Spannungsdehnungslinien, wobei bei niedrigen Spannungen gilt:

$$\sigma_s = \varepsilon_s\, E_s = \varepsilon_c\, E_s = \varepsilon_c\, E_c \cdot E_s/E_c = \sigma_c\, E_s/E_c$$

Nach Überschreiten der Zugfestigkeit treten Risse im Beton auf. Dieser entzieht sich der Mitwirkung auf Zug. Der gerissene Zustand wird **Zustand II** genannt. Der gerissene Querschnitt ist der für den Nachweis im Grenzzustand der Tragfähigkeit (und damit für die Bemessung) maßgebende schwächste Querschnitt.

Im Zustand II muss der Stahl die gesamte Biegezugkraft aufnehmen.

Die Rissbildung verändert den tragenden Querschnitt (und damit auch die Steifigkeitsverteilung des gesamten Tragwerkes). Die Spannungsverteilung im Querschnitt entspricht nicht mehr den elementaren Beziehungen und wird mit zunehmender Belastung (d.h. zunehmenden Dehnungen bzw. Stauchungen) wegen der nichtlinearen Spannungs- Dehnungslinien zudem deutlich nichtlinear. Die Querschnittsspannungen lassen sich zu einer resultierenden Betondruckkraft F_c und einer Stahlzugkraft F_s zusammenfassen (Bild 1.2-9).

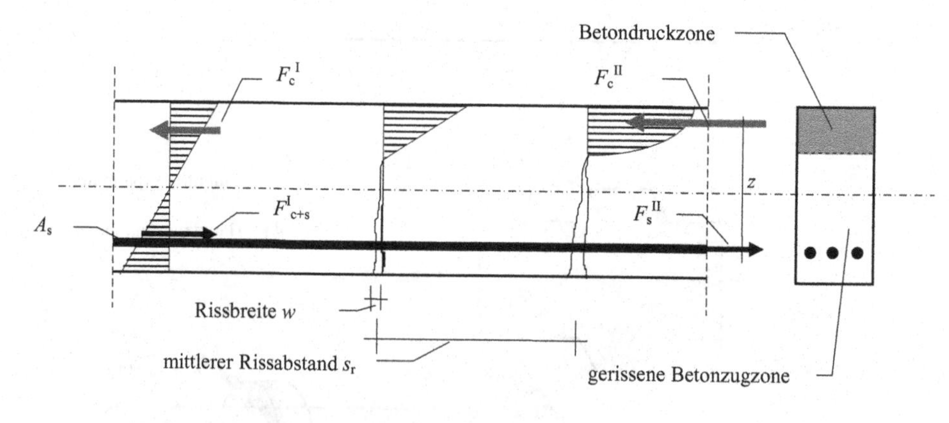

Bild 1.2-9 Spannungszustände eines auf Biegung beanspruchten Balkens

1.2.5.2 Verhalten längerer Stababschnitte

Risse entstehen nicht beliebig dicht beieinander. Nach einer Phase der **Erstrissbildung** bildet sich bei höherer Belastung ein sogenanntes **abgeschlossenes Rissbild** aus. Dieses ist gekennzeichnet durch einen mittleren Rissabstand s_{rm}, der bei weiterer Laststeigerung nahezu unverändert bleibt. Die zugehörige Rissbreite w hingegen ändert sich mit der Belastung.

Direkt im Riss ist der „nackte" Zustand II vorhanden, im mittleren Bereich zwischen den Rissen der Zustand I. Zum Rissrand hin geht dieser durch Nachgeben des Verbundes (Schlupf) allmählich in den Zustand II über.

Über die Stablänge wechseln Bereiche des „nackten" Zustandes II mit Übergangszonen zwischen Zustand II und Zustand I und mit Bereichen des ungestörten Zustandes I ab. Für das Verhalten längerer Stababschnitte ist also nicht der schwächste Querschnitt maßgebend, sondern das mittlere Verhalten aller Querschnitte. Dieses mittlere Verhalten bestimmt somit die Verformungen von Stahlbetonbauteilen. Bild 1.2-10 zeigt die wichtigsten Dehnungsverläufe und den Verlauf der Verbundspannungen eines gerissenen Stahlbetonbalkens.

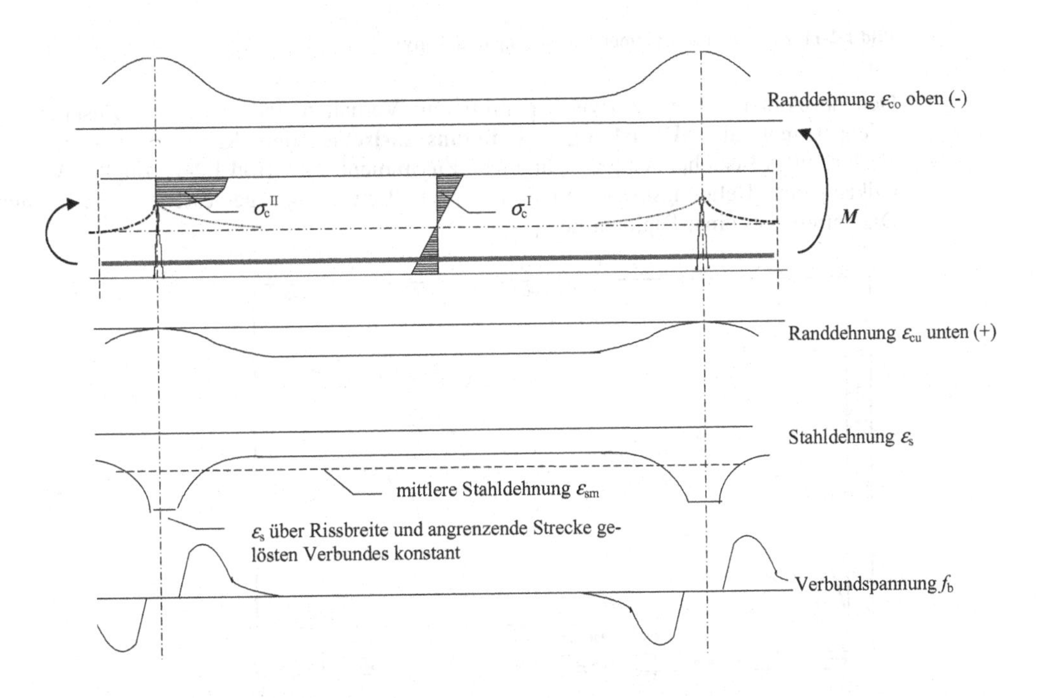

Bild 1.2-10 Dehnungsverlauf im Zustand II eines auf Biegung beanspruchten Balkens

Den Zusammenhang zwischen einwirkendem Biegemoment und den dadurch erzeugten Krümmungen verdeutlicht man in einem **Momenten-Krümmungsdiagramm (*M*-1/*r*-Diagramm)**. Dieses gilt für einen vorgegebenen Querschnitt (f_{ck}, A_c, f_y, A_s).

Die durchgezogene Linie in Bild 1.2-11 stellt das mittlere Verhalten eines Tragwerksabschnittes dar, die gestrichelte Linie den „nackten" Zustand II im Rissquerschnitt, die strichpunktierte Linie den Verlauf im Rissquerschnitt mit vereinfachtem Übergang vom Zustand I in den Zustand II.

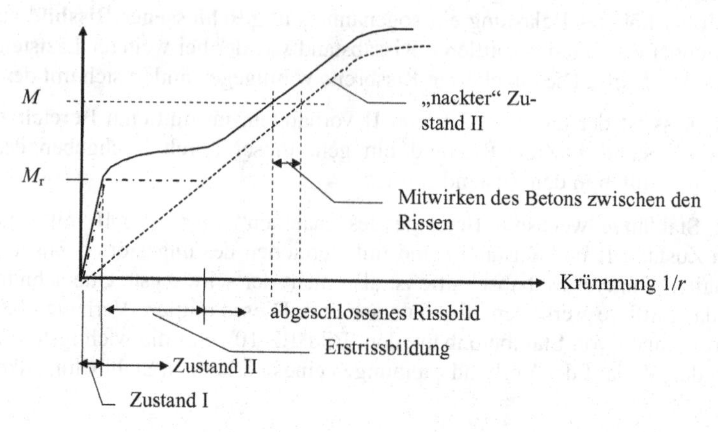

Bild 1.2-11 Momenten - Krümmungsbeziehung (qualitativ)

Den horizontalen Versatz zwischen mittlerem Verhalten und „nacktem“ Zustand II bezeichnet man als **Mitwirkung des Betons zwischen den Rissen.** Für andere Last-Verformungs-Beziehungen gelten ähnliche Zusammenhänge. Bild 1.2-12 zeigt an Versuchsbalken mit Dehnungsmessstreifen auf der Bewehrung gemessene Last-Dehnungs-Diagramme aus einer Diplomarbeit [1-3].

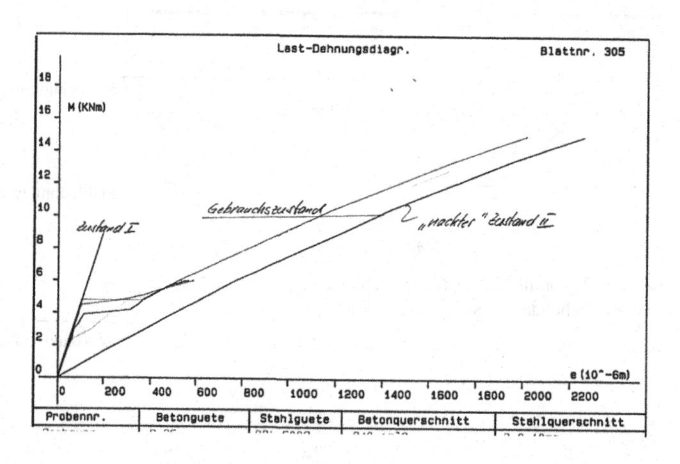

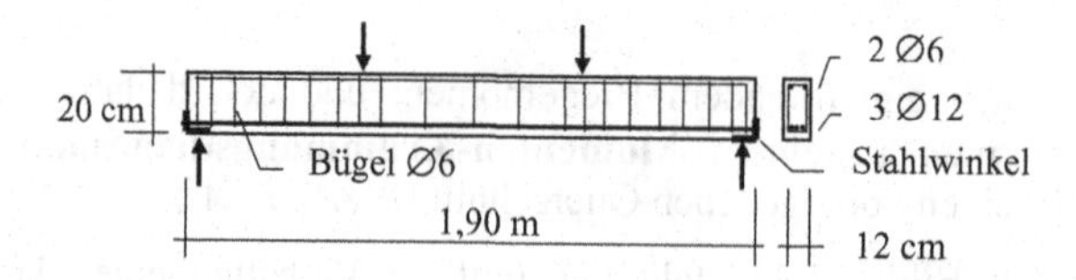

Bild 1.2-12 Gemessene Last – Dehnungsdiagramme; Versuchsbalken

Die zwei folgenden Bilder zeigen Kraft-Durchbiegungsdiagramme eines baugleichen Stahlbetonbalkens unter mittiger Einzellast (aus [1-9]). Bild 1.2-13 gibt das Tragverhalten bei wiederholten Belastungen im Bereich der Gebrauchstauglichkeit wieder. Man erkennt bei der Erstbelastungskurve den frühen Übergang vom Zustand I in den Zustand II (die horizontalen Stufen entstehen versuchbedingt durch Halten der Last auf verschiedenen Lastniveaus). Entlastung und zyklische Folgebelastung zeigen ein fast linear-elastisches Verhalten, im Wesentlichen bedingt durch die vollelastische Wirkung der Bewehrung.

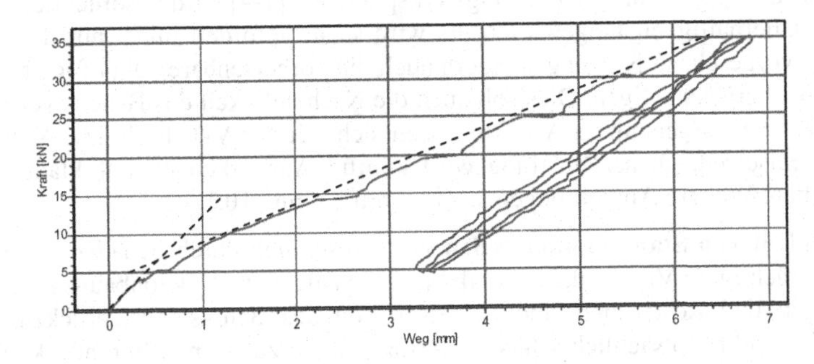

Bild 1.2-13 Gemessene Last – Durchbiegungsdiagramme; Versuchsbalken im Bereich der Gebrauchstauglichkeit

Bild 1.2-14 zeigt den anschließenden Bruchversuch. Der vorgerissene Balken verhält sich bis knapp unterhalb der Bruchlast fast linear-elastisch. Danach ergibt sich ein fließähnliches Verformungsverhalten. Bei einer Durchbiegung von etwa 125 mm reißen alle drei Bewehrungsstähle gleichzeitig. Die Verformung erfolgt unter Ausbildung eines mittigen Fließmomentes fast als reine Starrkörperverdrehung der beiden angrenzenden Balkenhälften um die Auflagerpunkte (Bild 1.3-1).

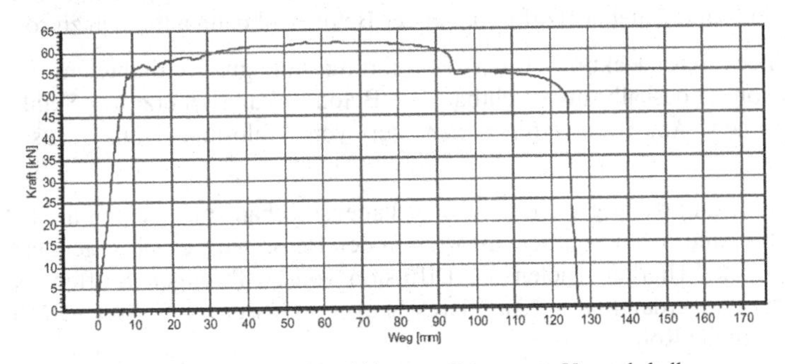

Bild 1.2-14 Gemessene Last – Durchbiegungsdiagramme; Versuchsbalken

Die Neigung des ansteigenden Teiles des Diagramms entspricht bei Beachtung des anderen Wegmaßstabes der Neigung der Wiederbelastungskurven aus Bild 1.2-13.

1.2.6 Anmerkungen zur Dauerhaftigkeit von Stahlbeton

1.2.6.1 Allgemeines

Dauerhaftigkeit und Nachhaltigkeit beim Bauen sind zu einem zentralen Thema geworden. Hier gibt es häufig noch Konflikte mit den eher kurz- bis mittelfristigen Interessen von Investoren.

In DIN EN 1990 (EC0) „Grundlagen der Tragwerksplanung" [1-4] wird ausdrücklich auf die Bedeutung der Dauerhaftigkeit hingewiesen. Es wird sogar gefordert, nicht nur die für die aktuelle Planung vorgesehene Nutzung, sondern auch die vorhersehbare zukünftige Nutzung von Bauwerken zu berücksichtigen. Dies soll auch die Nachhaltigkeit des Bauens verbessern [1-5]. Etliche der in EC0 genannten Aspekte lassen sich mit der VDI Richtlinie VDI 6200 [1-6] praktisch umsetzen. Diese Richtlinie wird künftig Auswirkungen auf Planung und Konstruktion haben. Weitere Anmerkungen s. Abschnitt 2.4 und 10.1.

Die **Dauerhaftigkeit von Stahlbetonbauteilen** wird wesentlich durch Schäden an der Bewehrung beeinträchtigt. Viele der sichtbaren Schäden an Betonbauwerken wie Betonabplatzungen und Rostfahnen sind auf Korrosion des Betonstahls zurückzuführen. Auslösend hierfür sind hauptsächlich schlechte Betonqualität, zu geringe Betondeckung und zu breite Risse. Der Stahl rostet bei zu geringer Betondeckung (auch ohne Risse!). Der Volumenanstieg des Stahls durch Rostbildung führt zu sekundärer Rissbildung und Abplatzungen.

Der beste Korrosionsschutz für den Stahl ist der Beton selbst. Festbeton hat in den feuchtegefüllten Poren ein hoch basisches Milieu (pH $\approx$ 12) infolge hoher $Ca(OH)_2$ Konzentration. Eindringende Luftkohlensäure bewirkt mit der Zeit in den oberflächennahen Schichten des Betons durch Umwandlung des $Ca(OH)_2$ zu Kalkstein ($CaCO_3$) eine Abnahme des pH-Wertes auf unter 9,5. Diesen Vorgang nennt man Karbonatisierung. Dadurch wird die den Stahl schützende dünne Oxydschicht (Passivschicht, Passivierung) zerstört. Bei ausreichender Feuchte- und Sauerstoffzufuhr kann der Betonstahl dann anfangen zu rosten.

Eine ausreichende Betondeckung c der Bewehrung mit gut verdichtetem und nachbehandeltem Beton ist deshalb unverzichtbar. Die Betondeckung schützt den Stahl auch vor anderen chemischen Angriffen, von denen der von Chlorionen aus Tausalzen der aggressivste ist.

Eine Zusammenstellung wichtiger chemischer Schadensmechanismen zeigen die Bilder 1.2-16 bis 1.2-18. Das Eindringen von Schadstoffen in den Beton wird durch sogenannte Transportvorgänge bewirkt. Hierbei spielen die Diffusion von gasförmigen Stoffen (Kohlendioxyd, Sauerstoff, Wasserdampf) und kapillares Saugen (Wasser, in Wasser gelöste Schadstoffe) eine wesentliche Rolle.

1.2.6.2 Rissbreitenbegrenzung und Korrosionsschutz

Stahlbetonbau ist **grundsätzlich eine gerissene Bauweise**. Auch unter Gebrauchslasten befindet sich das Tragwerk häufig im Zustand II. Risse werden nur dann schädlich, wenn sie zu breit sind. Sie müssen deshalb in Abhängigkeit von den Umweltbedingungen möglichst schmal gehalten werden. Dies geschieht in erster Linie durch eine geeignet im Querschnitt angeordnete Bewehrung. Maßgebend ist auch hier der Verbund. Dessen Beitrag zur Beschränkung der Rissbreite wird durch Bild 1.2-15 verdeutlicht.

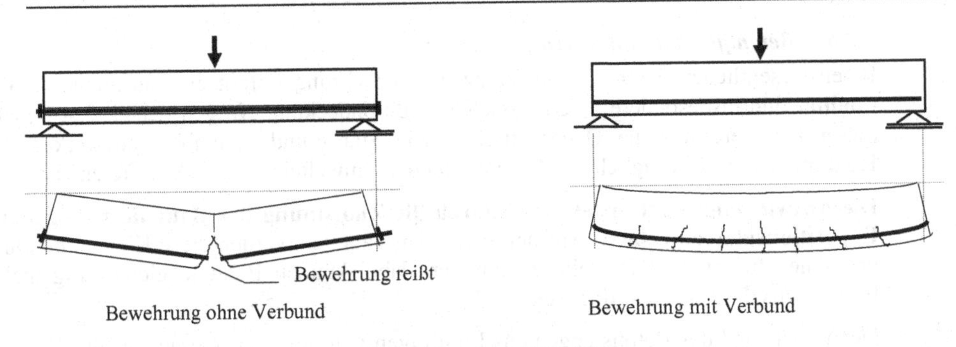

Bild 1.2-15 Einfluss des Verbundes auf Verformungen und Rissbildung

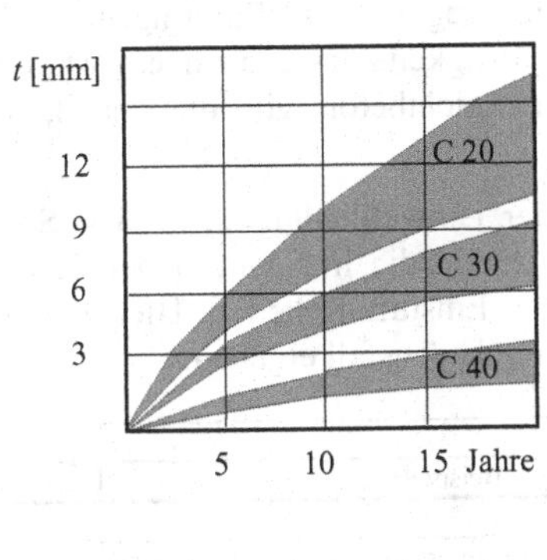

Karbonatisierung

Die Kohlensäure der Luft führt zu einer mit der Zeit zunehmenden chemischen Veränderung der äußeren Betonschichten (Tiefe *t*). Sie verlieren die den Stahl schützende Eigenschaft (pH-Wert sinkt auf < 9,5). Bei zu geringen Betonüberdeckungen kann dies zu Bewehrungskorrosion führen. (Die Tiefe *t* ist definiert als die Grenze des pH-Wertes von 9,5).

Bild 1.2-16 Karbonatisierung

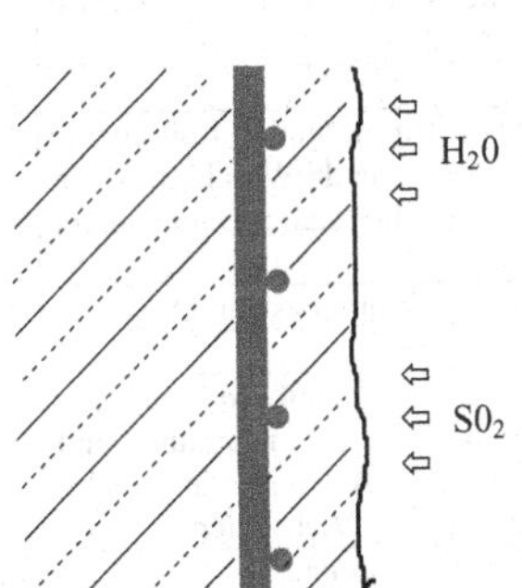

Säureangriff

Aus Schwefeldioxid und Regen entsteht in der Luft Schwefelsäure, die eine Zerstörung des Betongefüges in oberflächennahen Schichten bewirkt. Nachfolgend führt dies ebenfalls zur Korrosion der Bewehrung.

Bild 1.2-17 Saurer Regen

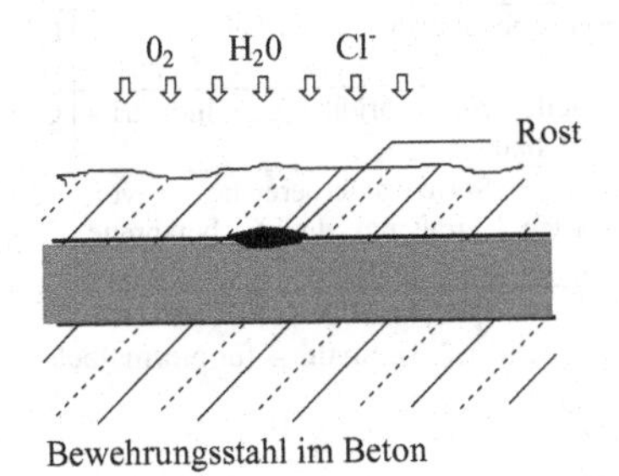

Chlorideinwirkung

Chlorionen, z.B. aus Tausalzen, dringen bis zur Bewehrung vor, heben die Passivierung auf und führen so zur chlorinduzierten Stahlkorrosion (Lochfraß).

Bild 1.2-18 Chlorideinwirkung

1.2.6.3 Betonqualität und Korrosionsschutz

Einen wesentlichen Beitrag zum Schutz der Bewehrung liefern eine ausreichende **Betonqualität** und insbesondere eine ausreichende Betondeckung. Wegen der großen Bedeutung dieser Parameter für die Dauerhaftigkeit von Stahl- und Spannbetonbauwerken ist das Konzept des EC 2 bezüglich der Auswirkung der Umwelteinflüsse sehr differenziert.

Die Auswirkung der Umwelt wird durch die Zuordnung der Bauteile zu sogenannten Expositionsklassen erfasst. Auf den folgenden Tabellen werden diese Klassen beschrieben und ihnen beispielhaft Bauteile zugeordnet, dabei können Bauteile gleichzeitig mehreren Expositionsklassen zugeordnet sein.

Der Widerstand des Betons gegen das Eindringen von Schadstoffen wird maßgeblich durch den Gehalt an Kapillarporen bestimmt. Zu jeder Expositionsklasse ist eine Mindestanforderung an die Betonfestigkeitsklasse genannt. Die Festigkeit steht hier stellvertretend für die Dichtheit und damit den Porengehalt des Zementsteins. Nur Beton mit geringem Porengehalt bietet einen ausreichenden Schutz gegen das Eindringen schädlicher Substanzen. Weiterhin ist bei Normalbeton die Festigkeitsklasse auch ein Maß für den Widerstand gegen mechanische Abnutzung. Für Leichtbeton gilt dies nicht, vgl. Erläuterungen zum EC2 in [1-14].

Die sehr aufgefächerte Bewertung unterschiedlicher Umweltbedingungen lässt Schwierigkeiten bei der praktischen Anwendung erwarten, zumal die in Spalte 3 der Tabellen genannten Beispiele nicht immer bei einer eindeutigen Einstufung helfen. Hier kann sich ein neues Feld für juristische Auseinandersetzungen im Schadensfall ergeben.

1	2	3	4
Klasse	Umgebung [a)]	Beispiele	min C
1 Kein Korrosions- oder Angriffsrisiko			
X0	kein Angriffsrisiko	unbewehrte Fundamente ohne Frost, unbewehrte Innenbauteile	C12/15
2 Bewehrungskorrosion infolge Karbonatisierung (C)			
XC1	trocken oder ständig nass	Bauteile in Innenräumen mit normaler Luftfeuchte (einschließlich Küche, Bad und Waschküche in Wohngebäuden); Bauteile, die sich ständig unter Wasser befinden	C16/20
XC2	nass, selten trocken	Teile von Wasserbehältern; Gründungsbauteile	C16/20
XC3	mäßige Feuchte	Bauteile, zu denen die Außenluft häufig oder ständig Zugang hat, z. B. offene Hallen; Innenräume mit hoher Luftfeuchte, z. B. in Wäschereien, in Feuchträumen von Hallenbädern und in Viehställen	C20/25
XC4	wechselnd nass und trocken	Außenbauteile mit direkter Beregnung	C25/30
3 Bewehrungskorrosion infolge Chlorideinwirkung (außer Meerwasser)			
XD1	mäßige Feuchte	Bauteile im Sprühnebelbereich von Verkehrsflächen; Einzelgaragen	C30/37[b)]
XD2	nass, selten trocken	Sohlebäder; Bauteile, die chloridhaltigen Industriewässern ausgesetzt sind	C35/45[b)]
XD3	wechselnd nass und trocken	Bauteile im Spritzwasserbereich von Taumittelbehandelten Straßen; direkt befahrene Parkdecks [b)]	C35/45[b) c)]

Tabelle 1.2-2 Expositionsklassen 1 bis 3 (Fußnoten siehe Tabelle 1.2-3), Spalte 4 für Normalbeton

4 Bewehrungskorrosion infolge Chlorideinwirkung aus Meerwasser (S – Seawater)			
XS1	salzhaltige Luft, kein direkter Meerwasserkontakt	Außenbauteile in Küstennähe	C30/37 b)
XS2	ständig unter Wasser	Bauteile in Hafenanlagen	C35/45 b)
XS3	Tidebereiche, Spritzwasser- u. Sprühnebelbereiche	Kaimauern in Hafenanlagen	C35/45 b)
5 Betonangriff durch Frost (F) mit und ohne Taumittel			
XF1	mäßige Wassersättigung ohne Taumittel	Außenbauteile	C25/30
XF2	mäßige Wassersättigung mit Taumittel oder Meerwasser	Bauteile im Sprühnebel- oder Spritzwasserbereich von taumittelbehandelten Verkehrsflächen, soweit nicht XF4, Sprühnebelbereich von Meerwasser	C35/45 f) C25/30 LP e)
XF3	hohe Wassersättigung ohne Taumittel	Offene Wasserbehälter, Bauteile in der Wasserwechselzone von Süßwasser	C35/45 f) C25/30 LP e)
XF4	hohe Wassersättigung mit Taumittel	Bauteile, die mit Taumitteln behandelt werden; Bauteile im Spritzwasserbereich von taumittelbehandelten Verkehrsflächen mit überwiegend horizontalen Flächen, direkt befahrene Parkdecks b); Bauteile in der Wasserwechselzone von Meerwasser; Räumerlaufbahnen von Kläranlagen	C30/37 e,g,i)
6 Betonangriff durch chemischen Angriff der Umgebung d)			
XA1	chemisch schwach angreifende Umgebung	Behälter von Kläranlagen; Güllebehälter	C25/30
XA2	chemisch mäßig angreifende Umgebung	Bauteile in betonangreifenden Böden; Bauteile, die mit Meerwasser in Berührung kommen	C35/45 c)
XA3	chemisch stark angreifende Umgebung	Industrieabwasseranlagen, Gärfuttersilos u. Futtertische, Kühltürme mit Rauchgasableitung	C35/45 c)
7 Betonkorrosion infolge Alkali-Kieselsäurereaktion			
WO	Beton nach Austrocknung während Nutzung weitgehend trocken	Innenbauteile des Hochbaus; Bauteile in Außenluft ohne direkte Beregnung; ständige Luftfeuchtigkeit nicht über 80%	
WF	Beton während Nutzung häufig oder längere Zeit feucht	Innenbauteile für Feuchträume; ungeschützte Außenbauteile; Bauteile mit häufiger Unterschreitung der Taupunkttemperatur; massige Bauteile > 80 cm	
WA	Beton mit zusätzlicher Alkalizufuhr von außen	Bauteile mit Meerwassereinwirkung; Bauteile mit Tausalzeinwirkung; Industriebauwerke; landwirtschaftliche Bauwerke	
8 Betonangriff durch Verschleißbeanspruchung (m – mechanical)			
XM1	mäßige Verschleißbeanspruchung	Tragende Bauteile mit Beanspruchung durch luftbereifte Fahrzeuge	C30/37 e)
XM2	starke Verschleißbeanspruchung	Tragende Bauteile mit Beanspruchung durch luft- oder vollgummibereifte Gabelstapler	C30/37 e) C35/45 e)
XM3	Sehr starke Verschleißbeanspruchung	Tragende Bauteile mit Beanspruchung durch elastomerbereifte oder stahlrollenbereifte Gabelstapler oder durch Kettenfahrzeuge	C35/45 e)

a) Die Feuchteangaben beziehen sich auf den Zustand in der Betondeckung der Bewehrung. Dieser kann bei vorhandenen Sperrschichten vom Zustand der Betonoberfläche deutlich abweichen.
b) Eine Betonfestigkeitsklasse niedriger, sofern wegen der zusätzlichen Expositionsklasse XF Luftporenbildner im Beton verwendet wird.
c) Direkt befahrene Parkdecks nur mit zusätzlichen Maßnahmen, z. B. Oberflächenschutzsystem , siehe [1-2] bzw. [1-14].
d) Grenzwerte für chemischen Angriff siehe DIN EN 206-1 und DIN 1045-2.
e) Vergrößerung der Betondeckung um 5/10/15 mm; Betonzusammensetzung s. DIN 1045-2.

Tabelle 1.2-3 Expositionsklassen 4 bis 8

Die Schwierigkeiten einer richtigen Einstufung werden durch das folgende Foto verdeutlicht. Es zeigt einen Bohrkern aus einer Vorhangfassade (Bestandsbau). Die mit der Phenolphthalein-Reaktion ermittelte Karbonatisierungstiefe *t* (nicht violett bzw. nicht dunkel verfärbter Bereich) ist auf der hinterlüfteten Rückseite größer als auf der mit Schlagregen beaufschlagten Außenseite (das Resultat wurde an Stemmproben verifiziert).

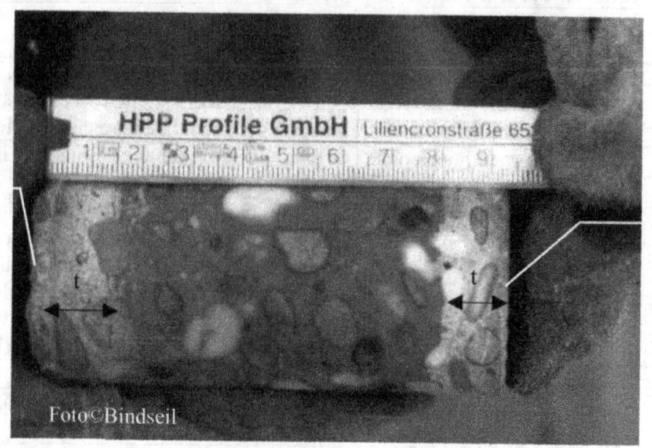

Bild 1.2-19 Bohrkern aus Vorhangfassade – Karbonatisierungstiefe

1.2.6.4 Betondeckung und Korrosionsschutz

Die Betondeckung hat mehrere Aufgaben:

- Schutz der Bewehrung gegen Korrosion (Dauerhaftigkeit) und im Brandfall
- Übertragung der Verbundspannungen vom Stahl in den Beton (Tragfähigkeit gem. Abschnitt 1.2.4 sowie Gebrauchstauglichkeit und Dauerhaftigkeit gem. Abschnitt 1.2.5.3)

Die Festlegung der Betondeckung aus Gründen der Dauerhaftigkeit erfolgt nach Tabelle 1.2-4. Sie ordnet den Expositionsklassen Mindestwerte der Betondeckung zu. Diese müssen am fertigen Bauwerk an den „schwächsten" Stellen (z. B. außerhalb der Abstandhalter) vorhanden und (in der Regel im Sinne von 10% Quantilwerten bei XC1 bzw. 5% Quantilwerten bei höheren Anforderungen, vgl. [1-18]) durch Messung nachweisbar sein.

Um die Einhaltung dieser Mindestmaße trotz unvermeidlicher Abweichungen bei der Bauausführung als Quantilwerte sicherzustellen, müssen sie um verschiedene Vorhaltemaße Δc erhöht werden. Daraus ergibt sich das nominelle Maß, das als Planungsmaß in allen baustatischen Unterlagen zu verwenden ist.

Es sind zu also unterscheiden:

- c_{min}: Mindestmaße, die im fertigen Bauwerk nicht unterschritten werden sollen (für Leichtbeton gelten erhöhte Werte).
- $c_{nom} = c_{min} + \Delta c_{dev}$: Das der Planung und Berechnung zugrunde zu legende Maß der Betondeckung (dev = deviation)
- Δc_{dev}: Das Vorhaltemaß soll sicherstellen, dass c_{min} nicht unterschritten wird.
- Die Betondeckung c_{nom} gilt für den am nächsten zur Betonoberfläche liegenden Betonstahl. Daraus ergibt sich für alle anderen Bewehrungen das Verlegemaß c_v. Dieses ist das Sollmaß für das Verlegen der Bewehrungsstäbe auf der Baustelle.

Die Mindestbetondeckung muss die oben genannten Aufgaben übernehmen. Die formelmäßige Formulierung im EC2 ist sehr allgemein gehalten, um allen europäischen Anwenderländern die Möglichkeit zu individuellen Anpassungen zu eröffnen. Die Mindestbetondeckung muss drei Anforderungen erfüllen:

c_{min}= max{$c_{min,b}$; $c_{min,dur} + \Delta c_{dur,\gamma} - \Delta c_{dur,st} - \Delta c_{dur,add}$; 10 mm}

mit:

$c_{min,b}$ Verbund

$c_{min,dur}$ Umwelt (Expositionsklassen)

$\Delta c_{dur,\gamma}$ Sicherheitszuschlag für XD1/XS1 = +10 mm, XD2/XS2 = +5 mm, sonst = 0

$\Delta c_{dur,st}$ Abschlag bei Verwendung von nichtrostendem Betonstahl nach abZ

$\Delta c_{dur,add}$ Abschlag bei zusätzlichen Schutzmaßnahmen, insbesondere bei Parkhäusern

Das Vorhaltemaß zur Abdeckung von herstellungsbedingten Abmaßen beträgt:

Δc_{dev} = 15 mm für Dauerhaftigkeit, = 10 mm für XC1
= 10 mm für Verbund

Reduzierungen der Maße sind in zwei Fällen erlaubt:

- Wegen des geringeren Porengehaltes höherfester Betone darf $\mathbf{c_{min,dur}}$ um 5 mm abgemindert werden, sofern ein Beton verwendet wird, dessen Druckfestigkeit um zwei Klassen über der nach Tabelle 1.2-4 geforderten liegt.
- Bei, Planung und Durchführen von qualitätssichernden Maßnahmen (vor allem im Fertigteilbau) ist eine Reduzierung von Δc_{dev} um 5 mm zulässig.

Im EC2 sind mehrere Tabellen enthalten, die zur Bestimmung der Betondeckungsanteile erforderlich sind. Zur Vereinfachung wurde in [1-18] eine zusammenfassende Tabelle erarbeitet, die alle relevanten Einflüsse enthält. Die in Tab. 1.2-4 ermittelten Werte für c_{nom} sind auf glatte 5 mm aufgerundet (Bestellmaße für Abstandhalter).

Zur Sicherstellung des Verbundes muss die Betondeckung für Stahlbeton in jedem Falle betragen:

$c_{min,b} \geq \phi$ bzw. ϕ_n

mit

ϕ_n Vergleichsdurchmesser für Stabbündel mit n_b Stäben

$\phi_n = \phi\,\sqrt{n_b} \leq 55$ mm

$n_b \leq 4$ lotrechte Druckstäbe und Stäbe in Übergreifungsstoß

$n_b \leq 3$ alle anderen Fälle

Bei Durchmessern des Größtkorns der Gesteinskörnung > 32 mm sollte $c_{min,b}$ um ≥ 5 mm vergrößert werden. Beim Betonieren gegen unebene Flächen (z. B. unebene Sauberkeitsschicht, Baugrubenverbau, weiche Dämmschichten) ist Δc_{dev} um ≥ 20 mm, bei Betonieren unmittelbar auf den Baugrund um ≥ 50 mm zu erhöhen. Für Verbundfugen an Fertigteilen gelten ergänzende Regeln. Die Betondeckung ist für Bügel und Längsbewehrung getrennt nachzuweisen und einzuhalten.

	1	2	3	4		5		6
	Expositions-klasse	min C	Stab-durchmesser ϕ bzw. ϕ_n [mm]	Mindestbetondeckung [c] und Vorhaltemaß: Dauerhaftigkeit $c_{min,dur}$ [a), b)] $+ \Delta c_{dur,\gamma}$ [mm]	Dauerhaftigkeit Δc_{dev} [mm]	Verbund $c_{min,b}$ [mm]	Verbund Δc_{dev} [mm]	Nennmaß c_{nom} [mm]
1	XC1	C16/20	6-10	10	10	10	10	20
			12-14			12-14		25
			16-20			16-20		30
			25			25		35
			28			28		40
			32			32		45
			40			40		50
2	XC2	C16/20	6-20	20	15	10-20		35
			25			25		35
	XC3	C20/25	28			28		40
			32			32		45
			40			40		50
3	XC4	C25/30	6-25	25		10-25		40
			28			28		40
			32			32		45
			40			40		50
4	XD1,XS1	C30/37[d)]	6-25	40		10-25		55
	XD2,XS2	C35/45[d)]						
	XD3,XS3	C35/45[d)]	28-40			28-40		55

a) $c_{min,dur}$ darf bei Normalbetonen, die um zwei Festigkeitsklassen höher liegen als erforderlich, um 5 mm abgemindert werden
b) $c_{min,dur}$ ist bei Verwendung von Spannstahl um 10 mm zu erhöhen
c) Bei Vorspannung mit nachträglichem Verbund bezieht sich die Betondeckung auf Oberfläche Hüllrohr.
d) Bei Verwendung von LP aus XF eine Festigkeitsklasse niedriger zulässig.

Tabelle 1.2-4 Betondeckung für Stahlbetonbauteile aus Normalbeton in Abhängigkeit von der Expositionsklasse zum Schutz gegen Korrosion und zur Sicherstellung des Verbundes (in Anlehnung an [1-14])

Hinweise: Die Werte in Spalte 6 sind als Orientierungsmaß aufzufassen. Sie hängen u. U. von den verfügbaren Maßen der Abstandhalter ab.
In den Beispielberechnungen wird die Abkürzung $\bar{c}_{min,dur} = (c_{min,dur} + \Delta c_{dur})$ *verwendet.*

Besondere Vorsicht ist bei strukturierten Oberflächen geboten. Die Betondeckung muss auch an den tiefsten Stellen der Oberfläche eingehalten werden (Bild 1.2-21 und Bild 1.2-22).

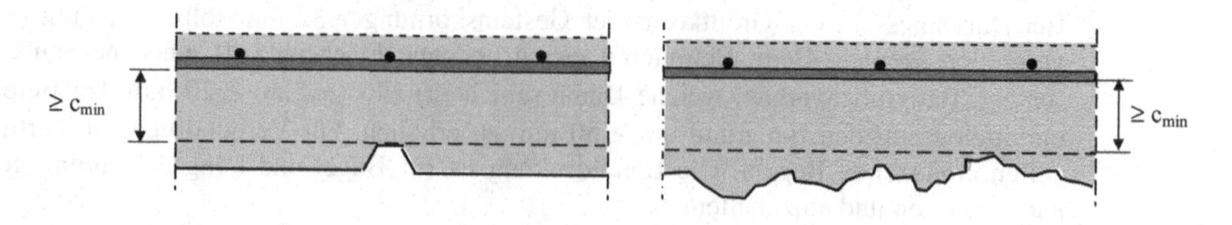

Bild 1.2-20 Betondeckung an strukturierten Oberflächen

Tabelle 1.2-4 gilt für alle Zementsorten. Es ist nicht berücksichtigt, dass ein CEM I einen deutlich höheren Widerstand gegen Karbonatisierung hat als etwa ein CEM III/B. Soll dies im Einzelfall (z. B. bei der Bewertung gemessener Betondeckungen am Bauwerk) berücksichtigt werden, ist [1-18] zu Rate zu ziehen (vgl. auch [1-8]).

Es muss aber deutlich darauf hingewiesen werden, dass eine noch so differenzierte planerische und rechnerische Behandlung der Problematik nur Erfolg haben kann, wenn eine entsprechend sorgfältige Umsetzung auf der Baustelle erfolgt. Dies setzt auch verstärkte Qualitätssicherungsmaßnahmen (d. h. **Kontrollen** vor dem Betonieren) voraus.

Die folgenden Fotos aus Gutachten des Verfassers zeigen beispielhaft die Folgen in der Planung zwar richtig vorgegebener aber bei der Bauausführung infolge sträflich vernachlässigter Überwachung falsch ausgeführter Details.

Bild 1.2-21 Trapezleiste an Scheinfuge als Abstandhalter missbraucht

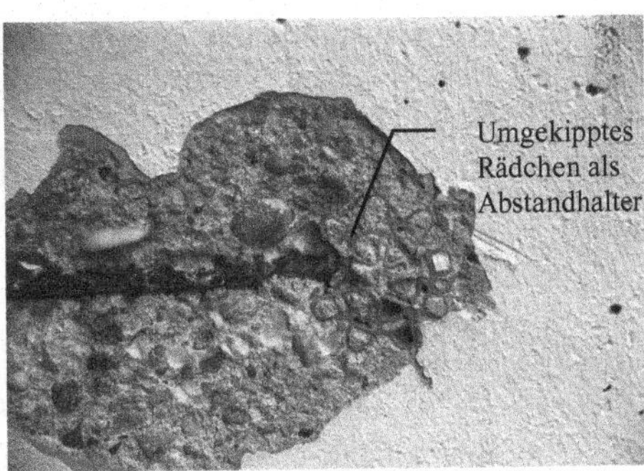

Bild 1.2-22 Instabiler Abstandhalter verhindert ausreichende Betondeckung

1.3 Grundsätzliche Hinweise zur Bemessung von Stahlbetonbauteilen

Das tatsächliche Tragverhalten von Tragwerken aus Stahlbeton ist sehr komplex:

- Zwei sehr unterschiedliche Werkstoffe mit unterschiedlicher Streuung der Materialeigenschaften wirken zusammen
- Nichtlineares Spannungs-Dehnungsverhalten der Werkstoffe
- Innere Verteilung der Schnittgrößen auf Beton und Stahl ist statisch unbestimmt
- Durch Rissbildung im Querschnitt treten lastabhängige Änderungen der Querschnittswerte auf („inneres" statisches System veränderlich)
- Irreversible Einflüsse wiederholter Lasten
- Durch Rissbildung in Teilbereichen des Tragwerkes treten lastabhängige Steifigkeitsänderungen mit Umlagerungen der Schnittgrößen statisch unbestimmter Systeme auf.

Die derzeitige Nachweissituation ist immer noch gekennzeichnet durch eine Reihe von z. T. historisch gewachsenen, vereinfachenden Annahmen zu den Werkstoffen und zum Gesamttragverhalten.

Die wesentlichen Annahmen sind:

- Getrennte Nachweise zu Biegung (M) mit/ohne Normalkraft (N) einerseits und zu Querkraftbeanspruchung (V) andererseits (neuere Tendenz: Nachweis an einheitlichem Gesamtmodell aus Stabwerken, nach EC2 Abschnitt 5.6.4 zwar in gewissem Rahmen erlaubt, aber nur sehr knapp behandelt).
- Nachweise für M + N grundsätzlich für den schwächsten denkbaren Zustand: den Querschnitt im Zustand II ohne Ansatz der Betonzugfestigkeit.

Zur Sicherstellung ausreichender Qualität eines Bauwerkes sind die Nachweise ausreichender Tragfähigkeit unter rechnerisch erhöhten Lasten durch Nachweise zur Gebrauchsfähigkeit und Dauerhaftigkeit zu ergänzen. Man unterscheidet daher verschiedene **Grenzzustände**:

- **Grenzzustände der Tragfähigkeit** des Bauteiles unter rechnerisch erhöhten Lasten (Absichern gegen Verlust des Gleichgewichtes, übermäßige Verformungen, Verlust der Stabilität)
- **Grenzzustände der Gebrauchstauglichkeit** („Gebrauchszustand“, Absichern gegen zu große Verformungen, zu starke Schwingungen, zu breite Risse, Spätschäden durch zu hohe Druckspannungen im Beton)

Zur weiteren Differenzierung werden noch folgende **Bemessungssituationen** unterschieden:

- Ständige und vorübergehende Situationen (z. B. die normalen Nutzungsbedingungen)
- Bauzustände bei Fertigteilen als selten auftretende, vorübergehende Situationen
- Außergewöhnliche Situationen (z. B. Erdbeben, Fahrzeuganprall)
- Ermüdung (z. B. Lasten aus Kranbetrieb, aus Verkehr)

Die in den Normen (hier insbesondere EC2) geforderten rechnerischen Nachweise werden durch ebenfalls in den Normen festgelegte konstruktive Regeln ergänzt. **Rechnerische Nachweise und konstruktive Regeln** stellen **ein Gesamt-Qualitätssicherungspaket** dar, das nicht willkürlich in einzelnen Punkten verändert werden darf. Dieser Themenkreis wird in Abschnitt 2 (Sicherheitskonzept) noch ausführlicher dargestellt.

- **Versagensarten:**

Das Dimensionieren von Bauwerken setzt das Wissen um mögliche relevante Versagensmechanismen voraus. Nur dann können geeignete Sicherheitskriterien und Bemessungsmodelle entwickelt werden. Allein durch „Computersimulation“ ist dies nicht zu erreichen. Auch künftig – gerade mit Entwicklung neuer Baustoffe und Bausysteme – werden Versuche nötig sein: „Experimentelle Forschung kann nicht durch Computersimulationen ersetzt werden. Experimente eröffnen ein Fenster zur Wirklichkeit, während Computer das Verhalten von Modellen zeigen.“ [1-17].

Typische **Versagensarten**, gegen die durch geeignete Bemessungsverfahren abgesichert werden muss, sind auf den Bildern 1.3-1 bis 1.3-4 dargestellt.

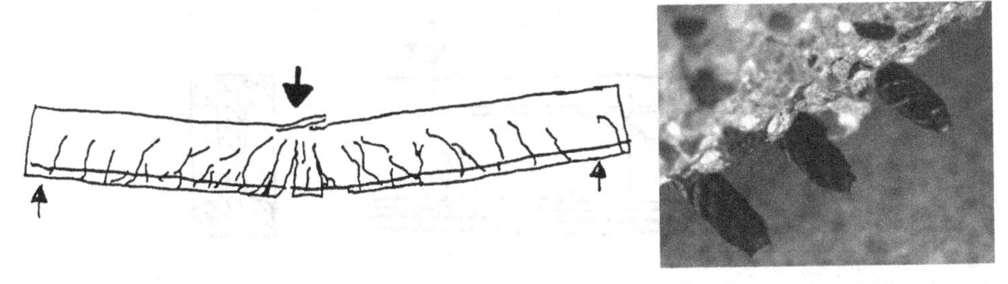

- Biegezugbruch (Überdehnung der Biegezugbewehrung bis zum Bruch, insbesondere bei dünnen Stäben mit hohem Verbund, Foto aus [1-9])

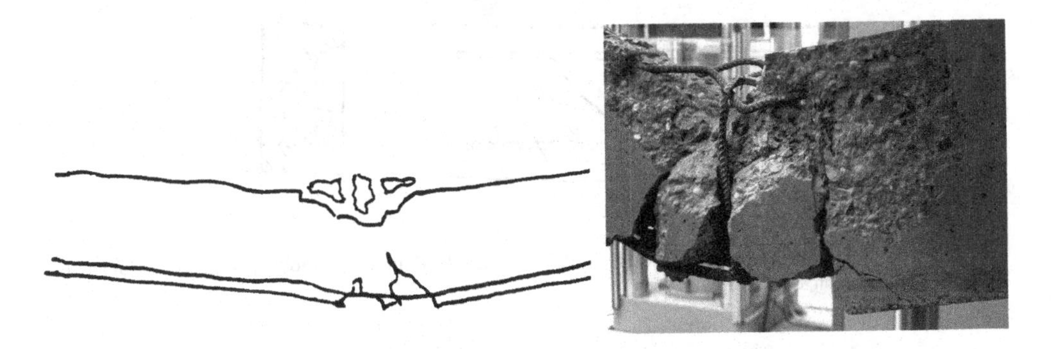

- Biegedruckbruch (u.U. Ausknicken der Druckbewehrung, Foto aus [1-9])

Bild 1.3-1 Versagensarten infolge Biegemoment M

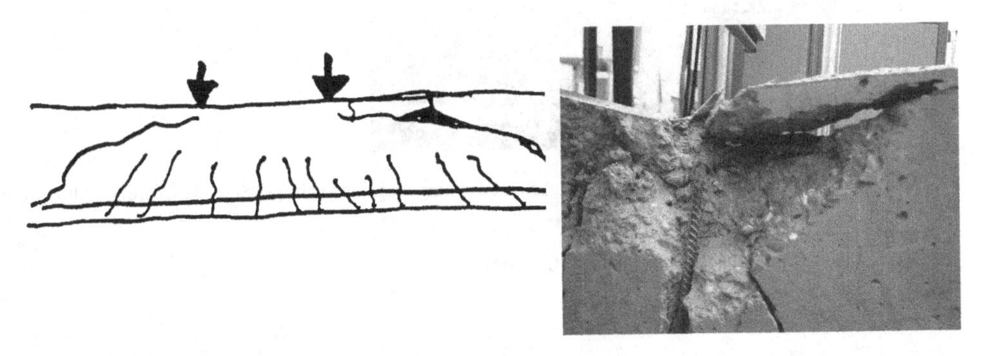

- Schubbiegebruch (Bruch der Biegedruckzone wegen zu großer Schubrisse, Foto aus [1-9])

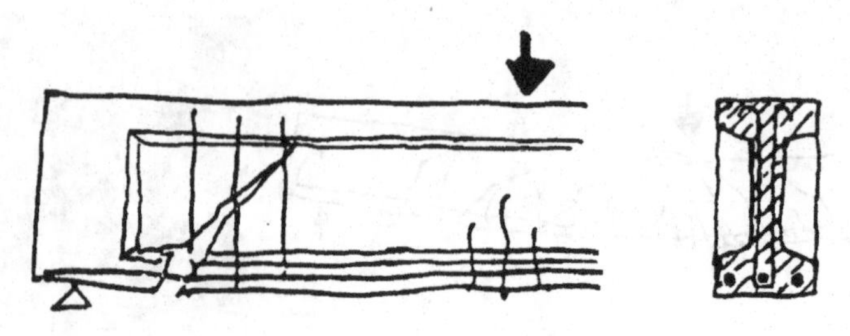

- Schubzugbruch (Versagen der Schubbewehrung)

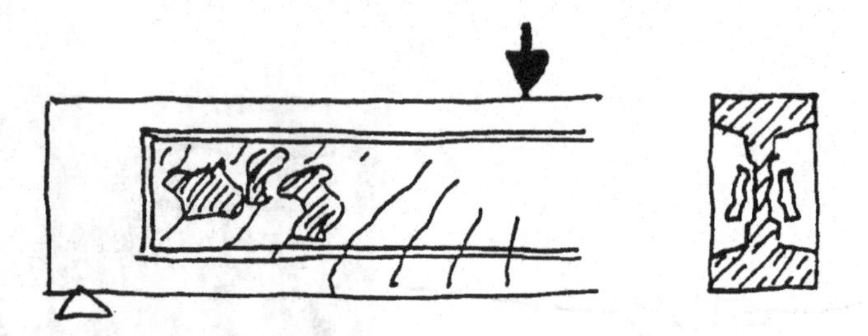

- Schubdruckbruch (Druckversagen der Druckstreben im Steg infolge zu großer schiefer Hauptdruckspannungen)

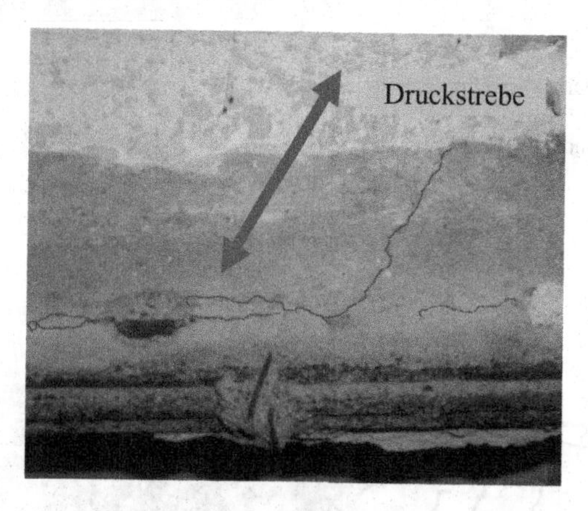

- Schubriss und Abspalten der Biegezugbewehrung wegen zu geringer Schubbewehrung (Altbau von 1912, [1-10], Riss nachgezeichnet)

Bild 1.3-2 Versagensarten infolge Querkraft V

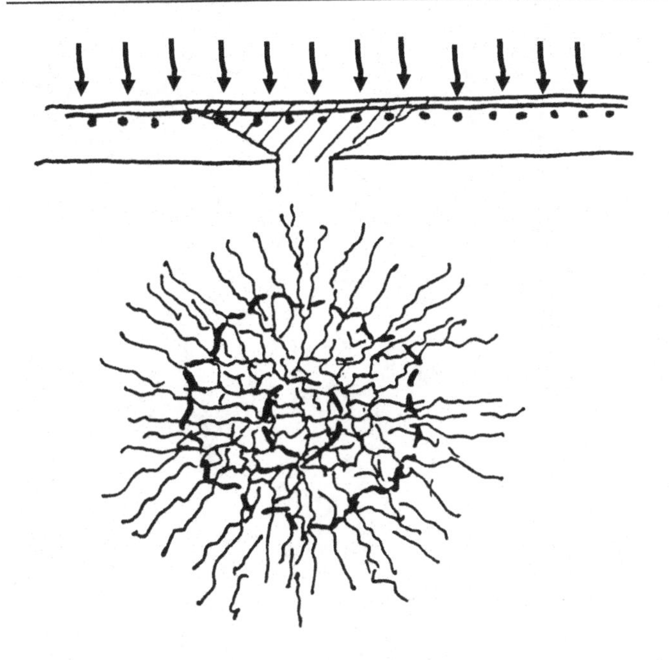

- Flachdecke: Rissbild und Bruchkegel (Versagensart Durchstanzen; Foto s. Bild 18.13-5)

Bild 1.3-3 Versagensart Durchstanzen

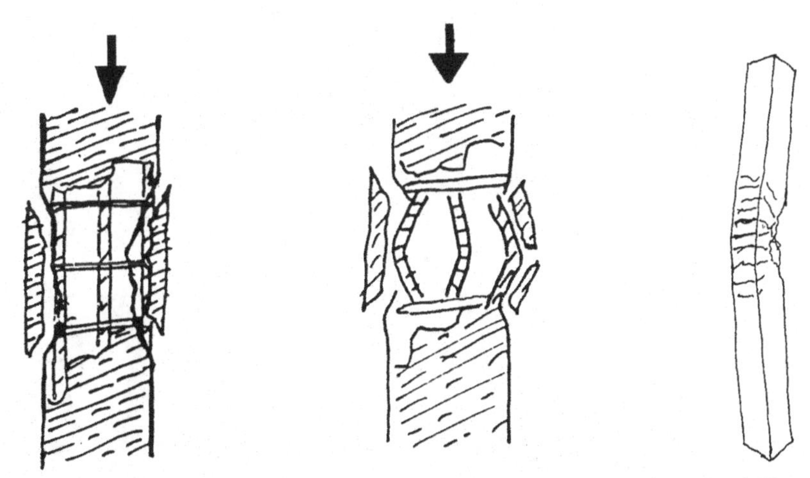

- Lokales Druckversagen eines Querschnittes (Überschreiten von Grenzdehnungen)

- Globales Druck-Biegeversagen (Große Verformungen, Verlust der Stabilität)

Bild 1.3-4 Versagensarten bei überwiegender Normalkraft N

2 Sicherheitskonzept

2.1 Allgemeines

Fast alle Normen, so auch EC2, gelten für **Neubauten**. Beim immer häufiger auftretenden Bauen im Bestand trifft man auf Bauwerke, Bauteile und Baustoffe, die den Forderungen der aktuellen Normung nicht entsprechen. Für die Nachweise ausreichender Tragfähigkeit und Nachweise der Wirksamkeit von Verstärkungsmaßnahmen und konstruktiven Änderungen müssen dann ggf. alte Normen und häufig auch Belastungsversuche herangezogen werden. Dies führt oft über Gutachten zu Zustimmungen im Einzelfall. Mittlerweile existiert eine umfangreiche Literatur zu dieser Thematik. Zur Einführung seien empfohlen [2-4] bis [2-8].

DIN EN 1992-1 unterscheidet Nachweise für unterschiedliche Grenzzustände:

- Grenzzustand der Tragfähigkeit (GZT)
- Grenzzustände der Gebrauchstauglichkeit (GZG)
  mit - quasiständigen Lastkombinationen
  - häufigen Lastkombinationen
  - seltenen Lastkombinationen

Die Auslegung eines Bauwerkes für den **Grenzzustand der Tragfähigkeit** soll absichern gegen:

- Verlust des globalen Gleichgewichts des Tragwerkes (Einsturz; z. B. Kippen, Gleiten)
- Versagen durch Bruch einzelner Querschnitte oder durch zu große Verformungen
- Versagen durch Verlust der Stabilität druckbeanspruchter Bauteile.

Die Auslegung für die **Grenzzustände der Gebrauchstauglichkeit** soll absichern gegen:

- **unzulässige Verformungen** (z.B. Durchbiegungen von Balken, Decken usw.), die Aussehen oder Nutzung (etwa von Maschinen oder anderen Einbauten) beeinträchtigen oder zu Schäden an nichttragenden Bauteilen führen.
- **unzulässig breite Risse im Beton**, die Aussehen, Dauerhaftigkeit oder die Wasserundurchlässigkeit beeinträchtigen.
- **Schwingungen**, die zu Beeinträchtigungen des Wohlbefindens oder der Nutzung führen können.
- **zu hohe Dauerspannungen** (z. B. Betondruckspannungen).

Weitere Anforderungen können z. B. im Industriebau vom Bauherren/Nutzer vorgegeben werden.

Bis vor etwa zwanzig Jahren waren die in der Bautechnik verwendeten Sicherheitskonzepte weitgehend auf Erfahrung gegründet. Die seitdem entwickelte moderne Sicherheitstheorie fußt auf der Wahrscheinlichkeitstheorie und ist mathematisch recht anspruchsvoll. Sie bedarf zudem vieler statistischer Daten zur Erfassung der Zuverlässigkeit von Materialwerten und der zu erwartenden Lasten und Lastkombinationen (z.B. quantitativ abgesicherte Verteilungsfunktionen von Materialfestigkeiten und Lasten). Diese Daten liegen für Bauwerke nur in begrenztem Umfang vor.

teilungsfunktionen von Materialfestigkeiten und Lasten). Diese Daten liegen für Bauwerke nur in begrenztem Umfang vor.

Für die praktische Anwendung wurde daraus das einfacher handhabbare **Konzept der Teilsicherheitsbeiwerte** entwickelt. Im Gegensatz zum klassischen Konzept des globalen Sicherheitsbeiwertes (Last · Sicherheitsbeiwert ≤ Traglast) werden hierbei allen wesentlichen Parametern (Festigkeit, Lasten usw.) eigene Teilsicherheitsbeiwerte direkt zugeordnet. Man kann dies als **„Verursacherprinzip"** bezeichnen. Es werden dabei z. B. die Schnittgrößen infolge fiktiv erhöhter Lasten den Traglasten infolge fiktiv abgeminderter Materialfestigkeiten gegenübergestellt. Ist der erste Term ≤ dem zweiten, so liegt ausreichende Sicherheit vor.

Die rechnerischen Nachweise werden durch dieses Konzept zwar umfangreicher, die Beurteilung der Sicherheit aber realitätsnäher. Vor allem wird deutlich, welchen Einfluss einzelne Parameter auf das Endergebnis haben.

Aus wahrscheinlichkeitstheoretischen Überlegungen werden bei gleichzeitigem Wirken mehrerer, voneinander unabhängiger veränderlicher Lasten Kombinationsbeiwerte $\psi < 1$ eingeführt. Man berücksichtigt damit die Tatsache, dass das gleichzeitige Auftreten der jeweiligen Höchstwerte dieser Lasten sehr unwahrscheinlich ist.

Die Grundgleichung für den Nachweis der Tragfähigkeit lautet in Worten bzw. als Formel (mit dem Fußindex d für design = Bemessungswert):

Bemessungswert der Beanspruchung ≤ Bemessungswert der Beanspruchbarkeit
(E_d, z. B. einwirkende Schnittgrößen) (R_d, z. B. aufnehmbare Schnittgrößen)

(2.1-1) $E_d \leq R_d$

Daraus ergibt sich mit dem klassischen **globalen Sicherheitsbeiwert** γ.

(2.1-2) $E_d\,[\gamma\Sigma(G+Q)] \leq R_d$. bzw. $\gamma \geq R_d/E_d$

Die wahrscheinlichkeitstheoretische Deutung dieser Formulierung zeigt Bild 2.1-1. Die schraffierte Fläche entspricht einem „Restrisiko". Sie spiegelt das nach DIN EN 1990 bzw. DIN 1055-100 angestrebte Sicherheitsniveau wider.

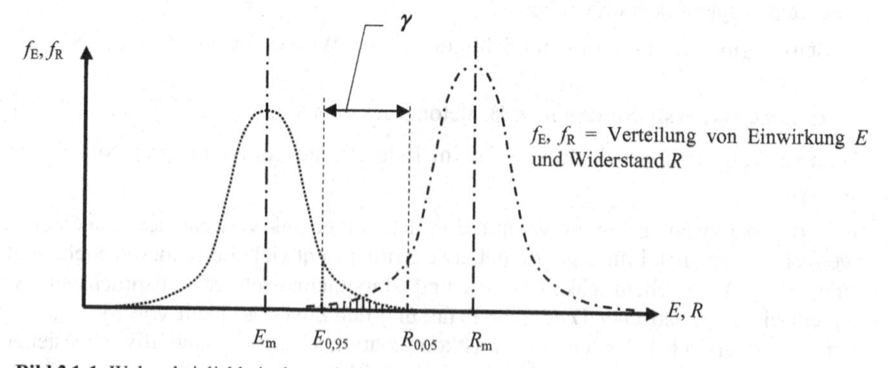

Bild 2.1-1 Wahrscheinlichkeitstheoretische Deutung des globalen Sicherheitsbeiwertes

Nach dem **Konzept der Teilsicherheitsbeiwerte** lautet Gl. (2.1-1) für den Nachweis im Grenzzustand der Tragfähigkeit:

$$(2.1\text{-}3) \qquad E_d\,[\Sigma(\gamma_G\, G_k) + \gamma_Q\, Q_{k,1} + \sum_{i>1} (\gamma_Q\, \psi_0\, Q_{k,i}) + \gamma_{ind}\,(G_{ind} + Q_{ind})] \leq R_d\,[\alpha f_{ck}/\gamma_c\, , f_{yk}/\gamma_s]$$

Es bedeuten G_k ständige und Q_k veränderliche Lasten. Der Index „ind" deutet auf Zwang hin. Zur näheren Erläuterung der Lasten G_k, Q_k, G_{ind}, Q_{ind} siehe Abschnitt 2.2.

Die Gleichung gilt mit anderen Beiwerten γ und ψ sinngemäß auch für die Nachweise der Gebrauchstauglichkeit. In konstruktiv besonders empfindlichen Bereichen sind gegebenenfalls zusätzlich geometrische Toleranzen zu berücksichtigen (z.B. bei Auflagern im Fertigteilbau).

2.2 Einwirkungen

2.2.1 Allgemeines

Es sei nochmals darauf hingewiesen, dass die folgenden Regelungen für Neubauten gelten. Die strenge Anwendung auf alte Bauwerke (Bauen im Bestand) ist nicht immer sinnvoll möglich.
Einwirkungen sind auf ein Bauwerk direkt einwirkende Lasten oder indirekt wirkende Zwangsursachen (Temperaturänderungen, Lagersenkungen usw.). Ausführliche Angaben zum Sicherheitskonzept und zu Einwirkungen sind dem neuen Normenpaket DIN 1055 (Grundlagen Teil 100 [2-2]; restliche Teile 1976, 2002 bis 2006 [2-1]) zu entnehmen.

Die Lasten sind grundsätzlich als ungünstig gewählte charakteristische Werte (in der Regel als obere d.h. als 95%-Quantilwerte) einzuführen.

2.2.2 Einwirkungen

Einwirkungen sind:

- **Kräfte (Lasten),** die direkt auf das Tragwerk einwirken
- **Zwang** durch indirekte Änderungen des Dehnungs- oder Verformungszustandes statisch unbestimmter Tragwerke (z.B. infolge von Temperaturänderungen, Kriechen, Schwinden, Setzungen, Lagerverschiebungen), Zwang wird nach DIN EN 1990/NA 2012-01 als veränderliche Einwirkung eingestuft.

Man unterscheidet ständige oder zeitlich und räumlich veränderliche Einwirkungen:

- **Ständige Einwirkungen (G)** wie Eigenlasten des Tragwerkes, Eigenlasten technischer Anlagen (Maschinen, Rohrleitungen), andere feste Einbauten
- **Veränderliche Einwirkungen (Q)** wie Nutzlasten, Windlasten, Schneelast. EC2 gilt auch für „nicht vorwiegend ruhende" Lasten, die von Einfluss auf die Dauerfestigkeit der Materialien, insbesondere des Betonstahls und des Spannstahls sein können (Nachweis der Sicherheit gegen Ermüdung = fatigue).
- **Ortsfeste Einwirkungen,** z.B. Eigenlasten (bei großer Empfindlichkeit des Tragwerkes gegen Veränderungen der Eigenlast gelten besondere Festlegungen)
- **nicht ortsfeste Einwirkungen** wie Nutzlasten, Wind, Schnee.

Die Auswirkungen von Zwang müssen im GZT nur bei wesentlichen Auswirkungen berücksichtigt werden. Je nach Art und Berechnung der Zwangsschnittgrößen sind zur Festlegung der Bemessungswerte unterschiedliche Teilsicherheitsbeiwerte anzusetzen.

- vereinfachte Berechnung nach der Elastizitätstheorie (Zustand I), Schwinden $\gamma_{SH} = 1{,}0$
- realistische nichtlineare Berechnung (Zustand II unter Berücksichtigung des Mitwirkens des Betons zwischen den Rissen): $\gamma_Q = 1{,}5$

Aus den charakteristischen Werten der Einwirkungen F_k (G_k, Q_k) werden durch Multiplikation mit den Teilsicherheitsbeiwerten nach Tabelle 2.2-1 die Bemessungswerte F_{kd} (G_{kd}, Q_{kd}) gebildet (Fußindex d = design).

	Auswirkung	γ_G	γ_Q	γ_{Zwang}	γ_{fat}
Grund-Kombination	ungünstig	1,35	1,5	1,0	1,0
	günstig	1,0	0		
außergewöhnl. Kombination		1,0	1,0	1,0	

Tabelle 2.2-1 Teilsicherheitsbeiwerte γ_F für Einwirkungen

Für Bauzustände von Fertigteilen gelten gesonderte (geringere) Teilsicherheitsbeiwerte.

Es gibt statische Systeme, deren globale Standsicherheit auf Veränderungen der Eigenlasten besonders empfindlich reagiert (Verlust der Lagesicherheit nach DIN 1055-100 [2-2]). Dies sind z.B. Einfeldträger mit Kragarm und Kragstützen mit beidseitigen Kragarmen. In solchen Fällen sind ergänzende Sicherheitsbetrachtungen zu führen, bei denen die günstig und ungünstig wirkenden Teile ständiger Lasten als voneinander unabhängige Lastanteile mit jeweils unteren oder oberen Grenzwerten in die Berechnung eingeführt werden (Nachweis der Lagesicherheit). Die Thematik wird an Hand eines Beispieles in Abschnitt 11.2 erläutert.

2.2.3 Einwirkungskombinationen

Die zur Berechnung der Einwirkungen aus verschiedenen Anteilen zu verwendenden Kombinationsbeiwerte ψ sind in DIN 1055 - 100 [2-2] festgelegt, s. Tabelle 2.2-2.

Grenzzustand der Tragfähigkeit:

- Grundkombination (Regelfall)

(2.2-1) $$\sum_j (\gamma_{G,j}\, G_{k,j}) + \gamma_{Q,1}\, Q_{k,1} + \sum_{i>1} (\gamma_{Q,i}\, \psi_{0,i}\, Q_{k,i})$$

- Außergewöhnliche Bemessungssituationen (z.B. Anprall, Erdbeben)

(2.2-2) $$\sum_j (\gamma_{GA,j}\, G_{k,j}) + A_d + \psi_{1,1}\, Q_{k,1} + \sum_{i>1} (\psi_{2,i}\, Q_{k,i})$$

mit A_d = Bemessungswert der außergewöhnlichen Einwirkung. Zwang spielt in der Regel keine Rolle.

Grenzzustand der Gebrauchstauglichkeit

- Grundkombination (charakteristische Kombination)

(2.2-3) $\sum_{j} G_{k,j} + Q_{k,i} + \sum_{i>1} (\psi_{0,i}\, Q_{k,i})$

- Quasiständige Kombinationen

(2.2-4) $\sum_{j} G_{k,j} + \sum_{i>1} (\psi_{2,i}\, Q_{k,i})$

- Häufige Kombinationen

(2.2-5) $\sum_{j} G_{k,j} + \psi_{1,1}\, Q_{k,1} + \sum_{i>1} (\psi_{2,i}\, Q_{k,i})$

Einwirkung	ψ_0 Tragfähigkeit	ψ_1 häufige Lasten	ψ_2 quasist. Lasten
Nutzlasten für Hochbauten			
- Wohnräume, Büroräume	0,7	0,5	0,3
- Ausstellungs, Versammlungs- u. Verkaufsräume	0,7	0,7	0,6
- Lagerräume	1,0	0,9	0,8
Verkehrslasten für Hochbauten			
- Fahrzeuggewicht ≤ 30 kN	0,7	0,7	0,6
- Fahrzeuggewicht 30 kN < 160 kN	0,7	0,5	0,3
- Dachlasten	0	0	0
Windlasten	0,6	0,5	0
Schneelasten ≤ 1000 m / > 1000 m	0,5/0,7	0,2/0,5	0/0,2
Temperatur (nicht aus Brand)	0,6	0,5	0
Baugrundsetzungen	1,0	1,0	1,0
alle anderen Einwirkungen	0,8	0,7	0,5

Tabelle 2.2-2 Kombinationsbeiwerte ψ (nach DIN EN 1990/NA: 2010-12)

2.3 Baustoffe

2.3.1 Allgemeines

Die im folgenden angegebenen Teilsicherheitsbeiwerte berücksichtigen neben anderen Einflüssen auch den Unterschied zwischen der Festigkeit von Probekörpern einerseits und der Festigkeit der Baustoffe im Bauwerk andererseits. Dieser Unterschied ist bei Beton deutlich größer als bei Betonstahl. Die Sicherheitsbeiwerte gelten nur, wenn die Baustoffe in ihrer Güte überwacht werden (Gesamtpaket zur Qualitätssicherung).

Die Werte der Tabelle 2.3-1 gelten bei üblicher Ermittlung der Schnittgrößen mit linearen Verfahren. Bei der Verwendung nichtlinearer Verfahren gelten abweichende Festlegungen.

2.3.2 Beton

Die Festigkeit von Beton unterliegt einer weitaus größeren Streuung als die des industriell hergestellten Werkstoffes Stahl. Weiterhin versagt Beton spröde (kleine Bruchdehnung). Die Teilsicherheitsbeiwerte für Beton berücksichtigen dies und sind daher relativ groß (Tabelle 2.3-1).

Der Unterschied zwischen der Festigkeit gesondert hergestellter Probekörper für Laboruntersuchungen zu der bei Beton im Bauwerk wird in der Regel zu 1/0,85 angenommen (vgl. z. B. DIN EN 13791 [2-9]).

2.3.3 Betonstahl

Stahl kann mit deutlich geringerer Streuung der Festigkeitswerte hergestellt werden. Dies bedeutet, dass die Verteilungsfunktion (vergleiche Bild 1.2-1) schmaler ist als bei Beton. Diese größere Zuverlässigkeit in der Herstellung und die um eine Größenordnung höhere Bruchdehnung rechtfertigen kleinere Teilsicherheitsbeiwerte (Tabelle 2.3-1).

Bemessungssituation	Beton γ_c	Betonstahl, Spannstahl γ_s
GZT ständige und vorübergehend	1,5	1,15
GZT außergewöhnlich	1,3	1,0
GZT Ermüdung	1,5	1,15
GZG	1,0	1,0

Tabelle 2.3-1 Teilsicherheitsbeiwerte für Baustoffe

2.4 Anmerkungen zur Sicherheit und Nachhaltigkeit

Bauwerke sind langlebige Wirtschaftsgüter. Sie sollten daher auch lange nutzbar sein. Dies beinhaltet auch die Möglichkeit, Gebäude den sich ändernden Anforderungen z. B. hinsichtlich der technischen Gebäudeausrüstung (TGA) und hinsichtlich sich verändernden Nutzungsverhaltens anpassen zu können. Es ist auch darauf zu achten, dass unsere Bauwerke ein gewisses Maß an Robustheit aufweisen. Statisch konstruktiv ausgemagerte Bauteile haben dies oft nicht und sind bei seltenen Lastereignissen (die durchaus noch im Normbereich liegen, wie hohe Schneelasten, vgl. den Einsturz in Bad Reichenhall) an der Grenze des Tragvermögens.

Neubauten unterliegen einem zeitlich zunehmendem Verschleiß. Es muss dann überlegt werden, ob man auf eine lange Lebensdauer ohne nennenswerte Instandsetzungen setzt, oder darauf, wesentliche Bauteile im Sinne von Verschleißteilen in regelmäßigen zeitlichen Abständen zu überprüfen und dann gegebenenfalls instand zu setzen.

Beide Aspekte haben zur Entwicklung der VDI-Richtlinie 6200 geführt [1-6], [2-10]. Diese enthält auch konstruktionsbezogene Forderungen, die eine lange Nutzung von Bauwerken sicherstellen sollen. So wird verlangt, dass hochbeanspruchte Bauteile zugänglich für „handnahe" Überprüfungen seien müssen.

Der Begriff der Nachhaltigkeit wird derzeit etwas inflationär verwendet (siehe auch [6-5]). In Bezug auf Bauwerke wird er seitens der Bundesregierung in einem Leitfaden (zunächst erschienen 2001 und überarbeitet 2011 [1-5] und sehr viel ausführlicher (wenn auch z.T. kritisch betrachtet und noch in steter Weiterentwicklung) in [2-3] definiert.

Eine neue Tendenz, etwa Bürohochhäuser wegen nicht lohnenden „Updatings" nach relativ kurzer Nutzungsdauer abzureißen und durch Neubauten zu ersetzen, ist sicher nicht im Sinne einer Nachhaltigkeit zu verstehen und wohl leider auch ein Ausdruck nicht robusten Bauens.

3 Bemessungsschnittgrößen

3.1 Allgemeines

Für die Berechnung der Schnittgrößen werden die realen Baustrukturen oft erheblich vereinfacht, um den Rechenaufwand in erträglichen und überschaubaren Grenzen zu halten. Insbesondere bei lokalen Lasteinleitungen (z.B. an Auflagern) treffen die vereinfachten statischen Systeme (Stab abgebildet durch eindimensionale Systemachse und Querschnittswerte) nicht zu. In solchen Bereichen könnten die tatsächlichen Beanspruchungen nur durch aufwendige Erfassung des mehrdimensionalen Tragverhaltens ermittelt werden. Stattdessen werden die am vereinfachten statischen System erhaltenen Ergebnisse bereichsweise korrigiert.

Korrekturen brauchen nicht berücksichtigt zu werden, sofern die Vereinfachungen des statischen Systems „auf der sicheren Seite liegen" (dies sollte in der Regel der Fall sein). Aus Gründen der Wirtschaftlichkeit wird man aber grundsätzlich korrigieren.

Solche Korrekturen können erforderlich werden z. B. wegen:

- stark vereinfachter Auflagerbedingungen
- unterschiedlicher Schnittgrößen im Zustand I bzw. Zustand II.

Das Festlegen eines geeigneten statischen Systems (physikalisches Berechnungsmodell) ist ein wesentlicher und nicht immer einfacher Schritt auf dem Wege zu einer guten und wirtschaftlichen Konstruktion.

Wegen der lastabhängigen Rissbildung und der damit veränderlichen Steifigkeitsverteilung könnten die Schnittgrößen statisch unbestimmter Systeme nur iterativ ermittelt werden, wobei die Bemessung der Querschnitte vorgeschätzt werden müsste. Obwohl zwischen den Schnittgrößen im Zustand I und denen im Zustand II erhebliche Unterschiede bestehen können, werden in der Regel die Schnittgrößen aus Lasten unter Annahme elastischen Tragverhaltens bei Ansatz unbewehrter Querschnitte im Zustand I (Brutto-Querschnittswerte der Betonquerschnitte) ermittelt. Dieses stark vereinfachte Vorgehen (Elastostatik) ist im EC2 ausdrücklich als ein Verfahren der Wahl zugelassen.

Zwangsschnittgrößen sind in der Regel proportional zur Querschnitts- bzw. Systemsteifigkeit. Sie werden deshalb aus Gründen der Wirtschaftlichkeit häufig unter Berücksichtigung des Zustandes II ermittelt.

Die Biegesteifigkeit von Stahlbetonquerschnitten kann durch gezielte Anordnung der Bewehrung in weiten Grenzen variiert werden. Dies kann zur gezielten Umlagerung von Schnittgrößen genutzt werden. Die zugehörige Schnittgrößenermittlung ist je nach System einfach bis sehr aufwendig. EC2 lässt diese Möglichkeit in verschiedenen Varianten zu.

Hinsichtlich des zu betreibenden Aufwandes bei der Schnittgrößenermittlung erlaubt der EC2 je nach Komplexität und Nutzungsanforderungen etliche Vereinfachungen, auf die in den betreffenden Abschnitten eingegangen wird.

3.2 Festlegungen zum statischen System

3.2.1 Allgemeines

Die Festlegung des statischen Systems ist nach ingenieurmäßigen Überlegungen so durchzuführen, dass die damit ermittelten Resultate in der Regel konservativ sind, d.h. auf der sicheren Seite liegen. Häufig ist ein einfaches statisches System, das mit erträglichem rechnerischen Aufwand übersichtliche Ergebnisse liefert, einem sehr komplizierten (angeblich „realistischeren") System, das nur mit erheblichem Aufwand berechnet werden kann, vorzuziehen. Das gilt oft auch bei Verwendung von Programmen. Einige Beispiele für die Idealisierung realer Tragwerke durch vereinfachte statische Systeme zeigt Bild 3.2-1.

3.2.2 Auflagerbedingungen

Häufig werden im statischen System als vereinfachende Annahme Gelenke angesetzt, die konstruktiv nicht realisiert sind (Ausnahmen im Brückenbau und im Fertigteilbau). Ebenso unzutreffend ist in der Regel auch die Annahme starrer Einspannungen, insbesondere bei Fundamenten. Wirken Einspannungen sehr günstig, so ist der Einfluss einer realistischen Drehnachgiebigkeit zu berücksichtigen, z. B. die des Baugrundes unter den Fundamenten sehr schlanker Kragstützen (Bild 3.2-1d), siehe auch [6-5].

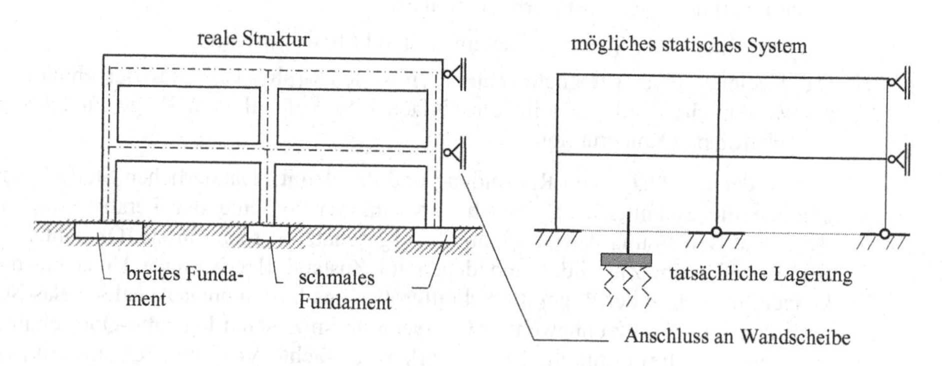

Bild 3.2-1a Geschossrahmen in einem horizontal unverschieblich ausgesteiften Hochbau

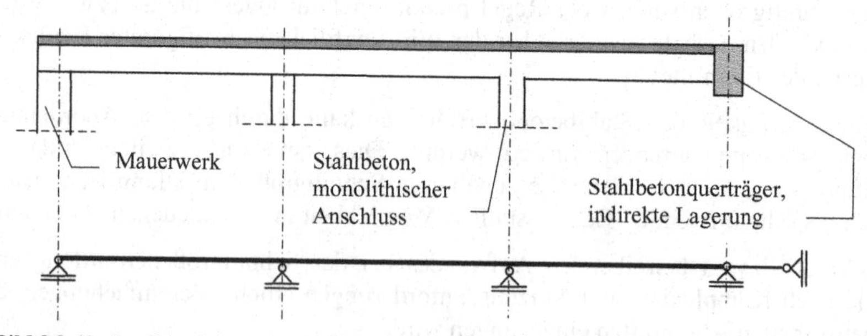

Bild 3.2-1b Durchlaufträger in einem horizontal unverschieblich ausgesteiften Hochbau

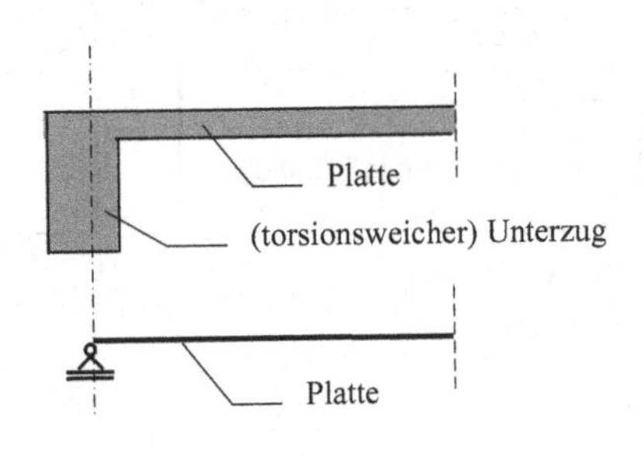

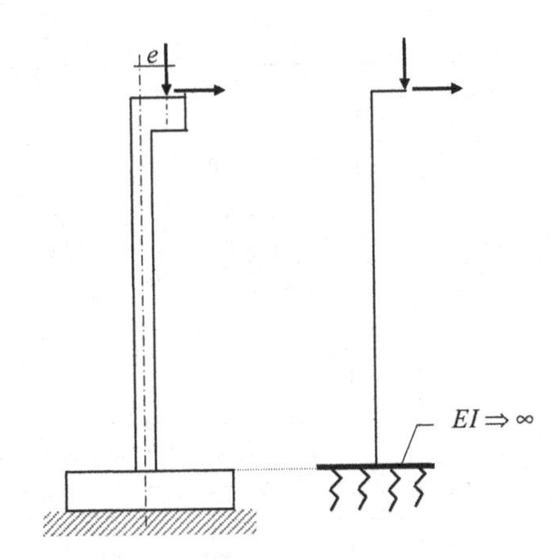

Bild 3.2-1c Anschluss Platte an Unterzug

Bild 3.2-1d Kragstütze

Bilder 3.2 -1a/ b/ c/ d Reale Struktur und statische Modelle (Beispiele)

3.2.3 Stützweiten, Systemlinien

Im allgemeinen gilt die Schwerachse der Stabwerke als Systemlinie. Maße, Querschnittswerte (im Zustand I), Lasten werden darauf bezogen. Dies gilt uneingeschränkt bei Berechnungen an Rahmensystemen (Bild 3.2-2).

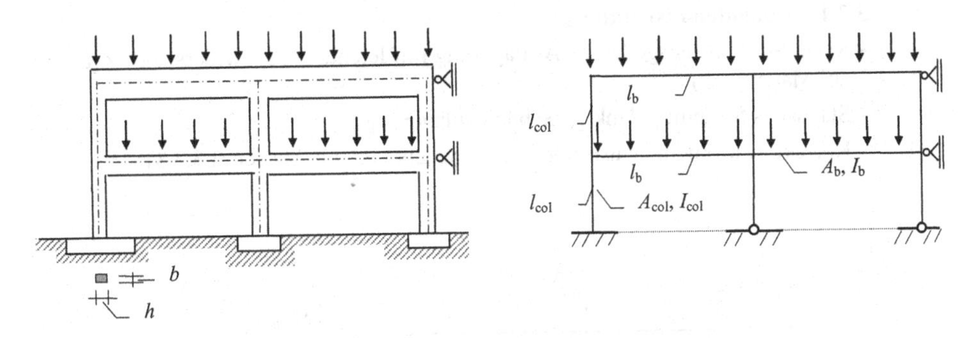

Bild 3.2-2 Systemlinien bei Rahmen

Werden Bauteile als einzelne Balken oder Platten berechnet, so gilt für den Zusammenhang zwischen der lichten Stützweite l_n und der rechnerischen, sogenannten wirksamen Stützweite l_{eff} folgender Zusammenhang:

$$l_{eff} = l_n + a_1 + a_2$$ mit a_i nach Bild 3.2-3

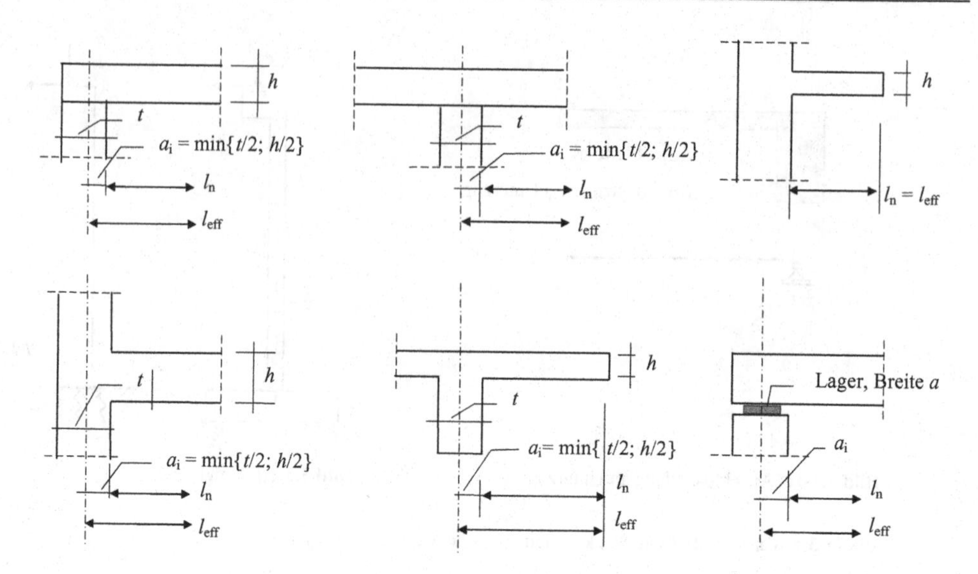

Bild 3.2-3 Festlegung von Stützweiten zur Berechnung von Balken und Platten nach EC2

3.3 Anpassung der Schnittgrößen an tatsächliche lokale Gegebenheiten

3.3.1 Momentenausrundung

- Reale Struktur: ausgedehnte Auflagerung mit leichtem Drehwiderstand (z. B. Auflagerung auf Mauerwerk)
- Statisches System: gelenkige Schneidenlagerung
- Korrektur: Momentenausrundung (bei Beachtung von Abschnitt 3.3.3)

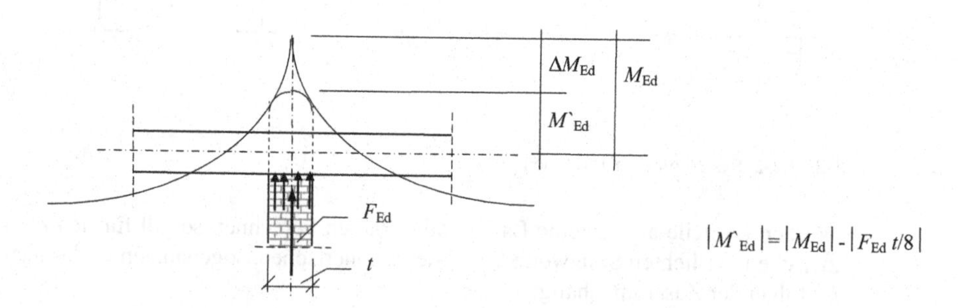

Bild 3.3-1 Ausrundungsmoment $M`_{Ed}$

3.3.2 Anschnittmomente

- Reale Struktur: ausgedehnter monolithischer Anschluss an Unterkonstruktion mit erhöhtem Drehwiderstand
- Statisches System: gelenkige Schneidenlagerung
- Korrektur: Anschnittmomente (bei Beachtung von Abschnitt 3.3.3; Anteil Auflast auf Strecke a/2 vernachlässigt)

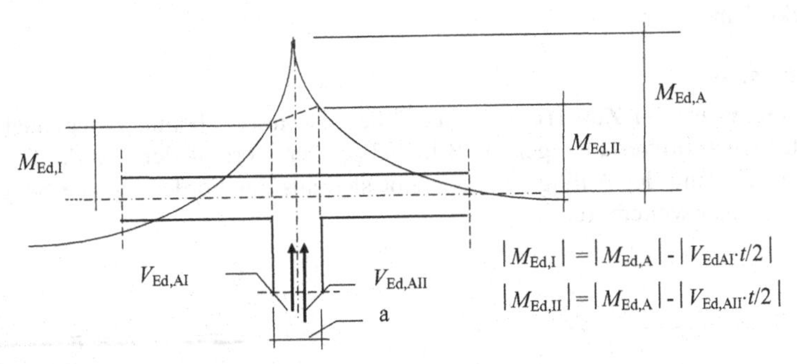

Bild 3.3-2 Anschnittmomente M_I, M_{II}

Bei indirekter Stützung ist auf eine ausreichende Vergrößerung der statischen Höhe des gestützten Bauteils im stützenden Bauteil zu achten (etwa 1:3).

3.3.3 Mindestbemessungsmomente

Die Anschnittmomente nach Abschnitt 3.2.2 dürfen an den Rändern der Unterstützung (auch nach eventuell vorgenommener Umlagerung) nicht kleiner angesetzt werden als 65% des Wertes bei Annahme voller Einspannung an den Innenstützen. Mit F_d als Bemessungswert der Streckenlast erhält man z.B.:

1. Innenstütze im Endfeld:

$$\min M_{Ed} = -0{,}65 \cdot M_{Ed}(l_n) = -0{,}65 \cdot F_d \cdot l_n^2/8 \approx -F_d \cdot l_n^2/12$$

Innenstützen:

$$\min M_{Ed} = -0{,}65 \cdot M_{Ed}(l_n) = -0{,}65 \cdot F_d \cdot l_n^2/12 \approx -F_d \cdot l_n^2/18$$

Bei Vernachlässigung einer schwachen Endeinspannung im statischen System sollte der Bemessung ebenfalls ein Mindestmoment zugrunde gelegt werden:

$$\min M_{Ed} = -0{,}25 \max M_{Feld}$$

3.3.4 Bemessungsmomente an Rahmenecken

Hier liegen ähnliche Verhältnisse vor wie bei Durchlaufträgern mit monolithischem Anschluss. Aufgrund von Versuchen werden jedoch etwas abweichende Festlegungen empfohlen. Hierzu ist in EC2 nichts Näheres gesagt. Zu diesem Punkt wird in einem gesonderten Abschnitt über Rahmenecken Stellung genommen.

3.3.5 Maßgebende Querkraft V_{Ed}

In Auflagernähe weicht das Tragverhalten von der Stabstatik des Biegeträgers ab (Prinzip von de St. Venant, 1797-1886; s. a. Abschnitt 20.1). Daher sind für die Nachweise in Auflagernähe zum Teil geringere Querkräfte maßgebend.

Man unterscheidet:

- Direkte Auflagerung (Querkraft wird direkt durch stützende Druckkräfte aufgenommen)
- Indirekte Auflagerung (Querkraft muss in lastabtragende Bauteile durch Bewehrung zurückgehängt werden)

Streckenlasten:

Für die **Nachweise der Zugstreben** (z. B. Schubbewehrung) bei überwiegender Streckenlast gelten die Querkraftverläufe gemäß Bild 3.3-3. Der Verlauf der Querkraft zwischen der Stelle max V_{Ed} und der Auflagerkante ergibt sich aus der Forderung, die Schubbewehrung bis zum Auflager weiterzuführen.

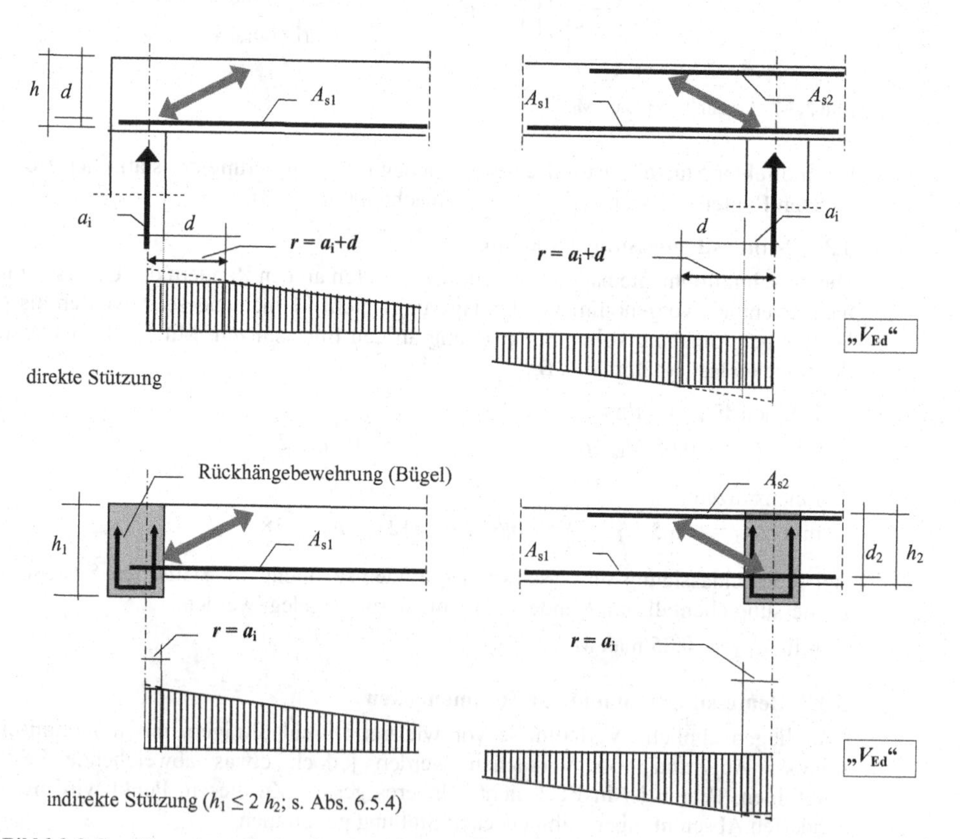

Bild 3.3-3 Ermittlung der maßgebenden Querkraft in Auflagernähe bei Streckenlast

Auflagernahe Einzellasten:

Die folgenden Festlegungen gelten nur bei direkter Lagerung. Eine auflagernahe Einzellast liegt vor, wenn ihr Abstand vom Auflagerrand $a_v \leq 2{,}0\ d$ ist (bei nachgiebigen Lagerplatten wie Elastomerlagern zählt a_v ab Achse Lager). In diesem Falle findet eine Lastabtragung nach Art eines Sprengwerks über eine Druckstrebe direkt ins Auflager statt. Dadurch kann (je nach dem Wert von a_v/d) auf einen Teil der Schubbewehrung verzichtet werden (Bild 3.3-4). Es soll keine kleinere Querkraft angesetzt werden, als für $a_v = 0{,}5$. Der Nachweis der schiefen Druckstreben ist jedoch für die Querkraft unmittelbar an der rechnerischen Auflagerlinie zu führen. Näheres wird im Abschnitt über die Schubnachweise erläutert.

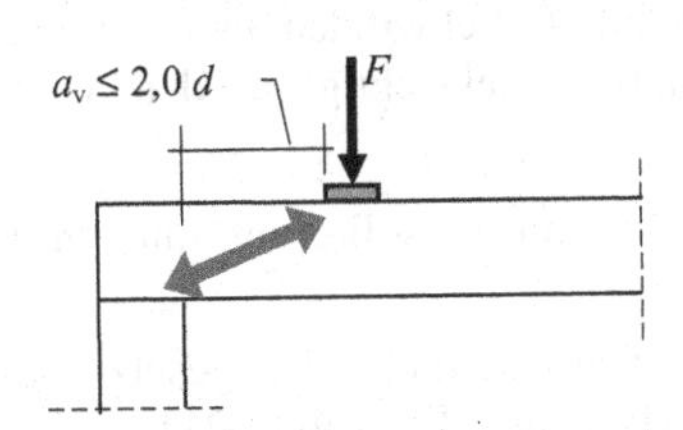

direkter Abtrag ohne Bügel möglich

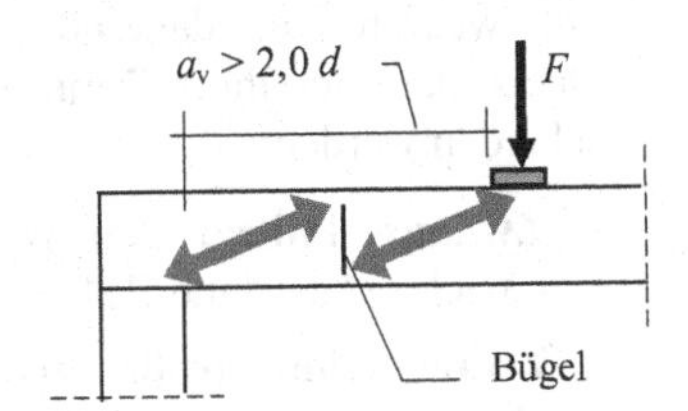

indirekter Abtrag nur über Bügel

Bild 3.3-4 Lastabtrag bei auflagernaher Einzellast

3.4 Hinweise zu Verformungen und Zwangsschnittgrößen

3.4.1 Verformungen

Die **Tragfähigkeit** wird sichergestellt durch Bemessung des lokal schwächsten Querschnittes unter Ansatz **unterer Quantilwerte** als charakteristische Materialwerte.

Für **Verformungen** ist das mittlere Tragverhalten größerer Bauteilbereiche maßgebend. Dies wird bestimmt durch **mittlere Festigkeits- und Verformungskennwerte** und durch das Mittragen des Betons zwischen den Rissen. Weiterhin spielt das zeitabhängige Verformungsverhalten (Schwinden, Kriechen) des Betons eine wesentliche Rolle. Die Berechnung realistischer Verformungen ist im Stahlbetonbau schwierig und nur unter Angabe von erheblichen Streubreiten möglich.

Verformungswerte aus elastostatischen EDV-Berechnungen haben nur relative Bedeutung. Sie stellen keine absoluten, realen Verformungen dar. Die Nicht-Berücksichtigung dieses grundlegenden Sachverhaltes führt immer wieder zu zahlreichen Bauschäden.

Durchbiegungsbegrenzungen werden deshalb im Allgemeinen nicht direkt über Verformungsnachweise sondern indirekt über die Begrenzung von Schlankheitswerten nachgewiesen. Dieses Verfahren wurde ursprünglich für Massivdecken im Hochbau entwickelt. Das noch in DIN 1045-1 angewendete Verfahren enthielt explizit nur geometrische Kennwerte, jedoch keine des Materials (E-Modul, Schwind- und Kriechwerte, Bewehrungsgrad und Ausmaß des Zustandes II) und keine der Belastung. Seine Aussagefähigkeit war deshalb beschränkt. EC2 enthält nunmehr genauere Verfahren und greift dabei Ansätze auf, wie sie ähnlich schon im Heft 240 des DAfStb von 1972 [3-1] enthalten waren. Weitere Anmerkungen erfolgen in Abschnitt 10.3.

Für die Berechnungen nach Theorie II. Ordnung sind Verformungsaussagen unentbehrlich. Hier werden entweder stark konservative Annahmen getroffen (z. B. „nackter“ Zustand II in Bemessungstafeln) oder es müssen aufwändige iterative Berechnungen durchgeführt werden. Dies ist zumeist nur mit EDV-Programmen möglich (die zugehörigen Rechenoperationen sind zum Teil sehr fehlerempfindlich, Vorsicht bei der Anwendung unbekannter Programme ist geboten).

3.4.2 Zwangsschnittgrößen

Zwangsschnittgrößen sind proportional zu den Dehn- bzw. Biegesteifigkeiten der Bauteile. Da diese bei Rissbildung abnehmen, nehmen die Zwangsschnittgrößen ebenfalls ab (zusätzlich werden lang dauernde Zwangsursachen durch Schwinden und Kriechen begrenzt). Daher darf bei ihrer Ermittlung der Zustand II berücksichtigt werden. Hier kann unterschieden werden:

- **Zwangsschnittgrößen wirken günstig:** Zustand II sollte im unteren Grenzzustand („nackter“ Zustand II) berücksichtigt werden.
- **Zwangsschnittgrößen wirken ungünstig:** Wird Zustand II angesetzt, so muss er als oberer Grenzzustand berücksichtigt werden (DAfStb, Heft 240 [3-21]).

4 Bemessung bei überwiegender Biegung

4.1 Allgemeines

Die Bemessung erfolgt im Grenzzustand der Tragfähigkeit für den schwächsten möglichen Zustand, also für den gerissenen Querschnitt (Zustand II). Der statisch wirksame Querschnitt besteht dann aus einer Betondruckzone und der Bewehrung als Zugband. Die Querschnittswerte sind lastabhängig, weil sich die Höhe der Risszone und damit die Lage der Spannungsnulllinie mit Laststeigerung verändern. Es wird von der üblichen Annahme der technischen Biegelehre ausgegangen, dass die Querschnitte eben bleiben. Dies bedingt eine lineare Dehnungsverteilung über die Querschnittshöhe, woraus sich unter der (stark vereinfachenden) Annahme starren Verbundes die Spannungen im Beton und im Stahl errechnen lassen.

Die grundsätzlichen Annahmen bei der Bemessung schlanker Bauteile aus Stahlbeton sind hier nochmals zusammengefasst:

- Querschnitte bleiben eben und rechtwinklig zur verformten Stabachse (Hypothese von Bernoulli)
- Betonzugfestigkeit wird vernachlässigt
- Alle Zugkräfte im Querschnitt werden durch Bewehrung abgedeckt
- Voller Verbund (starrer Verbund) im Querschnitt (Stahldehnung ε_s= Betondehnung ε_c auf gleicher Höhenlage)

Der Nachweis der Tragfähigkeit kann erfolgen durch:

- Nachweis ausreichender Tragfähigkeit R_d eines vorgegebenen (vorgeschätzten) Verbundquerschnittes aus Beton und Betonstahl gegenüber den aufzunehmenden Bemessungsschnittgrößen E_d:

  $$R_d \geq E_d$$

- Ermittlung einer Bewehrung (erforderlicher Stahlquerschnitt), sodass gerade gilt:

  $$R_d = E_d$$

In der Praxis wird überwiegend der zweite Weg beschritten, da die Betonabmessungen aus Vorberechnungen für die Planung meist schon festliegen. Die Anpassung an die Schnittgrößen erfolgt dann über die Bewehrung (sogenannte Bemessung).

Beide Arten des Nachweises sind Traglastnachweise. Dies bedeutet Ausnutzung der Baustoffe Beton und Stahl im nichtlinearen bzw. plastischen Bereich. Dadurch und wegen der Rissbildung ist der Zusammenhang zwischen Schnittgrößen und Spannungen nicht mehr linear. Dehnungszustände und Spannungen unter Traglast gestatten daher keine Aussage über Dehnungen und Spannungen unter Gebrauchslasten. (Die Gleichgewichtsbedingungen gelten selbstverständlich auch im plastischen Bereich!).

4.2 Grenzzustand der Tragfähigkeit für die Querschnittsbemessung

Der Grenzzustand der Tragfähigkeit eines Querschnitts ist ein vorsichtig definierter rechnerischer Grenzzustand, der noch deutlich unter der tatsächlichen Versagensgrenze liegt. Er bezieht sich auf einen einzelnen Querschnitt: **Querschnittsversagen**. Davon zu unterscheiden ist das Systemversagen. Dies tritt bei statisch unbestimmten Biegetragwerken in der Regel erst bei höheren Lasten auf als das Querschnittsversagen (⇒ Schnittgrößenermittlung unter Ansatz plastischer Umlagerungen). Bei auf Längsdruck beanspruchten Strukturen kann Systemversagen dagegen schon bei deutlich niedrigeren Lasten als das Querschnittsversagen auftreten (⇒ Stabilitätsversagen, „Knicken", Theorie II. Ordnung).

Alle zum Grenzzustand gehörenden Größen werden mit dem Fußindex „d" von „design" oder „u" von „ultimate" bezeichnet.

Der Grenzzustand wird in der Regel nicht über Spannungen sondern über Dehnungen definiert. Die Grenzdehnungen sind in EC2 für die Werkstoffe Beton und Stahl durch die Spannungs-Dehnungslinien (siehe folgende Abschnitte) festgelegt.

Ein rechnerischer **Grenzzustand** liegt vor, wenn **entweder** die Betonranddehnung auf der Druckseite die Grenzdehnung $\boldsymbol{\varepsilon_{c2u}}$ nach Bild 4.3-1 erreicht **oder** die Dehnung in der Bewehrung die Grenzdehnung $\boldsymbol{\varepsilon_{su}}$ nach Bild 4.3-2. Das gleichzeitige Ausnutzen beider Grenzdehnungen stellt einen Sonderfall dar.

Bei Druckbeanspruchung (Stützen mit Druckbewehrung) mit geringer Ausmitte $e_d/h \leq 0{,}1$ ist aus verschiedenen Gründen die Grenzdehnung (Beton und Stahl) auf ε_{c2} begrenzt. Für ≤ C50/60 darf abweichend von Tab. 1.2-1 mit $\varepsilon_{c2} = 0{,}002$ gerechnet werden (B500 ist dann gerade bis zur Streckgrenze ausnutzbar).

Die Grenzdehnungszustände sind auf Bild 4.2-1 dargestellt.

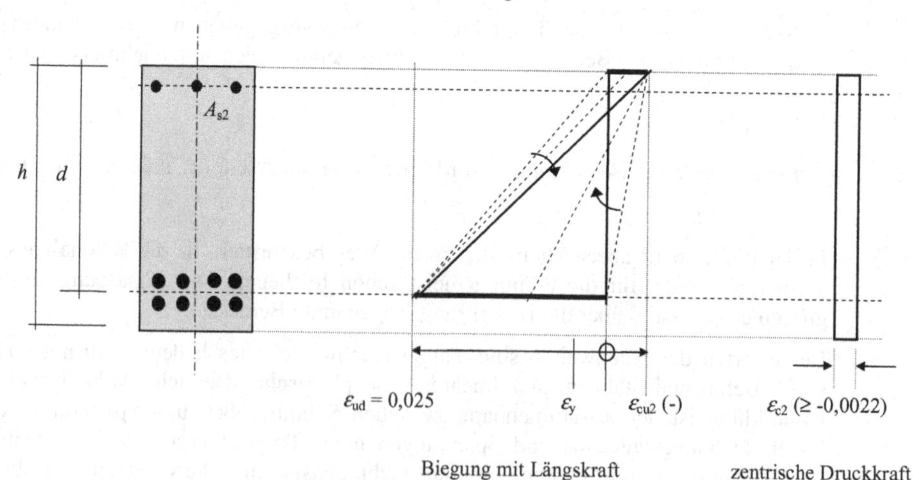

Bild 4.2-1 Dehnungsdiagramme im Grenzzustand der Tragfähigkeit

4.3 Spannungs-Dehnungslinien

4.3.1 Allgemeines

DIN 1045-1 enthält mehrere alternative Spannungs-Dehnungslinien sowohl für Beton als auch für Betonstahl. Die folgenden Ableitungen beschränken sich auf jeweils nur einen ausgewählten Verlauf. Die anderen Verläufe können in besonderen Fällen einfacher in der Anwendung oder aus anderen Gründen günstiger sein. Im allgemeinen sind die Unterschiede bezogen auf die Bemessung marginal.

4.3.2 Beton

Die allgemeine Spannungs-Dehnungslinie (für Normalbeton auf Bild 1.2-3) wird für die Querschnittsbemessung bevorzugt durch ein Parabel-Rechteck-Diagramm idealisiert. Mit zunehmender Festigkeit (hier über C50/60) nimmt – wie bei allen Werkstoffen – auch die plastische Verformbarkeit des Betons ab.

Durch Einführen des Teilsicherheitsbeiwertes γ_c für Beton und Reduzierung der Kurzzeitfestigkeit auf die Dauerstandsfestigkeit (Faktor α_{cc}) entsteht das in Bild 4.3-1 angegebene **Bemessungsdiagramm**. Höchstwert der Stauchung ist die in EC2 festgelegte Bruchstauchung ε_{cu2} von Beton.

Der für die Bemessung im Regelfall maßgebende Wert der Betondruckfestigkeit beträgt:

(4.3-1) $f_{cd} = \alpha_{cc} \cdot f_{ck}/\gamma_c$ mit γ_c nach Tabelle 2.3-1 und $\alpha_{cc} = 0{,}85$

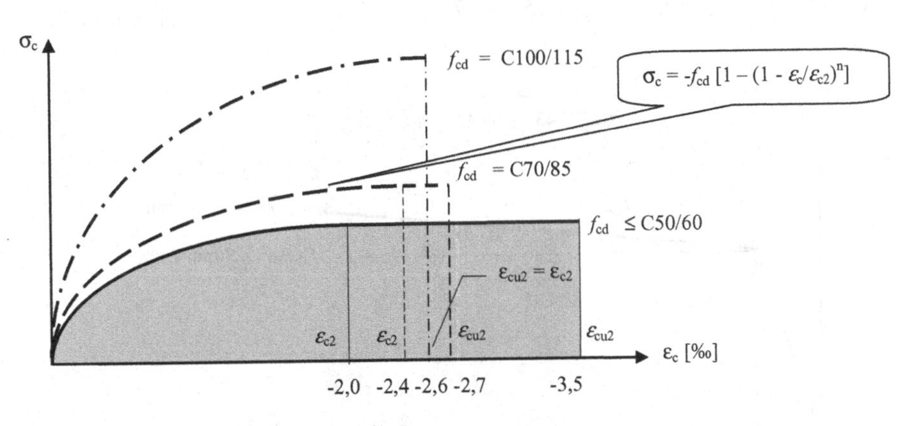

Bild 4.3-1 Parabel-Rechteckdiagramme für Beton

Die Zahlenwerte von ε_{c2} und ε_{cu2} sind in Abhängigkeit von der Betonfestigkeitsklasse aus Tabelle 1.2-1 zu entnehmen.

Achtung: Im EC2 werden Druckspannungen und Druckdehnungen (Stauchungen) als positive Zahlenwerte eingeführt.

Den gezeichneten Verläufen entsprechen folgende Funktionen:

(4.3-2) $\sigma_c = -f_{cd} [1 - (1 - \varepsilon_c/\varepsilon_{c2})^n]$ $|\varepsilon_c| \leq |\varepsilon_{c2}|$

(4.3-3) $\sigma_c = -f_{cd}$ $|\varepsilon_{c2}| \leq |\varepsilon_c| \leq |\varepsilon_{cu2}|$

Für Normalbeton bis zur Festigkeitsklasse C50/60 beträgt der Exponent n = 2 (quadratische Parabel). Für höhere Festigkeiten ist er Tabelle 1.2-1 zu entnehmen.

4.3.3 Betonstahl

Die Spannungs-Dehnungslinie von Bild 1.2-4 wird für die **Querschnittsbemessung** durch zwei lineare Teilbereiche idealisiert. DIN 1045-1 erlaubt zwei alternative Annahmen:

- Anstieg der Spannungs-Dehnungslinie oberhalb der Streckgrenze f_{yk} bis zur rechnerischen Zugfestigkeit $f_{tk,cal}$ = 525 N/mm² beim Erreichen einer rechnerischen Bruchdehnung von ε_{su} = 0,025 (unabhängig von der Duktilitätsklasse). Diese Annahme ist insbesondere von Einfluss bei Verfahren der Schnittgrößenermittlung unter Ansatz plastischen Tragverhaltens (s. Abs. 9).
- Vollplastisches Verhalten nach Überschreiten der Streckgrenze (kein Anstieg der Spannungs-Dehnungslinie). Die im EC erlaubte unbegrenzte Stahldehnung > 0,025 soll in Deutschland nicht angesetzt werden [1-13].

Bild 4.3-2 zeigt beide alternativen Verläufe sowie den daraus durch Einführen des Teilsicherheitsbeiwertes für Stahl γ_s im Folgenden verwendeten Bemessungsverlauf (mit Anstieg oberhalb f_{yk}) mit:

(4.3-4) $f_{yd} = f_{yk}/\gamma_s = f_{yk}/1{,}15 = 0{,}87\,f_{yk}$ mit γ_s nach Tabelle 3.3-1

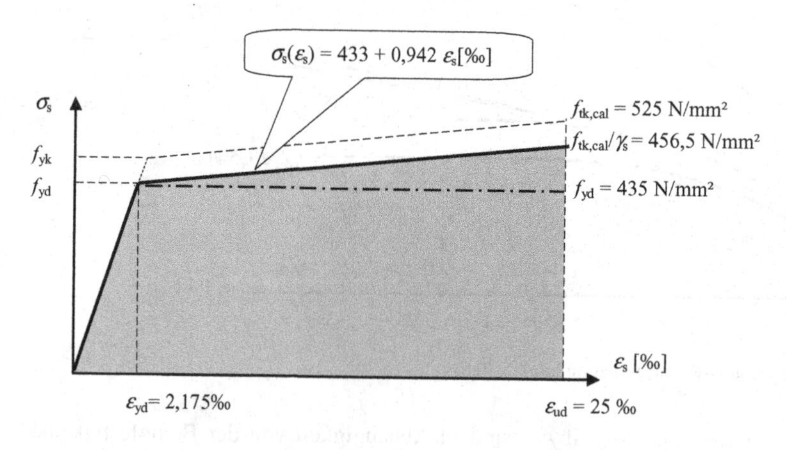

Bild 4.3-2 Rechnerische Spannungs-Dehnungslinien für Betonstahl

4.4 Herleitung der Bemessungsgleichungen

Die Herleitung der Bemessungsgleichungen erfolgt an einem Balken mit Rechteckquerschnitt unter Biegung mit Längskraft. Diesem Element wird der Dehnungszustand eines Grenzzustandes der Tragfähigkeit eingeprägt. Die zugehörigen Bemessungsschnittgrößen sind M_{Ed} und N_{Ed}.

Die zugehörigen Spannungen ergeben sich aus den Dehnungen durch Auswerten der Spannungs-Dehnungsdiagramme von Beton und Stahl. Sie werden zu resultierenden inneren Kräften F_{cd} (Betondruckkraft), F_{s1d} (Kraft in der Zugbewehrung) und F_{s2d} (Kraft in der Druckbewehrung) zusammengefasst (Bild 4.4-1). Zur Vereinfachung der Berechnung wird das resultierende Moment auf die Höhenlage der Zugbewehrung bezogen. Es wird als M_{Eds} bezeichnet.

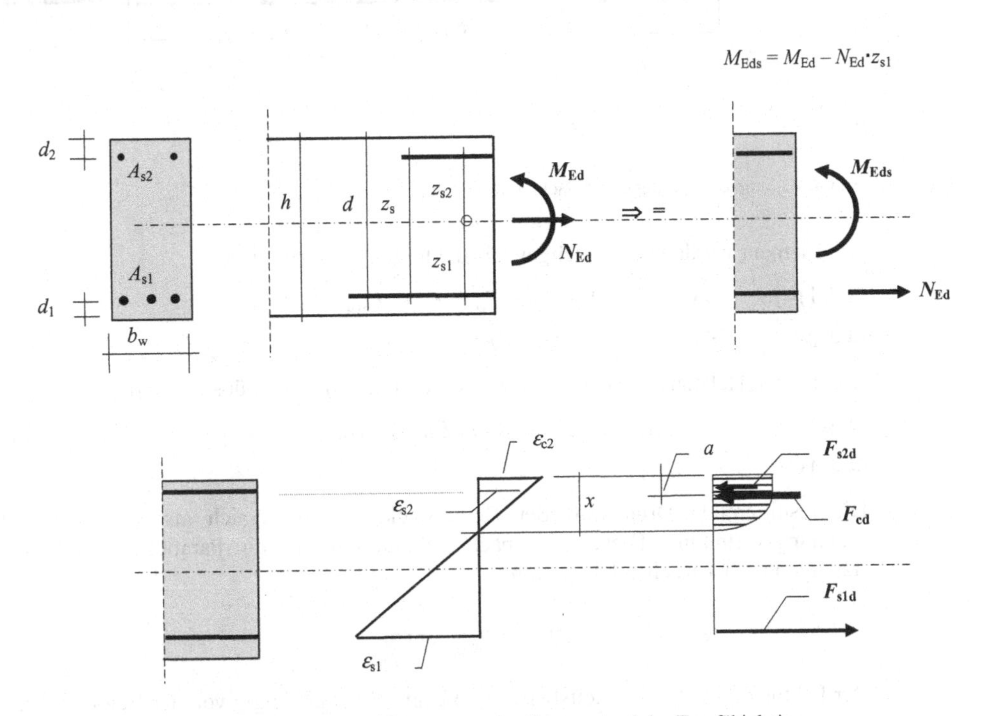

Bild 4.4-1 Schnittgrößen, Dehnungen und Spannungen im Grenzzustand der Tragfähigkeit

Am Balkenelement der Länge ds werden auf die Spannungsresultierenden und die Schnittgrößen die Gleichgewichtsbedingungen angewendet (Bild 4.4-2). Dabei wird im Stahlbetonbau in der Regel (anders als im Spannbetonbau) mit dem Bruttoquerschnitt des Betons gerechnet. Ebenso werden Umlagerungen von Spannungen innerhalb des Querschnittes infolge von Schwinden und Kriechen vernachlässigt (s. a. Abschnitt 4.6.2).

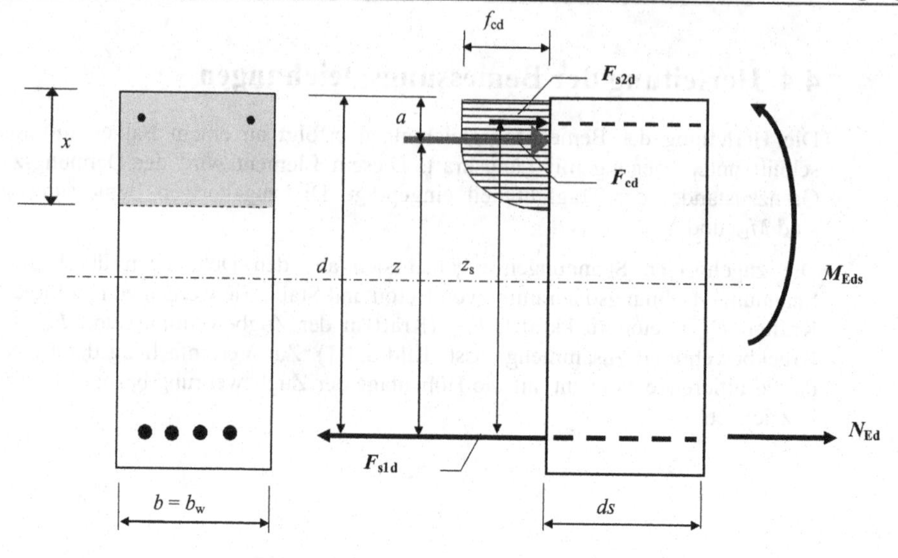

Bild 4.4-2 innere Spannungen und Schnittgrößen am Element

Am Element werden die Gleichgewichtsbedingungen formuliert:

(4.4-1) ΣN $\quad 0 = N_{Ed} + F_{cd} + F_{s2d} - F_{s1d}$

(4.4-2) ΣM $\quad 0 = M_{Eds} - F_{cd} \cdot z - F_{s2d} \cdot z_s$

Die inneren Hebelarme z und z_s werden durch folgende Ausdrücke ersetzt:

(4.4-3) $z = d - a = d - k_a \cdot x = d - k_a \cdot \xi\, d = d \cdot (1 - k_a\, \xi) = \zeta \cdot d$ $\quad$ mit $x = \xi\, d$

(4.4-4) $z_s = d - d_2$

Die resultierende Druckkraft der Betondruckzone ergibt sich als Integral der Druckspannungsverteilung. Diese ist je nach Dehnungszustand ein Parabelstück oder das vollständige Parabel-Rechteckdiagramm:

(4.4-5) $F_{cd} = b_w \int_0^x \sigma_c(x)\, dx = b_w \cdot x \cdot f_{cd} \cdot \alpha_R$

Der Faktor α_R wird Völligkeitsbeiwert genannt. Er ist abhängig von der Betonrandstauchung ε_{cu} und enthält die Lösung des Integrals als Verhältnis der Fläche unter der vorhandenen Spannungsverteilung zu der Spannungsfläche des einhüllenden Rechtecks $x \cdot f_{cd}$.

Die Kennwerte der Biegedruckzone k_a und α_R sind für den gerissenen und den ungerissenen Rechteckquerschnitt für Betonfestigkeitsklassen ≤ C50/60 auf Bild 4.4-3 (aus DAfStb, Heft 220 [4-1] auf EC2 umgeschrieben) dargestellt.

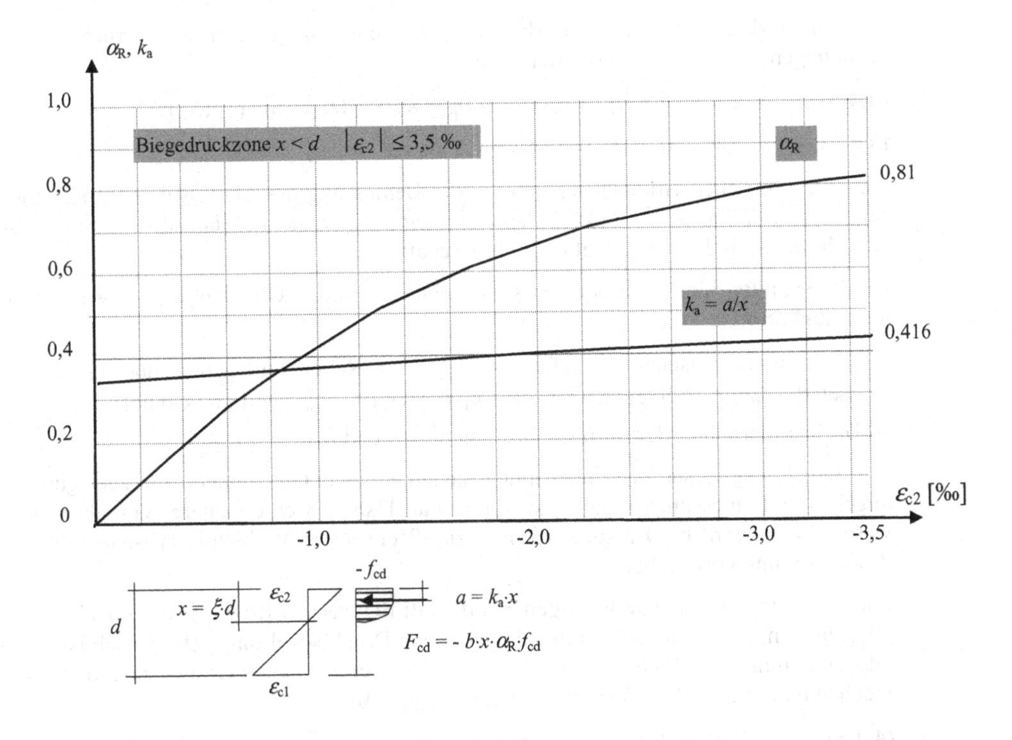

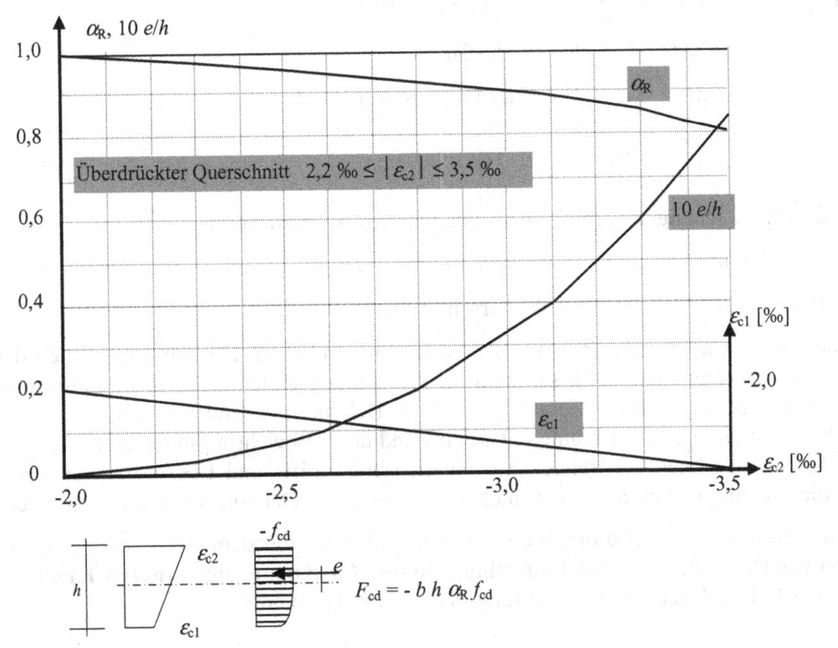

Bild 4.4-3 Kennwerte der Biegedruckzone für Betondruckfestigkeiten ≤ C50/60

Setzt man diese Ausdrücke in die Gleichgewichtsbedingungen ein (Druck- und Zugspannungen jeweils positiv) so erhält man:

(4.4-6) ΣN $0 = N_{Ed} + b_w f_{cd}\, \xi\, d\, \alpha_R + A_{s2}\, \sigma_{s2}\, (\varepsilon_{s2}) - A_{s1}\, \sigma_{s1}\, (\varepsilon_{s1})$

(4.4-7) ΣM $0 = M_{Eds} - b_w f_{cd}\, \xi\, d^2\, \zeta\, \alpha_R - A_{s2}\, \sigma_{s2}\, z_s$

Aus baupraktischen Gründen werden vor der Bemessung die Abmessungen des Betonquerschnittes b_w und h, die Festigkeitsklasse und damit f_{cd} sowie die Stahlsorte und die Lage der Bewehrung d_1 und d_2 festgelegt oder vorgeschätzt.

Da die Schnittgrößen auch bekannt sind verbleiben in den Gleichungen (4.4-6) und (4.4-7) als **Unbekannte**:

- Der Dehnungszustand charakterisiert durch die Randdehnungen $\boldsymbol{\varepsilon_c}$ und $\boldsymbol{\varepsilon_{s1}}$ (damit sind auch die daraus abgeleiteten Größen $\sigma_{s1}(\varepsilon_{s1})$, $\sigma_{s2}(\varepsilon_{s2})$, ξ, ζ und α_R bekannt).
- Die erforderlichen Bewehrungsquerschnitte $\boldsymbol{A_{s1}}$ und $\boldsymbol{A_{s2}}$.

Zur Berechnung dieser vier Unbekannten stehen nur zwei Gleichungen zur Verfügung. Diese allgemeine Bemessungsaufgabe ist somit nur lösbar, wenn weitere Vorgaben gemacht werden, z. B. wird bei Biegung mit Längskraft ein festes Verhältnis zwischen Druck- und Zugbewehrung vorgegeben.

Für den baupraktisch **sehr häufigen Sonderfall der reinen Biegung** vereinfachen sich die Gleichungen. Da hierbei in der Regel auch keine Druckbewehrung erforderlich ist, entfallen alle Größen mit dem Index „2“. Der Index „1“ bei den restlichen Größen kann dann der Einfachheit halber entfallen. Weiterhin ist dann $M_{Eds} = M_{Ed}$.

(4.4-8) ΣN $0 = b_w\, f_{cd}\, \xi\, d\, \alpha_R - A_s\, \sigma_s(\varepsilon_s)$

(4.4.-9) ΣM $0 = M_{Ed} - b_w f_{cd}\, \xi\, d^2\, \zeta\, \alpha_R$

mit $\xi \Rightarrow$ Höhe der Druckzone $x = \xi\, d$

$$\alpha_R = \left(\int_0^x \sigma_c(x)\, dx\right) / (x\, f_{cd})$$ aus Bild 4.4-3

In diesen Gleichungen verbleiben als unabhängige **Unbekannte:**

- Der Dehnungszustand charakterisiert durch die Randdehnungen ε_c und ε_{s1}
- Der erforderliche Bewehrungsquerschnitt A_s

Auch hier ist noch eine überzählige Unbekannte enthalten. Deshalb und wegen der nichtlinearen Zusammenhänge lassen sich die Bemessungsgleichungen nur iterativ lösen. Dies geschieht zumeist durch Vorschätzen eines Dehnungszustandes (wobei eine der Randdehnungen einer Grenzdehnung entspricht) und eines Bewehrungsquerschnittes A_s (bzw. A_{s1} und A_{s2}), Errechnen der inneren Spannungen und Kräfte und Überprüfen mit den Gleichgewichtsbedingungen. Sind diese nicht erfüllt, wird der Dehnungszustand iterativ verbessert.

Das Schnittmoment wird durch ein inneres Kräftepaar mit dem Hebelarm z aufgenommen. Ziel der Berechnung ist die **Ermittlung dieses Hebelarmes der inneren Kräfte** z. Damit lässt sich die erforderliche Bewehrung in einfacher Form angeben.

– Biegung mit Längskraft ohne Druckbewehrung

(4.4-10) $\text{erf}\,A_s = \left(\dfrac{M_{\text{Eds}}}{z} + N_{\text{Ed}}\right) \cdot 1/\sigma_{\text{sd}}$ mit σ_{sd} = Stahlspannung bei $\varepsilon_s \leq \varepsilon_{\text{su}}$

– Reine Biegung

(4.4-11) $\text{erf}\,A_s = \dfrac{M_{\text{Ed}}}{z} \cdot 1/\sigma_{\text{sd}}$

Die Höhe der Druckzone x bzw. die Größe von $\xi = x/d$ beeinflusst die Wirtschaftlichkeit einer Bemessung. Bei einer wirtschaftlichen Bemessung sollte die Spannung in der Biegzugbewehrung immer mindestens die Streckgrenze erreichen, die Dehnung somit $\varepsilon_{s1} \geq \varepsilon_{yd}$ sein. Damit ergibt sich ein oberer Grenzwert für ξ aus der Beziehung $\xi = |\varepsilon_c| / (|\varepsilon_c|+|\varepsilon_s|)$.

Für Betonfestigkeitsklassen bis C50/60 ergibt sich mit den Dehnungen $|\varepsilon_c| = 0{,}0035$ und für B500 mit $\varepsilon_s = \varepsilon_{yd} = f_{yd}/E_s$ unter Beachtung von $f_{yd} = f_{yk}/\gamma_s = 500/1{,}15$ sowie dem Elastizitätsmodul des Stahls $E_s = 200.000$ N/mm^2:

(4.4-12) $\xi_{\text{lim}} = 0{,}617 \approx 0{,}62$ bzw. für das bezogene Moment $\mu_{\text{Eds}} \leq 0{,}37$

Für höhere Betonfestigkeitsklassen ergeben sich niedrigere Werte für ξ_{lim} (Tabelle 4.4-1).

Für größere bezogene Momente ist eine Druckbewehrung A_{s2} zur Verstärkung der Betondruckzone anzuordnen. Andernfalls würde die Spannung der Zugbewehrung weit unter die Streckgrenze absinken, was einen deutlich erhöhten, unwirtschaftlichen Bewehrungsquerschnitt A_{s1} zur Folge hätte.

≤ C50/60		C55/67		C60/75		C70/85		C80/95		C90/105		C100/115	
ξ_{lim}	μ_{Eds}	ξ_{lim}	μ_{Eds}	ξ_{lim}	μ_{Eds}	ξ_{lim}	μ_{Eds}	ξ_{lim}	μ_{Eds}	ξ_{lim}	μ_{Eds}	ξ_{lim}	μ_{Eds}
0,617	0,371	0,588	0,335	0,572	0,310	0,554	0,282	0,545	0,283	0,545	0,266	0,545	0,251
0,45	0,296												
		0.35	0,225	0.35	0,211	0.35	0,195	0.35	0,185	0.35	0,179	0.35	0,179
0,25	0,181	0,15	0,105	0,15	0,098	0,15	0,090	0,15	0,085	0,15	0,084	0,15	0,084

Tabelle 4.4-1: Grenzwerte für die Druckzonenhöhe und zugehörige bezogene Momente

Eine schärfere, gestaffelte Begrenzung der Druckzonenhöhe kann bei statisch unbestimmten Systemen in Hinblick auf die plastische Rotationsfähigkeit eines Querschnittes (Duktilität) erforderlich sein. In solchen Fällen ist bei hohen Betondruckspannungen die plastische Verformbarkeit der Druckzone z. B. durch Druckbewehrung sicherzustellen noch ehe eine wirtschaftliche Ausnutzung der Zugbewehrung erreicht ist (siehe Bemessungstafeln, Abschnitt 4.5 und Momentenumlagerung, Abschnitt 9.). Dann sind je nach den vorliegenden Bedingungen einzuhalten:

(4.4-13) $\xi_{\text{lim}} = 0{,}15$ Plastizitätstheorie, für ≥ C 55/67

$\xi_{\text{lim}} = 0{,}25$ Plastizitätstheorie, für ≤ C 50/60

$\xi_{\text{lim}} = 0{,}35$ für ≥ C 55/67

$\xi_{\text{lim}} = 0{,}45$ für ≤ C 50/60

Die zugehörigen bezogenen Momente μ_{Eds} können Tabelle 4.4-1 entnommen werden.

4.5 Bemessungsverfahren für Rechteckquerschnitte

Für die praktische Anwendung wurden **Bemessungshilfen** entwickelt, welche die Ablesung der erforderlichen Bewehrung bei vorgegebenem Betonquerschnitt, vorgegebenen Baustoffen, vorgegebener Lage der Bewehrung und gegebenen Schnittgrößen gestatten. Wesentliche Bemessungshilfen sind z.B. in [4-3], [4-4] und [4-5] zusammengefasst. Die wichtigsten werden im Folgenden vorgestellt.

Je nach Aufgabenstellung (Biegung, Biegung mit Längskraft bei Balken, Biegung und Längskraft bei Druckgliedern) sind die Bemessungshilfen unterschiedlich aufbereitet.

Für viele Anwendungen hat es sich als günstig herausgestellt, mit dimensionslosen Größen zu arbeiten. Die Schnittgrößen werden dann in folgender Form als Eingangswerte für die Bemessungshilfen verwendet:

- **Überwiegende Biegung** (mit statischer Höhe *d* im Zustand II)

(4.5-1) bezogenes Moment $\mu_{Ed} = \dfrac{M_{Ed}}{b \cdot d^2 \cdot f_{cd}}$

(4.5-2) bezogene Längskraft $\nu_{Ed} = \dfrac{N_{Ed}}{b \cdot d \cdot f_{cd}}$

oder mit nur einem Wert:

(4.5-3) bezogenes Moment $\mu_{Eds} = \dfrac{M_{Eds}}{b \cdot d^2 \cdot f_{cd}}$

- **Überwiegende Längskraft** (mit Höhe des Querschnittes *h* im Zustand I)

(4.5-4) bezogenes Moment $\mu_{Ed} = \dfrac{M_{Ed}}{b \cdot h^2 \cdot f_{cd}}$

(4.5-5) bezogene Längskraft $\nu_{Ed} = \dfrac{N_{Ed}}{b \cdot h \cdot f_{cd}}$

Längskräfte sind vorzeichengerecht einzusetzen, d. h. Zug positiv, Druck negativ. Durch die Verwendung der dimensionslosen Schnittgrößen gelten einheitliche Bemessungsmittel für alle Festigkeitsklassen bis C50/60. Zu den höheren Festigkeitsklassen gehören wegen der unterschiedlichen Spannungs-Dehnungs-Diagramme jeweils eigene Tabellen bzw. Diagramme. Alle Hilfsmittel wurden für B500 erstellt.

Fast alle Bemessungshilfen gelten für den im Massivbau dominierenden Rechteckquerschnitt. Ergänzende Hilfen gibt es für den ebenfalls häufig vorkommenden T-Querschnitt (Plattenbalken). Weitere Tafeln existieren auch für Kreis- und Kreisringquerschnitte.

Hinweis: Es gibt derzeit keine „offiziellen“ Bemessungstafeln. Alle veröffentlichten Tafeln können je nach Lösungsweg leicht unterschiedliche Ergebnisse zur Folge haben. Die dritte Nachkommastelle ist in der Regel ungenau. Es gibt auch Tafeln, die den Anstieg der Spannungs-Dehnungslinie des Stahls oberhalb der Streckgrenze vernachlässigen. In diesem Fall kann bis zu etwa 5% mehr Bewehrung errechnet werden.

4.5.1 Allgemeine Bemessungsdiagramme für den Rechteckquerschnitt

Die Diagramme sind eine grafische Darstellung der Lösungen der Bemessungsgleichungen. Sie können für beliebige Festigkeitsklassen von Stahl und Beton angewendet werden. Eingangswert ist die bezogene Bemessungsschnittgröße μ_{Eds}.

- **Anwendung ohne Druckbewehrung** ($\xi_{lim} \approx 0{,}62$ bzw. $\mu_{Eds} \leq 0{,}37$ für ≤ C50/60)

Tragwerksteile mit reiner Biegung ($N = 0$) oder geringer Längskraft werden wirtschaftlich so bemessen, dass nur eine Zugbewehrung A_{s1} ($A_{s2} = 0$) erforderlich wird. Dabei ist anzustreben, dass diese mindestens bis zur Streckgrenze (d. h. $\varepsilon_{s1} \geq \varepsilon_{yd}$) ausgenutzt wird.

Bei Biegung mit großer Druckkraft („Druckglieder“) ist Druckbewehrung unverzichtbar, bei reiner Biegung sollte sie nur ausnahmsweise (z. B. bei örtlichen Querschnittsschwächungen) angewendet werden. Die Grenze, bis zu der ein Querschnitt ohne Druckbewehrung als wirtschaftlich gilt, wurde in Abschnitt 4.4 zu $\xi_{lim} \approx 0{,}62$ bzw. zu $\mu_{Eds} \leq 0{,}37$ ermittelt.

Ablauf der Bemessung:

bekannt oder geschätzt:

M_{Ed}, N_{Ed}	aus statischer Berechnung
b_w, h, d	vorgewählt: Betonquerschnitt, Lage der Bewehrung
f_{ck}	gewählte Betonfestigkeitsklasse
f_{yk}	gewählte Betonstahlsorte

⇓

Eingangswert für Diagramm:

$$\mu_{Ed} = \frac{M_{Ed}}{bd^2 f_{cd}} \quad \text{bzw.} \quad \mu_{Eds} = \frac{M_{Eds}}{bd^2 f_{cd}}$$

⇓

aus Diagramm abgelesen:

$\zeta \Rightarrow z = \zeta d$	Hebelarm der inneren Kräfte
$\varepsilon_c, \varepsilon_s \Rightarrow \sigma_{sd}$	Dehnungszustand, Stahlspannung

⇓

Bemessung der Bewehrung:

$$\text{erf}\,A_s = \left(\frac{M_{Eds}}{z} + N_{Ed}\right) \cdot \frac{1}{\sigma_{sd}}$$

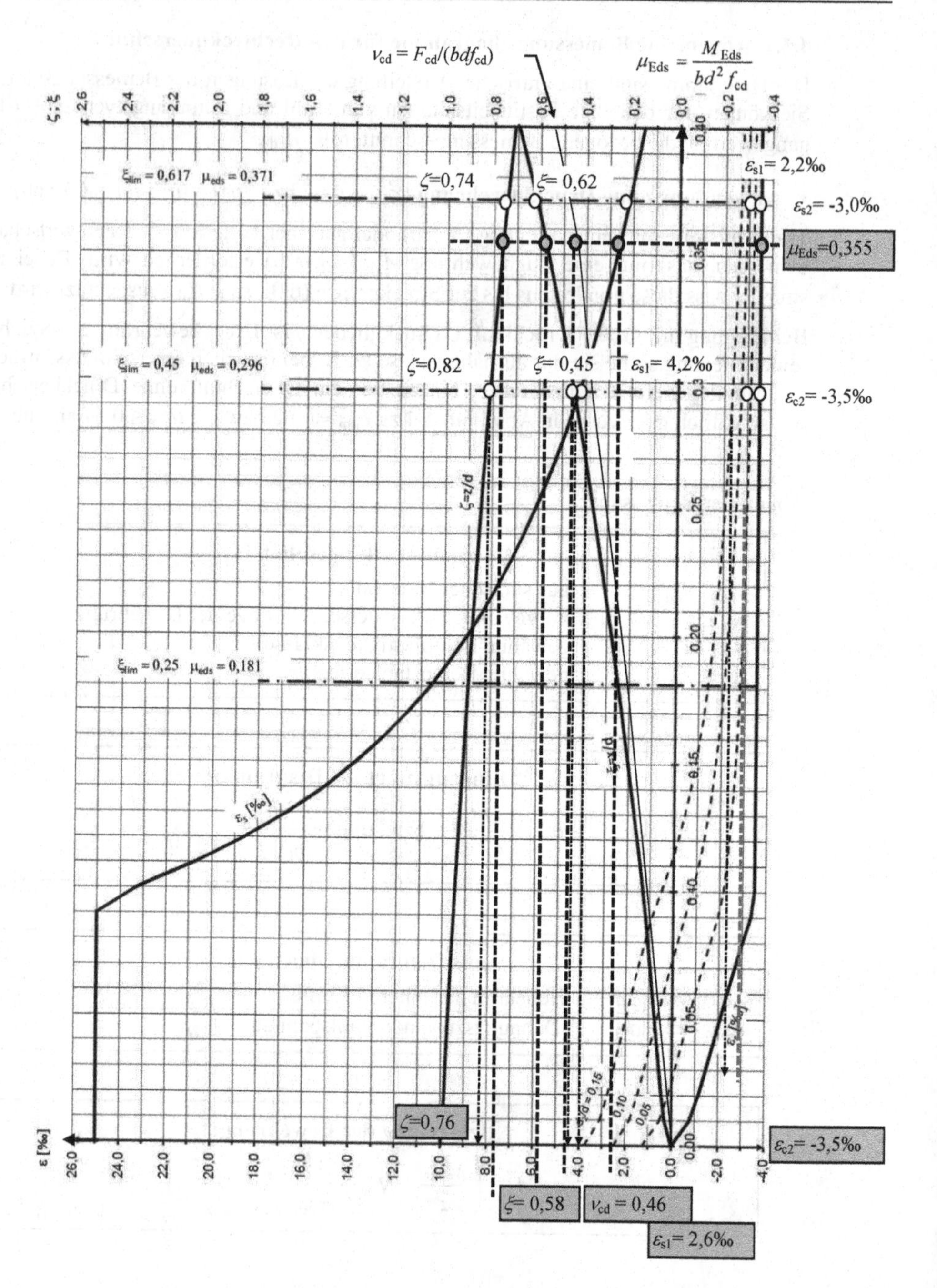

Bild 4.5-1 Allgemeines Bemessungsdiagramm [4-2] für Rechteckquerschnitte unter Bemessungsschnittgrößen (mit Ablesung für Beispiel 4.7.1, Werte eingerahmt) – **Festigkeitsklassen ≤ C50/60**

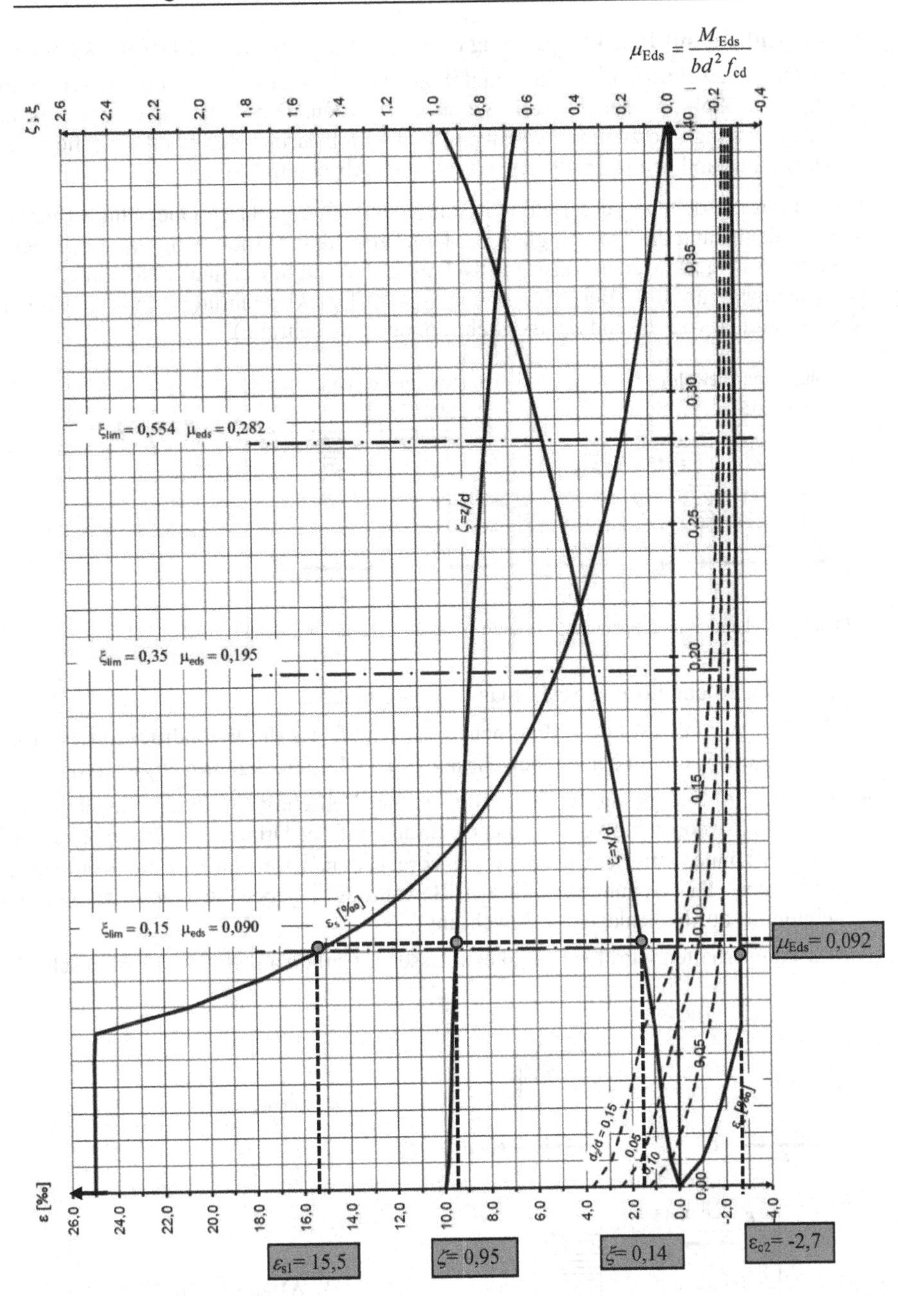

Bild 4.5-2 Allgemeines Bemessungsdiagramm [4-2] für Rechteckquerschnitte unter Bemessungsschnittgrößen (mit Ablesung für Beispiel 4.7.2, Werte eingerahmt) – **Festigkeitsklasse C70/85**

Für die anderen Festigkeitsklassen ≥ C55/67 existieren entsprechende Diagramme, z. B. in [4-3], [4-4] und [4-5].

- **Anwendung mit Druckbewehrung** ($\xi > \xi_{lim} \approx 0{,}62$ bzw. $\mu_{Eds} > 0{,}37$ für ≤ C50/60)

Ohne Druckbewehrung kann die Tragfähigkeit der Druckzone nur durch Verschieben der Nulllinie in Richtung der Zugseite gesteigert werden. Dies führt zu einem Absinken der Stahlzugdehnung und zu einer Verringerung des Hebelarmes der inneren Kräfte z (Bild 4.5-3). Dieser Zustand ist unwirtschaftlich (vgl. auch Abschnitt 4.4).

Wird die Grenzdehnung des Betons in einem einfach bewehrten Querschnitt (nur A_{s1}) ausgenutzt, dann kann die Tragfähigkeit der Druckzone durch Anordnung von Druckbewehrung (A_{s2}) so gesteigert werden, dass die Dehnung der Zugbewehrung nicht unter die Streckgrenzdehnung abfällt. Bei Anordnung einer Druckbewehrung sind unendlich viele Kombinationen von A_{s1} und A_{s2} möglich (doppelte Bewehrung).

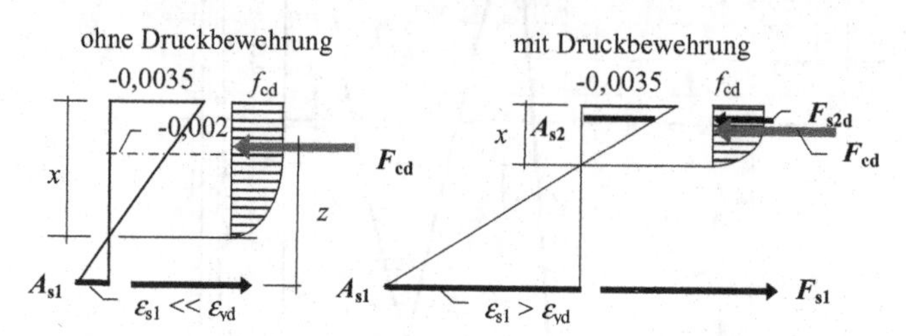

Bild 4.5-3 Dehnungs- und Spannungszustände ohne (links) und mit (rechts) Druckbewehrung

Eine wirtschaftliche Lösung erhält man folgendermaßen:

- Man bringt zunächst ein Teilmoment $M_{Eds,lim}$ auf, das die Betondruckzone voll ausnutzt ($\varepsilon_{cu} = -0{,}0035$) und in der Zugbewehrung gerade die Streckgrenze (ε_{yd}) hervorruft.
- Eine weitere Steigerung der Tragfähigkeit **bei Beibehaltung** dieses Dehnungszustandes wird durch Anordnung von Zulagebewehrung auf der Druck- und Zugseite möglich. Die Zulagen können mit dem geometrisch vorgegebenen Hebelarm z_s ein Kräftepaar ΔM_{Eds} aufnehmen. Die Spannungen in der Bewehrung ergeben sich aus den Querschnittsdehnungen auf Höhenlage der Bewehrung.

Dieses Tragverhalten wird für Festigkeitsklassen ≤ C50/60 auf Bild 4.5-4 veranschaulicht.

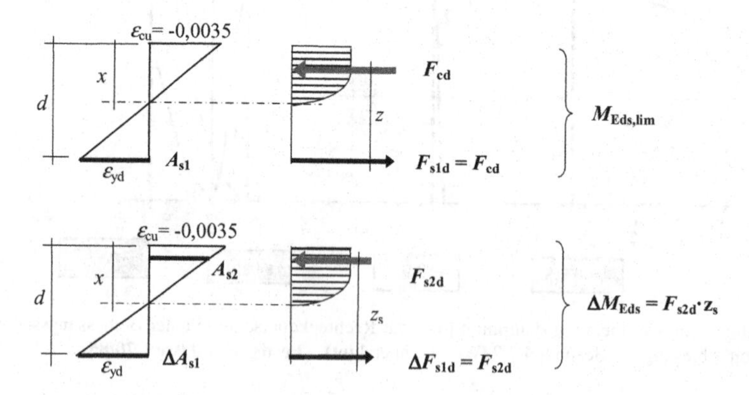

Bild 4.5-4 Aufteilen des Gesamtmomentes M_{Eds} auf den einfach bewehrten Querschnitt und auf die Zulagebewehrung

Ablauf der Bemessung:

bekannt oder geschätzt:

M_{Ed}, N_{Ed} bzw. M_{Eds} aus statischer Berechnung
b_w, h, d_1, d_2 vorgewählt: Betonquerschnitt, Lage der Bewehrungen
f_{ck} gewählte Betonfestigkeitsklasse
f_{yk} gewählte Betonstahlsorte

⇓

Eingangswerte für Diagramm:

Aufteilen des Momentes: $M_{Eds} = M_{Eds,lim} + \Delta M_{Eds}$
bzw. $\mu_{Eds} = \mu_{Eds,lim} + \Delta\, \mu_{Ed}$ mit $\mu_{Eds,lim} = 0{,}37$ für B500

⇓

aus Diagramm abgelesen:

$\zeta \Rightarrow z = \zeta d$ Hebelarm der inneren Kräfte des einfach bewehrten Querschnittes
$\varepsilon_c, \varepsilon_{s1}, \varepsilon_{s2} \Rightarrow \sigma_{sd1}, \sigma_{sd2}$ zugehöriger Dehnungszustand, Stahlspannungen

⇓

Bemessung der Bewehrung:

$$\text{erf } A_{s1} = \left(\frac{M_{Eds,lim}}{z} + \frac{\Delta M_{Eds}}{d - d_2} + N_{Ed}\right) \cdot \frac{1}{\sigma_{sd1}}$$

$$\text{erf } A_{s2} = \frac{\Delta M_{Eds}}{d - d_2} \cdot \frac{1}{\sigma_{sd2}}$$

4.5.2 Bemessungsverfahren mit dimensionsgebundenen Beiwerten: „k_d – Verfahren“

Lösungen der Bemessungsgleichungen können auch in Tabellenform angegeben werden. Das dimensionsgebundene „k_d – Verfahren“ erlaubt es, eine schon seit Jahrzehnten beliebte, den jeweils neuesten Bemessungsgrundlagen immer wieder angepasste Darstellung der Stahlbetonbemessung weiterhin zu nutzen.

Die Tabellen sind dimensionsgebunden und nicht dimensionsrein. Die angegebenen Dimensionen sind daher unbedingt einzuhalten.

In [4-3], [4-4] und in [4-5] sind umfangreiche Tafeln abgedruckt. Bild 4.5-5 zeigt die Tafel für einfache Bewehrung, auf Bild 4.5-6/7 sind Tafeln für doppelte Bewehrung wiedergegeben. Die markierten Zahlen beziehen sich auf die Beispiele.

Tafeleingangswert ist der sogenannte k_d - Wert, der aus statischer Höhe d, Querschnittsbreite b und dem Bemessungsmoment M_{Ed} bzw. M_{Eds} bei Biegung mit Längskraft errechnet wird:

$$k_d = \frac{d\,[\text{cm}]}{\sqrt{\dfrac{M_{Eds}\,[\text{kNm}]}{b\,[\text{m}]}}} \tag{4.5-6}$$

Zu einem Eingangswert k_d kann man aus den Tafeln ablesen:

- Den Dehnungszustand unter Bemessungsschnittgrößen ε_{s1}, ε_{c2}
- Die bezogene Druckzonenhöhe ξ
- Den bezogenen Hebelarm der inneren Kräfte ζ (auf den Tafeln k_z genannt)
- Als wichtigste Größe den **Bewehrungsbeiwert k_s bzw. k_{s1} und k_{s2}** mit den Korrekturwerten ρ_1 und ρ_2.

Die Anwendungsbereiche der Tafeln für einfache und für doppelte Bewehrung (A_{s1} und A_{s2}) überschneiden sich. Eine Aufteilung des Momentes bei doppelter Bewehrung ist nicht nötig. Die Faktoren ρ dienen zur Anpassung an unterschiedliche Bewehrungslagen d_1 und d_2.

- **Anwendung ohne Druckbewehrung**

Ablauf der Bemessung:

bekannt oder geschätzt:

M_{Ed}, N_{Ed} bzw. M_{Eds}	aus statischer Berechnung
b,h,d_1, d_2	vorgewählt: Betonquerschnitt, Lage der Bewehrungen
f_{ck}	gewählte Betonfestigkeitsklasse
f_{yk}	gewählte Betonstahlsorte

⇓

Eingangswert für Diagramm:

M_{Ed} oder M_{Eds} $\Rightarrow$ $k_d = \dfrac{d\,[\text{cm}]}{\sqrt{\dfrac{M_{Eds}\,[\text{kNm}]}{b\,[\text{m}]}}}$

⇓

aus Diagramm abgelesen:

$\xi \Rightarrow x = \xi d$	Druckzonenhöhe für Beurteilung der Rotation	
$\zeta \Rightarrow z = \zeta d$	Hebelarm der inneren Kräfte	für Bemessung i.a.
ε_c, $\varepsilon_s \Rightarrow \sigma_{sd}$	Dehnungszustand, Stahlspannung	nicht erforderlich
$k_s \Rightarrow A_s$	Bewehrungsquerschnitt	

⇓

Bemessung der Bewehrung:

$$\textbf{erf } A_s \textbf{ [cm}^2\textbf{]} = \frac{M_{Eds}[\text{kNm}]}{d[\text{cm}]} \cdot k_s + 10 \frac{N_{Ed}[\text{kN}]}{\sigma_{sd}\left[\text{N}/\text{mm}^2\right]}$$

- **Anwendung mit Druckbewehrung**

Ablauf der Bemessung:

bekannt oder geschätzt:

M_{Ed}, N_{Ed} bzw. M_{Eds}	aus statischer Berechnung
b,h,d_1,d_2	vorgewählt: Betonquerschnitt, Lage der Bewehrungen
f_{ck}	gewählte Betonfestigkeitsklasse
f_{yk}	gewählte Betonstahlsorte

⇓

Eingangswert für Diagramm:

$$M_{Ed} \text{ oder } M_{Eds} \quad \Rightarrow \quad k_d = \frac{d[\text{cm}]}{\sqrt{\dfrac{M_{Eds}[\text{kNm}]}{b[\text{m}]}}}$$

⇓

aus Diagramm für d_2/d abgelesen:

$\xi > \xi_{lim}$	Druckzonenhöhe für Beurteilung der Rotation
k_{s1}, $\rho_1 \Rightarrow A_{s1}$	Bewehrungsquerschnitt der Zugbewehrung
k_{s2}, $\rho_2 \Rightarrow A_{s2}$	Bewehrungsquerschnitt der Druckbewehrung

⇓

Bemessung der Bewehrung:

$$\textbf{erf } A_{s1} \textbf{ [cm}^2\textbf{]} = \rho_1 \frac{M_{Eds}[\text{kNm}]}{d[\text{cm}]} \cdot k_{s1} + 10 \frac{N_{Ed}[\text{kN}]}{f_{yd}\left[\text{N}/\text{mm}^2\right]}$$

$$\textbf{erf } A_{s2} \textbf{ [cm}^2\textbf{]} = \rho_2 \frac{M_{Eds}[\text{kNm}]}{d[\text{cm}]} \cdot k_{s2}$$

k_d für Betonfestigkeitsklasse									k_s	ξ	ζ	ε_{c2}	ε_{s1}
12/15	16/20	20/25	25/30	30/37	35/45	40/50	45/55	50/60				‰	‰
14,4	12,4	11,1	9,95	9,09	8,41	7,87	7,42	7,04	2,21	0,025	0,991	-0,64	25,00
7,90	6,84	6,12	5,47	5,00	4,63	4,33	4,08	3,87	2,23	0,048	0,983	-1,26	25,00
5,87	5,08	4,55	4,07	3,71	3,44	3,22	3,03	2,88	2,25	0,069	0,975	-1,84	25,00
4,94	4,27	3,82	3,42	3,12	2,89	2,70	2,55	2,42	2,27	0,087	0,966	-2,38	25,00
4,38	3,80	3,40	3,04	2,77	2,57	2,40	2,26	2,15	2,29	0,104	0,958	-2,89	25,00
4,00	3,47	3,10	2,78	2,53	2,35	2,20	2,07	1,96	2,31	0,120	0,950	-3,40	25,00
3,63	3,14	2,81	2,51	2,29	2,12	1,99	1,87	1,78	2,36	0,147	0,939	-3,50	20,29
3,35	2,90	2,60	2,32	2,12	1,96	1,84	1,73	1,64	2,40	0,174	0,927	-3,50	16,56
3,14	2,72	2,43	2,18	1,99	1,84	1,72	1,62	1,54	2,45	0,201	0,916	-3,50	13,90
2,97	2,57	2,30	2,06	1,88	1,74	1,63	1,53	1,46	2,49	0,227	0,906	-3,50	11,91
2,85	2,47	2,21	1,97	1,80	1,67	1,56	1,47	1,40	2,52	0,250	0,896	-3,50	10,52
2,72	2,46	2,11	1,89	1,72	1,59	1,49	1,41	1,33	2,56	0,277	0,885	-3,50	9,12
2,62	2,27	2,03	1,82	1,66	1,54	1,44	1,36	1,29	2,60	0,302	0,875	-3,50	8,10
2,54	2,20	1,97	1,76	1,61	1,49	1,39	1,31	1,24	2,63	0,325	0,865	-3,50	7,26
2,47	2,14	1,91	1,71	1,56	1,44	1,35	1,27	1,21	2,66	0,350	0,854	-3,50	6,50
2,41	2,08	1,86	1,67	1,52	1,41	1,32	1,24	1,18	2,70	0,371	0,846	-3,50	5,93
2,35	2,03	1,82	1,63	1,49	1,38	1,29	1,21	1,15	2,73	0,393	0,836	-3,50	5,40
2,28	1,98	1,77	1,58	1,44	1,34	1,25	1,18	1,12	2,77	0,422	0,824	-3,50	4,79
2,23	1,93	1,73	1,54	1,41	1,30	1,22	1,15	1,09	2,82	0,450	0,813	-3,50	4,27
2,18	1,89	1,69	1,51	1,38	1,28	1,19	1,13	1,07	2,86	0,477	0,801	-3,50	3,83
2,14	1,85	1,65	1,48	1,35	1,25	1,17	1,10	1,05	2,90	0,504	0,790	-3,50	3,44
2,10	1,82	1,62	1,45	1,33	1,23	1,15	1,08	1,03	2,94	0,530	0,780	-3,50	3,11
2,06	1,79	1,60	1,43	1,30	1,21	1,13	1,07	1,01	2,99	0,555	0,769	-3,50	2,81
2,03	1,75	1,57	1,40	1,28	1,19	1,11	1,05	0,99	3,04	0,585	0,757	-3,50	2,48
1,99	1,72	1,54	1,38	1,26	1,17	1,09	1,03	0,98	3,09	0,617	0,743	-3,50	2,17

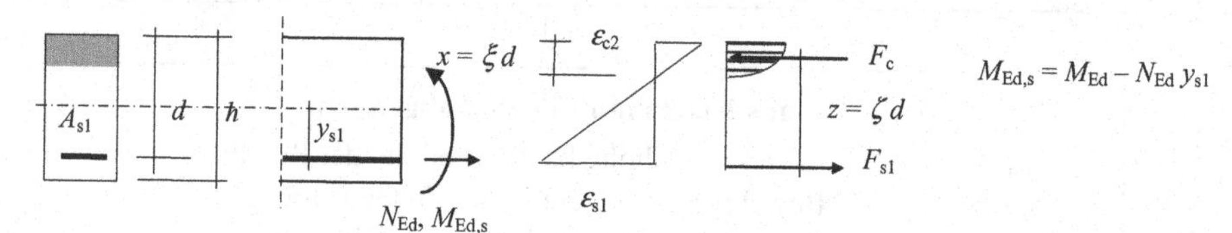

$$k_d = d[\text{cm}] \Big/ \sqrt{\frac{M_{Ed,s}[\text{kNm}]}{b[\text{m}]}}$$

$$A_{s1}\ [\text{cm}^2] = k_s\ M_{Ed,s}[\text{kNm}]/d[\text{cm}] + 10 \cdot N_{Ed}[\text{kN}]/\sigma_{sd}[\text{N/mm}^2]$$

mit $\sigma_{sd} = \sigma_s(\varepsilon_s) = 433 + 0{,}942\ \varepsilon_{s1}[‰]$

Bild 4.5-5 k_d - Tafeln für einfache Bewehrung - ≤ C50/60 - B500 (mit Ablesung für Beispiel 4.7.1 und 4.7.2)

$\xi = 0{,}62$ k_d für Betonfestigkeitsklasse							k_{s1}	k_{s2}
20/25	25/30	30/37	35/45	40/50	45/55	50/60		
1,54	1,38	1,26	1,17	1,09	1,03	0,98	3,09	0,00
1,51	1,35	1,23	1,14	1,07	1,01	0,96	3,07	0,10
1,48	1,32	1,21	1,12	1,05	0,99	0,93	3,04	0,20
1,45	1,29	1,18	1,09	1,02	0,96	0,91	3,02	0,30
1,41	1,26	1,15	1,07	1,00	0,94	0,89	2,99	0,40
1,38	1,23	1,12	1,04	0,97	0,92	0,87	2,97	0,50
1,34	1,20	1,10	1,01	0,95	0,89	0,85	2,94	0,60
1,31	1,17	1,07	0,99	0,92	0,87	0,83	2,92	0,70
1,27	1,13	1,04	0,96	0,90	0,85	0,80	2,89	0,80
1,23	1,10	1,00	0,93	0,87	0,82	0,78	2,87	0,90
1,19	1,06	0,97	0,90	0,84	0,79	0,75	2,84	1,00
1,11	0,99	0,90	0,84	0,78	0,74	0,70	2,79	1,20
1,02	0,91	0,83	0,77	0,72	0,68	0,64	2,74	1,40

Beispiel 4.7.4

d_2/d	ρ_1 für k_{s1} =									ρ_2
	3,09	2,03	2,97	2,91	2,85	2,82	2,79	2,76	2,72	
0,07	1,00	1,00	1,00	1,00	1,00	1,00	1,00	1,00	1,00	1,00
0,10	1,00	1,00	1,01	1,01	1,01	1,01	1,01	1,02	1,02	1,03
0,12	1,00	1,00	1,01	1,01	1,02	1,02	1,02	1,03	1,03	1,06
0,15	1,00	1,01	1,02	1,03	1,04	1,03	1,05	1,05	1,06	1,11
0,20	1,00	1,01	1,03	1,04	1,06	1,06	1,07	1,08	1,08	1,16

$\xi = 0{,}45$ k_d für Beton				k_{s1}	k_{s2}
20/25	25/30	30/37	35/45		
1,73	1,54	1,41	1,30	2,83	0,00
1,69	1,51	1,38	1,28	2,82	0,10
1,65	1,48	1,35	1,25	2,80	0,20
1,62	1,45	1,32	1,22	2,79	0,30
1,58	1,41	1,29	1,19	2,77	0,40
1,54	1,38	1,26	1,17	2,76	0,50
1,50	1,34	1,23	1,14	2,74	0,60
1,46	1,31	1,19	1,10	2,73	0,70
1,42	1,27	1,16	1,07	2,71	0,80
1,38	1,23	1,12	1,04	2,70	0,90
1,33	1,19	1,09	1,01	2,69	1,00
1,24	1,11	1,01	0,94	2,66	1,20
1,14	1,02	0,93	0,86	2,63	1,40

Beispiel 4.7.1

$$M_{Ed,s} = M_{Ed} - N_{Ed}\, y_{s1}$$

d_2/d	$\xi = 0{,}45$ ρ_1 für k_{s1} =				ρ_2
	2,80	2,74	2,68	2,63	
0,07	1,00	1,00	1,00	1,00	1,00
0,10	1,00	1,01	1,01	1,02	1,03
0,12	1,00	1,01	1,02	1,03	1,06
0,16	1,01	1,02	1,04	1,06	1,11
0,20	1,01	1,04	1,06	1,09	1,30

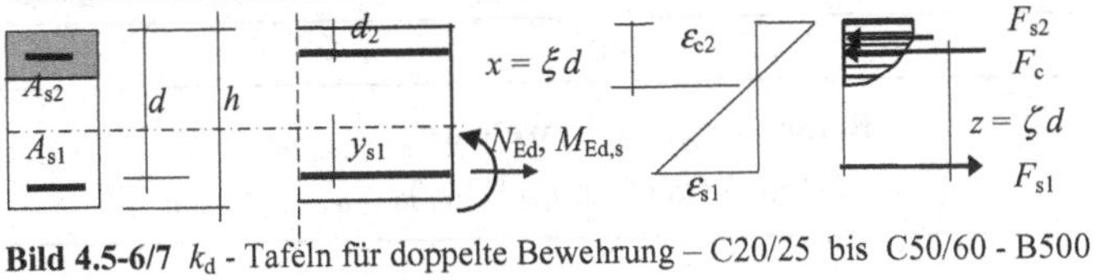

$$A_{s1}\,[\text{cm}^2] = \rho_1\, k_{s1}\, M_{Ed,s}[\text{kNm}]/d[\text{cm}] + 10 \cdot N_{Ed}[\text{kN}]/f_{yd}\,[\text{N/mm}^2]$$

$$A_{s2}\,[\text{cm}^2] = \rho_2\, k_{s2}\, M_{Ed,s}[\text{kNm}]/d[\text{cm}]$$

A_{s2} A_{s1} d h d_2 y_{s1} $x = \xi d$ N_{Ed}, $M_{Ed,s}$ ε_{c2} ε_{s1} F_{s2} F_c $z = \zeta d$ F_{s1}

Bild 4.5-6/7 k_d - Tafeln für doppelte Bewehrung – C20/25 bis C50/60 - B500

(mit Ablesung für Beispiele 4.7.1 und 4.7.4)

4.5.3 Bemessungsverfahren mit dimensionslosen Beiwerten: „ω-Verfahren"

Weniger fehleranfällig und bei fast allen Bemessungshilfen üblich ist die Anwendung dimensionsloser, sogenannter „bezogener" Schnittgrößen. Die Benutzung dimensionsloser Größen als Eingangswerte hat zudem den Vorteil, dass ein Diagramm für alle Betonstahlsorten und alle Betonfestigkeitsklassen bis C50/60 gilt. Bei einfach bewehrten Querschnitten reicht somit für diese Betone bei Biegung ohne oder mit Längskraft eine Tabelle (Bild 4.5-8) zur eindeutigen Ermittlung des Bemessungsbeiwertes ω. Dieser stellt bei reiner Biegung den sogenannten mechanischen Bewehrungsgrad dar. Für die Betone höherer Festigkeit werden allerdings wegen ihres jeweils anderen Spannungs-Dehnungsverhaltens (Bild 4.3-1) gesonderte Tafeln erforderlich.

Bei doppelt bewehrten Querschnitten kann die Lösung von verschiedenen Vorgaben abhängig gemacht werden. Es wurde schon erwähnt, dass z. B. zur Sicherstellung einer ausreichenden Rotationsfähigkeit des Querschnittes eine Begrenzung der Druckzonenhöhe $x = \xi d$ erforderlich seien kann. Die Zahlentafeln auf den Bildern 4.5-9 und 4.5-10 wurden mit der Bedingung ermittelt, dass die Druckzonenhöhe jeweils einem festen, vorgegebenen Wert ξ_{lim} entspricht.

- **Anwendung ohne Druckbewehrung**

Ablauf der Bemessung:

bekannt oder geschätzt:

M_{Ed}, N_{Ed} bzw. M_{Eds}	aus statischer Berechnung (Druckkraft negativ einsetzen)
b, h, d_1, d_2	vorgewählt: Betonquerschnitt, Lage der Bewehrung
f_{ck}	gewählte Betonfestigkeitsklasse
f_{yk}	gewählte Betonstahlsorte

⇓

Eingangswert für Diagramm:

$$\mu_{Ed} = \frac{M_{Ed}}{bd^2 f_{cd}} \quad \text{bzw.} \quad \mu_{Eds} = \frac{M_{Eds}}{bd^2 f_{cd}}$$

⇓

aus Diagramm abgelesen:

$\xi \Rightarrow x = \xi d$	Druckzonenhöhe für Beurteilung der Rotation	
$\zeta \Rightarrow z = \zeta d$	Hebelarm der inneren Kräfte	für Bemessung i.a.
ε_c, $\varepsilon_s \Rightarrow \sigma_{sd}$	Dehnungszustand, Stahlspannung	nicht alle erforderlich
$\omega \Rightarrow A_s$	Bewehrungsquerschnitt	

⇓

Bemessung der Bewehrung:

$$\text{erf } A_s\ [\text{cm}^2] = (\omega b\, d f_{cd} + N_{Ed}) / \sigma_{sd}$$

- **Anwendung mit Druckbewehrung**

Ablauf der Bemessung:

bekannt oder geschätzt:

M_{Ed},N_{Ed} bzw. M_{Eds}	aus statischer Berechnung (Druckkraft negativ einsetzen)
b,h,d_1,d_2	vorgewählt: Betonquerschnitt, Lage der Bewehrungen
f_{ck}	gewählte Betonfestigkeitsklasse
f_{yk}	gewählte Betonstahlsorte
ξ_{lim}	vorgewählt

⇓

Eingangswert für Diagramm:

$$\mu_{Ed} = \frac{M_{Ed}}{bd^2 f_{cd}} \quad \text{bzw.} \quad \mu_{Eds} = \frac{M_{Eds}}{bd^2 f_{cd}}$$

⇓

aus Diagramm abgelesen:

ω_1, ω_2 $\Rightarrow A_{s1}$, A_{s2}	Bewehrungsquerschnitte
σ_{sd1}, σ_{sd2}	Stahlspannungen

⇓

Bemessung der Bewehrung:

erf A_{s1} **[cm²]** $= (\omega_1\, b\, d\, f_{cd} + N_{Ed}) / \sigma_{s1d}$

erf A_{s2} **[cm²]** $= \omega_2\, b\, d\, f_{cd} / \sigma_{s2d}$

Für baupraktische Zwecke reichen bei den ω-, ξ- und ζ-Werten zwei von null verschiedene Ziffern nach dem Komma völlig aus. Eine Interpolation auf mehr Stellen ist bei Anwendung der Tafeln völlig unangebracht und täuscht eine Genauigkeit vor, die in keinem Verhältnis zum Näherungscharakter der Bemessung steht.

Im Folgenden werden Tafeln für die Betonfestigkeitsklassen bis C50/60 und beispielhaft eine Tafel für Beton C70/85 wiedergegeben. Weitere Tafeln finden sich z.B. in [4-3] und [4-4] und [4-5]. Die markierten Zahlen in den Tafeln beziehen sich auf die Beispiele.

Für das Verhältnis ξ_{lim} = 0,62 liegen derzeit keine ω Tafeln für doppelte Bewehrung vor. Diese Begrenzung tritt aber fast ausschließlich bei statisch bestimmten Balken auf. Da Druckbewehrung bei diesen Bauteilen in der Regel vermieden werden sollte, ist dieser Fall selten. Erforderlichenfalls kann auf das allgemeine Bemessungsdiagramm oder die Tafeln 4.5-6/7 zurückgegriffen werden.

μ_{Eds}	ω	$\xi = x/d$	$\zeta = z/d$	ε_{c2} [‰]	ε_{s1} [‰]	σ_{sd} [N/mm²]
0,01	0,010	0,030	0,990	-0,77	25,00	456,5
0,02	0,020	0,044	0,985	-1,15		
0,03	0,031	0,055	0,980	-1,46		
0,04	0,041	0,066	0,976	-1,76		
0,05	0,051	0,076	0,971	-2,06		
0,06	0,062	0,086	0,967	-2,37		
0,07	0,073	0,097	0,962	-2,68		
0,08	0,084	0,107	0,956	-3,01		
0,09	0,095	0,118	0,951	-3,35	25,00	456,5
0,10	0,106	0,131	0,946	-3,50	23,29	455
0,11	0,117	0,145	0,940		20,71	453
0,12	0,128	0,159	0,934		18,55	450
0,13	0,140	0,173	0,928		16,73	449
0,14	0,152	0,188	0,922		15,16	447
0,15	0,164	0,202	0,916		13,80	446
0,16	0,176	0,217	0,910		12,61	445
0,17	0,188	0,232	0,903		11,56	444
0,18	0,201	0,248	0,897		10,62	443
0,19	0,214	0,264	0,890		9,78	442
0,20	0,226	0,280	0,884		9,02	441
0,21	0,239	0,296	0,877		8,33	441
0,22	0,253	0,312	0,870		7,71	440
0,23	0,266	0,329	0,863		7,13	440
0,24	0,280	0,346	0,856		6,60	439
0,25	0,295	0,364	0,849		6,12	439
0,26	0,309	0,382	0,841		5,67	438
0,27	0,324	0,400	0,834		5,25	438
0,28	0,339	0,419	0,826		4,86	438
0,29	0,355	0,438	0,818		4,49	437
0,30	0,371	0,458	0,810		4,15	437
0,31	0,387	0,478	0,801		3,82	437
0,32	0,404	0,499	0,793		3,52	436
0,33	0,421	0,520	0,784		3,23	436
0,34	0,439	0,542	0,774		2,95	436
0,35	0,458	0,565	0,765		2,69	436
0,36	0,477	0,589	0,755		2,44	435
0,37	0,497	0,614	0,745		2,20	435
0,38	0,518	0,640	0,734		1,97	395
0,39	0,540	0,667	0,723		1,75	350
0,40	0,563	0,695	0,711	-3,50	1,54	307

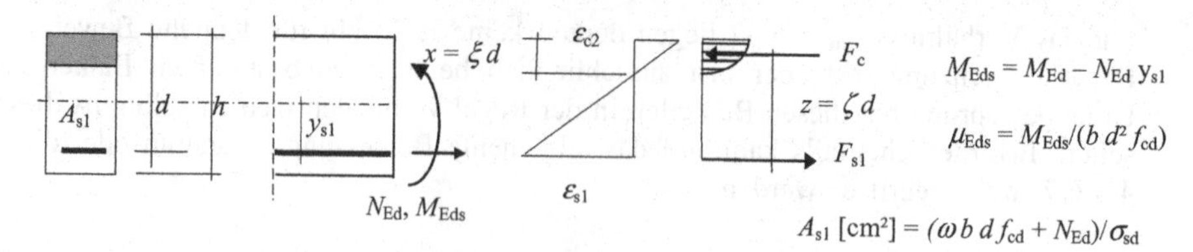

Bild 4.5-8 ω- Tafel für einfache Bewehrung - **≤ C50/60** - B500 [4-2] (Ablesung für Beispiel 4.7.1 und 4.7.2)

μ_{Eds}	ω	$\xi = x/d$	$\zeta = z/d$	ε_{c2} [‰]	ε_{s1} [‰]	σ_{sd} [N/mm²]
0,01	0,010	0,037	0,987	-0,96	25,00	456,5
0,02	0,020	0,053	0,982	-1,40		
0,03	0,031	0,066	0,977	-1,76		
0,04	0,041	0,077	0,973	-2,09		
0,05	0,052	0,087	0,969	-2,39		
0,06	0,062	0,098	0,965	-2,70	24,96	456,5
0,07	0,073	0,115	0,959	-2,70	20,86	453
0,08	0,084	0,132	0,952		17,78	450
0,09	0,095	0,149	0,946		15,38	447
0,10	0,106	0,167	0,940		13,46	446
0,11	0,118	0,185	0,933		11,89	444
0,12	0,130	0,203	0,926		10,58	443
0,13	0,141	0,222	0,920		9,47	442
0,14	0,153	0,241	0,913		8,52	441
0,15	0,166	0,260	0,906		7,69	440
0,16	0,178	0,279	0,899		6,97	440
0,17	0,191	0,299	0,892		6,32	439
0,18	0,204	0,319	0,884		5,75	438
0,19	0,217	0,340	0,877		5,24	438
0,20	0,230	0,361	0,869		4,78	438
0,21	0,244	0,383	0,862		4,36	437
0,22	0,258	0,404	0,854		3,97	437
0,23	0,272	0,427	0,845		3,62	436
0,24	0,287	0,450	0,837		3,30	436
0,25	0,302	0,474	0,829		3,00	436
0,26	0,317	0,498	0,820		2,72	436
0,27	0,333	0,523	0,811		2,47	435
0,28	0,349	0,548	0,802		2,22	435
0,29	0,366	0,575	0,792		2,00	400
0,30	0,384	0,602	0,782		1,78	356
0,31	0,402	0,630	0,772		1,58	316
0,32	0,420	0,660	0,761		1,39	278
0,33	0,440	0,691	0,750		1,21	242
0,34	0,460	0,723	0,738		1,04	208
0,35	0,482	0,756	0,726		0,87	174
0,36	0,505	0,792	0,713		0,71	142
0,37	0,529	0,830	0,699		0,55	110
0,38	0,555	0,871	0,685		0,40	80
0,39	0,583	0,915	0,669		0,25	50
0,40	0,615	0,965	0,681	-2,70	0,10	20

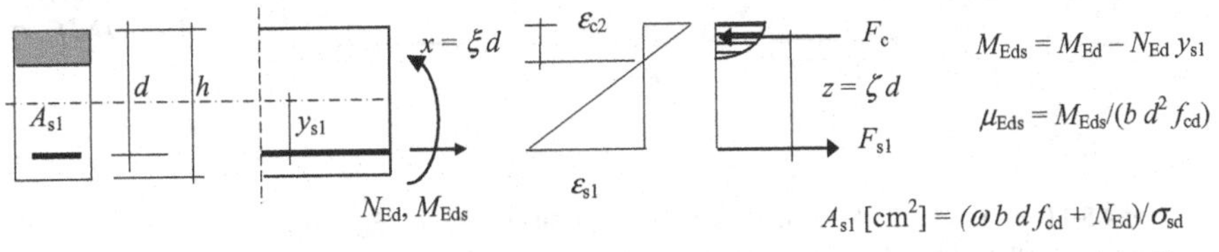

Bild 4.5-9 ω- Tafel für einfache Bewehrung – **C70/85** - B500 [4-2] (mit Ablesung für Beispiel 4.7.2)

$\xi_{lim} = 0{,}62$ $\sigma_{s1d} = 435$ N/mm²								
	$d_2/d = 0{,}05$		$d_2/d = 0{,}10$		$d_2/d = 0{,}15$		$d_2/d = 0{,}20$	
	$\sigma_{s2d} = -436$ N/mm²		$\sigma_{s2d} = -436$ N/mm²		$\sigma_{s2d} = -435$ N/mm²		$\sigma_{s2d} = -435$ N/mm²	
$\mu_{Ed,s}$	ω_1	ω_2	ω_1	ω_2	ω_1	ω_2	ω_1	ω_2
0,38	0,509	0,009	0,509	0,010	0,510	0,010	0,510	0,011
0,40	0,530	0,030	0,531	0,032	0,533	0,034	0,535	0,036
0,42	0,551	0,051	0,554	0,054	0,557	0,057	0,560	0,061
0,44	0,572	0,072	0,576	0,076	0,580	0,081	0,585	0,086
0,46	0,593	0,093	0,598	0,099	0,604	0,104	0,610	0,111
0,48	0,614	0,114	0,620	0,121	0,627	0,128	0,635	0,136
0,50	0,635	0,136	0,642	0,143	0,651	0,151	0,660	0,161
0,52	0,656	0,157	0,665	0,165	0,674	0,174	0,685	0,186
0,54	0,677	0,178	0,688	0,188	0,698	0,200	0,710	0,211
0,56	0,698	0,200	0,709	0,210	0,721	0,222	0,735	0,236
0,58	0,719	0,220	0,731	0,232	0,745	0,246	0,760	0,261
0,60	0,740	0,240	0,755	0,254	0,769	0,269	0,785	0,286

Bild 4.5-10 ω- Tafeln für doppelte Bewehrung - **≤ C50/60** - B500: ξ_{lim} **= 0,62** (mit Ablesung für Beispiel 4.7.4 zum Überprüfen durch den Leser)

$\xi_{lim} = 0{,}45$ $\sigma_{s1d} = 437$ N/mm²								
	$d_2/d = 0{,}05$		$d_2/d = 0{,}10$		$d_2/d = 0{,}15$		$d_2/d = 0{,}20$	
	$\sigma_{s2d} = -436$ N/mm²		$\sigma_{s2d} = -435$ N/mm²		$\sigma_{s2d} = -435$ N/mm²		$\sigma_{s2d} = -389$ N/mm²	
$\mu_{Ed,s}$	ω_1	ω_2	ω_1	ω_2	ω_1	ω_2	ω_1	ω_2
0,30	0,368	0,004	0,369	0,004	0,369	0,005	0,369	0,005
0,32	0,389	0,025	0,391	0,027	0,392	0,028	0,394	0,030
0,34	0,411	0,046	0,418	0,050	0,416	0,052	0,419	0,055
0,36	0,432	0,067	0,439	0,072	0,439	0,075	0,444	0,080
0,38	0,453	0,088	0,458	0,093	0,463	0,099	0,469	0,105
0,40	0,474	0,109	0,480	0,115	0,487	0,122	0,494	0,130
0,42	0,495	0,130	0,502	0,138	0,510	0,146	0,519	0,155
0,44	0,516	0,151	0,524	0,160	0,534	0,169	0,544	0,180
0,46	0,537	0,173	0,546	0,182	0,557	0,193	0,569	0,205
0,48	0,558	0,194	0,569	0,204	0,581	0,216	0,594	0,230
0,50	0,579	0,215	0,591	0,227	0,604	0,240	0,619	0,255
0,52	0,600	0,236	0,613	0,249	0,628	0,263	0,644	0,280
0,54	0,621	0,257	0,635	0,271	0,651	0,287	0,669	0,308
0,55	0,632	0,267	0,646	0,282	0,663	0,299	0,682	0,317

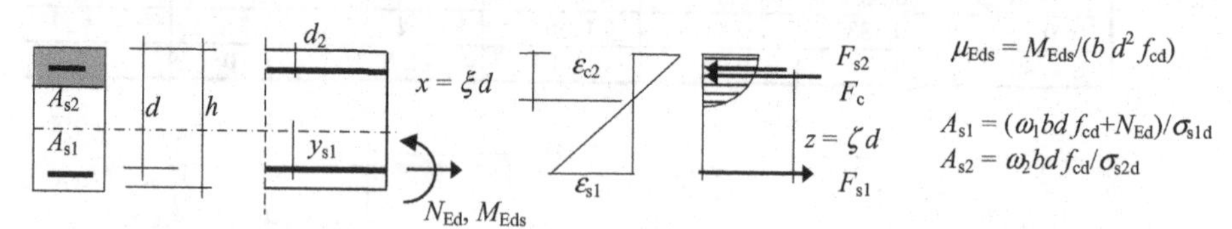

Bild 4.5-11 ω- Tafeln für doppelte Bewehrung - **≤ C50/60** - B500: ξ_{lim} **= 0,45** (mit Ablesung für Beispiel 4.7.1)

$\xi_{lim} = 0{,}35$ $\sigma_{s1d} = 437$ N/mm²								
	$d_2/d = 0{,}05$		$d_2/d = 0{,}10$		$d_2/d = 0{,}15$		$d_2/d = 0{,}20$	
	$\sigma_{s2d} = -429$ N/mm²		$\sigma_{s2d} = -357$ N/mm²		$\sigma_{s2d} = -286$ N/mm²		$\sigma_{s2d} = -214$ N/mm²	
μ_{Sds}	ω_1	ω_2	ω_1	ω_2	ω_1	ω_2	ω_1	ω_2
0,22	0,253	0,008	0,253	0,008	0,254	0,009	0,255	0,010
0,24	0,274	0,029	0,276	0,031	0,278	0,033	0,280	0,035
0,26	0,295	0,050	0,298	0,053	0,301	0,056	0,305	0,060
0,28	0,316	0,071	0,320	0,075	0,325	0,080	0,330	0,085
0,30	0,337	0,092	0,342	0,097	0,348	0,103	0,355	0,110
0,32	0,358	0,113	0,365	0,120	0,372	0,127	0,380	0,135
0,34	0,379	0,134	0,387	0,142	0,395	0,150	0,405	0,160
0,36	0,400	0,155	0,409	0,164	0,419	0,174	0,430	0,185
0,38	0,421	0,176	0,431	0,186	0,442	0,197	0,455	0,210
0,40	0,443	0,198	0,453	0,208	0,466	0,221	0,480	0,235
0,42	0,464	0,219	0,476	0,231	0,489	0,244	0,505	0,260
0,44	0,485	0,240	0,498	0,253	0,513	0,268	0,530	0,285
0,46	0,506	0,261	0,520	0,275	0,536	0,291	0,555	0,310
0,48	0,527	0,282	0,542	0,297	0,560	0,315	0,580	0,335
0,50	0,548	0,303	0,565	0,320	0,583	0,338	0,605	0,360
0,52	0,569	0,324	0,587	0,342	0,607	0,362	0,630	0,385
0,54	0,590	0,345	0,609	0,364	0,630	0,385	0,655	0,410
0,55	0,600	0,355	0,620	0,375	0,642	0,397	0,667	0,422

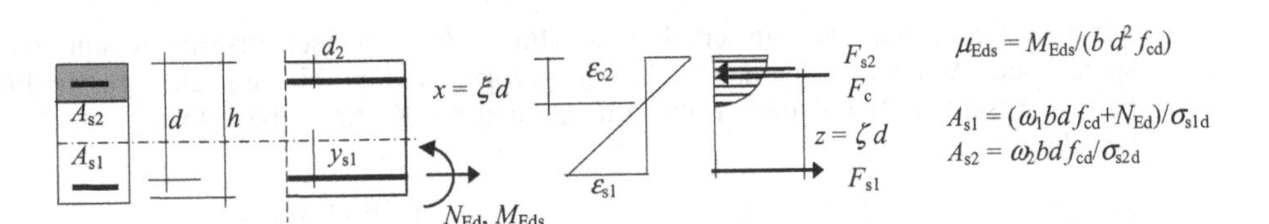

Bild 4.5-12 ω- Tafeln für doppelte Bewehrung – **C70/85** - B500: ξ_{lim} **= 0,35**

4.6 Konstruktive Gesichtspunkte zur Wahl und Anordnung der Bewehrung

4.6.1 Allgemeines

Bei der Wahl der Bewehrung sind verschiedene konstruktive Regeln zu berücksichtigen, von denen einige grundlegende hier vorab behandelt werden. Weitere Regeln werden im Verlauf der Beispiele vorgestellt und erläutert.

4.6.2 Regeln zur Mindest- und Höchstbewehrung eines Querschnittes mit Biegung bzw. Biegung und Längskraft

Eine **Mindestbewehrung** dient zur Abdeckung rechnerisch nicht erfassbarer Einflüsse. Ein zu gering bewehrter Querschnitt gilt als unbewehrt. Insbesondere soll eine Mindestbewehrung das **duktile Verhalten** gering bewehrter Querschnitte bei Rissbildung **sicherstellen**.

Dies gilt als gesichert, wenn die vom Querschnitt im Zustand I aufnehmbare Grenzschnittgröße (hier am Beispiel des Biegemomentes dargestellt) beim Übergang des Querschnittes in den Zustand II durch Bewehrung abgedeckt wird. Die Stahlspannung darf dabei $\sigma_s = f_{yk}$ betragen, die Zugfestigkeit des Betons zu f_{ctm} gemäß Tabelle 1.2-1 angesetzt werden (im Gegensatz zur Rissbreitenbegrenzung muss nicht $f_{ctm} \geq 3{,}0$ N/mm² gesetzt werden):

(4.6-1) $$M_{Riss} = f_{ctm} \cdot W^{\text{Zustand I}}$$

Für den Rechteckquerschnitt erhält man (für andere Querschnittsformen sind die entsprechenden Widerstandsmomente für den gezogenen Rand einzusetzen; vgl. für Plattenbalken Abschnitt 7) mit dem Hebelarm der inneren Kräfte z die erforderliche Mindestbewehrung zu:

(4.6-2) $$F_s^{II} = M_{Riss}/z = f_{ctm} \cdot W^{\text{Zustand I}}/z \qquad \text{mit} \qquad W^{\text{Zustand I}} = b \cdot h^2/6$$

(4.6-3) $$A_{s,min} = F_s^{II}/f_{yk} = f_{ctm} \cdot b \cdot h^2/(6\, z\, f_{yk}) = \frac{f_{ctm}}{f_{yk}} \cdot \frac{b \cdot h^2}{6 \cdot z}$$

Mit der Näherung $z \approx 0{,}8$ h und $d \approx 0{,}9\, h$ sowie einem mittleren Wert für die Betonzugfestigkeit von $f_{ctm} \approx 3{,}0$ N/mm² erhält man die aus dem EC2 von 1992 bekannte Näherung:

(4.6-4) $$A_{s,min} \approx 0{,}0015\, b \cdot h$$ (mit aktuellen Querschnittsbezeichnungen)

Für Zugkeildeckung im Zustand I (d. h. $z = h \cdot 2/3$) wird aus (4.6-3) konservativ:

(4.6-5) $$A_{s,min} \approx f_{ctm}\, b \cdot h/(4{,}0\, f_{yk}) = 0{,}0015\, b \cdot h$$

Alle drei Ansätze liefern in der Regel sehr ähnliche Ergebnisse.

Bei Überschreitung einer **Obergrenze der Bewehrung** würde der Anwendungsbereich der zugrunde liegenden Theorie des Stahlbetonbaus verlassen. Es müssten dann z. B. schwind- und kriechbedingte Eigenspannungszustände innerhalb des Querschnittes erfasst sowie die Nettobetonquerschnitte und die Steiner-Anteile der Trägheitsmomente der Bewehrung erfasst werden (Theorie der Verbundkonstruktionen aus Stahl und Beton).

Die Grenzwerte der Bewehrung in überwiegend biegebeanspruchten Bauteilen sind in Abschnitt 9.1 des EC2 geregelt. Danach darf die **Summe** aus Zug- und Druckbewehrung (auch im Bereich von Bewehrungsstößen) folgenden Wert nicht überschreiten:

(4.6-6) $$A_{s,max} = 0{,}08\, A_c$$

4.6.3 Mindestbewehrung aus Gründen der Rissbreitenbegrenzung

Bei bestimmten Umweltbedingungen ist eine Mindestbewehrung zur Begrenzung der Rissbreiten erforderlich. Dieser Aspekt wird in Abschnitt 10.4 behandelt. Er sei bei den folgenden einfachen Bemessungsbeispielen nicht maßgebend.

4.6.4 Abstände parallel liegender Bewehrungsstäbe untereinander

Parallel liegende Bewehrungsstäbe dürfen nicht zu eng nebeneinander (bzw. bei mehrlagiger Bewehrung übereinander) liegen. Der Mindestabstand muss ausreichenden Verbund und ein sicheres Einbringen des Betons ermöglichen. EC2 fordert deshalb in Abschnitt 8.2 abhängig vom Größtkorn des Betons d_g:

$$s_{min} = \phi \geq 20 \text{ mm} \qquad \text{bei } d_g \leq 16 \text{ mm}$$
$$s_{min} = \phi \geq d_g + 5\text{mm} \qquad \text{bei } d_g > 16 \text{ mm}$$

Dies bedeutet, dass bei eng bewehrten Bauteilen und Anwendung der Regelsieblinien nach EN206/DIN 1045-2 überwiegend nur Beton mit einem Größtkorn von d_g = 16 mm Verwendung finden wird. Die theoretisch dichteste Anordnung der Bewehrung kann zu Schwierigkeiten auf der Baustelle führen. Es ist zu bedenken, dass der tatsächliche einhüllende Durchmesser eines Bewehrungsstabes wegen der Rippen um 10% bis 15% größer als der Nenndurchmesser ist.

Druck- und Zugzone von Balkenquerschnitten werden durch Bügelbewehrung verbunden. Die Eckbereiche dieser Bügel sind gekrümmt. Hier sind nach Tabelle 23 der DIN 1045-1 Mindestkrümmungsdurchmesser einzuhalten, im vorliegenden Falle in der Regel $D = 4\ \phi$ (siehe Abschnitt 8.4 über Bewehrungsführung). Dies führt dazu, dass die rechnerische Verteilungsbreite oft nicht voll nutzbar ist.

Bei obenliegender Bewehrung oder bei den oberen Lagen mehrlagiger Bewehrung müssen Gassen zum Einbringen des Betons und des Rüttlers freigehalten werden. Diese sollten je nach Durchmessers des Rüttlers 40 mm oder 80 mm breit sein. Bei mehreren Bewehrungslagen übereinander sollen die Stäbe der Lagen nicht „auf Lücke" angeordnet werden.

Innerhalb einer Bewehrung A_{s1} oder A_{s2} können **Stäbe verschiedenen Durchmessers** verwendet werden. Direkt benachbarte Querschnitte ohne deutlichen Durchmessersprung können jedoch auf der Baustelle zu Verwechslungen führen wie z.B. ϕ10 und ϕ12 oder ϕ14 und ϕ16. Mehr als ein Durchmesser sollte aber in der Regel nicht übersprungen werden. Für den Abstand zwischen Stäben unterschiedlichen Durchmessers ist immer der größere Durchmesser maßgebend.

Bei dünnen Bauteilen sollte etwa einhalten werden: $\phi \leq h/8$.

4.6.5 Auswirkungen von Lagefehlern der Bewehrung

Die planmäßige Lage der Bewehrung kann auf der Baustelle nicht immer erreicht werden. Hinzu kommen Abweichungen der Querschnittsgeometrie. So können sich Abweichungen bei der Höhenlage der Bewehrung mit solchen bei der Höhe des Betonquerschnittes ungünstig überlagern. Angaben zu zulässigen Abmaßen enthält DIN EN 13670 (s. a. [1-6]). Die Auswirkung von Abweichungen im Bereich von z. B. -1 cm sind für die Tragfähigkeit eines Balkens von etwa 40 cm Höhe unbedeutend, bei um 1 cm verringerter Betondeckung kann jedoch die Dauerhaftigkeit schon deutlich eingeschränkt sein (was später zu erheblichen Instandsetzungskosten führt). Ebenso ist der Brandschutz reduziert (DIN EN 1992-1-2 [1-12]).

4.7 Bemessungsbeispiele

4.7.1 Reine Biegung

– *Gegeben:*

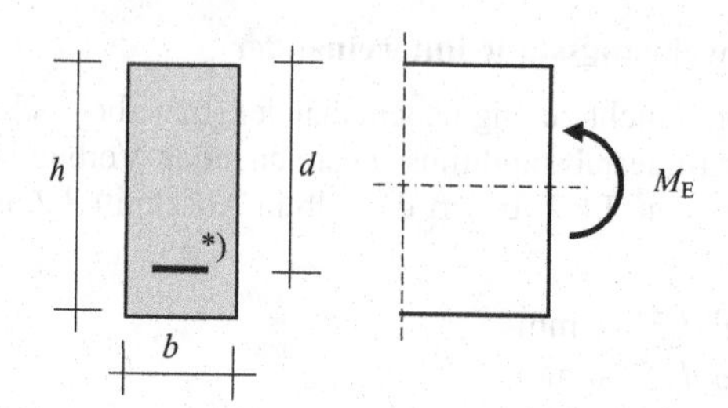

Querschnitt und Material
$b_w = b = 40$ cm, $h = 80$ cm
Beton C 30/37, $d_g = 16$ mm
Betonstabstahl B500
Umweltbedingung: offene Halle, kein Frost

Schnittgrößen
$M_G = 400$ kNm, $M_Q = 450$ kNm

*) symbolische Darstellung der Bewehrungslage

– *Überprüfen der Betonfestigkeitsklasse C:*

Expositionsklasse nach Tabelle 1.2-2: Fall XC3 mit „C_{min}" = C20/25 < gew. C30/37 ✓

– *Vorschätzen der statischen Höhe d:*

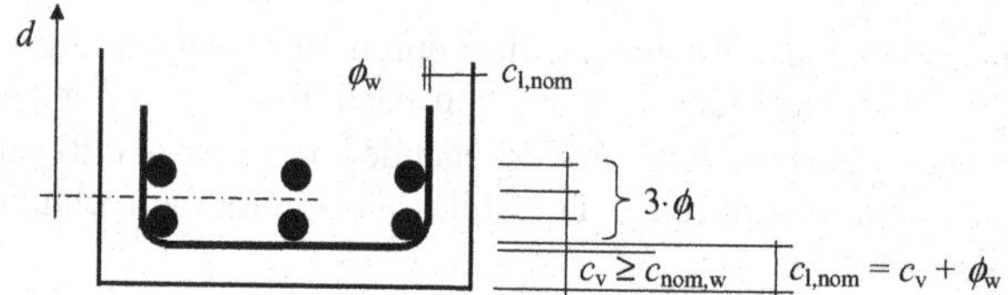

Annahme: zweilagige Bewehrung
$\phi_l = 28$ mm, $\phi_w = 10$ mm

Nach Tabelle 1.2-4 (entsprechend EC2, Tab. 4.4DE) gilt für XC3:

$$\bar{c}_{min,dur} = c_{min,dur} + \Delta c_{dur,\gamma} = 20 \text{ mm} \quad \text{und} \quad \Delta c_{dev} = 15 \text{ mm}$$

Wegen gew. C30/37 = C_{min} + 2 „Δ C" ist eine Reduzierung von $c_{min,dur}$ um 5 mm, aber nicht unter 10 mm (unterer Grenzwert) zulässig. $\Delta c_{dur,\gamma}$ ist bei der vorliegenden Expositionsklasse = 0. Damit wird für $\Delta c_{dur,st} = 0$ (kein rostfreier Stahl) und $\Delta c_{dur,add} = 0$ (keine zusätzlichen Schutzmaßnahmen):

$$c_{min} = \max\{c_{min,b};\ c_{min,dur} + \Delta c_{dur,\gamma} - \Delta c_{dur,st} - \Delta c_{dur,add};\ 10 \text{ mm}\}$$

$c_{min,b,w} = \phi_w = 10 \text{ mm} < \bar{c}_{min,dur} = 20 - 5 = 15$ mm

$c_{min,b,l} = \phi_l = 28 \text{ mm} > 20$ mm

$c_{nom,l} = \bar{c}_{min,dur} + \Delta c_{dev} = 15 + 15 = 30$ mm — Dauerhaftigkeit

$c_{nom,l} = c_{min,b,l} + \Delta c_{dev,b} = 28 + 10 = 38$ mm — für ϕ_l ist Verbund maßgebend

$c_{nom,w} = \bar{c}_{min,dur} + \Delta c_{dev} = 15 + 15 = 30$ mm — für ϕ_w ist Dauerhaftigkeit maßgebend

$c_{nom,w} = c_{min,b.l} + \Delta c_{dev,b} = 10 + 10 = 20$ mm — Verbund

Verlegemaß der Bügel (Abstandhalter):

c_v = 30 mm (mit vorh $c_{nom,l} = c_v + \phi_w = 30 + 10 = 40 > 38$ mm ✓)

Statische Höhe: $d = h - c_v - \phi_w - \phi_l - \phi_l/2 = 80 - 3{,}0 - 1{,}0 - 2{,}8 - 1{,}4 = 71{,}8 \approx$ **72 cm**

– *Bemessungsschnittgrößen:* Teilsicherheitsbeiwerte nach Tabelle 2.2-1

$M_{Ed} = M_{Eds} = M_G \cdot \gamma_G + M_Q \cdot \gamma_Q = 400 \cdot 1{,}35 + 450 \cdot 1{,}5 = 1215$ kNm $= 1{,}22$ MNm

– *Bemessungswerte der Baustofffestigkeiten:* Teilsicherheitsbeiwerte nach Tabelle 2.3-1

Für den Beton ist noch der Dauerlastbeiwert $\alpha = 0{,}85$ zu berücksichtigen.

Beton: $f_{ck} = 30$ N/mm² $f_{cd} = 0{,}85 \cdot 30/1{,}5 = 17$ N/mm²

Betonstahl: $f_{yk} = 500$ N/mm² $f_{yd} = 500/1{,}15 = 435$ N/mm²

$f_{tk,cal} = 525$ N/mm² $f_{tk,cal}/\gamma_s = 525/1{,}15 = 456{,}5$ N/mm²

1 Bemessung mit dem Allgemeinen Bemessungsdiagramm (Bild 4.5-1)

1.1 Beschränkung der Druckzonenhöhe auf $\xi_{lim} = 0{,}62$ (z.B. Einfeldträger als Stahlbetonfertigteil)

$$\mu_{Ed} = \mu_{Eds} = \frac{M_{Eds}}{b\,d^2 f_{cd}} = \frac{1{,}22}{0{,}4 \cdot 0{,}72^2 \cdot 17} = 0{,}346 < \mu_{Eds,lim} = 0{,}37$$

ohne Druckbewehrung wirtschaftlich

– *Abgelesen:*

$\varepsilon_{cd} = -3{,}5‰$

$\varepsilon_{sd} = 2{,}7‰ > 2{,}175$ $\sigma_{sd}(\varepsilon_s) = 432{,}95 + 0{,}942 \cdot \varepsilon_s = 433 + 0{,}942 \cdot 2{,}7 = 435{,}5$ N/mm²

$\xi = 0{,}57 < \xi_{lim} = 0{,}62$ $x = 0{,}57 \cdot 0{,}72 = 0{,}41$ m

$\boldsymbol{\zeta = 0{,}78}$ $z = 0{,}78 \cdot 0{,}72 = 0{,}56$ m

Der Dehnungszustand im Traglastzustand und die zugehörigen Betondruckspannungen sehen wie folgt aus:

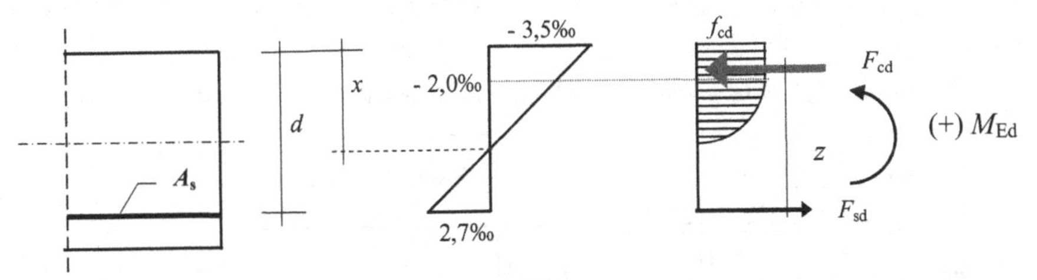

Damit kann man erforderlichenfalls die Betondruckkraft errechnen:

mit $\alpha_R = 0{,}81$ aus Bild 4.4-3 $F_{cd} = \alpha_R \cdot b \cdot x \cdot f_{cd} = 0{,}81 \cdot 0{,}4 \cdot 0{,}41 \cdot 17 = 2{,}26$ MN

mit $\nu_{cd} = 0{,}46$ aus Bild 4.5-1 $F_{cd} = \nu_{cd} \cdot b \cdot d \cdot f_{cd} = 0{,}46 \cdot 0{,}4 \cdot 0{,}72 \cdot 17 = 2{,}25$ MN $\approx 2{,}26$ ✓

– *Ermittlung der erforderlichen Bewehrung:*

$$\textbf{erf}\, A_s = \frac{M_{Ed}}{\sigma_{sd} \cdot z} = \frac{1{,}22}{435{,}5 \cdot 0{,}56} \cdot 10^4 = \mathbf{50{,}0\ cm^2}$$

(Kontrolle: $F_{cd} = F_{sd} = A_s\, \sigma_{sd} = 50{,}0 \cdot 10^{-4} \cdot 435{,}5 = 2{,}18$ MN $\approx 2{,}26$ ✓)

1.2 Mit Begrenzung der Druckzonenhöhe auf ξ_{lim} < 0,62 (z.B. bei Bauteilen mit möglicher Bildung von Fließgelenken; bei Durchlaufträgern nur oben über den Innenstützen. Das Bewehrungsbild ist daher „auf den Kopf" gestellt, d. h. A_{s1} liegt oben und A_{s2} liegt unten.)

Wegen Betongüte C30/37 < C55/67 ist dann einzuhalten (Gl. 4.4-13): $\xi_{lim} = 0{,}45$
Dann ist das vom Querschnitt ohne Druckbewehrung aufnehmbare Moment (Tab. 4.4-1):

$\mu_{Eds,lim} = 0{,}296$ bzw. $M_{Eds,lim} = 0{,}296 \cdot 0{,}72^2 \cdot 0{,}4 \cdot 17 = 1{,}04$ MNm

– *Abgelesen aus dem allgemeinen Bemessungsdiagramm für $\mu_{Eds,lim} = 0{,}296$:*

$\varepsilon_{cd} = -3{,}5$ ‰
$\varepsilon_{sd1} = 4{,}2$ ‰ > 2,175 ‰ $\sigma_{sd1} = 433 + 0{,}942 \cdot \varepsilon_{sd1} = 433 + 0{,}942 \cdot 4{,}2 = 437$ N/mm²
$\varepsilon_{sd2}(d_2/d = 0{,}08)^{*)} = (-)\ 2{,}9$ ‰ > 2,175 ‰ $\sigma_{sd2} = 433 + 0{,}942 \cdot 2{,}9 = 436$ N/mm²
$\xi = 0{,}45 = \xi_{lim}$ $x = 0{,}45 \cdot 0{,}72 = 0{,}32$ m
ζ **= 0,80** $z = 0{,}80 \cdot 0{,}72 = 0{,}58$ m

Das Differenzmoment beträgt: $\Delta M_{Eds} = 1{,}22 - 1{,}04 = 0{,}18$ MNm

Der Dehnungszustand im Traglastzustand und die zugehörigen Betondruckspannungen sehen wie folgt aus:

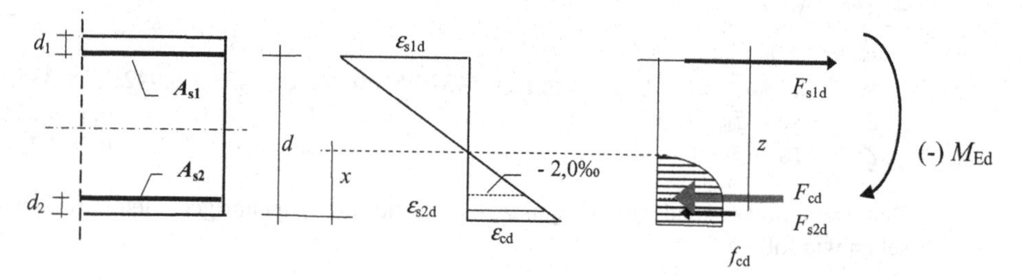

– *Ermittlung der Bewehrung für einlagige Druckbewehrung $d_2 = 4{,}5 + 1{,}4 = 5{,}9 \approx 6$ cm):*

$$\textbf{erf}\,A_{s1} = \frac{10^4}{437}\left(\frac{1{,}04}{0{,}58} + \frac{0{,}18}{0{,}72 - 0{,}06}\right) = 41{,}0 + 6{,}2 = \mathbf{47{,}2\ cm^2}$$

$$\textbf{erf}\,A_{s2} = \frac{10^4}{436}\left(\frac{0{,}18}{0{,}72 - 0{,}06}\right) = \mathbf{6{,}3\ cm^2}$$

ΣA_{si} = 53,5 cm² > erf A_{s1} = 50,0 cm² aus *1.1* ⇒ Erhöhung um 7 %

Ungenaueste Lösung der drei Varianten wegen Ablesung aus Diagrammen.

2 Bemessung mit k_d - Tafel (Bild 4.5-5 und Bild 4.5-6):

2.1 Beschränkung der Druckzonenhöhe auf ξ_{lim} = 0,62 (z.B. Einfeldträger)

$$k_d = \frac{d[cm]}{\sqrt{\frac{M_{Eds}[kNm]}{b[m]}}} = \frac{72}{\sqrt{\frac{1215}{0,4}}} = 1,31$$

– *Abgelesen:*

ε_{cd} = - 3,5 ‰
ε_{sd} = 3,0 ‰
ξ = 0,55 < ξ_{lim} = 0,62
ζ = 0,765
$\boldsymbol{k_s}$ **= 2,98**

diese Werte entsprechen im Rahmen der Ablesegenauigkeit erwartungsgemäß denen aus dem allgemeinen Bemessungsdiagramm (noch ohne Druckbewehrung wirtschaftlich)

– *Ermittlung der erforderlichen Bewehrung:*

$$\mathbf{erf}\,A_s = \frac{M_{Eds}}{d} \cdot k_s = \frac{1215}{72} \cdot 2,98 = \mathbf{50,3\ cm^2} \approx 50,0 \text{ aus } \mathit{1.1}$$

2.2 Mit Begrenzung der Druckzonenhöhe auf ξ_{lim} = 0,45 (z.B. bei Bauteilen mit möglicher Bildung von Fließgelenken; bei Durchlaufträgern nur oben über den Innenstützen.)

– *Abgelesen (für d_2/d = 6/72 ≈ 0,08):*

$\boldsymbol{k_{s1}}$ **= 2,78** $\boldsymbol{\rho_1}$ **= 1,0**
$\boldsymbol{k_{s2}}$ **= 0,34** $\boldsymbol{\rho_1}$ **= 1,01**

erfA_{s1} [cm²] = $\rho_1\ k_{s1}\ M_{Eds}$[kNm]/d[cm] = 1,0·2,78·1215/72 = 46,9 cm² ≈ 47,2 cm² ✓
erfA_{s2} [cm²] = $\rho_2\ k_{s2}\ M_{Eds}$[kNm]/d[cm] = 1,01·0,34·1215/72 = 5,8 cm² ≈ 6,3 cm² ✓

3 Bemessung mit dimensionslosen Beiwerten

3.1 Beschränkung der Druckzonenhöhe auf ξ_{lim} = 0,62 (Bild 4.5-8)

Bezogenes Bemessungsmoment:

$$\mu_{Ed} = \mu_{Eds} = \frac{M_{Eds}}{b\ d^2 f_{cd}} = \frac{1,22}{0,4 \cdot 0,72^2 \cdot 17,0} = 0,346 < \mu_{Eds,lim} = 0,37$$

– *Abgelesen:*

ε_{cd} = - 3,5 ‰
ε_{sd} = 2,8 ‰
ξ = 0,55
ζ = 0,77
$\boldsymbol{\omega}$ **= 0,45**

diese Werte entsprechen im Rahmen der Ablesegenauigkeit erwartungsgemäß denen aus dem allgemeinen Bemessungsdiagramm

σ_{sd} = 433 + 0,942·2,8 = 436 N/mm²

– *Ermittlung der Bewehrung:*

erf A_s $= \omega b\, d f_{cd}/\sigma_{sd} = 0{,}45 \cdot 0{,}4 \cdot 0{,}72 \cdot 17 \cdot 10^4/436 =$ **50,5 cm²** $\approx$ 50,0 aus *1.1*

3.2 Mit Beschränkung der Druckzonenhöhe auf $\xi_{lim} = 0{,}45$ (Bild 4.5-11)

– *Abgelesen ($d_2/d = 0{,}08$, Ablesung interpoliert):*

$\omega_1 = \mathbf{0{,}426}$
$\omega_2 = \mathbf{0{,}059}$

erf A_{s1} $= \omega_1\, b\, d f_{cd}/\sigma_{sd} = 0{,}426 \cdot 0{,}4 \cdot 0{,}72 \cdot 17 \cdot 10^4/437 =$ **47,7 cm²** $\approx$ 47,2 aus *1.2*

erf A_{s2} $= \omega_2\, b\, d f_{cd}/\sigma_{sd} = 0{,}059 \cdot 0{,}4 \cdot 0{,}72 \cdot 17 \cdot 10^4/435{,}5 =$ **6,6 cm²** $\approx$ 6,3 aus *1.2*

Beurteilung:
Alle drei Bemessungsverfahren beruhen auf den gleichen Dehnungszuständen und ergeben daher im Rahmen der Ablesegenauigkeit gleiche Ergebnisse. Dieser Vergleich der Bemessungsverfahren zeigt auch, dass es unsinnig ist, z. B. die Bewehrung A_s mit mehr als einer Stelle nach dem Komma bzw. mehr als drei Ziffern anzugeben.

4 Wahl der Bewehrung

4.1 Lösung mit Begrenzung der Druckzonenhöhe auf $\xi_{lim} = 0{,}62$

erf $A_s \approx 50$ cm² $\quad c_{w,nom} = 30$ mm $\quad \phi_w = 10$ mm

$$A_{s,min} = \frac{f_{ctm}}{f_{yk}} \cdot \frac{b \cdot h^2}{6 \cdot z} = \frac{2{,}9}{500} \cdot \frac{40 \cdot 80^2}{6 \cdot 54} = 4{,}6 \text{ cm}^2$$ ✓ (f_{ctm} n. Tab. 1.2-1)

(alternativ: $A_{s,min} \approx 0{,}0015 \cdot 40 \cdot 72 = 4{,}3$ cm² Abweichung ist unbedeutend)

$A_{s,max} = 0{,}04\, b \cdot h = 0{,}04 \cdot 40 \cdot 80 = 128$ cm² ✓

gewählt: **7 ϕ28 + 2 ϕ20 vorh A_s = 49,4 cm²** $\approx$ erf A_s (-1,2 %)

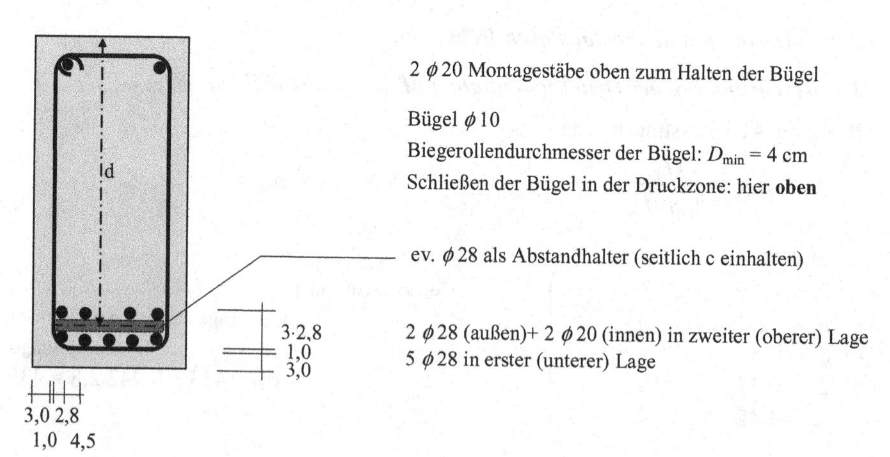

Alternativ: erste Lage mit 5 ϕ28, zweite Lage mit 4 ϕ28, vorh A_s = 55,4 cm².

Überprüfung von d: nicht erforderlich, geringfügige Änderung ist konservativ ✓

Überprüfung von b: erf $b = 2\cdot(3{,}0+1{,}0)+(5+4)\cdot 2{,}8 = 33{,}2 <$ vorh $b = 40$ cm ✓

4.2 Lösung mit Begrenzung der Druckzonenhöhe auf $\xi_{lim} = 0{,}45$

Die Begrenzung der Druckzonenhöhe wird wie erwähnt in erster Linie im Bereich negativer Momente über den Stützen von Durchlaufträgern erforderlich. A_{s1} liegt somit oben und A_{s2} unten.

erf $A_{s1} \approx 47{,}2$ cm^2 erf $A_{s2} \approx 6{,}3$ cm^2 $c_w = 30$ mm $\phi_w = 10$ mm

min A_{s1}, max A_{s1} bzw. max A_{s2} werden nicht maßgebend

Obere Bewehrung:

gewählt: **8 ϕ28** **vorh A_s = 48,0 cm^2** > erf A_{s1}

Untere Bewehrung:

gewählt: **2 ϕ20** **vorh A_s = 6,3 cm^2** = erf A_{s2}

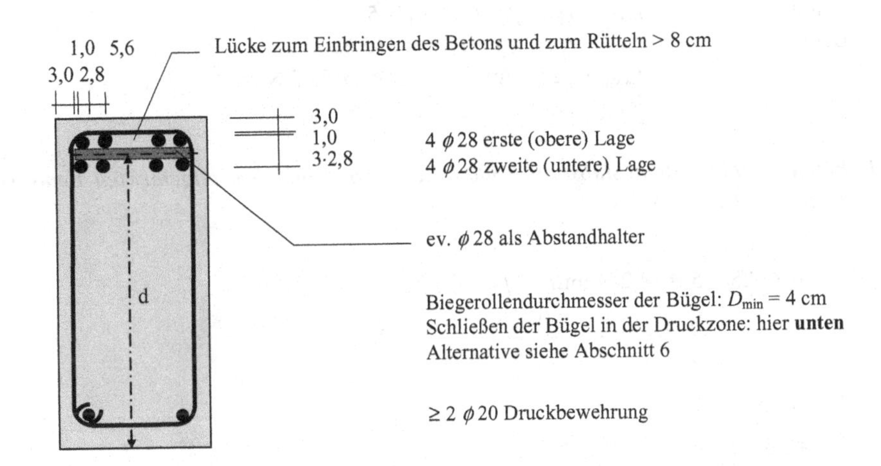

Überprüfung von d: nicht erforderlich, keine Änderung

Überprüfung von b: erf $b = 2\cdot(3{,}5+1{,}0)+(4+3)\cdot 2{,}8 = 28{,}6 \ll$ vorh $b = 40$ cm

Die sehr geringe erforderliche Druckbewehrung wird durch kräftige Montagestäbe abgedeckt. bzw. durch mindestens zwei sowieso vorhandene Stäbe der Feldbewehrung (siehe Abschnitt 8, Zugkraftdeckung). Die unten liegende Druckbewehrung ist über dem Auflager natürlich durchzuführen bzw. zu stoßen.

Hinweis: *Selbstverständlich wird in der Bemessung immer nur eines der vorgestellten alternativen Verfahren verwendet. Die hier (und gelegentlich in den folgenden Kapiteln) vorgeführte Verwendung mehrerer Verfahren soll nur deren prinzipielle Gleichwertigkeit demonstrieren.*

4.7.2 Reine Biegung, Variation der Betonfestigkeiten

– *Gegeben:*

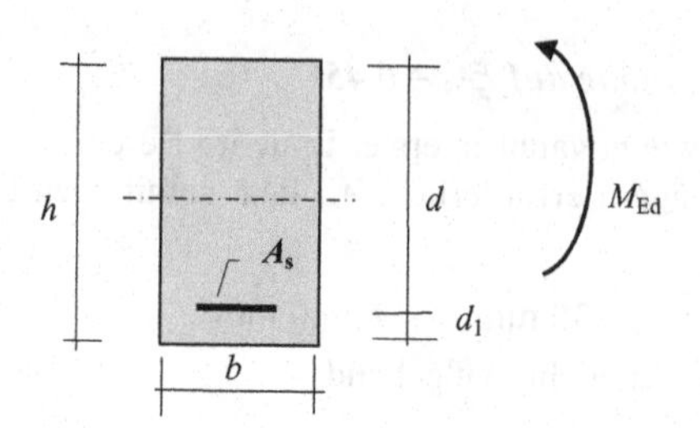

Querschnitt und Material
$b = 40$ cm, $h = 60$ cm, $d = 55$ cm
Beton C25/30, C35/45, C45/55, C70/85
Betonstabstahl B500
Höhenlage der Bewehrung gegeben: $\Rightarrow d_1 = 5$ cm

Schnittgrößen
$M_G = 180$ kNm, $M_Q = 120$ kNm

– *Bemessungsschnittgrößen:* Teilsicherheitsbeiwerte nach Tabelle 2.2-1

$M_{Ed} = M_{Eds} = 180 \cdot 1{,}35 + 120 \cdot 1{,}5 = 423$ kNm $= 0{,}423$ MNm

– *Bemessungswerte der Baustofffestigkeiten:* Teilsicherheitsbeiwerte nach Tabelle 2.3-1

Beton: $f_{cd} = \alpha \cdot f_{ck}/\gamma_c = 0{,}85 \cdot f_{ck}/1{,}5$

Betonstahl: $f_{yd} = f_{yk}/\gamma_s = f_{yk}/1{,}15 = 435$ N/mm²

$f_{tk,cal} = 525$ N/mm² $\quad f_{tk,cal}/\gamma_s = 456{,}5$ N/mm²

1 Beton C25/30 - Betonstabstahl B500 - Bemessung mit dem allgemeinen Bemessungsdiagramm (Bild 4.5-1)

$f_{cd} = 0{,}85 \cdot 25/1{,}5 = 14{,}2$ N/mm² $\quad f_{yd} = 500/1{,}15 = 435$ N/mm

$$\mu_{Ed} = \mu_{Eds} = \frac{M_{Eds}}{b\, d^2 f_{cd}} = \frac{0{,}423}{0{,}4 \cdot 0{,}55^2 \cdot 14{,}2} = 0{,}246$$

– *Abgelesen:*

$\varepsilon_{cd} = -3{,}5$ ‰
$\varepsilon_{sd1} = 6{,}3$ ‰ $> 2{,}175$
$\xi = 0{,}36 < \xi_{lim} = 0{,}45$
$\zeta = \mathbf{0{,}85}$

$\sigma_s(\varepsilon_s) = 433 + 0{,}942 \cdot 6{,}3 = 439$ N/mm²
$x = 0{,}36 \cdot 0{,}55 = 0{,}20$ m
$z = 0{,}85 \cdot 0{,}55 = 0{,}47$ m

– *Ermittlung der erforderlichen Bewehrung:*

$$\textbf{erf } A_s = \frac{0{,}423}{439 \cdot 0{,}47} 10^4 = \mathbf{20{,}5\ cm^2}$$

Anmerkung: gegenüber der Näherung $\sigma_s(\varepsilon_s > 2{,}175) = f_{yd} = 435$ N/mm² spart man im vorliegenden Fall nur knapp 0,8 % an Stahl.

2 Beton C35/45 - Betonstabstahl B500 - Bemessung mit k_d - Tafel (Bild 4.5-5)

$f_{cd} = 0{,}85 \cdot 35/1{,}5 = 19{,}8$ N/mm² $f_{yd} = 500/1{,}15 = 435$ N/mm²

$$k_d = \frac{d\,[\text{cm}]}{\sqrt{\dfrac{M_{Eds}\,[\text{kNm}]}{b\,[\text{m}]}}} = \frac{55}{\sqrt{\dfrac{423}{0{,}4}}} = 1{,}69$$

– *Abgelesen:*

$\varepsilon_{cd} = -3{,}5$ ‰
$\varepsilon_{sd} = 11$ ‰ $>> \varepsilon_{yd} = 2{,}175$ ‰
$\xi = 0{,}245 << \xi_{lim} = 0{,}45$ $x = 0{,}245 \cdot 55 = 0{,}135$ m
$\zeta = 0{,}9$ $z = 0{,}9 \cdot 55 = 0{,}495$ m
$\mathbf{k_s = 2{,}51}$

– *Ermittlung der erforderlichen Bewehrung:*

$$\text{erf}\,A_s = \frac{M_{Eds}}{d} \cdot k_s = \frac{423}{55} \cdot 2{,}51 = \mathbf{19{,}3\ cm^2}$$

3 Beton C45/55 - Betonstabstahl B500 - Bemessung mit dimensionslosen Beiwerten (Bild 4.5-8)

$f_{cd} = 0{,}85 \cdot 45/1{,}5 = 25{,}5$ N/mm² $f_{yd} = 500/1{,}15 = 435$ N/mm²

$$\mu_{Ed} = \mu_{Eds} = \frac{M_{Eds}}{b\,d^2 f_{cd}} = \frac{0{,}423}{0{,}4 \cdot 0{,}55^2 \cdot 25{,}5} = 0{,}137$$

– *Abgelesen:*

$\varepsilon_{cd} = -3{,}5$ ‰
$\varepsilon_{sd1} = 15{,}7$ ‰ $>> 2{,}175$ ‰ $\Rightarrow \sigma_{sd} = 448$ N/mm²
$\xi = 0{,}18 << \xi_{lim} = 0{,}45$ $x = 0{,}18 \cdot 0{,}55 = 0{,}10$ m
$\zeta = 0{,}925$ $z = 0{,}925 \cdot 0{,}55 = 0{,}51$ m
$\boldsymbol{\omega} = \mathbf{0{,}149}$

$$\text{erf}\,A_s = \frac{\omega\,b\,d\,f_{cd}}{\sigma_{sd}} = \frac{0{,}149 \cdot 0{,}55 \cdot 0{,}4 \cdot 25{,}5}{448} 10^4 = \mathbf{18{,}6\ cm^2}$$

4 Beton C70/85 - Betonstabstahl B500 - Bemessung mit dimensionslosen Beiwerten (Bild 4.5-9) bzw. mit allg. Bemessungsdiagramm (Bild 4.5-2)

$f_{cd} = 0{,}85 \cdot 70/1{,}5 = 39{,}7$ N/mm² $f_{yd} = 500/1{,}15 = 435$ N/mm²

$$\mu_{Ed} = \mu_{Eds} = \frac{M_{Eds}}{b\,d^2 f_{cd}} = \frac{0{,}423}{0{,}4 \cdot 0{,}55^2 \cdot 39{,}7} = 0{,}088$$

– *Abgelesen:*

ε_{cd} = - 2,7 ‰ = ε_{cu}^{C70}

ε_{sd1} = 15,9 ‰ >> 2,175 ‰ $\Rightarrow$ σ_{sd} = 447 N/mm²

ξ = 0,146 << ξ_{lim} = 0,35 $x = 0{,}146 \cdot 0{,}55 = 0{,}08$ m

ζ = 0,95 $z = 0{,}95 \cdot 0{,}55 = 0{,}52$ m

ω = **0,093**

$$\mathbf{erf}\, A_s = \frac{\omega\, b\, d\, f_{cd}}{f_{yd}} = \frac{0{,}093 \cdot 0{,}55 \cdot 0{,}4 \cdot 39{,}7}{447} 10^4 = \mathbf{18{,}2\ cm^2}$$

5 Vergleich der Ergebnisse

B500	C25/30	C35/45	C45/55	C70/85
$\varepsilon_{sd}/\varepsilon_{cd}$ [‰]	6,8/-3,5	11,0/-3,5	15,5/-3,5	15,9/-2,7
erf A_s [cm²]	**20,5**	**19,3**	**18,6**	**18,2**

Die unterschiedlichen Betonfestigkeiten haben im vorliegenden Fall nur einen geringen Einfluss (≈ 12 %), weil die Bewehrung über der Streckgrenze ausgenutzt ist. Damit sind noch deutliche Reserven in der nutzbaren Druckzonenhöhe $x = \xi\, d$ vorhanden.

Die inneren Kräfte und Spannungen sind für die Bemessungssituationen im folgenden Bild dargestellt: Man erkennt, dass mit zunehmender Betonfestigkeit die Druckzonenhöhe x abnimmt. Dies liegt daran, dass bei gleichem Moment die resultierenden inneren Kräfte nahezu gleich bleiben. Dies bedeutet wiederum, dass die Flächen unter den Betonspannungsverteilungen etwa gleich sind. Wegen der Verschiebung der resultierenden Betondruckkraft F_{cd} zum oberen Rand nimmt der Hebelarm der inneren Kräfte z noch etwas zu, sodass mit steigender Betonfestigkeit die zur Aufnahme des Momentes erforderlichen Kräfte $F_{cd} = F_{sd}$ und damit auch die erforderliche Bewehrung A_{s1} leicht abnehmen.

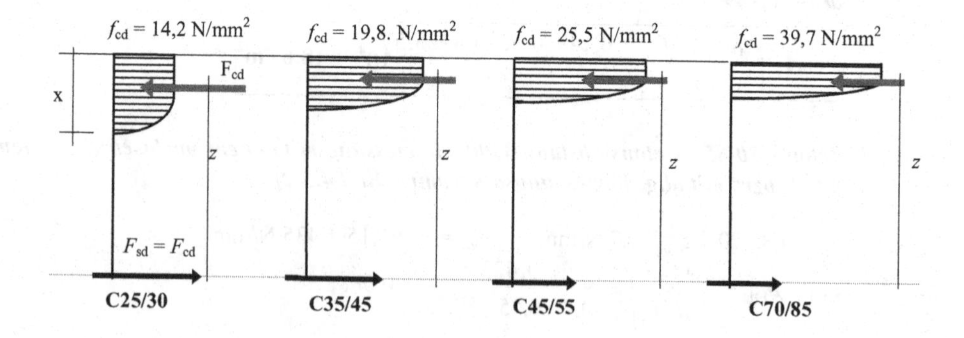

4.7.3 Reine Biegung, einfache Bewehrung (statisch bestimmtes System)

– *Gegeben:*

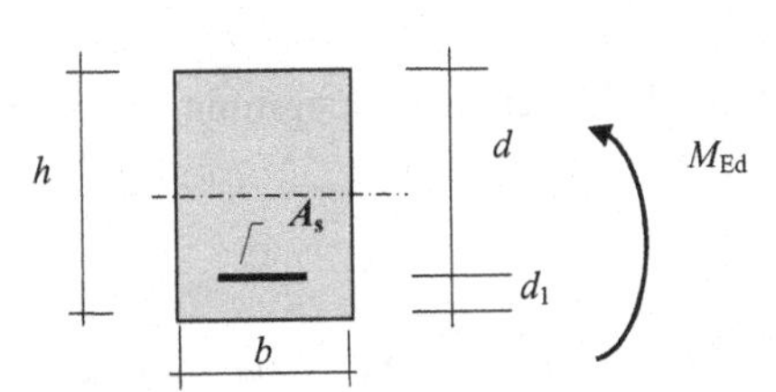

Querschnitt und Material
b = 25 cm, h = 40 cm
Beton C20/25
Betonstabstahl B500
Umweltbedingung: trockener Innenraum

Schnittgrößen
$M_G = 40$ kNm, $M_Q = 47$ kNm

– *Überprüfen der Betonfestigkeitsklasse C:*

Expositionsklasse nach Tabelle 1.2-2: Fall XC1 mit „C_{min}" = C16/20 < gew. C20/25 ✓

– *Vorschätzen der statischen Höhe:*

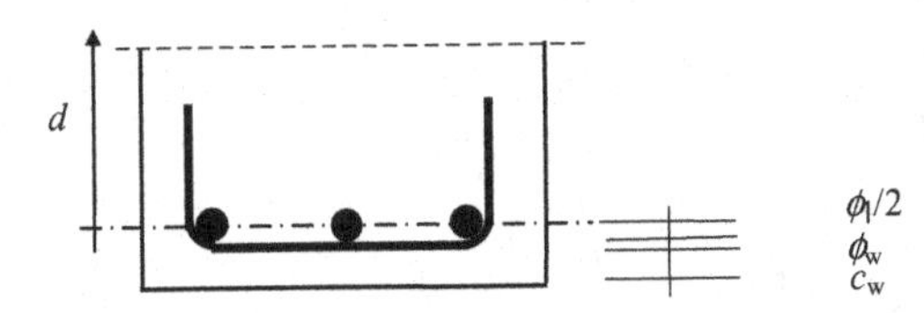

Annahme: einlagige Bewehrung
$\phi_l = 20$ mm, $\phi_w = 8$ mm

Nach Tabelle 1.2-4 gilt für XC1:

$\bar{c}_{min,dur} = c_{min,dur} + \Delta c_{dur,\gamma} = 10$ mm und $\Delta c_{dev} = 10$ mm

Eine Reduzierung von $c_{min,dur}$ um 5 mm ist nicht zulässig. $\Delta c_{dur,\gamma}$ ist im vorliegenden Expositionsklasse = 0 (ebenso $\Delta c_{dur,st} = 0$ und $\Delta c_{dur,add} = 0$):

$c_{min} = \max\{c_{min,b};\ c_{min,dur} + \Delta c_{dur,\gamma} - \Delta c_{dur,st} - \Delta c_{dur,add};\ 10\ \text{mm}\}$

$c_{min,b,w} = \phi_w = 8\ \text{mm} < \bar{c}_{min,dur} = 10\ \text{mm}$

$c_{min,b,l} = \phi_l = 20\ \text{mm} > \bar{c}_{min,dur} = 10\ \text{mm}$

$c_{nom,l} = \bar{c}_{min,dur} + \Delta c_{dev} = 10 + 10 = 20\ \text{mm}$ — Dauerhaftigkeit

$c_{nom,l} = c_{min,b,l} + \Delta c_{dev,b} = 20 + 10 = 30\ \text{mm}$ — für ϕ_l Verbund maßgebend

$c_{nom,w} = \bar{c}_{min,dur} + \Delta c_{dev} = 10 + 10 = 20\ \text{mm}$ — Dauerhaftigkeit

$c_{nom,w} = c_{min,b.l} + \Delta c_{dev,b} = 10 + 10 = 20\ \text{mm}$ — Verbund

Verlegemaß der Bügel (Abstandhalter)**: c_v = 25 mm** (vorh $c_{nom,l} = 25 + 8 = 33 > 30$ mm)

Statische Höhe: $d = h$ – vorh $c_{nom,l} - \phi_l/2 = 40 - 3{,}3 - 1{,}0 =$ **35,7 ≈ 36 cm**

– *Bemessungsschnittgrößen:* Teilsicherheitsbeiwerte nach Tabelle 2.2-1

$M_{Ed} = M_{Eds} = 40 \cdot 1{,}35 + 47 \cdot 1{,}5 = 124{,}5\ \text{kNm} = 0{,}124\ \text{MNm}$

– *Bemessungswerte der Baustofffestigkeiten:* *Teilsicherheitsbeiwerte nach Tabelle 2.3-1*

Beton: $f_{cd} = 0{,}85 \cdot f_{ck}/\gamma_c = 0{,}85 \cdot 20/1{,}5 = 11{,}3\ \text{N/mm}^2$

Betonstahl: $f_{yd} = f_{yk}/\gamma_s = 500/1{,}15 = 435\ \text{N/mm}^2$

$f_{tk,cal} = 525\ \text{N/mm}^2$ $f_{tk,cal}/\gamma_s = 456{,}5\ \text{N/mm}^2$

1 Bemessung mit dem allgemeinen Bemessungsdiagramm (Bild 4.5-1)

$$\mu_{Ed} = \mu_{Eds} = \frac{M_{Eds}}{b\, d^2 f_{cd}} = \frac{0{,}124}{0{,}25 \cdot 0{,}36^2 \cdot 11{,}3} = 0{,}34 < \mu_{Ed,lim} = 0{,}37$$

(keine Einschränkung auf $\mu_{Ed,lim} = 0{,}296$ erforderlich, weil statisch bestimmtes System, hier Einfeldträger, vgl. Tabelle 4.4-1)

– *Abgelesen:*

$\varepsilon_{cd} = -3{,}5$ ‰

$\varepsilon_{sd1} = 3{,}0$ ‰ $> 2{,}175$ — $\sigma_s(\varepsilon_s) = 433 + 0{,}942 \cdot 3{,}0 = 436$ N/mm²

$\xi = 0{,}55 < \xi_{lim} = 0{,}62$ — $x = 0{,}55 \cdot 0{,}36 = 0{,}20$ m

$\boldsymbol{\zeta = 0{,}78}$ — $z = 0{,}78 \cdot 0{,}36 = 0{,}28$ m

– *Ermittlung der erforderlichen Bewehrung:*

$$\textbf{erf}\, A_s = \frac{0{,}124}{436 \cdot 0{,}28} 10^4 = \mathbf{10{,}2\ cm^2}$$

2 Bemessung mit k_d - Tafel (Bild 4.5-5)

$$k_d = \frac{d[\text{cm}]}{\sqrt{\dfrac{M_{Eds}[\text{kNm}]}{b[\text{m}]}}} = \frac{36}{\sqrt{124{,}5/0{,}25}} = 1{,}61$$

– *Abgelesen:*

$\varepsilon_{cd} = -3{,}5$ ‰

$\varepsilon_{sd} = 2{,}9$ ‰ $> 2{,}175$ ‰ — $\sigma_s(\varepsilon_s) = 433 + 0{,}942 \cdot 2{,}9 = 436$ N/mm²

$\xi = 0{,}54$ — $x = 0{,}54 \cdot 0{,}36 = 0{,}19$ m

$\boldsymbol{\zeta = 0{,}775}$ — $z = 0{,}775 \cdot 36 = 0{,}28$ m

$\boldsymbol{k_s = 2{,}97}$

– *Ermittlung der erforderlichen Bewehrung:*

$$\textbf{erf}\, A_s = \frac{M_{Eds}}{d} \cdot k_s = \frac{124{,}5}{36} \cdot 2{,}97 = \mathbf{10{,}3\ cm^2}$$

3 Bemessung mit dimensionslosen Beiwerten (Bild 4.5-8)

$$\mu_{Ed} = \mu_{Eds} = \frac{M_{Eds}}{b\, d^2 f_{cd}} = \frac{0{,}124}{0{,}25 \cdot 0{,}36^2 \cdot 11{,}3} = 0{,}34$$

– *Abgelesen:*

$\varepsilon_{cd} = -3{,}5$ ‰

$\varepsilon_{sd1} = 2{,}9$ ‰ $> 2{,}175$ — $\Rightarrow \sigma_s(\varepsilon_s) = 436$ N/mm

$\xi = 0{,}54$ — $x = 0{,}54 \cdot 0{,}36 = 0{,}19$ m

$\zeta = 0{,}773$ — $z = 0{,}773 \cdot 0{,}36 = 0{,}28$ m

$\boldsymbol{\omega = 0{,}44}$

– *Ermittlung der erforderlichen Bewehrung:*

$$\textbf{erf } A_s = \frac{\omega\, b\, d\, f_{cd}}{\sigma_{sd}} = \frac{0{,}44 \cdot 0{,}36 \cdot 0{,}25 \cdot 11{,}3}{436} 10^4 = \mathbf{10{,}3\ cm^2}$$

4 *Wahl der Bewehrung und Überprüfung von d und b*

erf $A_s \approx 10{,}3\ \text{cm}^2$ $c_v = 25$ mm $\phi_w = 8$ mm

$A_{s,min} \approx f_{ctm}\, b\, h/(4 f_{yk}) = 2{,}2 \cdot 25 \cdot 40/(4 \cdot 500) = 1{,}1\ \text{cm}^2$ ✓ (f_{ctm} n. Tab. 1.2-1)

$A_{s,max} = 0{,}04\, b\, h = 0{,}04 \cdot 25 \cdot 40 = 40\ \text{cm}^2$ ✓

Gewählt: **4 ϕ20** **vorh A_s = 12,6 cm²** > erf A_s = 10,3 cm²

(alternativ: 5 ϕ16 vorh A_s = 10,0 cm² ≈ 10,3 cm²)

– *Überprüfen von d:*

Keine Änderung gegenüber der Vorschätzung. Bei Wahl von ϕ16 würde d geringfügig größer. Die Vorschätzung läge auf der sicheren Seite (eine Korrektur wäre bei so kleinen Abweichungen jedoch in keinem Falle erforderlich).

– *Überprüfen von b:*

Es wird geprüft, ob die gewählte Stabanzahl in einer Lage untergebracht werden kann:

Für ϕ20: erf $b = 2\, c_v + 2\, \phi_w + (4+3)\, \phi_l = 2 \cdot 2{,}5 + 2 \cdot 0{,}8 + 7 \cdot 2 \cdot = 20{,}6\ \text{cm} < 25\ \text{cm}$ ✓

Für ϕ16: erf $b = 2\, c_v + 2\, \phi_w + 5\, \phi_l + 4 \cdot 2{,}0$ (Mindestabstand ≥ 20 mm)

$= 2 \cdot 2{,}5 + 2 \cdot 0{,}8 + 5 \cdot 1{,}6 + 8{,}0 = 22{,}6\ \text{cm} < 25\ \text{cm}$ ✓

4.7.4 *Biegung mit Längsdruck, doppelte Bewehrung*

– *Gegeben:*

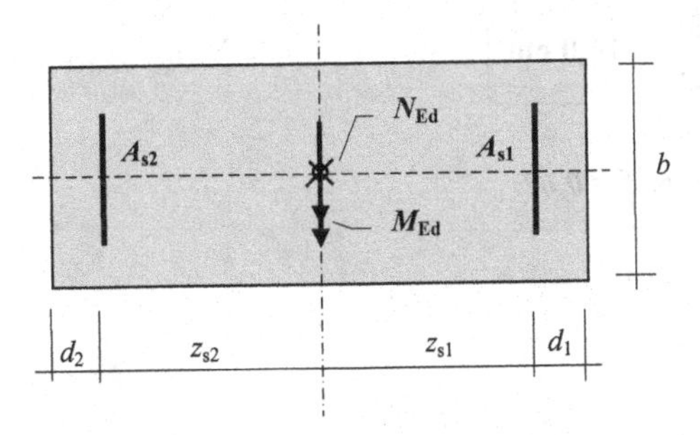

Querschnitt und Material
$b = 30$ cm, $h = 65$ cm
$d_1 = d_2 = 4{,}5$ cm
Beton C30/37
Betonstabstahl B500
Umweltbedingung: trockener Innenraum

Schnittgrößen
$M_G = 250$ kNm, $M_Q = 230$ kNm
$N_G = -530$ kN, $N_Q = -490$ kN

$z_{s1} = z_{s2} = h/2 - d_1 = 32{,}5 - 4{,}5 = 28$ cm

$d = h - d_1 = 65 - 4{,}5 = 60{,}5$ cm $d_1/d = d_2/d = 4{,}5/60{,}5 = 0{,}074$

Dieser Querschnitt stellt von der Beanspruchung her den Übergang zu den Druckgliedern dar (siehe folgenden Abschnitt 5). Die Bemessung erfolgt hier unter der Voraussetzung, dass ein Nachweis nach Theorie II. Ordnung („Knicksicherheitsnachweis") nicht erforderlich sei.

– *Bemessungsschnittgrößen:* Teilsicherheitsbeiwerte nach Tabelle 2.2-1

$M_{Ed} = 250{\cdot}1{,}35 + 230{\cdot}1{,}5 = 682$ kNm $= 0{,}682$ MNm
$N_{Ed} = -530{\cdot}1{,}35 - 490{\cdot}1{,}5 = -1450$ kN $= -1{,}45$ MN

– *Bemessungswerte der Baustofffestigkeiten:* Teilsicherheitsbeiwerte nach Tabelle 2.3-1

Beton: $f_{cd} = 0{,}85{\cdot}f_{ck}/\gamma_c = 0{,}85{\cdot}30/1{,}5 = 17$ N/mm²
Betonstahl: $f_{yd} = f_{yk}/\gamma_s = 500/1{,}15 = 435$ N/mm²

1 Bemessung mit dem allgemeinen Bemessungsdiagramm (Bild 4.5-1)

$M_{Eds} = M_{Ed} - N_{Ed}{\cdot}z_s = 682 + 1450{\cdot}0{,}28 = 1088 \text{ kNm} = 1{,}09 \text{ MNm}$

$$\mu_{Eds} = \frac{M_{Eds}}{b\,d^2 f_{cd}} = \frac{1{,}09}{0{,}3\cdot 0{,}605^2\cdot 17} = 0{,}58 >> 0{,}37$$

– *Aufteilen von M_{Eds}:*

$M_{Eds,lim} = 0{,}37{\cdot}0{,}3{\cdot}0{,}605^2{\cdot}17 = 0{,}70$ MNm $\Delta M_{Eds} = 1{,}09 - 0{,}70 = 0{,}39$

– *Abgelesen für $\mu_{Eds,lim} = 0{,}37$:*

$\varepsilon_{cd} = -3{,}5$ ‰
$\varepsilon_{sd1} = 2{,}2$ ‰ $\approx \varepsilon_{yd} = 2{,}175$ ‰ $\Rightarrow \sigma_{sd1} = f_{yd} = 435$ N/mm²
$\varepsilon_{sd2} = -3{,}0$ ‰ $\sigma_s(\varepsilon_s) = -(433 + 0{,}942{\cdot}3{,}0) = -436$ N/mm²
$\xi = 0{,}62$ $x = 0{,}62{\cdot}0{,}605 = 0{,}38$ cm
ζ **= 0,74** $z = 0{,}74{\cdot}0{,}605 = 0{,}45$ m

– *Ermittlung der erforderlichen Bewehrung:*

$$\textbf{erf } \mathbf{A_{s1}} = \frac{1}{\sigma_{sd1}}\left(\frac{M_{Eds,lim}}{z} + \frac{\Delta M_{Eds}}{d-d_2} + N_{Ed}\right) = \frac{10^4}{435}\left(\frac{0{,}70}{0{,}45} + \frac{0{,}39}{0{,}56} - 1{,}45\right) = \mathbf{18{,}4\ cm^2}$$

$$\textbf{erf } \mathbf{A_{s2}} = \frac{1}{\sigma_{sd2}}\cdot\frac{\Delta M_{Eds}}{d-d_2} = \frac{10^4}{436}\cdot\frac{0{,}39}{0{,}56} = \mathbf{16{,}0\ cm^2}$$

mit $\sum A_s = A_{s,tot} = 34{,}4$ cm²

2 Bemessung mit k_d - Tafel (Bild 4.5-6, $\xi = 0{,}62$)

$$k_d = \frac{d[\text{cm}]}{\sqrt{\dfrac{M_{Eds}[\text{kNm}]}{b[\text{m}]}}} = \frac{60{,}5}{\sqrt{1088/0{,}3}} = 1{,}0$$

– *Abgelesen:*

$\mathbf{k_{s1} = 2{,}87}$ $\rho_1 \approx \mathbf{1{,}0}$
$\mathbf{k_{s2} = 0{,}9}$ $\rho_2 \approx \mathbf{1{,}0}$

– *Ermittlung der erforderlichen Bewehrung:*

$$\textbf{erf}\,A_{s1} = \frac{M_{Eds}}{d} \cdot k_{s1} \cdot \rho_1 + \frac{10\,N_{Ed}}{f_{yd}} = \frac{1088}{60{,}5} \cdot 2{,}87 - \frac{10 \cdot 1450}{435} = \mathbf{18{,}3\ cm^2}$$

$$\textbf{erf}\,A_{s2} = \frac{M_{Eds}}{d} \cdot k_{s2} \cdot \rho_2 = \frac{1088}{60{,}5} \cdot 0{,}9 = \mathbf{16{,}2\ cm^2}$$

– *Konstruktive Regeln für Druckglieder nach EC2, Abschnitt 9.5:*

$A_{s,min} = 0{,}15\ |N_{Ed}|/f_{yd} = 10^4 \cdot 0{,}15 \cdot 1{,}45/435 = 5\ cm^2$
$A_{s,max} = 0{,}09\ A_c = 0{,}09 \cdot 30 \cdot 65 = 176\ cm^2$
} nicht maßgebend

– *Wahl der Bewehrung:*

Symmetrische Bewehrung (bei Druckgliedern üblich) mit $A_{s1} = A_{s2}$:

Gewählt: **4 ϕ25 mm je Seite** $A_{s1,vorh} = A_{s2} = 19{,}6\ cm^2$ > erf A_{s1}, > erf A_{s2}

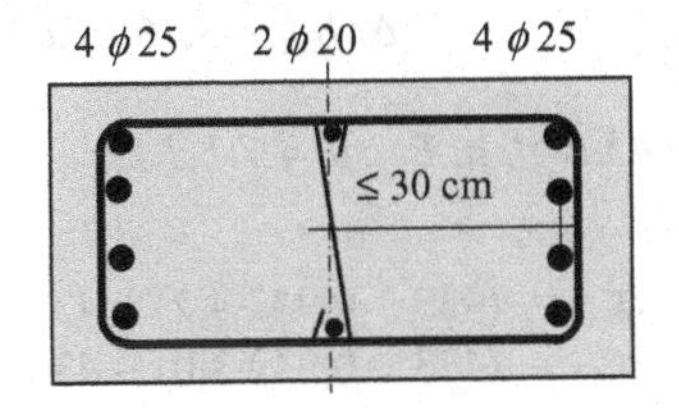

$\phi_w = 8$ mm > min $\phi_w = 6$ mm
> $\phi_l/4 = 25/4 = 6{,}25$mm
Verbügelung, Zusatzstäbe an den Längsseiten und S-Haken nach EC2, 9.5.2 und 9.5.3

$\phi_l = 25$ mm > min $\phi_l = 12$ mm

4.7.5 Biegung mit Längskraft, doppelte Bewehrung

– *Gegeben:*

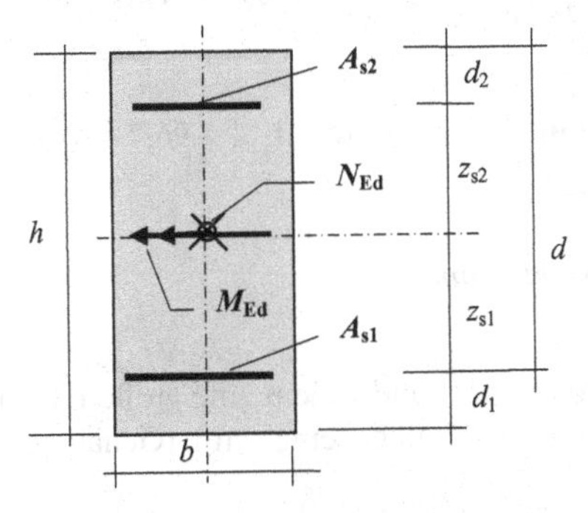

Querschnitt und Material
$b = 60$ cm, $h = 1{,}2$ m
$d_1 = d_2 = 6{,}0$ cm (geschätzt)
Beton C20/25
Betonstabstahl B500
Umweltbedingung: Innenraum mit hoher Luftfeuchte

Schnittgrößen
$M_G = 1400$ kNm, $M_Q = 1000$ kNm
$N_G = -280$ kN, $N_Q = -210$ kN

$z_{s1} = z_{s2} = h/2 - d_1 = 60 - 6 = 54$ cm $\quad d = 1{,}20 - 0{,}06 = 1{,}14$ m $\quad d_1/d = 6/114 = 0{,}05$

Die Bemessung erfolgt unter der Voraussetzung, dass ein Nachweis nach Theorie II. Ordnung („Knicksicherheitsnachweis“) nicht erforderlich sei.

– *Überprüfen der Betonfestigkeitsklasse C:*

Expositionsklasse nach Tabelle 1.2-2: Fall XC3 mit „C_{min}“ = C20/25 = gew. C20/25 ✓

– *Bemessungsschnittgrößen:* Teilsicherheitsbeiwerte nach Tabelle 2.2-1

$M_{Ed} = 1400 \cdot 1{,}35 + 1000 \cdot 1{,}5 = 3390 \text{ kNm} = 3{,}39 \text{ MNm}$
$N_{Ed} = -280 \cdot 1{,}35 + -210 \cdot 1{,}5 = -693 \text{ kN} = -0{,}69 \text{ MN}$

– *Bemessungswerte der Baustofffestigkeiten:* Teilsicherheitsbeiwerte nach Tabelle 2.3-1

Beton: $f_{cd} = 0{,}85 \cdot f_{ck}/\gamma_c = 0{,}85 \cdot 20/1{,}5 = 11{,}3 \text{ N/mm}^2$
Betonstahl: $f_{yd} = f_{yk}/\gamma_s = 500/1{,}15 = 435 \text{ N/mm}^2$

1 Bemessung mit dem allgemeinen Bemessungsdiagramm (Bild 4.5-1)

$M_{Eds} = M_{Ed} - N_{Ed} \cdot z_s = 3{,}39 + 0{,}54 \cdot 0{,}69 = 3{,}76 \text{ MNm}$

$$\mu_{Eds} = \frac{M_{Eds}}{b\, d^2 f_{cd}} = \frac{3{,}76}{0{,}6 \cdot 1{,}14^2 \cdot 11{,}3} = 0{,}43 > 0{,}37$$

Es sei erforderlich: $\xi \leq 0{,}45 \Rightarrow \mu_{Eds} \leq 0{,}296 \approx 0{,}30$

– *Aufteilen von M_{Eds}:*

$M_{Eds,lim} = 0{,}30 \cdot 0{,}6 \cdot 1{,}14^2 \cdot 11{,}3 = 2{,}64 \text{ MNm}$ $\Delta M_{Eds} = 3{,}76 - 2{,}64 = 1{,}12$

– *Abgelesen für $\mu_{Eds,lim} = 0{,}30$ entsprechend $\xi_{lim} = 0{,}45$ (vgl. a. Beisp. 4.7.1-1.2):*

$\varepsilon_{cd} = -3{,}5\ ‰$
$\varepsilon_{sd1} = 4{,}2\ ‰ >> \varepsilon_{yd} = 2{,}175\ ‰$ $\sigma_{sd1} = -(433 + 0{,}942 \cdot 4{,}2) = 437 \text{ N/mm}^2$
$\varepsilon_{sd2}(d_2/d = 0{,}05) = -3{,}0\ ‰ >> \varepsilon_{yd} = 2{,}175\ ‰$ $\sigma_{sd2} = -(433 + 0{,}942 \cdot 3{,}0) = 436 \text{ N/mm}^2$
$\xi = 0{,}45$ $x = 0{,}45 \cdot 1{,}14 = 0{,}51 \text{ m}$
$\zeta = \mathbf{0{,}82}$ $z = 0{,}82 \cdot 1{,}14 = 0{,}93 \text{ m}$

$$\textbf{erf } A_{s1} = \frac{1}{\sigma_{sd1}}\left(\frac{M_{Eds,lim}}{z} + \frac{\Delta M_{Eds}}{d - d_2} + N_{Ed}\right) = \frac{10^4}{437}\left(\frac{2{,}64}{0{,}93} + \frac{1{,}12}{1{,}08} - 0{,}69\right) = \mathbf{72{,}9\ cm^2}$$

$$\textbf{erf } A_{s2} = \frac{1}{\sigma_{sd2}} \cdot \frac{\Delta M_{Eds}}{d - d_2} = \frac{10^4}{436} \cdot \frac{1{,}12}{1{,}08} = \mathbf{23{,}8\ cm^2}$$ mit $\sum A_s = A_{s,tot} = 96{,}7 \text{ cm}^2$

2 Wahl der Bewehrung und konstruktive Gesichtspunkte

– *Mindest- und Maximalbewehrung:*

Da ein „Knicksicherheitsnachweis“ nicht erforderlich ist und zudem eine große Exzentrizität (großes M, kleines N) vorliegt, wird das Bauteil als Balken eingestuft (Genaueres hierzu siehe Abschnitt 14: Druckglieder):

$A_{s1,min} = f_{ctm} \cdot b \cdot h/(4\, f_{yk}) = 2{,}2 \cdot 60 \cdot 120/(4 \cdot 500) = 7{,}9 \text{ cm}^2$
$A_{s,max} = 0{,}08\, b\, h = 0{,}08 \cdot 65 \cdot 120 = 624 \text{ cm}^2$
} nicht maßgebend

– *Wahl der Bewehrung:*

gewählt:

A_{s1}: 12 ϕ28 zweilagig	$A_{s,vorh} = 73{,}9\ cm^2 > erf\ A_s = 72{,}9\ cm^2$
A_{s2}: 4 ϕ28	$A_{s,vorh} = 24{,}6\ cm^2 > erf\ A_s = 23{,}8\ cm^2$

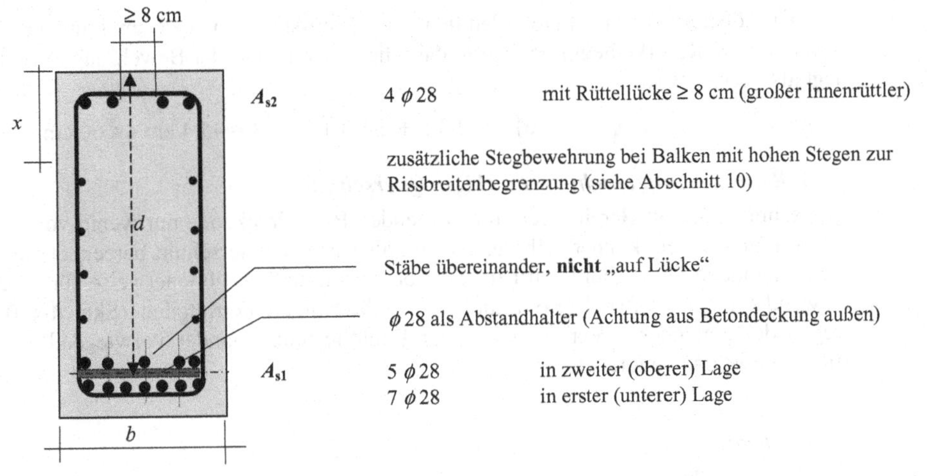

Da in jedem Falle die Bewehrung wegen der Balkenbreite zweilagig angeordnet werden muss, wird zur Erleichterung des Betonierens nicht die dichtest mögliche Anordnung (dies wären 9 ∅ 28) in der ersten Lage gewählt.

– *Betonüberdeckung und Überprüfen von d und b:*

gewählt: $\phi_w = 10$ mm (für $\phi_l = 25$ und 28 mm empfohlen)

Nach Tabelle 1.2-4 (entsprechend EC2, Tab. 4.4DE) gilt für XC3:

$\overline{c}_{min,dur} = c_{min,dur} + \Delta c_{dur,\gamma} = 20$ mm und $\Delta c_{dev} = 15$ mm

Eine Reduzierung von $c_{min,dur}$ ist nicht zulässig. $\Delta c_{dur,\gamma}$ ist = 0, ebenso sind $\Delta c_{dur,st} = 0$ und $\Delta c_{dur,add} = 0$.

$c_{min} = \max\{c_{min,b};\ c_{min,dur} + \Delta c_{dur,\gamma} - \Delta c_{dur,st} - \Delta c_{dur,add};\ 10\ mm\}$

$c_{min,b,w} = \phi_w = 10\ mm < c_{min,dur} = 20\ mm$

$c_{min,b,l} = \phi_l = \mathbf{28\ mm} > c_{min,dur} = 20\ mm$

$c_{nom,l} = \overline{c}_{min,dur} + \Delta c_{dev} = 20 + 15 = 35\ mm$

$c_{nom,l} = c_{min,b,l} + \Delta c_{dev,b} = 28 + 10 = 38\ mm$ für ϕ_l Verbund maßgebend

$c_{nom,w} = \overline{c}_{min,dur} + \Delta c_{dev} = 20 + 15 = 35\ mm$ für ϕw Dauerhaftigkeit maßgebend

$c_{nom,w} = c_{min,b.l} + \Delta c_{dev,b} = 10 + 10 = 20\ mm$

Verlegemaß der Bügel (Abstandhalter): $\mathbf{c_v = 35\ mm}$ (vorh $c_{nom,l} = 35 + 10 = 45 > 38$ mm)

Statische Höhe: $\boldsymbol{d} = h -$ vorh $c_{nom,l} - \phi_l - < \phi_l/2 = 120 - 4{,}5 - 2{,}8 - 1{,}4 = \mathbf{111}$ cm ≈ 114 cm ✓

Die Abweichung von -2,7 % ist vernachlässigbar. Zudem sind noch Reserven in der Zugbewehrung vorhanden sind. Wer es genauer wissen möchte, kann bei kleinen Abweichungen von den Soll-Werten näherungsweise linear umrechnen:

$$\left(\frac{73{,}9}{72{,}9}\cdot\frac{111}{114}-1\right)\cdot 100 \approx -1{,}2\ \% \quad \text{dies ist völlig unbedenklich.}$$

Erst bei größeren Abweichungen (deutlich > 3 %) müsste eine neue Bemessung erfolgen. (Eine winzige Reserve liegt noch darin, dass die Schwerachse der Bewehrung minimal tiefer liegt als angesetzt.)

Breite: $b_{erf} = 2\,c_w + 2\,\phi_w + (7 + 6)\,\phi_l = 2\cdot 3{,}5 + 2\cdot 1{,}0 + 13\cdot 2{,}8 = 45{,}4$ cm << 60 cm ✓

4.7.6 Reine Biegung, nicht-rechteckiger Querschnitt

Querschnitte, die im Bereich der zu erwartenden Biegedruckzone nur wenig von der Rechteckform abweichen, können näherungsweise als Rechteckquerschnitt berechnet werden. Der hier behandelte Querschnitt wird im Stahlbetonfertigteilbau üblicherweise für Dachpfetten verwendet (s. a. [6-5]). Beim Bauen mit stabförmigen Fertigteilen (Skelettbau) werden wegen der einfacheren Verbindungen der Bauteile untereinander vorwiegend statisch bestimmte Systeme bevorzugt.

– *Gegeben:*

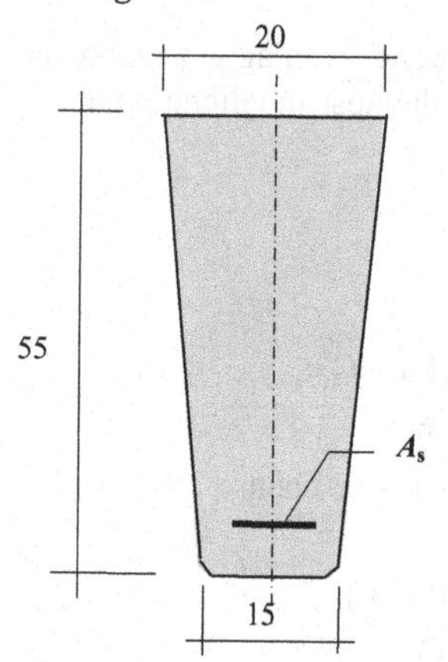

Stahlbetonfertigteilträger (Einfeldträger)

Querschnitt und Material
b = 15 - 20 cm, h = 0,55 m
Beton C40/50
Betonstabstahl B500
Umweltbedingung: im Inneren einer trockenen Halle

Schnittgrößen
M_G =100 kNm, M_Q = 115 kNm

– *Überprüfen der Betonfestigkeitsklasse C:*

Expositionsklasse nach Tabelle 1.2-2: Fall XC1 mit „C_{min}“ = C16/20 << gew. C40/50 ✓

– *Vorschätzen der statischen Höhe:*

Annahme: zweilagige Bewehrung ϕ_l = 25 mm, Bügel aus Matten mit ϕ_w = 7 mm (im Fertigteilbau werden überwiegend Bügelmatten verwendet)

Nach Tabelle 1.2-4 (entsprechend EC2, Tab. 4.4DE) gilt für XC1:

$\bar{c}_{min,dur}\ c_{min,dur} + \Delta c_{dur,\gamma} = 10$ mm und $\Delta c_{dev} = 10$ mm

Trotz gew. C40/50 > C_{min} + 2 „Δ C" = C25/30 ist eine Reduzierung von $c_{min,dur}$ unter 10 mm nicht zulässig. Eine Reduzierung von Δc_{dev} auf 5 mm kann aber wegen Werksherstellung bei Fertigteilen angesetzt werden, sofern die Bedingungen aus [1-6] eingehalten werden.

$c_{min} = \max\{c_{min,b};\ c_{min,dur} + \Delta c_{dur,\gamma} - \Delta c_{dur,st} - \Delta c_{dur,add};\ 10\ \text{mm}\}$

$c_{min,b,w} = \phi_w = 7\ \text{mm} < 10\ \text{mm}$

$c_{min,b,l} = \phi_l = 25\ \text{mm}$

$c_{nom,l} = \bar{c}_{min,dur} + \Delta c_{dev} = 10 + 5 = 15\ \text{mm}$ Dauerhaftigkeit

$c_{nom,l} = c_{min,b,l} + \Delta c_{dev,b} = 25 + 5 = 30\ \text{mm}$ für ϕ_l Verbund maßgebend

$c_{nom,w} = \bar{c}_{min,dur} + \Delta c_{dev} = 10 + 5 = 15\ \text{mm}$ Dauerhaftigkeit

$c_{nom,w} = c_{min,b.l} + \Delta c_{dev,b} = 10 + 5 = 15\ \text{mm}$ Verbund

Verlegemaß der Bügel (Abstandhalter): c_v **= 25 mm** (vorh $c_{nom,l} = 25 + 7 = 32 > 30$ mm)

Die statische Höhe ergibt sich dann zu:

$d = h - \text{vorh}\ c_{nom,l} - \phi_l - \phi_l/2 = 55 - 3{,}2 - 2{,}5 - 1{,}25 \approx 48$ **cm**

Anmerkung: Die Reduzierungsmöglichkeiten für die Betondeckung können wegen Sicherstellung des Verbundes der Längsbewehrung nicht voll ausgenutzt werden.

– *Bemessungsschnittgrößen:* Teilsicherheitsbeiwerte nach Tabelle 2.2-1

$M_{Ed} = M_{Eds} = 100 \cdot 1{,}35 + 115 \cdot 1{,}5 = 308\ \text{kNm} = 0{,}308\ \text{MNm}$

– *Bemessungswerte der Baustofffestigkeiten:* Teilsicherheitsbeiwerte nach Tabelle 2.3-1

Beton: $f_{cd} = 0{,}85 \cdot f_{ck}/\gamma_c = 0{,}85 \cdot 40/1{,}5 = 22{,}7\ \text{N/mm}^2$

Betonstahl: $f_{yd} = f_{yk}/\gamma_s = 500/1{,}15 = 435\ \text{N/mm}^2$

1 Bemessung mit dimensionslosen Beiwerten (Bild 4.5-8)

Für die Bemessung wird die trapezförmige Druckzone näherungsweise in ein Rechteck mit der vorgeschätzten mittleren Breite von 19 cm umgewandelt:

$$\mu_{Ed} = \mu_{Eds} = \frac{M_{Eds}}{b\ d^2 f_{cd}} = \frac{0{,}308}{0{,}19 \cdot 0{,}48^2 \cdot 22{,}7} = 0{,}31 < \mu_{Eds,lim} = 0{,}37$$

(keine Druckbewehrung erforderlich, eine weitere Reduzierung von $\mu_{Eds,lim}$ aus Gründen der Rotationsfähigkeit ist beim Einfeldträger nicht erforderlich)

– *Abgelesen:*

$\varepsilon_{cd} = -3{,}5\ ‰$

$\varepsilon_{sd1} = 3{,}8\ ‰ > \varepsilon_{yd} = 2{,}175\ ‰$ $\Rightarrow$ $\sigma_{sd}(\varepsilon_s) = 436\ \text{N/mm}^2$

$\xi = 0{,}48 < \xi_{lim} = 0{,}62$ $x = 0{,}48 \cdot 0{,}48 = 0{,}23$ m

(Annahme $b \approx 19$ cm war richtig; siehe Skizze)

$\zeta = 0{,}8$ $z = 0{,}8 \cdot 0{,}48 = 0{,}38$ m

$\boldsymbol{\omega = 0{,}39}$

erf $A_s = \omega b \cdot d \cdot f_{cd}/\sigma_{sd} = (0{,}39 \cdot 0{,}19 \cdot 0{,}48 \cdot 22{,}7/436)\ 10^4 = 18{,}5\ \text{cm}^2$

$A_{s,min} < \approx f_{ctm} \cdot b \cdot h/(4\ f_{yk}) = 3{,}5 \cdot 19 \cdot 55/(4 \cdot 500) = 1{,}8\ \text{cm}^2 \ll 18{,}5\ \text{cm}^2$ ✓ (f_{ctm} n. Tab. 1.2-1)

$A_{s,min} \approx 0{,}04 \cdot b \cdot h = 0{,}04 \cdot 19 \cdot 55 = 41{,}8\ \text{cm}^2 \gg 18{,}5\ \text{cm}^2$✓

2 Wahl der Bewehrung

- *Gewählt:*

gewählt: **4 ϕ25** mm $A_{vorh} = 19{,}6\ cm^2 > erf\ A_s = 18{,}5\ cm^2$

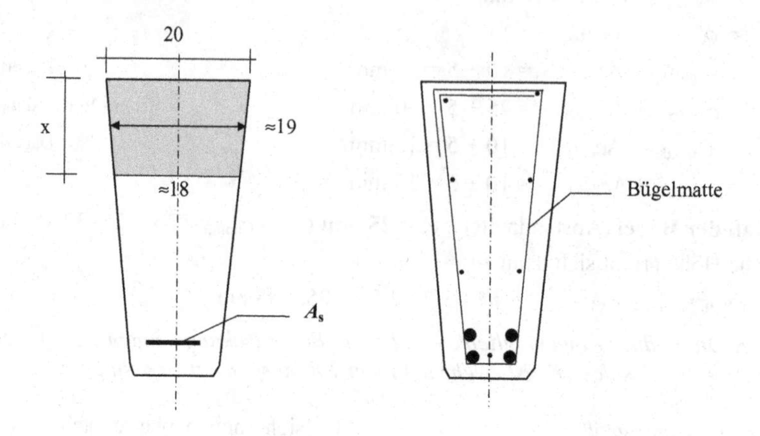

– *Überprüfung von b:*

$b_{erf} = (c_v + \phi_w)\cdot 2 + 3\cdot\phi_l = (2{,}5 + 0{,}7)\cdot 2 + 3\cdot 2{,}5 \approx 14\ cm < b_{vorh} = 15\ cm$ ✓

5 Bemessung bei überwiegender Längskraft

5.1 Allgemeines

Stabförmige Bauteile, die überwiegend auf Längsdruck und ggf. zusätzlich auf Biegung beansprucht werden, bezeichnet man als **Druckglieder**. Ihre **Bemessung gegen Querschnittsversagen bei bekannten Schnittgrößen** ist Gegenstand dieses Abschnittes. Druckglieder werden häufig symmetrisch bewehrt ($A_{s1} = A_{s2}$). Die bisher erläuterten Bemessungsmethoden für **Balken** mit überwiegender Biegung und Längskraft sind hierfür nur bedingt geeignet. Im Folgenden werden deshalb spezielle Bemessungsverfahren vorgestellt. Diese werden auch bei der Bemessung gegen Systemversagen unter Einfluss der Tragwerksverformungen verwendet. Die zugehörigen Nachweise und die Schnittgrößenermittlung nach Theorie II. Ordnung werden in Teil B, Abschnitt 13 gesondert behandelt. Druckglieder treten z. B. bei den auf Bild 5.1-1 dargestellten Konstruktionen auf:

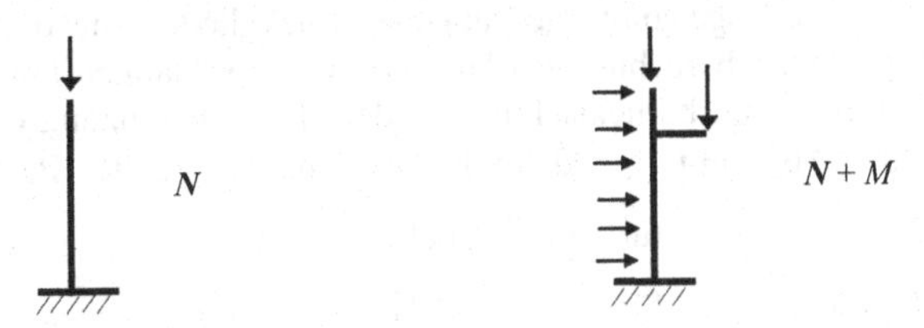

Einzelstützen (z.B. im Fertigteilbau)

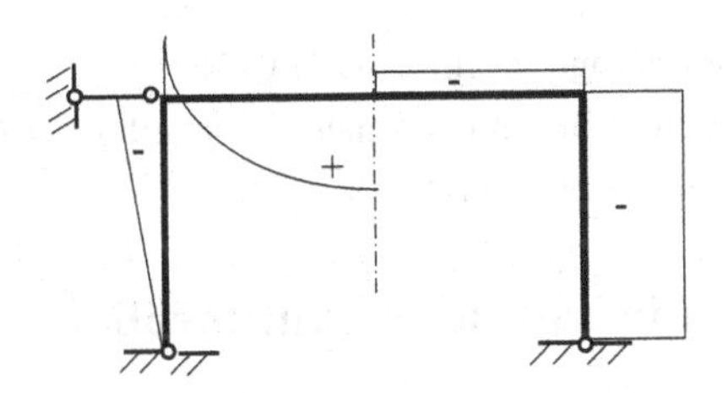

Einfeldrige Rahmen (hier unverschieblich gehalten)

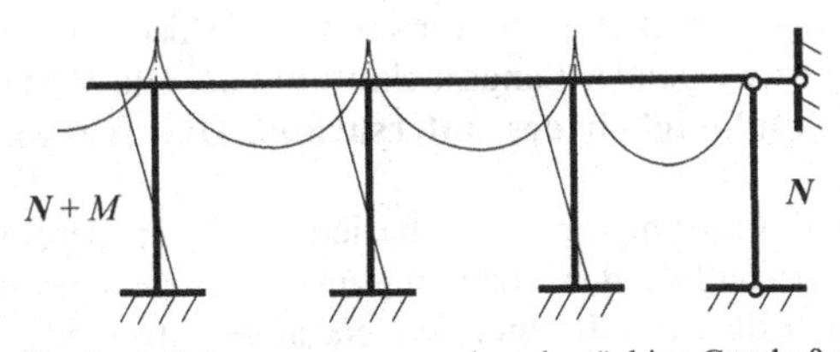

Durchlaufende Rahmensysteme, auch mehrstöckige Geschoßrahmen

Bild 5.1-1 Beispiele für Druckglieder

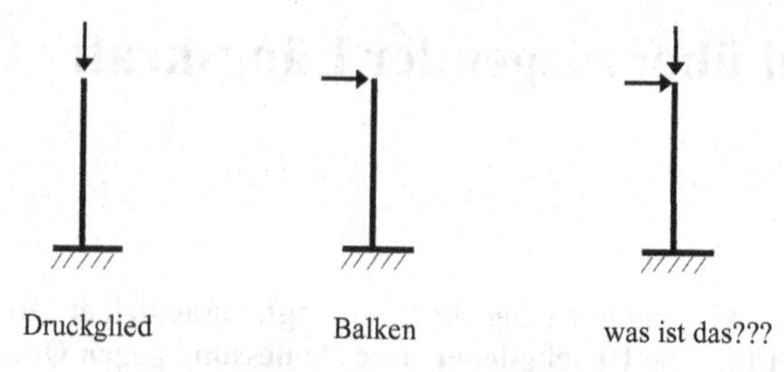

Bild 5.1-2 Zur Abgrenzung zwischen Druckglied und Balken

Eine scharfe Trennung zwischen „Balken" einerseits und „Druckglied" andererseits existiert nicht (Bild 5.1-2). EC2, NA.1.5.2.18 gibt ein Kriterium zur Unterscheidung zwischen Druckgliedern und vorwiegend auf Biegung beanspruchten Bauteilen. Als Druckglied gelten danach Bauteile mit einer bezogenen Ausmitte im Grenzzustand der Tragfähigkeit („d"):

(5.1-1a) $e_d/h < 3{,}5$ $e_d = M_{Ed}/N_{Ed}$

Druckglieder sind in der Regel nach Theorie II. Ordnung zu bemessen. Es gelten jedoch nach EC2, 5.8.3 Ausnahmen für sogenannte gedrungene Druckglieder, die ohne Berücksichtigung der Theorie II. Ordnung berechnet werden dürfen. Bei schlanken Druckgliedern muss der Einfluss der Verformungen berücksichtigt werden. Die Abgrenzung erfolgt über die **Schlankheit** $\boldsymbol{\lambda}$ (siehe auch Abschnitt 13). Als schlankes Druckglied gelten Bauteile mit:

(5.1-1b) $\lambda > \lambda_{lim} = 25$ für $|\nu_{Ed}| \geq 0{,}41$

(5.1-1c) $\lambda > \lambda_{lim} = 16/\sqrt{|\nu_{Ed}|}$ für $|\nu_{Ed}| < 0{,}41$

Es bedeuten:

$\lambda = l_0 / i$ Schlankheit

l_0 = Ersatzstablänge „Knicklänge" (vgl. Abschnitt 13)

$i = \sqrt{I/A}$ Trägheitsradius, für Rechteckquerschnitte gilt $i = 0{,}289\ h$

$\nu_{Ed} = N_{Ed}/(A_c f_{cd})$ bezogene Längskraft (Druckkraft)

5.2 Bemessungsverfahren bei bekannten Schnittgrößen

5.2.1 Allgemeines

Die Bemessungsverfahren für stabförmige Bauteile mit überwiegender Längskraft werden in erster Linie für die Bemessung von Druckgliedern verwendet. Sie decken aber auch den Nachweis der Tragfähigkeit bei überwiegender Längszugkraft mit ab. Die Verfahren dienen dem **Nachweis ausreichender Tragfähigkeit des untersuchten Querschnitts** unter vorgegebenen Schnittgrößen.

Die im Folgenden vorgestellten Bemessungsverfahren basieren auf den bereits bekannten Grundlagen des Stahlbetons, insbesondere den Dehnungszuständen im Grenzzustand der Tragfähigkeit. Es werden lediglich die Grundformeln anders aufbereitet und in Form von Diagrammen zur Verfügung gestellt. Bei sehr geringer oder ganz fehlender Ausmitte gestatten diese keine Ablesung. Dann sind andere, einfachere Bemessungsverfahren anwendbar. Die Diagramme gelten auch bei überwiegender Biegung, also auch für „Balken". Sie sind dafür allerdings wegen der symmetrischen Bewehrung unwirtschaftlich.

5.2.2 Bemessungsverfahren für den Rechteckquerschnitt mit symmetrischer Bewehrung und einachsiger Biegung mit Längskraft

Die Bemessungsdiagramme haben die Form von Interaktionsdiagrammen zwischen Normalkraft N und Biegemoment M. Sie gelten bis C50/60 für alle Betonfestigkeiten. Für die höheren Festigkeitsklassen gibt es jeweils eigene Diagramme. Die Diagramme verschiedener Autoren berücksichtigen weitgehend den Nettobetonquerschnitt und den ansteigenden Ast der Spannungs-Dehnungslinie (dies ist in der Regel auf den Diagrammen vermerkt). Unterschiedliche Ansätze bedingen natürlich leicht unterschiedliche Ergebnisse.
Eingangswerte sind:

- Betonstahl B500
- bezogene Achslage der Bewehrung $d_1/h = d_2/h$ von 0,05 bis 0,25
- bezogene Schnittgrößen im Designzustand μ_{Ed} und ν_{Ed}

(5.2-1) $$\mu_{Ed} = \frac{M_{Ed}}{bh^2 f_{cd}}$$ bezogenes Moment

(5.2-2) $$\nu_{Ed} = \frac{N_{Ed}}{bh \cdot f_{cd}}$$ bezogene Längskraft

Hinweis: Im Gegensatz zur Biegebemessung ***wird hier die Bauteilhöhe h*** *und nicht die statische Höhe d eingesetzt.*

Abgelesen wird der „mechanische“ Bewehrungsgrad ω_{tot} des Querschnitts:

(5.2-3) $$\omega_{tot} = \frac{A_{s,tot}}{bh} \cdot \frac{f_{yd}}{f_{cd}}$$

Damit erhält man die erforderliche Bewehrung des Querschnitts:

(5.2-4) $$A_{s,tot} = \frac{\omega \cdot bh}{f_{yd} / f_{cd}}$$ und $A_{s1} = A_{s2} = A_{s,tot}/2$

Den auf den Bildern 5.2-2 bis 5.2-4 dargestellten Diagrammen (nach [4-3] und [4-4]) kann man Folgendes entnehmen (Die Eintragungen gehören zu den Beispielen):

- Die Kurven ω_{tot} = const. geben jeweils die Traglast des Querschnitts für verschiedene Verhältnisse N/M wieder.
- Für $M = 0$ erhält man die Traglast bei zentrischer Längskraft (Druckkraft negativ).
- Für $N = 0$ erhält man (bezogen auf symmetrische Bewehrung) die Traglast des Querschnitts für einen bestimmten Bewehrungsgehalt bei reiner Biegung. Dabei ist die Ausnutzung der Biegezugbewehrung maßgebend, während die Biegedruckzone insbesondere wegen der Druckbewehrung noch Tragreserven aufweist.
- Eine geringe Längsdruckkraft steigert die Biegetragfähigkeit des Querschnittes, weil sie die Biegezugseite entlastet. Erst wenn die Biegedruckseite ebenfalls ausgenutzt ist, geht bei abnehmender Zugdehnung der Biegezugseite die Momententragfähigkeit mit steigender Normalkraft deutlich zurück.
- Aus den Diagrammen kann der Dehnungszustand unter Designlasten abgelesen werden.

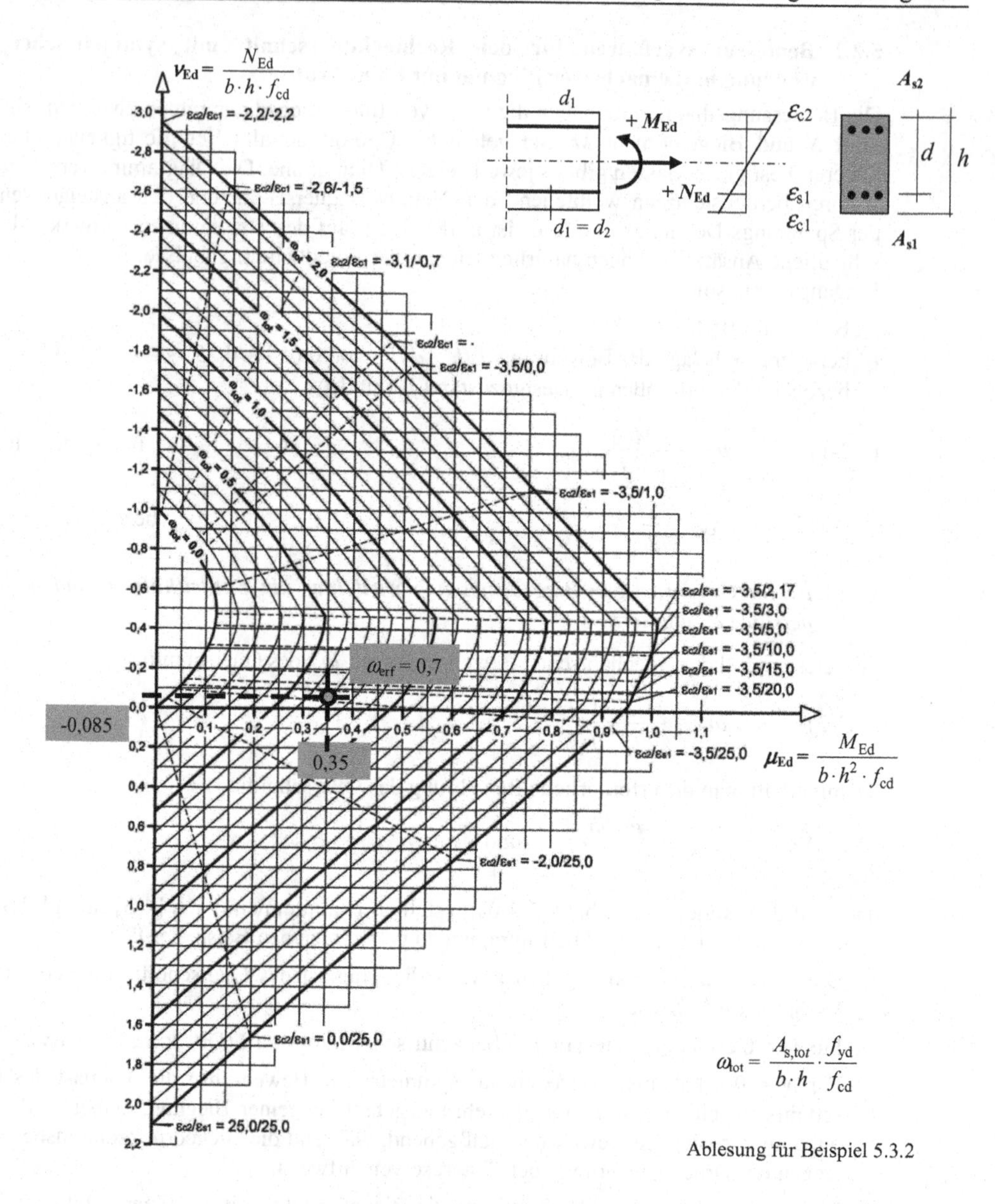

Bild 5.2-2: Interaktionsdiagramm für den symmetrisch bewehrten Rechteckquerschnitt (nach [4-3]): Beton ≤ C50/60, B500, $d_1/h = 0{,}05$ mit Nettobetonquerschnitt und $\sigma_s \leq 456{,}5$ N/mm²

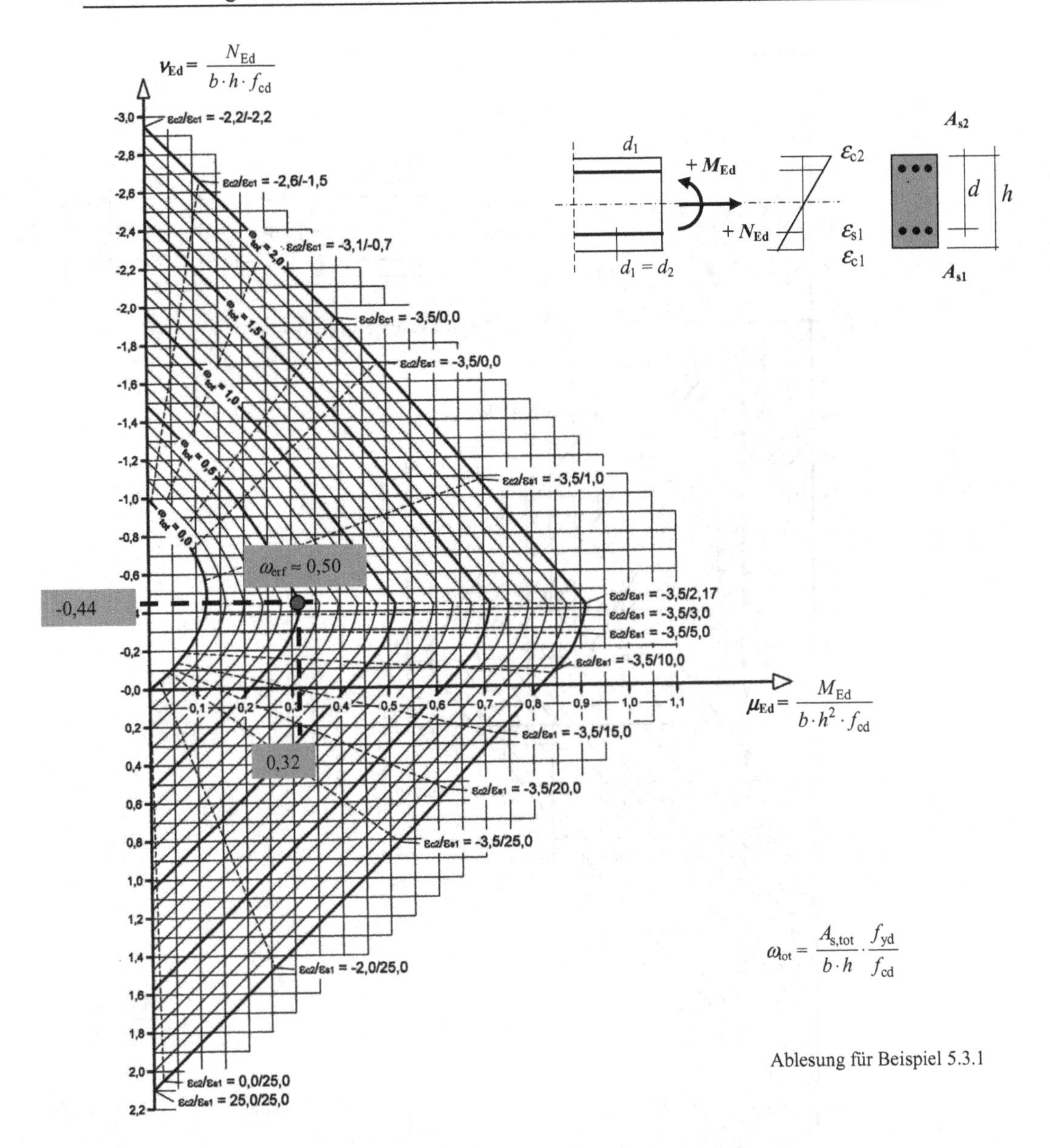

Bild 5.2-3: Interaktionsdiagramm für den symmetrisch bewehrten Rechteckquerschnitt (nach [4-3]): Beton ≤ C50/60, B500, d_1/h **= 0,10** mit Nettobetonquerschnitt und $\sigma_s \leq 456{,}5$ N/mm²

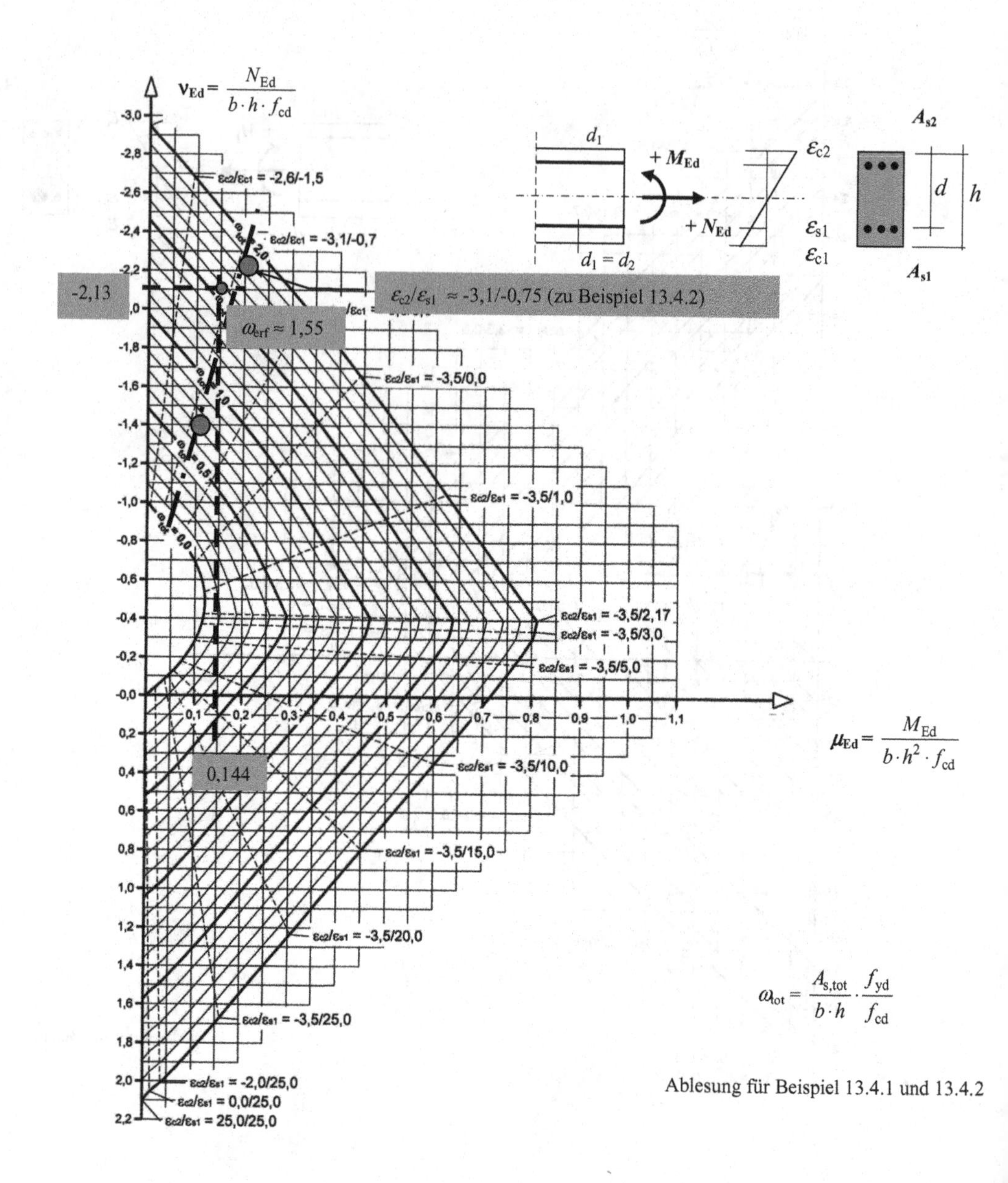

Bild 5.2-4: Interaktionsdiagramm für den symmetrisch bewehrten Rechteckquerschnitt (nach [4-3]):
Beton ≤ C50/60, B500, d_1/h **= 0,15** mit Nettobetonquerschnitt und $\sigma_s \leq 456{,}5$ N/mm²

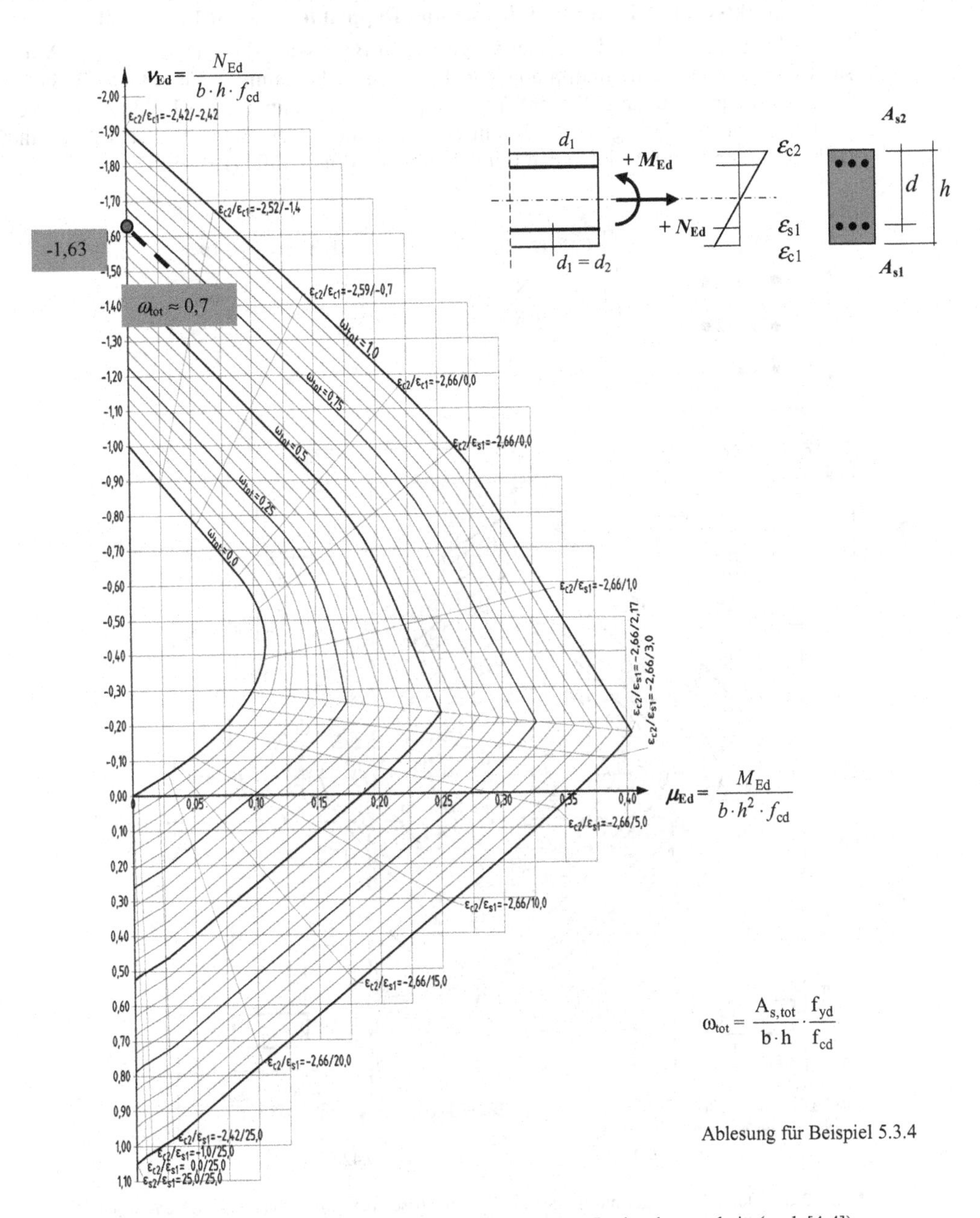

Bild 5.2-5: Interaktionsdiagramm für den symmetrisch bewehrten Rechteckquerschnitt (nach [4-4]): Beton C70/85, B500, $d_1/h = 0,15$ mit Nettobetonquerschnitt und $\sigma_s \leq 456,5$ N/mm²

5.2.3 Bemessungsverfahren für den Rechteckquerschnitt mit symmetrischer und mit punktsymmetrischer Bewehrung und Doppelbiegung mit Längskraft

Doppelbiegung wird mit den bisher vorgestellten Bemessungshilfen nicht erfasst. Mit [5-1] steht eine umfangreiche Sammlung von Bemessungsdiagrammen für schiefe Biegung mit Längskraft zur Verfügung. Sie enthält neben Vollquerschnitten auch Hohlquerschnitte. Die im Folgenden wiedergegebenen Tafeln erfassen einmal den Bereich kleiner Normalkräfte (Bild 5.2-6) und zum Anderen den Bereich großer Normalkräfte (Bild 5.2-7).

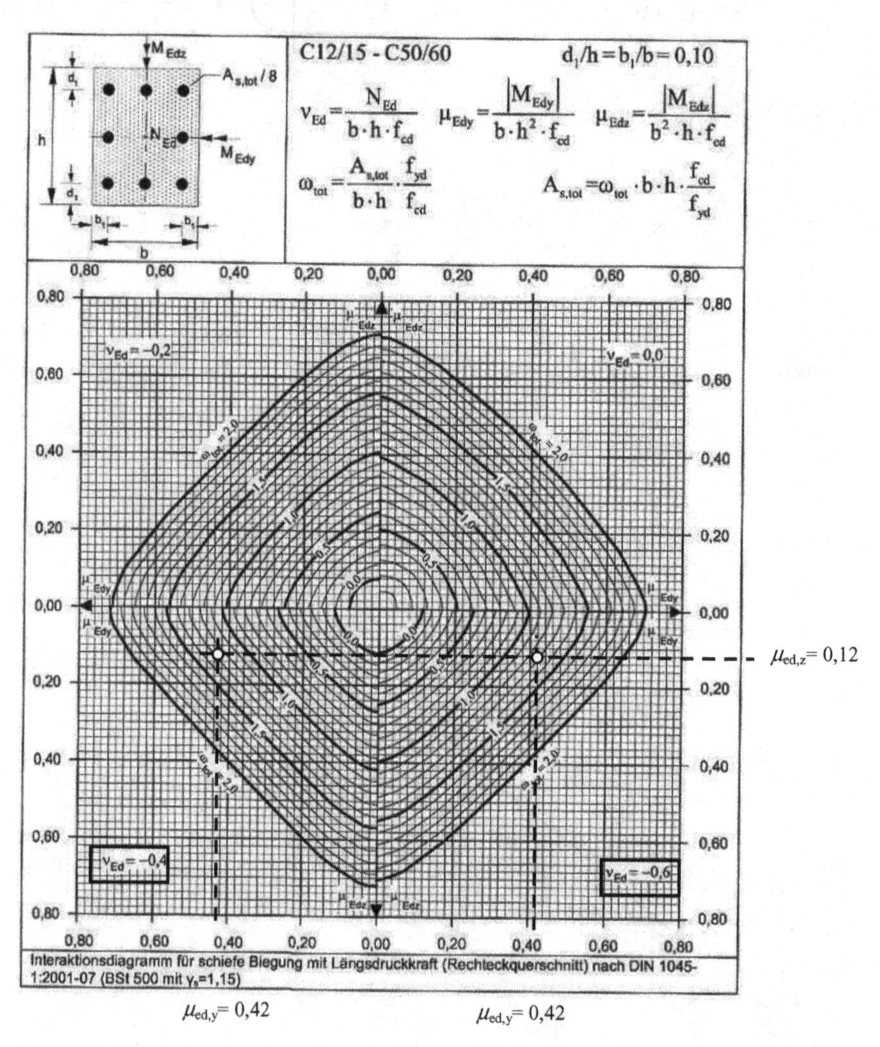

Bild 5.2-6: Interaktionsdiagramm für den punktsymmetrisch bewehrten Rechteckquerschnitt (nach [5-1]): Beton ≤ C50/60, BSt 500, d_1/h **= 0,10**, Bereich $\nu_{Ed} \geq -0{,}6$; Ablesung für Beispiel 5.3.5

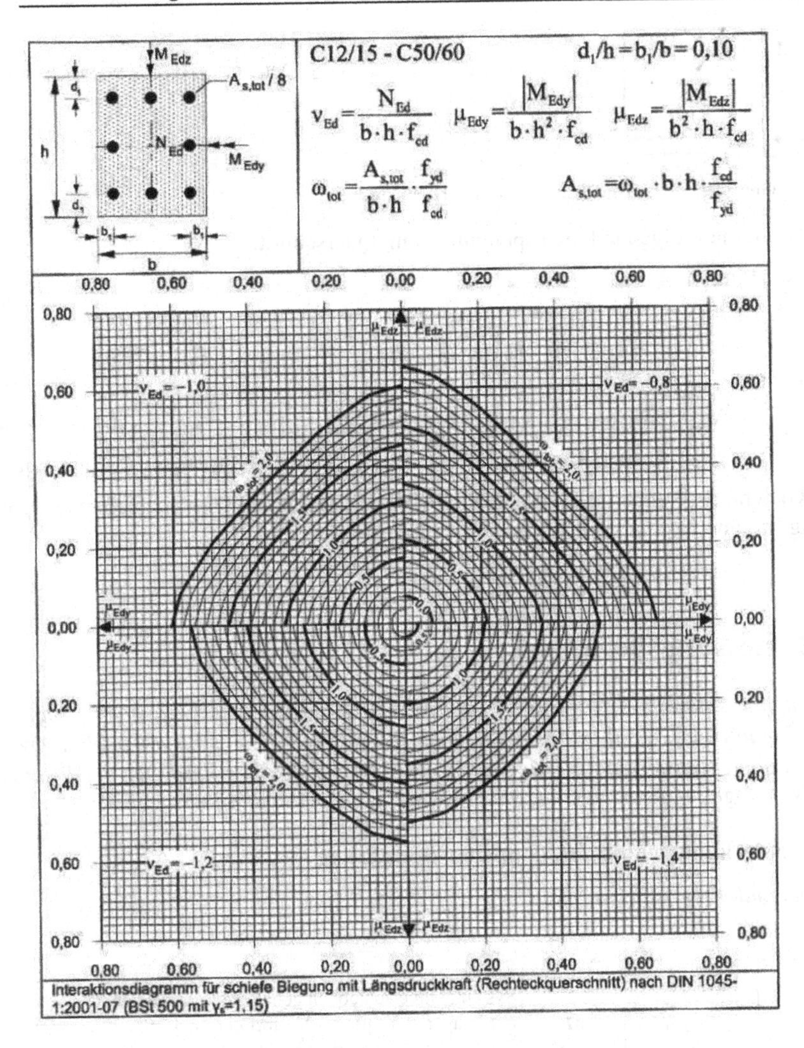

Bild 5.2-7: Interaktionsdiagramm für den punktsymmetrisch bewehrten Rechteckquerschnitt (nach [5-1]): Beton ≤ C50/60, BSt 500, d_1/h = **0,10**, Bereich $\nu_{Ed} < -0{,}6$

5.2.4 Bemessungsverfahren bei zentrischer Druckkraft

Dieser Sonderfall wird mit den bisher vorgestellten Bemessungshilfen nicht erfasst. Bei zentrischer Längsdruckkraft bleibt der Querschnitt im Zustand I. Die Dehnung im Grenzzustand der Tragfähigkeit ist dann auf ε_{c2} (für Betonfestigkeitsklassen ≤ C50/60 gilt ε_{c2} = -2,2 ‰) begrenzt. Sie ist für Beton und Stahl einzuhalten (Bild 5.2-7). Bei erhöhten Anforderungen an die Genauigkeit wird mit dem Nettobetonquerschnitt ($A_c - A_{s,tot}$) gerechnet.

Die konstruktiven Bedingungen für Druckglieder sind selbstverständlich einzuhalten. Die Bewehrung ist achsen- oder punktsymmetrisch anzuordnen.

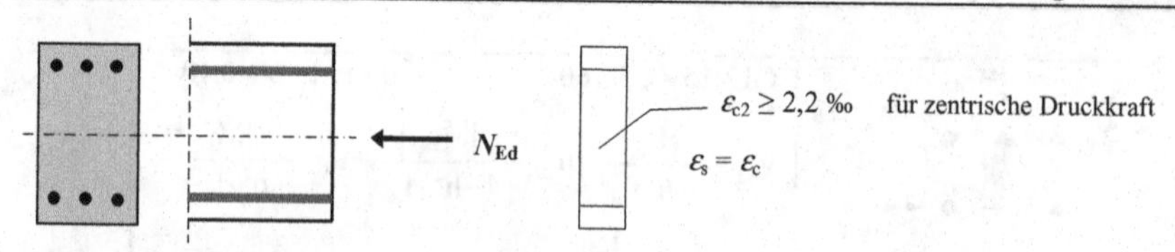

Bild 5.2-7 Grenzdehnungszustand bei zentrischer Druckkraft

Damit erhält man folgende Druckspannungen im Querschnitt:

Beton: $\sigma_{cd} = f_{cd}$

Betonstahl B500: $\sigma_{sd} = E_s \cdot \varepsilon_{c2} = E_s\, 2{,}2\,‰ = f_{yd}$ für $\leq$ C50/60

$\sigma_{sd} = 433 + 0{,}942 \cdot \varepsilon_{c2}[‰] > f_{yd}$ für $\geq$ C55/67

Es gilt dann:

(5.2-5) $N_{Rd} = N_{Rd,c} + N_{Rd,s} = (A_c - A_{s,tot}) \cdot \sigma_{cd} + A_{s,tot} \cdot \sigma_{sd}$ Betonnettoquerschnitt

(5.2-6) $N_{Rd} \approx A_c \cdot f_{cd} + A_{s,tot} \cdot \sigma_{sd}$ Näherung mit Betonbruttoquerschnitt

Diese Gleichung eignet sich zum Nachrechnen von bekannten Querschnitten. Zur Bemessung für eine Normalkraft N_{Ed} kann sie umgestellt werden:

(5.2-7) $\text{erf}\, A_{s,tot} = (N_{Ed} - A_c \cdot f_{cd}) / \sigma_{sd}$

5.3 Bemessungsbeispiele

Grundsätzlich sind bei der Bemessung (insbesondere bei kleinen bezogenen Druckkräften) Lastkombinationen sowohl mit dem Teilsicherheitsbeiwert $\gamma_G = 1{,}35$ als auch mit $\gamma_G = 1{,}0$ für die ständigen Lasten zu untersuchen. Es ist nicht immer ohne Vergleich der Bemessungsergebnisse möglich, die bemessungsmaßgebende Lastkombination anzugeben.

5.3.1 Rechteckquerschnitt mit doppelter Bewehrung

– *System und Abmessungen:*

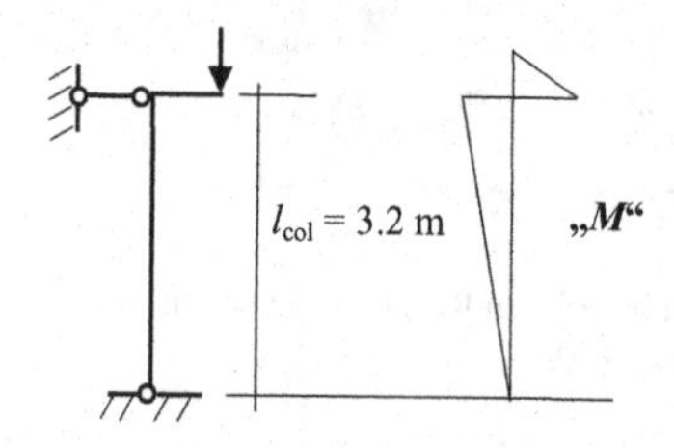

System: Unverschieblich gehaltene Pendelstütze mit Kragarm (Konsole). Verformungen ⊥ zur Zeichenebene seien nicht möglich.

– *Gegeben:*

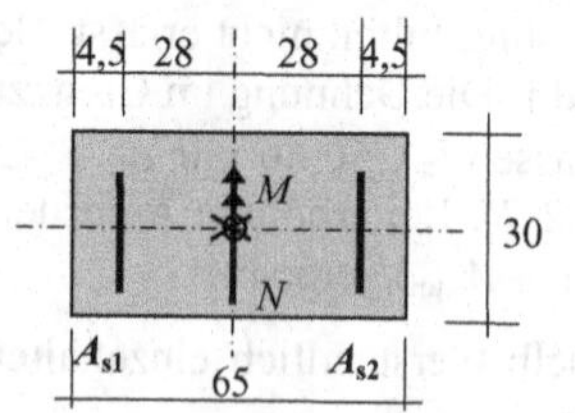

Querschnitt und Material

$d_1/h = d_2/h = 4{,}5/65 \approx 0{,}1$ (konservativ)

Beton C30/37

Betonstahl B500

Schnittgrößen

$N_G = -530$ kN $M_G = 250$ kNm

$N_Q = -490$ kN $M_Q = 230$ kNm

– *Bemessungswerte der Baustofffestigkeiten:*

Beton C30/37: $f_{ck} = 30$ N/mm² $f_{cd} = 0{,}85 \cdot 30/1{,}5 = 17{,}0$ N/mm²
Betonstahl B500: $f_{yk} = 500$ N/mm² $f_{yd} = 500/1{,}15 = 435$ N/mm²

– *Bemessungsschnittgrößen:*

1. Lastkombination:

$N_{Ed} = -0{,}53 \cdot 1{,}35 - 0{,}49 \cdot 1{,}5 = -1{,}45$ MN
$M_{Ed} = 0{,}25 \cdot 1{,}35 + 0{,}23 \cdot 1{,}5 = 0{,}68$ MNm

2. Lastkombination:

$N_{Ed} = -0{,}53 \cdot 1{,}0 - 0{,}49 \cdot 1{,}5 = -1{,}26$ MN
$M_{Ed} = 0{,}25 \cdot 1{,}0 + 0{,}23 \cdot 1{,}5 = 0{,}60$ MNm

In diesem Fall ist offensichtlich die 1. Lastkombination maßgebend.

– *Kontrolle, ob Bauteil als Druckglied einzustufen ist (Gleichung 5.1-1a):*

$e_d = M_{Ed}/N_{Ed} = 0{,}68/1{,}45 = 0{,}47$ m
$e_d/h = 0{,}47/0{,}65 = 0{,}72 < 3{,}5 \Rightarrow$ Druckglied

– *Kontrolle, ob Bauteil als schlankes Druckglied einzustufen ist (Gleichung 5.1-1b,c):*

$|\nu_{Ed}| = |N_{Ed}|/(A_c f_{cd}) = 1{,}45/(0{,}65 \cdot 0{,}3 \cdot 17) = 0{,}44 > 0{,}41$ Bezogene Längskraft

Nach Gleichung (5.1-1b) ist somit die Grenzschlankheit $\lambda_{lim} = 25$. Es sind:

$l_0 = l = 3{,}2$ m Knicklänge (vgl. Abschnitt 13)
$i = 0{,}289\, h = 0{,}289 \cdot 0{,}65 = 0{,}19$ m Trägheitsradius in möglicher „Knickrichtung"

Damit wird:

$\lambda_{vorh} = 3{,}2/0{,}19 = 16{,}8 < \lambda_{lim} = 25$

Das Bauteil muss nicht nach Theorie II. Ordnung behandelt werden. Eine Gefährdung durch Tragwerksverformungen (Knicken) ist nicht vorhanden. Die konstruktive Durchbildung erfolgt als Druckglied.

1 Bemessung mit Diagramm für symmetrische Bewehrung

$$\mu_{Ed} = \frac{M_{Ed}}{bh^2 f_{cd}} = \frac{0{,}68}{0{,}3 \cdot 0{,}65^2 \cdot 17{,}0} = 0{,}32$$ bezogenes Moment

$$\nu_{Ed} = \frac{N_{Ed}}{bh \cdot f_{cd}} = \frac{-1{,}45}{0{,}3 \cdot 0{,}65 \cdot 17{,}0} = -0{,}44$$ bezogene Längskraft

– *Abgelesen aus Bild 5.2-3:*

$\omega_{tot} \approx 0{,}5$

$$\textbf{erf } \mathbf{A_{s,tot}} = \omega_{tot} \cdot \frac{b \cdot h}{f_{yd}/f_{cd}} = \mathbf{0{,}5} \frac{30 \cdot 65}{435/17{,}0} = \mathbf{38{,}1\ cm^2}$$

Je Seite ist erforderlich: $A_{s1} = A_{s2} \approx 19{,}1$ cm²

– *Konstruktive Regeln für Druckglieder nach EC2 für $A_{s,tot}$:*

$A_{s,min} = 0{,}15\ |N_{Ed}|/f_{yd} = 104 \cdot 0{,}15 \cdot 1{,}45/435 = 5\ \text{cm}^2$ nicht maßgebend

$A_{s,max} = 0{,}09\ A_c = 0{,}09 \cdot 30 \cdot 65 = 176\ \text{cm}^2$ nicht maßgebend

Eine Bemessung als Balken für nicht-symmetrische Bewehrung wurde bereits in Beispiel 4.7.4 durchgeführt. Sie ergab wegen $\mu_{Eds} = 0{,}5 >> 0{,}32$ ebenfalls nahezu symmetrische Bewehrung mit $A_{s,tot} = 34{,}4\ \text{cm}^2$.

2 Wahl der Bewehrung

gewählt: 4 ϕ25 mm je Seite $A_{s,vorh} = 19{,}6\ \text{cm}^2 > A_{s,erf} = 19{,}1\ \text{cm}^2$ ✓

oder

6 ϕ20 mm je Seite $A_{s,vorh} = 18{,}8\ \text{cm}^2 \approx A_{s,erf} = 19{,}1\ \text{cm}^2$ ✓ Betondeckung beachten!

Zur Anordnung der Bewehrung vergleiche Skizze im Beispiel 4.7.4

5.3.2 Rechteckquerschnitt mit doppelter Bewehrung

– *Gegeben (siehe auch Beispiel 4.7.5):*

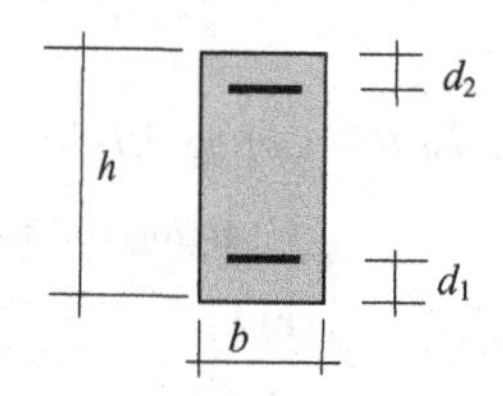

Querschnitt und Material

$b = 0{,}6$ m, $h = 1{,}2$ m

$d_1 = d_2 = 6{,}0$ cm $d_1/h = 0{,}05$

Beton C20/25

Betonstabstahl B500

Schnittgrößen

$N_G = -0{,}28$ MN, $M_G = 1{,}4$ MNm

$N_Q = -0{,}21$ MN, $M_Q = 1{,}0$ MNm

– *Bemessungswerte der Baustofffestigkeiten:*

Beton C20/25: $f_{ck} = 20\ \text{N/mm}^2$ $f_{cd} = 0{,}85 \cdot 20/1{,}5 = 11{,}3\ \text{N/mm}^2$

Betonstahl B500: $f_{yk} = 500\ \text{N/mm}^2$ $f_{yd} = 500/1{,}15 = 435\ \text{N/mm}^2$

– *Bemessungsschnittgrößen (maßgebende Lastkombination):*

$N_{Ed} = -\,0{,}28 \cdot 1{,}35 + (-\,0{,}21) \cdot 1{,}5 = -0{,}69$ MN

$M_{Ed} = 1{,}4 \cdot 1{,}35 + 1{,}0 \cdot 1{,}5 = 3{,}4$ MNm

1 Bemessung mit Diagramm für symmetrische Bewehrung

$$\mu_{Ed} = \frac{M_{Ed}}{bh^2 f_{cd}} = \frac{3{,}4}{0{,}6 \cdot 1{,}2^2 \cdot 11{,}3} = 0{,}35$$ bezogenes Moment

$$\nu_{Ed} = \frac{N_{Ed}}{bh \cdot f_{cd}} = \frac{-0{,}69}{0{,}6 \cdot 1{,}2 \cdot 11{,}3} = -0{,}085$$ bezogene Längskraft

– *Abgelesen aus Bild 5.2-2:*

$\omega_{tot} \approx 0{,}7$

$$\textbf{erf}\ A_{s,tot} = \omega_{tot} \cdot \frac{bh}{f_{yd}/f_{cd}} = 0{,}7 \frac{60 \cdot 120}{435/11{,}3} = \mathbf{131\ cm^2}$$

Je Seite ist erforderlich: $\mathbf{A_{s1} = A_{s2} = 65{,}5\ cm^2}$

– *Konstruktive Regeln für Druckglieder nach EC2 für $A_{s,tot}$:*

$A_{s,min} = 0{,}15\ |N_{Ed}|/f_{yd} = 10^4 \cdot 0{,}15 \cdot 0{,}69/435 = 2{,}4\ cm^2$
$A_{s,max} = 0{,}09\ A_c = 0{,}09 \cdot 60 \cdot 120 = 648\ cm^2$
} nicht maßgebend

2 *Vergleich des Ergebnisses mit der Bemessung für nicht-symmetrische Bewehrung aus Beispiel 4.7.5*

Bewehrungsverteilung	A_{s1} [cm²]	A_{s2} [cm²]	**$A_{s,tot}$ [cm²]**
$A_{s1}/A_{s2} = 0{,}5/0{,}5$	66	66	**131** (+35%)
$A_{s1}/A_{s2} \approx 0{,}75/0{,}25$	73	24	**97**

Bei überwiegender Biegung ist die nicht-symmetrische Bewehrung aus wirtschaftlichen Gründen unbedingt vorzuziehen. Es kann gezeigt werden, dass die mit den Tafeln des Abschnittes 4 errechneten Verteilungen von A_{s1} und A_{s2} zu einem Minimum von $A_{s,tot}$ führen.

5.3.3 Bemessung bei zentrischer Druckkraft

– *Gegeben:*

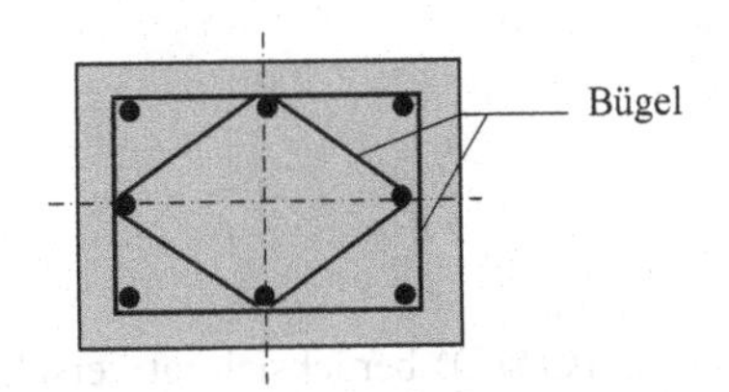

Querschnitt und Material
$h = 0{,}4$ m, $b = 0{,}3$ m
Beton C25/30
Betonstabstahl B500
$A_{s,tot} = 25{,}1\ cm^2$ (8 ϕ20)

Schnittgrößen
$N_G = -0{,}6$ MN, $N_Q = -0{,}9$ MN

– *Bemessungswerte der Baustofffestigkeiten:*

Beton C25/30: $f_{ck} = 25\ N/mm^2$ $f_{cd} = 0{,}85 \cdot 25/1{,}5 = 14{,}2\ N/mm^2$
Betonstahl BSt 500: $f_{yk} = 500\ N/mm^2$ $f_{yd} = 500/1{,}15 = 435\ N/mm^2$

– *Bemessungsschnittgröße:*

$N_{Ed} = -0{,}6 \cdot 1{,}35 - 0{,}9 \cdot 1{,}5 = -2{,}16$ MN

Eine Gefährdung durch Tragwerksverformungen („Knicken") sei nicht vorhanden.

1 *Ermittlung der Tragfähigkeit mit Gleichung (5.2-6) mit A_c als Bruttoquerschnitt*

$N_{Rd} = A_c \cdot f_{cd} + A_{s,tot} \cdot f_{yd} = 0{,}3 \cdot 0{,}4 \cdot 14{,}2 + 25{,}1 \cdot 10^{-4} \cdot 435$
$\mathbf{N_{Rd}} = 1{,}70 + 1{,}09 = \mathbf{2{,}79\ MN > N_{Ed} = 2{,}16\ MN}$ ✓

2 *Bemessung mit Gleichung (5.2-7) mit A_c als Bruttoquerschnitt*

erf $A_s = (N_{Ed} - A_c \cdot f_{cd})/f_{yd} = (2{,}16 - 0{,}3 \cdot 0{,}4 \cdot 14{,}2)\ 10^4/435$
erf $A_s = 10{,}5\ cm^2 \ll A_{s,vorh} = 25{,}1\ cm^2$
$> A_{s,min} = 0{,}15\ |N_{Ed}|/f_{yd} = 10^4 \cdot 0{,}15 \cdot 2{,}16/435 = 7{,}4\ cm^2$

Der Querschnitt ist für die aufzunehmende Belastung deutlich überbemessen. Die Differenz des Bewehrungsquerschnittes entspricht gerade der zwischen Tragfähigkeit und Designlast:

$(25{,}1 - 10{,}5) \cdot 10^{-4} \cdot 435 = 0{,}635\ MN \approx 2{,}79 - 2{,}16 = 0{,}63\ MN$

Die konstruktive Durchbildung, wie Anordnung der Haupt- und Zwischenbügel, wird später erläutert.

Bei höheren Bewehrungsprozentsätzen sollte in Gleichung 5.2-7 die Fläche A_s nicht vernachlässigt werden. Man rechnet dann mit dem Beton-Nettoquerschnitt. Im Spannbetonbau ist dieses Vorgehen der Regelfall.

5.3.4 Bemessung bei zentrischer Druckkraft – Einfluss hoher Betonfestigkeit

– *Gegeben:*

Die höherfesten Betone werden derzeit überwiegend für druckbeanspruchte Bauteile, wie Stützen und Wandscheiben in Hochhäusern, eingesetzt. Der folgende Querschnitt entstammt einer Planung für ein Bürogebäude.

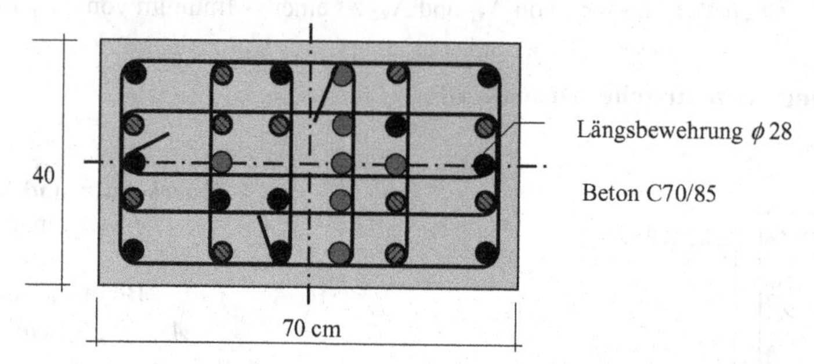

Die unterschiedliche Kennzeichnung der Querschnitte (⊘●○) berücksichtigt verschiedene Positionsbezeichnungen. Alle 29 Stäbe sind im untersuchten Querschnitt mittragend.

Die Stütze erhält Längsdruck ohne Biegung. Die Bewehrung kann daher auf den gesamten Querschnitt gleichmäßig verteilt werden. Ein Teil der Stäbe wird innerhalb der Stützenlänge gestoßen, der maximal zulässige Bewehrungsquerschnitt von 9% des Betonquerschnittes ist deshalb nicht ausgenutzt. Es wird der Netto-Betonquerschnitt angesetzt. Die Stauchungen*) werden für C35/45 nach Bild 5.2-7 bzw. für C70/85 nach Tab. 1.2-1 angenommen.

– *Bemessungwerte der Baustofffestigkeiten:*

Beton C35/45: $f_{ck} = 35$ N/mm² $f_{cd} = 0{,}85 \cdot 35/1{,}5 = 19{,}8$ N/mm² $\varepsilon_{c2} = 2{,}2$ ‰*)
Beton C70/85: $f_{ck} = 70$ N/mm² $f_{cd} = 0{,}85 \cdot 70/1{,}5 = 39{,}7$ N/mm² $\varepsilon_{c2} = 2{,}4$ ‰*)
Betonstahl B500: $f_{yk} = 500$ N/mm² $f_{yd} = 500/1{,}15 = 435$ N/mm² $\varepsilon_s = \varepsilon_{c2}$

– *Ermittlung der vorhandenen Tragfähigkeit im Grenzzustand für C70/85:*

Mit Gleichung 5.2-5 erhält man:

$$\sigma_{sd}(\varepsilon_s) = 433 + 0{,}942\ 2{,}4 = 435{,}3 \text{ N/mm}^2$$
$$A_c = 0{,}4 \cdot 0{,}7 = 0{,}28 \text{ m}^2$$
$$A_{s,tot} = 29 \cdot A_s^{\phi 28} = 29 \cdot 6{,}16 \text{ cm}^2 = 178 \text{ cm}^2 \approx 0{,}018 \text{ m}^2$$
$$A_{s,tot}/A_c = 0{,}018/0{,}28 = 0{,}0643 < 0{,}09$$
$$N_{Rd} = N_{Rd,c} + N_{Rd,s} = (A_c - A_{s,tot}) \cdot f_{cd} + A_{s,tot}\ \sigma_{sd}$$

$$\boxed{N_{Rd} = (0{,}28\text{-}0{,}018) \cdot 38{,}1 + 0{,}018 \cdot 435{,}3 = 9{,}98 + 7{,}84 = 17{,}8 \text{ MN}}$$

Hinweis: Verwendet man Bild 5.2-5 zur Überprüfung, so erhält man eine etwas höhere Tragfähigkeit. Für $\omega = 0{,}0643 \cdot 435/39{,}7 = 0{,}70$ kann man ablesen $\nu_{Ed} = \nu_{Rd} \approx 1{,}63$. Damit wird $N_{Rd} = 1{,}63 \cdot 0{,}4 \cdot 0{,}7 \cdot 39{,}7 = 18{,}1$ MN $\approx 1{,}017 \cdot 17{,}8$. Die Diskrepanz ist gering und auf die Ablesung aus dem Diagramm zurückzuführen.

Die gute Übereinstimmung ist dadurch bedingt, dass das verwendete Diagramm unter Ansatz des Beton-Nettoquerschnitts erstellt wurde. Ältere Diagramme zur DIN 1045-1 waren in der Regel mit dem vollen Betonquerschnitt ohne Abzug des Bewehrungsanteils (Bruttoquerschnitt) berechnet. Sie lagen also nicht auf der sicheren Seite. Dies machte sich besonders bei hohen Bewehrungsprozenten und hohen Betonfestigkeiten bemerkbar. Zu dieser Thematik gab es eine Untersuchung [4-4], die in den neuen Diagrammen zumeist umgesetzt worden ist (Hinweise auf den Diagrammtafeln beachten).

– *Bemessung für gleiche Tragfähigkeit im Grenzzustand für C35/45:*

Mit einem herkömmlichen Beton für derartige Konstruktionen würde bei gleichem Betonquerschnitt wesentlich mehr Bewehrung erforderlich.

Durch Umformen von Gleichung 5.2-5 erhält man mit $A_c = 0{,}4 \cdot 0{,}7 = 0{,}28$ m^2:

$$\text{erf } A_{s,tot} = (N_{Rd} - A_c \cdot f_{cd})/(f_{yd} - f_{cd}) = (17{,}8 - 0{,}28 \cdot 19{,}8)/(435 - 19{,}8) \cdot 10^4$$

$$\boxed{\text{erf } A_{s,tot} = 295 \text{ cm}^2} \qquad A_{s,tot}/A_c = 0{,}0295/0{,}28 = 0{,}104 > 0{,}09$$

Der Zuwachs an Bewehrung beträgt 66%, der maximal zulässige Bewehrungsprozentsatz wird überschritten.

– *Bemessung für gleiche Tragfähigkeit im Grenzzustand für C35/45 unter Einhaltung des Bewehrungsprozentsatzes der Originalstütze:*

Bei Ansatz von $A_{s,tot} = 0{,}064 \cdot A_c$ erhält man nach Umformen von Gleichung 5.2-5:

$$N_{Rd} = (A_c - A_c \cdot 0{,}064) \cdot f_{cd} + A_c \cdot 0{,}064 \cdot f_{yd}$$

$$\text{erf } A_c = 17{,}8/[(1\text{-}0{,}064) \cdot 19{,}8 + 0{,}064 \cdot 435)] = 17{,}8/[18{,}5 + 27{,}85]$$

$$\boxed{\text{erf } A_c = 0{,}384 \text{ m}^2 >> 0{,}28 \text{ m}^2} \qquad \text{z. B. } 45 \text{ cm}/85 \text{ cm}$$

$$\boxed{\text{erf } A_{s,tot} = 0{,}064 \cdot 3840 = 246 \text{ cm}^2} \qquad A_{s,tot}/A_c = 0{,}0246/0{,}384 = 0{,}064 \checkmark$$

Der Zuwachs an Betonquerschnitt beträgt 37%, der an Bewehrung beträgt 38%, der maximal zulässige Bewehrungsprozentsatz wird nicht überschritten.

Insbesondere die Einsparung des Betonquerschnittes bei Verwendung der höheren Festigkeitsklassen ist von wirtschaftlicher Bedeutung, weil die anrechenbare Grundfläche der Geschosse dadurch erhöht wird. Es sei darauf hingewiesen, dass hinsichtlich des Brandschutzes bei Verwendung höherfester Betone einige Besonderheiten bestehen.

Hinweis: Es wurden bereits bei einem Hochhausprojekt in Hamburg Stützen als Fertigteile mit nicht-hochfestem Beton aber hochfester Bewehrung aus Stahl SAS 670/800 gebaut.

5.3.5 Rechteckquerschnitt mit Doppelbiegung und Längskraft

– *Gegeben:*

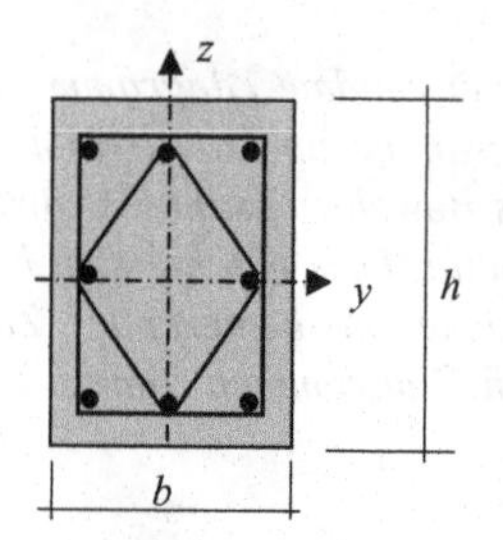

Querschnitt und Material
$h = 0{,}4$ m, $b = 0{,}25$ m
Beton C30/37
Betonstabstahl B500
$d_1/h = b_1/b = 0{,}1$

– *Bemessungswerte der Baustofffestigkeiten:*

Beton C30/37: $f_{ck} = 30$ N/mm² $f_{cd} = 0{,}85 \cdot 30/1{,}5 = 17{,}0$ N/mm²
Betonstahl B500: $f_{yk} = 500$ N/mm² $f_{yd} = 500/1{,}15 = 435$ N/mm²

– *Bemessungsschnittgrößen (vorgegeben):*

$N_{Ed} = -0{,}85$ MN
$M_{Ed,y} = 0{,}285$ MNm $M_{Ed,z} = 0{,}050$ MNm

– *Eingangsgrößen für Bild 5.2-6:*

$$\mu_{Ed,z} = \frac{M_{Ed,z}}{hb^2 f_{cd}} = \frac{0{,}050}{0{,}40 \cdot 0{,}25^2 \cdot 17{,}0} = 0{,}12$$ bezogenes Moment

$$\mu_{Ed,y} = \frac{M_{Ed,y}}{bh^2 f_{cd}} = \frac{0{,}285}{0{,}25 \cdot 0{,}40^2 \cdot 17{,}0} = 0{,}42$$ bezogenes Moment

$$\nu_{Ed} = \frac{N_{Ed}}{bh \cdot f_{cd}} = \frac{-0{,}85}{0{,}25 \cdot 0{,}40 \cdot 17{,}0} = -0{,}50$$ bezogene Längskraft

– *Abgelesen aus Bild 5.2-6:*

$\nu_{Ed} = 0{,}4$: $\omega_{tot} = 1{,}22$ $\nu_{Ed} = 0{,}6$: $\omega_{tot} = 1{,}28$ $\Rightarrow \omega_{tot} = 1{,}25$

$$\textbf{erf } \boldsymbol{A_{s,tot}} = \omega_{tot} \cdot \frac{bh}{f_{yd}/f_{cd}} = 1{,}25 \frac{25 \cdot 40}{435/17{,}0} = \mathbf{49\ cm^2}$$

– *Gewählte Bewehrung:*

Aufgeteilt auf acht Stäbe mit Anordnung wie auf Bild 5.2-6:

gewählt: 8 ϕ28 mm $A_{s,vorh} = 49$ cm² $= A_{erf} = 49$ cm² ✓

6 Bemessung bei Querkraft

6.1 Allgemeines

Querkraft (V_E) und Biegemoment (M_E) sind eng miteinander verknüpft:

(6.1-1) $$V_E(x) = \frac{dM_E(x)}{dx}$$

Trotz dieses engen Zusammenhanges werden Biegebemessung (für M_E bzw. M_E+N_E) und Bemessung für Querkraft (V_E) in getrennten Rechengängen durchgeführt. Die gegenseitige Beeinflussung wird teils in den Schubnachweisen selbst, teils nachträglich über konstruktive Vorschriften (z. B „Versatzmaß" a_l) berücksichtigt.

Im Zustand I gelten die bekannten Zusammenhänge wie auf Bild 6.1-1 dargestellt:

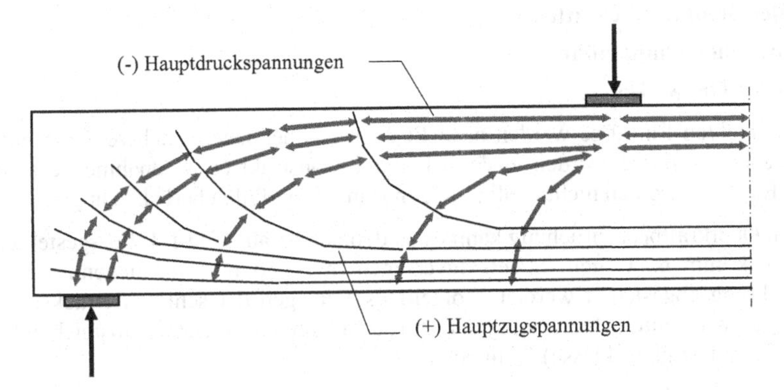

Hilfsgrößen:

$$\sigma_x = \frac{N_E}{A} \pm \frac{M_E}{W} \qquad \tau = \frac{V_E \cdot S}{I \cdot b} = \frac{V_E}{b \cdot z} \qquad \text{mit } z = h \cdot 2/3$$

Hauptzugspannungen: Hauptdruckspannungen:

$$\sigma_I = \frac{\sigma_x}{2} + \frac{1}{2}\sqrt{\sigma_x^2 + 4\tau^2} \quad (+) \qquad \sigma_{II} = \frac{\sigma_x}{2} - \frac{1}{2}\sqrt{\sigma_x^2 + 4\tau^2} \quad (-)$$

Bild 6.1-1 Hauptspannungstrajektorien im Zustand I

Bei voll überdrückten Querschnitten im Zustand I kann die Beurteilung der Schubtragfähigkeit anhand der schiefen Hauptspannungen erfolgen. Im Zustand II wird der Spannungszustand durch die Rissbildung komplizierter. In Nähe der Auflager entstehen etwa senkrecht zu den schiefen Hauptzugspannungen schräg nach oben verlaufende Schubrisse (vgl. Bild 1.3-2). In der Schubbewehrung bilden sich im Risszustand schiefe Hauptzugkräfte und schiefe Hauptdruckspannungen in den Betondruckstreben zwischen den Schubrissen.

Die Neigung der Hauptzugkräfte wird durch die Wahl und Anordnung der Schubbewehrung vorgegeben. Die Neigung der Druckstreben stellt sich je nach den Spannungsverhältnissen ein, kann aber durch konstruktive Maßnahmen in gewissem Rahmen beeinflusst werden.

Regelfall der Schubbemessung ist der Stahlbetonquerschnitt im Zustand II. Auch voll gerissene Querschnitte (Zugstäbe mit Trennrissen) können bei entsprechender Rissbreitenbegrenzung Querkräfte übertragen.

Das tatsächliche Schubtragverhalten wird von sehr vielen Einflüssen gesteuert:

- Art der Belastung
- **Laststellung**
- **Art der Lagerung und der Lasteinleitung ***
- **Schnittgrößen in Längsrichtung (Einfluss von *M* und *N*) ***
- **Längsbewehrung ***
- **Betonfestigkeit**
- **Menge und Richtung der Schubbewehrung**
- **Form des Betonquerschnittes**
- **Absolute Querschnittshöhe**
- System des Tragwerkes

Die fett gedruckten Einflüsse werden nach EC2 im rechnerischen Nachweis, die mit * gekennzeichneten Einflüsse werden zusätzlich durch konstruktive Maßnahmen erfasst. Die restlichen Einflüsse werden nicht explizit oder nur in Sonderfällen berücksichtigt.

Infolge von Querkraftbeanspruchung kann es zu den bereits auf Bild 1.3-2 dargestellten Versagensarten kommen. Gegen Schubzugversagen muss durch ausreichend bemessene Schubbewehrung abgesichert werden. Vorzeitiges Versagen der schiefen Druckstreben im Steg hingegen wird durch Begrenzung der Druckspannungen im Beton (ausreichende Stegbreite und Betonfestigkeitsklasse) vermieden.

Die Nachweise erfolgen an einem in den Beton hineingedachten Fachwerkmodell (sogenannte Fachwerkanalogie). Derartige **Stabwerksmodelle** werden im Stahlbetonbau häufig mit Vorteil verwendet, z. B. um lokale Tragwerksteile zu untersuchen, deren Tragverhalten nicht mit der Statik dünner Biegestäbe erfasst werden kann. Grundsätzlich ist die Fachwerkanalogie auf die gesamte Bemessung (d. h. auch auf *M*, *M*+*N*) anwendbar. Dieses theoretisch bestechende Konzept wird seit Jahren an der Universität Stuttgart [6-1] verfolgt. Es wurde im EC2 nur für Sonderbereiche wie lokale Lasteinleitungen bei Scheiben und Konsolen aufgegriffen.

Grundsätzlich wird die Bemessung für Querkraft am Fachwerkmodell auf die Bemessung von Zugstreben und Druckstreben zurückgeführt:

- **Druckstreben** ⇒ **Ermittlung der Betontragfähigkeit**
- **Zugstreben** ⇒ **Ermittlung der erforderlichen Schubbewehrung**

Ausnahmen von dem im Folgenden beschriebenen Vorgehen betreffen besondere Bauteile, deren Tragverhalten durch andere Bemessungsmodelle besser beschrieben wird.

Dies sind insbesondere:

- Flachdecken
- Einzelfundamente
- Konsolen
- Rippendecken
- etliche Fertigteilkonstruktionen.

Seit dem Beginn des Stahlbetonbaus wurde die Schubbeanspruchung von Balken mit Hilfe verschiedener Fachwerkanalogien nachgewiesen (Bild 6.1-2).

Fachwerkanalogien

1. **„klassisch" nach Mörsch** [6-2] **(Theorie)**
   - Obergurt und Untergurt parallel
   - Druckstrebenneigung $\theta = 45°$

2. **erweiterte Fachwerkanalogie (Theorie, Versuche)**
   - „innerer" Obergurt zum Auflager geneigt
   - Druckstrebenneigung veränderlich, in der Regel $\theta < 45°$

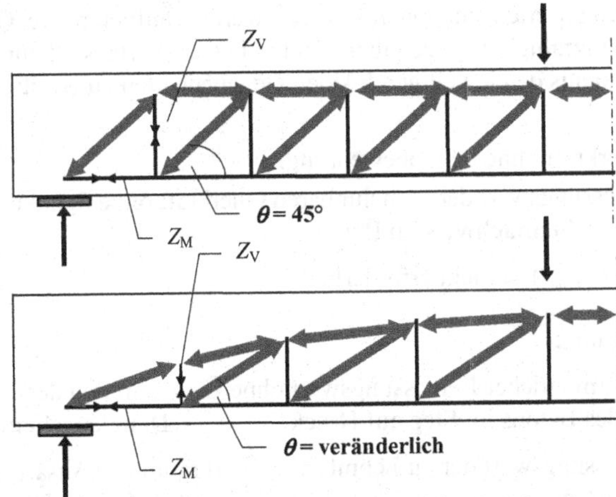

Bild 6.1-2 Fachwerkmodelle mit unterschiedlichen Druckstrebenneigungen

Aus den Fachwerken ist ablesbar:

- Die Zugkräfte Z_V in der vertikalen Schubbewehrung bleiben mit abnehmender Druckstrebenneigung zwar gleich, verteilen sich aber auf eine größeren Längenabschnitt des Balkens.
- Mit geringer werdender Druckstrebenneigung nehmen die Druckkraft in den schiefen Druckstreben und die Zugkraft Z_M in der Biegzugbewehrung zu (hier wird der Zusammenhang aus Gleichung (6.1-1) deutlich).
- Am frei drehbaren Auflager ist trotz $M = 0$ eine Bewehrung mit ausreichender Verankerung zur Aufnahme von Z_M erforderlich (die Theorie des dünnen Biegestabes gilt hier nicht).

Die folgenden Ableitungen gelten für Balken mit konstanter Höhe über die Balkenlänge. Für Balken mit veränderlicher Höhe (z. B. mit geneigtem Obergurt) werden später ergänzende Angaben gemacht.

6.2 Bemessungskonzept

Grundsätzlich ist in Stahlbetonbauteilen immer eine Schubbewehrung (im Folgenden durch den Index „w" gekennzeichnet) anzuordnen. Eine Ausnahme bilden Stahlbetonplatten mit geringer Schubbeanspruchung. In diesem Falle werden die schiefen Hauptzugspannungen mit ausreichender Sicherheit durch die Zugfestigkeit f_{ct} des Betons abgedeckt.

Den einwirkenden Bemessungswerten der Querkraft V_{Ed} werden aufnehmbare Querkräfte V_{Rd} im Grenzzustand der Tragfähigkeit gegenübergestellt. Diese Werte sind für jeden zu untersuchenden Bauteilschnitt aus den jeweiligen lokalen Gegebenheiten zu ermitteln.

- Bauteile mit geringer Querkraft ohne Schubbewehrung:

  $V_{Rd,c}$ Bemessungswert der aufnehmbaren Querkraft ohne Schubbewehrung **Zugstrebennachweis** im Beton

Ein Druckstrebennachweis ($V_{Rd,max}$) ist nicht erforderlich.

- Bauteile mit Schubbewehrung:

  $V_{Rd,max}$ höchstmöglicher Bemessungswert ohne Überschreiten der Tragfähigkeit des Betons im Steg auf Druck **Druckstrebennachweis**

  $V_{Rd,s}$ Bemessungswert der aufnehmbaren Querkraft unter Ansatz der Schubbewehrung **Zugstrebennachweis**

Die Schubbewehrung wird dabei bis zum Designwert der Streckgrenze f_{yd} ausgenutzt. Ein Anstieg der Stahlspannungen darüber hinaus bis zur Zugfestigkeit wird aus Gründen der Dehnungsbegrenzung nicht angesetzt.

Die folgenden Abschnitte gelten für Normalbeton. Abweichende Regeln für Leichtbeton LC sind in Abschnitt 11 des EC2 zusammengestellt.

6.3 Bauteile ohne rechnerisch erforderliche Schubbewehrung

Bei geringer Schubbeanspruchung mit

(6.3-1) $V_{Ed} \leq V_{Rd,c}$

ist rechnerisch keine Schubbewehrung erforderlich. Bei stabartigen Bauteilen (abgesehen von z. B. kurzen Fensterstürzen) ist jedoch die Mindestschubbewehrung einzulegen. Dies ist bei plattenartigen Bauteilen nicht nötig.

Die Schubtragfähigkeit $V_{Rd,ct}$ ist aus Versuchsergebnissen empirisch abgeleitet. Sie berücksichtigt verschiedene Beiträge zum Tragverhalten. Neben der Zugfestigkeit des Betons werden auch der Einfluss einer Längsdruckkraft N_{Ed} sowie der Beitrag der Biegezugbewehrung und der Einfluss der absoluten Bauteilhöhe erfasst.

(6.3-2) $V_{Rd,c} = [(0{,}15/\gamma_c)\cdot k\cdot(100\,\rho_l\cdot f_{ck})^{1/3} + 0{,}12\,\sigma_{cp}]\cdot b_w\cdot d$

$\geq V_{Rd,c,min} = [(0{,}0525/\gamma_c)\cdot k^{3/2}\cdot f_{ck}^{1/2} + 0{,}12\,\sigma_{cp}]\cdot b_w\cdot d$ für $d \leq 600$ mm

$\geq V_{Rd,c,min} = [(0{,}0375/\gamma_c)\cdot k^{3/2}\cdot f_{ck}^{1/2} + 0{,}12\,\sigma_{cp}]\cdot b_w\cdot d$ für $d > 800$ mm

für Zwischenwerte von d darf linear interpoliert werden

mit:

$k = (1 + \sqrt{200/d[\text{mm}]}) \leq 2{,}0$

ρ_l $= A_{sl}/(b_w\cdot d) \leq 0{,}02$ bezogener Grad der Längsbewehrung; als A_{sl} zählt die Längsbewehrung, die die Biegerisse im betrachteten Schnitt kontrolliert und die nach Bild 6.3-1 ausreichend hinter bzw. vor dem betrachteten Schnitt verankert ist.

d statische Höhe der Biegezugbewehrung

b_w kleinste Querschnittsbreite innerhalb der Nutzhöhe d, bei Rechteckquerschnitten ist $b_w = b$.

σ_{cp} $= N_{Ed}/A_c$ N_{Ed} als Druckkraft **positiv** einsetzen.

Die schiefen Hauptdruckspannungen werden bei Bauteilen ohne rechnerisch erforderliche Schubbewehrung nicht maßgebend. Der Nachweis kann daher entfallen.

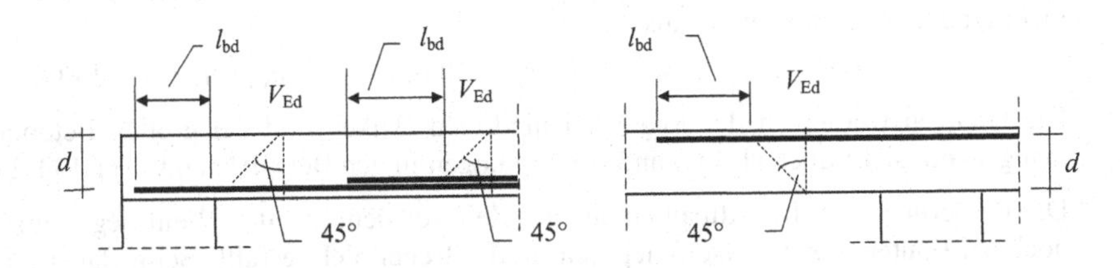

Bild 6.3-1 Verankerung der Biegezugbewehrung für Gleichung (6.3-2)

6.4 Bauteile mit rechnerisch erforderlicher Schubbewehrung

6.4.1 Fachwerkmodell zur Herleitung der Bemessungsgleichungen

Die Herleitung der Bemessungsgleichungen kann an dem auf Bild 6.4-1 gezeigten vereinfachten Fachwerkmodell gezeigt werden.

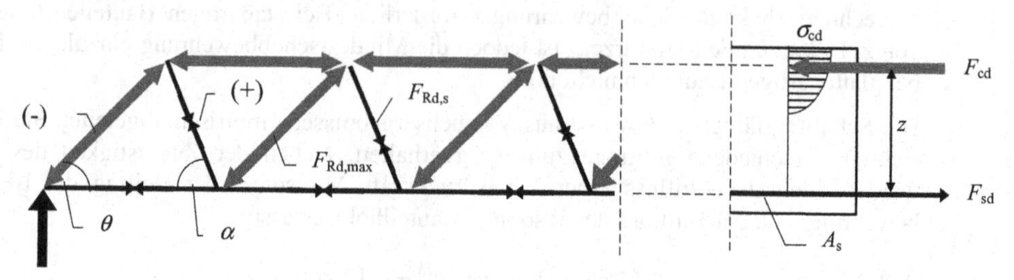

Bild 6.4-1 Fachwerkmodell für Stahlbetonbalken im Zustand II

Es bedeuten:

$\sigma_{II}^{(II)}, \sigma_{I}^{(II)}$	schiefe Hauptspannungen im Zustand II
α	Neigung der Schubbewehrung zur Bauteilachse, konstruktiv gewählt, bei Balken sind ≥ 50% von V_{Ed} durch Bügel aufzunehmen*) (in der Regel mit $\alpha = 90°$)
θ	Neigung der Betondruckstreben zur Bauteilachse
F_{sd}	Zugkraft in der Biegezugbewehrung (Zuggurt)
F_{cd}	Betondruckkraft in der Biegedruckzone (*Druckgurt*)
z	Hebelarm der inneren Kräfte aus der Biegebemessung im betrachteten Schnitt.
$F_{Rd,max}$	Druckstrebenkraft, aus $\sigma_{II}^{(II)}$
$F_{Rd,s}$	Kraft in der Schubbewehrung, aus $\sigma_{I}^{(II)}$

Für den Hebelarm der inneren Kräfte darf vereinfachend gesetzt werden:

$$z = 0{,}9\,d$$

Die schiefe Druckstrebe muss in der Biegedruckzone deutlich unterhalb der Höhenlage der Längsbewehrung in die Druckzone eingeleitet werden. Der innere Hebelarm darf deshalb nicht größer angesetzt werden als:

$$z \leq d - 2\,c_{v,l} \quad \text{bzw.} \quad \leq d - c_{v,l} - 30\text{ mm}$$ $c_{v,l}$ Verlegemaß der Längsbewehrung

Die Grenzen werden in der Regel bei niedrigen Balken und bei großen Betondeckungen maßgebend (siehe auch [1-13]) und Anmerkungen in den Beispielen 6.9.1 und 11.2 (*6.2*).

Die Forderung *) ist bei Altbauten aus der Zeit vor dem zweiten Weltkrieg, zum Teil auch noch bei Bauten aus der Nachkriegszeit, in der Regel nicht erfüllt. Beim Bauen im Bestand macht dies Probleme bei den statischen Nachweisen.

An einem Ausschnitt des Fachwerkes (Bild 6.4-2) ergeben sich durch Anschreiben der Gleichgewichtsbedingungen die Strebenkräfte. Bezieht man die Strebenkräfte auf die Rasterbreiten des Fachwerkes *a* bzw. *a*`, so erhält man Ausdrücke, die vom gewählten Fachwerk unabhängig sind.

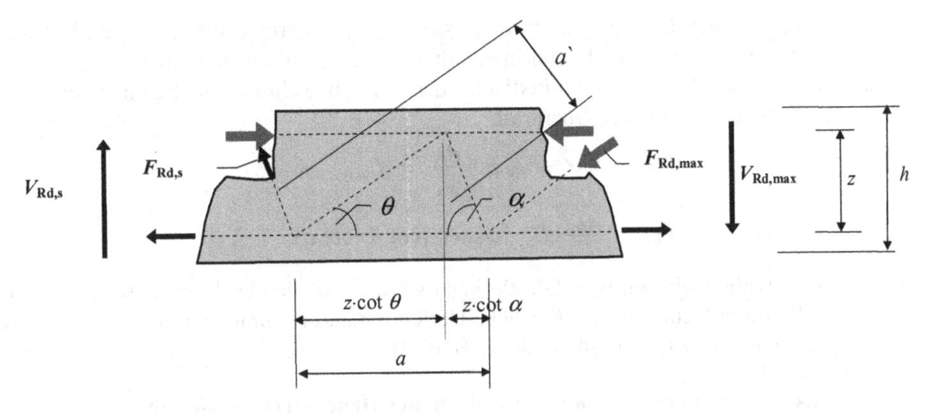

Bild 6.4-2 Fachwerkausschnitt zur Ableitung der Strebenkräfte

Zur Berechnung der aufnehmbaren Strebenkräfte werden folgende Materialfestigkeiten angesetzt:

(6.4-1) **Beton** $\sigma_{cd} \leq 0{,}75 \cdot \nu_2 \cdot f_{cd}$ mit $\nu_2 = 1{,}0$ für ≤ C50/60
mit $\nu_2 = (1{,}1 - f_{ck}/500)$ für ≥ C55/67

(6.4-2) **Betonstahl** $\sigma_{sd} \leq f_{ywd}$ Streckgrenze der Schubbewehrung

Der Stegbereich (insbesondere von profilierten Balken) ist wegen der Querzugspannungen $\sigma_I^{(II)}$ und Schrägrissbildung (Schubrisse) empfindlich gegen Stegdruckbruch. Der Faktor $0{,}75 \cdot \nu_2$ reduziert deshalb die für zentrischen Druck ohne Querzug ansetzbare Festigkeit.

- **Druckstrebennachweis (allgemein)**

Ziel: Vermeiden des vorzeitigen Stegdruckbruches

Mittel: Begrenzung der schiefen Hauptdruckspannungen $\sigma_{II}^{(II)}$ auf $0{,}75 \cdot \nu_2 f_{cd}$

Aus $V_{Rd,max} / \sin\theta = F_{Rd,max} = 0{,}75 \cdot \nu_2 f_{cd}\, a`\, b_w$

wird mit $a = z\,(\cot\theta + \cot\alpha)$ und $a` = a \sin\theta$:

(6.4-3) $V_{Rd,max} = 0{,}75 \cdot \nu_2 f_{cd}\, b_w\, z \sin^2\theta\,(\cot\theta + \cot\alpha)$

$\approx 0{,}75 \cdot \nu_2 f_{cd}\, b_w\, 0{,}9\, d \sin^2\theta\,(\cot\theta + \cot\alpha)$ Grenzen für z beachten

- **Zugstrebennachweis (allgemein)**

Ziel: Vermeiden klaffender Schubrisse und des Schubzugversagens

Mittel: Anordnung einer ausreichend bemessenen Schubbewehrung zur Aufnahme der $\sigma_I^{(II)}$

Aus Bild 6.4-2 erhält man mit A_{sw}/s_w (Schubbewehrung, die die Bauteilachse je m Länge unter dem Winkel α durchdringt, mit s_w = Abstand der Schubbewehrung auf der Balkenachse und A_s = Querschnittsfläche der Schubbewehrung im Schnitt) die von dieser Bewehrung aufnehmbare Querkraft.

$$V_{Rd,s}/\sin\alpha = F_{Rd,s} = \frac{A_{sw}}{s_w}\cdot a\cdot f_{ywd}$$

(6.4-4) $$V_{Rd,s} = \frac{A_{sw}}{s_w}\cdot f_{ywd}\cdot z\cdot\sin\alpha\cdot(\cot\theta+\cot\alpha)$$

Diese allgemein gültigen Gleichungen werden für die bei der Bemessung üblichen Sonderfälle vereinfacht. Eine ausführliche Herleitung und Kommentierung der Nachweise zur Tragfähigkeit unter Querkraft enthält z. B. [6-4].

6.4.2 Das Verfahren mit veränderlicher Druckstrebenneigung

Der tatsächliche Neigungswinkel θ ergibt sich unter Beachtung der Verträglichkeit der Verformungen aus dem vorhandenen Spannungszustand und ist somit vom Lastniveau abhängig. Er wird auch durch Reibungskräfte an den schrägen Schubrissen beeinflusst. Da die Nachweise unter rechnerischer Traglast geführt werden, können – bei Einhaltung der Gleichgewichtsbedingungen – plastische Spannungsumlagerungen in gewissem Umfang zugelassen werden. Der Winkel θ darf deshalb vom Entwerfenden innerhalb vorgegebener Grenzen frei gewählt werden, sodass sich z. B. ein Minimum der Schubbewehrung ergibt.

Diese Grenzen werden in EC2, 6.2 formuliert:

(6.4-5) $$1{,}0 \le \cot\theta \le \frac{1{,}2+1{,}4\cdot\sigma_{cp}/f_{cd}}{1-V_{Rd,cc}/V_{Ed}} \le 3{,}0$$ $\sigma_{cp} = N_{Ed}/A_c$ positiv bei Druck

$$45° \ge \theta \ge 18°$$ bei geneigter Schubbewehrung $\theta \le 60°$

(6.4-6) $$V_{Rd,cc} = 0{,}24\cdot f_{ck}^{1/3}(1 - 1{,}2\cdot\sigma_{cp}/f_{cd})\cdot b_w\cdot z$$ $\sigma_{cp} = N_{Ed}/A_c$ positiv bei Druck

Gleichung (6.4-5) kann für den Fall ohne Längskraft dann geschrieben werden:

(6.4-7) $$1{,}0 \le \cot\theta \le \frac{1{,}2}{1-0{,}24\cdot f_{ck}^{1/3}\cdot b_w\cdot z/V_{Ed}} \le 3{,}0$$

- **Druckstrebennachweis**

Für beliebige Neigungen α gilt Gleichung (6.4-3). Für lotrechte Bügel auch in Kombination mit (wenigen) Schrägaufbiegungen wird $\boldsymbol{\alpha}$ **= 90°** (für Anteil der Schrägaufbiegungen konservativ) gesetzt:

(6.4-8) $$V_{Rd,max} = 0{,}75\cdot\nu_2 f_{cd}\, b_w\, z\sin\theta\cos\theta$$

- **Zugstrebennachweis**

Für beliebige Neigungen α gilt Gleichung (6.4-4). Für lotrechte Bügel mit $\boldsymbol{\alpha}$**= 90°** wird:

(6.4-9) $$V_{Rd,s} = \frac{A_{sw}^{\perp}}{s_w}\cdot f_{ywd}\, z\cdot\cot\theta$$

Man beachte die Obergrenze für z gemäß Abschnitt 6.4.1.

Grundsätzlich wird man die Neigung θ flach ansetzen, um Schubbewehrung zu sparen. Wird dadurch die Beanspruchung der Druckstreben zu groß (dies wird fast nur bei schlanken Balkenstegen geschehen), so muss die Druckstrebenneigung auf Kosten erhöhter Schubbewehrung steiler angesetzt werden. Gute Bemessungsprogramme optimieren auf diese Weise die Schubbewehrung. Der Winkel θ sollte allerdings abschnittsweise konstant angenommen werden. Die Abschnittslängen müssen dabei in Anlehnung an das Fachwerkmodell mindestens $z \cdot \cot \theta$ lang sein. Werte $\theta > 45°$ sollten nur in besonderen Situationen (z. B. in Verbindung mit Schrägbügeln) angesetzt werden. Dann darf allerdings θ bis zu 60° ($\cot \theta = 0{,}58$) ausgenutzt werden.

Ohne näheren Nachweis dürfen vereinfacht folgende Werte verwendet werden:

(6.4-10) $\cot \theta = 1{,}2 \quad (\theta = 40°)$ reine Biegung; Biegung mit Längsdruck

$\cot \theta = 1{,}0 \quad (\theta = 45°)$ Biegung mit Längszug

6.5 Sonderfälle der Schubbemessung

6.5.1 Einfluss von Längskräften N_{Ed}

- Längskräfte N_{Ed} (Druckkraft positiv einsetzen) gehen in die Schubbemessung entsprechend den oben angegeben Gleichungen nur bei der Tragfähigkeit der Betonzugstreben von Bauteilen ohne Schubbewehrung $V_{Rd,ct}$ und bei der Ermittlung der Druckstrebenneigung θ ein. Ein direkter Einfluss auf die Tragfähigkeit der Druckstreben wird nicht berücksichtigt.
- Für Bauteile ohne rechnerisch erforderliche Schubbewehrung, die unter Einwirkung von Längskräften nachweislich im ungerissenen Zustand I verbleiben, darf die Querkrafttragfähigkeit wie folgt ermittelt werden:

(6.5-1)
$$V_{Rd,c} = \frac{I \cdot b_w}{S} \cdot \sqrt{\left(0{,}85 \frac{f_{ctk,0,05}}{\gamma_c}\right)^2 + \alpha_1 \cdot \sigma_{cp} \cdot 0{,}85 \frac{f_{ctk,0,05}}{\gamma_c}} \qquad \text{für } \sigma_{ctd} \le 0{,}85\, f_{ctk;0.05}/\gamma_c$$

mit

I, S Flächenträgheitsmoment, statisches Moment

α_1 1,0 (für Vorspannung mit sofortigem Verbund Sonderregelung)

$f_{ctk;0,05}$ unterer Quantilwert der Betonzugfestigkeit (siehe Tabelle 1.2-1)

γ_c 1,5

Der Nachweis braucht für Schnitte, die bei Rechteckquerschnitten näher als $h/2$ an der Auflagervorderkante liegen, nicht geführt zu werden. Näheres siehe DAfStb Heft 600 [1-2].

6.5.2 Einfluss einer auflagernahen Einzellast

Bereits in Abschnitt 3.3.5 wurde der Begriff der auflagernahen Einzellast eingeführt und auf Bild 3.3-4 erläutert. Die **Entlastung der Zugstreben** durch den direkten Lastabtrag der Druckstreben ins Auflager wird durch eine rechnerische Abminderung des Querkraftanteils der Einzellast erfasst.

(6.5-2a) $\beta = a_v / 2{,}0\, d$ mit $0{,}5\, d \le a_v \le 2{,}5\, d$

Ergibt der mit $\beta = 1{,}0$ zu führende Nachweis der Schubtragfähigkeit unmittelbar hinter der Einzellast (vom nächstgelegenen Auflager aus gesehen) eine höhere Schubbewehrung als die Nachweise im auflagernahen Bereich $a_v \leq 2{,}5\ d$, so ist diese höhere Bewehrung bis zum Auflager hin durchzuführen. Für $a_v < 0{,}5\ d$ gilt der Querkraftanteil von $a_v = 0{,}5\ d$.

Bei **Bauteilen ohne rechnerisch erforderliche Schubbewehrung** wird mit der abgeminderten Querkraft red V_{Ed} der Nachweis der Zugstreben gemäß Gl (6.3-2) geführt. Zusätzlich ist zu zeigen, dass für die nicht abgeminderte Querkraft gilt:

(6.5.2b) $$V_{Ed} \leq 0{,}5\ b_w\ d\ \nu f_{cd} \qquad \text{mit } \nu = 0{,}675$$

Bei **Bauteilen mit rechnerisch erforderlicher Schubbewehrung** ist am Auflagerrand ein Nachweis der Druckstreben zu führen, wobei selbstverständlich der volle Anteil der Querkraft angesetzt werden muss. Außerdem muss gezeigt werden, dass die abgeminderte Querkraft durch die in den zentralen 75 % von a_v vorhandene Schubbewehrung aufgenommen werden kann:

(6.5.3) $$V_{Ed} \leq A_{sw} f_{ywd} \sin \alpha$$

Alternativ kann eine Bemessung mit Stabwerksmodellen wie bei Konsolen erfolgen.

6.5.3 Schubnachweise bei Querschnitten mit veränderlicher Höhe

Die Schubtragfähigkeit eines Querschnitts hängt bei Bauteilen mit veränderlicher Höhe außer von der Größe der Querkraft V_E auch von den Verläufen der restlichen Schnittgrößen (Größe und Gradient von M_E und N_E) ab. Die vollständige Lösung ist recht aufwendig. Für die praktische Berechnung wird die Beanspruchung des Steges aus einer modifizierten, wirksamen Querkraft ermittelt.

Veränderungen der Bauteilhöhe sollten so erfolgen, dass diese wirksame Querkraft kleiner ist als ihr Ausgangswert. Den Einfluss verschiedener Situationen auf die wirksame Querkraft zeigt anschaulich Bild 6.5-1. Die Berechnung der wirksamen Querkraft wird an Bild 6.5-2 abgeleitet.

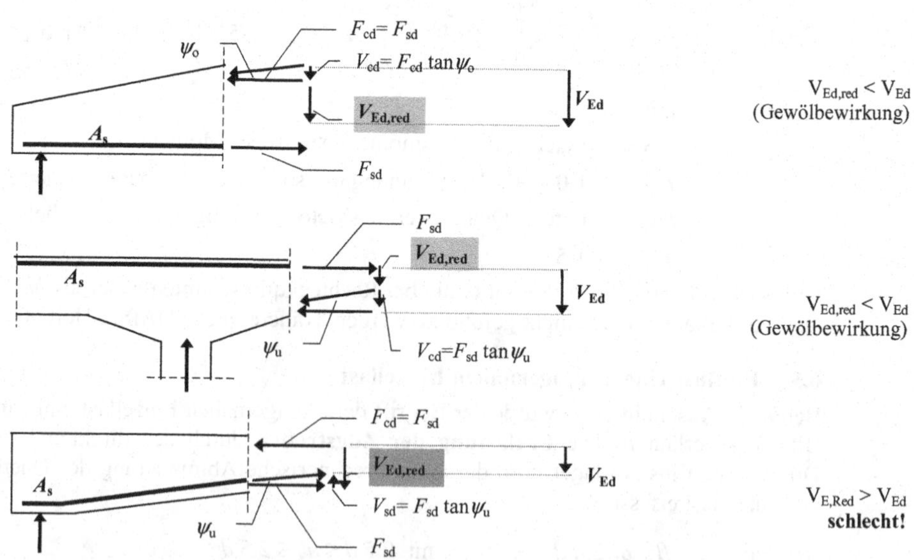

Bild 6.5-1 Wirkung einer veränderlichen Querschnittshöhe (ψ_o, ψ_u siehe Bild 6.5-3)

Aus Bild 6.5-2 kann man ablesen:

$$V_{\text{Ed,red}} = V_{\text{Ed}} - V_{\text{ccd}} - V_{\text{td}} - V_{\text{pd}}$$

mit

V_{ccd} Vertikalkomponente der geneigten Betondruckkraft = $F_{\text{cd}} \cdot \tan \psi_{\text{o}}$

V_{td} Vertikalkomponente der geneigten Zugkraft = $F_{\text{sd}} \cdot \tan \psi_{\text{u}}$

V_{pd} Vertikalkomponente der geneigten Spannstahlkraft

(Hinweis: Der Begriff $V_{Ed,red}$ findet sich nicht in EC2)

Drückt man die Gurtkräfte durch die Schnittgrößen im Designzustand M_{Eds} und N_{Ed} aus, so kann man mit den Neigungswinkeln der Gurtkräfte (die von den Neigungswinkeln der Gurte verschieden sind) schreiben:

(6.5-3) $$V_{\text{Ed,red}} = V_{\text{Ed}} - \left(\frac{M_{\text{Eds}}}{z} (\tan \psi_{\text{o}} + \tan \psi_{\text{u}}) + N_{\text{Ed}} \cdot \tan \psi_{\text{u}} \right)$$

Die Neigung der Bewehrung ψ_{u} ist vorgegeben. Um die umständliche Bestimmung von ψ_{o} zu umgehen, wird vereinfacht:

(6.5-4) $$V_{\text{Ed,red}} \approx V_{\text{Ed}} - \left(\frac{M_{\text{Eds}}}{d} (\tan \phi_{\text{o}} + \tan \psi_{\text{u}}) + N_{\text{Ed}} \cdot \tan \psi_{\text{u}} \right)$$

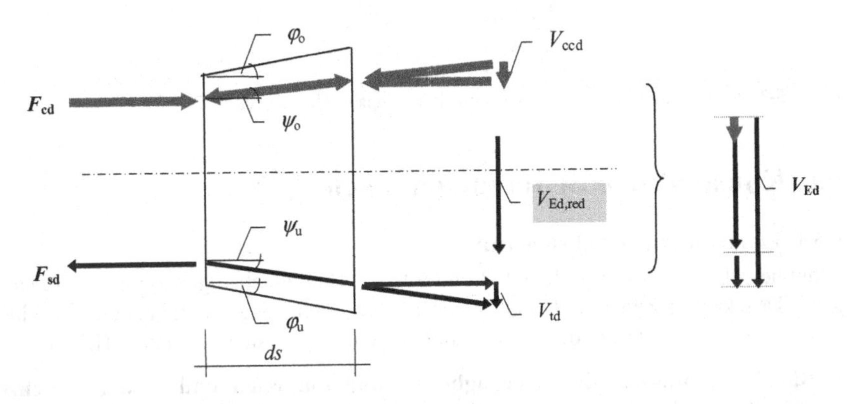

Bild 6.5-2 Innere Kräfte am Balken mit veränderlicher Höhe (Spannstahl nicht dargestellt, siehe DIN 1045-1)

6.5.4 Anschluss indirekt gelagerter Nebenträger an den als Auflager dienenden Hauptträger

Die Auflagerlasten indirekt gelagerter Nebenträger ($h_{\text{NT}} > h_{\text{HT}}/2$) müssen vorzugsweise durch Aufhängebügel, ggf. auch in Kombination mit Schrägstäben, vollständig in den Hauptträger zurückgehängt werden. Dies gilt unbedingt auch für Deckenplatten, die in den unteren Rand von Überzügen oder Wandscheiben einbinden.

(6.5-5) $$\text{erf } A_{\text{s}} = V_{\text{Ed,Auflager}} / f_{\text{yd}}$$

Ein Teil der Aufhängebewehrung darf außerhalb des direkten Verschneidungsbereiches angeordnet werden. Dieser erweiterte Verschneidungsbereich ist auf Bild 6.5-3 dargestellt. Wegen der im Grundriss aufspreizenden Druckstreben muss im Verschneidungsbereich des Hauptträgers eine zusätzliche horizontale Bewehrung eingebaut werden. Die Biegezugbewehrung des Nebenträgers $A_{s,NT}$ muss in jedem Fall oberhalb der Biegezugbewehrung des Hauptträgers $A_{s,HT}$ in diesen einbinden. Bei der Berechnung der Verankerunglängen von $A_{s,NT}$ ist zu berücksichtigen, dass diese ungünstigerweise parallel zu den Biegerissen des Hauptträgers liegen (s. a. Abschnitt 8.4).

NT Nebenträger = zu stützender Träger (im EC2 „unterstützter Träger 2")
HT Hauptträger = stützender Träger (im EC2 „stützender Träger 1")

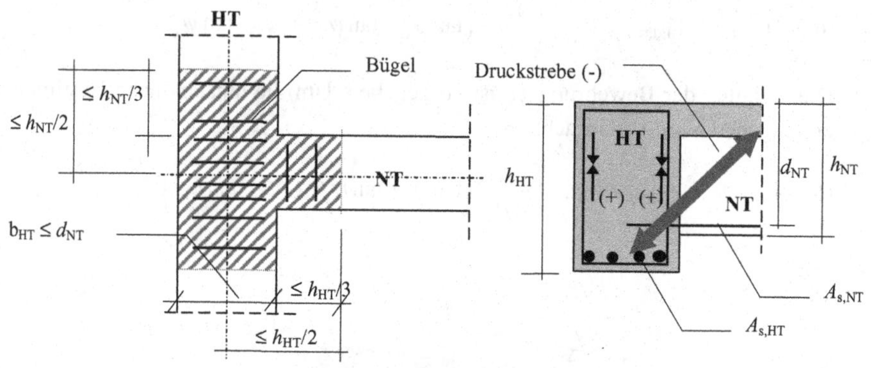

Bild 6.5-3 Abmessungen des erweiterten Verschneidungsbereiches nach EC2, 9.2

6.6 Konstruktive Bedingungen nach EC2

6.6.1 Elemente zur Schubsicherung

Schubbewehrung darf zwischen 45° und 90° zur Bauteilachse geneigt sein. Sie hat die Aufgabe, Druck- und Zugzone des Querschnittes kraftschlüssig miteinander zu verbinden (man denke an das Fachwerkmodell). Als Schubbewehrung werden verwendet (Bild 6.6-1):

- **Bügel; sie müssen die Biegezugbewehrung umfassen und in der Druckzone verankert sein**. Bei Rechteckquerschnitten werden geschlossene Bügel, bei Plattenbalkenquerschnitten auch offene Bügel eingebaut, sofern $V_{Ed} \leq 2/3\ V_{Rd,max}$ ist. Diese sind dann durch Querbewehrung zu schließen. Bügel werden überwiegend senkrecht zur Balkenachse ($\alpha = 90°$) angeordnet. Sie sind bezogen auf die Querschnittsbreite zweischnittig ($n = 2$). Bei Kombination mit anderen Bügeln oder sonstigen Schubstäben (s. unten) können auch mehrschnittige Schubbewehrungen gebaut werden.
- **Schrägstäbe**, in der Regel als Aufbiegungen der Biegezugbewehrung mit $\alpha = 45°$. Die Stäbe laufen aus der Zugzone in die Druckzone oder die Biegezugzone über der Stütze.
- **Schubzulagen** sind **ergänzende** Bewehrungselemente, die ohne Umschließung der Längsbewehrung verlegt werden. Die meist vorgefertigten, leiter- oder korbartigen Elemente müssen in der Druck- und Zugzone ausreichend verankert sein.

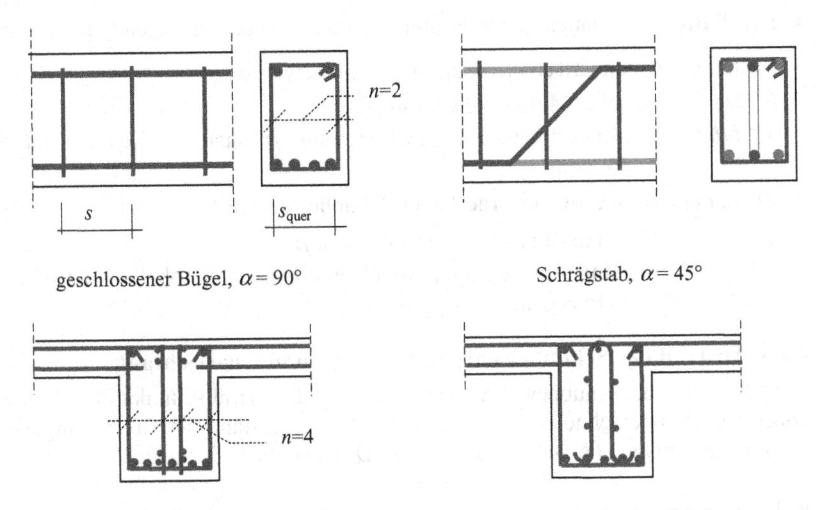

geschlossener Bügel, $\alpha = 90°$

Schrägstab, $\alpha = 45°$

offener Bügel, leiterartige Schubzulagen

offener Bügel, korbartige Schubzulage

Bild 6.6-1 Arten der Schubbewehrung

In der Regel müssen nach EC2, 9.2.2 (4) mindestens 50 % der erforderlichen Schubbewehrung aus Bügeln bestehen. Schrägstäbe und Schubzulagen sind nur als Ergänzung zu Bügeln zulässig. Lediglich bei Platten mit geringer Schubbeanspruchung ($V_{Ed} \leq 0{,}3 \cdot V_{Rd.max}$) dürfen Schrägstäbe oder Schubzulagen allein ohne Bügel verwendet werden.

6.6.2 Mindestschubbewehrung

- Bei **balkenartigen Bauteilen** ist immer eine Mindestschubbewehrung vorzusehen:

(6.6-1) $\rho_w = A_{sw}/(s \cdot b_w \cdot \sin \alpha) \geq \rho_{w,min}$

mit:

ρ_w	Schubbewehrungsgrad
A_{sw}	Querschnittsfläche der Schubbewehrung im Schnitt
s	Abstand der Schubbewehrung in Richtung der Bauteilachse
$\rho_{w,min}$	$= 0{,}16 \cdot f_{ctm}/f_{yk}$ siehe Tabelle 6.6-1

[N/mm²]	16	20	25	30	35	40	45	50	55	60	70	80	90	100
[‰]	0,61	0,71	0,83	0,93	1,03	1,12	1,22	1,31	1,35	1,41	1,47	1,54	1,60	1,67

Tabelle 6.6-1 Mindestschubbewehrungsgrad min ρ_w in ‰ nach EC2 in Abhängigkeit von der Betondruckfestigkeit f_{ck} (für Leichtbeton und für Spannbeton gelten abweichende Werte)

Hinweis: Man lasse sich durch die Angabe auf zwei Nachkommastellen nicht verführen, die Genauigkeit der Nachweise zu überschätzen. Eine gerundete Nachkommastelle wäre der Genauigkeit statischer Nachweise angemessener.

- Bei **Platten** (als Platten gelten Bauteile mit $b/h > 5$) gelten folgende Regelungen:

– Platten **ohne** rechnerisch erforderliche Schubbewehrung:

$b/h > 5$	keine Mindestbewehrung
$4 \leq b/h \leq 5$	Mindestbewehrung, zwischen min ρ_w nach Tabelle 6.6-1 und Null zu interpolieren

– Platten **mit** rechnerisch erforderlicher Schubbewehrung:

$b/h > 5$	Mindestbewehrung mit $0{,}6 \cdot \min \rho_w$
$4 \leq b/h \leq 5$	Mindestbewehrung, zwischen min ρ_w nach Tabelle 6.6-1 und $0{,}6 \cdot \min \rho_w$ zu interpolieren

6.6.3 Abstand der Schubbewehrung in Längs- und Querrichtung

Die Abstände von Schubbewehrungen dürfen nicht zu groß sein, damit sich ihre „Wirkungszonen" noch überschneiden. Der größtzulässige Abstand ist in Abhängigkeit vom Beanspruchungsniveau (Ausnutzungsgrad der Druckstreben) festgelegt.

- Für Balken:

Balken	≤ C50/60	≥ C55/67	≤ C50/60	≥ C55/67
	in Längsrichtung $s_{l,max}$		in Querrichtung $s_{t,max}$	
$V_{Ed} \leq 0{,}3 \cdot V_{Rd,max}$	$0{,}70\,h \leq 300$ mm	$0{,}70\,h \leq 200$ mm	$h \leq 800$ mm	$h \leq 600$ mm
$0{,}3 \cdot V_{Rd,max} < V_{Ed} \leq 0{,}6 \cdot V_{Rd,max}$	$0{,}50\,h \leq 300$ mm	$0{,}50\,h \leq 200$ mm	$h \leq 600$ mm	$h \leq 400$ mm
$V_{Ed} > 0{,}6 \cdot V_{Rd,max}$	$0{,}25\,h \leq 200$ mm	$0{,}25\,h \leq 200$ mm	$h \leq 600$ mm	$h \leq 400$ mm

Tabelle 6.6-2 Balken: Maximale Abstände von Bügelschenkeln und Querkraftzulagen

Die oberen Grenzwerte sind erst bei Bauteilhöhen über 42 cm bzw. über 80 cm ausnutzbar.

Für Schrägstäbe bei Balken gilt:

(6.6-2) $s_{b,max} = 0{,}5\,h\,(1 + \cot\alpha)$ $s_{t,max}$ nach Tabelle 6.6-2

- Für Platten:

Platten	in Längsrichtung $s_{l,max}$	in Querrichtung $s_{t,max}$
$V_{Ed} \leq 0{,}3 \cdot V_{Rd,max}$	$0{,}70\,h$	h
$0{,}3 \cdot V_{Rd,max} < V_{Ed} \leq 0{,}6 \cdot V_{Rd,max}$	$0{,}50\,h$	h
$V_{Ed} > 0{,}6 \cdot V_{Rd,max}$	$0{,}25\,h$	h

Tabelle 6.6-3 Platten: Maximale Abstände von Bügelschenkeln und Querkraftzulagen

Für Schrägstäbe bei Platten gilt:

(6.6-3) $s_{b,max} = h$

Platten mit Schubbewehrung aus aufgebogenen Schrägstäben müssen mindestens 16 cm und bei Anordnung von Bügeln bzw. Durchstanzbewehrung mindestens 20 cm dick sein. Bei dünneren Platten ist eine ordnungsgemäße Verankerung der Schubbewehrung in der Druckzone nicht mehr gegeben, weil die Druckzonenhöhe x oft kleiner ist als die Betondeckung.

6.6.4 Hinweise außerhalb der Norm

- Aus konstruktiven Gründen (Stabilität der Bewehrungskörbe) sollte bei einer Längsbewehrung mit $\geq \phi 25$ der Durchmesser von Bügeln aus Stabstahl nicht unter 10 mm gewählt werden. Bei sehr eng liegenden Bügeln und bei Bügelkörben aus werksgeschweißten Bügelmatten könnten kleinere Durchmesser verwendet werden.
- Bei Durchlaufträgern mit monolithisch angeschlossenen Stützen (z. B. Rahmenriegel) sollten die ersten Bügel ab der Stützenaußenkante etwa den halben rechnerischen Abstand s einhalten. Enger an der Stütze verlegte Bügel helfen nicht beim Lastabtrag und stören nur den Einbau der Stützenbewehrung und beim Einbringen des Betons.
- Bei Querkraftsprüngen darf max s hinter dem Sprung für die geringere Querkraft V_{Ed} ermittelt werden (so z. B. bei Trägern mit symmetrischen Einzellasten, bei denen der Bereich zwischen den Einzellasten fast „querkraftfrei" ist). Es sollte aber der engere Bügelabstand noch um etwa die statische Höhe d in den Bereich geringerer Querkraft hinein fortgeführt werden (etwa im Sinne eines D-Bereiches nach [6-1] in Nähe der Lasteinleitung).

6.7 Besonderheiten bei Öffnungen in den Stegen

In den Stegen von Trägern werden gern Öffnungen (zur Gewichtsersparnis, für Durchführung von Leitungen) angeordnet. Sie sollten in Bereichen geringer Querkraft liegen. Dies kann jedoch nicht immer eingehalten werden. Bei Öffnungen in der Nähe der Auflager muss geprüft werden, ob sich in den verbleibenden Betonbereichen ein Schubfachwerk ausbilden kann. Dann ist eine Bemessung auf Basis der globalen Balkenstatik unter Einbeziehung lokaler Zusatzbetrachtungen möglich. Kann ein Fachwerk nicht einbeschrieben werden, so stellt sich ein komplexeres Tragverhalten mit deutlicher Biegung der über und unter den Öffnungen vorhandenen Gurtbereiche ein. Diese Effekte müssen unbedingt berücksichtigt werden. Dies kann mit Stabwerksmodellen z. B. nach [6-1] bzw. aufwendiger durch eine Berechnung als Rahmenträger geschehen. Bei nachträglichen Änderungen an Bestandsbauten stellt sich diese Problematik häufig.

Es werden zunehmend Leerrohre parallel zu den Auflagern (also quer zur Spannrichtung) in Geschoßdeckenplatten verlegt. Zum Einfluss auf die Querkrafttragfähigkeit von Platten ohne Schubbewehrung enthält [6-8] Angaben. Darin sind auch Reduktionsfaktoren für die Querkrafttragfähigkeit angegeben.

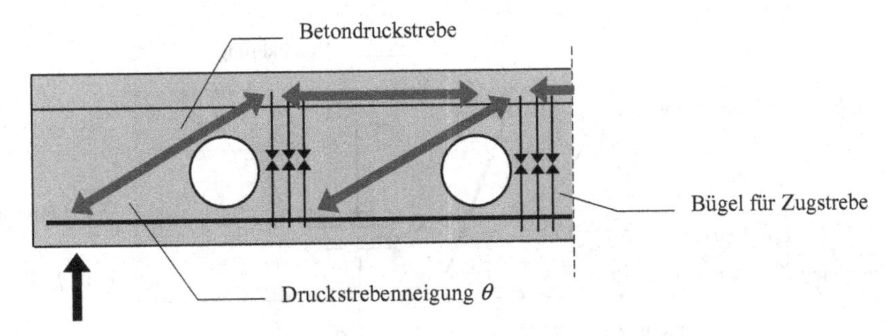

Bild 6.7-1 Einfluss von Stegöffnungen auf den inneren Lastabtrag, aus [6-5]

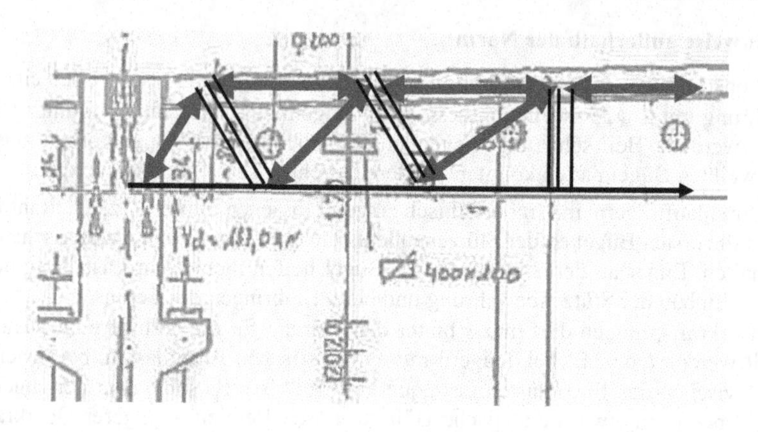

Bild 6.7-2 Einfluss von Stegöffnungen auf den inneren Lastabtrag, Beispiel aus [6-5]

6.8 Nachweis von Fugen

DIN 1045-1 enthielt erstmals Formeln zum Nachweis der Tragfähigkeit von Fugen zwischen Fertigteilen und Ortbeton (z. B. Elementdecken mit Aufbeton) bzw. zwischen Betonierabschnitten (Arbeitsfugen). Die Gleichungen galten auch für Vergussfugen zwischen Stahlbetonfertigteilen (z. B. Vergussfugen zwischen Stützenfüßen und Köcherfundamenten) und für die Fugen zwischen Fertigteilen und mitwirkenden Ortbetonbereichen). Zur Anwendung solcher Fugen sei auf [6-5] verwiesen. Im EC2 sind diese Nachweise in verbesserter Form enthalten. Das Berechnungsmodell gilt nicht für Fugen senkrecht zu Biegezugspannungen.

Der Nachweis berücksichtigt die Beschaffenheit der Fuge, den lokalen Spannungszustand in Fugenebene und senkrecht zur Fuge und den Einfluss einer Bewehrung quer zur Fuge. Die Mindestzahnhöhe d von 1 cm entspricht der Verzahnungshöhe vieler auf dem Markt erhältlicher Schalungshilfen.

Für die in der Fuge je Längeneinheit übertragbare Schubkraft gilt eine Art „Kohäsions-Reibungsansatz". Der Anteil der Querbewehrung ist auch in Anlehnung an die Shear-Friction-Theorie formuliert, die berücksichtigt, dass bei einer Fugenverschiebung die Bewehrung wie eine Feder wirkt und damit die Fugenflanken zusammendrückt.

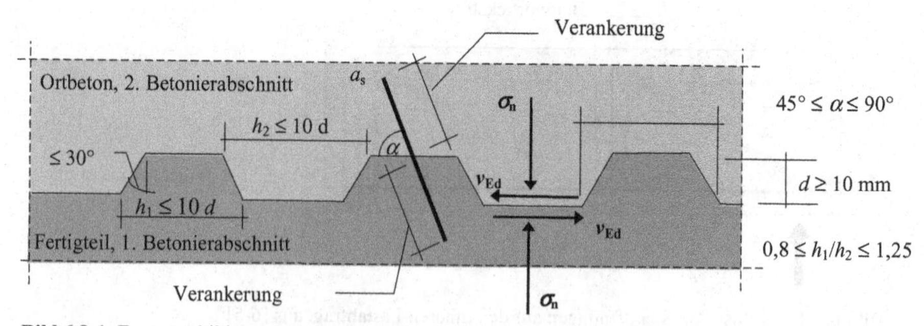

Bild 6.8-1 Fugenausbildung zum Nachweis der Tragfähigkeit (s. a. [6-5])

Fugen ohne und mit Verbundbewehrung

Die folgenden Einwirkungen und Tragfähigkeiten sind als **Spannungen** definiert.

(6.8-1) $v_{Rdj} = c \cdot f_{ctd} + \mu \cdot \sigma_n + \rho \cdot f_{yd} (1{,}2\ \mu \cdot \sin\alpha + \cos\alpha) \leq v_{Rdj,\,max}$

mit

$f_{ctd} = \alpha_{ct} f_{ctk;0,05} / \gamma_c$ — $f_{ctk;0,05}$ nach Tab. 1.2-1

$\gamma_c = 1{,}5$

$\alpha_{ct} = 0{,}85$ Dauerstandsbeiwert für Beton auf Zug

c Rauigkeitsbeiwert nach Tabelle 6.8-2

μ Reibungsbeiwert nach Tabelle 6.8-2

σ_n Spannung ⊥ zur Fuge infolge der zur Schubspannung gleichzeitig auftretenden kleinstmöglichen Normalkraft; bei Druck positiv und $< 0{,}6\ f_{cd}$, bei Zug ist $c \cdot f_{ctd} = 0$ zu setzen.

Die maximal aufnehmbare Schubspannung wird durch die Tragfähigkeit des Betons auf Druck begrenzt:

$$v_{Rdj,\,max} = 0{,}5 \cdot \nu \cdot f_{cd}$$

Bei sehr glatten Fugen der Reibungsanteil genutzt werden, allerdings nicht über den Höchstwert für glatte Fugen hinaus.

	Fugenbeschaffenheit	c	μ	ν *)
verzahnt	Verzahnung gemäß Bild 6.8-1	0,50	0,9	0,7
rauh	Oberfläche mit Rechen aufgerauht, Zinkenabstand ≈ 40 mm, Rauhtiefe ≥ 3 mm; Zuschlagstoffe ragen ≥ 3 mm aus Fugenoberfläche heraus	0,40 (bei Zug ⊥ zur Fuge: 0)	0,7	0,5
glatt	Oberfläche abgezogen; Extruderverfahren; ohne Behandlung nach dem Verdichten	0,20 (bei Zug ⊥ zur Fuge: 0)	0,6	0,2
sehr glatt	Oberfläche gegen glatte Schalung betoniert	0 und $\mu \cdot \sigma_n \leq 0{,}1\ f_{cd}$	0,5	0

*) Für ≥ C55/67 müssen die ν - Werte mit dem Faktor $1{,}1 - f_{ck}/500$ multipliziert werden.

Tabelle 6.8-2 Einstufung von Fugen nach der Oberflächenbeschaffenheit

6.9 Beispiele zur Schubbemessung

Die folgenden Beispiele dienen der Einübung der Schubnachweise. Dabei wird die Biegebemessung nur soweit durchgeführt, dass die für die Schubnachweise notwendigen Angaben vorliegen. Später werden in Abs. 11 noch vollständig behandelte Bauteile einschließlich der Bewehrungszeichnungen vorgestellt.

In den folgenden Beispielen ist - sofern nicht ausdrücklich anders angegeben – das Eigengewicht des Trägers in der Lastangabe „g" bereits enthalten. In den Beispielen ab Abschnitt 6.9.2 sei ohne näheren Nachweis eingehalten:

Hebelarm der inneren Kräfte $z = 0{,}9\, d \leq d - 2\, c_{v,l}$ bzw. $z \leq d - c_{v,l} - 30$ mm.

6.9.1 Balken auf zwei Stützen mit Rechteckquerschnitt

– *System und Abmessungen:*

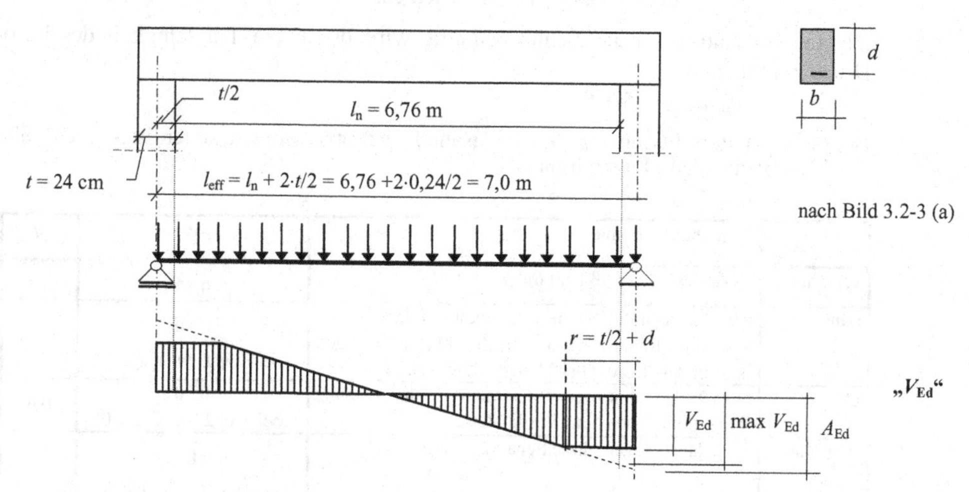

– *Querschnitt und Material:*

b= 20 cm, d = 43 cm (vorgeschätzt), Beton C25/30, Betonstabstahl B500, vertikale Bügel

– *Lasten und Bemessungsschnittgrößen:*

$g = 11$ kN/m, $q = 9$ kN/m $\qquad g \cdot 1{,}35 + q \cdot 1{,}5 = 28{,}35$ kN/m

max $M_{Ed} = 28{,}35 \cdot 7{,}0^2/8 = 174$ kNm

$A_{Ed} = 28{,}35 \cdot 7{,}0/2 = 99{,}2 \approx 99$ kN

max $V_{Ed} = A_{Ed} - (g \cdot 1{,}35 + q \cdot 1{,}5) t/2 = 99{,}2 - 28{,}35 \cdot 0{,}12$

$= 95{,}8$ kN ≈ 96 kN $\qquad$ Querkraft am Auflagerrand

$V_{Ed} = A_{Ed} - (g \cdot 1{,}35 + q \cdot 1{,}5) \cdot (t/2 + d) = 99{,}2 - 28{,}35 \cdot (0{,}12 + 0{,}43) = 83{,}6 \approx 84$ kN

– *Bemessungswerte der Baustofffestigkeiten:*

Beton: $f_{ck} = 25$ N/mm² $\qquad f_{cd} = 0{,}85 \cdot 25/1{,}5 = 14{,}2$ N/mm²

Betonstahl: $f_{ywk} = 500$ N/mm² $\qquad f_{ywd} = 500/1{,}15 = 435$ N/mm²

1 Biegebemessung mit k_d - Verfahren

$$k_d = \frac{d}{\sqrt{\frac{M_{Ed}}{b}}} = \frac{43}{\sqrt{\frac{174}{0,2}}} = 1,46$$

– *Abgelesen aus Bild 4.5-5:*

$\varepsilon_{cd} = -3,5$ ‰ $\varepsilon_{sd} = 3,1$ ‰

$\xi = 0,52 < \xi_{lim} = 0,62$

$\zeta = 0,78$ $z = 0,78 \cdot 43 = 33,5$ cm

$\boldsymbol{k_s = 2,93}$ $\sigma_{sd}(\varepsilon_s) = 432,95 + 0,942 \cdot 3,1 = 436$ N/mm²

erf $A_s = 2,93 \cdot 174/43 = 11,9$ cm²

gewählt: **4 ϕ20 vorh A_s = 12,5 cm²** > 11,9 cm² > $A_{s,min}$ (ohne Nachweis)

2 Nachweis für Querkraft

2.1 Druckstrebennachweis

Ermittlung des Hebelarms der inneren Kräfte z:

$z \approx 0,9\, d = 0,9 \cdot 0,43 = 0,39$ m bzw. $z \leq \min\{d - 2\, c_v;\ d - c_{v,l} - 30 \text{ mm}\}$

Mit gew. 2 ϕ16 als konstruktive Längsbewehrung, Bügel ϕ8 und XC1 wird c_v = 30 mm. Damit erhält man:

$z = d - 2\, c_{v,l} = d - c_{v,l} - 0,03 \text{ m} = 0,43 - 0,06 = \mathbf{0,37\ m} < 0,39$ m **maßgebend**

Anmerkungen:

- Dieser Wert ist immer noch deutlich größer als der in der Biegebemessung ermittelte Hebelarm z = 0,335 m. Diese Abweichung kann beim vorliegenden statischen System akzeptiert werden, weil die Biegebemessung für max M gilt, wogegen der Nachweis der größten Querkräfte im Bereich sehr kleiner Biegemomente erfolgt. Im Stützbereich von Durchlaufträgern hingegen liegen beide Bemessungsschnitte sehr eng beieinander (vgl. Beispiele in Abs. 11).

- Bereits bei der günstigsten Expositionsklasse wird das Kriterium $z \leq \min\{d - 2\, c_v;\ d - c_{v,l} - 30 \text{ mm}\}$ maßgebend. Bei ungünstigeren Klassen und/oder größeren Stabdurchmessern wird bei niedrigen Balken der Wert 0,9 d praktisch nicht mehr nutzbar.

Ermittlung der unteren Grenze des Neigungswinkels θ (entspricht oberer Grenze für cot θ) mit Gleichung (6.4-7):

$$\cot\theta \leq \frac{1,2}{1 - 0,24 \cdot f_{ck}^{1/3} \cdot b_w \cdot z / V_{Ed}} = 1,2/(1 - 0,24 \cdot 25^{1/3} \cdot 0,2 \cdot 0,37/0,096)$$

$\boldsymbol{\cot\theta = 2,61} < 3,0$ (bzw. 21° > 18°)

Dieser Wert darf nicht über- bzw. für θ nicht unterschritten werden. Es wird aber zunächst in Anlehnung an Gleichung (6.4-10) näherungsweise **gewählt**:

$\cot\theta = 1,19 < 2,61$ ($\theta = 40° > 21°$)

Nur wenn der Nachweis der Druck- oder Zugstrebe nicht gelingt, lohnt eine abweichende Annahme.

Mit Gleichung (6.4-8) ergibt sich (mit $\nu_2 = 1{,}0$ für ≤ C50/60 und $z = 0{,}37$ m):

$$V_{Rd,max} = 0{,}75 \cdot \nu_2 \cdot f_{cd} \cdot b_w \cdot 0{,}37 \sin\theta \cos\theta = 0{,}75 \cdot 14{,}2 \cdot 0{,}2 \cdot 0{,}37 \cdot 0{,}643 \cdot 0{,}766 = 0{,}39 \text{ MN}$$

$$\boxed{\mathbf{V_{Rd,max} = 0{,}39 \text{ MN} \gg \max V_{Ed} = 0{,}096 \text{ MN}} \checkmark}$$ kein Stegdruckbruch

2.2 Prüfen, ob Schubbewehrung rechnerisch erforderlich ist

Nach Gleichung (6.3-2) mit $\sigma_{cp} = 0$ (keine Längskraft) und $\gamma_c = 1{,}5$:

$$V_{Rd,c} = 0{,}1 \cdot (1 + \sqrt{200/d[\text{mm}]}) \cdot (100\, \rho_l \cdot f_{ck})^{1/3} \cdot b_w \cdot d$$

$$\geq V_{Rd,c,min} = 0{,}035 \cdot (1 + \sqrt{200/d[\text{mm}]})^{3/2} \cdot f_{ck}^{1/2} \cdot b_w \cdot d$$ für $d \leq 600$ mm

Es wird angesetzt, dass in Auflagernähe noch mindestens 2 $\phi 20$ der Biegezugbewehrung vorhanden sind. Damit wird:

$$\rho_l = A_s/(b_w \cdot d) = 6{,}3/(20 \cdot 43) = 0{,}0073 \quad < 0{,}02$$ Längsbewehrungsgrad

$$V_{Rd,ct} = 0{,}1\,(1 + \sqrt{200/430}) \cdot (100\; 0{,}0073\; 25)^{1/3} \cdot 0{,}2 \cdot 0{,}43 = \mathbf{0{,}038\ MN}$$ maßgebend

$$V_{Rd,c,min} = 0{,}035\,(1 + \sqrt{200/430})^{3/2} \cdot 25^{1/3} \cdot 0{,}2 \cdot 0{,}43 = 0{,}019$$

$$\boxed{\mathbf{V_{Rd,ct} = 0{,}038 \text{ MN} < V_{Ed} = 0{,}084 \text{ MN}}}$$ **Schubbewehrung erforderlich**

Dieses Ergebnis ist bei einem Balken in der Regel zu erwarten.

2.3 Zugstrebennachweis

Hier sind mit Gleichung (6.4-9) zwei Vorgehensweisen möglich. Zum einen kann die Schubbewehrung vorgewählt werden, zum anderen kann die Gleichung nach Gleichsetzen von $V_{Rd,ct}$ und V_{Ed} nach erf A_s/s aufgelöst werden (Bemessung). Hier wird der erstgenannte Weg beschritten. In anderen Beispielen wird auch die zweite Variante vorgeführt.

Gewählt: **$\phi 8$,** zweischnittige Bügel ⊥ zur Balkenachse ($\alpha = 90°$), $s = 0{,}25$m

Diese Schubbewehrung entspricht $A_{sw}/s = a_{sw} = 4{,}0$ cm²/m Balkenlänge.

Es muss mit Tabelle 6.6-2 überprüft werden:

- *Bügelabstand in Längsrichtung:*

  $0{,}3 \cdot V_{Rd,max} = 0{,}3 \cdot 0{,}41 = 0{,}123 > V_{Ed} = 0{,}084$

  $s_{l,max} = 0{,}7 \cdot 0{,}43 = 0{,}30 \text{ m} = 0{,}3 \text{ m}$ > gew $s = 0{,}25$ m ✓

- *Bügelabstand in Querrichtung:*

  $s_{t,max} = h > d = 0{,}43 \text{ m} \gg b_w = 0{,}2 \text{ m}$ nicht maßgebend ✓

Weiterhin ist mit Tabelle 6.6-1 zu ermitteln:

- *Schubbewehrungsgrad:*

  $A_{sw} = A_s^{\phi 8} \cdot n = 0{,}5 \cdot 2 = 1{,}0 \text{ cm}^2$

  $\rho_w = A_{sw}/(s \cdot b_w \cdot \sin\alpha) = 1{,}0/(25 \cdot 20) = \mathbf{0{,}002} > \rho_{w,min} = 0{,}00083$ ✓ **maßgebend**

– *Tragfähigkeit der Zugstreben:*

Es wird nach Gleichung (6.4-9):

$$V_{\mathrm{Rd,s}} = \frac{A_{\mathrm{sw}}^{\perp}}{s_{\mathrm{w}}} \cdot f_{\mathrm{ywd}}\ z \cdot \cot\theta = \frac{1{,}0 \cdot 10^{-4}}{0{,}25} 435 \cdot 0{,}37 \cdot 1{,}19$$

$\mathbf{V_{Rd,s} = 0{,}077\ MN < V_{Ed} = 0{,}084}$ ↯ gewählte Schubbewehrung nicht ausreichend

– *Neuer Nachweis*

Jetzt stehen zwei Möglichkeiten zur Verfügung: Erhöhen der Schubbewehrung oder Wahl einer flacheren Druckstrebenneigung. Es wird eine neue Druckstrebenneigung angesetzt:

neu gewählt: $\theta = 30° \gg \min\theta = 21°$ $\cot 30° = 1{,}73 < 2{,}66$

Die Überprüfung des Druckstrebennachweises bringt nur eine geringe Reduzierung der Tragfähigkeit ohne negative Auswirkung:

$$V_{\mathrm{Rd,max}} = 0{,}75 \cdot 14{,}2 \cdot 0{,}2 \cdot 0{,}37 \cdot 0{,}5 \cdot 0{,}866 = 0{,}341\ \mathrm{MN} \gg 0{,}096\ \mathrm{MN}$$

Der Zugstrebennachweis ergibt jetzt:

$$V_{\mathrm{Rd,s}} = \frac{A_{\mathrm{sw}}^{\perp}}{s_{\mathrm{w}}} \cdot f_{\mathrm{ywd}} \cdot z \cot\theta = \frac{1{,}0 \cdot 10^{-4}}{0{,}25} \cdot 435 \cdot 0{,}37 \cdot 1{,}73 = 0{,}111\ \mathrm{MN} > 0{,}084$$

Mit dieser Neigung θ würde sogar der größtzulässige Bügelabstand $s = 30$ cm ausreichen:

$$V_{\mathrm{Rd,s}} = \frac{1{,}0 \cdot 10^{-4}}{0{,}30} 435 \cdot 0{,}37 \cdot 1{,}73 = 0{,}093\ \mathrm{MN} > 0{,}085$$

Eine weitere Reduzierung der Schubbewehrung, insbesondere zur Balkenmitte hin (im Bereich kleinerer Querkräfte), ist nicht möglich, da der maximale Bügelabstand ausgenutzt ist.

Kleinere Bügeldurchmesser sind bei den vorliegenden Abmessungen und Bügeln aus Stabstahl aus konstruktiven Gründen nicht zu empfehlen. Bügelmatten mit kleineren Durchmessern und über die Balkenlänge bereichsweise gestaffelten Bügelabständen sind im Fertigteilbau üblich (vgl. Beispiel im Abschnitt über Torsion).

2.4 Vergleich der Ergebnisse für unterschiedliche Druckstrebenneigungen

In der folgenden Tabelle werden die Ergebnisse für verschiedene Winkel θ bei gleicher Schubbewehrung a_s gegenübergestellt (Berechnung nicht angegeben):

Druckstrebenneigung	$V_{\mathrm{Rd,max}}$ **[MN]**	$V_{\mathrm{Rd,s}}$ **[MN]**
$\theta = 18°$	0,23	0,198
$\theta = 30°$	0,34	0,111
$\theta = 40°$	0,39	0,077
$\theta = 45°$	0,395	0,064
$\theta = 60°$	0,34	0,037

Man erkennt, dass bei gleichbleibender Schubbewehrung die Tragfähigkeit $V_{\mathrm{Rd,s}}$ der Zugstreben (und damit die Wirtschaftlichkeit der Schubbewehrung) durch die Wahl einer flachen Druckstreben deutlich gesteigert werden kann. Wie später noch gezeigt wird, muss dafür allerdings eine Erhöhung der Biegezugbewehrung im Falle der Bewehrungsstaffelung in Kauf genommen werden. Die Tragfähigkeit $V_{\mathrm{Rd,max}}$ der Druckstreben wird im Bereich mittlerer Neigungen relativ wenig beeinflusst, ihr Maximum liegt bei 45°.

6.9.2 Balken auf zwei Stützen mit Plattenbalkenquerschnitt und auflagernahen Einzellasten

– *System und Abmessungen:*

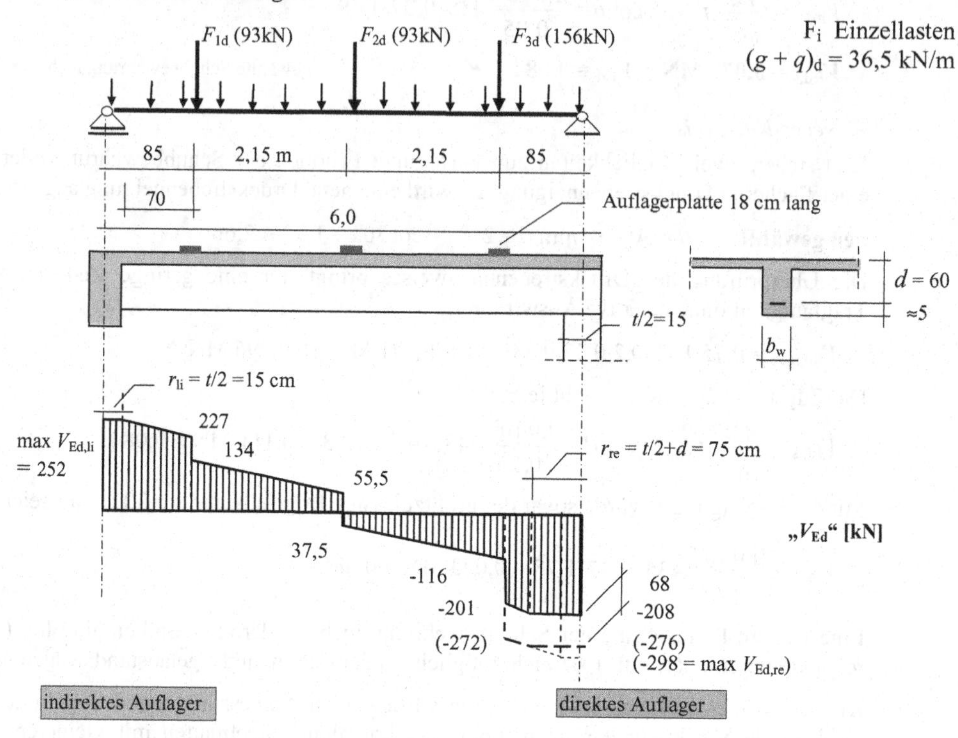

– *Querschnitt und Material*

$b = b_w = 20$ cm, $d = 60$ cm (vorgeschätzt), Beton C25/30, Betonstabstahl B500

– *Lasten und Bemessungsschnittgrößen*

Es wird angenommen, dass die nichtständigen Lastanteile nur gleichzeitig auftreten.

Linienlasten: $g = 11{,}5$ kN/m, $q = 14$ kN/m $\qquad g \cdot 1{,}35 + q \cdot 1{,}5 = 36{,}5$ kN/m

Einzellasten: $F_{G,1} = F_{G,2} = 35{,}0$ kN, $F_{Q,1} = F_{Q,2} = 30{,}5$ kN, $F_{G,3} = 60$ kN, $F_{Q,3} = 50$ kN

$F_{G,1} \cdot 1{,}35 + F_{Q,1} \cdot 1{,}5 = 93$ kN $\qquad F_{G,3} \cdot 1{,}35 + F_{Q,3} \cdot 1{,}5 = 156$ kN

$A_{Ed,links} = 258$ kN $\qquad A_{Ed,rechts} = 303$ kN $\qquad$ Auflagerkräfte

$\max M_{Ed} = 258 \cdot 3{,}0 - 36{,}5 \cdot 6^2/8 - 93 \cdot 2{,}15 = 410$ kNm

Direktes Auflager (nur hier darf mit Vergünstigung für auflagernahe Einzellast gerechnet werden):

Anteil der Einzellast F_3 an $A_{d,rechts}$ $\qquad V_{Ed,F3} = 156 \cdot 5{,}15/6{,}0 = 134$ kN

Der Querkraftverlauf „V_{Ed}“ist (ohne Berechnung) grafisch dargestellt. Zwar tritt max A_{Ed} am direkten Auflager auf, doch müssen wegen der unterschiedlichen Behandlung auflagernaher Einzellasten an direkten bzw. indirekten Auflagern beide Balkenhälften untersucht werden.

– *Berücksichtigung der auflagernahen Einzellast (0,5 d = 0,3 m ≤ a_v < 2 d = 1,2 m)*

Wegen $a_v = 0{,}85 - 0{,}15 - 0{,}09 = 0{,}61$ m wird $\beta = a_v/(2 \cdot d) = 0{,}61/(2 \cdot 0{,}6) = 0{,}51$. Damit kann der Anteil der Einzellast F_3 an der Querkraft am direkten Auflager um 49 % auf 51 % abgemindert werden. Man erhält als Bemessungsquerkraft am rechten Auflager an der Stelle r:

$$V_{Ed} = (303 - 36{,}5 \cdot 0{,}75) - 134 \cdot 0{,}51 = 276 - 68 = 208 \text{ kN}$$

Trotz ursprünglich höherer Querkraft am direkten Auflager wird nunmehr das indirekte Auflager für die Bemessung der Zugstreben maßgebend. Der Nachweis der Druckstreben erfolgt nach wie vor am direkten Auflager (höchste Querkraft am Auflagerrand).

– *Bemessungswerte der Baustofffestigkeiten*

Beton: $f_{ck} = 25$ N/mm² $f_{cd} = 0{,}85 \cdot 25/1{,}5 = 14{,}2$ N/mm²
Betonstahl: $f_{ywk} = 500$ N/mm² $f_{ywd} = 500/1{,}15 = 435$ N/mm²

1 Biegebemessung

Die Biegebemessung für Plattenbalken wird später erläutert. In Feldmitte sei:

gewählt: **6 ϕ20** vorh $A_s = 18{,}8$ cm² > erf $A_s = 17$ cm²

2 Nachweis für Querkraft im Steg des Plattenbalkens

2.1 Druckstrebennachweis

Ermittlung der unteren Grenze des Neigungswinkels θ (entspricht oberer Grenze für cot θ) mit Gleichung (6.4-7), die Näherung $z = 0{,}9\,d$ sei anwendbar:

$$\cot\theta \leq \frac{1{,}2}{1 - 0{,}24 \cdot f_{ck}^{1/3} \cdot b_w \cdot z / V_{Ed}} = 1{,}2/(1 - 0{,}24 \cdot 25^{1/3} \cdot 0{,}2 \cdot 0{,}9 \cdot 0{,}60/0{,}303) = 1{,}60$$

$\cot\theta = 1{,}60 \Rightarrow \theta = 32°$ oberer Grenzwert

Dieser Wert darf nicht über- bzw. für θ nicht unterschritten werden. Es wird in Anlehnung an Gleichung (6.4-10) gewählt:

$\cot\theta = 1{,}19 < 1{,}66 \quad (\theta = 40° > 32°)$

Nur wenn der Nachweis der Druck- oder Zugstrebe nicht gelingt, lohnt eine abweichende Annahme.

Mit Gleichung (6.4-8)

$$V_{Rd,max} = \alpha_c f_{cd}\, b_w\, 0{,}9\, d \sin\theta \cos\theta = 0{,}75 \cdot 14{,}2 \cdot 0{,}2 \cdot 0{,}9 \cdot 0{,}60 \cdot 0{,}643 \cdot 0{,}766 = 0{,}567 \text{ MN}$$

$\mathbf{V_{Rd,max} = 0{,}567\ MN \gg max\ V_{Ed} = 0{,}298\ MN}$ ✓ keine Gefahr eines Stegdruckbruches

2.2 Prüfen, ob Schubbewehrung rechnerisch erforderlich ist

Nach Gleichung (6.3-2) mit $\sigma_{cp} = 0$ (keine Längskraft):

$$V_{Rd,c} = 0{,}1 \cdot \left(1 + \sqrt{200/d[\text{mm}]}\right) \cdot (100\, \rho_l \cdot f_{ck})^{1/3} \cdot b_w \cdot d$$

$$\geq V_{Rd,c,min} = 0{,}035 \cdot \left(1 + \sqrt{200/d[\text{mm}]}\right)^{3/2} \cdot f_{ck}^{1/2} \cdot b_w \cdot d \qquad \text{für } d \leq 600 \text{ mm}$$

Es wird angesetzt, dass in Auflagernähe noch mindestens 2 $\phi 20$ der Biegezugbewehrung vorhanden sind. Damit und mit $d = 600$ mm wird:

$\rho_l = A_s/b_w d = 6{,}3/(20 \cdot 60) = 0{,}0053 < 0{,}02$ Längsbewehrungsgrad

$V_{Rd,ct} = 0{,}1\,(1 + \sqrt{200/600}) \cdot (100 \cdot 0{,}0053 \cdot 25)^{1/3} \cdot 0{,}2 \cdot 0{,}60 = \mathbf{0{,}045\ MN}$ **maßgebend**

$> (0{,}035) \cdot (1 + \sqrt{200/600})^{3/2} \cdot 25^{1/2} \cdot 0{,}2 \cdot 0{,}60 = 0{,}042$ MN

$\mathbf{V_{Rd,ct} = 0{,}045\ MN < V_{Ed,li} = 0{,}252\ MN, < V_{Ed,re} = 0{,}208\ MN}$ **Schubbewehrung erforderlich**

Dieses Ergebnis ist - wie schon geschrieben - bei einem Balken in der Regel zu erwarten.

2.3 Zugstrebennachweis

In diesem Beispiel wird die Ermittlung von erf A_s/s durch Auflösung der Gleichung (6.4-9) nach Gleichsetzen von $V_{Rd,ct}$ und V_{Ed} gezeigt (Bemessung). Die Druckstrebenneigung wird zu $\theta = 40°$ gewählt.

– *Tragfähigkeit der Zugstreben am indirekten Auflager*

$$V_{Rd,s} = \frac{A_{sw}}{s} \cdot f_{yd,w} \cdot 0{,}9\, d \cot\theta = \frac{A_{sw}}{s} 435 \cdot 0{,}9 \cdot 0{,}6\ \ 1{,}19 = V_{Ed} = 0{,}252 \text{ MN}$$

erf $A_{sw}/s_w = V_{Ed}/(f_{yd,w} \cdot 0{,}9 \cdot \cot\theta) = 0{,}252/(435 \cdot 0{,}9 \cdot 0{,}6 \cdot 1{,}19)\ 10^4 = 9{,}0$ cm²/m

Gewählt: $\boldsymbol{\phi}$**8,** zweischnittige Bügel ⊥ zur Balkenachse ($\alpha = 90°$), $s = 0{,}11$ m

Diese Schubbewehrung entspricht $A_{sw}/s = a_{sw} = 9{,}1$ cm²/m Balkenlänge.

Die zugehörige Tragfähigkeit beträgt:

$$V_{Rd,s} = \frac{1{,}0 \cdot 10^{-4}}{0{,}11} \cdot 435 \cdot 0{,}9 \cdot 0{,}60 \cdot 1{,}19 = 0{,}254 \text{ MN} > 0{,}252 \text{ MN} \ \checkmark$$

– *Tragfähigkeit der Zugstreben am direkten Auflager*

$$V_{Rd,s} = \frac{A_{sw}}{s} \cdot f_{yd,w} \cdot 0{,}9 \text{ d} \cot\theta = \frac{A_{sw}}{s} 435 \cdot 0{,}9 \cdot 0{,}6\ \ 1{,}19 = V_{Ed} = 0{,}208$$

erf $A_{sw}/s = V_{Ed}/(f_{yd,w} \cdot 0{,}9 \cdot \cot\theta) = 0{,}208/(435 \cdot 0{,}9 \cdot 0{,}6 \cdot 1{,}19) = 7{,}4$ cm²/m

gewählt: $\boldsymbol{\phi}$**8,** zweischnittige Bügel ⊥ zur Balkenachse $\alpha = 90°$, $s = 0{,}125$ m

Diese Schubbewehrung entspricht $A_{sw}/s = a_{sw} = 8{,}0$ cm²/m Balkenlänge.

Die zugehörige Tragfähigkeit beträgt:

$$V_{Rd,s} = \frac{1{,}0 \cdot 10^{-4}}{0{,}125} \cdot 435 \cdot 0{,}9 \cdot 0{,}60\ \ 1{,}19 = 0{,}223 \text{ MN} > 0{,}208 \text{ MN} \ \checkmark$$

– *Tragfähigkeit der Zugstreben rechts von F1 (deckt Nachweis links von F3 ab)*

$$V_{Rd,s} = \frac{A_{sw}}{s_w} \cdot f_{yd,w} \cdot 0{,}9\, d \cot\theta = \frac{A_{sw}}{s_w} \cdot 435 \cdot 0{,}9 \cdot 0{,}6\ \ 1{,}19 = V_{Ed} = 0{,}134$$

erf $A_{sw}/s = V_{Ed}/(f_{yd,w} \cdot 0{,}9 \cdot \cot\theta) = 0{,}134/(435 \cdot 0{,}9 \cdot 0{,}6 \cdot 1{,}19) = 4{,}8$ cm²/m

gewählt: $\boldsymbol{\phi}$**8,** zweischnittige Bügel ⊥ zur Balkenachse ($\alpha = 90°$), $s = 0{,}20$ m

Diese Schubbewehrung entspricht $A_{sw}/s = a_s = 5{,}0$ cm²/m Balkenlänge.

Die zugehörige Tragfähigkeit beträgt:

$$V_{Rd,s} = \frac{1{,}0 \cdot 10^{-4}}{0{,}20} 435 \cdot 0{,}9 \cdot 0{,}60 \cdot 1{,}19 = 0{,}140 \text{ MN} > 0{,}134 \text{ MN} \quad \checkmark$$

Es muss noch mit Tabelle 6.6-2 überprüft werden:

– *Bügelabstand in Längsrichtung:*

$0{,}3 \cdot V_{Rd,max} = 0{,}3 \cdot 0{,}567 = 0{,}170 < V_{Ed} = 0{,}252 < 0{,}6 \cdot V_{Rd,max} = 0{,}340$

$s_{l,max} = 0{,}5 \cdot 0{,}65 = 0{,}325 \text{ m} > \mathbf{0{,}3} \text{ m} \qquad > \text{gew } s \ \checkmark$

Die zu $s_{l,max}$ gehörige Tragfähigkeit beträgt:

$$V_{Rd,s} = \frac{1{,}0 \cdot 10^{-4}}{0{,}30} \cdot 435 \cdot 0{,}9 \cdot 0{,}60 \ 1{,}19 = 0{,}093 \text{ MN}$$

Eine weitere Verringerung der Schubbewehrung wäre nicht möglich, da hier bereits der maximal zulässige Bügelabstand angesetzt ist. Eine Änderung des Bügeldurchmessers innerhalb eines Bauteiles ist nicht sinnvoll.

– *Bügelabstand in Querrichtung:*

$s_{l,max} = 0{,}6 \text{ m} >> b_w = 0{,}2 \text{ m}$ nicht maßgebend ✓

Weiterhin ist mit Tabelle 6.6-1 zu ermitteln:

– *Schubbewehrungsgrad:*

$A_{sw} = A_s^{\phi 8} \cdot n = 0{,}5 \cdot 2 = 1{,}0 \text{ cm}^2$

min vorh $\rho_w = A_{sw}/(s \cdot b_w \cdot \sin \alpha) = 1{,}0/(30 \cdot 20) = 0{,}0017 > \rho_{w,min} = 0{,}00083$ ✓

Dieser Nachweis (NW) ist nur an der Stelle mit $s_{l,max}$ erf.!

2.4 Schubdeckungsdiagramm

Man sollte die Ergebnisse unbedingt in Form eines Schubdeckungsdiagramms für $V_{Rd,s}$ grafisch verdeutlichen. Die Schubkraftverläufe dürfen dabei geringfügig durch die Verläufe der aufnehmbaren Schubkräfte „eingeschnitten" werden. In Anlehnung an EC2, Abschnitt 6.2.5 und [1-12] können bei Tragwerken des üblichen Hochbaus „Einschnittlängen" bis zu 0,5 d erlaubt werden, sofern ein benachbarter Flächenausgleich möglich ist.

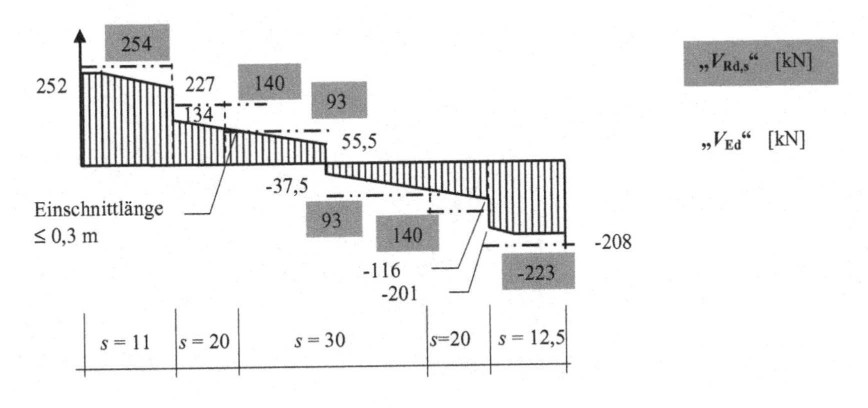

3 Anschluss des (Neben-) Trägers an den als linkes Auflager dienenden Hauptträger

Die Auflagerlasten indirekt gelagerter Nebenträger sind vorzugsweise durch Aufhängebügel, ggf. auch in Kombination mit Schrägstäben, vollständig in den Hauptträger zurückzuhängen.

erf $A_s = A_{Ed.links} / f_{yd} = 0{,}258/435 \cdot 10^4 = 5{,}9\ cm^2$ z.B. 6 Bügel $\phi\,8$ mit vorh $A_s = 6{,}0\ cm^2$

4 Hinweis

Die hier vorgestellten Schubnachweise gelten für den Steg des Querschnitts. Wie schon aus der elementaren Statik und Festigkeitslehre bekannt ist, müssen die Schubbeanspruchungen zwischen Steg und Flanschen (Platten) ebenfalls nachgewiesen werden. Diese Nachweise werden in Abschnitt 7.4 über die Bemessung von Plattenbalken behandelt.

6.9.3 Plattenbalken mit Strecken- und Einzellasten

– *System und Abmessungen:* *trockener Innenraum*

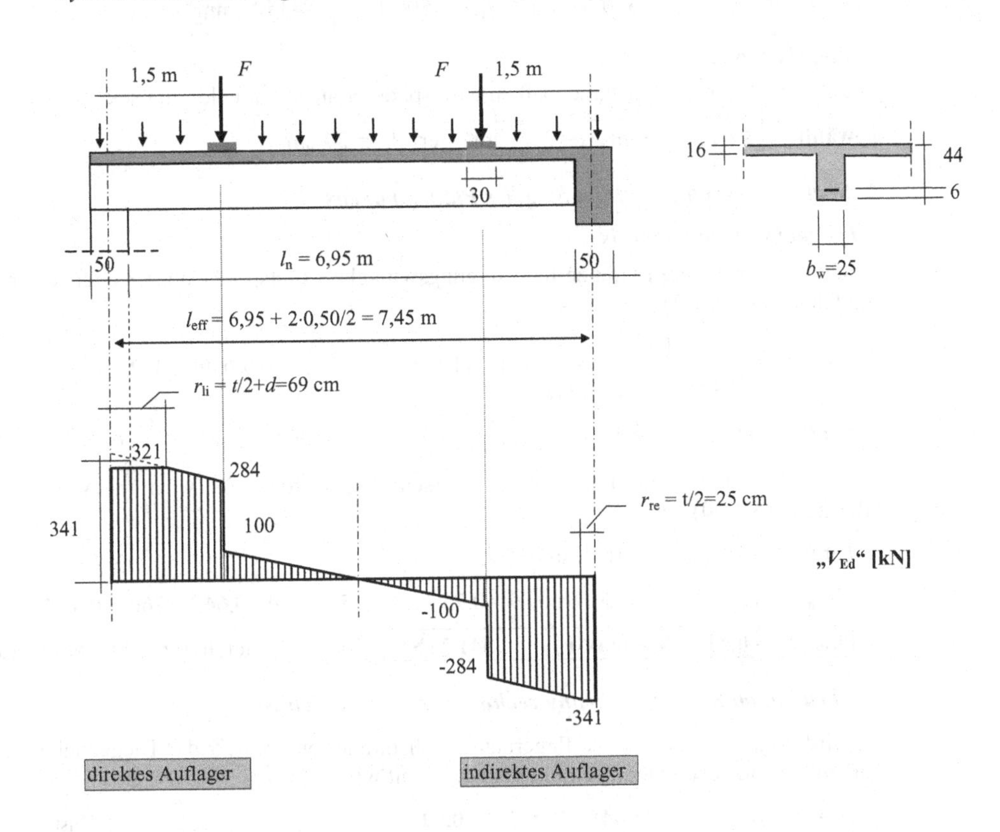

– *Querschnitt und Material*

$b = b_w = 25$ cm, $h = 50$ cm, $d = 44$ cm (vorgeschätzt), Beton C20/25, Betonstabstahl B500

– *Lasten und Bemessungsschnittgrößen*

Es wird angenommen, dass die nichtständigen Lastanteile nur gleichzeitig auftreten.

Linienlasten: $g = 18$ kN/m, $q = 14$ kN/m $\qquad g{\cdot}1{,}35 + q{\cdot}1{,}5 = 45{,}3$ kN/m

Einzellasten: $F_G = 75{,}0$ kN, $F_Q = 55$ kN $\qquad F_G{\cdot}1{,}35 + F_Q{\cdot}1{,}5 = 183{,}7$ kN

$\max V_{Ed} = A_{Ed,links} = A_{Ed,rechts} = 352$ kN $\qquad$ größte Querkraft am Auflager

$\max M_{Ed} = 352{\cdot}3{,}725 - 45{,}3{\cdot}7{,}45^2/8 - 183{,}7{\cdot}(3{,}725-1{,}5) = 588$ kNm

Der Querkraftverlauf „V_{Ed}“ ist (ohne Berechnung) grafisch dargestellt. Es liegen **keine auflagernahen** Einzellasten vor ($a_v = 1{,}5 - 0{,}5/2 - 0{,}3/2 = 1{,}1$ m $> 2{\cdot}d = 2{\cdot}0{,}44 = 0{,}88$ m). Wegen des geringen Unterschiedes zwischen max V_{Ed} am direkten Auflager und max V_{Ed} am indirekten Auflager wird nur die rechte Balkenhälfte untersucht.

– *Bemessungswerte der Baustofffestigkeiten*
Beton: $f_{ck} = 20$ N/mm² $f_{cd} = 0{,}85 \cdot 20/1{,}5 = 11{,}3$ N/mm²
Betonstahl: $f_{ywk} = 500$ N/mm² $f_{ywd} = 500/1{,}15 = 435$ N/mm²

1 Biegebemessung

Die Biegebemessung für Plattenbalken wird später erläutert. In Feldmitte sei:

gewählt: **8 ϕ25** vorh $A_s = 39{,}2$ cm² > erf $A_{s1} = 37$ cm²

2 Nachweis für Querkraft im Steg des Plattenbalkens

2.1 Druckstrebennachweis

Ermittlung der unteren Grenze des Neigungswinkels θ (entspricht oberer Grenze für $\cot\theta$) mit Gleichung (6.4-7):

$$\cot\theta \le \frac{1{,}2}{1-0{,}24 \cdot f_{ck}^{1/3} \cdot b_w \cdot z/V_{Ed}} = 1{,}2/(1 - 0{,}24 \cdot 20^{1/3} \cdot 0{,}25 \cdot 0{,}9 \cdot 0{,}44/0{,}352)$$

$\cot\theta = 1{,}47 \quad (\theta = 34°)$ oberer Grenzwert

Dieser Wert darf nicht über- bzw. unterschritten werden. Es wird in Anlehnung an Gleichung (6.4-10) gewählt:

$\cot\theta = 1{,}19 < 1{,}66 \quad (\theta = 40°)$

$V_{Rd,max} = \alpha_c f_{cd}\, b_w\, 0{,}9\, d \sin\theta \cos\theta = 0{,}75 \cdot 11{,}3 \cdot 0{,}25 \cdot 0{,}9 \cdot 0{,}44 \cdot 0{,}643 \cdot 0{,}766 = 0{,}41$ MN

$V_{Rd,max} = 0{,}41$ MN > max $V_{Ed} = 0{,}341$ MN ✓ keine Gefahr eines Stegdruckbruches

2.2 Prüfen, ob Schubbewehrung rechnerisch erforderlich ist

Es wird angesetzt, dass in Auflagernähe noch mindestens 6 ϕ25 der Biegezugbewehrung vorhanden und ausreichend verankert sind. Damit wird:

$\rho_l = A_s/b_w d = 29{,}4/(25 \cdot 44) = 0{,}027 > \mathbf{0{,}02}$ 0,02 ist maßgebend

$$V_{Rd,c} = 0{,}1 \cdot (1 + \sqrt{200/d[\text{mm}]}) \cdot (100\, \rho_l \cdot f_{ck})^{1/3} \cdot b_w \cdot d \ge V_{Rd,c,min}$$

$$V_{Rd,c} = 0{,}1\,(1 + \sqrt{200/440}) \cdot (100 \cdot 0{,}02 \cdot 20)^{1/3} \cdot 0{,}25 \cdot 0{,}44 = 0{,}063$$ maßgebend

$$\ge V_{Rd,c,min} = 0{,}035 \cdot (1 + \sqrt{200/440})^{3/2} \cdot 20^{1/2} \cdot 0{,}25 \cdot 0{,}44 = 0{,}037$$ für $d \le 600$ mm

$V_{Rd,c} = 0{,}063$ MN << $V_{Ed} = 0{,}321$ MN **Schubbewehrung erforderlich**

2.3 Zugstrebennachweis

Es zeigt sich, dass mit $\theta = 40°$ eine recht hohe Schubbewehrung erforderlich wird. Da im Nachweis der Druckstreben noch Reserven vorhanden sind, bietet es sich an, alternativ eine flachere Neigung zu wählen.

– *Tragfähigkeit der Zugstreben am direkten Auflager mit $\theta = 40°$*

$$V_{Rd,sy} = \frac{A_{sw}^{\perp}}{s} \cdot f_{ywd} \cdot 0{,}9\,d \cot\theta = \frac{A_{sw}^{\perp}}{s} \cdot 435 \cdot 0{,}9 \cdot 0{,}44 \cdot 1{,}19 = V_{Ed} = 0{,}341$$

$$\text{erf } A_{sw}/s = V_{Ed}/(f_{yd,w} \cdot 0{,}9 \cdot d \cot\theta) = 0{,}341/(435 \cdot 0{,}9 \cdot 0{,}44 \cdot 1{,}19) \cdot 10^4 = 16{,}6 \text{ cm}^2/\text{m}$$

gewählt: | **ϕ10,** zweischnittige Bügel ⊥ zur Balkenachse ($\alpha = 90°$), $s = 0{,}09$ m |

Diese Schubbewehrung entspricht $A_{sw}/s = a_{sw} = 17{,}4$ cm²/m Balkenlänge. Der Bügelabstand ist jedoch recht eng.

– *Neuer Nachweis*

Alternativ wird eine flachere Druckstrebenneigung angesetzt:

neu gewählt: $\theta = 35° > \min \theta = 34°$ $\cot 35° = 1{,}43 < 3{,}0$

Die Überprüfung des Druckstrebennachweises bringt nur eine geringe Reduzierung der Tragfähigkeit ohne negative Auswirkung:

$$\mathbf{V_{Rd,max}} = 0{,}75 \cdot 11{,}3 \cdot 0{,}25 \cdot 0{,}9 \cdot 0{,}44 \cdot 0{,}574 \cdot 0{,}819 = \mathbf{0{,}395\ MN} > 0{,}341 \text{ MN}$$

Der Zugstrebennachweis ergibt jetzt:

$$\text{erf } A_{sw}/s_w = V_{Ed}/(f_{yd,w} \cdot 0{,}9 \cdot \cot\theta) = 0{,}341/(435 \cdot 0{,}9 \cdot 0{,}44 \cdot 1{,}43) \cdot 10^4 = 13{,}8 \text{ cm}^2/\text{m}$$

Bei zweischnittiger Anordnung würde sich immer noch ein sehr enger Bügelabstand ergeben. Eine Verbesserung kann durch Anordnung einer mehrschnittigen Bewehrung erreicht werden. Wegen des dabei entstehenden sehr steifen Bewehrungskorbes können (abweichend von der Empfehlung für Längsbewehrung ab ϕ25) Bügel mit ϕ8 verwendet werden.

gewählt:	**ϕ8,** zweischnittige Bügel ⊥ zur Balkenachse, $s = 0{,}125$ m	außen
	+ **ϕ8,** zweischnittige Bügel ⊥ zur Balkenachse, $s = 0{,}125$ m	innen

Diese Schubbewehrung entspricht $A_{sw}/s = a_{sw} = 16{,}1$ cm²/m Balkenlänge. Es muss noch mit Tabelle 6.6-2 überprüft werden:

– *Bügelabstand in Längsrichtung:*

$0{,}6 \cdot V_{Rd,max} = 0{,}6 \cdot 0{,}395 = 0{,}237 < V_{Ed} = 0{,}344$

$s_{l,max} = 0{,}25 \cdot 0{,}5 = \mathbf{0{,}125\ m} < 0{,}20 \text{ m} \Rightarrow s_{l,max} = \text{gew } s$ ✓

Die zu $s_{l,max}$ gehörige Tragfähigkeit beträgt:

$$\mathbf{V_{Rd,s}} = \frac{2{,}0 \cdot 10^{-4}}{0{,}125} \cdot 435 \cdot 0{,}9 \cdot 0{,}44\ 1{,}43 = \mathbf{0{,}394\ MN} > 0{,}341 \text{ MN}$$

Eine weitere Verringerung der Schubbewehrung wäre nicht möglich, da hier bereits der maximal zulässige Bügelabstand angesetzt ist. Eine Änderung des Bügeldurchmessers innerhalb eines Bauteiles ist nicht sinnvoll.

– *Bügelabstand in Querrichtung:*

$s_{t,max} = h = 0{,}5 \text{ m} >> \text{vorh } s_t$ ✓ nicht maßgebend

Weiterhin ist mit Tabelle 6.6-1 zu ermitteln:

– *Schubbewehrungsgrad:*
  $A_{sw} = A_s^{\phi 8} \cdot n = 0{,}5 \cdot 4 = 2{,}0\ \text{cm}^2$
  min vorh $\rho_w = A_{sw}/(s \cdot b_w \cdot \sin\alpha) = 2{,}0/(12{,}5 \cdot 25) = 0{,}0064 > \rho_{w,min} = 0{,}00071$ ✓

Beurteilung: Die gewählte Schubbewehrung ist aufwändig einzubauen. Im vorliegenden Falle böte sich alternativ eine Erhöhung der recht niedrig gewählten Betonfestigkeitsklasse an.

2.4 Zugstrebennachweis innerhalb der Einzellasten F

Zwischen den Einzellasten ist die Querkraft wesentlich geringer. Hier können zweischnittige Bügel und größere Bügelabstände gewählt werden.

– *Bügelabstand in Längsrichtung:*
  $0{,}3 \cdot V_{Rd,max} = 0{,}3 \cdot 0{,}40 = 0{,}12 > V_{Ed} = 0{,}100$
  $s_{l,max} = 0{,}7 \cdot 0{,}5 = 0{,}35\ \text{m} > 0{,}3\ \text{m}$ $\qquad s_{l,max} = 0{,}3\ \text{m}$ maßgebend

Um die Stabilität des Bewehrungskorbes nicht zu schwächen, wird gewählt $s_w = 0{,}2$ m sowie $n = 2$. Die zugehörige Tragfähigkeit beträgt:

$$V_{Rd,sy} = \frac{1{,}0 \cdot 10^{-4}}{0{,}2} 435 \cdot 0{,}9 \cdot 0{,}44 \cdot 1{,}43 = 0{,}124\ \text{MN} > 0{,}100\ \text{MN}$$

2.5 Schubdeckungsdiagramm

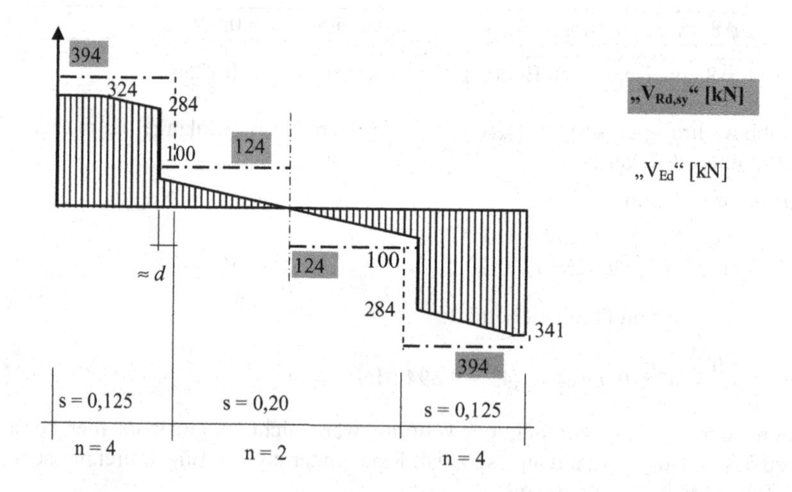

Zum Weiterführen der engeren Bügelabstände um ≈ d siehe Abschnitt 6.6.4.

3 Bewehrungsanordnung

3.1 Lösung mit Bügeln nur aus Stabstahl

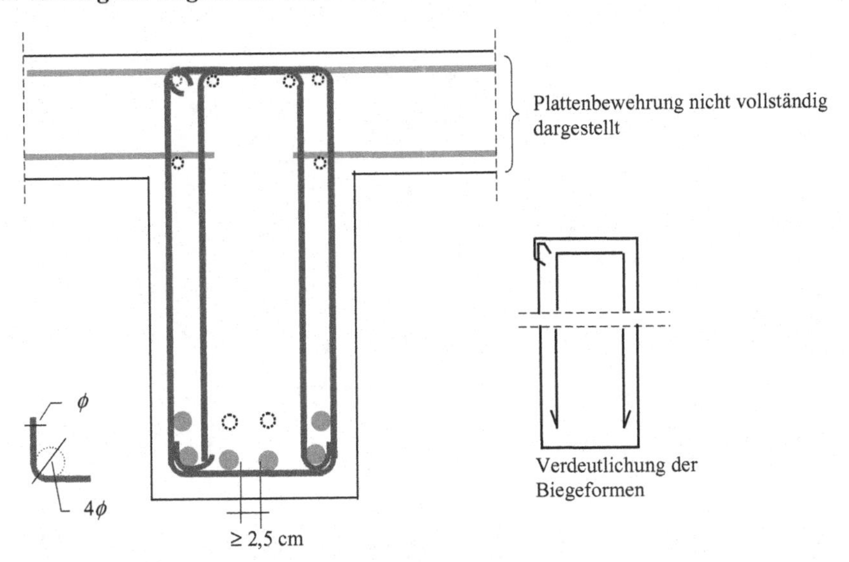

3.2 Lösung mit äußeren Bügeln aus Stabstahl und werksgefertigten Schubzulagen innen (elegantere Lösung bei größerer Zahl gleicher Bauteile)

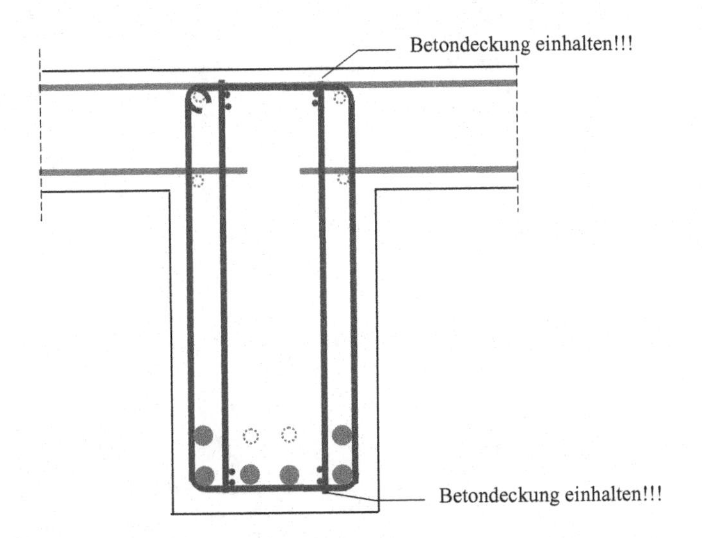

Anmerkung (vgl. Abschnitt 6.6.1):
Wegen der sehr hohen Schubbeanspruchung von V_{Ed} = 0,344 MN > 2/3 $V_{Rd,max}$ = 0,273 MN werden in den Außenbereichen des Balkens die Bügel geschlossen ausgeführt.

7 Bemessung von Plattenbalken

7.1 Allgemeines

In den vorhergehenden Abschnitten wurde vorzugsweise die Bemessung von Rechteckquerschnitten, die auch für die im Tragverhalten ähnlichen einachsig gespannten Platten (siehe Abs. 11.3) gilt, behandelt. Im Ortbetonbau treten diese beiden Bauteile überwiegend als untrennbares, monolithisches Bauteil auf. Eine getrennte Berechnung - etwa als Durchlaufplatte über rechteckigen Balken der Höhe (h - h_f) - wäre äußerst unwirtschaftlich und bezüglich des einwandfreien Tragverhaltens im Gebrauchszustand wegen mangelnder Verträglichkeit der Verformungen auch nicht richtig. Derartige Systeme werden daher wie auf Bild 7.1-1 dargestellt berechnet. Dabei muss die Plattendicke h_f mindestens 7 cm, sofern Schubbewehrung in der Platte erforderlich ist, soll sie bei Verwendung von Schrägaufbiegungen mindestens 16 cm, bei Verwendung von Bügeln mindestens 20 cm betragen.

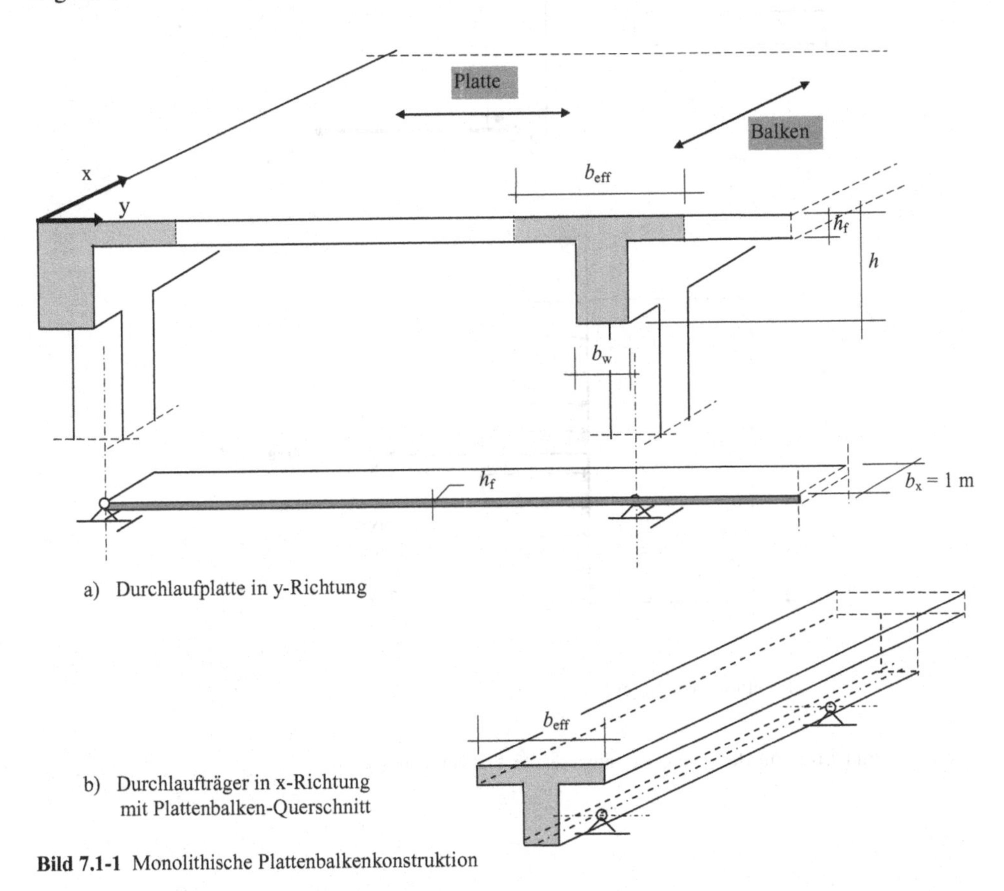

Bild 7.1-1 Monolithische Plattenbalkenkonstruktion

Auch diese Berechnungsmodelle stellen noch eine starke Vereinfachung des tatsächlichen Tragverhaltens dar, das hier auf den Ansatz der sogenannten „mitwirkenden Plattenbreite“ b_{eff} reduziert wird. Die Ermittlung von b_{eff} ist von vielen Parametern abhängig und sehr aufwändig (zur Herleitung siehe Bild 7.1-2). Für die praktische Berechnung stehen zwei Möglichkeiten zur Verfügung, die in den nächsten Abschnitten vorgestellt werden.

Bei „echten“ Plattenbalkenquerschnitten mit vorgegebener Plattenbreite (z. B. bei Fertigteilträgern mit T-Querschnitt) ist zumeist $b_{\text{vorh}} = b_{\text{eff}}$.

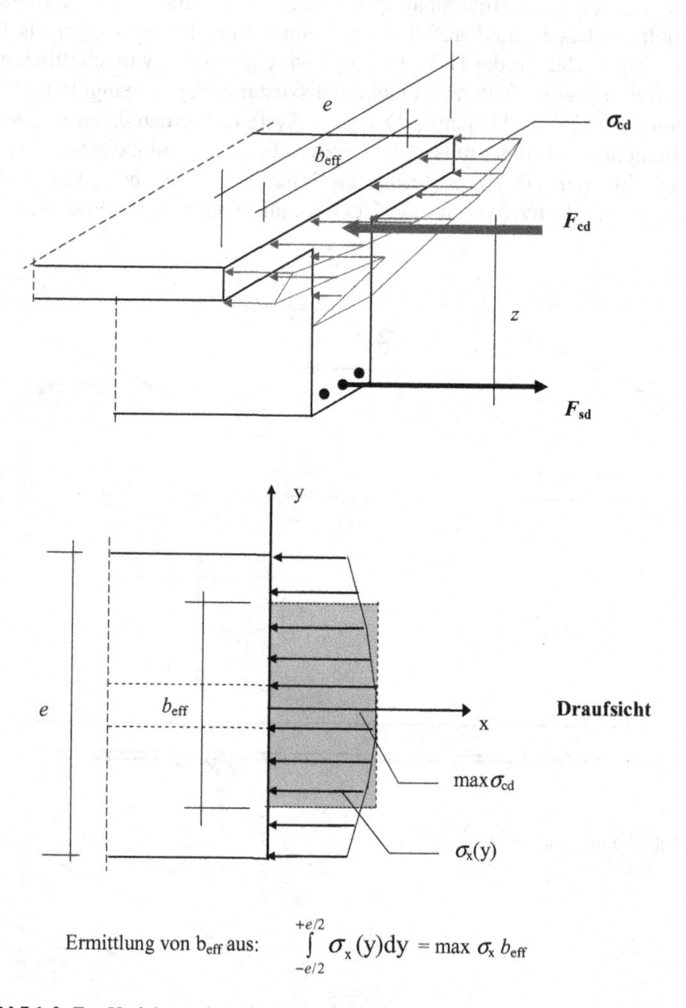

Ermittlung von b_{eff} aus: $\int_{-e/2}^{+e/2} \sigma_x(y)dy = \max \sigma_x \, b_{\text{eff}}$

Bild 7.1-2 Zur Herleitung der mitwirkenden Plattenbreite b_{eff}

Plattenbalken sind für die Aufnahme positiver Momente grundsätzlich günstig:

- Die Druckzone wird verstärkt.
- Der Hebelarm der inneren Kräfte z ist größer als bei gleich hohen Rechteckquerschnitten.
- Die Bewehrung liegt konzentriert unten im schmalen Steg.
- Der Steg ist nur so breit, dass diese Bewehrung untergebracht und die Schubtragfähigkeit sichergestellt werden kann.
- Im Sonderfall der I-Querschnitte des Fertigteilbaus sind die Stege noch schmaler, weil die Bewehrung in den unteren Flansch ausgelagert werden kann (siehe auch [6-5]).

Bei eng nebeneinander liegenden Plattenbalkenstegen relativ geringen Querschnitts kann aus der Plattenbalkenkonstruktion eine **Rippendecke** werden. Diese stellt also einen Sonderfall des Plattenbalkens dar. Bei sehr enger Rippenanordnung in Verbindung mit Querrippen (Abstand s_q) ist eine ausreichende Torsionssteifigkeit vorhanden, dann dürfen die Schnittgrößen sogar wie für Vollplatten ermittelt werden, siehe Bild 7.1-3. Solche Konstruktionen findet man häufig bei Bestandsbauten. Für die Schubnachweise bestehen in EC2, Abschnitt 6.2.1 bei $a_{R,L} \leq 0{,}7$ m vereinfachte Regeln.

In älteren Bestandsbauten - insbesondere bei schmalen Rippen und geringen Abständen s_L – ist sehr häufig bei konstruktiver Einspannung der Rippen in den Außenwänden und im Bereich negativer Stützmomente jeder zweite Zwischenraum zwischen benachbarten Rippen auf eine Länge von etwa $a_{R,L}$ ausbetoniert. Durch diese Maßnahme wird die unten liegende Druckzone der schmalen Rippenstege verstärkt (vgl. auch Beispiel 7.3.3.2/2).

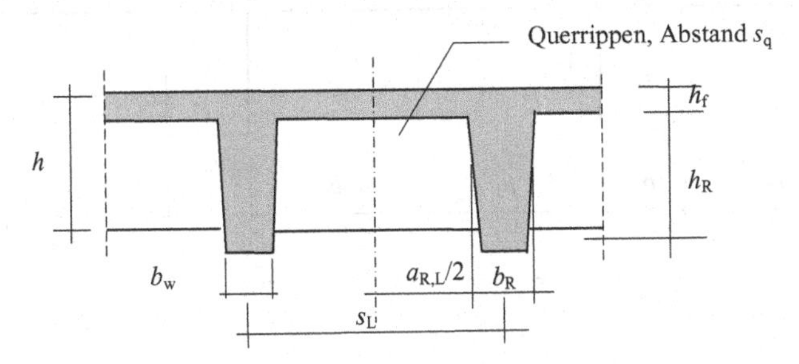

$s_L \leq 1{,}5$ m
$h_f \geq a_{R,L}/10, \geq 5$ cm
$h_R \leq 4\, b_R$
$s_q \leq 10\, h$

Bild 7.1-3 Rippen- (und Kassetten-)Decken mit Schnittgrößen wie bei Vollplatten

7.2 Ermittlung der mitwirkenden Plattenbreite

7.2.1 Allgemeines

Die mitwirkende Plattenbreite hängt ab:

- vom statischen System
- von den Lastarten (Flächenlasten, Einzellasten, Laststellung)
- von Größe und Art einer Normalkraft (äußere Last, Vorspannung)
- von der Lage des untersuchten Querschnittes im System (Feldmitte, Stütze)
- von Träger- und Querschnittsgeometrie, insbesondere vom Verhältnis b_i/l_0,
- von l_0/b_w, h_f/h mit l_0 = effektive Trägerspannweite.

Die weiteren Symbole sind in Bild 7.2-1 erläutert. Man erkennt, dass die mitwirkende Plattenbreite insbesondere im Bereich von Einzellasten (und damit auch im Bereich von Auflagern) eingeschnürt ist.

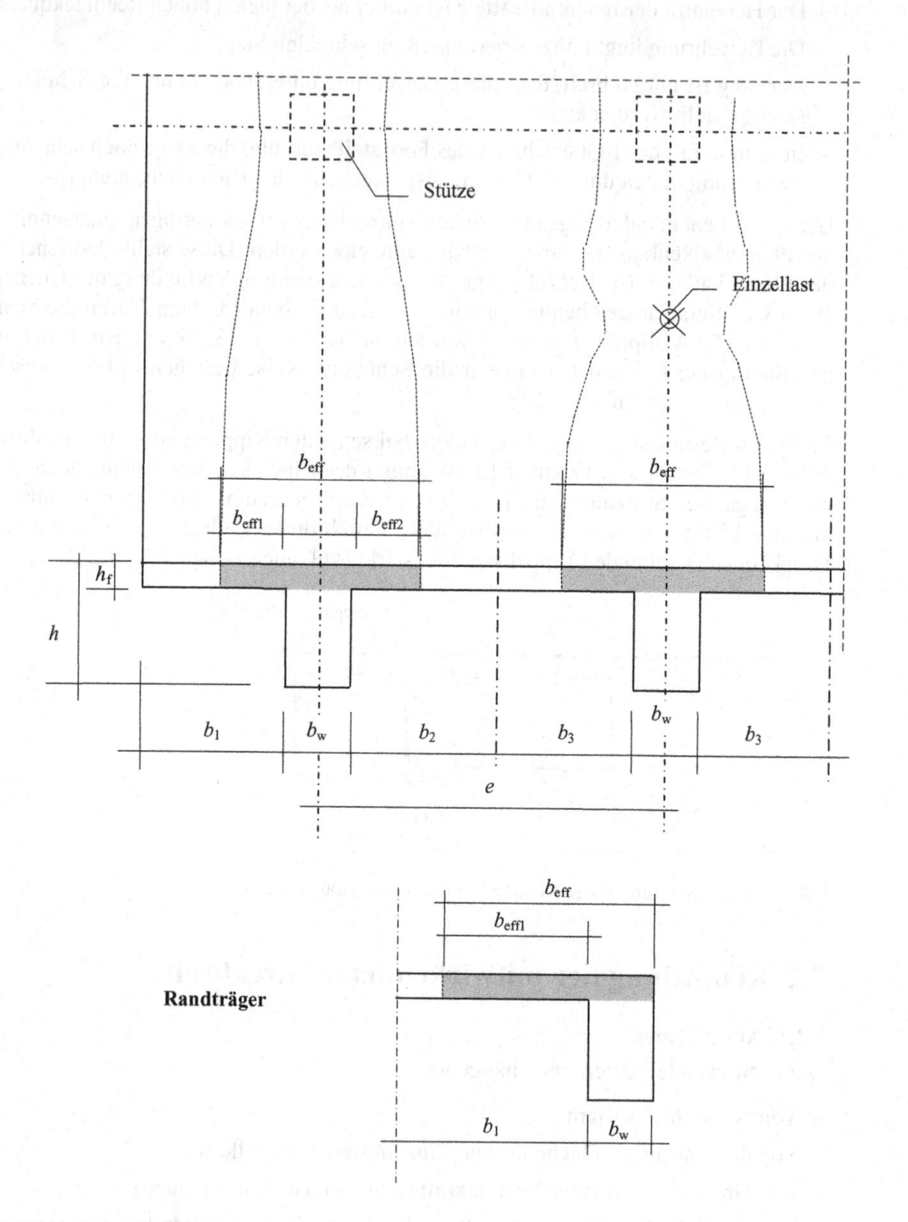

Bild 7.2-1 Mitwirkende Plattenbreite

7.2.2 Festlegung der effektiven Trägerspannweite

Die effektive Trägerspannweite entspricht dem Abstand der Momentennullpunkte im Feld. Sie ist damit lastfallabhängig, darf aber unabhängig vom jeweiligen Lastbild näherungsweise nach Bild 7.2-2 festgelegt werden. Damit erhält man unterschiedliche b_{eff} und dadurch unterschiedliche Steifigkeitsverteilungen über die Trägerlänge. Bei der elastischen Schnittgrößenermittlung brauchen diese in der Regel nicht angesetzt zu werden, bei der Querschnittsbemessung allerdings doch.

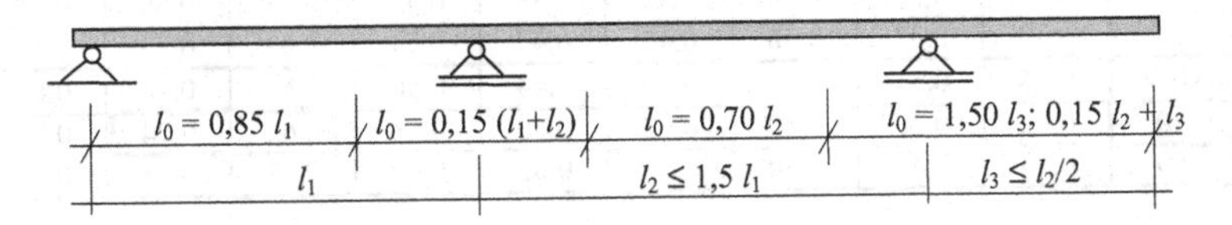

Bild 7.2-2 Festlegung der effektiven Trägerspannweite

An einem eingespannten Endauflager sollte zwischen Einspannung des Steges mit Platte in eine biegesteife Wand und Einspannung nur des Steges in eine Stütze unterschieden werden. Im ersten Fall kann $l_0 = 0{,}15\ l_i$ gesetzt werden. Im zweiten Fall darf keine mitwirkende Plattenbreite angesetzt werden, weil die Platte neben der Stütze mit freiem Rand endet.

7.2.3 Näherungsweise Ermittlung der mitwirkenden Plattenbreite

EC2 gibt eine einfache, konservative Abschätzung der mitwirkenden Plattenbreite an, sofern gilt $0{,}8 < l_1/l_2 < 1{,}25$.

Für die mitwirkenden Flanschbreiten gilt danach:

(7.2-1) $$b_{eff,i} = 0{,}2\ b_i + 0{,}1\ l_0 \quad \leq l_0/5 \ \text{bzw.} \quad \leq b_i$$

Für die mitwirkende Plattenbreite ergibt dies:

(7.2-2) $$b_{eff} = b_w + \Sigma\ b_{eff,i} \leq \text{vorh}\ b$$

7.2.4 Genauere Ermittlung der mitwirkenden Plattenbreite

Aus Lösungen der Elastizitätstheorie für den Einfeldträger mit Gelenklagerung ergeben sich die in Tabelle 7.2-1 angegebenen Zahlenwerte zur Berechnung von b_{eff}.(siehe [3-1]). Abweichende statische Systeme werden auch hier über die effektive Trägerspannweite l_0 erfasst.

Hinweise zur Anwendung der mit den Zahlenwerten der Tabelle 7.2-1 ermittelten mitwirkenden Plattenbreiten b_{eff} bei üblichen Hochbauten:

Für **Schnittgrößenermittlung** bei statisch unbestimmten Systemen (I_c):

- Für b_{eff} darf der „Feldwert" zumindest feldweise konstant angesetzt werden.
- b_{eff} darf ohne Berücksichtigung von Einschnürungen angesetzt werden.

Für **Bemessung, sofern Platte in der Druckzone liegt**:

- Einschnürung bei erheblichen Einzellasten etwa mit $0{,}6\ b_{eff}$
- An Einspannstellen von Kragarmen mit Druckplatte mit $0{,}6\ b_{eff}$
- An Zwischenstützen im seltenen Fall druckbeanspruchter Platte mit $0{,}6\ b_{eff}$

		b_i/l_0									
h_f/h	l_0/b_w	1,0	0,9	0,8	0,7	0,6	0,5	0,4	0,3	0,2	0,1
0,10	≤10	0,18	0,20	0,22	0,26	0,31	0,38	0,48	0,62	0,82	1,0
	20	0,18	0,20	0,22	0,26	0,31	0,38	0,48	0,62	0,82	1,0
	50	0,19	0,22	0,25	0,28	0,33	0,39	0,48	0,62	0,82	1,0
0,15	≤10	0,19	0,21	0,24	0,28	0,32	0,39	0,49	0,63	0,82	1,0
	20	0,20	0,22	0,25	0,28	0,33	0,40	0,50	0,64	0,83	1,0
	50	0,23	0,26	0,28	0,32	0,37	0,44	0,53	0,67	0,84	1,0
0,20	≤10	0,21	0,23	0,26	0,30	0,35	0,42	0,52	0,66	0,84	1,0
	20	0,23	0,26	0,30	0,34	0,38	0,45	0,55	0,68	0,85	1,0
	50	0,30	0,33	0,36	0,41	0,47	0,54	0,63	0,75	0,88	1,0
0,30	≤10	0,28	0,31	0,35	0,39	0,44	0,50	0,58	0,70	0,86	1,0
	20	0,32	0,36	0,40	0,44	0,50	0,56	0,63	0,74	0,87	1,0
	50	0,40	0,46	0,50	0,55	0,62	0,69	0,78	0,85	0,91	1,0

Tabelle 7.2-1 Beiwerte $b_{eff,i}/b_i$ zur Ermittlung der mitwirkenden Plattenbreite (Ablesung für Beisp. 7.2.5, Unterzug POS 10)

Die mitwirkende Plattenbreite erhält man dann für den ein- oder zweiseitigen Plattenbalken:

(7.2-3) $b_{eff} = b_w + \Sigma\,[(b_{eff,i}/b_i)\cdot b_i]$ mit $b_{eff,i} \leq l_0/5$ bzw $\leq b_i$

7.2.5 Beispiel zur Ermittlung der mitwirkenden Plattenbreite

Für die abgebildete Geschossdecke sollen die mitwirkenden Plattenbreiten einzelner Unterzüge ermittelt werden.

Hinweise zum statischen System:

- Stahlbetonskelettbau mit horizontaler Aussteifung (nicht dargestellt, siehe Abschnitt 12).
- Geschossdecke auf Unterzügen in monolithischer (Ortbeton-) Bauweise.
- Die Decke kann - da keine Unterzüge in den Achsen A-A, B-B und C-C (x-Richtung) angeordnet sind - als einachsig gespannte Durchlaufdecke berechnet werden, so z. B. Deckenposition POS 1 als einachsig gespannter Durchlaufplattenstreifen der Breite 1 m über 5 Felder mit starrer Unterstützung und POS 2 als ebensolcher Plattenstreifen über 3 Felder mit Kragarm.
- Sind auch Unterzüge in Längsrichtung (x) vorhanden, so gilt bei Seitenverhältnissen des Stützenrasters von etwa > 1,5 ebenfalls, dass der Lastabtrag in der Platte überwiegend in Richtung der kurzen Spannweite erfolgt. Andernfalls ist zumindest näherungsweise zu berücksichtigen, dass die Deckenfelder als zweiachsig gespannte Platten (siehe Abschnitt 18) tragen.
- Alle Anschlüsse zwischen Decke und Unterzug sowie zwischen Unterzug und Stütze können (wegen der horizontalen Aussteifung des tragenden Skeletts durch Wandscheiben und/oder Kerne) gemäß Bild 7.1-1 näherungsweise als gelenkig angesehen werden. Einspannungswirkungen werden durch konstruktive Bewehrung abgedeckt.

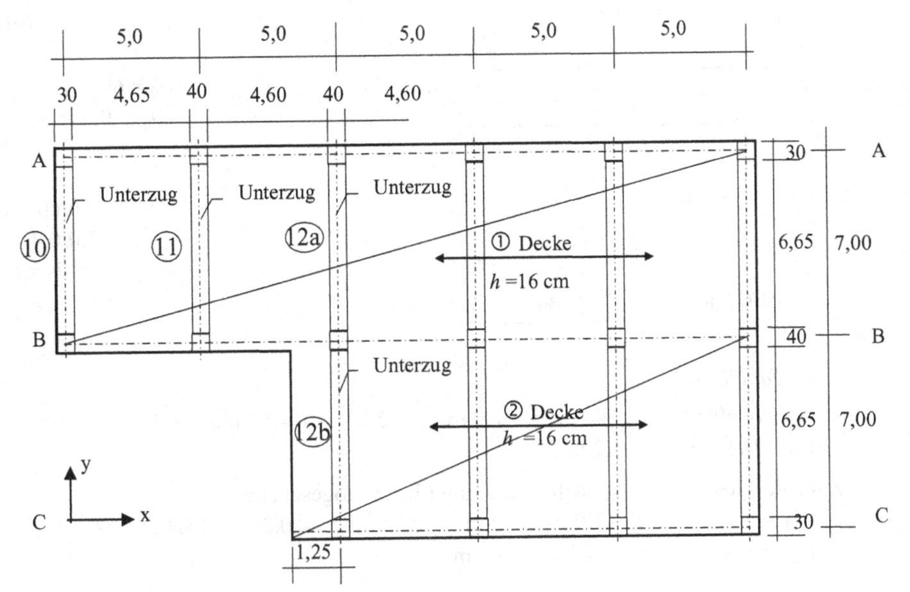

Unterzüge: POS 10: b_w/h = 30/60 cm POS 11, 12a,.12b: b_w/h = 40/60

– ***Randunterzug POS 10:*** **Einfeldträger**

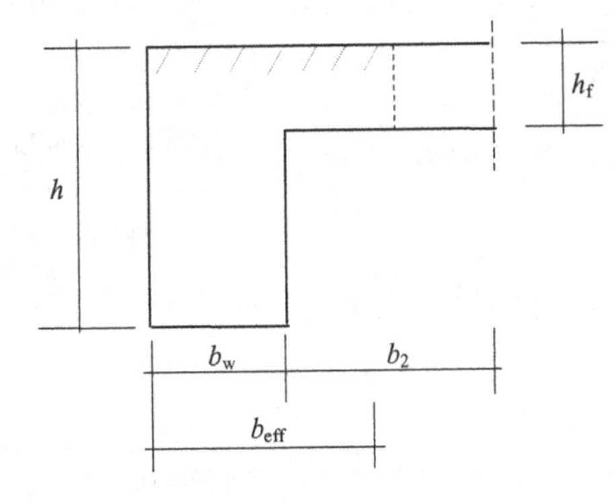

$h = 60$ cm $h_f = 16$ cm
$b_w = 0{,}3$ m $b_1 = 0$ $b_2 = 2{,}325$ m
$l_0 = l = 7{,}0$ m
$h_f/h = 16/60 = 0{,}27 \approx 0{,}3$
$l_0/b_w = 7{,}0/0{,}3 = 23 \approx 20$
$b_2/l_0 = 2{,}325/7{,}0 = 0{,}33 \approx 0{,}35$

– *Aus Tabelle 7.2-1:*

$b_{eff,2}/b_2 \approx 0{,}68$ $b_{eff,2} = 0{,}68 \cdot 2{,}325 \approx 1{,}6$ m $> 0{,}2 \cdot 7{,}0 = \mathbf{1{,}4}$ m (maßgebend)
$\boldsymbol{b_{eff}} = 0{,}3 + 1{,}4 = \mathbf{1{,}7}$ m

Zum Vergleich wird b_{eff} nach Gleichung (7.2-2) abgeschätzt:

$b_{eff,2} = 0{,}2 \cdot 2{,}325 + 0{,}1 \cdot 7{,}0 = \mathbf{1{,}165}$ m $< 2{,}325$ und $< 0{,}2 \cdot 7{,}0 = 1{,}4$ m ✓
$b_{eff} = 0{,}3 + 1{,}165 \approx 1{,}5$ m $< 1{,}7$ m

– ***Innerer Unterzug POS 11:*** **Einfeldträger**

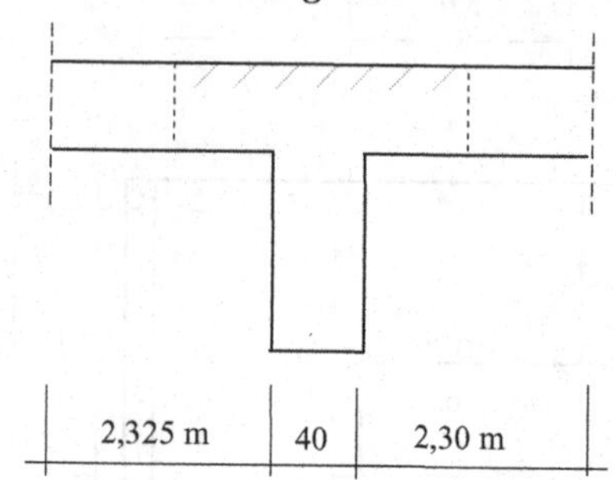

$h = 60$ cm $h_f = 16$ cm
$b_w = 0{,}4$ m $b_1 = 2{,}325$ m
$b_2 = 2{,}3$ m
$l_0 = l = 7{,}0$ m
$h_f/h = 16/60 = 0{,}27 \approx 0{,}3$
$l_0/b_w = 7{,}0/0{,}4 = 17{,}5 \approx 20$
$b_2/l_0 = b_3/l_0 \approx 0{,}35$

- *Aus Tabelle 7.2-1:*

$b_{eff,i}/b_i \approx 0{,}68$ $b_{eff,1} \approx b_{eff,2} \approx 1{,}6$ m $> 0{,}2 \cdot 7{,}0 = 1{,}4$ m (maßgebend)
$\boldsymbol{b_{eff}} = 0{,}4 + 2 \cdot 1{,}4 = \mathbf{3{,}2}$ m

Zum Vergleich wird b_{eff} nach Gleichung (7.2-2) abgeschätzt:
$b_{eff,i} \approx 0{,}2 \cdot 2{,}31 + 0{,}1 \cdot 7{,}0 = 1{,}162$ m $< 2{,}3$ und $< 0{,}2 \cdot 7{,}0 = 1{,}4$ m ✓
$b_{eff} = 0{,}4 + 2 \cdot 1{,}162 \approx 2{,}7$ m $< 3{,}2$ m

– ***Innerer Unterzug POS 12a:*** **Endfeld Durchlaufträger**

Feldbereich

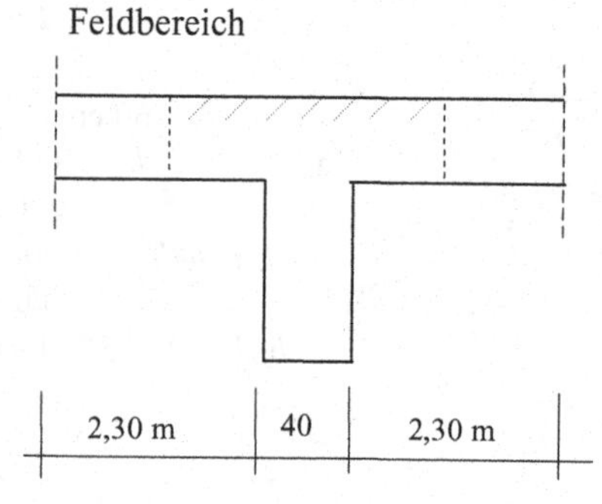

$h = 60$ cm $h_f = 16$ cm
$b_w = 0{,}4$ m $b_1 = b_2 = 2{,}3$ m
$l_0 = 0{,}85\, l = 0{,}85 \cdot 7{,}0 = 5{,}95$ m
$h_f/h = 16/60 = 0{,}27 \approx 0{,}3$
$l_0/b_w = 5{,}95/0{,}4 \approx 15$
$b_1/l_0 = b_2/l_0 \approx 0{,}4$

– *Aus Tabelle 7.2-1:*

$b_{eff,i}/b_i \approx 0{,}6$ $b_{eff,1} \approx b_{eff,2} \approx 1{,}4$ m $> 0{,}2 \cdot 5{,}95 = 1{,}19$ m (maßgebend)
$\boldsymbol{b_{eff}} = 0{,}4 + 2 \cdot 1{,}19 = \mathbf{2{,}8}$ m

Zum Vergleich wird b_{eff} nach Gleichung (7.2-2) abgeschätzt:
$b_{eff,i} = 0{,}2 \cdot 2{,}3 + 0{,}1 \cdot 5{,}95 = 1{,}055$ m $< 2{,}3$ und $< 0{,}2 \cdot 5{,}95 = 1{,}19$ m ✓
$b_{eff} = 0{,}4 + 2 \cdot 1{,}055 \approx 2{,}5$ m $< 2{,}8$ m

Stützbereich (Querschnitt wie Feldbereich)

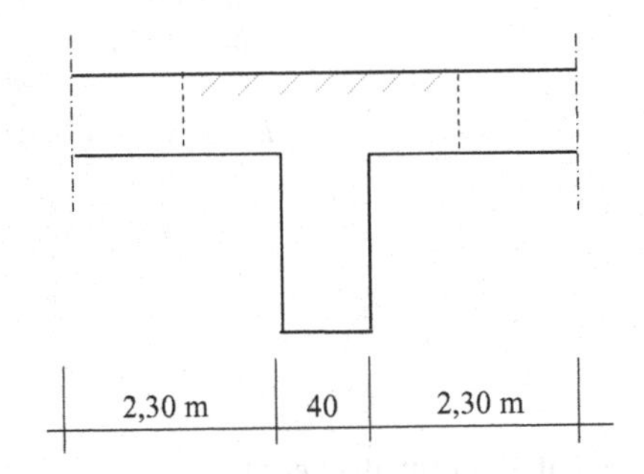

$b_w = 0{,}4$ m $\quad b_1 = b_2 = 2{,}3$ m
$l_0 = 0{,}15\ (l_1 + l_2) = 0{,}3 \cdot 7{,}0 = 2{,}1$ m
$h_f/h = 16/60 = 0{,}27 \approx 0{,}3$
$l_0/b_w = 2{,}1/0{,}4 = < 10$
$b_1/l_0 = b_2/l_0 \approx 1{,}0$

– *Aus Tabelle 7.2-1:*

$b_{eff,i}/b_i \approx 0{,}28 \quad b_{eff,1} \approx b_{eff,2} \approx 0{,}65$ m $\quad > 0{,}2 \cdot 2{,}1 =$ **0,42 m** maßgebend
$\boldsymbol{b_{eff}} = 0{,}4 + 2 \cdot 0{,}42 =$ **1,24 m**

Zum Vergleich wird b_{eff} nach Gleichung (7.2-2) abgeschätzt:

$b_{eff,i} = 0{,}2 \cdot 2{,}3 + 0{,}1 \cdot 2{,}1 = 0{,}67$ m $\quad < 2{,}3 \quad$ und $\quad > 0{,}2 \cdot 2{,}1 =$ **0,42 m** maßgebend
$b_{eff} = 0{,}4 + 2 \cdot 0{,}42 = 1{,}24$ m $= 1{,}24$ m

– ***Innerer Unterzug POS 12b:*** **Endfeld Durchlaufträger**

Feldbereich

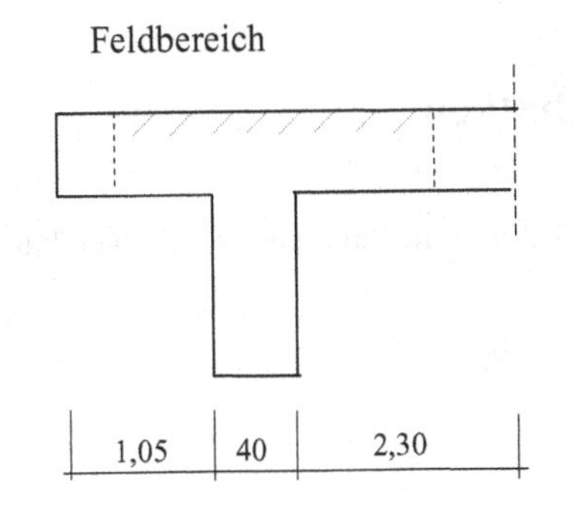

$h = 60$ cm $\quad h_f = 16$ cm
$b_w = 0{,}4$ m $\quad b_1 = 1{,}05$ m
$b_2 = 2{,}3$ m
$l_0 = 0{,}85\ l = 0{,}85 \cdot 7{,}0 = 5{,}95$ m
$h_f/h = 16/60 = 0{,}27 \approx 0{,}3$
$l_0/b_w = 5{,}95/0{,}4 \approx 15$
$b_1/l_0 \approx 0{,}2 \quad b_2/l_0 \approx 0{,}4$

– *Aus Tabelle 7.2-1:*

$b_{eff,1}/b_1 \approx 0{,}86 \quad b_{eff,1} \approx 0{,}9$ m
$b_{eff,2}/b_2 \approx 0{,}6 \quad b_{eff,2} \approx 1{,}4$ m
$\boldsymbol{b_{eff}} = 0{,}4 + 0{,}9 + 1{,}4 =$ **2,7 m**

Zum Vergleich wird b_{eff} nach Gleichung (7.2-2) abgeschätzt:

$b_{eff,1} = 0{,}2 \cdot 1{,}05 + 0{,}1 \cdot 5{,}95 = 0{,}805$ m $\quad < 1{,}05 \quad$ und $\quad < 0{,}2 \cdot 5{,}95 = 1{,}19$ m ✓
$b_{eff,2} = 0{,}2 \cdot 2{,}3 + 0{,}1 \cdot 5{,}95 = 1{,}055$ m $\quad < 2{,}3 \quad$ und $\quad < 0{,}2 \cdot 5{,}95 = 1{,}19$ m ✓
$b_{eff} = 0{,}4 + 0{,}805 + 1{,}055 \approx 2{,}3$ m $< 2{,}7$ m

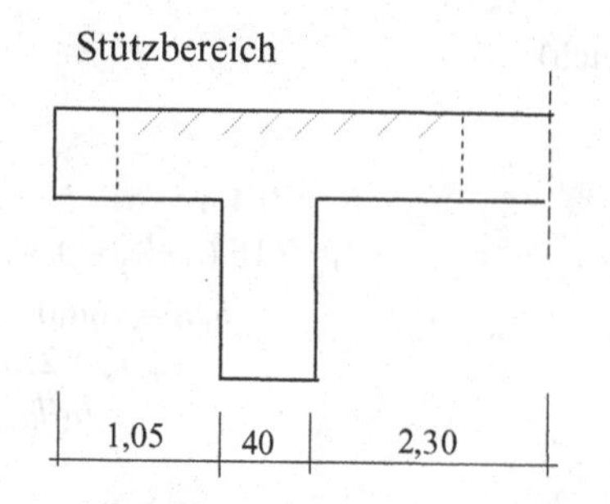

$h = 60$ cm $\quad h_f = 16$ cm
$b_w = 0{,}4$ m $\quad b_1 = 1{,}05$ m
$b_2 = 2{,}3$ m
$l_0 = 0{,}3\ l = 0{,}3 \cdot 7{,}0 = 2{,}1$ m
$h_f/h = 16/60 = 0{,}27 \approx 0{,}3$
$l_0/b_w = 2{,}1/0{,}4 \leq 10$
$b_1/l_0 \approx 0{,}5 \quad b_2/l_0 \approx 1{,}0$

– *Aus Tabelle 7.2-1:*

$b_{eff,1}/b_1 \approx 0{,}5 \qquad b_{eff,1} \approx 0{,}5$ m $> 0{,}2 \cdot 2{,}1 =$ **0,42 m** (maßgebend)
$b_{eff,2}/b_2 \approx 0{,}28 \qquad b_{eff,2} \approx 0{,}6$ m $> 0{,}2 \cdot 2{,}1 =$ **0,42 m** (maßgebend)
$\boldsymbol{b_{eff}} = 0{,}4 + 0{,}42 + 0{,}42 =$ **1,24 m**

Zum Vergleich wird b_{eff} nach Gleichung (7.2-2) abgeschätzt:

$b_{eff,1} = 0{,}2 \cdot 1{,}05 + 0{,}1 \cdot 2{,}1 = 0{,}42$ m $< 1{,}05$ und $= 0{,}2 \cdot 2{,}1 = 0{,}42$ m ✓
$b_{eff,2} = 0{,}2 \cdot 2{,}3 + 0{,}1 \cdot 2{,}1 = 0{,}67$ m $< 2{,}3$ und $> 0{,}2 \cdot 2{,}1 =$ **0,42 m** maßgebend
$b_{eff} = 0{,}4 + 0{,}42 + 0{,}42 = 1{,}24$ m $= 1{,}24$ m

Die mitwirkende Plattenbreiten nach EC2 sind in der Regel nur wenig geringer als die nach der Elastizitätstheorie ermittelten Werte, sofern man in beiden Fällen die oberen Grenzen des EC2 für $b_{eff,i}$ einhält. Grundsätzlich sollten bei allen Nachweisen (Schnittgrößenermittlung und Bemessung) die einmal gewählten Werte beibehalten werden.

7.3 Biegebemessung von Plattenbalken

7.3.1 Allgemeines

Im Folgenden werden zwei Verfahren vorgestellt, die im Rahmen ihrer Anwendungsgrenzen genaue Lösungen liefern. Man unterscheidet:

- **Fall: Nulllinie in der Platte** $\boldsymbol{x \leq h_f}$

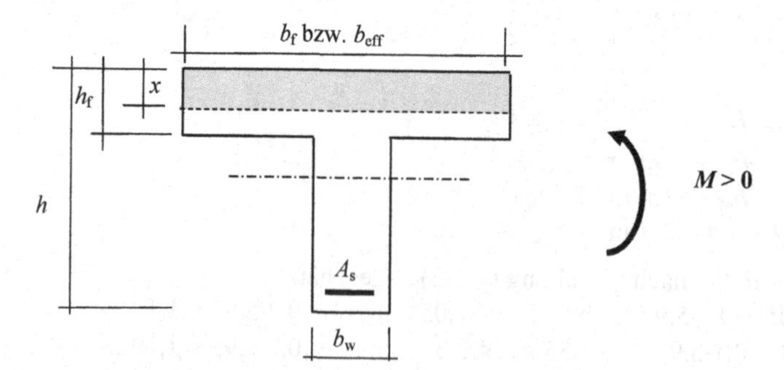

Bild 7.3-1 Plattenbalken mit Nulllinie in der Platte

Maßgebend ist die Form der Druckzone. Ist diese ein Rechteck, so kann der Querschnitt in einfacher Weise als **Rechteckquerschnitt** bemessen werden, im vorliegenden Fall **mit b_f/h** bzw. **b_{eff}/h**. Es ist im Verlauf der Bemessung jeweils zu überprüfen, dass tatsächlich $x \leq h_f$ vorliegt.

- **Fall:** **Nulllinie im Steg** $x > h_f$

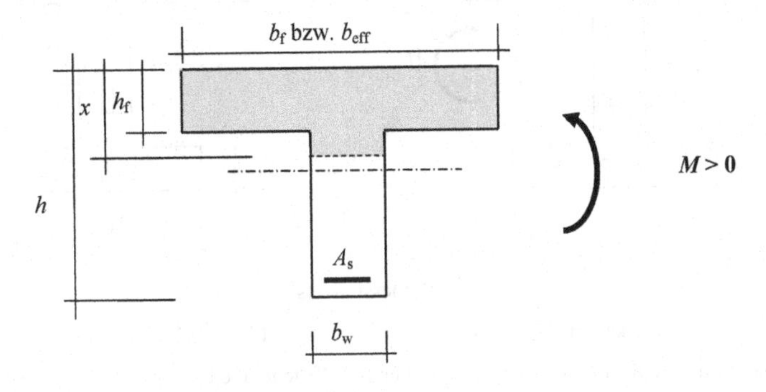

Bild 7.3-2 Plattenbalken mit Nulllinie im Steg

Der Druckkraftanteil des Steges ist nicht vernachlässigbar. Dieser Fall kann mit den Tafeln für die **„direkte" Bemessung von Plattenbalken** berechnet werden, die auch den Fall $x \leq h_f$ mit abdecken.

- **Fall:** **Druckzone nur im Steg** $x \leq h_w$

Im Bereich negativer Momente liegt die Platte in der Zugzone und der Steg in der Druckzone (Bild 7.3-3).

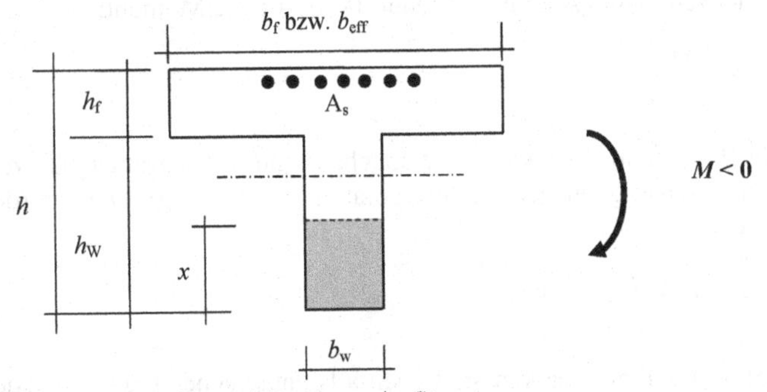

Bild 7.3-3 Plattenbalken mit Druckzone im Steg

Maßgebend ist auch hier die Form der Druckzone: der Querschnitt ist als **Rechteckquerschnitt mit b_w/h** zu bemessen.

Diese Überlegung gilt sinngemäß auch für andere Querschnittsformen, wie z. B. für I- und L-Querschnitte gemäß Bild 7.3-4 (ggf. mit weiterer Reduzierung zum Rechteckquerschnitt).

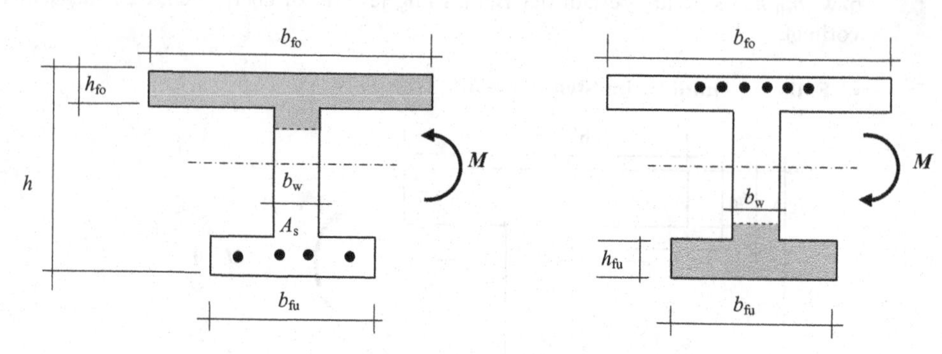

Bemessung als:

Plattenbalken mit b_{fo}, h_{fo}, h Plattenbalken mit $b_{f,u}$, $h_{f,u}$, h

Bild 7.3-4 Beispiele für die Reduzierung von Querschnitten auf Plattenbalken

7.3.2 „Direktes" Bemessungsverfahren

Tafeln für das Bemessungsverfahren sind z. B. enthalten in [4-3], [4.4], [4-5]. Sie gelten für:

- einfache Bewehrung (wegen der großen Druckplatte wird Druckbewehrung praktisch nie erforderlich)
- Biegung ohne und mit Längskraft
- alle Betonfestigkeitsklassen ≤ C50/60 und B500.

Die Tafeln auf Bild 7.3-5 wurden für die Spannungs-Dehnungslinie nach Bild 4.3-2 ergänzt. Eingangswert für die Bemessungstafeln ist wieder das bezogene Moment:

(7.3-1) $$\mu_{\text{Eds}} = \frac{M_{\text{Eds}}}{b_f d^2 f_{\text{cd}}}$$ mit b_f bzw. b_{eff}

Für die Parameter b_f/b_w und h_f/d kann der mechanische Bewehrungsgrad ω abgelesen werden (übertriebene Genauigkeit bei der Interpolation ist unsinnig). Die erforderliche Bewehrung ergibt sich zu:

(7.3-2) $$A_{s1} = \omega\, b_f d\, \frac{f_{\text{cd}}}{\sigma_{\text{sd}}} + \frac{N_{\text{Ed}}}{\sigma_{\text{sd}}}$$

Die Bemessungstafeln für Plattenbalken sind ebenfalls entsprechend den Anforderungen an die Begrenzungen der Druckzonenhöhen ξ_{lim} gestaffelt. Ist ausnahmsweise Druckbewehrung erforderlich, so kann analog zum Rechteckquerschnitt vorgegangen werden.

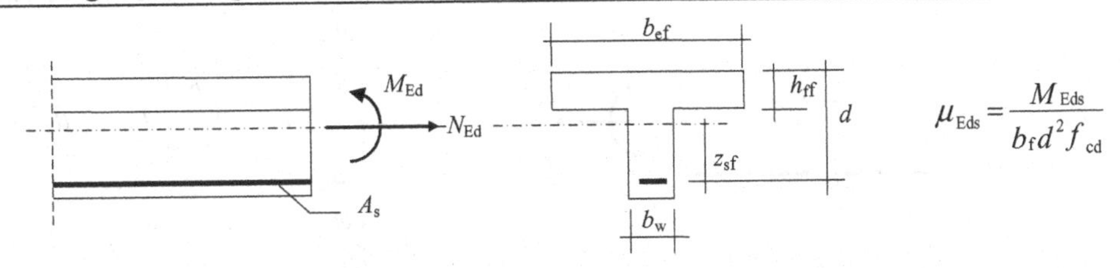

μ_{Eds}	h_f/d = 0,10 1000 ω für b_f/b_w						h_f/d = 0,15 1000 ω für b_f/b_w					
	≥ 10	5	3	2	1	σ_{sd}	≥ 10	5	3	2	1	σ_{sd}
0,02	20	20	20	20	20	456	20	20	20	20	20	456
0,04	41	41	41	41	41	456	41	41	41	41	41	456
0,06	62	62	62	62	62	456	62	62	62	62	62	456
0,08	84	84	84	84	84	456	84	84	84	84	84	456
0,10	106	106	106	106	106	435	106	106	106	106	106	455
0,12		131	130	129	128		128	128	128	128	128	454
0,14			156	154	151		152	152	152	152	152	447
0,16				181	176			177	177	177	177	445
0,18				211	201				206	203	201	443
0,20					226					232	226	441
0,21					240						240	441
0,22					253						253	435
0,24					280						280	
0,26					309						309	
0,28					339						339	
0,30					371						371	
0,32					404						404	
0,34					439						439	
0,37					497	435					497	435
ξ = 0,45 $\mu_{Eds,lim}$	0,11	0,12	0,15	0,17	0,29		0,15	0,16	0,18	0,20	0,29	
1000ω	119	131	171	196	354		165	178	206	232	354	

Bild 7.3-5 Bemessungstafel mit dimensionslosen Beiwerten für die „direkte“ Bemessung von Plattenbalken: h_f/d **= 0,10 und 0,15** (Ablesung zu Beispiel 7.3.3.2)

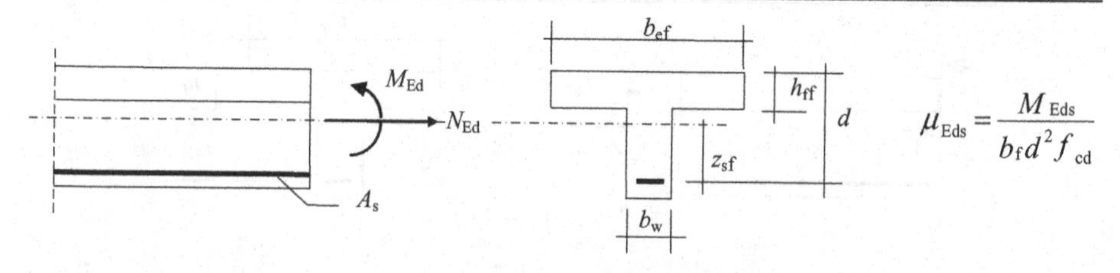

μ_{Eds}	h_f/d = 0,20 1000 ω für b_f/b_w						h_f/d = 0,30 1000 ω für b_f/b_w					
	≥ 10	5	3	2	1	σ_{sd}	≥ 10	5	3	2	1	σ_{sd}
0,02	20	20	20	20	20	456	20	20	20	20	20	456
0,04	41	41	41	41	41	456	41	41	41	41	41	456
0,06	62	62	62	62	62	456	62	62	62	62	62	456
0,08	84	84	84	84	84	456	84	84	84	84	84	456
0,10	106	106	106	106	106	455	106	106	106	106	106	455
0,12	128	128	128	128	128	454	128	128	128	128	128	454
0,14	152	152	152	152	152	447	152	152	152	152	152	447
0,16	176	176	176	176	176	445	176	176	176	176	176	445
0,18	201	201	201	201	201	443	201	201	201	201	201	443
0,20		229	229	227	226	435	226	226	226	226	2262	441
0,21			245	241	240		240	240	240	240	240	441
0,22			259	256	253		253	253	253	253	253	435
0,24				288	280		280	280	280	280	280	
0,26					309			309	309	309	309	
0,28					339					342	339	
0,30					371						371	
0,32					404						404	
0,34					439						439	
0,37					497	435					497	435
ξ= $\mu_{Sds,lim}$	0,18	0,19	0,21	0,22	0,29		0,25	0,25	0,26	0,26	0,29	
0,45 1000ω	201	214	243	256	354		294	294	309	309	354	

Bild 7.3-6 Bemessungstafel mit dimensionslosen Beiwerten für die „direkte" Bemessung von Plattenbalken: ***h_f/d* = 0,20 und 0,30** (Ablesung zu Beispiel 7.3.3.1)

7.3.3 Beispiele zur Biegebemessung von Plattenbalken

7.3.3.1 Unterzug POS 11 aus Abschnitt 7.2.4 mit positivem Moment

- *Gegeben:*

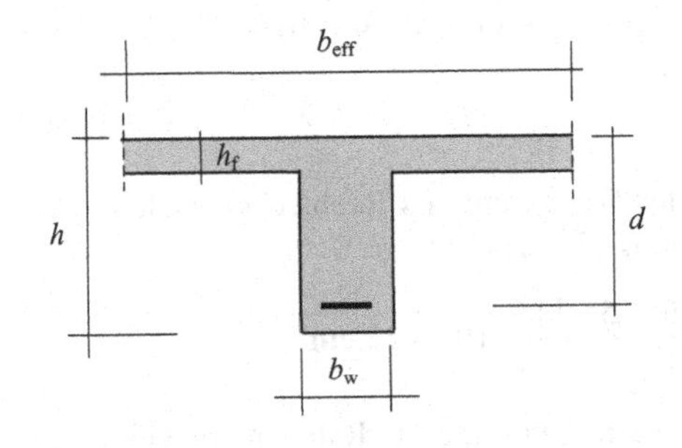

Querschnitt und Material
$b_{eff} = 3{,}6$ m, $b_w = 0{,}4$ m, $h_f = 0{,}16$ m,
$h = 0{,}6$ m, $d \approx 0{,}55$ m (vorgeschätzt)
Beton C20/25, Betonstabstahl B500

Bemessungsschnittgröße
$M_G = 200$ kNm, $M_Q = 180$ kNm
$M_G \cdot 1{,}35 + M_Q \cdot 1{,}5 = 540$ kNm

- *Bemessungswerte der Baustofffestigkeiten*

Beton: $f_{ck} = 20$ N/mm² $f_{cd} = 0{,}85 \cdot 20/1{,}5 = 11{,}3$ N/mm²
Betonstahl: $f_{yk} = 500$ N/mm² $f_{yd} = 500/1{,}15 = 435$ N/mm²

1 Bemessung als Rechteckquerschnitt $x \leq h_f$

Sofern $x \leq h_f$ ist, kann der Querschnitt als Rechteckquerschnitt bemessen werden. Dies ist bei schlanken Plattenbalken ($b_f/b_w > 5$) sehr häufig der Fall. Es kommen alle in Abschnitt 4. erläuterten Bemessungsverfahren in Frage. Hier wird das Verfahren mit dimensionslosen Beiwerten gewählt.

$$\mu_{Eds} = \frac{M_{Eds}}{b_{eff} d^2 f_{cd}} = \frac{0{,}54}{3{,}6 \cdot 0{,}55^2 \cdot 11{,}3} = 0{,}044 \ll \mu_{Eds,lim}$$

Abgelesen aus Bild 4.5-8: $\omega = 0{,}045$ $\xi = 0{,}07$ $\sigma_{sd} = 456{,}5$ N/mm²

- *Überprüfung:*

$x = \xi \cdot d = 0{,}07 \cdot 0{,}55 = 0{,}04$ m $< h_f = 0{,}16$ m Annahme als Rechteckquerschnitt ist richtig

- *Ermittlung der erforderlichen Bewehrung:*

$$\text{erf}\,A_s = \frac{\omega\, b_{eff} d\, f_{cd}}{\sigma_{sd}} = \frac{0{,}045 \cdot 3{,}6 \cdot 0{,}55 \cdot 11{,}3}{456{,}5} \cdot 10^4$$

$$\boxed{\textbf{erf}\,A_s = 22\ \text{cm}^2}$$

2 „direkte" Bemessung

– *Eingangswert ist nach Gleichung (7.3-1) wieder das bezogene Moment:*

$$\mu_{\text{Eds}} = \frac{M_{\text{Eds}}}{b_{\text{eff}} d^2 f_{\text{cd}}} = \frac{0{,}54}{3{,}6 \cdot 0{,}55^2 \cdot 11{,}3} = 0{,}044$$

Es sind: $h_f/d = 16/55 = 0{,}29 \approx 0{,}3$ $\quad b_{\text{eff}}/b_w = 3{,}6/0{,}4 = 9 \approx 10$

– *Abgelesen aus Bild 7.3-6:*

$\omega = 0{,}045 \quad \sigma_{\text{sd}} = 456\ \text{N/mm}^2$

Diese Werte entsprechen denen aus der Bemessung als Rechteckquerschnitt. Die erforderliche Bewehrung ist somit nach Gleichung (7.3-2):

$$\boxed{\textbf{erf}\ A_s} = \frac{\omega\ b_{\text{eff}}\ d\ f_{\text{cd}}}{\sigma_{\text{sd}}} = \frac{0{,}045 \cdot 3{,}6 \cdot 0{,}55 \cdot 11{,}3}{456} \cdot 10^4 \boxed{= \mathbf{22\ cm^2}}$$

Hinweise zur konstruktiven Ausbildung erfolgen später im Rahmen von Gesamtbeispielen.

7.3.3.2 Plattenbalken (Teil einer Rippendecke) mit positiven und negativen Momenten (Decke als statisch unbestimmtes Durchlaufsystem)

– *Gegeben:*

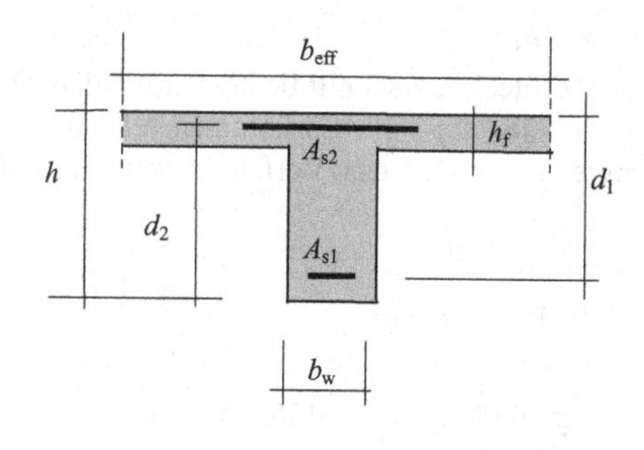

Querschnitt und Material

$b_{\text{eff}} = 0{,}7$ m, $b_w = 0{,}15$ m, $h_w = 0{,}07$ m,
$h = 0{,}48$ m, $d \approx 0{,}43$ m (vorgeschätzt)
Beton C20/25, Betonstabstahl B500

Bemessungsschnittgrößen

1. $M_G = (\mp)40$ kNm, $M_Q = (\mp)40$ kNm
   $M_G \cdot 1{,}35 + M_Q \cdot 1{,}5 = (\mp)114$ kNm
2. $M_G = 75$ kNm, $M_Q = 80$ kNm
   $M_G \cdot 1{,}35 + M_Q \cdot 1{,}5 = 221$ kNm

– *Bemessungswerte der Baustofffestigkeiten*

Beton: $f_{\text{ck}} = 20\ \text{N/mm}^2$ $\quad f_{\text{cd}} = 0{,}85 \cdot 20/1{,}5 = 11{,}3\ \text{N/mm}^2$
Betonstahl: $f_{\text{yk}} = 500\ \text{N/mm}^2$ $\quad f_{\text{yd}} = 500/1{,}15 = 435\ \text{N/mm}^2$

1 Positives Moment, Fall 1: $M_{Ed} = +114$ kNm
Bemessung als Rechteckquerschnitt, Druckzone oben $\quad x \leq h_f \quad b = b_{eff}$

Es wird das k_d - Verfahren mit dimensionsgebundenen Beiwerten gewählt.

$$k_d = \frac{d\,[\text{cm}]}{\sqrt{M_{\text{Eds}}[\text{kNm}]/b_{\text{eff}}[\text{m}]}} = \frac{43}{\sqrt{114/0{,}7}} = 3{,}37 \approx 3{,}4$$

– *Abgelesen aus Bild 4.5-5:*

$k_s = 2{,}29$ $\quad \xi = 0{,}10 \ll \xi_{lim} = 0{,}45$ entsprechend $\mu_{Ed.lim} = 0{,}296$

– *Überprüfung:*

$x = \xi \cdot d = 0{,}10 \cdot 0{,}43 = 0{,}04 \text{ m} < h_f = 0{,}07 \text{ m}$ Annahme als Rechteckquerschnitt ist richtig

– *Ermittlung der erforderlichen Bewehrung:*

$$\boxed{\mathbf{erf}\,A_s} = \frac{k_s M_{Eds}}{d} = \frac{2{,}29 \cdot 114}{43} \cdot 10^4 \boxed{= \mathbf{6{,}1\ cm^2}}$$

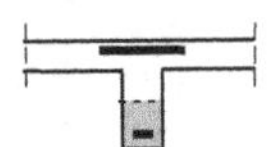

2 *Negatives Moment, Fall 1:* $\quad M_{Ed} = -114$ ***kNm***
Bemessung als Rechteckquerschnitt, Druckzone unten $\quad b = b_w$

Hier wird das Verfahren mit dimensionslosen Beiwerten gewählt. Eingangswert ist nach Gleichung (7.3-1) wieder das bezogene Moment:

$$\mu_{Eds} = \frac{M_{Eds}}{b_w d^2 f_{cd}} = \frac{0{,}114}{0{,}15 \cdot 0{,}43^2 \cdot 11{,}3} = 0{,}36 > \mu_{Es,lim} = 0{,}296 \Rightarrow \textbf{Druckbewehrung erforderlich}$$

– *Abgelesen aus Bild 4.5-11 für gewählt $d_2/d \approx 0{,}1$:*

$\omega_1 = 0{,}439 \quad \omega_2 = 0{,}072 \quad \sigma_{s1d} = 437 \text{ N/mm}^2 \quad \sigma_{s2d} = -435 \text{ N/mm}^2$

– *Ermittlung der erforderlichen Bewehrung:*

$$\boxed{\mathbf{erf}\,A_{s1}} = \frac{\omega_1 b_{eff} d\, f_{cd}}{\sigma_{sd}} = \frac{0{,}439 \cdot 0{,}15 \cdot 0{,}43 \cdot 11{,}3}{437} \cdot 10^4 \boxed{= \mathbf{7{,}3\ cm^2}}$$

$$\boxed{\mathbf{erf}\,A_{s2}} = \frac{\omega_2 b_{eff} d\, f_{cd}}{\sigma_{sd}} = \frac{0{,}072 \cdot 0{,}15 \cdot 0{,}43 \cdot 11{,}3}{435} \cdot 10^4 \boxed{= \mathbf{1{,}2\ cm^2}}$$

Diese geringe Druckbewehrung wird schon aus konstruktiven Gründen immer überschritten. Hinweise zur konstruktiven Ausbildung erfolgen später.

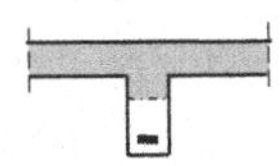

3 *Positives Moment, Fall 2:* $\quad M_{Ed} = +221$ ***Nm***
Bemessung als Rechteckquerschnitt $\quad x \le h_f \quad b = b_{eff}$

Der Feldquerschnitt wird zusätzlich für ein deutlich größeres Moment untersucht.

Gewählt k_d - Verfahren mit dimensionsgebundenen Beiwerten:

$$k_d = \frac{d[\text{cm}]}{\sqrt{M_{Eds}[\text{kNm}]/b_{eff}[\text{m}]}} = \frac{43}{\sqrt{221/0{,}7}} = 2{,}42$$

– *Abgelesen aus Bild 4.5-5:*

$k_s = 2{,}45 \quad \xi = 0{,}20 \ll \xi_{lim} = 0{,}45$

– *Überprüfung:*

$x = \xi\, d = 0{,}20 \cdot 0{,}43 = 0{,}09 \text{ m} > h_f = 0{,}07 \text{ m}$

Annahme als Rechteckquerschnitt ist **nicht richtig;** Neurechnung mit „direktem“ Verfahren erforderlich.

– *Bemessung als Plattenbalkenquerschnitt* $b_f = b_{eff}$

Eingangswert ist nach Gleichung (7.3-1) wieder das bezogene Moment:

$$\mu_{Eds} = \frac{M_{Eds}}{b_{eff} d^2 f_{cd}} = \frac{0{,}221}{0{,}7 \cdot 0{,}43^2 \cdot 11{,}3} = 0{,}15 < \boldsymbol{\mu_{Ed,lim} = 0{,}16} \quad \text{für } \xi_{lim} = 0{,}45$$

Es sind: $h_f/d = 7/43 = 0{,}16 \approx 0{,}15$ $b_{eff}/b_w = 0{,}7/0{,}15 = 4{,}7 \approx 5$

Bei geringfügig höherer Belastung müsste eine Druckbewehrung angeordnet werden.

– *Abgelesen aus Bild 7.3-5:*

$\omega = 0{,}165$ $\sigma_{sd} = 446\ \text{N/mm}^2$

– *Ermittlung der erforderlichen Bewehrung:*

$$\boxed{\text{erf } A_s} = \frac{\omega\, b_{eff} d\, f_{cd}}{\sigma_{sd}} = \frac{0{,}165 \cdot 0{,}7 \cdot 0{,}43 \cdot 11{,}3}{446}\, 10^4 \boxed{= \mathbf{12{,}6\ cm^2}}$$

Die erforderliche Bewehrung ist sehr groß. Ihr Einbau ist nur zweilagig möglich. Damit müsste die Bemessung mit kleinerer statischer Nutzhöhe wiederholt werden, was zu noch höherer Bewehrung und zu Druckbewehrung führen wird. Im vorliegenden Fall sollte daher vorzugsweise die Festigkeitsklasse des Betons erhöht oder eine größere Querschnittshöhe gewählt werden (Letzteres ist häufig nicht erwünscht).

7.4 Schubbemessung von Plattenbalken

7.4.1 Allgemeines

Schubnachweise sind zu führen

- im Steg
- an den Plattenanschnitten.

So wie **im Steg** von Balken **immer Bügel** anzuordnen sind, so ist grundsätzlich eine **Anschlussbewehrung zwischen** abstehenden **Plattenflanschen und Steg** erforderlich. Die vollständige Schubbewehrung eines Plattenbalkens umfasst somit:

- Stegschubbewehrung
- Anschlussschubbewehrung zwischen Steg und Flanschen (Gurten).

Letztere wird erforderlich, weil die abstehenden Flansche über die mitwirkende Plattenbreite am Lastabtrag in Balkenlängsrichtung beteiligt sind.

7.4.2 Nachweise im Steg

Die Nachweise (Bild 7.4-1) unterscheiden sich nicht von denen für Rechteckquerschnitte. Sie wurden bereits in den Beispielen zur Schubbemessung in Abschnitt 6.7 vorgeführt.

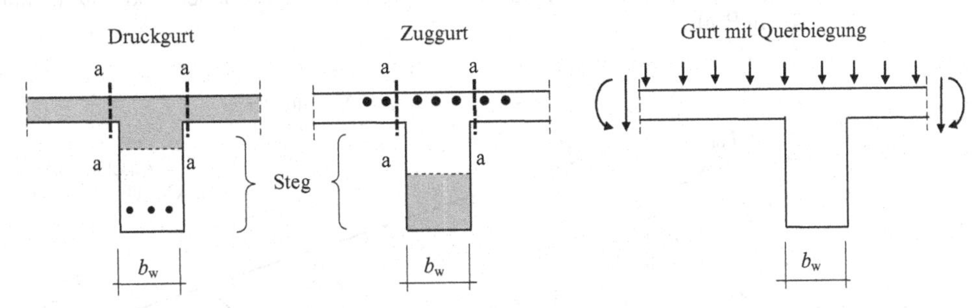

Bild 7.4-1 Schubnachweise bei Plattenbalken

7.4.3 Anschluss der Flansche

Die Plattenflansche tragen zum Lastabtrag in Balkenlängsrichtung bei (Anteile $F_{cd,a}$). Die wirksame Plattenbreite wächst mit zunehmendem Abstand von Lastkonzentrationen (z. B. Auflagern). Der Berechnung liegt ein Fachwerkmodell zugrunde (Bild 7.4-2). Dabei werden Druck- und Zugstreben in den mitwirkenden Plattenbereichen nur in der Anschlussfuge a-a zwischen Platte und Steg nachgewiesen. Die Spannungszustände in den abstehenden Gurten werden mit dem Lastabtragsmodell nur sehr pauschal erfasst. Ihre Tragfähigkeit wird daher besonders konservativ angesetzt.

Maßgebend für die Beanspruchung der Anschlussfuge ist das statische Moment des abstehenden Plattenteiles (Schnitte a-a in Bild 7.4-1).

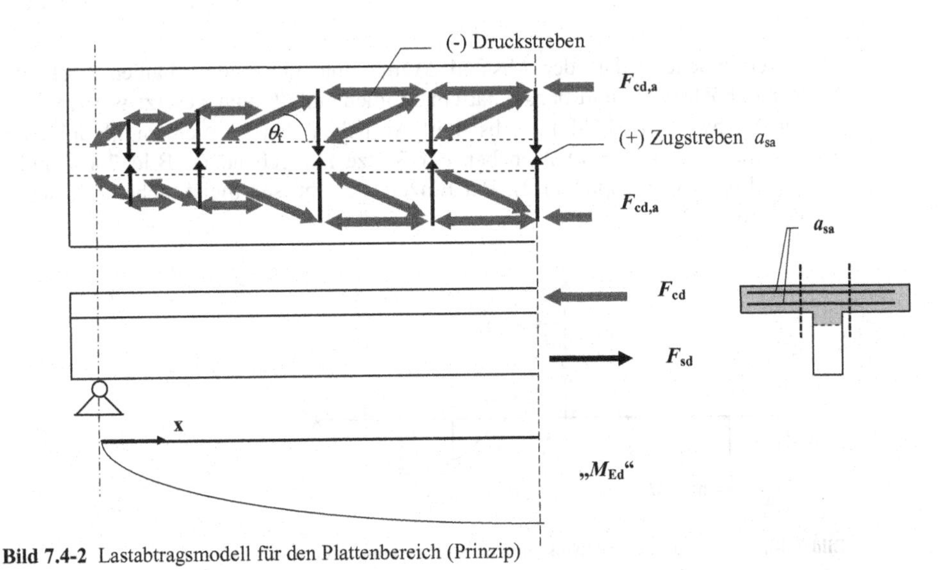

Bild 7.4-2 Lastabtragsmodell für den Plattenbereich (Prinzip)

– ***Anschluss von Druckgurten***

Die Plattenflansche erhalten aus der Durchbiegung des Balkens in Längsrichtung (x) Druckkräfte F_{cd}. Zwischen benachbarten Schnitten im Abstand Δx ergibt sich eine Differenzdruckkraft ΔF_{cd}. Man vergleiche hierzu und zu weiteren Festlegungen und Bezeichnungen die Angaben in Bild 7.4-3:

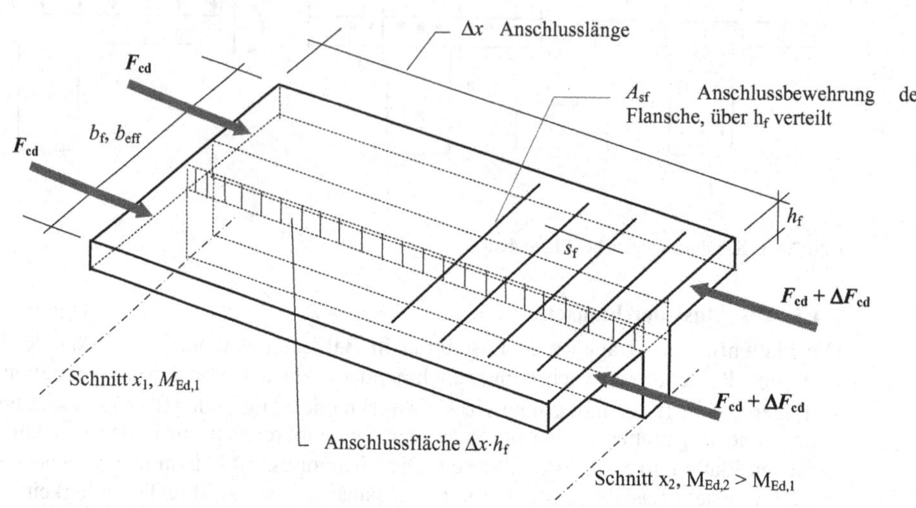

F_{cd} Kräfte in den Flanschen im Designzustand (= F_d im EC2)
ΔF_{cd} Kraftzuwachs mit steigendem Moment

Bild 7.4-3 Bezeichnungen für die Verbindung zwischen Steg und Gurt (Druckstreben nicht dargestellt)

Stark vereinfachend darf der Abstand Δx maximal gleich dem halben Abstand zwischen Momentenhöchstwert und benachbartem Momentennullpunkt gesetzt werden. In der Regel ist der Nachweis im Feld im Abschnitt Δx neben den Momentennullpunkten und beim Stützmoment im Abschnitt Δx neben der Stütze maßgebend (s. Bild 7.4-4 und Abschnitt *6.9.1* und *6.9.2* in Beispiel 11.2). Bei Einzellasten müssen meist mehrere Abschnitte untersucht werden.

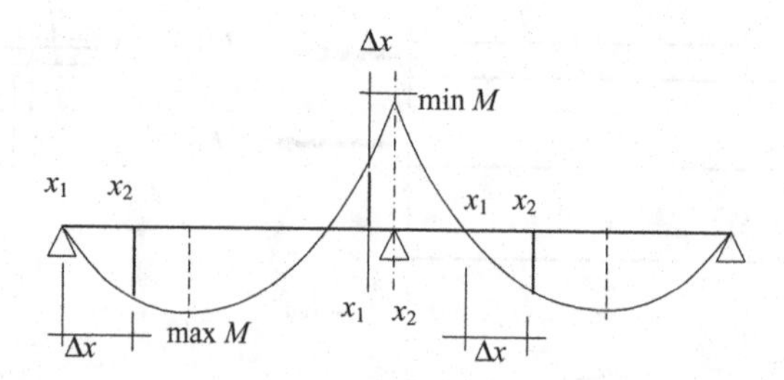

Bild 7.4-4 Ansatz für die Nachweisbereiche beim vereinfachten Nachweis

Die über die Länge Δx zu übertragende Längsschubspannung beträgt im Mittel:

(7.4-1) $v_{Ed} = \Delta F_{cd}/(h_f \cdot \Delta x)$

Auch hier sind die Tragfähigkeiten der Druck- und Zugstreben nachzuweisen. Es muss sein:

(7.4-2) $v_{Ed} \leq v_{Rd,max}$ **Druckstrebennachweis**

(7.4-3) $v_{Ed} \leq v_{Rd,s}$ **Zugstrebennachweis**

Die Tragfähigkeit der Druckstreben je Längeneinheit beträgt für $\alpha = 90°$ (die Anschlussbewehrung ist ⊥ zur Balkenachse anzuordnen) analog zu Gleichung (6.4-8) mit einer reduzierten Betondruckfestigkeit:

(7.4-4 a) $v_{Rd,max} = \nu_1 \cdot f_{cd} \cdot \sin\theta_f \cdot \cos\theta_f$ mit $\nu_1 = 0{,}75$

Nach EC2 darf bei Druckgurten (z. B. im Feldbereich von Durchlaufträgern) die Druckstrebenneigung zu $\theta_f = 40°$ ($\cot\theta_f = 1{,}19$) angenommen werden. Damit erhält man:

(7.4-4 b) $v_{Rd.max} = \nu_1 \cdot f_{cd} \cdot 0{,}49 \approx 0{,}37\, f_{cd}$

Die Tragfähigkeit der Zugstreben ergibt sich analog zu (vgl. Gl. 6.4-9) aus der Anschlussbewehrung:

(7.4-5) $v_{Rd,s} = a_{sf} f_{yd} \cdot \cot\theta_f / h_f = a_{sf} f_{yd} \cdot 1{,}19/h_f$ mit $a_{sf} = A_{sf}/s_f$

Man beachte aber den Sonderfall mit Querbiegung in der Platte.

Die Differenzdruckkraft ΔF_{cd} ist der Kraftanteil der Flansche an der gesamten Druckkraft F_{cd} der Biegedruckzone an der betrachteten Stelle.

Näherungsweise darf der an den Steg im Schnitt a-a anzuschließende Druckkraftanteil der Flansche ΔF_{cd} aus der Gesamtdruckkraft F_{cd} proportional aus dem Flächenanteil der Flansche A_{ca} an der gesamten Druckzone A_{cc} errechnet werden, siehe Bild 7.4-5. In den Flanschen angeordnete Druckbewehrung $A_{s2,a}$ ist dabei mit ihrem Druckkraftanteil $F_{s2d,a}$ zu berücksichtigen. Liegt die Nulllinie in der Platte ($x \leq h_f$) wird noch einfacher das Längenverhältnis $b_{eff,1}/b_{eff}$ maßgebend.

(7.4-6) $$\Delta F_{cd} = \frac{A_{ca}}{A_{cc}} \cdot F_{cd} + F_{s2d,a}$$

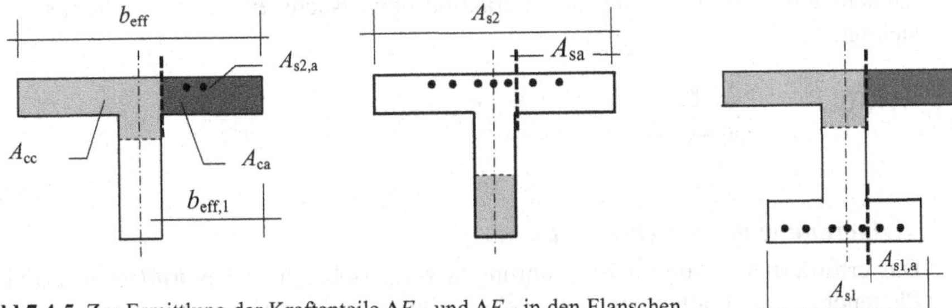

Bild 7.4-5 Zur Ermittlung der Kraftanteile ΔF_{cd} und ΔF_{sd} in den Flanschen

– ***Anschluss von Zuggurten***

Grundsätzlich darf und sollte ein erheblicher Teil der Biegezugbewehrung der Zuggurte (z. B. im Bereich über Innenstützen von Durchlaufträgern) aus dem Steg in die Plattenflansche ausgelagert werden. Dies dient:

- der Risssicherung in den angrenzenden Plattenbereichen (Längszug in Richtung der Balkenachse, vgl. auch Nachweise zur Risssicherung, Abschnitt 10).
- dem leichteren Einbringen des Betons und des Rüttlers im Stegbereich (Bild 7.4-7a).

Im EC2 wird die Auslagerungsbreite gemäß Bild 7.4-7b limitiert. Beim Einbinden von Unterzügen in Außenstützen ist eine Auslagerung der Einspannbewehrung in die Platte natürlich konstruktiv nicht sinnvoll, weil das Biegemoment in die Stütze eingeleitet werden muss.
Der Anschluss der Kräfte in der ausgelagerten Bewehrung von Zuggurten erfolgt analog zum Anschluss der Druckgurte. Beim Anschluss der Zuggurte sollte die Druckstrebenneigung zu $\theta_f = 45°$ (cot $\theta_f = 1{,}0$) angesetzt werden. Es gilt somit:

(7.4-7) $$v_{Rd,max} = \nu_1 \cdot f_{cd} \cdot 0{,}5 \approx 0{,}375\, f_{cd}$$

(7.4-8) $$v_{Rd,s} = a_{sa}\, f_{yd} \cot \theta / h_f = 1{,}0\, a_{sa} \cdot f_{yd} / h_f$$

Bei Zuggurten entspricht der Betondruckkraft F_{cd} die Zugkraft F_{sd} und weiter ist ΔF_{sd} die Zugkraft der in die Flansche ausgelagerten Bewehrung $A_{s,a}$ (Bild 7.4-5). Die Gesamtzugkraft F_{sd} der oben liegenden Flansche ergibt sich aus der Bemessung an der Stelle des betragsmäßig größten Stützmomentes.

(7.4-9) $$\Delta F_{sd} = \frac{A_{sa}}{A_s} \cdot F_{sd}$$

– ***Plattenbalken mit Querbiegung in den Platten***

Bei fast allen monolithisch hergestellten Plattenbalken wird die Platte als Biegetragwerk quer zum Balkensteg durch Biegemomente und Querkräfte beansprucht. Diese Plattenbiegung wird getrennt von den Nachweisen des Plattenbalkens behandelt. Dabei erhält die Platte an ihrer Oberseite quer zum Balkensteg Zugdehnungen. Es ist somit mit einem Riss parallel zum Steg zu rechnen. Die tatsächlichen, sehr komplexen Spannungszustände werden dabei nur grob näherungsweise erfasst.

Die Interaktion zwischen Plattenquerkraft und Scheibenschub (um den es sich hier letztlich handelt) wird durch eine lineare Interaktion beim Nachweis der Betondruckstreben berücksichtigt:

(7.4-10) $$\frac{V_{Ed,Platte}}{V_{Rd,max,Platte}} + \frac{V_{Ed,Scheibe}}{V_{Rd,max,Scheibe}} \leq 1{,}0$$

– ***Anordnung der Bewehrung a_{sa}***

Die erforderliche Anschlussbewehrung der Flansche gilt **je Schnittfuge a-a** und ist auf Plattenober- und Plattenunterseite gleichmäßig verteilt anzuordnen (jeweil $a_{sa}/2$):

(7.4-11) $$a_{sa}/s_f = v_{Rd3}/f_{yd} = v_E/f_{yd}$$

Im Falle der Plattenquerbiegung muss an der Plattenoberseite der größere Bewehrungsquerschnitt aus den Nachweisen des Schubanschlusses (also $a_{sa}/2$) oder aus der Aufnahme des Stützmomentes infolge Plattenbiegung angeordnet werden, Bild (7.4-6). An der Unterseite ist entweder $a_{sa}/2$ oder die ins Auflager zu führende Feldbewehrung der Platte maßgebend.

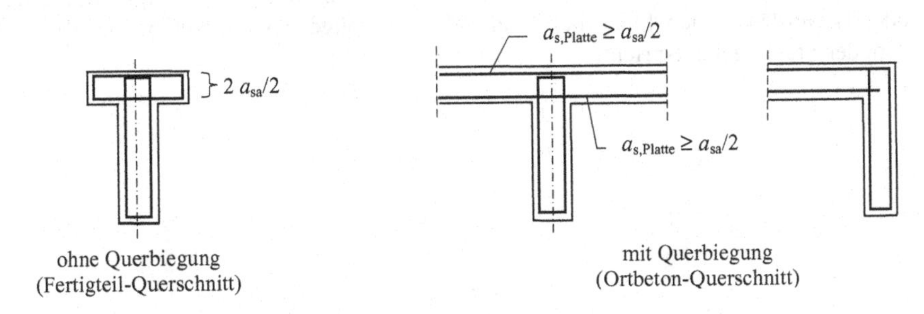

Bild 7.4-6 Anordnung der Anschlussbewehrung mit und ohne Querbiegung

Die obere Biegezugbewehrung des Plattenbalkens soll in der Regel nicht vollständig im Stegbereich untergebracht werden, sondern auch auf die Plattenbereiche neben dem Steg verteilt werden.

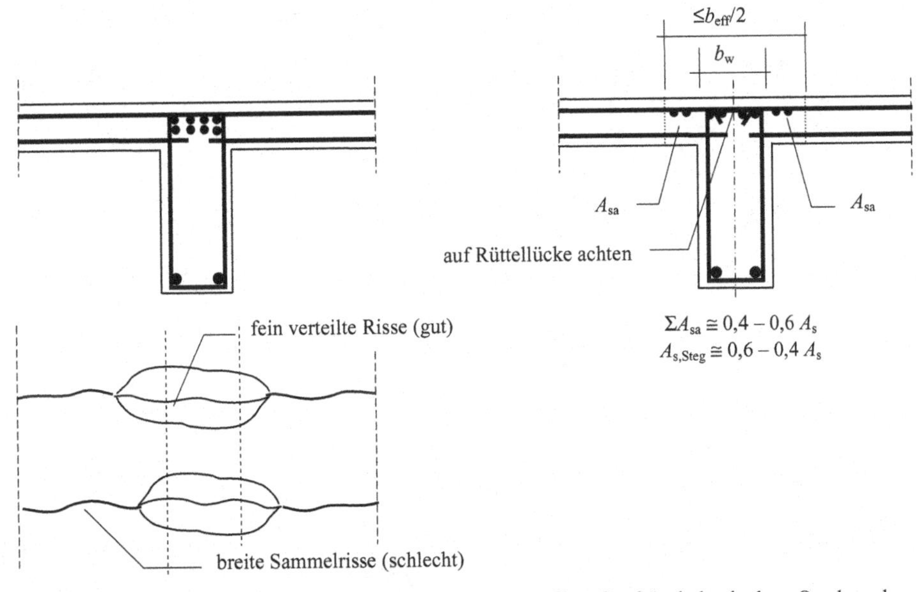

- Sammelrisse in der Platte
- Betonieren und Rütteln des Steges erschwert
- geschlossene Bügel erschweren Einbau der Bewehrung

a) schlechte Bewehrungsanordnung

- offene Stegbügel, durch obere Querbewehrung geschlossen
- Verteilen der Bewehrung auf Steg und Plattenflansche

b) gute Bewehrungsanordnung

Bild 7.4-7 Konstruktive Hinweise zur Anordnung der Biegezugbewehrung bei Plattenbalken

Oben offene Stegbügel erleichtern die Bauausführung. Sie dürfen (vgl. Abschnitt 6.6.1) bei mäßiger Schubbeanspruchung mit $V_{Ed} \leq 2/3\ V_{Rd,max}$ verwendet werden. Das „Schließen" erfolgt dann durch die Querbewehrung im Bereich der Platte. Der Abstand der Stäbe dieser Bewehrung s_f (also der Abstand in Balkenlängsrichtung) darf vom Abstand der Stegbügel s_l abweichen. Er darf aber die für die Biegebewehrung in Platten sowie die für die Schubbewehrung geltenden Größtwerte nicht überschreiten. Bei Fertigteilquerschnitten (T oder I) werden in den Flanschen (stehende) Querbügel angeordnet, wobei deren Abstand dem der Stegbügel entspricht.

8 Zugkraftdeckung und Grundlagen der Bewehrungsführung

8.1 Die Folgen des Schub-Fachwerkmodells für die Biegezugbewehrung

Die Biegezugbewehrung wurde in Abschnitt 4 aus dem Momentenverlauf ermittelt. Damit erhielte man an gelenkigen Endauflagern $M = 0$ und somit erf $A_s = 0$. Dieses Ergebnis wäre aber offensichtlich falsch. Im unmittelbaren Auflagerbereich gilt die Stabstatik nicht (Krafteinleitungsbereiche sind „Störzonen", dies wusste schon de St. Venant, s. Abschnitt 3.3.5 und 20.1; siehe auch [6-1]).

Hier zeigt das Fachwerkmodell - zwar immer noch stark vereinfacht -, dass zur Erhaltung des lokalen Gleichgewichtes ein unmittelbar am Lager zu verankerndes Zugband erforderlich ist (Bild 8.1-1). Dies war schon auf Bild 6.1-2 zu erkennen. Die Größe der Zugbandkraft hängt von der Neigung θ der Druckstreben ab.

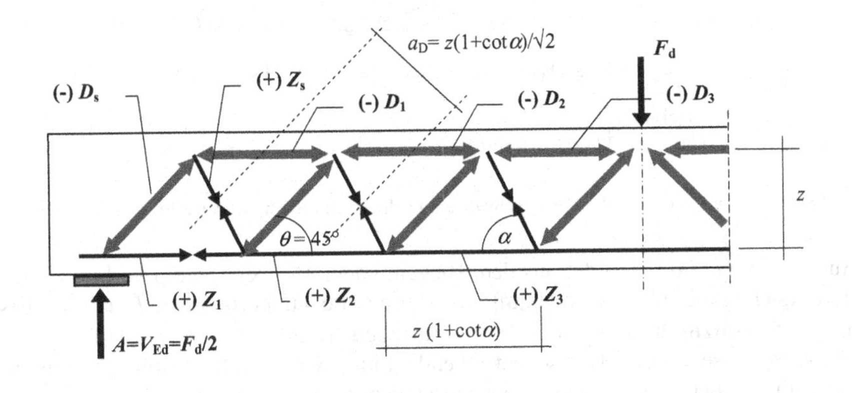

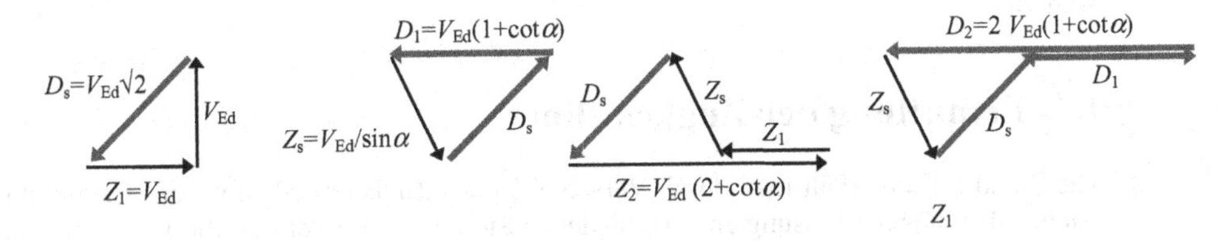

Bild 8.1-1 Beispiel eines Fachwerkes mit Druckstrebenneigung $\theta = 45°$ (nach Leonhardt [8-1])

Aus dem diskreten Fachwerkmodell ergibt sich ein stufenförmiger Verlauf der Biegezugkraft. Eine Annäherung an die kontinuierlichen Verläufe erhält man bei Ansatz eines Netzfachwerkes mit sich überschneidenden Füllstäben (Bild 8.1-2). **Grundsätzlich ist aber immer die Zugbandkraft außerhalb der Stelle max M_{Ed} größer als aus der Schnittgröße M_{Ed} (x) ermittelt.** Die Druckkraft ist entsprechend kleiner.

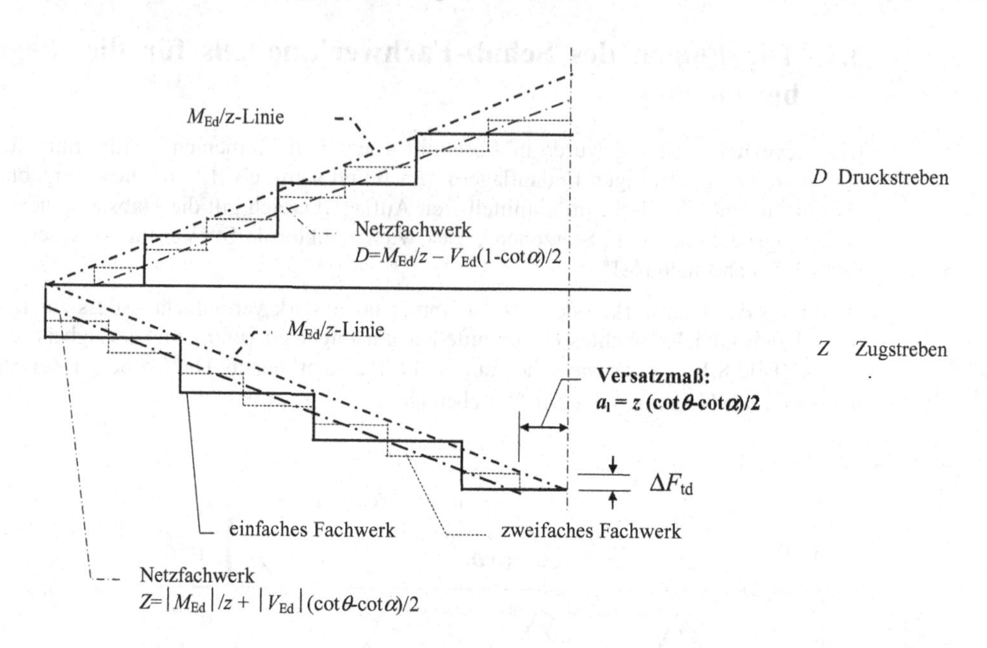

Bild 8.1-2 Verlauf der Gurtkräfte in verschiedenen Fachwerkmodellen, für reine Biegung dargestellt

Aus diesem Grunde wird der aus dem Biegemoment M_{Ed} (x) - sofern vorhanden auch unter Berücksichtigung einer Normalkraft N_{Ed} - ermittelte Zugkraftverlauf F_s (x) um das so genannte **Versatzmaß a_l** „nach außen" verschoben. Hierdurch wird die Differenzkraft ΔF_{sd} näherungsweise erfasst. Die so entstehende Linie wird **Zugkraftlinie** genannt. Sie muss durch die aufnehmbare Zugkraft der vorhandenen Bewehrung ohne Einschnitte abgedeckt werden.

8.2 Ermittlung der Zugkraftlinie

Die Zugkraftlinie erhält man durch Verschieben des Zugkraftverlaufes wie er sich unmittelbar aus der Biegebemessung an verschiedenen Stellen des Balkens ergibt. Letzterer errechnet sich zu (Bild 8.2-1):

(8.2-1) $$Z_s\,(x) = M_{Eds}/z + N_{Ed}$$ Bei reiner Biegung entfällt der Normalkraftanteil

Die Zugkraft $Z_s(x)$ wird dadurch an jeder Stelle des Bauteils außerhalb der Extremwerte erhöht:

(8.2-2a) $$\Delta F_{td} = |V_{Ed}|\,(\cot\theta - \cot\alpha)/2$$

Damit ergibt sich die Zugkraft in der Bewehrung zu:

(8.2-2) $F_s(x) = Z_s(x) + \Delta F_{td}(x)$

M, N und z sind grundsätzlich Funktionen von x. Konservativ kann aber z aus der Bemessung benachbarter Momentenextrema (max M, min M) entnommen werden.

Der Randwert der Zugkraftlinie an frei drehbaren oder nur schwach eingespannten Endauflagern (z. B. Einspannung in Rahmenstützen bei horizontal unverschieblichen Rahmen) wird aus der Querkraft V_{Ed} an der rechnerischen Auflagerlinie errechnet:

(8.2-3) $F_{Ed} = V_{Ed}\, a_l/z + N_{Ed} \geq V_{Ed}/2$ für Zug N_{Ed} positiv

Das Versatzmaß a_l hängt vom Neigungswinkel der Druckstreben θ und dem der Schubbewehrung α ab (dabei darf wieder $z \approx 0{,}9\, d$ gesetzt werden):

(8.2-4) $a_l = 0{,}5 \cdot z\,(\cot\theta - \cot\alpha) \geq 0$

$a_l = 0{,}5 \cdot z \cot\theta$ für $\alpha = 90°$

Für die flachste Druckstrebenneigung $\theta = 18°$ ergibt sich damit: $a_l = z \cdot 1{,}54 >> z/2$

Für die Druckstrebenneigung $\theta = 45°$ ergibt sich der Grenzwert n. Gl. (8.2-2) $a_l = z/2$

Für Neigungen $\theta > 45°$ ergeben sich Werte $< z/2$. Aus konstruktiven Gründen sollte dann in der Regel (passend zum Grenzwert in Gleichung 8.2-3) gesetzt werden: $a_l = z/2$

Dies bedeutet, dass einer Ersparnis an Schubbewehrung bei flachen Druckstreben eine stärkere Erhöhung der Biegezugbewehrung um ΔF_{Ed} gegenübersteht.

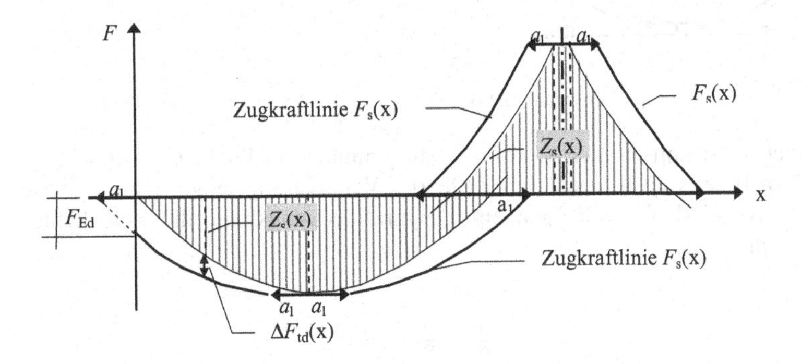

Bild 8.2-1 Zugkraftlinie – Äquivalenz von a_l und $\Delta F_{td}(x)$

Zu Platten ohne Schubbewehrung siehe Abschnitt 18.8.2.

8.3 Zugkraftdeckungslinie

Die Zugkraftdeckungslinie ergibt sich aus der in der jeweils vorhandenen Biegezugbewehrung aufnehmbaren Zugkraft. Diese muss an jeder Stelle des Tragwerkes mindestens gleich der vorhandenen Zugkraft $F_s(x)$ sein.

(8.3-1) vorh $A_s \cdot \sigma_{sd} \geq F_s(x)$

Dabei ist $\sigma_{sd} \geq f_{yd}$ die in der Biegebemessung ermittelte Stahlspannung.

Nach der vor dem EC 2 geltenden DIN 1045-1 wurde die Zugkraftdeckungslinie als eine Stufenfunktion ermittelt (Bild 8.3-1). Diese entsteht durch die dem Zugkraftverlauf angepasste „Staffelung" der Bewehrung. Gestaffelte Bewehrungen - dies sind die nicht bis zu den Auflagern durchgeführten Bewehrungsstäbe - mussten über ihren rechnerischen Endpunkt mit einer ausreichenden Verankerungslänge weitergeführt werden. Diese ist festgelegt zu l_{bd} und errechnet sich aus dem sogenannten **Grundmaß l_b der Verankerungslänge eines Bewehrungsstabes** unter Beachtung der Stahlspannung σ_{sd} am Punkt E (siehe Abschnitt 8.4).

Zur Berechnung von l_{bd} sind die in Bild 8.3-1 gekennzeichneten Werte für $A_{s.erf}$ und $A_{s,vorh}$ am Punkt E einzusetzen. Sollen gestaffelte Bewehrungsstäbe bei den Schubnachweisen zur Ermittlung von $V_{Rd,s}$ bei der Berechnung von ρ_l berücksichtigt werden, so sind zusätzlich die Festlegungen von Bild 6.3-1 zu beachten.

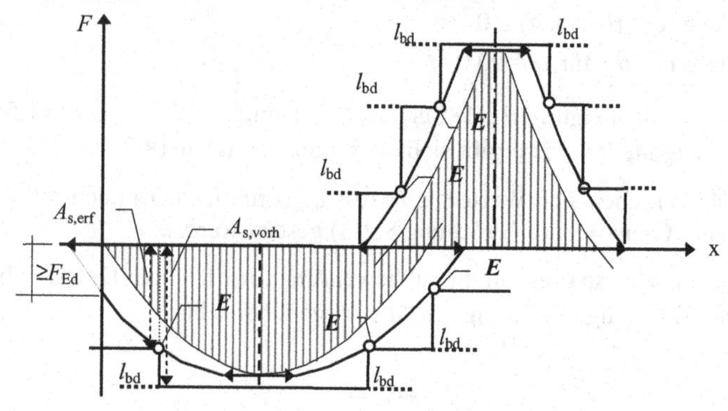

Bild 8.3-1 Zugkraftdeckungslinie (Treppenfunktion) nach DIN 1045-1

Dieses Vorgehen ist konservativ, weil die Stahlspannung am Punkt E nicht schlagartig ansteigt, sondern bereits etwa linear innerhalb der Verankerungslänge. Dies darf nach EC2 ausgenutzt werden. Man erhält dann eine Zugkraftdeckungslinie, die sich dichter an die Zugkraftlinie anschmiegt (Bild 8.3-2).

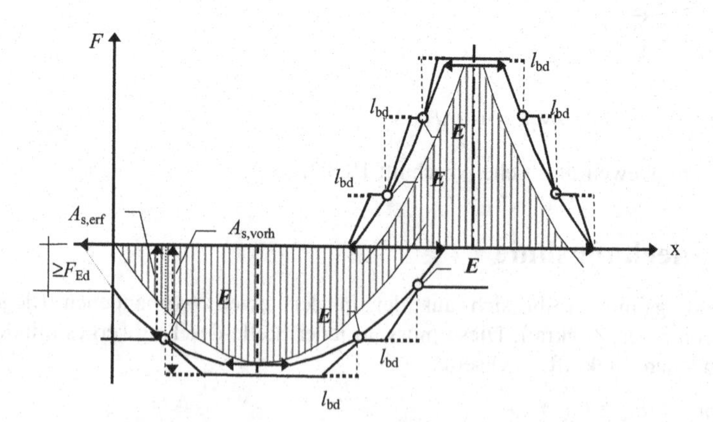

Bild 8.3-2 Zugkraftdeckungslinie „(anschmiegende" Funktion) nach EC2.

Dies ergibt etwas kürzere Stablängen der gestaffelten Bewehrung. Bei ausgesteiften Rahmensystemen mit biegeweichen Randstützen kann dies dazu führen, dass weniger Stäbe der unteren Feldbewehrung bis in die Stütze hineingeführt und damit durch die vertikale Stützenbewehrung hindurch geführt werden müssen.

Das „schöne“ Bild der gestaffelten Stützbewehrung in Bild 8.3-2 verändert sich für den Fall größerer Verankerungslängen, wie sie bei obenliegender Bewehrung im mäßigen Verbundbereich auftreten.

Bei der nach EC2 erlaubten engen Ausnutzung der Deckungslinie ist aber zu bedenken, dass die zugrundeliegenden Schnittgrößen an sehr idealisierten statischen Systemen und mit stark vereinfachten Annahmen zur Biegesteifigkeit (in der Regel Zustand I) ermittelt werden. Die so erhaltenen Momentenverläufe und besonders die Lage der Momenten-Nullpunkte stellen nur eine Näherung an die tatsächlichen Verhältnisse dar. Insbesondere im Bereich der Stützbewehrung kann dies zu Unterschreitungen der Zugkraftdeckung führen.

Im Sinne nachhaltigen Bauens kann eine robustere Bauweise bei späteren Nutzungsänderungen eines Bauwerks hilfreich sein (s. hierzu auch [6-5] und Kommentar in [1-14]). Daher ist es häufig durchaus sinnvoll, die Bewehrungsführung anhand des vereinfachenden Stufenmodells zu ermitteln.

8.4 Grundlagen der Bewehrungsführung

8.4.1 Allgemeines

Im Folgenden werden nur die wichtigsten Grundlagen der Bewehrungsführung bei Balken und Platten, insbesondere Verankerungslängen und Stöße, behandelt. Weitere Details und Anwendungsfälle werden im Verlauf der Konstruktionsbeispiele vorgestellt.

8.4.2 Grundmaße der Verankerungslängen und Stababstände

Basis aller Verankerungslängen ist das nach DIN 1045-1 sogenannte Grundmaß l_b. Es wurde aus Versuchsergebnissen so bestimmt, dass es gestattet, die volle Zugkraft eines Stabes bei Ausnutzung mit $\sigma_{sd} = f_{yd}$ in einen Betonkörper einzuleiten. Das Maß hängt somit direkt von der Verbundfestigkeit f_{bd} ab. Diese wiederum variiert mit der Höhenlage und der Neigung der Bewehrung beim Betonieren. Man unterscheidet in der Praxis gute und mäßige Verbundbedingungen (Bild 8.4-1). Die Werte der Tabelle 8.4-1a gelten für gute Verbundbedingungen (bei Betonieren von oben), die Angaben in Tabelle 8.4-1b für mäßige Verbundbedingungen. Die Werte für f_{bd} sind darin auf eine Nachkommastelle gerundet (bei zwei Nachkommastellen ergeben sich Abweichungen im ‰ –Bereich). Das Grundmaß der Verankerungslänge ergibt sich aus der Gleichsetzung von Stahlzugkraft bei Ansatz der Streckgrenze f_{yd} und Verbundkraft bei Annahme gleichmäßiger Verteilung der Verbundfestigkeit f_{bd} auf der Staboberfläche:

$$\frac{\pi\phi^2}{4} f_{yd} = \pi \cdot \phi \cdot l_b \cdot f_{bd} \quad \text{und} \quad f_{bd} = 2{,}25\,\frac{f_{ctk;0,05}}{\gamma_c} \quad \text{zu:} \qquad f_{ctk;0,05} \leq 3{,}1\ \text{N/mm}^2$$

(8.4-1a) $$l_b = \frac{\phi}{4} \cdot \frac{f_{yd}}{f_{bd}} \quad \text{bzw.} \quad \frac{\phi}{4} \cdot \frac{f_{tkd}}{f_{bd}}$$

Wird – wie es EC2 zulässt und wie es in den Bemessungstabellen dieses Buches für Biegung angesetzt ist – die Stahlspannung σ_{sd} bis zur Zugfestigkeit $f_{tkd} = f_{tk,cal}/\gamma_s = 456{,}5$ N/mm² ausgenutzt, ergeben sich um maximal 5 % größere Verankerungslängen (s. Tab. 8.4-1a). Die Zuwächse liegen schon fast im Bereich der Bautoleranzen.

Im EC2 wird – anders als in DIN 1045-1 - nicht die Länge bei voller Ausnutzung des Bewehrungsstahls, sondern die Länge unter Berücksichtigung der tatsächlichen (oft niedrigeren) Stahlspannung als Grundwert der Verankerungslänge $l_{b,req}$ bezeichnet:

(8.4-1b) $$l_{b,req} = \frac{\phi}{4} \cdot \frac{\sigma_{sd}}{f_{bd}}$$

Für Betonstahlmatten mit Doppelstäben ist der Vergleichsdurchmesser einzusetzen:

(8.4-2) $$\phi_n = \phi\sqrt{2}$$

Bei Bewehrungsstäben mit $\phi > 32$ mm sind die Tabellenwerte zu reduzieren:

(8.4-3) $$f_{bd}\,(132 - \phi\,[\text{mm}])/100$$

f_{ck} [N/mm²]	12	16	20	25	30	35	40	45	50	55	60	70	80	90	100
f_{bd} [N/mm²]	**1,65**	**2,0**	**2,3**	**2,7**	**3,0**	**3,4**	**3,7**	**4,0**	**4,3**	**4,5**	**4,6**	**4,6**	**4,6**	**4,6**	**4,6**
l_b/ϕ für f_{yd}	66,0	54,4	47,3	40,3	36,2	32,0	29,4	27,2	25,3	24,2	23,6	23,6	23,6	23,6	23,6
l_b/ϕ für f_{tkd}	*69,2*	*57,1*	*49,6*	*42,3*	*38,0*	*33,6*	*30,8*	*28,5*	*26,5*	*25,9*	*24,8*	*24,8*	*24,8*	*24,8*	*24,8*

Tabelle 8.4-1a Verbundfestigkeiten und Grundmaße der Verankerungslängen für Rippenstahl B500 bei guten Verbundbedingungen und für $\phi \leq 32$ mm

f_{ck} [N/mm²]	12	16	20	25	30	35	40	45	50	55	60	70	80	90	100
f_{bd} [N/mm²]	**1,2**	**1,4**	**1,6**	**1,9**	**2,1**	**2,3**	**2,6**	**2,8**	**3,0**	**3,1**	**3,2**	**3,4**	**3,6**	**3,7**	**3,9**
l_b/ϕ für f_{yd}	90,6	77,7	68,0	57,2	51,8	47,3	41,8	38,8	36,2	34,6	34,0	32,0	30,2	29,4	27,9
l_b/ϕ für f_{tkd}	*95,1*	*81,5*	*71,3*	*60,0*	*54,3*	*49,6*	*43,9*	*40,8*	*38,0*	*36,8*	*34,0*	*33,6*	*31,7*	*30,8*	*29,3*

Tabelle 8.4-1b Verbundfestigkeiten und Grundmaße der Verankerungslängen für Rippenstahl B500 bei mäßigen Verbundbedingungen und für $\phi \leq 32$ mm

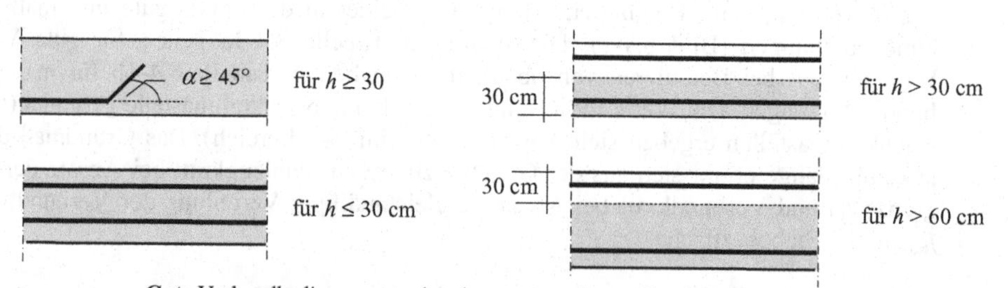

Gute Verbundbedingungen gelten im grau angelegten Bereich

Bild 8.4-1 Festlegung der Verbundbereiche

Für Leichtbeton sowie für besondere Bedingen bei der Herstellung (z. B. bei Fertigteilen und bei Verwendung von Gleitschalung) gelten zusätzliche Festlegungen.

Bei Querdruck p (im Grenzzustand der Tragfähigkeit) im Verankerungsbereich dürfen die Werte für f_{bd} erhöht werden, bzw. die Verankerungslängen mit dem Beiwert α_5 reduziert werden:

(8.4-4) $0{,}7 \leq \alpha_5 = (1-0{,}04\,p) \leq 1{,}0$ mit p in [N/mm²], als Druck negativ

In der deutschen Fassung des EC2 darf wie schon bisher ohne Nachweis von p bei direkter Auflagerung für die Feldbewehrung $\alpha_5 = 2/3$ gesetzt werden (Weiteres siehe Abschnitt 8.4.5).

Aus der Dübeltechnik war schon lange bekannt, dass **Querzugspannungen mit Rissbildung** parallel zur Dübelachse die Tragfähigkeit deutlich beeinträchtigen (siehe z. B. [6-5]). DIN 1045-1 enthielt endlich eine entsprechende Regelung für die Verankerungslängen der Bewehrung, die in den EC2 übernommen wurde: Bei zu erwartenden Rissbreiten $w > 0{,}2$ mm (im Grenzzustand der Gebrauchstauglichkeit) parallel zur Stabachse ist die Verbundfestigkeit um 1/3 zu reduzieren bzw. der Beiwert $\alpha_5 = 1{,}5$ zu setzen. Dies betrifft z. B. die Stöße vertikaler Aufhängebewehrung in Wandscheiben im unteren Höhenbereich, weitere Fälle Abschnitt 8.4.10 und [1-2].

Die lichten Stababstände a außerhalb von Stößen (hierzu siehe Abs. 8.4.9) dürfen, zur Sicherstellung des Verbundes und um das Einbringen des Betons nicht zu behindern, folgende Werte nicht unterschreiten:

(8.4-5) $\min a \geq \phi \geq 2$ cm

$\min a \geq d_g + 5$ mm für $d_g > 16$ mm

mit d_g Korndurchmesser der Gesteinskörnung

Dies sind Mindestwerte, die nicht im Regelfall verwendet werden sollten. Die Abstände a sollten grundsätzlich auf den Größtkorndurchmesser d_g abgestimmt werden (s. [1-13]). Man bedenke auch, dass die umhüllenden Durchmesser infolge der Rippen deutlich größer sind, als die Nenndurchmesser. Höchstabstände werden nur bei breiten Bauteilen maßgebend (siehe bei Platten in Abs. 18.8).

8.4.3 Verankerungsformen

Anstelle der deutlich ausführlicheren Formulierungen des EC2 dürfen die der DIN 1045-1 äquivalenten Vorgehensweisen mit etwas geänderten Bezeichnungen verwendet werden (Bild 8.4.2). Die Formen mit angeschweißten Querstäben sind in der Regel nur im Fertigteilbau oder bei Verwendung von geschweißten Betonstahlmatten anzutreffen. Bei allen verankerungsformen mit Haken oder Schlaufen entstehen deutliche Querzugspannungen senkrecht zur Krümmungsebene (s. auch Abschnitt 8.4.11). Diese Formen bedürfen daher in dieser Richtung einer ausreichenden Betondeckung.

Die im Folgenden genannten reduzierten Verankerungslängen gelten nur bei **Einhaltung einer Betondeckung ⊥ zur Krümmungsebene ≥ 3 ϕ** oder alternativ bei einer engen Verbügelung.

Für die Verankerung von Druckstäben sind nur gerade Stabenden (auch mit angeschweißten Querstäben) zulässig. Für die Verankerung von Bügeln gelten Sonderregelungen (siehe Abschnitt 8.4.10).

Grundsätzlich sollte eine lokale Massierung von Verankerungen vermieden werden. Randnahe Endhaken sollten ins Innere des Bauteils geneigt werden.

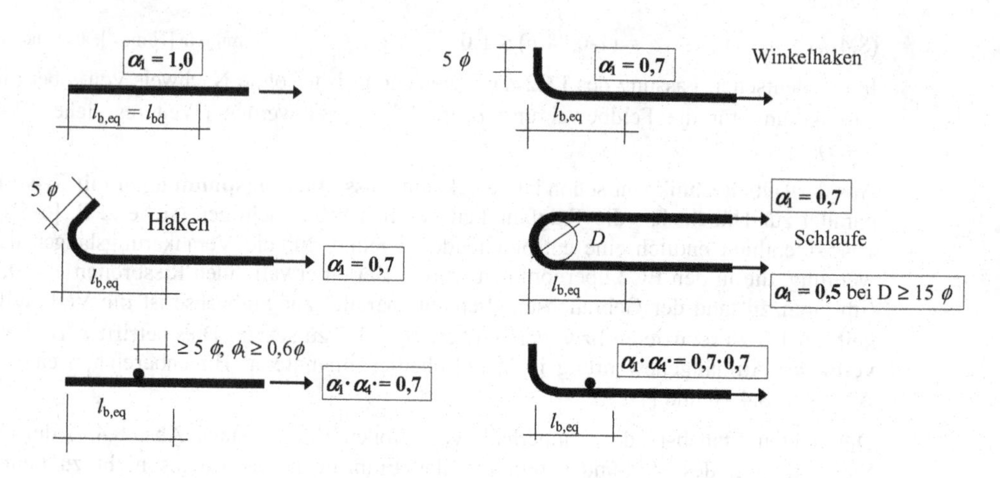

Bild 8.4-2 Verankerungsformen (Gerades Stabende, Winkelhaken, Haken, Schlaufe)

8.4.4 Erforderliche Verankerungslänge l_{bd}

Der aus DIN 1045-1 bekannte Faktor $A_{s,erf}/A_{s,vorh}$ ist in der Formulierung des EC2 im Ansatz für $l_{b,req}$ nach GL (8.4-1b) durch Verwendung von σ_{sd} statt f_{yd} bzw. f_{tkd} enthalten. Im Folgenden werden grundsätzlich die Werte aus Tab. 8.4-1a verwendet (also nach Gleichung (4.8-1a)) und der tatsächliche (in der Regel niedrigere) Spannungszustand σ_{sd} durch Mulitiplikation mit $A_{s,erf}/A_{s,vorh} \leq 1$ berücksichtigt (s. a. Empfehlung im Kommentar von [1-13]). Es ist also:

$$l_{b,req} = l_b \cdot (A_{s,erf}/A_{s,vorh}) = l_b \cdot \alpha_A$$

Der Bemessungswert der Verankerungslänge wird zu:

(8.4-6) $$l_{bd} = \alpha_1 \cdot \alpha_3 \cdot \alpha_4 \cdot \alpha_5 \cdot l_b \cdot (A_{s,erf}/A_{s,vorh}) \geq l_{b,min}$$

mit:

α_1 Beiwert gemäß Bild 8.4-2

α_3 Querbewehrung — nicht angeschweißt, bei Balkenendauflagern praktisch = 1,0

α_4 = 0,7 Querbewehrung angeschweißt — Zug- und Druckbewehrung

α_5 Querdruck, s. Gl. (8.4-4) bzw. 2/3

$l_{b,min} = 0{,}3 \cdot \alpha_1 \cdot \alpha_4 \cdot l_b \geq 10\,\phi$ — *) bei Zugstäben

$l_{b,min} \geq 0{,}2 \cdot \alpha_1 \cdot \alpha_4 \cdot l_b \geq (2/3) \cdot 10\,\phi = 6{,}7\,\phi$ — Zugstäbe bei direkter Auflagerung

$l_{b,min} = 0{,}6 \cdot l_b \cdot (A_{s,erf}/A_{s,vorh}) \geq 10\,\phi$ — bei Druckstäben

) Achtung: Laut EC2 dürfte $l_{b,min}$ noch mit α_A reduziert werden. Dies wird gemäß [1-14]* ***nicht* *angewendet.*

8.4.5 Verankerung an Endauflagern

An frei drehbaren Endauflagern und an Endauflagern mit schwacher Einspannung ist die Verankerung (Bild 8.4-3) für eine definierte Zugkraft (s. a. Gleichung 8.2-3) zu bemessen:

(8.4-7a) $F_{sE} = V_{Ed}\, a_l/z + N_{Ed} \geq V_{Ed}/2$ mit a_l = Versatzmaß

Mit Gl. (8.2-4) erhält man:

(8.4-7b) $F_{sE} = V_{Ed}\,(\cot\theta + \cot\alpha) + N_{Ed} \geq V_{Ed}/2$

$F_{sE} = V_{Ed} \cot\theta$ lotrechte Bügel, keine Normalkraft

Bei direkter Auflagerung darf wegen der Querpressung in der Lagerfuge die Verankerungslänge ohne genaueren Nachweis auf 2/3 reduziert werden. Dies entspricht dem Größtwert der Gleichung (8.4-4). Eine weitere Reduzierung ist nicht zulässig.

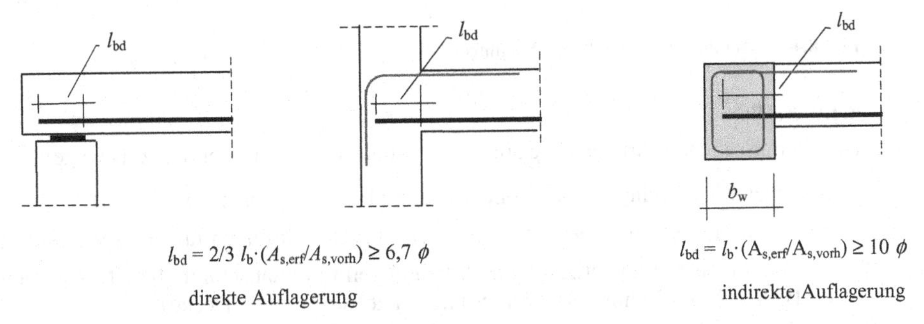

Bild 8.4-3 Verankerung der Feldbewehrung an Endauflagern

Bei Staffelung der Feldbewehrung muss (unabhängig von der Höhe der Beanspruchung) mindestens der folgende Anteil der benachbarten maximalen Feldbewehrung max $A_{s,erf}$ bis über die rechnerische Auflagerlinie durchgeführt werden:

bei Balken: $A_{s,vorh} \geq 0{,}25 \max A_{s,erf}$

bei Platten: $A_{s,vorh} \geq 0{,}50 \max A_{s,erf}$

Diese konstruktive Forderung ist bei Altbauten, insbesondere bei Deckenplatten in der Regel nicht eingehalten. Eine statische Berechnung dieser Konstruktionen für z. B. erhöhte Lasten wird dadurch sehr erschwert (Zu dieser Problematik s. a. [2-7]).

8.4.6 Verankerung an Zwischenauflagern

(8.4-8) $l_{bd} \geq 10\ \phi$

Der Anteil der mindestens durchzuführenden Feldbewehrung aus Abschnitt 8.4.5 gilt hier ebenfalls.

Können in besonderen Fällen (Brand, Auflagersetzung, Explosionslasten) bei statisch unbestimmten Systemen im Bereich der der Zwischenauflager positive Momente nicht ausgeschlossen werden, wird empfohlen, die untere Bewehrung über dem Auflager durchlaufen zu lassen oder über den Auflagern Zulagen anzuordnen, die sich mit der Feldbewehrung um l_{bd} übergreifen.

8.4.7 Verankerung gestaffelter Stäbe außerhalb von Auflagern

Bewehrungsstäbe, die zur Zugkraftdeckung außerhalb der Auflager gestaffelt werden, sind zu verankern mit:

(8.4-9) $l_{bd} \geq l_{b,min}$ (Empfehlung: $l_{b,min} \geq d$)

8.4.8 Verankerung von Schubaufbiegungen

Schubaufbiegungen sollten möglichst aus der Biegezugbewehrung auf- oder abgebogen werden, allenfalls sind „hutförmige" Zulagen vertretbar. Einhüftige Schubaufbiegungen (sogenannte „schwimmende" Formen) dürfen keinesfalls angeordnet werden (Bild 8.4-4).

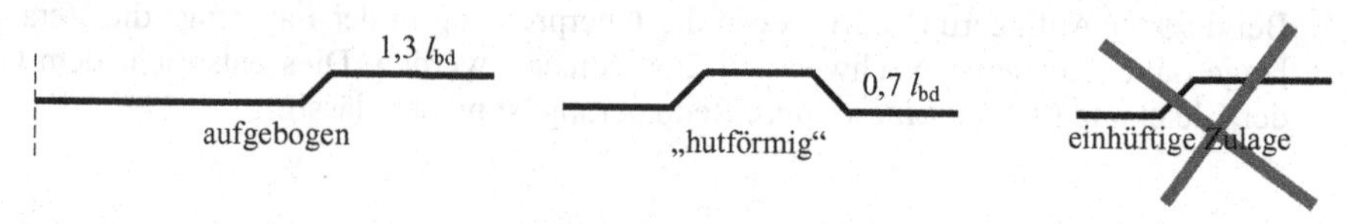

Bild 8.4-4 Verankerung von Schubaufbiegungen

8.4.9 Stöße

Häufig müssen Bewehrungsstäbe auf der Baustelle verlängert werden, z. B wegen:

- begrenzter Lieferlängen, insbesondere bei Stabstahl (in der Regel ≤ 18 m)
- begrenzter Längen und Gewichte vorgefertigter Bewehrungen für Transport und Montage
- Aufteilung eines Bauwerkes durch Arbeitsfugen in Bauabschnitte bzw.Betonierabschnitte (z. B. Anschluss Rahmenriegel an Stiel, Stützenstoß an OK Decke).

An Stößen muss die von der Bewehrung an der Stoßstelle aufzunehmende Zug- oder auch Druckkraft von einem Stabende auf das andere übertragen werden. Dies kann durch direkte Verbindung der Stabenden oder indirekt durch den „klassischen" Übergreifungsstoß unter Mithilfe des Betons geschehen.

Direkte Verbindungen durch Muffen:

Alle Muffenverbindungen bedürfen einer „allgemeinen bauaufsichtlichen Zulassung" (abZ) des Deutschen Instituts für Bautechnik (DIBt). Weitere Beschreibungen können z. B. [6-1] und [6-5] entnommen werden. Wegen des erhöhten Platzbedarfs (Durchmesser) im Bereich der Muffen und wegen deren Montage bedürfen derartige Verbindungen einer sorgfältigen Planung. Muffen gestatten auch bei Vollstößen mehrlagiger Bewehrungeneine Verbindung mit relativ geringer Länge. Sie sind für die volle Traglast des Bewehrungsstabes ausgelegt.

- **Schraubmuffen mit metrischem Gewinde**: An den Stabenden werden im Werk Gewinde angeschnitten. Die Verbindung erfolgt durch von Hand aufgeschraubte Muffen. Es werden unterschiedliche Muffenkonstruktionen von verschiedenen Herstellern angeboten.
- **Schraubmuffen mit Grobgewinde** (GEWI): Beim GEWI-Stoß wird ein spezieller Betonstahl verwendet, dessen Rippen ein linksgängiges Grobgewinde bilden. Der Stoß kann an jeder beliebigen Stelle des Stabes hergestellt werden. Ein vorheriges Schneiden oder Aufrollen der Gewinde entfällt. Die Verbindung erfolgt durch Schraubmuffen. Die Verbindung muss allerdings zur Vermeidung des Schlupfes im Grobgewinde mit Kontermuttern vorgespannt werden. Hierzu sind spezielle Drehmomentenschlüssel erforderlich.

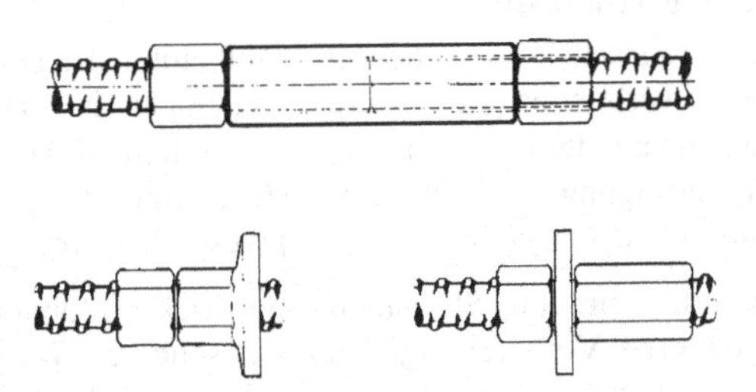

Bild 8.4-5 Muffenstoß und Endverankerung System GEWI

Bild 8.4-6 Schraubanschluß WD - System Wayss & Freytag mit metrischem Feingewinde

- **Pressmuffen ohne Gewinde**: Es kann normaler Betonstahl verwendet werden. Eine Vorbereitung der Stoßenden ist nicht erforderlich. Zur Verbindung wird eine rohrartige Muffe aus Stahl über die Stabenden geschoben und mit einer hydraulischen, klammerartigen Presse plastisch verformt. Dabei verzahnen sich die Rippen des Betonstahls kraftschlüssig mit dem Material der Muffe.

Direkte Verbindungen durch Schweißen:

Handelsüblicher Betonstahl kann geschweißt werden. Für die Ausbildung von Stößen auf Baustellen kommt praktisch nur die Verbindung durch elektrische Lichtbogenschweißung in Frage. Die Verbindung erfolgt durch Laschen aus Betonstahl oder durch Überlappungsstoß. Für die Stoßausbildung, die Schweißtechnik und die Güteüberwachung gilt DIN EN ISO 17660 von 2006 mit Berichtigung 1 von 2007. Es dürfen nur Schweißer mit Zusatzausbildung eingesetzt werden (Schweißerprüfung nach DIN EN 287-1 mit Ergänzung nach DVS 1146). Achtung: Ältere Betonstähle (Bauen im Bestand) sind oft nur eingeschränkt schweißbar (siehe z. B. [8-2]).

Bewehrungsanschlüsse mit Verwahrkästen:

Verwahrkästen aus Stahlblech werden schalungsbündig einbetoniert. Diese Verbindungen werden z. B. für Deckenanschlüsse an vorab betonierte Wände (Kletter- oder Gleitschalung) oder auch für die Verbindung von Wänden untereinander verwendet. Später wird die Anschlussbewehrung aufgebogen. Konstruktion und Bemessung sind in [8-3] geregelt.

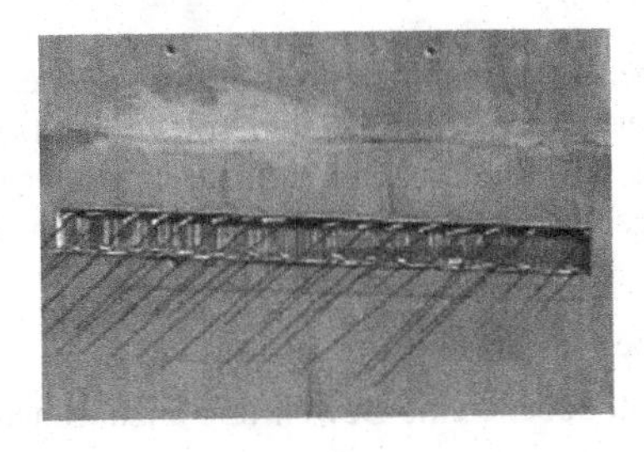

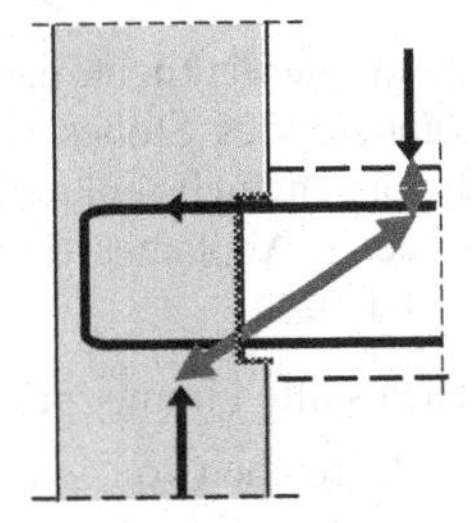

Bild 8.4-7 Verwahrkasten - System Halfen; Einbauskizze mit Tragsystem

Indirekte Verbindung durch Übergreifungsstoß:

Hierbei handelt es sich um die „klassische“ Methode des Stahlbetonbaus. Die Stabenden werden nicht direkt miteinander verbunden. Sie werden vielmehr bei ausreichender **Übergreifungslänge** l_0 direkt nebeneinander oder mit geringem seitlichem Abstand bis 4 ϕ im Beton angeordnet. Die Kraftübertragung geschieht unter Mitwirkung des Betons, wobei dessen Verbundfestigkeit und indirekt auch seine Zugfestigkeit wesentlich sind.

Übergreifungsstöße benötigen deutlich größere Stoßlängen als direkte Stoßverbindungen. Sie bedürfen jedoch keiner besonderen Vorbereitung, keines besonderen Werkzeugs und keiner zusätzlichen Qualitätsüberwachung bei der Montage und sind in der Regel im Ortbetonbau die wirtschaftlichste Lösung. Die Stoßlängen können der jeweils zu übertragenden Kraft angepasst werden. Ausführung und Berechnung von Übergreifungsstößen sind in EC 2 geregelt. Der Stoß muss eine schlupffreie Übertragung der Stabkraft ermöglichen. Im Stoßbereich dürfen keine vorzeitigen Betonabplatzungen auftreten.

Ein Stoß stellt immer eine Störung, oft auch eine Schwächung des Bauteils dar. Im Stoßbereich liegt eine Massierung von Betonstahl. An den Stoßenden treten ähnlich wie an den Verankerungsbereichen von Einzelstäben (siehe Abschnitt 1.2.4 und Bild 1.2-7) erhebliche Zusatzspannungen, insbesondere auch Zugspannungen, im Beton auf. Stöße sind daher auf ein Minimum zu beschränken und möglichst nicht im Bereich hoher Stahlbeanspruchung anzuordnen.

Tragverhalten des Übergreifungsstoßes

Im Stoßbereich überlagern sich die Verankerungsbereiche zweier Stäbe auf sehr engem Raum. Bild 8.4-8 zeigt ein vereinfachtes Modell zur Verdeutlichung des Kraftflusses.

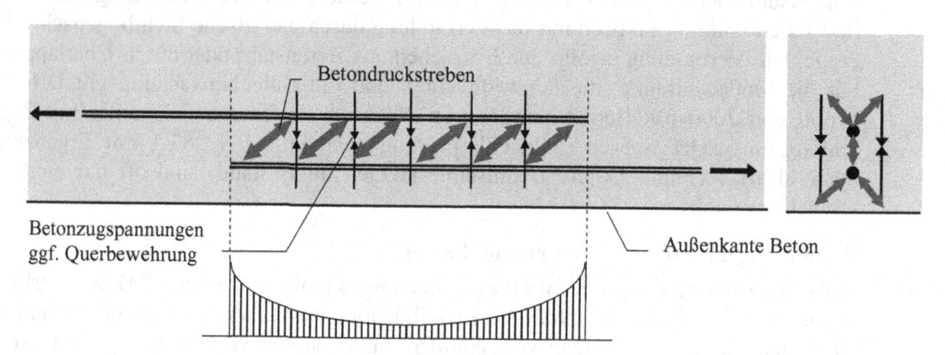

Bild 8.4-8 Vereinfachte Darstellung des Kraftflusses im Stoßbereich

Die Darstellung verdeutlicht, dass in der Stoßebene Zugspannungen im Beton auftreten, die ein „Aufklappen“ des Stoßes verhindern. In geringerem Maße treten solche spaltzugähnlichen Spannungen auch senkrecht zur Stoßebene auf. Sie können bei unzureichender Betondeckung zu deren Abplatzen führen. Hieraus ergeben sich konstruktive Forderungen (Bilder 8.4-9 und 8.4-10):

- Stoßebenen sollten immer parallel zu Betonoberflächen angeordnet werden.
- In den Endbereichen von Stößen ist quer zur Stoßebene eine Bewehrung anzuordnen.
- Die Stöße mehrerer Stäbe sollten in Querrichtung nicht zu dicht nebeneinander liegen.

– Beim Stoß mehrerer Stäbe sollten deren Stöße in Längsrichtung gegeneinander versetzt werden, um den in einem Schnitt gestoßenen Anteil der Gesamtbewehrung zu reduzieren und damit die ungünstigen lokalen Auswirkungen zu entzerren.

Anordnung der Stäbe im Stoßbereich

Der für die Stoßausbildung wichtige **Anteil gestoßener Stäbe in einem Querschnitt** bezieht sich auf eine zusammenwirkende Gruppe von Stäben (bei mehrlagiger Bewehrung bezogen jeweils auf eine Lage), z. B. Feldbewehrung eines Biegeträgers oder Längsbewehrung je Seite bei Stützen. Stöße gelten als in Längsrichtung gegeneinander versetzt (und damit als nicht im gleichen Schnitt gestoßen), wenn ihre benachbarten Stoßenden um mindestens 1,3 l_0 auseinander liegen. Die Anordnung der Bewehrungsstäbe innerhalb von Stoßbereichen ist nach Bild 8.4-9 auszuführen. Der lichte Abstand a muss auch außerhalb von Stößen eingehalten werden. (EC2 bezieht sich nur noch auf lichte Abstände. Achsabstände wie noch in DIN 1045-1 spielen keine Rolle mehr.)

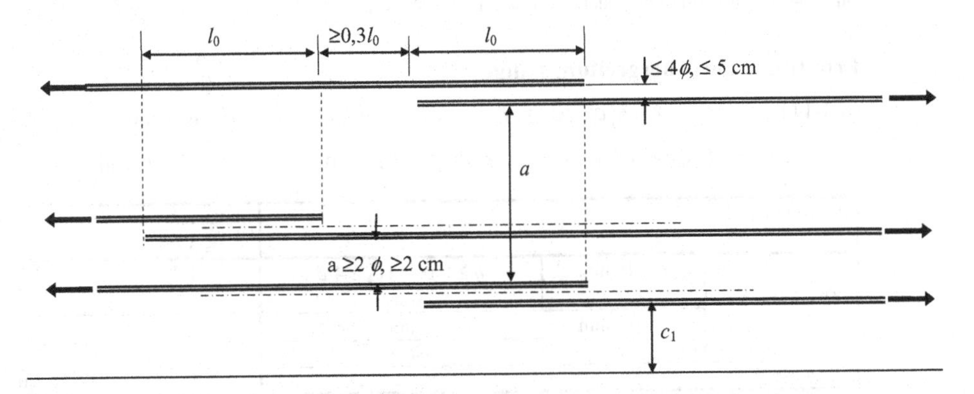

Bild 8.4-9 Lage von Stäben in Stoßbereichen

Anordnung von Querbewehrung

Bei Stößen von Stäben mit $\phi < 20$ mm oder bei einem Anteil von ≤ 25 % der in einem Schnitt gestoßenen Stäbe darf eine aus anderen Gründen vorhandene Querbewehrung ohne Nachweis als ausreichend angesehen werden. Dies können etwa die Querschenkel von Schubbügeln oder die Verteilerstäbe von Plattenbewehrungen sein. Sonstige Mindestbewehrungen sind natürlich einzuhalten.

In allen anderen Fällen ist eine ausreichende Querbewehrung ΣA_{st} zwischen Stoßebene und Betonoberfläche anzuordnen und nachzuweisen. Bei einem Stoßanteil von > 50% und gleichzeitig einem Abstand benachbarter Stöße von $a \leq 12\ \phi$ muss die Querbewehrung bügelartig im Bauteilinneren verankert werden.

(8.4-10) $\Sigma A_{st} \geq A_s$ A_s = Querschnitt eines zu stoßenden Stabes

Die Verteilung der Querbewehrung ist auf Bild 8.4-9 dargestellt. Zu Druckstößen siehe auch Abschnitt 13.4.2.

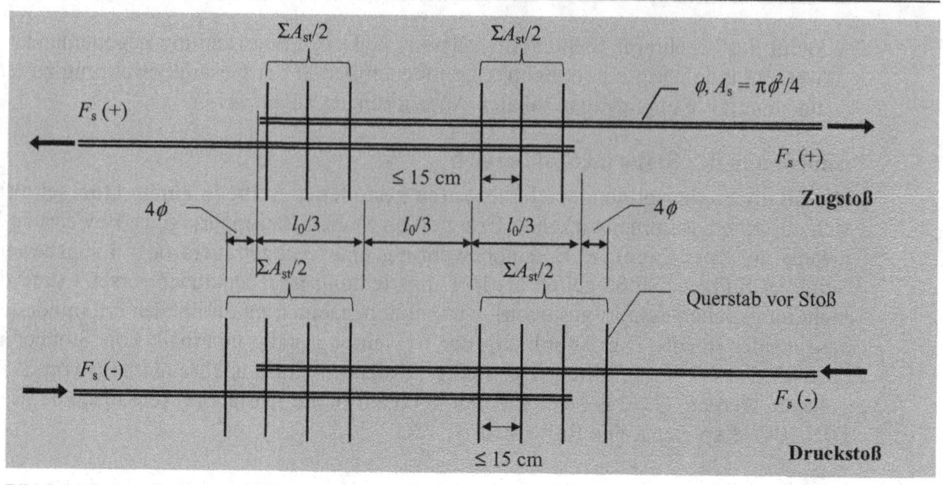

Bild 8.4-10 Anordnung der Querbewehrung im Stoßbereich

Ermittlung der Übergreifungslänge

(8.4-11) $l_0 = \alpha_1 \cdot \alpha_3 \cdot \alpha_5 \cdot \alpha_6 \cdot \alpha_A \, l_b = \alpha_6 \cdot l_{bd} \quad \geq l_{0,min}$ s.a. Gl. (8.4-6); α_6 nach Tabelle 8.4-2

$l_{0,min} \geq 0{,}3 \cdot \alpha_1 \cdot \alpha_6 \cdot l_b \quad \geq 15 \cdot \phi \quad \geq 20$ cm dabei l_b mit f_{yd} ermitteln

Beiwerte α_6			Stoßanteil einer Bewehrungslage	
			≤ 33 %	> 33 %
Zugstoß	$\phi < 16$ mm	$a \geq 8\ \phi$ und $c_1 \geq 4\ \phi$	1,0	1,0
		sonst	1,2	1,4
	$\phi \geq 16$ mm	$a \geq 8\ \phi$ und $c_1 \geq 4\ \phi$	1,0	1,4
		sonst	1,4	2,0
Druckstoß			1,0	1,0

Tabelle 8.4-2 Beiwerte α_6 für Übergreifungslängen

Anwendungsbeispiele sind in Abs. 13.4.2 und 17.5 enthalten. Für die Stöße von Betonstahlmatten gelten gesonderte Festlegungen. Diese werden in einem Beispiel mit Mattenbewehrung in Abschnitt 11 erläutert.

8.4.10 Verankerung von Bügeln und Schubzulagen

Durch das „Auffangen" der schiefen Druckstreben besteht die Gefahr, dass die Stöße der horizontalen Bügelschenkel „aufgehen" und die seitliche Betondeckung abplatzt. Bügel und Schubzulagen bedürfen deshalb einer besonders konzentrierten Verankerung. Zum Schließen von Bügeln an Ecken von Unterzügen und auch Stützen („Bügelschloss") sollten nur nach Innen gerichtete Haken verwendet werden (Ausführung a) auf Bild 8.4-11).

Es ist baupraktisch nicht immer möglich, die Bügelverankerung nur in der Druckzone vorzunehmen. Daher ist bei geschlossenen Bügeln zwischen Verankerungen in der Biegedruckzone und solchen in der Biegezugzone zu unterscheiden (sofern man es nicht vorzieht, die Bügel zu drehen, sodass die Schlösser immer in der Druckzone liegen).

Bei Plattenbalkenquerschnitten ist im Bereich der angrenzenden Flansche die Gefahr des Abplatzens des Betons deutlich geringer als bei Rechteckquerschnitten.

Sie dürfen daher sowohl in der Druckzone als auch in der Zugzone gleich ausgeführt werden. Hier kann die Form b) verwendet werden.

Stöße von Schubbewehrungen in Richtung der Zugstreben sind in der Regel nicht zulässig. Ausnahmen können bei sehr dicken Bauteilen (z. B. sehr dicken Fundamentplatten) bzw. sehr hohen Bauteilen (z. B. hohen Stege oder wandartigen Träger) vorkommen Dabei ist zu beachten, dass Risse parallel zur Bewehrungsrichtung auftreten können. Diese reduzieren die Tragfähigkeit von Verankerungen und Stößen, vgl. Abschnitt 8.4.2.

Die Verankerung der Bügel kann nach einer der nachfolgend gezeigten Arten geschehen:

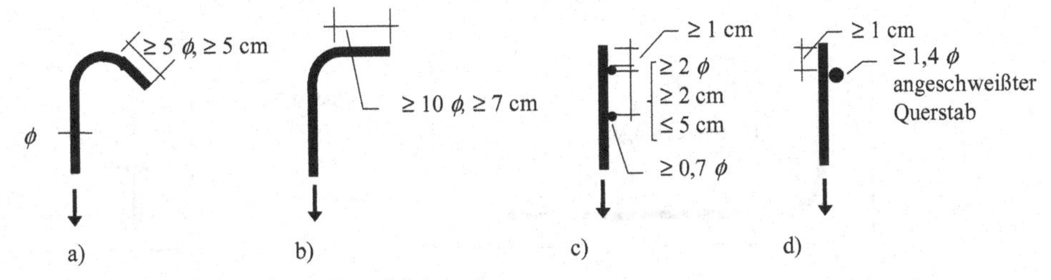

Bild 8.4-11 Verankerung von Bügeln und Schubzulagen

Die Anordnung der Verankerung ist abhängig von der Lage des Stoßes im Querschnitt:

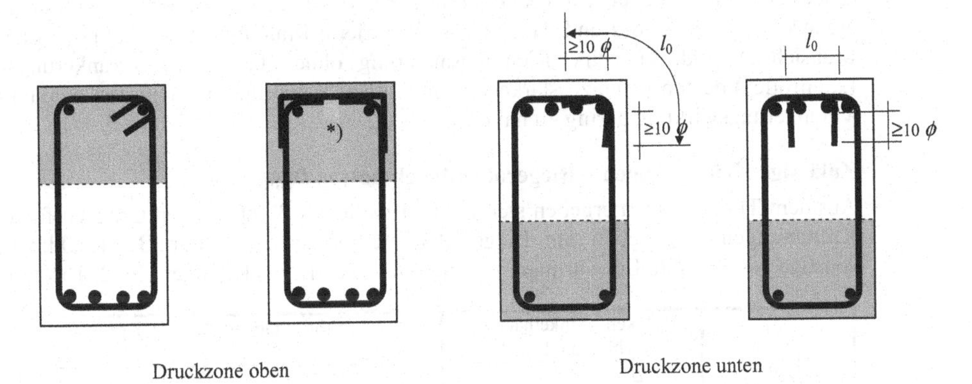

Bild 8.4-12 Schließen von Bügeln und Schubzulagen bei Rechteckquerschnitten

*) Der Kappenbügel wurde zur besseren Verdeutlichung seitlich und oben überstehend in der Zeichenebene dargestellt. Solche Kappen werden natürlich in Längsrichtung verschoben neben den Hauptbügeln eingebaut.

Das Verankerung von offenen Bügeln in Plattenbalken wurde bereits in Beispiel 6.9.3 gezeigt. Eine weitere Anwendung ist in Beispiel 11.2 enthalten.

8.4.11 Zulässige Krümmungen von Bewehrungsstäben

Tragverhalten in Krümmungen

Zur Erzeugung von Abbiegungen, Verankerungshaken und Schlaufen werden die Bewehrungsstäbe plastisch gekrümmt. Das Maß der Krümmungen ist aus folgenden Gründen zu begrenzen:

- Zu starke plastische Verformungen führen zu Schäden im Stahl, die insbesondere die Dauerfestigkeit beeinträchtigen können.
- Im Bereich der Krümmungen entstehen hohe Umlenkpressungen auf den Beton, die nicht zur Schädigung führen dürfen.
- Diese Pressungen erzeugen durch Aufspreizen **quer zur Krümmungsebene** Querzugspannungen im Beton, die bei nahen, parallel zur Krümmungsebene liegenden Betonoberflächen zum Abspalten der **seitlichen Betonüberdeckung** $c_{\perp}$ senkrecht zur Krümmungsebene führen können (Die gekrümmte Bewehrung wirkt dann wie eine Axt, die einen Holzklotz spaltet).

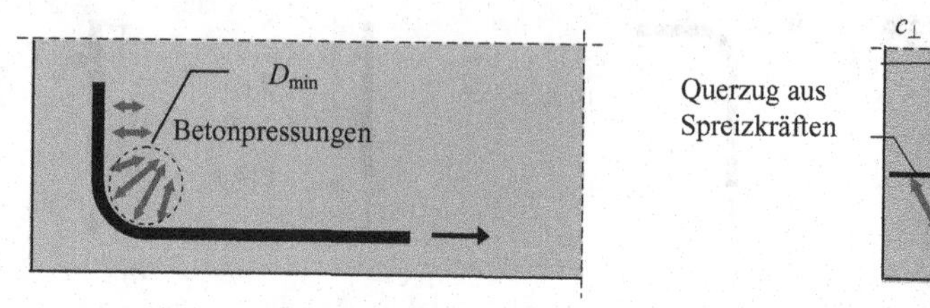

Bild 8.4-13 Pressungen und Querzug im Bereich von Krümmungen

Des Weiteren ist zu unterscheiden, ob eine Krümmung nur der Richtungsänderung des Stabes (z. B. an Rahmenecken) und damit der Umlenkung der Stabkraft dient, oder ob eine Verankerung des Stabes und damit die konzentrierte Einleitung der Stabkraft in den Beton beabsichtigt sind. Für eine Richtungsänderung ohne planmäßige Verankerungswirkung („Seilrolle") dürfen keine zu starken Krümmungen angeordnet werden, um eine ungewollte Verankerungswirkung gering zu halten.

Zulässige Krümmungen – Biegerollendurchmesser D_{min}

Aus dem Tragverhalten ergeben sich die in Tabelle 8.4-3 enthaltenen Grenzen für zulässige Krümmungen, angegeben als Biegerollendurchmesser D_{min}. Für Betonstahlmatten und sonstige geschweißte Bewehrungen gelten abweichende Festlegungen (EC2, Tab. 8.1 DE).

B500	Haken, Winkelhaken Schlaufen, Bügel		Schrägstäbe und andere Krümmungen		
	ϕ	ϕ	Betondeckung $c_{\perp}$		
	< 20 mm	≥ 20 mm	> 7ϕ >100 mm	> 3ϕ >50 mm	≤ 3ϕ ≤ 50 mm
D_{min} ≥	4 ϕ	7 ϕ	10 ϕ	15 ϕ	20 ϕ

Tabelle 8.4-3 Biegerollendurchmesser D_{min}

Die Tabelle ist unabhängig von der Festigkeitsklasse des Betons. In [8-1] waren Biegerollendurchmesser in Abhängigkeit von der Betondruckfestigkeit unter der Krümmung hergeleitet worden. Diese wurden jedoch nicht in die diversen Fassungen von DIN 1045 übernommen. Es kann in der Regel davon ausgegangen werden, dass andere Bruchmechanismen (Spalten) vorrangig sind, und dieser Effekt durch die geometrischen Forderungen der Tabelle 8.4-3 abgedeckt ist. EC2 enthält allerdings nunmehr in Abschnitt 8.3 eine entsprechende Formel, die in bestimmten, ungünstigen Fällen verwendet werden muss (s. a. in [1-14]).

9 Momentenumlagerung

9.1 Allgemeines

EC2 lässt verschiedene Verfahren der Schnittgrößenermittlung zu:

- Die „klassische“ Schnittgrößenermittlung unter Ansatz linear-elastischen Tragverhaltens.
- Schnittgrößenermittlung unter Ansatz linear-elastischen Tragverhaltens und nachträgliche Einbeziehung begrenzter (plastischer) Umlagerungen.
- Schnittgrößenermittlung für plastisches Tragverhalten am Gesamtsystem (Traglast unter Ansatz von Fließgelenken, insbesondere bei Platten, siehe Abschnitt 18.3.3).
- Schnittgrößenermittlung unter Ansatz nichtlinearen Tragverhaltens (z.B. Theorie zweiter Ordnung mit nichtlinearen Momenten-Krümmungs-Beziehungen).

Im Rahmen dieses Buches soll in diesem Abschnitt das zweitgenannte Verfahren für Stabtragwerke behandelt werden. Es stellt ein stark vereinfachtes Traglastverfahren am Gesamtsystem dar und führt bei noch überschaubarem Rechenaufwand zu einer wirtschaftlicheren Bemessung als das „klassische“ Vorgehen.

Der Grundgedanke dabei ist:

- **Statisch bestimmte Systeme:** Das **Versagen** tritt durch **„Bruch“ eines Querschnittes** ein (Design-Zustand der Querschnittsbemessung für „Bruch“-Moment M_u).
- **Statisch unbestimmte Systeme:** das **Versagen** tritt erst nach Ausbildung von „Fließgelenken“ und damit **nach** erheblicher **Lastumlagerung** ein (statisch unbestimmte Systeme bilden bei Laststeigerung lokal Gelenke aus, bis ein statisch bestimmtes System vorliegt, das schließlich in einem oder in mehreren Querschnitten versagt).

Diese Zusammenhänge werden durch Bild 9.1-1a und 1b erläutert:

Zu Bild 1a: **statisch bestimmtes System**

Fließgelenk bildet sich aus, im Gelenk wirkt M_u. Die **Traglast des Querschnittes** und des Systems sind gleichzeitig erreicht. Eine weitere Laststeigerung ist nicht möglich, das System wird instabil (kinematische Kette).

Zu Bild 1b: **statisch unbestimmtes System**

Fließgelenke bilden sich an den höchstbeanspruchten Stellen (Einspannung). Bei weiteren Laststeigerungen Δq kann eine Umlagerung ins Feld erfolgen (Zweigelenkträger), sofern dort noch Tragreserven vorhanden sind. Erst wenn auch dort M_u erreicht wird, ist keine weitere Lastaufnahme mehr möglich: der **Traglastzustand des Systems** ist erreicht.

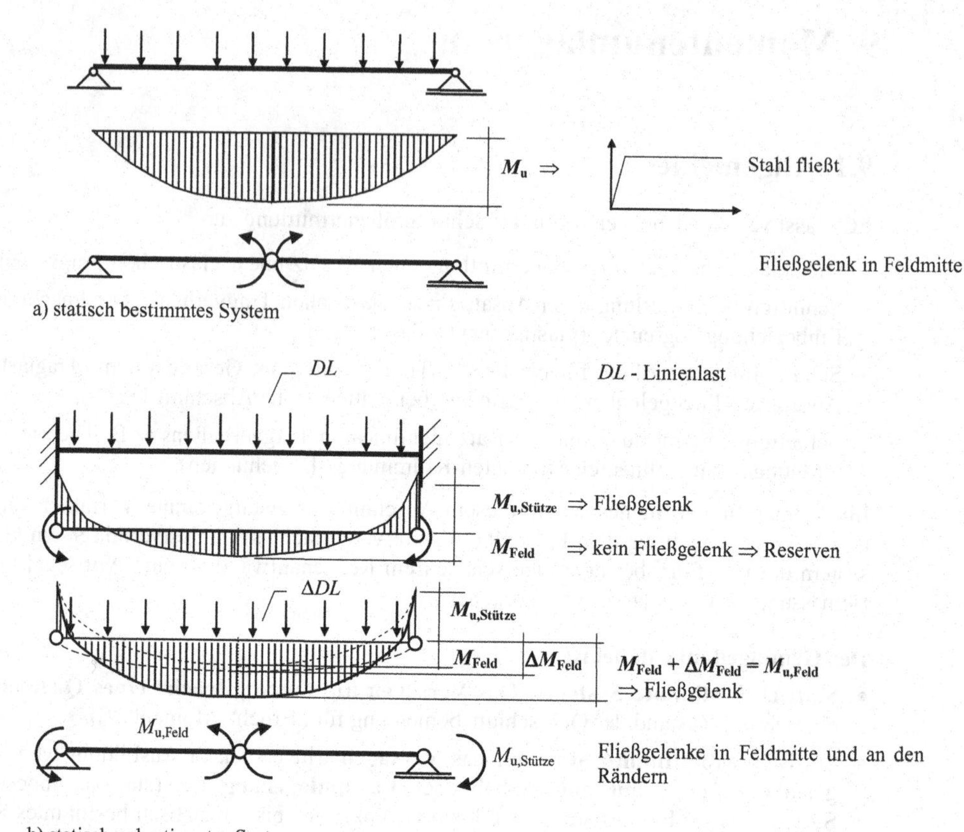

Bild 9.1-1 Zur Traglast statisch unbestimmter Systeme

Diese Umlagerungsmöglichkeiten können im Stahlbetonbau in starkem Maße durch die Bewehrungsführung beeinflusst werden. Durch gezielte Bewehrungsanordnung können im Zustand II bei Inkaufnahme von starker Rissbildung auch extreme Umlagerungen erzwungen werden. Ein derartiges Beispiel (im Sinne einer Grenzbetrachtung, ohne Bewertung der verbleibenden Tragfähigkeit für Querkraft) zeigt Bild 9.1-2.

- Im **Zustand I** sind **beide Tragsysteme** weitgehend **identisch**: beidseits eingespannte Balken.
- Im **Zustand II** bilden sich **zwei völlig unterschiedliche Tragsysteme** heraus: ein Zweigelenkträger einerseits und zwei Kragträger andererseits.

Das Beispiel ist extrem und nicht zur Nachahmung empfohlen. Es verdeutlicht aber die Möglichkeiten von Traglastbemessungen im Stahlbetonbau.

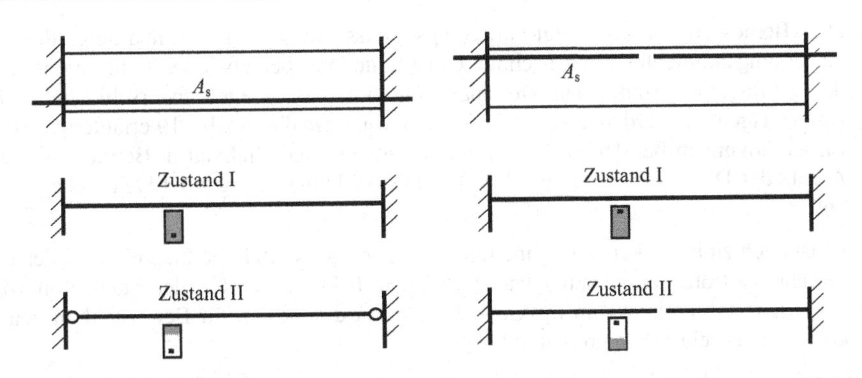

Bild 9.1-2 Zur Umlagerung von Schnittgrößen

Die „genaue" Berechnung solch gezielter Umlagerungen ist kompliziert. EC2 erlaubt bei **Balken, Riegeln unverschieblicher Rahmen und einachsig gespannten Platten** näherungsweise den nachträglichen „Einbau" begrenzter Momentenumlagerung in elastisch errechnete Momentenverläufe. Dabei ist die „Rotationsfähigkeit" der sich ausbildenden teilplastischen Gelenke zu berücksichtigen. Hierbei ist besonders die Beanspruchung und Höhe der Betondruckzone entscheidend. EC2 schreibt deshalb den Nachweis der Rotationsfähigkeit zwingend vor und begrenzt die plastische Umlagerung lokaler Biegemomente.

Die so ermittelten Momentenverläufe werden der Querschnittsbemessung zugrunde gelegt. Bei den vergleichsweise geringen erlaubten Umlagerungen bleiben Risse und Verformungen in der Regel in vertretbaren Grenzen.

Der Nachweis ausreichender Rotationsfähigkeit kann vereinfacht durch Einhalten einer Begrenzung der Druckzonenhöhe x nach den Gleichungen (9.1-1) und (9.1-2) erfolgen. Können diese Grenzwerte nicht eingehalten werden, kann der tatsächliche Rotationswinkel über der Stütze ermittelt und dem vom Querschnitt aufnehmbaren gegenübergestellt werden (siehe folgende Abschnitte. Die diesbezüglichen Angaben des EC2 gelten nur für hochduktilen Stahl).

- Hochduktiler Stahl (B500 B):

(9.1-1 a) $\delta \geq 0{,}64 + 0{,}8 \cdot x_u/d \geq 0{,}7$ für ≤ C50/60

(9.1-1 b) $\delta \geq 0{,}72 + 0{,}8 \cdot x_u/d \geq 0{,}8$ für ≥ C55/67 und für Leichtbeton

- Normalduktiler Stahl (B500 A):

(9.1-2 a) $\delta \geq 0{,}64 + 0{,}8 \cdot x_u/d \geq 0{,}85$ für ≤ C50/60

(9.1-2 b) $\delta = 1{,}0$ für ≥ C55/67 und für Leichtbeton

δ ist das Verhältnis aus dem Moment nach Umlagerung zu dem Moment vor Umlagerung. Der Index „u" bei der Druckzonenhöhe x verdeutlicht, dass diese aus der Biegebemessung mit umgelagertem Momentenverlauf zu ermitteln ist.

Als Ziel der Nutzung von Umlagerungen wird hauptsächlich angeführt, Momentenspitzen abzubauen und Reserven in nicht voll beanspruchten Bereichen der Tragsysteme zu aktivieren. Es liegt also ein Optimierungsproblem in Hinblick auf eine Minimierung der Biegezugbewehrung vor.

Die Bemessungspraxis zeigt allerdings, dass wegen der Einhaltung des Mindestbemessungsmomentes am Anschnitt Umlagerungen über etwa 18 % bei monolithisch mit den Auflagern verbundenen Durchlaufträgern (z. B. Riegel unverschieblicher Rahmen) kaum ausgenutzt werden können. Zieht man weiterhin die in Abs. 10 erläuterten zusätzlichen Einschränkungen bei den Nachweisen der Gebrauchstauglichkeit in Betracht, so ist der alte Ansatz der DIN 1045, 1988, mit Begrenzung der Umlagerung auf 15% durchaus noch sinnvoll.

Es ist auch zu bedenken, dass eine mögliche geringe zusätzliche Ersparnis bei der Biegezugbewehrung trotz der in den letzten Jahren nach langen Zeiten der Stagnation wieder gestiegenen Stahlpreise kaum ins Gewicht fällt, da die Kosten für Betonstahl an den Gesamtkosten einen sehr geringen Anteil haben.

Trotzdem sollte eine mäßige Umlagerung genutzt werden. Die so eingesparte Stützbewehrung verringert die Konzentration der oberen Bewehrungslage im Stützbereich z. B. von Rahmenriegeln (bei denen wegen der zusätzlichen vertikalen Stützenbewehrung immer zu wenig Platz vorhanden ist) und erleichtert den Einbau der Bewehrung und des Betons.

Praktisches Vorgehen (Bild 9.2-1):

- Schnittgrößenverläufe aus elasto-statischen Berechnungen ermitteln.
- Wählen einer Momentenumlagerung δ (in der Regel Absenkung der extremalen Stützmomente um $\leq$ 30 %) und Ermittlung der zugehörigen geänderten Feldmomente, **selbstverständlich unter Einhaltung der Gleichgewichtsbedingungen**. Diese Feldmomente sollten nicht größer werden als die aus einer anderen Lastkombination stammenden maximalen Feldmomente.
- Ermittlung der Anschnitt- bzw. Ausrundungsmomente und Kontrolle auf Einhaltung der Mindestwerte für Stütz- und Feldmomente.
- Biegebemessung der Stützbewehrung und Kontrolle auf ausreichende Rotationsfähigkeit. Ist diese vorhanden, können die Bemessung und die konstruktive Durchbildung des Bauteils fortgesetzt werden. Andernfalls ist die Berechnung mit Vorschätzen einer geringeren Umlagerung (d.h. mit einem größeren Wert δ) zu wiederholen.

Unabhängig davon fordert EC2 für die zuvor genannten Bauteile auch in den Fällen, in denen keine Umlagerung in Anspruch genommen wird, eine Begrenzung der Druckzonenhöhe auf die schon in Gleichung (4.4-13) genannten Werte.

Das vereinfachte Umlagerungsverfahren darf nicht angewendet werden, wenn das Rotationsvermögen der kritischen Tragwerksbereiche nicht sicher angegeben werden kann (z.B. an den Ecken verschieblicher Rahmen oder bei vorgespannten Rahmen).

9.2 Theoretische Grundlagen

9.2.1 Allgemeines

Durch die Umlagerung wird die Verträglichkeit der elastischen Verformungen (es entsteht rechnerisch eine Klaffung der Drehwinkel über der Stütze) gestört. Sie kann nur durch nichtlineare bzw. plastische Verformung des Tragwerkes insbesondere im Bereich der Fließgelenke wiederhergestellt werden. Die Klaffung der Drehwinkel (s. Bild 9.2-7) wird durch den plastischen Rotationswinkel θ_{erf} geschlossen.

Es gilt daher, diese Rotationswinkel für vorgeschätzte Umlagerungsfaktoren δ am dafür vorbemessenen Tragwerk zu berechnen. Hierzu müssen die Krümmungen der an einen Stützquerschnitt angrenzenden Felder unter Berücksichtigung nichtlinearer Effekte integriert werden. Die so ermittelten Rotationswinkel θ_{erf} dürfen die vom vorbemessenen Stützquerschnitt aufnehmbare Rotationsfähigkeit $\theta_{pl,d}$ nicht überschreiten. Im allgemeinen Fall ist die Lösung nur iterativ möglich.

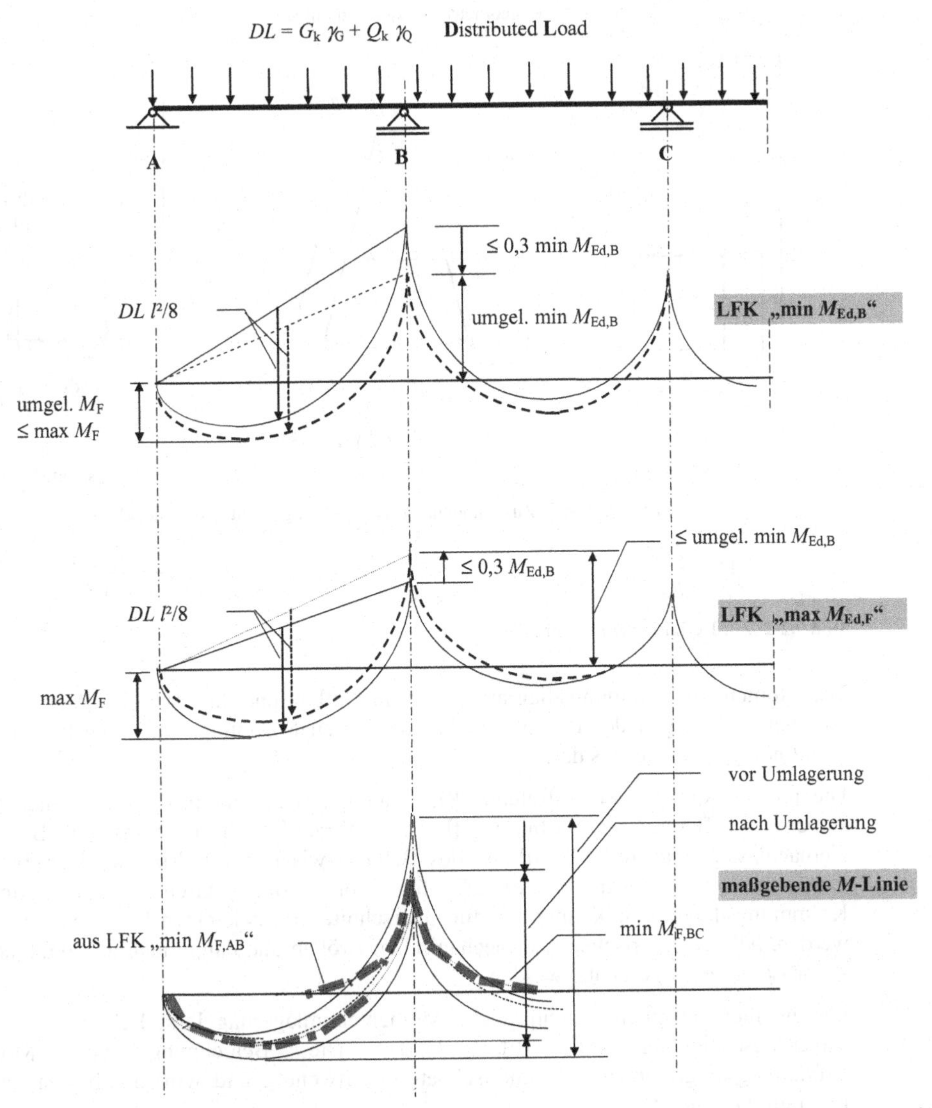

Bild 9.2-1 Prinzip der Momentenumlagerung, dargestellt mit Umlagerung von Stütz- und Feldmoment an der ersten Innenstütze eines Durchlaufträgers

9.2.2 Das Momenten-Krümmungsdiagramm

Den Zusammenhang zwischen dem auf einen (vorgegebenen) Querschnitt einwirkenden Moment und der entstehenden Querschnittsverformung ausgedrückt durch die Krümmung ($1/r$) veranschaulicht Bild 9.2-2. Dabei ist r der Krümmungsradius der Biegelinie des Tragwerkes an der Stelle des untersuchten Querschnittes. Die Krümmung ist proportional zur zweiten Ableitung der Biegelinie.

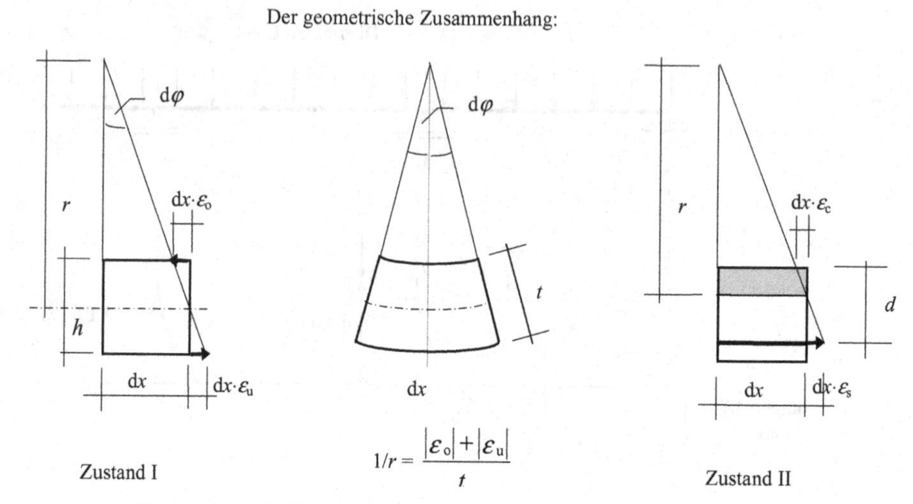

Der mechanische Zusammenhang (Differentialgleichung der Biegelinie):

$$1/r = \frac{M(\mathrm{x})}{E_c \cdot I_c} \qquad\qquad 1/r = \frac{M(\mathrm{x})}{E_s \cdot A_s \cdot (d-x) \cdot \mathrm{z}}$$

Bild 9.2-2 Zur Definition der Krümmung

Das Momenten-Krümmungsdiagramm stellt in Aufbau und Aussage eine Analogie zu dem aus den Grundlagen der Festigkeitslehre bekannten Spannungs-Dehnungsdiagramm eines nichtlinearen Werkstoffes dar.

Die mit steigender Last auftretende Rissbildung des Stahlbetons erzeugt einen zunächst steilen, nach Beginn der Rissbildung flacheren Verlauf des Diagramms (vgl. Bild 1.2-11). Vernachlässigt man die Mitwirkung des Betons zwischen den Rissen, so ergibt sich ein näherungsweise linearer Verlauf fast bis zum Grenzzustand. Momenten-Krümmungsdiagramme können nur für Querschnitte mit bekannten Eigenschaften ermittelt werden. Alle geometrischen und mechanischen Größen und damit auch der Stahlquerschnitt A_s müssen also vorgeschätzt werden.

Für die hier behandelte nachträgliche Momentenumlagerung lässt EC2 eine linearisierte Näherungsbeziehung zu (Bild 9.2-3). Die Berechnung von Momenten-Krümmungsdiagrammen ist numerisch etwas aufwendig und wird am besten mit einem Programm durchgeführt.

Wie bereits ausgeführt wurde, können für Verformungsberechnungen Mittelwerte der Materialkennwerte angesetzt werden. Für die Ermittlung der Momenten-Krümmungsdiagramme gelten statt der Werte nach Tabelle 1.2-1 folgende Ansätze (rechnerische Mittelwerte):

(9.2-1) $f_{yR} = 1{,}1 \cdot f_{yk}$

(9.2-2) $f_{tR} = 1{,}08 \cdot f_{yR}$ für B500 B bzw. $1{,}05 \cdot f_{yR}$ für B500 A

(9.2-3) $f_{cR} = 0{,}85 \cdot \alpha_{cc} \cdot f_{ck} \approx 1{,}3 \cdot f_{cd}$ $\alpha_{cc} = 0{,}85$ Dauerstandsfestigkeits-Beiwert

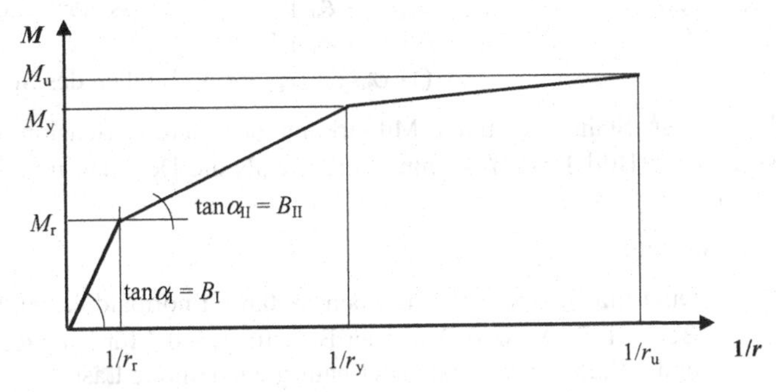

Bild 9.2-3 Momenten-Krümmungsdiagramm unter Berücksichtigung des Betons zwischen den Rissen

Auf Bild 9.2-3 bedeuten:

M_r	Rissmoment für den Mittelwert der Betonzugfestigkeit f_{ctm}
M_y	Moment bei Erreichen der Fließdehnung ε_y
M_u	Bruchmoment

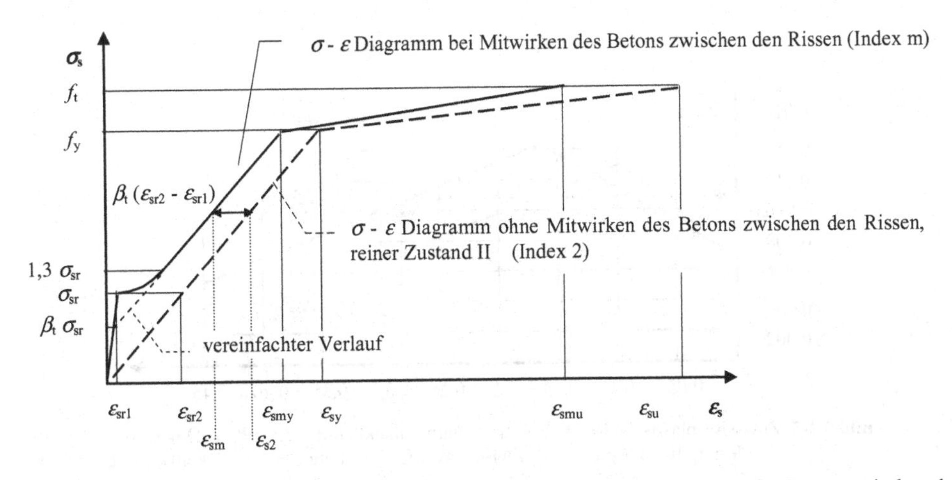

Bild 9.2-4 Spannungs-Dehnungsdiagramm für die Stahldehnung unter Mitwirkung des Betons zwischen den Rissen (tension stiffening) nach [9-1]

Man unterscheidet vier Abschnitte des Tragverhaltens:

- ungerissen – Zustand I: $0 < \sigma_s \leq \sigma_{sr}$
- Erstrissbildung: $\sigma_{sr} < \sigma_s \leq 1{,}3 \cdot \sigma_{sr}$
- abgeschlossene Rissbildung: $1{,}3 \cdot \sigma_{sr} < \sigma_s \leq f_y$
- Fließen des Stahls: $f_y < \sigma_s \leq f_t$

Für den vereinfachten Verlauf lassen sich dazu folgende Beziehungen aufstellen:

(9.2-4 a) $0 < \sigma_s \leq \beta_t \cdot \sigma_{sr}$ $\varepsilon_{sm} = \varepsilon_{s1}$ ungerissen - Zustand I

(9.2-4 b) $\beta_t \cdot \sigma_{sr} < \sigma_s \leq f_y$ $\varepsilon_{sm} = \varepsilon_{s2} - \beta_t (\varepsilon_{sr2} - \varepsilon_{sr1})$ gerissener - Zustand II

(9.2-4 c) $f_y < \sigma_s \leq f_t$ $\varepsilon_{sm} = \varepsilon_{sy} - \beta_t (\varepsilon_{sr2} - \varepsilon_{sr1}) +$
$+ \delta_d \cdot (1 - \sigma_{sr}/f_y) \cdot (\varepsilon_{s2} - \varepsilon_{sy})$ Fließen des Stahls

Die mittlere Dehnung des Stahls ε_{sm} unter Mitwirkung des Betons (tension stiffening) zwischen den Rissen (siehe Bild 1.2-10) ist immer kleiner als die Dehnung im Riss $\varepsilon_s = \sigma_s / E_s$ (reiner Zustand II).

In den Gleichungen bedeuten:

δ_d Duktilitätsfaktor, = 0,8 für hoch-, = 0,6 für normalduktilen Stahl

β_t Beiwert für Art und Dauer der Belastung, = 0,4 für Kurzzeitlast und = 0,25 für dauernde oder häufig wiederholte Last

9.2.3 Der aufnehmbare Rotationswinkel $\theta_{pl,d}$

Der von einem vorgewählten Querschnitt aufnehmbare Rotationswinkel $\theta_{pl,d}$ hängt im Wesentlichen vom Verhalten der Betondruckzone und von der Duktilität des verwendeten Betonstahles ab. Er wird auf Bild 9.2-5 als Funktion der Druckzonenhöhe x für Stahl mit hoher Duktilität (vgl. Abschnitt 1.2.3) dargestellt (Achtung: Spitze für C100/115 im EC2 ist verrutscht). Der ansteigende Ast ist durch Stahlversagen, der abfallende durch Betonversagen bestimmt. Genauere Ermittlungen von $\theta_{pl,d}$ sind in [1-2] und [1-13] zu finden.

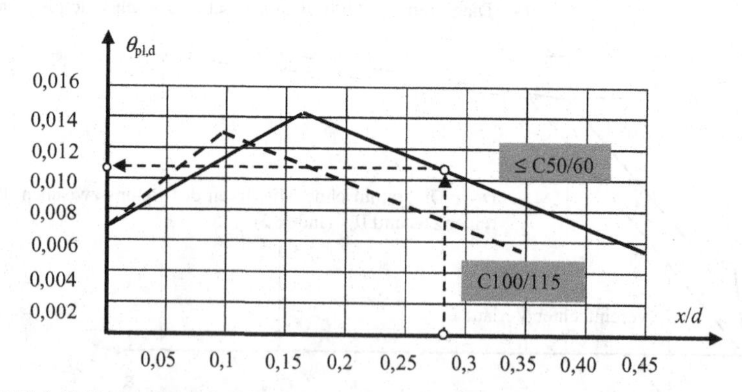

Bild 9.2-5 Zulässige plastische Rotation $\theta_{pl,d}$ – Schubschlankheit $\lambda = 3{,}0$ – hohe Duktilität (Ablesung für Beispiel 11.4), Zwischenwerte für andere Betonfestigkeitsklassen s. [1-13]

Die Schubschlankheit λ bezieht sich auf den Bereich des plastischen Gelenkes. Sie ist definiert als Verhältnis des Abstandes l_o des Gelenkes vom benachbarten Momenten-Nullpunkt (nach Umlagerung des Momentes) zur statischen Höhe d des Bauteils. Sie kann durch folgende Gleichung angenähert werden:

(9.2-5) $$\lambda = l_0/d = \frac{M_{Ed}}{V_{Ed}} \cdot \frac{1}{d}$$

Die Gleichung basiert näherungsweise auf Bild 9.2-6, wobei vereinfachend die Querkraft auf der Länge l_0 als konstant angesetzt wird.

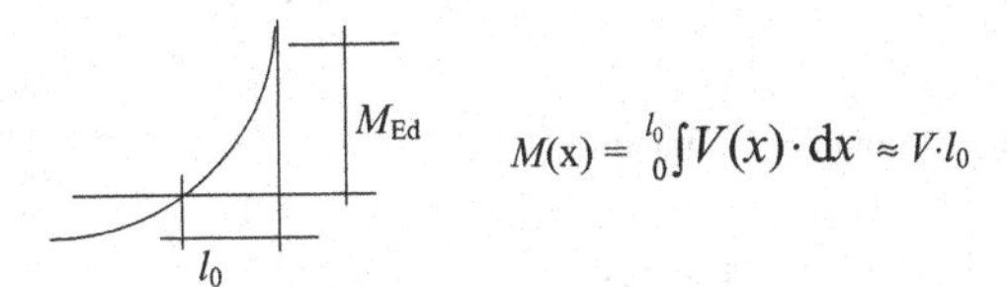

M_{Ed}
l_0
$M(x) = \int_0^{l_0} V(x) \cdot dx \approx V \cdot l_0$

Bild 9.2-6 Zur Herleitung der Schubschlankheit

Für Schubschlankheiten ≠ 3,0 sind die aus Bild 9.2-5 abgelesenen Werte für $\theta_{pl,d}$ mit dem Faktor k_λ zu korrigieren:

(9.2-6) $$k_\lambda = \sqrt{\lambda/3}$$

9.2.4 Ermittlung des erforderlichen plastischen Rotationswinkels θ_{erf}

Wie schon in Abschnitt 9.2.1 erwähnt, entsteht durch die Momentenumlagerung über der Stütze eine rechnerische Diskontinuität der Biegelinie (Bild 9.2-7). Den zur Herstellung der Kontinuität erforderlichen plastischen Rotationswinkel θ_{erf} kann man anhand des umgelagerten Momentenverlaufes aus einem Arbeitsintegral errechnen. Hierzu wird am statisch bestimmt gemachten Tragsystem (Reduktionssatz der Statik) ein Hilfsmomentenpaar $\bar{M} = 1$ angebracht.

Bild 9.2-8 zeigt den Verlauf der Biegemomente infolge $\bar{M}$ sowie die zum umgelagerten Momentenverlauf gehörenden Krümmungen $1/r$, hier vereinfacht dargestellt an einem symmetrischen Zweifeldträger (Bei Innenstützen von mehrfeldrigen Durchlaufträgern sind bei der Berechnung der Krümmungen die benachbarten Stützmomente zu berücksichtigen).

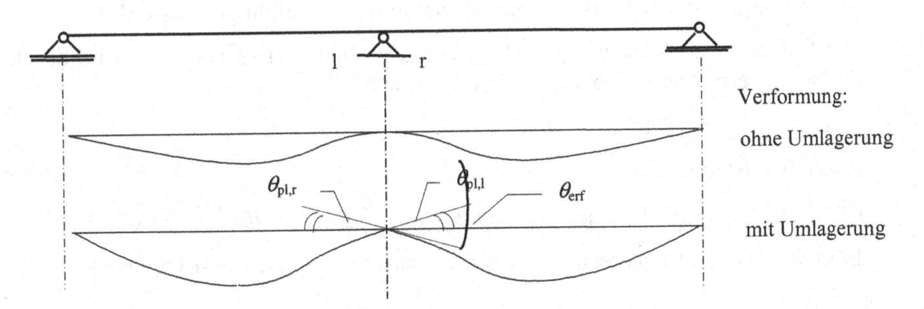

Bild 9.2-7 Verdeutlichung des plastischen Drehwinkels θ_{erf}

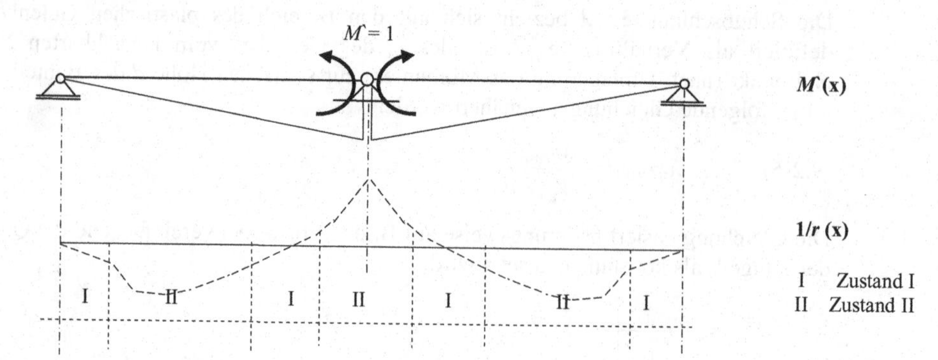

Bild 9.2-8 Verlauf des Hilfsmomentes $M`$ und der Krümmung $1/r$

Die Berechnung des Drehwinkels erfolgt mit der Arbeitsgleichung:

$$\theta_{\text{erf}} = \theta_{\text{pl,l}} + \theta_{\text{pl,r}} = \int^{l_l} \frac{M(x)\cdot M`(x)}{EI(x)}\text{d}x + \int^{l_r} \frac{M(x)\cdot M`(x)}{EI(x)}\text{d}x \tag{9.2-7}$$

Nach Bild 9.2-2 kann gesetzt werden:

$$\frac{M(x)}{EI(x)} = \frac{1}{r(x)} \tag{9.2-8}$$

Damit wird aus Gleichung (9.2-6)

$$\theta_{\text{erf}} = \theta_{\text{pl,l}} + \theta_{\text{pl,r}} = \int^{l_l} \frac{M`(x)}{r(x)}\text{d}x + \int^{l_r} \frac{M`(x)}{r(x)}\text{d}x \tag{9.2-9}$$

Der Verlauf der Krümmung $1/r$ wird für den umgelagerten Momentenverlauf (unter Designlast) aus dem Momenten-Krümmungsdiagramm nach Bild 9.2-3 errechnet. Bei gestaffelter Biegezugbewehrung werden mehrere Diagramme über die Balkenlängen l_l und l_r erforderlich.

Die Integration in Gleichung (9.2-8) erfolgt numerisch, z. B. mit dem Verfahren nach Simpson. Für Handrechnungen können die Verläufe von $M`$ und $1/r$ mit in der Regel ausreichender Genauigkeit als Parabeln oder als bereichsweise konstant angenähert, und die Integrale mit den aus der Baustatik bekannten Integraltafeln gelöst werden.

Der Nachweis, dass die Rotationsfähigkeit des Fließgelenks ausreicht, wird durch Vergleich der beiden errechneten Rotationswinkel erbracht:

$$\theta_{\text{erf}} \le \theta_{\text{pl,d}} \tag{9.2-10}$$

Zusätzlich ist einzuhalten:

$$\xi \le 0{,}45 \quad \text{für} \ \le \text{C50/60} \quad \text{und} \quad \xi \le 0{,}35 \quad \text{für} \ \ge \text{C55/67} \tag{9.2-11}$$

Ein vollständig durchgerechnetes Beispiel wird in Abschnitt 11.4 vorgestellt.

10 Nachweise der Gebrauchstauglichkeit

10.1 Allgemeines

Die Bemessung erfolgt im Grenzzustand der Tragfähigkeit. Hierdurch ist nicht immer ein ausreichendes Verhalten unter Gebrauchslasten sichergestellt. Deshalb müssen **ergänzende Nachweise in den Grenzzuständen der Gebrauchstauglichkeit (GZG)** geführt werden. Letztere dürfen keinesfalls als nebensächlich betrachtet werden. Die hohe Zahl von Bauschäden zeigt dies eindrücklich.

Die wesentlichen Nachweise in den Grenzzuständen der Gebrauchstauglichkeit betreffen Begrenzungen von Spannungen und Verformungen sowie Beschränkungen der zu erwartenden Rissbreiten mit den Zielen:

- einwandfreie Nutzung des Bauwerkes
- ausreichende Dauerhaftigkeit des Bauwerkes.

Den Nachweisen sind – abhängig von den Expositionsklassen - unterschiedliche Einwirkungskombinationen zu Grunde zu legen.

Zum Erreichen dieser Ziele sind im Grenzzustand der Gebrauchstauglichkeit insbesondere Betondruckspannungen, Verformungen und Rissbreiten zu begrenzen. Im EC2 wird auf die Begrenzung von Schwingungen zwar hingewiesen, diese Problematik aber nicht explizit behandelt.

Zusammen mit den schon in Abschnitt 4 vorgestellten Maßnahmen zum Korrosionsschutz der Bewehrung durch Betondeckung und zur richtigen Wahl der Betonzusammensetzung und der Betonfestigkeitsklasse kommt den Nachweisen im GZT eine erhebliche Bedeutung für die Dauerhaftigkeit eines Bauwerkes zu. Im Rahmen dieses Buches werden die Nachweise für Stahlbeton vorgestellt. Auf die z. T. weitergehenden Anforderungen an vorgespannte Bauteile wird nicht näher eingegangen.

Zur Dauerhaftigkeit und Nachhaltigkeit von Bauwerken enthalten etliche Normen und Eurocodes Angaben zur Nutzungsdauer verschiedener Bauwerke. So wird in DIN EN 1990 (EC0) „Grundlagen der Tragwerksplanung“ [1-4] für Hochbauten von einer Nutzungsdauer von 50 Jahren ausgegangen. Zusätzlich ist die „vorhersehbare zukünftige Nutzung“ zu berücksichtigen. Andererseits wird z. B. im „Leitfaden Nachhaltiges Bauen, Fassung 2011“ des Bundesministeriums für Verkehr, Bau und Stadtentwicklung [1-5] darauf verwiesen, dass z. B. Industriehallen für eine deutlich geringere Nutzungsdauer als Bürogebäude ausgelegt seien. Der derzeitige Trend geht z. T. wegen schnell steigender Anforderungen an technische Ausstattung und Komfort eher zu deutlich kürzeren Nutzungsdauern gerade bei Bürogebäuden (vgl. zu diesem Thema auch [6-5]). Hier könnte ein Zielkonflikt entstehen. Ein ermutigendes Beispiel zu nachhaltigem Bauen scheint ein Kaufhausneubau in Wien zu sein ([10-1]).

Die im Folgenden beschriebenen Nachweise orientieren sich an den zuvor genannten Vorgaben des EC0.

10.2 Begrenzung der Spannungen

10.2.1 Allgemeines

Insbesondere das stark zeitabhängige Verformungsverhalten des Betons kann bei hohen Dauerbeanspruchungen zu einer deutlichen Zunahme von Verformungen und Spannungen im Beton, Betonstahl und Spannstahl führen, dies vor allem durch Mikrorissbildung unter und durch nichtlineares Kriechen. Zur Sicherstellung der Gebrauchstauglichkeit und der Dauerhaftigkeit sollen deshalb bestimmte Spannungsgrenzen nicht überschritten werden.

Diese Nachweise dürfen bei nicht vorgespannten Bauteilen des üblichen Hochbaus entfallen, sofern bei den Nachweisen der Tragfähigkeit keine höhere Momentenumlagerung als 15% in Anspruch genommen wurde. Dies ist keine gravierende Einschränkung, da höhere Umlagerungen wegen des damit verbundenen Unterschreitens der Mindestmomente am Anschnitt häufig nicht realisierbar sind. Weiterhin werden die baulich- konstruktive Durchbildung nach den Grundsätzen des EC2 und die Anordnung der Mindestbewehrung gegen Rissbildung vorausgesetzt.

10.2.2 Begrenzung der Betondruckspannungen

Sofern keine geeigneten konstruktiven Maßnahmen getroffen werden (z. B. engere Verbügelung der Biegedruckzone), sollten bei Bauteilen mit Expositionsklassen XD1 bis XD3, XF1 bis XF4 und XS1 bis XS3 die Betondruckspannungen unter der seltenen Einwirkungskombination auf 0,6 f_{ck} begrenzt werden. Bei wesentlicher Beeinflussung des Tragverhaltens (auch der Grenztragfähigkeit) durch Kriechen sind die Betondruckspannungen unter quasi-ständigen Einwirkungen auf 0,45 f_{ck} zu begrenzen. Bei höheren Druckspannungen setzt eine überlineare Zunahme der Kriechverformungen ein.

10.2.3 Begrenzung der Stahlspannungen

Die Spannungen im Betonstahl sollen unter (direkten) lastbedingten Spannungen den Wert von 0,8 f_{yk}, bei indirekten zwangsbedingten Spannungen den Wert von f_{yk} nicht überschreiten. Für Spannstahl gelten besondere Regeln. Diese Maßnahmen dienen auch der Begrenzung von Rissbreiten und Verformungen.

10.3 Grenzzustände der Verformung

10.3.1 Allgemeines

Grundsätzlich ist sicherzustellen, dass die Gebrauchstauglichkeit und die Dauerhaftigkeit von Bauwerken nicht durch zu große Verformungen beeinträchtigt werden. Es wurde schon angemerkt, dass die Berechnung von Verformungen im Stahlbeton wegen der zeitabhängigen Materialeigenschaften des Betons (Schwinden, Kriechen) und wegen der Rissbildung schwierig und nur im Rahmen eingrenzender Abschätzungen sinnvoll ist.

Es muss darauf hingewiesen werden, dass die von handelsüblichen Programmen errechneten Verformungen in der Regel elastisches Materialverhalten voraussetzen. Dies ist im Stahlbetonbau aber nicht gegeben. Durch Kriechen und Rissbildung, bei unsymmetrisch bewehrten Querschnitten auch durch Schwinden, können die Werte in ungünstigen Fällen auf das 4 bis 6-fache anwachsen.

Bei der direkten Berechnung von Durchbiegungen entspricht die Vorgehensweise grundsätzlich der bei der Ermittlung des Rotationswinkels. Allerdings ist wegen des niedrigeren Lastniveaus unter Gebrauchslasten von einem modifizierten Spannungs-Dehnungsdiagramm des Betons (Bild 1.2-3) auszugehen. Für die Materialfestigkeiten sind Mittelwerte maßgebend, Schwinden und Kriechen müssen integriert werden. Relativ ausführliche und realistische Ansätze zur Berechnung enthielt bereits [4-1]. Diese wurden jedoch nie in die diversen Fassungen der DIN 1045 übernommen. Dort wurde vielmehr das sehr grobe empirische Konzept der Begrenzung der Biegeschlankheit auf feste Zahlenwerte über den Quotienten l_i/d favorisiert.

EC2 enthält ein formal ähnliches Konzept, doch sind die einzuhaltenden Grenzwerte nunmehr von materialspezifischen Parametern und vom vorhandenen Bewehrungsgrad (und damit indirekt auch von der Belastung) abhängig. In vielen Fällen darf danach auf einen direkten Nachweis der Verformungen verzichtet werden, wenn die mit diesem Nachweis ermittelten Beschränkungen der Biegeschlankheit eingehalten werden. Unter Biegeschlankheit versteht man den Quotienten aus der Spannweite l und der statischen Höhe d.

Die nationale Fassung des EC2 unterscheidet zwischen der **Durchbiegung** bezogen auf die Systemlinie des unbelasteten Bauteils (bei Betonieren mit Schalungsüberhöhung also bezogen auf die überhöhte Lage) und dem **Durchhang** bezogen auf die Verbindungslinie der Unterstützungspunkte. Nur letzterer kann am Bauwerk gemessen werden.

10.3.2 Begrenzung der Biegeschlankheit

Durch die im Folgenden erläuterten Maßnahmen und Nachweise sollen Durchhangbegrenzung (bzw. Aufwölbungen kurzer Felder zwischen langen Feldern) von $\leq l/250$ eingehalten werden. Überhöhungen sollen $l/250$ nicht überschreiten. Sind Schäden an Einbauten zu erwarten, wird empfohlen, die Durchbiegungen nach Einbau dieser Bauteile auf $l/500$ zu begrenzen (für Schäden an Mauerwerk s. [10-3]). Im Industriebau werden häufig mit dem Bauherren bzw. Nutzer besondere (meist schärfere) Vereinbarungen getroffen.

Die Anwendungen der Gleichungen (10.3.1) und (10.3.2) ergeben Näherungswerte. Die Begrenzung der Verformungen sollte mit den Planern und Nutzern des Bauwerks abgestimmt und vereinbart werden.

(10.3.1) $$l/d = K \cdot \left[11 + 1{,}5\sqrt{f_{ck}}\,\frac{\rho_0}{\rho} + 3{,}2\sqrt{f_{ck}} \cdot \sqrt{\left(\frac{\rho_0}{\rho} - 1\right)^3} \right] \qquad \text{wenn } \rho \leq \rho_0$$

(10.3.2) $$l/d = K \cdot \left[11 + 1{,}5\sqrt{f_{ck}}\,\frac{\rho_0}{\rho - \rho'} + \frac{1}{12}\sqrt{f_{ck}} \cdot \sqrt{\frac{\rho'}{\rho_0}} \right] \qquad \text{wenn } \rho > \rho_0$$

Es bedeuten:

l/d	**Grenzwert der Biegeschlankheit ≥ vorh l/d**	Stützweite zu statischer Höhe
K		Beiwert zur Berücksichtigung des statischen Systems
ρ_0	$= 10^{-3}\sqrt{f_{ck}}$	Referenzbewehrungsgrad
ρ	Prozentsatz der Zugbewehrung	Feldmitte bzw. Einspannung bei Kragträgern
ρ'	Prozentsatz der Druckbewehrung	Feldmitte bzw. Einspannung bei Kragträgern

Anmerkung: Die Bewehrungsprozentsätze ρ sind im EC2 nicht genau definiert. In Anlehnung an die gut fundierten alten Hefte des DAfStb [3-1] und [3-2], die mittlerweile für genauere Berechnungen wieder verwendet werden, wird für die Berechnung von A_c die statische Höhe d eingesetzt.

Die [] in den Gleichungen entsprechen einer Modifikation der alten Grenzwerte der DIN 1045-1 für l_i/d. Die Biegeschlankheiten nach Gleichung (10.3.1) und (10.3.2) sollen aber nach [1-14] in Anlehnung an DIN 1045-1 begrenzt werden auf:

(10.3.3) $\quad l/d \leq 35 \cdot K$ bzw. $\leq 150 \cdot K^2/l$ für empfindliche Einbauten

Modifikationen der Grenzwerte *l/d*

- Bei Balken und einachsig gespannten Platten mit Stützwerten über 7 m und mit verformungsempfindlichen Aufbauten (z. B. Fassaden, nichttragende Innenwände) oder Maschinen müssen die Grenzwerte bei mit dem Faktor $7/l$ multipliziert werden (l in [m]).
- Die Formeln beziehen sich auf mittlere Stahlspannungen von etwa 310 N/mm² im Grenzzustand der Gebrauchstauglichkeit. Abweichende Spannungsniveaus (z. B. bei deutlicher Überbemessung) können durch Multiplikation der l/d-Werte mit $310/\sigma_s \approx 500 \cdot$ vorh $A_s/(\text{erf } A_s \cdot f_{yk})$ berücksichtigt werden.
- Bei breiten Plattenbalkenquerschnitten (Gurtbreite zu Stegbreite > 3) sind die l/d-Werte mit einem Faktor 0,8 zu reduzieren.

Die Faktoren K zur Berücksichtigung des statischen Systems können der folgenden Tabelle entnommen werden. End- und Innenfelder von Durchlaufsystemen dürfen bei annähernd gleichen Stützweiten der Felder nach Zeilen 2 bzw. 3 berechnet werden. Zweiachsig gespannte Platten werden in Abschnitt 18.3.4 behandelt.

	System	K
1	l	1,0
2	l	1,3
3	l	1,5
4	l	0,4

Bild 10.3-1 Faktoren K zur Berechnung der Biegeschlankheit l/d (für Leichtbeton zusätzliche Festlegungen)

Die K-Werte decken die Einflüsse von Schwinden, Kriechen und Rissbildung mit ab. Das Rechenverfahren gilt für quasiständige Lastkombinationen, Es setzt voraus, dass kurzzeitige Lasterhöhungen nur reversible Beiträge zur Verformung leisten. Die Anwendungen der Gleichungen (10.3.1) und (10.3.2) ergeben Näherungswerte. Die Begrenzung der Verformungen sollte mit den Planern und Nutzern des Bauwerks abgestimmt und vereinbart werden (ein weiteres Beispiel siehe in Kap. 17.5).

10.3.3 Beispiel zur Begrenzung der Biegeschlankheit – einachsig gespannte Platte

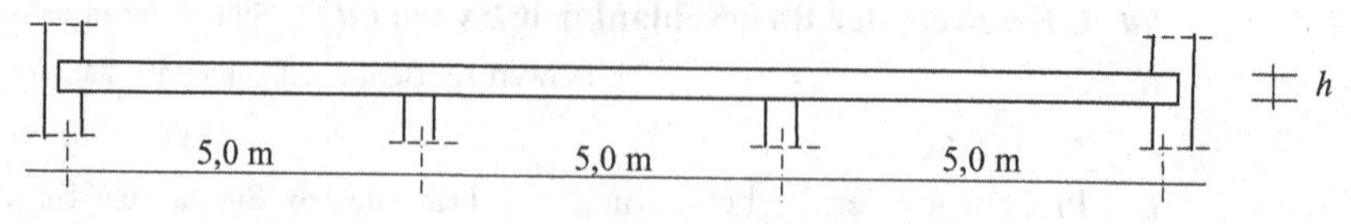

gewählt: $\boldsymbol{h = 16}$ **cm** es sei: $d = 13$ cm C25/30 $l = l_{eff} = 500$ cm

Ein Nachweis zur Vermeidung übermäßiger Durchbiegungen ist wegen l = 5,0 m < 7 m nicht erforderlich.

Endfelder: geschätzt: $\rho = 0{,}004$ $\rho' = 0$

$K = 1{,}3$ $\rho_0 = 10^{-3} \cdot \sqrt{25} = 0{,}005$ damit $\rho < \rho_0$

$$\left[11 + 1{,}5\sqrt{25}\,\frac{0{,}005}{0{,}004} + 3{,}2\sqrt{25} \cdot \sqrt{\left(\frac{0{,}005}{0{,}004} - 1\right)^3}\,\right] = 22{,}4 < 35$$

vorh $l/d = 500/13 = 38 > l/d = 1{,}3 \cdot 22{,}4 = 29{,}1$ ϟ

Die Plattendicke reicht nicht aus!

Innenfeld: geschätzt: $\rho = 0{,}003$ $\rho' = 0$

$K = 1{,}5$ $\rho_0 = 10^{-3} \cdot \sqrt{25} = 0{,}005$ damit $\rho < \rho_0$

$$\left[11 + 1{,}5\sqrt{25}\,\frac{0{,}005}{0{,}003} + 3{,}2\sqrt{25} \cdot \sqrt{\left(\frac{0{,}005}{0{,}003} - 1\right)^3}\,\right] = 32{,}2 < 35$$

vorh $l/d = 500/13 = 38 < l/d = 1{,}5 \cdot 32{,}2 = 48{,}3$ ✓

Die Plattendicke im Innenfeld reicht aus.

Die Plattendicke wird aus der Gleichung für das Endfeld neu bestimmt und für alle Plattenfelder beibehalten:

vorh $l/d = 500/d =$ erf. $l/d = 29{,}1$

erf. d = 500/29,1 ≈ **17 cm** und damit **h ≈ 20 cm**

10.4 Rissbreitenbegrenzung

10.4.1 Allgemeines zur Rissbildung

Rissbildung ist eine normale, bauartspezifische Erscheinung im Stahlbetonbau. Ob Risse zu beanstanden oder gar schädlich sind, kann in der Regel nur im Einzelfall beurteilt werden. Bei ausreichender Begrenzung der Rissbreite auf unschädliche Werte stellen Risse keinen Mangel dar.

Aus Gründen der Ästhetik, der Funktion und der Dauerhaftigkeit kann es erforderlich werden, die in Stahlbetonbauteilen auftretenden Risse in ihrer Breite zu begrenzen. Wird mit dem Bauherren bzw. Nutzer nichts anderes vereinbart, sollten für Stahlbetonbauteile ohne Anforderungen an die Dichtigkeit unter **quasi-ständigen** Lasten die Rechenwerte der Rissbreiten w_k folgende Grenzwerte (siehe Tab. 10.1-2) nicht überschreiten:

- Expositionsklasse X0 und XC1 (im Inneren trockener Bauwerke): $w_k \leq 0{,}4$ mm
- Alle anderen Expositionsklassen $w_k \leq 0{,}3$ mm

Dabei wird vorausgesetzt, dass die Betondeckungen nach Abschnitt 1.2.6.4 eingehalten sind.

Expositionsklasse	Vorspannung mit nachtr. Verbund	Vorspannung mit sofortigem Verbund		Vorspannung ohne Verbund	**Stahlbeton**
	Einwirkungskombinationen				
	häufig	häufig	selten	quasi-ständig	quasi-ständig
X0, XC1	0,2	0,2	-	0,4[a)]	**0,4** [a)]
XC2, XC3, XC4	0,2[b), c)]	0,2[b)]	-	0,3	**0,3**
XD1, XD2, XD3[d)], XS1, XS2, XS3	0,2[b), c)]	Nachweis der Dekompression	0,2	0,3	**0,3**

a) nur aus ästhetischen Gründen, je nach Anforderungen auch abweichende Festlegungen möglich
b) zusätzlich Nachweis der Dekompression unter quasi-ständiger Einwirkungskombination
c) bei anderweiter Sicherstellung des Korrosionsschutzes darf Nachweis der Dekompression entfallen
d) ggf. zusätzliche Schutzmaßnahmen erforderlich (insbesondere bei Parkdecks)

Tabelle 10.1-1 Rechenwerte für w_{max} in [mm]

Die Begrenzung der Rissbreiten wird durch **zwei, sich ergänzende Maßnahmen** erreicht:

- **Mindestbewehrung** mit $\sigma_s \leq f_{yk}$ bei Bauteilen unter **Zwang**
- Geeignete **Anordnung der Bewehrung im Querschnitt** bei Last- und Zwangsbeanspruchung z.B. durch Begrenzung der Bewehrungsdurchmesser und/oder der Stababstände. Dabei gilt generell (Bild 10.4-1):

  - kleine Bewehrungsdurchmesser sind besser als große,
  - fein verteilte Bewehrung ist besser als konzentrierte Anordnung in großem Abstand.

Dies hat auch mit dem Verbundverhalten des Bewehrungsstahls und dadurch mit dem Verhältnis von Umfang zu Querschnittsfläche des Stahls zu tun, das bei kleinen Durchmessern deutlich größer ist.

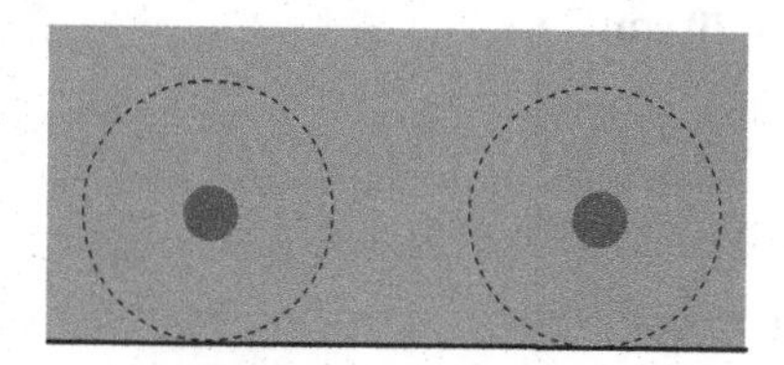

Große Durchmesser mit großem Abstand: Wirkungszonen der Stäbe überschneiden sich nicht. Es entstehen wenige breite Risse:

schlecht

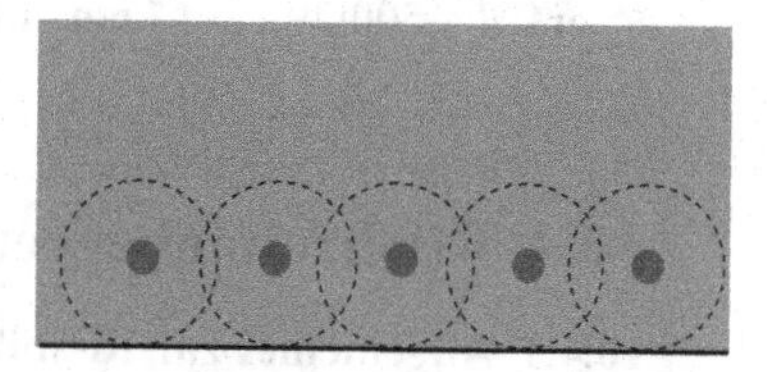

Kleine Durchmesser mit kleinem Abstand: Wirkungszonen der Stäbe überschneiden sich. Es entstehen viele schmale Risse:

gut

Bild 10.4-1 Verdeutlichung der Wirkung der Bewehrungswahl mit gleichem Querschnitt A_s auf die Rissbreitenbegrenzung

Alle zur Risssicherung durchgeführten Berechnungen und Maßnahmen beziehen sich auf **Grenzzustände der Gebrauchstauglichkeit** und werden im Stahlbetonbau auf quasi-ständige Einwirkungen (denn nur ständig vorhandene Rissbreiten können zu Korrosionsschäden führen) bezogen.

Grundlage aller Regeln zur Rissbreitenbeschränkung ist eine Formel zur Ermittlung der rechnerischen Rissbreite $\boldsymbol{w_k}$ **auf Höhe der Bewehrung**. Da der Wert w_k als (in der Regel

10%-) Quantilwert definiert ist, können im Einzelfall größere Rissbreiten nicht ausgeschlossen werden. Alle Aussagen sind mit erheblichen Ungenauigkeiten (Streuungen) behaftet. Messbar am Bauwerk sind nur die Risse an der Oberfläche. Sie sind in der Regel – insbesondere bei Biegerissen – nochmals breiter, als auf Höhe der Bewehrung. Die Zunahme hängt vom Verbundverhalten der Bewehrung und der Betondeckung ab. Im Kommentar zu EC2 in [1-14] werden Rissbreiten an der Oberfläche bis zu 0,5 mm als unbedenklich eingestuft, sofern keine Chloridbeanspruchung oder Anforderungen an die Dichtigkeit vorliegen.

Rechnerische und konstruktive Maßnahmen können nicht die Einhaltung bestimmter Rissbreiten garantieren, sie sollen vielmehr eine inhärente Sicherheit gegen zu breite Einzelrisse herstellen. Dadurch werden - ausreichende Betondeckung vorausgesetzt - der Korrosionsschutz der Bewehrung und damit die Dauerhaftigkeit nicht beeinträchtigt.

EC2 enthält keine Aussagen über den Zusammenhang zwischen Rissbreiten und Tragfähigkeit. Es kann davon ausgegangen werden, dass bei Einhaltung der zuvor genannten Werte keine Einschränkung der Tragfähigkeit vorliegt. Bei der Untersuchung bestehender Bauwerke werden aber häufig deutlich größere Rissbreiten gemessen, so z. B. im Fertigteilbau am Anschnitt von Konsolen und abgesetzten Auflagern (siehe hierzu auch in [6-5]). Die Beurteilung derartiger Fragestellungen kann nur im Einzelfall erfolgen.

10.4.2 Anmerkungen zum Rissmechanismus

Bereits in Abschnitt 1.2-5 wurden die Grundlagen der Rissbildung erläutert. Man unterscheidet danach folgende Phänomene im Tragverhalten gerissener Stahlbetonbauteile bei zunehmender Laststeigerung:

– ungerissen, Zustand I
– erster Riss unter den Rissschnittgrößen N_r, M_r
– weitere Risse in zufälligen, großen Abständen: **Erstrissbildung**
– weitere Risse mit regelmäßigen Abständen: **abgeschlossenes Rissbild**
– keine weiteren Risse, bei Laststeigerung Aufweiten der vorhandenen Risse: **Zustand II unter Mitwirkung des Betons zwischen den Rissen**

Dieses Tragverhalten wird durch das schon auf Bild 1.2-11 dargestellte Momenten - Krümmungs - Diagramm veranschaulicht.

Rissursachen können sein:

– Lastspannungen — Rissbreitenbegrenzung wird maßgebend
– Zwangspannungen — Mindestbewehrung + Rissbreitenbegrenzung werden maßgebend

In der Praxis tritt oft eine Kombination beider Rissursachen auf.

Aus Rissformeln erhält man für bestimmte Parametersätze, sowie ein vorgegebenes w_k und eine vorgegebene Spannung im Bewehrungsstahl σ_s einen Zusammenhang zwischen dem einzuhaltendem Bewehrungsstabdurchmesser ϕ, dem Stababstand s und dem Bewehrungsgrad ρ wie auf Bild 10.4-2 dargestellt (in Anlehnung an [16-4]).

Der eigentlich nichtlineare Zusammenhang wird durch zwei Geraden angenähert. Auf diesen beruht der vereinfachte Nachweis der Rissbreitenbegrenzung ohne direkte Berechnung der Rissbreite. Die horizontale Gerade bestimmt die einzuhaltenden Grenzdurchmesser ϕ_s^*, die geneigte Gerade bestimmt die alternativ einzuhaltenden maximalen Stababstände s_{max}.

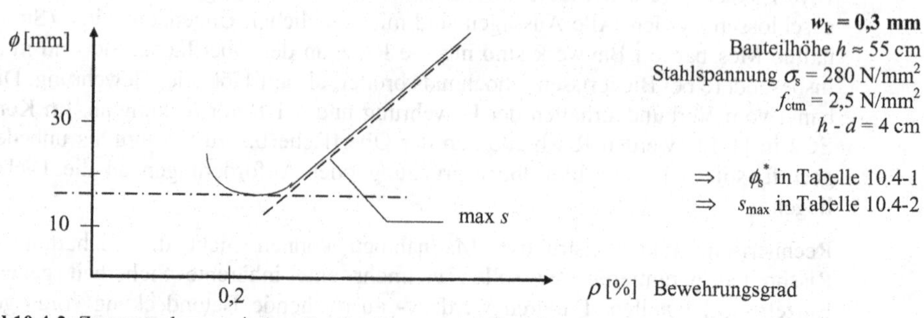

Bild 10.4-2 Zusammenhang zwischen Stabdurchmesser und Bewehrungsgrad

10.4.3 Mindestbewehrung

Bei Einwirkung von Zwang aber auch bei der Begrenzung von Rissbreiten in zugbeanspruchten Querschnittsbereichen, die von der statisch erforderlichen Bewehrung weit entfernt liegen (abliegende Teile wie Gurte von Plattenbalkenquerschnitten), ist in oberflächennahen Bereichen von Betonzugzonen eine Mindestbewehrung anzuordnen. Die Mindestbewehrung wird im Allgemeinen bei überwiegend aus Zwang und/oder gering aus Last beanspruchten Bauteilen bzw. Bauteilbereichen maßgebend. Hiervon zu unterscheiden ist die Mindestbewehrung zur Erhaltung ausreichender Duktilität (siehe Abschnitt 4).

Eine Mindestbewehrung zur Begrenzung der Rissbreiten darf entfallen bei:

- Platten des üblichen Hochbaus der Expositionsklasse XC1 ohne wesentlichen Zwang (also bei den im Hochbau üblichen Geschossdecken)
- in Bauteilen ohne Zwang (statisch bestimmte Konstruktionen)
- wenn die Zwangsschnittgröße < Rissschnittgröße ist (dann ist letztere maßgebend für die Bemessung von A_s)
- generell wenn breite Risse unbedenklich sind.

Man unterscheidet zwei verschiedene Ursachen des Zwanges:

- Zwang entsteht im Bauteil selbst (direkte behinderte Verformung; z. B. beim Abfließen der Hydratationswärme, beim Schwinden).
- Zwang entsteht indirekt, z.B. durch an anderer Stelle des Systems aufgezwungene Verformungen wie Stützensenkungen, die sich nicht unbehindert einstellen können.

Es werden zwei Fälle der Zugspannungsverteilungen unterschieden:

- Dreieckförmig über die Querschnittshöhe verlaufende Zugspannungen. Ein Teil des Querschnittes bleibt dabei unter Druck.
- Vollständig gezogener Querschnitt mit dreieckfömiger bis konstanter Zugspannungsverteilung.

Achtung: Die Berechnung der Mindestbewehrung bezieht sich bei überwiegender Biegung auf die Zugzone, bei überwiegendem Längszug auf die anzusetzende Zugzone je Querschnittsseite. Bei dünnen Platten berühren sich die gezogenen Querschnittsseiten.

Beispielhaft sei hier am Rechteckquerschnitt die Gleichung zur Berechnung der Mindestbewehrung bei Biegezwang abgeleitet (Bild 10.4-3):

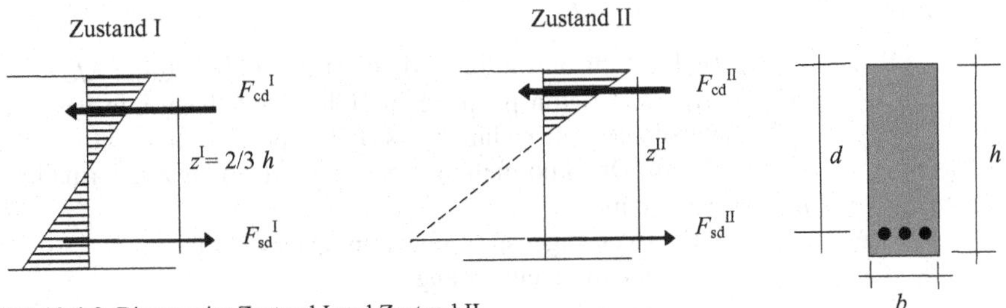

Bild 10.4-3 Biegung im Zustand I und Zustand II

Im Zustand I wirkt unmittelbar vor dem Reißen das Rissmoment M_r:

$M_r = W_c \cdot f_{ct,eff} = f_{ct,eff} \cdot bh^2/6 = f_{ct,eff} \cdot A_{ct} \cdot h/3$

mit $A_{ct} = bh/2$ Zugzone im Zustand I

Im Zustand II gilt unmittelbar nach dem Reißen:

$F_{sr}^{II} = M_r / z^{II}$

Diese Kraft soll durch die Bewehrung mit einer Stahlspannung $\sigma_s \leq f_{yk}$ aufgenommen werden:

$A_s = F_{sr}^{II} / \sigma_s = f_{ct,eff} \cdot A_{ct} \cdot h/(3 \cdot z^{II} \cdot \sigma_s)$

Mit einem Schätzwert von $z^{II} \approx 0{,}8 \cdot h$ erhält man die erforderliche Mindestbewehrung bei Biegung:

$A_s \approx 0{,}4\, f_{ct,eff} \cdot A_{ct} / \sigma_s$

Im EC2 wird diese Gleichung in erweiterter und für diverse Sonderfälle modifizierter Form angegeben. Der Gesamtquerschnitt A_s der **in der Zugzone** einzubauenden **Mindestbewehrung** beträgt danach:

(10.4-1a) $A_s = k_c \cdot k \cdot f_{ct,eff} \cdot A_{ct} / \sigma_s$

Hierin bedeuten:

A_{ct} Zugzone des Querschnittes im Zustand I unmittelbar vor der Erstrissbildung

σ_s $\leq f_{yk}$, zulässige Stahlspannung im Zustand II. Muss die Begrenzung der Rissbreiten eingehalten werden, so ist σ_s für den gewählten Stabdurchmesser aus Tabelle 10.4-1 zu entnehmen.

$f_{ct,eff}$ Mittelwert der effektiven Zugfestigkeit des Betons (vgl. Tab. 1.2-1) **zum Zeitpunkt der Erstrissbildung** (s. a. folgende Anmerkungen)

- rechteckige Querschnitte und Stege von Plattenbalken und Hohlkästen:

$$k_c = 0{,}4 \left[1 - \frac{\sigma_c}{k_1 \cdot (h/h^*) f_{ct,eff}} \right] \leq 1$$ Einfluss der Zugspannungsverteilung

$= 1{,}0$ reiner Zug $= 0{,}4$ reine Biegung ($\sigma_c = 0$) $= 0$ reiner Druck

- Zuggurte von Plattenbalken und Hohlkästen (abliegende Querschnittsteile):

$$k_c = 0{,}9 \frac{F_{cr,Gurt}}{A_{ct,Gurt} \cdot f_{ct,eff}} \geq 0{,}5$$

$F_{cr,Gurt}$ Zugkraft im Gurt infolge M_r im Zustand I bei $\sigma_{c,Rand} = f_{ct,eff}$

σ_c = $N_{Ed}/(bh)$ Betonspannung in Höhe der Schwerlinie des ungerissenen untersuchten Querschnittsteils (Druck positiv) im GZG

k_1 = 1,5 für Drucknormalkraft bzw. = $2\,h^*/(3h)$ für Zugnormalkraft

h^* = $h \leq 1{,}0$ m

k Einfluss von Eigenspannungen im Querschnitt
= 1,0 bei indirektem Zwang
= 0,8 allgemein bei Zugspannungen aus direktem Zwang und $h \leq 30$ cm
= $0{,}5 \leq 0{,}8 - 0{,}3(h - 30)/50 \leq 0{,}8$ speziell bei direktem Zwang und Rechteckquerschnitten der Höhe h in [cm]

Die Stahlspannung σ_s in Gl. (10.4-1) wird der Tab. 14.4-1 entnommen. Man erkennt, dass bei großen Durchmessern die Stahlspannung weit unter der Streckgrenze liegt. Dann ist ein hoher Bewehrungsgrad erforderlich, um mit geringer Stahlspannung die Rissschnittgröße aufnehmen zu können. Kleine Durchmesser sind daher günstiger (s. a. Bild 10.4-1).

Die effektive Betonzugfestigkeit $f_{ct,eff}$ hängt vom Zeitpunkt der zu erwartenden Rissbildung ab. Man unterscheidet frühen Zwang und späten Zwang.

Früher Zwang

Bei der Berechnung der Zwangswirkung infolge Frühschwindens oder abfließender Hydratationswärme darf $f_{ct,eff}$ um bis zu 50% gegenüber der Zugfestigkeit nach 28 Tagen abgemindert werden. In diesem Falle verlangt der EC2 [1-13] besondere Maßnahmen (Betontechnologie, Nachbehandlung), die eine Überschreitung der angesetzten Betonzugfestigkeit verhindern. Der in der statischen Berechnung der Mindestbewehrung und der Rissbreitenbegrenzung angenommene Zeitpunkt nach dem Betonieren und der angenommene Wert von $f_{ct,eff}$ ist in jedem Fall in den Ausführungsunterlagen zu vermerken. Man bedenke aber, dass die Herstellung eines Betons mit genau definierter Zugfestigkeit zu einem vorgegebenen Zeitpunkt nicht nur vom Transportbetonwerk abhängt, sondern auch vom Einbau, den klimatischen Bedingungen während der Erhärtung und der Nachbehandlung.

Es wird oft sicherer sein, den Wert der Zugfestigkeit etwas höher anzusetzen, auch wenn hierdurch einige Prozent an Bewehrung zusätzlich erforderlich werden.

Später Zwang

Auch zu späteren Zeitpunkten können Zwangsursachen auftreten. So weisen z. B. die dünnen Geschoßdecken von Tiefgaragen in der Regel kaum Effekte aus Hydratationswärme auf, aber bei Fertigstellung im Sommer oder Herbst können im folgenden Winter absinkende Temperaturen im Inneren des Bauwerks zu erheblichen Zwangsspannungen und damit zu über mehrere Monate anhaltenden Trennrissbildungen führen.

Bei solchen und ähnlichen Ursachen für Zwang müssen selbstverständlich höhere Betonzugfestigkeiten ($\geq 3{,}0$ N/mm^2) angesetzt werden. Später Zwang wird ausführlich in [10-9] behandelt. Diese Literatur enthält auch eine Tabelle zur Definition von Zwangsbezeichnungen und Zwangsursachen.

Bei **dicken oder hohen Bauteilen** würde sich bei Anwendung der vorgenannten Regeln eine zu große Bewehrung ergeben. Es gibt deshalb eine Regelung für solche Bauteile unter nahezu zentrischem Zwang bezogen auf den Gesamtquerschnitt oder auf den Bereich der gezogenen Bewehrung. Dabei darf diese auf eine effektive Randzone des Querschnittes bezogen werden:

(10.4-1b) $A_{s,min} = f_{ct,eff} \cdot A_{c,eff} / \sigma_s \geq 0{,}8 \cdot k \cdot f_{ct,eff} \cdot A_{ct} / f_{yk}$

Hierin bedeuten:

$A_{c,eff} = h_{c,eff} \cdot b$ Wirkungsbereich der Bewehrung nach Bild 10.4-4

σ_s Stahlspannung mit $\phi = \phi_s^* \cdot f_{ct,eff} / f_{ct,0}$ zu ermitteln (s. Abschnitt 10.4.4)

Wird ein Beton mit einem Reifegrad $r \leq 0{,}3$ verwendet, so darf die Mindestbewehrung nach Gleichung (10.4-1b) um 15% verringert werden. Weitere Reduzierungen lassen sich bei einhalten zusätzlicher, in [1-13] festgelegter Maßnahmen erreichen. Dies wird sich wegen der erforderlichen erhöhten Überwachungsmaßnahmen auf der Baustelle auf Ingenieurbauwerke beschränken.

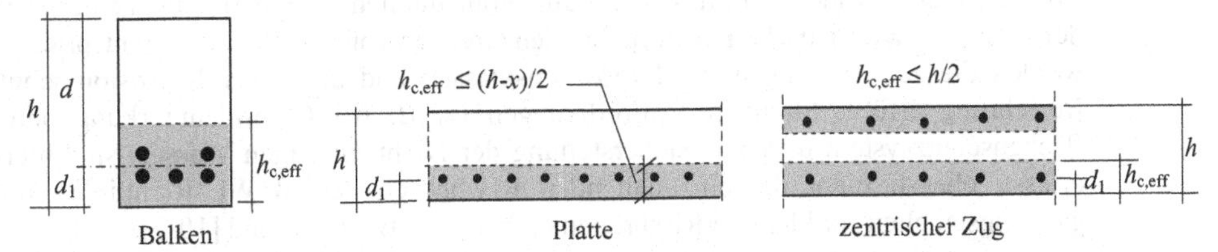

Bild 10.4-4a Wirkungszone vorhandener Bewehrung bei Biegung und zentrischem Zug

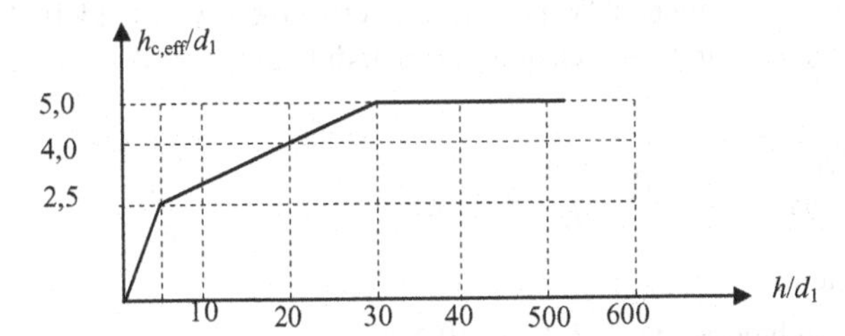

Bild 10.4-4b Wirkungszone der Bewehrung in Abhängigkeit von der Bauteildicke *h* bei zentrischem Zug

Die so ermittelten Mindestbewehrungen müssen mindestens näherungsweise vorhanden sein. Wesentlich geringere Werte sind wirkungslos (Bild 10.4-5c). Die Anordnung der Mindestbewehrung oder der Bewehrung aus Zwang muss den im folgenden Abschnitt angegebenen konstruktiven Regeln entsprechen.

Abliegende Querschnittsteile sind Bereiche des Querschnittes, die deutlich außerhalb der Wirkungszone der Hauptbewehrung liegen, wie die Gurte von Plattenbalken bei negativen Momenten. Diese abliegenden Bereiche werden durch die Verformung der Hauptzugbereiche des Querschnittes auf Zwang beansprucht. Es **können breite Sammelrisse** auftreten (Bild 7.4-6 und Bild 10.4-5b), zu deren **Vermeidung** ist auch bei Lastbeanspruchung eine **Mindestbewehrung** erforderlich. In diesem Fall muss in der Regel mit der nicht abgeminderten Betonzugfestigkeit $f_{ct,eff} = f_{ctm} \geq 3{,}0$ N/mm^2 gerechnet werden.

In den mittleren Bereichen zwischen Zugbewehrung und Druckzone von hohen Balkenstegen, ist ebenfalls eine Mindestbewehrung in Balkenlängsrichtung an den Seitenflächen der Stege einzulegen, sofern die Balkenhöhe > 1,0 m beträgt.

10.4.4 Begrenzung der Rissbreiten

EC2 enthält Formeln zur direkten Berechnung von Rissbreiten für vorgegebene Bewehrungsmengen, Bewehrungsanordnungen und Stahlspannungen. Eine solche Berechnung ist nur in Sonderfällen erforderlich, wenn strenge Anforderungen an die Rissbreitenbegrenzung gestellt werden (so bei Weißen Wannen, Wasserbehältern, bei aggressiven Umweltbedingungen; Beispiele enthält [10-6], [10-7]), oder bei der Beurteilung von Bauschäden.

Üblicherweise kann der Nachweis der Rissbreitenbegrenzung ohne direkte Berechnung von Rissbreiten durch das Einhalten maximaler Grenzdurchmesser oder maximaler Stababstände geführt werden (vgl. wiederum Bild 10.4-1 und Bild 10.4-2).

Somit wird sichergestellt, dass die statisch erforderliche Bewehrung (ob aus Last oder aus Zwang) so angeordnet wird, dass bei Stahlbetonbauteilen die auf Höhenlage der Bewehrung definierte charakteristische Rissbreite w_k den Grenzen von Tabelle 10.1-1 entspricht. Hiermit werden die Anforderungen der Expositionsklassen und damit der Korrosionsschutzes der Bewehrung erfüllt. Strengere Anforderungen (z. B. bei Chlorideinwirkung ohne Oberflächenschutzsystem oder zur Sicherstellung der Dichtheit gegen Wasser) sind hierin nicht erfasst, ebenso nicht die einzuhaltenden Rissbreiten gemäß WU-Richtlinie [10-5]. Ergänzungstabellen für kleinere Rissbreiten enthalten z. B. [10-6] und [10-7].

Begrenzung von Rissen aus Zwang:

Die Mindestbewehrung muss in geeigneter Weise angeordnet werden (vgl. Bild 10.4-1 und Bild 10.4-2). Der Nachweis kann durch Begrenzung des Stabdurchmessers ϕ nach folgender Gleichung geführt werden:

(10.4-2) $$\phi \leq \phi_s^* \cdot \frac{k_c \cdot k \cdot h_{cr}}{4(h-d)} \cdot \frac{f_{ct,eff}}{f_{ct,0}} \geq \phi_s^* \cdot \frac{f_{ct,eff}}{f_{ct,0}}$$

Hierin bedeuten:

ϕ_s^* Grenzdurchmesser nach Tabelle 10.4-1
h_{cr} Höhe der Zugzone im Zustand I unmittelbar vor der Rissbildung, bei voll gezogenem Querschnitt bzw. bei zentrischem Zug gilt $h_{cr} = h/2$
$f_{ct,0}$ = 2,9 N/mm² für Normalbeton C30/37 (Basis der Tabelle 10.4-1)

Begrenzung von Rissen aus Biegung und/oder Zugnormalkräften aus Last:

Für Bewehrung aus überwiegender Last ist nachzuweisen, dass **entweder** die Anforderungen von Tabelle 10.4-1 **oder** Tabelle 10.4-2 eingehalten sind:

(10.4-3) $$\phi \leq \phi_s^* \cdot \frac{\sigma_s \cdot A_s}{4(h-d) \cdot b} \cdot \frac{1}{f_{ct,0}} \geq \phi_s^* \cdot \frac{f_{ct,eff}}{f_{ct,0}}$$

Hierin bedeuten:

A_s vorhandene Bewehrung in der Zugzone mit $A_{s,vorh} \geq A_{s,min}$
ϕ_s^* Grenzdurchmesser nach Tabelle 10.4-1
b Breite der Zugzone

Die für die Ablesung aus den Tabellen maßgebende Stahlspannung σ_s ist zu berechnen aus den Schnittgrößen für den **quasi-ständigen Lastanteil.**

Stahlspannung σ_s [N/mm²]	Grenzdurchmesser ϕ_s^* in [mm]		
	w_k = 0,4 mm	w_k = 0,3 mm	w_k = 0,2 mm
160	54	41	27
200	35	26	17
240	24	18	12
260	21	15	10
280	18	13	9
320	14	10	7
360	11	8	5
400	9	7	4
450	7	5	3

Tabelle 10.4-1: Grenzdurchmesser ϕ_s^* von Betonstählen für $f_{ct,eff,\ C30}$ = 2,9 N/mm² (Auszug aus EC2)

Stahlspannung σ_s [N/mm²]	Grenzabstand s in [mm]		
	w_k = 0,4 mm	w_k = 0,3 mm	w_k = 0,2 mm
160	300	300	200
200	300	250	150
240	250	200	100
280	200	150	50
320	150	100	-
360	100	50	-

Tabelle 10.4-2: Höchstwerte der Stababstände s von Betonstählen (nach EC2)

Die beiden Tabellen wurden für einen festen Parametersatz errechnet (ähnlich wie Bild 10.4-2). Die Parameter für einen tatsächlich vorliegenden Bemessungsfall können hiervon abweichen. Dies wird durch die Gleichungen (14.4-2) und (10.4-3) berücksichtigt.

Werden in einem untersuchten Bereich Stäbe unterschiedlicher Durchmesser eingebaut, so darf mit einem mittleren Durchmesser $\phi_m = \Sigma\phi_i^2/\Sigma\phi_i$ gerechnet werden. Bei Stabbündeln ist der Vergleichsdurchmesser zu verwenden. Bei Doppelstäben von Betonstahlmatten hingegen darf der Durchmesser des Einzelstabes angesetzt werden.

Im Bereich hoher Schubbeanspruchung können schräge Schubrisse auftreten (Bild 1.3-2). Auch diese müssen in ihrer Breite begrenzt werden. EC2 regelt dies durch die Begrenzung der Bügelabstände bei höheren Schubbeanspruchungen.

10.4.5 Wirkung der Bewehrung auf die Begrenzung der Rissbreiten

Die folgenden Versuchsfotos stammen aus [10-8] und wurden dem Verfasser freundlicherweise zur Verfügung gestellt. Sie unterstreichen eindrucksvoll die Wirkung der zuvor erörterten Einflüsse der Bewehrung auf die Rissbreiten an zentrisch gezogenen Platten.

Bild 10.4-5 a) zeigt eine ausreichend bemessene Bewehrung (≥ Mindestbewehrung) in guter Anordnung (gute Verteilung der Bewehrung). Die Risse sind gleichmäßig verteilt mit geringen Rissabständen und geringen Rissbreiten. Bild 10.4-5 b zeigt die Wirkung der gleichen Bewehrungsmenge in anderer, ungünstiger Verteilung. Zwischen den gut verteilten Rissen der Randbereiche bilden sich breite Trennrisse in großem Abstand.

Bild 10.4-5 c) zeigt eine Bewehrung in guter Anordnung (gleichmäßige Verteilung der Bewehrung), aber mit deutlich zu geringem Querschnitt (<< Mindestbewehrung). Die Bewehrung kann die Rissentwicklung nicht kontrollieren. Es entsteht ein einzelner, sehr breiter Riss.

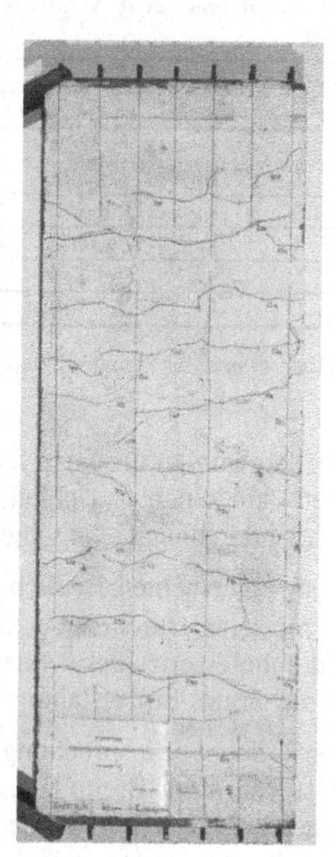

a) ausreichende Bewehrung, gute Anordnung

Bild 10.4-5: Einfluss der Bewehrungsanordnung und Bewehrungsmenge auf die Rissbildung

b) ausreichende Bewehrung, schlechte Anordnung

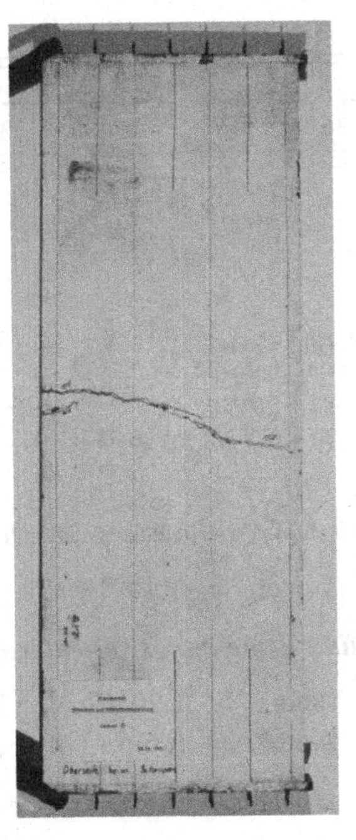

c) gute Anordnung aber nicht ausreichende Bewehrung

Bild 10.4-5: Einfluss der Bewehrungsanordnung und Bewehrungsmenge auf die Rissbildung

11 Berechnungs- und Konstruktionsbeispiele

11.1 Allgemeines

Im Folgenden werden zwei vollständig durchgerechnete Beispiele zur Biege- und Schubbemessung von Stahlbetontragwerken sowie die Bemessung der Zwangbewehrung einer weißen Wanne vorgeführt. Weitere ausführliche Beispiele finden sich besonders in [11-10]. In den folgenden Beispielen wird auf etliche, insbesondere konstruktive, Besonderheiten eingegangen, die in den vorangegangenen Abschnitten noch nicht vertieft behandelt worden sind.

11.2 Einfeldriger Plattenbalken mit Kragarm

1 System und Abmessungen (Plattenbalken als Teil einer mehrfeldrigen Decke)

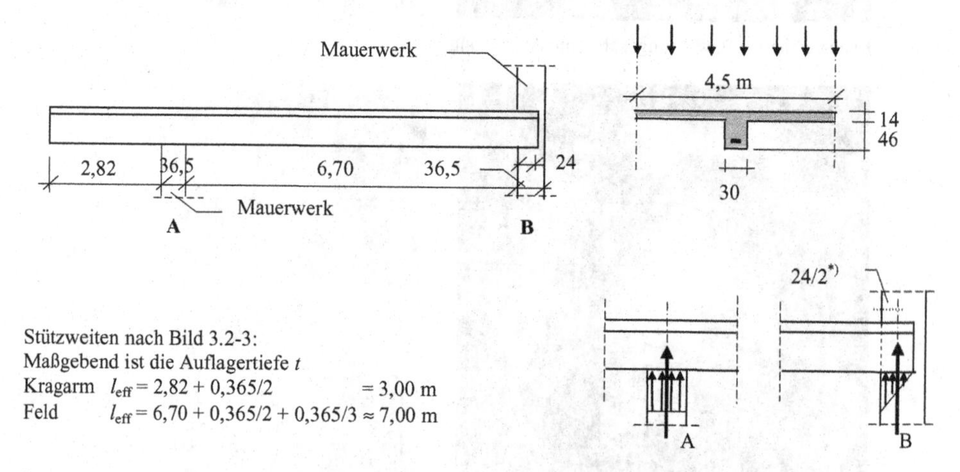

*) Die Exzentrizität infolge der dreieckförmigen Pressung ist bei der Bemessung der Mauerwerkswand zu berücksichtigen

2 Baustoffe und Bemessungswerte der Baustofffestigkeiten

Gewählt: Beton: C20/25 $f_{ck} = 20$ N/mm² $f_{cd} = 0{,}85 \cdot 20/1{,}5 = 11{,}3$ N/mm²
Betonstahl: B500 $f_{yk} = 500$ N/mm² $f_{yd} = 500/1{,}15 = 435$ N/mm²

– *Überprüfen der Betonfestigkeitsklasse C:*

Das Tragwerk befinde sich im Endzustand im Inneren eines geschlossenen Gebäudes. Dann gilt nach Tab. 1.2-2 die Expositionsklasse „Fall XC1" mit „C_{min}" = C16/20 < gew. C20/25 ✓

3 Lasten

3.1 Charakteristische Werte

Ständige Einwirkungen $g_k = 22{,}8$ kN/m Linienlast einschl. Balkengewicht
veränderliche Einwirkungen Flächenlast auf Decke 7,5 kN/m² $\Rightarrow$
$q_k \approx 7{,}5 \cdot 4{,}5 = 33{,}8$ kN/m Linienlast auf Balken*)

*)*Hinweis: Nach Kommentar zu EC2 [1-14] dürfen die Auflagerkräfte der durchlaufenden Deckenplatte (bei näherungsweise gleichen Feldweiten) wie für Einfeldträger angenommen werden, mit Ausnahme der ersten Innenstützen an Randfeldern. Die so vereinfacht errechneten Linienlasten des Unterzuges sind zwischen etwa 2 und 4 % zu klein. Man bedenke aber, dass auch bei der mittlerweile fast ausschließlichen Verwendung von Programmen wegen der zahlreichen vereinfachenden Annahmen zum statischen System und den Lastannahmen eine höhere Genauigkeit kaum erreicht wird. Viele Nachkommastellen bzw. mehr als 3 Ziffern sind daher zumeist sowieso falsch und somit überflüssig.*

3.2 Designlasten für Grenzzustand der Tragfähigkeit

Wegen des Kragarmes sind zusätzlich zum „normalen" Ansatz der ständigen Einwirkungen für die Nachweise der Tragfähigkeit weitere Einwirkungsvarianten zu untersuchen (siehe Hinweis in Abschnitt 2.2.2). Diese sind nur für **Nachweise der globalen Standsicherheit** (hier: Sicherheit gegen Abheben, Lagesicherung) gedacht. Nach DIN 1055-100 bzw. DIN EN 1900, Anhang A1 ist im vorliegenden Fall anzunehmen:

– *Nachweise der Tragfähigkeit (Biegung, Querkraft):*

„normaler" Ansatz (Lasten jeweils konstant über Balkenlänge)

$\gamma_G = 1{,}35$ ständige Einwirkungen wirken ungünstig
$\gamma_G = 1{,}0$ ständige Einwirkungen wirken günstig

– *Nachweis der Lagesicherung:*

Bereichsweise unterschiedliche Annahme der Quantilwerte der ständigen Lasten (als jeweils eigenständige, von einander unabhängige Lasten) bei günstiger bzw. ungünstiger Wirkung:

$\gamma_{G,inf} = 0{,}9$ und $\gamma_{G,sup} = 1{,}1$

Die Lagesicherheit wird beim vorliegenden statischen System durch die kleinste Auflagerkraft bei B bestimmt. Sofern diese negativ wird (Abheben), muss eine ausreichende Verankerung erfolgen.

– *Damit ergeben sich folgende Lasten für die Schnittgrößenermittlung:*

$g_{kd} = 22{,}8 \cdot 1{,}35 = 30{,}8$ kN/m bzw. $= 22{,}8 \cdot 1{,}0 = 22{,}8$ kN/m
$= 22{,}8 \cdot 0{,}9 = 20{,}5$ kN/m bzw. $= 22{,}8 \cdot 1{,}1 = 25{,}1$ kN/m
$q_{kd} = 33{,}8 \cdot 1{,}5 = 50{,}7$ kN/m

Da nur eine veränderliche Einwirkung vorhanden ist, entfällt der Ansatz von Kombinationsbeiwerten $\psi < 1{,}0$.

4 Schnittgrößenermittlung

4.1 Allgemeines

Die Schnittgrößen werden für die Designlasten unter Annahme feldweise konstanter Anteile der veränderlichen Lasten ermittelt. Die Ergebnisse der Berechnung sind für die einzelnen Lastanteile (LF) und für die maßgebenden Lastkombinationen (LK) grafisch dargestellt.

Die Schnittgrößenverläufen zeigen, dass für die Extremwerte der Schnittgrößen von den verschiedenen Ansätzen der ständigen Lasten nur der „normale" Lastfall LF1 ($g_d = g_k \cdot 1,35$) entscheidend ist. Der zusätzlich zu untersuchende Ansatz mit $g_d = g_k \cdot 1,0$ ist nirgendwo maßgebend. Beim vorliegenden System muss der Nachweis der Lagesicherung mit feldweise unterschiedlichen Eigenlasten durchgeführt werden. Für die Schnittgrößen ist diese Kombination nicht erforderlich.

Auf den folgenden grafischen Darstellungen bedeuten:

LF1 bis LF3	Einzellastfälle der ständigen Einwirkungen
LF4, LF5	Einzellastfälle der veränderlichen Einwirkungen
LK 1	maßgebende Lastkombinationen für positive Feldmomente und Querkraft im rechten Feldbereich
LK 2	maßgebende Lastkombinationen für negative Momente
LK 3	maßgebende Lastkombination für Querkräfte im Kragarm
LK 4	maßgebende Lastfallkombination für die Lagesicherheit

Aus den Schnittgrößenverläufen der LK werden die einhüllenden Schnittgrößenverläufe und die Bemessungsschnittgrößen berechnet.

– *Nachweis der Lagesicherung:*

Maßgebend ist die Auflagerkraft bei B für LK4:

$B_{min} = 23$ kN (Druck) $\Rightarrow$ kein Abheben ✓

– *Ausrundungsmoment M_{Ed}` über Mauerwerksauflager bei A nach Abschnitt 3.3.1:*

$M_{Ed}` = M_{Ed} + A_{min} \cdot t/8 = -366 + (244 + 160)\ 0,365/8 = -366 + 18 = 348$ kNm

– *Maßgebende Querkräfte V_{Ed} nach Abschnitt 3.3.5 für direkte Stützung:*

Auflager A: $r = t/2 + d = 0,365/2 + 0,55 = 0,73$ m

$V_{Ed,l} = -244 + 81,4 \cdot 0,73 = -244 + 59 = -185$ kN
$V_{Ed,r} = 337 - 81,4 \cdot 0,73 = 337 - 59 = 278$ kN

Auflager B: $r = t/2 + d = 0,24/2 + 0,55 = 0,67$ m

$V_{Ed,l} = -265 + 81,4 \cdot 0,67 = -265 + 54,5 = 210,5$ kN

– *Momentenumlagerung:*

Eine Momentenumlagerung **kann nicht durchgeführt** werden, weil es sich um ein statisch bestimmtes System handelt. (Kragarme sind statisch bestimmt, eine Umlagerung von Kragmomenten ist grundsätzlich nicht möglich: Einsturzgefahr!).

4.2 Schnittgrößenverläufe - Einzellastfälle

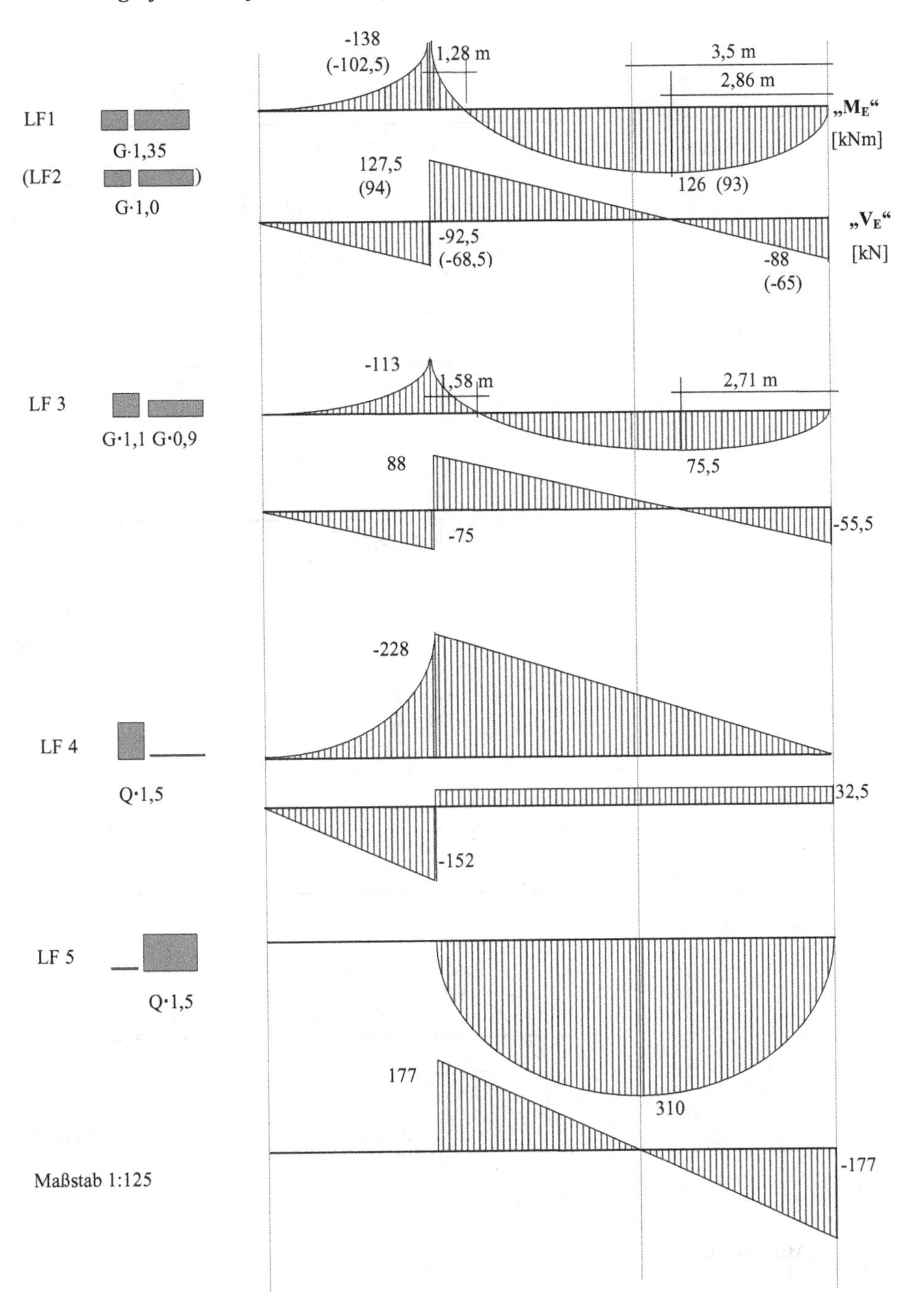

4.3 Schnittgrößenverläufe - Lastkombinationen

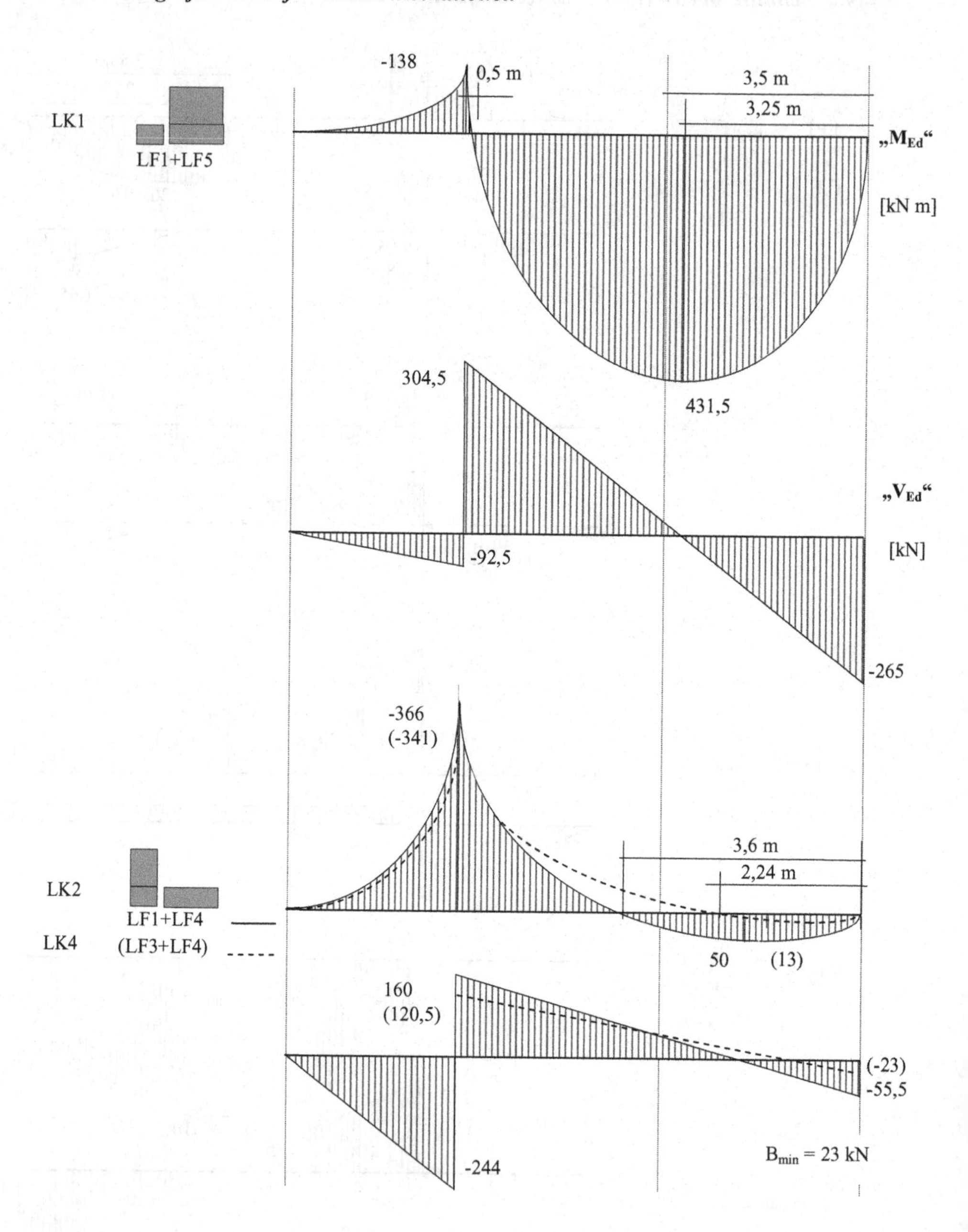

Maßstab 1:125
LK3

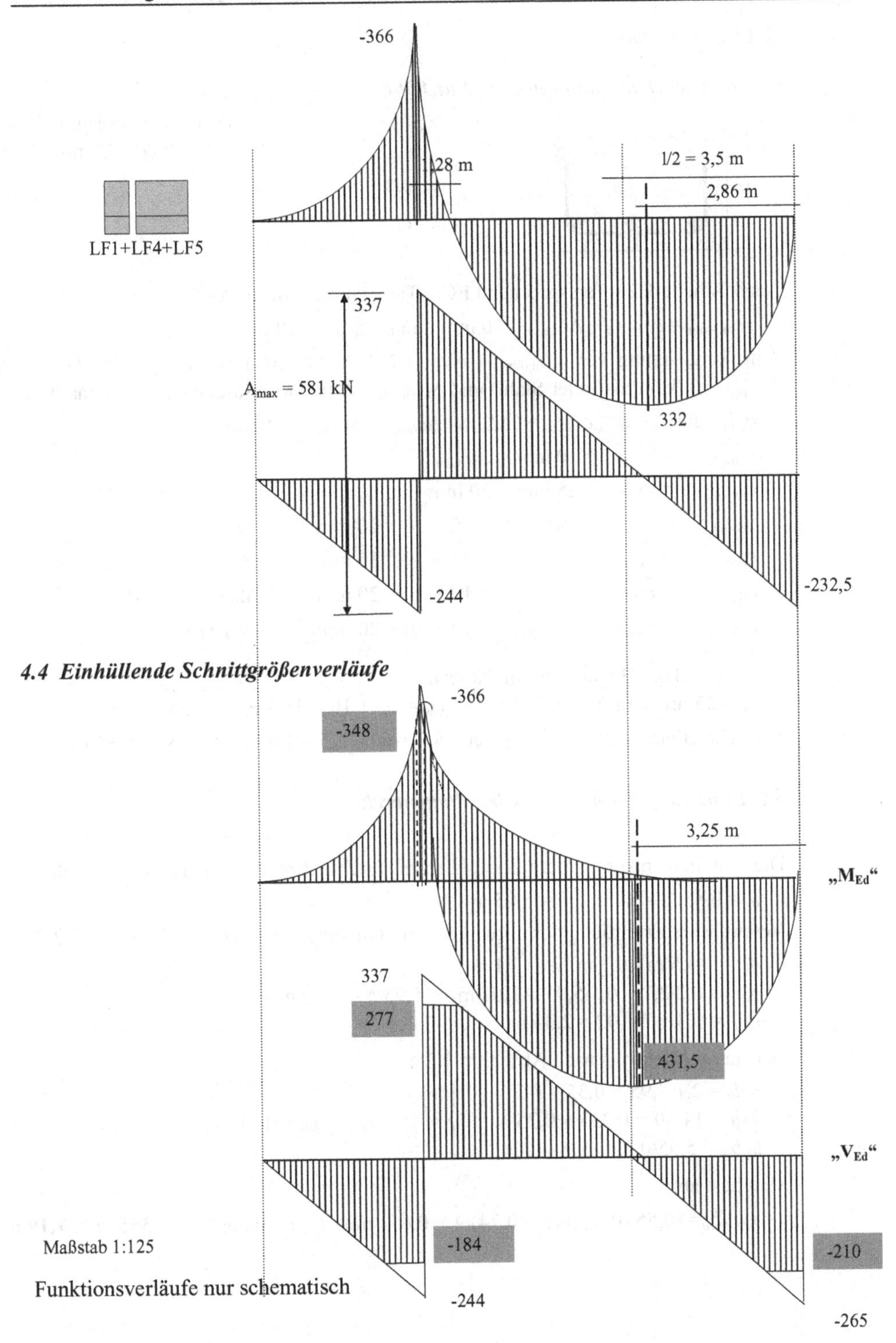

4.4 Einhüllende Schnittgrößenverläufe

5 Biegebemessung

5.1 Betondeckung und statische Nutzhöhe

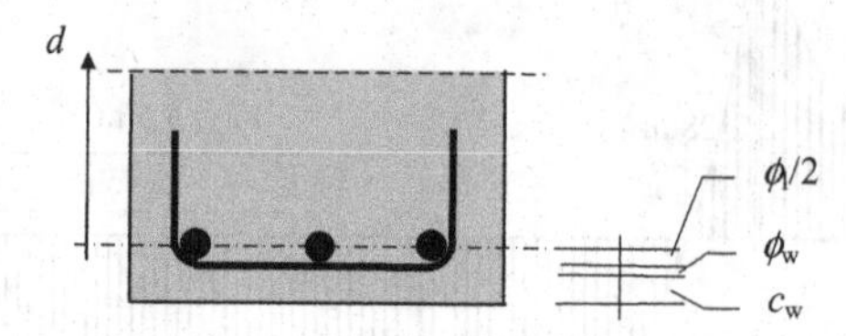

Annahme: einlagige Bewehrung
$\phi_l = 25$ mm, $\phi_w = 10$ mm

Nach Tabelle 1.2-4 (entsprechend EC2, Tab. 4.4DE) gilt für XC1:

$\bar{c}_{min,dur} = c_{min,dur} + \Delta c_{dur,\gamma} = 10$ mm und $\Delta c_{dev} = 10$ mm

Eine Reduzierung von $c_{min,dur}$ ist nicht möglich. Für XC1 ist $\Delta c_{dur,\gamma} = 0$. Damit wird für $\Delta c_{dur,st} = 0$ (kein rostfreier Stahl) und $\Delta c_{dur,add} = 0$ (keine zusätzlichen Schutzmaßnahmen):

$c_{min} = \max\{c_{min,b};\ c_{min,dur} + \Delta c_{dur,\gamma} - \Delta c_{dur,st} - \Delta c_{dur,add};\ 10 \text{ mm}\}$

$c_{min,b,w} = \phi_w = 10 \text{ mm} = c_{min,dur}$

$c_{min,b,l} = \phi_l = 25 \text{ mm} > 20 \text{ mm}$

$c_{nom,l} = \bar{c}_{min,dur} + \Delta c_{dev} = 10 + 10 = 20$ mm — Dauerhaftigkeit

$c_{nom,l} = c_{min,b,l} + \Delta c_{dev,b} = 25 + 10 = 35$ mm — für ϕ_l ist Verbund maßgebend

$c_{nom,w} = \bar{c}_{min,dur} + \Delta c_{dev} = 10 + 10 = 20$ mm — Dauerhaftigkeit

$c_{nom,w} = c_{min,b,l} + \Delta c_{dev,b} = 10 + 10 = 20$ mm — Verbund

Verlegemaß der Bügel (Abstandhalter):

c_v = **25 mm** (mit vorh $c_{nom,l} = c_v + \phi_w = 25 + 10 = 35 = c_{nom,l} = 35$ mm ✓)

Statische Höhe: $\boldsymbol{d} = h - c_v - \phi_w - \phi_l - \phi_l/2 = 60 - 2{,}5 - 1{,}0 - 2{,}5/2 = 55{,}2 \approx$ **55 cm**

5.2 Ermittlung der mitwirkenden Plattenbreite

– *Feld:*

Die Situation entspricht dem Endfeld eines Durchlaufträgers. Nach Bild 7.2-2 gilt

$l_0 = 0{,}85 \cdot l_{eff} = 0{,}85 \cdot 7{,}0 = 5{,}95$ m

Vereinfachte Ermittlung der mitwirkenden Plattenbreite nach Gl. (7.2-1) und (7.2-2):

$b_i = (4{,}5 \text{ m} - 0{,}3 \text{ m})/2 = 2{,}1$ m

$b_{eff,i} = 0{,}2 \cdot 2{,}1 + 0{,}1 \cdot 5{,}95 = 1{,}02 \text{ m} < 5{,}95/5 = 1{,}19$ m

$b_{eff} = 0{,}3 + 2 \cdot 1{,}02 = 2{,}34$ m

Genauerer Nachweis nach Abschnitt 7.2.4:

$$\left.\begin{array}{l} b_i/l_0 = 2{,}1/5{,}95 = 0{,}35 \\ h_f/h = 14/60 = 0.233 \approx 0{,}25 \\ l_0/b_w = 5{,}95/0{,}3 = 19{,}8 \approx 20 \end{array}\right\} \Rightarrow \text{Tabelle 7.2-1}$$

Man liest ab:

$b_{eff,i}/b_i = (0{,}55+0{,}68+0{,}63+0{,}74)/4 = 0{,}65$ mit $b_{eff,i} = 0{,}65 \cdot 2{,}1 = 1{,}365 \text{ m} > \cdot$ **1,19 m**

Damit wird die mitwirkende Plattenbreite zu:

$\boldsymbol{b}_{\text{eff}} = 1{,}19 \cdot 2 + 0{,}3 = \mathbf{2{,}68\ m}$

– *Kragarm(Zugzone):*

(erforderlich für Verteilung der Bewehrung im Querschnitt und für Mindestbewehrung)

$l_0 = 1{,}5\ l_{\text{eff}} = 1{,}5 \cdot 3{,}0 = 4{,}5$ m

$b_{\text{eff,i}} = 0{,}2 \cdot 2{,}1 + 0{,}1 \cdot 4{,}5 = 0{,}87$ m $< 4{,}50 \cdot 0{,}2 = 0{,}90$ m

$\boldsymbol{b}_{\text{eff}} = 2 \cdot 0{,}87 + 0{,}3 = \mathbf{2{,}04\ m}$

5.3 Begrenzung der Durchbiegung

Funktionsfähigkeit und Aussehen von Bauteilen dürfen nicht durch zu große Verformungen beeinträchtigt werden. EC2 sieht deshalb eine Begrenzung der Durchbiegungen unter häufigen Lasten vor. Die zuverlässige Berechnung von Verformungen ist im Stahlbetonbau wegen des zeitabhängigen Materialverhaltens und der Rissbildung aufwändig. Im Folgenden wird vereinfachend der **Nachweis der Begrenzung der Biegeschlankheit** entsprechend Abschnitt 10.3.2 geführt. Es seien verformungsempfindliche leichte Trennwände und andere Einbauten vorhanden.

Der Bewehrungsprozentsatz ρ wird vorgeschätzt und muss in der Biegebemessung überprüft werden. EC2 gibt nicht an, wie ρ zu berechnen sie. Ausgehend von [3-2] wird er im Folgenden bei Rechteckquerschnitten auf die Fläche $b{\cdot}d$ und bei T-Querschnitten mit positivem Moment auf $b_{\text{eff}}{\cdot}d$ und mit negativem Moment auf $b_w{\cdot}d$ bezogen. Eine zu hohe Vorschätzung liegt auf der sicheren Seite, ist also konservativ. Die Situation im Feld entspricht etwa dem Endfeld eines Durchlaufträgers (Zeile 2 aus Bild 10.3-1).

Feld: geschätzt: $\rho = 0{,}002 \quad \rho' = 0$

$K = 1{,}3 \quad \rho_0 = 10^{-3} \cdot \sqrt{20} = 0{,}0045 \quad \text{damit } \rho < \rho_0$

$$l/d = 1{,}3 \cdot \left[11 + 1{,}5\sqrt{20}\,\frac{0{,}0045}{0{,}002} + 3{,}2\sqrt{20} \cdot \sqrt{\left(\frac{0{,}0045}{0{,}002} - 1\right)^3} \right] = 1{,}3 \cdot 42{,}1 = 54{,}7$$

Abminderung wegen großer Gurtbreite:

$l/d = 54{,}7 \cdot 0{,}8 = 44 > \mathbf{35}$

vorh $l/d = 700/55 = 13 < 35$ ✓

Kragarm: geschätzt: $\rho = 0{,}012 \quad \rho' = 0$ — Gurtbreite im Zugbereich nicht maßgebend

$K = 0{,}4 \quad \rho_0 = 10^{-3} \cdot \sqrt{20} = 0{,}0045 \quad \text{damit } \rho > \rho_0$

$$l/d = 0{,}4 \cdot \left[11 + 1{,}5\sqrt{20}\,\frac{0{,}0045}{0{,}012} \right] = 0{,}4 \cdot 13{,}5 = 5{,}4$$

vorh $l/d = 300/55 = 5{,}5 \approx 5{,}4$ ✓

Eine Abminderung der l/d-Werte wegen verformungsempfindlicher Aufbauten entfällt, weil die Spannweiten $l \leq 7{,}0$ m sind.

Das Bauteil ist im Feld wenig verformungsempfindlich. Der Grenzwert wird bei weitem nicht erreicht. Der Kragarm ist relativ biegeweich. Die Verformungen liegen in der Größenordnung der im EC2 empfohlenen Grenzwerte.

5.4 Bemessung Stützbereich

Die Druckzone liegt unten im Steg. Der Querschnitt entspricht für die Bemessung einem Rechteckquerschnitt der Breite $b = b_w = 0{,}30$ m. Da ein statisch bestimmtes System vorliegt, wird die Druckzonenhöhe nur durch das Kriterium der Wirtschaftlichkeit nach Gl. (4.4-12) begrenzt: $\xi \leq \xi_{lim} = 0{,}62$ bzw. $\mu_{Ed} \leq 0{,}37$

Es wird das Bemessungsverfahren mit dimensionslosen Beiwerten (Abschnitt 4.5.3) gewählt:

$$\mu_{Ed} = \frac{M_{Ed}}{bd^2 f_{cd}} = \frac{0{,}348}{0{,}3 \cdot 0{,}55^2 \cdot 11{,}3} = 0{,}34 \leq 0{,}37$$

– *Abgelesen aus Bild 4.5-8:*

$\varepsilon_{cd} = -3{,}5$ ‰

$\varepsilon_{sd} = 2{,}98$ ‰ $> 2{,}175 = \varepsilon_{yd}$ (wirtschaftlich) $\Rightarrow \sigma_{sd} = 436$ N/mm^2

$\xi = 0{,}54$ $x = d\,\xi = 0{,}55 \cdot 0{,}54 = 0{,}30$ m

$\zeta = 0{,}774$ $z = d\,\zeta = 0{,}55 \cdot 0{,}774 = 0{,}43$ m

$\boldsymbol{\omega = 0{,}44}$

erf $A_s = \omega b\, d f_{cd}/\sigma_{sd} = (0{,}44 \cdot 0{,}30 \cdot 0{,}55 \cdot 11{,}3/436)\ 10^4 =$ **18,8 cm²**

5.5 Bemessung Feld

Die Druckzone liegt in der Platte. Es wird das „direkte“ Bemessungsverfahren nach Abschnitt 7.3.2 angewendet.

$$\mu_{Ed} = \frac{M_{Ed}}{b_{eff} d^2 f_{cd}} = \frac{0{,}432}{2{,}68 \cdot 0{,}55^2 \cdot 11{,}3} = 0{,}047 << 0{,}37$$

– *Abgelesen aus Bild 7.3-6 (interpoliert):*

Es sind:

$h_f/d = 0{,}14/0{,}55 \approx 0{,}25$ $b_{eff}/b_w = 2{,}68/0{,}3 = 8{,}9$

$\sigma_{sd} = 456$ N/mm$^2 > f_{yd} = 435$ N/mm^2

$\omega \approx 0{,}048$

erf $A_s = \omega b_{eff}\, d f_{cd}/\sigma_{sd} = (0{,}048 \cdot 2{,}68 \cdot 0{,}55 \cdot 11{,}3/456)\ 10^4 =$ **17,5 cm²**

– *Alternative Bemessung:*

Es wird das Bemessungsverfahren mit dimensionslosen Beiwerten (Abschnitt 4.5.3) für einen Rechteckquerschnitt der Breite b_{eff} mit Kontrolle der Druckzonenhöhe nach Abschnitt 7.3.1 angewendet.

$$\mu_{Ed} = \frac{M_{Ed}}{b_{eff} d^2 f_{cd}} = \frac{0{,}432}{2{,}68 \cdot 0{,}55^2 \cdot 11{,}3} = 0{,}047$$

Bei Ablesung aus Bild 4.5-8 erhält man zusätzlich direkt noch ζ und den Dehnungszustand:

ε_{cd} = -1,97 ‰
ε_{sd} = 25 ‰ $\Rightarrow$ σ_{sd} = 456,5 N/mm^2
ξ = 0,073 **Kontrolle der Druckzonenhöhe:** $x = 0{,}073 \cdot 0{,}55 = 0{,}04$ m << h_f = 0,14m ✓
ζ = 0,97 $z = 0{,}97 \cdot 0{,}55 = 0{,}53$ m
ω = 0,048 $\Rightarrow$ = 0,048 aus vorheriger Ablesung, und damit erwartungsgemäß auch:
erf $A_s = \omega\, b_{eff}\, d\, f_{cd}/\sigma_{sd} = (0{,}048 \cdot 2{,}68 \cdot 0{,}55 \cdot 11{,}3/456{,}5)\ 10^4$ = **17,5 cm² = 17,5 cm²**

5.6 Wahl der Bewehrung

– *Mindest- und Maximalbewehrung aus konstruktiven Erfordernissen (Duktilität):*

Die Nachweise werden im Bereich positiver wie negativer Momente auf die Querschnittswerte des Plattenbalkens bezogen. Die in der Platte (b_{eff}) vorzusehende Mindestbewehrung zur Risssicherung in abliegenden Querschnittsteilen nach Abschnitt 5.7.3 kann erforderlichenfalls auf die Mindestbewehrung angerechnet werden.

	b_{eff} [m]	y_s [m]	I_x [m^4]	W_u^{Feld},	$W_o^{Stütze}$ [m³]	A[m^2]
Feld	2,68	0,45	0,0122	0,027		0,538
Stütze	2,04	0,43	0,0112		0,066	0,424

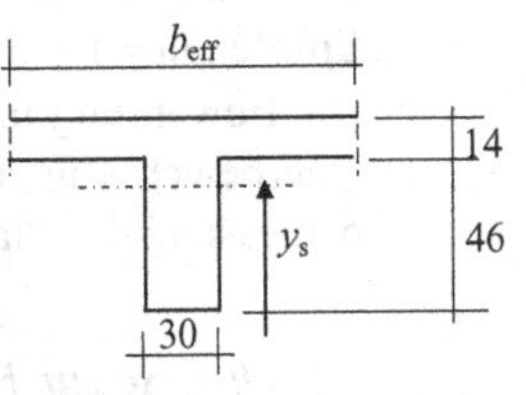

Die Rissmomente (im Zustand I) betragen damit (f_{ctm} = 2,2 N/mm^2 nach Tab. 1.2-1):

Feld: $M_R = f_{ctm} \cdot W_u = 2{,}2 \cdot 0{,}027 = 0{,}059$ MNm
Stütze: $M_R = f_{ctm} \cdot W_o = 2{,}2 \cdot 0{,}066 = 0{,}145$ MNm

Die Mindestbewehrungsquerschnitte ergeben sich zu:

Feld: $A_{s,min} = M_R/(f_{yk} \cdot z) = 0{,}059 \cdot 10^4/(500 \cdot 0{,}54) = 2{,}2$ cm^2 << vorh $A_{s,Feld}$
Stütze: $A_{s,min} = M_R/(f_{yk} \cdot z) = 0{,}145 \cdot 10^4/(500 \cdot 0{,}43) = 6{,}7$ cm^2 << vorh $A_{s,Stütze}$
$A_{s,max} = 0{,}04 \cdot b \cdot h$ $= 0{,}04 \cdot 30 \cdot 50$ $= 60$ cm^2 nicht maßgebend

– *Wahl der Bewehrung:*

Feld:	3 ϕ25 + 1 ϕ20	A_s = 14,7 + 3,1	vorh A_s = 17,8 cm^2 > 17,5 cm^2
Stützbereich:	2 ϕ25 + 1ϕ16	A_s = 11,8 cm^2	angeordnet im Steg
			vorh A_s = 19,8 cm^2 > 18,8 cm^2
	4ϕ16	A_s = 8,0 cm^2	ausgelagert in Platte

– *Überprüfung des Bewehrungsprozentsatzes ρ*

Feld: $\rho = 17{,}8/(2{,}68 \cdot 0{,}55)\ 10^{-4} = 0{,}0012 <$ geschätzt 0,002 ✓
Stütze: $\rho = 19{,}8/(0{,}30 \cdot 0{,}55)\ 10^{-4} = 0{,}012$ = geschätzt 0,012 ✓

Der Wert 5,4 kann erforderlichenfalls noch mit dem Verhältnis aus $310/\sigma_s = 310/263 = 1{,}18$ vergrößert werden (σ_s unter quasiständiger Last im GZG aus Abschnitt 5.7.2).

– *Anordnung der Bewehrung im Querschnitt:*

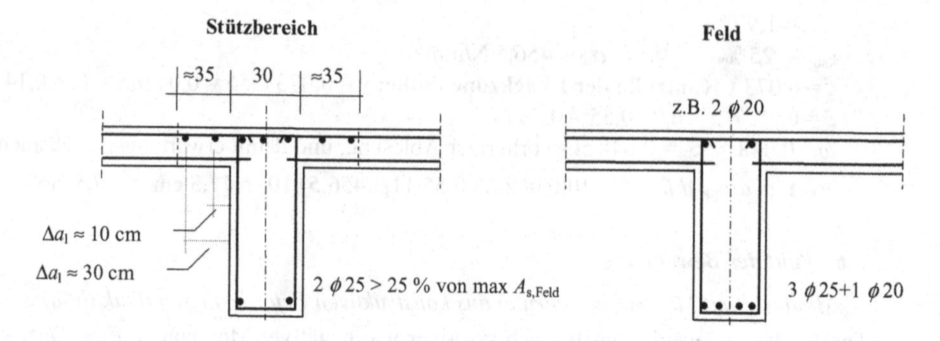

- Der ausgelagerte Anteil der statisch erforderlichen Bewehrung liegt innerhalb von $b_{eff}/2$.
- Der im Stegbereich verbleibende Bewehrungsanteil unterschreitet nicht 40 % von A_s.
- Die Wahl des Durchmessers für die in die Platte ausgelagerte Bewehrung entspricht der Empfehlung für dünne Bauteile: $\phi = 1{,}6$ cm $\leq h/8$ bzw. $h_f/8 = 14/8 = 1{,}8$ cm.
- Die Bewehrung im Steg muss nicht voll symmetrisch sein (hier unterschiedliche ϕ)
- Querbewehrung der Platte siehe Schubanschluss der Gurte (Abschnitt 6.9) und Biegebemessung der Platte.

5.7 Nachweise zur Begrenzung der Rissbreite

5.7.1 Lasten und Schnittgrößen

Für quasiständige Kombination und Nutzung als Lagerraum: $\Rightarrow$ $\psi_2 = 0{,}8$ (s. Tabelle 2.2-2)

$g_d = 22{,}8 \cdot 1{,}0 = 22{,}8$ kN/m $\qquad q_d = 33{,}75 \cdot 0{,}8 = 27{,}0$ kN/m

Die maßgebenden Schnittgrößen ergeben sich aus Abschnitt - *4.3* durch lineares Umrechnen und Überlagern der Lastfälle LF1, LF4 und LF5:

Stütze: $M_{Ed,min} = -138/1{,}35 - 228 \cdot 0{,}8/1{,}5 = -224$ kNm (Ausrundung vernachlässigt)
Feld: $M_{Ed,max} = 126/1{,}35 + 310 \cdot 0{,}8/1{,}5 = 259$ kNm

5.7.2 Nachweis der Begrenzung der Rissbreite nach Abschnitt 10.3.4

Es handelt sich um ein statisch bestimmtes System ohne nennenswerte Zwangsspannungen. Ein Nachweis der Mindestbewehrung nach Abschnitt 10.3.3 kann deshalb entfallen.

– *vorhandene Bewehrung:*

Stütze: $2\,\phi 25 + 5\,\phi 16 \quad \Rightarrow \quad A_s = 19{,}8$ cm²
Feld: $3\,\phi 25 + 1\,\phi 20 \quad \Rightarrow \quad A_s = 17{,}8$ cm²

– *Berechnung der vorhandenen Stahlspannung:*

Die Stahlspannung unter quasiständiger Last wird näherungsweise unter Verwendung des Hebelarms der inneren Kräfte z aus der Biegebemessung errechnet.

Stütze: $z = 0{,}43$ m $\quad \sigma_s \approx 0{,}224/(0{,}43 \cdot 19{,}8 \cdot 10^{-4}) = 263$ N/mm²
Feld: $z = 0{,}53$ m $\quad \sigma_s \approx 0{,}259/(0{,}53 \cdot 17{,}8 \cdot 10^{-4}) = 274$ N/mm²

– *Nachweis über Einhalten des Grenzdurchmessers nach Tabelle 10.4-1:*

Für Expositionsklasse XC1 ergibt sich für Stahlbeton nach Tabelle 10.1-1 der Rechenwert der Rissbreite $w_k = 0,4$ mm. Die Risse werden überwiegend durch Mitwirkung beim Abtrag von Lasten erzeugt. Es wird von später Rissbildung ausgegangen und $f_{ct,eff} = 3,0$ N/mm² gesetzt.

Stütze:

Als Zugzonenbreite wird die Verteilungsbreite der Stützbewehrung von ≈ 1,0 m angesetzt.

$$\left.\begin{array}{l}\sigma_s = 240 \text{ N/mm}^2 \Rightarrow \phi_s^* = 24 \text{ mm}\\ \sigma_s = 263 \text{ N/mm}^2\\ \sigma_s = 280 \text{ N/mm}^2 \Rightarrow \phi_s^* = 18 \text{ mm}\end{array}\right\} \phi_s^* \approx 21 \text{ mm} \Rightarrow \text{Gl. (10.4-3)}$$

$$\phi = 21 \cdot \frac{263 \cdot 19,8}{4(60-55) \cdot 100 \cdot 3,0} = 18 \text{ mm} < 21 \cdot \frac{3,0}{3,0} = 21 \text{ mm (größerer Wert ist maßgebend)}$$

vorh = 25mm > 21 mm **Nachweis nicht erfüllt** ↯

Feld:

$$\left.\begin{array}{l}\sigma_s = 240 \text{ N/mm}^2 \Rightarrow \phi_s^* = 24 \text{ mm}\\ \sigma_s = 274 \text{ N/mm}^2\\ \sigma_s = 280 \text{ N/mm}^2 \Rightarrow \phi_s^* = 18 \text{ mm}\end{array}\right\} \phi_s^* \approx 19 \text{ mm}$$

$$\phi = 19 \cdot \frac{274 \cdot 17,7}{4(60-55) \cdot 30 \cdot 3,0} = 51 \text{ mm} > 24 \cdot \frac{3,0}{3,0} = 24 \text{ mm (größerer Wert ist maßgebend)}$$

vorh ϕ = 25mm < 51 mm **Nachweis erfüllt** ✓

– *Nachweis über Einhalten des maximalen Stababstandes nach Tabelle 10.4-2 für reine Biegung für den Stützquerschnitt:*

Stütze:

$$\left.\begin{array}{l}\sigma_s = 240 \text{ N/mm}^2 \Rightarrow s = 250 \text{ mm}\\ \sigma_s = 263 \text{ N/mm}^2\\ \sigma_s = 280 \text{ N/mm}^2 \Rightarrow s = 200 \text{ mm}\end{array}\right\} s \approx 220 \text{ mm} > \text{vorh } s \leq \approx 150 \text{ mm} \checkmark$$

vorh $s \leq 150$ mm < 220 mm **Nachweis erfüllt** ✓

(Hinweis: Es muss jeweils nur ***einer*** *dieser Nachweise erfüllt sein).*

5.7.3 Ermittlung der Mindestbewehrung zur Rissbreitenbegrenzung in der Platte (Flansche)

In den vom Steg entfernten (abliegenden) Querschnittsbereichen (Flanschen) ist nach Gleichung (10.4-1a) eine rissverteilende Mindestbewehrung zu ermitteln:

$$A_s = k_c \cdot k \cdot f_{ct,eff} \, A_{ct} / \sigma_s$$

$$k_c = 0,9 \frac{F_{cr,Gurt}}{A_{ct,Gurt} \cdot f_{ct,eff}} \geq 0,5$$

$f_{ct,eff} = 3,0$ N/mm² Berücksichtigung von Überfestigkeiten

$A_{ct,Gurt} = 1,0 \, h_f = 0,14$ m²/m Streifen von 1 m Breite

Mit den oben angegebenen Querschnittswerten wird die mittlere Betonzugspannung im Gurt beim Reißen $\sigma_{c,\,m,r}$ = 1,3 N/mm² und damit $F_{cr,Gurt}$ = 1,3·0,14 = 0,182 MN/m. Somit wird wegen der im Zustand I hochliegenden Spannungsnulllinie k_c sehr klein:

$$k_c \quad = = 0{,}9\frac{0{,}182}{0{,}14\cdot 3{,}0} = 0{,}39 < \mathbf{0{,}5}$$

$k \quad = 0{,}8$ für direkten Zwang

$\phi \quad = 10$ mm — gewählter Stabdurchmesser

$h_t \quad \approx h_f/2$ — ungefähr zentrischer Zug

Ermittlung der Stahlspannung durch Ablesung aus Tabelle 10.4-2 für ϕ_s^* nach Gleichung (10.4-2). Dabei wird die Berechnung auf $h_t \approx h_f/2$ bezogen, d.h. es wird ungünstiger weise von zentrischem Zug ausgegangen. Die so ermittelte Bewehrung wird dann an Ober- und Unterseite eingelegt. Dies liegt auf der sicheren Seite, ist aus baupraktischen Gründen aber sinnvoller, als eine unterschiedliche Bewehrung.

$$\phi \le \phi_s^* \cdot \frac{k_c \cdot k \cdot h_t}{4(h-d)} \ge \phi_s^* \frac{f_{ct,eff}}{f_{ct,0}}$$ Zwang

$$10 \le \phi_s^* \cdot \frac{0{,}5\cdot 0{,}8\cdot 7}{4(14-\approx 11)} \ge \phi_s^* \cdot \frac{3{,}0}{2{,}9}$$ Achsabstand der Bewehrung von Betonrand ≈ 3 cm

$10 \le \phi_s^* \cdot 0{,}23 < \phi_s^* \cdot \mathbf{1{,}03}$ (maßgebend)

$\phi_s^* = 9{,}7 \approx 10$ mm

$\sigma_s \approx 380$ N/mm² — interpoliert aus Tabelle 10.4-1 für w_k = 0,4 mm

Damit wird die Mindestbewehrung je m Plattenbreite (Summe über Plattendicke 0,14 m) zu:

$\boldsymbol{a_s}$ = 0,9·0,8·3,0·0,14/380 = 0,0008 m²/m = **8,0 cm²/m**

Die Bewehrung wird auf Plattenober- und Unterseite verteilt. Sie wird auf einer Gesamtbreite von etwa b_{eff} angeordnet.

Gewählt z.B. oben und unten: **ϕ10 s = 20 cm** mit a_s = 3,93 cm²/m ≈ 8,0/2 = 4,0 cm²/m

Die Bewehrung zur Begrenzung der Rissbreiten in der Platte ist nur im Bereich negativer Momente des Balkens erforderlich. Auch die in der Platte angeordnete statisch erforderliche Hauptbewehrung trägt gleichzeitig zur Rissverteilung bei. Daher ist es nicht sonderlich sinnvoll, diese Bewehrung im Stützbereich zu eng nach der Zugkraftlinie zu staffeln.

5.7.4 Ermittlung der Mindestlängsbewehrung im Steg

Der Bereich des Steges außerhalb der Wirkungszone der Biegezugbewehrung (schraffiert) soll gegen Sammelrisse geschützt werden. Dies kann durch Anordnung einer konstruktiven Bewehrung aus dünnen Durchmessern geschehen. Bei höheren Stegen kann in Anlehnung an den Nachweis in der Platte vorgegangen werden. Im vorliegenden Fall ist wegen h < 1,0 m ein Nachweis nicht erforderlich. Er wird hier aber zur Demonstration der Vorgehensweise durchgeführt.

Die Mindestbewehrung wird für einen über die Dicke (in diesem Fall ist dies die Stegbreite) zentrisch gezogenen und 1 m breiten (in diesem Fall in Höhenrichtung des Steges) Streifen ermittelt. Dabei darf gesetzt werden k = 0,5 und k_c = 1,0 sowie $\sigma_s = f_{yk}$.

$A_s = k_c \cdot k \cdot f_{ct,eff} \, A_{ct} / \sigma_s = 1{,}0 \cdot 0{,}5 \cdot 3{,}0 \cdot 0{,}30 \cdot 1{,}0/435 = 1{,}03 \cdot 10^{-3}$ m²/m = 10,3 cm²/m

Zur Rissbreitenbegrenzung werden kleine Stabdurchmesser gewählt. Ein genauer Nachweis wie in den Gurten kann hier entfallen.

Die Spannungsverteilung über die Steghöhe entspricht näherungsweise einem Dreieck. Die wirksame Höhe ergibt sich etwa aus der Steghöhe zwischen der Wirkungshöhe der Biegezugbewehrung im Feld und der Spannungsnulllinie im Zustand II (siehe Skizze).

$h_{eff} = h - x - h_w$ mit $h_w = 2{,}5\ d_1 \leq (h-x)/2$

$h_w = 2{,}5 \cdot 5 = 12{,}5$ cm $\leq (60-3{,}4)/2 = 28$ cm siehe Bild 10.4-4a

$h_{eff} = 60 - 3{,}4 - 12{,}5 = 44$ cm

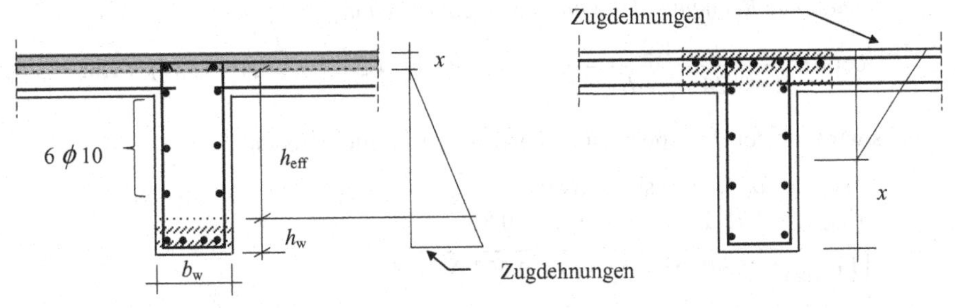

Damit wird erforderlich:

$\Sigma A_{s,Steg} = h_{eff} \, A_s = 0{,}44 \cdot 10{,}3 = 4{,}5$ cm²

Die Stegbewehrung wird im Bereich von h_{eff} auf beide Stegseiten verteilt angeordnet. Für den Stützbereich würde eine geringere Bewehrung ausreichen. Die gewählte Bewehrung wird jedoch (im Gegensatz zur Mindestbewehrung in der Platte) über die volle Balkenlänge eingebauet, weil die Zugbereiche des Feldes und des Stützbereiches ineinander übergehen.

Gewählt: 6 ϕ10 vorh $A_s = 4{,}7$ cm² $\approx$ erf $A_s = 4{,}5$ cm²

5.8 Begrenzung der Spannungen

Der Nachweis braucht im vorliegenden Falle nicht geführt zu werden, da die Bedingungen gemäß Abschnitt 10.2.1 für ein Entfallen vorliegen: Es handelt sich um ein nicht vorgespanntes Bauteil des üblichen Hochbaus ohne Ansatz einer plastischen Umlagerung.

6 Bemessung für Querkraft

6.1 Vorbemerkung

Die Nachweise erfolgen für den Balkensteg nach Abschnitt 6.4 mit den Gleichungen (6.4-7) bis (6.4-10) und für den Schubanschluss der Flansche nach Abschnitt 7.4.3.

Es werden zwei Varianten der Stegbewehrung untersucht:

- nur vertikale Bügel
- vertikale Bügel in Kombination mit einer Schrägaufbiegung der Biegezugbewehrung im Stützbereich.

6.2 Druckstrebennachweis an der höchstbeanspruchten Stelle

Dieser Nachweis entspricht einem Nachweis der Baubarkeit. Er braucht hier wegen konstanten Betonquerschnittes (h, b_w) nur an der Stelle des größten Bemessungswertes der Querkraft am Auflagerrand (rechts der ersten Stütze) geführt zu werden. Dieser ergibt sich zu:

$$\max V_{Ed} = A_{Ed} - (g \cdot 1{,}35 + q \cdot 1{,}5)t/2 = 337 - 81{,}4 \cdot 0{,}365/2 = 322 \text{ kN}$$

$$z = 0{,}9 \cdot d = 0{,}9 \cdot 0{,}55 = 0{,}495 > d - 2 \cdot c = 0{,}55 - 2 \cdot 0{,}035 = \mathbf{0{,}48} \text{ m (maßgebend)}$$

Anmerkung: Aus der Biegebemessung ergibt sich ein noch kleinerer Wert für z. Dieser wird hier nicht eingesetzt. Zum einen wird z sehr schnell mit dem neben dem Stützenanschnitt abnehmenden Moment größer, zum anderen zeigt sich hier die Inkompatibilität der unterschiedlichen Rechenmodelle für Biegung und Schub.

$$\cot\theta \le \frac{1{,}2}{1 - 0{,}24 \cdot f_{ck}^{1/3} \cdot b_w \cdot z / V_{Ed}} = 1{,}2/(1 - 0{,}24 \cdot 20^{1/3} \cdot 0{,}3 \cdot 0{,}48/0{,}337) = \mathbf{1{,}66} < 3{,}0$$

Es wird mit $\cot\theta = 1{,}66$ entsprechend $\theta = 31°$ weitergerechnet:

$$V_{Rd,max} = \alpha_c f_{cd}\, b_w\, z \sin\theta \cos\theta$$

$$V_{Rd,max} = 0{,}75 \cdot 11{,}3 \cdot 0{,}3 \cdot 0{,}48 \cdot 0{,}52 \cdot 0{,}86$$

$$\boxed{\mathbf{V_{Rd,max} = 0{,}546 \text{ MN} >> V_{Ed} = 0{,}322 \text{ MN}} \; \checkmark}$$

6.3 Zugstrebennachweis für vertikale Bügel im Kragarm

- *Prüfen, ob Schubbewehrung rechnerisch erforderlich ist:*

$$V_{Rd,c} = [(0{,}15/\gamma_c) \cdot k \cdot (100\, \rho_l \cdot f_{ck})^{1/3} + 0{,}12\, \sigma_{cd}] \cdot b_w \cdot d$$

$$\ge [(0{,}0525/\gamma_c) \cdot k^{3/2} \cdot f_{ck}^{\;1/2} + 0{,}12\, \sigma_{cd}] \cdot b_w \cdot d \qquad \text{für } d \le 600 \text{ m}$$

Konservativ werden nur etwa 50% der Biegezugbewehrung als mitwirkend angesetzt (man denke an die Staffelung der Bewehrung):

$$\rho_l = A_s/(b_w\, d) = \approx 10/(30 \cdot 55) = 0{,}006 < 0{,}02$$

$$V_{Rd,ct} = 0{,}1 \cdot (1 + \sqrt{200/550}) \cdot (100 \cdot 0{,}006 \cdot 20)^{1/3} \cdot 0{,}30 \cdot 0{,}55 = \mathbf{0{,}061}$$

$$> 0{,}035 \cdot (1 + \sqrt{200/550})^{3/2} \cdot 20^{1/2} \cdot 0{,}30 \cdot 0{,}55 = 0{,}052$$

$$\boxed{\mathbf{V_{Rd,ct} = 0{,}061 \text{ MN} << V_{Ed} = 0{,}184 \text{ MN}}}$$

Schubbewehrung erforderlich

- *Zugstrebennachweis:*

$$V_{Rd,sy} = (A_{sw}/s_w) \cdot f_{yd} \cdot z \cdot \cot\theta = (A_{sw}/s_w) \cdot 435 \cdot 0{,}48 \cdot 1{,}66 \;\ge V_{Ed}$$

$$A_{sw}/s_w = V_{Ed}/(f_{yd,w} \cdot z \cdot \cot\theta) = 0{,}184/(435 \cdot 0{,}48 \cdot 1{,}66) \cdot 10^4 = 5{,}3 \text{ cm}^2/\text{m}$$

- *Bügelabstand in Längsrichtung:*

$$0{,}3\, V_{Rd,max} = 0{,}3 \cdot 0{,}546 = 0{,}164 < V_{Ed} = 0{,}185 \text{ MN} < 0{,}6 \cdot V_{Rd,max} = 0{,}328 \text{ MN}$$

$$s_{w,max} = 0{,}5\, d = 0{,}5 \cdot 0{,}55 = 0{,}275 \text{ m} < 0{,}3 \text{ m} \Rightarrow \mathbf{s_{w,max} = 0{,}275}$$

Wegen $\phi = 25$ mm werden Bügel mit $\phi_w = 10$ mm verwendet:

gewählt: $\boxed{\phi 10, \text{ zweischnittige Bügel} \perp \text{zur Balkenachse } (\alpha = 90°),\ s_w = 0{,}275 \text{ m}}$

Damit wird für 2-schnittige Bügel:

$A_{sw}/s_w = 5{,}7\ cm^2/m$

$V_{Rd,sy} = 5{,}7 \cdot 10^{-4} \cdot 435 \cdot 0{,}48 \cdot 1{,}66 = 0{,}198\ MN$

$\mathbf{V_{Rd,sy} = 0{,}198\ MN > V_{Ed} = 0{,}184\ MN}$ ✓

Der maximale Abstand $s = 0{,}275$ m gilt im gesamten Kragarmbereich. Eine Staffelung der Schubbewehrung ist damit nicht möglich.

6.4 Zugstrebennachweis im linken Feldbereich

– *Prüfen, ob Schubbewehrung rechnerisch erforderlich ist:*

Wegen annähernd symmetrischer Bewehrungsführung im Stützbereich gilt auch hier:

$V_{Rd,ct} = 0{,}1 \cdot (1 + \sqrt{200/550}) \cdot (100 \cdot 0{,}006 \cdot 20)^{1/3} \cdot 0{,}30 \cdot 0{,}55 = \mathbf{0{,}061}$

$\mathbf{V_{Rd,ct} = 0{,}061\ MN \ll V_{Ed} = 0{,}277\ MN}$

Schubbewehrung erforderlich

– *Zugstrebennachweis für vertikale Bügel im linken Feldbereich (Bereich großer Querkräfte bei Auflager A):*

Bügelabstände in Längsrichtung:

$0{,}3\ V_{Rd,max} = 0{,}3 \cdot 0{,}546 = 0{,}164 < V_{Ed} = 0{,}278\ MN < 0{,}6 \cdot V_{Rd,max} = 0{,}328\ MN$

$s_{w,max} = 0{,}5 \cdot d = 0{,}5 \cdot 0{,}55 = 0{,}275\ m < 0{,}3\ m \Rightarrow \mathbf{s_{w,max} = 0{,}275}$

Damit gilt für $s_{w,max}$ wieder:

$V_{Rd,sy} = 0{,}198\ MN < 0{,}277\ MN$

Dieser Wert ist deutlich kleiner als die vorhandene Querkraft. Es wird deshalb bereichsweise der Bügelabstand verringert:

gewählt: ϕ 10, zweischnittige Bügel ⊥ zur Balkenachse ($\alpha = 90°$), $s_w = 0{,}20$ m

$V_{Rd,s} = (0{,}785 \cdot 2/0{,}20) \cdot 10^{-4} \cdot 435 \cdot 0{,}48 \cdot 1{,}66 = \mathbf{0{,}272\ MN \approx V_{Ed} = 0{,}277\ MN}$

-2 %

Die Abweichung ist kleiner als 3% und im Rahmen der Rechengenauigkeit noch akzeptabel.

– *Zugstrebennachweis für vertikale Bügel($\alpha = 90°$) im inneren Feldbereich:*

Mit $s_{max} = 0{,}275$ m gilt $A_{sw}/s = 0{,}785 \cdot 2/0{,}25 = 5{,}7\ cm^2/m$ und damit gilt wieder

$V_{Rd,sy} = 0{,}198\ MN$

– *Überprüfen auf Einhalten der Mindestschubbewehrung nach Gl. (6.6-1):*

$\rho_w = A_{sw}/(s \cdot b_w \cdot \sin\alpha) \geq \rho_{w,min} = 0{,}0007$ für C20/25 nach Tab. 6.6-1

Es sind mindestens Bügel vorhanden mit: $\phi_w = 10$ mm $n = 2$ $s_w = 0{,}275$ m:

$\rho_w = 0{,}785 \cdot 2/(27{,}5 \cdot 30) = 0{,}0019 > 0{,}00071$ ✓

– *Zugstrebennachweis für vertikale Bügel und Schrägaufbiegungen im linken Feldbereich*

Im Bereich der großen Querkräfte bei Auflager A wird eine Grundbewehrung mit vertikalen Bügeln für mindestens die halbe Querkraft vorgesehen.

gewählt: $\boldsymbol{s = 0{,}23}$ **m** $\quad A_{sw} \cdot n/s = 0{,}785 \cdot 2/0{,}23 = 6{,}8\ \text{cm}^2/\text{m}$

$V^{\perp}_{Rd,s} = 6{,}8 \cdot 10^{-4} \cdot 435 \cdot 0{,}48 \cdot 1{,}66 = 0{,}236\ \text{MN} > V_{Ed}/2 = 0{,}277/2 = 0{,}139\ \text{MN}$ ✓

Der Bügelabstand wird so gewählt, dass der im Schubdeckungsdiagramm nicht gedeckte Querkraftbereich gerade durch nur eine Schrägaufbiegung abgedeckt werden kann. Diese Länge ergibt sich mit dem maximalen Abstand der Schrägstäbe in Längsrichtung (Gl. 6.6-2) für $\alpha = 45°$ (weitere Erläuterungen zur Wirkung von Schrägaufbiegungen enthält der folgende Abschnitt - *6.7*) zu: $2 \cdot 0{,}5 \cdot h\ (1 + \cot \alpha) = 2{,}0\ h = 2{,}0 \cdot 0{,}6 = 1{,}2$ m.

Aus dem Schubdeckungsdiagramm kann abgelesen werden, dass der nicht durch die Bügel abgedeckte Querkraftbereich tatsächlich etwa 1,5 m lang ist. Macht man von der zulässigen Einschnitttiefe von $d/2 = 30$ cm Gebrauch, so beträgt die abzudeckende Länge gerade 1,2 m. Das Integral des durch Schrägaufbiegungen zu deckenden Bereiches ist demnach etwa (siehe Grafik in Abschnitt -*6.6*):

$$\int^{1{,}2\text{m}} (V_{Ed} - V_{Rd,s}) \cdot \text{dx} < (0{,}277 - 0{,}236) \cdot (0{,}8 + 1{,}5)/2 \approx 0{,}05\ \text{MNm}$$

Der Querschnitt der in diesem Bereich (also auf 1,2 m Länge) erforderlichen, unter $\alpha = 45°$ geneigten Schubbewehrung ergibt sich durch Umformen aus Gleichung (6.4-4):

$$\sum A^{\angle}_{sw,req} = \frac{^{1{,}2}\int (V_{Ed} - V_{Rd,s}) \cdot dx}{f_{yd,w} \cdot z \cdot 0{,}707(1{,}66+1)} = \frac{0{,}05}{435 \cdot 0{,}48 \cdot 0{,}707 \cdot (1{,}66+1{,}0)} 10^4 \approx 1{,}3\ \text{cm}^2$$

Die Schrägbewehrung wird durch das Aufbiegen eines Stabes $\phi 20$ mm der vorhandenen Biegezugbewehrung des Feldes mit $A_s = 3{,}1\ \text{cm}^2$ weit mehr als abgedeckt.

Die Schubbewehrung wird dem Verlauf der Querkraft V_{Ed} angepasst. Schrägaufbiegungen müssen näherungsweise im Schwerpunkt des ihnen zugeordneten Querkraftbereiches liegen.

Schrägaufbiegungen sind aufwändig zu biegen und zu verlegen und führen zu unerwünscht engen Stababständen der oberen Bewehrung im Stützbereich (2 Schrägaufbiegungen wären im vorliegenden Falle im Stegbereich nicht mehr einlagig einbaubar). Sie werden in der Praxis bei Balken zumeist vermieden. Stattdessen (insbesondere im vorliegenden Fall) werden die Bügelabstände verringert oder es werden mehrschnittige Bügel oder Schubzulagen angeordnet. **Die Alternative mit Schrägaufbiegungen wird hier nur zur Demonstration der Vorgehensweise gezeigt.** Beim Bauen im Bestand wird man häufig mit dieser Bauweise konfrontiert. Ausführliche Ansätze sind z. B. in [6-2] zu finden.

6.5 Zugstrebennachweis für vertikale Bügel im rechten Feldbereich (Bereich großer Querkräfte bei Auflager B):

– *Prüfen, ob Schubbewehrung rechnerisch erforderlich ist:*

An der Stelle des Bemessungsschnittes *r* ist die gesamte Feldbewehrung - wie in Bild 6.3.1 gefordert - ausreichend verankert:

– *Prüfen, ob Schubbewehrung rechnerisch erforderlich ist:*

$V_{Rd,c} = [(0{,}15/\gamma_c) \cdot k \cdot (100\ \rho_l \cdot f_{ck})^{1/3} + 0{,}12\ \sigma_{cd}] \cdot b_w \cdot d$

$\geq [(0{,}0525/\gamma_c) \cdot k^{3/2} \cdot f_{ck}^{\ 1/2} + 0{,}12\ \sigma_{cd}] \cdot b_w \cdot d \quad$ für $d \leq 600$ m

Konservativ werden nur etwa 50% der Biegezugbewehrung als mitwirkend angesetzt (man denke an die Staffelung der Bewehrung):

$\rho_l = A_{sl}/(b_w \cdot d) = 17{,}8/(30 \cdot 55) = 0{,}011 < 0{,}02$ Bewehrungsgrad für (3 ϕ25+1 ϕ20

$V_{Rd,c} = 0{,}1 \cdot (1 + \sqrt{200/550}) \cdot (100 \cdot 0{,}011 \cdot 20)^{1/3} \cdot 0{,}30 \cdot 0{,}55 = \mathbf{0{,}074}$

$> 0{,}035 \cdot (1 + \sqrt{200/550})^{3/2} \cdot 20^{1/2} \cdot 0{,}30 \cdot 0{,}55 = 0{,}052$

$\boxed{V_{Rd,c} = 0{,}074 \text{ MN} \ll V_{Ed} = 0{,}210 \text{ MN}}$ **Schubbewehrung erforderlich**

Hinweis: Dieses Ergebnis ist bei Balken die Regel. Der Nachweis zu $V_{Rd,c}$ kann deshalb zumeist entfallen.

– *Zugstrebennachweis*

Bügelabstände in Längsrichtung:

$0{,}3 \cdot V_{Rd,max} = 0{,}3 \cdot 0{,}546 = 0{,}164 < V_{Ed} = 0{,}210 \text{ MN} < 0{,}6 \cdot V_{Rd,max} = 0{,}328 \text{ MN}$
$s_{max} = 0{,}5\ d = 0{,}5 \cdot 0{,}55 = 0{,}275 \text{ m} < 0{,}3 \text{ m} \Rightarrow \mathbf{s_{w,max} = 0{,}275}$ (wie vor)

Damit gilt:

$V_{Rd,s} = 0{,}198 \text{ MN} < 0{,}210 \text{ MN}$
$\text{erf } A_{sw} = V_{Ed}/(f_{yd,w} \cdot z \cdot \cot\theta) = 0{,}210/(435 \cdot 0{,}48 \cdot 1{,}66) \cdot 10^4 = 6{,}1 \text{ cm}^2/\text{m}$

gewählt: $\boxed{\phi 10, \text{ zweischnittige Bügel} \perp \text{zur Balkenachse } (\alpha = 90°),\ s = 0{,}25 \text{ m}}$

Damit wird für 2-schnittige Bügel:

$A_{sw}/s = 6{,}3 \text{ cm}^2/\text{m}$
$V_{Rd,s} = 6{,}3 \cdot 10^{-4} \cdot 435 \cdot 0{,}48 \cdot 1{,}66 = 0{,}218 \text{ MN}$

$\boxed{V_{Rd,s} = 0{,}218 \text{ MN} > V_{Ed} = 0{,}210 \text{ MN} \ \checkmark}$

6.6 Grafische Darstellung der Schubdeckung (Schubdeckungsdiagramm)

Die gesamte Schubdeckung (Zugstrebentragfähigkeit $V_{Rd,s}$) wird im Folgenden grafisch dargestellt. **Auf eine derartige Darstellung sollte in keinem Falle verzichtet werden.**

Die obere Zeichnung zeigt die Schubdeckung nur mit Bügeln. Die Einschnittlänge ist < d/2 und somit nach EC2 zulässig. Die untere Zeichnung zeigt die (im vorliegenden Falle sicher unnötige und unwirtschaftliche) Lösung mit einer Schrägaufbiegung.

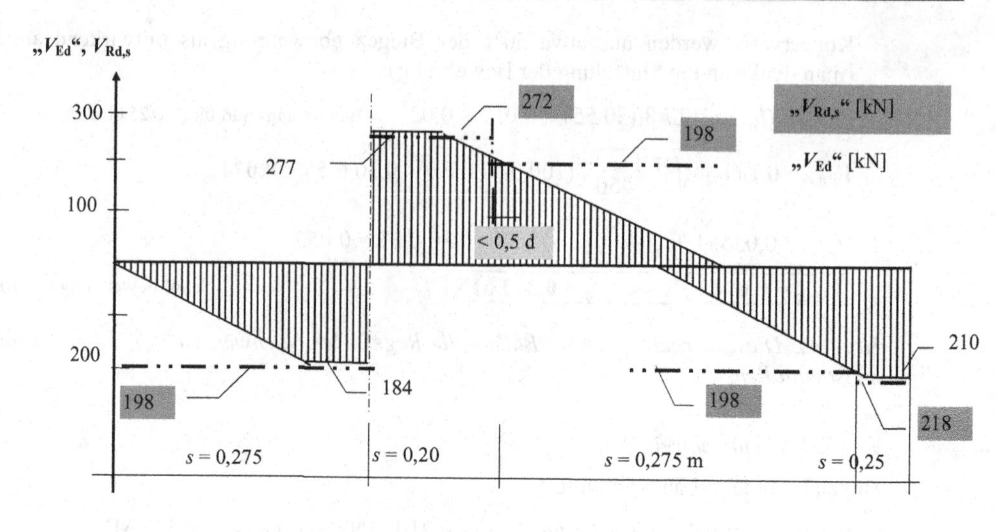
„V_{Ed}“, $V_{Rd,s}$
300
100
200
272
198
„$V_{Rd,s}$“ [kN]
„V_{Ed}“ [kN]
277
< 0,5 d
184
198
198
210
218
s = 0,275
s = 0,20
s = 0,275 m
s = 0,25

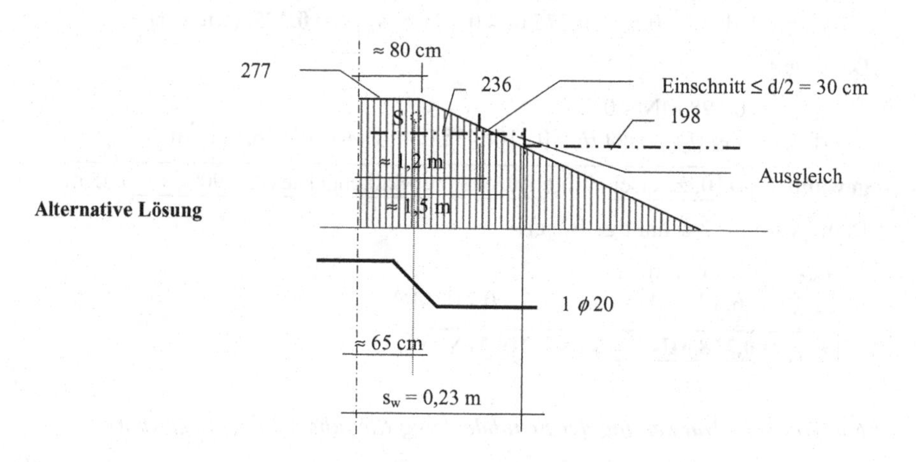
≈ 80 cm
277
236
Einschnitt ≤ d/2 = 30 cm
198
S
≈ 1,2 m
≈ 1,5 m
Ausgleich
Alternative Lösung
1 ϕ 20
≈ 65 cm
s_w = 0,23 m

6.7 Hinweise zur Wirkung und Anordnung von Schrägaufbiegungen

- Schrägaufbiegungen erzeugen an den Umlenkstellen der Zugkraft senkrecht zu ihrer Krümmungsebene Querzugspannungen im Beton. Dies ist ungünstig. Deshalb sollten Schrägaufbiegungen nicht randnah angeordnet werden.
- Schrägaufbiegungen erzeugen an den Umlenkstellen auch hohe lokale Pressungen des Betons. Um diese zu begrenzen, sind relativ große Mindestwerte für die Krümmungsradien der Bewehrung einzuhalten. Zudem soll die Stahlzugkraft weitergeleitet und nicht an der Krümmung verankert werden.
- Schrägaufbiegungen wirken als Teil des Schubfachwerkmodells. Die Abstände der Aufbiegungen dürfen in Längsrichtung deshalb nicht zu groß werden. Für $\alpha = 45°$ ergibt sich die auf den folgenden Skizzen dargestellte Situation (Druckspannungen sind negativ gekennzeichnet):

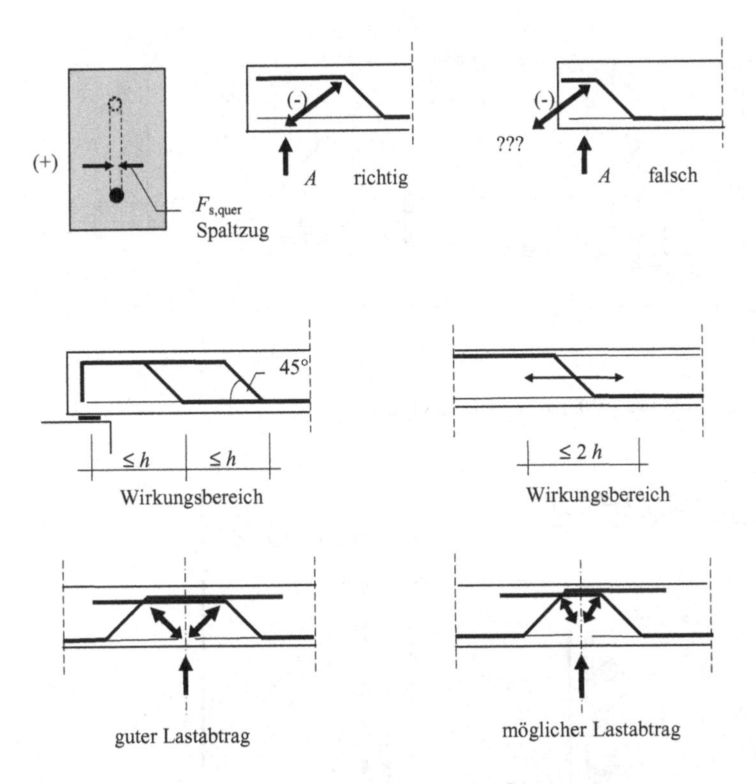

Bild 11.2-1 zur Wirkung und Anordnung von Schrägaufbiegungen

Biegeformen, die über die Stütze in den Kragarm laufen und dort als Schubbewehrung wieder nach unten gebogen werden, sind im Einbau aufwändig. Die gleichzeitige Verwendung der aufgebogenen Positionen als obere Stützbewehrung ist nur in seltenen Fällen sinnvoll möglich.

Hinweis: In historischen Bauwerken wurden wenig Bügel eingesetzt, dafür jedoch sehr viele über die Balkenlänge verteilte Schrägaufbiegungen (Bild 11.2-2). Diese gestatteten einen Ansatz der Bewehrung gleichzeitig als Feldbewehrung, als Schubbewehrung und als Stützbewehrung. Die sehr geringe Bügelbewehrung (praktisch nur als umhüllende Bewehrung) führte zu vielen Schäden (siehe auch Bild 1.3-2).

Die fast ausschließliche Schubdeckung über Schrägaufbiegungen widerspricht den neueren Fassungen der DIN 1045 und des EC2, die fordern, dass mindestens 50 % der Querkraft über Bügel abzutragen sei. Sofern beim Bauen im Bestand außerhalb des Bestandsschutzes Nachweise nach EC2 erforderlich werden, ergeben sich hieraus Schwierigkeiten, die z. B. zu einem Nachrüsten von außen liegender Schubbewehrung führen können. In diesem Zusammenhang sollten gesonderte Vorschriften zum Bauen im Bestand entwickelt werden. Erste Ansätze zu Vorschriften zum Bauen im Bestand (allerdings nur zu den Baustoffen) enthält [2-5] und zu Teilsicherheitsbeiwerten [11-11].

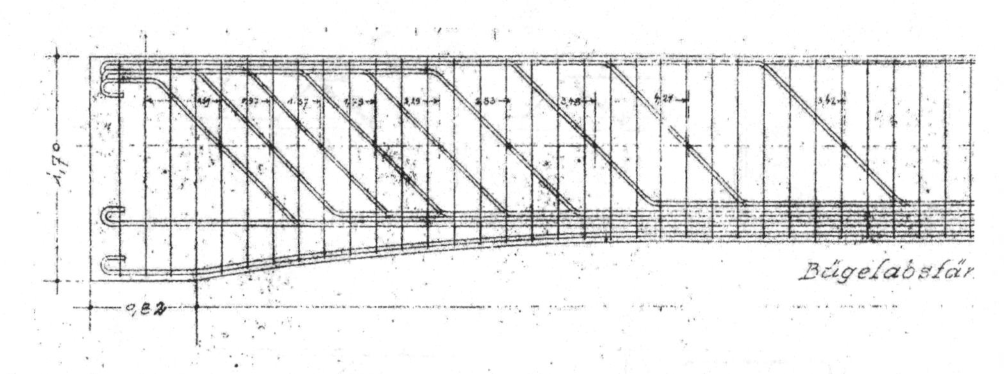

Bild 11.2-2a Brücke von etwa 1930, Längsschnitt; aus [11-2]

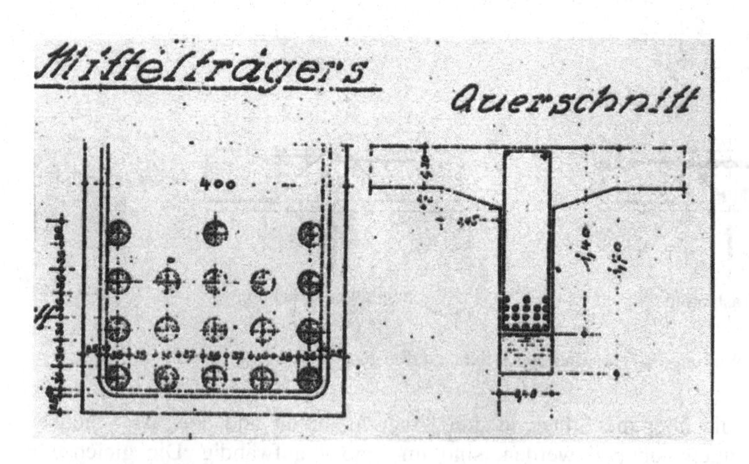

Bild 11.2-2b Brücke von etwa 1930 (ϕ36), Querschnitt; aus [11-2]

Das folgende Bild zeigt den Zusammenhang zwischen Zugkraftdeckung und Schubdeckung. Die Konstruktion der Schrägaufbiegungen war aufwändig und insbesondere bei Durchlaufkonstruktionen im Stützbereich schwierig. Der sehr geringe Deckungsanteil der Bügel ist deutlich zu erkennen.

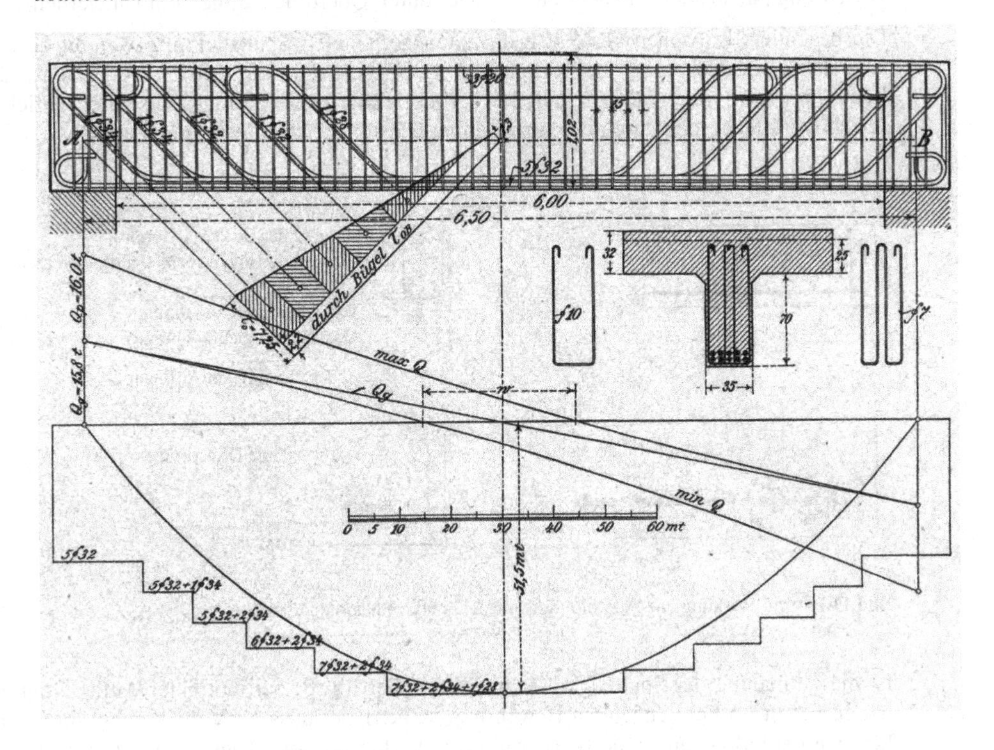

Bild 11.2-2c Zusammenhang zwischen Zugkraftdeckung und Schubdeckung, aus [11-3]

Mit zunehmender Festigkeit der Betonstähle wurden die Umlenkkräfte je Stab an den Krümmungen immer höher. Damit wuchsen auch die Betondruckspannungen im Bereich der Krümmungen und die zugehörigen Spaltzugspannungen in Querrichtung der Bauteile immer mehr an. Es war deshalb erforderlich und sinnvoll, einen größeren Anteil der Querkraft durch Bügel, die gleichzeitig im unteren Stegbereich eine Querbewehrung darstellen, aufzunehmen.

6.8 Hinweise zur Wirkung von Bügeln über Endauflagern

Bügel müssen auch über freien Endauflagern angeordnet werden, denn die Verankerungen der Biegezugbewehrung erzeugen Querzugspannungen im Beton. Diese können durch Querbewehrung (siehe auch Abschnitt 8.4.9) oder durch Querdruck aufgenommen werden.

Die besonders kritischen vertikal nach unten gerichteten Spaltzugkräfte werden durch die seitlichen Bügelschenkel und durch die Lagerpressung kompensiert (dies wird durch Reduktion des Grundmaßes l_b auf 2/3 berücksichtigt). Die geringeren seitlich gerichteten Spaltzugkräfte werden durch die horizontalen Bügelschenkel allein aufgenommen.

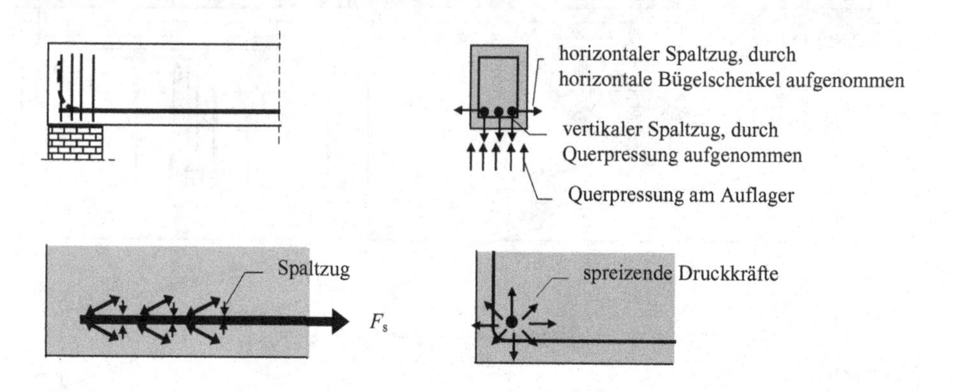

Bild 11.2-3 zur Wirkung und Anordnung von Bügeln über Endauflagern

Ist die Aufnahme der Spaltzugkräfte nicht gesichert (z. B. bei indirekter Auflagerung oder bei gestaffelt im Feld endenden Bewehrungsstäben), so muss im Verankerungsbereich ähnlich wie bei Stößen eine Querbewehrung ΣA_{st} vorhanden sein. Diese ist bei Balken für 25% der Kraft eines verankerten Längsstabes zu bemessen und im Bereich der Verankerungslänge anzuordnen. Bei deutlich mehr Querbewehrung kann dies über den Beiwert α_3 berücksichtigt werden. Bei Plattenauflagern ist keine Mindestquerbewehrung erforderlich.

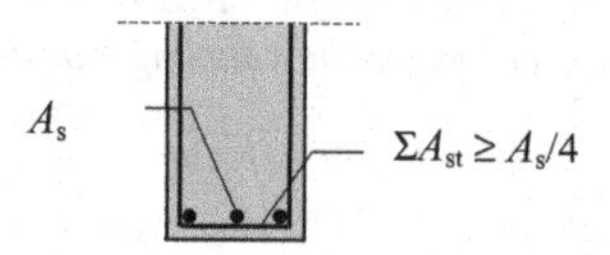

Bild 11.2-4 zur Bemessung von Querbewehrungen

6.9 Anschluss der Gurte des Plattenbalkens

6.9.1 Druckgurt

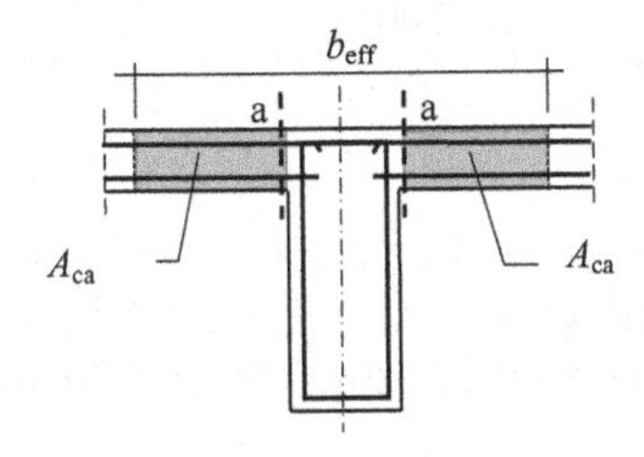

$(b_{eff} - b_w)/2 = (2{,}68 - 0{,}3)/2 = 1{,}19$ m

$A_{ca} = 1{,}19 \cdot 0{,}14 \quad A_{cc} = 2{,}68 \cdot 0{,}14$

Bei diesem Nachweis wirkt sich die genauer errechnete mitwirkende Plattenbreite ungünstig aus, weil sie eine höhere rechnerische Beanspruchung der Anschlussfuge gegenüber der Näherung ergibt.

Maßgebend für die anzuschließende Gurtkraft ist die Lastfallkombination LK1. Die Anschlusslänge $\Delta x = a_v$ wird zu 50 % der Strecke zwischen Momenten-Maximum und Momenten-Nullpunkt angesetzt. Damit erhält man:

$a_v = 3{,}25/2 = 1{,}625$ m

Das Biegemoment an dieser Stelle ergibt sich einfach zu:

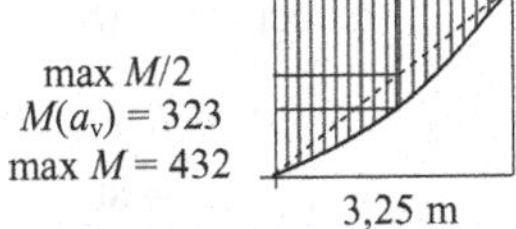

$M(a_v) = 431{,}5/2 + (30{,}8 + 50{,}6) \cdot 3{,}25^2/8 = 323$ kNm

Die anzuschließende Gurtkraft ergibt sich mit Gl. (7.4-6). Die gesamte Druckkraft entnimmt man der Biegezugbemessung des Feldbereiches bei max M_{Ed}:

$F_{cd,\,max\,M} = M_{Ed}/z = F_{sd} = 0{,}432/0{,}54 = 0{,}80$ MN

Die Druckkraft bei a_v wird näherungsweise aus der bei max M linear heruntergerechnet:

$F_{cd,av} = 0{,}80 \cdot 0{,}323/0{,}432 = 0{,}60$ MN

Der über die Anschlussfuge zwischen Gurt und Steg auf der Länge $a_v = 1{,}625$ m (maßgebend ist der steilere Abschnitt) zu übertragende Anteil beträgt:

$\Delta F_d = F_{cd} \cdot A_{ca}/A_{cc} = 0{,}60 \cdot 1{,}19/2{,}68 = 0{,}266$ MN

$\mathbf{v_{Ed}} = \Delta F_{cd}/(h_f \cdot \Delta x) = 0{,}266/(0{,}14 \cdot 1{,}625) = \mathbf{1{,}17\ MN/m^2}$

– *Tragfähigkeit der Druckstreben nach Gl. (7.4-7) mit $\theta = 40°$ bei Druckgurt:*

$\mathbf{v_{Rd,max}} = v_1 \cdot f_{cd} \cdot \sin\theta_f \cdot \cos\theta_f = 0{,}75 \cdot 11{,}3 \cdot 0{,}49 = \mathbf{4{,}15\ MN/m^2 >> 1{,}17\ MN/m^2}$ ✓

– *Tragfähigkeit der Zugstreben:*

Diese wird nur aus dem Anteil der Anschlussbewehrung A_{sf} mit $a_{sf} = A_{sf}/s_f$ ermittelt:

$v_{Rd,s} = a_{sf} f_{yd} \cot\theta / h_f \geq v_{Ed}$

Die erforderliche Anschlussbewehrung beträgt somit:

$\mathbf{a_{sf}} = v_{Ed} \cdot h_f / f_{yd} \cdot \cot\theta = \dfrac{1{,}17 \cdot 0{,}14}{435 \cdot 1{,}19}\ 10^4 = \mathbf{3{,}2\ cm^2/m}$

6.9.2 Zuggurt

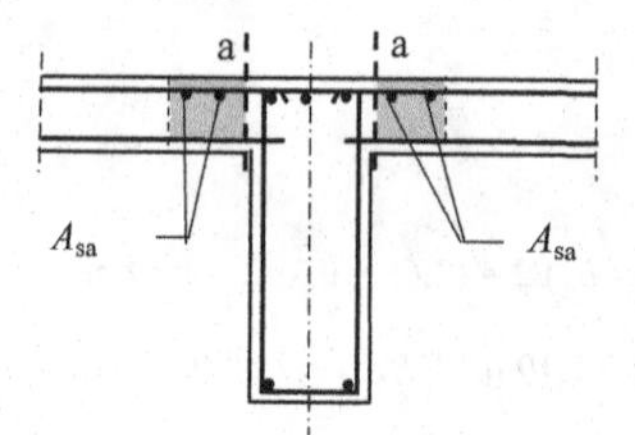

$\Sigma \underline{A}_s = 19{,}8\ \text{cm}^2 \quad 2\ \phi 25 + 5\ \phi 16$

$\underline{A}_{sa} = 4{,}0\ \text{cm}^2 \quad 2\ \phi 16$

Die anzuschließende Gurtkraft errechnet sich nach Gl. (7.4-9). Maßgebend ist die Lastfallkombination LK3. Die Anschlusslänge $\Delta x = a_v$ wird zu 50% des Abstandes zum Momentennullpunkt im Feld angesetzt. Damit erhält man:

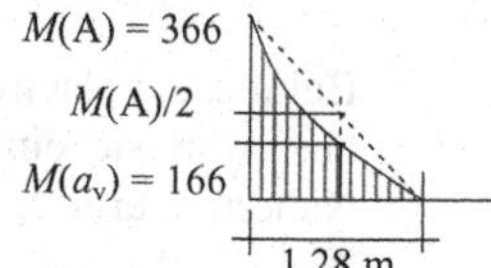

$a_v = 1{,}28/2 = 0{,}64$ m

Das Biegemoment an dieser Stelle ergibt sich einfach zu:

$M(a_v) = 366/2 - (30{,}8 + 50{,}6)\cdot 1{,}28^2/8 = 166$ kNm

Die Zugkraft entnimmt man der Biegezugbemessung des Stützbereiches, wobei näherungsweise auf das Spitzenmoment M(A) hoch- und dann auf das Moment bei a_v heruntergerechnet wird:

$F_{sd}(\text{A}) = \text{erf}\, A_s \cdot \sigma_{sd} \cdot M_{Ed}/M'_{Ed} = 18{,}8 \cdot 43{,}6 \cdot 366/348 = 862$ kN

$F_{sd}(a_v) = 862 \cdot 166/366 = 391$ kN

Der über die Anschlussfuge zwischen Gurt und Steg auf der Länge a_v = 0,64 m (maßgebende Lastfallkombination 3; siehe Abschnitt *–4.3*) zu übertragende Anteil beträgt je Seite:

$\Delta F_d = \Delta F_{sd} \cdot A_{sf}/A_s = (0{,}862 - 0{,}391)\cdot 4{,}0/19{,}8 = 0{,}095$ MN

$\boldsymbol{v}_{\mathbf{Ed}} = 0{,}095/(0{,}64 \cdot 0{,}14) = 1{,}06\ \text{MN/m}^2$

– *Tragfähigkeit der Druckstreben nach Gl. (7.4-7) mit $\theta = 45°$ bei Zuggurt:*

$\boldsymbol{v}_{\mathbf{Rd,max}} = v_1 \cdot f_{cd} \cdot \sin\theta_f \cdot \cos\theta_f = 0{,}75 \cdot 11{,}3 \cdot 0{,}50 = \mathbf{4{,}24\ MN/m^2 >> 1{,}06\ MN/m^2}$ ✓

– *Tragfähigkeit der Zugstreben:*

Diese wird nur aus dem Anteil der Anschlussbewehrung A_{sf} mit $a_{sf} = A_{sf}/s_f$ ermittelt:

$v_{Rd,s} = a_{sf} \cdot f_{yd} \cot\theta / h_f \geq v_{Ed}$

Die erforderliche Anschlussbewehrung beträgt somit:

$$\boldsymbol{a}_{\mathbf{sf}} = v_{Ed} \cdot h_f / f_{yd} \cdot \cot\theta = \frac{1{,}06 \cdot 0{,}14}{435 \cdot 1{,}0}\ 10^4 = \mathbf{3{,}4\ cm^2/m}$$

Es wird vereinfachend die hier errechnete maximale Anschlussbewehrung über die gesamte Balkenlänge eingebaut. Die Anschlussbewehrung muss auf Ober- und Unterseite der Platte verteilt vorhanden sein. Sie muss der Biegebewehrung aus der Bemessung der Platte in Richtung quer zum Balken gegenübergestellt werden. Der jeweils größere Wert ist einzubauen. Der Abstand s_f der Anschlussbewehrung braucht nicht mit dem der Stegbügel überein zu stimmen, muss aber die Anforderungen an die maximalen Abstände von Schubbewehrung einhalten (s. a. Abschnitt 7.4.3).

Die Bemessung der Platte wird hier nicht durchgeführt. Ggf. muss ein Interaktionsnachweis für die Betondruckstreben nach Gleichung (7.4-10) erfolgen. Statisches System und maßgebende Biegemomente der Platte sind auf der folgenden Skizze angedeutet. Die Plattenschnittgrößen dürfen umgelagert werden. Eine ausführliche Plattenbemessung wird im folgenden Beispiel 11.3 vorgeführt.

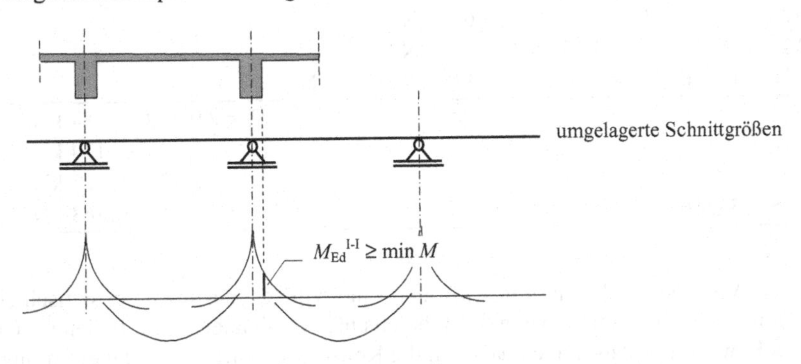

7 Anordnung der Biegezugbewehrung – Zugkraftdeckung und Bewehrungsführung

7.1 Allgemeines

Basis der Bewehrungsführung sind die Zugkraftdeckung und die Schubdeckung (Abschnitt *6.6*). Im folgenden Abschnitt werden die Zugkraftdeckung und alle sonstigen Nachweise und konstruktiven Gesichtspunkte behandelt, die zum Entwerfen der Bewehrung des Plattenbalkens benötigt werden.

7.2 Zugkraftdeckung

Die Zugkraftdeckung wird in der Regel in Tabellenform für verschiedene Punkte des Tragwerkes ermittelt und grafisch dargestellt. Hier wird verkürzt nur die Berechnung an den Stellen der extremalen Momente wiedergegeben.

– *Feld:*

$\max F_{sd} = \max M_{Ed}/z = 432/0{,}53 = 815$ kN $\qquad \approx \text{erf } A_s \cdot \sigma_{sd} = 17{,}5 \cdot 45{,}6 = 798$ kN
(geringe Differenz aus Ablese- bzw. Interpolationsungenauigkeiten)

– *Stützbereich:*

$\max F_{sd} = |\min M_{Ed}|/z = 348/0{,}43 = 809$ kN $\qquad \approx \text{erf } A_s \cdot \sigma_{sd} = 18{,}8 \cdot 43{,}6 = 820$ kN

– *Versatzmaß nach Gleichung (8.2-4) für $\alpha = 90°$ im Feld- und Stützbereich:*

$a_1 = z \cot \theta / 2 \approx 0{,}9 \cdot 0{,}55 \cdot 1{,}66/2 = 0{,}41 \text{ m} > z/2$

Das Versatzmaß ausgelagerter Stäbe ist um deren Achsabstand von der Stegaußenkante zu vergrößern: $\Delta a_1 = 10$ cm bzw. 30 cm.

Es sei darauf hingewiesen, dass die Zugkraftlinie als Einhüllende keine glatte Funktion ist, sondern bereichsweise aus verschiedenen Funktionen besteht und somit im Bereich der negativen Momente Knickstellen enthält.

Deckungsbeitrag der gewählten Bewehrungsquerschnitte:

Feldbereich:			Stützbereich:
1 ϕ25	$F_s = 4{,}9 \cdot 45{,}6$ =	223 kN	
2 ϕ25	F_s =	447 kN	$F_s = 2{,}0 \cdot 4{,}9 \cdot 43{,}6 = 427$ kN
3 ϕ25	F_s =	670 kN	
1 ϕ20	$F_s = 3{,}14 \cdot 45{,}6$	143 kN	
3 ϕ25 + 1 ϕ20	F_s =	813 kN > 807 kN	
1 ϕ16			$F_s = 2{,}0 \cdot 43{,}6$ = 87 kN
2 ϕ16			F_s = 174 kN
2 ϕ25			$F_s = 9{,}8 \cdot 43{,}6$ = 427 kN
2 ϕ25 + 5 ϕ16			F_s = 863 kN > 820 kN

Mit diesen Angaben werden die Zugkraft- und Zugkraftdeckungslinien der statisch erforderlichen Bewehrung konstruiert. Sie werden bereits hier vorab angegeben, finden sich aber am Kopf des Bewehrungsplanes nochmals, um die Konstruktion der Biegezugbewehrung durchführen zu können. Im Rahmen dieses Beispiels und der damit verbundenen Handrechnung wird die etwas „gröbere" Stufenfunktion nach Bild 8.3-1 verwendet.

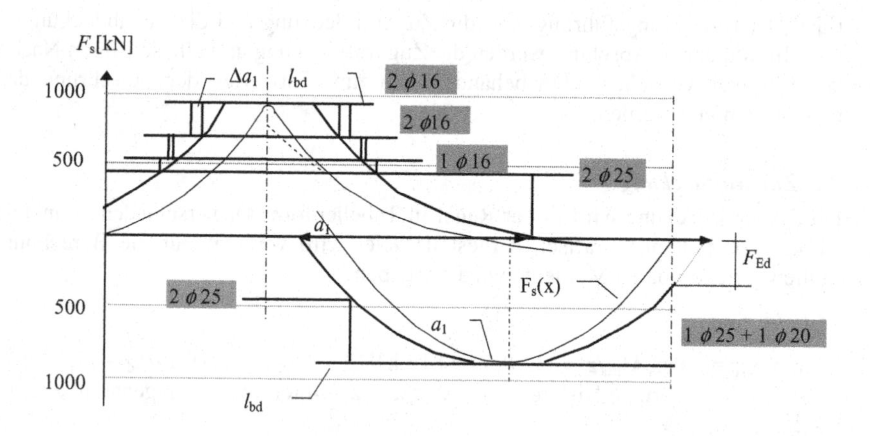

7.3 Verankerungslängen

7.3.1 Kragarm

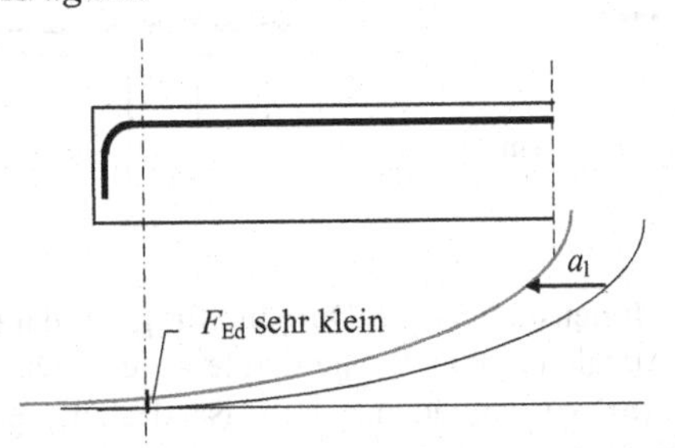

Ein rechnerischer Nachweis von l_{bd} über F_{Ed} (in Analogie zum Endauflager eines Balkens) ist nur bei Einzellast am Kragarmende sinnvoll möglich. Hier wird konstruktiv gewählt:

Variante 1: Endhaken für die 2 ϕ 25 im Steg

Seitenansicht

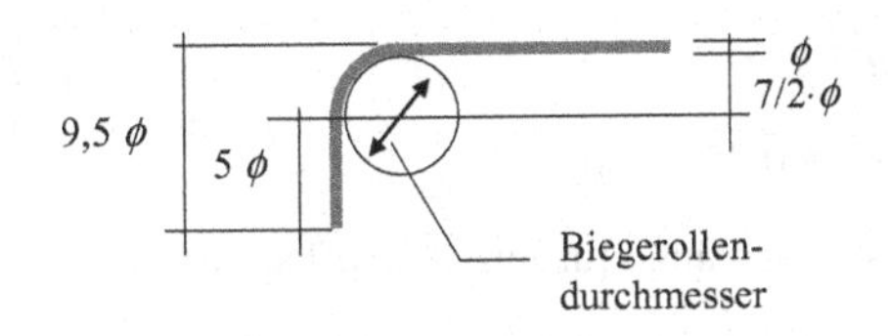

$5\ \phi = 5 \cdot 2{,}5 = 12{,}5$ cm

$D = 7\ \phi = 17{,}5$ cm $\quad (\phi \geq 20$ mm$)$

Biegemaß des Hakens: $9{,}5\ \phi \approx 24$ cm

Variante 2: 1 Steckbügel ϕ 14 mit konstruktiv gewählter Stoßlänge $l_0 = 60$ cm

$\phi 25$

D

$\phi 25$

$\phi 14$

l_0

Draufsicht

$D = 4\ \phi = 5{,}6$ gew. 7 cm $\quad (\phi < 20$ mm$)$

7.3.2 Auflager A, Zwischenauflager

Die untere Kragarmbewehrung dient zur Herstellung des Bügelkorbes und damit auch zur Lagesicherung der oberen Bewehrung. Sie wird konstruktiv gewählt: 2 ϕ 10.

Zwei ϕ 25, d. h. 50 % der maximalen Feldbewehrung (und damit mehr als der Mindestwert von 25 %), werden gemäß Zugkraftdeckung bis ins Auflager geführt. Diese Bewehrung ist mit $\geq 10\ \phi$ zu verankern. (Ein Durchführen am Auflager ist beim vorliegenden statisch bestimmten System nicht erforderlich).

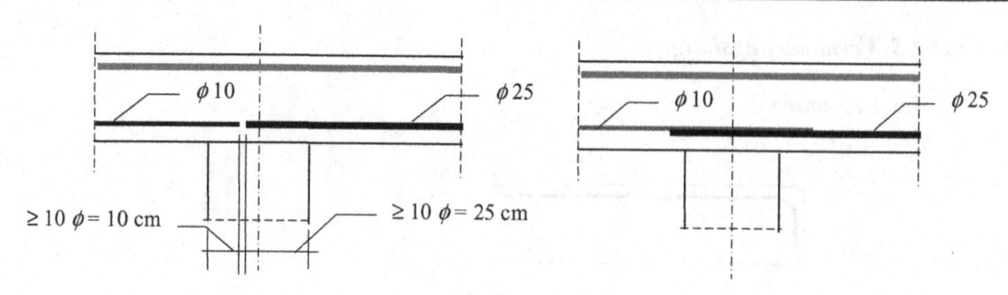

Es ist, insbesondere bei Passlängen an Innenstützen von Durchlaufträgern, darauf zu achten, dass eine ausreichende Lücke zum Ausgleich von Schneidetoleranzen zwischen in einer Flucht liegenden Stäben verbleibt. Im vorliegenden Fall ist deshalb eine deutliche Übergreifung vorzuziehen (rechte Variante).

7.3.3 Auflager B, Endauflager ohne Einspannung

Auch hier sind mindestens 25 % der maximalen Feldbewehrung zu verankern. Die Verankerungslänge muss die Verankerung der Kraft F_{Ed} ermöglichen.

$F_{Ed} = V_{Ed} \cdot a_l/d = 0{,}265 \cdot 0{,}41/0{,}55 = 0{,}198\ \text{MN} > 0{,}265/2$ ✓

$\textbf{erf}\ \boldsymbol{A_s} = F_{Ed}/f_{yd} = \dfrac{0{,}198}{435} \cdot 10^4 = \mathbf{4{,}5\ cm^2}$ $\sigma_{sd} = f_{yd}$ gesetzt

vorh $A_s = 17{,}8\ \text{cm}^2 = 1{,}0 \cdot A_{s,Feld} >> A_{s,min} = 0{,}25 \cdot A_{s,Feld}$

Damit erhält man die erforderliche Verankerungslänge für direkte Auflagerung:

$l_{b,eq} = 2/3 \cdot \alpha_1\ l_b\ A_{s,erf}/A_{s,vorh} \geq l_{b,min}$ Für Winkelhaken ist $\alpha_1 = 0{,}7$

Nach Tabelle 8.4-1 ist (gute Verbundbedingungen) für ϕ25:

$l_b = 47{,}3 \cdot \phi = 118$ cm $l_{b,min} = 0{,}3 \cdot \alpha_1 \cdot l_b = 0{,}3 \cdot 0{,}7 \cdot 118 = 25$ cm, $= 10 \cdot \phi = 25$ cm

$l_{b,eq} = 0{,}7 \cdot 118 \cdot \dfrac{4{,}5}{17{,}8}\ 2/3 = 14\ \text{cm} < l_{b,min} = 25\ 2/3 = \mathbf{17\ cm}$ maßgebend

gew. $l_{b,eq} = \mathbf{20\ cm}$

Diese Länge kann im Auflagerbereich t = 24 cm unter Einhaltung der erforderlichen Betonüberdeckung der Stabenden von 2,5 cm untergebracht werden.

20 + 2,5 = 22,5 cm < 24 cm und > $t/2$ = 12 cm (rechnerische Auflagerlinie)

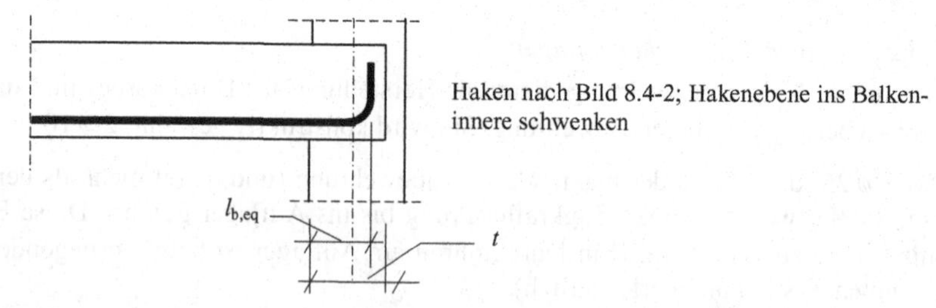

Eine Staffelung der Feldbewehrung an frei drehbaren Endauflagern ist in der Regel nicht sinnvoll möglich.

7.3.4 Verankerung außerhalb von Auflagern - Verankerung der gestaffelten Bewehrung

– *Stützbereich*

- Stegbewehrung $\phi 25$: mäßige Verbundbedingungen

$l_b = 47{,}3 \cdot 2{,}5/0{,}7 = 169$ cm erf $A_s = 0$

$\boldsymbol{l_{bd}} = l_{b,min} = 169 \cdot 0{,}3 = \mathbf{51\ cm} > 10\ \phi$

- Stegbewehrung $\phi 16$: mäßige Verbundbedingungen

erf A_s/vorh $A_s = 2\ \phi 25/(1\phi 16 + 2\ \phi 25) = 0{,}83$

$\boldsymbol{l_{bd}} = 47{,}3 \cdot 1{,}6 \cdot 0{,}83/0{,}7 = \mathbf{90\ cm} > 10\ \phi$

- in die Platte ausgelagerte $\phi 16$: gute Verbundbedingungen

$l_b = 47{,}3 \cdot 1{,}6 = 76$ cm

äußere Lage: erf A_s/vorh $A_s = (3\ \phi 16 + 2\ \phi 25)/(5\ \phi 16 + 2\ \phi 25) = 0{,}8$

$\boldsymbol{l_{bd}} = 76 \cdot 0{,}8 = \mathbf{61\ cm} > 10\ \phi$

mittlere Lage: erf A_s/vorh $A_s = (\phi 16 + 2\ \phi 25)/(3\ \phi 16 + 2\ \phi 25) = 0{,}75$

$\boldsymbol{l_{bd}} = 76 \cdot 0{,}75 = \mathbf{57\ cm} > 10\ \phi$

– *Feld*

- Feldbewehrung $\phi 25$, $\phi 20$: gute Verbundbedingungen

$l_b^{\phi 25} = 47{,}3 \cdot 2{,}5 = 118$ cm

$l_b^{\phi 20} = 47{,}3 \cdot 2{,}0 = \ \ 95$ cm

erf A_s/vorh $A_s = (2\ \phi 25)/(1\phi 20 + 3\ \phi 25) = 055$

$\boldsymbol{l_{bd}}^{\phi 25} = 118 \cdot 0{,}55 = \mathbf{65\ cm} > 10\ \phi$

$\boldsymbol{l_{bd}}^{\phi 20} = \ \ 95 \cdot 0{,}55 = \mathbf{52\ cm} > 10\ \phi$

– *Zur Schubsicherung aufgebogene Schrägstäbe*

- Stab $\phi 20$: mäßige Verbundbedingungen, **Zugzone (oben)**

$\mathbf{1{,}3}\ \boldsymbol{l_{bd}} = (1{,}3 \cdot 95/0{,}7) \cdot 1{,}3/3{,}14 = 176 \cdot 0{,}19 = 73\ \text{cm} > l_{b,min} = 176 \cdot 0{,}3 = 53$ cm

gewählt: 75 cm

8 Nachweis der Auflagerpressung

An Auflagern müssen die Auflagerpressung und die Weiterleitung der Auflagerkräfte nachgewiesen werden. Bei der Auflagerung von Balkenstegen auf Mauerwerk treten oft sehr hohe lokale Pressungen auf, deren Aufnahme besondere Maßnahmen wie die Anordnung von „Polstern" aus hochfestem Mauerwerk oder unbewehrtem Beton erforderlich machen kann.

Der Nachweis der Pressung erfolgt hier nach DIN 1053-1 (Mauerwerk) unter Ansatz zulässiger Spannungen. Deshalb werden die Auflagerkräfte für den Gebrauchslastfall neu errechnet. Maßgebend ist Auflager A mit $A_{max} = 581$ kN. Auflager B wird nicht maßgebend, da nur der Mittelwert der Pressung nachgewiesen werden muss (d.h., die erhöhte Kantenpressung infolge Durchbiegung des Balkens darf vernachlässigt werden).

$\max A = 581 \cdot (G_k + Q_k)/(G_k \cdot \gamma_k + Q_k \cdot \gamma_Q) = 581 \cdot (22{,}8 + 33{,}75)/(30{,}8 + 50{,}6) = 404$ kN

$\sigma_A = 0{,}404/(0{,}365 \cdot 0{,}3) = 3{,}7$ MN/m²

gewählt: Mauerwerk der Steinfestigkeitsklasse 28 (N/mm²) mit Mörtel der Gruppe III (reiner Zementmörtel): **MW 28/III**:

$\sigma_0 = 3{,}0$ MN/m² σ_0 = Grundfestigkeit des Mauerwerks nach DIN 1053-1

zul$\sigma = 1{,}3 \cdot \sigma_0 = 1{,}3 \cdot 3{,}0 = \mathbf{3{,}9\ MN/m^2 > \sigma_A = 3{,}7\ MN/m^2}$ ✓

Ein Abheben des Balkens am Lager B tritt wegen $\min B = 23$ kN (Druck) > 0 nicht auf.

9 Bewehrungsplan

Der im Folgenden abgebildete Bewehrungsplan gilt nur für den Balken. Er wird in der Praxis durch einen entsprechenden Plan für die Platte ergänzt.

Die Plandarstellung von Bewehrungen war in DIN 1356-10 (derzeit zurückgezogen) geregelt. Hier wird die Darstellung mit maßstäblichem Auszug gewählt. Der folgende Plan dient der Illustration der Berechnung und enthält nicht alle zur Bauausführung erforderlichen Angaben (z.B. fehlen Materialangaben, Betondeckung, Bemaßung, Biegerollendurchmesser usw.). Die Lage von Bewehrungspositionen wird grundsätzlich nur von einer Seite her eingemessen und auf Bauteilkanten bezogen, die auf der Baustelle sichtbar sind, siehe *) auf dem Plan.

Die Darstellung der Zugkraftdeckung dient hier zur Verdeutlichung der Konstruktion der Bewehrungsführung. Die Zugkraftdeckung wird normalerweise nur in der statischen Berechnung gezeichnet, auf dem Bewehrungsplan nur ausnahmsweise in komplizierten Fällen.

Für die ausgelagerte Bewehrung ϕ 16 in der Platte kann zur Vereinfachung der Bauausführung eine einheitliche Position (POS 5) gewählt werden, die gegenseitig um etwa ±10 cm versetzt eingebaut wird, siehe **) auf dem Plan. ***) die Häkchen deuten die Stabenden der einzelnen Positionen an.

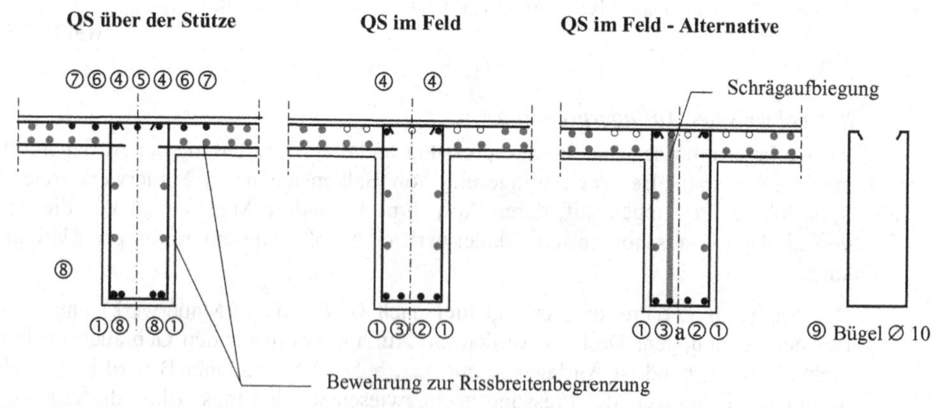

Die Bewehrung zur Rissbreitenbegrenzung ist auf dem folgenden Bewehrungsplan aus Gründen der Übersichtlichkeit nicht dargestellt.

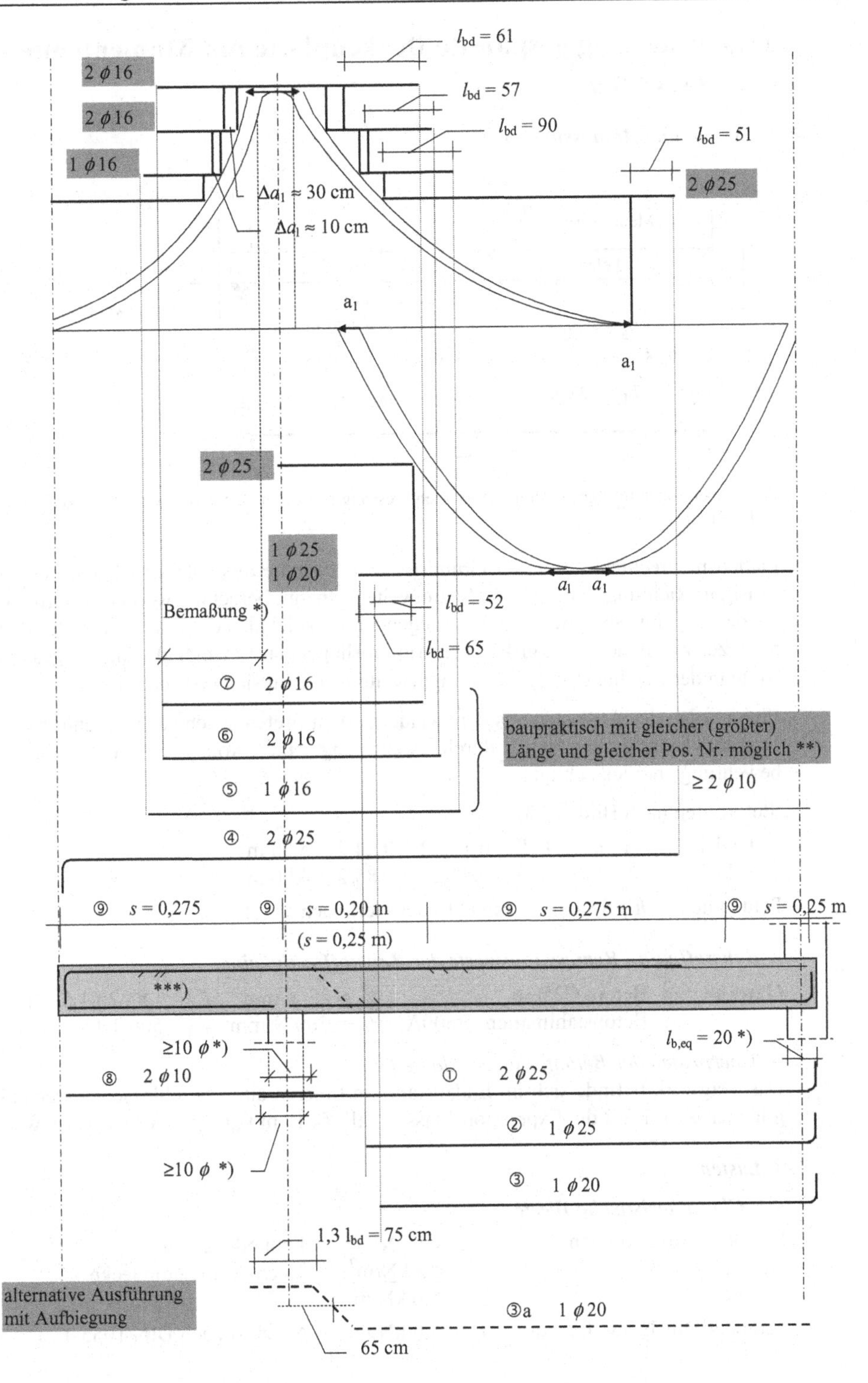

l_{bd} = 61
2 ϕ16
l_{bd} = 57
2 ϕ16
l_{bd} = 90
l_{bd} = 51
1 ϕ16
2 ϕ25
$\Delta a_l \approx$ 30 cm
$\Delta a_l \approx$ 10 cm
a_l
a_l
2 ϕ25
1 ϕ25
1 ϕ20
a_l a_l
l_{bd} = 52
Bemaßung *)
l_{bd} = 65
⑦ 2 ϕ16
⑥ 2 ϕ16
bauprakttisch mit gleicher (größter) Länge und gleicher Pos. Nr. möglich **)
⑤ 1 ϕ16
≥ 2 ϕ10
④ 2 ϕ25
⑨ s = 0,275
⑨ s = 0,20 m
(s = 0,25 m)
⑨ s = 0,275 m
⑨ s = 0,25 m
***)
≥10 ϕ *)
$l_{b,eq}$ = 20 *)
⑧ 2 ϕ10
① 2 ϕ25
② 1 ϕ25
≥10 ϕ *)
③ 1 ϕ20
1,3 l_{bd} = 75 cm
alternative Ausführung mit Aufbiegung
③a 1 ϕ20
65 cm

11.3 Einachsig gespannte Deckenplatte mit Momentenumlagerung

1 System und Abmessungen

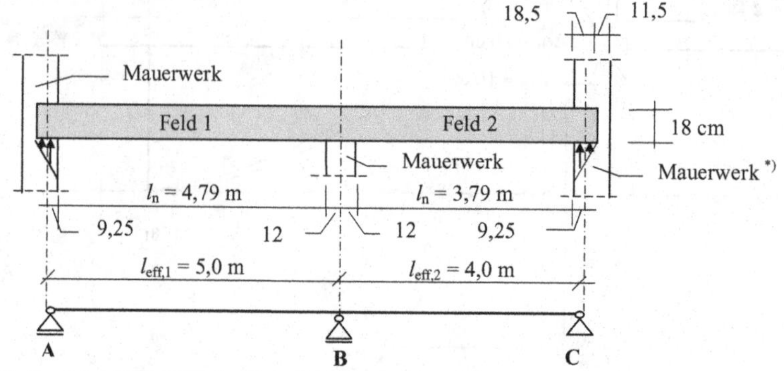

*)Die Exzentrizität infolge der dreieckförmigen Pressung ist bei der Bemessung der Mauerwerkswand zu berücksichtigen

Platten mit rechteckförmigem Grundriss und Systeme aus solchen Platten können als einachsig in Richtung der kürzeren Spannweite gespannt berechnet werden, sofern das Verhältnis der längeren Spannweite (im vorliegenden Beispiel also die Erstreckung der Platten senkrecht zur Zeichenebene) zur kürzeren (im vorliegenden Beispiel also die dargestellte Spannweite in der Zeichenebene) ≥ 2 beträgt (weiteres hierzu siehe Abschnitt 18).

Eine infolge der Auflasten aus dem Mauerwerk auftretende schwache, rechnerisch kaum erfassbare Einspannung wird durch Anordnung einer konstruktiven oberen „Einspannbewehrung" berücksichtigt.

Stützweiten nach Bild 3.2-3:

Feld 1 $l_{eff} = 4{,}79 + 0{,}185/2 + 0{,}24/2 = 5{,}00$ m
Feld 2 $l_{eff} = 3{,}79 + 0{,}24/2 + 0{,}185/2 = 4{,}00$ m

Plattendicke $h = 18$ cm > 7 cm (Mindestwert nach EC2)

2 Baustoffe und Bemessungswerte der Baustofffestigkeiten

Gewählt: Beton: C25/30 $f_{ck} = 25$ N/mm² $f_{cd} = 0{,}85 \cdot 25/1{,}5 = 14{,}2$ N/mm²
Betonstahlmatten: B500A $f_{yk} = 500$ N/mm² $f_{yd} = 500/1{,}15 = 435$ N/mm²

– *Überprüfen der Betonfestigkeitsklasse C:*
Das Tragwerk befinde sich im Endzustand im Inneren eines geschlossenen Gebäudes. Dann gilt nach Tab. 1.2-2 die Expositionsklasse „Fall XC1" mit „C_{min}" = C16/20 < gew. C25/30 ✓

3 Lasten

3.1 Charakteristische Werte

Ständige Einwirkungen	1,1 kN/m²	Fußbodenaufbau
	4,5 kN/m²	18 cm Stahlbetondecke
	g_k = 5,6 kN/m²	
veränderliche Einwirkungen	q_k = 5,0 kN/m²	Nutzlast nach DIN 1055-100

3.2 Designlasten für den Grenzzustand der Tragfähigkeit

$g_{kd} = 5{,}6 \cdot 1{,}35 = 7{,}6$ kN/m²
$q_{kd} = 5{,}0 \cdot 1{,}5 = 7{,}5$ kN/m²
$g_{kd} + q_{kd} = 15{,}1$ kN/m²

Feldweise unterschiedliche Annahmen für ständige Lasten sind bei diesem und vergleichbaren Systemen nicht erforderlich.

4 Schnittgrößenermittlung

4.1 Schnittgrößenermittlung nach der Elastizitätstheorie

Plattenschnittgrößen werden je Meter Plattenbreite angegeben und in der Regel mit kleinen Buchstaben bezeichnet. Der Fußindex bezeichnet bei Momenten nicht die Richtung des Vektorpfeiles, sondern die Richtung, in der die Biegemomente Spannungen erzeugen und Bewehrung erfordern (Spannrichtung des Tragwerkes), so z.B.: m_x [kNm/m].

Einachsig gespannte Platten dürfen wie Balken berechnet werden. Die Schnittgrößen werden an einem **Plattenstreifen der Breite 1 m** ermittelt. Dabei werden auch hier die Designlasten unter Annahme feldweise konstanter Anteile der veränderlichen Lasten angenommen. Die Ergebnisse der Berechnung sind im Folgenden grafisch dargestellt. Sie lassen sich z.B. mit den Zahlentafeln aus gängigen Bautabellen ermitteln.

4.2 Schnittgrößenermittlung mit begrenzter Umlagerung

Die in - *4.1* ermittelten Schnittgrößen dürfen um bis zu 30 % des Stützmomentes umgelagert werden. Aufgrund der geometrischen Verhältnisse dieses Beispieles liegen die Momentenlinien der Lastfälle „min $m_{\text{Stütz}}$" und „max m_{Feld1}" relativ dicht beieinander. Eine Umlagerung des Stützmomentes ist nur um bis zu 17 % auf 83 % sinnvoll, weil sonst max m_{Feld1} überschritten würde.

Für die Bewehrung sollen Betonstahlmatten als Lagermatten verwendet werden. Diese gelten als „normal duktil" (Typ A, vgl. Abschnitt 1.2.3). Somit darf im vorliegenden Falle nur um bis zu **15 %** umgelagert werden.

Es wird daher angesetzt: $\delta = 0{,}85$

Diese Beschränkung hat den weiteren Vorteil, dass die Begrenzung der Beton- und Stahlspannungen unter Gebrauchslasten nicht nachgewiesen zu werden braucht.

Die unter Beachtung der Gleichgewichtsbedingungen umgelagerten Schnittgrößenverläufe der Lastfallkombination LFK 1` sind ebenfalls auf der grafischen Darstellung eingetragen (gepunktete Kurve). Man erkennt, dass sich der Effekt der Momentenreduzierung im vorliegenden Falle nur auf einen kurzen Bereich der Balkenlänge erstreckt. Ein Anheben des Feld-momentes max m_{Feld2} lohnt nicht. Es würde durch eine Vergrößerung des negativen Momentenbereiches im Feld 1 „bestraft" werden.

Die für die weitere Berechnung maßgebenden Werte sind unterstrichen, die zugehörigen Schnittgrößenflächen sind durch Schraffur gekennzeichnet. Hieraus werden die maßgebenden Bemessungswerte berechnet.

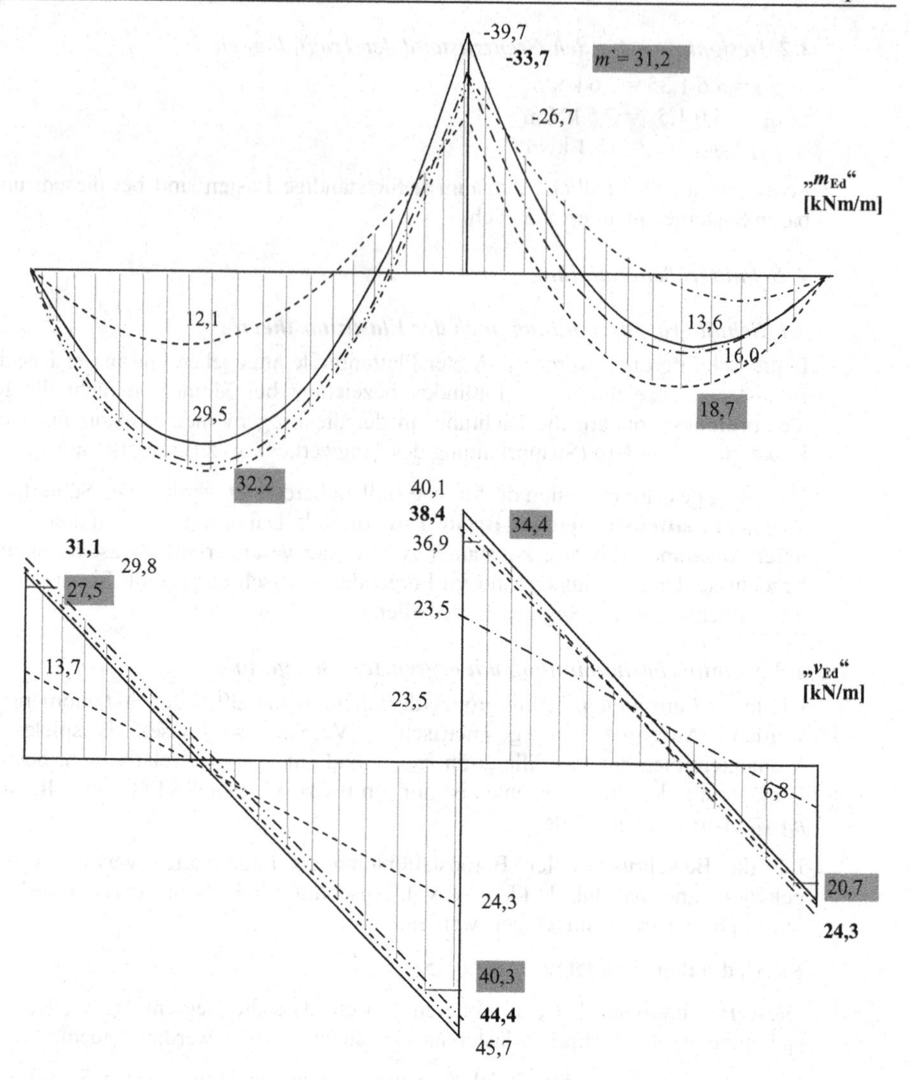

-39,7
-33,7
m` = 31,2
-26,7
„m_{Ed}“ [kNm/m]
12,1
13,6
16,0
18,7
29,5
32,2
40,1
38,4
34,4
36,9
31,1
29,8
27,5
23,5
13,7
23,5
„v_{Ed}“ [kN/m]
6,8
20,7
24,3
24,3
40,3
44,4
45,7

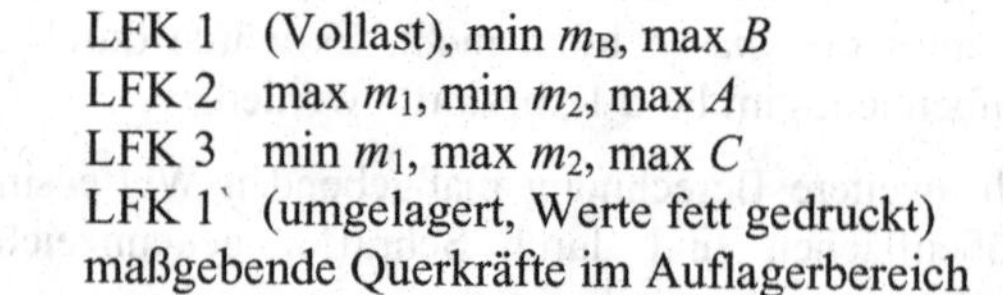

LFK 1 (Vollast), min m_B, max B
LFK 2 max m_1, min m_2, max A
LFK 3 min m_1, max m_2, max C
LFK 1` (umgelagert, Werte fett gedruckt)
maßgebende Querkräfte im Auflagerbereich

Ausrundungsmoment m_{Ed}` über Mauerwerksauflager bei B nach Abschnitt 3.3.1:

m_{Ed}`$= m_{Ed} + B_{min} \cdot t/8 = -33{,}7 + (44{,}4+38{,}4) \cdot 0{,}24/8 = -33{,}7+2{,}5 = -31{,}2$ kNm/m

Hinweis: Da es sich nicht um ein Anschnittmoment handelt, braucht das Mindestmoment nach Abschnitt 3.3.3 nicht überprüft zu werden.

Maßgebende Querkräfte v_{Ed} nach Abschnitt 3.3.5 für direkte Stützung:

Auflager A: $r = t/2 + d = 0{,}185/2 + \approx 0{,}15 = 0{,}24$ m
$v_{Ed} = 31{,}1 - 15{,}1 \cdot 0{,}24 = 27{,}5$ kN/m

Auflager B: $r = t/2 + d = 0{,}24/2 + \approx 0{,}15 = 0{,}27$ m
$v_{Ed,li} = -44{,}4 + 15{,}1 \cdot 0{,}27 = 40{,}3$ kN/m
$v_{Ed,r} = 38{,}4 - 15{,}1 \cdot 0{,}27 = 34{,}3$ kN/m

Auflager C: $r = t/2 + d = 0{,}185/2 + \approx 0{,}15 = 0{,}24$ m
$v_{Ed} = -24{,}3 + 15{,}1 \cdot 0{,}24 = 20{,}7$ kN/m

5 Biegebemessung

5.1 Betondeckung und statische Nutzhöhe

Umweltbedingungen n. Tab. 1.2-3, Zeile 1

Die Plattenbewehrung wird aus Matten mit $\phi \leq 7$ mm in zweilagiger Anordnung gebildet. Es wird angenommen, dass keine Schubbewehrung erforderlich wird.

Nach Tabelle 1.2-4 (entsprechend EC2, Tab. 4.4DE) gilt für XC1:

$\overline{c}_{min.dur} = c_{min,dur} + \Delta c_{dur,\gamma} = 10$ mm und $\Delta c_{dev} = 10$ mm

Eine Reduzierung von $c_{min,dur}$ ist nicht möglich. Für XC1 ist $\Delta c_{dur,\gamma} = 0$. Damit wird:

$c_{min} = \max\{c_{min,b};\ c_{min,dur} + \Delta c_{dur,\gamma} - \Delta c_{dur,st} - \Delta c_{dur,add};\ 10 \text{ mm}\}$

$c_{min,b,l} = \phi_l = 7 \text{ mm} < c_{min,dur} = 10$ mm

$c_{nom,l} = \overline{c}_{min,dur} + \Delta c_{dev} = 10 + 10 = 20$ mm Dauerhaftigkeit

$c_{nom,l} = c_{min,b,l} + \Delta c_{dev,b} = 10 + 10 = 20$ mm Verbund

Verlegemaß der unteren Längsstäbe der Matten (Abstandhalter):

$\mathbf{c_v = 20}$ **mm**

Statische Höhe: $d = h - c_v - \phi_l - \phi_l/2 = 18 - 2{,}0 - 0{,}7 - 0{,}7/2 = 14{,}95 \approx$ **15 cm**

5.2 Begrenzung der Durchbiegung

Maßgebend ist Feld 1. Die Spannweiten sind < 7 m. Es gilt somit für verformungsunempfindliche und empfindliche Einbauten gleichermaßen:

Geschätzt: $\rho = 0{,}002 \quad \rho' = 0$

$K = 1{,}3 \quad \rho_0 = 10^{-3} \cdot \sqrt{25} = 0{,}005$ damit $\rho < \rho_0$

$$l/d = 1{,}3 \cdot \left[11 + 1{,}5\sqrt{25}\,\frac{0{,}005}{0{,}002} + 3{,}2\sqrt{25} \cdot \sqrt{\left(\frac{0{,}005}{0{,}002} - 1\right)^3} \right] = 1{,}3 \cdot 59{,}1 = 77 > \mathbf{35}$$

vorh $l/d = 500/15 = 33 < 35$ ✓

5.3 Bemessung Stützbereich

Es wird das Bemessungsverfahren mit dimensionslosen Beiwerten gewählt:

$$\mu_{\text{Ed}} = \frac{m_{\text{Ed}}}{bd^2 f_{\text{cd}}} = \frac{0,031}{1,0 \cdot 0,15^2 \cdot 14,2} = 0,097$$

– *Abgelesen aus Bild 4.5-8:*

$\varepsilon_{\text{cd}} = -3,45$ ‰

$\varepsilon_{\text{sd}} = 24$ ‰ $> 2,175 = \varepsilon_{\text{yd}}$ (wirtschaftlich) $\Rightarrow \sigma_{\text{sd}} = 455,5$ N/mm²

$\xi = 0,13 < 0,45$ $x = d\ \xi = 0,15 \cdot 0,13 = 0,02$ m

$\zeta = 0,95$ $z = d\ \zeta = 0,15 \cdot 0,95 = 0,14$ m

$\boldsymbol{\omega = 0,102}$

erf a_s $= \omega b\, d f_{\text{cd}}/f_{\text{yd}} = 0,102 \cdot 100 \cdot 15 \cdot 14,2/455 =$ **4,8 cm²/m**

5.4 Bemessung Feld 1

$$\mu_{\text{Ed}} = \frac{m_{\text{Ed}}}{b\ d^2 f_{\text{cd}}} = \frac{0,032}{1,0 \cdot 0,15^2 \cdot 14,2} = 0,1$$

– *Abgelesen aus Bild 4.5-8:*

$\varepsilon_{\text{cd}} = -3,5$ ‰

$\varepsilon_{\text{sd}} = 23$ ‰ $> 2,175 = \varepsilon_{\text{yd}}$ (wirtschaftlich) $\Rightarrow \sigma_{\text{sd}} = 455$ N/mm²

$\xi = 0,13$ $x = d\ \xi = 0,15 \cdot 0,13 = 0,02$ m

$\zeta = 0,95$ $z = d\ \zeta = 0,15 \cdot 0,95 = 0,14$ m

$\boldsymbol{\omega = 0,106}$

erf a_s $= \omega \cdot b \cdot d \cdot f_{\text{cd}}/f_{\text{yd}} = 0,106 \cdot 100 \cdot 15 \cdot 14,2/455 =$ **5,0 cm²/m**

5.5 Bemessung Feld 2

$$\mu_{\text{Ed}} = \frac{m_{\text{Ed}}}{bd^2 f_{\text{cd}}} = \frac{0,019}{1,0 \cdot 0,15^2 \cdot 14,2} = 0,06$$

– *Abgelesen aus Bild 4.5-8:*

$\varepsilon_{\text{cd}} = -2,4$ ‰

$\varepsilon_{\text{sd}} = 25$ ‰ $> 2,175 = \varepsilon_{\text{yd}}$ (wirtschaftlich) $\Rightarrow \sigma_{\text{sd}} = 456,5$ N/mm²

$\xi = 0,09$ $x = d\ \xi = 0,15 \cdot 0,09 = 0,014$ m

$\zeta = 0,97$ $z = d\ \zeta = 0,15 \cdot 0,97 = 0,15$ m

$\boldsymbol{\omega = 0,062}$

erf a_s $= \omega \cdot b \cdot d \cdot f_{\text{cd}}/f_{\text{yd}} = 0,062 \cdot 100 \cdot 15 \cdot 14,2/456,5 =$ **2,9 cm²/m**

Hinweis: Bei dünnen Platten im Hochbau ist wegen der sehr breiten Druckzone (1 m) deren Höhe x in der Regel sehr klein (hier 1,4 cm). Die Druckzone liegt damit in der schlecht verdichteten oberen Randzone des Betons, die deutlich geringere Druckfestigkeit aufweist als der weiter unten befindliche Beton.

Das Maß x liegt in der Größenordnung der Herstellungstoleranzen der Betonoberfläche. Sehr dünne Bauteile aus Stahlbeton sind deshalb anfällig gegenüber Herstellungstoleranzen (auch bezüglich der Höhenlage der Bewehrung). Man überschätze deshalb nicht die Genauigkeit der Berechnungsergebnisse.

– *Mindest- und Maximalbewehrung aus konstruktiven Erfordernissen (Duktilität):*

Für Feld und Stützbereich gilt nach Gl. (4.6-3) und (4.6-6):

$$a_{s,min} = \frac{f_{ctm}}{f_{yk}} \cdot \frac{b \cdot h^2}{6 \cdot z} = \frac{2{,}6}{500} \cdot \frac{1{,}0 \cdot 0{,}18^2}{6 \cdot 0{,}14} 10^4 = 2{,}0 \text{ cm}^2/\text{m} \qquad \text{nicht maßgebend}$$

$$a_{s,max} = 0{,}08 \cdot b \cdot h = 0{,}08 \cdot 100 \cdot 18 = 144 \text{ cm}^2/\text{m} \qquad \text{nicht maßgebend}$$

5.6 *Wahl der Bewehrung*

5.6.1 Vorbemerkung

Einachsig gespannte Platten (zweiachsig gespannte Platten werden in Teil C, Abschnitt 19 behandelt) verhalten sich ähnlich wie stabförmige Tragwerke. Jedoch ist bei ihnen zusätzlich noch folgende Besonderheit zu beachten:

Obwohl der Lastabtrag eindeutig in Spannrichtung erfolgt, treten in Querrichtung Biegemomente auf, die durch Bewehrung abzudecken sind. Diese Querbiegung ist eine Zwangsbeanspruchung. Sie hat ihre Ursache in behinderter Querdehnung.

Durch **Querverformung** eines Balkenquerschnittes der Breite b bei **Biegung in Längsrichtung** (x-Richtung) infolge Querdehnung μ entstehen:

- Druckspannungen in Längsrichtung oben ⇒ Querschnitt wird breiter
- Zugspannungen in Längsrichtung unten ⇒ Querschnitt wird schmaler

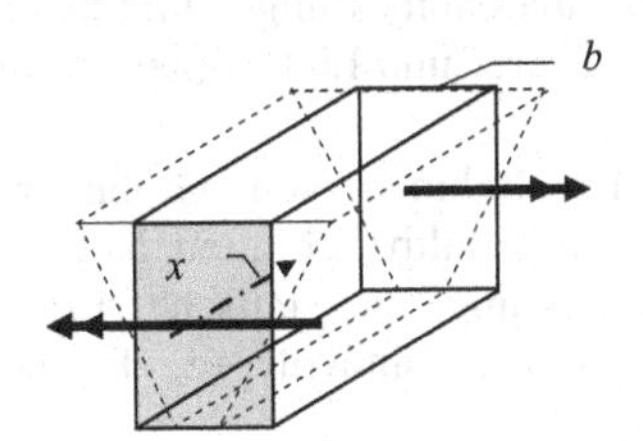

Bild 11.3-1 Zur Erläuterung der Querbiegung einachsig gespannter Platten

Die Querverformung eines Plattenstreifens um die Breite Δb wird durch die Verbindung mit Nachbarstreifen behindert. Dadurch entstehen oben Druck- und unten Zugspannungen. Deren Resultierende bilden ein Kräftepaar und damit ein positives Quermoment. Dieses ergibt sich über die Querdehnungszahl von Beton ($\mu \approx 0{,}2$) zu $m_{quer} \approx 0{,}2 \cdot m_{längs}$.

Das bedeutet, dass auch bei einachsig gespannten Platten grundsätzlich eine Querbewehrung von mindestens 20 % der statisch erforderlichen Längsbewehrung einzulegen ist. Der Stababstand muss dabei sein $s_{quer} \leq 25$ cm.

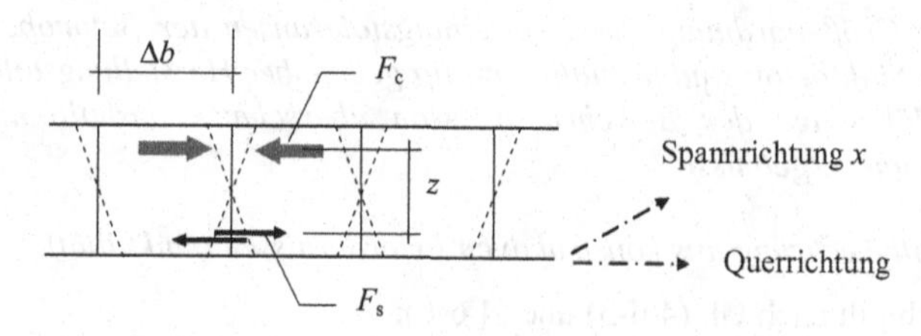

Bild 11.3-2 Zur Erläuterung der Querbiegung einachsig gespannter Platten

5.6.2 Weitere konstruktive Bedingungen

- Die Bedingungen für minimale und maximale Bewehrungsmengen gelten nur für die Hauptbewehrung.
- Bei Platten ist mindestens die Hälfte der maximalen Feldbewehrung bis über die Auflager zu führen und dort zu verankern.
- Das Versatzmaß bei Platten beträgt grundsätzlich $a_l = d$ (das heißt: F_{Ed} entspricht der Auflagerkraft).

5.6.3 Anmerkungen zum Bewehren mit Betonstahlmatten

Die **Bewehrung von Platten** erfolgt vorzugsweise mit im Herstellerwerk zu verlegefertigen Einheiten verschweißten (Widerstandspunktschweißung) **Betonstahlmatten** verschiedenster Hersteller. Man unterscheidet grundsätzlich:

- **Lagermatten:** Ab Lager lieferbare Standardabmessungen und a_s-Querschnitte. Nachteil: Verschnitt (neues Programm für Lagermatten ab 2008 [11-4]). Auf Bild 11.3-3 mit Randspareffekt dargestellt.
- **Listenmatten:** Auf Bestellung in der Regel aus Standardabmessungen und Standardquerschnitten nach Bedarf zusammengestellte Matten. Teurer und Lieferzeiten, weniger Verschnitt.
- **Sondermatten (früher Zeichnungsmatten):** Im Rahmen von Größtabmessungen (Transport) völlig frei nach Bedarf über Zeichnungen gestaltbare Matten. Noch teurer und noch längere Lieferzeiten, aber optimale Anpassung an statische Erfordernisse. Insbesondere bei großer Anzahl gleicher Positionen sinnvoll (z. B. bei hohen Geschoßbauten).

Wegen der feinen Durchmesserstaffelung in Schritten von 0,5 mm kann die Identifizierung einzelner Mattentypen schwierig sein. Um Verwechslungen auszuschließen, müssen Lagermatten bei Lieferung mit einer Identifikationsmarke gekennzeichnet sein.

Die Kennzeichnung der Matten wird leider nur für jede 20. Matte verlangt. Beim Bauen im Bestand (das heißt, in der Regel existieren keine Bewehrungspläne mehr) kann dies die eindeutige Identifizierung einbetonierter Matten sehr erschweren.

Im Folgenden sind Beispiele für die drei Grundtypen abgebildet. Angaben zu weiteren Untertypen und Sondermatten sind den technischen Unterlagen der Hersteller zu entnehmen (z. B. [11-4]). Zu neueren Sonderentwicklungen zur Bewehrung biegesteifer Ecken von Faltwerken (z. B. Wand-Wandanschluss, Wand-Deckenanschluss) siehe in Abschnitt 18.5.3.

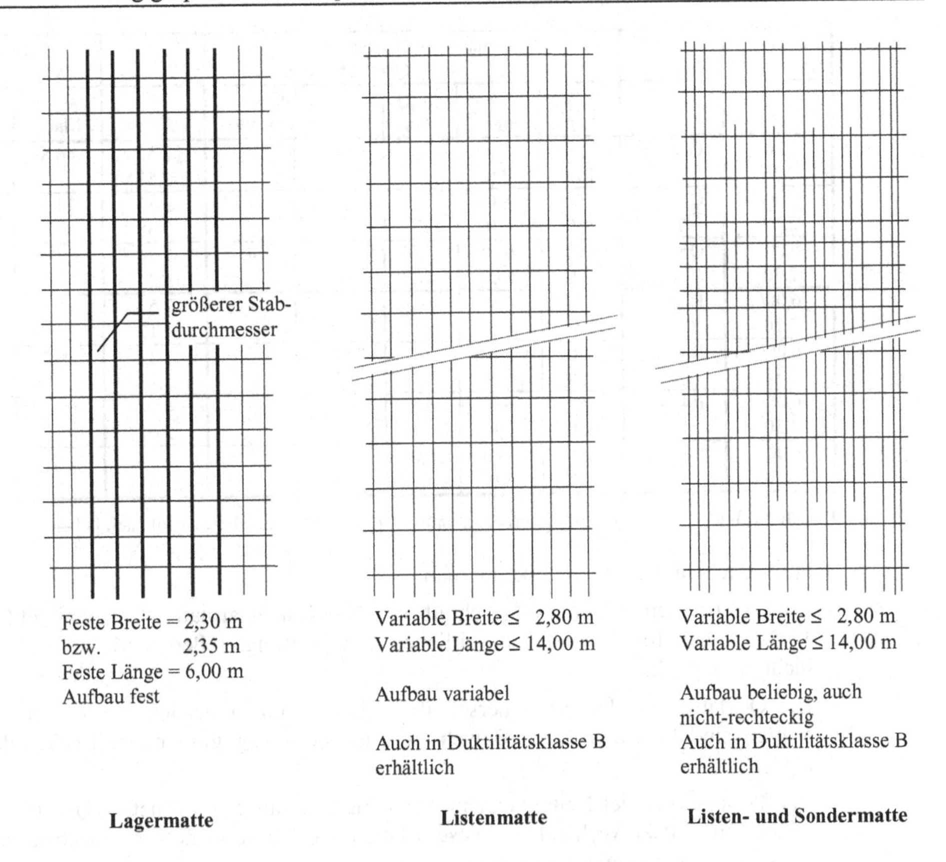

Bild 11.3-3 Ausführungsformen von Betonstahlmatten (Beispiele)

Länge/ Breite	Bezeich-nung	Mattenaufbau: Längsrichtung Querrichtung					a_s	Gewicht	
m		s mm	ϕ mm	$\phi_{,Rand}$ mm	Randstäbe links	rechts	cm²/m	kg/ Matte	kg/m²
6,00/ 2,30	Q257A	150 150	7,0 7,0	-	-	-	2,57 2,57	56,8	4,12
6,00/ 2,30	Q335A	150 150	8,0 8,0	-	-	-	3,35 3,35	74,3	5,38
6,00/ 2,30	Q524A	150 150	10,0 10,0	7,0	4	4	5,24 5,24	100,9	7,31
6,00/ 2,30	R257A	150 250	7,0 6,0	-	-	-	2,57 1,13	41,2	2,99
6,00/ 2,30	R335A	150 250	8,0 6,0	-	-	-	3,35 1,13	50,2	3,64
6,00/ 2,30	R424A	150 250	9,0 8,0	8,0	2	2	4,24 2,01	67,2	4,87
6,00/ 2,30	R524A	150 250	10,0 8,0	8,0	2	2	5,24 2,01	75,7	5,49

Tabelle 11.3-1 Auszug aus dem Lieferprogramm von Lagermatten aus Betonstahl nach [11-4]

Beim Betrachten der Tabelle erkennt man:

- Die Lagermatten größeren Querschnitts sind als „Randsparmatten" ausgebildet (z. B. Bild 11.3-3 links). Im Bereich von seitlichen Übergreifungsstößen wird so der Querschnitt nicht verdoppelt.
- Bei Q-Matten ist der Nennquerschnitt in Längs- und Querrichtung vorhanden. Diese Matten sind besonders zum Bewehren von zweiachsig gespannten Deckenplatten geeignet.
- Bei R- Matten ist der Nennquerschnitt in Längsrichtung angeordnet, in Querrichtung sind mindestens 20 % vorhanden. Diese Matten sind besonders für einachsig gespannte Deckenplatten geeignet.

5.6.4 Wahl der Bewehrung

Gewählt: Lagermatten des Typs R für einachsig gespannte Platten mit > 20% Querbewehrung (gewählte Matten ohne Randeinsparung). Die Matten sind 6 m lang.

Um die Staffelung mit Matten demonstrieren zu können, werden im Feld 1 und über der Stütze jeweils zwei Matten übereinander verlegt. Eine ungestaffelte Bewehrung wäre selbstverständlich auch möglich. Sie würde zu etwas höherem Stahlverbrauch aber deutlich einfacherer Verlegung führen. Bei sehr großer Anzahl gleicher Mattenpositionen wäre die Verwendung von Listenmatten mit Feldspareffekt sinnvoll.

Feld 1 **1 R 257** mit $a_s = 2{,}57$ cm²/m (alternativ 1 R 524 mit $a_s = 5{,}24$ cm²/m)
1 R 257 mit $a_s = 2{,}57$ cm²/m

$\Sigma\, a_{s,vorh} = 5{,}14 \text{ cm}^2/\text{m} > a_{s,erf} = 5{,}0 \text{ cm}^2/\text{m}$

Feld 2 **1 R 335** mit $a_{s,vorh} = 3{,}35 \text{ cm}^2/\text{m} > a_{s,erf} = 2{,}9 \text{ cm}^2/\text{m}$

Stützbereich **1 R 257** mit $a_s = 2{,}57$ cm²/m
1 R 257 mit $a_s = 2{,}57$ cm²/m

$\Sigma\, a_{s,vorh} = 5{,}14 \text{ cm}^2/\text{m} > a_{s,erf} = 4{,}8 \text{ cm}^2/\text{m}$

– *Aufbau der Matte R 257:*

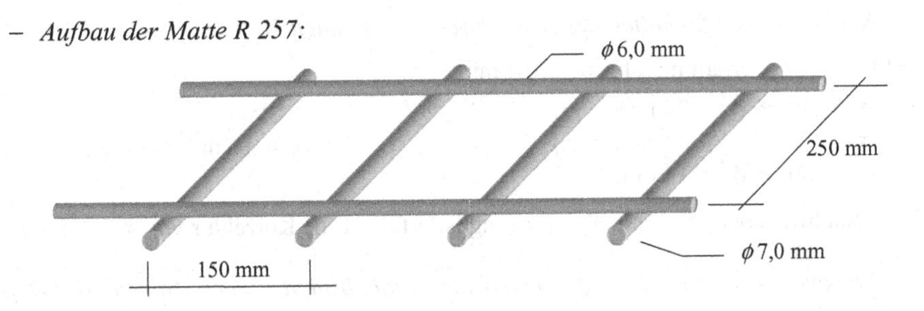

– *Kontrolle der statischen Höhe d (maßgebend Feld 1):*

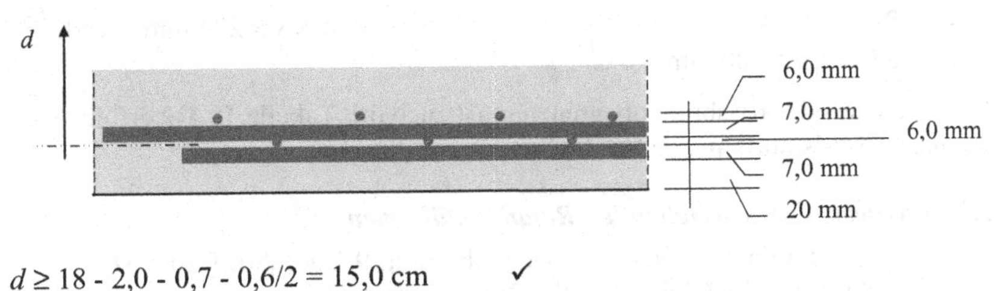

$d \geq 18 - 2{,}0 - 0{,}7 - 0{,}6/2 = 15{,}0$ cm ✓

5.7 Beschränkung der Rissbildung

Es handelt sich im vorliegenden Falle um ein Innenbauteil (XC1) ohne wesentliche Zwangsbeanspruchung, insbesondere ohne Längszug. Ein Nachweis der Mindestbewehrung nach Abschnitt 10.4.3 kann deshalb entfallen. Bei Einhaltung der konstruktiven Regeln erübrigt sich bei Platten bis 20 cm Dicke in der Regel der Nachweis zur Beschränkung der Rissbildung. Er wird jedoch im Folgenden beispielhaft geführt.

5.7.1 Lasten und Schnittgrößen

Für quasiständige Kombination und Nutzung als Lagerraum: $\Rightarrow$ $\psi_2 = 0{,}8$ (s. Tabelle 2.2-2)

$g_d = 5{,}6 \cdot 1{,}0 = 5{,}6$ kN/m² $q_d = 5{,}0 \cdot 0{,}8 = 4{,}0$ kN/m²= 9,6 kN/m²

Die maßgebenden Schnittgrößen ergeben sich in Feld 1 durch lineares Umrechnen und Überlagern der Lastfälle „Eigenlast“ und „Nutzlast auf Feld 1“. Man erhält (Berechnung hier nicht wiedergegeben):

$\max m_{Ed,Feld1} = 10{,}7 \cdot 1{,}0 + 11{,}7 \cdot 0{,}8 = 20{,}0$ kNm/m

5.7.2 Nachweis der Begrenzung der Rissbreite nach Abschnitt 10.4.4

– *vorhandene Bewehrung:*

Betonstahlmatten ≤ R 335:

Einfachstab $\phi \leq 8{,}0$ Stababstand ≥ 150 mm $\Rightarrow$ $\Sigma a_s \leq 5{,}14$ cm²/m

– *Berechnung der vorhandenen Stahlspannung:*

Die Stahlspannung unter quasiständiger Last wird näherungsweise unter Verwendung des der Biegebemessung entnommenen Hebelarms der inneren Kräfte errechnet:

$z = 0{,}14$ m $\sigma_s \approx \max m_{Ed}/(z \cdot a_s) = 0{,}020/(0{,}14 \cdot 5{,}14 \cdot 10^{-4}) = 278$ N/mm²

– *Nachweis über Einhalten des Grenzdurchmessers nach Tabelle 10.4-1:*

Mit $f_{ct,eff} = f_{ct,0}$ erhält man für $w_k = 0{,}4$ mm:

$$\left.\begin{array}{l}\sigma_s = 240 \Rightarrow \phi_s^* = 25 \text{ mm}\\ \sigma_s = 278\\ \sigma_s = 280 \Rightarrow \phi_s^* = 18 \text{ mm}\end{array}\right\} \qquad \phi_s^* \approx 18 \text{ mm} >> \text{vorh } \phi \leq 8{,}0 \text{ mm} \quad ✓$$

Der Nachweis der Rissbreitenbegrenzung ist erfüllt. Eine Korrektur von ϕ_s^* erübrigt sich.

– *Nachweis über Einhalten des maximalen Stababstandes nach Tabelle 10.4-2 für reine Biegung (zum Vergleich):*

$$\left.\begin{array}{l}\sigma_s = 240 \Rightarrow s = 250 \text{ mm}\\ \sigma_s = 278\\ \sigma_s = 280 \Rightarrow s = 200 \text{ mm}\end{array}\right\} \qquad \max s \approx 202 \text{ mm} > \text{vorh } s = 150 \text{ mm} \quad ✓$$

Der Nachweis der Rissbreitenbegrenzung ist auch mit Tabelle 10.4-2 erfüllt. Zur Erinnerung: Es muss jeweils nur **einer** dieser Nachweise erfüllt sein!

5.8 Nachweis der ausreichenden Rotationsfähigkeit

Es wird der vereinfachte Nachweis nach Abschnitt 9.1 geführt. Dabei ist im Stützbereich für Duktilitätsklasse A die Gleichung (9.1-2a) einzuhalten:

$$\delta \geq 0{,}64 + 0{,}8\, x_u/d \geq 0{,}85$$

mit $x/d = \xi = 0{,}13$ aus Abschnitt *5.3* ergibt sich:

$$\boxed{\delta = 0{,}64 + 0{,}8 \cdot 0{,}13 = 0{,}74 < \mathbf{0{,}85} = \textbf{gew.}\boldsymbol{\delta} = \mathbf{0{,}85} \quad ✓}$$

Der Nachweis ausreichender Rotationsfähigkeit ist somit erbracht. Ein ausführlicher Nachweis ist nicht erforderlich. Die Zugkraftdeckung ist auf dem Bewehrungsplan in Abschnitt *8.* dargestellt.

6 Bemessung für Querkraft

6.1 Vorbemerkung

Es ist anzustreben, Platten im Hochbau durch Wahl der Deckendicke und der Betongüte so auszubilden, dass keine Schubbewehrung erforderlich wird. Ist diese nicht zu vermeiden, muss wegen der erforderlichen Verankerung der Schubbewehrung in der Zug- und Druckzone die Plattendicke bei Schrägaufbiegungen $h \geq 16$ cm betragen und bei Bügeln $h \geq 20$ cm. Im Regelfall geringer Schubdruckbeanspruchung (also bei $v_{Ed} \leq v_{Rd,max}/3$) darf eine eventuell erforderliche Schubbewehrung auch wegen des schwierigen Einbaus von Bügeln vollständig aus Schrägaufbiegungen oder Schubzulagen (also ganz ohne Bügel) bestehen.

Der Nachweis der Tragfähigkeit der Betondruckstreben erübrigt sich bei Bauteilen ohne rechnerisch erforderliche Schubbewehrung.

6.2 Zugstrebennachweis

Die Größe des Längsbewehrungsgrades ρ_l ist von erheblichem Einfluss. An der Stelle der größten Querkraft ist die **obere** Bewehrung maßgebend. Um ohne weiteren Nachweis alle Stellen der Platte zu erfassen, wird (wegen Staffelung der Bewehrung) konservativ nur die Matte R 257 angesetzt.

$\rho_l \geq 2{,}57/(100 \cdot 15) = 0{,}0017 < 0{,}02$ ✓

Mit Gleichung (6.3-2) ergibt sich (keine Längsdruckkraft):

$$v_{Rd,c} = 0{,}1 \cdot (1 + \sqrt{200/d}) \cdot (100 \cdot \rho_l \cdot f_{ck})^{1/3} \cdot b \cdot d \geq 0{,}035 \cdot (1 + \sqrt{200/d})^{3/2} \cdot 25^{1/2} \cdot b \cdot d$$

$1 + \sqrt{200/150} = 2{,}15 > \mathbf{2{,}0}$ maßgebend

$$v_{Rd,c} = 0{,}1 \cdot 2{,}0 \cdot (100 \cdot 0{,}0017 \cdot 25)^{1/3} \cdot 1{,}0 \cdot 0{,}15 = 0{,}048$$
$$< 0{,}035 \cdot 2{,}0^{3/2} \cdot 25^{1/2} \cdot 1{,}0 \cdot 0{,}15 = \mathbf{0{,}074}$$

$v_{Rd,c} = 0{,}074$ MN/m $> v_{Ed} = 0{,}040$ MN/m ✓ **keine Schubbewehrung erforderlich.**

Der Nachweis ist gelungen. Eine differenziertere Untersuchung der einzelnen Stellen mit der jeweils anrechenbaren Bewehrung (dabei wäre Bild 6.3-1 zu beachten) ist nicht erforderlich.

7 Zugkraftdeckung und Bewehrungsführung

7.1 Allgemeines

Basis der Bewehrungsführung ist die Zugkraftdeckung. In diesem Abschnitt werden alle sonstigen Nachweise und konstruktiven Gesichtspunkte behandelt, die zum Entwerfen der Bewehrung der Platte benötigt werden.

7.2 Verankerungslängen

Bei den sich ergebenden kurzen Verankerungslängen sind keine geschweißten Querstäbe im Verankerungsbereich der Matten wirksam. Als Formfaktor ist daher $\alpha_a = 1{,}0$ zu setzen.

7.2.1 Endauflager bei A (Feld 1)

Bei Platten müssen mindestens 50 % der maximalen Feldbewehrung verankert werden. Die Verankerungslänge muss die Aufnahme der Kraft F_{Ed} ermöglichen. Es wird die Matte R 257 bis zum Auflager A geführt.

$$F_{Ed} = v_{Ed} \cdot a_l / d = 0{,}031 \cdot 0{,}15/0{,}15 = 0{,}031 \text{ MN/m}$$

$$\text{erf } a_s = F_{Ed}/f_{yd} = \frac{0{,}031}{435} \cdot 10^4 = 0{,}7 \text{ cm}^2\text{/m} < \text{vorh } a_s$$

$$\text{vorh } a_s = 2{,}57 \text{ cm}^2\text{/m} = \min a_s = 0{,}5 \cdot a_{s,Feld}$$ Matte R 257, Einzelstab $\phi = 7{,}0$ mm

Damit erhält man die erforderliche Verankerungslänge für direkte Auflagerung:

$$l_{b,eq} = l_{bd} = 2/3 \cdot \alpha_1 \cdot l_b \cdot A_{s,erf}/A_{s,vorh} \geq l_{b,min}$$ für geraden Einzelstab ohne Querstab ist $\alpha_1 = 1{,}0$

Nach Tabelle 8.4-1 ist (gute Verbundbedingungen) für ϕ 7:

$l_b = 40{,}3 \cdot \phi = 28$ cm $\quad l_{b,min} = 0{,}3 \cdot \alpha_1 \cdot l_b = 0{,}3 \cdot 1{,}0 \cdot 28 = 8{,}4$ cm, $> 10 \cdot \phi = 7$ cm

$$l_{bd} = 2/3 \cdot 28 \cdot \frac{0{,}7}{2{,}57} = 5 \text{ cm} < l_{b,min} = 8{,}4 \; 2/3 = 5{,}6 \text{ cm} \approx \mathbf{6{,}0\ cm}$$ maßgebend

gew. $\mathbf{l_{bd} = 10}$ **cm** > t/2 (rechnerische Auflagerlinie)

7.2.2 Endauflager bei C (Feld 2)

Es wird die Matte R 335 bis zum Auflager A geführt.

$$F_{Ed} = v_{Ed} \cdot a_l / d = 0{,}021 \cdot 0{,}15/0{,}15 = 0{,}021 \text{ MN/m}$$

Man sieht ohne Nachweis, dass auch hier die Mindestverankerungslänge maßgebend wird:

$l_b = 40{,}3 \cdot \phi = 40{,}3 \cdot 0{,}8 = 32$ cm $> 10 \cdot \phi = 8{,}0$ cm Einzelstab $\phi = 8{,}0$ mm

$l_{bd} = 2/3 \cdot 0{,}3 \cdot 32 = 6{,}4 \approx 7{,}0$ cm

gew. l_{bd} = 10 cm > t/2 (rechnerische Auflagerlinie)

7.2.3 Zwischenauflager bei B

Es müssen ebenfalls mindestens 50 % der Feldbewehrung bis über das Auflager geführt werden. Somit wird eine Matte R 257 bis über das Zwischenauflager geführt und dort mit mindestens $10 \cdot \phi = 7$ cm verankert.

Bei statisch unbestimmten Systemen wird zur Aufnahme rechnerisch nicht erfasster Zwangsmomente (z. B. aus Setzungen; im Brandfall) empfohlen, die untere Bewehrung kraftschlüssig durchzuführen. Die Bewehrung des Feldes 1 wird an die des Feldes 2 kraftschlüssig durch Übergreifungsstoß angeschlossen (Stoß R 257 an R 335). Der Stoß wird im Feld 1 angeordnet und liegt in einem Bereich niedriger Ausnutzung aus Zugkraftdeckung.

Für vorh $a_s \leq 12$ cm²/m ist ein Vollstoß (d. h. ohne Längsversatz) zulässig. Da die Matten übereinandergelegt werden, handelt es sich um einen **Zweiebenenstoß**. Die folgenden Skizzen entsprechen EC2. Es wird von voller Ausnutzung des Stahles ausgegangen (α_A = 1,0) ausgegangen Der kleinere Durchmesser ist maßgebend.

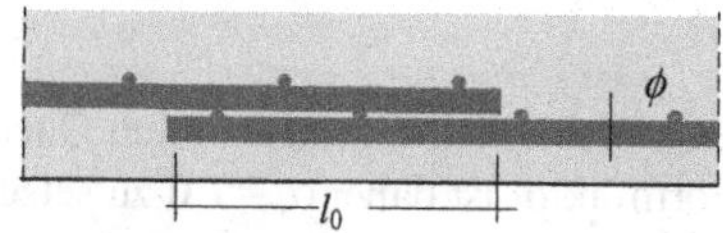

Zwei-Ebenen-Stoß Längsbewehrung

≥ 5 φ; ≥ 5 cm

φ

l_0

Zwei-Ebenen-Stoß Querbewehrung

$l_0 = l_b \cdot \alpha_A \cdot \alpha_7 \geq l_{0,min}$

mit $1{,}0 \leq \alpha_7 = 0{,}4 + a_{s,vorh}[\text{cm}^2/\text{m}]/8 \leq 2{,}0$

$l_{0,min} = 0{,}3\ l_b \cdot \alpha_A \cdot \alpha_7 \geq 20$ cm und $\geq s_q$

s_q = Abstand der Querbewehrung

$\alpha_7 = 0{,}4 + 2{,}57/8 = 0{,}72 < \mathbf{1{,}0}$

$\mathbf{l_0} = 28{,}0 \cdot 1{,}0 \cdot 1{,}0 = \mathbf{28{,}0}$ **cm** $\geq 0{,}3 \cdot 28{,}0$ und $> s_q = 25$ cm

7.2.4 Verankerung außerhalb von Auflagern - Verankerung der gestaffelten Bewehrung

– *Stützbereich*

- obere Matte ϕ 7,0: gute Verbundbedingungen bei Bauteilen mit h ≤ 30 cm

$l_b = 40{,}3 \cdot 0{,}7 = 28$ cm erf a_s/vorh $a_s = 0{,}5$

$\mathbf{l_{bd}} = 28 \cdot 0{,}5 = 14$ cm $> 10\ d_s > 0{,}3\ l_b$ **gew. 15 cm**

- untere Matte ϕ 7,0: gute Verbundbedingungen bei Bauteilen mit h ≤ 30 cm

$l_b = 40{,}3 \cdot 0{,}7 = 28$ cm erf a_s/vorh $a_s = 0$

$\mathbf{l_{bd}} = l_{b,min} = 28 \cdot 0{,}3 \approx 9$ cm $> 10\ \phi$ **gew. 10 cm**

– *Feld 1*

Es ergeben sich die gleichen Werte wie im Stützbereich für die obere Matte.

7.2.5 Stoß der Querbewehrung

Die Querbewehrung der Matte dient der Aufnahme der Quermomente aus behinderter Querdehnung. Sie muss durch Überlappung der Mattenlängsränder kraftschlüssig gestoßen werden. Die Übergreifungslänge (Stoßlänge) beträgt in Abhängigkeit vom Durchmesser der Querstäbe (mit s_q = Querabstand der Längsstäbe) nach Tabelle 8.4 des EC2:

R 257 mit $\phi_q = 6{,}0$ mm
R 335 mit $\phi_q = 6{,}0$ mm $\qquad l_{0,q} \geq s_l =$ **15 cm**

Dabei müssen im Stoßbereich mindestens ein Längsstab je Matte liegen, deren Achsabstand zueinander mindestens 5 cm oder 5 ϕ beträgt (s. Skizze oben). Bei Randsparmatten ist die Stoßlänge der Querbewehrung durch die Ausbildung der Randstäbe eindeutig vorgegeben.

7.2.6 Konstruktive Einspannbewehrung

Zur Berücksichtigung der rechnerisch nicht angesetzten geringen Randeinspannung der Platte durch die Mauerwerkswände wird eine obere Einspannbewehrung von 25 % der maximalen erforderlichen Feldbewehrung angeordnet. Diese Bewehrung soll ab Auflagerrand etwa mit $0{,}25 \cdot l_{eff}$ im Feld verankert werden.

erf $a_s = 0{,}25 \cdot 5{,}0 = 1{,}25$ cm²
gewählt: passende Reststücke vorhandener Matten **R 257**

7.3 Zugkraftdeckung

Hier ist die Berechnung nur an den Stellen der extremen Momente ausreichend. Beide Berechnungsalternativen für max F_{sd} ergeben im Rahmen der Rundungsungenauigkeiten gleiche Ergebnisse.

Feld 1: $\quad$ max F_{sd} = max $m_{Ed}/z = 32{,}2/(0{,}95 \cdot 0{,}15) = 226$ kN/m
$\approx a_{s,erf}\,\sigma_{sd} = 5{,}0 \cdot 45{,}5 = 228$ kN/m

Feld 2: $\quad$ max F_{sd} = max $m_{Ed}/z = 18{,}7/(0{,}97 \cdot 0{,}15) = 128$ kN/m
$\approx a_{s,erf}\,\sigma_{sd} = 2{,}9 \cdot 45{,}6 = 132$ kN/m

Stützbereich: max F_{sd} = max $m_{Ed}/z = 31{,}2/(0{,}95 \cdot 0{,}15) = 219$ kN/m
$\approx a_{s,erf}\,\sigma_{sd} = 4{,}8 \cdot 45{,}5 = 218$ kN/m

Versatzmaß: bei Platten $a_l = d = 15$ cm

Die gewählte Bewehrung deckt folgende Zugkräfte ab (Stahlspannung für alle Stellen vereinfacht mit 45,5 N/mm² einheitlich angesetzt):

R 257 $\qquad F_s = 2{,}57 \cdot 45{,}5 = 117$ kN/m
R 335 $\qquad F_s = 3{,}35 \cdot 45{,}5 = 152$ kN/m > 128 kN/m *)
R 257 + R 257 $\qquad F_s = 117 + 117 = 234$ kN/m > 226 kN/m

*) Eine bessere Anpassung an erf F_s ist mit Lagermatten des derzeitigen Lieferprogramms nicht möglich.

Einige Verankerungslängen werden aus Toleranzgründen größer gewählt als errechnet.
Einige Matten wurden etwas länger als erforderlich gewählt, um Verschnitt gering zu halten.

8 Bewehrungsplan

Das Bewehren mit Matten ist eine wirtschaftliche Methode, da die Schneide- und Verlegekosten je Masseneinheit sehr gering sind. Beim Entwurf der Bewehrung sind einige Besonderheiten zu beachten, insbesondere sind Stöße in Querrichtung zu versetzen, um keine zu dicken Mattenstapel zu erhalten. Die Regeln über maximale Stababstände sind bei Lagermatten werksseitig eingehalten. Ausführliche Konstruktionshinweise und Verlegebeispiele können von den Herstellern (z.B. [11-4]) bezogen werden.

Im vorliegenden Beispiel wurden im Feld 1 zwei Matten angeordnet. Alternativ könnte eine Matte R 513 verwendet werden.

Die **Mattenpositionen** werden in der Regel zur Unterscheidung von Stabstahl in Kästchen geschrieben. Im Folgenden bedeuten:

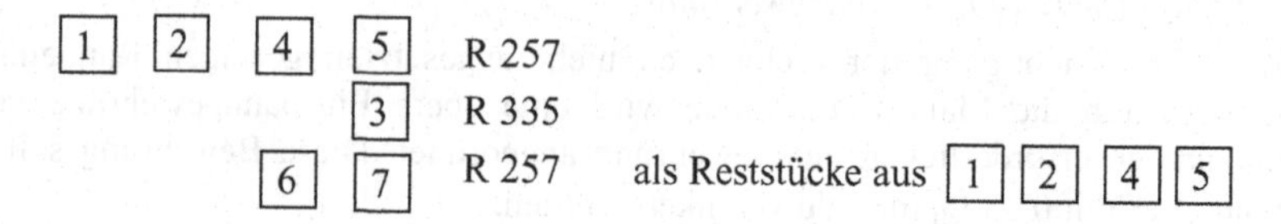

Die Lagesicherung der oberen Bewehrung erfolgt durch vorgefertigte Abstandhalter aus bügelartig gebogenen Spezialmatten (Unterstützungskörbe, siehe Herstellerunterlagen). Diese werden in eng gestaffelten Höhen angeboten.

Stehbügel mit Kunststoffkappen können direkt auf die Schalung gestellt werden. Die Abstandhalter können aber erforderlichenfalls auch auf die (dann besonders eng durch Abstandhalter abzustützende) untere Bewehrung gestellt werden (z.B. aus Gründen des Brandschutzes, vgl. auch [1-6] und [11-7]).

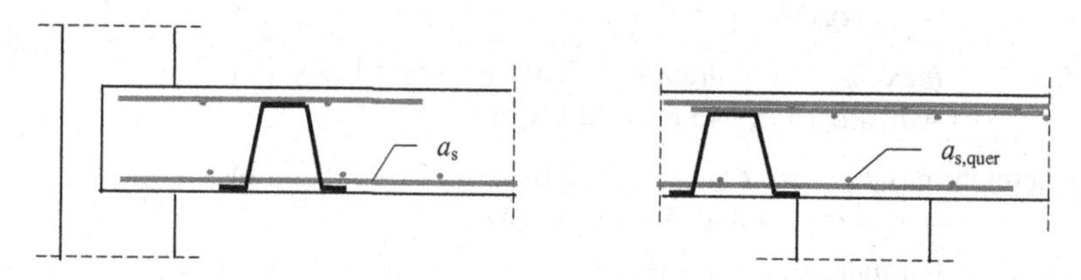

Detail mit Abstandhalter

Auf dem Bewehrungsplan ist die Bauteilhöhe um den Faktor 2 überhöht dargestellt, um die Bewehrungslagen besser einzeichnen zu können.

Auf dem Plan müssen noch angegeben werden:
Betongüte C25/30 Betonstahlmatten B500A Betonüberdeckung nom c = 2,0 cm

Hinweis:
Die hier gewählte Mattenanordnung ist im Einbau etwas kompliziert. Bei Gebäuden mit sehr vielen gleichen Decken ist die Wahl von Listenmatten vorzuziehen. Diese erlauben eine bessere Anpassung an die geometrischen und statischen Gegebenheiten. Die Momenten-Staffelung kann durch Feldspar-Anordnung der Längsbewehrung (s. beispielhaft auf Bild 11.3-3 für „Sondermatte“ dargestellt) erfolgen.

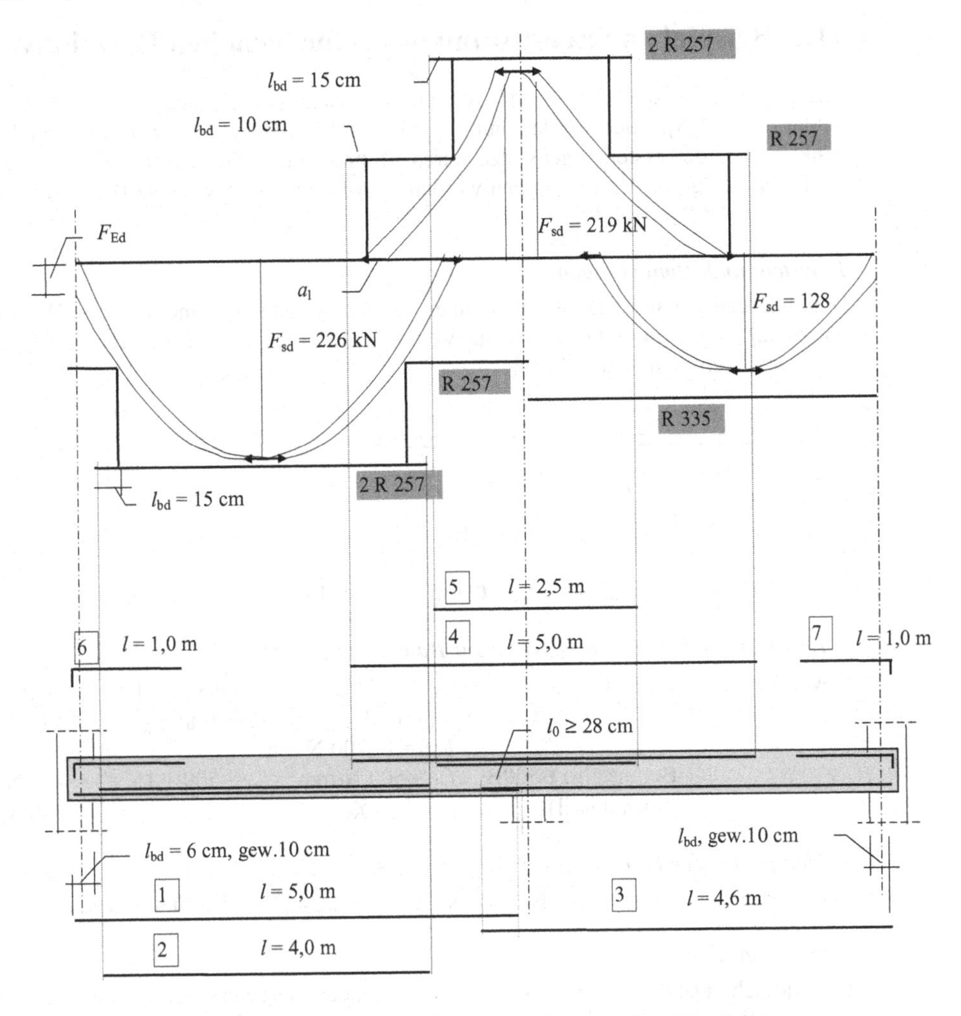

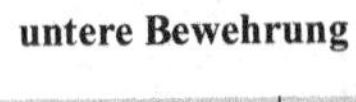

obere Bewehrung

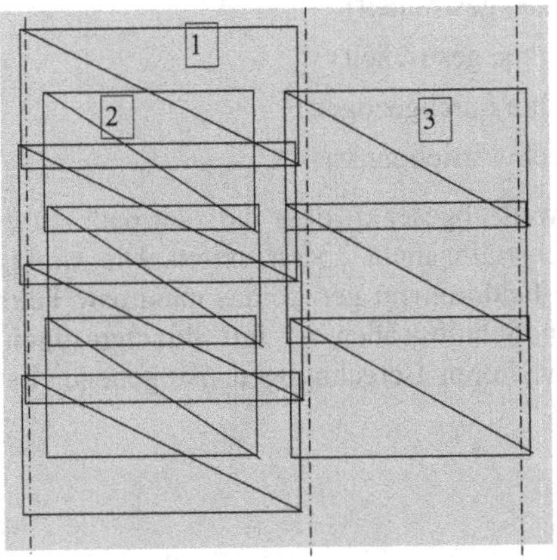

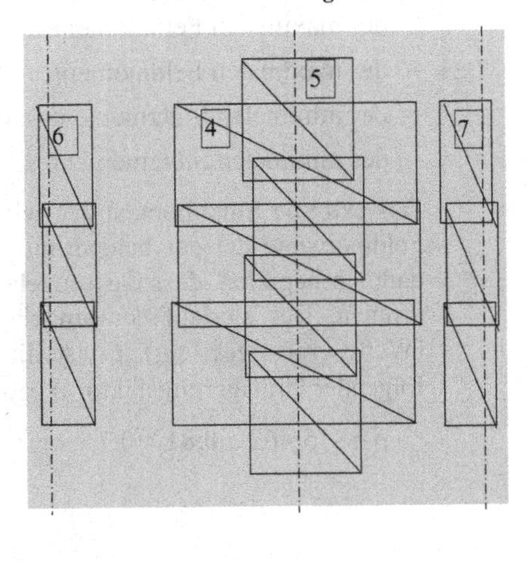

11.4 Beispiel zur Ermittlung des erforderlichen Rotationswinkels

Das folgende Beispiel ist ein Auszug aus der Bemessung eines Durchlaufträgers mit 5 Feldern in [11-5]. Hier werden nur die für die Ermittlung des erforderlichen Rotationswinkels über der ersten Innenstütze durchzuführenden Rechenschritte wiedergegeben. Für die Berechnung von Verformungen werden die Mittelwerte der Baustofffestigkeiten f_R nach EC2, 5.7 NA.10 verwendet.

1 System und Abmessungen

Durchlaufender Unterzug als Teil eines Deckensystems in einem durch Wandscheiben horizontal ausgesteiften Geschossbau. Vereinfachte Berechnung als Durchlaufträger mit gelenkiger Lagerung an den Stützen.

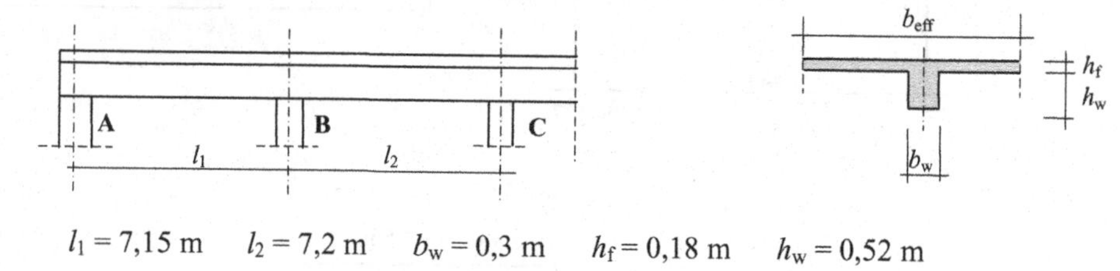

$l_1 = 7{,}15$ m $\quad l_2 = 7{,}2$ m $\quad b_w = 0{,}3$ m $\quad h_f = 0{,}18$ m $\quad h_w = 0{,}52$ m

2 Baustoffe und Bemessungswerte der Baustofffestigkeiten

Gewählt:	Beton C25/30	$f_{ck} = 25$ N/mm² $\quad f_{cd} = 0{,}85 \cdot 25/1{,}5$	$= 14{,}2$ N/mm²
		$f_{cR} = 0{,}85 \cdot \alpha_{cc} \cdot f_{ck} = 0{,}85 \cdot 0{,}85 \cdot f_{ck}$	$= 18{,}1$ N/mm²
		$E_{cm} = 26700$ N/mm²	
	Betonstahl: B500B	$f_{yk} = 500$ N/mm² $\quad f_{yd} = 500/1{,}15$	$= 435$ N/mm²
	(hoch duktil)	$f_{yR} = 1{,}1 \cdot f_{yk}$	$= 550$ N/mm²

– *Überprüfen der Betonfestigkeitsklasse C*

Für das Tragwerk gelte Expositionsklasse XC1 mit „C_{min}" = C16/20 < gew. C25/30 ✓

3 Schnittgrößen

Die grafische Darstellung zeigt die für die folgenden Berechnungen erforderlichen Schnittgrößenverläufe unter Design - Lasten zur Ermittlung:

- des maximalen Feldmomentes M_1 (links, gestrichelt)
- des maximalen Feldmomentes M_2 (rechts, gestrichelt)
- des minimalen Stützmomentes M_B (dünn durchgezogen)
- des minimalen Stützmomentes M_C (rechts strichpunktiert).

Das extreme Stützmoment M_B wird soweit abgesenkt, dass die sich dadurch einstellenden Feldmomente die der beiden anderen Lastfälle nicht überschreiten. Die Umlagerung wird dadurch begrenzt, dass das umgelagerte Feldmoment gerade das maximale Feldmoment M_2 erreicht. Der Verlauf der umgelagerten Schnittgrößen ist **fett durchgezogen** gezeichnet (Werte grau hinterlegt). Er ist für die weiteren Berechnungen maßgebend. Es wird somit folgender Umlagerungsfaktor δ gewählt:

$\delta = 375/462 = \mathbf{0{,}81} > 0{,}7$

Er soll durch die Berechnung des zugehörigen Rotationswinkels über der Stütze B überprüft werden.

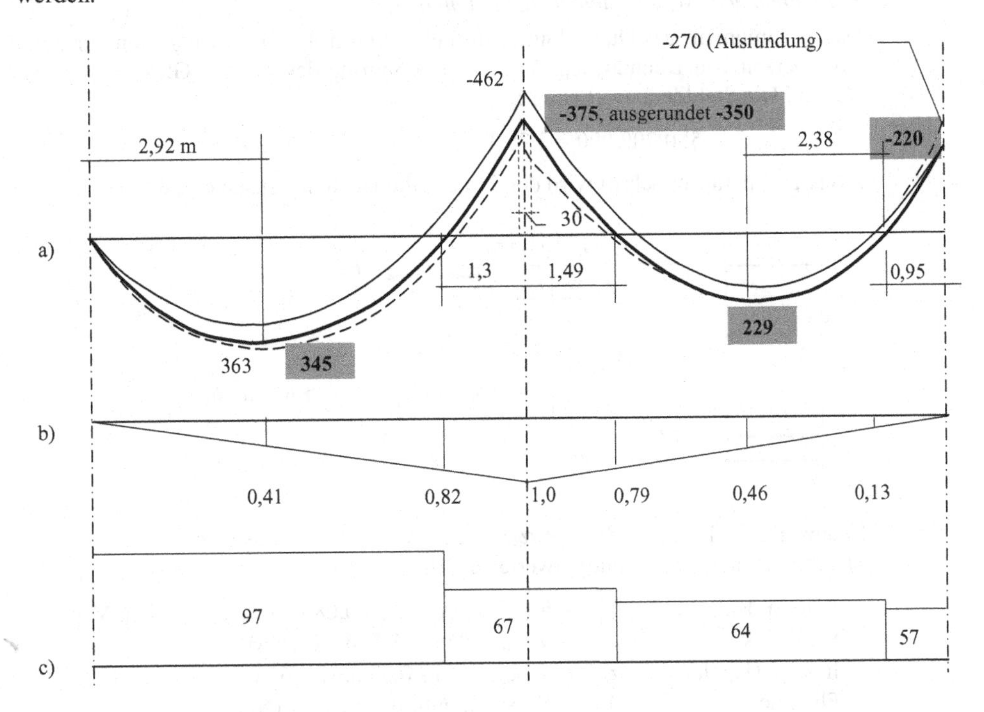

a) Umgelagerte Momentenlinie (fett) „min M_B" unter Design-Lasten [kNm]
b) Verlauf des Hilfsmomentenzustandes „$\bar{M}$"
c) Mittlere Biegesteifigkeiten bei Mitwirkung des Betons zwischen den Rissen [MNm²]

4 Bemessung

Die Biegebemessung erfolgt für die extremen Feldmomente sowie die extremen Ausrundungsmomente über den Stützen (Ausrundungsverläufe nicht eingezeichnet):

Feld 1:	M_{Ed1} = 363 kNm		vorh A_s = 13,8 cm² (unten)
Feld 2:	M_{Ed2} = 229 kNm		vorh A_s = 8,6 cm² (unten)
Stütze B:	M_{EdB} = -350 kNm	ξ= 0,28	vorh A_s = 14,3 cm² (oben)
Stütze C:	M_{EdC} = -270 kNm	(aus maßgebender LK für C)	vorh A_s = 10,8 cm² (oben)

5 Ermittlung der Momenten-Krümmungsdiagramme und der mittleren Biegesteifigkeit

Die beiden Felder werden durch zwei positive und zwei negative Momentenbereiche mit bereichsweise konstanter Bewehrung angenähert (Staffelung der Bewehrung im Bereich kleiner Momente vernachlässigt). Die Momenten-Krümmungsdiagramme werden mit den in Abschnitt 9 vorgestellten Gleichungen für die vier verschiedenen Querschnitte ermittelt.

Für die Berechnung der mittleren Krümmungen wird die mitwirkende Plattenbreite benötigt. Diese sei vereinfacht mit Gleichung (7.2-1) und (7.2-2) ermittelt:

Feld 1: b_{eff} = 2,3 m   Feld 2: b_{eff} = 2,0 m   Stützen: b_{eff} = 1,20 m

5.1 Feld 1

– *Fließmoment M_y und zugehörige Krümmung*

Das Fließmoment des Querschnittes im Feld 1 (vorh A_s = 13,8 cm²) kann nur iterativ durch Vorschätzen von Dehnungszuständen und Kontrolle des inneren Gleichgewichtes ermittelt werden. Die Stahldehnung beträgt:

$$\varepsilon_{sy} = f_{yR}/E_s = 550/200\,000 = 2{,}75\ ‰$$

Als letzter Iterationsschritt wird der dargestellte Dehnungszustand gewählt:

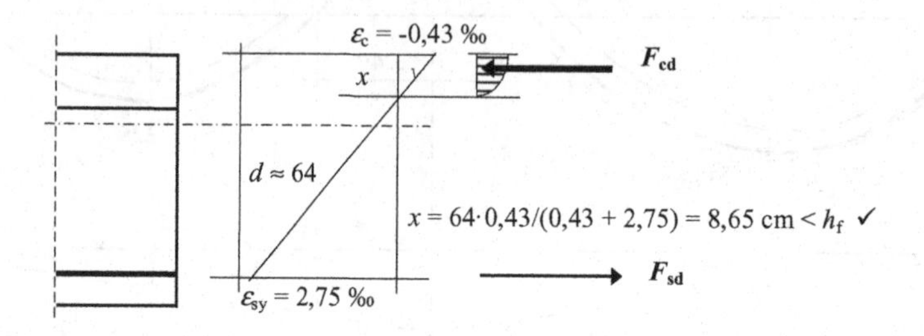

Kennwerte der Biegedruckzone: $\alpha_R \approx 0{,}21$ $k_a \approx 0{,}33$ aus Bild 4.4-3 (oben)
Mit den rechnerischen Materialwerten erhält man:

Betondruckkraft	$F_{cd} = b_{eff} \cdot x \cdot \alpha_R \cdot f_{cR} = 2{,}30 \cdot 0{,}0865 \cdot 0{,}21 \cdot 18{,}1 \approx 0{,}76$ MN
Stahlzugkraft	$F_{sd} = A_s f_{ym} = 0{,}00138 \cdot 550 \approx 0{,}76$ MN $= F_{cd}$ ✓
Innerer Hebelarm	$z = d - k_a x = 64 - 0{,}33 \cdot 8{,}65 \approx 61$ cm
Fließmoment	$M_y = F_{cd}\, z = 0{,}76 \cdot 0{,}61 = 0{,}464$ MNm
Krümmung	$k_y = (1/r)_y = (\lvert\varepsilon_{sy}\rvert + \lvert\varepsilon_c\rvert)/d = (2{,}75 + 0{,}43)\,10^{-3}/0{,}64 = 0{,}0050\ \text{m}^{-1}$

– *Rissmoment M_{cr} und zugehörige Stahldehnung ε_{sr1}*

mittlere Zugfestigkeit des Betons	$f_{ctm} = 2{,}6\ \text{N/mm}^2$	nach Tabelle 1.2-1
mittlerer E-Modul des Betons	$E_{cm} = 31000\ \text{N/mm}^2$	nach Tabelle 1.2-1

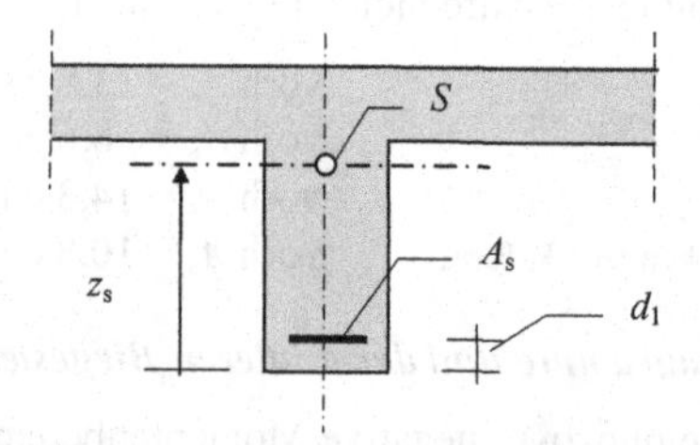

Trägheitsmoment im Zustand I (unmittelbar vor dem Reißen):

$z_s = 0{,}51$ m $I_c = 0{,}020\ \text{m}^{-4}$

z_s (Stahlanteil berücksichtigt)

Rissmoment: $M_{cr} = \sigma_{cr} \cdot W_{unten} = f_{ctm} \cdot I/z_s = 2{,}6 \cdot 0{,}020/0{,}51 = 0{,}102$ MNm

– *Dehnungen und Krümmung unter M_{cr} unmittelbar vor dem Reißen (Zustand I):*

$$\varepsilon_{sr1} = \frac{M_{cr}}{W_{As1} \cdot E_{cm}} = \frac{M_{cr}}{I \cdot E_{cm}}(z_s - d_1) = \frac{0{,}102}{0{,}020 \cdot 31000}(0{,}51 - 0{,}06) = 0{,}000074 = 0{,}074\ ‰$$

$$|\varepsilon_{cr1}| = \frac{M_{cr}}{W_{c1} \cdot E_{cm}} = \frac{M_{cr}}{I \cdot E_{cm}}(h\text{-}z_s) = \frac{0{,}102}{0{,}020 \cdot 31000}(0{,}70-0{,}51) = 0{,}000031 = 0{,}031\ ‰$$

$$k_{I/II} = (1/r)_{I/II} = (|\varepsilon_s|+|\varepsilon_c|)/d = (0{,}074 + 0{,}031)\ 10^{-3}/0{,}64 = 0{,}00017\ \text{m}^{-1}$$

– *Stahldehnung unter M_{cr} unmittelbar nach dem Reißen (Zustand II) im Rissquerschnitt:*

Unter Annahme linearen Materialverhaltens kann die Stahlspannung σ_{sr} für Rechteckquerschnitte ohne Druckbewehrung als Lösung einer quadratischen Gleichung errechnet werden (Spannungsermittlung). Die folgenden Gleichungen ergeben sich z. B. nach [11-3].

$$\alpha_e = E_s/E_{cm} = 200000/31000 = 6{,}45$$

$$x = \frac{\alpha_e \cdot A_s}{b}\left[-1+\sqrt{1+\frac{2 \cdot b \cdot d}{\alpha_e A_s}}\right] = \frac{6{,}45 \cdot 13{,}8 \cdot 10^{-4}}{2{,}3}\left[-1+\sqrt{1+\frac{2 \cdot 2{,}3 \cdot 0{,}64}{6{,}45 \cdot 13{,}8} \cdot 10^4}\right] = 0{,}067\ \text{m}$$

$$z = d - x/3 = 0{,}64 - 0{,}067/3 = 0{,}62\ \text{m}$$

$$\sigma_s = M_{cr}/(z \cdot A_s) = 0{,}102/(0{,}62 \cdot 13{,}8 \cdot 10^{-4}) = 119\ \text{N/mm}^2$$

$$\varepsilon_{sr2} = \sigma_s/E_s = 119/200000 = 0{,}0006 = 0{,}595\ ‰$$

– *Mitwirken des Betons zwischen den Rissen:*

Die Dehnungsdifferenz infolge Mitwirkens des Betons zwischen den Rissen beträgt nach Bild 9.2-4 für dauernde Last:

$$\Delta\varepsilon = \beta_t\,(\varepsilon_{sr2} - \varepsilon_{sr1}) = 0{,}25 \cdot (0{,}595 - 0{,}086) = 0{,}13\ ‰$$

Die gesuchte mittlere Stahldehnung ε_{sym} erhält man zu:

$$\varepsilon_{sym} = \varepsilon_{sy} - \Delta\varepsilon = 2{,}75 - 0{,}13 = \mathbf{2{,}62\ ‰}$$

Die Mitwirkung des Betons ist in vielen Fällen - wie auch hier mit etwa 4,5 % - sehr gering.

– *Mittlere Krümmung unter Mitwirkung des Betons zwischen den Rissen (ε_c aus* Diagramm):

$$(1/r)_{my} = k_m = (|\varepsilon_{smy}| + |\varepsilon_c|)/d = (2{,}62 + 0{,}43)\ 10^{-3}/0{,}64 = 0{,}0048\ \text{m}^{-1}$$

– *Krümmung für das vorhandene Feldmoment M_{F1} unter Mitwirkung des Betons zwischen den Rissen:*

$$1/r = k_{I/II}\ \frac{k_m - k_{I/II}}{M_y - M_{cr}}\left(M_{F1} - M_{cr}\right) = 0{,}00017 + \frac{0{,}0048 - 0{,}00017}{464-102}\left(345-102\right) = 0{,}0033$$

– *Mittlere Biegesteifigkeiten unter Mitwirkung des Betons zwischen den Rissen:*

Die Biegesteifigkeiten ergeben sich nach Bild 9.2-2 zu B = $M/(1/r) = M/k$. Die Näherung mit B_{II}^* liefert zu große Verformungen und damit eine Überschätzung des Umlagerungsvermögens, ist aber für größere Momente ausreichend genau. Im Bereich kleiner Momente wird die Abweichung von der geknickten Linie jedoch erheblich. Die Abweichungen werden mit zunehmender Betonfestigkeitsklasse (d. h. steigender Zugfestigkeit des Betons und damit größerem Rissmoment M_r) größer. Für das größte Feldmoment M_{F1} ergibt sich im vorliegenden Fall mit der Näherung eine um 105/97 = 0,08 oder 8 % zu große Verformung (Zahlenwerte siehe Diagramm auf der nächsten Seite). Dies erscheint angesichts der Unschärfe der angesetzten Materialwerte ausreichend genau. Im Folgenden wird mit B_{II}^* weitergerechnet.

Die bisherigen numerischen Ergebnisse sind maßstäblich als Momenten-Krümmungsdiagramm nach Bild 9.2-3 aufgetragen:

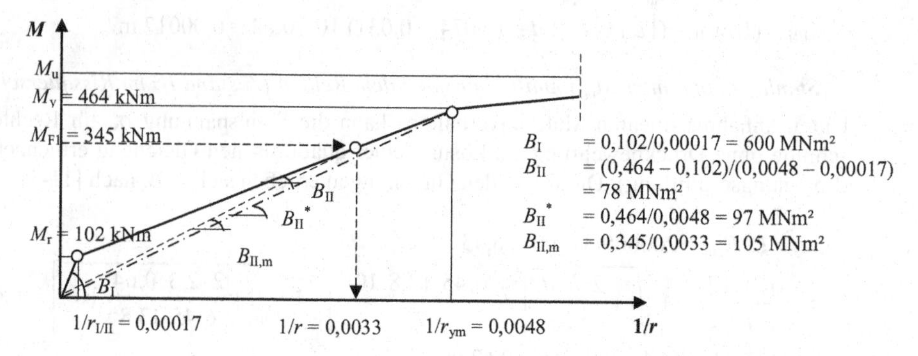

Für eine Handrechnung wird der Balken in wenige Abschnitte mit näherungsweise gleichen Querschnittseigenschaften eingeteilt. Unter Annahme des vereinfachten Momenten-Krümmungsverlaufes ist die Biegesteifigkeit B_{II}^* in Balkenbereichen konstanten Querschnitts unabhängig vom Wert des tatsächlichen Momentenverlaufes und somit ebenfalls konstant:

$$\boldsymbol{EI_m \approx B_{II}^* = 97\ \mathrm{MNm^2}}$$

5.2 Feld 2

– *Fließmoment M_{yk} und zugehörige Krümmung*

Als letzter Iterationsschritt wird der dargestellte Dehnungszustand gewählt:

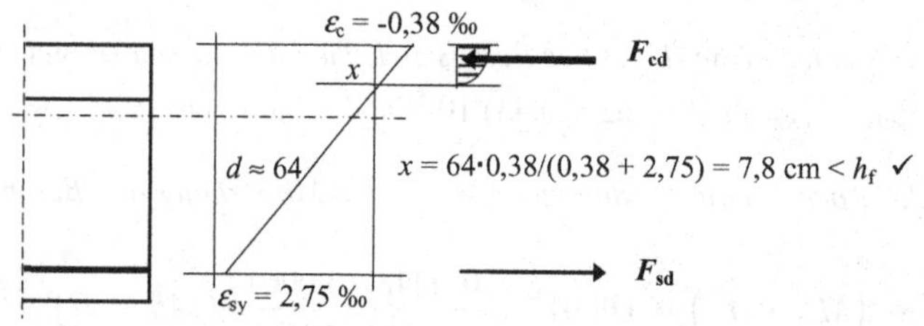

Kennwerte der Biegedruckzone: $\alpha_R \approx 0{,}19$ $k_a \approx 0{,}34$ aus Bild 4.4-3 (oben)
Mit den rechnerischen Materialwerten erhält man:

Betondruckkraft	F_{cd}	$= b_{eff} \cdot x \cdot \alpha_R \cdot f_{cR} = 2{,}0 \cdot 0{,}078 \cdot 0{,}19 \cdot 18{,}1 = 0{,}477$ MN
Stahlzugkraft	F_{sd}	$= A_s f_{ym} = 0{,}00086 \cdot 550 = 0{,}473$ MN $\approx F_{cd}$ (< 1 %) ✓
Innerer Hebelarm	z	$= d - k_a x = 64 - 0{,}34 \cdot 7{,}8 \approx 61{,}4$ cm
Fließmoment	M_y	$= F_{cd} z = 0{,}477 \cdot 0{,}614 = 0{,}293$ MNm
Krümmung	k_y	$= (\lvert\varepsilon_{sy}\rvert + \lvert\varepsilon_c\rvert)/d = (2{,}75 + 0{,}38) \cdot 10^{-3}/0{,}64 = 0{,}0050\ \mathrm{m^{-1}}$

– *Rissmoment M_{cr} und zugehörige Stahldehnung ε_{sr1}*

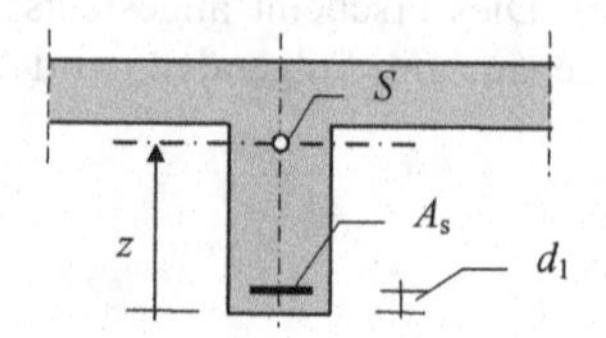

Trägheitsmoment im Zustand I (unmittelbar vor dem Reißen):
$z_s = 0{,}50$ m $I_c = 0{,}019\ \mathrm{m^{-4}}$ (Stahlanteil berücksichtigt)

Rissmoment: $M_{cr} = \sigma_{cr} \cdot W_{unten} = f_{ctm} \cdot I/z_s = 2{,}6 \cdot 0{,}019/0{,}50 = 0{,}099$ MNm

– *Dehnungen und Krümmung unter M_{cr} unmittelbar vor dem Reißen (Zustand I):*

$$\varepsilon_{sr1} = \frac{0{,}099}{0{,}019 \cdot 31000}(0{,}50 - 0{,}06) = 0{,}000074 = 0{,}074\ ‰$$

$$|\varepsilon_{cr1}| = \frac{0{,}099}{0{,}019 \cdot 31000}(0{,}70 - 0{,}50) = 0{,}000034 = 0{,}034\ ‰$$

$$k_{I/II} = (1/r)_{I/II} = (0{,}074 + 0{,}034) \cdot 10^{-3}/0{,}64 = 0{,}00017\ \text{m}^{-1}$$

– *Stahldehnung unter M_{cr} unmittelbar nach dem Reißen (Zustand II) im Rissquerschnitt:*

$$\alpha_e = E_s/E_{cm} = 200000/31000 = 6{,}45$$

$$x = \frac{\alpha_e \cdot A_s}{b}\left[-1 + \sqrt{1 + \frac{2 \cdot b \cdot d}{\alpha_e A_s}}\right] = \frac{6{,}45 \cdot 8{,}6 \cdot 10^{-4}}{2{,}0}\left[-1 + \sqrt{1 + \frac{2 \cdot 2{,}0 \cdot 0{,}64}{6{,}45 \cdot 8{,}6} \cdot 10^4}\right] = 0{,}063\ \text{m}$$

$$z = d - x/3 = 0{,}64 - 0{,}063/3 = 0{,}62\ \text{m}$$

$$\sigma_s = M_{cr}/(z \cdot A_s) = 0{,}099/(0{,}62 \cdot 8{,}6 \cdot 10^{-4}) = 186\ \text{N/mm}^2$$

$$\varepsilon_{sr2} = \sigma_s/E_s = 186/200 = 0{,}93\ ‰$$

– *Mitwirken des Betons zwischen den Rissen:*

Die Dehnungsdifferenz infolge Mitwirkens des Betons zwischen den Rissen beträgt nach Bild 9.2-4 für dauernde Last:

$$\Delta\varepsilon = \beta_t\,(\varepsilon_{sr2} - \varepsilon_{sr1}) = 0{,}25 \cdot (0{,}93 - 0{,}074) = 0{,}21\ ‰$$

Die gesuchte mittlere Stahldehnung ε_{sym} erhält man zu:

$$\boldsymbol{\varepsilon_{sym}} = \varepsilon_{sy} - \Delta\varepsilon = 2{,}75 - 0{,}21 = \mathbf{2{,}54\ ‰}$$

– *Mittlere Krümmung und mittlere Biegesteifigkeit unter Mitwirkung des Betons zwischen den Rissen (Auf eine grafische Darstellung wird verzichtet):*

$$(1/r)_{ym} = k_m = (|\varepsilon_{sym}| + |\varepsilon_c|)/d = (2{,}54 + 0{,}38) \cdot 10^{-3}/0{,}64 = 0{,}0046\ \text{m}^{-1}$$

$$\boxed{\boldsymbol{EI_m} = B_{II}^* = 0{,}293/0{,}0046 = \mathbf{64\ MNm^2}}$$

- 5.3 Stütze B

– *Fließmoment M_y und zugehörige Krümmung*

Als letzter Iterationsschritt wird der dargestellte Dehnungszustand gewählt:

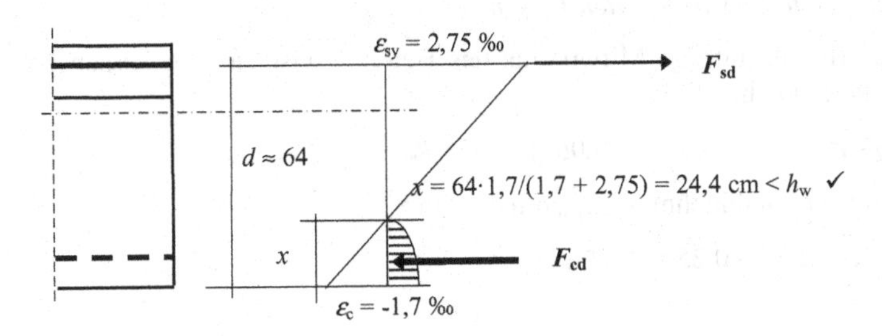

Kennwerte der Biegedruckzone: $\alpha_R \approx 0{,}61$ $k_a \approx 0{,}39$ aus Bild 4.4-3 (oben)
Mit den rechnerischen Materialwerten erhält man:

Betondruckkraft	$F_{cd} = b_w \cdot x \cdot \alpha_R \cdot f_{cR} = 0{,}30 \cdot 0{,}244 \cdot 0{,}61 \cdot 18{,}1 = 0{,}808$ MN
Stahlzugkraft	$F_{sd} = A_s \cdot f_{ym} = 0{,}00143 \cdot 550 = 0{,}786$ MN $\approx F_{cd}$ (< 3 %) ✓
Innerer Hebelarm	$z = d - k_a\, x = 64 - 0{,}39 \cdot 24{,}4 \approx 55$ cm
Fließmoment	$M_y = F_{cd}\, z = 0{,}808 \cdot 0{,}55 = 0{,}444$ MNm
Krümmung	$k_y = (\lvert\varepsilon_{sy}\rvert + \lvert\varepsilon_c\rvert)/d = (2{,}75 + 1{,}70) \cdot 10^{-3}/0{,}64 = 0{,}007\ \text{m}^{-1}$

– *Rissmoment M_{cr} und zugehörige Stahldehnung ε_{sr1}*

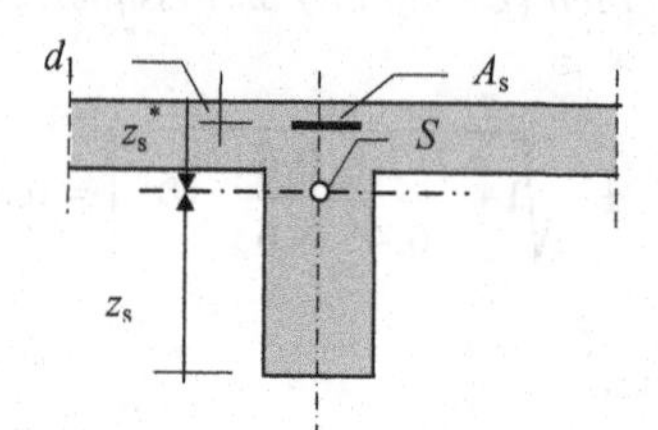

Trägheitsmoment im Zustand I (unmittelbar vor dem Reißen):
$z_s = 0{,}47$ m $I_c = 0{,}0155\ \text{m}^{-4}$ (Stahlanteil berücksichtigt)
$b_{eff} = 1{,}2$ m

Rissmoment: $M_{cr} = \sigma_{cr}\, W_{oben} = f_{ctm}\, I/z_s^* = 2{,}6 \cdot 0{,}0155/(0{,}70 - 0{,}47) = 0{,}175$ MNm

– *Dehnungen und Krümmung unter M_{cr} unmittelbar vor dem Reißen (Zustand I):*

$$\varepsilon_{sr1} = \frac{M_{cr}}{W_{As1} \cdot E_{cm}} = \frac{M_{cr}}{I \cdot E_{cm}}(z_s^* - d_1) = \frac{0{,}175}{0{,}0155 \cdot 31000}(0{,}23 - 0{,}06) = 0{,}000062 = 0{,}062\ ‰$$

$$\lvert\varepsilon_{cr1}\rvert = \frac{M_{cr}}{W_{c1} \cdot E_{cm}} = \frac{M_{cr}}{I \cdot E_{cm}} z_s = \frac{0{,}175}{0{,}0155 \cdot 31000} 0{,}47 = 0{,}000171 = 0{,}171\ ‰$$

$$k_{I/II} = (1/r)_{I/II} = (\lvert\varepsilon_s\rvert + \lvert\varepsilon_c\rvert)/d = (0{,}062 + 0{,}171)\ 10^{-3}/0{,}64 = 0{,}00036\ \text{m}^{-1}$$

– *Stahldehnung unter M_{cr} unmittelbar nach dem Reißen (Zustand II) im Rissquerschnitt:*

$$\alpha_e = E_s/E_{cm} = 200000/31000 = 6{,}45$$

$$x = \frac{\alpha_e \cdot A_s}{b}\left[-1 + \sqrt{1 + \frac{2 \cdot b \cdot d}{\alpha_e A_s}}\right] = \frac{6{,}45 \cdot 14{,}3 \cdot 10^{-4}}{0{,}3}\left[-1 + \sqrt{1 + \frac{2 \cdot 0{,}3 \cdot 0{,}64}{6{,}45 \cdot 14{,}3} \cdot 10^4}\right] = 0{,}17\ \text{m}$$

$$z = d - x/3 = 0{,}64 - 0{,}17/3 = 0{,}58\ \text{m}$$

$$\sigma_s = M_{cr}/(z \cdot A_s) = 0{,}175/(0{,}58 \cdot 14{,}3\ 10^{-4}) = 211\ \text{N/mm}^2$$

$$\varepsilon_{sr2} = \sigma_s/E_s = 211/200 = 1{,}06\ ‰$$

– *Mitwirken des Betons zwischen den Rissen*

Die Dehnungsdifferenz infolge Mitwirkens des Betons zwischen den Rissen beträgt nach Bild 9.2-3 für dauernde Last:

$$\Delta\varepsilon = \beta_t\,(\varepsilon_{sr2} - \varepsilon_{sr1}) = 0{,}25\ (1{,}06 - 0{,}062) = 0{,}25\ ‰$$

Die gesuchte mittlere Stahldehnung ε_{sym} erhält man zu:

$$\varepsilon_{sym} = \varepsilon_{sy} - \Delta\varepsilon = 2{,}75 - 0{,}25 = \mathbf{2{,}5\ ‰}$$

– *Mittlere Krümmung und mittlere Biegesteifigkeit unter Mitwirkung des Betons zwischen den Rissen*

$(1/r)_{ym} = k_m = (\varepsilon_{sym} + \varepsilon_c)/d = (2,5 + 1,7)\cdot 10^{-3}/0,64 = 0,0066\ m^{-1}$

Auf eine grafische Darstellung wird verzichtet.

$\boldsymbol{EI_m} = B_{II}^* = 0,444/0,0066 = \mathbf{67\ MNm^2}$

5.4 Stütze C

Fließmoment M_{yk} und zugehörige Krümmung

Als letzter Iterationsschritt wird der dargestellte Dehnungszustand gewählt:

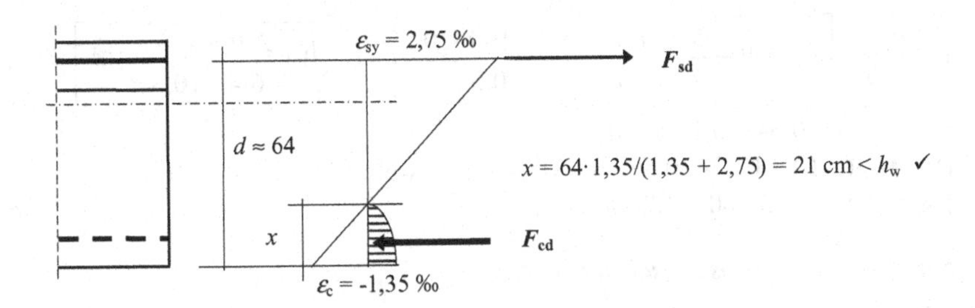

Kennwerte der Biegedruckzone: $\alpha_R \approx 0,52$ $k_a \approx 0,35$ aus Bild 4.4-3 (oben)

Mit den rechnerischen Materialwerten erhält man:

Betondruckkraft	F_{cd}	$= b_w \cdot x \cdot \alpha_R \cdot f_{cR} = 0,30 \cdot 0,21 \cdot 0,52 \cdot 18,1 = 0,593$ MN
Stahlzugkraft	F_{sd}	$= A_s \cdot f_{ym} = 0,00108 \cdot 550 = 0,594\ MN \approx F_{cd}$ ✓
Innerer Hebelarm	z	$= d - k_a\, x = 64 - 0,35 \cdot 21 \approx 56,5$ cm
Fließmoment	M_y	$= F_{cd}\, z = 0,593 \cdot 0,565 = 0,335$ MNm
Krümmung	k_y	$= (\lvert\varepsilon_{sy}\rvert + \lvert\varepsilon_c\rvert)/d = (2,75 + 1,35)10^{-3}/0,64 = 0,0064\ m^{-1}$

– *Rissmoment M_{cr} und zugehörige Stahldehnung ε_{sr1}*

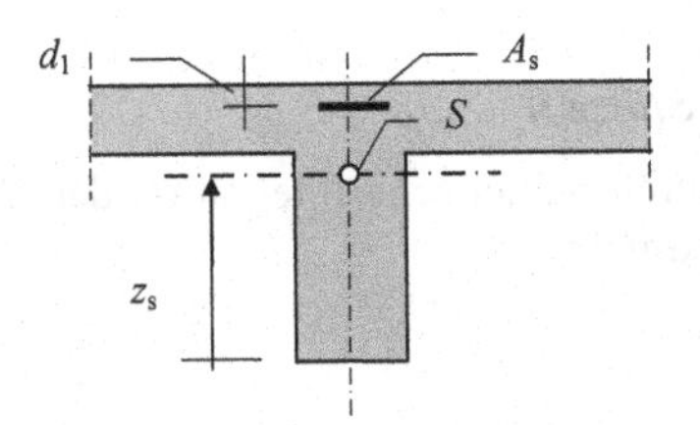

Trägheitsmoment im Zustand I (unmittelbar vor dem Reißen):

$z_s = 0,47$ m $I_c = 0,0154\ m^{-4}$ (Stahlanteil berücksichtigt)

$b_{eff} = 1,2$ m

Rissmoment: $M_{cr} = \sigma_{cr} \cdot W_{oben} = f_{ctm} \cdot I/z_s^* = 2,6 \cdot 0,0154/(0,70 - 0,47) = 0,174$ MNm

– *Dehnungen und Krümmung unter M_{cr} unmittelbar vor dem Reißen (Zustand I):*

$$\varepsilon_{sr1} = \frac{M_{cr}}{W_{As1} \cdot E_{cm}} = \frac{M_{cr}}{I \cdot E_{cm}}(z_s^* - d_1) = \frac{0,174}{0,0154 \cdot 31000}(0,23 - 0,06) = 0,000062 = 0,062 ‰$$

$$\varepsilon_{cr1} = \frac{M_{cr}}{W_{c1} \cdot E_{cm}} = \frac{M_{cr}}{I \cdot E_{cm}} z_s = \frac{0,174}{0,0154 \cdot 31000} 0,47 = 0,000171 ‰$$

$k_{I/II} = (1/r)_{I/II} = (|\varepsilon_s| + |\varepsilon_c|)/d = (0,062 + 0,171)\ 10^{-3}/0,64 = 0,00036\ m^{-1}$

(Einfluss der geringeren Bewehrung gegenüber Stütze B unbedeutend).

– *Stahldehnung unter M_{cr} unmittelbar nach dem Reißen (Zustand II) im Rissquerschnitt:*

$\alpha_e = E_s/E_{cm} = 200000/31000 = 6,45$

$$x = \frac{\alpha_e \cdot A_s}{b}\left[-1 + \sqrt{1 + \frac{2 \cdot b \cdot d}{\alpha_e A_s}}\right] = \frac{6,45 \cdot 10,8 \cdot 10^{-4}}{0,3}\left[-1 + \sqrt{1 + \frac{2 \cdot 0,3 \cdot 0,64}{6,45 \cdot 10,8} \cdot 10^4}\right] = 0,15\ m$$

$z = d - x/3 = 0,64 - 0,15/3 = 0,59\ m$

$\sigma_s = M_{cr}/(z \cdot A_s) = 0,174/(0,59 \cdot 10,8 \cdot 10^{-4}) = 273\ N/mm^2$

$\varepsilon_{sr2} = \sigma_s/E_s = 273/200 = 1,36 ‰$

– *Mitwirken des Betons zwischen den Rissen:*

Die Dehnungsdifferenz infolge Mitwirkens des Betons zwischen den Rissen beträgt nach Bild 9.2-3 für dauernde Last:

$\Delta\varepsilon = \beta_t\ (\varepsilon_{sr2} - \varepsilon_{sr1}) = 0,25 \cdot (1,36 - 0,062) = 0,32 ‰$

Die gesuchte mittlere Stahldehnung ε_{sym} erhält man zu:

$\boldsymbol{\varepsilon_{sym}} = \varepsilon_{sy} - \Delta\varepsilon = 2,75 - 0,32 = \mathbf{2,43 ‰}$

– *Mittlere Krümmung und mittlere Biegesteifigkeit unter Mitwirkung des Betons zwischen den Rissen (Auf eine grafische Darstellung wird verzichtet):*

$(1/r)_{ym} = k_m = (\varepsilon_{sym} + \varepsilon_c)/d = (2,43 + 1,35)\ 10^{-3}/0,64 = 0,0059\ m^{-1}$

$\boxed{\boldsymbol{EI_m} = B_{II}^* = 0,335/0,0059 = \mathbf{57\ MNm^2}}$

6 Berechnung des Rotationswinkels θ_{erf} an der Stütze B

Die Berechnung des Rotationswinkels erfolgt durch numerische Integration der Gleichung (9.2-6). Integriert über Feld 1 und 2 wird der Ausdruck:

$$\frac{M \cdot M`}{EI_m}$$

Für die Integration werden hier die bekannten Integraltafeln verwendet (z.B. aus [11-6]). Alle erforderlichen Zahlenwerte sind unter Abschnitt *„3 Schnittgrößen"* dieses Beispiels grafisch dargestellt. Der Verlauf des umgelagerten Biegemomentes wird im Feld als Parabel, im Stützbereich näherungsweise als Dreieck angesetzt.

Feld 1	Stütze B, links	Stütze B, rechts
$\frac{0{,}345}{97}(2{,}92+2{,}92)\cdot 0{,}82\frac{1}{3}$	$-\frac{0{,}375}{67}1{,}3(0{,}82+2\cdot 1{,}0)\frac{1}{6}$	$-\frac{0{,}375}{67}1{,}49(0{,}79+2\cdot 1{,}0)\frac{1}{6}$
= 0,005677	= - 0,003420	= - 0,003878

Feld 2	Stütze C, links	Der erforderliche Rotationswinkel ist die Summe der zweiten Zeilen:
$\frac{0{,}229}{64}(2{,}38+2{,}38)(0{,}79+0{,}13)\frac{1}{3}$	$\frac{0{,}220}{57}0{,}95\cdot 0{,}13\frac{1}{6}$	
= 0,005223	= - 0,000079	$\boldsymbol{\theta_{erf}} = 0{,}003523 \approx \mathbf{0{,}0035}$

7 *Ermittlung des aufnehmbaren Rotationswinkels $\theta_{pl,d}$ an der Stütze B und Gegenüberstellung mit θ_{erf}*

Für die in der Biegebemessung ermittelte bezogene Druckzonenhöhe $\xi = x/d = 0{,}28$ kann aus Bild 9.2-5 der Grundwert des aufnehmbaren Rotationswinkels $\theta_{pl,d}$ abgelesen werden:

$$\theta_{pl,d} \approx 0{,}011$$

Dieser muss noch hinsichtlich der Schubschlankheit angepasst werden.

$$k_\lambda = \sqrt{\lambda/3} \quad \text{mit} \quad \lambda = l_0/d = M_{Ed}/(V_{Ed}\cdot d)$$

Die Länge l_0 wird hier direkt dem Verlauf der umgelagerten Biegemomente entnommen (Zeichnung unter Abschnitt *„3 Schnittgrößen“*). Maßgebend ist der kleinere Wert neben Stütze B im Feld 1.

$$\lambda = l_0/d = 1{,}3/0{,}64 = 2{,}03$$

$$k_\lambda = \sqrt{2{,}03/3} = 0{,}82$$

Der aufnehmbare Rotationswinkels $\theta_{pl,d}$ wird somit noch reduziert:

$$\boldsymbol{\theta_{pl,d}} = 0{,}011\cdot 0{,}82 = 0{,}009 > \theta_{erf} = \mathbf{0{,}0035} \quad ✓$$

Weiterhin ist eingehalten:

$$\xi = 0{,}28 \le 0{,}45 \quad \text{für} \quad \le \text{C50/60} \quad ✓$$

Der gewählte Umlagerungsfaktor $\delta = 0{,}81$ kann ohne weiteres aufgenommen werden.

Zum Vergleich wird noch der vereinfachte Nachweis nach Gleichung (9.1-1) geführt:

$\delta_{gewählt} = 0{,}81 < 0{,}64 + 0{,}8\,\xi = 0{,}64 + 0{,}8\cdot 0{,}28 = 0{,}86$ ⚡⚡ C25/30, hochduktiler Stahl

Nach dem vereinfachten Nachweis wäre die gewählte Umlagerung nicht zulässig. Der genauere Nachweis deckt erhebliche Reserven auf. Wegen des enormen Aufwandes ist er jedoch selbst in der hier vorgeführten, stark vereinfachten Form für Handrechnungen ungünstig.

11.5 Kelleraußenwand unter zentrischem Zwang (weiße Wanne)

1 System und Abmessungen

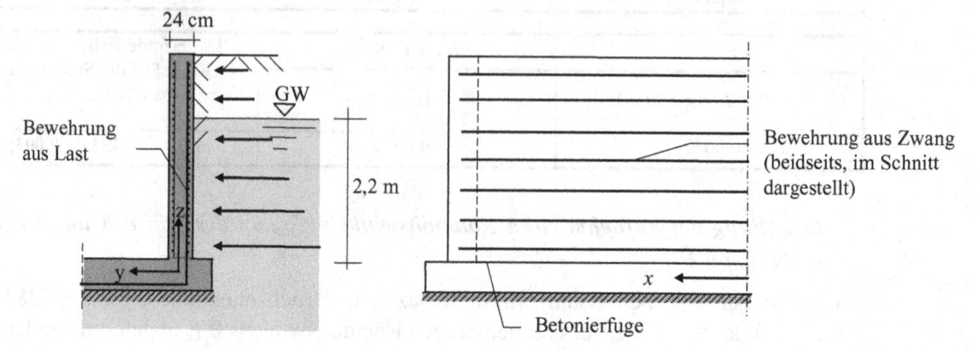

z - Richtung: **vertikale Bewehrung außen** aus Last (Biegung aus Erd- und Wasserdruck). Festlegung von ϕ^* bzw. max s zur Beschränkung der Rissbreiten.

x - Richtung: **horizontale Mindest-Bewehrung** aus Zwang (zentrische Normalkraft).

2 Baustoffe und Bemessungswerte der Baustofffestigkeiten

Gewählt: Beton C25/30 $f_{ck} = 25$ N/mm² $f_{cd} = 0{,}85 \cdot 25/1{,}5 = 14{,}2$ N/mm²
Betonstahl: BSt 500 $f_{yk} = 500$ N/mm² $f_{yd} = 500/1{,}15 = 435$ N/mm²

– *Überprüfen der Betonfestigkeitsklasse C:*

Für das Tragwerk gilt Innen Expositionsklasse XC1 mit „C_{min}" = C16/20 < gew. C25/30 ✓
An der Außenseite gilt Expositionsklasse XC2 mit „C_{min}" = C16/20 < gew. C25/30 ✓

3 Zur Ursache der Zwangsspannungen

In diesem Beispiel wird die Bemessung einer klassischen weißen Wanne vorgestellt. In der WU-Richtlinie [10-5] sind auch andere konstruktive Möglichkeiten vorgesehen. In der Wand wirken horizontale Zugspannungen im Beton infolge behinderter Verkürzung der Wand gegenüber der Bodenplatte. Durch diese Spannungen können vertikale Trennrisse entstehen. Außerdem wird die Fuge am Wandende durch vertikale Zugspannungen beansprucht.

Die Zwangsspannungen entstehen hauptsächlich durch das Abfließen der Hydratationswärme aus der Wand und in geringerem Maße bei dünnen Bauteilen aus Schwinddifferenzen zwischen Bodenplatte (geringeres Schwinden) und Wand (stärkeres Schwinden). Sind die maximalen Betonzugspannungen im frühen Betonalter zu erwarten, kann die effektive Zugfestigkeit des Betons nach EC2, 7.3 zu etwa 50% der 28 Tage-Werte angesetzt werden. Dabei muss aber der Beton diesen Anforderungen entsprechend hergestellt werden. Eine solche Vorgabe ist schwer einzuhalten, deshalb sollte die Zugfestigkeit eher höher angesetzt werden. Im Folgenden wird mit 65 % gerechnet.

Es ist typisch für Zwangsspannungen aus behinderter Verformung, dass sie in vielen Bauteilen in Richtungen auftreten, die durch die gleichzeitig wirkenden Lastspannungen nicht oder nur geringfügig beansprucht werden. Insbesondere in wandartigen Bauteilen wirken Zwangs- und Lastspannungen oft in zueinander orthogonalen Richtungen:

- Lastspannungen senkrecht in Spannrichtung.
- Zwangsspannungen horizontal und damit orthogonal zur Spannrichtung.

Bei Begrenzung der Rissbreiten durch Bewehrung ergeben sich oft in Horizontalrichtung wesentlich größere Bewehrungsquerschnitte als aus den Lastspannungen in Spannrichtung.

Bei hohen Wänden nehmen die Zwangsspannungen über die Höhe ab. Risse laufen nicht bis zur Wandkrone durch. Die Mindestbewehrung kann dann über die Höhe gestaffelt werden. Bei niedrigen Wänden (übliche Geschosshöhen) sind die Spannungen über die Höhe nahezu konstant. Risse laufen über die ganze Wandhöhe durch. Im unteren Wandbereich kann die Bewehrung verringert werden.

Im Endbereich der Wand werden die Zugspannungen durch Schubkräfte und vertikale Zugspannungen zwischen Wandfuß und Fundament in dieses eingeleitet. Bild 11.5-1 zeigt die Ursache der Risse und ein Foto einer Wand mit geradezu beispielhaften Zwangsrissen.

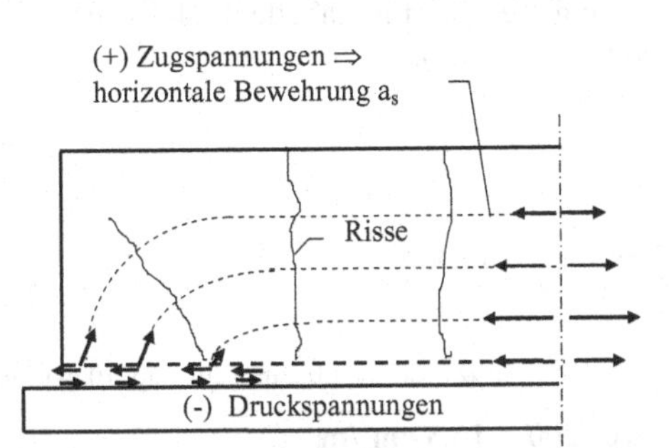

Bild 11.5-1 Zwangsspannungen: Ursache und Auswirkung (Foto aus [11-8], Risse mit Kreide markiert)

Es ist anzustreben, die **Ursachen der Zugspannungen so gering wie möglich** zu halten und damit die Wahrscheinlichkeit des Eintretens und das Ausmaß der Rissbildung zu reduzieren. Dies kann in erster Linie geschehen durch:

- Betontechnologische Maßnahmen: Zemente mit geringer Wärmetönung (z. B. Hochofenzement) und schwindarme Betonmischungen
- Gute Nachbehandlung des Betons: Verzögerung des Austrocknens und des Wärmeabflusses, z.B. Wärmedämmung oder Folienabdeckung

4 Ermittlung der Mindestbewehrung a_s nach Gl. (10.4-1)

Die folgende Berechnung ist unabhängig von der Lagerung des oberen Randes (ob freier Rand wie hier oder oben durch Decke gehalten). Zunächst muss der Rechenwert der Rissbreite in Abhängigkeit von der Expositionsklasse und sonstigen Anforderungen festgelegt werden. Für die maßgebende Außenseite ergibt sich nach Tabelle 10.1-1 der einzuhaltende Rechenwert der Rissbreite w_k = 0,3 mm. Diese Festlegung gilt jedoch nur hinsichtlich des Korrosionsschutzes.

Eine Wanne muss zusätzlich die Funktion „Dichtheit" erfüllen. Dies erfordert eine deutlich strengere Einschränkung der Rissbreite entsprechend WU-Richtlinie [10-5]. Die Wanddicke entspricht dann der Mindestwanddicke h_b = 24 cm für Beanspruchungsklasse 1 (drückendes Wasser). Wegen der im vorliegenden Fall relativ geringen Wasserdruckhöhe von etwa 2,2 m ergibt sich aus der WU-Richtlinie:

$$h_w/h_b = 220/24 = 9{,}2 < 10 \;\Rightarrow\; w_k \le 0{,}2 \text{ mm}$$

Bei größeren Druckhöhen sollte etwa w_k = 0,15 bis 0,10 mm eingehalten werden. Dies geschieht dann über die direkte Berechnung der Rissbreiten mit den Gleichungen nach Abschnitt 7.3.4 des EC2, s. a. [10-5]).

Die Betondeckung muss nach Tabelle 1.2-4 für $\phi < 20$ mm sein:
nom c = min c + Δc = 20 + 15 = 35 mm.

Zur Ermittlung der Mindestbewehrung werden folgende Größen benötigt:

ϕ = 10 mm **gewählt**
A_{ct} = 0,24 m²/m
$f_{ct,eff} \approx 0{,}65 \cdot 2{,}6 \approx 1{,}7$ N/mm² wirksame Zugfestigkeit des Betons **zum Zeitpunkt der Erstrissbildung, diese ist in relativ jungem Betonalter zu erwarten.**
k_c = 1,0 für reinen Zug
k = 0,8 direkter Zwang für h = 24 cm ≤ 30 cm s. Gl. (10.4-1a)
$d_1 = h - d = \text{nom } c + \phi/2 = 35 + 10/2 = 40$ mm
h_t = 120 mm Höhe der Zugzone je Seite

Mit Gleichung 10.4.2 ergibt sich der Eingangswert ϕ_s^* für Tabelle 10.4-1 (Die Anwendung dieser Tab. stellt auch die Rissbreitenbegrenzung sicher):

$$\phi = \phi_s^* \cdot \frac{k_c \cdot k \cdot h_t}{4(h-d)} \cdot \frac{f_{ct,eff}}{f_{ct,0}} \geq \phi_s^* \cdot \frac{f_{ct,eff}}{f_{ct,0}}$$

$$10 = \phi_s^* \cdot \frac{1{,}0 \cdot 0{,}8 \cdot 120}{4 \cdot 40} \cdot \frac{1{,}7}{2{,}9} = \phi_s^* \cdot 0{,}38 \geq \phi_s^* \cdot \frac{1{,}7}{2{,}9} = \boldsymbol{\phi_s^* \cdot 0{,}59} \ \checkmark$$

$\phi_s^* = 10/0{,}59 = 17{,}0$ mm
$\sigma_s = 200$ N/mm² für ϕ_s^* und $w_k = 0{,}2$ mm aus Tab. 10.4-1 interpoliert

$$\boldsymbol{a_s} = k_c \cdot k \cdot f_{ct,eff} \cdot A_{ct} / \sigma_s = 1{,}0 \cdot 0{,}8 \cdot 1{,}7 \cdot 0{,}24 \cdot 10^4 / 200 = \mathbf{16{,}3\ cm^2/m}$$

Diese Bewehrung ist auf beide Wandseiten zu verteilen. Sie wird in den oberen ¾ Wandhöhe zu 100% und im unteren ¼ der Wandhöhe zu etwa 50% eingebaut.

Gewählt:

oben	ϕ = 10 mm	s = 10 cm	a_s = 2 7,85	= **15,7 cm²/m ≈ 16,3** ✓
unten	ϕ = 10 mm	s = 20 cm	a_s = 2 3,92	= **7,9 cm²/m** ✓

Oft können für die vertikale Bewehrung aus Last vorteilhaft R-Matten verwendet werden. Die horizontale Bewehrung kann dann an den Matten (jeweils von außen her) sehr schnell verlegt werden.

Die horizontale Bewehrung muss über die ganze Wandlänge durchgehend (ggf. mit Stößen) verlegt und an den Wandenden um die Ecke herumgeführt werden.

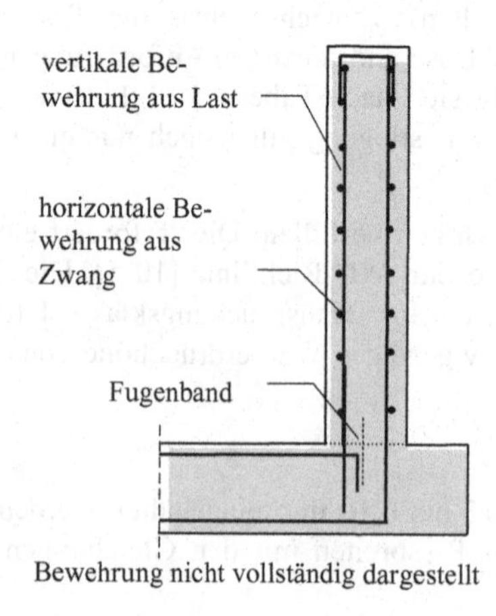

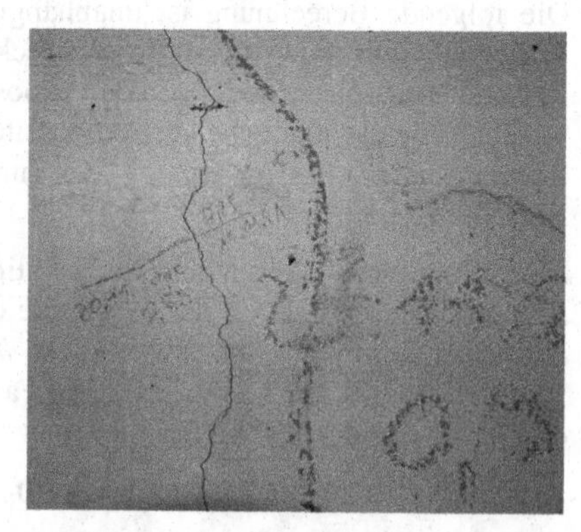

Bild 11.5-2 Zu breiter vertikaler Trennriss in der Seitenwand eines Schwimmbeckens infolge zu geringer horizontaler Bewehrung, [11-9]

Teil B Stabilität von Bauwerken und Bauteilen

12 Räumliche Steifigkeit und Stabilität

12.1 Allgemeines

Im Folgenden wird die für alle Bauweisen bedeutsame Problematik der ausreichenden räumlichen Steifigkeit und Stabilität behandelt. Zuerst werden die wichtigsten, baustoffunabhängigen Konstruktionsprinzipien kurz wiederholt. Danach wird auf die Besonderheiten der Stahlbetonbauweise eingegangen.

Grundsätzlich ist jedes Bauwerk so zu konstruieren, dass es eine ausreichende räumliche Steifigkeit und Stabilität besitzt:

- **Stabilität:** Das Bauwerk ist im statischen Sinne **nicht kinematisch**. Aber: Ein im strengen Sinne stabiles System kann sehr verformungsweich sein. Daraus ergibt sich als ergänzende Forderung:
- **Räumliche Steifigkeit:** Verformungen sollen in tragbarem Rahmen bleiben.

Für die praktische Anwendung kann man zwei Fälle unterscheiden:

- Hohe Steifigkeit: Berechnung nach Theorie I. Ordnung (Einfluss Theorie II. Ordnung unter etwa +10 %)
- Geringere Steifigkeit: Berechnung nach Theorie II. Ordnung.

Beim Entwurf von Tragwerken wird häufig in erster Linie an Vertikallasten gedacht. Wesentlich für die räumliche Steifigkeit und Stabilität ist aber das Vermögen der Struktur, Horizontallasten in den Baugrund abzuleiten. Bei Bestandsbauten sind oft aussteifende Bauteile im Verlauf der Lebensdauer des Bauwerkes entfernt worden. Hier muss der Altbau besonders sorgfältig untersucht werden.

12.2 Stabilität

Stabilität im Sinne der Statik ist unbedingt sicherzustellen. Dabei muss räumlich gedacht werden. Die ebene Statik ist eine Vereinfachung. Es sind mindestens zwei zueinander senkrechte Ebenen zu betrachten.

Stabil in der Ebene sind insbesondere:

- Dreiecksfachwerke
- Biegesteife Rahmen

Dabei ist eine **stabile**, statisch bestimmte oder auch unbestimmte Lagerung vorausgesetzt. Bei räumlichen Systemen ist Stabilität oft nicht einfach feststellbar. Es sind dann genauere Untersuchungen erforderlich.

Beispiele für innerlich stabile Systeme (Scheiben) mit **labiler Lagerung** zeigen die folgenden Skizzen auf Bild 12.2-1:

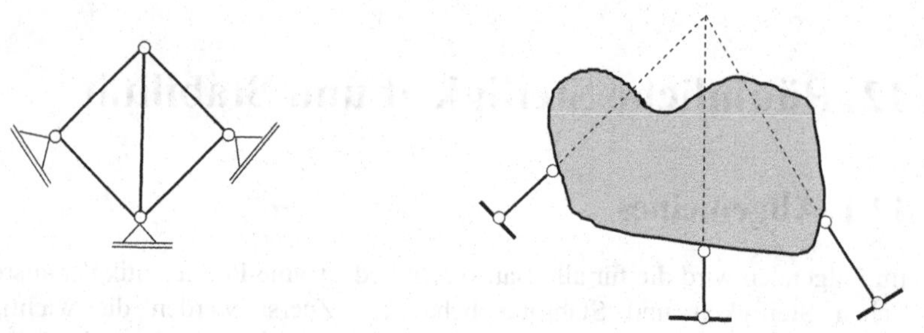

Bild 12.2-1 Scheiben mit labiler Lagerung

Beispiele für stabile ebene Systeme sind auf den Bildern 12.2-2 und 12.2.-3 gezeigt. Die Darstellungen sind [6-5] entnommen. Hierin sind auch ergänzende Ausführungen zu dieser Thematik zu finden.

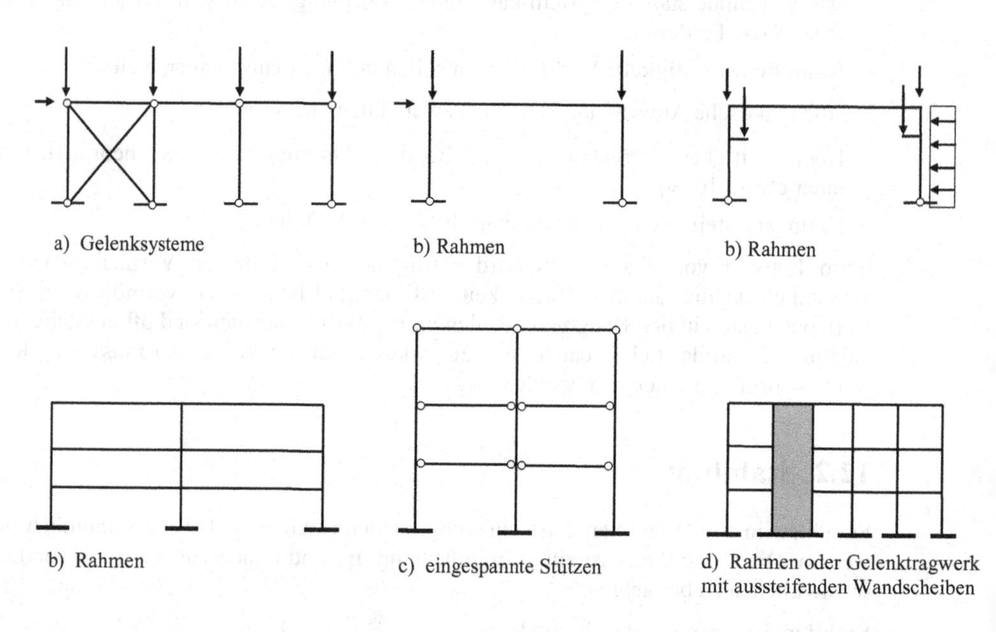

Bild 12.2-2 Einfache ebene stabile Tragsysteme

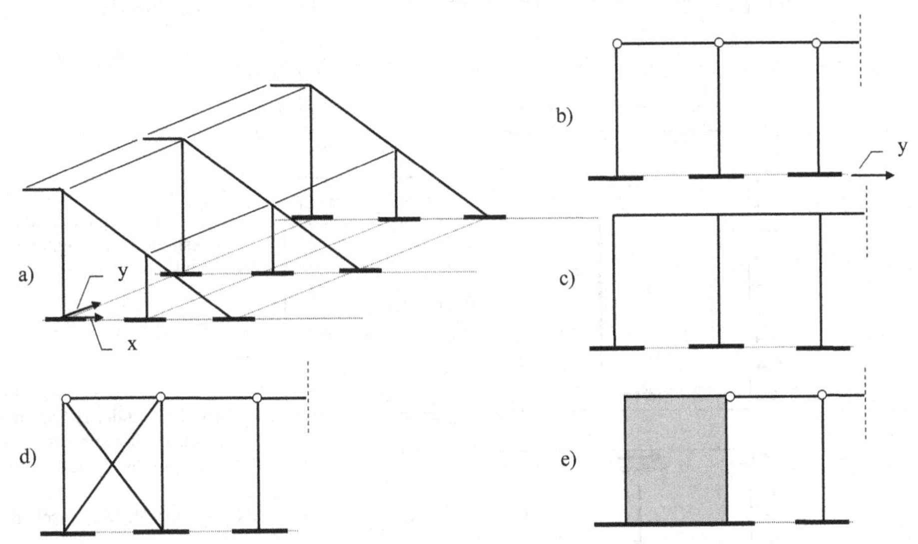

Bild 12.2-3 Tribünenrahmen mit verschiedenen ebenen Aussteifungssystemen in Querrichtung (Achse y)

Stabilität in y- Richtung und damit auch Stabilität des Gesamttragwerkes kann erreicht werden durch:

- eingespannte Stiele (b)
- Rahmenwirkung (c)
- gesondert angeordnete Aussteifungssysteme (z.B. fachwerkartige Verbände, Wandscheiben; d, e)

Die Skizzen auf Bild 12.2-4 zeigen den Übergang zu räumlichen Strukturen am einfachen Beispiel eines eingeschossigen Mauerwerksbaues. Da Wände allgemein (und Mauerwerkswände im Besonderen) kaum in der Lage sind, Biegung senkrecht zur Wandebene aufzunehmen, muss der Abtrag horizontaler Lasten über die Deckenscheibe auf aussteifende Querwände erfolgen. Diese Überlegungen gelten natürlich auch für Skelettbauten, bei denen Stützen statt der Wände den vertikalen Lastabtrag übernehmen.

Man erkennt daraus, dass für den Abtrag horizontaler Lasten in Geschossbauten mit gesonderten Aussteifungssystemen unbedingt das Zusammenspiel folgender Bauteile erforderlich ist:

- **Deckenscheiben** - horizontale aussteifende Bauteile
- **Wandscheiben** - vertikale aussteifende Bauteile

Die Betrachtung muss (wie bereits mehrfach erwähnt) grundsätzlich in zwei zueinander senkrecht stehenden Richtungen durchgeführt werden. Dies verdeutlicht Bild 12.2-5 an einem typischen Gebäudegrundriss. Unterzüge und Stützen als Bauteile des Abtrages der Vertikallasten sind der Übersichtlichkeit wegen nicht eingezeichnet.

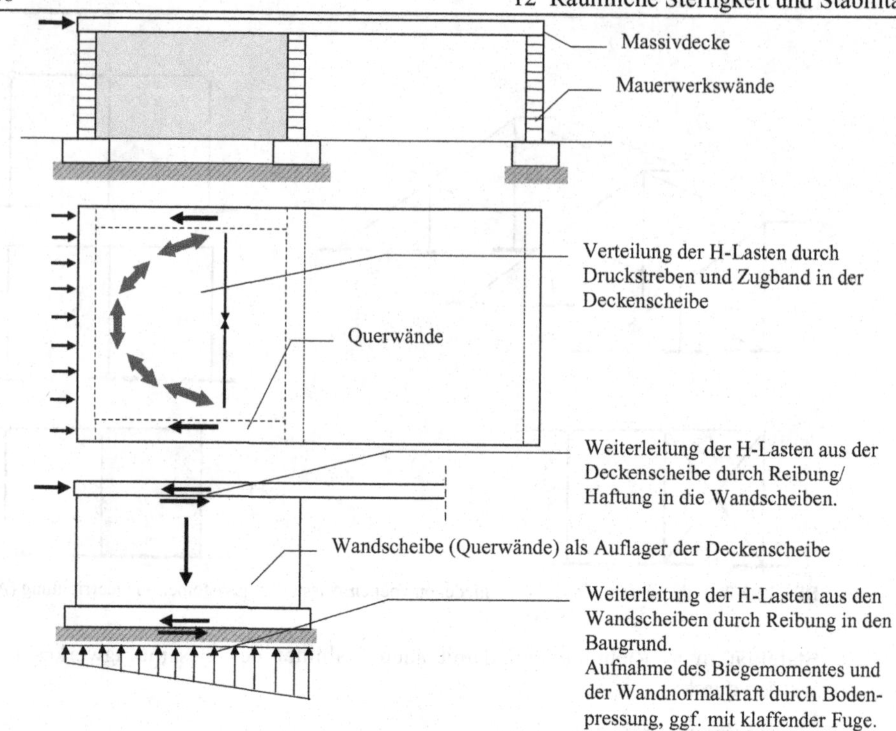

Bild 12.2-4 Abtrag horizontaler Lasten durch Wandscheiben (Beispiel im Mauerwerksbau)

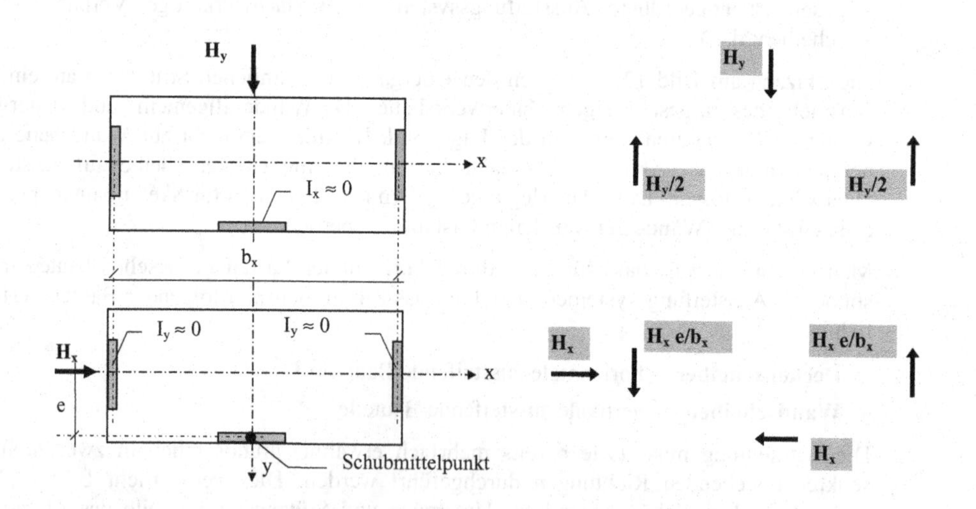

Bild 12.2-5 Abtrag horizontaler Lasten bei rechteckigem Grundriss und unsymmetrischer Anordnung der Wandscheiben (Reaktionskräfte dargestellt), s. a. Abschnitt 12.5

12.3 Steifigkeit

12.3.1 Tragwerke mit gesonderten Aussteifungssystemen:

Zur Beurteilung der Steifigkeit vertikaler aussteifender Bauteile in Geschossbauten aus Stahlbeton dient eine aus der Literatur als **Labilitätszahl α** bekannte Größe, die auch zur Beurteilung von Bauten mit Mauerwerkswänden verwendet werden kann. Sie wird im EC2 in modifizierter Form eingeführt und ist dort ohne Benennung. Das zu beurteilende Problem wird durch Bild 12.3-1 veranschaulicht:

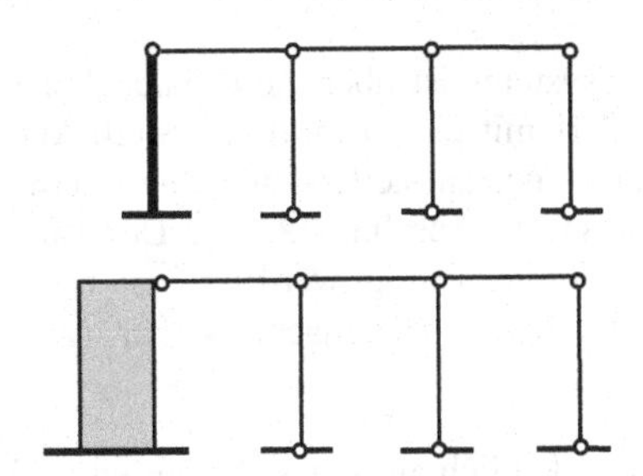

in der Regel verschiebliches System
⇒ Theorie II. Ordnung

was ist das? Verschieblich oder nicht?

Bild 12.3-1 Zur Frage der horizontalen Verschieblichkeit

Für Systeme mit regelmäßigem Grundriss (insbesondere wenn Lastmittelpunkt ≈ Grundrissschwerpunkt ≈ Schubmittelpunkt der vertikalen aussteifenden Bauteile ist) sind nur die horizontalen Translationen maßgebend. In diesen Fällen kann in zwei zueinander senkrechten Tragwerksebenen das vereinfachte Labilitätskriterium berechnet werden:

Sind scheibenartige Aussteifungssysteme wie Wandscheiben und Kerne hinsichtlich Lage und Steifigkeit im Gebäudegrundriss annähernd symmetrisch angeordnet und ist die Verteilung der Vertikallasten über den Grundriss weitgehend gleichmäßig, so kann die räumliche Steifigkeit eines Aussteifungssystems entkoppelt nach Translations- und Verdreh-Freiheitsgraden untersucht werden (bei ausreichenden Translationssteifigkeiten ist häufig auch eine ausreichende Verdrehsteifigkeit gegeben). Dann gilt nach für beide Hauptachsenrichtungen getrennt:

(12.3-1) $$\frac{F_{V,Ed} \cdot L^2}{\sum E_{cd} I_c} \leq K_1 \frac{n_s}{n_s + 1{,}6} \quad \text{bzw.} \quad \frac{1}{L}\sqrt{\frac{\sum E_{cd} I_c}{F_{V,Ed}}} \geq \sqrt{\frac{n_s + 1{,}6}{K_1 \cdot n_s}}$$

Dabei bedeuten:

- $F_{V,Ed}$ Summe aller lotrechten Lasten (mit $\gamma_F = 1{,}0$) des durch die Aussteifung gehaltenen Gebäudes oder Gebäudeteils (z. B. bei Dehnfugen) und des aussteifenden Bauteils
- L Gebäudehöhe über der Einspannebene für die lotrechten aussteifenden Bauteile
- E_{cd} Bemessungswert des E-Moduls des Betons mit $E_{cm}/1{,}2$
- I_c Trägheitsmoment der lotrechten aussteifenden Bauteile im Zustand I
- n_s Anzahl der Geschosse
- K_1 0,31

Bei Erfüllung der Ungleichung darf das Bauwerk als unverschieblich angesehen werden.

Der Faktor K_1 berücksichtigt eine durch Rissbildung um etwa 60% reduzierte Biegesteifigkeit. Wird gezeigt, dass die aussteifenden Bauteile auch im Grenzzustand der Tragfähigkeit ungerissen sind (Betonzugspannung $\leq f_{ctm}$), kann $K_1 = 0{,}62$ gesetzt werden.

Das Kriterium zur Abschätzung der Steifigkeit enthält noch folgende einschränkende Annahmen:

- Starre Deckenscheiben
- Keine Fundamentverdrehung
- Die Vertikallasten aller Geschosse sind näherungsweise gleich. Die Resultierende liegt in der Schwerpunktachse des Grundrisses.
- Die Biegesteifigkeit $E_{cd}\ I_c$ des Aussteifungssystems ist über die Gebäudehöhe konstant. Bei über die Höhe veränderlichem $E_{cd}\ I_c$ darf mit einem mittleren Steifigkeitswert gerechnet werden, der über die Kopfauslenkung der aussteifenden Bauteile ermittelt wird (ein Rechenbeispiel enthält [C-1.2.1], Kapitel 5, Abschnitt 2.6.2). Der Einfluss einer Fundamentverdrehung kann gemäß [C-1.2.2] berücksichtigt werden.
- Schubverformungen der aussteifenden Bauteile sind vernachlässigbar (z. B. Wandscheiben ohne große Öffnungen).

Diese Einteilung ist recht grob und gelegentlich deutlich auf der sicheren Seite. Wurde Zustand I angenommen, ist nachträglich zu überprüfen, ob die aussteifenden Wandscheiben (Stahlbeton oder Mauerwerk) im Zustand I bleiben. Für Mauerwerkwände sollten keine klaffenden Fugen auftreten.

Bei sehr unregelmäßigen Grundrissen müssen ergänzende Untersuchungen zur Erfassung der Rotation um die vertikale Achse durchgeführt werden (vgl. auch Hinweise in [6-5]):

$$\frac{1}{L}\sqrt{\frac{E_{cd} I_w}{\sum_j F_{V,Ed,j} \cdot r_j^2}} + \frac{1}{2{,}28}\sqrt{\frac{G_{cd} I_T}{\sum_j F_{V,Ed,j} \cdot r_j^2}} \geq \sqrt{\frac{n_s + 1{,}6}{K_1 \cdot n_s}} \qquad (12.3\text{-}2)$$

r_j = Abstand der Teilaussteifung j vom Schubmittelpunkt der Gesamtaussteifung

$E_{cm}\ I_\omega$ = Summe der Wölbsteifigkeiten aller durch Deckenscheiben zu gemeinsamer Tragwirkung zusammengefassten vertikalen aussteifenden Bauteile im Zustand I.

$G_{cm}\ I_T$ = Summe der Torsionssteifigkeiten aller vertikalen aussteifenden Bauteile im Zustand I (St. Venant).

Bei der Festlegung der vertikalen aussteifenden Bauteile beschränke man sich auf einige wichtige Wandscheiben und Kerne und lasse sich nicht durch Programme verführen, alle irgendwo vorhandenen Wandstückchen mit einzugeben. Die rechnerische Ansetzung kurzer Scheiben kompliziert die Berechnung unnötig und erschwert die Nachweise bei späteren Umnutzungen unter Umständen erheblich.Die oben angegeben Gleichungen gelten eigentlich nur bei höheren Bauwerken mit schlanken Wandscheiben und Kernen. Nur hier beteiligen sich diese Bauteile im Verhältnis ihrer in Lastrichtung wirksamen Trägheitsmomente an der Aussteifung (Biegesteifigkeit maßgebend).Bei gedrungenen Wandscheiben (z. B. bei ein- und zweigeschossigen Bauwerken) beteiligen sich die Wandscheiben nur etwa im Verhältnis ihrer Grundrisslängen parallel zur Lastrichtung an der Aussteifung (Schubsteifigkeit maßgebend).

12.3.2 Rahmen ohne gesonderte Aussteifungssysteme

Flache Gebäude (z.B. Hallen, Geschossbauten mit höchstens 3 Stockwerken) haben oft keine gesonderten Aussteifungssysteme, sondern tragen Horizontallasten durch die Biegesteifigkeit von Kragstützen oder durch Rahmenwirkung ab.

Solche Rahmen und insbesondere Kragstützen gelten grundsätzlich als verschiebliche Bauteile. Ihre Bemessung kann in der Regel als Einzelbauteil nach den in Abschnitt 13. noch vorzustellenden Bemessungsverfahren erfolgen.

12.4 Lasten auf Aussteifungssysteme infolge von Imperfektionen

12.4.1 Allgemeines

Die Aussteifungssysteme müssen außer für äußere Horizontallasten (Wind, Erddruck, Erdbeben usw.) sowie für Bauwerksschiefstellungen aus ungleichmäßigen Setzungen auch für Horizontallasten aus ungewollten aber unvermeidbaren Imperfektionen untersucht werden. Es ist jeweils die Summe aus planmäßigen horizontalen Lasten und Anteil der Imperfektionen für die Bemessung der vertikalen aussteifenden Bauteile zugrunde zu legen.

Solche Imperfektionen stellen Abweichungen vom Soll-Zustand dar, in erster Linie Schiefstellungen oder Krümmungen von Stützen. Stellvertretend für mannigfache Imperfektionen erlaubt EC2 den Nachweis für eine Schiefstellung der vertikalen Bauteile um die Winkel θ_i. Die Schiefstellungen und die daraus ableitbaren horizontalen Ersatzlasten H_i sind nicht als Ersatz für Wirkungen nach Theorie II. Ordnung anzusehen.

Für die Schiefstellung von Tragwerksteilen (z. B. Stützen innerhalb eines Geschosses) darf vereinfachend angesetzt werden:

(12.4-1) $$\theta_i = \theta_0 \cdot \alpha_m \cdot \alpha_h$$

θ_0 Grundwert des Winkels im Bogenmaß zwischen den schiefstehenden Tragwerksteilen (z. B. Stützen) und der Lotrechten

α_m Abminderungsbeiwert für die Anzahl m der schiefstehenden Tragwerkteile (Stützen)

α_h Abminderungsbeiwert für die Höhe (Gebäude) bzw. Länge (Stütze) l

Allgemein gilt:

$$\theta_0 = 1/200$$

$$\alpha_m = \sqrt{0{,}5 \cdot (1+1/m)}$$

$$\alpha_h = 2/\sqrt{l[\text{m}]} \quad 0 \leq \alpha_h \leq 1{,}0$$

Achtung: Gleichung nicht dimensionsecht!

Der Beiwert α_m berücksichtigt, dass sich bei vielen Stützen die möglichen Schiefstellungen statistisch teilweise gegeneinander aufheben (vgl. Fehlerfortpflanzung nach Gauß). Für Auswirkungen auf Deckenscheiben und Dachscheiben gelten abweichende Formulierungen (s. Abschnitt 12.4.3).

12.4.2 Vertikale aussteifende Bauteile (Wandscheiben, Kerne)

Es ist eine Schiefstellung des gesamten Bauwerkes anzusetzen:

(12.4-3) $\theta_i = \theta_0 \cdot \alpha_m \cdot \alpha_h$

Es sind:

θ_i Winkel im Bogenmaß zwischen der Lotrechten und allen auszusteifenden und aussteifenden lotrechten Bauteilen

l Gebäudehöhe in m über der Einspannebene für die lotrechten aussteifenden Bauteile

Die sich daraus ergebenden horizontalen Ersatzlasten ΔH_i sind auf Bild 12.4-1 abgeleitet.

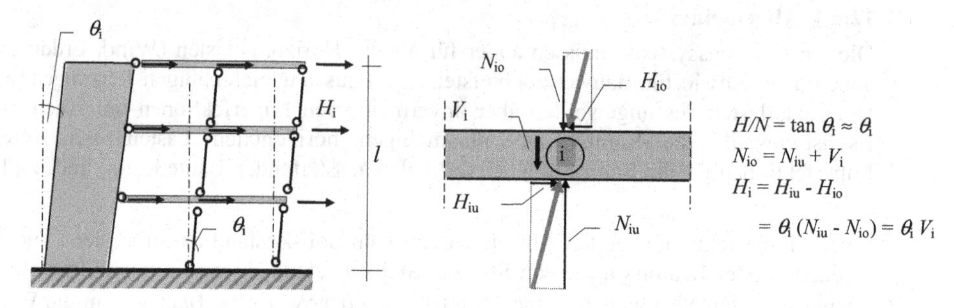

Bild 12.4-1 Lastfall Lotabweichung für die Bemessung vertikaler aussteifender Bauteile

12.4.3 Horizontale aussteifende Bauteile

Die horizontalen aussteifenden Bauteile sind zumeist die Geschossdecken (im Mauerwerksbau gelegentlich auch Ringbalken). Zu den Annahmen der Schiefstellung und den daraus resultierenden Lasten vgl. Bild 12.4-4.

Der geschossweise wechselnd anzusetzende Schiefstellungswinkel beträgt:

(12.4-4) $\theta_i = 0{,}008 / \sqrt{2m}$ für Deckenscheiben

$\theta_i = 0{,}008 / \sqrt{m}$ für Dachscheiben

Die waagerechten aussteifenden Bauteile (Deckenscheiben) sind für die Kräfte, die sich aus der Schiefstellung ergeben, zu bemessen. Ebenso ist die Einleitung der zugehörigen Auflagerkräfte in die lotrechten aussteifenden Bauteile nachzuweisen (lokale Nachweise). Für die globale Bemessung der lotrechten aussteifenden Bauteile ist dieser Nachweis nicht maßgebend. (Im Folgenden entsprechen o = oben dem Index a, und u = unten dem Index b des EC2).

(12.4-5) $H_i = \theta_i/2 \cdot (N_{io} + N_{iu}) = \theta_i/2 \cdot (2 \cdot N_{io} + V_i)$

Darin sind:

N_{io} Längskraft der auszusteifenden Stütze (Wand) i oberhalb der Decke

N_{iu} Längskraft der Stütze (Wand) i unterhalb der Decke

V_i Deckenauflagerkraft an der Stütze i infolge g+q

Aus der Schiefstellung ergeben sich je Geschoss unterschiedliche Horizontallasten H_i. Sie nehmen mit der Gebäudehöhe ab und sind den planmäßigen Horizontallasten (z. B. Windlasten W_d) zu überlagern. Da die Windlasten mit der Höhe zunehmen, müssen gelegentlich mehrere Geschosse untersucht werden, um die ungünstigste Belastung zu ermitteln.

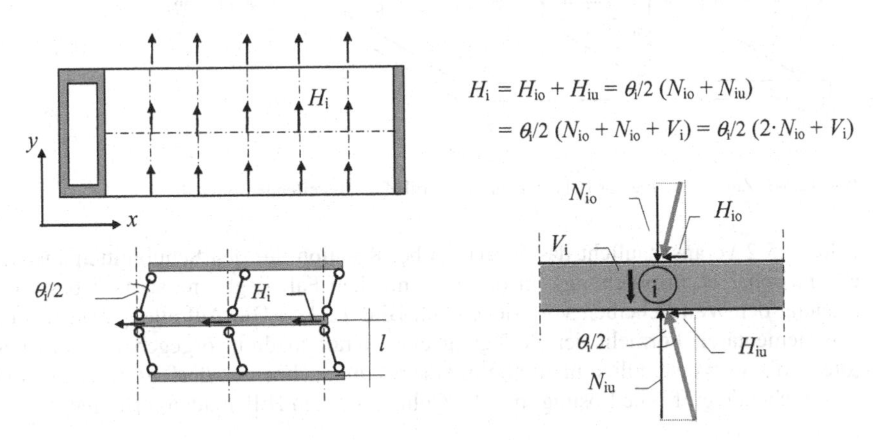

Bild 12.4-2 Lastfall Lotabweichung für die Bemessung horizontaler aussteifender Bauteile

12.5 Verteilung der H-Lasten auf vertikale aussteifende Bauteile

Es sind folgende Fälle zu unterscheiden:

- **Statisch bestimmte Anordnung** der vertikalen aussteifenden Bauteile im Grundriss: Die Aufteilung der Lasten ist ohne Probleme möglich.
- **Statisch unbestimmte Anordnung** im Grundriss: Die Aufteilung ist von der horizontalen Steifigkeit der vertikalen aussteifenden Bauteile abhängig. Nimmt man näherungsweise an, dass die Deckenscheiben starr sind, so können sie nur eine Translation und ggf. eine Rotation in ihrer Ebene ausführen.

Bild 12.5-1 zeigt ein mittig belastetes, symmetrisches Aussteifungssystem. (Das System ist vereinfacht nur eingeschossig und die Aussteifung nur in einer Richtung dargestellt). Die folgende Gleichung gilt jedoch nur bei mehrgeschossigen, schlanken Wandscheiben. Bei sehr gedrungenen Wandscheiben (z.B. breite, eingeschossige Wände) müssen auch die Schubverformungen (Einfluss von $G_{cm} \cdot A_{c,i}$) erfasst werden, wobei letztere oft überwiegen.

$$H_i = H \cdot \frac{E_{cm} I_{c,i}}{\sum_{i=1}^{n} E_{cm} I_{c,i}} \qquad (12.5\text{-}1)$$

Bei gleichem EI und ggf. $G_{cm} \cdot A_{c,i}$ der Wandscheiben erhält man die einfache Lösung:

$$H_1 = H_2 = H_3 = H/3 = \text{const}$$

Dieses Ergebnis entspricht **nicht** der Lösung des Durchlaufträgers (dort: weicher Überbau auf starrer Stützung, hier: starrer Überbau auf nachgiebiger Stützung).

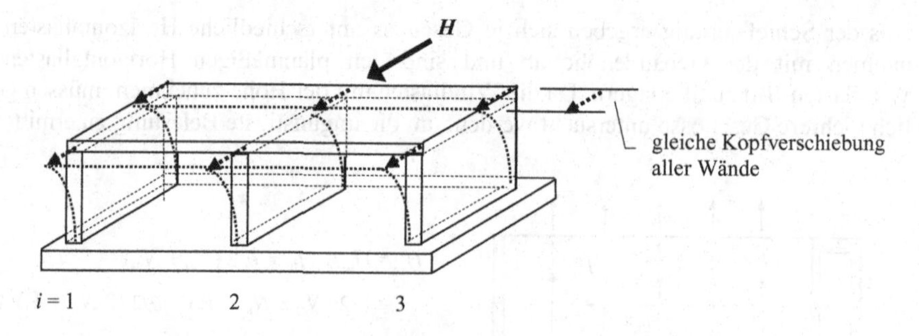

Bild 12.5-1 Zur Verteilung der H-Lasten auf die vertikalen aussteifenden Bauteile

Bild 12.5-2 veranschaulicht das Verhalten bei Rotation um den Schubmittelpunkt (z.B. bei exzentrischer Beanspruchung). In diesem einfachen Fall liegt eine statisch bestimmte Anordnung der Wandscheiben vor (siehe auch Bild 12.2-5) Die Aufteilung von H kann nach den elementaren Formeln der Zerlegung einer Kraft in drei vorgegebene Kraftrichtungen (die sich selbstverständlich nicht alle in einem Punkt schneiden dürfen) oder auch durch die entsprechende grafische Lösung (mit der Culmann`schen Hilfsgraden) erfolgen.

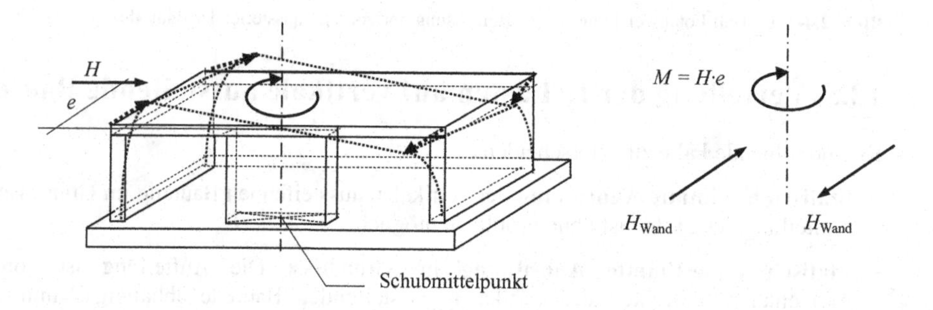

Bild 12.5-2 Belastung der Wandscheiben bei Rotation

Das folgende Bild 12.5.-3 soll die Wirkungsweise der Aussteifungssysteme und die Lastaufteilung nochmals verdeutlichen.

Beim Entwurf von Aussteifungssystemen ist zu beachten, dass die vertikalen aussteifenden Bauteile die durch die H-Lasten entstehenden Biegemomente nur bei ausreichender vertikaler Auflast in den Baugrund ableiten können. Bei in den Außenwänden liegenden Wandscheiben ist dies wegen der nur einseitigen (und damit geringen) Auflasten aus den Geschossdecken gelegentlich problematisch. Dann müssen die aussteifenden Bauteile in das Innere des Grundrisses verschoben werden.

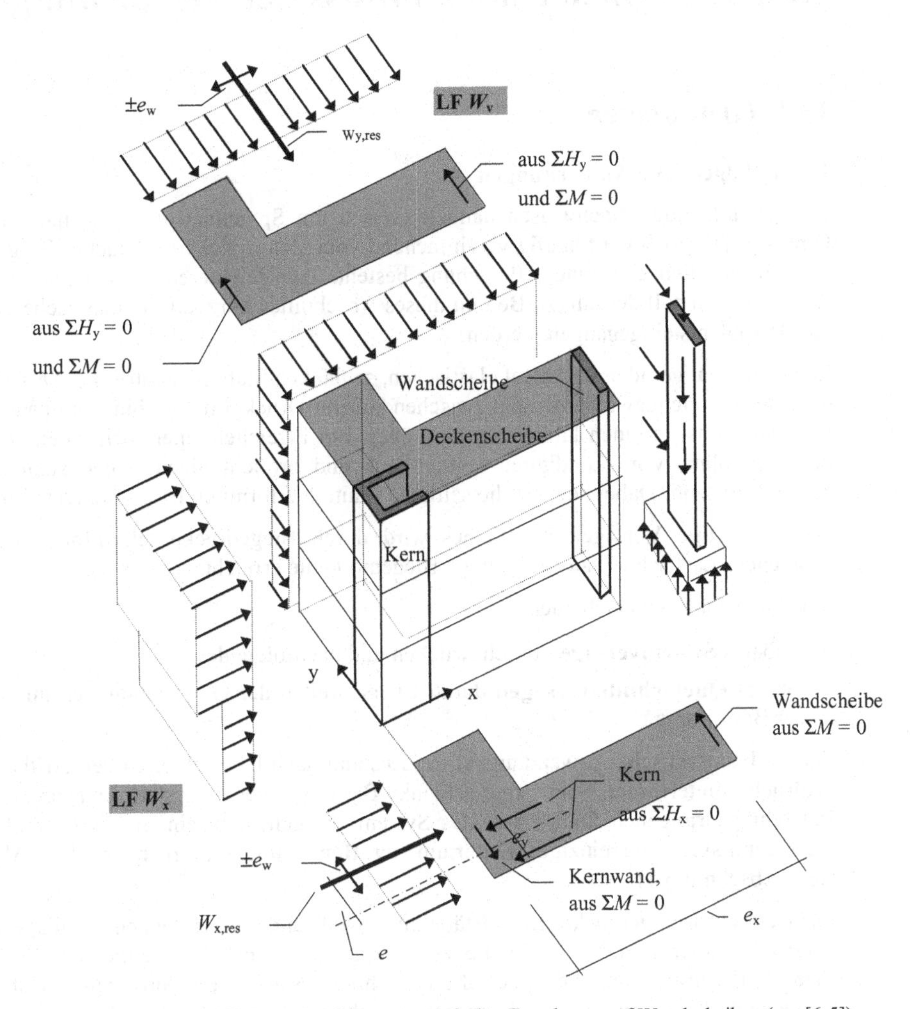

Bild 12.5-3 Lastabtrag von H-Lasten und deren vereinfachte Zuordnung auf Wandscheiben (aus [6-5])

13 Druckglieder mit Einfluss der Verformungen

13.1 Grundlagen

13.1.1 Allgemeine Anmerkungen

Bei den folgenden Nachweisen handelt es sich um Spannungsprobleme nach Theorie II. Ordnung. Dennoch wird häufig vereinfachend vom „Knicksicherheitsnachweis“ gesprochen, zu dem natürlich eine innere Beziehung besteht. Zum leichteren Verständnis der weiteren Ausführungen soll deshalb zu Beginn dieses Abschnittes kurz auf die klassische Lösung des Knickproblems eingegangen werden.

In einem ideal geraden und ideal elastischen, schlanken Stab mit zentrischer Druckkraft geht der stabile Gleichgewichtszustand zwischen äußerer Druckkraft und inneren Spannungen mit steigender Last in einen labilen Zustand über. Bei Erreichen einer „kritischen“ Last knickt der Stab ohne Vorankündigung seitlich aus und erreicht einen neuen stabilen Gleichgewichtszustand. Dabei bewirkt die seitliche Bauteilverformung Biegemomente im Stab.

Das endgültige Versagen des Stabes wird durch Biegedruckbruch infolge der mit zunehmender Last schnell anwachsenden Biegemomente erreicht.

Man kann somit unterscheiden:

- globales **Systemversagen** durch Knicken und nachfolgendes,
- lokales **Querschnittsversagen** durch Überschreiten der Grenzdehnungen im Beton oder der Bewehrung.

Für die baupraktische Anwendung ist der Zustand nach Überschreiten der „kritischen“ Last natürlich uninteressant. Somit sind schlanke Bauwerke gegen Systemversagen abzusichern. Bei sehr gedrungenen Stäben tritt das Systemversagen nicht ein. In diesen Fällen ist das Querschnittsversagen einziges Kriterium der Bemessung (zur rechnerischen Abgrenzung siehe Abschnitt 5.1).

Für vier zentrisch gedrückte Einzelstäbe mit jeweils anderen, einfachen Randlagerungen hat bereits L. Euler (1707 - 1783) die zugehörige „kritische“ Last errechnet (Bild 13.1-1). Ersetzt man in den vier Lösungen die tatsächliche Stablänge l durch eine Ersatzstablänge (sogenannte Knicklänge) l_0, so kann zur Berechnung der „kritischen“ Last F_k eine einheitliche Gleichung für alle vier „Eulerfälle“ angegeben werden:

(13.1-1) $$F_k = \frac{EI\pi^2}{l_0^2}$$ mit $l_0 = \beta \cdot l$ und l = reale Stützenlänge

Diese Vorgehensweise kann in vielen Fällen auf die Berechnung ganzer Stabwerke übertragen werden. Sie werden in einzelne Ersatzstäbe zerlegt. Die Auswirkung des Gesamtsystems auf die einzelnen Stäbe wird durch den Beiwert β repräsentiert. Diese Beiwerte werden vereinfachend aus dem idealen, elastischen Knickverhalten des Gesamtsystems ermittelt.

Es sei schon hier darauf hingewiesen, dass vollkommen „starre“ Einspannungen eine Fiktion sind. Die hier abgebildeten „Eulerfälle“ (abgesehen vom Gelenkstab) sind deshalb in der Regel nicht direkt auf praktische Fälle übertragbar (vgl. Anmerkungen in Abschnitt 13.2.6).

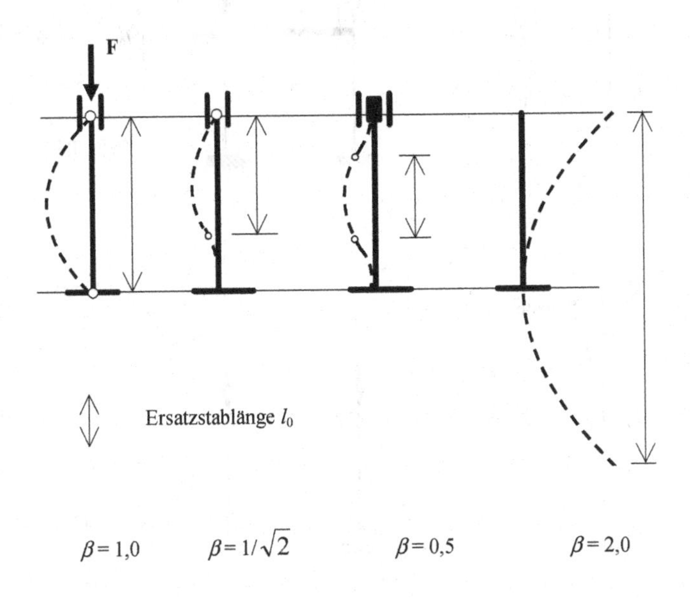

Bild 13.1-1 Grundfälle des Knickens - Eulerfälle, theoretische Ersatzstablänge $l_0 = \beta\, l$

Die prinzipielle Ermittlung von β - Beiwerten und ihre Bedeutung erläutert Bild 13.1-2 am Fall des einfeldrigen Zweigelenkrahmens und des einfeldrigen, eingespannten Rahmens. Dabei ist es - wie häufig in der Physik - immer hilfreich, Grenzfälle (hier der Riegelsteifigkeit) zu betrachten. Die Beispiele zeigen, dass die Riegelsteifigkeit bei verschieblichen Systemen von großem Einfluss ist. Deshalb muss hier die Biegesteifigkeit reduzierende Einfluss des Zustandes II unbedingt berücksichtigt werden.

Eine gute Vorstellung von der „Knickfigur“ und oft auch eine zahlenmäßige Vorschätzung von β erhält man, wenn die Verformungsfigur eines Tragwerkes unter horizontalen Knotenlasten zumindest näherungsweise ermittelt wird.

Es sei darauf hingewiesen, dass im Abschnitt 8 des EC2, der die Nachweise nach Theorie II. Ordnung behandelt, die Bezeichnung β nicht explizit verwendet wird. Im Abschnitt 12 des EC2 für gering oder nicht bewehrte Betonbauteile wird der Beiwert im zuvor genannten Sinn genannt. Da sich der Gebrauch von β bewährt hat, wird er im Folgenden durchgängig beibehalten.

Ist die **Knicklänge** l_0 bekannt, so können die weiteren Nachweise z.B. am gelenkig gelagerten Einzelstab (Eulerfall 1) erfolgen. Abweichend von diesem weit verbreiteten Vorgehen wird im EC2 die Berechnung stattdessen auf die sogenannte **Modellstütze**, die dem Eulerfall 4 (Kragstütze) entspricht, bezogen.

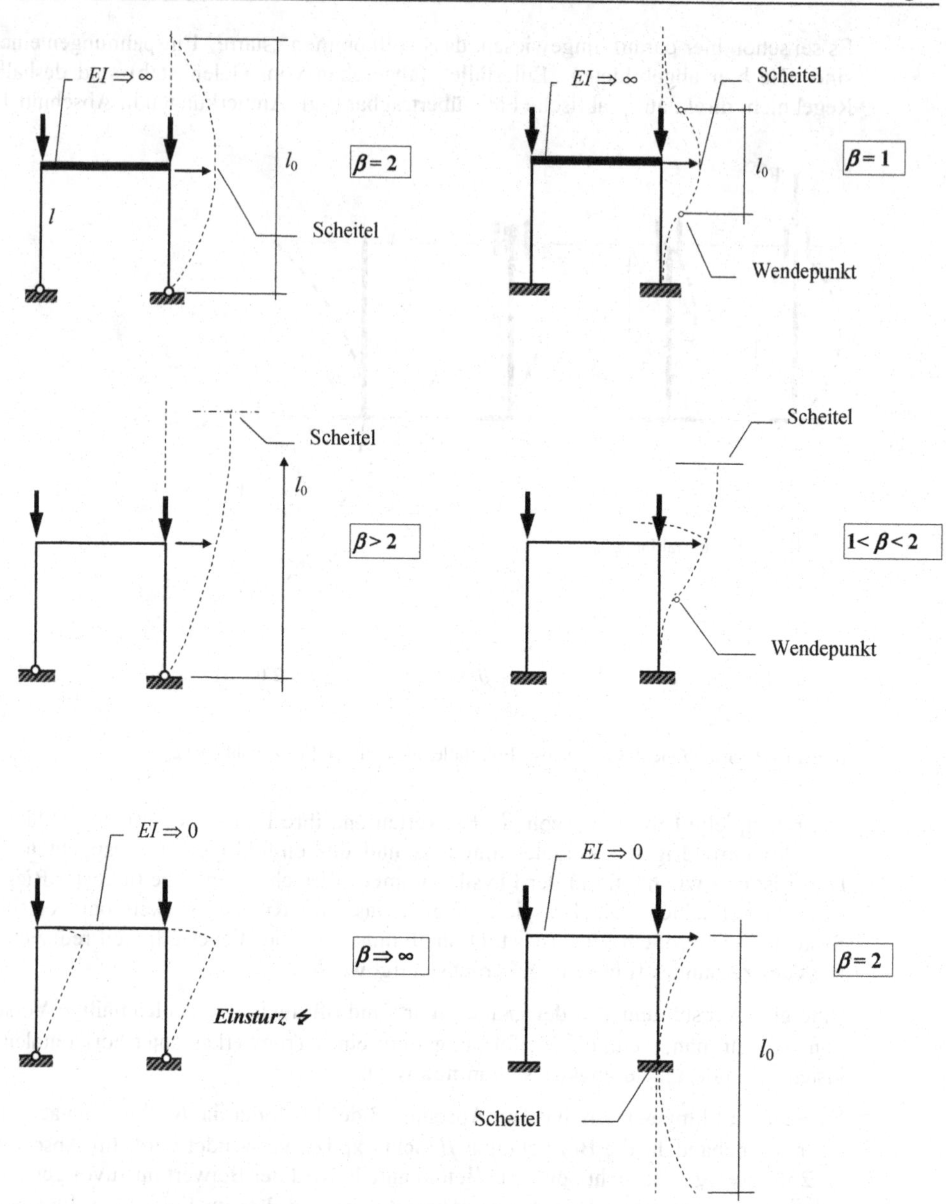

Bild 13.1-2 Zur Bedeutung und Ermittlung von β

13.1.2 Imperfektionen

Bei realen Bauwerken existieren die von Euler angenommenen idealen Voraussetzungen nicht. Es gibt neben planmäßigen Abweichungen - wie einfache und schiefe Biegung aus Last und im Stahlbetonbau zusätzlich die Rissbildung - auch immer (d. h. selbst bei planmäßig mittiger Längsdruckkraft) ungewollte und nur bedingt steuerbare Störungen des idealen Zustandes. Man spricht von **Imperfektionen.**

– idealer Fall:
 - mittig belasteter Stab
 - ideal gerade Stabachse
 - homogener, elastischer Werkstoff

– realer Fall:
 - Imperfektionen der Geometrie
 - Imperfektionen der Belastung
 - inhomogener, nichtelastischer Werkstoff

Imperfektionen der Geometrie (z.B. schiefe oder gekrümmte Stabachse) erzeugen Exzentrizitäten der Normalkraft und damit zusätzliche Biegung.

Imperfektionen der Belastung (z.B. unplanmäßige exzentrische Lasteinleitung) erzeugen ebenfalls zusätzliche Biegung.

Imperfektionen des Werkstoffverhaltens (nichtlineares Verhalten, ungleichmäßige Verteilung von Steifigkeiten im Bauteil) führen ebenfalls zu zusätzlicher Biegung.

Alle Imperfektionen werden einhüllend und vereinfachend durch eine **geometrische Ersatzimperfektion** (sog. unplanmäßige Ausmitte) erfasst. Bei den hier behandelten Nachweisen von Ersatzstützen wird diese in Form einer zusätzlichen Lastausmitte e_i in jeweils ungünstiger Richtung eingeführt. Der Winkel θ_i bezieht sich auf die echte Stützenlänge l. Die damit errechnete Ausmitte berücksichtigt die Auswirkungen und bezieht sich auf die Ersatzstablänge l_0. Mit Gleichung (12.4-1) erhält man für $\alpha_m = 1$:

(13.1-2) $$e_i = \theta_i \cdot l_0/2 = \frac{1}{200} \cdot \frac{2}{\sqrt{l}} \cdot \frac{l_0}{2} = \frac{l_0[\mathrm{m}]}{200 \cdot \sqrt{l[\mathrm{m}]}}$$ Einzeldruckglied bzw. Ersatzstützen

(*Achtung: Auch diese Formel ist wegen des darin enthaltenen Beiwertes α_h nicht dimensionsecht. Man erhält e_i in [m]*). Es wird konservativ angenommen, dass diese Zusatzausmitte über die Ersatzstablänge konstant sei.

13.1.3 Auswirkung planmäßiger Ausmitten auf die Tragsicherheit

Stützen von Rahmensystemen werden nicht nur durch Normalkräfte sondern auch durch Biegemomente beansprucht. Setzt man voraus, dass im Regelfall keine Querlasten innerhalb der Stützenlänge wirken, so verlaufen diese Momente linear über die Stützenlänge. Diese planmäßigen Momente der Stütze wirken sich unterschiedlich auf die Tragfähigkeit aus. Zur Beurteilung ist es ebenfalls nützlich, von der Vorstellung des Knickens Gebrauch zu machen und die Knickfiguren eines beidseits gelenkig gelagerten Stabes zu betrachten.

Je nach Randbedingung und Rahmensystem können die auf Bild 13.1-3 dargestellten Momentenverläufe auftreten. Die Endmomente sind dabei durch die mit der zugehörigen Exzentrizität angreifenden Normalkräfte wiedergegeben. Die Gleichung (13.1-3) ist nicht mehr in den EC2 aufgenommen worden. Als Begründung wird in [1-14] angeführt, dass es wegen der zur Verfügung stehenden Software keinen Aufwand bedeute, solche Fälle nach Theorie II. Ordnung zu rechnen, auch wenn dies eigentlich unnötig ist. Für Handrechnungen ist eine solche Abgrenzung durchaus noch sinnvoll.

Aus der Darstellung lassen sich einige wichtige Erkenntnisse ablesen:

- Es ist einsichtig, dass der Grenzfall des konstanten Verlaufes (Ausmitte $e = M/N$ = const., $e_{01}/e_{02} = 1{,}0$) am ungünstigsten wirkt. Gedachte Knickfigur und Biegelinie aus M sind gleichsinnig und verstärken sich. **M = const. verringert die Tragfähigkeit erheblich.**
- Der Grenzfall der an den Stabenden betragsmäßig gleichgroßen Momente mit entgegengesetztem Vorzeichen ($e_{01}/e_{02} = -1{,}0$) wirkt stabilisierend. Die Biegelinie infolge M entspricht nicht der 1., sondern der 2. Eigenform der Knickfigur, zu der eine deutlich höhere (4-fache) Knicklast gehört. **Derartige Momentenverteilungen wirken günstig.**

Es lässt sich zeigen, dass sich die Einflüsse der Theorie II. Ordnung bei den Stützen **unverschieblich gehaltener Rahmensysteme** in vernachlässigbaren Grenzen halten, wenn die Schlankheit λ der folgenden Gleichung (s.a. Bild 13.1-3) genügt:

(13.1-3) $\lambda \leq \lambda_{crit} = 25 \cdot (2 - e_{01}/e_{02})$

mit e_{01}, e_{02} Lastausmitten an den Stützenenden $|e_{02}| \geq |e_{01}|$

Für diese Stützen braucht der Nachweis des Einflusses der Verformungen auf die Tragfähigkeit nicht geführt zu werden. Die Stützenenden sind jedoch für die Längskraft N_{Ed} und ein Moment von mindestens $|N_{Ed}| \cdot h/20$ zu bemessen.

Für den bei Rahmen häufigen Fall $e_{01}/e_{02} = -0{,}5$ erhält man $\lambda_{crit} = 62{,}5$. Für Pendelstützen erhält man $\lambda_{crit} = 50$. Dies deckt einen großen Bereich der Baupraxis ab.

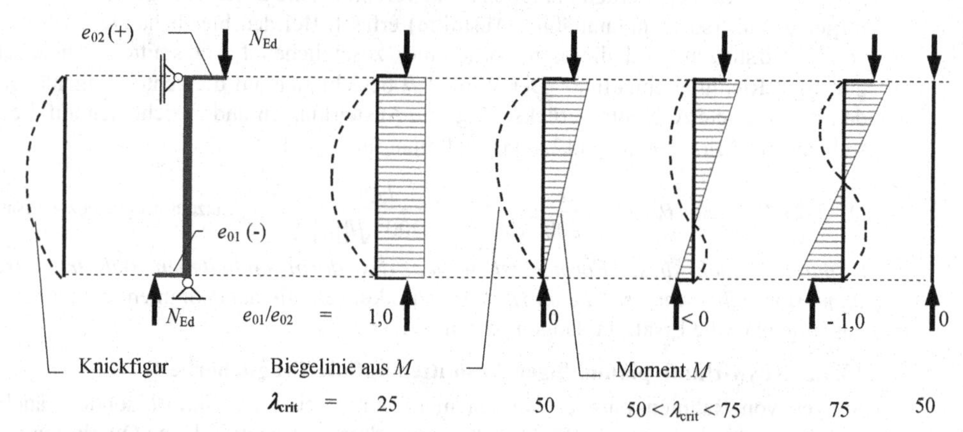

Bild 13.1-3 Momentenverläufe (schraffiert) und Ausmittenverhältnisse an Rahmenstützen

Bei beidseits gelenkig gelagerten Stützen (d. h. ohne konstruktive Einspannung wie sie z. B. im Fertigteilbau vorkommen, sog. Pendelstützen) gilt $\lambda_{crit} = 25$.

Innenstützen in unverschieblichen Rahmen haben in der Regel nur sehr kleine Momente. In diesen Fällen darf vereinfacht wie folgt vorgegangen werden:

Die tatsächlich vorhandene Einspannung wird für den Nachweis als schlankes Druckglied vernachlässigt ($M = 0$), die Stütze also als Pendelstütze angesehen. Die Ersatzstablänge beträgt demnach $l_0 = l$ (also $\beta = 1{,}0$). Die Endeinspannung wird für $M_{Ed} \geq |N_{Ed}| \cdot h/20$ bemessen.

13.2 Hilfsmittel zur Berechnung der Ersatzstablänge $l_0 = \beta l$

13.2.1 Allgemeines

Ersatzstablängen können in einfachen Fällen durch Ermittlung der Verformungsfigur des Gesamttragwerkes unter Horizontallasten abgeschätzt oder zumindest eingegrenzt werden.

Für verschiedene Tragwerksformen existieren in der Fachliteratur umfangreiche Formelsammlungen, Zahlen- und Kurventafeln zur Berechnung von β (z. B. [13-1]). Da die Ermittlung der β-Werte in der Regel unter Annahme elastischen Tragverhaltens erfolgen kann, dürfen alle gängigen Lösungen (z.B. auch aus dem Stahlbau) verwendet werden.

Bei der Ermittlung der β-Werte ist **grundsätzlich zu unterscheiden** zwischen:

- (horizontal) **verschieblichen** Systemen
- (horizontal) **unverschieblichen** Systemen

Verschieblich sind alle Kragstützen, nicht ausgesteifte Rahmen usw. gemäß Labilitätskriterium Gl. (12.3-1).

Unverschieblich sind alle Skelettkonstruktionen und Rahmen, die an ausreichend dimensionierte Aussteifungssysteme (Kern, Wandscheiben) angeschlossen sind (siehe Abschnitt 12.)

Bei **unverschieblichen Systemen** ist immer	$\beta \leq 1,0$
Bei **verschieblichen Systemen** ist immer	$\beta > 1,0$

Besonders bei verschieblichen Rahmen hängt die Steifigkeit und damit die Größe der Verformungen nach Theorie II. Ordnung wesentlich von der Biegesteifigkeit der Riegel ab. Da die Riegel wegen überwiegender Biegung im Gegensatz zu den Stützen deutlich in den Zustand II übergehen, **wird in [9-1] empfohlen, bei der Ermittlung von β grundsätzlich die Riegelsteifigkeit des Zustandes I um 50 % abzumindern.**

13.2.2 Verschiebliche zweistielige Rahmen

- Fall $m = 1$: Beide Stiele gleich belastet. β gilt für beide Stiele: $\beta_1 = \beta$.
- Fall $m < 1$: Der geringer belastete linke Stiel steift den rechten Stiel mit aus. Seine Ersatzlänge wird dadurch größer als bei symmetrischer Belastung: $\beta_{links} = \beta_1 = \beta / \sqrt{m}$
- länge wird dadurch größer als bei symmetrischer Belastung: $\beta_{links} = \beta_1 = \beta / \sqrt{m}$

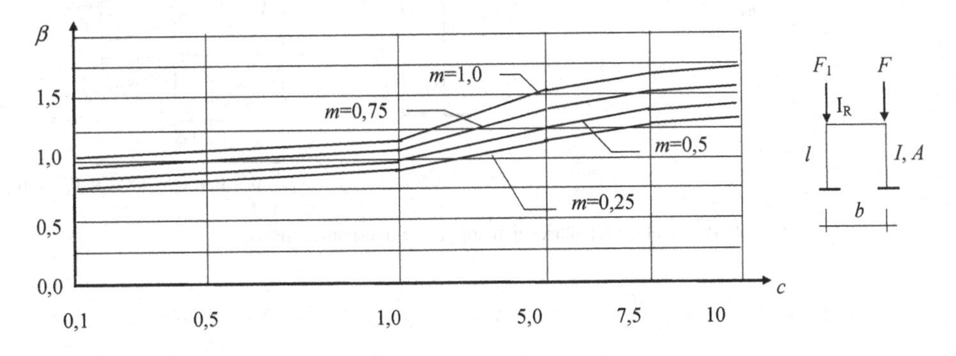

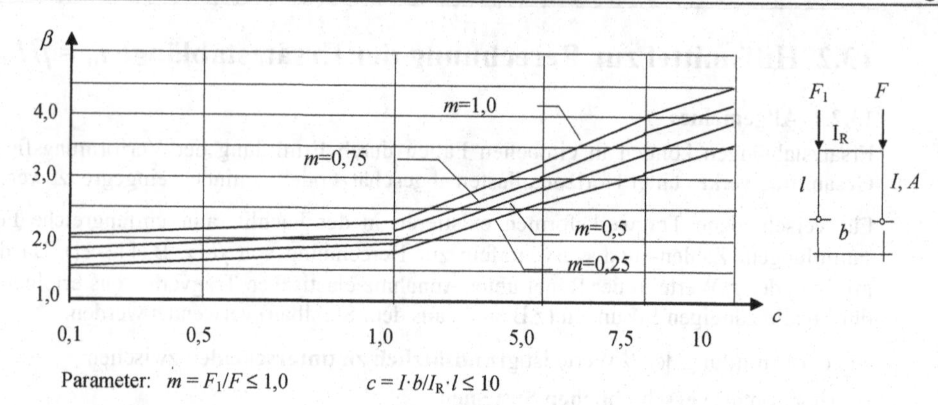

Bild 13.2-1 β-Werte für verschiebliche zweistielige Rahmen

13.2.3 Über Gelenkriegel gekoppelte eingespannte Stützen

Die Festlegung der Bezeichnungen 1 und 2 erfolgt so, dass der Parameter $\rho \leq 1$ wird (der Stiel 2 ist immer die steifere Stütze).

$$\rho = \frac{l_2}{l_1} \cdot \sqrt{\frac{F_2}{F_1} \cdot \frac{EI_1}{EI_2}} \leq 1 \qquad \mu = \frac{F_2}{F_1} \cdot \frac{l_1}{l_2}$$

Es genügt bei unsymmetrischen Verhältnissen (Last und/oder Geometrie) **nicht**, jede Stütze mit β = 2,0 und der zugehörigen Auflast separat zu berechnen. Auch hier gilt, dass die steifere und/oder geringer belastete Stütze die andere Stütze mit aussteift. Dies führt zu einer rechnerischen Vergrößerung der Ersatzstablänge der aussteifenden Stütze.

Die Ablesung erfolgt für den auszusteifenden Stiel 1. Für den aussteifenden, steiferen Stiel 2 erhält man β_2 durch Umrechnung wie in Bild 13.2-2 angegeben.

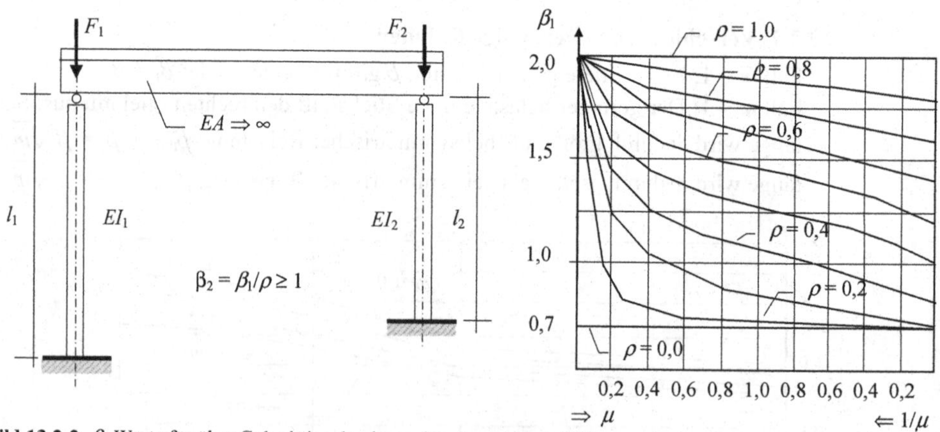

Bild 13.2-2 β- Werte für über Gelenkriegel gekoppelte eingespannte Stützen

Für den Grenzübergang $\rho = 0$ (auszusteifende Kragstütze sehr weich oder aussteifende Kragstütze unbelastet) ist zwar $\beta_1 \approx 0{,}7$ richtig ablesbar, nicht jedoch (wie es seinen müsste) $\beta_2 = 2{,}7$. Für immer vorhandene geringe Werte von EI_1 und/oder F_2 ergibt sich jedoch eine richtige Lösung

13.2.4 Eingespannte Aussteifungsstütze mit gelenkig angekoppelten Pendelstützen

Die eingespannte Stütze muss die auszusteifenden Pendelstützen horizontal halten. Bei einer gedachten Kopfverschiebung des Systems entstehen in den oberen Knoten der Pendelstützen horizontale Umlenkkräfte. Statt einer Bemessung für diese (zunächst unbekannten) Kräfte, erfolgt der Nachweis der Aussteifungsstütze für eine rechnerisch vergrößerte Ersatzlänge mit $\beta > 2{,}0$. Für die auszusteifenden Pendelstützen gilt grundsätzlich $\beta = 1{,}0$.

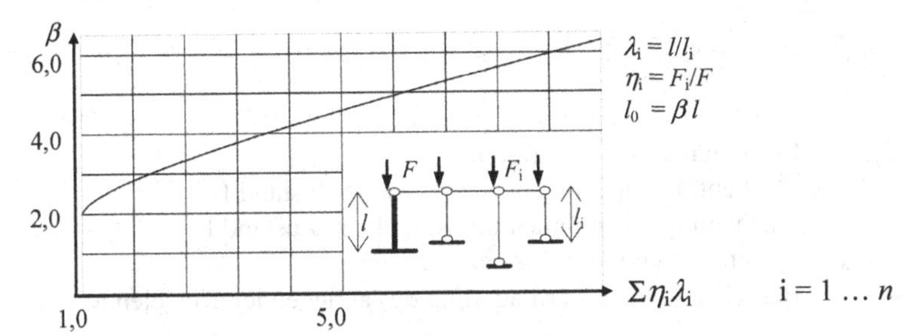

Bild 13.2-3 Eingespannte Aussteifungsstütze mit gelenkig angekoppelten Pendelstützen

Der Grenzfall der unbelasteten Aussteifungsstütze ist nicht eindeutig ablesbar (für $F = 0$ geht $\beta \Rightarrow \infty$). Auch in diesem Falle verhilft das Ansetzen einer kleinen Auflast (z.B. des Stützeneigengewichtes) zu einer eindeutigen und richtigen Lösung.

Bei ausreichend biegesteifer Aussteifungsstütze kann das System als horizontal unverschieblich angesehen werden. Es gilt Gl. (12.3-1). Ein Anwendungsbeispiel ist in [1-13] enthalten.

13.2.5 Eingespannte Aussteifungsstütze mit gelenkig angekoppelten Pendelstützen

Normalerweise sind die am Stützenkopf angreifenden Normalkräfte N_o (aus Geschossdecken, Kranbahnen usw.) deutlich größer als das Stützeneigengewicht. Dieses kann dann näherungsweise und konservativ zur Auflast N_o addiert werden. Für den seltenen Fall von Stützen mit geringer Auflast und erheblicher Eigenlast wäre dieses Vorgehen unwirtschaftlich. Der Beiwert β ist dann nach folgender Gleichung zu ermitteln (Bild 13.2-4).

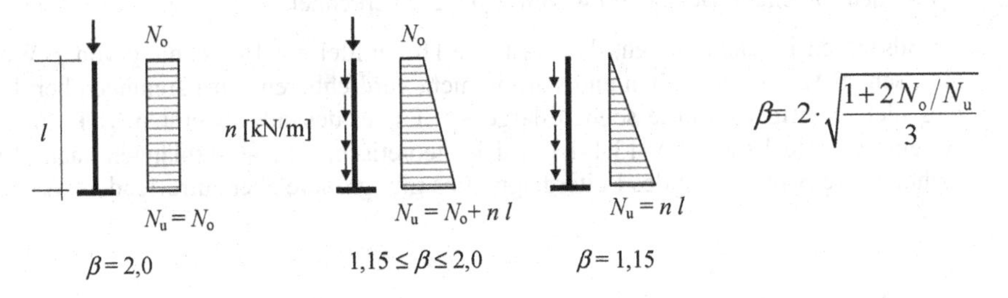

Bild 13.2-4 Stütze mit Auflast N_o und über die Höhe konstanter Eigenlast n

13.2.6 Nomogramm für Stockwerkrahmen („Leiterdiagramm“)

Ein besonders leistungsfähiges Diagramm für Rahmen ist das sogenannte „Leiterdiagramm“ (Bild 13.2-5). Das Diagramm gibt auch bei eingeschossigen und einhüftigen Rahmen zuverlässige Werte. Das Diagramm ist die grafische Darstellung der Gleichungen aus dem EC 2. Das Diagramm besteht aus zwei Nomogrammen:

- linkes Nomogramm für **unverschiebliche** Rahmensysteme **$0{,}5 \leq \beta \leq 1{,}0$**
- rechtes Nomogramm für **verschiebliche** Rahmensysteme **$\beta > 1{,}0$**

Maßgebende Parameter sind die Drehsteifigkeiten k der Randknoten A und B der betrachteten Geschossstütze:

$$k = \frac{\sum \dfrac{E_{cm} \cdot I_{col}}{l_{col}}}{\sum \dfrac{\kappa \cdot E_{cm} \cdot 0{,}5 \cdot I_R}{l_R}} \geq 0{,}1$$

E_{cm} Elastizitätsmodul des Betons
I_{col} Flächenträgheitsmoment der Stütze im Zustand I
I_R Flächenträgheitsmoment des Riegels im Zustand I
l_{col}, l_R Systemlängen von Stütze bzw. Riegel
κ Berücksichtigung der Lagerung des abliegenden Riegelendes:

- elastische oder starre Einspannung 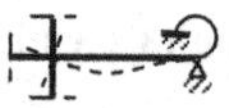 $\kappa = 4{,}0$
- frei drehbare Lagerung 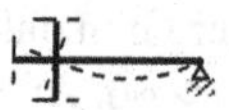 $\kappa = 3{,}0$
- Rahmen mit Gegendrehung des abliegenden Knotens 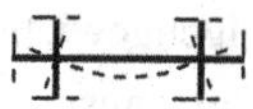 $\kappa = 2{,}0$
- bei verschieblichen Systemen immer $\kappa = 6{,}0$

Einer starren Stützeneinspannung würde $k = 0$ entsprechen. Da es aber praktisch keine starre Einspannung gibt (z.B. wegen Fundamentverdrehung oder Verdrehung an der Einspannung infolge Rissbildung), wird empfohlen, kleinere Werte als $k = 0{,}1$ nicht anzusetzen (schattierter Bereich). Für Kragstützen würde sich damit grundsätzlich $\beta \approx 2{,}2 > 2{,}0$ ergeben; in der Praxis wird jedoch die Erhöhung häufig vernachlässigt. Dies ist insbesondere bei schlanken, hochbelasteten Stützen bedenklich, zumal auch noch eine Fundamentverdrehung infolge Aufnahme des Einspannmomentes durch die Bodenpressung hinzukommt (vgl. [6-5]). In den folgenden Beispielen wird mit $\beta = 2{,}2$ gerechnet.

Grundsätzlich ist anzumerken, dass fast alle Hilfsmittel zur Berechnung von β-Werten auf elastischem Materialverhalten und starren, nicht verdrehbaren Einspannungen beruhen. Dass dies nicht richtig ist wurde soeben dargelegt. Es sei deshalb abgeraten, z. B. für Stützensysteme entsprechend Abb. 13.1-1 mit den theoretischen Ersatzstablängen nach „Euler“ zu rechnen. Die Anwendung des Leiterdiagramms gibt größere aber zutreffendere Werte.

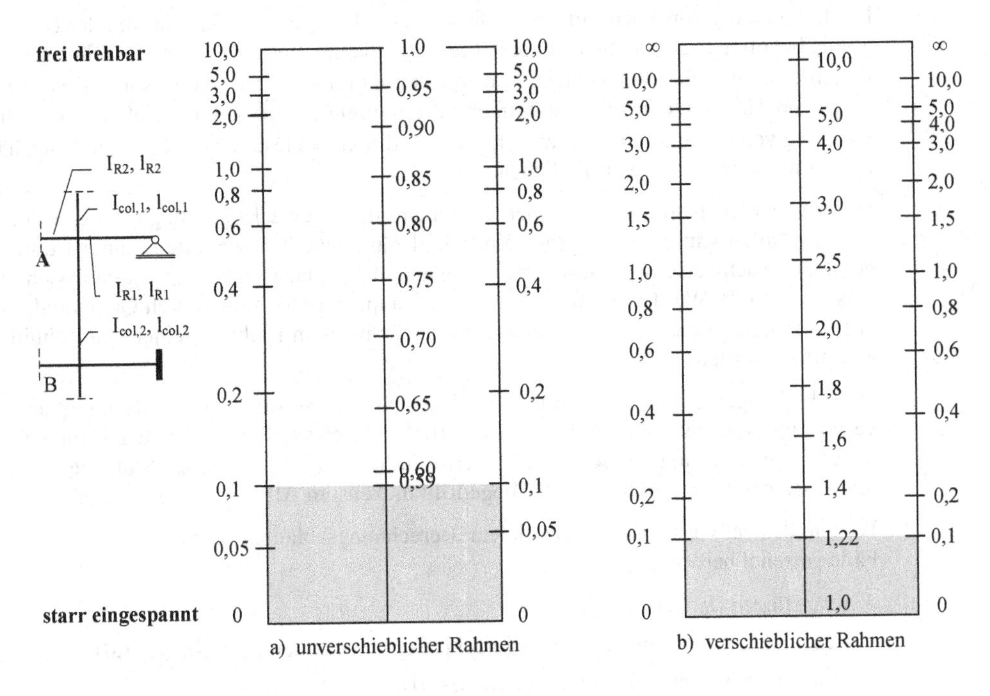

a) $\beta = 0{,}5\{[1 + k_1/(0{,}45 + k_1)] \cdot [1 + k_2/(0{,}45 + k_2)]\}^{1/2}$

b) $\beta = \max\ \{[1 + 10\ k_1 \cdot k_2)/(k_1 + k_2)]^{1/2}\ ;\ [1 + k_1/(1 + k_1)] \cdot [1 + k_2/(1 + k_2)]\}$

Bild 13.2-5 Nomogramm und Formeln zur Ermittlung von β für Stockwerkrahmen

13.3 Tragfähigkeit von in einer Ebene verformbaren Einzelstäben

13.3.1 Allgemeines

Basis aller Berechnungen nach Theorie zweiter Ordnung ist die Ermittlung der Verformungen unter Berücksichtigung der verformungsbedingten Zusatzmomente. Der genaue Nachweis ist aufwendig und in Handrechnungen kaum sinnvoll möglich. Im EC2 ist ein Näherungsverfahren enthalten, das Einzelstützen (wie sie insbesondere im Stahlbetonfertigteilbau auftreten) und auch Stützen aus Rahmentragwerken auf einen Ersatzstab mit entsprechender Ersatzlänge ($\beta \cdot l$) abbildet. EC2 setzt wegen des weitgehend ideellen Charakters der Ersatzstablänge keine Obergrenze für die Schlankheit von Stahlbetonstützen.

Die Ermittlung der Zusatzmomente infolge der Stabverformung erfolgt über eine zusätzliche Ausmitte e_2. Der Nachweis nach Theorie II. Ordnung wird damit auf die **Regel-Querschnittsbemessung** (siehe Abschnitt 5) **mit modifizierten Biegemomenten** zurückgeführt.

Das Näherungsverfahren setzt symmetrische Stützenbewehrung ($A_{s1} = A_{s2}$) und über die Stützenlänge ungestaffelte Bewehrung voraus.

Die Berechnung von Verformungen erfordert grundsätzlich das Vorschätzen der Bewehrung. Somit benötigt auch das hier vorgestellte vereinfachte Verfahren mit Rückführung auf die Regelbemessung das Vorschätzen von ω_{tot} und damit eine iterative Lösung. Das Verfahren ist gut für Handrechnungen und einfache Programme geeignet. Im Anschluss wird die Anwendung von Nomogrammen gezeigt, die eine direkte Ablesung von ω_{tot} ohne Vorschätzung und damit ohne Iteration ermöglichen.

Stützen werden häufig nur in einer Tragebene durch einachsige Biegung beansprucht. In solchen Fällen kann das im allgemeinen Fall räumliche Tragverhalten zumeist durch zwei getrennte Nachweise in Richtung der Querschnittshauptachsen erfasst werden (siehe hierzu Abschnitt 13.7). Werden die Stützen in einer Hauptachsenrichtung durch Querwände seitlich ausgesteift, so braucht grundsätzlich nur ein Nachweis in Richtung einer Querschnittsachse geführt zu werden.

Die Ableitungen dieses Abschnittes beziehen sich auf die Nachweise in Richtung der Biegeverformung („ebenes Knicken"). Ein räumlicher Nachweis ist in der Regel nur bei erheblicher Doppelbiegung (Abschnitt 13.7) erforderlich. Bei den üblichen Stützenquerschnitten im Massivbau treten Probleme des Biegedrillknickens im Allgemeinen nicht auf.

Wegen des teilweise unterschiedlichen Berechnungsablaufes werden im Folgenden drei Fälle getrennt behandelt:

- Kragstützen ($l_0 = \beta l$, $\beta > 2$)
- Pendelstützen und Stützen aus unverschieblichen Rahmen ($l_0 = \beta l$, $\beta \leq 1{,}0$)
- Stützen aus verschieblichen Rahmen ($l_0 = \beta l$, $\beta > 1$)

13.3.2 Kragstützen mit einachsiger Biegung

- **System, Belastung und Schnittgrößen:**

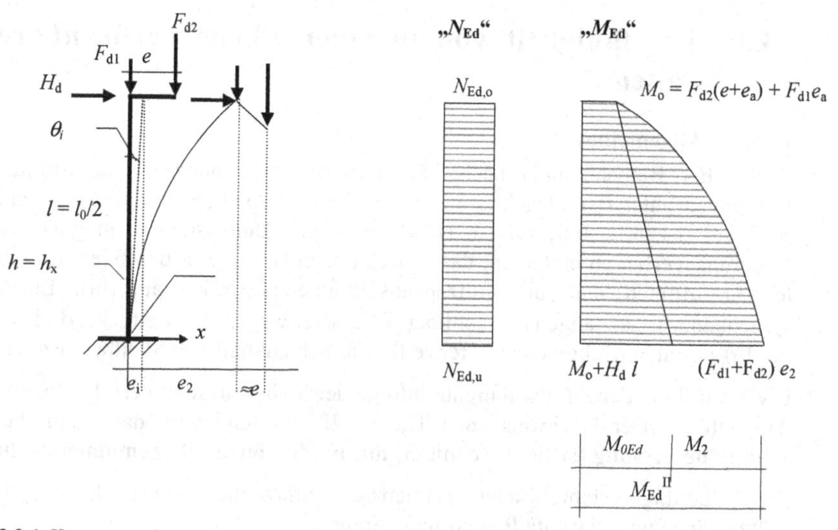

Bild 13.3-1 Kragstütze: System, Belastung, Schnittgrößen für beispielhafte Lasten

In der Normalkraftverteilung sei das Stützeneigengewicht in F_{d1} enthalten. Die dargestellte Momentenverteilung setzt sich aus dem planmäßigen Moment am unverformten System (Theorie I. Ordnung) und dem Zuwachs aus Wirkung der Systemverformung (e_2 nach Theorie II. Ordnung) zusammen. Zum Moment nach Theorie I. Ordnung gehört der Anteil infolge der unplanmäßigen Schiefstellung e_i (Imperfektion). Der bemessungsentscheidende Schnitt ist die Einspannstelle. Treten noch andere momentenerzeugende Lasten auf (z. B. Streckenlasten über die Geschosshöhe), so sind diese ebenfalls in M_{Ed} zu berücksichtigen.

- Planmäßiges Moment aus Last:
- Unplanmäßiges Moment aus Imperfektionen:

$$M_{0Ed} = \begin{cases} M_{Ed} = F_{d2} \cdot e + H_d \cdot l \\ M_{Ed,i} = (F_{d1} + F_{d2})\, e_i \end{cases}$$

- Nennmoment aus Systemverformung: $M_2 = (F_{d1} + F_{d2})\, e_2$

Im Folgenden wird die Wirkung von M_{Ed} durch die planmäßige Ausmitte e_0 ausgedrückt.

- **Ausmitten:**

– Planmäßige Ausmitte an der Einspannstelle

(13.3-1) $$e_0 = M_{Ed} / N_{Ed} = (F_{d2}\, e + H_d\, l_{col})/(F_{d1} + F_{d2})$$

– Unplanmäßige Ausmitte mit Gleichung (13.1-2)

(13.3-2) $$e_i = \theta_i \cdot l_0/2 = \frac{l_0[\mathrm{m}]}{200 \cdot \sqrt{l[\mathrm{m}]}}$$

– Ausmitte aus Systemverformung nach dem Näherungsverfahren „mit Nennkrümmung“ gemäß EC2, Abschnitt 5.8.8 (zu Kriechverformungen siehe Abschnitt 13.4.4.4):

(13.3-3) $$e_2 = K_1 \cdot \frac{l_0^2}{c} \cdot \frac{1}{r}$$

mit K_1 $= \lambda/10 - 2{,}5 \leq 1{,}0$ gilt für $\lambda \geq 25$ (schlanke Druckglieder). Anpassung an unterschiedliche Schlankheiten. Die Gleichung gestattet keinen stetigen Übergang zum Bereich $\lambda \leq 25$

$1/r$ Krümmung des kritischen Querschnittes = Einspannstelle

l_0 $= \beta \cdot l$ (meist $= 2{,}0 \cdot l$) Ersatzstablänge

c abhängig vom Krümmungsverlauf,

Die Krümmung hängt vom Momentenverlauf, dem Ausmaß des Zustandes II, dem Querschnittsverlauf und der Bewehrungsmenge ihrer Anordnung ab. Sie ergibt sich aus dem Gleichgewicht der inneren und äußeren Kräfte unter Designlasten. Diese Ermittlung ist schwierig. Näherungsweise darf sie nach Gleichung (13.3-4) abgeschätzt werden. Dabei darf bei über die Stützenlänge konstantem Querschnitt und Bewehrungsverlauf $c \approx 10$ angesetzt werden. Für abweichende Fälle werden in [1-13] andere Näherungswerte angegeben.

(13.3-4) $1/r = 2\,K_r\,\varepsilon_{yd}/0{,}9\,d = K_r\,\varepsilon_{yd}/0{,}45\,d$

mit $d = d_x$ statische Nutzhöhe in Richtung der Verformung

$\varepsilon_{yd} = f_{yd}/E_s$ Dehnung der Bewehrung an der Streckgrenze

K_r berücksichtigt, dass die Krümmung mit steigender Druckkraft abnimmt. Der Wert nimmt mit größerer Bewehrung zu.

Der Faktor K_r wird aus der einwirkenden Druckkraft N_{Ed} und der Tragfähigkeit des kritischen Querschnittes unter Druckkräften N_{ud} ermittelt.

Hinweis: Im Folgenden wird aus Gründen der Kompatibilität zu den Bemessungsgleichungen für die bezogene Normalkraft statt der Abkürzung des EC2 „n“ weiterhin die Bezeichnung „ ν” benutzt.

(13.3-5) $K_r = (\nu_u - \nu_{Ed})/(\nu_u - \nu_{bal}) \leq 1$

mit $\nu_u = (f_{cd}\,A_c + f_{yd}\,A_s)/(f_{cd}\,A_c)$

Tragfähigkeit des (Brutto-)Querschnittes bei zentrischem Druck (Druck mit positivem Vorzeichen)

ν_{bal} Längsdruckkraft, bei der die Momententragfähigkeit des Querschnittes am Größten ist (bal = balance)

Der sogenannte „balance point“ kann aus den Interaktionsdiagrammen für symmetrische Bewehrung (Bilder 5.2-1 bis 5.2-3) abgelesen werden:

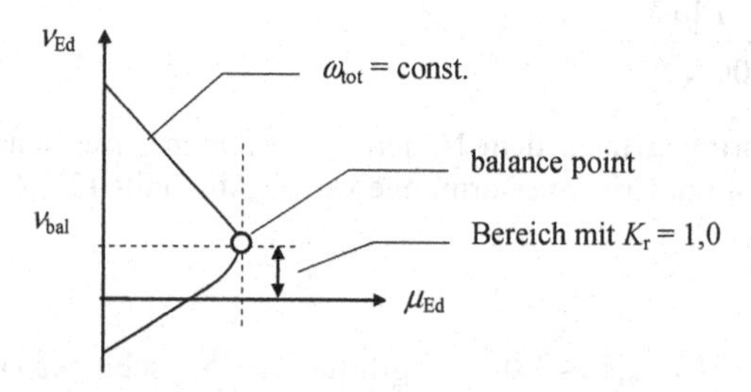

Bild 13.3-2 Zur Definition des „balance points“

Für die Betonfestigkeitsklassen bis C50/60 ergeben sich folgende Werte für ν_{bal}:

Für Bewehrungslagen mit $d_1/h \leq 0{,}15$ ist $\nu_{bal} \approx 0{,}40$

$d_1/h = 0{,}20$ ist $\nu_{bal} \approx 0{,}35$

$d_1/h = 0{,}25$ ist $\nu_{bal} \approx 0{,}15$

Für Betone höherer Festigkeit ergeben sich ebenfalls Werte $\nu_{bal} < 0{,}4$. EC2 lässt aber ohne Differenzierung einheitlich den Wert 0,4 zu:

(13.3-6) $N_{bal} = 0{,}4\,f_{cd}\,A_c$

Im Bereich hoher Längskräfte ($K_r \leq 1{,}0$) ist K_r über die Tragfähigkeit N_u von der noch zu ermittelnden Bewehrungsmenge abhängig. Eine Lösung ist dann nur iterativ möglich. Bei vorgegebener Längsdruckkraft steigt K_r mit zunehmender Bewehrung. Einen Ausgangswert dafür erhält man mit $K_r = 1{,}0$. Diese Annahme ist immer (jedoch oft sehr) konservativ:

Bei großen Längsdruckkräften und geringer Ausmitte ist $K_r << 1{,}0$

Bei kleinen Längsdruckkräften und großer Ausmitte ist $K_r \approx 1{,}0$

Zur bequemeren Handhabung kann man die Bestimmungsgleichung für K_r mit den aus den Interaktionsdiagrammen bekannten Größen umschreiben:

$$K_r = (1 + \omega_{tot} - \nu_{Ed})/(1 - \nu_{bal} + \omega_{tot})$$

(13.3-7) $d_1/h \leq 0{,}15$: $K_r = (1 + \omega_{tot} - \nu_{Ed})/(0{,}60 + \omega_{tot})$ gilt nach EC2 generell

$d_1/h = 0{,}20$: $K_r = (1 + \omega_{tot} - \nu_{Ed})/(0{,}65 + \omega_{tot})$

$d_1/h = 0{,}25$: $K_r = (1 + \omega_{tot} - \nu_{Ed})/(0{,}85 + \omega_{tot})$

Auch hier gilt $K_2 \leq 1{,}0$. Für Druckkräfte ist ν_{Ed} mit positivem Vorzeichen einzusetzen.

- **Bemessungsmoment:**

Das Bemessungsmoment unter Berücksichtigung der Systemverformungen ergibt sich (*Bezeichnung des EC2 durch hochgestelltes Symbol „II" ergänzt, um Verwechslungen mit den Ergebnissen aus der Schnittgrößenermittlung zu vermeiden*) wie folgt:

(13.3-8)
$$M_{Ed}^{II} = M_{0Ed} + M_2 = M_{Ed} + M_{Ed,i} + M_2$$
$$= M_{0Ed} + (F_{d1}+F_{d2})\, e_2$$
$$= (F_{d1}+F_{d2})\cdot(e_0 + e_a + e_2) = (F_{d1}+F_{d2})\, e_{tot} = N_{Ed}\, e_{tot}$$

Wegen der vielen Vereinfachungen ist M_{Ed}^{II} nicht identisch mit dem tatsächlichen Moment nach Theorie II. Ordnung. *Hinweis: Der Einfluss von H ist in e_0 enthalten, s. Gl. (13.3-1).*

Der Nachweis der Tragfähigkeit erfolgt nun als Regelbemessung für die Längsdruckkraft N_{Ed} und das Moment M_{Ed}^{II} mit den Interaktionsdiagrammen. Zur besseren Verdeutlichung wird der Ablauf des Nachweises auf Bild 13.3-3 zusammenfassend dargestellt.

bekannt oder geschätzt:

M_{Ed}, N_{Ed}	aus statischer Berechnung
$b,h,d_1 = d_2$	vorgewählt: Betonquerschnitt, Lage der Bewehrung
f_{ck}	gewählte Betonfestigkeitsklasse
f_{yk}	gewählte Betonstahlsorte
$\omega_{tot,geschätzt} = \frac{A_{s,tot}}{b \cdot h} \cdot \frac{f_{yd}}{f_{cd}}$	Vorwahl von $A_{s,tot} = A_{s1} + A_{s2}$

⇓

Eingangswerte für Nachweis:

l_0	$= \beta\, l$ (oft $\beta = 2{,}2$)	Ersatzstablänge
e_0	Gleichung (13.3-1)	planmäßige Ausmitte
e_i	Gleichung (13.3-2)	unplanmäßige Ausmitte
K_r	Gleichung (13.3-5)	oder (13.3-7)
$1/r$	Gleichung (13.3-4)	Krümmung
e_2	Gleichung (13.3-3)	Zusatzausmitte
M_{Ed}^{II}, N_{Ed}	Gleichung (13.3-8)	Ermittlung der Bemessungsschnittgrößen

⇓

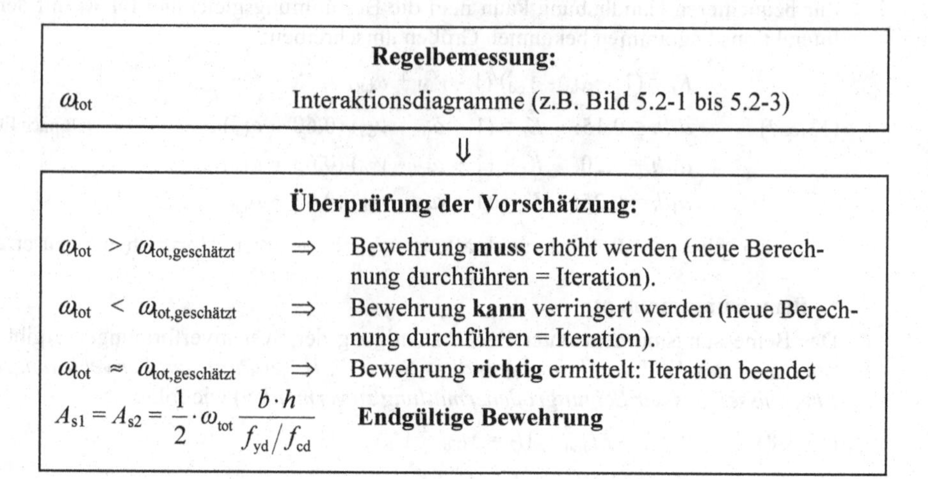

Regelbemessung:
ω_{tot} Interaktionsdiagramme (z.B. Bild 5.2-1 bis 5.2-3)
⇓
Überprüfung der Vorschätzung:
$\omega_{tot} > \omega_{tot,geschätzt}$ ⇒ Bewehrung **muss** erhöht werden (neue Berechnung durchführen = Iteration).
$\omega_{tot} < \omega_{tot,geschätzt}$ ⇒ Bewehrung **kann** verringert werden (neue Berechnung durchführen = Iteration).
$\omega_{tot} \approx \omega_{tot,geschätzt}$ ⇒ Bewehrung **richtig** ermittelt: Iteration beendet
$A_{s1} = A_{s2} = \frac{1}{2} \cdot \omega_{tot} \frac{b \cdot h}{f_{yd}/f_{cd}}$ Endgültige Bewehrung

Bild 13.3-3 Ablauf der Berechnung für eine Kragstütze

13.3.3 Rahmenstütze in unverschieblichem System mit einachsiger Biegung

- **System, Belastung und Schnittgrößen:**

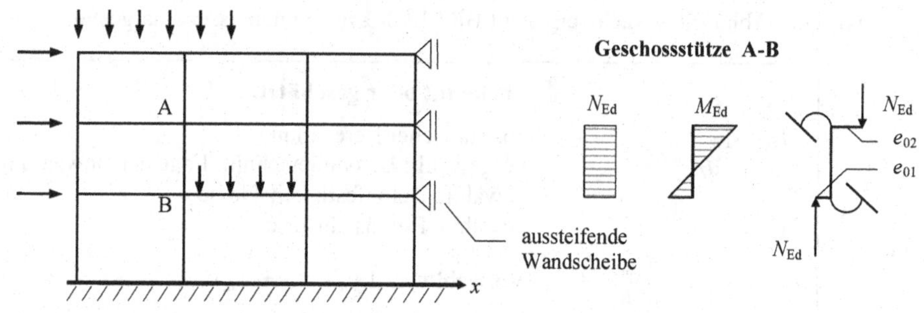

Bild 13.3-4 Unverschiebliche Rahmenstütze: System, Belastung, Schnittgrößen

- **Ermittlung des Ersatzstabes:**

Die Bemessung der Stützen kann an einem Ersatzstab durchgeführt werden. Die Ersatzstablänge wird vorzugsweise mit dem Nomogramm nach Bild 13.2-5 ermittelt. Für **unverschiebliche Systeme** gilt das linke Nomogramm a) mit $\beta \leq 1{,}0$.

Die Stütze habe die auf Bild 13.3-4 dargestellten Schnittgrößen nach Theorie I. Ordnung. Sie ist an ihren Knoten horizontal unverschieblich gehalten. Die jeweils nach oben bzw. nach unten anschließenden Stützen und die anschließenden Riegel stellen eine elastische Dreheinspannung dar. Diese wird durch die k-Werte des Nomogramms erfasst. Die Ersatzstablänge l_0 entspricht dem Abstand der Wendepunkte der in Bild 13.3-5 angedeuteten „Knickfigur".

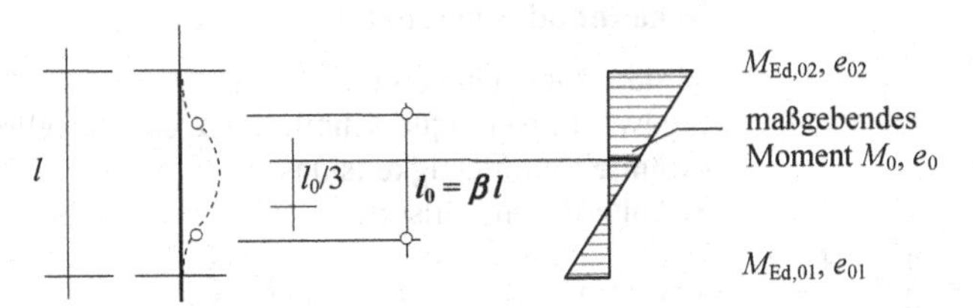

Bild 13.3-5 „Knickfigur" und Ersatzstablänge l_0

- **Ausmitten:**

– Planmäßige Ausmitte

Als maßgebend für den Tragfähigkeitsnachweis wird der im mittleren Drittel der Ersatzstablänge liegende Querschnitt mit dem größten Moment angesehen. Eine genaue Ermittlung der Lage dieses Querschnittes ist schwierig. Deshalb darf die maßgebende Ausmitte infolge der Lastmomente näherungsweise wie folgt angenommen werden:

(13.3-9) $$e_0 = |0{,}6 \cdot e_{02} + 0{,}4 \cdot e_{01}| \geq 0{,}4\,|e_{02}|$$

mit $|e_{02}| \geq |e_{01}|$ Randausmitten e_{02}, e_{01} mit Vorzeichen einsetzen

und $e_{02} = M_{Ed,02}/N_{Ed}$ sowie $e_{01} = M_{Ed,01}/N_{Ed}$

– Unplanmäßige Ausmitte mit Gleichung (13.1-2)

(13.3-10) $$e_i = \theta_i \cdot l = \frac{l_0[\text{m}]}{200 \cdot \sqrt{l[\text{m}]}}$$ entspricht Gleichung (13.3-2)

– Ausmitte aus Systemverformung

Das Vorgehen entspricht dem bei Kragstützen. Es gelten somit die Gleichungen (13.3-2) bis (13.3-6).

- **Bemessungsmoment:**

(13.3-11) $$M_{Ed}^{II} = M_{0,Ed} + N_{Ed} \cdot e_2$$

Es ist **unbedingt zu beachten**, dass der für den Nachweis der Tragfähigkeit unter Berücksichtigung der Systemverformungen maßgebende Schnitt im Inneren der Stützenlänge liegt. M_{Ed}^{II} kann in seltenen Fällen kleiner sein als das größere Randmoment $M_{Ed,02}$. **Dies ist in jedem Falle zu überprüfen**: Für $M^{II} < M_{Ed,02}$ ist $M_{Ed,02}$ bemessungsmaßgebend.

Dieser Sachverhalt wird in der Formulierung des EC2 nicht deutlich, weil dort der Nachweis auf den einer Kragstütze abgebildet wird.

Der Ablauf des Nachweises ist auf Bild 13.3-6 zusammengefasst.

bekannt oder geschätzt:

M_{Ed}, N_{Ed}	aus statischer Berechnung
$b,h,d_1 = d_2$	vorgewählt: Betonquerschnitt, Lage der Bewehrung
f_{ck}	gewählte Betonfestigkeitsklasse
f_{yk}	gewählte Betonstahlsorte
$\omega_{tot,geschätzt} = \dfrac{A_{s,tot}}{b \cdot h} \cdot \dfrac{f_{yd}}{f_{cd}}$	Vorwahl von $A_{s,tot} = A_{s1} + A_{s2}$

⇓

Eingangswerte für Nachweis:

l_0	$= \beta l$	Ersatzstablänge $\beta \leq 1{,}0$
e_0	Gleichung (13.3-9)	maßgebende Ausmitte
e_i	Gleichung (13.3-10)	unplanmäßige Ausmitte
K_r	Gleichung (13.3-5)	oder (13.3-7)
$1/r$	Gleichung (13.3-4)	Krümmung
e_2	Gleichung (13.3-3)	Zusatzausmitte
M_{Ed}^{II} N_{Ed}	Gleichung (13.3-11)	Ermittlung der Bemessungsschnittgrößen

⇓

Regelbemessung:

ω_{tot}	Interaktionsdiagramme (z.B. Bild 5.2-1 bis 5.2-3)

⇓

Überprüfung der Vorschätzung:

$\omega_{tot} > \omega_{tot,geschätzt}$	⇒ Bewehrung **muss** erhöht werden (neue Berechnung durchführen = Iteration).
$\omega_{tot} < \omega_{tot,geschätzt}$	⇒ Bewehrung **kann** verringert werden (neue Berechnung durchführen = Iteration).
$\omega_{tot} \approx \omega_{tot,geschätzt}$	⇒ Bewehrung **richtig** ermittelt: Iteration beendet
$M_{Ed}^{II} \geq M_{Ed,02}$	⇒ Tragfähigkeitsnachweis maßgebend
$M_{Ed}^{II} < M_{Ed,02}$	⇒ Regelnachweis am Rand 02 maßgebend
$A_{s1} = A_{s2} = \dfrac{1}{2} \cdot \omega_{tot} \dfrac{b \cdot h}{f_{yd}/f_{cd}}$	**Endgültige Bewehrung**

Bild 13.3-6 Ablauf der Berechnung für eine unverschiebliche Rahmenstütze

13.3.4 Rahmenstütze in verschieblichem System mit einachsiger Biegung

- **Anwendbarkeit des Näherungsverfahrens**

EC2 enthält zur Anwendung des Näherungsverfahrens bei verschieblichen Rahmenstützen nur wenige und nicht sehr präzise Angaben. Die bisher verfügbare Literatur umgeht diese Problematik weitgehend.

Nach den Erfahrungen mit DIN 1045, Ausgabe 1988, kann angenommen werden, dass das Näherungsverfahren bei verschieblichen Rahmen bis zu einer mittleren Stützenschlankheit von mindestens etwa $\lambda_m = 70$ angesetzt werden darf.

- **System, Belastung und Schnittgrößen:**

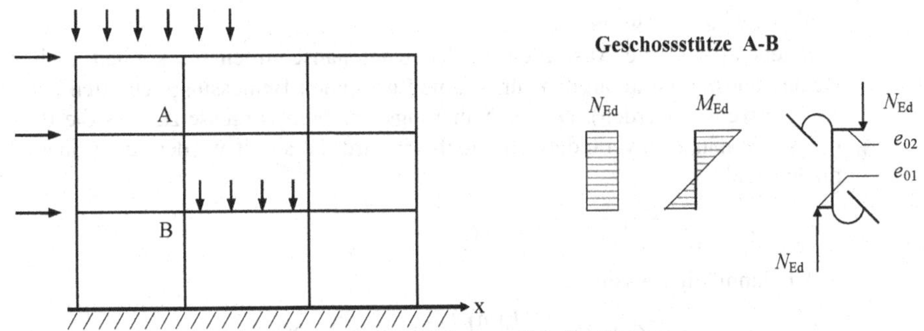

Bild 13.3-7 verschiebliche Rahmenstütze: System, Belastung, Schnittgrößen

Die Stützen stellen in verschieblichen Rahmen die vertikalen aussteifenden Bauteile dar. Die Wirkung der Lasten infolge Schiefstellung des Systems gemäß Abschnitt 12.4.3 werden beim vorliegenden Näherungsverfahren wieder durch den Ansatz der unplanmäßigen Ausmitte des Ersatzstabes erfasst.

- **Ermittlung des Ersatzstabes:**

Die Ersatzstablänge wird bei regelmäßigen, mehrgeschossigen Rahmen vorzugsweise mit dem Nomogramm nach Bild 13.2-5 ermittelt. Für **verschiebliche Systeme** gilt das rechte Nomogramm b) mit $\beta > 1{,}0$.

Bei verschieblichen Rahmen entspricht die „Knickfigur" etwa der Verformungsfigur unter horizontalen Riegellasten. Diese ist auf Bild 13.3-8 angedeutet. Die Wendepunkte liegen in verschiedenen Stockwerken. Die „Knicklänge" ist dann stockwerkübergreifend. Die maßgebenden Querschnitte in den mittleren Dritteln dieser Figuren sind die Knotenanschnitte. Es empfiehlt sich also, bei verschieblichen Rahmenstützen den Nachweis mit dem größeren der beiden Stützenanschnittmomente, d.h. $e_0 = e_{02}$ zu führen, Gleichung (13.3 -9) wird also **nicht** angesetzt.

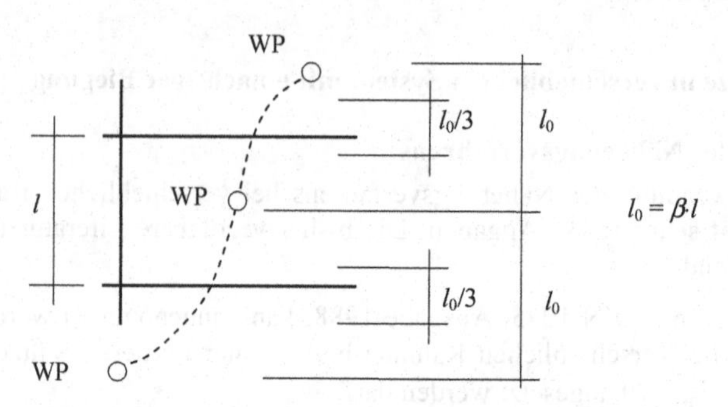

Bild 13.3-8 Verformungsfigur und Ersatzstablängen l_0 bei verschieblichen Rahmen

- **Ausmitten:**

– Planmäßige Ausmitte

Maßgebend sind die Ausmitten an den Knotenanschnitten (es können auch die kleineren Bemessungsmomente an den für Rahmen geltenden Bemessungsschnitten gemäß Abschnitt 15.3 verwendet werden). Da das Näherungsverfahren voraussetzt, dass die Bewehrung über die Stützenlänge unverändert durchgeführt wird, ist somit wieder das größere Moment M_{02} maßgebend.

(13.3-12) $$e_0 = e_{02} = |M_{Ed,02}/N_{Ed}|$$

– Unplanmäßige Ausmitte

(13.3-13) $$e_i = \theta_1\, l_0/2 = \frac{l_0[\mathrm{m}]}{200 \cdot \sqrt{l[\mathrm{m}]}}\ [\mathrm{m}] \ \leq l_0/400$$ entspricht Gleichung (13.3-2)

– Ausmitte aus Systemverformung

Es gelten die Gleichungen (13.3-3) bis (13.3-8).

Der Ablauf des Nachweises ist auf Bild 13.3-9 zusammengefasst. Er unterscheidet sich vom Nachweis des unverschieblichen Systems nur in folgenden zwei Punkten:

- $\beta > 1{,}0$ Beiwert der Ersatzstablänge
- Nachweisstelle liegt an den Stabenden statt innerhalb der Stablänge.

- **Bemessungsmoment:**

(13.3-14) $$M_{Ed}^{II} = M_{0,Ed} + N_{Ed} \cdot e_2$$

Anwendbarkeit des Verfahrens:

λ_m	Empfehlung $\lambda_m \leq 70$

⇓

bekannt oder geschätzt:

M_{Ed}, N_{Ed}	aus statischer Berechnung
$b, h, d_1 = d_2$	vorgewählt: Betonquerschnitt, Lage der Bewehrung
f_{ck}	gewählte Betonfestigkeitsklasse
f_{yk}	gewählte Betonstahlsorte
$\omega_{tot,geschätzt} = \dfrac{A_{s,tot}}{b \cdot h} \cdot \dfrac{f_{yd}}{f_{cd}}$	Vorwahl von $A_{s,tot} = A_{s1} + A_{s2}$

⇓

Eingangswerte für Nachweis:

l_0	$= \beta l$ Ersatzstablänge $\beta \geq 1{,}0$
e_0	Gleichung (13.3-12) maßgebende Ausmitte
e_i	Gleichung (13.3-15) unplanmäßige Ausmitte
K_r	Gleichung (13.3-5) oder (13.3-7)
$1/r$	Gleichung (13.3-4) Krümmung
e_2	Gleichung (13.3-3) Zusatzausmitte
M_{Ed}^{II} N_{Ed}	Gleichung (13.3-14) Ermittlung der Bemessungsschnittgrößen

⇓

Regelbemessung:

ω_{tot}	Interaktionsdiagramme (z.B. Bild 5.2-1 bis 5.2-3)

⇓

Überprüfung der Vorschätzung:

$\omega_{tot} > \omega_{tot,geschätzt}$	⇒ Bewehrung **muss** erhöht werden (neue Berechnung durchführen = Iteration).
$\omega_{tot} < \omega_{tot,geschätzt}$	⇒ Bewehrung **kann** verringert werden (neue Berechnung durchführen = Iteration).
$\omega_{tot} \approx \omega_{tot,geschätzt}$	⇒ Bewehrung **richtig** ermittelt: Iteration beendet
$A_{s1} = A_{s2} = \dfrac{1}{2} \cdot \omega_{tot} \dfrac{b \cdot h}{f_{yd}/f_{cd}}$	**Endgültige Bewehrung**

Bild 13.3-9 Ablauf der Berechnung für eine verschiebliche Rahmenstütze

13.3.5 Einfluss der Kriechverformungen

Ständig vorhandene Verformungsanteile werden durch Kriechen des Betons vergrößert:

- planmäßige Ausmitten aus ständigen und überwiegend ständigen (quasiständigen) Lasten
- Ausmitten e_i aus ungewollten Imperfektionen.

Die Vergrößerung der Ausmitten hängt vom zeitabhängigen Kriechverlauf des Bauteils ab und hat Einfluss auf den Nachweis der Tragfähigkeit. Im EC2 sind ausführliche Angaben zur Ermittlung von Endkriechzahlen $\varphi(t{=}\infty, t_0)$ enthalten. Für die Berechnung von Kriechzahlen zu verschieden Lebensaltersstufen des Bauteils (wie sie z. B. im Spannbetonbau benötigt werden) enthält Anhang A zum EC2 umfangreiche Formeln). Zu ihrer Berechnung sind unter anderem Angaben erforderlich über:

- die verwendete Zementart,
- Temperatur und Luftfeuchtigkeit, denen das Bauteil während seiner Lebensdauer ausgesetzt ist,
- das Betonalter bei Belastungsbeginn (Belastungsalter),
- die Abmessungen des Bauteilquerschnitts. Verwendet wird die „wirksame Querschnittsdicke" $h_0 = 2\,A_c/u$ mit A_c = Querschnittsfläche und u Umfang der austrocknenden Oberfläche des Querschnittes.

Die Berechnung der Kriechzahlen ist somit mit etlichen Ungewissheiten behaftet. Eine annähernd zuverlässige Ermittlung setzt das Wissen um die genannten Einflüsse voraus und lohnt nur bei großem Einfluss der Kriechzahl.

Bei zeitlich unveränderlicher Dauerspannung $\sigma_c\,(t_0) \leq 0{,}45\,f_{ck}$ darf die daraus entstehende Kriechdehnung wie folgt ermittelt werden (bei höherer Dauerspannung ist nichtlineares Kriechen zu berücksichtigen):

(13.3-15) $$\varepsilon_{cc}(\infty, t_0) = \varphi_0(\infty, t_0) \cdot \sigma_c / E_{cm}$$

mit $\varphi_0(\infty, t_0)$ Endkriechzahl
σ_c kriecherzeugende Betonspannung
E_{cm} anzusetzender E-Modul
t_0 Belastungsalter in Tagen (bei großem t kann $t_0 \approx 0$ gesetzt werden)

Die Endkriechzahlen $\varphi(\infty, t_0)$ können Bild 13.3-10 entnommen werden. Der Ableseschlüssel ist beispielhaft (strichpunktiert) eingetragen. Man erkennt daraus sofort den kriecherhöhenden Einfluss trockener Umgebung. Die Ablesung für dazwischen liegende Luftfeuchten kann interpoliert werden. Für Leichtbeton müssen die Werte reduziert werden. In EC2, Anhang A sind die Funktionen zusätzlich als (progammierbare) Formeln angegeben.

Für die Schwindverformungen gibt EC2 ebenfalls Endwerte an. Diese setzen sich aus einem Schrumpfdehnungsanteil und einem Anteil aus Trocknungsschwinden zusammen. Auf eine Wiedergabe wird hier verzichtet. Wegen weitgehend symmetrischer Verteilung der Bewehrung im Betonquerschnitt erzeugen Schwindverformungen bei den hier behandelten Bauteilen (Stützen) praktisch keine zusätzlichen Krümmungen und können vernachlässigt werden.

Bei der Berechnung der Durchbiegung von Biegeträgern sowie im Spannbetonbau und im Stahlverbundbau kann Schwinden von erheblichem Einfluss sein.

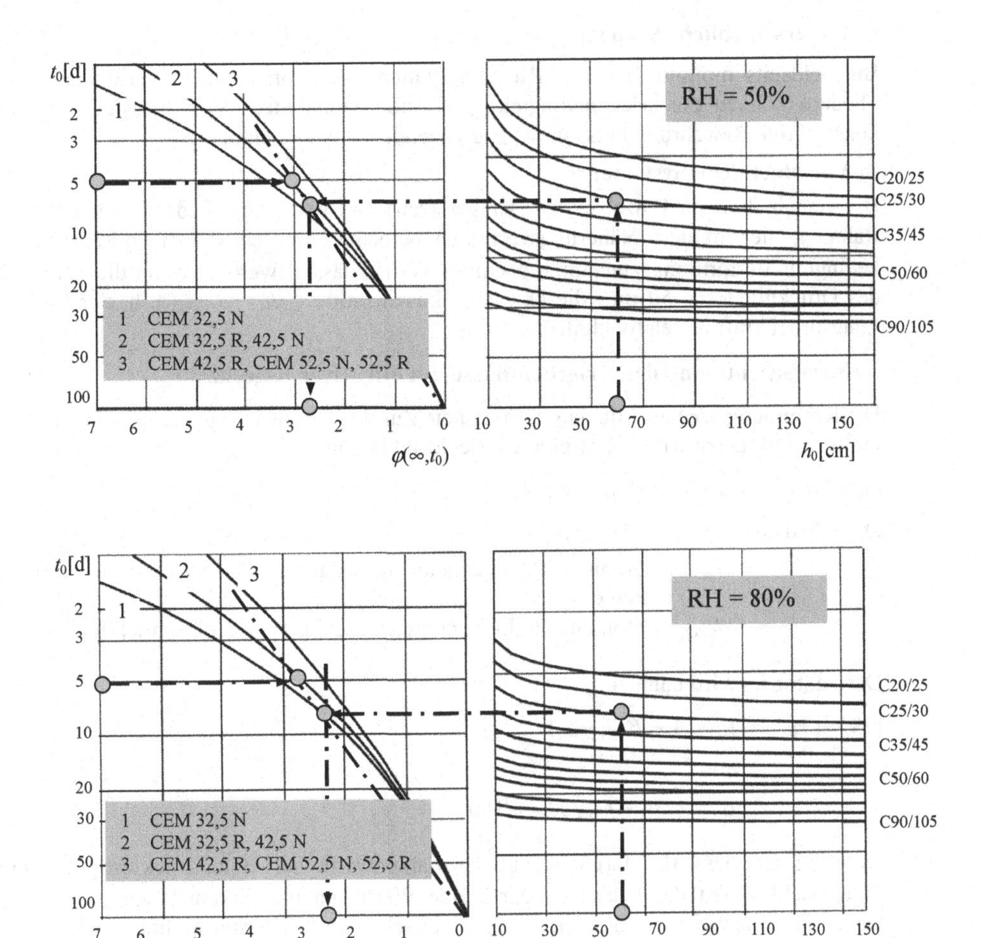

Bild 13.3-10 Endkriechzahlen $\varphi(\infty,t_0)$ für Normalbeton (nach EC2), t_0 in Tagen

Im Rahmen der hier vorgestellten Näherungsberechnungen des Nachweises der Tragfähigkeit sind einige Vereinfachungen zulässig. Wird keine genauere Berechnung der Kriechverformungen durchgeführt, so kann folgendermaßen vorgegangen werden:

– **Alle Systeme:**
Kriechauswirkungen können vernachlässigt werden, wenn **gleichzeitig** eingehalten ist:

$\varphi(\infty,t_0) \leq 2$

$\lambda \leq 75$

$M_{0Ed}/N_{Ed} \geq h$ (bzw. $e_0/h \geq 1$).

– **Unverschiebliche Systeme:**

Bei beidseits monolithisch mit Riegeln, Platten oder Fundamenten verbundenen Druckgliedern können die kriechbedingten Verformungszunahmen vernachlässigt werden. Eine konstruktive Bewehrung muss in die angrenzenden Bauteile einbinden.

– **Verschiebliche Systeme:**

Bei verschieblichen Einzelstützen (Kragstützen) und bei Druckgliedern in verschieblichen Rahmen, die mit dem Näherungsverfahren berechnet werden können, dürfen die kriechbedingten Verformungszunahmen ebenfalls vernachlässigt werden, wenn die Schlankheit λ des Druckgliedes < 50 **und** die bezogene Lastausmitte $e_0/h > 2$ ist (d. h. der Einfluss der Längsdruckkraft ist relativ klein).

– **Berücksichtigung der Kriecheinflüsse mit effektiver Kriechzahl**

Die Krümmung $1/r$ bzw. die damit errechnete Zusatzausmitte e_2 werden mit einem Faktor K_φ multipliziert. Dazu wird die effektive Kriechzahl benötigt:

(13.3-16) $\varphi_{\text{eff}} = \varphi(\infty,t_0)\cdot M_{0\text{Eqp}}/M_{0\text{Ed}}$

Darin bedeuten:

$M_{0\text{Eqp}}$ Moment Th. I.O. unter quasiständigen Gebrauchslasten (einschließlich e_i)

$M_{0\text{Ed}}$ Moment Th. I.O. unter Bemessungslasten (einschließlich e_i)

Der Faktor K_φ wird dann zu:

(13.3-17) $K_\varphi = 1 + \beta\cdot\varphi_{\text{eff}} \geq 1$

mit:

$\beta = 0{,}35 + f_{\text{ck}}/200 - \lambda/150$

Auffällig ist, dass für durchaus übliche Zahlenwerte der Betondruckfestigkeit und der Stützenschlankheit der Faktor β sehr kleine Werte um null herum (sogar < 0) annimmt. Damit fällt die Wirkung des Kriechens praktisch weg. Weiterhin nimmt mit zunehmender Schlankheit der Kriecheinfluss ab und mit zunehmender Betonfestigkeit zu. Erläuterungen zu diesem teilweise paradox anmutenden Verhalten siehe [9-1].

13.4 Bemessungsbeispiele

13.4.1 Innenstütze eines horizontal ausgesteiften Hochbau-Rahmens

1 System, Abmessungen und Schnittgrößen

Die Stütze sei Teil eines durch Wandscheiben hinreichend ausgesteiften Skelettbaus, d.h. Gleichung 12.3-1 ist erfüllt.

Es handele sich somit um ein **unverschiebliches System.** Weiterhin seien die Stützen senkrecht zur Rahmenebene (x-z-Ebene) durch Wände gegen Verformungen gehalten. Es liegt somit ein ebenes Problem vor.

Die Innenstützen regelmäßiger Rahmen haben nur geringe Biegemomente. Diese können bei beidseits monolithisch mit den anschließenden, einspannenden Bauteilen (Riegel, Fundamente) verbundenen Stützen vernachlässigt werden. Die Stütze wird dann vereinfacht als Pendelstütze mit zentrischer Druckkraft und $\beta = 1{,}0$ bemessen.

Beton C20/25 Betonstabstahl B500 Innenbauteil
Unterzüge nur in x-Richtung

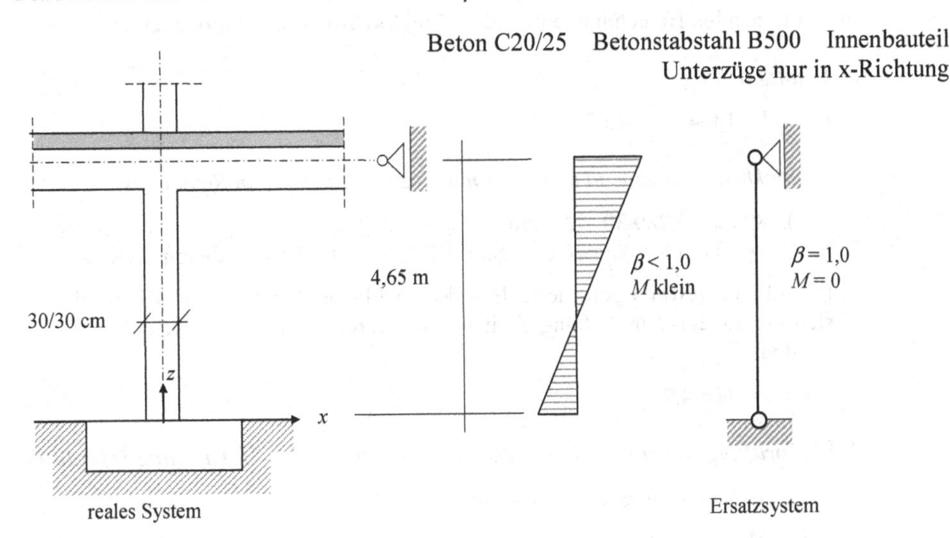

– *Überprüfen der Betonfestigkeitsklasse C*

Expositionsklasse nach Tabelle 1.2-2: Fall XC1 mit „C_{min}" = C16/20 < gew. C20/25

– *Ermittlung der statischen Höhe*

Annahme: $\phi_l \leq 25$ mm, $\phi_w = 10$ mm

$\bar{c}_{min,dur} = c_{min,dur} + \Delta c_{dur,\gamma} = 10$ mm und $\Delta c_{dev} = 10$ mm

Eine Reduzierung von $c_{min,dur}$ um 5 mm ist nicht zulässig und nicht möglich. $\Delta c_{dur,\gamma}$ ist im vorliegenden Expositionsklasse = 0 (ebenso $\Delta c_{dur,st} = 0$ und $\Delta c_{dur,add} = 0$):

$$c_{min} = \max\{c_{min,b};\ c_{min,dur} + \Delta c_{dur,\gamma} - \Delta c_{dur,st} - \Delta c_{dur,add};\ 10\text{ mm}\}$$

$$c_{min,b,w} = \phi_w = 10\text{ mm} = \bar{c}_{min,dur} = 10\text{ mm}$$

$$c_{min,b,l} = \phi_l = 25\text{ mm} > \bar{c}_{min,dur} = 10\text{ mm}$$

$$c_{nom,l} = \bar{c}_{min,dur} + \Delta c_{dev} = 10 + 10 = 20\text{ mm}$$ Dauerhaftigkeit

$$c_{nom,l} = c_{min,b,l} + \Delta c_{dev,b} = 25 + 10 = 35\text{ mm}$$ für ϕ_l Verbund maßgebend

$$c_{nom,w} = \bar{c}_{min,dur} + \Delta c_{dev} = 10 + 10 = 20\text{ mm}$$ Dauerhaftigkeit

$$c_{nom,w} = c_{min,b.l} + \Delta c_{dev,b} = 10 + 10 = 20\text{ mm}$$ Verbund

Verlegemaß der Bügel (Abstandhalter): $\boldsymbol{c_v = 25}$ **mm** (vorh $c_{nom,l} = 25 + 10 = 35$ mm)

Statische Höhe: $d = h -$ vorh $c_{nom,l} - \phi_l/2 = 30 - 3{,}5 - 1{,}25 \approx$ **25 cm** $\quad d_1/h = 5/30 = \mathbf{0{,}17}$

– *Bemessungswerte der Baustofffestigkeiten*

Beton C20/25: $f_{ck} = 20$ N/mm² $\quad f_{cd} = 0{,}85 \cdot 20/1{,}5 = 11{,}3$ N/mm²
Betonstahl BSt 500: $f_{yk} = 500$ N/mm² $\quad f_{yd} = 500/1{,}15 = 435$ N/mm²

– *Bemessungsschnittgrößen nach Theorie I. Ordnung*

$M \approx 0 \quad N_G = -720$ kN $\quad N_Q = -800$ kN

$N_{Ed} = -720 \cdot 1{,}35 - 800 \cdot 1{,}5 = -2172$ kN

In den folgenden Berechnungen werden **Druckkräfte ohne Vorzeichen** eingesetzt!

– *Ersatzstablänge*

$l_0 = \beta \cdot l = 1{,}0 \cdot 4{,}65 = 4{,}65$ m

– *Schlankheit (maßgebend ist Verformung bzw. „Knicken" in Richtung x)*

$i = 0{,}289 \cdot h_x = 0{,}289 \cdot 30 = 8{,}7$ cm

$h_x = h_z = 30$ cm $> h_{min} = 20$ cm (gem. EC2, Abs. 9.5.1 für Ortbetonstützen)

Die für die jeweils geforderte Brandschutzklasse R benötigten Mindestdicken ergeben sich aus EC2-1-2 in Abhängigkeit von mehreren Parametern. Sie müssen ggf. überprüft werden.

$\lambda = l_0/i = 465/8{,}7 = 53{,}5$

2 Überprüfung, ob ein Nachweis der Stütze nach Theorie II. Ordnung erforderlich ist

– *Nach Gl. 5.1-1a: liegt ein Druckglied vor?*

$e_d/h = M_{Ed}/N_{Ed} = 0$ Stab gilt als Druckglied

– *Nach Gl. 5.1-1b und c: liegt ein schlankes Druckglied vor?*

$\nu_{Ed} = N_{Ed}/(A_c \cdot f_{cd}) = 2{,}17/(0{,}3^2 \cdot 11{,}3) = 2{,}13 > 0{,}41$

$\lambda = 53{,}5 > 25 \Rightarrow$ Stab gilt als schlankes Druckglied

– *Ist ein Nachweis nach Th. II. Ordnung zu führen (Gl. und Bild 13.1-3)?*

$\lambda = 53{,}5 > \lambda_{crit} = 25\,(2 - e_{01}/e_{02}) = 50$ (beidseits konstruktiv eingespannt)

Nachweis ist zu führen

3 Ausmitten nach Theorie I. Ordnung

Planmäßige Ausmitte $e_{01} = e_{02} = M/N = 0$

Unplanmäßige Ausmitte (Gl. 13.3-10) $e_i = \dfrac{l_0}{200 \cdot \sqrt{l}} = \dfrac{\sqrt{4{,}65}}{200} = \mathbf{0{,}01}$ m $< l_0/400 = 0{,}012$ m

Kriechausmitte ist vernachlässigbar $e_c = 0$

(s. Abschnitt 13.3.5: beidseitiger monolithischer Anschluss)

4 Ausmitte aus Systemverformung

– *Schätzung von ω_{tot}*

$\omega_{tot} = (A_{s,tot}/b\,h) \cdot (f_{yd}/f_{cd}) = (A_{s,tot}/30^2) \cdot (435/11{,}3) = A_{s,tot}\,0{,}0428$

Geschätzt: 8 ∅ 25 $\quad A_{s,tot} = 39{,}3$ cm² $\quad \boldsymbol{\omega_{tot} = 1{,}68}$

Alternativ kann natürlich ω_{tot} auch direkt vorgeschätzt werden, z. B. $\omega_{tot} = 1{,}7$. Dies ist bei Variante 2 (s. n. Seite) besonders vorteilhaft.

– *Ermittlung von K_r*

1. Variante: nach Gl. 13.3-5

$K_r = (\nu_{ud} - \nu_{Ed})/(\nu_{ud} - \nu_{bal}) \leq 1{,}0$
$\nu_u = (f_{cd}\cdot A_c + f_{yd}\cdot A_{s,tot})/\,(f_{cd}\cdot A_c) = (11{,}3\cdot 0{,}3^2 + 435\cdot 39{,}3\cdot 10^{-4})/11{,}3\cdot 0{,}3^2 = 2{,}68$ MN
(man vergleiche: zugehörig $\nu_{ud} \approx 2{,}68$ ergibt nach Bild 5.2-3 bei $\mu_{Ed} = 0$: $\omega_{tot} \approx 1{,}7$ ✓)
$\nu_{bal} = 0{,}4$ — für $d_1/d < 0{,}2$
$K_r = (2{,}68-2{,}13)/(2{,}68-0{,}4) = 0{,}24$

2. Variante: nach Gl. 13.3-7

$K_r = (1 + \omega_{tot} - \nu_{Ed})/(0{,}60+ \omega_{tot}) = (1 + 1{,}68 - 2{,}13)/(0{,}60 + 1{,}68) = 0{,}24$ ✓

– *Ermittlung der Krümmung 1/r nach Gleichung 13.3-4*

$1/r = 2\cdot K_2\cdot \varepsilon_{yd}/(0{,}9\cdot d) = 2\cdot 0{,}24\cdot(435/200000)/(0{,}9\cdot 0{,}25) = 0{,}0046$

– *Ermittlung der Ausmitte e_2 nach Gleichung 13.3-3*

$K_1 = \lambda/10 - 2{,}5 = 53{,}5/10 - 2{,}5 = 2{,}85 > \mathbf{1}$ — $K_1 = 1$ ist maßgebend
$e_2 = (1/r)\cdot K_1\cdot l_0^2/10 = 0{,}0046\cdot 1\cdot 4{,}65^2/10 = 0{,}010$ m

5 *Querschnittsbemessung mit Interaktionsdiagramm für symmetrische Bewehrung*

– *Bemessungsschnittgrößen*

$N_{Ed} = (-)\ 2{,}17$ MN
$\mathbf{M_{Ed}^{II}} = M_{0Ed} + M_2 = M_{Ed} + M_{Ed,i} + M_{e2}$
$= N_{Ed}\,(e_i + e_2) = 2{,}17\cdot(0{,}01 + 0{,}01)$ **= 0,044 MNm**
$> \min M = N_{Ed}\cdot h/20 = 2{,}17\cdot 0{,}3/20 = 0{,}032$ MNm — nach Abs. 13.1.3

– *Querschnittsbemessung*

$\mu_{Ed} = M^{II}/(b\,h^2 f_{cd}) = 0{,}044/(0{,}3\cdot 0{,}3^2\cdot 11{,}3) = 0{,}144$
$\nu_{Ed} = N_{Ed}/(b\,h\,f_{cd}) = (-)\ 2{,}13$

Abgelesen (Bild 5.2-4):	für $d_1/h = 0{,}15$	$\omega_{tot} = 1{,}55$	
Abgelesen:	für $d_1/h = 0{,}20$	$\omega_{tot} = 1{,}65$	Tafel nicht abgedruckt
Interpoliert:	für $d_1/h = 0{,}17$	$\boldsymbol{\omega_{tot} \approx 1{,}60}$	< geschätzt $\omega_{tot} = 1{,}68$

Die Schätzung liegt auf der sicheren Seite. Nun gibt es zwei Möglichkeiten:

- weiterrechnen mit $\omega_{tot} = 1{,}68$ (etwas unwirtschaftlich) oder
- neue Berechnung mit z.B. geschätzt $\omega_{tot} = 1{,}60$

6 *Iteration mit $\omega_{tot} = 1{,}60$*

zum Vergleich Werte aus Absatz -4

K_r	$= (1{,}00+1{,}60-2{,}13)/(0{,}60+1{,}60) = 0{,}21$	= 0,24
$1/r$	$= 2\cdot 0{,}21\cdot(435/200000)/(0{,}9\cdot 0{,}25) = 0{,}00402$	= 0,0046
e_2	$= 0{,}00402\cdot 1{,}0\cdot 4{,}65^2/10 = 0{,}009$ m	= 0,010
$\mathbf{M_{Ed}^{II}}$	$= 2{,}17\cdot(0{,}010 + 0{,}009)$ **= 0,041 MNm**	= 0,044

7 Endgültige Bemessung

$\mu_{Ed} = 0{,}041/(0{,}3^2 \cdot 0{,}3 \cdot 11{,}3) = 0{,}135$
$\nu_{Ed} = (-)\ 2{,}13$

Abgelesen (Bild 5.2-4): für $d_1/h = 0{,}15$ $\quad \omega_{tot} = 1{,}53$
Abgelesen: für $d_1/h = 0{,}20$ $\quad \omega_{tot} = 1{,}63$ — Tafel nicht abgedruckt
Interpoliert: für $d_1/h = 0{,}17$ $\quad \boldsymbol{\omega_{tot} \approx 1{,}58}$ — **≈ geschätzt ω_{tot} 1,60**
Iteration und Interpolation liegen an der Grenze der Ablesbarkeit

$\boxed{\text{erf } A_{s,tot} = 1{,}60 \cdot 30^2/(435/11{,}3) = 37{,}4 \text{ cm}^2}$ $\quad A_{s1} = A_{s2} = 18{,}7 \text{ cm}^2$

– *Konstruktive Regeln (siehe Abschnitt 5.3, Beispiel 5.3.1) für $A_{s,tot}$*

$A_{s,min} = 0{,}15\ |N_{Ed}|/f_{yd} = 0{,}15 \cdot 2{,}17 \cdot 10^4/435 = 7{,}5 \text{ cm}^2$ — nicht maßgebend
$A_{s,max} = 0{,}09\ A_c = 0{,}09 \cdot 30^2 = 81 \text{ cm}^2$ — nicht maßgebend

8 Wahl der Bewehrung und ihre Anordnung im Querschnitt

Variante 1: Stütze entsprechend der Berechnungsannahme quer zur Rahmenrichtung (y - Richtung) gehalten

gewählt: $\boxed{2 \times 4\ \phi 25 = 8\ \phi 25 \quad \text{Bügel } \phi 10}$ mit $A_{s,tot} = 39{,}3 \text{ cm}^2 > 37{,}4 \text{ cm}^2$

$\phi_l = 25 \text{ mm} > 12 \text{ mm}$ — EC2, 9.5.2 (1)
$\phi_w = 10 \text{ mm} > 6 \text{ mm}, > \phi_l/4 = 6{,}25 \text{ mm}$ — EC2, 9.5.3 (1)
$s \le 12\ \phi_{l,min} = 12 \cdot 2{,}5 = 30 \text{ cm};\ \le h_{min} = 30 \text{ cm};\ \le 30 \text{ cm}$ — EC2, 9.5.3 (3)
gewählt: $\boldsymbol{s = 30}$ **cm**

Im Kopf- und Fußbereich der Stütze sind die Bügelabstände über eine Höhe entsprechend der größeren Seitenlänge der Stütze auf 60 % zu verringern. Hier: $s = 0{,}6 \cdot 30 = 18$ cm
gew. $s = 15$ cm

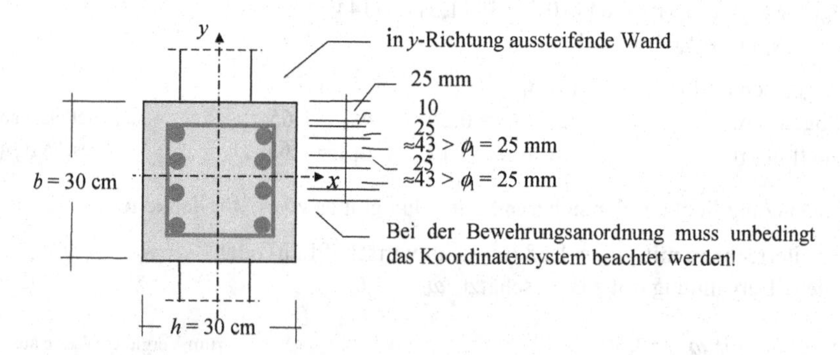

Variante 2: Stütze quer zur Rahmenrichtung (y - Richtung) nicht gehalten

Derartige Stützen müssen für Verformungen („Knicken“) in zwei Richtungen untersucht werden (siehe im Abschnitt 13.7 über zweiachsige Nachweise). Es kann gezeigt werden, dass die gewählte Bewehrung im vorliegenden Fall ausreicht. Sie muss dann aber punktsymmetrisch angeordnet werden.

Neu gewählt: 12 ϕ20 $\quad A_{s,tot} = 37{,}7 \text{ cm}^2 \approx 37{,}4 \text{ cm}^2$

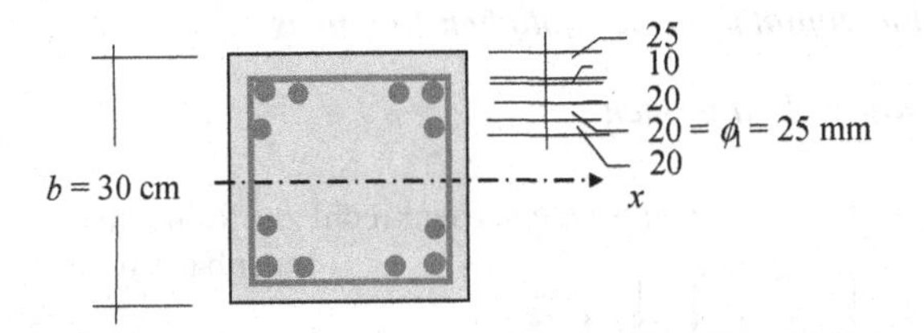

Gruppen mit bis zu 5 Längsstäben in Nähe der Ecken gelten als durch die Bügel gehalten. Der Achsabstand des am weitesten von der Achse des Eckstabes entfernten Stabes soll nicht größer als $15 \cdot \phi_w$ sein. Dies ist hier eingehalten.

Wegen der jetzt zweilagigen Bewehrung wird die statische Höhe d kleiner. Sie muss daher überprüft werden:

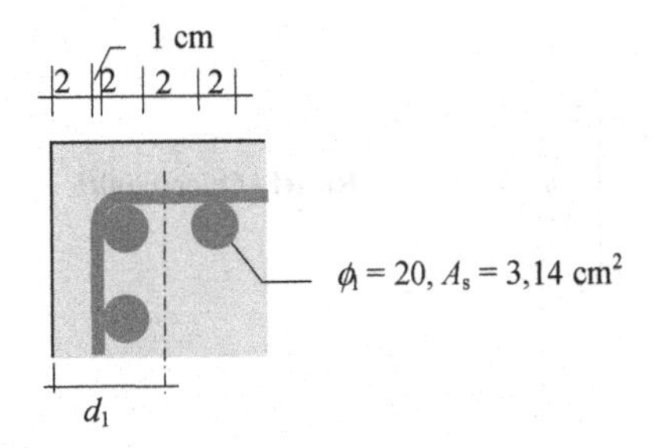

$$d_1 = [3{,}14 \cdot 2 \cdot (2{,}5+1{,}0+2{,}0/2) + 3{,}14 \cdot (2{,}5+1{,}0+2{,}0+2{,}0+2{,}0/2)]/(3 \cdot 3{,}14) = 5{,}8 \text{ cm}$$
$$d_1/h = 5{,}8/30 = 0{,}19 > 0{,}17 \text{ geschätzt}$$

Die Veränderung gegenüber der Vorschätzung ist relativ groß. Eine neue Iteration ist empfehlenswert. Sie führt zu größerer erforderlicher Bewehrung.

13.4.2 Randstütze eines horizontal unverschieblichen Rahmens

1 System, Abmessungen und Schnittgrößen

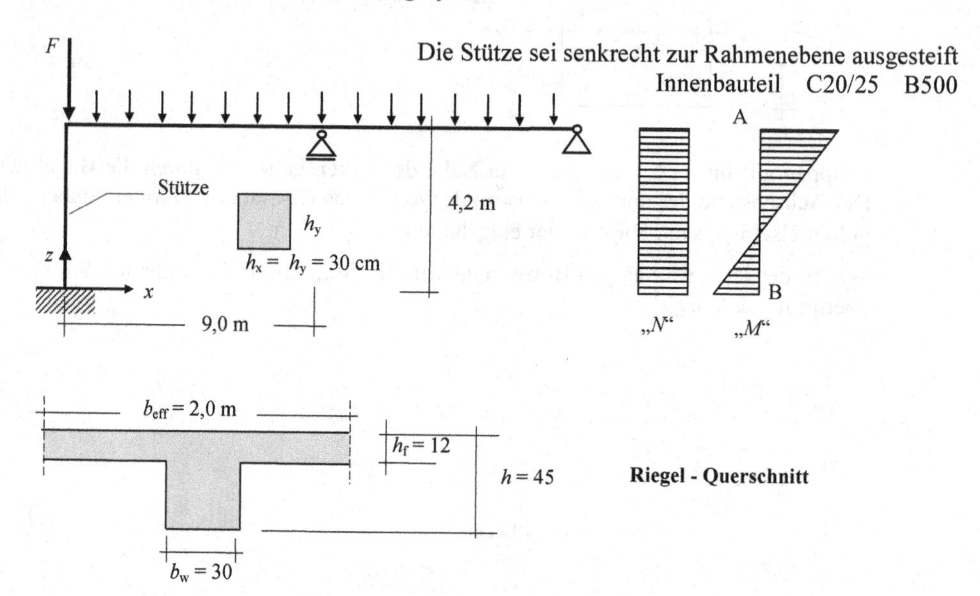

– *Überprüfen der Betonfestigkeitsklasse C*

Expositionsklasse nach Tabelle 1.2-2: Fall XC1 mit „C_{min}" = C16/20 < gew. C20/25

– *Ermittlung der statischen Höhe der Stütze*

Annahme: $\phi_l \leq 20$ mm, $\phi_w = 8$ mm

$\bar{c}_{min,dur} = c_{min,dur} + \Delta c_{dur,\gamma} = 10$ mm und $\Delta c_{dev} = 10$ mm

Eine Reduzierung von $c_{min,dur}$ um 5 mm ist nicht zulässig und nicht möglich. $\Delta c_{dur,\gamma}$ ist im vorliegenden Expositionsklasse = 0 (ebenso $\Delta c_{dur,st} = 0$ und $\Delta c_{dur,add} = 0$):

$c_{min} = \max\{c_{min,b};\ c_{min,dur} + \Delta c_{dur,\gamma} - \Delta c_{dur,st} - \Delta c_{dur,add};\ 10 \text{ mm}\}$

$c_{min,b,w} = \phi_w = 8 \text{ mm} < \bar{c}_{min,dur} = 10 \text{ mm}$

$c_{min,b,l} = \phi_l = 20 \text{ mm} > \bar{c}_{min,dur} = 10 \text{ mm}$

$c_{nom,l} = \bar{c}_{min,dur} + \Delta c_{dev} = 10 + 10 = 20 \text{ mm}$ Dauerhaftigkeit

$c_{nom,l} = c_{min,b,l} + \Delta c_{dev,b} = 20 + 10 = 30 \text{ mm}$ für ϕ_l Verbund maßgebend

$c_{nom,w} = \bar{c}_{min,dur} + \Delta c_{dev} = 10 + 10 = 20 \text{ mm}$ Dauerhaftigkeit

$c_{nom,w} = c_{min,b,l} + \Delta c_{dev,b} = 10 + 10 = 20 \text{ mm}$ Verbund

Verlegemaß der Bügel (Abstandhalter) **gew.: c_v = 25 mm** (vorh $c_{nom,l} = 25 + 8 = 33$ mm)

Statische Höhe:

$\boldsymbol{d} = h - \text{vorh } c_{nom,l} - \phi_l/2 = 30 - 3{,}3 - 1{,}0 = \mathbf{25{,}7\ cm}$

$\boldsymbol{d_1/h} = 4{,}3/30 = 0{,}143 \approx \mathbf{0{,}15}$

– *Bemessungswerte der Baustofffestigkeiten*

Beton C20/25: $f_{ck} = 20$ N/mm² $f_{cd} = 11{,}3$ N/mm²
Betonstabstahl B500 $f_{yk} = 500$ N/mm² $f_{yd} = 435$ N/mm²

– *Bemessungsschnittgrößen nach Theorie I. Ordnung*

Es sei: $N_G = -550$ kN $N_Q = -450$ kN
$M_{G,A} = -12$ kNm $M_{Q,A} = -10$ kNm
$M_{G,B} = +6$ kNm $M_{Q,B} = +5$ kNm

$N_{Ed} = -550 \cdot 1{,}35 - 450 \cdot 1{,}5 = -1418$ kN $= -1{,}42$ MN
$M_{Ed,A} = -12 \cdot 1{,}35 - 10 \cdot 1{,}5 = -31{,}2$ kNm $= -0{,}031$ MNm
$M_{Ed,B} = +6 \cdot 1{,}35 + 5 \cdot 1{,}5 = +15{,}6$ kNm $= +0{,}016$ MNm

– *Ersatzstablänge*

Die Ermittlung von β erfolgt mit dem „Leiterdiagramm" nach Bild 13.2-5:

Riegelsteifigkeit: z.B. nach [11-6]
$I_R = \mu\, b_{eff}\, h^3 \cdot 10^{-4}$ $h_f/h = 12/45 = 0{,}27$ $b_w/b_{eff} = 30/200 = 0{,}15$ $\Rightarrow \mu = 260$
$I_R = 260 \cdot 2{,}0 \cdot 0{,}45^3 \cdot 10^{-4} = 0{,}00474$ m⁴

Stützensteifigkeit:
$I_{col} = h_y \cdot h_x^3/12 = 0{,}3 \cdot 0{,}3^3/12 = 0{,}000675$ m⁴

Eingangswerte für das Diagramm:
$k_A = (I_{col}/l)/(4 \cdot 0{,}5 \cdot I_R/l_R) = (0{,}000675/4{,}2)/(2 \cdot 0{,}00474/9{,}0) = 0{,}15 > 0{,}1$ $k_B = 0 < \mathbf{0{,}1}$

Abgelesen aus Bild 13.2-5: $\beta \approx 0{,}61$
Berechnet mit Bild 13.2-5: $\beta = 0{,}5\{[1 + 0{,}15/(0{,}45 + 0{,}15)] \cdot [1 + 0{,}1/(0{,}45 + 0{,}1)]\}^{1/2} = 0{,}61$
Ersatzstablänge: $l_0 = \beta\, l = 0{,}61 \cdot 4{,}2 = \mathbf{2{,}6\ m}$

– *Schlankheit (maßgebend ist Verformung bzw. „Knicken" in x-Richtung)*

$i = 0{,}289 \cdot h_x = 0{,}289 \cdot 30 = 8{,}7$ cm
$h_x = h_z = 30$ cm $> h_{min} = 20$ cm (gem. EC2, Abs. 9.5.1 für Ortbetonstützen)

Die für die jeweils geforderte Brandschutzklasse R benötigten Mindestdicken ergeben sich aus EC2-1-2 in Abhängigkeit von mehreren Parametern. Sie müssen ggf. überprüft werden.

$\lambda = l_0/i = 260/8{,}7 = 32$

2 *Überprüfung, ob ein Nachweis der Stütze nach Theorie II. Ordnung erforderlich ist*

– *Nach Gl. 5.1-1a: liegt ein Druckglied vor?*

$e_d/h = M_{Ed}/N_{Ed} = e_0/h = 0{,}01/0{,}30 = 0{,}033 < 3{,}5$ Stab gilt als Druckglied (e_0 *siehe 3)*

– *Nach Gl. 5.1-1b und c: liegt ein schlankes Druckglied vor?*

$\nu_{Ed} = N_{Ed}/(A_c f_{cd}) = 1{,}42/(0{,}32\ 11{,}3) = 1{,}4 > 0{,}41$
$\lambda = 32 > 25 \Rightarrow$ Stab gilt als schlankes Druckglied

– *Ist ein Nachweis nach Th. II. Ordnung zu führen (Gl. und Bild 13.1-3)?*

$\lambda = 32 < \lambda_{crit} = 25\ (2 - e_{01}/e_{02}) = 25\ (2 + 0{,}011/0{,}022) = 62{,}5$ Nachweis nicht erforderlich

3 Ausmitten nach Theorie I. Ordnung

Planmäßige Ausmitte (Gleichung 13.3-9):

$e_{02} = -31{,}2/1418 = -0{,}022 \quad e_{01} = 15{,}5/1418 = 0{,}011$

$e_0 = |-0{,}6 \cdot 0{,}022 + 0{,}4 \cdot 0{,}011| \approx \mathbf{0{,}01m} \approx \min e = 0{,}4 \cdot 0{,}22$ m

Unplanmäßige Ausmitte (Gleichung 13.3-10):

$$e_a = \frac{l_0}{200 \cdot \sqrt{l}} = \frac{2{,}60}{200 \cdot \sqrt{4{,}20}} = 0{,}006 \approx \mathbf{0{,}01} \approx l_0/400$$

Kriechausmitte ist vernachlässigbar $e_c = 0$

(s. Abschnitt 13.3.5: beidseitiger monolithischer Anschluss)

4 Ausmitte aus Systemverformung

Die Berücksichtigung der Zusatzverformungen nach Theorie II. Ordnung entfällt gemäß *2.*

5 Querschnittsbemessung mit Interaktionsdiagramm für symmetrische Bewehrung

– *Bemessungsschnittgrößen*

Für den Nachweis ist der obere Stützenanschnitt maßgebend. Es wird für die ungünstigste Schnittgrößenkombination am Knoten A bemessen. Auf eine Ermittlung der kleineren Rahmen-Anschnittmomente wird konservativ verzichtet. Die ungewollte Ausmitte e_i bleibt bei der Bemessung des Einzelstabes außer Ansatz. (Bei der Berechnung des Aussteifungssystems des Gebäudes ist aber die Schiefstellung des Gesamtsystems anzusetzen).

$N_{Ed} = (-)1{,}42$ MN $\quad M_{Ed} = 0{,}031$ MNm

– *Querschnittsbemessung*

$\mu_{Ed} = M_{Ed}/(b\, h^2 f_{cd}) = 0{,}031/(0{,}3 \cdot 0{,}3^2 \cdot 11{,}3) = 0{,}10$

$\nu_{Ed} = N_{Ed}/(b\, h f_{cd}) = (-)1{,}42/(0{,}3^2 \cdot 11{,}3) = (-)\ 1{,}40$

Abgelesen aus Bild 5.2-4: für $d_1/h = 0{,}15$ $\quad \boldsymbol{\omega_{tot} = 0{,}70}$

$\boxed{A_{s,tot} = 0{,}7 \cdot 30^2/(435/11{,}3) = \mathbf{16{,}3\ cm^2}}$ Mindest- und Maximalwerte nicht maßgebend.

6 Wahl der Bewehrung und ihre Anordnung im Querschnitt

Variante 1:

gewählt: $\boxed{4\ \phi 25 \quad \text{Bügel}\ \phi 8}$ $\quad A_{s,tot} = 19{,}6\ \text{cm}^2 > 16{,}3\ \text{cm}^2$

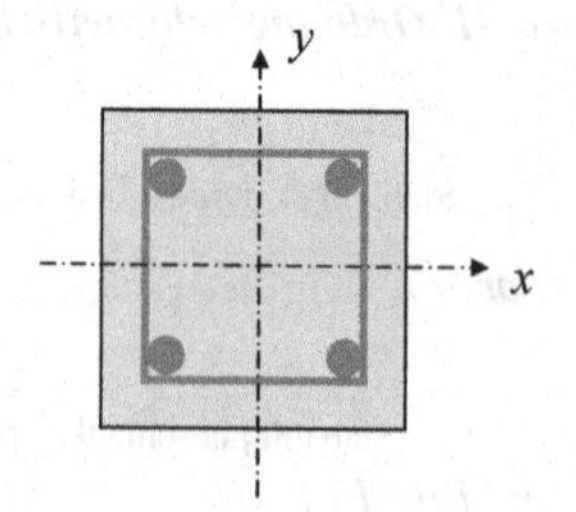

$s \leq 12\ \phi_l = 12 \cdot 25 = \mathbf{30\ cm}, \leq h = 30$ cm, ≤ 30 cm

Variante 2:

gewählt: 6 ϕ20 Bügel ϕ8 $A_{s,tot} = 18{,}8\ \text{cm}^2 > 16{,}3\ \text{cm}^2$

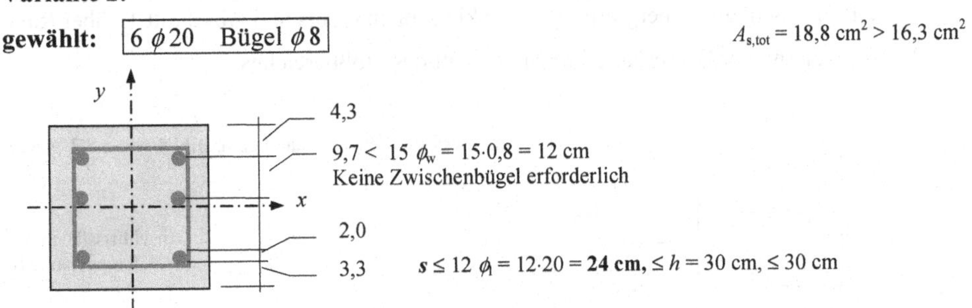

Die Weiterführung der Bewehrung in den Riegel erfolgt entsprechend der Zugkraftdeckung im Riegel. Dabei ist auch zu entscheiden, ob die Stützenbewehrung in der dazu erforderlichen Länge abgebogen wird oder ob aus herstellungstechnischen Gründen ein Stoß vorzuziehen ist.

Ähnliche Überlegungen gelten auch für den Anschluss an das Fundament. Bei der relativ großen Geschosshöhe in Verbindung mit der oben abgebogenen Stützenbewehrung wird im vorliegenden Fall ein Stoß an OK Fundament vorgesehen. Die aus dem Fundament herausragende Anschlussbewehrung muss im Fundamentplan entsprechend der Anordnung der Stäbe im Stoßbereich eingetragen werden.

Eine mögliche Bewehrungsführung im Längsschnitt (Bügel nur im Stützenbereich dargestellt) zeigt die folgende Skizze:

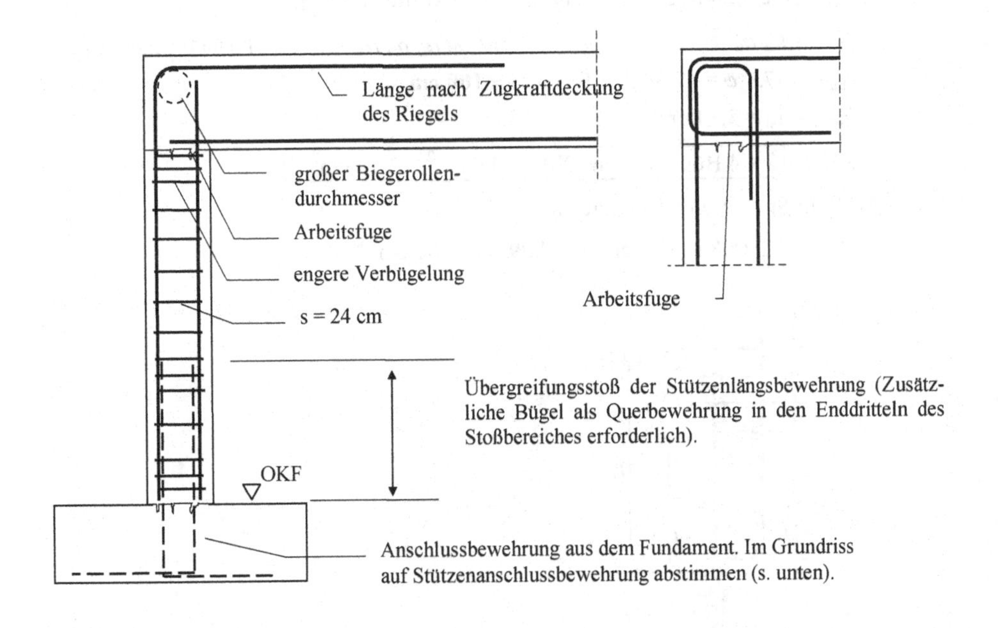

Andere Bewehrungsführungen insbesondere im Bereich der biegesteifen Ecke sind möglich, z.B. mit Schlaufenübergreifung, vgl. Skizze oben rechts und Abschnitt 15 über Rahmen.

Anordnung der Bewehrung im Querschnitt des Stoßbereiches:

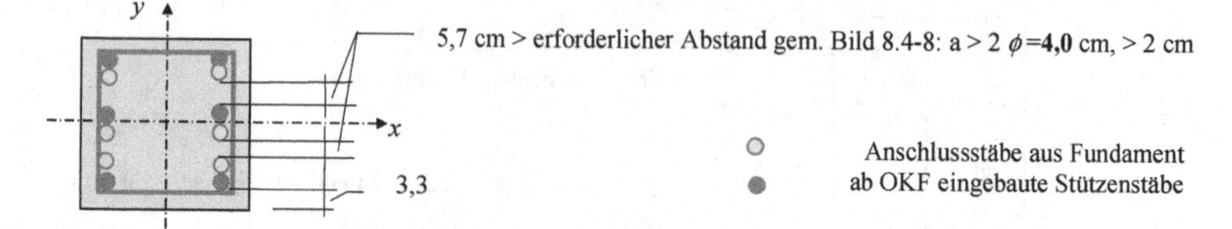

– *Übergreifungsstoß an OK Fundament für Variante 2*

Der Übergreifungsstoß der Stützenlängsbewehrung wird in der Regel (um Einbauirrtümer zu vermeiden) beidseits gleich lang und als Zugstoß ausgeführt. Wird beim Nachweis der Tragfähigkeit gezeigt, dass der Querschnitt voll überdrückt ist, kann ein (in der Regel kürzerer) Druckstoß ausgeführt werden. Die beim Druckstoß außerhalb der Stoßlänge erforderlichen Zusatzbügel sind dann zu berücksichtigen.

Im vorliegenden Fall zeigt ein Blick auf den Ableseschnittpunkt in Bild 5.2-3, dass im Designzustand wegen des relativ kleinen Momentes beide Querschnittsränder negative Dehnungswerte aufweisen ($\varepsilon_{c2}/\varepsilon_{c1} \approx -3{,}1/-0{,}75$). Es kann also ein Druckstoß verwendet werden. Für die Ermittlung der Stoßlänge gilt Gleichung (8.4-11), für die Berechnung der Querbewehrung dient Gleichung (8.4-10). Die Anordnung der Bewehrung im Stoßbereich geschieht nach Bild 8.4-9. Bei Druckstäben sind nur gerade Stabenden zulässig. Haken lassen keine direkte Übertragung der Druckkräfte zu [8-1].

$l_0 = l_{bd} \cdot \alpha_6$ mit $\alpha_1, \alpha_3, \alpha_5, \alpha_A = 1{,}0$; $\alpha_6 = 1{,}0$ für Druckstoß nach Tabelle 8.4-2

$l_{bd} = 47{,}3 \cdot \phi = 47{,}3 \cdot 2{,}0 = 94{,}6\ \text{cm} \approx \mathbf{100\ cm}$ mit Tabelle 8.4-1a

$\Sigma A_{st} = A_{sl} = 3{,}14\ \text{cm}^2$

gewählt: 2 x 4 Bügel ϕ 8 mit $\Sigma A_{st} = 4{,}0\ \text{cm}^2 > 3{,}14\ \text{cm}^2$

Auch im Stoßbereich ist eingehalten:

$A_{s,max} = 2 \cdot 18{,}8 = 37{,}6\ \text{cm}^2 << 0{,}09 \cdot 30^2 = 81\ \text{cm}^2$ ✓

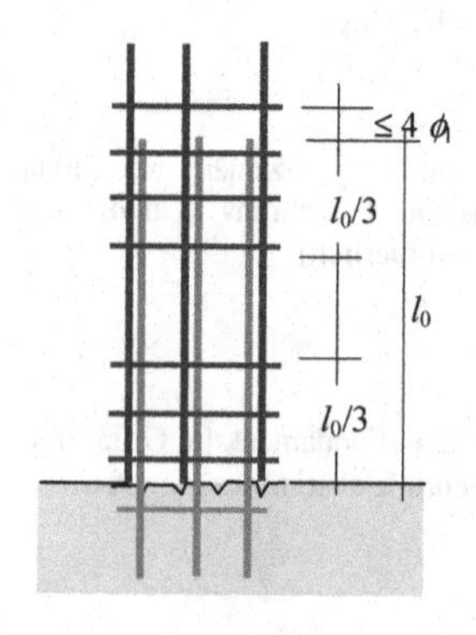

13.4.3 Kragstütze als aussteifendes Bauteil eines verschieblichen Systems

1 System und Abmessungen

Bauteile im Inneren C20/25 B500

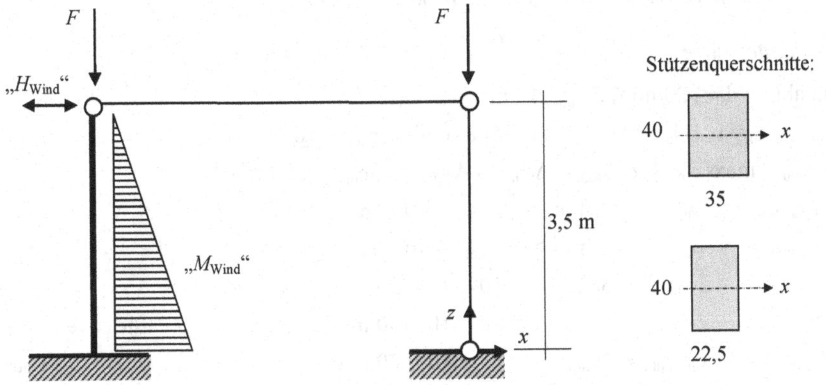

Das System sei senkrecht zur x-z-Ebene (Zeichenebene) ausgesteift.

Übliche Hallenstützen sind in der Regel als verschieblich anzusehen. Eine Überprüfung dieser Feststellung entsprechend Abschnitt 12.3.2 kann im vorliegenden Fall entfallen.

– *Überprüfen der Betonfestigkeitsklasse C*

Expositionsklasse nach Tabelle 1.2-2: Fall XC1 mit „C_{min}" = C16/20 < gew. C20/25

– *Bemessungswerte der Baustofffestigkeiten*

Beton C 20/25: $f_{ck} = 20$ N/mm² $f_{cd} = 11{,}3$ N/mm²
Betonstahl BSt 500: $f_{yk} = 500$ N/mm² $f_{yd} = 435$ N/mm²

2 Ermittlung der statischen Höhe

2.1 Kragstütze

Annahme: $\phi_l \leq 28$ mm, $\phi_w = 10$ mm

$\overline{c}_{min,dur} = c_{min,dur} + \Delta c_{dur,\gamma} = 10$ mm und $\Delta c_{dev} = 10$ mm

Eine Reduzierung von $c_{min,dur}$ um 5 mm ist nicht zulässig und nicht möglich. $\Delta c_{dur,\gamma}$ ist im vorliegenden Expositionsklasse = 0 (ebenso $\Delta c_{dur,st} = 0$ und $\Delta c_{dur,add} = 0$):

$c_{min} = \max\{c_{min,b}; c_{min,dur} + \Delta c_{dur,\gamma} - \Delta c_{dur,st} - \Delta c_{dur,add}; 10 \text{ mm}\}$

$c_{min,b,w} = \phi_w = 10 \text{ mm} = \overline{c}_{min,dur} = 10 \text{ mm}$

$c_{min,b,l} = \phi_l = 28 \text{ mm} > \overline{c}_{min,dur} = 10 \text{ mm}$

$c_{nom,l} = \overline{c}_{min,dur} + \Delta c_{dev} = 10 + 10 = 20 \text{ mm}$ Dauerhaftigkeit

$c_{nom,l} = c_{min,b,l} + \Delta c_{dev,b} = 28 + 10 = 38 \text{ mm}$ für ϕ_l Verbund maßgebend

$c_{nom,w} = \overline{c}_{min,dur} + \Delta c_{dev} = 10 + 10 = 20 \text{ mm}$ Dauerhaftigkeit

$c_{nom,w} = c_{min,b.l} + \Delta c_{dev,b} = 10 + 10 = 20 \text{ mm}$ Verbund

Verlegemaß der Bügel (Abstandhalter) **gew.: c_v = 30 mm** (vorh $c_{nom,l} = 30 + 10 = 40$ mm)

Statische Höhe bei symmetrischer, einlagiger Bewehrung:

$d = h - c_{1,nom} - \phi_l/2 = 35 - 4{,}0 - 2{,}8/2 \approx 30$ cm $\quad d_1 = d_2 = 5$ cm $\quad$ $\boldsymbol{d_1/h} = 5/35 \approx \mathbf{0{,}15}$

Hinweis: Bei erhöhten Anforderungen an den Brandschutz können sich aus EC2-1-2 generell größere Betondeckungen ergeben.

2.2 Pendelstütze

Annahme: $d_{sl} \leq 20$ mm, $d_{sBü} = 10$ mm

$\bar{c}_{min,dur} = c_{min,dur} + \Delta c_{dur,\gamma} = 10$ mm und $\Delta c_{dev} = 10$ mm

$c_{min} = \max\{c_{min,b};\ c_{min,dur} + \Delta c_{dur,\gamma} - \Delta c_{dur,st} - \Delta c_{dur,add};\ 10 \text{ mm}\}$

$c_{min,b,w} = \phi_w = 10 \text{ mm} = \bar{c}_{min,dur} = 10 \text{ mm}$

$c_{min,b,l} = \phi_l = 20 \text{ mm} > \bar{c}_{min,dur} = 10 \text{ mm}$

$c_{nom,l} = \bar{c}_{min,dur} + \Delta c_{dev} = 10 + 10 = 20 \text{ mm}$ Dauerhaftigkeit

$c_{nom,l} = c_{min,b,l} + \Delta c_{dev,b} = 20 + 10 = 30 \text{ mm}$ für ϕ_l Verbund maßgebend

$c_{nom,w} = \bar{c}_{min,dur} + \Delta c_{dev} = 10 + 10 = 20 \text{ mm}$ Dauerhaftigkeit

$c_{nom,w} = c_{min,b.l} + \Delta c_{dev,b} = 10 + 10 = 20 \text{ mm}$ Verbund

Verlegemaß der Bügel (Abstandhalter) gew.: $\boldsymbol{c_v = 20}$ **mm** (vorh $c_{nom,l} = 20 + 10 = 30$ mm)

Abstandhalter für c = 20 mm bestellen.

Statische Höhe bei symmetrischer, einlagiger Bewehrung:

$d = h - c_{1,nom} - \phi_l/2 = 22{,}5 - 3{,}0 - 2{,}0/2 = 18{,}5$ cm $\quad d_1 = d_2 = 4$ cm $\quad$ $\boldsymbol{d_1/h} = 4/22{,}50 = \mathbf{0{,}18}$

3 Bemessungsschnittgrößen nach Theorie I. Ordnung

Die Stützenlasten F werden in der Regel durch (hier nicht dargestellte) Auflasten der Riegel erzeugt. Der Einfachheit halber werden die Lasten F in diesem Beispiel als ständige Lasten ohne veränderlichen Lastanteil angesetzt. Eine Berechnung unter Ansatz voneinander unabhängiger veränderlicher Lasten enthält das nächste Beispiel.

3.1 Kragstütze

$H_{Wind} = H_Q = 10$ kN $\quad M_{Wind} = M_{Q,unten} = 10 \cdot 3{,}5 = 35$ kNm $\quad F = F_G = 650$ kN

LFK 1: $N_{Ed} = -650 \cdot 1{,}35 = -878$ kN
$M_{Ed} = 35 \cdot 1{,}5 = 52{,}5$ kNm

LFK 2: $N_{Ed} = -650 \cdot 1{,}0 = -650$ kN
$M_{Ed} = 35 \cdot 1{,}5 = 52{,}5$ kNm

Bemessungsentscheidend ist LFK 1, da beide $\nu_{Ed} > \nu_{bal}$ (vgl. auch Abs. - *11.1*).

Hinweis: Bei Satteldachbindern entstehen aus dem hier nicht nachgewiesenen Lastfall „Schnee halbseits" unterschiedliche Auflasten F. Dadurch würde die Ersatzstablänge der Kragstütze größer.

3.2 Pendelstütze

$N_{Ed} = -878$ kN

4 Ersatzstablängen

4.1 Kragstütze

Ermittlung mit Bild 13.2-3 für symmetrische Auflast (*vgl. Hinweis zu - 3.1*):

$i = 1 \quad \lambda_1 = l/l_1 = 1{,}0 \quad \eta_1 = F_1/F = 1{,}0 \quad \Sigma\lambda_i\,\eta_i = 1{,}0$

Abgelesen: $\beta = 2{,}7$

Bei konsequenter Anwendung der Annahme, dass jede Einspannung (und erste recht die durch ein Fundament auf nachgiebigem Baugrund) nicht vollkommen starr ist, sollte ein Zuschlag von 10 % auf den β-Wert in Ansatz gebracht werden:

$l_0 = \beta\, l = 2{,}7 \cdot 1{,}1 \cdot 3{,}5 = 2{,}97 \cdot 3{,}5 = \mathbf{10{,}4\ m}$ Ersatzstablänge

4.2 Pendelstütze

$l_0 = \beta\, l = 1{,}0 \cdot 3{,}5 = \mathbf{3{,}5\ m}$ Ersatzstablänge

5 Ausmitten nach Theorie I. Ordnung

5.1 Kragstütze

Planmäßige Ausmitte (maßgebende Stelle ist der Stützenfuß = Einspannstelle):

$e_0 = 52{,}5/878 = 0{,}06$ m

LFK 1:

Unplanmäßige Ausmitte (Gl. 13.3-2):

$$e_i = \beta \cdot \frac{l_0}{200 \cdot \sqrt{l}} = 2{,}97\ \frac{10{,}4}{200 \cdot \sqrt{3{,}5}} = 0{,}028\ \text{m} > l_0/400 = \mathbf{0{,}026\ m}$$

5.2 Pendelstütze

Planmäßige Ausmitte: $e_0 = 0$

Unplanmäßige Ausmitte (Gl. 13.3-10):

$e_i = \beta\,\sqrt{l}\,/200 = 1{,}0\,\sqrt{3{,}5}\,/200 \approx \mathbf{0{,}01}$ m $\approx e_i = l_0/400 = 0{,}01$

7 Überprüfung, ob ein Nachweis der Stütze nach Theorie II. Ordnung erforderlich ist (maßgebend Verformung bzw. „Knicken" in Richtung x)

7.1 Kragstütze

– *Schlankheit*

$i = 0{,}289 \cdot h_x = 0{,}289 \cdot 35 = 10$ cm

$h_z > h_x = 35$ cm $> h_{min} = 20$ cm (gem. EC2 für Ortbetonstützen)

$> h_{min}$ für Brandschutz gem. EC2-1-2 überprüfen

$\boldsymbol{\lambda} = l_0/i = 1040/10 = \mathbf{104}$

– *Nach Gl. 5.1-1a: liegt ein Druckglied vor?*

$e_0/h = 0{,}06/35 = 0{,}002 \approx 0$ — Stab gilt als Druckglied

– *Nach Gl. 5.1-1b und c: liegt ein schlankes Druckglied vor?*

$\nu_{Ed} = N_{Ed}/(A_c \cdot f_{cd}) = 0{,}878/(0{,}35 \cdot 0{,}4\ 11{,}3) = 0{,}55 > 0{,}41$

$\lambda\ = 104 > 25 \quad \Rightarrow$ — Stab gilt als schlankes Druckglied **Nachweis ist zu führen**

(λ_{crit} nicht maßgebend, weil ein verschiebliches System vorliegt)

7.2 Pendelstütze

– *Schlankheit:*

$i = 0{,}289 \cdot 22{,}5 = 9{,}1$ cm $\quad h_{min} = 20$ cm eingehalten (siehe - *7.1*)
$\lambda = 3{,}5/0{,}091 = \mathbf{38{,}5}$

Hinweis: EC2-1-2 (Brandschutz) gilt derzeit nicht für echte Gelenkstützen. (Eine ältere Entwurfsfassung der DIN 1045-1 forderte $\lambda \cdot 1{,}5$ zu setzen).

– *Nach Gl. 5.1-1a: liegt ein Druckglied vor?*

$e_0/h = 0$ Stab gilt als Druckglied

– *Nach Gl. 5.1-1b und c: liegt ein schlankes Druckglied vor?*

$\nu_{Ed} = N_{Ed}/(A_c \cdot f_{cd}) = 0{,}878/(0{,}225 \cdot 0{,}4\ 11{,}3) = 0{,}86 > 0{,}41$
$\lambda \ = 38{,}5 > 25 \ \Rightarrow$ Stab gilt als schlankes Druckglied
(λ_{crit} nicht maßgebend, weil ein verschiebliches System vorliegt) **Nachweis ist zu führen**

8 Ausmitte aus Systemverformung

8.1 Kragstütze (LFK 1)

– *Schätzung von ω_{tot}*

Geschätzt: $A_{s,tot} = 24$ cm^2 $\quad$ *omega*$_{tot} = [24/(35 \cdot 40)] \cdot (435/11{,}3) = 0{,}66$

– *Ermittlung von K_r*

$K_r = (1+0{,}66-0{,}55)/(0{,}60+0{,}66) = 0{,}88 < 1{,}0$

– *Ermittlung der Krümmung*

$1/r = 2\ K_r\ \varepsilon_{yd}/(0{,}9\ d) = 2 \cdot 0{,}88 \cdot 435/(200000 \cdot 0{,}9 \cdot 0{,}3) = 0{,}014$

– *Ermittlung der Ausmitte e_2*

$K_1 = \lambda/10 - 2,\ 5 = 104/10 - 2{,}5 = 7{,}9 >> \mathbf{1{,}0}$ $\quad K_1 = 1$ ist maßgebend
$e_2 = K_1\ l_0^2\ (1/\mathrm{r})/10 = 1{,}0 \cdot 10{,}4^2 \cdot 0{,}014/10 = 0{,}15$ m

8.2 Pendelstütze

– *Schätzung von ω_{tot}*

Geschätzt: $A_{s,tot} = 20$ cm^2 $\quad \omega_{tot} = [20/(22{,}5 \cdot 40)] \cdot (435/11{,}3) = 0{,}86$

– *Ermittlung von Kr*

Mit $d_1/h = 0{,}18$ und $\nu_{bal} \approx 0{,}37$ (s. Gl. 13.3-7) und damit $1 - 0{,}37 = 0{,}63$:
$K_r = (1+0{,}86-0{,}86)/(0{,}63+0{,}86) = 0{,}67 < 1{,}0$

– *Ermittlung der Krümmung*

$1/r = 2\ K_r\ \varepsilon_{yd}/(0{,}9\ d) = 2 \cdot 0{,}67 \cdot 435/(200000 \cdot 0{,}9 \cdot 0{,}185) = 0{,}0175$

– *Ermittlung der Ausmitte e_2*

$K_1 = \lambda/10 - 2{,}5 = 38{,}5/10 - 2{,}5 = 1{,}35 > \mathbf{1{,}0}$ $\quad K_1 = 1$ ist maßgebend
$e_2 = K_1\ l_0^2\ (1/r)/10 = 1{,}0 \cdot 3{,}5^2 \cdot 0{,}0175/10 \approx 0{,}02$ m

9 Einfluss des Kriechens

9.1 Kragstütze

Verschiebliches System; Kriechen muss wegen λ = 104 > 50 und e_0/h = 0,06/0,35 < 2 berücksichtigt werden.

$e_2 \cdot K_\varphi = e_2 \cdot (1 + \beta \cdot \varphi(\infty, t_0) \cdot M_{0Eqp}/M_{0Ed}) \geq e_2$
$\beta = 0{,}35 + f_{ck}/200 - \lambda/150 = 0{,}35 + 20/200 - 104/150 = -0{,}24 < \mathbf{0}$
Kriechen ohne Einfluss, weitere Berechnung nicht erforderlich.

9.2 Pendelstütze

Die Stütze hat keine Querlasten und damit keine planmäßige Ausmitte e_0. Der Nachweis muss deshalb trotz λ = 36 < 50 geführt werden, weil e_0/h = 0 < 2 ist.

$\beta = 0{,}35 + f_{ck}/200 - \lambda/150 = 0{,}35 + 20/200 - 104/150 = -0{,}24 \geq \mathbf{0}$
Kriechen ohne Einfluss, weitere Berechnung nicht erforderlich.

10 Bemessungsschnittgrößen

10.1 Kragstütze (LFK 1)

Achtung: **Alle Momentenanteile** als Absolutbeträge addieren!

N_{Ed} = (-)878 kN
M_{Ed} = 52,5+878 (0,026+0,15) = 52,5+139,0 = 207 kNm
(M_{Ed} = 878 (0,060+0,026+0,15) = 207 kNm = 207 ✓ alternative Formulierung)

10.2 Pendelstütze

N_{Ed} = (-)878 kN
M_{Ed} = 878 (0,01 + 0,02) = 26 kNm

11 Querschnittsbemessung mit Interaktionsdiagramm für symmetrische Bewehrung

11.1 Kragstütze

$\mu_{Ed} = 0{,}207/(0{,}4 \cdot 0{,}35^2 \cdot 11{,}3) = 0{,}37$
$\nu_{Ed} = (-)0{,}878/(0{,}4 \cdot 0{,}35 \cdot 11{,}3) = (-)\ 0{,}56$
Abgelesen (Bild 5.2-4): für d_1/h = 0,15 $\omega_{tot} \approx 0{,}83$
erf $A_{s,tot} = 0{,}83 \cdot 40 \cdot 35/(435/11{,}3) = 30{,}2$ cm² > geschätzt $A_{s,tot}$ = 24 cm²

Die Werte liegen nicht auf der sicheren Seite. Eine Iteration ist erforderlich. Minimal- und Maximalwerte der Bewehrung sind nicht maßgebend (hier nicht nachgewiesen).

11.2 Iteration für Kragstütze mit $\omega_{tot} \approx 0{,}9$ **zum Vergleich Werte aus Absatz *-8***

$K_2 = (1+0{,}9-0{,}55)/(0{,}60+0{,}9) = 0{,}90 < 1{,}0$ = 0,88
$1/r = 2\ K_2\ \varepsilon_{yd}/(0{,}9\ d) = 2 \cdot 0{,}90 \cdot 435/(200000 \cdot 0{,}9 \cdot 0{,}3) = 0{,}015$ = 0,014
$K_1 = \lambda/10 - 2{,}5 = 104/10 - 2{,}5 = 7{,}9 >> \mathbf{1{,}0}$ K_1 = 1 ist maßgebend
$e_2 = K_1\ l_0^2\ (1/r)/10 = 1{,}0 \cdot 10{,}4^2 \cdot 0{,}015/10 = 0{,}16$ m = 0,15
M_{Ed} = 52,5+878 (0,026+0,16) = 52,5+163,3 = 216 kNm = 207
$\mu_{Ed} = 0{,}216/(0{,}4 \cdot 0{,}35^2 \cdot 11{,}3) = 0{,}39$ = 0.37
$\nu_{Ed} = (-)0{,}878/(0{,}4 \cdot 0{,}35 \cdot 11{,}3) = (-)\ 0{,}56$ = -0,56

Abgelesen (Bild 5.2-4): für $d_1/h = 0{,}15$ $\omega_{tot} \approx \mathbf{0{,}89}$ $\approx$ geschätzt $\omega_{tot} = 0{,}9$

$\boxed{\text{erf } A_{s,tot} = 0{,}9 \cdot 40 \cdot 35/(435/11{,}3) = 32{,}2 \text{ cm}^2}$

11.3 Pendelstütze

$\mu_{Ed} = 0{,}026/(0{,}4 \cdot 0{,}225^2 \cdot 11{,}3) = 0{,}12$

$\nu_{Ed} = (-)0{,}878/(0{,}4 \cdot 0{,}225 \cdot 11{,}3) = (-)\,0{,}86$

Abgelesen (z. B. aus [11-6]): konservativ für $d_1/h = 0{,}20$ $\omega_{tot} \approx 0{,}20$

$\boxed{\text{erf } A_{s,tot} = 0{,}20 \cdot 40 \cdot 22{,}5/(435/11{,}3) = 4{,}7 \text{ cm}^2}$ $\ll$ geschätzt $A_{s,tot} = 20 \text{ cm}^2$

Das Ergebnis liegt weit auf der sicheren Seite. Eine Iteration ist nicht erforderlich. Es wird aber auf Einhaltung der Minimalbewehrung überprüft:

$A_{s,min} = 0{,}15 |N_{Ed}| / f_{yd} = 0{,}15 \cdot 0{,}878 \cdot 10^4/435 = 3{,}0 \text{ cm}^2 < \text{erf } A_s = 4{,}7 \text{ cm}^2$

12 Wahl der Bewehrung und ihre Anordnung im Querschnitt

12.1 Kragstütze

- **Variante 1:**

Gewählt: $\boxed{\mathbf{4\,\phi 28 + 2\,\phi 25 \quad Bügel\ \phi 10}}$ $A_{s,tot} = 34{,}4 \text{ cm}^2 > 32{,}2 \text{ cm}^2$

- **Variante 2:**

Gewählt: $\boxed{\mathbf{10\,\phi 20 \quad Bügel\ \phi 10}}$ $A_{s,tot} = 31{,}4 \text{ cm}^2 \approx 32{,}2 \text{ cm}^2$

Vorteil der Lösung mit ϕ20:
- Die statische Höhe wird etwas größer als für die geschätzten ϕ28.

Nachteile der Lösung mit ϕ20:
- Mehr Positionen
- Zwischenbügel werden erforderlich
- Stoß an OK Fundament wird schwieriger, bleibt aber noch baubar.

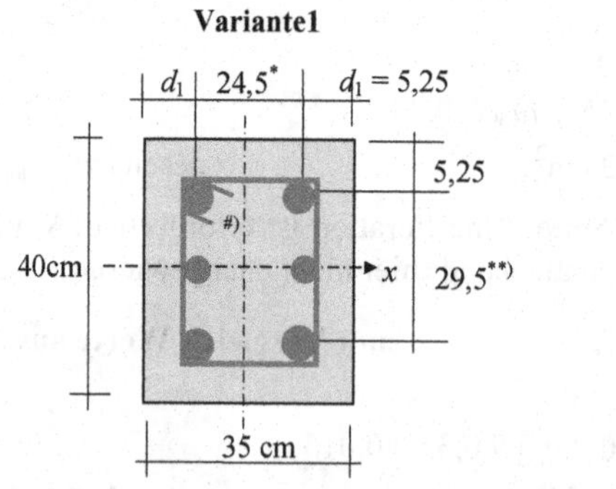

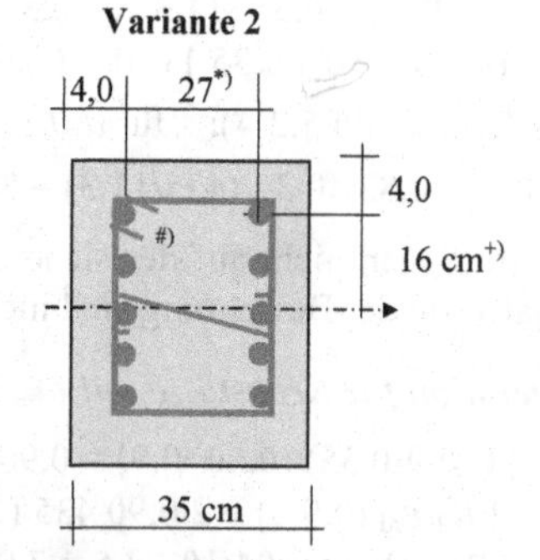

*) **< 30 cm** ⇒ **keine Zwischenlängsstäbe erforderlich**

**) 29,2/2 ≈ 15 ϕ_w = 15 ⇒ keine Zwischenbügel erforderlich

+) 16 cm > 15 ϕ_w = 15 ⇒ Zwischenbügel erforderlich (z. B. S-Haken ϕ8 im doppelten Abstand der Hauptbügel)

#) Haken zum Schließen der Bügel (sogenannte „Bügelschlösser") unbedingt nach Innen biegen. Schlösser über Stützenhöhe um jeweils 90° verschwenkt einbauen.

In der Regel ist die Variante 1 vorzuziehen. Bei der geringen Stützenhöhe kann die vertikale Bewehrung ohne Stoß aus dem Fundament herausgeführt werden.

12.2 Pendelstütze

EC2 verlangt für Stützen eine Längsbewehrung ≥ ϕ 12 mit einem Höchstabstand der Stäbe untereinander von 30 cm. Bei Querschnitten mit Seitenlänge $h \leq 40$ cm genügen ein Stab je Ecke. Diese Konstruktionsregeln ergeben bereits eine Bewehrung von 4,5 cm^2, also mehr als die Mindestbewehrung. Gewählt wird aus konstruktiven Gründen (Steifigkeit des Bewehrungskorbes, Empfindlichkeit der Bemessung) ein größerer Bewehrungsquerschnitt.

Gewählt: **6 ϕ 20 Bügel ϕ 10** $A_{s,tot} = 18{,}8\text{cm}^2 >> 4{,}7\text{ cm}^2$

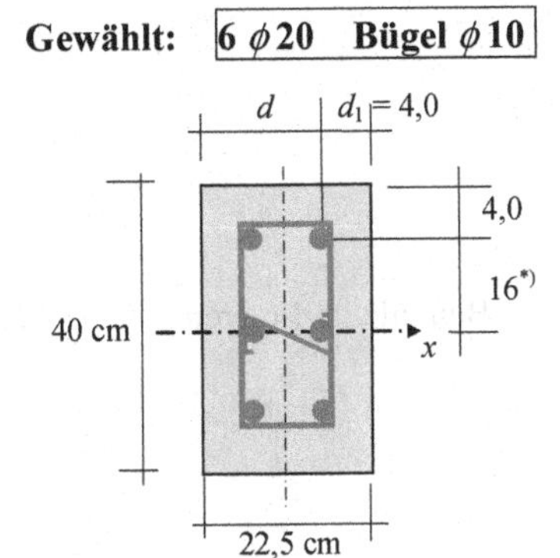

*) 16 cm > 15 ϕ_w = 15 ⇒ Zwischenbügel erforderlich (z. B. S-Haken ϕ 8 im doppelten Abstand der Hauptbügel)

Die Schmalseite der Stütze könnte rechnerisch auf unter 20 cm verkürzt werden. Aus konstruktiven Gründen (insbesondere wegen der Anschlusskonstruktion an den Stützenenden) wird hierauf verzichtet.

– *Überprüfung von d:*

$d_1 = 4{,}0$ cm

$d_1/h = 4{,}0/22{,}5 = 0{,}18 =$ geschätzt 0,18 ✓ Schätzung war richtig

13 Anmerkung zur Konstruktion der Anschlüsse der Pendelstütze

Gelenkige Anschlüsse werden in der Regel nur im Stahlbetonfertigteilbau (zumindest näherungsweise) realisiert. Hier werden nur einige allgemeine Hinweise gegeben, Näheres siehe z. B. in [6-5].

Die Verbindung der Stütze mit den angrenzenden Bauteilen kann mit verankerten Gummilagern (Neoprene) geschehen. Derartige Lager sind für die hier auftretenden Lasten als stahlbewehrte und mit Verankerungsdollen versehene Lager erhältlich. Die Bemessung erfolgt unter der Prämisse, dass die Lager als Teil des statischen Systems H-Lasten übertragen können, nach allgemeiner bauaufsichtlicher Zulassung (abZ). Der Brandschutz der Lager ist gesondert zu beurteilen (siehe [6-5]).

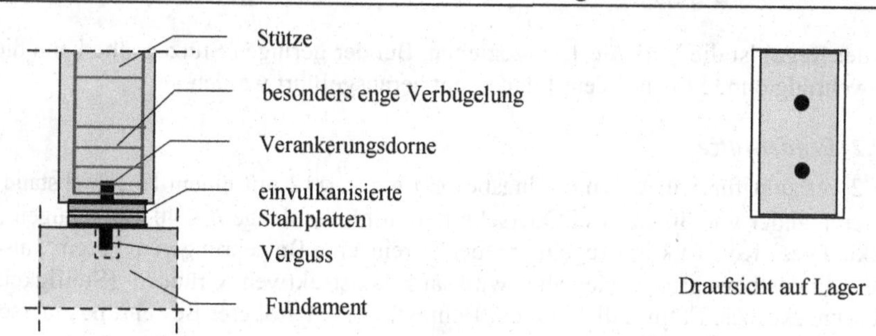

13.4.4 Hallenstütze

1 System, Abmessungen und Lasten

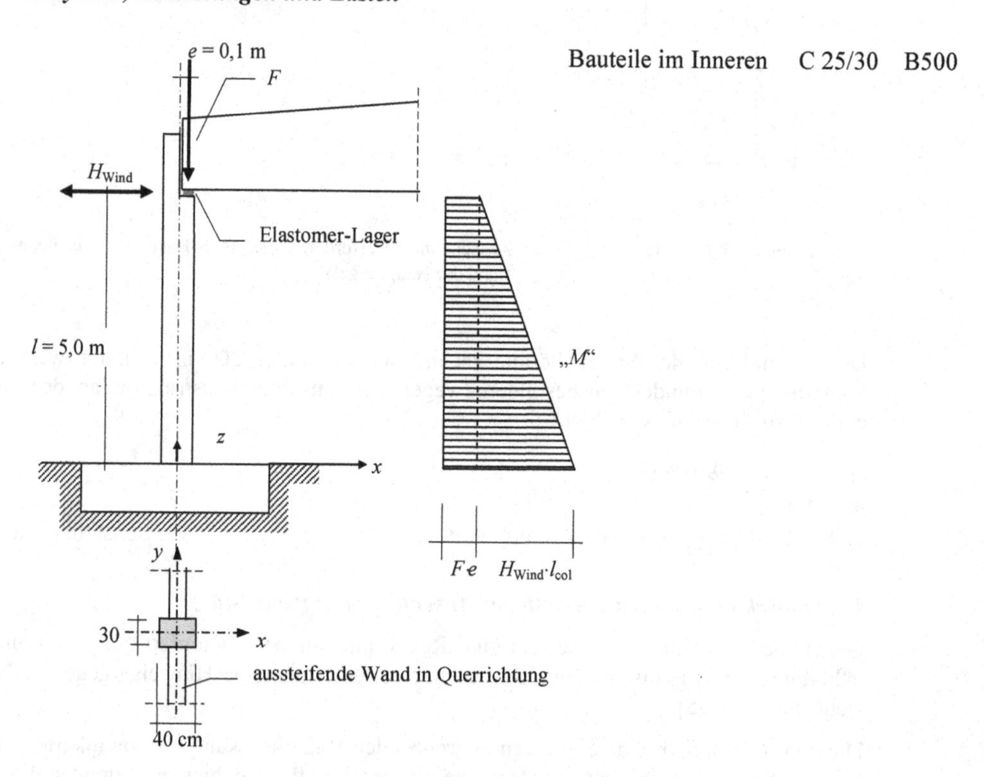

Die Halle sei zur Mittelachse symmetrisch. Die Stützen seien aus Ortbeton. Letzteres ist relativ selten bei Hallen, deren Stützen in der Regel als Fertigteile und dann mit Beton höherer Festigkeit hergestellt werden (siehe [6-5]). Die Höhenlage des Bauwerks sei < 1000 m (Kombinationsbeiwert für Schnee!).

– *Überprüfen der Betonfestigkeitsklasse C*

Expositionsklasse nach Tabelle 1.2-2: Fall XC1 mit „C_{min}" = C16/20 < gew. C25/30

– *Überprüfen der Betonfestigkeitsklasse C*

Expositionsklasse nach Tabelle 1.2-2: Fall XC1 mit „C_{min}" = C16/20 < gew. C25/30

– *Bemessungswerte der Baustofffestigkeiten*

Beton C25/30: $f_{ck} = 25$ N/mm² $f_{cd} = 14{,}1$ N/mm²
Betonstabstahl B500: $f_{yk} = 500$ N/mm² $f_{yd} = 435$ N/mm²

2 Ermittlung der statischen Höhe

Annahme: $\phi_l \leq 25$ mm, $\phi_w = 10$ mm

$\bar{c}_{min,dur} = c_{min,dur} + \Delta c_{dur,\gamma} = 10$ mm und $\Delta c_{dev} = 10$ mm

Eine Reduzierung von $c_{min,dur}$ um 5 mm ist nicht zulässig und nicht möglich. $\Delta c_{dur,\gamma}$ ist im vorliegenden Expositionsklasse = 0 (ebenso $\Delta c_{dur,st} = 0$ und $\Delta c_{dur,add} = 0$):

$$c_{min} = \max\{c_{min,b};\ c_{min,dur} + \Delta c_{dur,\gamma} - \Delta c_{dur,st} - \Delta c_{dur,add};\ 10\text{ mm}\}$$

$$c_{min,b,w} = \phi_w = 10\text{ mm} = \bar{c}_{min,dur} = 10\text{ mm}$$

$$c_{min,b,l} = \phi_l = 25\text{ mm} > \bar{c}_{min,dur} = 10\text{ mm}$$

$c_{nom,l} = \bar{c}_{min,dur} + \Delta c_{dev} = 10 + 10 = 20$ mm — Dauerhaftigkeit

$c_{nom,l} = c_{min,b,l} + \Delta c_{dev,b} = 25 + 10 = 35$ mm — für ϕ_l Verbund maßgebend

$c_{nom,w} = \bar{c}_{min,dur} + \Delta c_{dev} = 10 + 10 = 20$ mm — Dauerhaftigkeit

$c_{nom,w} = c_{min,b.l} + \Delta c_{dev,b} = 10 + 10 = 20$ mm — Verbund

Verlegemaß der Bügel (Abstandhalter) gew.: $\boldsymbol{c_v = 25}$ **mm** (vorh $c_{nom,l} = 25 + 10 = 35$ mm)

Statische Höhe bei symmetrischer einlagiger Bewehrung:

$d = h - c_{l,nom} - \phi_l/2 = 40 - 3{,}5 - 1{,}25 = 35{,}25 \approx 35$ cm $d_1 = d_2 \approx 5{,}0$ cm $\boldsymbol{d_1/h = 0{,}12}$

3 Bemessungsschnittgrößen nach Theorie I. Ordnung

$F_G = 250$ kN $F_Q = F_{Schnee} = 50$ kN $G_{Stütze} \approx 0{,}3 \cdot 0{,}4 \cdot 5{,}0 \cdot 25 = 15$ kN $H_{Wind} = 30$ kN $= \Sigma H/2$

Bei symmetrischem System verteilt sich die resultierende Windlast je zur Hälfte auf beide Stützen. Es liegen zwei unterschiedliche veränderliche Einwirkungen vor (s. Abschnitt 2 und Tabelle 2.2-2 für Höhenlage < 1000 m):

$$\Sigma\, G\, \gamma_G + Q_1\, \gamma_{Q1} + Q_2\, \gamma_{Q2}\, \psi_{02}$$

LFK 1a	$G \cdot 1{,}35 + \boldsymbol{W} \cdot 1{,}5 + S\ 1{,}5 \cdot 0{,}5$	Grundkombination 1
LFK 1b	$G \cdot 1{,}00 + \boldsymbol{W} \cdot 1{,}5 + S\ 1{,}5 \cdot 0{,}5$	
LFK 1c	$G \cdot 1{,}35 + \boldsymbol{W} \cdot 1{,}5$	
LFK 2a	$G \cdot 1{,}35 + W \cdot 1{,}5 \cdot 0{,}6 + \boldsymbol{S} \cdot 1{,}5$	Grundkombination 2
LFK 2b	$G \cdot 1{,}00 + W \cdot 1{,}5 \cdot 0{,}6 + \boldsymbol{S} \cdot 1{,}5$	

Die Schnittgrößen in der folgenden Tabelle gelten für den Fußpunkt der Stütze (Werte auf drei Ziffern gerundet). Trotz leicht größerer Normalkräfte werden wegen der deutlich kleineren Momente die LFK 2 nicht maßgebend für die Bemessung.

265·1,35 250·0,1·1,35 30·5,0·1,5 50·0,5·1,5 37,5·0,1

		$G = 250 + 15 = 265$ kN	$W = 30$ kN	$S = 50$ kN	$\Sigma(G + Q)$
LFK 1a	N_{Ed}	-358	-	-37,5	-396
	M_{Ed}	33,8	225	3,8	263
LFK 1b	N_{Ed}	-265	-	-37,5	-303
	M_{Ed}	25	225	3,8	254
LFK 1c	N_{ed}	-358	-	-	-358
	M_{Ed}	33,8	225		259
LFK 2a	N_{Ed}	-358	-	-75	-433
	M_{Ed}	33,8	135	7,5	176
LFK 2b	N_{Ed}	-265	-	-75	-340
	M_{Ed}	25	135	7,5	167,5

4 Ersatzstablänge

Wegen des symmetrischen Systems und der gleichmäßigen Aufteilung der Lasten auf beide Hallenstützen wirkt jede Stütze unabhängig von der anderen als Einzelstütze.

Fundamentverdrehungen aus Nachgiebigkeit des Baugrundes werden wegen der geringen Momente und der geringen Stützenhöhe pauschal mit $\beta \approx 2{,}2$ berücksichtigt. Bei Stützen mit Kranlasten können die Fundamenteinflüsse weitere Erhöhungen der Ausmitten ergeben, die sich beim Ersatzstabverfahren in einer größeren Ersatzstablänge ($\beta > 2{,}2$) bemerkbar machen (siehe auch [6-5]).

$l_0 = 2{,}2\ l = 2{,}2 \cdot 5{,}0 = 11{,}0$ m

6 Ausmitten

Planmäßige Ausmitte (Fußpunkt)

LFK 1a $e_0 = 263/396 = 0{,}66$ m $e_0/h_x = 0{,}66/0{,}4 = 1{,}65 < 2{,}0$
LFK 1b $e_0 = 254/303 = 0{,}84$ m $e_0/h_x = 0{,}84/0{,}4 = 2{,}10 \approx 2{,}0$
LFK 1c $e_0 = 259/358 = 0{,}72$ m $e_0/h_x = 0{,}72/0{,}4 = 1{,}80 < 2{,}0$

Unplanmäßige Ausmitte (Gl. 13.3-2)

$$e_i = \frac{11{,}0}{200 \cdot \sqrt{5}} = \mathbf{0{,}0245}\ \text{m} < e_i = 11{,}0/400 = 0{,}0275$$

7 Überprüfung, ob ein Nachweis der Stütze nach Theorie II. Ordnung erforderlich ist:

– *Schlankheit*

$i = 0{,}289\ h_x = 0{,}289 \cdot 0{,}4 = 0{,}116$ m
$\lambda = l_0/i = 11{,}0/0{,}116 = 95$

– *Nach Gl. 5.1.-1: liegt ein schlankes Druckglied vor?*

LFK 1a $\nu_{Ed} = N_{Ed}/(A_c\, f_{cd}) = 0{,}396/(0{,}3 \cdot 0{,}4 \cdot 14{,}1) = 0{,}24 < 0{,}41$
$\lambda_{lim} = 16/\sqrt{\nu_{Ed}} = 16/\sqrt{0{,}24} = \mathbf{33} > 25$

LFK 1b $\nu_{Ed} = N_{Ed}/(A_c \cdot f_{cd}) = 0{,}303/(0{,}3 \cdot 0{,}4 \cdot 14{,}1) = 0{,}18 < 0{,}41$
$\lambda_{lim} = 16/\sqrt{\nu_{Ed}} = 16/\sqrt{0{,}18} = \mathbf{38} > 25$

LFK 1c $\nu_{Ed} = N_{Ed}/(A_c f_{cd})$ $= 0{,}36/(0{,}3 \cdot 0{,}4 \cdot 14{,}1) = 0{,}21 < 0{,}41$

$\lambda_{lim} = 16/\sqrt{\nu_{Ed}} = 16/\sqrt{0{,}21}$ $= \mathbf{35} > 25$

$\boldsymbol{\lambda = 95 > \min \lambda_{lim} = 33} \Rightarrow$ Stab gilt als schlankes Druckglied

(λ_{crit} nicht maßgebend, weil ein verschiebliches System vorliegt) **Nachweis ist zu führen**

8 Ausmitte aus Systemverformungen

– *Schätzung von ω_{tot}*

Geschätzt: $A_{s,tot} = 45$ cm² $\omega_{tot} = [45/(30 \cdot 40)] \cdot (435/14{,}1) = \mathbf{1{,}16}$

– *Ermittlung von K_r*

Mit $d_1/h = 0{,}12$ und $\nu_{bal} = 0{,}4$ wird $K_r = (1 + \omega_{tot} - \nu_{Ed})/(0{,}60 + \omega_{tot})$:

LFK 1a $K_r = (1 + 1{,}16 - 0{,}24)/(0{,}60 + 1{,}16) = 1{,}09$

LFK 1b $K_r = (1 + 1{,}16 - 0{,}18)/(0{,}60 + 1{,}16) = 1{,}12$

LFK 1c $K_r = (1 + 1{,}16 - 0{,}21)/(0{,}60 + 1{,}16) = 1{,}11$

} **1,0** maßgebend

– *Ermittlung der Krümmung*

Wegen $K_r = 1{,}0$ gilt für alle LFK die gleiche Krümmung:

$1/r = 2\, K_r\, (f_{yd}/E_s)/(0{,}9\, d) = 2 \cdot 1{,}0\, (435/200000)/(0{,}9 \cdot 0{,}35) = 0{,}0138$

– *Ermittlung der Ausmitte e_2*

$K_1 = 95/10 - 2{,}5 = 7{,}0 > \mathbf{1{,}0}$ $K_1 = \mathbf{1}$ ist maßgebend

Damit gilt für alle LFK die gleiche Zusatzausmitte:

$e_2 = K_1\, l_0^2\, (1/r)/10 = 1{,}0 \cdot 11^2 \cdot 0{,}0138/10 \approx 0{,}17$ m

9 Einfluss des Kriechens

Verschiebliches System; Kriechen muss wegen $\lambda = 95 > 50$ berücksichtigt. Der Einfluss ist wegen der kleinen Momente aus ständigen Lasten bei diesem Beispiel aber vernachlässigbar.

– *Berechnung der maßgebenden Momente (beispielhaft, weil nicht weiter benötigt)*

LFK 1a $M_{0Eqp} = (250 \cdot 0{,}1 + 265 \cdot 0{,}0245) = 32$ kNm $M_{Ed} = 263 + 396 \cdot 0{,}0245 = 273$ kNm

LFK 1b $M_{0Eqp} = (250 \cdot 0{,}1 + 265 \cdot 0{,}0245) = 32$ kNm $M_{Ed} = 254 + 303 \cdot 0{,}0245 = 261$ kNm

LFK 1c $M_{0Eqp} = (250 \cdot 0{,}1 + 265 \cdot 0{,}0245) = 32$ kNm $M_{Ed} = 259 + 358 \cdot 0{,}0245 = 268$ kNm

Für alle LFK gilt etwa: $\varphi_{eff} = \varphi(\infty,t_0) \cdot M_{E,c}/M_{Ed} \approx \varphi(\infty,t_0) \cdot 32/261 = \varphi(\infty,t_0) \cdot 0{,}123$ m

– *Ermittlung von K_φ*

$\beta = 0{,}35 + f_{ck}/200 - \lambda/150 = 0{,}35 + 25/200 - 95/150 = -\,0{,}16 \geq \mathbf{0}$ Kriechen ohne Einfluss

10 Bemessungsschnittgrößen

LFK 1a $N_{Ed} = (-)\ 396$ kN

$M_{Ed} = 263 + 396 \cdot (0{,}0245 + 0{,}17 + 0{,}021) = 348$ kNm

LFK 1b $N_{Ed} = (-)\ 303$ kN

$M_{Ed} = 254 + 303 \cdot (0{,}0245 + 0{,}17 + 0{,}021) = 319$ kNm

LFK 1c $N_{Ed} = (-)\ 358$ kN

$M_{Ed} = 259 + 358 \cdot (0{,}0245 + 0{,}17 + 0{,}021) = 336$ kNm

Man erkennt, dass LFK 1b in keinem Falle maßgebend wird.

11 Querschnittsbemessung mit Interaktionsdiagramm für symmetrische Bewehrung

LFK 1a $\mu_{Ed} = 0{,}348/(0{,}3 \cdot 0{,}4^2 \cdot 14{,}1) = 0{,}52$

$\nu_{Ed} = (-)\ 0{,}396/(0{,}3 \cdot 0{,}4 \cdot 14{,}1) = (-)\ 0{,}24$

Abgelesen (Bild 5.2-3): für $d_1/h = 0{,}1$ $\omega_{tot} \approx 1{,}05$

Abgelesen (Bild 5.2-4): für $d_1/h = 0{,}15$ $\omega_{tot} \approx 1{,}20$

LFK 1c $\mu_{Ed} = 0{,}336/(0{,}3 \cdot 0{,}4^2 \cdot 14{,}1) = 0{,}50$

$\nu_{Ed} = (-)\ 0{,}358/(0{,}3 \cdot 0{,}4 \cdot 14{,}1) = (-)\ 0{,}21$

Abgelesen (Bild 5.2-3): für $d_1/h = 0{,}1$ $\omega_{tot} \approx 1{,}05$

Abgelesen (Bild 5.2-4): für $d_1/h = 0{,}15$ $\omega_{tot} \approx 1{,}20$

Beide Ablesepunkte befinden sich unterhalb des Balance-Points und ergeben im Rahmen der Ablesegenauigkeit etwa die gleiche erforderliche Bewehrung. Die Bemessungspunkte sind in diesem Bereich relativ unempfindlich gegen nicht zu große Veränderungen der Schnittgrößen und der Bewehrung.

Durch Interpolation erhält man:

$\omega_{tot} \approx 1{,}11 <$ geschätzt $\omega_{tot} = 1{,}16$

Die Vorschätzung war konservativ. **Eine Iteration mit geändertem ω_{tot} ergibt jedoch immer dann keine Änderung der Bemessungsmomente, wenn wie im vorliegenden Fall $K_2 > 1$ bleibt.** Somit kann das ermittelte $\omega_{tot} = 1{,}11$ direkt für die Bemessung verwendet werden.

$\boxed{\text{erf } A_{s,tot} \leq 1{,}11 \cdot 30 \cdot 40/(435/14{,}1) \approx 43 \text{ cm}^2}$

12 Wahl der Bewehrung und ihre Anordnung im Querschnitt

Gewählt: **10 ϕ25 Bügel ϕ10** $A_{s,tot} = 49{,}1 \text{ cm}^2 > \text{erf } A_{s,tot} = 43 \text{ cm}^2$

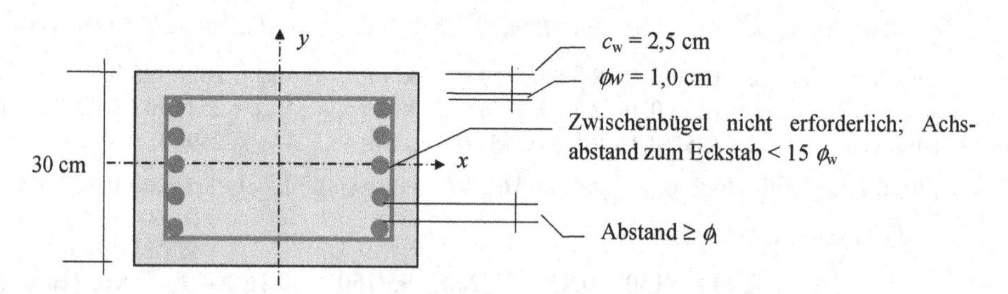

– *Zwischenlängsstäbe nicht erforderlich, weil max $h = h_x \leq 40$ cm ist.*

– *Überprüfung der Querschnittsbreite:*

erf $h_y = 2\ c_l + (5 + 4)\ \phi_l = 2 \cdot 3{,}5 + 9 \cdot 2{,}5 = 29{,}5 < 30$ cm

Wegen der Krümmung der Bügel in den Ecken können die Eckstäbe nicht in der rechnerischen Position eingebaut werden (s. Skizze). Sie verrutschen entweder in x-Richtung und verringern die statische Nutzhöhe (dies wäre wegen der vorhandenen Reserven hier vorzuziehen) oder sie verrutschen in y-Richtung und verringern den lichten Stababstand. Dies kann beim Betonieren zu Problemen führen.

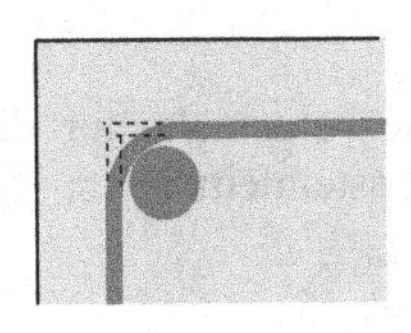

Anmerkungen zum Fußpunkt an OK-Fundament:

- Die Bewehrung kann gerade noch einlagig je Seite angeordnet werden. Ein **Übergreifungsstoß am Stützenfuß** ist dann nur mit innenliegenden Stäben (Zweiebenenstoß) ausführbar. Dies führt bereichsweise zu einer Verringerung der statischen Höhe *d*. Um dies im bemessungsmaßgebenden Anschnittpunkt zu vermeiden, werden die Längsstäbe aus dem Fundament in der gezeichneten Lage herausgeführt. Die Anschlussbewehrung wird dann innenliegend angesetzt. Die Verringerung der statischen Höhe wird dann erst in Höhenbereichen mit geringeren Biegemomenten wirksam.
- Die Ablesung aus Bild 5.2-2 und Bild 5.2-3 zeigt, dass die an der Hallenaußenseite liegende Bewehrung der Stütze mit $\varepsilon_{c2}/\varepsilon_{c1} \approx$ -3,5/+6 gezogen wird. Die innenliegende Bewehrung wird zwar gedrückt, es wird aber beidseits ein Zugstoß ausgeführt.

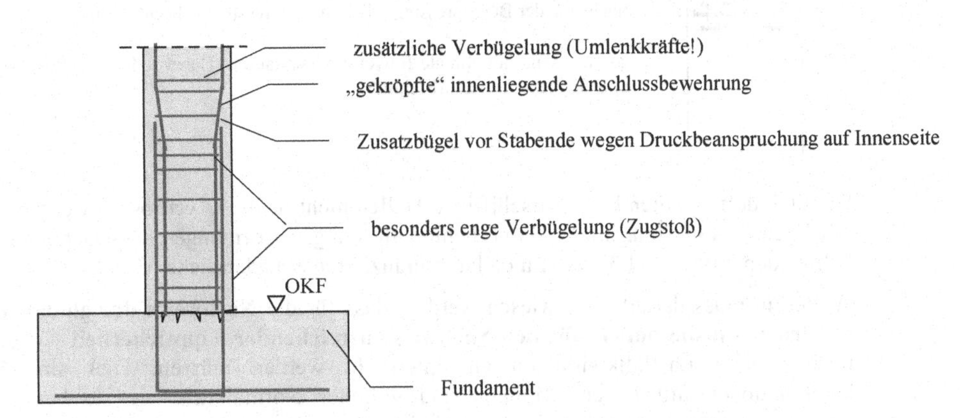

- **Ausführung mit durchgehender Längsbewehrung:** Da die Stützen immer in einem zweiten Arbeitsgang nach Herstellung der Fundamente betoniert werden, müssen die Stützenlängsstäbe schon bei Herstellung der Fundamente eingebaut werden. Derartig lange vertikale Stäbe verursachen etliche Probleme. Sie müssen beim Betonieren des Fundamentes in sich schon verbügelt sein und als Bewehrungskorb seitlich abgestrebt werden.
- Stoßausbildung bei 2 x 4 ϕ28 (statt 2 x 5 ϕ25) unter Umständen als **Muffenstoß** baubar (teuer).

Mögliche Verbesserungen:

- Vergrößerung von h_x.
- Noch sinnvoller wäre eine Ausführung als Stahlbetonfertigteil mit deutlich höherer Betonfestigkeitsklasse.

13 Ergänzende Anmerkungen zur statischen Berechnung

Die in den Abschnitten *1* bis *12* durchgeführten Nachweise behandeln nur die globale Stützenbemessung. Selbstverständlich muss auch die lokale Lasteinleitung im Bereich des Auflagers des Dachbinders nachgewiesen werden:

- Nachweis des Elastomerlagers
- Nachweis der Betonpressung unter dem Lager
- Nachweis der Weiterleitung der exzentrisch angreifenden Binderauflast (Spaltzugbewehrung, schiefe Hauptdruckspannungen, siehe z. B. [6-5]).

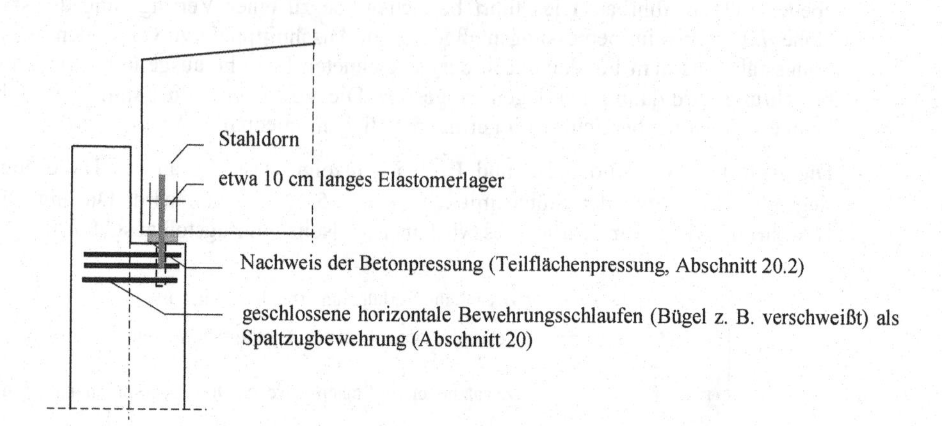

Die Stahldorne sollten bei mehrschiffigen Hallen nicht beidseits vergossen werden, da sonst erhebliche Zwangslängskräfte durch behinderte Längsverformungen des Dachbinders (z. B. Schwinden) auftreten können. Zu dadurch induzierten Schäden siehe [6-5].

Weiterhin muss darauf hingewiesen werden, dass für die **Nachweise der globalen Standsicherheit – insbesondere für den Nachweis ausreichender Kippsicherheit** – in der Regel noch weitere Lastfallkombinationen untersucht werden müssen. Dies sind Lastfallkombinationen mit hohem Moment und geringer Normalkraft wie sie besonders bei Kranbahnstützen auftreten (siehe Abschnitt 14 zu Fundamenten). Für die Biege- und Schubbemessung von Stütze und Fundament sind diese Lastfallkombinationen meist nicht maßgebend.

13.4.5 Konstruktionsbeispiele

Im Folgenden werden einige Konstruktionsbeispiele gezeigt. Besonders schwierig sind die Verschneidungen von vertikaler Stützenbewehrung und horizontaler Balkenbewehrung. Hier liegen die äußeren Stützenlängsstäbe meist in einer Ebene mit den äußeren Längsstäben der Balken bzw. Unterzüge. Eine weitere Schwierigkeit ergibt sich bei der Verschneidung von Rundstützen mit Unterzügen.

1 Innenstütze in horizontal unverschieblichem Stockwerkrahmen mit geschossweise veränderlichem Querschnitt

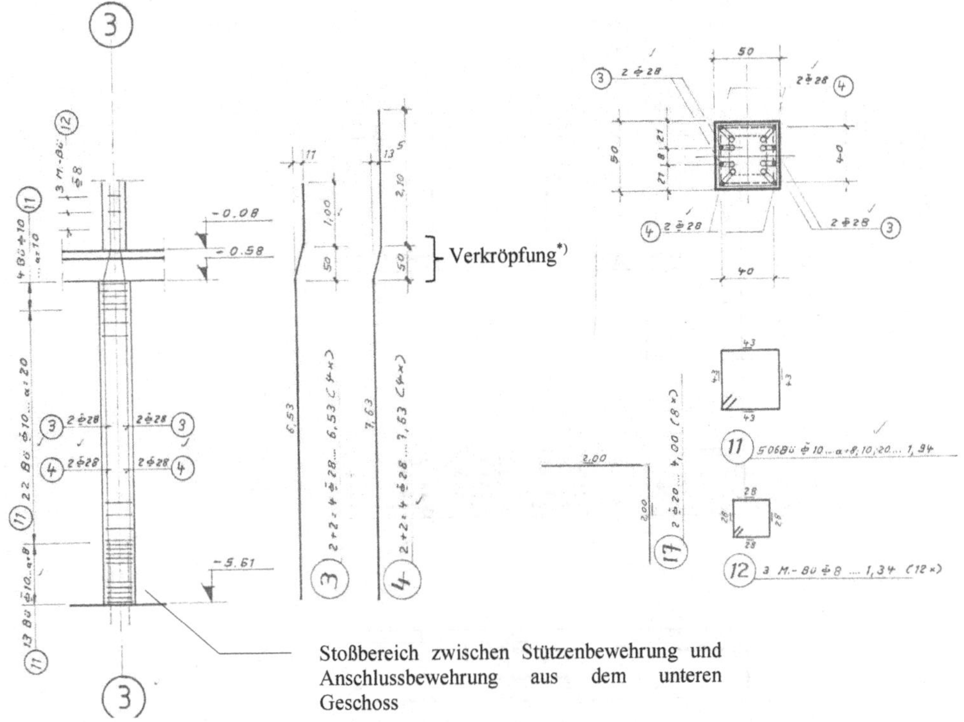

*) *Hinweis: Eine Verbügelung zur Aufnahme der Umlenkkräfte an den Verkröpfungen der Längsstäbe ist bei einer Neigung von > 1:12 erforderlich.*

2 Verschneidung von Rundstütze mit horizontaler Unterzugbewehrung

Nur bei ungleichmäßiger Verteilung der Stützenbewehrung am Umfang bleiben genügend Lücken für das Durchführen der Unterzugbewehrung

3 Verschneidung von Stütze mit horizontaler Unterzugbewehrung (kleines Eckmoment)

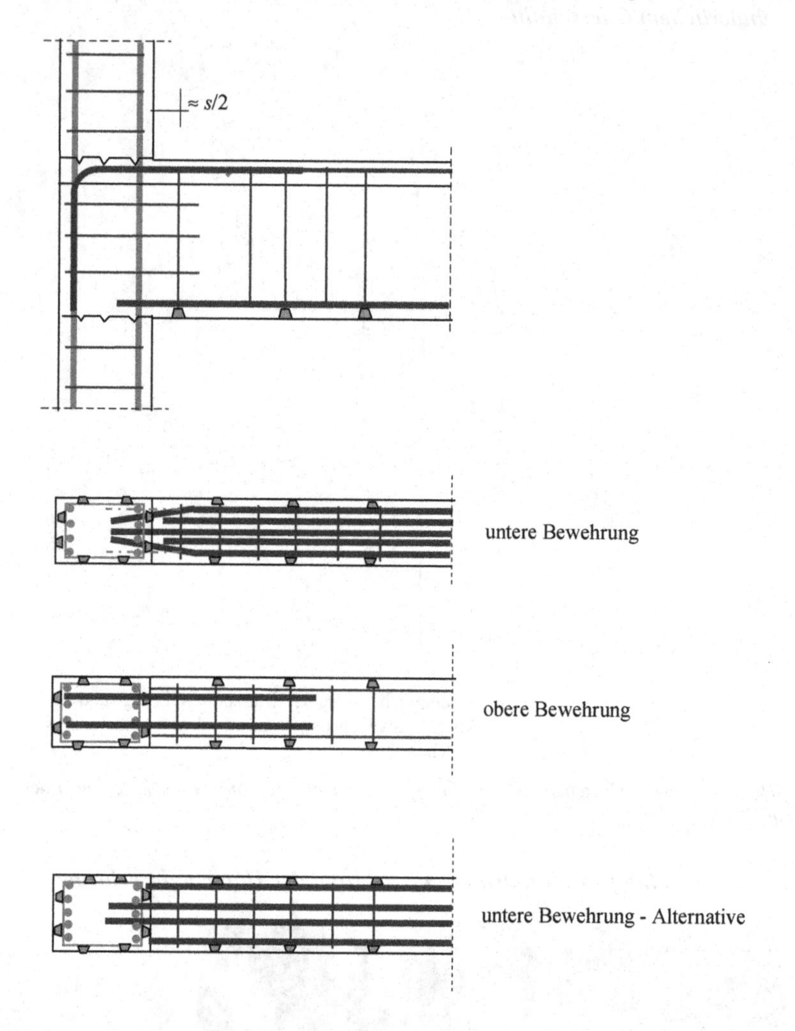

An einem Kreuzungsknoten von zwei Unterzügen mit einer vertikal durchgehenden Stütze wird es für die Bewehrungsführung noch enger. Dann muss ein möglichst großer Anteil der Stützmomente umgelagert werden, um Stützbewehrung zu sparen. Zudem müssen die Sieblinie des Betonzuschlags (Größtkorn) und die Fließfähigkeit des Frischbetons auf die Situation abgestimmt werden. Schließlich kann noch die Bewehrung teilweise erst während des Betonierens endgültig platziert werden.

In jedem Falle sollten solche Bauteilbereiche sorgfältig mit Zeichnungen in großem Maßstab (mindestens 1:5 bis hin zu 1:1) geplant werden. Ansonsten kann es dazu kommen, dass die am Bau Beteiligten (technisches Büro, Bauleitung und Prüfingenieur) auf der Baustelle nach Lösungen suchen müssen, während der Beton schon zum Einfüllen bereit steht.

13.5 Tragfähigkeitsnachweis mit Nomogrammen

13.5.1 Allgemeines

Die Bemessung von Einzelstützen kann auch mit Nomogrammen durchgeführt werden. Sie sind für Handrechnungen gedacht, bei denen sie in der Regel schneller zum Ergebnis führen, als die Auswertung der Gleichungen. Insbesondere entfallen das Vorschätzen des Bewehrungsgrades und damit jede Iteration.

Die bisher z. B. in [13-2] veröffentlichten Nomogramme basieren noch auf der Definition von f_{cd} gemäß EC2. Für DIN 1045-1 müssen die Eingangswerte für μ_{Ed} und ν_{Ed} deshalb zuvor mit 0,85 multipliziert und der Ablesewert durch 0,85 dividiert werden. Alle im Folgenden mit Querstrich versehenen Größen beziehen sich auf EC2.

Alle Nomogramme gelten für B500 und Betonfestigkeitsklassen ≤ C50/60 und decken folgende Querschnittsformen und Bewehrungsanordnungen ab:

- **Nomogramme R2-05 bis R2-20:**
  Rechteckquerschnitt mit zweiseitiger, symmetrisch verteilter Bewehrung (je Seite $A_s/2$) und h_1/h = 0,05; 0,10; 0,15; 0,20 (mit $h_1 = d_1$)
- **Nomogramme R4-05 bis R4-20:**
  Rechteckquerschnitt mit vierseitiger Bewehrung (je Seite $A_s/4$) und $h_1/h = d_1/h$ = 0,05; 0,10; 0,15; 0,20
- **Nomogramme K-05 bis K-20:**
  Vollkreisquerschnitt mit gleichmäßig über den Umfang verteilter Bewehrung und $h_1/h = d_1/h$ = 0,05; 0,10; 0,15; 0,20

[13-2] enthält zwei unterschiedliche Arten von Nomogrammen, um einen möglichst breiten Anwendungsbereich zu erschließen:

Die schnellste Ablesung gestatten die **„μ – Nomogramme"**, die aber im Bereich großer Druck-Normalkräfte keine sinnvolle Ablesung ermöglichen. In solchen Fällen führen die **„e/h – Nomogramme"** eher zum Ziel.

An dieser Stelle sind einige Anmerkungen zur Genauigkeit der Ergebnisse angebracht: Wie die Beispielrechnungen zeigen, weichen die Ergebnisse zwischen numerischer Ermittlung der Bemessungsmomente mit nachfolgendem Ablesen des erforderlichen Bewehrungsgrades aus den Interaktionsdiagrammen einerseits und der Ablesung aus den Nomogrammen andererseits aus Gründen der Ablesegenauigkeit häufig mehr oder weniger voneinander ab.

Man lasse sich also nicht über die erreichbare „Genauigkeit" der Ergebnisse täuschen. Schon die erste Nachkommastelle bei erf A_s ist meistens zweifelhaft. Die Angabe weiterer Nachkommastellen ist unsinnig. Man bedenke auch die nach DIN 488 zulässigen Toleranzen der Betonstahlquerschnitte.

Die Diagramme können mit Ersatzstablänge l_0 = 0 auch für die Querschnittsbemessung bei vorgegebenen Schnittgrößen verwendet werden. Sie führen im Rahmen der Ablesegenauigkeit zu den gleichen Resultaten wie die Interaktionsdiagramme des Abschnittes 5.2.

Kriechen wird über die modifizierte Ersatzstablänge $l_{0,c}$ nach Gl. (13.3-17) erfasst.

13.5.2 Die „μ - Nomogramme" (Bild 13.5-1 bis 13.5-5)

- **Eingangswerte für die Ablesung aus dem Nomogramm:**

$\bar{\mu}_{Ed} = 0{,}85\ \mu_{Ed} = 0{,}85 \cdot M_{Ed1}/(h \cdot A_c \cdot f_{cd})$ bezogenes Moment Th. I. Ordnung einschließlich Wirkung der ungewollten Ausmitte e_a

$\bar{\nu}_{Ed} = 0{,}85\ \nu_{Ed} = 0{,}85 \cdot N_{Ed}/A_c \cdot f_{cd}$ bezogene Längskraft (Druck negativ)

l_0/h bezogene Länge des Ersatzstabes mit $l_0 = \beta \cdot l_{col}$

- **Ablesung aus dem Nomogramm** (vgl. Ablesebeispiel auf Bild 13.5-1):

Man liest direkt das erforderliche bezogene Bewehrungsverhältnis $\bar{\omega}$ ab und errechnet damit die erforderliche Gesamtbewehrung, die entsprechend der im Nomogramm vorgegebenen Anordnung zu verteilen ist:

$\omega = \omega_{tot} = \bar{\omega}/0{,}85 = (\text{erf}\,A_s/A_c) \cdot f_{yd}/f_{cd}$ **erf** $\boldsymbol{A_s = \omega \cdot A_c/(f_{yd}/f_{cd})}$

Für die Bemessung der angrenzenden Bauteile (z.B. Fundament einer Kragstütze) können die Momente Theorie II. Ordnung aus dem Nomogramm abgelesen werden, indem man eine Gerade durch den Punkt „Null" der bezogenen Stablänge l_0/h und durch den Bemessungspunkt „tot ω" mit der μ_{Ed}-Achse zum Schnitt bringt.

13.5.3 Die „e_1/h – Nomogramme" (Bild 13.5-6 bis 13.5-9)

- **Eingangswerte für die Ablesung aus dem Nomogramm:**

e_1/h bezogene Ausmitte Th. I. Ordnung einschließlich Wirkung der ungewollten Ausmitte e_a

$\bar{\nu}_{Ed} = 0{,}85\ \nu_{Ed} = 0{,}85 \cdot N_{Ed}/A_c \cdot f_{cd}$ bezogene Längskraft (Druck negativ)

l_0/h bezogene Länge des Ersatzstabes mit $l_0 = \beta \cdot l_{col}$

- **Ablesung aus dem Nomogramm:**

Man erhält das erforderliche bezogene Bewehrungsverhältnis und damit erf A_s:

$\omega = \omega_{tot} = \bar{\omega}/0{,}85 = (\text{erf}\,A_s/A_c) \cdot f_{yd}/f_{cd}$ **erf** $\boldsymbol{A_s = \omega A_c/(f_{yd}/f_{cd})}$

Das Nomogramm besteht aus zwei nebeneinanderstehenden Diagrammen. Die Ablesung ist relativ kompliziert und empfindlich:

- Zuerst wird im linken Diagramm eine Gerade zwischen Punkt $e_1/h = 0$ und Punkt l_0/h gezeichnet.
- Diese Gerade wird parallel nach oben durch den Punkt e_1/h verschoben.
- Vom Schnittpunkt dieser Geraden mit einer der Kurven ν_{Ed} wird horizontal eine Gerade in das rechte Diagramm hinein gezeichnet.
- Vom Schnittpunkt dieser horizontalen Geraden mit der entsprechenden ν_{Ed}-Kurve des rechten Diagramms wird vertikal nach unten gelotet und auf der ω-Achse das erforderliche Bewehrungsverhältnis $\omega = \omega_{tot}$ abgelesen (vgl. Eintrag in Bild 13.1-5).

Zur Ermittlung der Momente Theorie II. Ordnung bringt man die obere horizontale Linie nach links mit der Achse der bezogenen Lastausmitte zum Schnitt und liest dort die bezogene Gesamtausmitte nach Theorie II. Ordnung ab, aus der sich das bezogene Moment zu:

$\bar{\mu}^{II}_{Ed} = \bar{\nu}_{Ed} \cdot (e/h)$ bzw. das Moment zu $M^{II} = (e/h) \cdot h \cdot N_{Ed}$ ergibt.

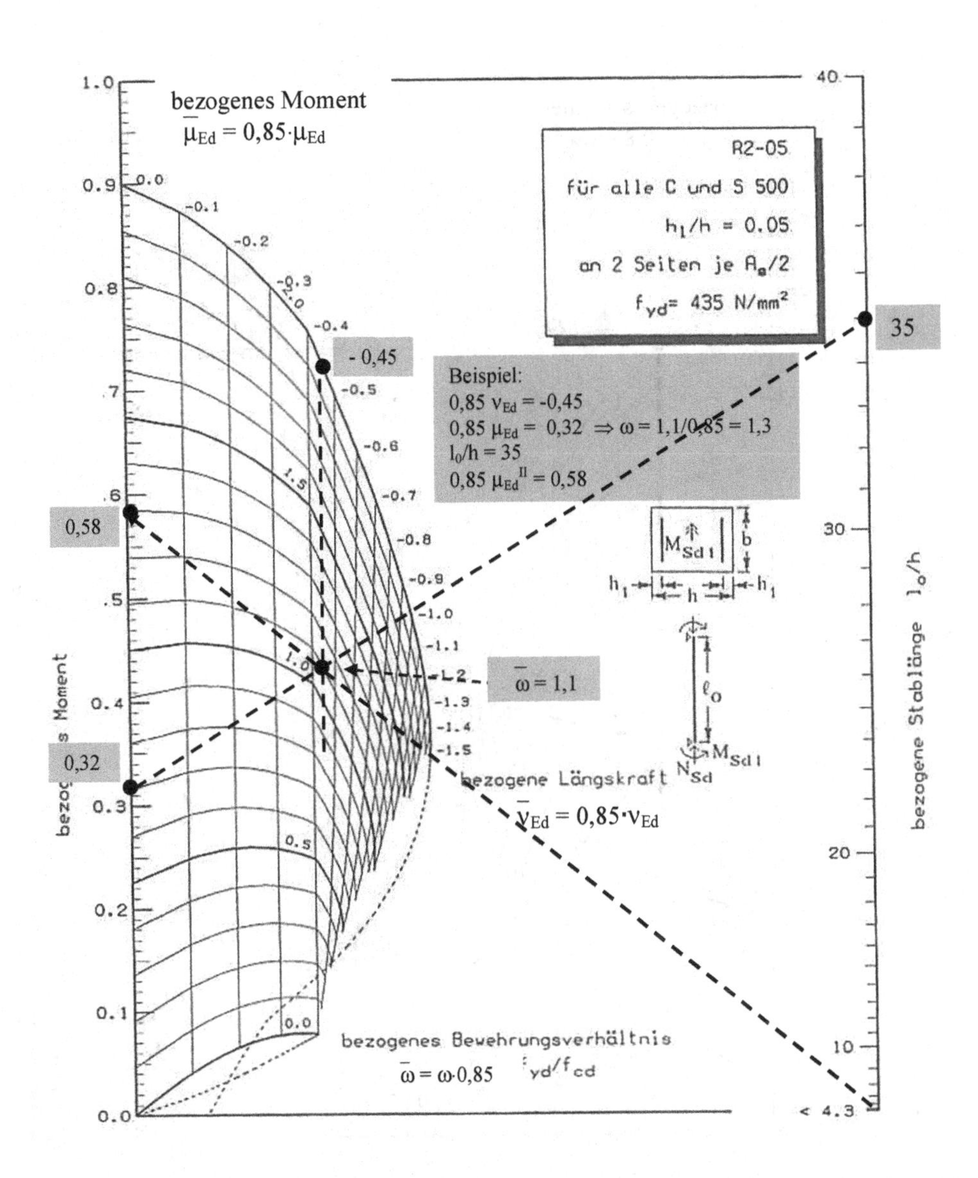

Bild 13.5-1 „μ" - Nomogramm R2-05 (mit Beispielablesung, vgl. auch Bild 13.5-6)

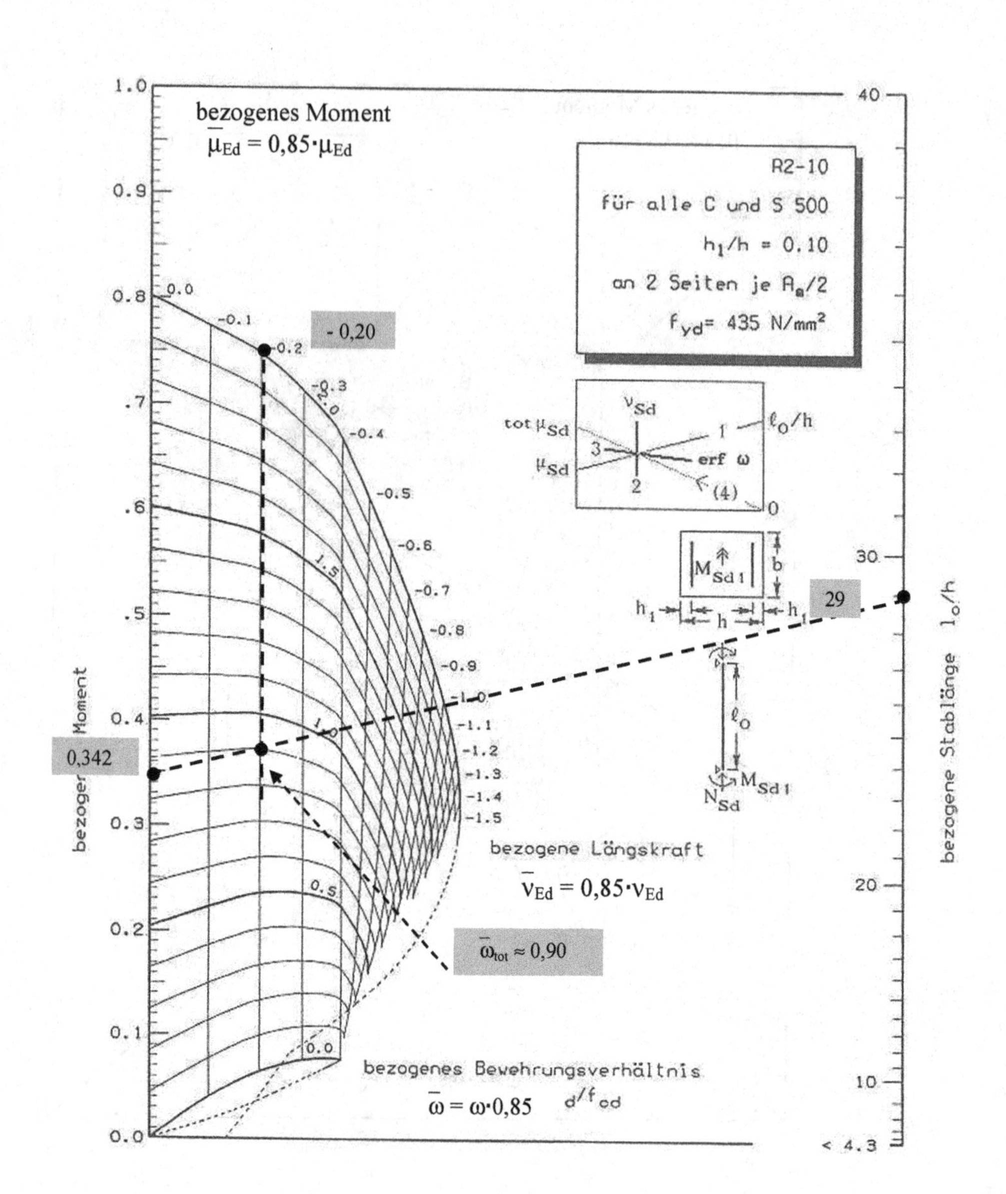

Bild 13.5-2 „μ" - Nomogramm R2-10 (mit Ablesung für Beispiel 13.6.4)

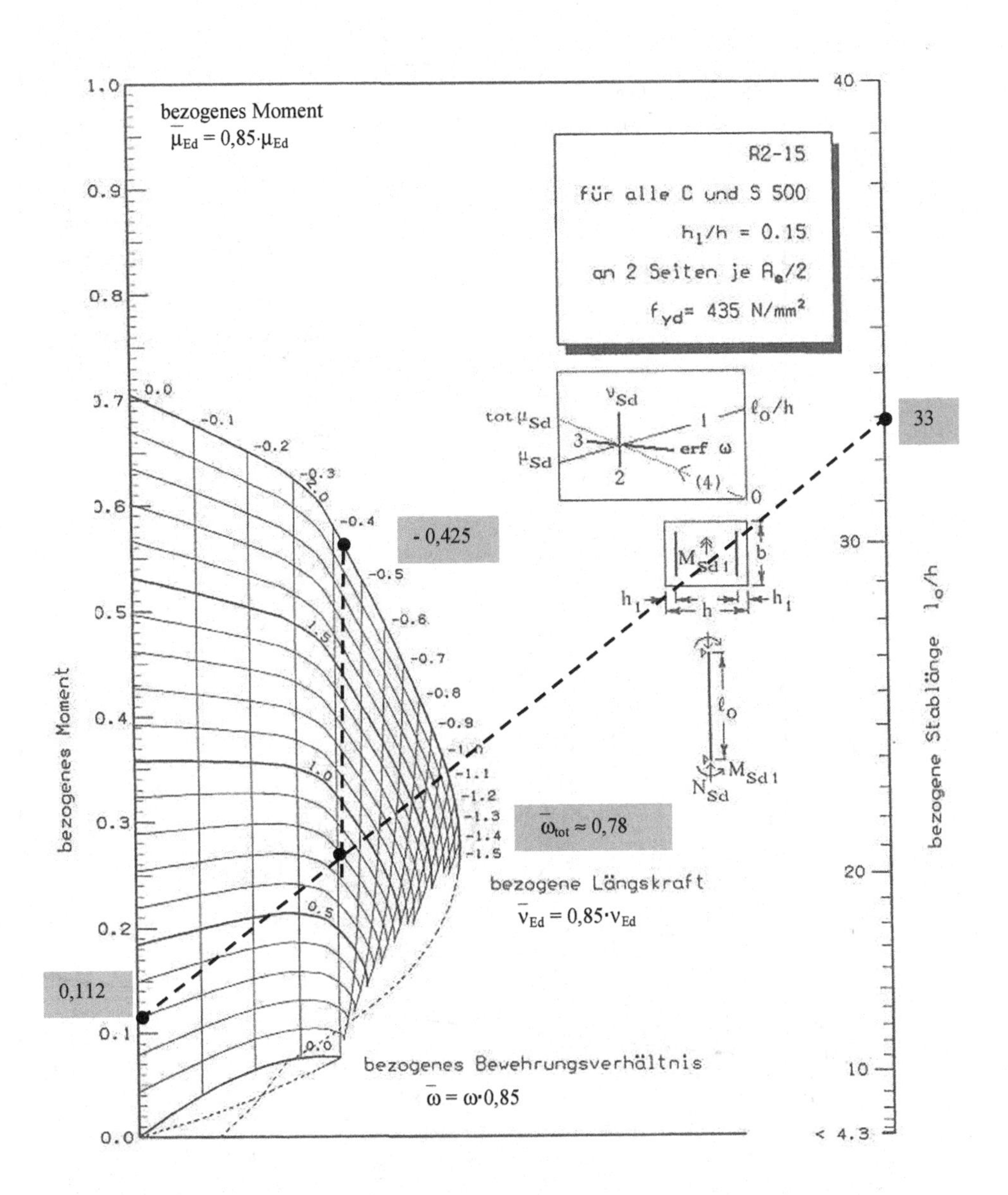

Bild 13.5-3 „μ" - Nomogramm R2-15 (mit Ablesung für Beispiel 13.6.3)

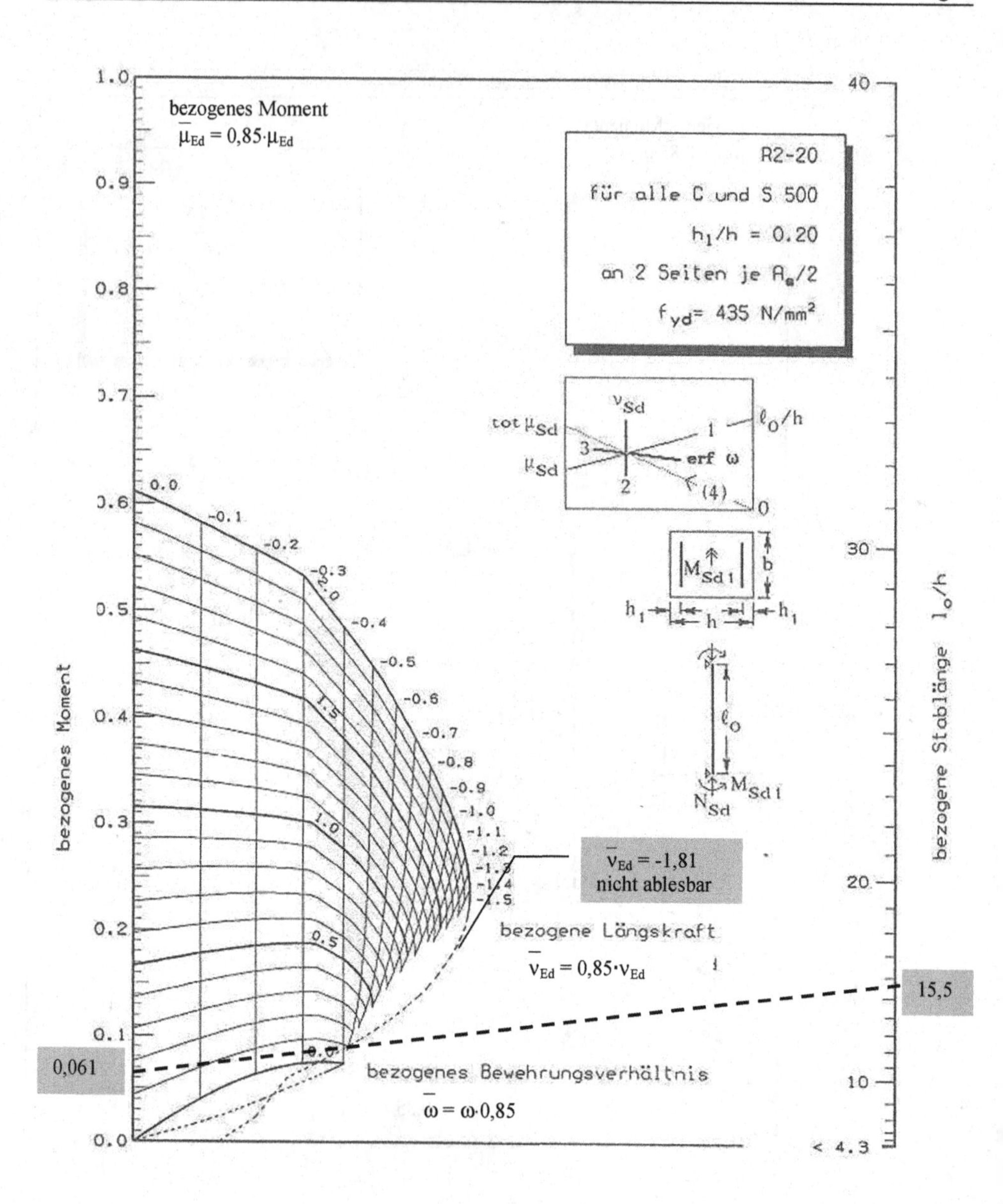

Bild 13.5-4 „μ" - Nomogramm R2-20 (mit Ablesung für Beispiel 13.6.1)

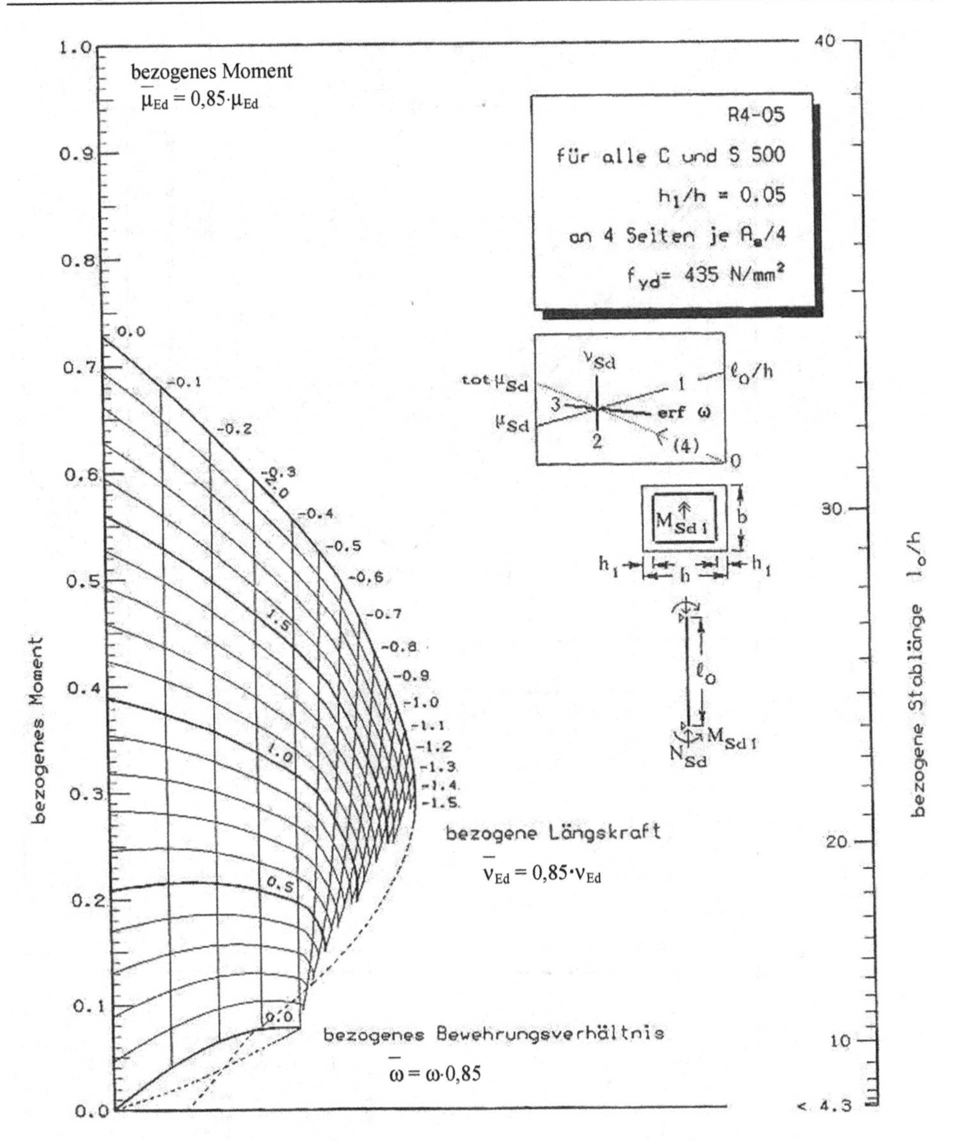

Bild 13.5-5 „μ" - Nomogramm R4-05

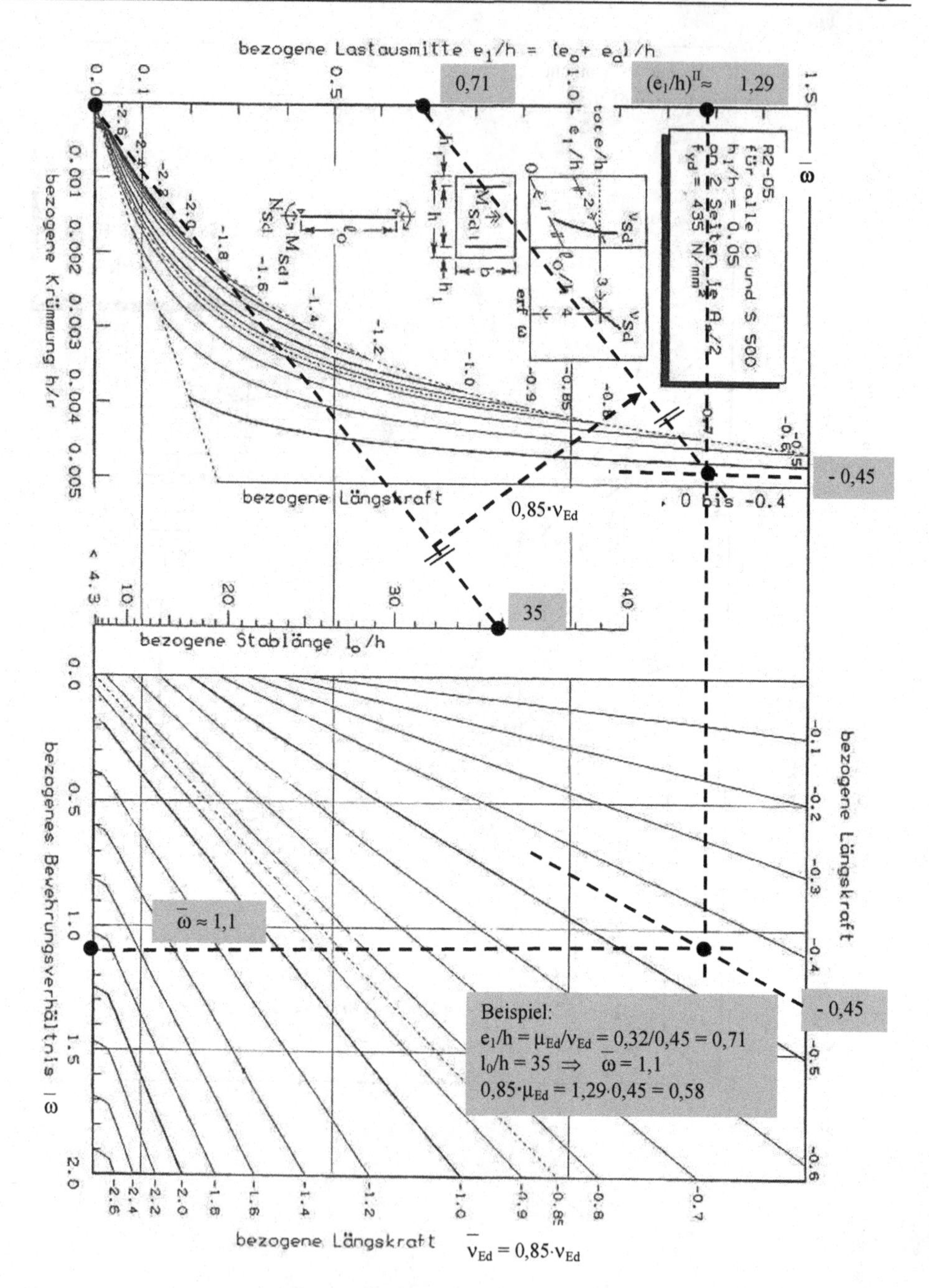

Bild 13.5-6 „e_1/h" -Nomogramm R2-05 (mit Beispielablesung, vgl. auch 13.5-1)

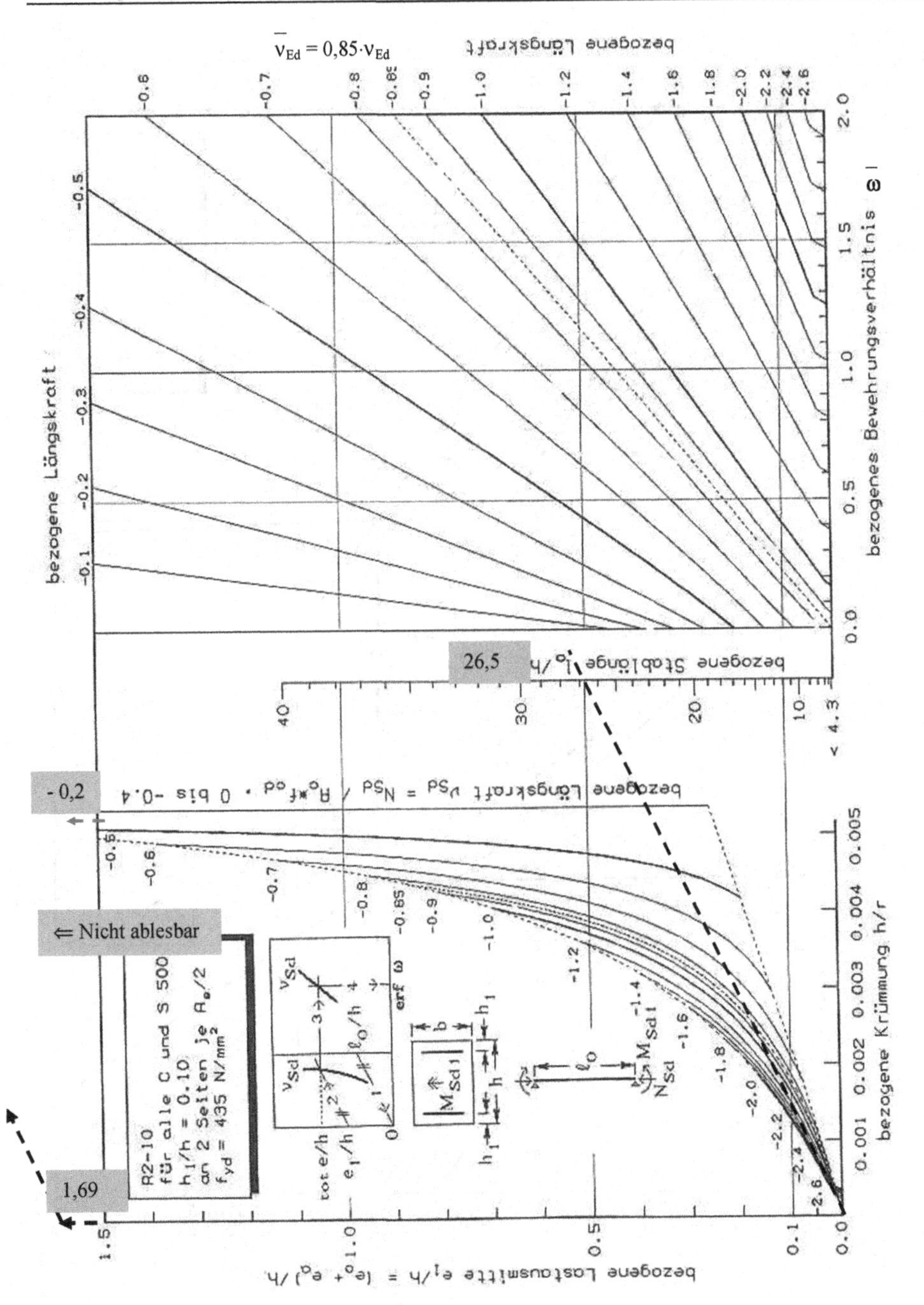

Bild 13.5-7 „e_1/h“ -Nomogramm R2-10 (mit Ablesung für Beispiel 13.6.4)

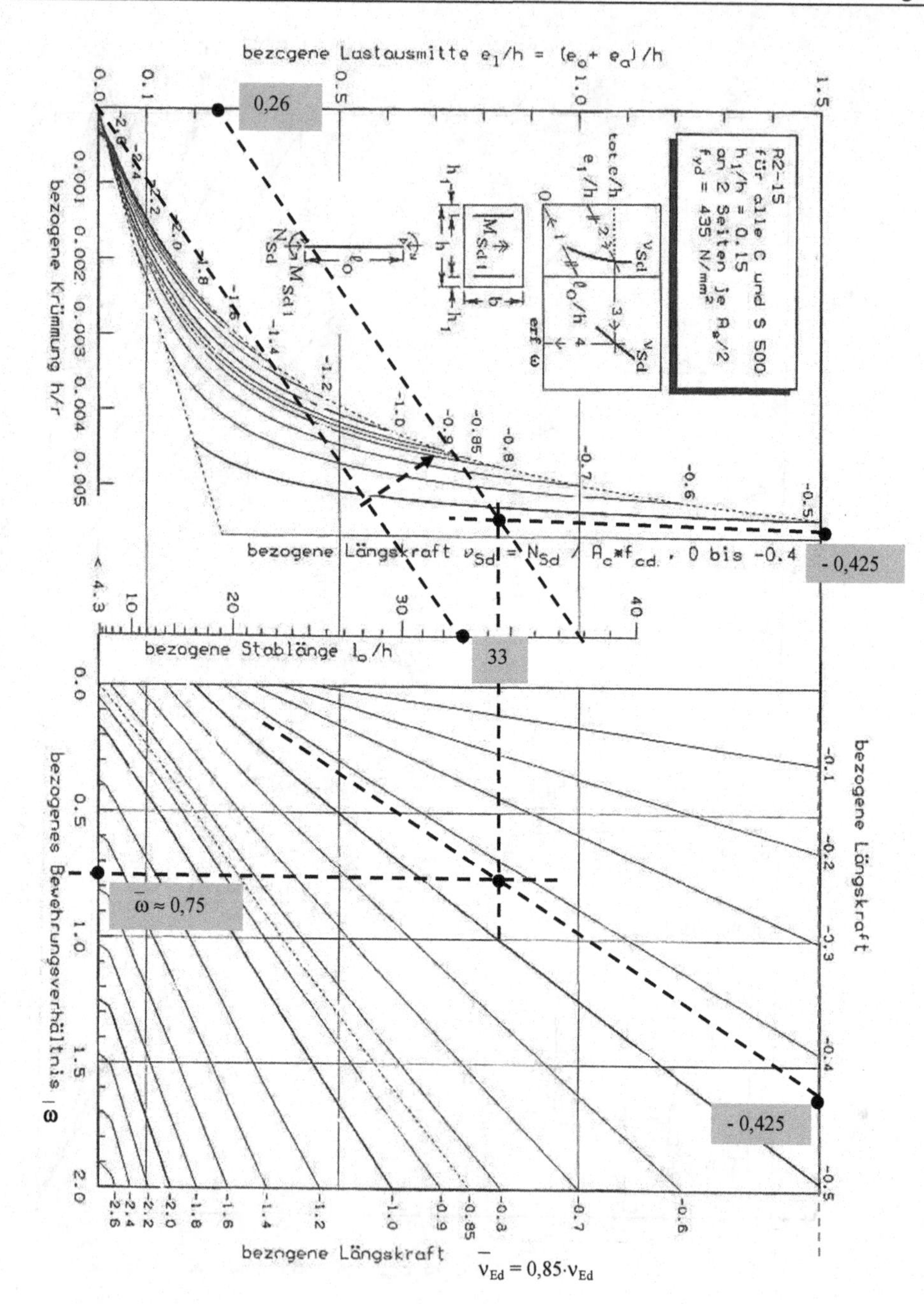

Bild 13.5-8 „e_1/h“ -Nomogramm R2-15 (mit Ablesung für Beispiel 13.6.3)

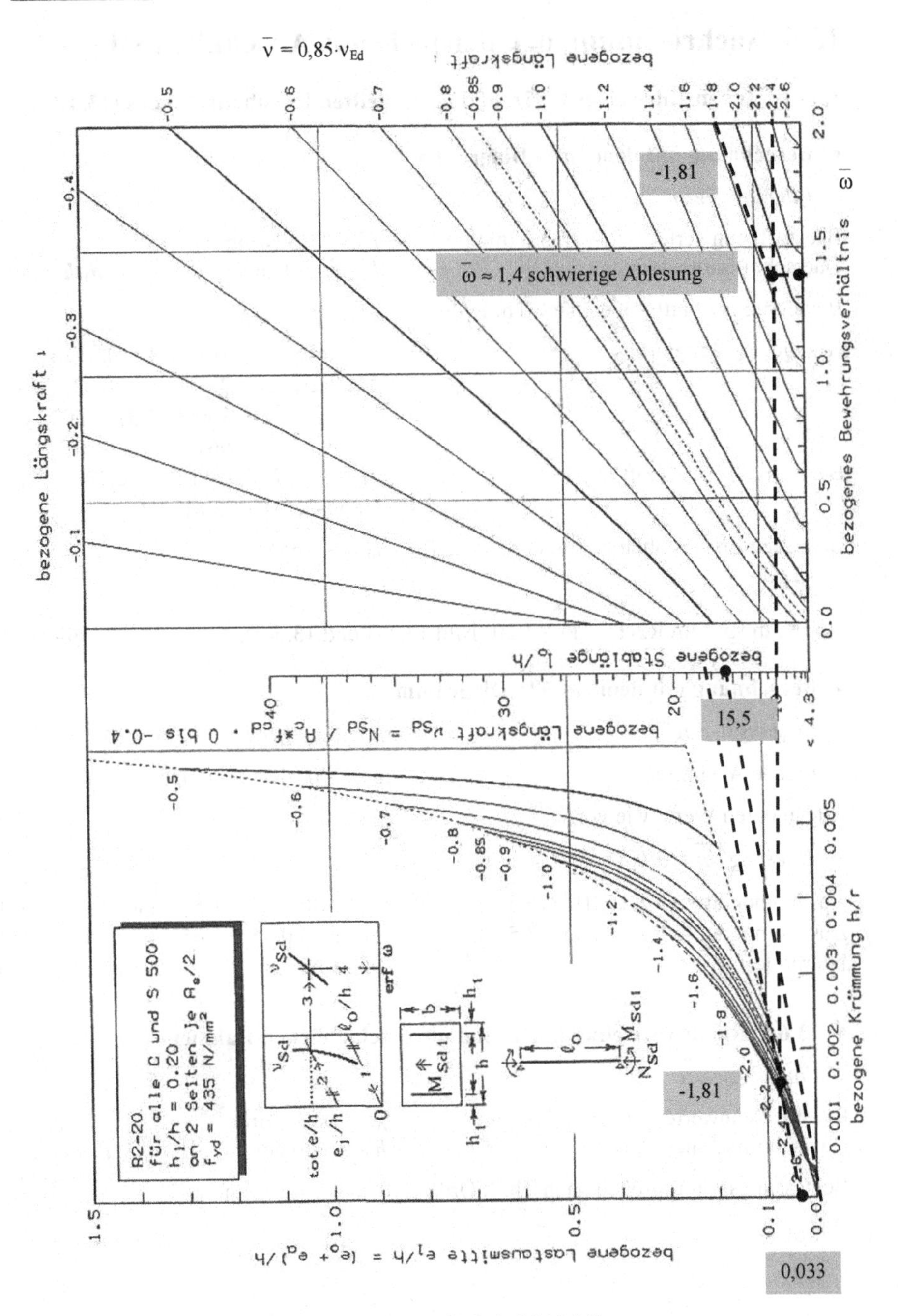

13.5-9 „e_I/h“ -Nomogramm R2-20 (mit Ablesung für Beispiel 13.6.1)

13.6 Nachrechnung der Beispiele aus Abschnitt 13.4

13.6.1 Innenstütze eines horizontal ausgesteiften Hochbaurahmens (13.4.1)

- **Berechnung mit dem „μ" - Diagramm**

– *Eingangswerte*

Baustoffkennwerte: $f_{yd} = 435$ N/mm² $\quad f_{cd} = 11{,}3$ N/mm² $\quad f_{yd}/f_{cd} = 38{,}5$
Querschnittsabmessungen: $h = b = 30$ cm $\quad \boldsymbol{d_1/h} = h_1/h = \mathbf{0{,}17}$

Bemessungsschnittgrößen nach Th. I. Ord.: $M_{Ed} = 0 \quad N_{Ed} = -2{,}17$ MN

Bezogenes Moment:
$e_1 = e_0 + e_a = 0{,}0 + 0{,}01 = 0{,}01$ m
$M_{Ed} = N_{ed} \cdot e_1 = 2{,}17 \cdot 0{,}01 = 0{,}022$ MNm
$\mu_{Ed} = 0{,}022/(0{,}3^2 \cdot 0{,}3 \cdot 11{,}3) = 0{,}072$
$0{,}85 \cdot 0{,}072 = 0{,}061 = \overline{\mu}_{Ed}$

Bezogene Normalkraft:
$\nu_{Ed} = -2{,}17/(0{,}3^2 \cdot 11{,}3) = -2{,}13$
$0{,}85 \cdot (-2{,}13) = -1{,}81 = \overline{\nu}_{Ed}$

Bezogene Ersatzstablänge (ohne Kriechen): $l_0/h = 4{,}65/0{,}3 = 15{,}5$

– *Ablesung*

Aus Nomogramm R2-15 und R2-20 (Bild 13.5-3 und 13.5-4): **nicht ablesbar**

- **Berechnung mit dem „e_1/h" - Diagramm**

– *Eingangswerte*

Bezogene Ausmitte: $e_1/h = 0{,}01/0{,}3 = 0{,}033 \approx \mu_{Ed1}/\nu_{Ed}$

Alle anderen Werte wie vor.

– *Ablesung* $\overline{\omega} = \omega \cdot 0{,}85$

Aus Nomogramm R2-15 (Bd. 13.5-8): $\omega \approx 1{,}30/0{,}85 = 1{,}53$ (schwierige Ablesung)
Aus Nomogramm R2-20 (Bd. 13.5-9): $\omega \approx 1{,}40/0{,}85 = 1{,}65$ (schwierige Ablesung)
Interpoliert: $\boldsymbol{\omega} \approx \mathbf{1{,}58}$ $\approx 1{,}60$ aus Abs. 13.4.1 ✓

- **13.6.2 Randstütze eines horizontal unverschieblichen Rahmens (13.4.2)**

– *Eingangswerte*

Baustoffkennwerte: $f_{yd} = 435$ N/mm² $\quad f_{cd} = 11{,}3$ N/mm² $\quad f_{yd}/f_{cd} = 38{,}5$
Querschnittsabmessungen: $h = b = 30$ cm $\quad \boldsymbol{d_1/h} = h_1/h = \mathbf{0{,}15}$

Bemessungsschnittgrößen nach Th. I. Ord.: $M_{Ed} = 31{,}2$ kNm $\quad N_{Ed} = -1420$ kN

Bezogenes Moment:

Da der Nachweis nach Theorie II. Ordnung nicht geführt zu werden braucht, entfällt die Berücksichtigung von e_a.

$M_{Ed} = 31{,}2$ kNm

$\mu_{Ed} = 0{,}031/(0{,}3^2 \cdot 0{,}3 \cdot 11{,}3) = 0{,}1$

$0{,}85 \cdot 0{,}1 = 0{,}085 = \bar{\mu}_{Ed}$

Bezogene Normalkraft: $\nu_{Ed} = -1{,}42/(0{,}3^2 \cdot 11{,}3) = -1{,}4$

$0{,}85 \cdot (-1{,}4) = -1{,}19 = \bar{\nu}_{Ed}$

Bezogene Ersatzstablänge: $l_0/h = 0$ **ohne Einfluss der Verformungen**

– *Ablesung*

Aus Nomogramm R2-15 (Bild 13.5-3): nicht ablesbar

- **Berechnung mit dem „e_1/h" - Diagramm**

– *Eingangswerte*

Bezogene Ausmitte: $e_1/h = 31/1420 = 0{,}02$ m

$e_1/h = 0{,}02/0{,}3 = 0{,}07 \approx \mu_{Ed}/\nu_{Ed}$

Alle anderen Werte wie vor.

– *Ablesung*

Aus Nomogramm R2-15 (Bd. 13.5-8, Ablesung nicht eingetragen): $\omega \approx 0{,}60/0{,}85 = \mathbf{0{,}7}$ $\approx 0{,}7$ aus Abs. 13.4.2 ✓

Man erkennt, dass die Nomogramme tatsächlich auch den Regelfall der Querschnittsbemessung ohne Einfluss der Verformungen erfassen.

13.6.3 Kragstütze als aussteifendes Bauteil eines verschieblichen Systems (13.4.3)

- **Berechnung mit dem „μ" - Diagramm**

– *Eingangswerte*

Baustoffkennwerte: $f_{yd} = 435$ N/mm² $f_{cd} = 11{,}3$ N/mm² $f_{yd}/f_{cd} = 38{,}5$

Querschnitt: $h = 35$ cm $b = 40$ cm $\mathbf{d_1/h} = h_1/h = \mathbf{0{,}15}$

Bemessungsschnittgrößen nach Th. I. Ord.: $M_{Ed} = 52{,}5$ kNm $N_{Ed} = -790$ kN

Bezogenes Moment: $e_a = 0{,}026$ m

$M_{Ed} = M_{Ed} + N_{Ed} \cdot e_a = 52{,}5 + 790 \cdot 0{,}026 = 73$ kNm

$\mu_{Ed} = 0{,}073/(0{,}35^2 \cdot 0{,}4 \cdot 11{,}3) = 0{,}132$

$0{,}85 \cdot 0{,}132 = 0{,}112 = \bar{\mu}_{Ed}$

Bezogene Normalkraft: $\nu_{Ed} = -0{,}790/(0{,}35 \cdot 0{,}4 \cdot 11{,}3) = -0{,}50$

$0{,}85 \cdot (-0{,}50) = -0{,}425 = \bar{\nu}_{Ed}$

Bezogene Ersatzstablänge mit Kriecheinfluss nach Gl. 13.3-17:

$l_{0,c} = l_0(1 + M_{E,c}/M_{Ed})^{1/2} = 10{,}4 \cdot \sqrt{1{,}233} = 11{,}5$ m

$l_0/h = 11{,}5/0{,}35 = 33$

– *Ablesung*

Aus Nomogramm R2-15 (Bild 13.5-3): $\omega \approx 0{,}78/0{,}85 = \mathbf{0{,}92}$ $\approx 0{,}9$ aus Abs. 13.4.3 ✓

- **Berechnung mit dem „e_1/h" - Diagramm**

– *Eingangswerte*

Bezogene Ausmitte: $e_1 = 73/790 = 0{,}092$ m

$e_1/h = 0{,}092/0{,}35 = 0{,}26 = \mu_{Ed1}/\nu_{Ed}$

Alle anderen Werte wie vor.

– *Ablesung*

Aus Nomogramm R2-15 (Bild 13.5-8): $\boldsymbol{\omega} \approx 0{,}75/0{,}85 = \mathbf{0{,}88} \approx 0{,}9$ aus Abs. 13.4.3 ✓

13.6.4 Hallenstütze (13.4.4)

- **Berechnung mit dem „μ" - Diagramm**

– *Eingangswerte*

Baustoffkennwerte: $f_{yd} = 435$ N/mm² $f_{cd} = 14{,}1$ N/mm² $f_{yd}/f_{cd} = 30{,}8$

Querschnittswerte: $h = 40$ cm $b = 30$ cm $h_1/h = 0{,}12$

Bemessungsschnittgrößen nach Th. I. Ord.(LFK 1a):

$M_{Ed} = 263$ kNm $N_{Ed} = -403$ kN

Bezogenes Moment: $e_a = 0{,}0245$ m

$M_{Ed} = M_{Ed} + N_{Ed}\, e_a = 263 + 403 \cdot 0{,}0245 = 273$ kNm

$\mu_{Ed} = 0{,}273/(0{,}4^2 \cdot 0{,}3 \cdot 14{,}1) = 0{,}403$

$0{,}85 \cdot 0{,}403 = 0{,}343 = \overline{\mu}_{Ed}$

Bezogene Normalkraft: $\nu_{Ed} = -0{,}403/(0{,}4 \cdot 0{,}3 \cdot 14{,}1) = -0{,}238$

$\overline{\nu}_{Ed} = 0{,}85 \cdot (-0{,}238) = -0{,}2$

Bezog. Ersatzstablänge: $l_{0,c} = 11\sqrt{1+\frac{M_{E,c}}{M_{Ed}}} = 11\sqrt{1+\frac{32}{262}} = 11{,}6$ m

$l_{0,c}/h = 11{,}6/0{,}4 = 29$

– *Ablesung*

Aus Nomogramm R2-10 (Bild 13.5-2): $\omega \approx 0{,}9/0{,}85 = 1{,}06$

Aus Nomogramm R2-15 (Bild 13.5-3): $\omega \approx 1{,}05/0{,}85 = 1{,}24$

Interpoliert auf $h_1/h = 0{,}12$: $\boldsymbol{\omega} \approx \mathbf{1{,}13}$ $\approx 1{,}11$ aus Abs. 13.4.4 ✓

- **Berechnung mit dem „e_1/h" - Diagramm**

– *Eingangswerte*

Bezogene Ausmitte: $e_1 = 273/403 = 0{,}675$ m

$e_1/h = 0{,}677/0{,}4 = 1{,}69 \approx \mu_{Ed1}/\nu_{Ed}$

Alle anderen Werte wie vor.

Ablesung aus Nomogramm R2-15: **wegen $e_1/h > 1{,}5$ nicht möglich**

13.7 Tragfähigkeit von räumlich verformbaren Einzelstäben

13.7.1 Allgemeines

Bisher wurde nur der Einfluss von Verformungen der Stabachse in einer Ebene unterstellt. Dies setzt voraus, dass die Bauteile senkrecht zur dargestellten Ebene (Zeichenebene) gegen Ausweichen ausgesteift sind. In allen anderen Fällen - insbesondere bei Doppelbiegung - ist grundsätzlich davon auszugehen, dass sich die Stabachse räumlich, d.h. aus der Zeichenebene heraus verformen kann.

13.7.2 Lösung über Entkoppelung der Nachweise

Dem allgemeinen Problem mit räumlicher Verformung liegen Gleichungen zugrunde, die über die Variablen in Koordinatenrichtung x und y gekoppelt sind. Die Gleichungen lassen sich allerdings beim Auftreten besonderer Bedingungen mathematisch entkoppeln (getrennte Nachweise in zwei Richtungen). Letzteres ist streng nur möglich, wenn

- der Querschnitt symmetrisch ist **und**
- der Momentenvektor in Richtung einer Hauptachse x oder y liegt (d.h. die Lastebene liegt in einer Hauptachsenrichtung des Querschnittes: einachsige Biegung).

Andernfalls liegt schiefe Biegung mit Längskraft vor. Eine Entkopplung der Nachweise ist dann grundsätzlich nicht möglich, doch gilt bei Rechteckquerschnitten die Entkopplung auch bei geringen Abweichungen der Lastebene von einer Hauptachsenrichtung noch als zulässig, wenn die betragsmäßig kleinere bezogene Ausmitte in einer Hauptachsenrichtung nicht größer ist als 20% des Betrages der bezogenen Ausmitte in der anderen Hauptachsenrichtung:

(13.7-1) $\min |e_0/h| \,/\, \max |e_0/h| \leq 0{,}2$

Diese Bedingung ist eingehalten, wenn die exzentrisch wirkende Längsdruckkraft im schraffierten Bereich des Bildes 13.7-1 angreift. *Gl. (13.7-1) ergibt sich aus der komplizierter aussehenden Gl (5.38b) des EC2 für Rechtecke mit $i = 0{,}289\,h$.*

Aufgrund dieser Festlegung können alle mittig und alle streng einachsig oder auch annähernd einachsig außermittig gedrückten Stützen getrennt nach den Hauptachsenrichtungen (d.h., getrennt in x-Richtung und in y-Richtung) unter Berücksichtigung der Verformungen untersucht werden. Da in diesem Fall ein gleichzeitiges Ausweichen der Stütze in beiden Richtungen nicht unterstellt zu werden braucht, dürfen die Bewehrungsstäbe, insbesondere die in den Ecken, in beiden Nachweisen jeweils voll angesetzt werden.

Die bisherigen Ausführungen setzen den vollen Rechteckquerschnitt voraus. Tatsächlich tritt bei starker Biegung um eine Hauptachse eine deutliche Rissbildung auf. Dadurch ändert sich für den Nachweis in Querrichtung der tragende Querschnitt. Entkoppelte Nachweise sind dann nur zulässig, wenn entweder

- die größere bezogene Ausmitte $e_0/h \leq 0{,}2$ ist **oder**
- der Nachweis in Querrichtung mit einer reduzierten Querschnittsbreite h_{red} geführt wird.

Die reduzierte Breite berücksichtigt den infolge der Biegung um die andere Achse aufgerissenen Bereich. Dieser darf näherungsweise als die Zugzone bei linear-elastischer Betonspannungsverteilung σ_c im Zustand I abgeschätzt werden (vgl. Bild 13.7-2). Dabei wird eine Ausmitte von ≤ 0,2 h (d. h. größer als die Kernweite = 1/6 h) zugelassen, unter der bereits geringe Betonzugspannungen auftreten.

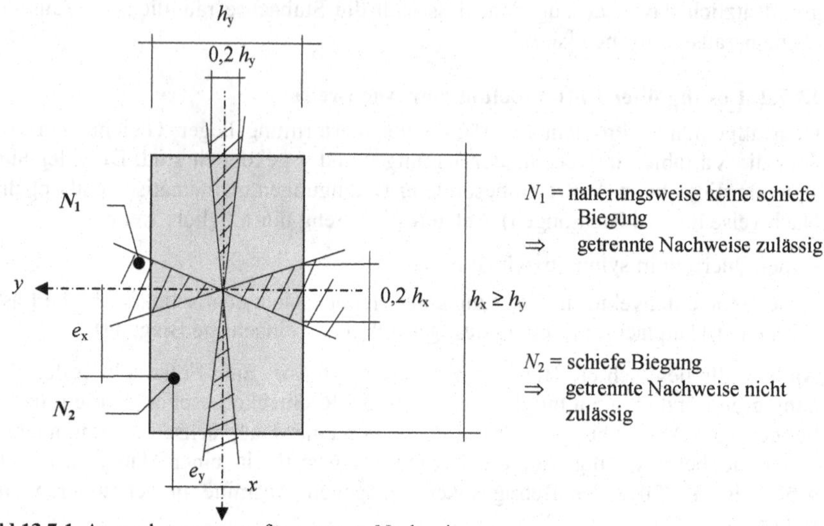

Bild 13.7-1 Anwendungsgrenzen für getrennte Nachweise

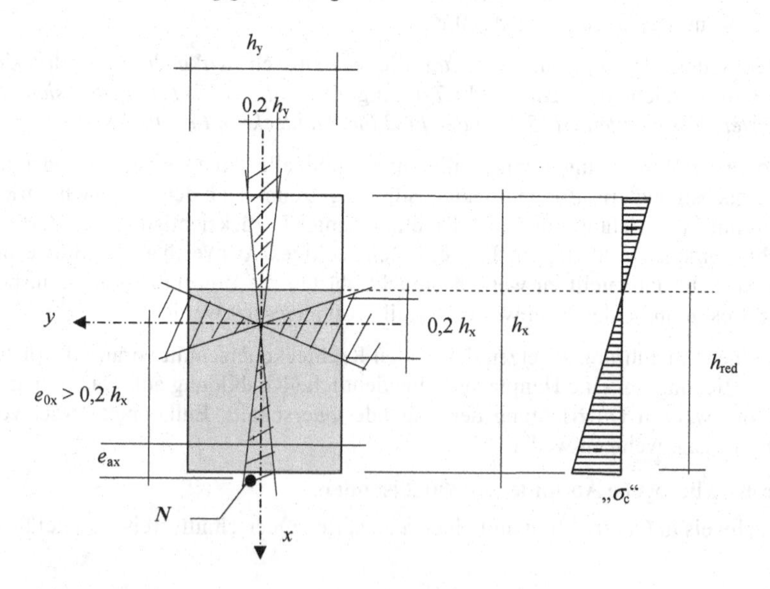

Bild 13.7-2 Anwendungsbedingungen für den getrennten Nachweis in Querrichtung

Die reduzierte Querschnittsbreite ist nach folgender Gleichung zu ermitteln:

$$(13.7\text{-}2) \qquad h_{red} = \frac{h_x}{2}\left(1 + \frac{h_x}{6(e_{0x} + e_{ix})}\right) \leq h_x$$

Das Biegemoment wird dabei aus der um die ungewollte Ausmitte e_i vergrößerten Exzentrizität e_0 ermittelt.

Sind die Anwendungsgrenzen nicht eingehalten, müssen genauere Nachweise unter Berücksichtigung des Zustandes II bei schiefer Biegung (d.h. mit schief und exzentrisch liegender Spannungsnulllinie) geführt werden. Die Lösung erfordert erheblichen iterativen Aufwand. Bemessungshilfen in Form von Zahlentafeln oder Diagrammen liegen derzeit nicht vor.

13.7.3 Beispiel zur Berücksichtigung von Längskraft mit Doppelbiegung

1 System und Abmessungen

Es wird die Stütze aus Beispiel 13.4.1 nunmehr unter der Annahme fehlender Aussteifung in Querrichtung untersucht. Es gelten die Annahmen und Zahlenwerte des Beispiels.

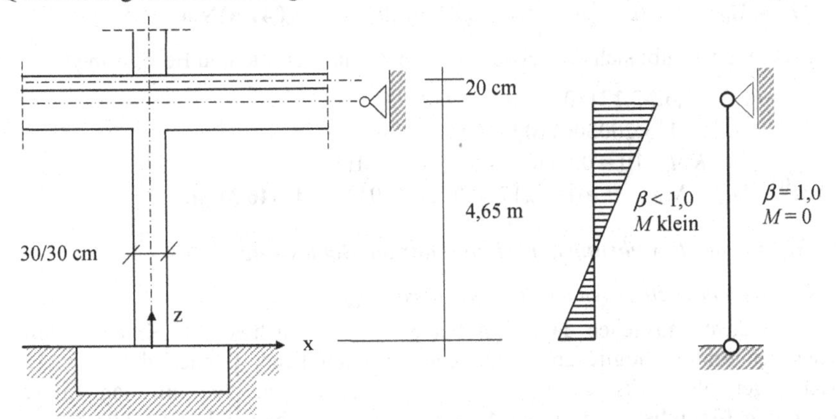

2 Bemessungsschnittgrößen nach Theorie I. Ordnung

$M \approx 0 \quad N_G = -720$ kN $\quad N_Q = -800$ kN

$N_{Ed} = -720 \cdot 1{,}35 - 800 \cdot 1{,}5 = -2172$ kN

In den folgenden Berechnungen werden Druckkräfte ohne Vorzeichen eingesetzt!

3 Bemessungswerte der Baustofffestigkeiten

Beton C20/25: $f_{ck} = 20$ N/mm² $\quad f_{cd} = 0{,}85 \cdot 20/1{,}5 = 11{,}3$ N/mm²

Betonstahl BSt 500: $f_{yk} = 500$ N/mm² $\quad f_{yd} = 500/1{,}15 = 435$ N/mm²

4 Ersatzstablängen und Schlankheit

– *Ersatzstablängen*

$l_{0x} = \beta\, l_{col,x} = 1{,}0 \cdot 4{,}65 = 4{,}65$ m

$l_{0y} = \beta\, l_{col,y} = 1{,}0 \cdot (4{,}65 + 0{,}2) = 4{,}85$ m

– *Schlankheit*
$i_x = 0{,}289 \cdot h_x = 0{,}289 \cdot 30 = 8{,}7$ cm $= i_y$ wegen $h_x = h_y$
$\lambda_x = l_0/i = 465/8{,}7 = 53{,}5$
$\lambda_y = l_0/i = (465 + 20)/8{,}7 = 56$

5 Ausmitten

Planmäßige Ausmitten $e_{0x} = e_{0y}\ M/N = 0$
Unplanmäßige Ausmitten $e_{ix} = 0{,}01$ m $e_{iy} = \beta\ \sqrt{4{,}85}/200 = \mathbf{0{,}011}$ m $\approx l_0/400$

6 Bemessungsschnittgrößen

Gleichung 13.7-1 ist wegen $e_{0x} = e_{0y}$ nicht eindeutig auswertbar. Da jedoch planmäßig zentrische Druckkraft vorliegt, können in jedem Falle beide Richtungen getrennt nachgewiesen werden. Die unterschiedlichen Schlankheiten λ haben keinen Einfluss ($K_1 = 1{,}0$).

Die Bemessungsschnittgrößen aus Beispiel 13.4.1 gelten für Richtung x weiterhin:

$N_{Ed} = (-)\ 2{,}17$ MN
$\mathbf{M^{II}} = M_{e2} = N_{Ed}\ (e_a + e_2) = 2{,}17\ (0{,}01 + 0{,}009)$ **= 0,041 MNm**

In Richtung y ergibt sich eine etwas größere Zusatzausmitte und Bewehrung ($\omega \approx 1{,}62$):

$K_2 = (1{,}00+1{,}62-2{,}13)/(0{,}6+1{,}62) = 0{,}22$
$1/r = 2 \cdot 0{,}22 \cdot (435/200000)/(0{,}9 \cdot 0{,}25)$
$e_{2y} = (1/r) \cdot K_1 \cdot l_0^2/10 = 0{,}0046 \cdot 1 \cdot 4{,}85^2/10 = 0{,}011$ m
$\mathbf{M^{II}} = M_{e2} = N_{Ed}\ (e_i + e_2) = 2{,}17 \cdot (0{,}011 + 0{,}011)$ **= 0,046 MNm**

7 Einfluss der Bewehrungsanordnung auf die Bemessung

– *Situation bei achsensymmetrischer Anordnung*

Da man davon ausgehen darf, dass bei getrennten Nachweisen „Knicken" jeweils nur in einer der beiden möglichen Richtungen auftreten kann, können die Eckeisen für beide Richtungen als wirksam angesetzt werden. Bei Bemessung mit den **Interaktionsdiagrammen für achsensymmetrische Bewehrung** ergeben sich die folgenden Bemessungssituationen:

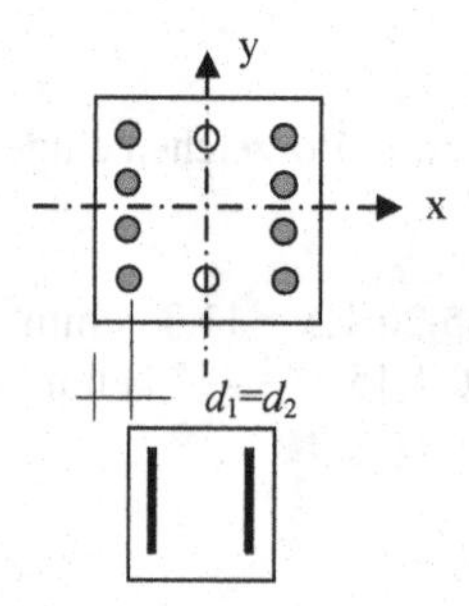

Bemessung um Achse y (in Richtung x)

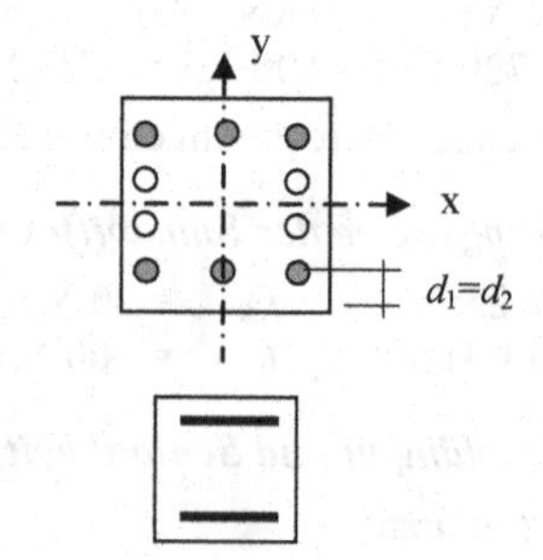

Bemessung um Achse x (in Richtung y)

Die achsensymmetrische Anordnung ist insofern ungünstig, weil bei der achsengetrennten Bemessung mit den Interaktionsdiagrammen nicht die Tragwirkung aller Stäbe berücksichtigt wird.

– *Situation bei punktsymmetrischer Anordnung*

Bei punktsymmetrischer Anordnung tragen alle Stäbe jeweils in beiden Richtungen. Bei Bemessung mit den Interaktionsdiagrammen **für achsensymmetrische Bewehrung** ergeben sich die folgenden Bemessungssituationen:

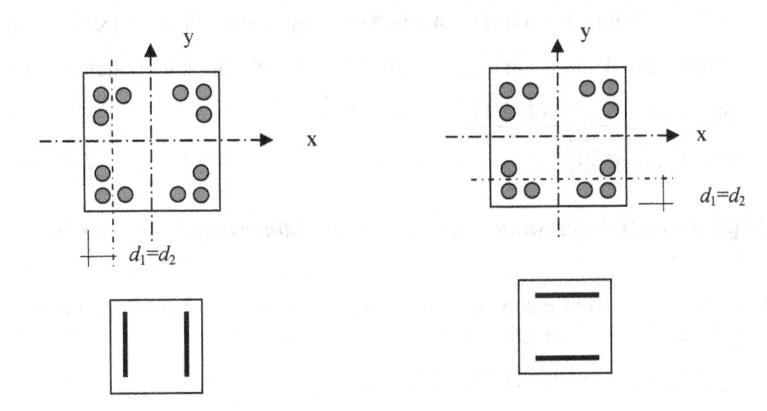

– *Situation bei Anwendung der Interaktionsdiagramme für gleichmäßig verteilte Bewehrung*

Bei gleichmäßiger Verteilung der Bewehrung auf alle vier Seiten kann mit den **Interaktionsdiagrammen für gleichmäßig verteilte Bewehrung** bemessen werden. Diese Diagramme erfassen die Traganteile aller Stäbe.

8 Querschnittsbemessung mit Interaktionsdiagramm für achsensymmetrische Bewehrung

Für das größere der beiden Momente ergibt sich $\omega \approx 1{,}62$:

$\text{erf}\, A_{s,tot} = 1{,}62 \cdot 30^2/(435/11{,}3) = 37{,}9\ \text{cm}^2$ $\qquad A_{s1} = A_{s2} = 18{,}9\ \text{cm}^2$

Diese Bewehrung muss so angeordnet werden, dass sie in **beiden Richtungen** wirksam wird. Dies bedeutet im vorliegenden Fall eine gleichmäßige Verteilung an allen vier Seiten, wobei die mittleren 2 ϕ 25 „doppelt“ angeordnet werden müssen:

gewählt: 12 ϕ25 ⇒ effektiv 8 ϕ25 Bügel ϕ10 $\qquad A_{s,tot} = 58{,}9\ \text{cm}^2 >> 37{,}9\ \text{cm}^2$

9 Querschnittsbemessung für punktsymmetrische Bewehrung mit Interaktionsdiagramm für achsensymmetrische Bewehrung

Aus Beispiel 13.4.1 Variante 2 ergab sich, dass bei dieser Anordnung die statische Höhe nur noch etwa 24 cm beträgt und damit $d_1/h = 0,19 \approx 0,2$ und $\omega \approx 1,65$ wird.

$K_2 = (1,00+1,65-2,13)/(0,65+1,65) = 0,226$
$1/r = 2 \cdot 0,226 \cdot (435/200000)/(0,9 \cdot 0,24) = 0,00455$
$e_2 = 0,00455 \cdot 1,0 \cdot 4,85^2/10 = 0,011$
$M^{II} = 2,17 \cdot (0,011 + 0,011) = \mathbf{0,048\ MNm}$ gegenüber 0,046 MNm bei $d_1/h = 0,17$

Der Unterschied ist gering. Die erforderliche Bewehrung ändert sich nur geringfügig.

$\text{erf } A_{s,tot} = 1,65 \cdot 30^2/(435/11,3) = 38,6 \text{ cm}^2$

gewählt: **12 ϕ20** $A_{s,tot} = 37,7 \text{ cm}^2 \approx 38,6 \text{ cm}^2$ (- 2,3%)

10 Querschnittsbemessung mit Interaktionsdiagramm für gleichmäßig verteilte Bewehrung

Für das größere Bemessungsmomente wird (konservativ bei einlagiger Bewehrung aus Bild 13.7.3 für $d_1/h = 0,2$ abgelesen:

$\mu_{Ed} = 0,046/(0,3^2 \cdot 0,3 \cdot 11,3) = 0,15$
$\nu_{Ed} = (-)\ 2,13$

Abgelesen: für $d_1/h = 0,20$ $\omega_{tot} = 1,71$

$\text{erf } A_{s,tot} = 1,71 \cdot 30^2/(435/11,3) = 39,9 \text{ cm}^2$

gewählt: 8 ϕ25 $A_{s,tot} = 39,3 \text{ cm}^2 \approx 39,9 \text{ cm}^2$ (-1,7 % ✓)

11 Anordnung der Bewehrung und Bewertung

Im vorliegenden Fall sind die punktsymmetrische Bewehrung (b) und die gleichmäßig verteilte Bewehrung (c) die wirtschaftlichsten Lösungen. Die gleichmäßig verteilte Bewehrung ist die für die Baustelle einfachste Lösung und somit in der Regel vorzuziehen. Die Anwendung der achsensymmetrischen Bewehrungsdiagramme (a) führt zwangsläufig zu einer zu großen Bewehrungsmenge, weil die Mitwirkung der mittleren Stäbe vernachlässigt wird.

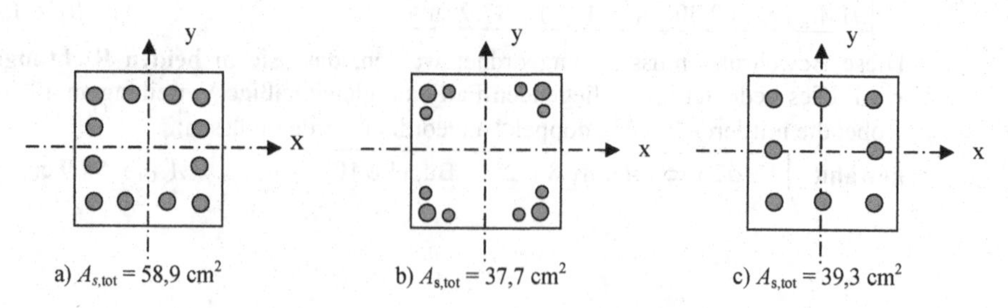

a) $A_{s,tot} = 58,9 \text{ cm}^2$ b) $A_{s,tot} = 37,7 \text{ cm}^2$ c) $A_{s,tot} = 39,3 \text{ cm}^2$

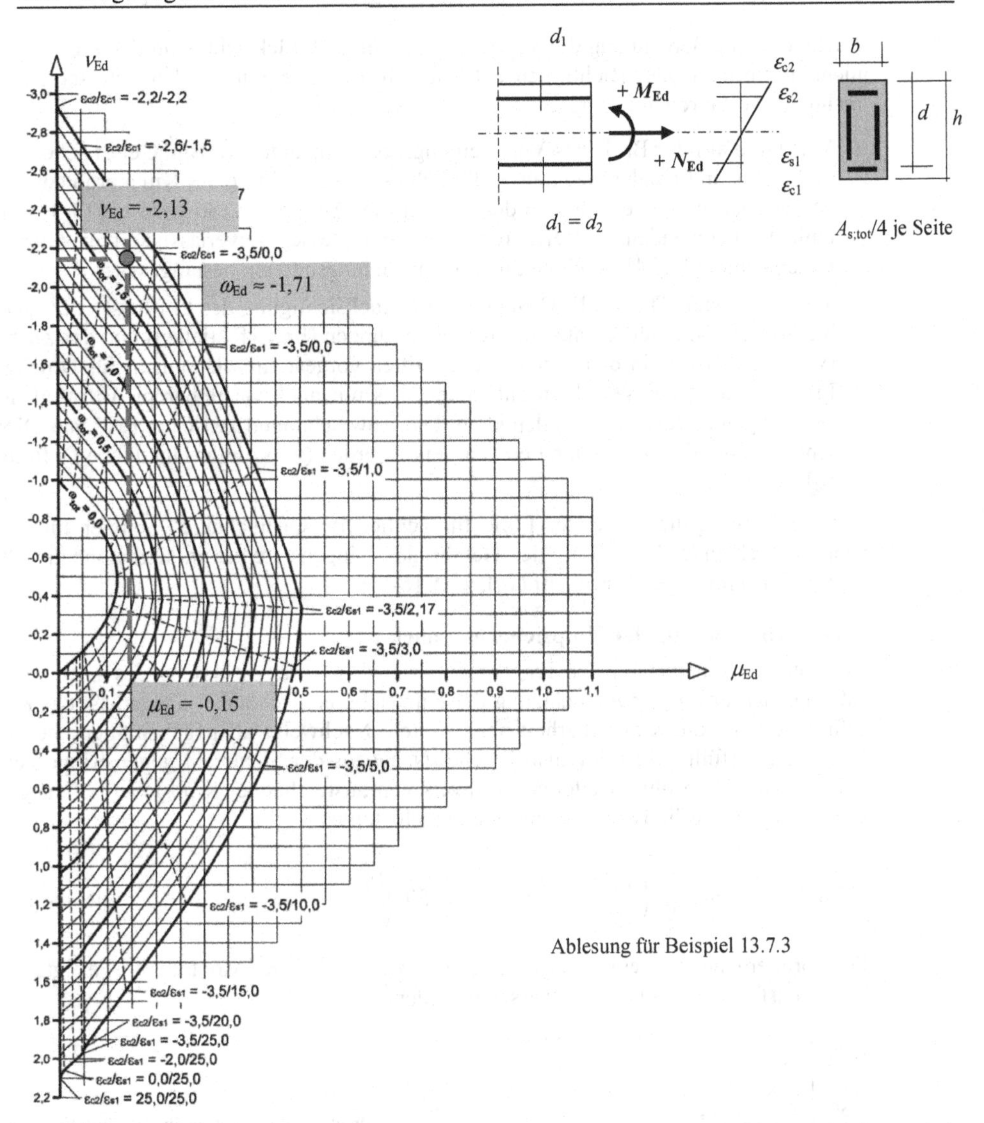

Bild 13.7-3 Interaktionsdiagramm aus [4-3] für den gleichmäßig am Umfang bewehrten Rechteckquerschnitt bei einachsiger Biegung: Beton ≤ C50/60, B500, $d_1/h = 0{,}2$

13.8 Kippsicherheit schlanker Träger

13.8.1 Allgemeines

Unter Kippen versteht man das seitliche Ausweichen der gedrückten Gurte schlanker Träger im Sinne eines Stabilitätsversagens. Es besteht eine innere Verwandtschaft mit dem Stabilitätsversagen von Druckgliedern. Die Verbindung des Druckgurtes mit dem Zuggurt bedingt eine Verdrehung des Gesamtquerschnittes. Dessen Torsionssteifigkeit wirkt stabilisierend.

Nachweise zur Berechnung der Kippsicherheit unter Berücksichtigung des Zustandes II sind nicht in Normen oder Richtlinien enthalten. In der Literatur werden unterschiedliche Berechnungsverfahren angeboten:

- Verfahren auf der Basis des Verzweigungsproblems unter Annahme elastischen Materialverhaltens und idealer Geometrie (ähnlich der Euler-Lösung des Knickproblems) mit Anpassung an die Gegebenheiten des Werkstoffes Stahlbeton. So wird in [13-3] ein relativ einfach anzuwendendes Verfahren vorgestellt, dessen Zuverlässigkeit in einer neueren Untersuchung [13-4] für einen großen Anwendungsbereich bestätigt wird.
- Verfahren nach Theorie II. Ordnung mit Berücksichtigung des Einflusses der räumlichen Verformungen unter Ansatz von Vorverformungen (Imperfektionen) und des Zustandes II (vergleichbar den in den vorigen Abschnitten vorgestellten Lösungen für Druckglieder). In [13-5] wird ein Verfahren entwickelt, das mit noch vertretbarem Aufwand in Handrechnungen angewendet werden kann. Die Abweichungen zwischen EC2 und DIN 1045-1 müssen bei der Anwendung eingearbeitet werden (z. B. unterschiedliche Definition von f_{cd}).

Die Verfahren gelten in erster Linie für gegliederte Querschnitte, weniger für Vollquerschnitte. Schlanke Träger mit der Gefahr des Kippens treten im Ortbetonbau selten, im Fertigteilbau hingegen häufig auf (vgl. z. B. [6-5]).

13.8.2 Abschätzung der Kippsicherheit nach EC 2

EC 2 enthält ein nur auf der Trägergeometrie (d. h. ohne Erfassung des Lastniveaus) beruhendes Kriterium zur Abschätzung der Kippsicherheit schlanker Träger. Ist das Kriterium erfüllt, so kann die Kippsicherheit ohne weitere Nachweise als gegeben angesehen werden. Ist es nicht erfüllt, so ist ein ausführlicher Nachweis der Sicherheit gegen Kippen erforderlich. Danach kann ohne weiteren Nachweis von ausreichender Kippsicherheit ausgegangen werden, wenn für die Druckzonenbreite eingehalten ist:

(13.8-1) $$b \geq \sqrt[4]{h\left(\frac{l_{0t}}{50}\right)^3} \quad \text{bzw.} \quad l_{0t}/b \leq 50\sqrt[3]{\frac{b}{h}}$$ alle Längen in [m]

Für vorübergehende Bemessungssituationen, wie sie bei der Montage im Fertigteilbau auftreten, darf die Zahl 50 durch 70 ersetzt werden.

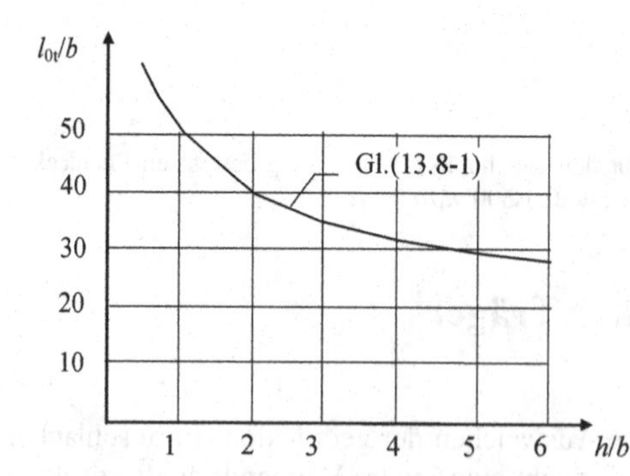

Für alle Punkte unterhalb des Funktionsverlaufes ist ausreichende Kippsicherheit ohne weitere Nachweise gegeben.

b = Breite des Druckgurtes

h = Höhe des Trägers

l_{0t} = Länge zwischen seitlichen Abstützungen

Bild 13.8-1 Kriterium zur Abschätzung ausreichender Kippsicherheit – Gleichung (13.8-1)

Eine Anwendung des Kriteriums erfolgt im Rahmen des Beispiels zur Torsionsbemessung in Abschnitt 17.5.

13.8.3 Näherungslösung nach Stiglat

Im Rahmen dieses Buches wird nur die recht einfach handhabbare Näherungslösung nach Stiglat [13-3] für den Einfeldträger mit Streckenlast und Gabellagerung an den Trägerenden vorgestellt. Sie verknüpft die Lösung des Verzweigungsproblems mit dem Nachweis der Tragfähigkeit von Druckstäben. Man berechnet zunächst das ideale Kippmoment M_{KR} (die y-Achse ist die „schwache" Querschnittsachse):

(13.8-2) $$M_{KR} = \frac{3{,}54 \cdot E_c}{l_{eff}} \sqrt{0{,}4 \cdot I_y \cdot I_T}$$ gültig für $I_y << I_x$

Das ideale Kippmoment wird zur Berücksichtigung des nichtlinearen Verformungsverhaltens des Betons abgemindert:

(13.8-3) $$\text{red } M_{KR} = M_{KR}\ \sigma_T / \sigma_K$$

mit σ_K Randspannung am gedrückten Rand infolge M_{KR} im Zustand I

σ_T Tragspannung eines Vergleichsstabes der Schlankheit λ_v

Bei der Berechnung der Vergleichsschlankheit ist der vom jeweiligen Beanspruchungsniveau abhängige E-Modul des Betons anzusetzen. Näherungsweise kann mit $E_{cm}/2$ gerechnet werden. Für Vergleichsschlankheiten $\lambda_v < 60$ ist kein Nachweis erforderlich.

(13.8-4) $$\lambda_v = \pi \sqrt{E_c / \sigma_K}$$

Aus Bild 13.8-2 entnimmt man für verschiedene Betonfestigkeitsklassen die Spannung σ_T.

Das Teilsicherheitskonzept der DIN 1045-1 ist noch nicht berücksichtigt. Es ergibt sich mit einem globalen Sicherheitswert nach [13-3]:

(13.8-5) $$M_{E,Gebrauchszustand} \leq \text{red } M_{KR} / \gamma_{global}$$ mit $\gamma_{global} = 2$

Die Kurven in Bild 13.8-2 wurden aus [13-3] von den Betonfestigkeitsklassen der DIN 1045, Ausgabe 1988, näherungsweise auf die Festigkeitsklassen des EC2 umgerechnet.

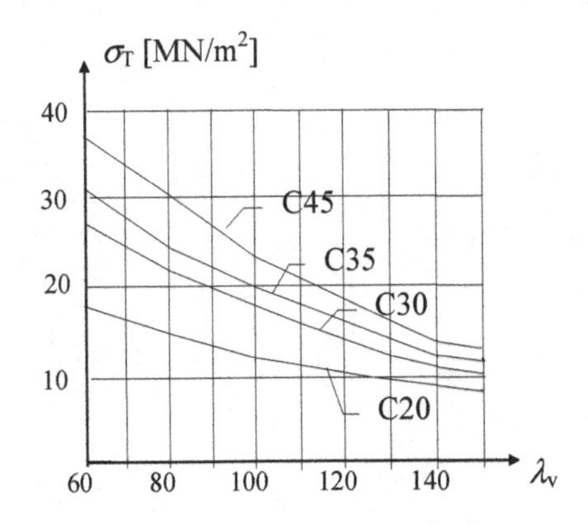

Bild 13.8-2 Tragspannung σ_T als Funktion der Vergleichsschlankheit λ_v

Teil C Besondere Bauteile

14 Fundamente

14.1 Allgemeines

Fundamente stellen die Verbindung zwischen Bauwerk und Baugrund dar. Sie sollen **Lasten sicher in den Baugrund einleiten.**

Die Beanspruchung von Fundamenten hängt vom Verhalten des zu gründenden Bauwerkes (Überbau) einerseits und dem des belasteten Baugrundes andererseits ab. Hierbei handelt es sich um ein komplexes Problem:

Man spricht von **Boden-Bauwerk-Wechselwirkung.** Deren richtige Erfassung ist besonders bei großen und ausgedehnten Gebäuden und in der Baudynamik von Bedeutung (z. B. Berechnung von Bauwerken unter Erdbebenbeanspruchung). Hierbei ist enge Zusammenarbeit mit Grundbauspezialisten erforderlich.

Grundsätzlich ist die Boden-Bauwerk-Wechselwirkung ein hochgradig statisch unbestimmtes Problem.
Die statisch Unbestimmte ist die Sohldruckverteilung.

Ist diese ermittelt, können die Schnittgrößen der Fundamente mit den üblichen Methoden der Statik errechnet werden. Die Bemessung ist dann in der Regel nur noch „normaler" Stahlbetonbau.

Es verbleibt noch die Beurteilung der Bodenbeanspruchungen. In komplizierten Fällen ist hierfür ebenfalls der Grundbauspezialist zuständig.

Im Folgenden werden behandelt:

- Ermittlung der Schnittgrößen in den Fundamenten
- Dimensionierung (Bemessung) der Fundamente
- Erläuterung konstruktiver Regeln

Wie überall in der Technik und auch im Bauingenieurwesen, werden vereinfachte Modelle, die an die jeweilige Aufgabenstellung angepasst sind, verwendet. So kann bei unterschiedlichen Problemstellungen mit jeweils anderen Modellen flexibel reagiert werden.

Häufig wird zuerst der Überbau für angenommene Lagerungsbedingungen (z. B. starre Einspannung in das Fundament) berechnet (siehe auch Abschnitt 14.3.5). Die so erhaltenen Kräfte und Momente in den Lagern werden dann dem Berechnungsmodell für das Fundament eingeprägt. Für dieses Modell wird entweder die Bodenpressungsverteilung vorgeschätzt oder - aufwändiger - in Wechselwirkung mit dem Boden errechnet.

Das Vorschätzen der Bodenpressung entspricht mathematisch einer Entkopplung der Boden-Bauwerk-Wechselwirkung durch konservative Annahmen. Derartige Näherungen führen insbesondere bei statisch unbestimmten Überbauten zu teilweise erheblichen Verfälschungen der tatsächlichen Schnittgrößenverteilungen und der Bodenpressungen.

Aber auch bei statisch bestimmten Bauteilen kann die getrennte Berechnung zu deutlichen Abweichungen führen: So führt die Vernachlässigung der Fundamentdrehung auf dem Baugrund bei schlanken, ins Fundament „starr eingespannten" Kragstützen zu einer Unterschätzung der Schnittgrößen nach Theorie II. Ordnung.

Man bedenke, dass zur Aktivierung der Auflagerreaktion grundsätzlich Verformungen des Baugrundes erforderlich sind. Diese führen zu Setzungen und Verdrehungen des Fundamentes.

14.2 Gründungsarten

Auf den folgenden Abbildungen (Bild 14.2-1a bis e) werden verschiedene wichtige Gründungsarten vorgestellt:

- **Streifenfundament**

Wohnhäuser, allgemeiner Hochbau
ebenes Problem in y-z - Ebene

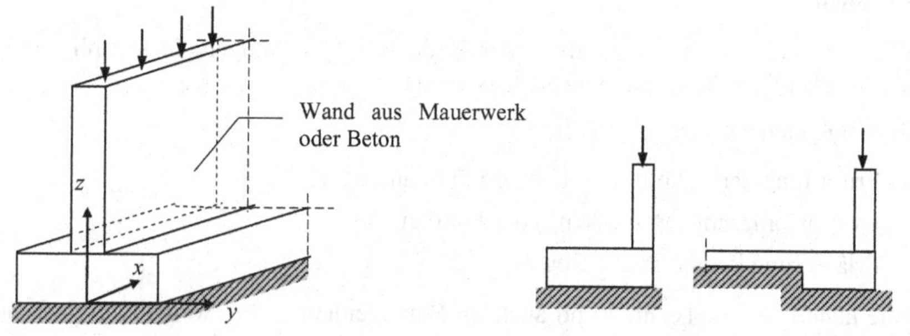

Bild 14.2-1a Gründungsarten

– **Einzelfundament** allgemeiner Hochbau, zentrisch oder exzentrisch belastet

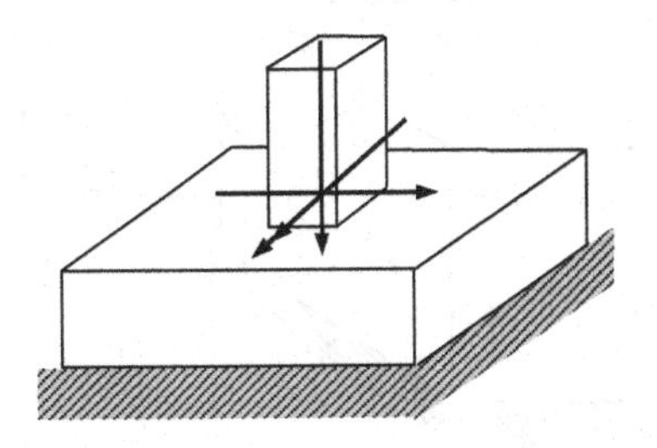

– **Fundamentbalken** allgemeiner Hochbau, Industriebau

ebenes Problem in x-z - Ebene

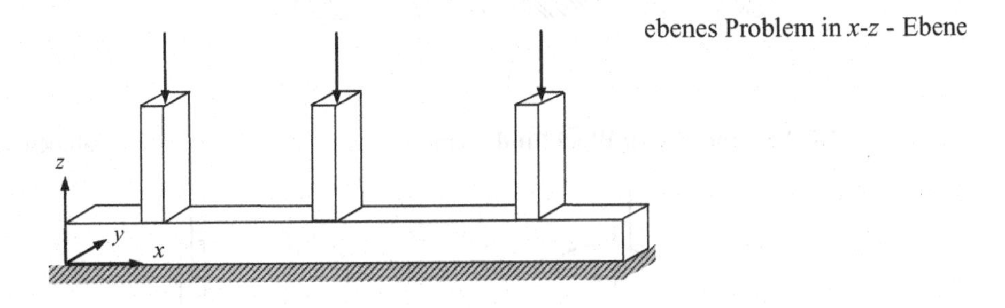

– **Fundamentplatte** allgemeiner Hochbau, Industriebau, Hochhäuser

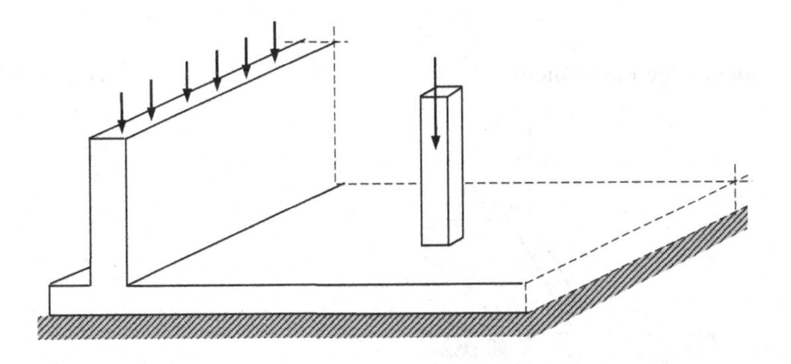

Bild 14.2-1b Gründungsarten

– **„Kellerkasten"** allgemeiner Hochbau, Industriebau, Hochhäuser

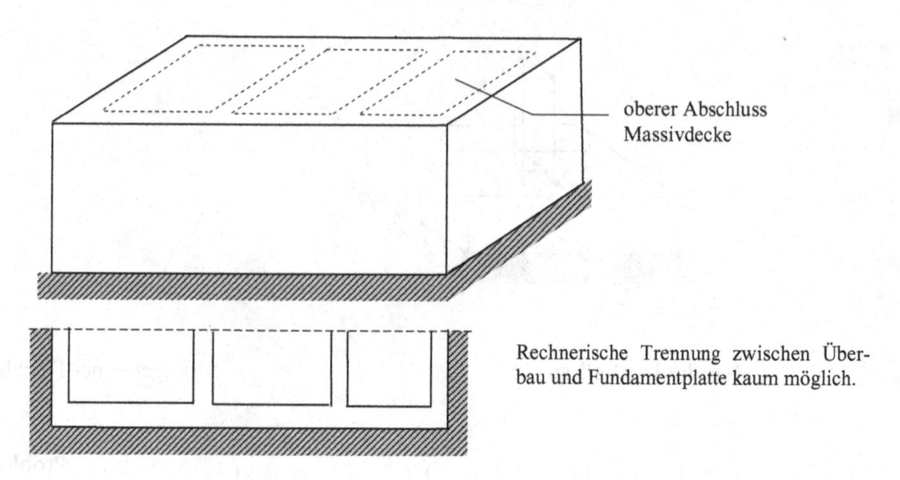

oberer Abschluss
Massivdecke
Rechnerische Trennung zwischen Überbau und Fundamentplatte kaum möglich.

– **Köcherfundament/ Blockfundament** Stahlbetonfertigteilbau

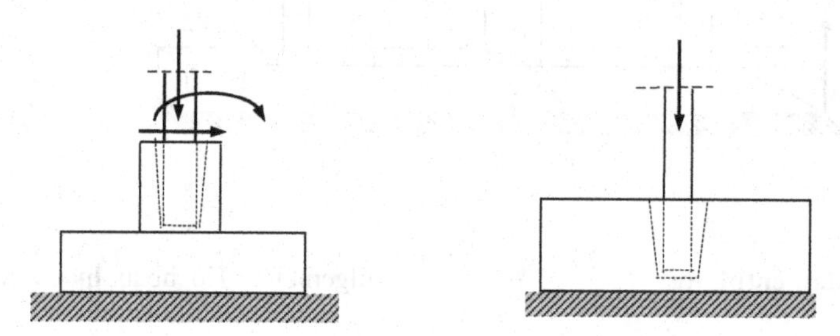

– **Schalenartige Fundamente** Türme, Industriekamine

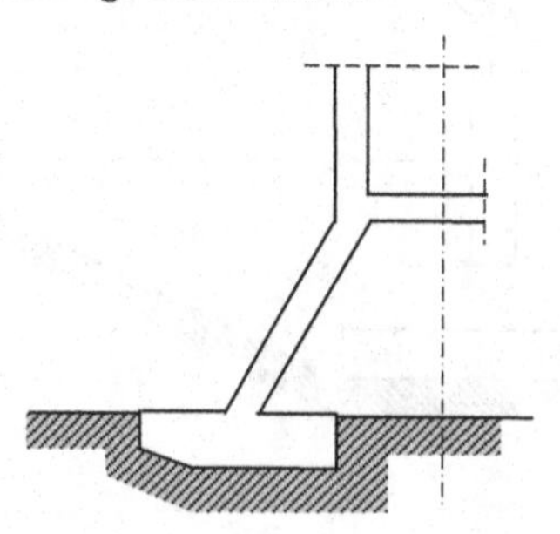

Bild 14.2-1c Gründungsarten

– **Stützwände** Brückenbau, Straßenbau

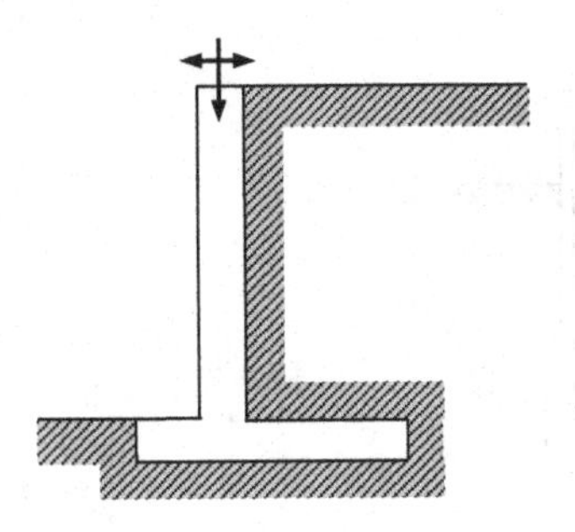

– **Pfahlrostplatte** Hochbau, Industriebau

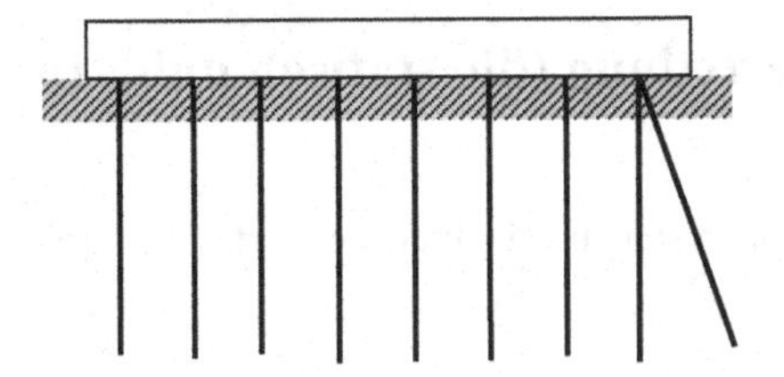

Einige Anmerkungen zu Pfahlgründungen:

Im allgemeinen Falle sind Pfahlgründungen recht kompliziert zu berechnende Bauwerke. An die Stelle der Bodenpressungsverteilung treten hier die Pfahlkräfte als statisch unbestimmte Größen. Vereinfachte Berechnungsverfahren gehen von einer starren Pfahlrostplatte aus. Dies kann unter ungünstigen Bedingungen jedoch zu deutlich abweichenden Ergebnissen gegenüber Berechnungen unter Berücksichtigung der Plattenverformung führen:

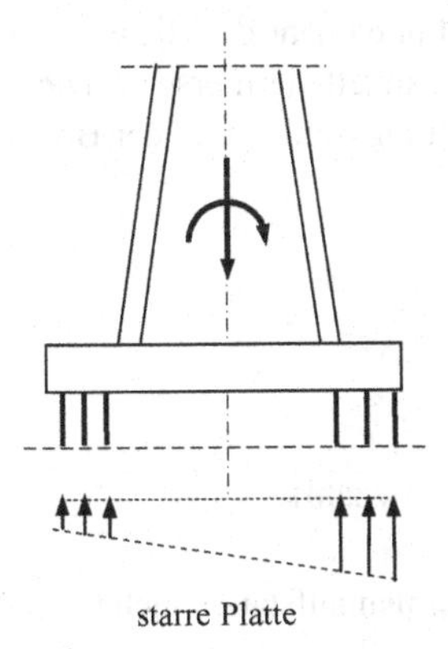

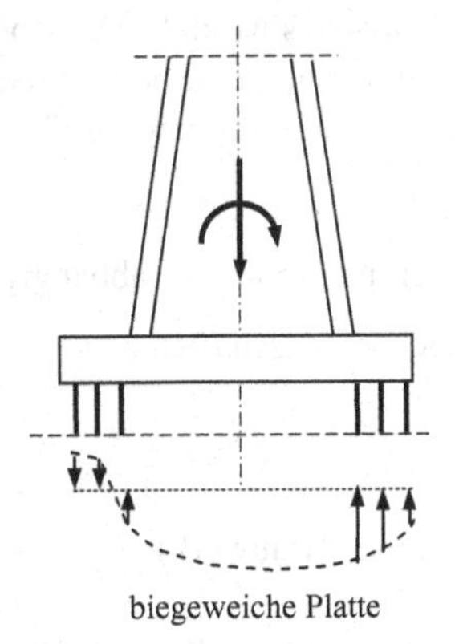

Bild 14.2-1d Gründungsarten

– **Senkkasten** Brückenpfeiler, Kaianlagen

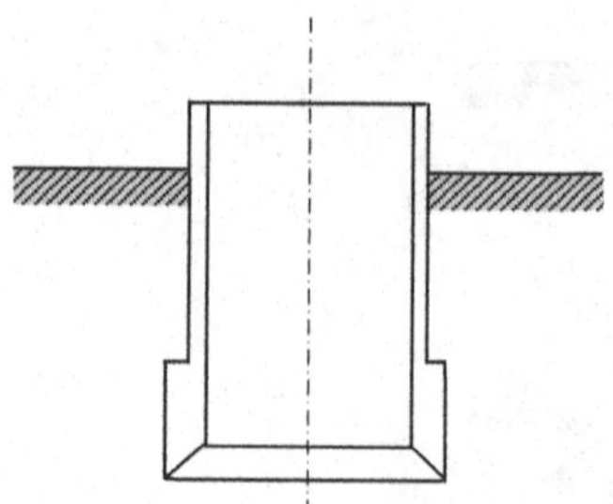

Bild 14.2-1 e Gründungsarten

Im Folgenden werden nur die ersten vier der abgebildeten Fundamenttypen behandelt.

14.3 Bodenpressungsverteilung (die statisch unbestimmte Größe)

14.3.1 Allgemeines

Zur Berechnung der Bodenreaktionen stehen verschiedene Verfahren zur Verfügung:

- Bettungszahlverfahren
- Steifezahlverfahren
- Einzelfedern bei Berechnung mit Finiten Elementen

Die Verfahren werden im Folgenden kurz vorgestellt. Die weiteren Ausführungen konzentrieren sich auf einfache Näherungen sowie das in der Praxis viel genutzte Bettungszahlverfahren. Hinweise enthält auch das Beiblatt zu DIN 4018 [14-1].

14.3.2 Bettungszahlverfahren

Mechanisches Modell: Der Boden unter dem Fundament der Biegesteifigkeit *EI* wird durch eine Reihe von dicht nebeneinander liegenden Einzelfedern ersetzt. Die Verformung δ einer Feder (d. h. die Setzung) ergibt sich mit der Bettungszahl c_s und der Bodenpressung σ_p zu:

(14.3-1) $\delta = \sigma_p / c_s$

Die Bettungszahl c_s ist abhängig von:

- Bodeneigenschaften
  - Bodenart
  - Schichtung
  - Verdichtung
  - Steifemodul (Steifezahl)
- Überbau (Bauwerk)
  - Steifigkeit
  - Form der Fundamentaufstandsfläche
- Größe und Verteilung der Bodenpressungen

Die Bettungszahl wird in wichtigen Fällen vom Grundbauspezialisten nach Vorgabe geschätzter Werte für Fundamentform, Größe und Verteilung der Bodenpressung ermittelt. Man erkennt, dass in dieser einen Zahl c_s mit der Dimension [Kraft/Volumen] die gesamten Baugrundeigenschaften repräsentiert werden müssen.

Bild 14.3-1 zeigt **das mechanische Modell**. Dessen wesentliche Eigenschaft ist es, dass ohne Fundament keine Kopplung zwischen den Federn vorhanden ist. Jede Feder verformt sich unabhängig von den benachbarten Federn.

Mit c_s kann dann **das mathematische Modell** formuliert werden. Dieses führt zur Differentialgleichung des elastisch gebetteten Balkens (bzw. zum Differentialgleichungssystem der elastisch gebetteten Platte).

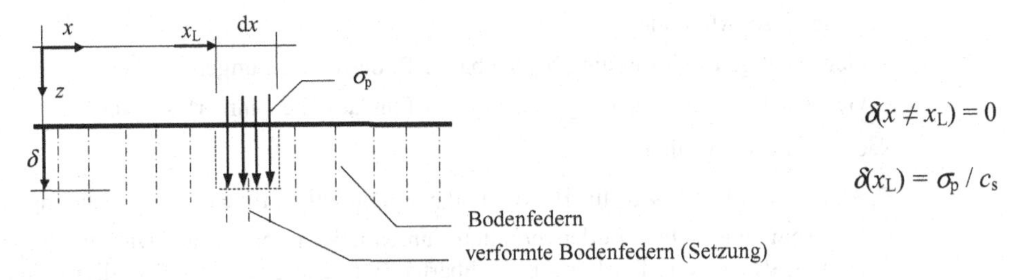

Bild 14.3-1 Mechanisches Modell für das Bettungszahlverfahren

Vorteile dieser Methode:

- Umfangreiche Zahlentafeln mit Lösungen in der Literatur (z. B. [14-2]) vorhanden.
- Einfache Verwendung in Rechenprogrammen möglich. Dabei können über die Länge (x) bzw. die Gründungsfläche (x, y) veränderliche Größen von Fundamentsteifigkeit und Bettungszahl leicht berücksichtigt werden.
- Nichtlineares Verhalten des Baugrundes kann iterativ erfasst werden.

Nachteile dieser Methode:

- Gesamte Bodeneigenschaften sind nur indirekt über eine Kennzahl erfasst.
- Kopplung der Bodenverformungen erfolgt nur über Fundamentverhalten.
- Daher wird die Wechselwirkung benachbarter Fundamente nicht berücksichtigt.

Es sei darauf hingewiesen, dass die Bettungszahl im End- bzw. Randbereich von Fundamenten und im Bereich von Pressungsspitzen unter konzentrierten Lasten deutlich höher sein kann als der normalerweise als konstant angenommene Rechenwert.

14.3.3 Steifezahlverfahren

Mechanisches Modell: Der Baugrund wird als elastischer Halbraum abgebildet, gekennzeichnet durch die Steifezahl (den Steifemodul) E_s. Diese wird aus Bodenuntersuchungen ermittelt und berücksichtigt alle wesentlichen Baugrundeigenschaften, ist aber (anders als c_s) unabhängig von den Eigenschaften des Fundamentes oder des Überbaus.

Zur Größenordnung:	Steifezahlen	$E_s \approx 0{,}4$ bis 300 MN/m^2
	E-Modul von Beton	$E_c \approx 30\,000$ MN/m^2

Wesentliche Eigenschaft dieses Modells: Auch ohne Fundament findet eine gegenseitige Beeinflussung benachbarter Bodenbereiche statt (Bild 14.3-2).

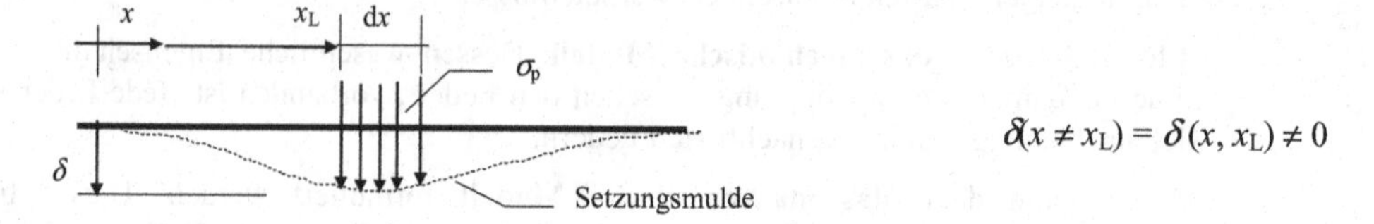

Bild 14.3-2 Mechanisches Modell für die Steifezahlmethode

Vorteile dieser Methode:

- Gegenseitige Beeinflussung benachbarter Bodenverformungen wird erfasst.
- Gegenseitige Beeinflussung benachbarter Fundamente kann erfasst werden.

Nachteile dieser Methode:

- Auch mit Tafeln [14-3] für Balkenfundamente relativ aufwendige Berechnungen.
- Nur rein elastisches Bodenverhalten (unrealistisch) erfassbar. Die durch bessere Erfassung der Wechselwirkung benachbarter Bereiche gewonnene Realitätsnähe geht hier wieder verloren.

Dies ist ein grundsätzliches Problem: Beim verschärften Rechnen an „genaueren" Modellen mit ungenauen Eingangswerten sind die Ergebnisse hinsichtlich ihrer Genauigkeit schwer einzuordnen.

14.3.4 Finite Elemente

Das Verfahren der Finiten Elemente (FEM) ist eine computerorientierte Berechnungsmethode. Das mechanische Modell besteht aus kleinen balken- oder plattenförmigen Elementen, deren Tragverhalten in der Regel durch vereinfachte Ansätze wiedergegeben wird. Die Elemente sind an ihren Ecken (Knoten) - bei aufwändigeren Elementansätzen auch an Zwischenknoten auf den Kanten - über zunächst unbekannte Schnittgrößen miteinander verbunden. Die Bedingungen der Verformungskontinuität führen zu einem linearen Gleichungssystem. Der Baugrund wird durch Einzelfedern in den Knotenpunkten (verbindende Ecken der Elemente) abgebildet, wobei der Formulierung der Federeigenschaften in der Regel das Bettungszahlverfahren zugrunde liegt.

Es gibt auch Programme mit Abbildung des Bodens durch Volumenelemente (z.B. zur räumlichen Gesamtberechnung von Bauwerk und Baugrund bei Erdbeben).

In einer Diplomarbeit [14-4] wurde ein FEM-Programm mit auf voller Länge elastisch gebetteten Balkenelementen (auf Basis der Differentialgleichung) entwickelt, das die Berücksichtigung eines mehrgeschossigen, rahmenartigen Überbaus erlaubt und auch abhebende Fundamentbereiche iterativ erfasst.

Vorteile des FEM-Verfahrens:

- Nahezu beliebige Veränderungen von Fundamenteigenschaften und ungleichmäßige Verteilung der Bodeneigenschaften unter dem Fundament können berücksichtigt werden.

14.3.5 Tragverhalten von elastisch gebetteten Gründungen

Bei nicht zu steifen Überbauten wird in der statischen Berechnung in der Regel wie folgt vorgegangen:

- Annahme vertikal, horizontal starrer und bei entsprechend breiten Fundamenten auch drehsteifer Lagerung des Überbaus (das sind in der Regel die Stützen und Wandscheiben).
- Festlegung des statischen Systems des Überbaus (z. B. Geschossrahmen) unter diesen Annahmen und Ermittlung der Schnittgrößen und der Auflagerreaktionen (N_E, V_E, M_E).
- Annahme eines Berechnungsmodells für die Fundamente und Ansatz der Auflagerreaktionen des Überbaus als Belastung.
- Berechnung der Setzungen und der Schnittgrößen des Fundamentes mit anschließender Bemessung. Eine Rückwirkung der Fundamentverformungen auf den Überbau wird in der Regel vernachlässigt.

Diese vollkommene Entkopplung der Wechselwirkung zwischen Überbau und Fundament ist nur bei sehr biegeweichen Überbauten näherungsweise richtig. Man spricht dann bei der Fundamentbelastung von schlaffen Lasten bzw. schlaffen Lastbündeln.

Es ist offensichtlich, dass bei scheibenartigen Überbauten (z. B. Stahlbetonwänden) eine solche Entkopplung des Verformungsverhaltens zu falschen Ergebnissen führt.

Die gegenseitige Beeinflussung der Steifigkeiten von Baugrund und Fundament für einen schlaffen Überbau wird durch Bild 14.3-3 hinsichtlich der Pressung und der Schnittgrößen im Fundament verdeutlicht (s. a. Bild 14.7-3). Man erkennt:

- Beim steifen Boden konzentriert sich der Lasteintrag in den Baugrund unter den Lasten. Weiter abliegende Fundamentbereiche entziehen sich der vollen Mitwirkung. Die lokalen Pressungen sind hoch. Die Biegemomente sind relativ klein. Das Fundament wirkt wie ein biegeweicher „Teppich".
- Bei weichen Böden werden die Lasten durch größere mitwirkende Fundamentbereiche gleichmäßiger verteilt. Die Pressungen nehmen ab, die Biegemomente zu.

Maßgebend für das Tragverhalten ist die relative Steifigkeit c_s/E_cI_c: Einem weichen Boden entspricht somit ein steifes Fundament und einem steifen Boden ein biegeweiches Fundament.

Randüberstände der Fundamente sind von großem Einfluss und können den Momentenverlauf „im Feld" günstig beeinflussen.

Man beachte, dass unter Einzellasten in der Regel positive Momente auftreten. Die zugehörige Bewehrung muss unten liegen.

In vielen baupraktischen Fällen wird die Bodenpressungsverteilung vorgeschätzt und als linear verteilt angenommen. Bei zentrischer Belastung des Fundamentes entspricht dies dem Ansatz:

$$\sigma_p = \text{constant} = N_{Ed}/A_{Fundament}.$$

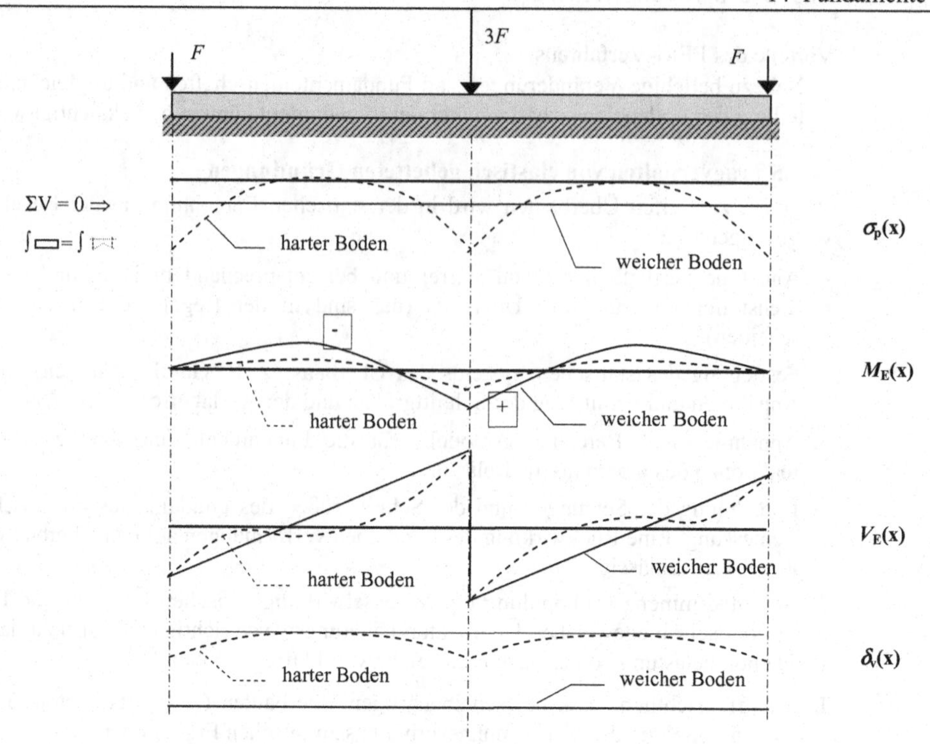

Bild 14.3-3 Einfluss unterschiedlicher Bodensteifigkeiten auf das Tragverhalten (hier drei gleiche Lasten), s. a. [6-1]

Den Einfluss der Überbausteifigkeit auf das Tragverhalten des Fundamentes wird durch Bild 14.3-4 illustriert:

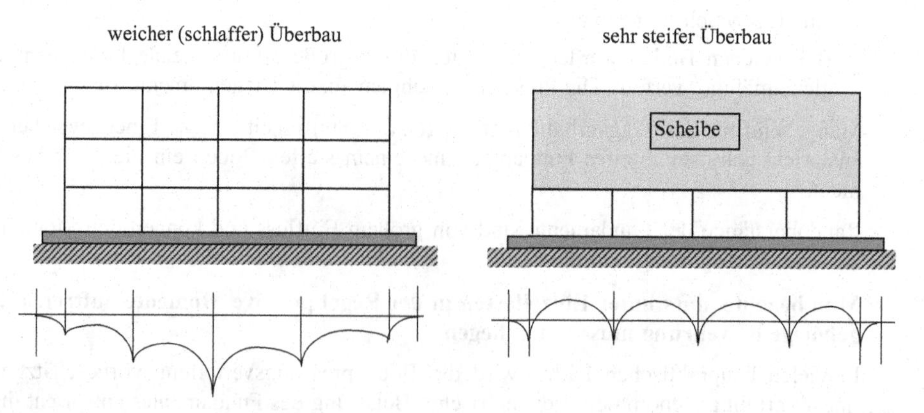

Bild 14.3-4 Einfluss verschiedener Überbausteifigkeiten auf den Verlauf der Biegemomente im Fundament

14.4 Streifenfundamente

14.4.1 Allgemeines

Streifenfundamente im Sinne dieses Abschnittes sind relativ schmale Fundamente unter Wänden. Sie werden in erster Linie in Querrichtung durch Biegung beansprucht. Beanspruchungen in Längsrichtung entstehen bei in Längsrichtung unterschiedlichen Bodeneigenschaften und veränderlichen Wandlasten, sowie lokal im Bereich von Wandöffnungen.

Für die Berechnung wird die Bodenpressungsverteilung geschätzt. Wegen der geringen Breite der Fundamente und der in Längsrichtung weitgehend konstanten Wandlasten, wird mit der **einfachen Näherung einer konstanten Pressung** gearbeitet.

Im Fundament findet eine Ausbreitung der Wandlasten auf die Breite der Aufstandsfläche statt. In schmalen Fundamenten mit geringem seitlichen Überstand sind die dabei entstehenden Querzugspannungen deutlich kleiner als die Betonzugfestigkeit. Solche Fundamente dürfen unbewehrt gebaut werden. Fundamente mit größerem Überstand müssen als bewehrte Stahlbetonkonstruktion ausgeführt werden (Bild 14.4-1). Alle Nachweise gelten für 1 m der Fundamentlänge (senkrecht zur Zeichenebene).

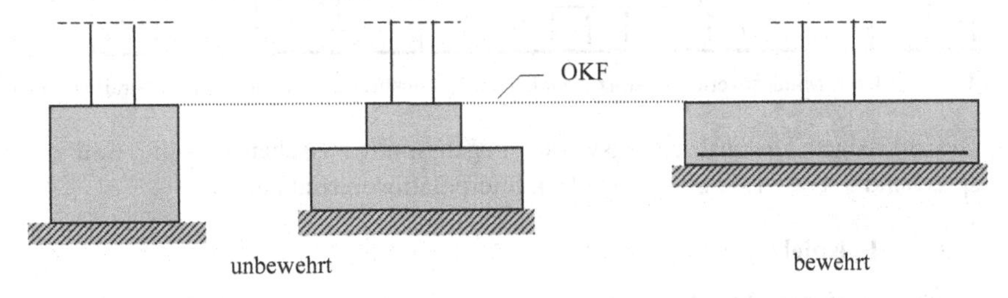

Bild 14.4-1 Ausführungsformen von Streifenfundamenten

14.4.2 Unbewehrte Streifenfundamente

- **Bemessungsmodell**

Die Lastausbreitung in schmalen Fundamenten kann durch geeignete Stabwerksmodelle (z.B. Sprengwerk mit Zugband) veranschaulicht werden (Bild 14.4-2). Bei ausreichend steilem Ausbreitungswinkel α bleiben die Zugspannungen im Bereich des „Zugbandes" unterhalb der Betonzugfestigkeit. **Auf Bewehrung kann dann verzichtet werden.**

Die Lastausbreitung (charakterisiert durch tan α) darf umso flacher sein, je höher die Betonzugfestigkeit ist. Sie muss umso steiler sein, je höher (bei sonst gleichen Bedingungen) die Belastung und damit die Bodenpressungen sind.

EC2 enthält in Abschnitt 12.9.3 Hinweise zu unbewehrten Fundamenten. Beim Nachweis der Tragfähigkeit darf folgende Biegezugfestigkeit angenommen werden:

(14.4-1) $$f_{ct,d} = \alpha_{ct} \cdot f_{ctk;0,05} / \gamma_c$$ mit $\alpha_{ct} = 0{,}85$ und $\gamma_c = 1{,}5$

Dabei darf keine höhere Betonfestigkeitsklasse als C35/45 in Ansatz gebracht werden.

Die folgende Gleichung wird in [1-2] aus einem Biegespannungsnachweis im Betonquerschnitt am Stützen- bzw. Wandanschnitt hergeleitet (der Fußindex „g“ steht dabei für „ground“).

(14.4-2) $\quad 0{,}85 \cdot h_F/a \geq (3 \cdot \sigma_{gd}/f_{ct,d})^{1/2}$ $\qquad$ mit $h_F/a \geq 1{,}0$ und $\sigma_{gd} = \sigma_p \cdot \gamma_F$

Alternativ zu einer Spannungsermittlung oder zur Benutzung der Kurven in [1-2] wird im Folgenden wieder eine Tabelle entwickelt, die eine Ablesung des flachsten zulässigen Winkels α bzw. des geometrischen Verhältnisses h_F/a ermöglicht.

Bodenpressung σ_{gd} unter Designlasten [kN/m²] ⇒		150	250	350	450	550	650
C12/15		1,0	1,3	1,5	1,8	1,9	2,0
C16/20		1,0	1,2	1,4	1,6	1,75	1,9
C20/25		1,0	1,1	1,3	1,45	1,6	1,75
C25/30		1,0	1,0	1,2	1,35	1,5	1,65
C30/37		1,0	1,0	1,1	1,3	1,4	1,55

Tabelle 14.4-1 Mindestwerte für tan $\alpha = h/a$ bei der Lastausbreitung in unbewehrten Streifenfundamenten

Die zulässigen Lastausbreitungswinkel liegen somit zwischen $\boldsymbol{\alpha = 45°}$ **und** $\boldsymbol{\alpha = 63°}$ (entsprechend tan $\alpha = 1{,}0$ und tan $\alpha = 2{,}0$). Interpolationen sind zulässig.

- **Beispiel**

1 System, Abmessungen, Lasten

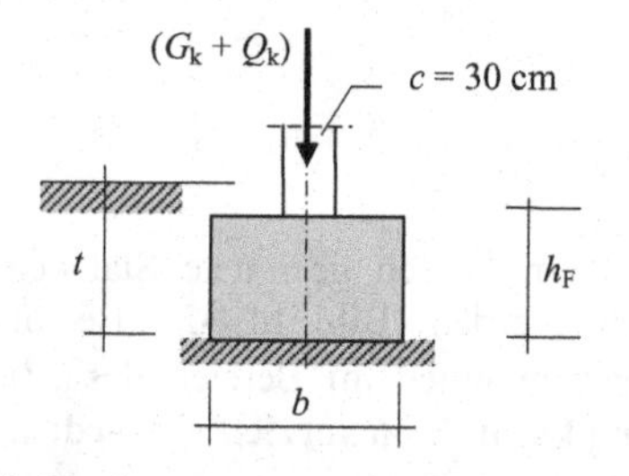

Auflast $(G_k + Q_k) = 243$ kN/m

Beton C12/15 $\quad$ cal $\gamma = 23$ kN/m³
(unbewehrter Beton)

2 Vorbemessung

Für die geschätzte Einbindetiefe $t \geq 80$ cm (frostfreie Gründungstiefe), Fundamentbreite zwischen 0,5 m und 2,0 m sowie halbfesten, gemischt-körnigen, bindigen Baugrund erhält man aus DIN EN 1997-1, Tab. A 6.10 einen Sohldruckwiderstand von $\sigma_{Rd} \approx 360$ kN/m². Für die Auflast wird ein (im Hochbau gut zutreffender) mittlerer Teilsicherheitsbeiwert für (G +Q) von $\gamma = 1{,}4$ und für die Fundamenteigenlast $\gamma = 1{,}35$ angesetzt.
Mit einem geschätzten Pressungsanteil aus dem Fundamenteigengewicht von etwa 20 kN/m² erhält man die erforderlichen Abmessungen des Fundamentes:

- Breite b aus Einhaltung des Sohldruckwiderstandes je Meter Fundamentlänge:

  erf $b = (G + Q) \cdot \gamma / (\sigma_{Rd} - \sigma_{G,Fundament}) = 243 \cdot 1{,}4/(360 - 20 \cdot 1{,}35) = 1{,}02$ m

– Höhe h_F aus Einhaltung von tan α:

$\sigma_{gd} = 0{,}36$ kN/m² — Ausnutzung von σ_{Rd}

$\tan\alpha \geq \tan\alpha\,(\sigma_{gd}, ^{C12/15}) \approx 1{,}5$ — aus Tabelle 14.4-1

$\tan\alpha = 0{,}85 \cdot h_F/a = 2 \cdot 0{,}85 \cdot h_F/(b-c)$

erf $h_F = \tan\alpha\,(b - c)/1{,}7 = 1{,}5\,(1{,}06 - 0{,}30)/1{,}7 = 0{,}67$ m

Für die Bauausführung wird **gewählt:** $\boldsymbol{b/h_F = 1{,}1}$ **m/0,7 m**

3 Endgültiger Nachweis

– Bodenpressung:

$\sigma_{gd} = 243 \cdot 1{,}4/1{,}1 + 0{,}7 \cdot 23 \cdot 1{,}35 = 331$ kN/m² $<$ geschätzt $\sigma_{Rd} = 360$ kN/m² ✓

– Fundamentabmessungen:

$h_F/a = 2 \cdot 0{,}85 \cdot h_F/(b - c) = 2 \cdot 0{,}85 \cdot 0{,}7/(1{,}1\text{-}0{,}3) \approx 1{,}5$ $\approx$ erf $\tan\alpha = \tan\alpha\,(\sigma_p = 331)$ ✓

Es ist keine Querbewehrung im Fundament erforderlich.

14.4.3 Bewehrte Streifenfundamente

- **Tragverhalten und Bemessung mittig belasteter Streifenfundamente**

In erster Linie werden im Folgenden mittig (zentrisch) belastete Streifenfundamente behandelt. Zu exzentrisch belasteten Fundamenten werden einige Hinweise gegeben. Für größere Randüberstände können der **Biegebemessung** (Grenzzustand der Tragfähigkeit) die auf Bild 14.4-2 dargestellten Annahmen zugrunde gelegt werden:

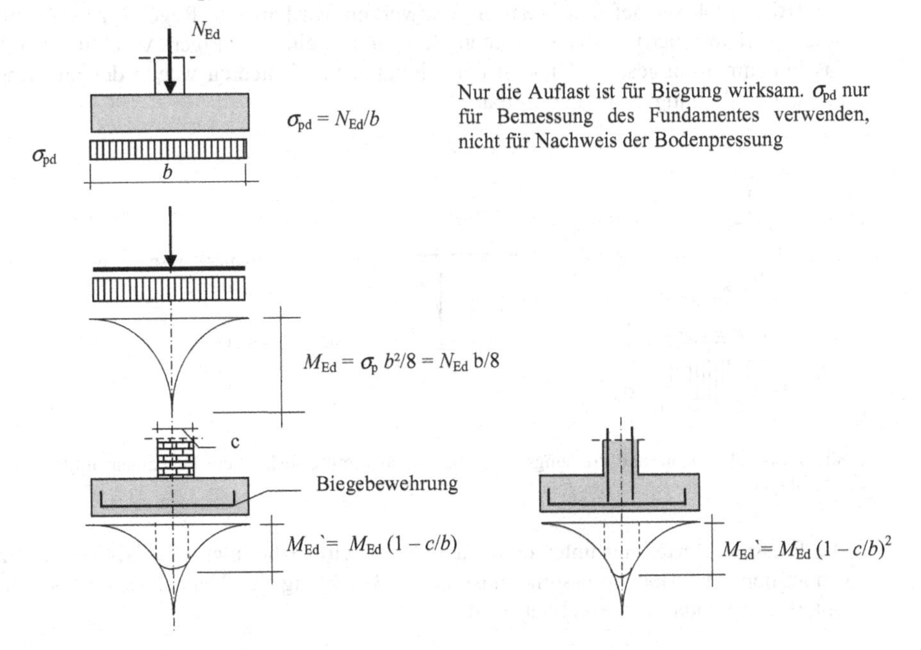

Bild 14.4-2 Zur Biegebemessung von bewehrten Streifenfundamenten

Bewehrte Fundamente mit relativ geringem Randüberstand verhalten sich ähnlich wie Konsolen und können als solche berechnet und bewehrt werden. Bei größerem Überstand ähnelt das Tragverhalten dem von kurzen Kragarmen. Es empfiehlt sich in beiden Fällen, die Biegezugbewehrung ohne Staffelung zu verlegen. Bei kurzem Überstand ist unbedingt ein Endhaken oder eine mindestens gleichwertige Verankerung vorzusehen. Eine Mindestbewehrung ist nach [1-11] nicht erforderlich.
Im Bereich von Wandenden ist der Nachweis der Tragfähigkeit auf Schub in Anlehnung an den Nachweis der Sicherheit gegen Durchstanzen (siehe Abschnitt 14.5.3) zu führen.

- **Hinweise für die Längsrichtung**

In Längsrichtung ist in jedem Falle eine Bewehrung als Montagehalterung der nach Bild 14.4-2 ermittelten Biegebewehrung erforderlich. Da in Längsrichtung bei ungleichmäßigem Baugrund je nach Mitwirkung der Wand (Mauerwerk, Beton) unterschiedliche Setzungen und damit Biegemomente auftreten können, wird nach [8-1] empfohlen, mindestens 10% der Bewehrung in Längsrichtung einzulegen.

- **Hinweise zu exzentrisch belasteten Streifenfundamenten**

Zwei Fälle sind zu unterscheiden:

- Zentrische Anordnung von Fundament und Wand bei außermittiger Belastung der Wand.
- Außermittige Anordnung der zentrisch belasteten Wand.

Der erste Fall tritt im Wesentlichen nur bei freistehenden Wänden mit horizontalen Lasten auf (Bild 14.4-3). Bei ausgesteiften Bauwerken wird in der Regel (und fast immer bei Mauerwerkswänden) in der statischen Berechnung ein gelenkiger Anschluss der Wand an das Fundament angesetzt. Dies ist bei schmalen Fundamenten wegen der unvermeidlichen Fundamentdrehungen auch vertretbar.

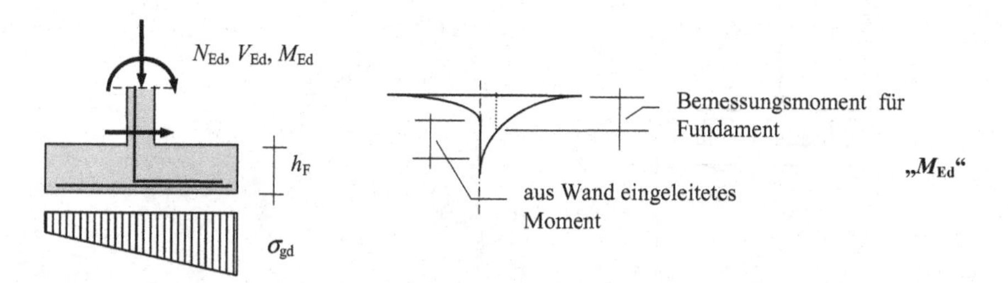

Bild 14.4-3 Momente und Pressungsverteilung bei außermittig belastetem Fundament im Grenzzustand der Tragfähigkeit

Die Pressungsverteilung unter dem Fundament wird näherungsweise als linear verteilt angenommen. Die Bodenpressung muss unter Beachtung des Versatzmomentes aus V_{Ed} zur Unterkante Fundament errechnet werden.

Man erhält mit den elementaren Gleichungen der Festigkeitslehre:

(14.4-3) $\sigma_{gd} = N_{Ed}/A_{Fund} \pm (M_{Ed} + V_{Ed} \cdot h)/W_{Fund.}$ Druckspannungen positiv

mit: $A_{Fund} = b \cdot 1[m]$ und $W_{Fund} = 1[m] \cdot b^2/6$

Beim Auftreten von Zugspannungen einschließlich Wirkung des Fundamenteigengewichtes ist von klaffender Sohlfuge auszugehen. Dann sind die hierfür geltenden Formeln anzuwenden (z. B. aus [11-6]).

Im Bereich dichter Bebauung und beim Bauen in Baulücken kann es erforderlich werden, die Außenwände eines Gebäudes außermittig anzuordnen. Die Fundamente sind in diesem Fall extrem exzentrisch belastet. Klaffende Fugen sind dann oft nicht zu vermeiden. Besonders ungünstig wirken die sehr ungleichmäßigen Pressungsverteilungen mit hohen Kantenpressungen, die bereits im Grenzzustand der Gebrauchstauglichkeit unter quasiständigen Lasten auftreten.

Solche Fundamente werden durch Balken oder oben angeordnete Platten über die Gründungsbreite hinweg (auch nachträglich) miteinander verbunden (Bild 14.4-4) um die Wandauflasten durch die in diesen Bauteilen geweckten Rückstellkräfte zu „zentrieren“ (Berechnung siehe z. B. [14-2]; einige konstruktive Hinweise siehe EC 2, 9.8.3 „Zerrbalken“).

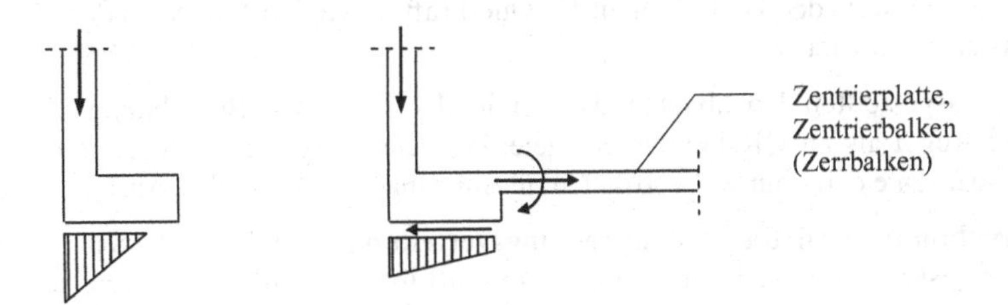

Bild 14.4-4 Wirkung von Zentrierplatten und Zentrierbalken auf exzentrisch angeordnete Streifenfundamente

- **Bemessung im Bereich von Wandöffnungen**

Unter Wandöffnungen überlagert sich dem Tragverhalten in Querrichtung (y-z-Ebene) ein Biegezustand in Längsrichtung x. Dieser erfordert eine lokale Biege- und Schubbemessung in Längsrichtung. Für den Nachweis können vereinfachte Annahmen getroffen werden. Der betroffene Abschnitt des Fundamentes ist dann näherungsweise als neben der Aussparung beidseits eingespannter **Balken** zu behandeln (Bild 14.4-5).

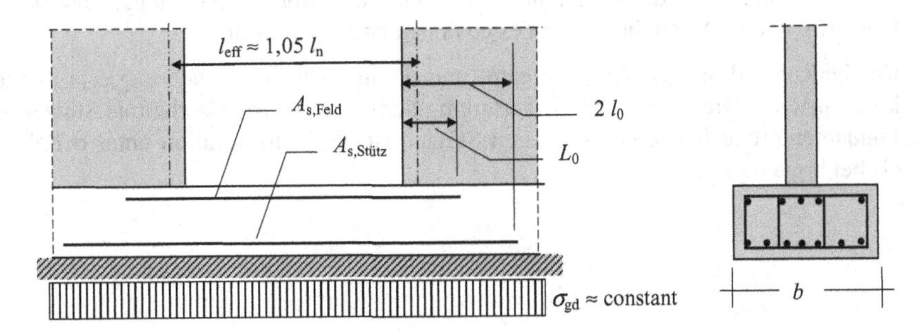

Bild 14.4-5 Streifenfundament unter Wandöffnung

Die obere „Feldbewehrung“ und die untere „Stützbewehrung“ werden bemessen für:

(14.4-4) $M_{Ed,Feld} \approx - \sigma_{gd}\, b\, l_{eff}^2/16$

(14.4-5) $M_{Ed,Stütz} \approx \sigma_{gd}\, b\, l_{eff}^2/10$

Die Schubnachweise sind für die sich aus dem System ergebenden Querkräfte zu führen. Es wird empfohlen, die direkt am „Auflager“ wirkende größte Querkraft anzusetzen:

(14.4-6) $V_{Ed} \approx \sigma_{gd}\, b\, l_{eff}/2$

Die konstruktiven Regeln für Balken sind einzuhalten.

14.5 Einzelfundamente mit zentrischer Belastung

14.5.1 Allgemeines

Einzelfundamente im Sinne dieses Abschnittes sind quadratische oder rechteckförmige Fundamente unter Stützen. Im statischen Sinne stellen sie auf den Kopf gestellte, punktförmig gestützte Platten dar. Sie werden in beiden Hauptachsenrichtungen durch Biegung beansprucht. Wegen des besonderen Tragverhaltens von Platten bei punktförmigen Einzellasten wird der Nachweis der Tragfähigkeit für Querkraft durch den Nachweis der Sicherheit gegen Durchstanzen ersetzt.

In horizontal ausgesteiften Hochbauten werden in der statischen Berechnung die Innenstützen in der Regel als an OK-Fundament gelenkig gelagert angesetzt. Diese Stützen belasten die Fundamente dann nur mit vertikalen, in Stützenachse wirkenden Auflagerkräften.

Für die Berechnung wird die Bodenpressungsverteilung geschätzt. Wegen der relativ geringen Grundrissabmessungen der Fundamente wird mit der **einfachen Näherung einer gleichmäßig verteilten Pressung** gearbeitet. Es kann leicht gezeigt werden, dass diese Annahme für die Bemessung auf der sicheren Seite liegt.

Bei horizontal verschieblichen Konstruktionen, insbesondere bei Kragstützen, wirken an OK-Fundament auch Querkräfte und Biegemomente. Derartige Gründungen werden in Abschnitt 14.6 behandelt.

14.5.2 Biegebemessung

Die Verteilungen der Biegemomente $m_{Ed,x}$ und $m_{Ed,y}$ werden näherungsweise nach der Plattentheorie ermittelt. Das Biegemoment $m_{Ed,x}$ ist in seiner räumlichen Verteilung auf Bild 14.5-1 angedeutet. In der Tragrichtung x verläuft das Moment näherungsweise wie bei einem Kragarm. In der Querrichtung y ist es etwa parabolisch verteilt.

Das bedeutet, dass sich die Momente (und damit auch die Bewehrung a_{sx}) in Stützennähe konzentrieren. Die Form der Querverteilung der m_x hängt vom Verhältnis Stützenbreite c_y zu Fundamentbreite b_y ab. Bei schmalen Stützen ist die Konzentration unter der Stütze größer als bei breiten.

Man beachte die Definition der Koordinatenrichtungen: Momente m_x sind solche, die in x-Richtung Spannungen erzeugen und damit auch Bewehrung a_{sx} in x-Richtung erfordern. Für die Momente m_y gilt bei Beachtung der Achsenvertauschung Entsprechendes.

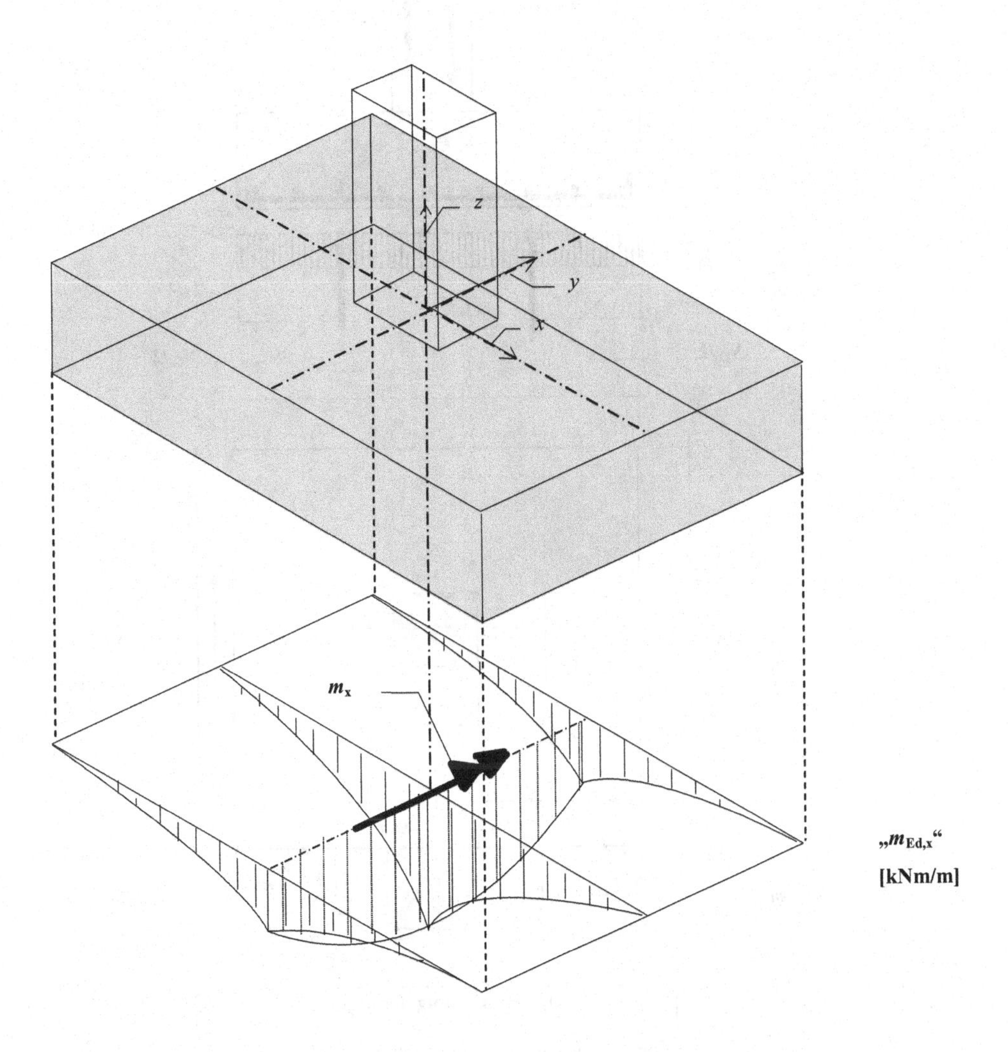

Bild 14.5-1 Räumliche Darstellung der Momente m_x in der Fundamentplatte

Die Ermittlung der Biegemomente m_{Ed} erfolgt an Hand der auf Bild 14.5-2 dargestellten Zusammenhänge:

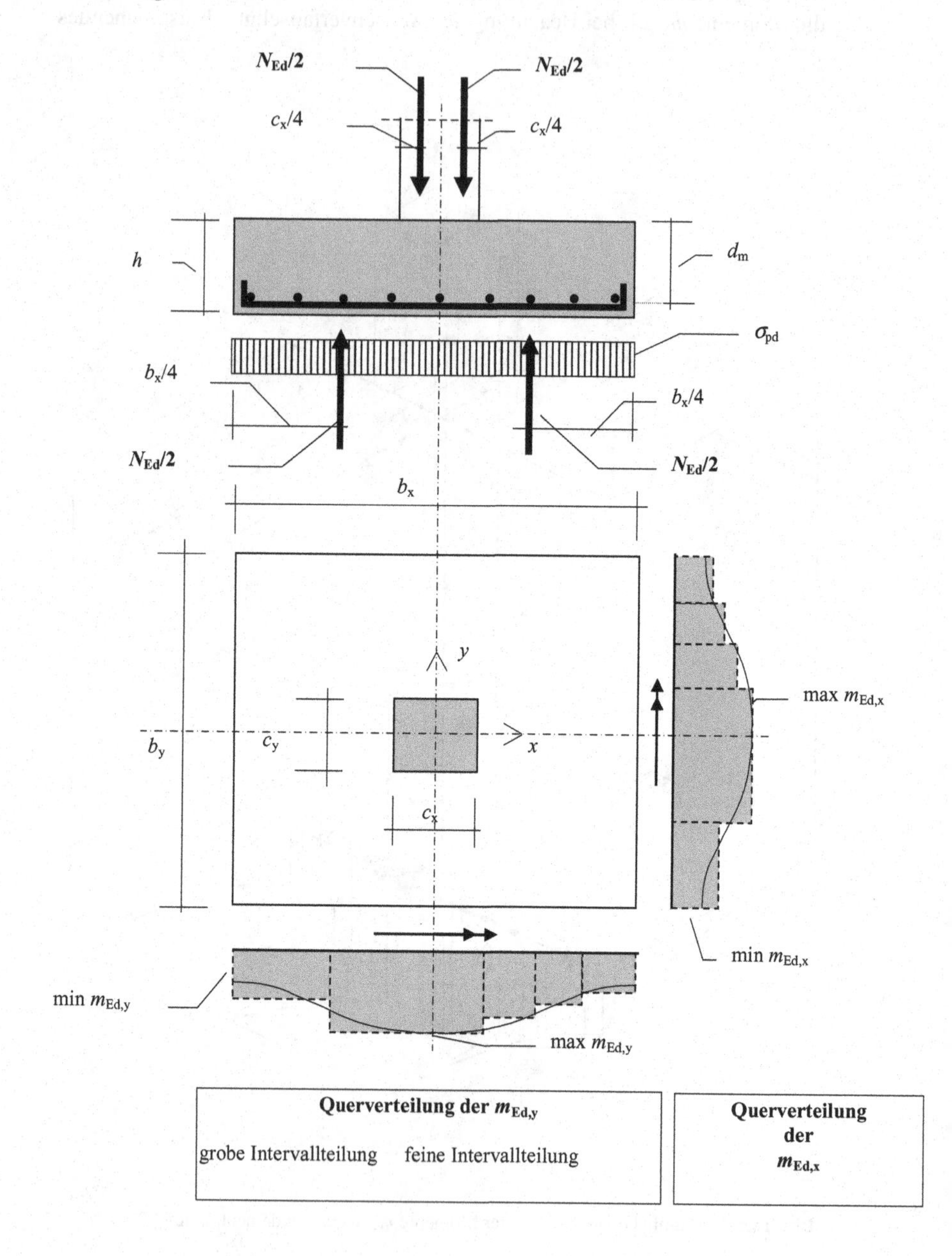

Bild 14.5-2 Zur Ermittlung der Biegemomente m_{Ed}

Zur Ermittlung der Plattenmomente werden zunächst je Tragrichtung die Gesamtmomente nach Bild 14.5-2 errechnet. **Dabei erzeugt nur die Stützenlast N_{Ed} Schnittgrößen, nicht aber das Fundamentgewicht, solange keine klaffende Fuge auftritt**. Alle Lasten sind Designlasten.

(14.5-1) $M_{Ed,x} = (b_x/4 - c_x/4) \cdot N_{Ed}/2 = N_{Ed} \cdot (b_x - c_x)/8$

(14.5-2) $M_{Ed,y} = (b_y/4 - c_y/4) \cdot N_{Ed}/2 = N_{Ed} \cdot (b_y - c_y)/8$

Die Querverteilung wird näherungsweise durch stufenweise Approximation erfasst. Dabei kann eine grobe oder eine feine Einteilung in Intervalle erfolgen:

Grobe Einteilung: vier Intervalle über die Querbreite
Feine Einteilung: acht Intervalle über die Querbreite

Die Momente je Intervall ergeben sich mit den Verteilungsfaktoren aus Tabelle 14.5-1 nach der Gleichung:

(14.5-3) $m_{Ed,x} = \alpha_{i,x} \cdot M_{Ed,x}$ und $m_{Ed,y} = \alpha_{i,y} \cdot M_{Ed,y}$

Es ist unbedingt zu beachten, dass für die Querverteilung der $m_{Ed,x}$ die Querbreite b_y und für die Querverteilung der $m_{Ed,y}$ die Querbreite b_x maßgebend ist:

(14.5-4) $\alpha_{i,x} = \alpha_i(c_y/b_y)$ und $\alpha_{i,y} = \alpha_i(c_x/b_x)$

feine Einteilung	$\alpha_{i,y}$ bzw. $\alpha_{i,x}$							
c_x/b_x bzw. $c_y/b_y = 0{,}1$	0,07	0,10	0,14	0,19	0,19	0,14	0,10	0,07
= 0,2	0,08	0,10	0,14	0,18	0,18	0,14	0,10	0,08
= 0,3	0,09	0,11	0,14	0,16	0,16	0,14	0,11	0,09
grobe Einteilung								
alle c_x/b_x bzw. c_y/b_y	0,167		0,333		0,333		0,167	

Tabelle 14.5-1 Verteilungsfaktoren $\alpha_{i,x}$ und $\alpha_{i,y}$ in Abhängigkeit von c/b

Es ist für die praktische Berechnung zu aufwändig und auch nicht lohnend, für jedes Intervall eine getrennte Bemessung vorzunehmen. Es ist ausreichend und konservativ, für das Intervall mit dem größten Moment die Bemessung durchzuführen und mit dem daraus erhaltenen ζ bzw. k_s die Gesamtbewehrung A_{sx} bzw A_{sy} je Tragrichtung zu ermitteln. Diese wird sodann entsprechend den Verteilungsfaktoren (in der Regel nach der groben Intervallteilung) über die Querrichtung verteilt.

(14.5-5) $\max m_{Ed,x} = \max \alpha_{i,x} \cdot M_{Ed,x}$ $\max m_{Ed,y} = \max \alpha_{i,y} \cdot M_{Ed,y}$

$$\min k_{dx} = \frac{d}{\sqrt{\dfrac{\max m_{Ed,x}}{b_y/8}}} \qquad \min k_{dy} = \frac{d}{\sqrt{\dfrac{\max m_{Ed,y}}{b_x/8}}}$$

$\Rightarrow k_{sx}$ $\Rightarrow k_{sy}$

(14.5-6) $\text{erf } A_{sx} = M_{Ed,x} \cdot k_{sx} / d$ $\text{erf } A_{sy} = M_{Ed,y} \cdot k_{sy} / d$

Bei Anwendung des ω-Verfahrens ist ζ abzulesen und damit $\text{erf } A_s = [M_{Ed}/(\zeta\, d\, \sigma_{sd})] \cdot 10^4$ zu berechnen.

Verteilung der Gesamtbewehrung auf die Intervalle i je Tragrichtung:

– feine Intervallteilung $a_{sx,i} = \alpha_{xi} \text{ erf } A_{sx}$ [cm²/Intervallbreite $b_y/8$]
$a_{sy,i} = \alpha_{yi} \text{ erf } A_{sy}$ [cm²/Intervallbreite $b_x/8$]

– grobe Intervallteilung $a_{sx,innen} = 1/3 \text{ erf } A_{sx}$ [cm²/Intervallbreite $b_y/4$]
$a_{sx,außen} = 1/6 \text{ erf } A_{sx}$ [cm²/Intervallbreite $b_y/4$]

$a_{sy,innen} = 1/3 \text{ erf } A_{sy}$ [cm²/Intervallbreite $b_x/4$]
$a_{sy,außen} = 1/6 \text{ erf } A_{sy}$ [cm²/Intervallbreite $b_x/4$]

Die Bewehrung ist zumindest näherungsweise nach diesen Gleichungen und unter Einhaltung der zulässigen Höchstabstände anzuordnen. Man beachte zusätzlich die für den Nachweis der Sicherheit gegen Durchstanzen anzusetzenden Mindestmomente.

Charakteristisch ist, dass die Bewehrung in der Nähe der Stütze enger liegt als zum Rande hin. Dies wird durch unterschiedliche Stababstände erreicht. Keinesfalls sollten je Tragrichtung Bewehrungsstäbe unterschiedlichen Durchmessers verlegt werden. Eine Mindestbewehrung ist nach [1-11] nicht erforderlich.

14.5.3 Nachweis der Sicherheit gegen Durchstanzen

- **Allgemeines**

Bei der Einleitung von Einzellasten in Flächentragwerke (Platten) treten hohe, konzentrierte Schubbeanspruchungen auf. Das Nachweisformat entspricht grundsätzlich dem der Schubnachweise für Balken. Der Nachweis der Tragfähigkeit der betroffenen lokalen Bereiche der Platte auf Schub bedarf gegenüber den üblichen Schubnachweisen jedoch etlicher ergänzender Festlegungen. Dem Nachweis liegt das auf Bild 14.5-3 dargestellte Bruchmodell zugrunde (vereinfachte Darstellung). Die Neigung des Stanzkegels ist von der Schlankheit des Fundamentes $\lambda = a_\lambda/d$ abhängig (s. Bild 14.5-4). Die folgenden Regeln gelten für Fundamente mit $u_o \leq 12\ d$, wobei u_o der Fundamentumfang im Grundriss und d die (bei geneigter Oberfläche die mittlere) statische Höhe ist. Bei größeren Werten von u_o/d gelten die Regeln für Flachdecken.

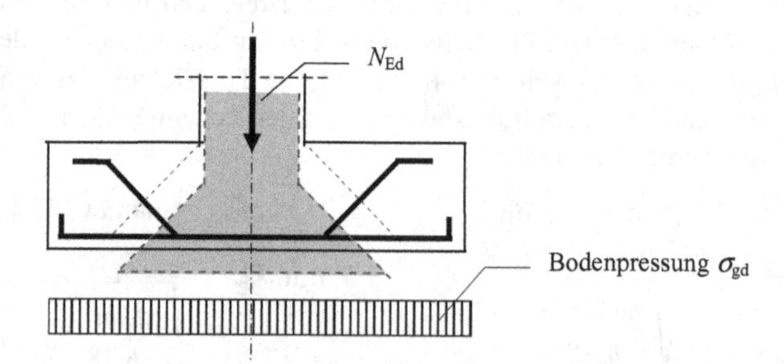

Bild 14.5-3 Bruchmodell „Stanzkegel"

Der Nachweis wird auf einem „kritischen Rundschnitt" geführt (Bild 14.5-4), der in der Regel aber keine Kreisform hat, sondern durch die Form und Abmessungen der Stütze bestimmt wird (Bild 14.5-5).

Die vorhandene Querkraft v_{Ed} je Flächeneinheit am „kritischen Rundschnitt“ wird aufnehmbaren Querkräften v_{Rd} gegenübergestellt:

• Zugstrebennachweis	$v_{Ed} \leq v_{Rd,c}$	keine Durchstanzbewehrung erforderlich
	$v_{Rd,c} < v_{Ed} \leq v_{Rd,s}$	mit Durchstanzbewehrung
• Druckstrebennachweis	$v_{Ed} \leq v_{Rd,max}$	(falls Durchstanzbewehrung erforderlich ist)

Hinweis: v_{Ed} und $v_{Rd,c}$ sind im EC2 abweichend von DIN 1045-1 als Spannungen definiert.

Der normale Schubnachweis außerhalb des kritischen Rundschnittes ist bei Fundamenten in der Regel entbehrlich.

- **Das Bemessungsmodell**

– *Geometrische Beziehungen:*

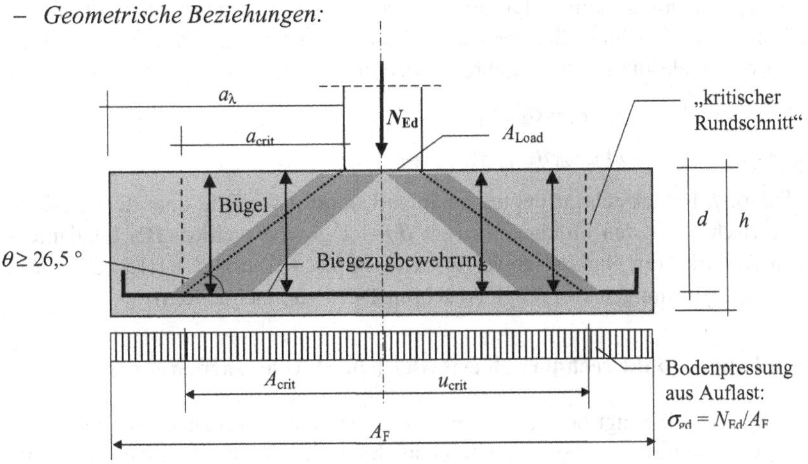

Bild 14.5-4 Bemessungsmodell für Fundamente

Abweichend von EC2 wird die Stützenauflast hier als N und nicht als V bezeichnet.

– *Ermittlung des „kritischen Rundschnittes“*

Der „kritische Rundschnitt“ wird um die Stütze herum konstruiert und ist daher auch von den Stützenabmessungen beeinflusst. Die Ermittlung der kritischen Fläche A_{crit} erfolgt dabei näherungsweise durch Verschieben des Umfanges der Stützenfläche A_{load} um a_{crit} nach außen (Bild 14.5-5). Die Festlegungen dieses Abschnittes gelten nur bei Einhaltung der ebenfalls auf Bild 14.5-5 angegebenen geometrischen Grenzen.

Der Abstand a_{crit} muss iterativ errechnet werden, jedoch darf er bei schlanken Fundamenten mit $\lambda > 2{,}0$ zu $1{,}0\ d$ gesetzt werden.

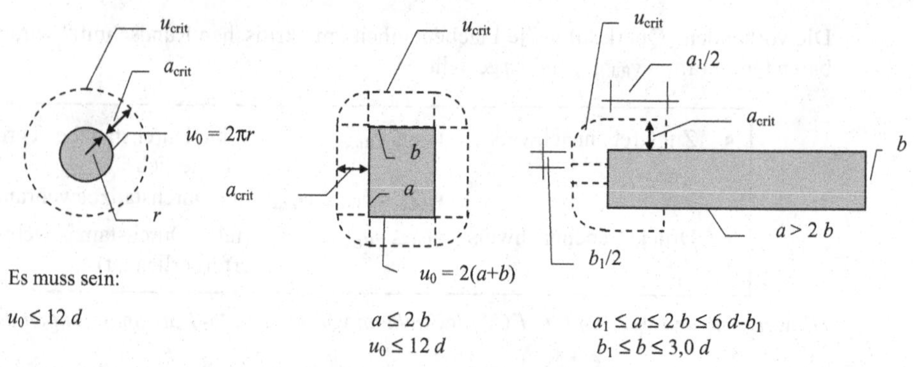

Bild 14.5-5 Definition des „kritischen Rundschnittes" (d = statische Höhe der Platte), siehe auch [1-11]

- **Ermittlung der aufzunehmenden Querkraft**

Die am „kritischen Rundschnitt" aufzunehmende Querkraft $V_{Ed,red}$ wird aus der Stützenkraft N_{Ed} abzüglich des gesamten Lastanteiles (aus Bodenpressung) innerhalb des „kritischen Rundschnittes" errechnet. Bei der vereinfachten Annahme zu 1,0 d für $\lambda > 2{,}0$ darf nur 50 % der Bodenreaktion in Ansatz gebracht werden.

(14.5-7) $$V_{Ed,red} = N_{Ed} - \sigma_{gd}\,A_{crit}$$

(14.5-8) $$v_{Ed} = \beta \cdot V_{Ed,red} / (u_{crit}\,d)$$ je m² Umfang

Der Faktor β berücksichtigt ungleichmäßige Querkraftverläufe über den Umfang. Er muss bei zentrisch belasteten Fundamenten zu $\beta = 1{,}1$ gesetzt werden. Bei Fundamenten, deren Grundriss stark vom Quadrat abweicht, wird empfohlen, mit $\beta = 1{,}15$ zu rechnen (zu ausführlichen Ermittlungen von β vgl. Abschnitt 18.13 zu Flachdecken).

- **Fundamente ohne rechnerisch erforderliche Durchstanzbewehrung**

Die Tragfähigkeit hängt bei gedrungenen Fundamenten deutlich von der Schlankheit λ ab. Der erste Abschnitt der folgenden Gleichung bis zum Ende des Exponenten gilt für den Abstand $a = 2d$ vom Stützenaußenrand, d. h. $\lambda = 2$. Für geringere Abstände a muss sie mit dem Faktor $2d/a$ umgerechnet werden:

(14.5-9) $$v_{Rd,c} = C_{Rd,c} \cdot \left(1 + \sqrt{200/d[\mathrm{mm}]}\right) \cdot \eta_1 \cdot (100\,\rho_1 \cdot f_{ck})^{1/3} \cdot 2d/a \ge v_{Rd,c,min} \cdot 2d/a\ [\mathrm{N/mm^2}]$$

mit:

d $= (d_x + d_y)/2$ mittlere statische Höhe der Biegezugbewehrung

$C_{Rd,c}$ $= 0{,}15/\gamma_c$ (in der Regel ist nach Tab. 2.3-1: $\gamma_c = 1{,}5$)

η_1 = 1,0 für Normalbeton; Sonderregelung für Leichtbeton

ρ_1 $= \sqrt{\rho_{lx} \cdot \rho_{ly}} \le 0{,}02 \le 0{,}5 \cdot f_{cd}/f_{yd}$ Grad der Längsbewehrung in x- bzw. y-Richtung. Die Längsbewehrung muss an den Enden ausreichend verankert sein.

$k = \left(1 + \sqrt{200/d[\mathrm{mm}]}\right) \le 2{,}0$ Einfluss der absoluten Plattenhöhe

$$v_{Rd,c,min} = (0{,}0525/\gamma_c)\cdot k^{3/2}\cdot f_{ck}^{\;1/2} \qquad \text{für } d \leq 600 \text{ mm}$$

$$v_{Rd,c,min} = (0{,}0375/\gamma_c)\cdot k^{3/2}\cdot f_{ck}^{\;1/2} \qquad \text{für } d > 800 \text{ mm}$$

Der Einfluss von Längsspannungen ist bei Einzelfundamenten in der Regel vernachlässigbar und wird hier nicht angegeben.

Die Berechnung des Bewehrungsgrades ρ_l der Biegezugbewehrung wird (abweichend von DIN 1045-1) auf eine mitwirkende Breite $b_w \leq$ vorh b aus der Stützenbreite c zuzüglich jeweils links und rechts einer Breite von $3{,}0\cdot d$ bezogen (Bild 14.5-6). Hieraus ergibt sich, dass in vielen Fällen die Bewehrung der gesamten Fundamentbreite in Ansatz gebracht wird. Die Bewehrung darf allerdings nur bis zu den angegebenen Obergrenzen als wirksam in Rechnung gestellt werden.

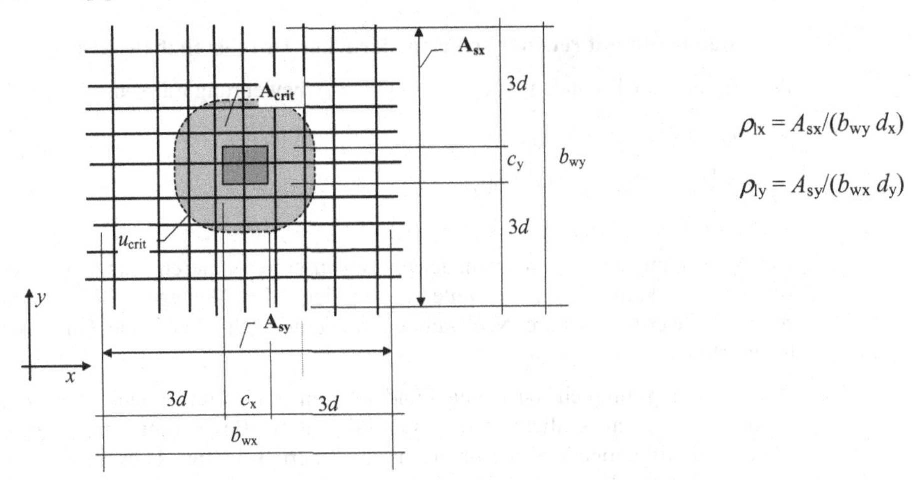

Bild 14.5-6 Zur Ermittlung des Bewehrungsgrades ρ_l

Um ein Durchstanzen sicher zu vermeiden, muss unabhängig vom Bewehrungsgrad ρ_l jeweils etwa im mittleren Drittel der Fundamentbreite eine Bewehrung zur Aufnahme eines Mindestmomentes vorhanden sein:

(14.5-10) $\quad m_{min} = 0{,}125\cdot(N_{Ed} - A_{load}\cdot\sigma_{gd})$ $\quad$ Moment je m Plattenbreite

Diese Festlegung ersetzt den in früheren Normen geforderten Mindestbewehrungsgrad.

Eine Entscheidung darüber, ob keine Durchstanzbewehrung erforderlich ist, ob also die Ungleichung $v_{Ed} \leq v_{Rd,c}$ erfüllt ist, kann erst getroffen werden, wenn a_{crit} bekannt ist. Die Tragfähigkeit $v_{Rd,c}$ nimmt gemäß Gl. (14.5-9) mit wachsendem Abstand a vom Stützenabstand ab, die einwirkende Lastresultierende $V_{Ed,red}$ gemäß Gl. (14.5-7) hingegen zu. Es muss somit a_{crit} so bestimmt werden, dass die Tragfähigkeit $v_{Rd,c}$ zum Minimum wird. Sowohl v_{Ed} als auch $v_{Rd,c}$ sind über a_{crit} nichtlinear verknüpft.

Aus Gleichsetzen von Gl. (14.5-8) und Gl. (14.5-9) erhält man unter Verwendung von Gl. (14.5-7):

(14.5-11) $\quad \beta\cdot N_{Ed}\,(1-A_{crit}/A_F) \leq V_{Rd,c} = v_{Rd,c}\cdot u_{crit}\cdot d$

Die Größen A_{crit} und u_{crit} sind Funktionen von a_{crit}. Man kann diese Gleichung so umformen, dass nur noch die rechte Seite von a_{crit} abhängt:

(14.5-12) $\beta \cdot N_{Ed} \leq v_{Rd,c} \cdot u_{crit} \cdot d/(1 - A_{crit}/A_F)$

Der gesuchte Wert a_{crit} ergibt sich dann als der Wert a, der zum Minimum der rechten Seite der Gleichung führt. Aus der rechten Seite erhält man eine Funktion von a, die nach Differenzierung zu Null gesetzt wird. Daraus ergibt sich die folgende kubische Gleichung für a, die nur noch von geometrischen Größen abhängt und numerisch gelöst werden kann.

(14.5-13) $2\pi^2 \cdot a^3 + (c_x + c_y)5\pi \cdot a^2 + 4(c_x + c_y)^2 \cdot a - (c_x + c_y)(A_F - c_x \cdot c_y) = 0$

Die Lösung von Gl. (14.5-13) ergibt dann den gesuchten Wert $a = a_{crit}$. (Die beiden anderen Nullstellen sind zumeist negativ und somit ohne praktische Bedeutung.)

- **Fundamente mit rechnerisch erforderlicher Durchstanzbewehrung**

Platten - also auch Fundamente - mit Durchstanzbewehrung müssen ≥ 20 cm dick sein.

– *Druckstrebentragfähigkeit*

(14.5-14) $v_{Rd,max} = 1{,}4\ v_{Rd,c,u1}$ mit $u_1 = u_{crit}$

– *Zugstrebentragfähigkeit*

Die Anordnung einer Durchstanzbewehrung in einem inneren Stanzkegel verstärkt diesen Bereich und kann zu einem weiter außen liegenden Versagen führen. Um dies auszuschließen, werden weitere Nachweisschnitte untersucht, bis keine Durchstanzbewehrung mehr erforderlich ist.

Die Betontragfähigkeit darf bei Fundamenten und Fundamentplatten nicht angesetzt werden. Es wird ausschließlich die Tragfähigkeit der Bewehrung eingesetzt. Dabei werden Bügel und aufgebogene Stäbe unterschiedlich berücksichtigt. Dies ist besonders durch die schlechtere Verankerung von Bügeln in den „Betonzwickeln" nahe an den Fundamentober- und Unterseiten bedingt.

Bügel:

Bei Bügeln rechtwinklig zur Plattenebene sind mindestens zwei Reihen erforderlich. Die erste Bewehrungsreihe wird im Abstand $s_r = 0{,}3\ d$ vom Stützenanschnitt angeordnet, die nächste um weitere $\leq 0{,}5\ d$ nach außen. Die gesamte erforderliche Bügelquerschnitt ist auf diesen beiden Reihen einzubauen ($A_{sw,1+2}$, siehe Bild 14.5-7). Falls weitere Bügel erforderlich werden, so sind diese im radialen Abstand von jeweils $s_r \leq 0{,}5\ d$ bzw. bei der letzten erforderlichen Reihe im Abstand $\leq 0{,}75\ d$ anzuordnen. Die Bewehrungsquerschnitt muss dann je Reihe 1/3 von $A_{sw,1+2}$ betragen.

(14.5-15) $V_{Rd,cs} = A_{sw,1+2} \cdot f_{ywd,eff} \geq \beta \cdot V_{Ed,red}$ für Bügel

mit

$A_{sw,1+2}$ Gesamtquerschnitt der Durchstanzbewehrung der ersten zwei Reihen

$f_{ywd,eff} = 250 + 0{,}25\ d$ [mm] $\leq f_{ywd}$ [N/mm²]

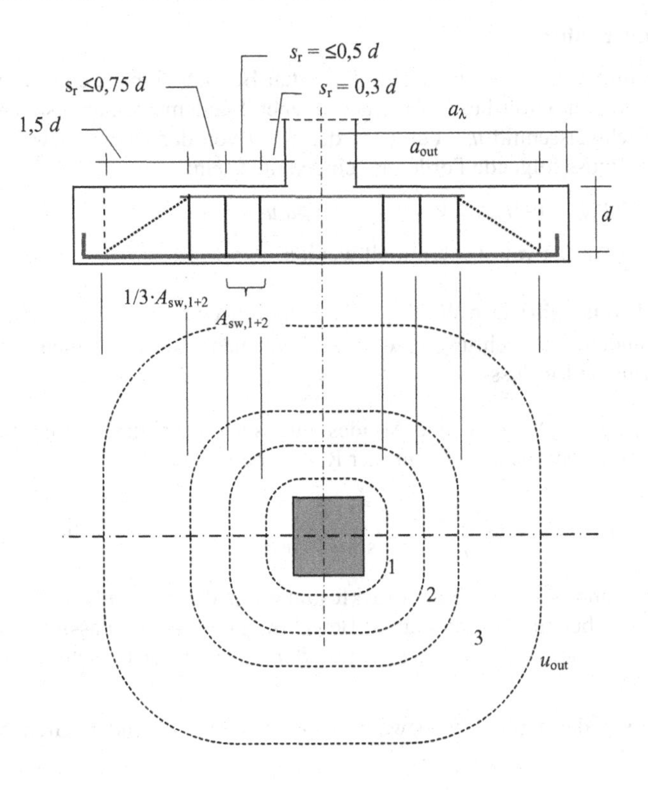

Bild 14.5-7 Lage der Durchstanzbewehrung (Bügel), Bewehrungsreihen „i" im Abstand s_r

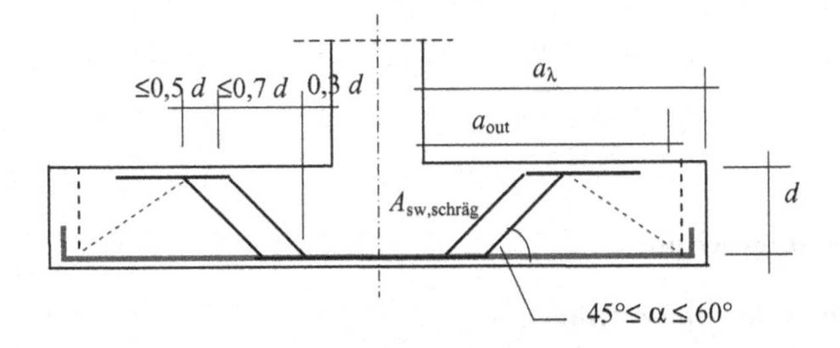

Bild 14.5-8 Anordnung von Schrägaufbiegungen als Durchstanzbewehrung

Schrägaufbiegungen:

Schrägaufbiegungen haben ein günstigeres Tragverhalten bezüglich der Verankerung. Unter Umständen reicht eine Reihe aus. Dabei muss die Schräge an der Fundamentunterseite bei einem Abstand von 0,3 d von der Stützenaußenkante beginnen und soll bei einem Abstand von ≤1,0 d an der Oberseite enden (Bild 14.5-8).

(14.5-16) $V_{Rd,cs} = 1{,}3 \cdot A_{sw,1+2} \cdot f_{ywd} \cdot \sin \alpha \geq \beta \cdot V_{Ed,red}$ für Schrägaufbiegungen mit Neigung α

Äußerer Rundschnitt:

Es muss überprüft werden, ob über die bewehrten Bereiche hinaus eine weitere Reihe Bewehrung erforderlich wird (dies ist bei gedrungenen Fundamenten eher selten). Hierzu wird ein äußerer Nachweisschnitt u_{out} definiert, der 1,5 d von der letzten Bewehrungsreihe entfernt liegt. Dort muss folgende Forderung eingehalten sein:

(14.5-17) $\beta \cdot V_{Ed,red}(u{=}u_{out}) \leq V_{Rd,c,out} = \cdot v_{Rd,c} \cdot d \cdot u_{out}$

$V_{Ed,red}$ darf unter Ansatz von A_{out} ermittelt werden..

Für alle Nachweise gilt: Der Wert $v_{Rd,c}$ ist stets mit dem auf dem jeweilig untersuchten Umfang vorhandenen Bewehrungsgrad ρ_l zu berechnen. Bei Fundamenten ist dies in der Regel von geringem Einfluss.

Je Bewehrungsreihe „i“ muss eine Mindestdurchstanzbewehrung vorhanden sein. Diese wird als Gesamtbewehrungsquerschnitt der Reihe angegeben:

(14.5-18) $A_{sw,min.i} = s_r \cdot u_i \cdot \frac{\sqrt{f_{ck}}}{f_{yk}} \cdot \frac{0,08}{1,5 \cdot \sin\alpha + \cos\alpha}$ Bügel, Schrägaufbiegungen

Die Werte für sind von der Betondruckfestigkeit und der Stahlstreckgrenze abhängig. Weiterhin müssen bei der Anordnung der Bewehrung der höchstzulässige seitliche Abstand von $2d$ innerhalb einer Reihe und der Mindestdurchmesser der Bewehrung von 6 mm eingehalten werden.

Die Durchmesser der Durchstanzbewehrung dürfen die folgenden Grenzen nicht überschreiten:

(14.5-19) $\phi_{Bü} \leq 0,05\ d$ $\phi_s \leq 0,08\ d$

14.5.4 Bemessungsbeispiele

14.5.4.1 Allgemeine Anmerkungen

In den folgenden Abschnitten werden jeweils ein Beispiel für Fundamente ohne und mit Durchstanzbewehrung vorgestellt. Als Belastung wird eine zentrische Normalkraft angesetzt, wie sie bei Innenstützen in horizontal ausgesteiften Skelettbauten die Regel sind. Exzentrisch belastete Fundamente werden später behandelt.

*14.5.4.2 **Bemessungsbeispiel*** *(Fundament ohne Durchstanzbewehrung)*

1 System und Abmessungen

– *Vorbemerkung:*

Normalerweise würde man im vorliegenden Fall ein quadratisches Fundament bauen. Um die unterschiedliche Behandlung der Tragrichtungen zu verdeutlichen, wird für dieses Beispiel ein Fundament mit rechteckigem Grundriss und (geringfügig) unterschiedlichen Seitenlängen gewählt.

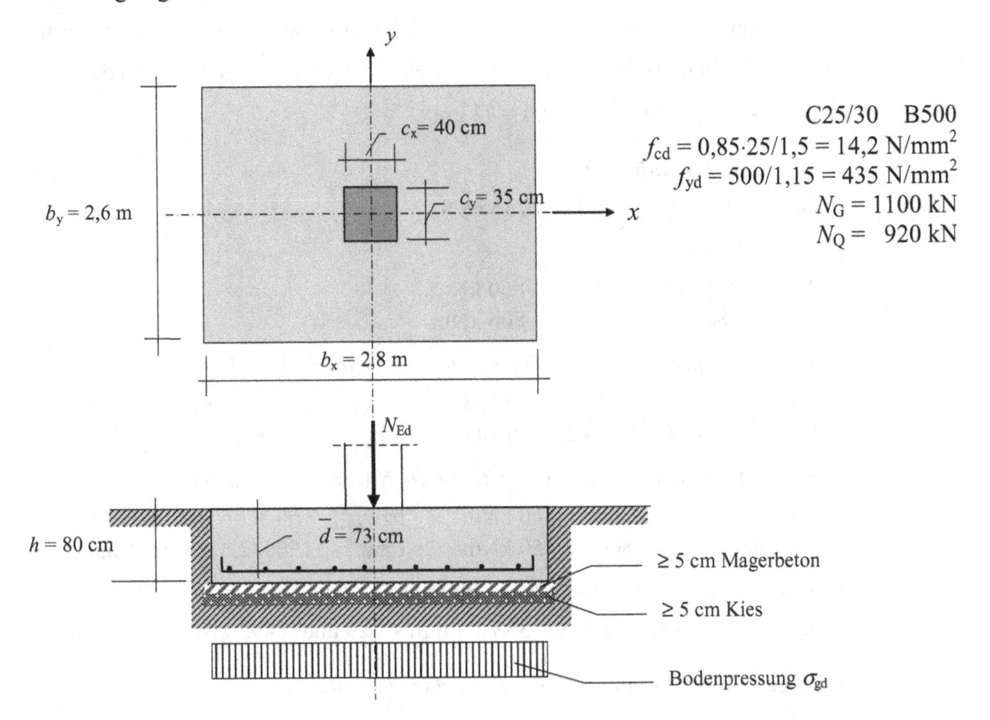

– *Überprüfen der Betonfestigkeitsklasse C*

Expositionsklasse nach Tabelle 1.2-2: Fall XC2 mit „C_{min}“ = C16/20 < gew. C25/30 ✓

– *Vorschätzen der statischen Höhe d:*

Annahme: kreuzweise Bewehrung, $\phi_l \leq 20$ mm
Nach Tabelle 1.2-4 gilt für XC2:

$$\bar{c}_{min,dur} = c_{min,dur} + \Delta c_{dur,\gamma} = 20 \text{ mm} \quad \text{und} \quad \Delta c_{dev} = 15 \text{ mm}$$

Wegen gew. C25/30 = C_{min} + 2 „Δ C“ ist eine Reduzierung von $c_{min,dur}$ um 5 mm, aber nicht unter 10 mm zulässig. $\Delta c_{dur,\gamma}$ ist bei der vorliegenden Expositionsklasse = 0. Wegen Betonierens gegen unebene Flächen (hier Sauberkeitsschicht aus Magerbeton) muss das Vorhaltemaß Δc_{dev} um mindestens 20 mm erhöht werden.

Würde das Fundament direkt auf den Baugrund betoniert, so wäre um 50 mm zu erhöhen. Es werden keine Bügel angeordnet. Damit wird:

$c_{min} = \max\{c_{min,b};\ c_{min,dur} + \Delta c_{dur,\gamma} - \Delta c_{dur,st} - \Delta c_{dur,add};\ 10\text{ mm}\}$

$c_{min,dur} = 20 - 5 = 15$ mm

$c_{min,b,l} = \phi_l = 20$ mm

$c_{nom,l} = c_{min,dur} + \Delta c_{dev} = 15 + 35 = 50$ mm — Dauerhaftigkeit

$c_{nom,l} = c_{min,b,l} + \Delta c_{dev,b} = 20 + 10 = 28$ mm — Verbund

Verlegemaß der unteren Lage: $c_v = 50$ mm. **Abstandhalter für $c_{Bü,nom} = 50$ mm bestellen!**

Mittlere Statische Höhe (vereinfacht für beide Bewehrungslagen angesetzt):

$\boldsymbol{d} = h - c_v - \phi_l = 80 - 5{,}0 - 2{,}0 = \mathbf{73\ cm}$ — Abweichung < ±1,4 %

2 *Lasten und Schnittgrößen*

$N_{Ed} = 1100 \cdot 1{,}35 + 920 \cdot 1{,}5 = 2865$ kN

– *Gesamtmomente:*

$M_{Ed,x} = 2865 \cdot (2{,}8 - 0{,}40)/8 = 860$ kNm

$M_{Ed,y} = 2865 \cdot (2{,}6 - 0{,}35)/8 = 806$ kNm

– *Verteilungsfaktoren für die Querverteilung (Tabelle 14.5-1):*

Für m_x: $c_y/b_y = 0{,}35/2{,}6 = 0{,}135 \Rightarrow \alpha_{x,i}$ mit $\max \alpha_{x,i} = 0{,}1865$

Für m_y: $c_x/b_x = 0{,}40/2{,}8 = 0{,}143 \Rightarrow \alpha_{y,i}$ mit $\max \alpha_{y,i} = 0{,}186$

– *Bemessungsmomente je 1/8-Streifenbreite bzw. je m Fundamentbreite:*

$\max m_{Ed,x} = 0{,}1865 \cdot 860 = 160$ kNm bzw. $160 \cdot 8/2{,}6 = 492$ kNm/m

$\max m_{Ed,y} = 0{,}186 \cdot 806 = 150$ kNm bzw. $150 \cdot 8/2{,}8 = 429$ kNm/m

– *Mindestmoment je Tragrichtung und je m Fundamentbreite:*

$m_{min} = 0{,}125 \cdot N_{Ed} = 2865/8 = 358$ kNm/m < 429 und < 492 kNm/m — nicht maßgebend

3 **Biegebemessung** *(hier gewählt k_d-Verfahren , Bild 4.5-5)*

$$\min k_{dx} = \frac{73}{\sqrt{\dfrac{160}{2{,}6/8}}} = \frac{73}{\sqrt{492}} = 3{,}3 \Rightarrow k_{sx} \approx 2{,}3 \qquad \boxed{A_{sx} = 2{,}3 \cdot 860/73 = 27{,}1\ \text{cm}^2}$$

$$\min k_{dy} = \frac{73}{\sqrt{\dfrac{150}{2{,}8/8}}} = \frac{73}{\sqrt{429}} = 3{,}5 \Rightarrow k_{sy} \approx 2{,}3 \qquad \boxed{A_{sy} = 2{,}3 \cdot 806/73 = 25{,}4\ \text{cm}^2}$$

Bei Gründungsbauteilen muss in der Regel keine Mindestbewehrung zur Sicherstellung der Duktilität eingebaut werden. Rissbildung im Fundamentkörper führt in der Regel zu günstigen wirkenden Umlagerungen der Bodenpressungsverteilung (s. EC2 NA 2013).

Die Biegezugbewehrung wird etwas „großzügig“ gewählt, um Durchstanzbewehrung zu vermeiden.

4 Wahl der Biegebewehrung

Trotz der geringen Abweichungen zwischen x- und y-Richtung wird zur Verdeutlichung unterschiedliche Bewehrung gewählt:

x-Richtung:	**17 ϕ16**	$A_{sx} = 34{,}2\ \text{cm}^2 > \text{erf}\,A_{sx} = 27{,}1\ \text{cm}^2$
y-Richtung:	**15 ϕ16**	$A_{sy} = 30{,}1\ \text{cm}^2 > \text{erf}\,A_{sy} = 25{,}4\ \text{cm}^2$

Die Bewehrung wird näherungsweise nach der groben Intervallteilung verteilt:

x-Richtung: inneres Intervall 5,5 ϕ16 äußeres Intervall 3 ϕ16
y-Richtung: inneres Intervall 4,5 ϕ16 äußeres Intervall 3 ϕ16

Durch die ungleichmäßige Verteilung der Bewehrung ist $a_{s,min} = A_{s,min}/b$ in den äußeren Plattenstreifen bereichsweise unterschritten, jedoch in der Summe eingehalten.

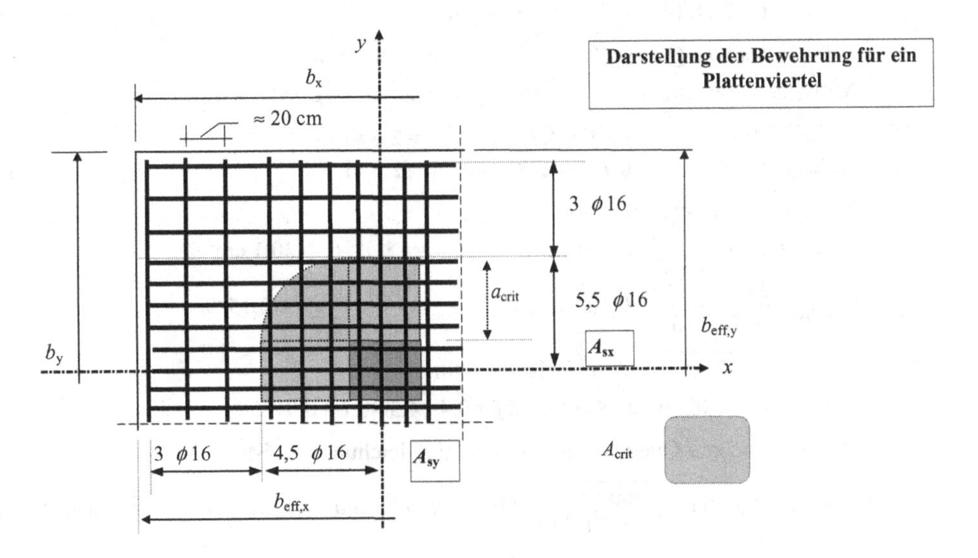

Mit dem gewählten Stabdurchmesser kann einerseits $s \leq$ **25 cm** (für Platten mit $h \geq 25$ cm) eingehalten und können andererseits zu enge Stababstände vermieden werden. Eine Mindestbewehrung auf der Oberseite ist nicht erforderlich.

5 Nachweis der Sicherheit gegen Durchstanzen

– *Geometrie (siehe Zeichnung)*

$a_{\lambda x} = 1{,}2$ m $\quad a_{\lambda y} = 1{,}125$ m

$\lambda = \min a_\lambda/d = 1{,}125/0{,}73 = 1{,}54 < 2{,}0$ gedrungenes Fundament

Es handelt sich um ein gedrungenes Fundament, der kritische Abstand a_{crit} muss iterativ bestimmt werden. Hierzu kann Gl. (14.5-13) verwendet werden:

$$2\pi^2 \cdot a^3 + (c_x + c_y)5\pi \cdot a^2 + 4(c_x + c_y)^2 \cdot a - (c_x + c_y)(A_F - c_x \cdot c_y) = 0$$

$$2\pi^2 \cdot a^3 + (0{,}40+0{,}35)5\pi \cdot a^2 + 4(0{,}40+0{,}35)^2 a - (0{,}40+0{,}35)(2{,}8 \cdot 2{,}6 - 0{,}4 \cdot 0{,}35) = 0$$

$$19{,}739 \cdot a^3 + 11{,}781 \cdot a^2 + 2{,}25 \cdot a - 5{,}355 = 0$$

Als Ergebnis der Iteration erhält man nach wenigen Schritten, die man durch grafische Interpolation beschleunigen kann:

$a = a_{crit} = 0{,}456 \text{ m} \approx 0{,}46 \text{ m}$

$A_{crit} = 0{,}35 \cdot 0{,}4 + 2 \cdot (0{,}35 + 0{,}4) \cdot 0{,}46 + \pi \cdot 0{,}46^2 = 1{,}5 \text{ m}^2$ $\quad A_{crit}/A_F = 0{,}21$

$u_{crit} = 2\,(0{,}35 + 0{,}4) + 2\,\pi \cdot 0{,}46 = 4{,}4 \text{ m} = u_1$

Durch Ausrechnen der Diskriminanten D kann leicht gezeigt werden, dass die kubische Gleichung im vorliegenden Fall nur eine Lösung hat.

– *Aufzunehmende Querkraft* v_{Ed}

$V_{Ed} = N_{Ed} - A_{crit}\,\sigma_{gd}$

$\sigma_{gd} = N_{Ed}/A_F = 2{,}865/(2{,}8 \cdot 2{,}6) = 0{,}39 \text{ MN/m}^2$

$V_{Ed,red} = 2{,}865 - 1{,}5 \cdot 0{,}39 = 2{,}865 - 0{,}585 = 2{,}28 \text{ MN}$

$v_{Ed} = 1{,}1 \cdot 2{,}28/(4{,}4 \cdot 0{,}73) = 0{,}78 \text{ MN/m}^2$ $\quad$ mit $\beta = 1{,}1$

– *Aufnehmbare Querkraft ohne Durchstanzbewehrung*

Mitwirkende Breite für die Ermittlung von ρ_l: $b_{eff} = c + 2 \cdot 3{,}0\,d$

$b_{eff,y} = 0{,}35 + 2 \cdot 3{,}0 \cdot 0{,}73 = 4{,}73 \text{ m} >> b_y = \mathbf{2{,}6\ m}$ $\quad$ maßgebend

$b_{eff,x} = 0{,}40 + 2 \cdot 3{,}0 \cdot 0{,}73 = 4{,}78 \text{ m} >> b_x = \mathbf{2{,}8\ m}$ $\quad$ maßgebend

Wirksame Bewehrung:

$A_{sx} = 17\ \phi 16 = 34{,}2 \text{ cm}^2$ $\qquad$ $A_{sy} = 15\ \phi 16 = 30{,}1 \text{ cm}^2$

$$\rho_{lx} = \frac{34{,}2 \cdot 10^{-2}}{0{,}73 \cdot 2{,}6} = 0{,}18\ \% \qquad \rho_{ly} = \frac{30{,}1 \cdot 10^{-2}}{0{,}73 \cdot 2{,}8} = 0{,}15\ \%$$

$\rho_l = \sqrt{0{,}18 \cdot 0{,}15} = 0{,}16\ \%$ bzw. $0{,}0016$

$0{,}0016 << 0{,}02$ und $\leq 0{,}4 \cdot f_{cd}/f_{yd} = 0{,}4 \cdot 14{,}3/435 = 0{,}013$ ✓

Die aufnehmbare Querkraft erhält man mit Gleichung (14.5-9):

$$v_{Rd,c} = C_{Rd,c} \cdot \left(1 + \sqrt{200/d_{[mm]}}\right) \cdot (100\,\rho_l \cdot f_{ck})^{1/3} \cdot 2d/a \geq v_{Rd,c,min} \cdot 2d/a$$ [N/mm²] bzw. [MN/m²]

$k = 1 + \sqrt{200/d} = 1 + \sqrt{200/730} = 1{,}52 < 2{,}0$ ✓

$v_{Rd,c,2,0d} = 0{,}10 \cdot 1{,}52 \cdot 1{,}0\,(100 \cdot 0{,}0016 \cdot 25)^{1/3} = 0{,}241 \text{ MN/m}^2$

$v_{Rd,c,min} = (0{,}0428/1{,}5) \cdot 1{,}52^{3/2} \cdot 25^{1/2} = 0{,}267 \text{ MN/m}^2 > 0{,}241$ $\quad$ interpoliert n. Gl. (14.5-9)

$v_{Rd,c} = 0{,}267 \cdot 2 \cdot 0{,}73/0{,}46 = 0{,}85 \text{ MN/m}^2 > v_{Ed} = 0{,}78 \text{ MN/m}^2$ ✓

Es ist keine Durchstanzbewehrung erforderlich.

*14.5.4.3 **Bemessungsbeispiel** (Fundament mit Durchstanzbewehrung)*

1 System und Abmessungen

Vorbemerkung:

Im folgenden Beispiel wird ein Fall mit Durchstanzbewehrung vorgestellt. Das System wird von Beispiel 14.5.4.2 übernommen. **Die statische Höhe wird aber auf d = 55 cm reduziert.**

2 Lasten und Schnittgrößen

$N_{Ed} = 1100 \cdot 1{,}35 + 920 \cdot 1{,}5 = 2865$ kN

Schnittgrößen wie vor

3 Biegebemessung *(hier gewählt k_d-Verfahren, Bild 4.5-5)*

$$\min k_{dx} = \frac{55}{\sqrt{\dfrac{160}{2{,}6/8}}} = 2{,}5 \quad \Rightarrow \quad k_{sx} \approx 2{,}35$$

$A_{sx} = 2{,}35 \cdot 860/55 = 36{,}7$ cm²

$$\min k_{dy} = \frac{55}{\sqrt{\dfrac{150}{2{,}8/8}}} = 2{,}7 \quad \Rightarrow \quad k_{sy} \approx 2{,}35$$

$A_{sy} = 2{,}35 \cdot 806/55 = 34{,}4$ cm²

Eine Mindestbewehrung ist nach [1-11] nicht erforderlich.

4 Wahl der Biegebewehrung:

Trotz der geringen Abweichungen zwischen x- und y-Richtung wird zur Verdeutlichung unterschiedliche Bewehrung gewählt:

x-Richtung:	**15 ϕ20**	$A_{sx} = 47{,}1$ cm² > erf $A_{sx} = 36{,}7$ cm²
y-Richtung:	**14 ϕ20**	$A_{sy} = 44{,}0$ cm² > erf $A_{sy} = 34{,}4$ cm²

Die Bewehrung wird näherungsweise nach der groben Intervallteilung verteilt:

x-Richtung: inneres Intervall 4,5 ϕ20 äußeres Intervall 3 ϕ20
y-Richtung: inneres Intervall 4 ϕ20 äußeres Intervall 3 ϕ20

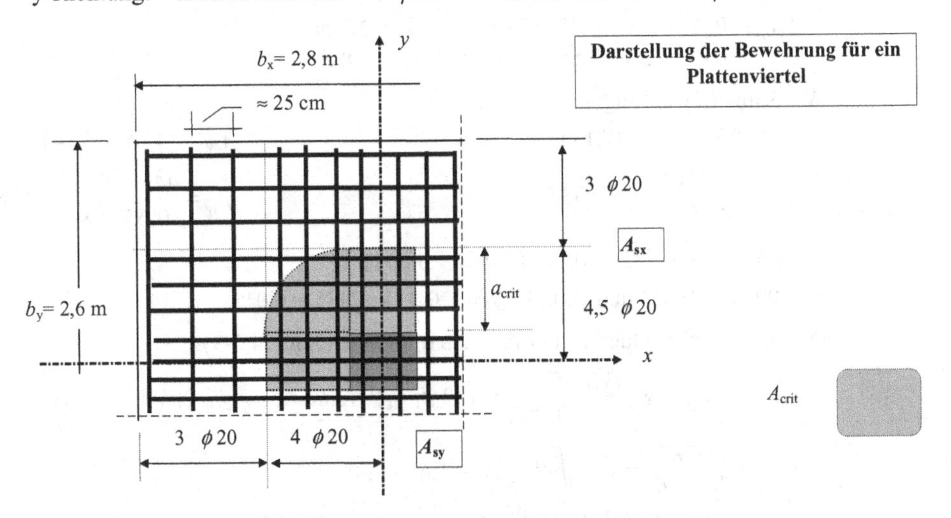

5 Nachweis der Sicherheit gegen Durchstanzen

– *Geometrie (siehe Zeichnung)*

$\lambda = \min a_\lambda/d = 1{,}125/0{,}55 = 2{,}04 < 2{,}0$ schlankes Fundament

Es handelt sich um ein schlankes Fundament, vereinfacht dürfte $a_{crit} = 1{,}0\ d = 0{,}55$ m angesetzt werden, allerdings dann nur mit 50% der Bodenpressung als Abzugswert zu N_{Ed}. Aus der Iteration ergibt sich wieder $a_{crit} = 0{,}46$ m, weil d in die Iteration nicht eingeht. Der Abzug darf dann aber zu 100 % angesetzt werden. Hier wird mit dem iterativen Verfahren weitergerechnet. Die Tragfähigkeiten des genaueren Verfahrens liegen nach DAfStb Heft 600 [1-2] über denen des vereinfachten Verfahrens.

Da sich die relevanten Eingangswerte nicht geändert haben, ergeben sich unverändert:

$a = a_{crit} = 0{,}456 \text{ m} \approx 0{,}46 \text{ m}$

$A_{crit} = 0{,}35 \cdot 0{,}4 + 2 \cdot (0{,}35 + 0{,}4) \cdot 0{,}46 + \pi \cdot 0{,}46^2 = 1{,}5 \text{ m}^2$ $A_{crit}/A_F = 0{,}21$

$u_{crit} = 2\,(0{,}35 + 0{,}4) + 2\,\pi \cdot 0{,}46 = 4{,}4 \text{ m} = u_1$

– *Aufzunehmende Querkraft* v_{Ed}

$V_{Ed,red} = N_{Ed} - A_{crit}\,\sigma_{gd}$

$\sigma_{gd} = N_{Ed}/A_F = 2{,}865/(2{,}8 \cdot 2{,}6) = 0{,}39 \text{ MN/m}^2$

$V_{Ed,red} = 2{,}865 - 1{,}5 \cdot 0{,}39 = 2{,}865 - 0{,}585 = 2{,}28 \text{ MN}$

$v_{Ed} = 1{,}1 \cdot 2{,}28/(4{,}4 \cdot 0{,}55) = 1{,}04 \text{ MN/m}^2$ mit $\beta = 1{,}1$

– *Aufnehmbare Querkraft ohne Durchstanzbewehrung*

Mitwirkende Breite für die Ermittlung von ρ_l: $b_{eff} = c + 2 \cdot 3{,}0\,d$

$b_{eff,y} = 0{,}35 + 2 \cdot 3{,}0 \cdot 0{,}55 = 3{,}65 \text{ m} >> b_y = \mathbf{2{,}6\ m}$ maßgebend

$b_{eff,x} = 0{,}40 + 2 \cdot 3{,}0 \cdot 0{,}55 = 3{,}70 \text{ m} >> b_x = \mathbf{2{,}8\ m}$ maßgebend

Wirksame Bewehrung:

$A_{sx} = 15\ \phi 20 = 47{,}1 \text{ cm}^2$ $A_{sy} = 14\ \phi 20 = 44{,}0 \text{ cm}^2$

$\rho_{lx} = \dfrac{47{,}1 \cdot 10^{-2}}{0{,}55 \cdot 2{,}6} = 0{,}33\ \%$ $\rho_{ly} = \dfrac{44{,}0 \cdot 10^{-2}}{0{,}55 \cdot 2{,}8} = 0{,}285\ \%$

$\rho_l = \sqrt{0{,}33 \cdot 0{,}285} = 0{,}31\ \%$ bzw. $0{,}0031$

$0{,}0031 << 0{,}02$ und $\leq 0{,}4 \cdot f_{cd}/f_{yd} = 0{,}4 \cdot 14{,}3/435 = 0{,}013$ ✓

Die aufnehmbare Querkraft erhält man mit Gleichung (14.5-9):

$v_{Rd,c} = C_{Rd,c} \cdot (1 + \sqrt{200/d[\text{mm}]}) \cdot (100\,\rho_l \cdot f_{ck})^{1/3} \cdot 2d/a \geq v_{Rd,c,min} \cdot 2d/a$ [N/mm²] bzw. [MN/m²]

$k = 1 + \sqrt{200/d} = 1 + \sqrt{200/550} = 1{,}60 < 2{,}0$ ✓

$v_{Rd,c,2,0d} = 0{,}10 \cdot 1{,}60 \cdot (100 \cdot 0{,}0031 \cdot 25)^{1/3} = 0{,}316 \text{ MN/m}^2$

$v_{Rd,c,min} = (0{,}0525/1{,}5) \cdot 1{,}60^{3/2} \cdot 25^{1/2} = 0{,}354 \text{ MN/m}^2 > 0{,}316$ 0,0525 n. Gl. (14.5-9)

$v_{Rd,c} = 0{,}354 \cdot 2 \cdot 0{,}55/0{,}46 = 0{,}85 \text{ MN/m}^2 < v_{Ed} = 1{,}04 \text{ MN/m}^2$ ✓

Es ist Durchstanzbewehrung erforderlich.

– *Druckstrebennachweis (bezogen auf a_{crit} bzw. u_{crit})*

$v_{Rd,max} = 1{,}4 \cdot v_{Rd,c,u1} = 1{,}4 \cdot v_{Rd,c,ucrit} = 1{,}4 \cdot 0{,}354 \cdot 2 \cdot 0{,}55/0{,}46 = 1{,}18$ MN/m²

$\boxed{v_{Rd,max} = 1{,}18 > v_{Ed} = 1{,}04}$ ✓

alternative Formulierung:

$V_{Rd,max} = v_{Rd,max} \cdot u_i \cdot d = 1{,}18 \cdot 4{,}40 \cdot 0{,}55 = 2{,}855 > \beta \cdot V_{Ed} = 1{,}1 \cdot 2{,}28 = 2{,}51$ MN ✓

– *Zugstrebennachweis mit Durchstanzbewehrung (vertikale Bügel mit $\alpha = 90°$)*

Bügel:

Aus Gl. (14.5-15) kann man umformen:

$\text{erf } A_{sw,1+2} = \beta \cdot V_{Ed,red} / f_{ywd,eff}$

$f_{ywd,eff} = 250 + 0{,}25\, d$ [mm] $= 250 + 0{,}25 \cdot 550 = 388$ N/mm² < 435 N/mm² für Bügel

$\boxed{\text{erf } A_{sw,1+2} = 1{,}1 \cdot 2{,}28 \cdot 10^4/388 = 64{,}6 \text{ cm}^2 = 2 \cdot 32{,}3 \text{ cm}^2}$

Die Bewehrung ist auf zwei Reihen anzuordnen. Die erste bei $a = 0{,}3\, d = 16{,}5$ cm und die zweite bei $a = (0{,}3 + 0{,}5)\, d = 0{,}44$ m. Zudem muss geprüft werden, ob eine weitere Reihe benötigt wird. Dies ist der Fall, wenn bei a_{out} noch Bewehrung erforderlich ist.

$a_{out} = (0{,}3 + 0{,}5 + 1{,}5)\, d = 1{,}265 \text{ m} > 1{,}175$ m bzw. 1,20 m

Der äußere Radius a_{out} liegt, abgesehen von den Eckbereichen, knapp außerhalb des Fundamentes (s. folgende Abbildung). Ein Nachweis erübrigt sich.

Zur Demonstration des Vorgehens bei deutlich im Fundamentgrundriss liegendem A_{out} wird für $a_{out} = 1{,}175$ m der Nachweis trotzdem geführt:

$A_{out} = 0{,}40 \cdot 0{,}35 + 2 \cdot (0{,}40 + 0{,}35)\, 1{,}175 + \pi\, 1{,}175^2 = 6{,}24 \text{ m}^2$
$u_{out} = 2 \cdot (0{,}40 + 0{,}35) + 2\pi\, 1{,}175 = 8{,}88$ m
$V_{Ed,red,out} = 2{,}865 - 0{,}39 \cdot 6{,}24 = 0{,}43$ MN
$v_{Ed,out} = 1{,}1 \cdot 0{,}43/(8{,}88 \cdot 0{,}55) = 0{,}10 \text{ MN/m}^2$

$\boxed{v_{Rd,c,out} = 0{,}354 \cdot 2 \cdot 0{,}55/1{,}175 = 0{,}33 \text{ MN/m}^2 > v_{Ed,out} = 0{,}10 \text{ MN/m}^2}$

Es wird tatsächlich keine weitere Bewehrungsreihe erforderlich.

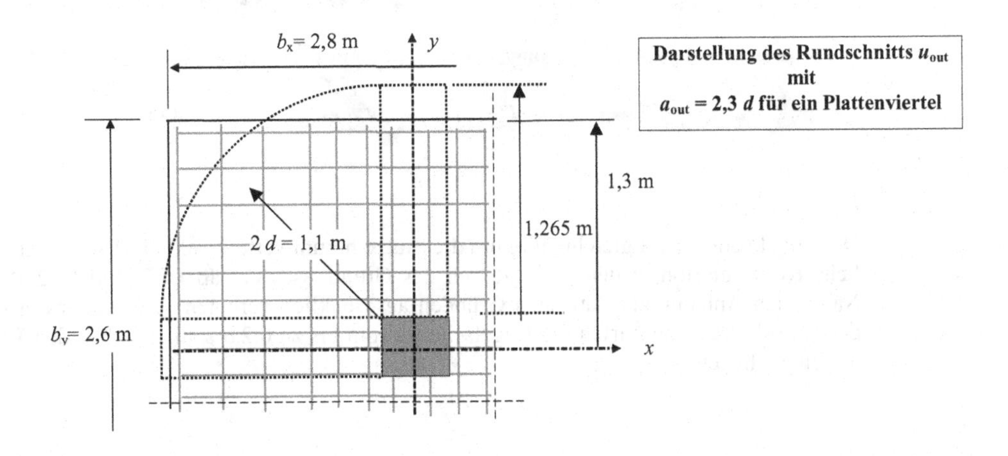

Mindestbügelbewehrung (äußere Reihe):

$$A_{\text{sw,min.i}} = s_\text{r} \cdot u_\text{i} \cdot \frac{\sqrt{f_\text{ck}}}{f_\text{yk}} \cdot 0{,}08/1{,}5$$ $\alpha = 90°$

$$u_\text{i} = 2\,(c_\text{x} + c_\text{y}) + 2\,\pi(0{,}3 + 0{,}8)\,d = 2\,(0{,}40 + 0{,}35) + 2\,\pi(0{,}3 + 0{,}5)\,0{,}55 = 4{,}26 \text{ m}$$

$$A_{\text{sw,min.i}} = 0{,}5 \cdot 55 \cdot 426 \cdot \frac{\sqrt{25}}{500} \cdot 0{,}08/1{,}5 = 6{,}25 \text{ cm}^2 \ll 32,\,3 \text{ cm}^2$$

– *Gewählte Durchstanzbewehrung*

Gewählt je Reihe **8 Bügel ϕ16** zweischnittig ($n = 2$) $\phi 16 < 0{,}05\,d = 27{,}5$ mm

vorh $A_\text{sw} = 32{,}0 \text{ cm}^2 \approx 32{,}4 \text{ cm}^2$ Abweichung -1,2 %

Die Bügel müssen mindestens 50 % der Längsbewehrung erfassen. Optimal ist die Ausführung mit Umschließen der unteren Biegezugbewehrung (siehe Skizze, dies erfordert eine Überprüfung der statischen Höhe!). Die Bügel dürfen wie bei Platten üblich oben offen sein. Es werden z. B. die abgebildeten Formen gewählt, die Haken zur Verankerung in der Druckzone sind nach Bild 8.4-10 auszuführen. Nach [1-2] sind auch Bügel ausreichend wirksam, wenn sie nur die zweite Lage der Biegezugbewehrung umfassen, also mit ihren unteren Schenkeln innerhalb der untersten Bewehrungslage verlaufen.

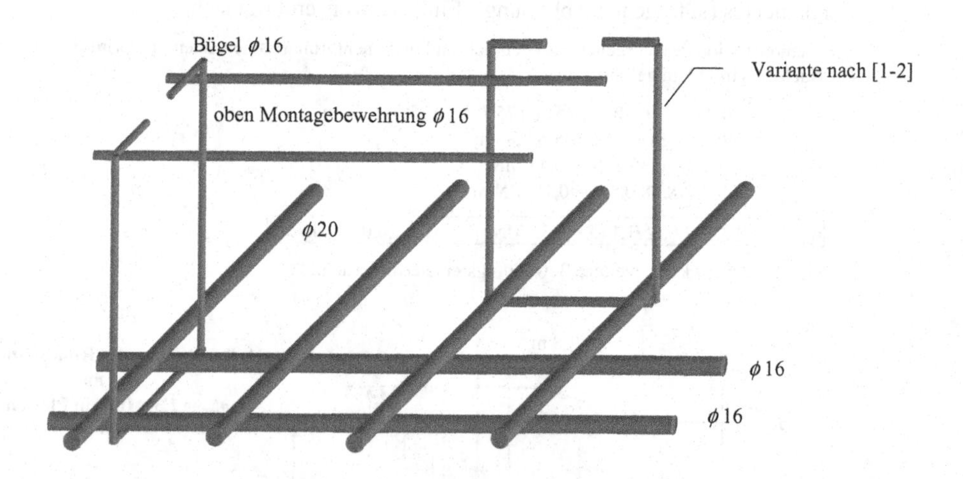

Die Bügel sollen etwa gleichmäßig um die Stütze herum verteilt werden (Die einbaufreundliche Konzentration in den Längsachsen des Grundrisses gemäß EC2 Bild 6.22 B ist im Nationalen Anhang aus statischen Gründen ausdrücklich verboten). Zum besseren Einbau der Längsbewehrung dürfen die Bügelschenkel um bis zu 0,2 d seitlich neben den Verlegeumfängen liegen.

Anordnung der Bügel im Grundriss:

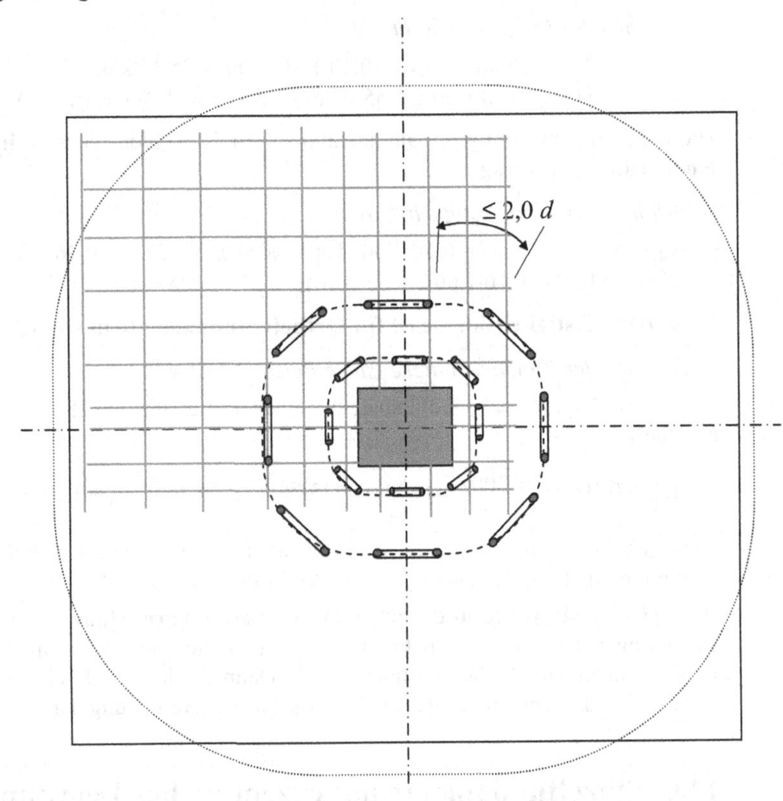

Es ist ersichtlich, dass diese Lösung auf der Baustelle sehr aufwändig herzustellen ist. Eine baupraktisch bessere Lösung besteht in der Anwendung vorgefertigter Dübelleisten mit allgemeiner bauaufsichtlicher Zulassung (abZ). Diese werden von verschiedenen Herstellern nicht nur für Flachdecken, sondern mit entsprechend langen Dübeln auch für Fundamentplatten angeboten (siehe auch Abschnitt 18.13 zu Flachdecken). Die statischen Nachweise sind etwas abweichend von EC2 in den abZ geregelt.

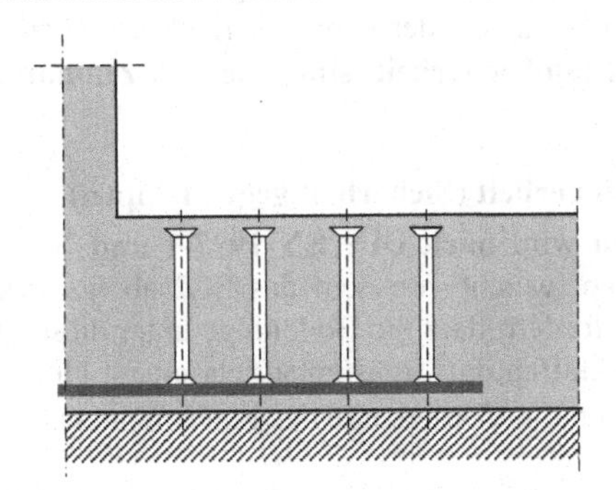

Beispiel: mit Abstandhaltern auf dem Unterbeton stehende Dübelleiste

5.6 Alternativen zur Durchstanzbewehrung

– *Erhöhen der Biegezugbewehrung*

$v_{Ed} = 1{,}04\ \mathrm{MN/m^2} = v_{Rd,c} = 0{,}10 \cdot 1{,}60 \cdot (100\ \rho_l \cdot 25)^{1/3} \cdot 2 \cdot 0{,}55/0{,}46$

erf $\rho_l = [1{,}04/(0{,}10 \cdot 1{,}60 \cdot 2 \cdot 0{,}55/0{,}46)]^3/25 = 0{,}80\ \% >>$ vorh $\rho = 0{,}31\ \%$

Die Biegezugbewehrung müsste auf 260 % erhöht werden. Dies ist **im vorliegenden Fall eine unsinnige Lösung**.

– *Erhöhen der Betonfestigkeitsklasse*

$v_{Ed} = 1{,}04 = v_{Rd,c} = 0{,}10 \cdot 1{,}60\ (100 \cdot 0{,}0031 \cdot f_{ck})^{1/3}\ 2 \cdot 0{,}55/0{,}46$

erf $f_{ck} \geq [1{,}04/(0{,}10 \cdot 1{,}60 \cdot 2 \cdot 0{,}55/0{,}46)]^3/0{,}31 = 65\ \mathrm{MN/m^2}$

Diese **Betonfestigkeitsklasse ist für Ortbetonfundamente unsinnig** hoch.

– *Erhöhen der Fundamentdicke (siehe Beispiel 14.5.4.2)*

Es soll sein: $v_{Ed} = v_{Rd,ct}$. Bei Schätzung eines mittleren $\rho \approx 0{,}25\ \%$ erhält man ohne Durchstanzbewehrung:

$$v_{Rd,c} = 0{,}10 \cdot (1 + \sqrt{200/d}) \cdot (100\ 0{,}0025 \cdot 25)^{1/3} \cdot 2d/0{,}46 = v_{Ed} = 1{,}04\ \mathrm{MN/m^2}$$

Die Aufgabe ist nicht nach erf d auflösbar. Es wird **gewählt d = 0,65 m**. Nach einiger Rechnung erhält man $v_{Ed} \approx v_{Rd,ct} \approx 0{,}88\ \mathrm{MN/m^2}$. ✓

Dies ist eine sinnvolle und wirtschaftlich vertretbare Maßnahme. Nur wenn lediglich ein geringer Teil von vielen Fundamenten betroffen ist, sollte die Dicke nicht geändert werden (unterschiedliche Aushubtiefen!). Dann stellt die Durchstanzbewehrung einiger weniger Fundamente in der Regel die wirtschaftlichere Lösung dar.

14.6 Einzelfundamente mit exzentrischer Belastung

14.6.1 Allgemeines

Insbesondere im Hallenbau kommen häufig Kragstützen vor. Sie sind in Fundamente eingespannt und belasten diese außer durch Normalkräfte auch mit Querkräften und Biegemomenten, z. B. aus Wind und Kranbetrieb und exzentrischer Auflagerung von Bindern. Derartige Fundamente bedürfen in der Regel großer Abmessungen, um - insbesondere bei Stützen mit geringer Normalkraft - den Nachweis der Kippsicherheit erbringen zu können. **In diesen Nachweis der globalen Standsicherheit sind die Stützenmomente nach Theorie II. Ordnung einzusetzen.**

14.6.2 Nachweis der globalen Standsicherheit (Sicherheit gegen Kippen)

Die **Standsicherheit von Gründungen** wird **nach DIN EN 1997-1 und NA DIN 1054, 2010** beurteilt. Deren Sicherheitskonzept weicht von dem des EC2 ab. Es geht von den Lasten der Gebrauchszustände aus und fordert, dass die Bodenfuge unter diesen Lasten nur bis zur Schwerachse des Fundamentes klaffen darf (dies entspricht einem globalen Sicherheitsbeiwert von $\gamma = 1{,}5$ gegen Kippen um die Vorderkante des Fundamentes).

Die an der Bodenfuge wirkenden Schnittgrößen (nach Theorie II. Ordnung) werden deshalb für den Nachweis der Sicherheit gegen Kippen auf den Gebrauchszustand umgerechnet. Dies kann konservativ durch Division mit min $\gamma = \gamma_G = 1{,}35$ geschehen. In der Regel ist $\gamma \approx 1{,}4$ vertretbar.

Im Folgenden werden Fundamente mit einachsiger Ausmitte behandelt. Bei Eckstützen von Hallen und generell bei Kranbahnstützen treten auch Fundamente mit zweiachsiger Biegung auf. (Zur Berechnung der zugehörigen räumlichen Pressungsverteilungen bei klaffender Fuge und zur Ermittlung ausreichender Fundamentabmessungen siehe z. B. [14-5]).

Bei Exzentrizitäten mit wechselndem Vorzeichen wird in der Regel das Fundament symmetrisch unter der Stütze angeordnet. Wirken größere Anteile der Exzentrizität überwiegend in einer Richtung, so kann eine entgegengesetzt exzentrische Anordnung des Fundamentes vorteilhaft sein: Sie verringert die Kantenpressung und die klaffende Fuge (Bild 14.6-1) und kann zu einem kürzeren Fundament führen.

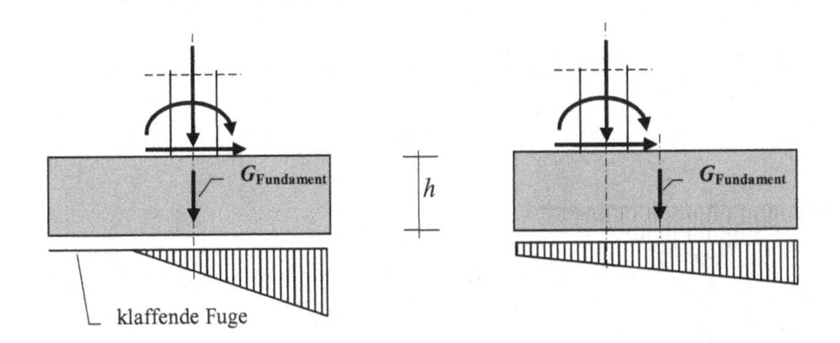

Bild 14.6-1 Verringerung der Lastexzentrizität durch ausmittige Anordnung des Fundamentes

Für den Nachweis der Kippsicherheit muss selbstverständlich auch das Fundamenteigengewicht angesetzt werden. Die Spannungsermittlung bezieht sich auf die Bodenfuge an UK-Fundament (Versatzmoment $V \cdot h$ berücksichtigen!).

14.6.3 Biegebemessung

Für die Ermittlung der Schnittgrößen des Fundamentes ist der Grenzzustand der Tragfähigkeit nach EC2 maßgebend. Die zugehörigen Bodenpressungen sind somit **unter Berücksichtigung der Schnittgrößen nach Theorie II. Ordnung** zu ermitteln.

Tritt unter Gesamtlast keine klaffende Fuge auf, so können die Nachweise des Fundamentes unter Wirkung der Auflasten allein geführt werden. Tritt hingegen eine klaffende Fuge auf, so sind die Gesamtlasten (d.h. unter Wirkung auch des Fundamentgewichtes) anzusetzen. Dann ist im klaffenden Bereich auch eine obenliegende „Kragbewehrung“ erforderlich.

Im Folgenden wird der Fall ohne klaffende Fuge dargestellt. Bei klaffender Fuge ergeben sich keine grundsätzlich anderen Verhältnisse.

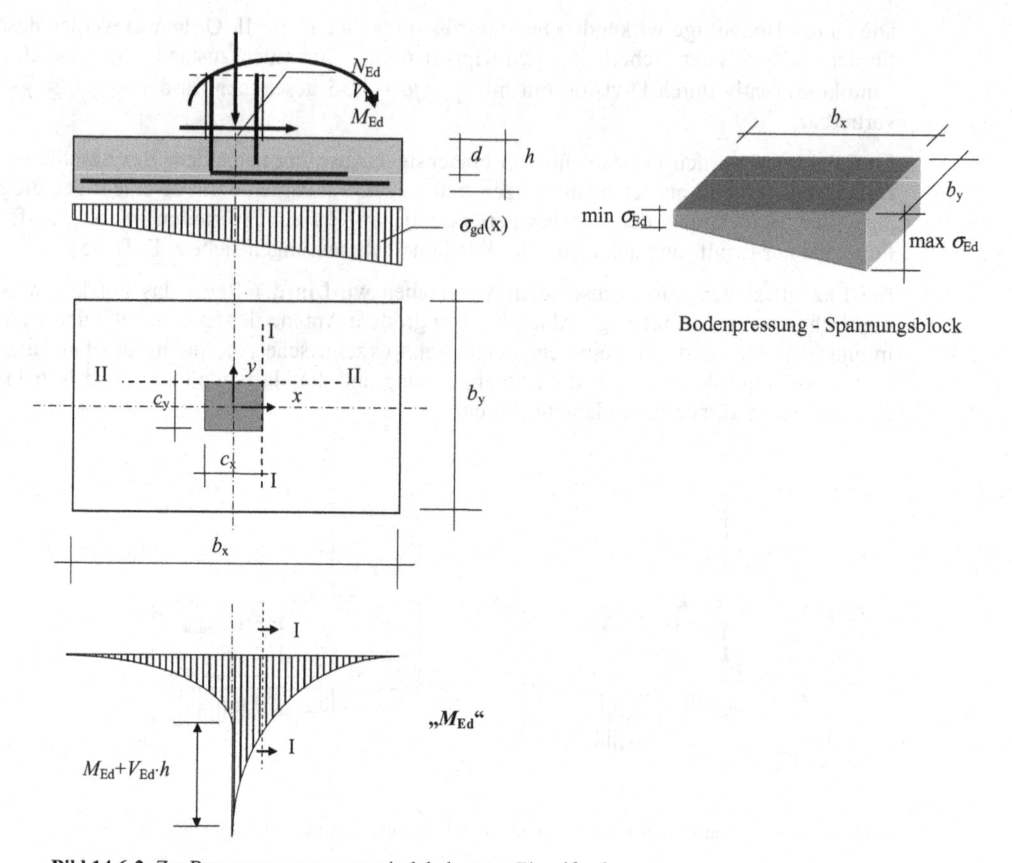

Bild 14.6-2 Zur Bemessung von exzentrisch belasteten Einzelfundamenten

Ohne klaffende Fuge unter Gesamtlast ergibt sich die Bodenpressung zu:

(14.6-1) $$\sigma_{Ed,Rand} = (N_{Ed} + G_{Fd})/(b_x \cdot b_y) \pm (M_{Ed} + V_{Ed} \cdot h)\ 6/(b_y \cdot b_x^2) \geq 0$$

In diesem Falle ist der Anteil des Fundamentgewichtes G_{Fd} für die Schnittgrößenermittlung nicht wirksam (G_{Fd} als Flächenlast von oben und $\sigma(G_{Fd})$ heben sich auf). Man erhält vereinfacht:

(14.6-2) $$\sigma_{Ed,Rand} = N_{Ed}/b_x \cdot b_y \pm (M_{Ed} + V_{Ed}\ h)\ 6/b_y \cdot b_x^2$$

Diese Spannungsverteilung ist über die Breite b_y konstant. Die wirkenden Gesamtbiegemomente in Richtung x bzw. y ergeben sich aus der trapezförmigen Spannungsverteilung aus Bild 14.6-2. Die Bemessung darf für Schnitt I-I bzw. Schnitt II-II erfolgen. Die Gesamtbewehrungen A_{sx} und A_{sy} werden entsprechend den Verteilungsfaktoren nach Tabelle 14.5-1 über die jeweilige Fundamentbreite b_y und b_x verteilt.

14.6.4 Nachweis der Sicherheit gegen Durchstanzen

Es können mehrere Fälle unterschieden werden:

- A_{crit} liegt voll innerhalb des Fundamentgrundrisses und ist ausreichend weit von den Rändern entfernt (Bild 14.6-3a). Hier gelten die Festlegungen wie beim zentrischen Fundament. Es ist allerdings zu setzen (einachsige Biegung):

(14.6-3) $\beta = 1 + 1{,}8 \cdot e_x / b_{y,i} \geq 1{,}1$ Näherung nach EC2 Gl. (6.43)
ausführlichere Formeln s. Abschnitt 18.13 Flachdecken

mit:

$e_x = M_{Ed,x}/N_{Ed}$ $b_{y,i} = c_x + 2 \cdot a_{crit}$

- A_{crit} liegt nicht voll innerhalb des Fundamentgrundrisses. In diesem Falle ist nur ein Teil des Fundamentes erheblich durch Querkraft beansprucht. Die Annahme für u_{crit} ist Bild 14.6-3b zu entnehmen. V_{Ed} ist aus der im schraffierten Bereich wirkenden Pressung zu berechnen. Dieser Fall tritt zumeist auch bei klaffender Fuge auf.
- A_{crit} liegt nahezu oder voll außerhalb des Fundamentgrundrisses (Bild 14.6-3c). In diesem Fall sollte ein Nachweis nach Gl. (14.5-18) geführt werden.

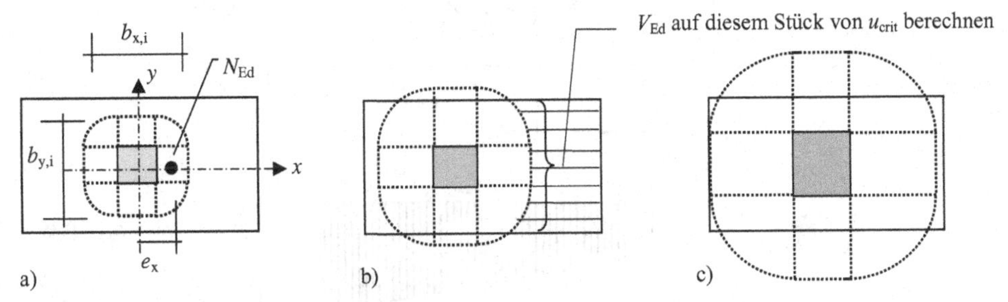

Bild 14.6-3 Annahmen zum Nachweis der Sicherheit gegen Durchstanzen

14.6.5 Beispiel

1 System und Abmessungen

Zur Verringerung der Kantenpressung wird eine um e_{0x} exzentrische Anordnung der Stütze gewählt. Das Fundament ist mit allen Angaben auf der nächsten Seite abgebildet.

2 Lasten und Schnittgrößen

Die Schnittgrößen der Stütze an OK-Fundament repräsentieren den maßgebenden Lastfall im Grenzzustand der Tragfähigkeit einschließlich der Wirkung nach Theorie II. Ordnung.

$N_{Ed} = 2200$ kN $H_{Ed} = 225$ kN $M_{Ed}^{II} = 470$ kNm

Damit erhält man die maßgebenden Schnittgrößen bezogen auf die Schwerachse (y-Achse) der Fundamentsohle (Versatz e_0 beachten) zu:

$N_{Ed,F} = 2200$ kN
$H_{Ed,F} = 225$ kN
$M_{Ed,F} = 470 + 225 \cdot 0{,}75 - 2200 \cdot 0{,}15 = 309$ kNm

Eigenlast des Fundamentes:

$G_F = 0{,}75 \cdot 2{,}4 \cdot 3{,}0 \cdot 25 = 135$ kN

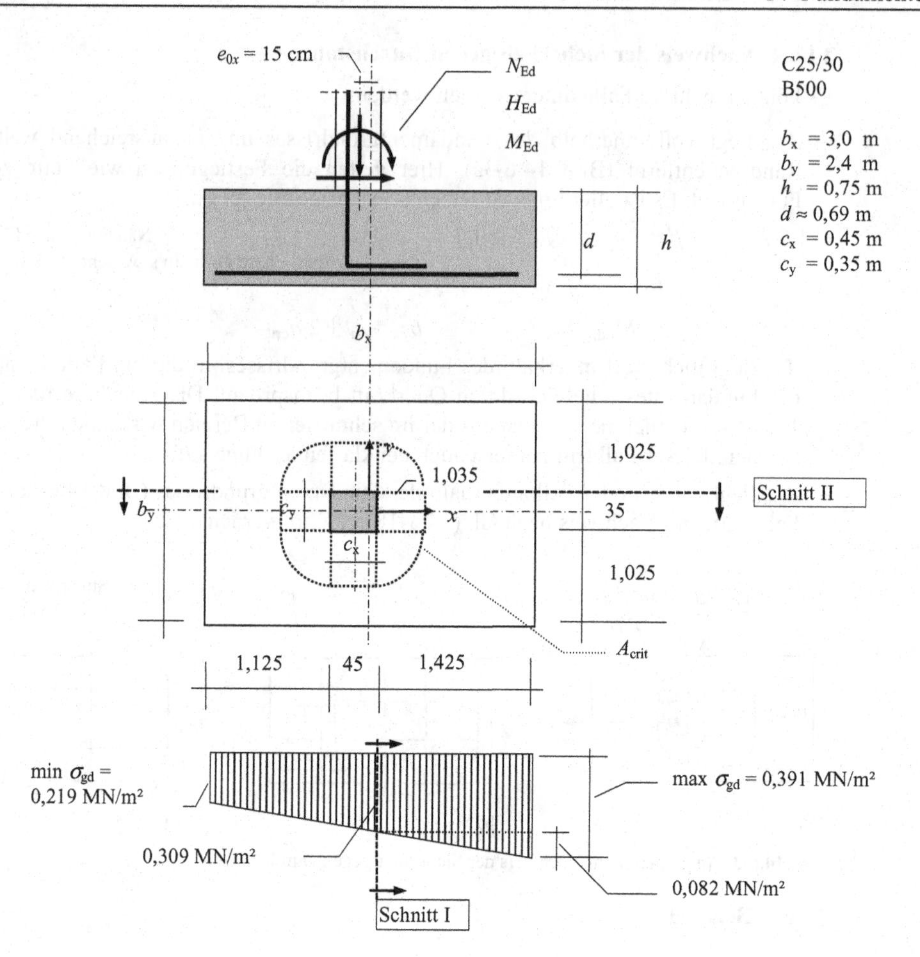

Bild 14.6-4 System und Abmessungen

3 Globale Standsicherheit

– *Allgemeine Anmerkung*

Die geotechnischen Nachweise basieren auf anderen Sicherheitskonzepten als die der Nachweise zur Tragfähigkeit der aufgehenden Strukturen (s. Abschnitt 14.6.2). Zu den verschiedenen erforderlichen Nachweisen wird in [1-13] und in [14-7] Stellung genommen.

– *Schnittgrößen*

Die für die Nachweise maßgebenden Schnittgrößen werden näherungsweise auf den Gebrauchszustand zurückgerechnet. Das Fundamenteigengewicht ist natürlich zu berücksichtigen:

$$N_F \approx 2200/1{,}35 + 135 = 1765 \text{ kN}$$
$$H_F \approx 225/1{,}35 = 167 \text{ kN}$$
$$M_F \approx 309/1{,}35 = 229 \text{ kNm}$$

– *Kippsicherheit*

Die Kippsicherheit ist erfüllt, wenn die Sohlfuge maximal zu 50 % klafft. Gleichbedeutend bei Rechteckquerschnitten ist die Forderung: $e/d = (M_F/N_F)/d \leq 1/3$.

$(229/1765)/3{,}0 = 0{,}13/3{,}0 = 0{,}043 = 1/23$

$\ll 1/3$ **Die Kippsicherheit ist nachgewiesen ✓**

$\ll 1/6$ **keine klaffende Fuge unter Gebrauchslasten ✓**

– *Gleitsicherheit*

Der Nachweis der Gleitsicherheit ist bei Stützen mit überwiegender Normalkraft in der Regel nicht maßgebend. Sollte in seltenen Fällen die Gleitsicherheit nicht nachweisbar sein, so müssen konstruktive Lösungen erfolgen (z.B. Koppelung mit benachbarten, ausreichend gleitsicheren Bauteilen über Zerrbalken).

4 Biegebemessung

– *Ermittlung der rechnerischen Bodenpressungen (ohne Anteil aus G_F)*

$\sigma_{gd} = 2{,}2/(2{,}4 \cdot 3{,}0) \pm 0{,}309 \cdot 6/(2{,}4 \cdot 3{,}0^2) = 0{,}305 \pm 0{,}086$

$\min \sigma_{gd} = 0{,}219 \text{ MN/m}^2$ $\max \sigma_{gd} = 0{,}391 \text{ MN/m}^2$

– *Gesamtmomente in den Schnitten I und II*

$M_{Ed,I} = 0{,}309 \cdot 2{,}4 \cdot 1{,}425^2/2 + 0{,}082 \cdot 2{,}4 \cdot 1{,}425^2/3 = 0{,}89 \text{ MNm}$

$M_{Ed,II} < 1/2 \cdot (0{,}391 + 0{,}309)\, 3{,}0 \cdot 1{,}025^2/2 = 0{,}55 \text{ MNm}$

– *Biegebemessung (gew. k_d-Verfahren)*

$c_y/b_y = 0{,}35/2{,}4 = 0{,}145$ $\max \alpha_x \approx 0{,}185$

$c_x/b_x = 0{,}45/3{,}0 = 0{,}15$ $\max \alpha_y \approx 0{,}185$

$$\min k_x = \frac{69}{\sqrt{\dfrac{890 \cdot 0{,}185}{2{,}4/8}}} = 2{,}95 \quad \Rightarrow \quad k_s = 2{,}3 \quad \boxed{A_{sx} = 2{,}3 \cdot 890/69 = 29{,}7 \text{ cm}^2}$$

gewählt: $\boxed{\mathbf{16}\ \boldsymbol{\phi}\mathbf{16} \quad A_{sx} = 32{,}0 \text{ cm}^2 > 29{,}7 \text{ cm}^2}$

$$\min k_y = \frac{69}{\sqrt{\dfrac{550 \cdot 0{,}185}{3{,}0/8}}} = 4{,}2 \quad \Rightarrow \quad k_s = 2{,}25 \quad \boxed{A_{sy} = 2{,}25 \cdot 550/69 = 17{,}9 \text{ cm}^2}$$

gewählt: $\boxed{\mathbf{18}\ \boldsymbol{\phi}\mathbf{12} \quad A_{sy} = 20{,}3 \text{ cm}^2 > 17{,}9 \text{ cm}^2}$ ϕ 12 zur besseren Verteilung auf $b_x = 3$ m

Die Bewehrung wird auf ganzer Fundamentlänge b_x bzw. b_y ungestaffelt durchgeführt. Die Verteilung von A_{sx} erfolgt nach der groben Intervallteilung. Die Verteilung von A_{sy} erfolgt ebenfalls näherungsweise nach der groben Intervallteilung, doch mit geringerer Abstufung im rechten Grundrissbereich. Die Bewehrung der Stütze wird wie bei einer Rahmenecke in das Fundament eingebunden.

5 Nachweis der Sicherheit gegen Durchstanzen

– *Geometrie (siehe Zeichnung)*

$\min a_{\lambda x} \geq 1{,}125$ m $\quad \max a_{\lambda x} \geq 1{,}425$ m $\quad a_{\lambda y} = 1{,}025$ m

$\lambda = \min a_\lambda/d = 1{,}025/0{,}69 = 1{,}48 < 2{,}0$

$\lambda = \max a_\lambda/d = 1{,}425/0{,}69 = 2{,}06 \approx 2{,}0$

Es handelt sich im Wesentlichen um ein gedrungenes Fundament, der kritische Abstand a_{crit} muss iterativ bestimmt werden. Hierzu kann Gl. (14.5-13) verwendet werden:

$$2\pi^2 \cdot a^3 + (c_x + c_y)5\pi \cdot a^2 + 4(c_x + c_y)^2 \cdot a - (c_x + c_y)(A_F - c_x \cdot c_y) = 0$$

$$2\pi^2 \cdot a^3 + (0{,}45+0{,}35)5\pi a^2 + 4(0{,}45+0{,}35)^2 a - (0{,}45+0{,}35)(3{,}0 \cdot 2{,}4 - 0{,}45 \cdot 0{,}35) = 0$$

$$19{,}739 \cdot a^3 + 12{,}57 \cdot a^2 + 2{,}56 \cdot a - 5{,}634 = 0$$

Als Ergebnis der Iteration erhält man:

$a = a_{crit} = 0{,}455 \text{ m} \approx 0{,}46 \text{ m}$

$A_{crit} = 0{,}35 \cdot 0{,}45 + 2 \cdot (0{,}35 + 0{,}45) \cdot 0{,}46 + \pi \cdot 0{,}46^2 = 1{,}56 \text{ m}^2$ $\qquad A_{crit}/A_F = 0{,}22$

$u_{crit} = 2\,(0{,}35 + 0{,}45) + 2\,\pi \cdot 0{,}46 = 4{,}5 \text{ m} = u_1$

Die Fläche A_{crit} ist in die Grundrisszeichnung eingetragen (Situation nach Bild 14.6-2a).

– *Aufzunehmende Querkraft* v_{Ed}

Die einwirkende Schubbeanspruchung muss unter Berücksichtigung der Wirkung des Biegemomentes nach Gl. (14.6-3) ermittelt werden. Hierfür werden die Schnittgrößen an OK Fundament verwendet:

$e_x = M_{Ed}/N_{Ed} = 470/2200 = 0{,}21$ m

$b_{y,i} = c_x + 2 \cdot a_{crit} = 0{,}45 + 2 \cdot 0{,}46 = 1{,}37$ m

$\beta = 1 + 1{,}8 \cdot e_x/b_{y,i} = 1 + 1{,}8 \cdot 0{,}21/1{,}37 = 1{,}27 \geq 1{,}1$

Ohne klaffende Fuge darf der Durchstanznachweis mit dem Mittelwert der Bodenpressung und unter Ansatz der vollen Fundamentfläche geführt werden (s. a. [1-13]):

$V_{Ed,red} = N_{Ed} - A_{crit}\,\bar{\sigma}_{gd}$

$\bar{\sigma}_{gd} = N_{Ed}/A_F = 2{,}20/(3{,}0 \cdot 2{,}4) = 0{,}305 \text{ MN/m}^2$

$V_{Ed,red} = 2{,}20 - 1{,}56 \cdot 0{,}305 = 2{,}20 - 0{,}47 = 1{,}73$ MN

$v_{Ed} = 1{,}27 \cdot 1{,}73/(4{,}5 \cdot 0{,}69) = 0{,}71 \text{ MN/m}^2$

– *Aufnehmbare Querkraft ohne Durchstanzbewehrung*

Mitwirkende Breite für die Ermittlung von ρ_l: $b_{eff} = c + 2 \cdot 3{,}0\, d$

$b_{eff,y} = 0{,}35 + 2 \cdot 3{,}0 \cdot 0{,}69 = 4{,}49 \text{ m} >> b_y = \mathbf{2{,}4\ m}$ $\qquad$ maßgebend

$b_{eff,x} = 0{,}45 + 2 \cdot 3{,}0 \cdot 0{,}69 = 4{,}59 \text{ m} >> b_x = \mathbf{3{,}0\ m}$ $\qquad$ maßgebend

Wirksame Bewehrung:

$A_{sx} = 16\ \phi 16 = 32{,}0 \text{ cm}^2$ $\qquad A_{sy} = 18\ \phi 12 = 20{,}3 \text{ cm}^2$

$\rho_{lx} = \dfrac{32{,}0 \cdot 10^{-2}}{0{,}69 \cdot 2{,}4} = 0{,}19\,\%$ $\qquad \rho_{ly} = \dfrac{20{,}3 \cdot 10^{-2}}{0{,}69 \cdot 3{,}0} = 0{,}10\,\%$

$\rho_l = \sqrt{0{,}19 \cdot 0{,}10} = 0{,}14\,\%$ bzw. $0{,}0014$

$0{,}0014 << 0{,}02$ und $\leq 0{,}4 \cdot f_{cd}/f_{yd} = 0{,}4 \cdot 14{,}3/435 = 0{,}013$ ✓

Die aufnehmbare Querkraft erhält man mit Gleichung (14.5-9):

$$v_{Rd,c} = C_{Rd,c} \cdot (1 + \sqrt{200/d[\text{mm}]}) \cdot (100\ \rho_l \cdot f_{ck})^{1/3} \cdot 2d/a \geq v_{Rd,c,min} \cdot 2d/a \qquad [\text{N/mm}^2] \text{ bzw. } [\text{MN/m}^2]$$

$$k = 1 + \sqrt{200/d} = 1 + \sqrt{200/690} = 1{,}54 < 2{,}0 \qquad ✓$$

$$v_{Rd,c,2,0d} = 0{,}10 \cdot 1{,}54 \cdot (100 \cdot 0{,}0014 \cdot 25)^{1/3} = 0{,}234 \text{ MN/m}^2$$

$$v_{Rd,c,min} = (0{,}0458/1{,}5) \cdot 1{,}54^{3/2} \cdot 25^{1/2} = 0{,}292 \text{ MN/m}^2 > 0{,}234 \qquad 0{,}0458 \text{ n. Gl. (14.5-9)}$$

$$\boxed{v_{Rd,c} = 0{,}292 \cdot 2 \cdot 0{,}69/0{,}46 = 0{,}88 \text{ MN/m}^2 > v_{Ed} = 0{,}71 \text{ MN/m}^2 \qquad ✓}$$

Es ist keine Durchstanzbewehrung erforderlich.

14.6.6 Beispiel

1 System und Abmessungen

Es wird ein relativ schmales Fundament vorgestellt, wie es bei Hallenstützen mit Aussteifung in den Hallenlängswänden vorkommt (Bild 14.6-4). Die Normalkraft wird überwiegend durch exzentrische Auflast hervorgerufen, wodurch ein erhebliches Biegemoment und eine klaffende Bodenfuge entstehen.

2 Lasten und Schnittgrößen

Die Schnittgrößen der Stütze an OK-Fundament repräsentieren den maßgebenden Lastfall im Grenzzustand der Tragfähigkeit einschließlich der Wirkung nach Theorie II. Ordnung.

$N_{Ed} = 900$ kN $\qquad H_{Ed} = 125$ kN $\qquad M_{Ed}^{II} = 600$ kNm

Damit erhält man die maßgebenden Schnittgrößen bezogen auf die Schwerachse (y-Achse) der Fundamentsohle zu:

$N_{Ed,F} = 900$ kN
$H_{Ed,F} = 125$ kN
$M_{Ed,F} = 600 + 125 \cdot 0{,}85 = 706$ kNm

Eigenlast des Fundamentes:

$G_F = 0{,}85 \cdot 1{,}8 \cdot 3{,}3 \cdot 25 = 126$ kN

3 Globale Standsicherheit

– *Allgemeine Anmerkung*

Die geotechnischen Nachweise basieren auf anderen Sicherheitskonzepten als die der Nachweise zur Tragfähigkeit der aufgehenden Strukturen (s. Abschnitt 14.6.2). Zu den verschiedenen erforderlichen Nachweisen siehe z. B. [1-13] und [14-11].

– *Schnittgrößen*

Die für die Nachweise maßgebenden Schnittgrößen werden näherungsweise auf den Gebrauchszustand zurückgerechnet. Das Fundamenteigengewicht ist zu berücksichtigen:

$N_F \approx 900/1{,}35 + 126 = 793$ kN
$H_F \approx 125/1{,}35 = 93$ kN
$M_F \approx 706/1{,}35 = 553$ kNm

– *Kippsicherheit*

Die Kippsicherheit ist erfüllt, wenn die Sohlfuge maximal zu 50 % klafft. Gleichbedeutend bei Rechteckquerschnitten ist die Forderung: $e/b_x = (M_F/N_F)/d \leq 1/3$.

$(553/793)/3{,}3 = 0{,}70/3{,}3 = 0{,}21$

$< 1/3$ **Die Kippsicherheit ist nachgewiesen** ✓

$> 1/6$ **zulässige klaffende Fuge unter Gebrauchslasten** ✓

– *Gleitsicherheit*

Der Nachweis der Gleitsicherheit ist bei Stützen mit überwiegender Normalkraft in der Regel nicht maßgebend. Sollte in seltenen Fällen die Gleitsicherheit nicht nachweisbar sein, so müssen konstruktive Lösungen erfolgen (z.B. Koppelung mit benachbarten, ausreichend gleitsicheren Bauteilen über Zerrbalken).

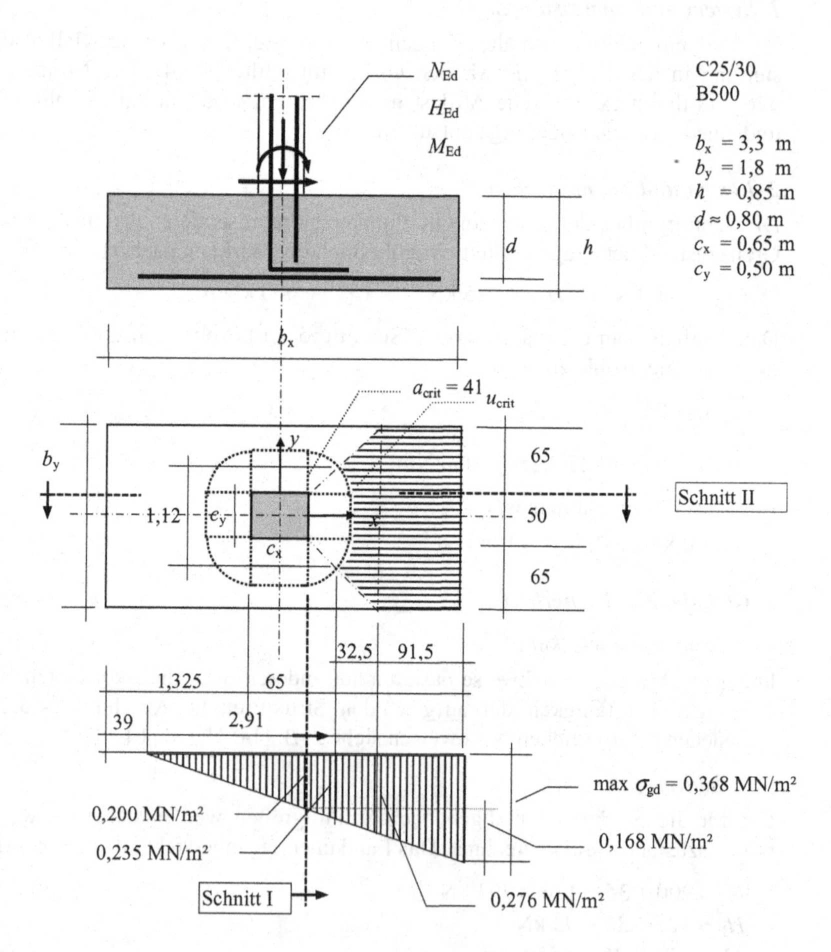

Bild 14.6-4 System und Abmessungen, Bodenpressung im Grenzzustand der Tragfähigkeit

4 Biegebemessung

– *Ermittlung der rechnerischen Bodenpressungen (ohne Anteil aus G_F)*

$\sigma_{gd} = 0{,}900/(1{,}8 \cdot 3{,}3) \pm 0{,}706 \cdot 6/(1{,}8 \cdot 3{,}3^2) = 0{,}152 \pm 0{,}216$

max $\sigma_{gd} = 0{,}368$ MN/m² min $\sigma_{gd} = -\,0{,}064$ MN/m² (Zug) klaffende Fuge

$e_x = 0{,}706/0{,}900 = 0{,}78$ m

$e_x/b_x = 0{,}78/3{,}3 = 0{,}24 < 1/3$ zulässige klaffende Fuge

$\sigma_{gd,Rand} = 2\ N_F/[3\ (b_x/2 - e_x)\ b_y] = 2\ 0{,}900/[3\ (3{,}3/2 - 0{,}78)\ 1{,}8] = 0{,}383$ MN/m²

Das Ergebnis ist auf Bild 14.6-4 dargestellt.

– *Gesamtmomente in den Schnitten I und II*

$M_{Ed,I} = 1{,}8\ (1{,}325^2 \cdot 0{,}200/2 + 0{,}168 \cdot 1{,}325^2/3) = 0{,}49$ MNm

$M_{Ed,II} < 1/2 \cdot (0{,}368 + 0{,}200)\ 1{,}0 \cdot 0{,}65^2/2 = 0{,}06$ MNm/m

Das Moment $M_{Ed,II}$ wird mit dem Mittelwert der rechten Fläche als Moment pro Meter Schnittlänge berechnet. Die zugehörige Bewehrung wird konservativ auf der ganzen Länge b_y eingelegt.

– *Biegebemessung (gew. k_d-Verfahren)*

$c_y/b_y = 0{,}50/1{,}8 = 0{,}28$ max $\alpha_x \approx 0{,}165$

$c_x/b_x = 0{,}65/3{,}3 = 0{,}20$ max $\alpha_y \approx 0{,}18$

$$\min k_x = \frac{80}{\sqrt{\dfrac{490 \cdot 0{,}165}{1{,}8/8}}} = 4{,}22 \quad \Rightarrow \quad k_s = 2{,}24 \quad \boxed{A_{sx} = 2{,}24 \cdot 490/80 = 13{,}7\ \text{cm}^2}$$

gewählt: $\boxed{\mathbf{16\ \phi 16}\quad A_{sx} = 32{,}0\ \text{cm}^2 > 29{,}7\ \text{cm}^2}$

In Querrichtung wird für einen 1 m breiten Streifen ohne Verteilungsfunktion:

$$\min k_y = \frac{80}{\sqrt{\dfrac{60}{1{,}0}}} = 10{,}3 \quad \Rightarrow \quad k_s = 2{,}2 \quad \boxed{A_{sy} = 2{,}2 \cdot 60/80 = 1{,}65\ \text{cm}^2/\text{m}}$$

gewählt: $\boxed{\mathbf{18\ \phi 12}\quad A_{sy} = 20{,}3\ \text{cm}^2\ \text{bzw.}\ 20{,}3/3{,}3 = 6{,}15\ \text{cm}^2 > 1{,}65\ \text{cm}^2/\text{m}}$

Die Bewehrung wird auf ganzer Fundamentlänge b_x bzw. b_y ungestaffelt durchgeführt. Die Verteilung von A_{sx} erfolgt nach der groben Intervallteilung. Die Verteilung von A_{sy} erfolgt gleichmäßig. Die Bewehrung der Stütze wird wie bei einer Rahmenecke in das Fundament eingebunden.

5 Nachweis der Sicherheit gegen Durchstanzen

– *Geometrie (siehe Zeichnung)*

$a_{\lambda x} = 1{,}325$ m $a_{\lambda y} = 0{,}65$ m

$\lambda = \min a_\lambda/d = 1{,}325/0{,}80 = 1{,}66 < 2{,}0$

$\lambda = \max a_\lambda/d = 0{,}65/0{,}80 = 0{,}81 \ll 2{,}0$

Es handelt sich um ein gedrungenes Fundament, der kritische Abstand a_{crit} muss iterativ bestimmt werden. Hierzu kann Gl. (14.5-13) verwendet werden:

$$2\pi^2 \cdot a^3 + (c_x + c_y)5\pi \cdot a^2 + 4(c_x + c_y)^2 \cdot a - (c_x + c_y)(A_F - c_x \cdot c_y) = 0$$
$$2\pi^2 \cdot a^3 + (0{,}65+0{,}50)5\pi \cdot a^2 + 4(0{,}65+0{,}50)^2 a - (0{,}65+0{,}50)(3{,}3 \cdot 1{,}8 - 0{,}65 \cdot 0{,}50) = 0$$
$$19{,}739 \cdot a^3 + 18{,}06 \cdot a^2 + 5{,}29 \cdot a - 6{,}46 = 0$$

Als Ergebnis der Iteration erhält man:

$$a = a_{crit} = 0{,}405 \text{ m} \approx 0{,}41 \text{ m}$$
$$A_{crit} = 0{,}65 \cdot 0{,}50 + 2 \cdot (0{,}65 + 0{,}50) \cdot 0{,}41 + \pi \cdot 0{,}41^2 = 1{,}80 \text{ m}^2$$ $A_{crit}/A_F = 0{,}30$
$$u_{crit} = 2\,(0{,}65 + 0{,}50) + 2\,\pi \cdot 0{,}41 = 4{,}88 \text{ m} = u_1$$

Die Fläche A_{crit} ist in die Grundrisszeichnung eingetragen.

– *Aufzunehmende Querkraft* v_{Ed}

Bei klaffender Fuge kann der Durchstanznachweis nicht mehr mit dem rotationssymmetrischen Versagensmodell geführt werden. Die Schubbeanspruchung konzentriert sich an der rechten Seite im Bereich der hohen Bodenpressungen. Der EC2 enthält hierfür keine Handlungsvorgaben. In [1-2] und in [1-13] wird ein Bemessungsvorschlag aus [14-8] übernommen. Darin wird vorgeschlagen, in Analogie zum Schubnachweis an Balkenauflagern und Linienauflagern bei Platten, einen „normalen" Schubnachweis auf einer Linie (s. Bild 14.6-4) im Abstand 1,0 *d* vom Stützenrand zu führen. Dieser Nachweis scheint doch sehr vom tatsächlichen Tragverhalten abzuweichen, zudem wird sich die Querkraft natürlich nicht gleichmäßig verteilen.

Im Folgenden wird ähnlich wie in den vorangegangenen Auflagen dieses Buches ein wirksamer Pressungsbereich (horizontal schraffiert auf Bild 14.6-4) angesetzt. Dessen Resultierende der Bodenpressungen V_{Ed} wird wegen der ungleichmäßigen Verteilung mit einem Wert $\beta = 1{,}4$ (wie er für Randstützen bei Flachdecken verwendet wird) erhöht,. Der Nachweis wird auf dem in Bild 14.6-4 gekennzeichneten bogenförmigen Teilumfang u_{crit} geführt.
Für genauere Nachweise könnte eine Aufteilung des Pressungsbereiches in mehrere Sektoren (vgl. [1-13]) verwendet werden.

$$u_{crit} = a_{crit} \cdot \pi/2 + c_y = 0{,}41 \cdot \pi/2 + 0{,}50 = 1{,}14 \text{ m}$$
$$V_{Ed} \approx 1{,}80 \cdot 0{,}725\,(0{,}276 + 0{,}368)/2 + < 0{,}5(0{,}276 + 0{,}235) \cdot 0{,}5\,(1{,}80 + 1{,}12)\,0{,}325$$
$$= 0{,}42 + 0{,}06 = 0{,}48 \text{ MN}$$
$$v_{Ed} = \beta \cdot V_{Ed} / d \cdot u_{crit} = 1{,}4 \cdot 0{,}48/0{,}80 \cdot 1{,}14 = 0{,}74 \text{ MN/m}^2$$

– *Aufnehmbare Querkraft ohne Durchstanzbewehrung*

Mitwirkende Breite für die Ermittlung von ρ_l : $b_{eff} = c + 2 \cdot 3{,}0\,d$

$$b_{eff,y} = 0{,}65 + 2 \cdot 3{,}0 \cdot 0{,}80 = 5{,}45 \text{ m} >> b_y = \mathbf{1{,}8\ m}$$ maßgebend
$$b_{eff,x} = 0{,}50 + 2 \cdot 3{,}0 \cdot 0{,}80 = 5{,}30 \text{ m} >> b_x = \mathbf{3{,}3\ m}$$ maßgebend

Wirksame Bewehrung:

$$A_{sx} = 16\ \phi 16 = 32{,}0 \text{ cm}^2 \qquad A_{sy} = 18\ \phi 12 = 20{,}3 \text{ cm}^2$$
$$\rho_{lx} = \frac{32{,}0 \cdot 10^{-2}}{0{,}80 \cdot 1{,}8} = 0{,}22\ \% \qquad \rho_{ly} = \frac{20{,}3 \cdot 10^{-2}}{0{,}80 \cdot 3{,}3} = 0{,}08\ \%$$
$$\rho_l = \sqrt{0{,}22 \cdot 0{,}08} = 0{,}13\ \% \quad \text{bzw.} \quad 0{,}0013$$

$0{,}0013 \ll 0{,}02$ und $\leq 0{,}4 \cdot f_{cd}/f_{yd} = 0{,}4 \cdot 14{,}3/435 = 0{,}013$ ✓

Die aufnehmbare Querkraft erhält man mit Gleichung (14.5-9):

$$v_{Rd,c} = C_{Rd,c} \cdot (1 + \sqrt{200/d[\text{mm}]}) \cdot (100\, \rho_l \cdot f_{ck})^{1/3} \cdot 2d/a \geq v_{Rd,c,min} \cdot 2d/a \quad [\text{N/mm}^2] \text{ bzw. } [\text{MN/m}^2]$$

$$k = 1 + \sqrt{200/d} = 1 + \sqrt{200/800} = 1{,}50 < 2{,}0$$ ✓

$$v_{Rd,c,2,0d} = 0{,}10 \cdot 1{,}50 \cdot (100 \cdot 0{,}0013 \cdot 25)^{1/3} = 0{,}222 \text{ MN/m}^2$$

$$v_{Rd,c,min} = (0{,}0375/1{,}5) \cdot 1{,}50^{3/2} \cdot 25^{1/2} = 0{,}230 \text{ MN/m}^2 > 0{,}222 \quad 0{,}0375 \text{ n. Gl. (14.5-9)}$$

$$\boxed{v_{Rd,c} = 0{,}230 \cdot 2 \cdot 0{,}80/0{,}41 = 0{,}90 \text{ MN/m}^2 > v_{Ed} = 0{,}74 \text{ MN/m}^2}$$ ✓

Es ist keine Durchstanzbewehrung erforderlich.

Die Nachweise für die Längsränder ergeben kein anderes Ergebnis. Sollte z. B. bei Ansatz von Sektoren Durchstanzbewehrung nur bereichsweise erforderlich werden, so ist grundsätzlich in Bereichen ohne rechnerisch erforderliche Durchstanzbewehrung die Mindestbewehrung einzubauen.

14.7 Fundamentbalken auf elastischer Bettung

14.7.1 Allgemeines

Die grundlegenden Gedanken zum Berechnungsmodell eines gebetteten Balkens nach dem Bettungszahlverfahren sind bereits in Abschnitt 14.3 erläutert worden. Zuerst wird die maßgebende Differentialgleichung hergeleitet. Anschließend werden Zahlentafeln und deren Anwendung für baupraktische Fälle gezeigt.

14.7.2 Herleitung der Differentialgleichung

Der Boden ist durch dicht nebeneinander liegende Federn abgebildet, die durch die Bettungszahl c_s charakterisiert werden. Ein Balkenelement wird dann von oben durch die Linienlast $q(x)$ und von unten durch die Bodenpressung $p(x)$ belastet (Bild 14.7-1).

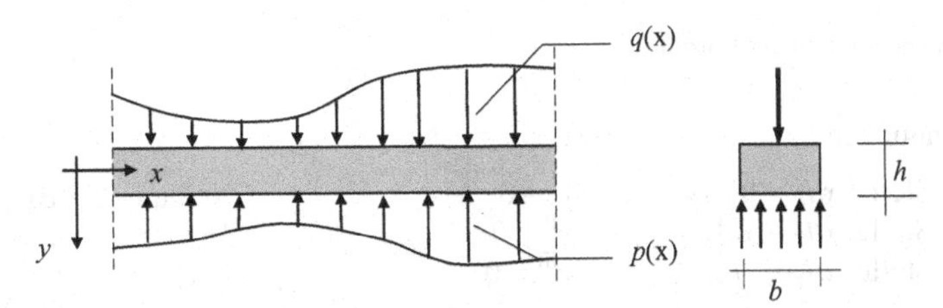

Bild 14.7-1 Balkenelement mit Auflast und Bodenpressung

Es sei: $p(x)$ Bodenpressung z.B. in [MN/m²]
$q(x)$ Auflast, z.B. als Linienlast in [MN/m]

Es sei: $p(x)$ Bodenpressung z.B. in [MN/m²]
$q(x)$ Auflast, z.B. als Linienlast in [MN/m]

Die Setzung einer Feder ist dann: $y(x) = p(x)/c_s(x)$

Mit der resultierenden Linienlast: $p`(x) = q(x) - p(x) \cdot b = q(x) - c_s\, y(x)\, b$
erhält man die Differentialgleichung des Systems:

(14.7-1) $$y(x)^{IV} = p`/(EI(x)) = \frac{1}{EI(x)}\,[q(x) - c_s\, y(x)\, b]$$

Diese Gleichung ist für allgemeine Funktionen von (x) nicht oder nur sehr schwer analytisch lösbar. Da man jede Linienlast aber als Summe von Einzellasten annähern kann, wird nur eine Belastung durch eine Einzellast angenommen. Damit ist $q(x) = 0$. Weiterhin wird angesetzt: EI = constant und c_s = constant. Damit vereinfacht sich die Gleichung zu:

(14.7-2) $$y(x)^{IV} = -\frac{b}{EI}\, c_s\, y(x)$$

Mit der Abkürzung $4 \cdot a^4 = (b \cdot c_s)/(E \cdot I)$ lässt sich weiter schreiben:

(14.7-3) $$y(x)^{IV} + 4 \cdot a^4\, y(x) = 0$$

Darin ist:

(14.7-4) $$a = \sqrt[4]{\frac{c_s \cdot b}{4 \cdot EI}}$$ mit der Dimension [m^{-1}]

Das prinzipielle Vorgehen bei der Lösung der Differentialgleichung soll an einem einfachen Fall gezeigt werden.

14.7.3 Lösung der Differentialgleichung für den Balken mit mittiger Einzellast

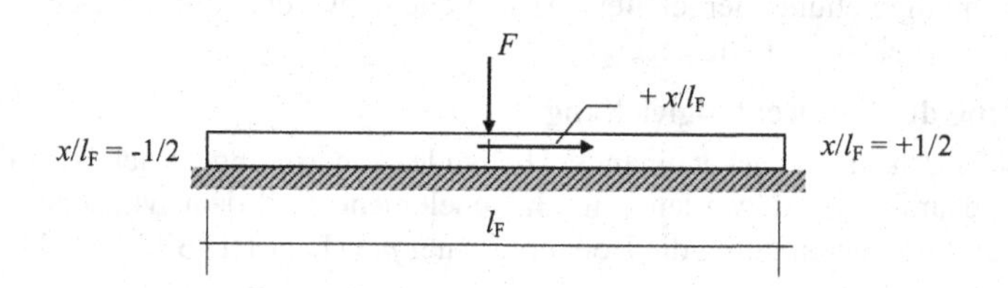

Bild 14.7-2 Balken mit mittiger Einzellast

– Randbedingungen:

(14.7-5)

Stelle $x/l_F = 0$	$y^I = 0$	Neigung der Biegelinie = 0
Stelle $x/l_F = 1/2$	$y^{II} = 0$	$M(x) = 0$
Stelle $x/l_F = 1/2$	$y^{III} = 0$	$V(x) = 0$
Stelle x/l_F = 0 bis 1/2	$\int_0^{1/2} c_s \cdot b \cdot y(x) \cdot dx = F/2$	$\Sigma\, V = 0$

– Lösungsansatz:

(14.7-6) $$y(x) = A_1 \cdot e^{ax} \cos ax + A_2 \cdot e^{ax} \sin ax + A_3 \cdot e^{-ax} \cos ax + A_4 \cdot e^{-ax} \sin ax$$

Die vier unbekannten Koeffizienten A_i sind aus den Randbedingungen zu ermitteln. Man erhält ein lineares Gleichungssystem mit vier Unbekannten.

Die erste Ableitung ergibt:

(14.7-7) $y^{I}(x) = + A_1 \cdot a\, e^{ax} \cos ax - A_1 \cdot a\, e^{ax} \sin ax$
$+ A_2 \cdot a\, e^{ax} \sin ax + A_2 \cdot a\, e^{ax} \cos ax$
$- A_3 \cdot a\, e^{-ax} \cos ax - A_3 \cdot a\, e^{-ax} \sin ax$
$- A_4 \cdot a\, e^{-ax} \sin ax + A_2 \cdot a\, e^{-ax} \cos ax$

Mit der ersten Randbedingung wird daraus Gleichung (14.7-8a). Die anderen Randbedingungen ergeben noch drei ähnliche lineare Gleichungen für die A_i:

(14.7-8a) $y^{I}(x = 0) = A_1 + A_2 - A_3 + A_4 = 0$
(14.7-8b) $y^{II}(x = l_F/2) = \quad = 0$
(14.7-8c) $y^{III}(x = l_F/2) = \quad = 0$
(14.7-8d) $\int_0^{l/2} c_s \cdot b \cdot y(x) \cdot dx = \quad = F/2$

Als Lösung des Gleichungssystems erhält man die vier Koeffizienten A_i. Dabei sind Integrale der folgenden Art zu lösen:

$$A_1 \int_0^{1/2} e^{ax} \cos ax \cdot dx = A_1 \left[\frac{e^{ax}}{2a} (\sin ax + \cos ax) \right]_0^{1/2} = A_1 \left[\frac{e^{a/2}}{2a} (\cos a/2 + \sin a/2) - \frac{1}{2a} \right]$$

Danach lassen sich die gesuchten statischen Größen angeben:

$y(x)$ Setzung
$V(x)$ Querkraft
$M(x)$ Biegemoment
$p(x)$ Bodenpressung

Aus der aufwändigeren Lösung für eine Einzellast in beliebiger Position x lassen sich die Ergebnisse für alle Lastbilder zusammensetzen.

14.7.4 Anwendung von Zahlentafeln

Für die praktische Anwendung stehen Lösungen in Form von Einflusslinien zur Verfügung. Die im Folgenden verwendeten Tafeln sind alle aus [14-2] entnommen. Das Buch enthält noch weitere nützliche Tafeln, auch auf der Basis des Steifezahl-Verfahrens.

Wesentlicher Parameter ist die **charakteristische Länge** λ:

(14.7-9) $\lambda = a\, l_F$ mit $a = \sqrt[4]{\frac{c_s \cdot b}{4 \cdot EI}}$

Die Bedeutung von λ soll durch Bild 14.7-3 verdeutlicht werden. Auf den Bildern 14.7-5 und 14.7-6 sind zwei der zahlreichen Tafeln aus [14-2] wiedergegeben. Die Tafeln gestatten für eine vorgegebene charakteristische Länge λ die Berechnung der Bodenpressung σ_p und der Schnittgrößen M und V eines elastisch gebetteten Balkens unter Einzellasten.
Die Tafeln können horizontal als Einflusslinien und vertikal als Zustandslinien gelesen werden:

- Für einen Punkt x_0 des Balkens kann man horizontal den Beitrag einer Einzellast F_i im Punkt x_i ablesen.
- Für eine Einzellast F_i im Punkt x_i kann man vertikal die zugehörigen Zustandswerte in den Punkten x_0 ablesen.

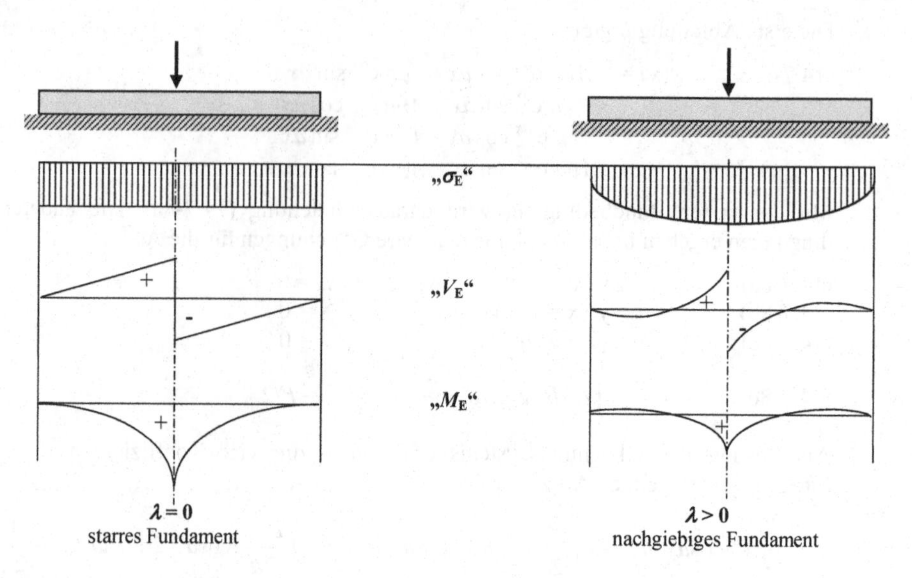

Bild 14.7-3 Einfluss unterschiedlicher Werte λ auf die Schnittgrößen und die Bodenpressung (s. a. Bild 14.3-3)

Bei der Anwendung der Tafeln ist zu beachten, dass im Falle notwendiger Interpolationen beim Ablesen von Werten unter der Last ($x_0 = x_i$) unbedingt über die Diagonale (d.h. zwischen den fett eingerahmten Kästchen) interpoliert werden muss. In allen anderen Fällen kann über vier Werte interpoliert werden.

Zum besseren Verständnis der Ablesung der Querkraftwerte an Einzellasten F_i (also für $x_0 = x_i$) sei auf Folgendes hingewiesen (siehe auch Bild 14.7-4):

- $\eta_{Vo,links}$ ist der Einflusswert für eine **Last unmittelbar links von der untersuchten Stelle** (also $x_i \leq x_0$). Der Wert wird also zur Berechnung der **Querkraft rechts von der Last F_i** benötigt.
- $\eta_{Vo,rechts}$ ist der Einflusswert für eine **Last unmittelbar rechts von der untersuchten Stelle** (also $x_i \geq x_0$). Der Wert wird also zur Berechnung der **Querkraft links von der Last F_i** benötigt.

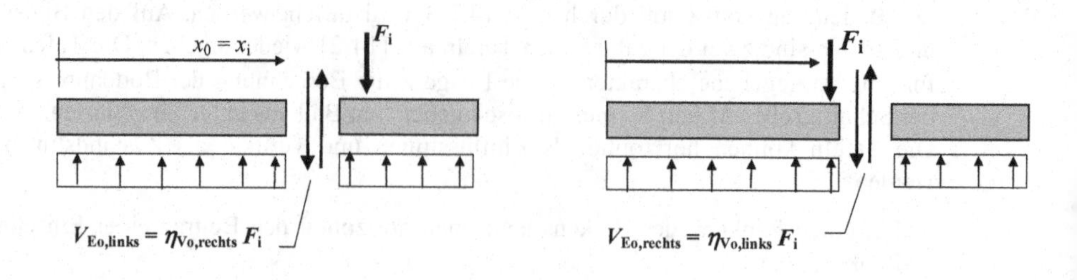

Bild 14.7-4 Zur Ermittlung der Querkraft an Einzellasten

	Laststellung x_i/l										
x_0/l	0	0,1	0,2	0,3	0,4	0,5	0,6	0,7	0,8	0,9	1,0
0	7,01 0 -1,000	**4,64** 0 0	**2,66** 0 0	1,22 0 0	0,29 0 0	**-0,23** 0 0	-0,45 0 0	-0,50 0 0	-0,44 0 0	-0,35 0 0	-0,25 0 0
0,1 0,14	4,64 -6,90 -0,420	3,60 **2,15** **-0,586**	2,52 1,31 0,259	1,55 0,66 0,138	0,80 0,23 0,054	0,29 **-0,03** **0,003**	-0,02 -0,15 -0,024	-0,19 -0,20 -0,035	-0,28 -0,19 -0,036	-0,32 -0,17 0,034	-0,35 -0,14 -0,030
0,2	2,66 -9,13 -0,059	2,52 -2,11 -0,282	2,28 **5,13** **-0,499**	1,83 2,87 0,308	1,29 1,26 0,159	0,81 **0,23** **0,058**	0,41 -0,33 -0,005	0,12 -0,59 -0,038	-0,10 -0,67 -0,055	-0,28 -0,66 -0,064	-0,44 -0,63 -0,070
0,3	1,22 -8,65 0,131	1,55 -3,83 -0,080	1,83 1,21 -0,292	1,93 6,90 -0,502	1,71 3,57 0,311	1,31 1,30 0,164	0,87 -0,10 0,060	0,47 -0,86 -0,009	0,12 -1,23 -0,054	-0,19 -1,42 -0,088	-0,50 -1,56 -0,117
0,4	0,29 -6,91 0,202	0,80 -4,00 0,035	1,29 -0,89 -0,136	1,71 2,82 -0,317	1,90 7,58 -0,507	1,72 3,66 0,316	1,33 1,01 0,170	0,87 -0,65 0,057	0,41 -1,67 -0,028	-0,02 -2,37 -0,100	-0,45 -2,98 -0,166
0,5	-0,23 -4,84 0,202	0,29 -3,34 0,088	0,81 -1,69 -0,032	1,31 0,43 -0,166	1,72 3,44 -0,323	1,91 7,72 -0,500	1,72 3,44 0,323	1,31 0,43 0,166	0,81 -1,69 0,032	0,29 -3,34 -0,088	-0,23 -4,84 -0,202
0,6	-0,45 -2,98 0,166	-0,02 -2,37 0,100	0,41 -1,67 0,028	0,87 -0,65 -0,057	1,33 1,01 -0,170	1,72 3,66 -0,316	1,90 7,58 -0,493	1,71 2,82 0,317	1,29 -0,89 0,136	0,80 -4,00 -0,035	0,29 -6,91 -0,202
0,7	-0,50 -1,56 0,117	-0,19 -1,42 0,088	0,12 -1,23 0,054	0,47 -0,86 0,009	0,87 -0,10 -0,060	1,31 1,30 -0,164	1,71 3,57 -0,311	1,93 6,90 -0,498	1,83 1,21 0,292	1,55 -3,83 0,080	1,22 -8,65 -0,131
0,8	-0,44 -0,63 0,070	-0,28 -0,66 0,064	-0,10 -0,67 0,055	0,12 -0,59 0,038	0,41 -0,33 0,005	0,81 0,23 -0,058	1,29 1,26 -0,159	1,83 2,87 -0,308	2,28 5,13 -0,501	2,52 -2,11 0,282	2,66 -9,13 0,059
0,9	-0,35 -0,14 0,030	-0,32 -0,17 0,034	-0,28 -0,19 0,036	-0,19 -0,20 0,035	-0,02 -0,15 0,024	0,29 -0,03 -0,003	0,80 0,23 -0,054	1,55 0,66 -0,138	2,52 1,31 -0,259	3,60 2,15 -0,412	4,64 -6,90 0,420
1,0	-1,25 0 0	-0,34 0 0	-0,44 0 0	-0,50 0 0	-0,45 0 0	-0,23 0 0	0,29 0 0	1,22 0 0	2,66 0 0	4,64 0 0	7,01 0 0

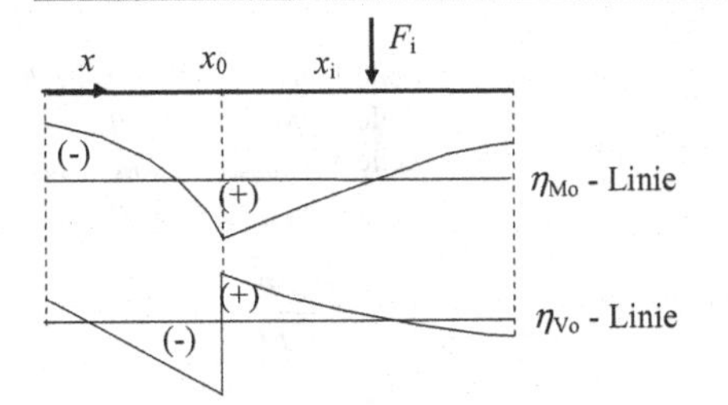

Zeile 1: η_σ $\quad \sigma_E = \eta_\sigma F_i/(b\, l_F)$

Zeile 2: η_{Mo} $\quad M_o = \eta_{Mo} F_i\, l_F/100$

Zeile 3: $\eta_{Vo,links}$ $\quad V_{o,rechts} = \eta_{Vo,links} F_i$

$\eta_{Vo,rechts} = 1 - |\eta_{Vo,links}|$

$$a = \sqrt[4]{\frac{c_S \cdot b}{4 \cdot EI}} \qquad \lambda = a\, l_F$$

Bild 14.7-5 Berechnungstafel für den elastisch gebetteten Balken: $\boldsymbol{\lambda = 3{,}5}$ (Eintragung für Beispiel 14.7.6)

x_0/l	Laststellung x_i/l										
	0	0,1	0,2	0,3	0,4	0,5	0,6	0,7	0,8	0,9	1,0
0	9,01 0 -1,000	5,17 0 0	2,27 0 0	0,50 0 0	-0,35 0 0	-0,62 0 0	-0,57 0 0	-0,40 0 0	-0,21 0 0	-0,02 0 0	-0,15 0 0
0,1	5,17 -6,16 -0,296	3,93 2,38 -0,544	2,53 1,18 0,24	1,30 0,38 0,090	0,46 -0,04 0,005	0,00 -0,20 -0,031	-0,19 -0,22 -0,038	-0,20 -0,17 -0,031	-0,18 -0,10 -0,019	-0,10 -0,02 -0,006	-0,02 -0,05 0,006
0,2	2,27 -7,07 0,066	2,53 -1,32 -0,221	2,55 4,87 -0,502	2,02 2,06 0,257	1,28 0,38 0,093	0,65 -0,41 0,001	0,23 -0,63 -0,036	-0,01 -0,56 -0,043	-0,12 -0,37 -0,034	-0,18 -0,15 -0,020	-0,21 0,07 -0,005
0,3	0,50 -5,61 0,196	1,30 -2,49 -0,032	2,02 1,05 -0,270	2,36 5,73 -0,519	2,02 2,08 0,259	1,36 0,05 0,102	0,75 -0,80 0,011	0,29 -0,95 -0,030	-0,01 -0,76 -0,042	-0,22 -0,45 -0,040	-0,40 -0,11 -0,035
0,4	-0,35 -3,58 0,197	0,46 -2,32 0,052	1,28 -0,76 -0,105	2,02 1,69 -0,295	2,38 5,57 -0,516	2,05 1,87 0,273	1,39 -0,21 0,117	0,75 -1,03 0,021	0,23 -1,15 -0,032	-0,19 -0,96 -0,062	-0,57 -0,70 -0,084
0,5	0,62 -1,84 0,145	0,002 -1,65 0,073	0,65 -1,29 -0,010	1,36 -0,35 -0,125	2,05 1,75 -0,290	2,39 5,71 -0,500	2,05 1,75 0,290	1,36 -0,35 0,125	0,65 -1,29 0,010	0,002 -1,65 -0,073	-0,62 -1,84 -0,145
0,6	-0,57 -0,70 0,084	-0,19 -0,96 0,062	0,23 -1,15 0,032	0,75 -1,03 -0,021	1,39 -0,21 -0,117	2,05 1,87 -0,273	2,38 5,57 -0,484	2,03 1,69 0,295	1,28 -0,76 0,105	0,46 -2,32 -0,052	-0,35 -3,58 -0,197
0,7	-0,40 -0,11 0,035	-0,22 -0,45 0,040	-0,01 -0,76 0,042	0,29 -0,95 0,030	0,75 -0,80 -0,011	1,36 0,05 -0,102	2,02 2,08 -0,259	2,36 5,73 -0,481	2,02 1,05 0,270	1,30 -2,49 0,032	0,50 -5,61 -0,196
0,8	-0,21 0,07 0,005	-0,18 -0,15 0,020	-0,12 -0,37 0,034	-0,01 -0,56 0,043	0,23 -0,63 0,036	0,65 -0,41 -0,001	1,28 0,38 -0,093	2,02 2,06 -0,257	2,55 4,87 -0,498	2,53 -1,32 0,221	2,27 -7,07 -0,066
0,9	-0,02 0,05 -0,006	-0,10 -0,02 0,006	-0,18 -0,10 0,019	-0,20 -0,17 0,031	-0,19 -0,22 0,038	0,00 -0,20 0,031	0,46 0,04 -0,005	1,30 0,38 -0,090	2,53 1,18 -0,240	3,93 2,38 -0,456	5,17 -6,16 0,296
1,0	0,15 0 0	-0,02 0 0	-0,21 0 0	-0,40 0 0	-0,57 0 0	-0,62 0 0	-0,35 0 0	0,50 0 0	2,27 0 0	5,17 0 0	9,01 0 0

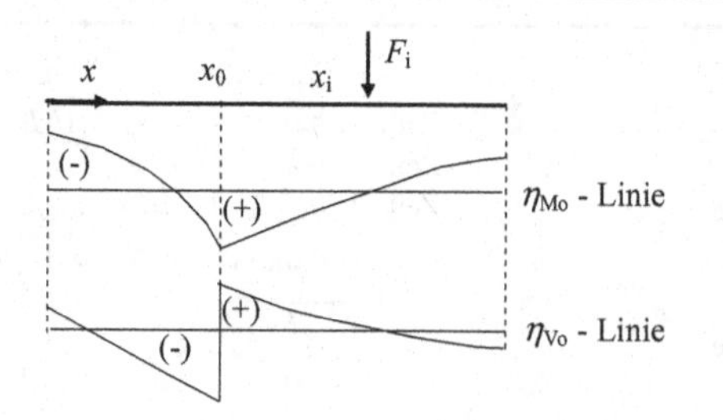

Zeile 1: η_σ $\quad \sigma_E = \eta_\sigma F_i/(b\, l_F)$

Zeile 2: η_{Mo} $\quad M_o = \eta_{Mo} F_i\, l_F/100$

Zeile 3: $\eta_{Vo,links}$ $\quad V_{o,rechts} = \eta_{Vo,links} F_i$

$\eta_{Vo,rechts} = 1 - |\eta_{Vo,links}|$

$$a = \sqrt[4]{\frac{c_S \cdot b}{4 \cdot EI}} \qquad \lambda = a\, l_F$$

Bild 14.7-6 Berechnungstafel für den elastisch gebetteten Balken: $\boldsymbol{\lambda = 4{,}5}$

14.7.5 Hinweise zur Ermittlung von Bettungszahlen

In einfachen Fällen kann die Bettungszahl nach einer der folgenden Formeln näherungsweise ermittelt werden. Eine genauere Bestimmung bleibt dem Grundbauspezialisten vorbehalten.

Die Formeln gehen zumeist vom Steifemodul des Bodens E_s aus. Dieser kann für einfach klassifizierbare Böden der einschlägigen Literatur (z.B. [14-6]) entnommen werden.

Ton: $E_s = 1.......60$ MN/m² Sand, Kies: $E_s = 10.......200$ MN/m²

– **Ansatz von de Beer** - rechteckiger Grundriss mit $a > b$

(14.7-10) $c_s = 1{,}33\, E_s / \sqrt[3]{a \cdot b^2}$

– **Ansatz von Dimitrov** - rechteckiger Grundriss mit $a > b$

(14.7-11) $c_s = \rho\, E_s/[(1-\nu^2)\, b]$

Sand, Kies: $\nu = 0{,}125...0{,}5$
Ton: $\nu = 0{,}2......0{,}4$
Formbeiwert ρ: Tabelle 14.7-1

a/b	1	1,5	2,0	3,0	5,0	10	20	50
ρ	1,05	0,87	0,78	0,66	0,54	0,45	0,39	0,30

Tabelle 14.7 -1 Formbeiwerte ρ nach Dimitrov

– Ansatz nach DIN 4019 - rechteckiger Grundriss mit $a > b$

(14.6-12) $c_s = E_s/[b\, f_{(s,o)}]$

Der Setzungsbeiwert $f_{(s,o)}$ ist abhängig von *a/b* und der bezogenen Dicke *z/b* der setzungsempfindlichen Schicht. Tabelle 14.7-2 gibt einige Werte aus DIN 4019 auszugsweise wieder.

z/b ⇓ *a/b* ⇒	1,0	2,0	5,0	10	20
0,6	0,37	0,42	0,45	0,46	0,46
1,0	0,49	0,57	0,64	0,67	0,67
2,0	0,64	0,78	0,93	1,00	1,03
10,0	0,81	1,09	1,45	1,68	1,85

Tabelle 14.7-2 Setzungsbeiwert $f_{(s,o)}$ nach DIN 4019

– **Anwendungsbeispiel**

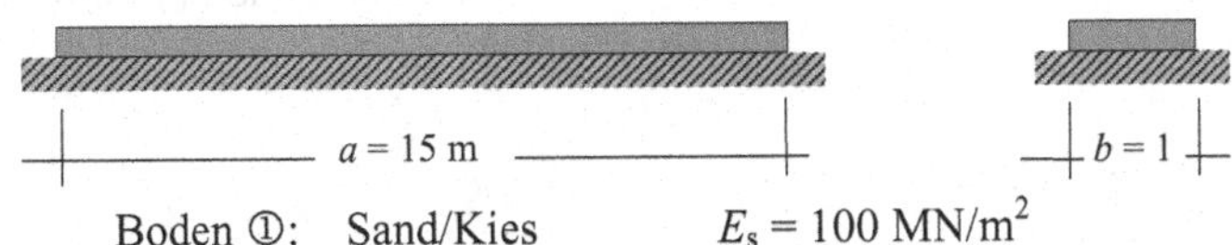

Es sei: Boden ①: Sand/Kies $E_s = 100$ MN/m²
Boden ②: Ton $E_s = 20$ MN/m²

Die Ergebnisse für die Bettungszahl durch Auswerten der verschiedenen Formeln sind in der folgenden Tabelle zusammengefasst. Dabei wurde in der Berechnung nach DIN 4019 für die setzungsempfindliche Schicht $z/b \geq 10$ gesetzt.

Boden ⇓ Verfahren ⇒	de Beer	Dimitrov	DIN 4019
①	54	56	57
②	11	9	11

Tabelle 14.7-3 Bettungszahl c_s in [MN/m³]

Die Übereinstimmung ist im vorliegenden Fall sehr gut. Aber auch stärkere Abweichungen wirken sich auf die Schnittgrößenverteilungen nicht allzu sehr aus, da die Bettungszahl c_s nur unter der vierten Wurzel in die Berechnung der charakteristischen Länge λ eingeht.

Bestehen hinsichtlich des Bodens bzw. der Bettungszahl größere Ungewissheiten, so sollten die Schnittgrößen für zwei Grenzwerte von c_s berechnet werden.

14.7.6 Beispiel: Balken auf elastischer Bettung mit zwei Einzellasten

1 System und Abmessungen

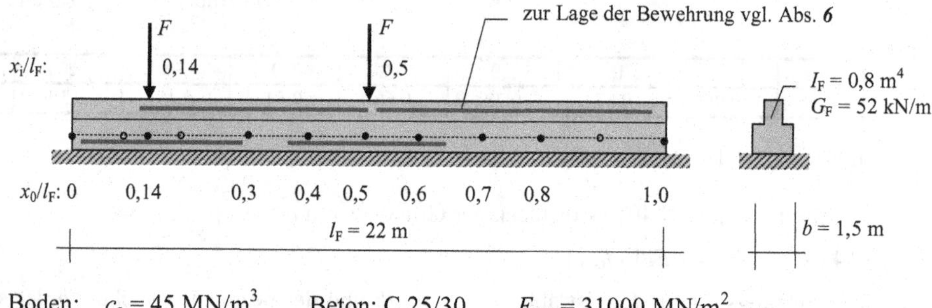

Boden: $c_s = 45$ MN/m³ Beton: C 25/30 $E_{cm} = 31000$ MN/m²

2 Lasten

Die Lasten im Designzustand betragen: $F_{d,i} = 1100$ kN je Lastpunkt x_i/l_F

In der Regel müssen mehrere Lastkombinationen untersucht werden.

3 Ermittlung der charakteristischen Länge

$$a = \sqrt[4]{\frac{c_s \cdot b}{4 \cdot EI}} = \sqrt[4]{\frac{45 \cdot 1{,}5}{4 \cdot 31000 \cdot 0{,}8}} \approx 0{,}162$$

$\lambda = a\, l_F = 0{,}162 \cdot 22 = 3{,}56 \approx \mathbf{3{,}5}$

Abrundung wegen der unsicheren Ausgangswerte für c_s und E_{cm} völlig ausreichend

4 Berechnung der Schnittgrößen und der Bodenpressung

Die mit schwarz ausgefüllten Kreisen gekennzeichneten Berechnungspunkte genügen, um ausreichend genaue Funktionsverläufe zeichnen zu können.

4.1 Ermittlung der Biegemomente

Die Momente werden nach folgender Vorschrift berechnet:

$M_{Ed}(x_o) = \sum \eta_{M,i}(x_0)\, F_{di}\, l_F$ mit $100\ \eta_{M,i}(x_o)$ aus Bild 14.7-5 für $\lambda = 3{,}5$

x_o/l_F	$F_d\, l_F/100$	$\sum \eta_{M,i}(x_0)$ $\eta(x_1=0{,}14)$	 $\eta(x_2=0{,}5)$	$M_{Ed}(x_o)$ [kNm]
x_o/l_F =0,14	1100·22/100 = 242	2,15+(5,13-2,15)·0,04/0,1	-0,03+(0,03+0,23)·0,04/0,1	**+826**
x_o/l_F =0,3	242	-3,83+(3,83+1,21)·0,04/0,1	+1,3	**-124**
x_o/l_F =0,4	242	-4,00+(4,00-0,89)·0,04/0,1	+3,66	**+219**
x_o/l_F =0,5	242	-3,34+(3,34-1,69)·0,04/0,1	+7,72	**+1220**
x_o/l_F =0,6	242	-2,37+(2,37-1,67)·0,04/0,1	+3,66	**+380**
x_o/l_F =0,7	242	-1,42+(1,42-1,23)·0,04/0,1	+1,3	**-11**
x_o/l_F =0,8	242	-0,66-(0,67-0,66)·0,04/0,1	+0,23	**-109**

– Die Werte $\eta(x_1=0{,}14)$ für x_0 =0,14 sind **über die Diagonale** interpoliert (Markierung)

4.2 Ermittlung der Querkräfte

Die Querkräfte werden nach folgender Vorschrift berechnet:

$V_{Ed}(x_o) = \sum \eta_{V,i}(x_0)\, F_{di}$ mit $\eta_{V,i}(x_o)$ aus Bild 14.7-5 für $\lambda = 3{,}5$

x_o/l_F	$F_{d1} = F_{d2}$	$\sum \eta_{V,i}(x_0)$ $\eta(x_1=0{,}14)$	 $\eta(x_2=0{,}5)$	$V_{Ed}(x_o)$ [kN]
$x_{o,links}/l_F = 0{,}14$	1100	(1-0,586)+[-(1-0,586)+(1-0,499)]0,04/0,1	+≈(0,058+0,003)/2	**+527**
$x_{o,rechts}/l_F = 0{,}14$	1100	-0,586+(0,586-0,499)·0,04/0,1	+≈(0,058+0,003)/2	**-573**
$x_o/l_F = 0{,}3$	1100	-0,08-(0,292-0,08)·0,04/0,1	+0,164	**-1**
$x_o/l_F = 0{,}4$	1100	+0,035-(0,035+0,136)·0,04/0,1	+0,316	**+172**
$x_{o,links}/l_F = 0{,}5$	1100	+0,088-(0,088+0,032)·0,04/0,1	+0,5	**+594**
$x_{o,rechts}/l_F = 0{,}5$	1100	+0,088-(0,088+0,032)·0,04/0,1	-0,5	**-506**
$x_o/l_F = 0{,}6$	1100	+0,1-(0,1-0,028)·0,04/0,1	-0,316	**-269**
$x_o/l_F = 0{,}7$	1100	+0,088-(0,088-0,054)·0,04/0,1	-0,164	**-99**
$x_o/l_F = 0{,}8$	1100	-0,064-(0,064-0,055)·0,04/0,1	-0,058	**+3**

– Die Werte $\eta(x_1=0{,}14)$ für x_o =0,14 sind **über die Diagonale** interpoliert (Markierung).

– Die Werte $V_{Ed,links}$ bzw. $V_{Ed,rechts}$ sind mit $\eta_{rechts}(x_1=0{,}14)$ bzw. $\eta_{links}(x_1=0{,}14)$ berechnet.

– An jeder Stelle x_i muss sein: $|V_{Ed,links}| + |V_{Ed,rechts}| = F$.

4.3 Ermittlung der Bodenpressung

Der Nachweis der Bodenbeanspruchung ist nach DIN EN 1997-1 und NA DIN 1054 zu führen (s. Abschnitt 14.6.2). Er wird hier nicht erläutert. Zur Kontrolle auf Bereiche klaffender Fugen (d.h. zur Überprüfung der Modellannahmen) muss die Pressung am vorliegenden System für die Designlasten im Grenzzustand der Tragfähigkeit überprüft werden. Es wird deshalb von den gleichen Lasten ausgegangen wie bei der Ermittlung der Schnittgrößen.

Für die Ermittlung der Schnittgrößen werden nur die Auflasten angesetzt. Das Fundamenteigengewicht ist dabei nicht wirksam. Treten allerdings Bereiche negativer Bodenpressungen (d.h. Zugspannungen in der Bodenfuge) auf, ist zu prüfen, ob diese durch die Wirkung der Fundamenteigenlast überdrückt werden. Sie muss wegen günstiger Wirkung mit dem unteren Rechenwert und $\gamma_G = 1{,}0$ angesetzt werden.

Treten auch nach dieser Überlagerung noch negative Pressungen auf, so entsteht eine klaffende Fuge. Deren Länge muss vorgeschätzt werden. Sodann wird mit einem entsprechend geänderten Balken neu gerechnet. Stimmen vorgeschätztes System und Ergebnis nicht ausreichend überein, so muss die endgültige klaffende Fuge durch weitere Iterationen bestimmt werden (vgl. Abschnitt 14.3.4; [14-4]).

Die Bodenpressung aus den Einzellasten wird nach folgender Vorschrift berechnet:

$\sigma_{Ed}(x_o) = \sum \eta_{\sigma,i}(x_0)\, F_{di} / b\, l_F$ mit $\eta_{\sigma,i}(x_o)$ aus Bild 14.7-5 für $\lambda = 3{,}5$

x_o/l_F	$F_{di}/b\, l_F$	$\sum \eta_{\sigma,i}(x_0)$		$\sigma_{Ed}(x_o)$
		$\eta(x_1=0{,}14)$	**$\eta(x_2=0{,}5)$**	[kN/m²]
$x_o/l_F = 0{,}0$	1100/(1,5·22)=33	+4,64-(4,64-2,66)0,04/0,1	-0,23	**+119**
$x_o/l_F = 0{,}2$	33	+2,52+(2,28-2,52)0,04/0,1	+0,81	**+107**
$x_o/l_F = 0{,}5$	33	+0,29+(0,81-0,29)0,04/0,1	+1,91	**+80**
$x_o/l_F = 0{,}7$	33	-0,19+(0,19+0,12)0,04/0,1	+1,31	**+41**
$x_o/l_F = 1{,}0$	33	-0,35+(0,35-0,44)0,04/0,1	-0,23	**-20**

Am Balkenende entsteht ein Bereich negativer Bodenpressungen (Zugspannungen), der jedoch durch das Fundamentgewicht voll überdrückt wird:

$$\sigma_{Ed}(x_o/l_F = 1{,}0) + \sigma_{Ed,GFd} = -20 + (52/1{,}5)\cdot 0{,}9 = -20 + 31 = +\,11\ \text{kN/m}^2 > 0 \quad \text{(Druck)} \ \checkmark$$

Die Annahme einer elastischen Bettung über die ganze Länge l_F war richtig.

5 Proben

Die Ermittlung der Ergebnisse ist bei Handrechnungen fehleranfällig. In jedem Falle sollten einige Proben durchgeführt werden, um zumindest die Größenordnung der Ergebnisse abzuschätzen. Dabei ist zu beachten, dass auch für diese Ergebnisse die bekannten Differential- bzw. Integralbeziehungen zwischen Lastverteilung, Querkraftverlauf und Biegemomentenverlauf gelten. Folgende Proben sollten durchgeführt werden (siehe auch Abschnitt ***6***):

- *Beurteilung der Funktionsverläufe nach Augenschein unter Beachtung der Differential- und Integralbeziehungen.*
- *Probe der Bodenpressungen über Gleichgewichtsbedingungen. Global muss sein:*

$$\int_{x=0}^{x=l_F} \sigma_{Ed}(x) \cdot b \cdot dx = \Sigma F_{di}$$

- *Probe der Querkräfte durch Integration der Belastung:*

$$\text{z.B. } V_{Ed1,links} = \int_{x=0}^{x=x_{0,1,links}} \sigma_{Ed}(x) \cdot b \cdot dx$$

- *Probe der Momente durch Integration der Querkraft:*

$$\text{z.B. } M_{Ed1} = \int_{x=0}^{x=x_{0,1}} V_{Ed}(x) \cdot dx$$

5.1 Bodenpressung aus Auflasten

$$\int \sigma_{Ed}(x)\, b\, dx = b\, l_F\{\Sigma[(\sigma_{Ed,i} + \sigma_{Ed,i+1})/2]\, \Delta x_{0,i\text{-}i+1}/l_F\} = \Sigma F_{di}$$

$$\approx 1{,}5 \cdot 22{,}0[(119+107) \cdot 0{,}2/2 + (107+80) \cdot 0{,}3/2 + (80+41) \cdot 0{,}2/2 + (41-20)\, 0{,}3/2]$$

$$= 2175 \text{ kN} \approx 2200 \text{ kN}$$ Abweichung unbedenklich ✓

5.2 Querkraft (beispielhaft für den Punkt $x_0/l_F = 0{,}14$)

$$V_{Ed1,links} = \int_{x=0}^{x=x_{0,1,links}} \sigma_{Ed}(x) \cdot b \cdot dx \approx 1{,}5 \cdot 22{,}0\, (119 + 110)\, 0{,}14/2 = 529 \text{ kN} \approx 527 \text{ kN}$$ ✓

5.3 Biegemoment (beispielhaft für den Punkt $x_0/l_F = 0{,}14$)

$$M_{Ed1} = \int_{x=0}^{x=x_{0,1}} V_{Ed}(x) \cdot dx \approx 527 \cdot 22{,}0 \cdot 0{,}14/2 = 803 \approx 826 \text{ kN}$$ Abweichung unbedenklich ✓

6 Grafische Darstellung der Ergebnisse

Es ist unbedingt erforderlich, die Ergebnisse grafisch darzustellen. Nur dann kann sinnvoll eine kritische Beurteilung erfolgen. Die Funktionsverläufe sind auf der folgenden Seite gezeichnet.

Die Bemessung erfolgt wie für einen „normalen" Stahlbetonbalken (z. B. mit Ausrundung der Momentenspitzen unter der Wand bzw. Stütze. Die Lage der statisch erforderlichen Biegezugbewehrung ist qualitativ angegeben. Auf richtige Anordnung der oberen und unteren Bewehrung ist unbedingt zu achten. Die genauen Längen ergeben sich aus der Zugkraftdeckung, die hier natürlich wie bei jedem Stahlbetonbalken durchgeführt werden muss.

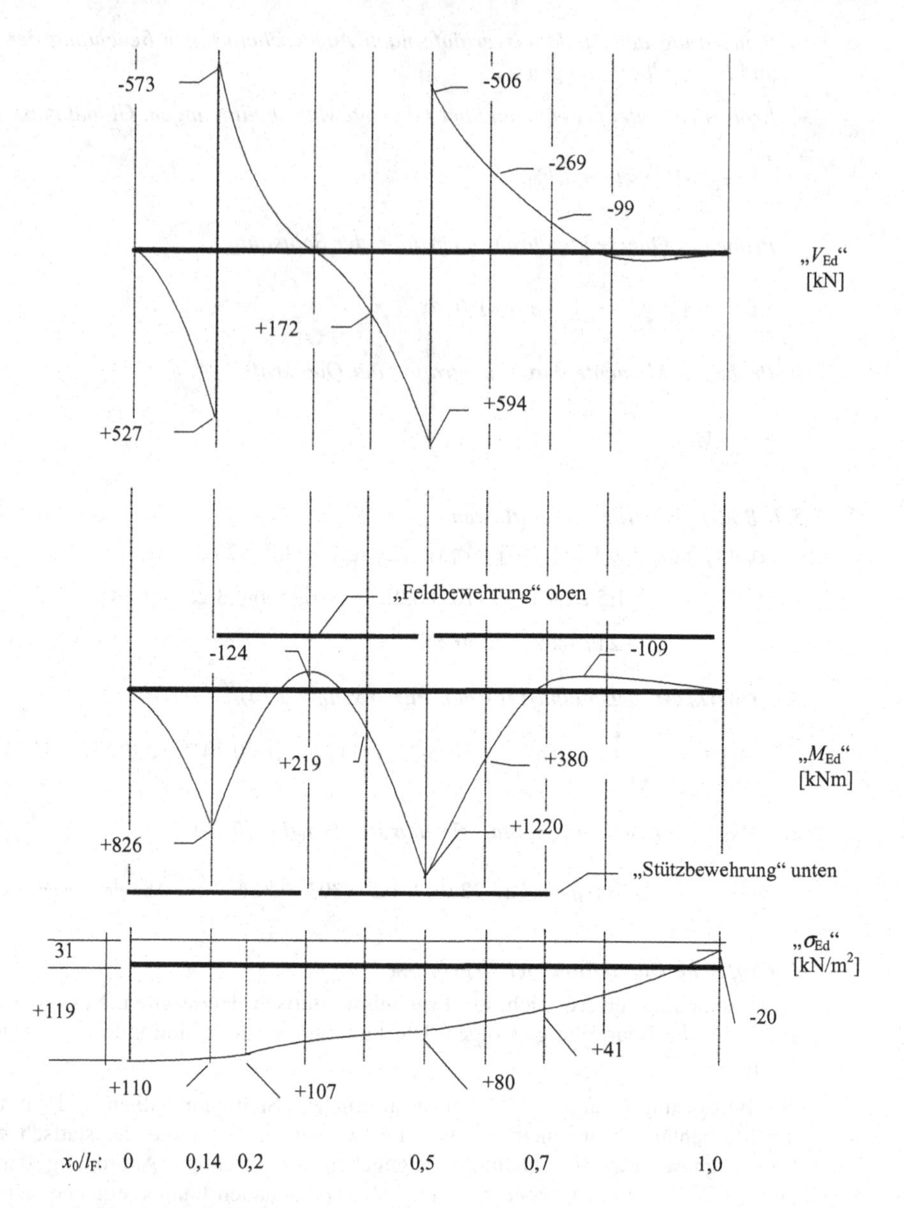

Funktionsverläufe der Ergebnisse (Bewehrung nur symbolisch dargestellt)

14.7.7 Balken auf elastischer Bettung mit vier Einzellasten

An diesem Beispiel soll der Einfluss verschiedener Einzellasten auf die Momentenverläufe gezeigt werden. Man erkennt daran die Empfindlichkeit der Schnittgrößen gegenüber Änderungen einzelner Lasten.

1 System und Abmessungen

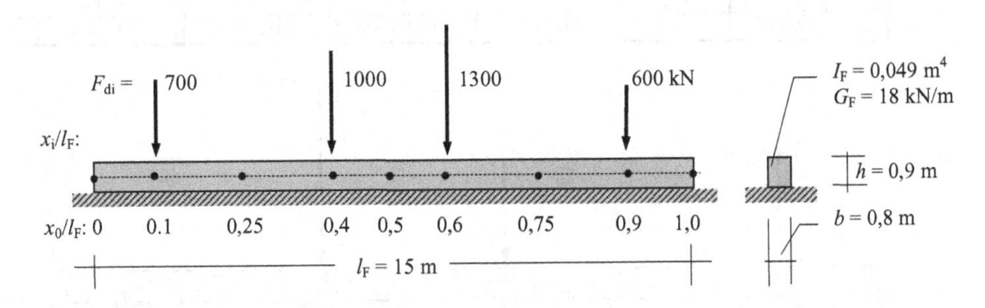

Boden: $c_s = 65$ MN/m^3 Beton: C25/30 $E_{cm} = 31000$ MN/m^2

2 Lasten

Die angegebenen Lasten sind Lasten des Designzustandes (Grenzzustand der Tragfähigkeit). Gegebenenfalls müssen verschiedene Lastkombinationen untersucht werden.

3 Ermittlung der charakteristischen Länge

$$a = \sqrt[4]{\frac{c_s \cdot b}{4 \cdot EI}} = \sqrt[4]{\frac{65 \cdot 0{,}8}{4 \cdot 31000 \cdot 0{,}049}} \approx 0{,}305$$

$$\lambda = a\, l_F = 0{,}305 \cdot 15 = 4{,}58 \approx \mathbf{4{,}5}$$

4 Berechnung der Biegemomente

Die eingezeichneten Punkte genügen, um ausreichend genaue Funktionsverläufe zeichnen zu können.

Die Momente werden nach folgender Vorschrift berechnet:

$M_{Ed}(x_o) = \sum \eta_{M,i}(x_0)\, F_{di}\, l_F$ mit $100\ \eta_{M,i}(x_0)$ aus Bild 14.7-6 für $\lambda = 4{,}5$

Man beachte in der Tabelle die um die Mittelachse gespiegelte Symmetrie der η-Werte für die Spalten 0,1 und 0,9 sowie 0,4 und 0,6 (Kontrollmöglichkeit).

x_o/l_F	$l_F/100$	$\sum F_{di}\ \eta_{M,i}(x_o)$				$M_{Ed}(x_o)$ [kNm]
		$\eta_{0,1}$	$\eta_{0,4}$	$\eta_{0,6}$	$\eta_{0,9}$	
x_o/l_F =0,10	0,15	+2,38·700	-0,04·1000	-0,22·1300	-0,02·600	**+202**
x_o/l_F =0,25	0,15	-1,91·700	+1,23·1000	-0,72·1300	-0,30·600	**-184**
x_o/l_F =0,40	0,15	-2,32·700	+5,57·1000	-0,21·1300	-0,96·600	**+465**
x_o/l_F =0,50	0,15	-1,65·700	+1,75·1000	+1,75·1300	-1,65·600	**+283**
x_o/l_F =0,60	0,15	-0 96·700	-0,21·1000	+5,57·1300	-2,32·600	**+746**
x_o/l_F =0,75	0,15	-0,30·700	-0,72·1000	+1,23·1300	-1,91·600	**-72**
x_o/l_F =0,90	0,15	-0,02·700	-0,22·1000	-0,04·1300	+2,38·600	**+172**

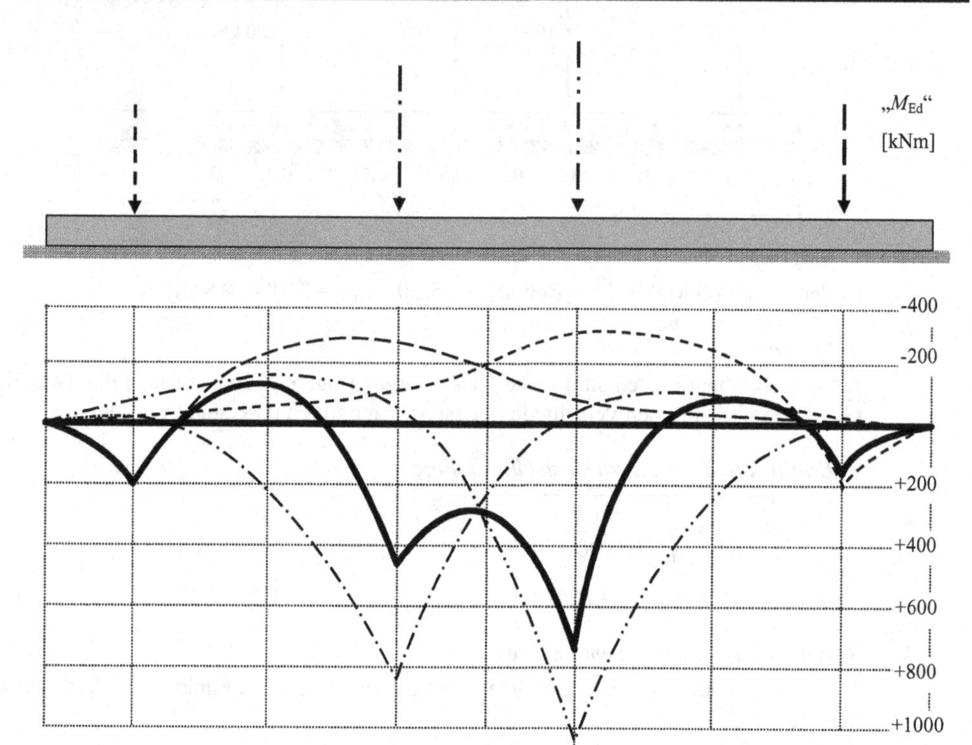

Die grafische Darstellung zeigt neben dem resultierenden Momentenverlauf (fett gezeichnet) auch die Verläufe der einzelnen Lastanteile. Es ist leicht zu sehen, dass Änderungen einzelner Lasten den Momentenverlauf erheblich verändern können. Deshalb sollte die Bewehrung von Fundamentbalken und Fundamentplatten nicht zu „scharf“ nach dem Momentenverlauf gestaffelt werden.

Diese Berechnungen müssen erforderlichenfalls für verschiedene Lastkombinationen der Lasten durchgeführt werden, woraus sich einhüllende Schnittgrößenverläufe ergeben.

Einachsig auf Biegung beanspruchte Bodenplatten mit Linienlasten aus Wänden werden vorteilhaft als Plattenstreifen mit 1 m Breite berechnet. Die üblichen Momente in Querrichtung aus Behinderung der Querdehnung (20% der Streifenmomente) müssen selbstverständlich durch Bewehrung abgedeckt werden.

15 Rahmen

15.1 Allgemeines

Als Rahmen werden geknickte, statisch bestimmte und unbestimmte Stabwerke bezeichnet. Sie werden im Hallenbau, im Hochbau (Stockwerkrahmen), im Industriebau und gelegentlich auch im Brückenbau eingesetzt.

In Rahmen sind Druckglieder (Stützen) und Biegebalken (Riegel) in einem Bauteil zusammengefasst. Die Bemessung dieser Bauteile erfolgt nach den Abschnitten 1 bis 10 sowie nach den Verfahren für Druckglieder gemäß Abschnitt 13. Als Besonderheit tritt jedoch die konstruktive und rechnerische Behandlung von Rahmenecken hinzu. Die Bemessung dieser Bereiche basiert auf Versuchen, deren Ergebnisse u. a. in Heften des DAfStb [15-1], [15-2] [15-3] und [15-4] niedergelegt sind.

Rahmenecken vergleichbar, jedoch wegen der seitlichen Querdehnungsbehinderung günstiger, sind die Eckanschlüsse von Platten und Wänden (z. B. im Tunnelbau, bei Silos).

Der Anhang J des EC2 zu Rahmenecken soll in Deutschland nicht verwendet werden. Es wird im Nationalen Anhang vielmehr auf DAfStb Heft 600 [1-6] verwiesen, dass auf die oben genannten Hefte des DAfStb Bezug nimmt.

15.2 Bewehrungsführung allgemein

Um die Konstruktionen von Rahmenecken verstehen zu können, sollen zunächst einige grundsätzliche Anmerkungen zur Bewehrungsführung (hauptsächlich in Form von Skizzen) erfolgen. Ein wesentlicher Grundsatz ist:

Alle (primären) Zugspannungen müssen durch Bewehrung aufgenommen werden.

Daraus folgt für die Bewehrung:

- Es ist (abgesehen von reinen Druckbereichen) grundsätzlich davon auszugehen, dass in der Bewehrung eine Zugkraft wirkt.
- Diese Zugkraft muss bis zu einer geeigneten Verankerungsstelle geführt und dort ausreichend verankert werden.
- An Umlenkungen der Bewehrung entstehen Umlenkkräfte in der Ebene der Umlenkung (Druck- und Zugkräfte) und senkrecht zu dieser Ebene Querzugkräfte (Spaltzug).

Die Bewehrung von Rahmen kann nicht an einzelnen Schnitten entworfen werden, sondern nur am Gesamtsystem. Wichtiger als die hundertprozentige Abdeckung von erf A_s in jedem Schnitt ist ein dem Kräfteverlauf angepasster Verlauf der Bewehrung im Tragwerk. Dies soll an einigen Skizzen veranschaulicht werden (Bild 15.2-1 bis 15.2-7). Bügel und ergänzende konstruktive Bewehrung sind dabei nicht dargestellt.

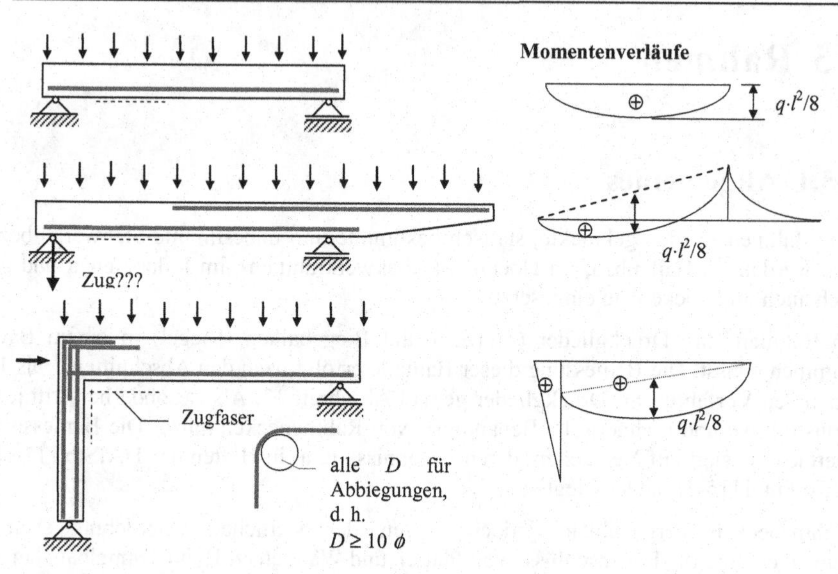

Bild 15.2-1 Vom Balken zum Rahmen (mit positivem Eckmoment)

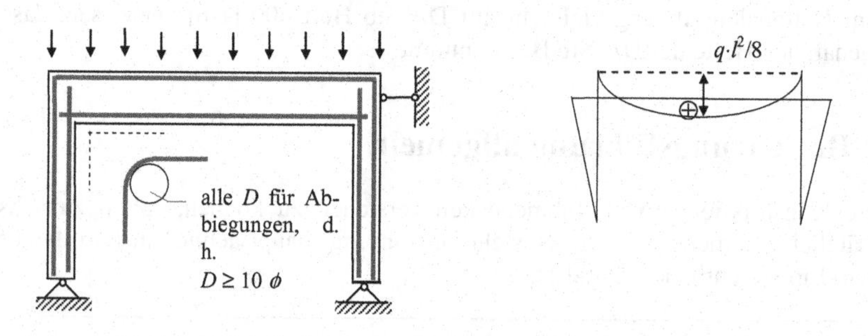

Bild 15.2-2 Horizontal unverschieblicher Rahmen (mit negativem Eckmoment)

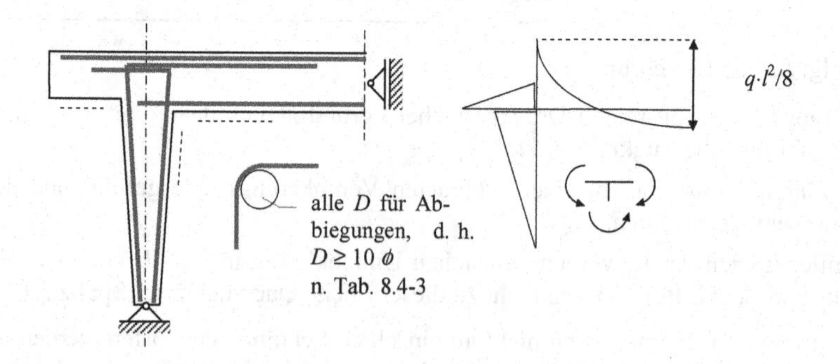

Hinweis: Die Last „q" steht hier allgemein für Linienlast, nicht speziell für nicht ständige Nutzlast.

Bild 15.2-3 Rahmenknoten

Zum Kragarm scheinen einige Anmerkungen notwendig:

Den in der Statikausbildung so beliebten einseitig eingespannten Balken (Kragarm) **gibt es** praktisch **nicht**. Ein realer Balken ist immer in ein Bauwerk eingebunden. Er endet nicht an der Einspannung; hier fangen die „Probleme“ erst an. Es muss konstruktiv sichergestellt werden, dass das „Einspannmoment“ in die angrenzende Baustruktur eingeleitet, von ihr aufgenommen und weitergeleitet werden kann. Dies gilt unabhängig vom Baustoff.

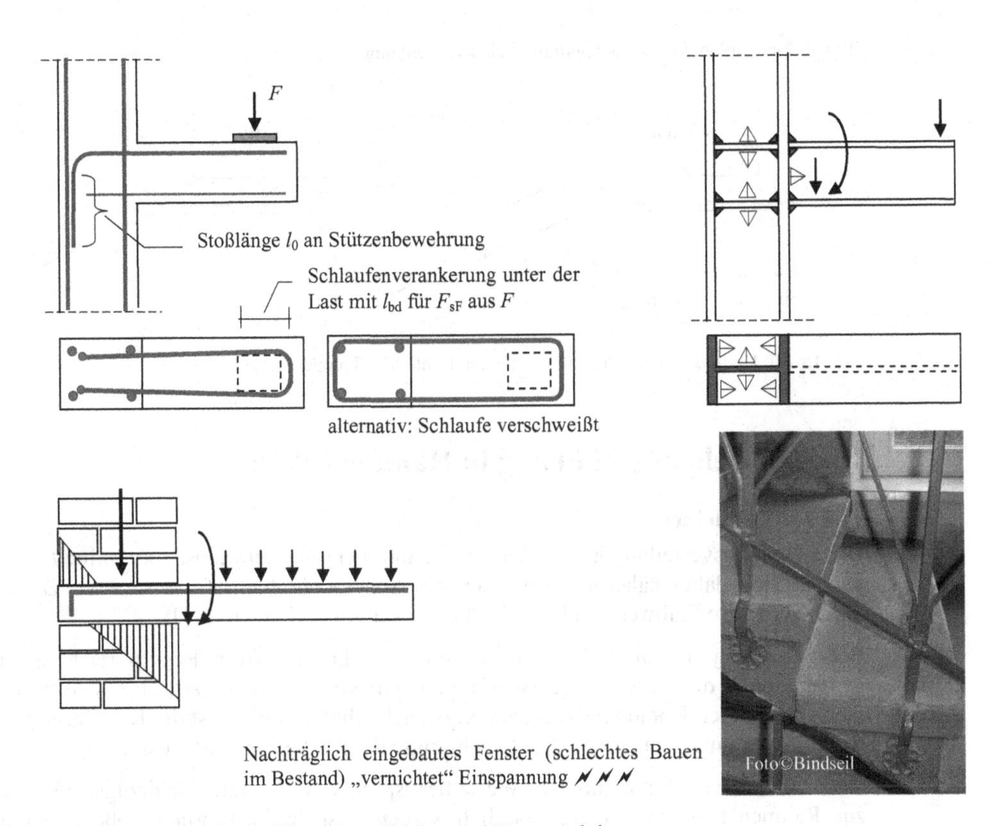

Bild 15.2-4 Kragarme im Stahlbetonbau, Stahlbau und Mauerwerksbau

Die Umlenkkräfte an Knick- und Biegestellen der Bewehrung sind für einige wichtige Fälle auf den folgenden Skizzen dargestellt.

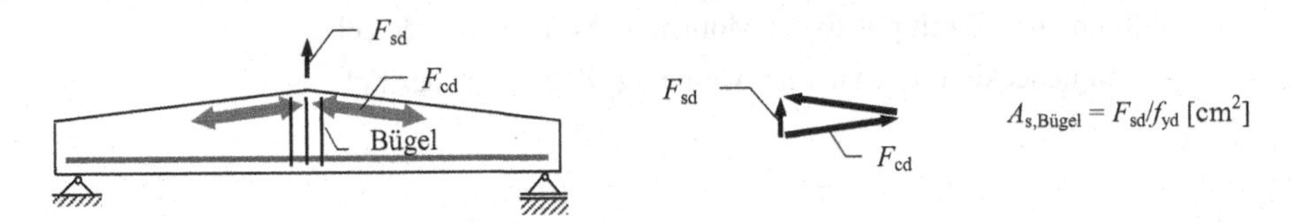

Bild 15.2-5 Umlenkkräfte aus Knick der Druckstreben

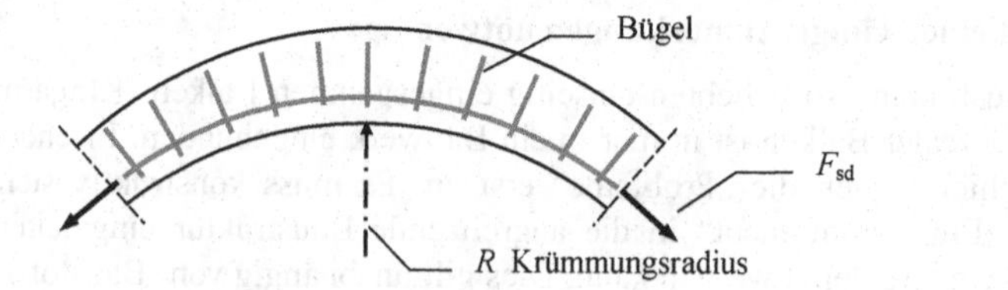

Bild 15.2-6 Umlenkkräfte aus kontinuierlicher Umlenkung

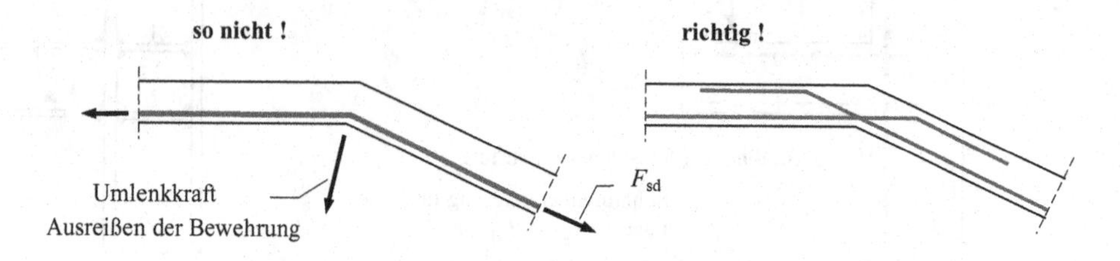

Bild 15.2-7 Umlenkung bei dünnen, geknickten Bauteilen (Treppenlauf)

15.3 Bewehrungsführung in Rahmenecken

15.3.1 Allgemeines

Die Spannungsverteilung in Rahmenecken kann nicht mit der Stabstatik ermittelt werden. Es handelt sich dabei näherungsweise um ein Scheibenproblem (Bild 15.3-1). Dieses kann durch geeignete Stabwerkmodelle abgebildet werden (vgl. auch [6-1]).

Bei Beachtung der im Folgenden geschilderten konstruktiven Regeln reicht es im Allgemeinen aus, die Anschlussquerschnitte zu bemessen. In komplizierten Fällen (z. B. mehrfach verzweigten Knoten in horizontal verschieblichen Rahmen) ist der Kraftfluss im Knoten sorgfältig zu untersuchen und die Bewehrungsführung diesem Kraftfluss anzupassen.

Rahmenknoten sind in komplexer Weise beansprucht. Meist treten Spaltzugspannungen quer zur Rahmenebene auf. Wenn möglich sollten deshalb Bewehrungsstöße außerhalb der Rahmenknoten angeordnet werden. Ist dies nicht möglich, müssen die Stoßbereiche ausreichend verbügelt werden.

Im Folgenden wird der Standardfall der rechtwinkligen Rahmenecke untersucht. Man unterscheidet:

- Rahmenecke mit positivem Moment („Aufbiegen" der Ecke)
- Rahmenecke mit negativem Moment („Zubiegen" der Ecke)

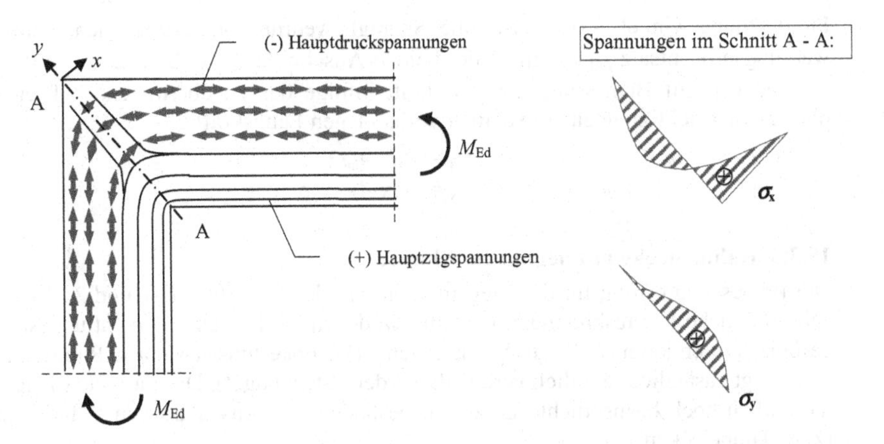

Bild 15.3-1 Spannungstrajektorien in Rahmenecke mit positivem Moment - Scheibenlösung, Zustand I

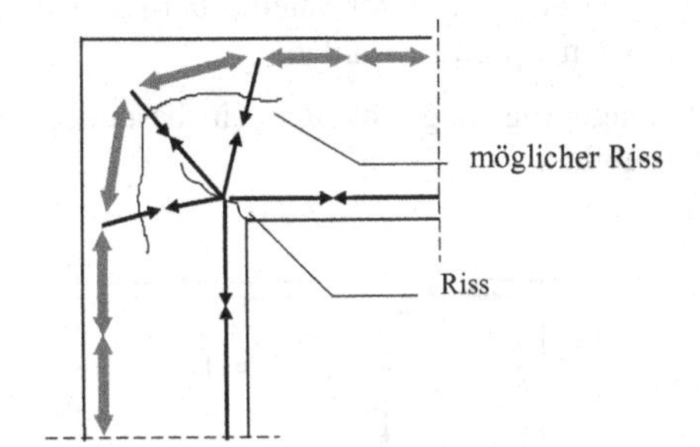

Bild 15.3-2 Rahmenecke mit positivem Moment - Mögliches Stabwerkmodell

15.3.2 Rahmenecke mit positivem Moment

Die Bemessung erfolgt für die Biegemomente in den Schnitten 1`-1`und 2`-2`. Außerdem ist die Sicherung des Außenbereiches gegen Abtriebskräfte infolge Umlenkung der außen wirkenden Druckstreben zu beachten (vgl. auch Bild 15.3.2). Hinweise zur Bewehrungsführung können den genannten Heften des DAfStb sowie [15-5] und [15-6] entnommen werden. Für Rahmen mit $h \leq 1$ m gilt Bild 15.3-3. Ein Beispiel wird in Abschnitt 15.4 behandelt.

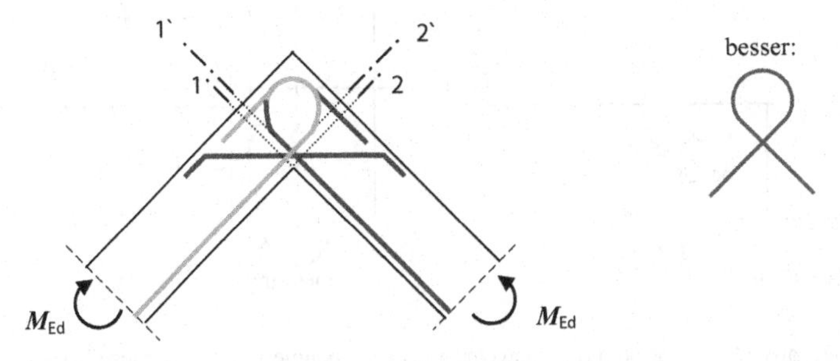

Bild 15.3-3 Positive Rahmenecke: Bemessungsschnitte und Bewehrungsführung

Für Öffnungswinkel ≤ 135° ist eine Schrägbewehrung A_{ss} anzuordnen, sofern der Bewehrungsprozentsatz ρ_0 an einem der beiden Anschnitte 1`- 1` bzw. 2`- 2` ≥ 0,4 % beträgt (ρ_0 bezogen auf Bemessung am Anschnitt infolge des zu übertragenden Biegemomentes ohne Berücksichtigung einer eventuell vorhandenen Längskraft):

$\rho_0 \leq 1\,\%$ $\quad A_{ss} = \max A_{si}/2$

$\rho_0 > 1\%$ $\quad A_{ss} = \max A_{si}$

15.3.3 Rahmenecke mit negativem Moment

Die Bemessung erfolgt für die Biegemomente in den Schnitten 1`-1`und 2`-2`. Bild 15.3.-4 zeigt mögliche Eckausbildungen für Fälle, in denen die Bewehrung nicht ungestoßen durchgeführt werden kann (z. B. an Arbeitsfugen). Die Ecke muss (wie alle Rahmenrandknoten) unbedingt zusätzlich räumlich verbügelt werden (Steckbügel). Die Variante b) eignet sich für nicht allzu hoch beanspruchte Ecken, insbesondere am Anschluss von Wänden mit Platten (z. B. Tunnelecken).

Bei der Ermittlung der Stoßlängen von Übergreifungsstößen darf bei teilweise gutem Verbundbereich (z. B. im vertikalen Bereich von Stößen) dieser anteilig berücksichtigt werden. Die Biegerollendurchmesser sind so groß wie möglich zu wählen.

Rahmenecken von Systemen ohne Umlagerungsmöglichkeiten (insbesondere Kragarmanschlüsse) sind besonders sorgfältig auszubilden.

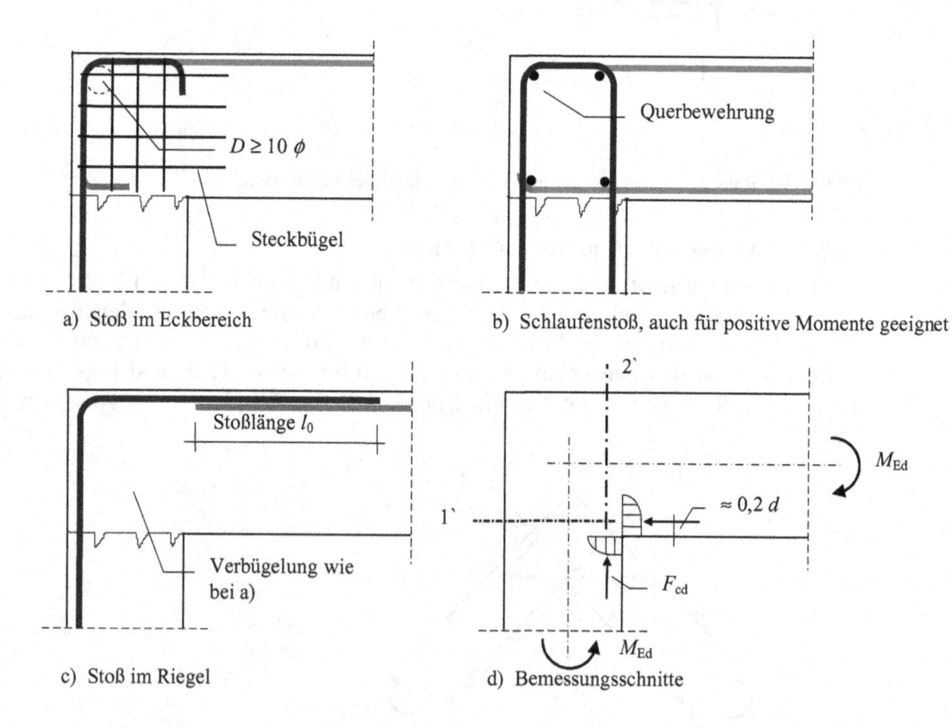

Bild 15.3-4 Negative Rahmenecken (nur Bewehrung zur Aufnahme von M_{Ed} dargestellt)

15.4 Beispiel: Rahmenecke mit positivem Moment

System, Abmessungen und Lasten sind [15-2] entnommen. Die darin enthaltenen Beispiele sind Nachrechnungen von Versuchen zum Tragverhalten von Rahmenecken. Die folgende Bemessung entspricht natürlich dem EC2.

1 System, Abmessungen, Lasten, Schnittgrößen

$F_{V,Ed} = 61$ kN $\quad F_{H,Ed} = 35$ kN $\quad M_{Ed} = 17{,}5$ kNm

C30/37: $f_{cd} = 17$ N/mm^2 $\quad$ B500: $f_{yd} = 435$ N/mm^2

2 Bemessungsschnittgrößen am Anschnitt

$M_I = 17{,}5 + 35\,(2{,}0 - 0{,}185) = 81{,}0$ kNm

$M_{II} = 87{,}5 \cdot (1{,}5 - 0{,}11)/1{,}5 = 81{,}0$ kNm

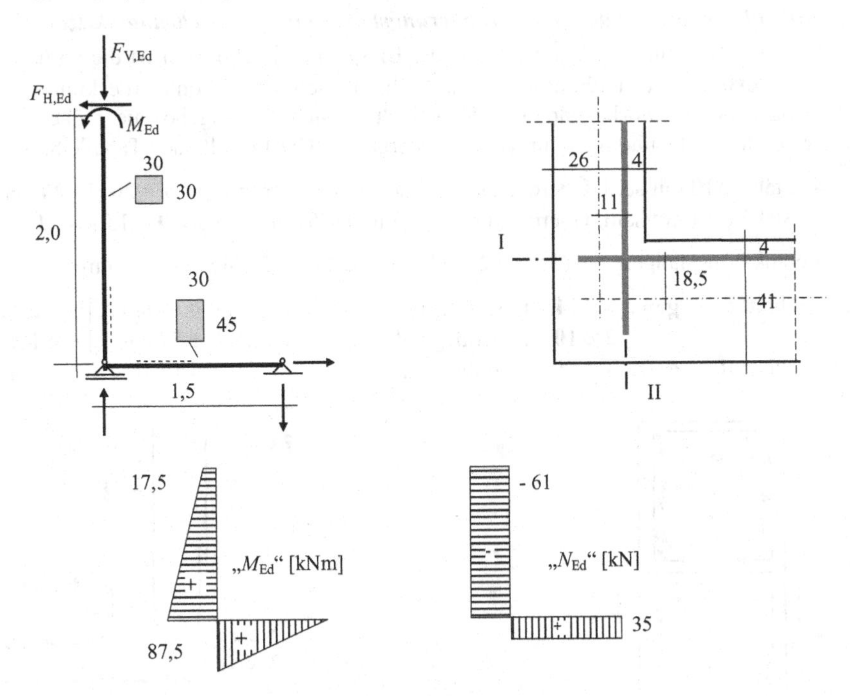

3 Bemessung der Anschnitte für Biegung mit Längskraft

- Schnitt I: $M_{Eds} = 81{,}0 + 61 \cdot 0{,}11 = 87{,}7$ kNm

$$\mu_{Eds,I} = \frac{0{,}0877}{0{,}3 \cdot 0{,}26^2 \cdot 17} = 0{,}255 < 0{,}37 \qquad \textit{(mit Bild 4.5-8)} \quad \Rightarrow \omega = 0{,}302$$

$$A_{sI} = \frac{10^4}{438}\left(0{,}302 \cdot 0{,}3 \cdot 0{,}26 \cdot 17 - 0{,}061\right) = \mathbf{7{,}8\ cm^2}$$

- *Schnitt II*: $M_{\text{Eds}} = 81{,}0 - 35 \cdot 0{,}185 = 74{,}5$ kNm

$$\mu_{\text{Eds,I}} = \frac{0{,}0745}{0{,}3 \cdot 0{,}41^2 \cdot 17} = 0{,}087 \qquad \textit{(mit Bild 4.5-8)} \quad \Rightarrow \omega = 0{,}092$$

$$\boldsymbol{A}_{\mathbf{sII}} = \frac{10^4}{456{,}5}(0{,}092 \cdot 0{,}3 \cdot 0{,}41 \cdot 17 + 0{,}035) = \mathbf{5{,}0\ cm^2}$$

4 Schrägbewehrung

Maßgebend ist M_{I} (gleicher Wert wie M_{II} aber kleineres d). Der Bewehrungsprozentsatz **wird nur aus *M*** (ohne *N*) ermittelt. Mit geschätztem $\zeta \approx 0{,}85$ (Bild 4.5-8) wird:

$$A_{\text{sI,M}} = M/(\zeta\, d\, f_{\text{yd}}) < 8100/(0{,}85 \cdot 26 \cdot 43{,}5) = 8{,}4 \text{ cm}^2$$

$$\rho_{\text{s}} = A_{\text{sI,M}}/(b \cdot d) = 8{,}4 \cdot 10^2/(30 \cdot 26) = 1{,}1\ \% > 1\ \% \quad \Rightarrow \quad A_{\text{s,s}} = A_{\text{s,M}} = \mathbf{8{,}4\ cm^2}$$

5 Wahl der Bewehrung und Verankerungslängen (s. a. Bewehrungsskizze)

Für die Festlegung der Mindestwerte der Biegerollendurchmesser ist die vorhandene Betonüberdeckung ⊥ zur Krümmungsebene (d. h., die seitliche Betonüberdeckung der Schlaufen) maßgebend. Im vorliegenden Falle handelt es sich um abgebogene Stäbe, also um „gekrümmte" Stäbe und nicht um Endverankerungen. Hierfür gilt nach Tabelle 8.4-3:

- Stäbe ϕ 10 mit seitl. Überdeckung $\leq 3\ \phi = 3$cm < 5 cm $\Rightarrow$ erf $\boldsymbol{D} = 20\ \phi =$ **20 cm**
- Stäbe ϕ 14 mit seitl. Überdeckung $> 3\ \phi$ und > 5 cm $\Rightarrow$ erf $\boldsymbol{D} = 15\ \phi =$ **21 cm**

Verankerungslängen: $d_{\text{I}}/2 = 30/2 = 15$ cm und $d_{\text{II}}/2 = 45/2 = 22{,}5$ cm

- Schnitt I:	**gew. 4 ϕ14**	innenliegend	$A_{\text{s}} = 6{,}16$ cm²	$\Sigma A_{\text{s}} = 7{,}7$ cm²
	2 ϕ10	außenliegend	$A_{\text{s}} = 1{,}57$ cm²	$\approx$ erf $A_{\text{s}} = 7{,}8$ cm²
- Schnitt II:	**gew. 4 ϕ14**	innenliegend	$A_{\text{s}} = 6{,}16$ cm²	$>$ erf $A_{\text{s}} = 5{,}0$ cm²

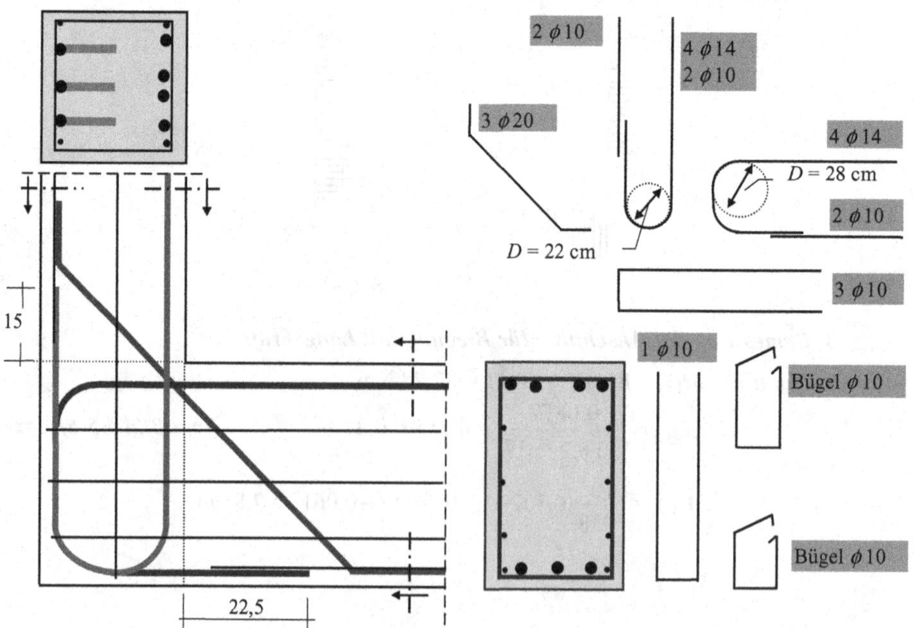

16 Konsolen

16.1 Allgemeines

Konsolen dienen seit alters her zur Auflagerung von Balken an Stützen und Wänden. Das Tragverhalten von Konsolen aus Stahlbeton ist ausführlich untersucht worden. Die aus Versuchen abgeleiteten Berechnungsmodelle und Bemessungsvorschläge führten jedoch zu teilweise widersprüchlichen Ergebnissen, die auch heute noch nicht vollständig ausgeräumt sind. Konsolen werden heutzutage vor allem beim Bauen mit Stahlbetonfertigteilen eingesetzt (hierzu und zu Konsolen allgemein siehe z. B. [6-5]).

Das Tragverhalten wird von der Rissbildung am Übergang von der Konsole zur Stütze, von der Bewehrungsführung und der Möglichkeit der Kraftweiterleitung, also vom statischen System der Stütze, in die die Konsole einbindet, beeinflusst (siehe Bild 16.1-1).

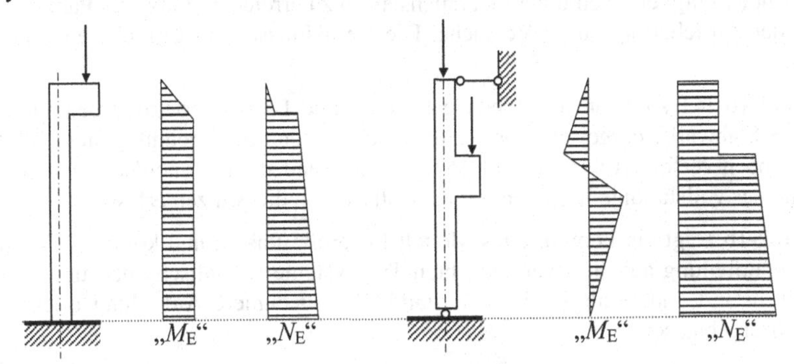

Bild 16.1-1 Weiterleitung der Konsollast in den Stützen (Beispiele)

Wegen der meist geringen Abmessungen, konzentrierter Bewehrung und der häufig vorhandenen Einbauteile zur Befestigung der aufgelagerten Bauteile sind **Konsolen empfindlich gegen Mängel in der Bauausführung. Wichtig für ein befriedigendes Tragverhalten ist weniger der Absolutwert des Bewehrungsquerschnittes als vielmehr eine geeignete Bewehrungsführung** (insbesondere die Verankerung der Bewehrung unter der Last am Ende der Konsole). Grundsätzlich empfiehlt es sich daher, die Abmessungen nicht zu knapp zu wählen, um eine gute Konstruktion der Bewehrung zu ermöglichen. Viele Schäden sind auf unangepasste Bewehrungsführung zurückzuführen.

Für Konsolen gelten, ähnlich wie für den Auflagerbereich von Balken, die Voraussetzungen der Biegetheorie schlanker Stäbe nicht mehr. Konsolen stellen vielmehr ein Scheibenproblem dar. Die Lösung solcher Probleme kann - wie bereits an anderer Stelle erwähnt - hervorragend durch geeignete Stabwerksmodelle qualitativ veranschaulicht werden. Bei Absicherung durch Versuche, die den Zustand II erfassen, können auch statisch unbestimmte Stabwerksmodelle zur quantitativen Bemessung verwendet werden. EC2 lässt solche Modelle ausdrücklich zu (siehe auch [15-6]).

16.2 Tragverhalten von Konsolen

Konsolen sind sehr kurze Kragarme mit Einzellasten, wobei diese im Abstand a_c vom Anschnitt einer Konsole der Höhe h_c angreifen. Ein Kragarm gilt als Konsole, wenn ungefähr eingehalten ist: $0{,}4 \leq a_c/h_c \leq 1{,}0$ (siehe Bild 16.3-1).

Hohe, kurze Konsolen mit $a_c/h_c < 0{,}4$ sind rechnerisch für $a_c/h_c = 0{,}4$ auszulegen oder mit anderen, geeigneten Bemessungsmodellen (siehe z. B. [6-1]) als hohe Scheibe zu erfassen. Konsolen mit $a_c/h_c > 1{,}0$ dürfen als Kragarm bemessen werden.

Aus elastischen Scheibenberechnungen, aus Stabwerksmodellen und aus Versuchen ergibt sich zwingend, dass die Zugbandkraft unter der Last über die Kraglänge a_c konstant ist. Die Zugbandbewehrung muss in die Stütze einbinden und an deren Bewehrung anschließen.

Zur Erfassung des Scheibentragverhaltens sind verschiedene Stabwerksmodelle denkbar. Diese müssen grundsätzlich die Erfüllung der Gleichgewichtsbedingungen ermöglichen. Sie sollen darüber hinaus aber auch die Verträglichkeitsbedingungen erfassen, um ein befriedigendes Tragverhalten unter Gebrauchslasten zu erreichen. Letzterer Punkt bedarf in der Regel der Absicherung durch Versuche. Die Verhältnisse sind ähnlich denen bei Rahmenknoten.

Auf Bild 16.2.-1 sind für verschiedene Lastein- und Lastweiterleitungsbedingungen einige einfache Stabwerke dargestellt, die weitgehend als Stand der Technik gelten. Diese Modelle können noch verfeinert werden (vgl. [6-1]). Um Schäden zu vermeiden, müssen Stabwerksmodelle das vollständige Einleiten der Konsollasten in die Stützen erfassen.

Bild 16.2-1b zeigt ein kombiniertes Modell für große Lasten und kompakte Abmessungen. Die Lastaufteilung auf die zwei gedachten Tragsysteme ist statisch unbestimmt und im Gebrauchszustand anders als im Bruchzustand. Eine geeignete Aufteilung orientiert sich an Versuchsergebnissen.

In konsequenter Anwendung der Stabwerksmodelle sind grundsätzlich folgende Nachweise zu führen:

- Abdecken der **Zugstrebenkräfte** durch Bewehrung (dies entspricht dem Nachweis schiefer Hauptzugspannungen beim Scheibenmodell).
- Nachweis der **Druckstreben** durch Begrenzung der auftretenden Betondruckspannungen (dies entspricht dem Nachweis schiefer Hauptdruckspannungen beim Scheibenmodell).
- Die Druckspannungstrajektorien in den gedachten Druckstreben verlaufen gekrümmt. Dadurch entstehen **Querzugspannungen** im Beton. Zu deren Aufnahme sind ergänzende Bügelbewehrungen erforderlich.

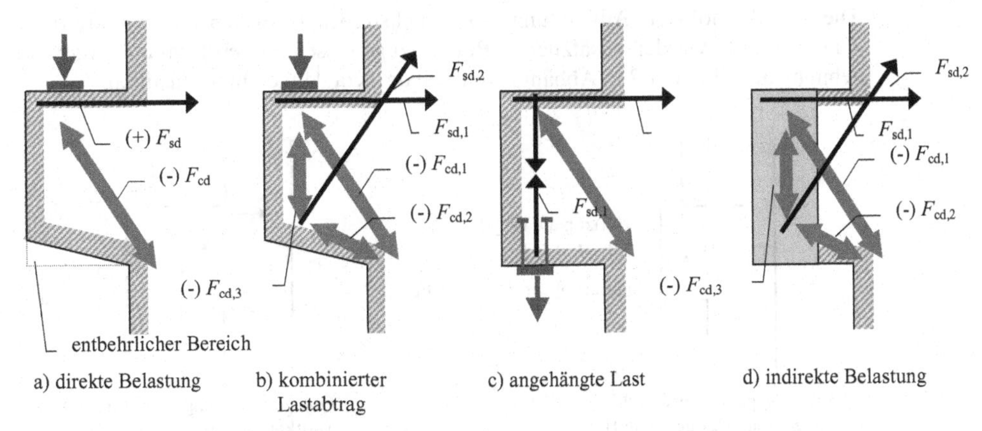

Bild 16.2-1 Vereinfachte Stabwerksmodelle für Konsolen

16.3 Konsolen mit einfacher Zugbandbewehrung

Auf Bild 16.3-1 ist das klassische einfache Dreiecksstabwerk zur Konsolbemessung dargestellt. Hierbei ist nur ein horizontal liegendes Zugband als planmäßige Zugstrebe erforderlich. Die Druckkräfte werden ohne Umlenkung direkt in die unterstützende Konstruktion (Stütze) weitergeleitet. Die wenigen Angaben zu Konsolen im EC2 werden im Nationalen Anhang ersetzt durch die Hinweise in DAfStb Heft 600 [1-2]. Das für die Nachweise angesetzte Stabwerk mit den wesentlichen Bezeichnungen und seine Anwendungsgrenzen sind auf Bild 16.3-1 dargestellt.

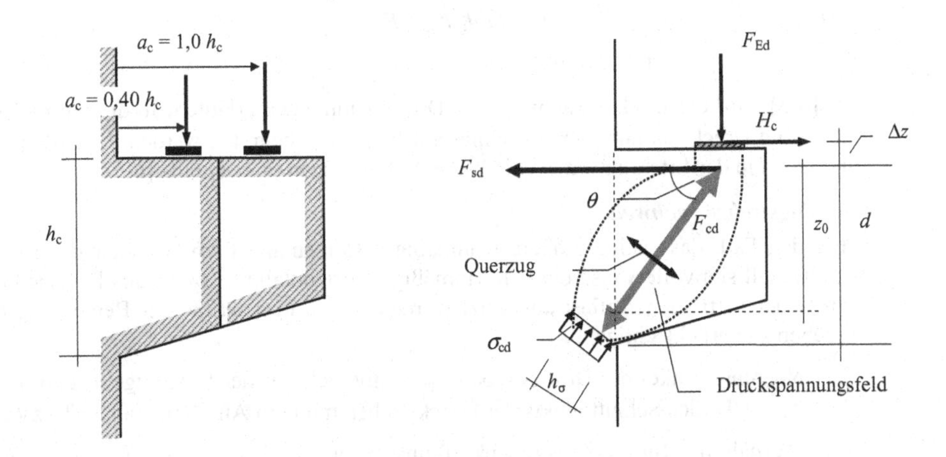

Bild 16.3-1 Einfaches Stabwerksmodell und Anwendungsgrenzen

Die aus der lokalen Aufweitung der Druckstreben (Druckspannungsfeld) resultierenden Querzugkräfte werden zusätzlichen Bügeln zugewiesen. Deren Richtung ergibt sich in Anlehnung an Bild 16.3-2 in Abhängigkeit von der Kraglänge unterschiedlich.

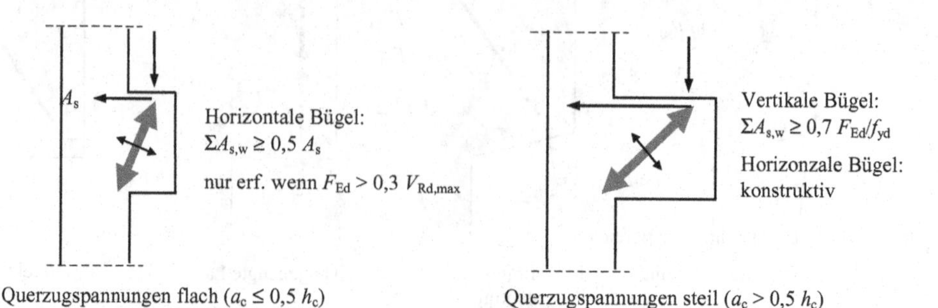

Bild 16.3-2 Einfluss der Kraglänge auf die Bügelneigung

Zur Bemessung von Konsolen existieren in der Literatur verschiedene Ansätze. Der im Folgenden gezeigte Nachweis der Hauptdruckspannungen aus [1-2] verwendet formal einen Querkraftnachweis. Bei hoher Ausnutzung der Betondruckspannungen sollte besser ein Nachweis als Scheibe unter Ansatz eines Stabwerkes mit Nachweis der Druckspannungen in den Scheibenknoten erfolgen (s. Abschnitt 19).

– ***Druckstrebennachweis***

In [1-2] wird der indirekte Nachweis der Druckstreben vorgeschlagen. Die durch Δz verursachte geringe Erhöhung der Druckstrebenkraft kann zumeist vernachlässigt werden. Für die statische Höhe wird geschätzt $z_0 \approx 0{,}9\ d$.

(16.3-1) $$V_{Rd,max} = 0{,}5 \cdot \nu \cdot b \cdot 0{,}9 \cdot d \cdot f_{ck}/\gamma_c \geq F_{Ed}$$

$$\nu = 0{,}7 - f_{ck}/200 \geq 0{,}5$$

In [6-5] wird der direkte Nachweis der Druckspannungen erläutert. In diesem Fall soll nach [1-2] die Druckspannung am Anschnitt auf $0{,}75 \cdot \nu' \cdot f_{cd}$ begrenzt werden. Über den Vorfaktor bestehen in der Literatur unterschiedliche Auffassungen (s. ebenfalls [6-5]).

– ***Zugstrebennachweis***

Für den Fall, dass keine größere planmäßige Horizontallast am Auflager der Konsole angreift, soll sinnvollerweise eine unplanmäßige Horizontalkraft (z. B. aus Lagerreibung) von 20 % der vertikalen Auflast angesetzt werden. Diese Last ist bei der Bemessung der Zugstreben zu berücksichtigen.

Der Neigungswinkel der Druckstreben F_{cd} ergibt sich mit der Kraglänge a_c und der Höhenlage $z_0 \approx 0{,}9 \cdot d$ des Schnittpunkts der Druckstreben mit dem Anschnitt zu $\tan\theta = z_0/a_c$.

Damit erhält man für die Zugstrebenkraft und die erforderliche Bewehrung:

(16.3-2) $$F_{sd} = F_{Ed} \cot\theta + H_{cd}\,(1 + \Delta z/z_0) = F_{Ed}\,[a_c/z_0 + 0{,}2\,(1 + \Delta z/z_0)]$$

(16.3-3) $$\text{erf}\ A_s = F_{sd}/f_{yd}$$

Die Höhe z_0 kann über die Ermittlung der Breite h_σ des Spannungsblocks genauer bestimmt werden (s. Bild 16.3-1).

16.4 Konsolen mit kombinierter Zugbandbewehrung

Das Tragverhalten von Konsolen kann durch Anordnung von Schrägbewehrung am oberen Anschnitt der Konsole wesentlich verbessert werden. Die Schrägbewehrung verringert die Rissbildung und trägt einen Teil der Last ab. Dies sollte insbesondere bei hochbeanspruchten Konsolen genutzt werden (Bild 16.2-1b und -1d).

Die Aufteilung der Konsollast auf die beiden vereinfacht angenommenen Stabwerksmodelle ist statisch unbestimmt. Von verschiedenen Autoren wurde mit Rücksicht auf das Tragverhalten unter Gebrauchslasten vorgeschlagen, die zwei Stabwerke für eine Gesamtlast > F_E zu bemessen. Aufgrund umfangreicher neuerer Versuche wird empfohlen, der Schrägbewehrung nicht mehr als 35 % der Gesamtlast zuzuweisen. Die restlichen 65 % übernimmt das horizontale Zugband. Eine „Überbemessung" wird dabei nicht für erforderlich gehalten.

Man erhält das auf Bild 16.4-1 dargestellte kombinierte Lastabtragsmodell. Für die Festlegung der Stabwerksgeometrie kann näherungsweise von einem Randabstand der Druckspannungsresultierenden von 0,15 d ausgegangen werden. Es ist auf ausreichende Verankerung der Schrägbewehrung in der Konsolecke zu achten (Schlaufen mit etwa $\geq 5\ \phi$ Verankerungslänge hinter der Druckstrebe). Die Vertikalkomponente von F_{s2} wird in der Stütze nach unten abgetragen, die Horizontalkomponente durch Querkraft und Biegung in die obere Stützenlagerung. Dabei ist es empfehlenswert, unmittelbar oberhalb der Konsole einige zusätzliche Bügel anzuordnen.

Die Bemessung der Zugstreben erfolgt für die grafisch oder rechnerisch ermittelten Zugkräfte. Der Nachweis der Druckspannungen am kritischen unteren Konsolanschnitt kann analog zu Abschnitt 16.3 oder detailliert als ebener Scheibenknoten nach Abschnitt 19.4 erfolgen.

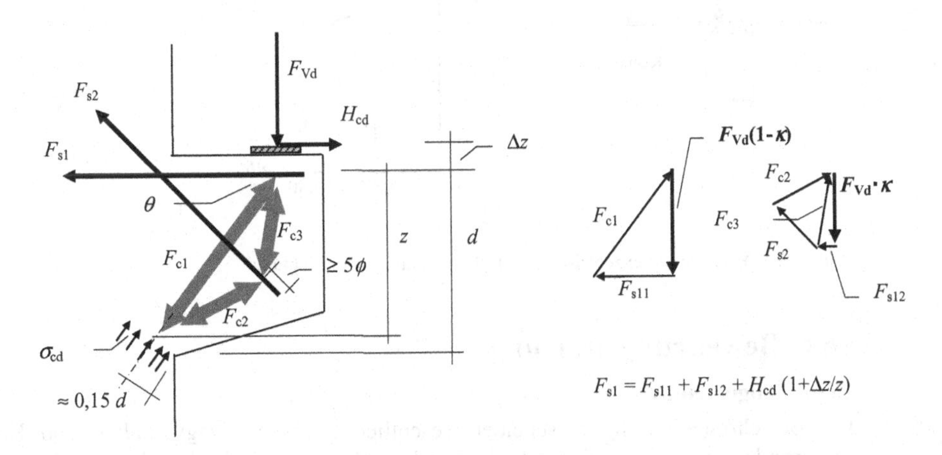

Bild 16.4-1 Kombiniertes Lastabtragsmodell

16.5 Einfluss von Lastexzentrizitäten

16.5.1 Exzentrizitäten in Kragrichtung:

Exzentrizitäten in Kragrichtung haben zwei Ursachen:

- Maßabweichungen bei Konsole, Überbau oder Lagereinbau
- Verdrehungen des Überbaus mit Auswanderung der Auflagerkraft

Maßabweichungen ergeben sich z. B. nach DIN 18203. Exzentrizitäten entstehen auch durch Verdrehungen des Überbaus, die je nach Art des Lagers unterschiedlich sind. Bei Auflagerung im Mörtelbett ist z. B. von einer Auswanderung der Last in den 1/3-Punkt der Auflagertiefe auszugehen. Exzentrizitäten führen grundsätzlich zu einer Vergrößerung des Hebelarmes a_c. Bei sehr geringen Abmessungen der Konsole kann der Einfluss beträchtlich sein.

16.5.2 Exzentrizitäten senkrecht zur Kragrichtung:

Exzentrizitäten aus Maßabweichungen sind in der Regel vernachlässigbar, doch können insbesondere bei Konsolen unter dem Stoß von Kranbahnträgern erhebliche planmäßige Exzentrizitäten auftreten (Bild 16.5-1). Aus Versuchen [16-2] ist bekannt, dass die Traglast der Konsole mit zunehmender Exzentrizität bis $e/b = 0{,}3$ nahezu linear auf etwa 75 % abnimmt. Die Konsole ist dann für eine auf maximal 4/3 erhöhte Last F_E zu bemessen. Bei ständiger gleichsinniger Ausmitte empfiehlt es sich, stattdessen die Konsole für eine reduzierte Breite red $b_w = b_w - 2\,e$ zu bemessen und dort konzentrierte Bewehrung anzuordnen.

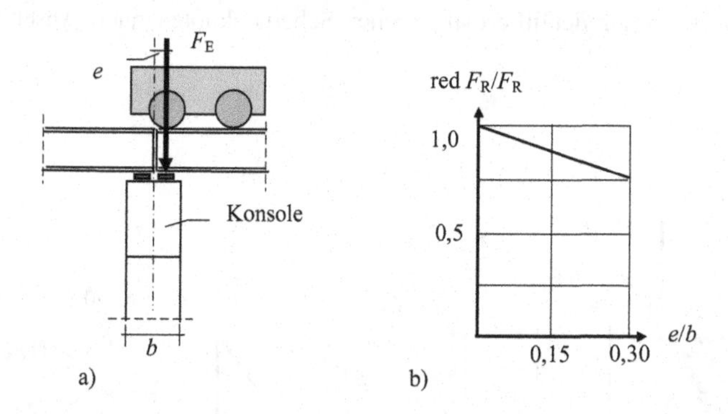

Bild 16.5-1 Konsole mit exzentrischer Belastung quer zur Kragrichtung

16.6 Bewehrungsführung

16.6.1 Allgemeines

Die Bewehrungsführung entscheidet wesentlich über das Tragverhalten von Konsolen. Insbesondere muss die horizontale Zugbandbewehrung unter der Last konzentriert verankert werden. Für diese Verankerung kommen praktisch nur horizontal liegende Schlaufen in Frage. In Sonderfällen kann die Bewehrung auch mit Ankerelementen am Ende der Konsole verankert werden.

Keinesfalls dürfen bei den in der Regel beengten Platzverhältnissen vertikal abgebogene Haken oder Schlaufen verwendet werden (mit Ausnahme von Bandkonsolen). Solche fehlerhaften Ausführungen kommen leider immer noch gelegentlich vor (selbst in den Bildern 6.4 und 6.6 des EC2 wird eine solche Verankerung schematisch dargestellt. Sie sollte nicht nachgeahmt werden). Bei älteren Bestandsbauten sind sie die Regel. Sie führen - ob bei Fertigteilen oder bei Ortbeton - zwangsläufig zu vorzeitigem Versagen (Bild 16.6-1).

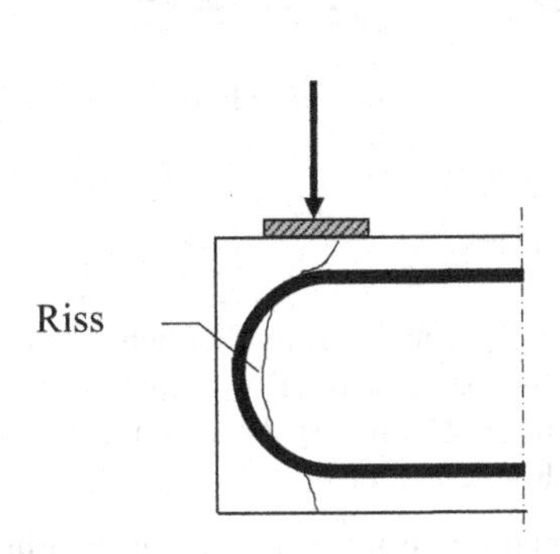

Bild 16.6-1 Fehlerhafte Verankerung der Zugbandbewehrung unter der Last (Foto©Bindseil)

16.6.2 Verankerung der Zugbandbewehrung unter der Last

Grundsätzlich werden liegende Schlaufen als Verankerung des Zugbandes verwendet (in Sonderfällen wird das Zugband auch mit einer Stahlplatte an der Stirnseite der Konsole verankert). Die Verankerung sollte direkt unter der Lagerfläche erfolgen, um den hohen Querdruck senkrecht zur Schlaufenebene zu nutzen. Hierdurch wird das bei Schlaufenverankerungen ohne Querpressungen auftretende Versagen durch Abplatzen der Betondeckung vermieden und die Tragfähigkeit der Verankerung deutlich verbessert.

Damit werden sehr kurze Verankerungslängen möglich. Es wird davon ausgegangen, dass die Verankerungslänge bereits an der Innenkante der Lagerfläche beginnt. Die Querpressungen dürfen als gleichmäßig verteilt angenommen werden. Auf Bild 16.6-2 sind nach [16-3] zwei Arten der Schlaufenverankerung dargestellt. Die Verankerungslänge l_{bd} ergibt sich dann zu:

(16.6-1) $$l_{bd} = \alpha_1 \, \alpha_5 \, \alpha_A \, l_b \geq D/2 + \phi$$

mit: α_1 = 0,7 bei bügelförmigen Schlaufen
= 0,5 bei Rundschlaufen mit $D \geq 15\ \phi$

α_5 = 2/3 bei normaler Querpressung
= 0,5 bei Querpressung unter der Lagerplatte $p \geq 8$ N/mm^2 unter Gebrauchslast F_E

α_A = erf A_s/vorh A_s

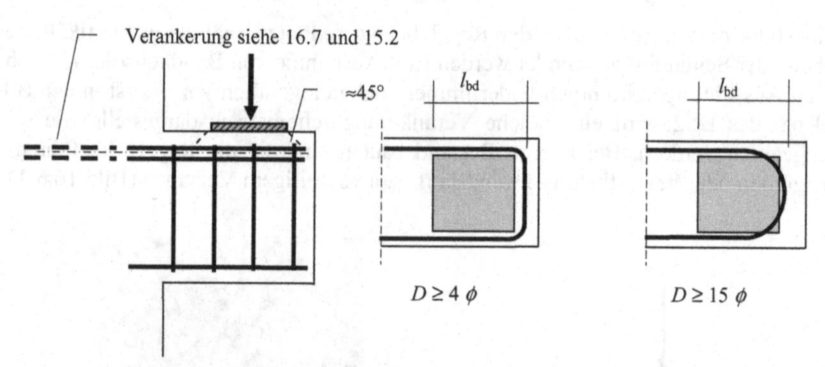

Bild 16.6-2 Verankerung der Konsolzugbewehrung unter der Last

Der Grundwert l_b ist über die Verbundfestigkeit f_{bd} vom Verbundbereich abhängig. Bei liegend hergestellten Fertigteilstützen kann es geschehen, dass die Bewehrung an den Seitenflächen in unterschiedlichen Verbundbereichen liegt. Damit ergäben sich deutlich unterschiedliche Verankerungslängen an den beiden Schlaufenenden.

Zur Vereinfachung der Problematik darf für liegend hergestellte und mit Außenrüttler verdichtete stabförmige Bauteile bis 50 cm Dicke von gutem Verbund ausgegangen werden.

Die Zugbandbewehrung kann mehrlagig verlegt werden. Sie sollte jedoch über keinen größeren Höhenbereich als etwa $d/4$ unter OK-Konsole verteilt werden. Die mit größer werdendem Abstand von der Oberfläche abnehmende Querpressung wird durch die zunehmende Betonüberdeckung kompensiert. Bei breiten Konsolen sind mehrere nebeneinanderliegende, schmale Schlaufen sinnvoll. Je nach den Platzverhältnissen können auch ineinanderliegende Schlaufen verlegt werden.

16.6.3 Verankerung der Zugbandbewehrung in der Stütze

Die Zugbandbewehrung ist ungestaffelt in die Stütze zu führen und dort zu verankern (s. a. Bild 15.2-4). Dies kann durch Abbiegen und Einbinden in die Stützenbewehrung mit ausreichender Stoßlänge l_0 ab Beginn der Krümmung erfolgen. Alternativ kann die Zugbandbewehrung auch als geschlossene Schlaufe ausgeführt werden. Diese muss die Längsbewehrung auf der der Konsole abgewandten Stützenseite umfassen. Die Schlaufenenden müssen mit Übergreifungsstoß gestoßen oder verschweißt werden.

16.6.4 Ergänzende Bügelbewehrung

Wie schon zuvor erläutert, ist zur Aufnahme von Querzugspannungen eine ergänzende Bügelbewehrung erforderlich. Die anzusetzende Neigungsrichtung dieser Bügel hängt nach neueren Versuchen und Überlegungen [6-1] und [15-3] von der Kraglänge der Konsole ab (Bild 16.3-2).

In [16-4] werden folgende Regelungen angegeben (Bild 16.3-2):

- Fall $a_c \leq 0{,}5\ h_c$ und $F_{Ed} > 0{,}3\ V_{Rd,max}$
  Geschlossene horizontale Bügel mit $A_{s,Bü} \geq 0{,}5\ A_s$
- Fall $a_c > 0{,}5\ h_c$ und $F_{Ed} > V_{Rd,ct}$
  Geschlossene vertikale Bügel für Bügelkräfte von $0{,}7 \cdot F_{Ed}$

Grundsätzlich ist es empfehlenswert, bei höher beanspruchten Konsolen eine kreuzweise Bewehrung aus vertikalen und horizontalen Bügeln einzubauen. Bei stark abgeschrägten Konsolen können auch geneigte Bügel vorteilhaft sein.

Ein Beispiel für eine Konsolbewehrung mit mehrlagigem Zugband ist auf Bild 16.6-3 dargestellt. Man erkennt, dass die Bewehrungsführung ein räumliches Problem darstellt. Dies sollte auf den Bewehrungsplänen berücksichtigt werden.

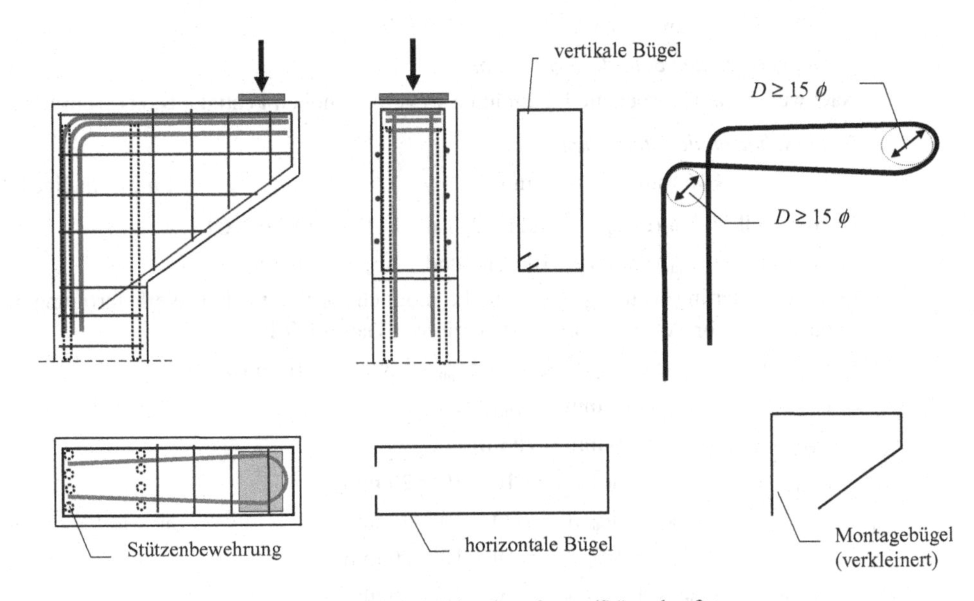

Bild 16.6-3 Beispiel für Konsolbewehrung ohne Schrägbewehrung (Stützenkopf)

16.7 Bemessungsbeispiel: Konsole mit einfacher Zugbandbewehrung

1 System und Abmessungen

Die Konsole an einer Stütze diene der Auflagerung eines Unterzuges mit ausgeklinktem Auflager in einem Skelettbau aus Stahlbetonfertigteilen. Die Betonfestigkeit ist entsprechend hoch. Die Auflagerung des Trägers erfolgt mit unbewehrten Elastomerlagern.

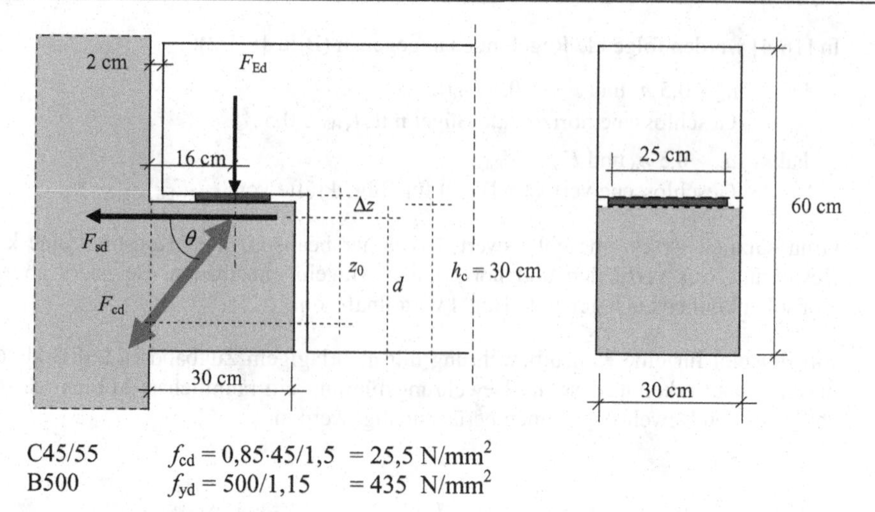

C45/55 $\quad f_{cd} = 0{,}85 \cdot 45/1{,}5 \ = 25{,}5$ N/mm²
B500 $\quad f_{yd} = 500/1{,}15 \ = 435$ N/mm²

– *Überprüfen der Betonfestigkeitsklasse C*

Nachweis kann für trockene Innenräume wegen der hohen Festigkeitsklasse entfallen.

– *Vorschätzen der statischen Höhe*

Annahme: $\phi_l \leq 16$ mm $\quad \phi_w = 10$ mm $\qquad$ für zweilagiges Zugband

Nach Tabelle 1.2-4 (entsprechend EC2, Tab. 4.4DE) gilt für XC1:

$\bar{c}_{min,dur} = c_{min,dur} + \Delta c_{dur,\gamma} = 10$ mm und $\Delta c_{dev} = 10$ mm

Eine Reduzierung von $c_{min,dur}$ ist nicht möglich. Auf eine bei Werksfertigung mögliche Reduzierung von Δc auf 5 mm wird verzichtet. Damit wird:

$c_{min} = \max\{c_{min,b};\ c_{min,dur} + \Delta c_{dur,\gamma} - \Delta c_{dur,st} - \Delta c_{dur,add};\ 10 \text{ mm}\}$

$c_{min,b,w} \ = \phi_w \ = 10 \text{ mm} = c_{min,dur}$

$c_{min,b,l} \ = \phi_l \ = 16 \text{ mm} < \mathbf{20\ mm}$ $\qquad$ maßgebend

$c_{nom,l} \ = \bar{c}_{min,dur} + \Delta c_{dev} \ = 10 + 10 = 20$ mm $\qquad$ Dauerhaftigkeit

$c_{nom,l} \ = c_{min,b,l} + \Delta c_{dev,b} \ = 20 + 10 = 30$ mm $\qquad$ für ϕ_l ist Verbund maßgebend

$c_{nom,w} \ = \bar{c}_{min,dur} + \Delta c_{dev} \ = 10 + 10 = 20$ mm $\qquad$ Dauerhaftigkeit

$c_{nom,w} \ = c_{min,b.l} + \Delta c_{dev,b} \ = 10 + 10 = 20$ mm $\qquad$ Verbund

Verlegemaß der Bügel (Abstandhalter):

$\mathbf{c_v = 20\ mm}$ (mit vorh $c_{nom,l} = c_v + \phi_w = 20 + 10 = 30 = c_{nom,l} = 30$ mm ✓)

Statische Höhe: $\boldsymbol{d} = h_c - c_v - \phi_w - \phi_l - \phi_l/2 = 30 - 2{,}0 - 1{,}0 - 1{,}6 - 0{,}8 = 24{,}6$ cm

2 Lasten

Die Auflagerkraft des Unterzuges betrage im Grenzzustand der Tragfähigkeit:

$F_{Ed} = 340$ kN $\qquad H_c = 0{,}2 \cdot 340 = 68$ kN

Der Nachweis erfolgt an dem in Abschnitt 16.3 vorgestellten Stabwerksmodell. Es seien:

$a_c = 16$ cm $\quad z_0 = 0{,}9 \cdot d = 0{,}9 \cdot 24{,}6 = 22$ cm $\quad \Delta z = c_{nom,l} + 1{,}5 \cdot \phi_l + t_{Lager} \approx 6{,}6$ cm

$\tan\theta \approx z_0/a_c = 22/16 = 1{,}38 \quad \theta = 54{,}1° \quad \cot\theta = 0{,}724$

3 Druckstrebennachweis

Der Nachweis erfolgt stellvertretend als Nachweis der aufnehmbaren Querkraft mit Gleichung 16.3-1:

$V_{Rd,max} = 0{,}5 \cdot \nu \cdot b \cdot 0{,}9 \cdot d \cdot f_{ck}/\gamma_c \geq F_{Ed}$ mit $\nu = 0{,}7 - f_{ck}/200 = 0{,}7 - 45/200 = 0{,}475 < \mathbf{0{,}5}$

$= 0{,}5 \cdot 0{,}5 \cdot 0{,}30 \cdot 0{,}9 \cdot 0{,}246 \cdot 45/1{,}5 = 0{,}50$ MN

$V_{Rd,max} = 0{,}50 \text{ MN} > F_{Ed} = 0{,}34 \text{ MN}$ ✓

Alternativ wird der untere Knoten in Abschnitt 19.4.6 als Scheibenknoten nachgewiesen.

4 Zugstrebennachweis - Bemessung des Zugbandes

Der Nachweis erfolgt mit Gleichung 16.3-2:

$F_{sd} = F_{Ed}\,[\cot\theta + 0{,}2\,(1 + \Delta z/z_0)] = 0{,}340 \cdot [0{,}724 + 0{,}2\,(1 + 6{,}6/22)] = 0{,}335$ MN

erf $A_s = (0{,}335/435) \cdot 10^4 = 7{,}7$ cm²

gewählt: 2 Schlaufen (zweischnittig) ϕ 16 vorh $A_s = 8{,}0 \text{ cm}^2 > \text{erf } A_s = 7{,}7 \text{ cm}^2$

5 Ergänzende Bügelbewehrung

Der Nachweis erfolgt anhand von Bild 16.3-2: $a_c = 16 \text{ cm} > 0{,}5\, h_c = 15$ cm.

– *vertikale Bügel*

erf $\Sigma A_{s,w} = (0{,}7 \cdot 0{,}34/435) \cdot 10^4 = 5{,}5$ cm²

gewählt 4 Bügel ϕ 10 mit vorh $\Sigma A_{s,w} = 6{,}3$ cm²

– *horizontale Bügel (nur konstruktiv)*

gewählt 3 Bügel ϕ 10 mit vorh $\Sigma A_{s,w} = 4{,}7$ cm²

6 Verankerung der Zugbandbewehrung

– *Verankerung unter der Last*

Die Schlaufen werden in zwei Höhenlagen eingebaut. Die Stützen werden als Fertigteile liegend hergestellt. Die Schenkel der Bewehrungsschlaufen liegen somit auf einer Seite an der Unterseite und auf der anderen Seite nahe der Betonoberfläche und damit bei dicken Stützen in unterschiedlichen Verbundbereichen. Wegen der Stützenbreite von 30 cm darf jedoch im vorliegenden Fall auch für die obere Bewehrungslage guter Verbundbereich angesetzt werden. Man erhält mit Tabelle 8.4-1a und Bild 8.4-2:

$l_b = 27{,}2\,\phi = 27{,}2 \cdot 1{,}6 = 44{,}0$ cm Grundmaß der Verankerungslänge

Die Schlaufen werden ab Vorderkante Elastomerlager mit $\alpha_5 = 2/3$ (ohne den Nachweis erhöhter Querpressung auszunutzen) verankert.

$l_{bd} = \alpha_1\, \alpha_5\, \alpha_A\, l_b = 0{,}7 \cdot 0{,}667 \cdot (7{,}7/8{,}0) \cdot 44{,}0 = 19{,}8 \text{ cm} \approx 20 \text{ cm} > 6{,}7\,\phi$ gerade noch einbaubar

Die untere Schlaufe wird etwas nach unten abgebogen.

– *Verankerung in der Stütze*

Die Schlaufenenden werden in die Stütze geführt und mit der vertikalen Stützenbewehrung durch Übergreifungsstoß (gerade Stabenden) verbunden. Mit Gleichung (8.4-10) und Tabelle 8.4-2 erhält man die Stoßlänge für guten Verbundbereich, lichten Abstand a > 8 ϕ und Randabstand $c_1 > 4\ \phi$.

$$l_0 = \alpha_6 \cdot \alpha_A \cdot l_b = \geq l_{0,\min}$$

α_6 nach Tabelle 8.4-2

$$l_{0,\min} \geq 0{,}3 \cdot \alpha_6 \cdot l_{bd} \quad \geq 15\ \phi, \quad \geq 20\ \text{cm}$$

$$l_0 = 1{,}4 \cdot (7{,}7/8{,}0) \cdot 44{,}6 = 60{,}1\ \text{cm} \quad \text{gewählt: } 60\ \text{cm} > l_{0,\min}$$

Alternativ (und im vorliegenden Fall konstruktiv günstiger) kann die Verankerung der Zugbandkraft in der Stütze durch geschlossene Schlaufen erfolgen. Die Schlaufenenden sind horizontal um die Stützenbewehrung herumzuführen und mit Stoßlänge untereinander zu verbinden oder auch zu verschweißen (Regeln zum Schweißen von Betonstahl beachten, siehe Abschnitt 8.4.9 und [6-5]).

7 Auflagerpressung

Die Auflagerpressung wird (konservativ ohne Berücksichtigung eines Teilflächeneffekts) bewertet:

$$\sigma_{cd} = F_{Ed}/A = 0{,}34/(0{,}15 \cdot 0{,}25) = 9{,}1\ \text{MN/m}^2 << 0{,}75 \cdot f_{cd} = 0{,}75 \cdot 25{,}5 = 19{,}1\ \text{MN/m}^2\ ✓$$

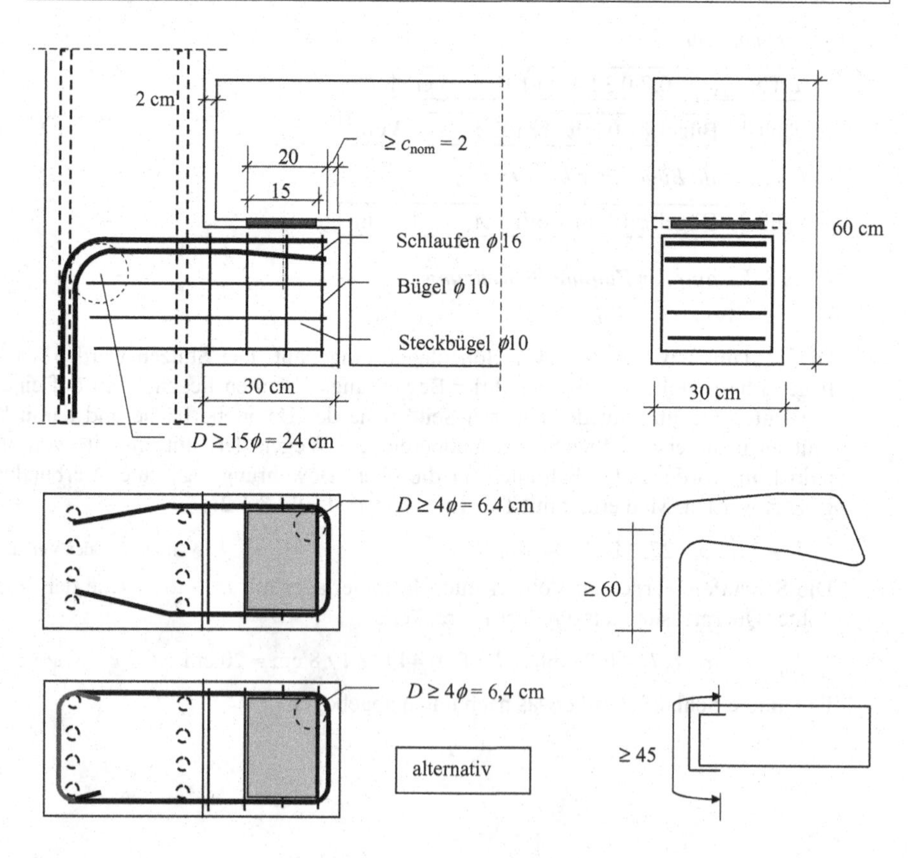

17 Torsionsbeanspruchte Bauteile

17.1 Allgemeines

Unter Torsion versteht man die Beanspruchung eines Querschnittes durch ein Moment T_{Ed}, dessen Vektor senkrecht zur Schnittebene verläuft. Bei stabförmigen Bauteilen bedeutet dies, dass der Momentenvektor in Richtung der Stabachse x zeigt (Bild 17.1-1). Torsion entsteht durch Lasten, die exzentrisch zum Schubmittelpunkt M angreifen.

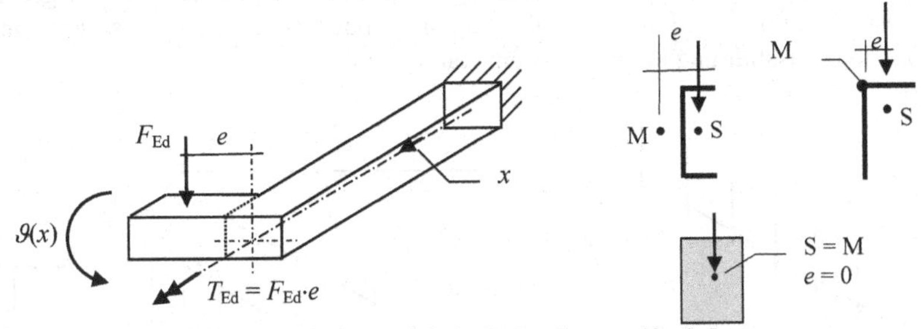

Bild 17.1-1 Torsion durch exzentrisch zum Schubmittelpunkt angreifende Lasten

Die Torsionsbeanspruchung führt zu einer Verdrehung $\vartheta(x)$ um die Längsachse des Stabes. Bei konstantem T_{Ed} nimmt $\vartheta(x)$ dabei linear mit x zu. Von wenigen Querschnittsformen abgesehen verwölben sich bei der Verdrehung die Querschnitte: **Sie bleiben nicht eben**. Dies führt zu Querschnittsverformungen in Achsrichtung aus der ursprünglichen Querschnittsebene heraus (Bild 17.1-2). Je nach Querschnittsform und statischem System ergibt sich der einfache Sonderfall der sogenannten **St. Venant`schen Torsion** ohne Verwölbung der Querschnitte oder der allgemeinere Fall der **Wölbkrafttorsion**.

Bei nicht wölbfreien Querschnitten entstehen aus Behinderung der Verwölbung Eigenspannungen in Balkenlängsrichtung. Bei der Bemessung im Grenzzustand der Tragfähigkeit dürfen diese Spannungen in der Regel vernachlässigt werden. Dies gilt insbesondere für geschlossene dünnwandige Querschnitte und für Vollquerschnitte. In anderen Fällen, z.B. bei kurzen bzw. hohen und breitflanschigen I-Querschnitten kann es erforderlich werden, die Spannungen aus behinderter Verwölbung („Flanschbiegung“) zu berücksichtigen, zumal ihre Vernachlässigung zu einer bedeutenden Unterschätzung des Tragverhaltens führen kann.

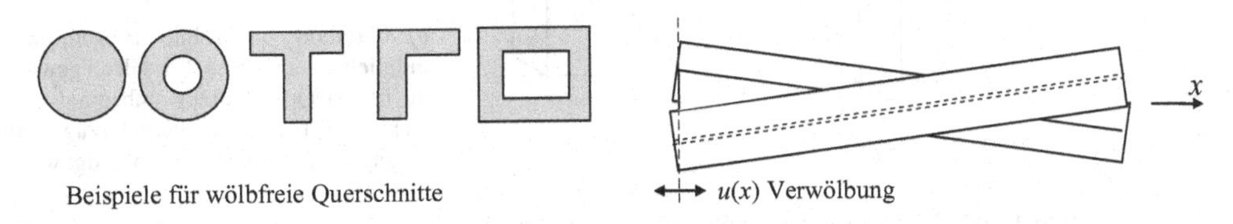

Bild 17.1-2 Beispiele für wölbfreie Querschnitte und Verwölbung eines I-Querschnittes

Versuche haben gezeigt, dass die Verdrehsteifigkeit eines Stahlbetonbauteiles nach Übergang in den Zustand II wesentlich stärker abnimmt als die Biegesteifigkeit. Man unterscheidet deshalb je nach Wirkung der Torsionsmomente (Bild 17.1-3):

- **Torsion zur Erhaltung des Gleichgewichtes (Torsion aus Lasten):** Die Torsion „aus Lasten“ ist zur Erhaltung des Gleichgewichtes erforderlich. Das Bauteil muss zur Aufnahme der zugehörigen Torsionsmomente bemessen werden (Druckstreben, Zugstreben).
- **Torsion zur Erfüllung der Verträglichkeitsbedingungen (Torsion aus Zwang):** Die Torsion zur Erfüllung der Verträglichkeitsbedingungen ist nicht zur Erhaltung des Gleichgewichts erforderlich. Sie entsteht zum Beispiel aus ungewollten Einspannungen und ist abhängig von der Verdrehsteifigkeit. Da diese im Zustand II sehr gering wird, darf diese Wirkung der Torsion in der Regel vernachlässigt werden, sofern die damit verbundene Rissbildung in vertretbarem Rahmen bleibt.

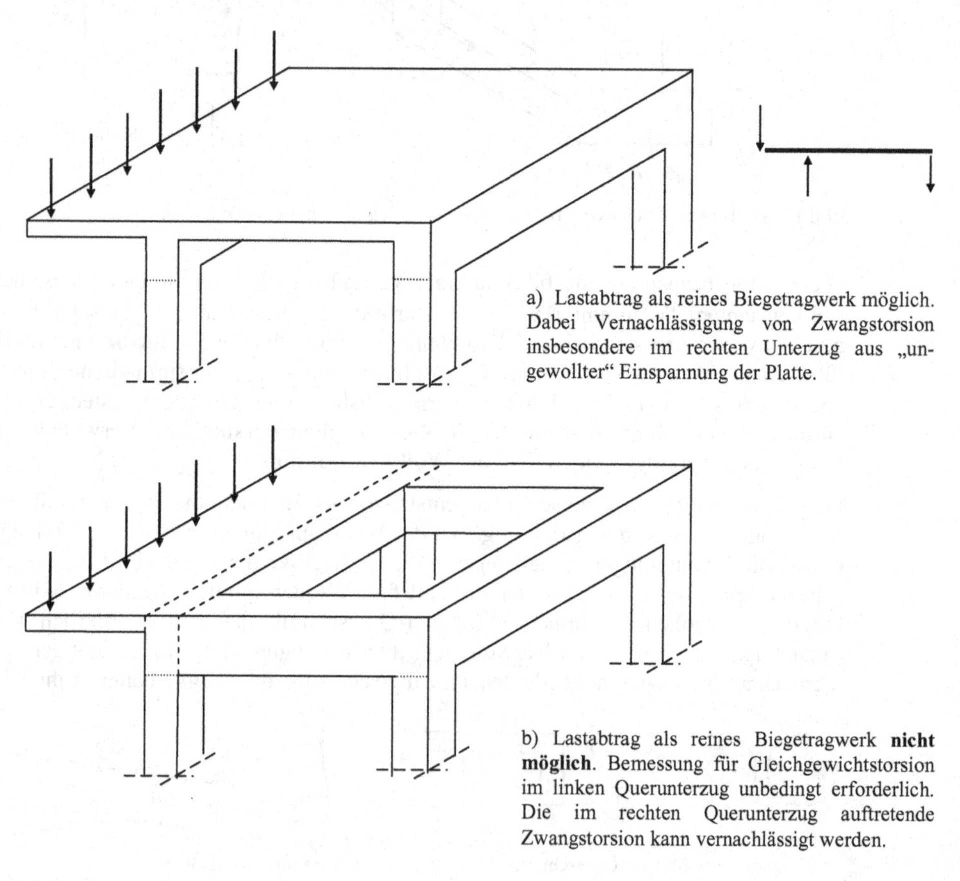

a) Lastabtrag als reines Biegetragwerk möglich. Dabei Vernachlässigung von Zwangstorsion insbesondere im rechten Unterzug aus „ungewollter“ Einspannung der Platte.
b) Lastabtrag als reines Biegetragwerk **nicht möglich**. Bemessung für Gleichgewichtstorsion im linken Querunterzug unbedingt erforderlich. Die im rechten Querunterzug auftretende Zwangstorsion kann vernachlässigt werden.

Bild 17.1-3 Zur Erläuterung der Begriffe „Torsion zur Erhaltung des Gleichgewichtes“ und „Torsion zur Erfüllung der Verträglichkeitsbedingungen“.

17.2 Wirkung der Torsion

17.2.1 Allgemeines

Torsion erzeugt Torsionsschubspannungen (im allgemeinen Falle bei behinderter Verwölbung auch Normalspannungen) und Verdrehungen um die Stabachse. Der Begriff der Torsionsschubspannung τ_T wird zwar nicht in die Bemessung nach EC2 eingeführt, doch scheint es zum Verständnis des Folgenden sinnvoll, sich die Verteilung der Schubspannungen in verschiedenen Querschnittsformen in Erinnerung zu rufen. Die Schubspannungen verlaufen ähnlich wie eine Strömung im Querschnitt. Im Mittelpunkt geschlossener Querschnitte sind sie gleich Null. Stellt man sich als Integral der Spannungsverteilung gleichen Vorzeichens den Schubfluss vor, so lässt sich dessen Verlauf durch eine Pfeilkette darstellen.

Bekanntermaßen verhalten sich Hohlquerschnitte anders als (vor allem dünnwandige) offene Querschnitte (Bild 17.2-1).

- **Hohlquerschnitte** (und ungelochte gedrungene Querschnitte) haben eine sehr hohe Verdrehsteifigkeit. Der Schubfluss in den Querschnittswänden wirkt mit großem inneren Hebelarm e und kann somit ein großes einwirkendes Torsionsmoment aufnehmen. Wegen des umlaufenden Schubflusses sind die Schubspannungen bei veränderlicher Wanddicke in den dünneren Wänden größer als in den dickeren.
- **In dünnwandigen offenen Querschnitten** hat der umlaufende Schubfluss nur einen sehr geringen inneren Hebelarm. Die Verdrehsteifigkeit solcher Querschnitte ist somit sehr gering. (Man versuche eine Toilettenpapierrolle vor und nach dem Aufschneiden längs einer Mantellinie zu verdrehen).

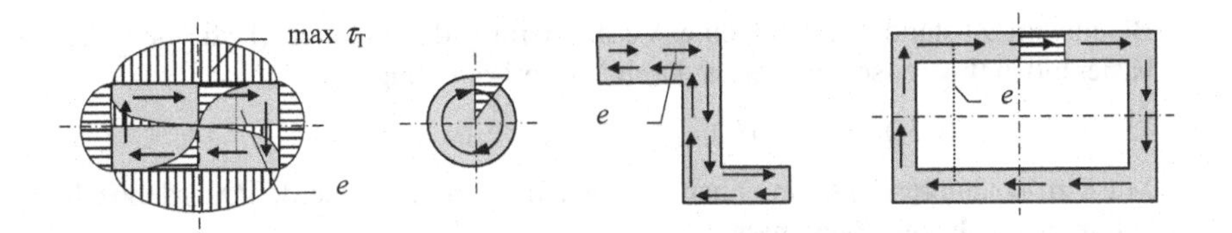

Bild 17.2-1 Verteilung der Torsionsschubspannungen τ_T und des Schubflusses

Aus der Zeit der Modellstatik stammt die Untersuchung anhand des „Seifenhautgleichnisses“: Man stanzt einen ungelochten Querschnitt aus einer Platte und bläst aus Seifenlauge eine Seifenhaut über der Öffnung auf. Wegen der Analogie der die Torsion und die Form der Seifenhaut beschreibenden Differentialgleichungen kann man der Geometrie der Seifenhaut wesentliche Größen des Torsionsproblems entnehmen. Das Volumen der Haut ist proportional zum Torsionsträgheitsmoment, die Neigung der Haut entspricht der Größe der Schubspannung (Bild 17.2-3).

Im Stahlbetonhochbau treten bei torsionsbeanspruchten Bauteilen fast nur gedrungene Vollquerschnitte auf. Im Brückenbau werden entweder Plattenbalkenquerschnitte (bei diesen ist die Wölbkrafttorsion zu berücksichtigen) oder Hohlquerschnitte verwendet.

Wie noch gezeigt wird, kann die Torsionsbemessung von gedrungenen Stahlbetonvollquerschnitten auf die eines fiktiven, einbeschriebenen Hohlquerschnittes zurückgeführt werden. Zur Erläuterung einiger grundlegender Größen wird in Bild 17.2-2 eine stark vereinfachte Ableitung der Zusammenhänge zwischen Schubspannung und Querschnittsgeometrie eines Hohlkastens durchgeführt.

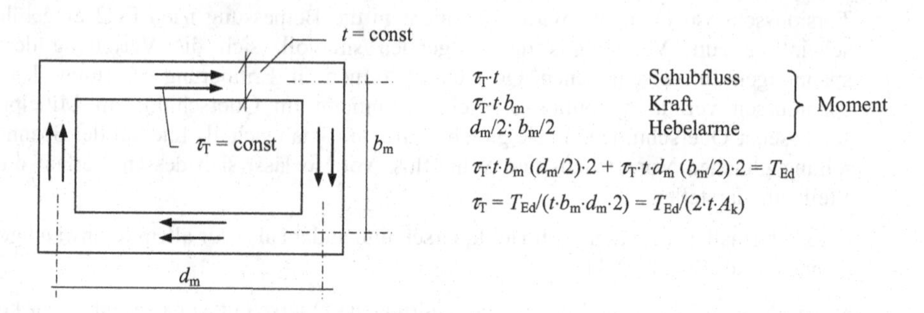

t = const
τ_T = const
b_m
d_m
$\tau_T \cdot t$ Schubfluss
$\tau_T \cdot t \cdot b_m$ Kraft
$d_m/2$; $b_m/2$ Hebelarme
Moment
$\tau_T \cdot t \cdot b_m \, (d_m/2) \cdot 2 + \tau_T \cdot t \cdot d_m \, (b_m/2) \cdot 2 = T_{Ed}$
$\tau_T = T_{Ed}/(t \cdot b_m \cdot d_m \cdot 2) = T_{Ed}/(2 \cdot t \cdot A_k)$

Bild 17.2-2 Vereinfachte Ableitung der Formel von Bredt

17.2.2 Hinweise zu Verformungen

Zur Berechnung räumlicher, statisch unbestimmter Systeme und generell zur Berechnung von Verformungen werden die Verdrehsteifigkeiten des Querschnittes benötigt. Diese sind weit empfindlicher gegen Rissbildung im Bauteil als die Biegesteifigkeiten. In [3-1] werden Hinweise zur Annahme von Rechenwerten der Verdrehsteifigkeiten gegeben:

- **Verdrehsteifigkeit im Zustand I:**

Bereits im Zustand I erfolgt eine Verminderung des auf der elastischen Festigkeitslehre basierenden theoretischen Wertes durch Mikrorissbildung:

$$(GI_T)^I \approx 0{,}8\,(GI_T)_{elast.}$$

Mit dem bekannten Zusammenhang zwischen G und E sowie der Querdehnzahl $\nu = 0{,}2$ erhält man als **oberen Rechenwert**:

(17.2-1) $$(GI_T)^I = 0{,}8\,E_c I_T/[2(1+\nu)] = E_c I_T/3$$

Dieser Wert kann in der Regel für Verformungsberechnungen und Schnittgrößenermittlungen bei Bauteilen mit nachzuweisender Gleichgewichtstorsion benutzt werden.

- **Verdrehsteifigkeit im Zustand II:**

Nach Übergang in den Zustand II sinken die Verdrehsteifigkeiten stark ab. Die entsprechenden Torsionsmomente sind proportional zur wirksamen Steifigkeit und reduzieren sich durch deren Abnahme mit zunehmender Rissbildung selbst.

Mit einem weiteren Absinken auf etwa 30% der Werte des Zustandes I erhält man als **unteren Rechenwert**:

(17.2-2) $$(GI_T)^{II} = 0{,}3\,(GI_T)^I = E_c I_T/10$$

Dieser Wert kann für Verformungsberechnungen und für Schnittgrößenermittlungen bei Bauteilen mit nicht nachzuweisender Torsion benutzt werden. Es muss allerdings z. B. durch eine Mindestbewehrung sichergestellt werden, dass die zugehörigen Verformungen und Rissbreiten noch erträglich sind.

Der Abfall der Steifigkeit GI_T lässt sich aus Versuchen damit erklären, dass nach der Rissbildung statt des Vollquerschnittes nur eine relativ dünnwandige Außenschale als tragend wirksam ist. Diese kann durch einen fiktiven Hohlkastenquerschnitt angenähert werden. Bild 17.2-3 verdeutlicht die Verhältnisse unter Anwendung des „Seifenhautgleichnisses".

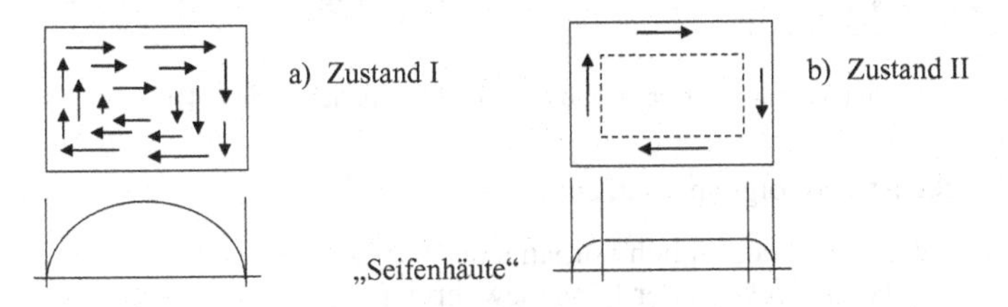

Bild 17.2-3 Wirksamer Querschnitt im Zustand I und im Zustand II

– **Die Drillung $\bar{\vartheta}(x)$:**

Die bezogene Verdrehung je Längeneinheit $\bar{\vartheta}(x)$ wird dabei zu:

(17.2-3) $\bar{\vartheta}(x) = T_{Ed}/(GI_T)$

Zur Berücksichtigung von Kriechverformungen kann näherungsweise gesetzt werden:

(17.2-4) $\bar{\vartheta}(x) = (1 + \varphi)\, T_{Ed}/(GI_T)$

Je nach Erfordernis sind die Steifigkeiten des Zustandes I oder II einzusetzen.

17.3 Bemessung für Torsion

17.3.1 Allgemeines

Bei St. Venant`scher Torsion gilt für die Spannungen in Richtung der Stabachse $\sigma_x = 0$. Damit erhält man aus den Torsionsschubspannungen Hauptspannungen $\sigma_I = -\sigma_{II} = \tau_T$. Diese bilden bei Stäben mit Kreisquerschnitt gekreuzte Spiralen aus Zug- und Druckstreben:

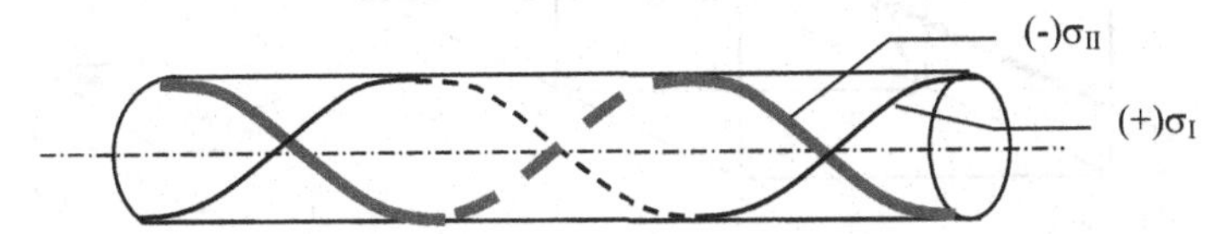

Bild 17.3-1 Hauptspannungen aus Torsion an der Oberfläche eines Stabes mit Kreisquerschnitt

Bei Rechteckquerschnitten entstehen netzartige Verläufe an den Oberflächen im Bereich der fiktiven Hohlkastenwandungen. Diese in den Wänden des fiktiven (oder gegebenenfalls des tatsächlichen) Hohlkastens sich ausbildenden Hauptspannungsverläufe können durch ein räumliches Fachwerkmodell erfasst werden. Es besteht aus Betondruckstreben und aus Zugstreben, die durch die einzulegende Torsionsbewehrung gebildet werden.

17.3.2 Ersatzhohlkasten

Der Ersatzhohlkasten ergibt sich aus dem Vollquerschnitt (oder einem tatsächlichen Hohlkasten) gemäß Bild 17.3-2. Die Ersatzwanddicken sind über die Lage der Längsbewehrung definiert. Die Torsionsbewehrung muss innerhalb der Ersatzwanddicke liegen.

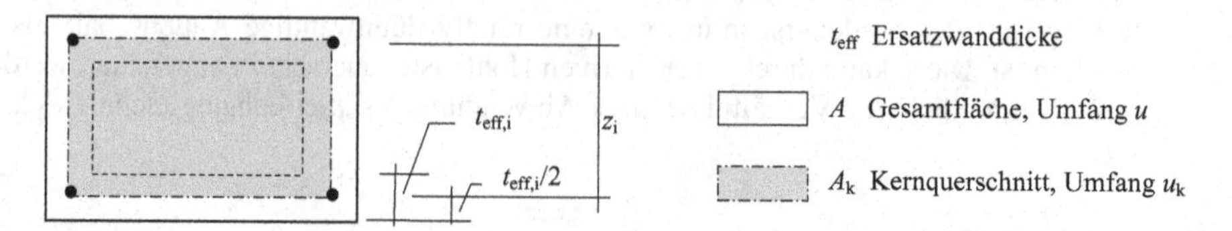

Bild 17.3-2 Ersatzhohlkasten (Achtung: Fehler in Bild 6.11 des EC2; berichtigt in [14])

Die Ersatzwanddicke ist wie folgt anzusetzen:

(17.3-1) $t_{eff} = 2\ c_l + \phi_l \leq$ tatsächlich vorhandene Wandstärke
c_l Betondeckung der Längsbewehrung

Als Kernquerschnitt A_k wird die Fläche bezeichnet, die innerhalb des durch die Achsen der in den Ecken liegenden Längsstäbe gegebenen Umfangs liegt. Ist t_{eff} am Umfang unterschiedlich, so ist für die Nachweise die Stelle am Umfang mit dem kleinsten $t_{eff,i}$ maßgebend.

17.3.3 Räumliches Fachwerkmodell

Die vom Querschnitt aufnehmbaren Torsionsmomente werden (ähnlich wie die aufnehmbaren Querkräfte des Biegebalkens) aus den Tragfähigkeiten eines Fachwerkmodells abgeleitet, wie es vereinfacht auf Bild 17.3-3 abgebildet ist. Man erkennt deutlich, dass auch bei Torsion nach de St. Venant eine Längsbewehrung erforderlich ist.

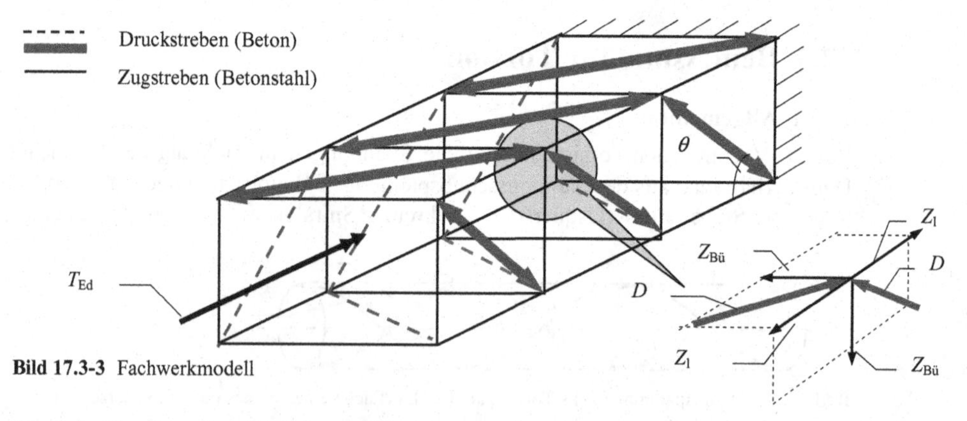

Bild 17.3-3 Fachwerkmodell

Die Schubkraft in einer Wandung „i" infolge des Torsionsmomentes T_{Ed} beträgt:

(17.3-2) $V_{Ed,T} = T_{Ed}\ z_i/(2\ A_k)$

17.3.4 Bemessung bei reiner Torsion T_{Ed}:

Es müssen folgende beide Bedingungen eingehalten werden:

$T_{Ed} \leq T_{Rd,max}$	**Druckstrebennachweis** (Tragfähigkeit des Betons)
$T_{Ed} \leq T_{Rd,sy}$	**Zugstrebennachweis** (Tragfähigkeit der Bewehrung)

– **Druckstrebennachweis**

Die aufnehmbaren Werte T_{Rd} ergeben sich aus dem Fachwerkmodell (Bild 17.3-4):

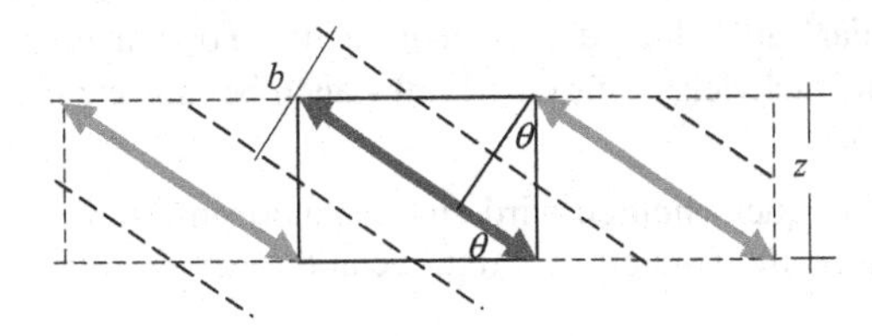

$b = z \cos\theta$

$D = \nu f_{cd}\, t_{eff}\, z \cos\theta$

$V_{Rd,Tmax} = D \sin\theta = \nu f_{cd}\, t_{eff}\, z \cos\theta \sin\theta$

$T_{Rd,max} = V_{Rd,Tmax}\, 2\, A_k/z$

Bild 17.3-4 Zur Herleitung von Gleichung (17.3-3)

(17.3-3) $$T_{Rd,max} = \nu f_{cd}\, t_{eff}\, 2\, A_k \sin\theta \cos\theta$$

mit
$\nu = 0{,}525$ für ≤ C50/60
$\nu = 0{,}525 \cdot (1{,}1 - f_{ck}/500)$ für ≥ C55/67
$\nu = 0{,}75$ bei beidseits bewehrten Kastenwänden

Für den Neigungswinkel der Druckstreben gelten grundsätzlich die gleichen Grenzen wie beim Nachweis der Querkrafttragfähigkeit, wobei V_{Ed} durch $V_{Ed,T+V}$ und b_w durch t_{eff} zu ersetzen sind. Vereinfachend kann mit einem Wert von $\theta = 45°$ gerechnet werden. Dabei ist:

(17.3-4) $$V_{Ed,T+V} = V_{Ed,T} + V_{Ed}\, t_{eff}/b_w$$

– **Zugstrebennachweis**

(17.3-5) $$T_{Rd,sy} = 2\, A_k \cdot \cot\theta \cdot f_{ywd} \cdot A_{sw}/s_w$$

(17.3-6) $$\Sigma A_{sl} = T_{Rd,sy} \cdot u_k \cdot \cot\theta / (2\, A_k \cdot f_{yld})$$

mit
A_{sw} = Querschnittsfläche **eines** Bügelschenkels (**je Seite**)
s_w = Abstand der Bügel in Richtung der Stabachse
ΣA_{sl} = Querschnittsfläche der Torsionslängsbewehrung im Querschnitt
$_l$ = Fußindex für Stahl der Längsstäbe
$_w$ = Fußindex für Stahl der Bügel

17.3.5 Bemessung bei Torsion T_{Ed} und Querkraft V_{Ed}:

Unter der Voraussetzung, dass die Einzelnachweise für Querkraft bzw. Torsion eingehalten sind, ist für die kombinierte Belastung nachzuweisen:

– **Druckstrebennachweis**

Diese folgende Gleichung gilt für kompakte Vollquerschnitte. Bei Hohlkästen entfallen die Exponenten.

(17.3-7) $$\left[\frac{T_{\text{Ed}}}{T_{\text{Rd,max}}}\right]^2 + \left[\frac{V_{\text{Ed}}}{V_{\text{Rd,max}}}\right]^2 \leq 1$$

– **Zugstrebennachweis**

Die Bewehrung wird getrennt für Querkraft und Torsion (n. Abs. 17.3.4) errechnet und addiert. **Dabei ist zu beachten, dass A_{sw} aus Torsion je Seite anzuordnen ist. Die Schubbewehrung aus Querkraft hingegen bezieht sich auf die gesamte Querschnittsbreite.**

Bei kombinierter Torsions- und Querkraftbeanspruchung sollte ein einheitlicher Wert für θ angesetzt werden. Vereinfachend darf auch hier die Bewehrung für Torsion mit $\theta = 45°$ separat ermittelt und zu der aus den Nachweisen für Querkraft - auch bei abweichendem θ - addiert werden.

Bei näherungsweise rechteckigen Vollquerschnitten wird eine rechnerisch erforderliche Bewehrung für weder für Querkraft noch für Torsion benötigt, wenn die beiden folgenden Bedingungen eingehalten sind:

(17.3-8) $$T_{\text{Ed}} \leq V_{\text{Ed}} \cdot b_{\text{w}}/4{,}5 \quad \text{und} \quad V_{\text{Ed}}\left[1+\frac{4{,}5 \cdot T_{\text{Ed}}}{V_{\text{Ed}} \cdot b_{\text{w}}}\right] \leq V_{\text{Rd,ct}}$$

Die Mindestbewehrung für Querkraft ist in jedem Fall einzubauen.

17.4 Konstruktive Bedingungen

Sofern in diesem Abschnitt nichts anderes gesagt wird, gelten die Forderungen an die konstruktive Gestaltung (insbesondere zur Bewehrungsführung) aus den Abschnitten zur Biege- und Schubbemessung.

Ergänzende Forderungen zur Torsionsbewehrung:

- Zum Abdecken der Torsionsschubspannungen sind senkrecht zur Stabachse stehende Bügel (α = 90°) mit nahe an den Außenflächen liegenden Schenkeln anzuordnen.
- Die Bügel müssen geschlossen sein, zum Beispiel durch Übergreifungsstoß, mindestens sind die Schenkel von Übergreifungshaken mit 10 ϕ ins Querschnittsinnere zu biegen.
- Der Bügelabstand muss $\leq u/8$ sein.
- Zur Abdeckung der Längsbewehrung sind mindestens vier Eckstäbe vorzusehen. Die restliche Bewehrung ist gleichmäßig an der Innenseite der Bügel anzuordnen. Die Längsstäbe dürfen nur ≤ 35 cm auseinanderliegen.

17.5 Bemessungsbeispiel

Als Beispiel wird der Randträger einer Halle aus Stahlbetonfertigteilen behandelt. Dieser wird durch exzentrisch aufliegende Doppelstegplatten (sog. π-Platten) außer auf Biegung und Querkraft auch auf Gleichgewichtstorsion beansprucht. Die Abmessungen des Systems und der Querschnitte orientieren sich an den Empfehlungen für eine Maßordnung im Fertigteilbau [6-5]: Danach sollten Rastermaße des Tragsystems (z. B. Grundrissraster) aus Vielfachen des Planungsmoduls 3M = 30 cm bestehen. Für die Querschnittsabmessungen werden Vorzugsmaße angegeben sowie Steigungen für die Neigung von Seitenflächen. (Diese Empfehlungen werden allerdings in der Praxis oft nicht streng angewendet).

1 System und Abmessungen

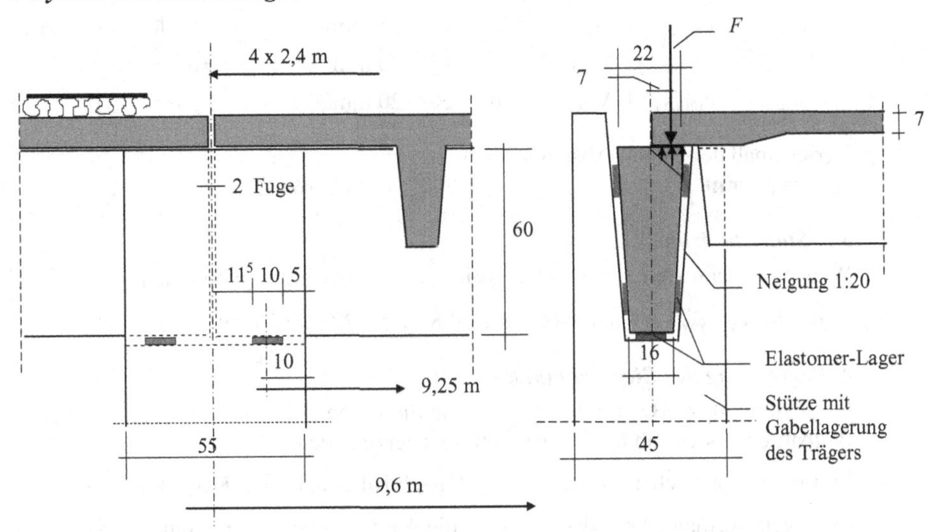

Bei Elastomerlagern darf die rechnerische Auflagerlinie in Mitte Lager angenommen werden. Die wirksame Stützweite beträgt somit: $l_{eff} = 9{,}6 - 0{,}55 + 2 \cdot 0{,}1 = 9{,}25$ m
Die Spannweite in Hallenquerrichtung beträgt $l_{quer} = 9{,}6$ m (quadratischer Grundrissraster)

2 Baustoffe und Bemessungswerte der Baustofffestigkeiten

Beton C35/45: $f_{ck} = 35$ N/mm² $f_{cd} = 0{,}85 \cdot 35/1{,}5 = 19{,}8$ N/mm²
Betonstahl B500: $f_{yk} = 500$ N/mm² $f_{yd} = 500/1{,}15 = 435$ N/mm²

– *Überprüfen der Betonfestigkeitsklasse*

Expositionsklasse nach Tabelle 1.2-2:
Fall XC 3 (feucht ohne Frost) mit „C_{min}" = C20/25 < gew. C35/45

3 Betondeckung und statische Höhe

3.1 Betondeckung

Vorgeschätzt: ≤ ϕ25, Bügel ≤ ϕ8
Nach Tabelle 1.2-4 (entsprechend EC2, Tab. 4.4DE) gilt für XC3:

$$\overline{c}_{min,dur} = c_{min,dur} + \Delta c_{dur,\gamma} = 20 \text{ mm} \quad \text{und} \quad \Delta c_{dev} = 15 \text{ mm}$$

Wegen gew. C35/45 > C_{min} + 2 „Δ C" ist eine Reduzierung von $c_{min,dur}$ um 5 mm, aber nicht unter 10 mm zulässig. $\Delta c_{dur,\gamma}$ ist bei der vorliegenden Expositionsklasse = 0. Damit wird für $\Delta c_{dur,st} = 0$ (kein rostfreier Stahl) und $\Delta c_{dur,add} = 0$ (keine zusätzlichen Schutzmaßnahmen):

$$c_{min} = \max\{c_{min,b};\ c_{min,dur} + \Delta c_{dur,\gamma} - \Delta c_{dur,st} - \Delta c_{dur,add};\ 10 \text{ mm}\}$$

$$c_{min,b,w} = \phi_w = 10 \text{ mm} < \overline{c}_{min,dur} = 20 - 5 = 15 \text{ mm}$$

$$c_{min,b,l} = \phi_l = 25 \text{ mm} > 20 \text{ mm}$$

$c_{nom,l} = \bar{c}_{min,dur} + \Delta c_{dev} = 15 + 15 = 30$ mm — Dauerhaftigkeit

$c_{nom,l} = c_{min,b,l} + \Delta c_{dev,b} = 25 + 10 = 35$ mm — für ϕ_l ist Verbund maßgebend

$c_{nom,w} = \bar{c}_{min,dur} + \Delta c_{dev} = 15 + 15 = 30$ mm — für ϕ_w ist Dauerhaftigkeit maßgebend

$c_{nom,w} = c_{min,b.l} + \Delta c_{dev,b} = 10 + 10 = 20$ mm — Verbund

Verlegemaß der Bügel (Abstandhalter):

$c_v = 30$ mm — damit ist vorh $c_{nom,l} = c_v + \phi_w = 30 + 8 = 38 > 35$ mm ✓

3.2 Statische Höhe

Wegen des schmalen Steges wird zweilagige Bewehrung angenommen.

$$d = h - c_v - \phi_w - \phi_l - \phi_l/2 = 60 - 3{,}0 - 0{,}8 - 2{,}5 - 2{,}5/2 \approx 53 \text{ cm}$$

4 Begrenzung der Biegeschlankheit

Es ist sinnvoll, zu Beginn der Berechnung die Biegeschlankheit zu überprüfen und damit die Baubarkeit des gewählten Querschnittes sicherzustellen.

Einfluss des statischen Systems: $K = 1{,}0$ nach Bild 10.3-1 aus Kap. 10.3.2.

Es liegen normale Anforderungen an die Verformungen vor (keine verformungsempfindlichen Ein- bzw. Aufbauten). Die Fassadenelemente seien an den Außenseiten der Stützen und nicht an den hier behandelten Randträgern befestigt.

Ermittlung von ρ *und* ρ_0:

$\rho_0 = 10^{-3}\sqrt{f_{ck}} = 10^{-3}\sqrt{35} = 0{,}006$ — Referenzbewehrungsgrad

$\rho \approx 0{,}013 > \rho_0 = 0{,}006$ — Prozentsatz der Zugbewehrung, vorgeschätzt

Damit gilt für den Grenzwert nach Gleichung (10.3.2) aus Kapitel 10.3.2 mit $\rho' = 0$:

$$l/d = 1{,}0 \cdot \left[11 + 1{,}5\sqrt{35}\,\frac{0{,}006}{0{,}013}\right] = 15{,}1 < 35 \cdot K = 35 \ \checkmark$$

Überprüfung der Biegeschlankheit:

vorh $l/d = 9{,}25/0{,}53 = 17{,}4 > 15{,}1$ ✗ — siehe aber Modifikation mit vorh. σ_s

Die Werte ρ und die Stahlspannung σ_s müssen nach der Biegebemessung überprüft werden. (s. Abschnitt *8.1.3*).

5 Abschätzen der Kippsicherheit

Im Montagezustand vor Herstellen der endgültigen Scheibenwirkung des Daches (Fugenverguss der Deckenplatten mit kraftschlüssiger Anbindung der Pfettenoberkante) muss die Kippsicherheit der Pfette ohne Halterung des Obergurtes für die entsprechenden Lasten sichergestellt sein. EC2 enthält ein Kriterium zur Abschätzung der Kippsicherheit schlanker Träger. Ist das Kriterium erfüllt, so kann die Kippsicherheit ohne weitere Nachweise als gegeben angesehen werden. Ist es nicht erfüllt, so ist ein ausführlicher Nachweis der Sicherheit gegen Kippen erforderlich.

Man erhält mit Gleichung (13.8-1) und $l_{0t} = 9{,}25$ m und $h = 0{,}60$ m:

$$\text{erf}\, b \geq \sqrt[4]{h\left(\frac{l_{0t}}{50}\right)^3} = \sqrt[4]{0{,}60\left(\frac{9{,}25}{50}\right)^3} = 0{,}25\ \text{m} > \text{vorh}\, b \approx 0{,}21\ \text{m}$$

Es muss somit ein ausführlicher Nachweis der Kippsicherheit erfolgen. Das in Abschnitt 13.8.3 vorgestellte Verfahren [13-3] kann jedoch nicht die das Kippen begünstigende Torsionsbelastung erfassen. Es ist somit für das vorliegende Problem nur bedingt brauchbar. Mit dem in [13-5] vorgeschlagenen Verfahren kann neben der Beanspruchung aus Biegung auch die durch Torsion berücksichtigt werden. Der iterativ durchzuführende Nachweis ist hier nicht wiedergegeben (vgl. z. B [11-10]). Er ergibt unter Ansatz der (geringen) Obergurtbewehrung ausreichende Kippsicherheit (vorh $\gamma_{\text{Kipp}} \approx 1{,}4 >$ erf $\gamma_{\text{Kipp}} = 1{,}0$ im Grenzzustand der Tragfähigkeit nach Theorie II. Ordnung).

Der Träger ist also mit den vorgesehenen Abmessungen baubar.

6 Lasten

6.1 Charakteristische Werte

Eigenlast Träger (DIN 1055-1)	25·0,6 (0,22+0,16)/2	$= G_{k,1} = 2{,}85$ kN/m
Dach (π-Platte, Dämmung, Pappe)	$2{,}45\ \text{kN/m}^2 \cdot l_{\text{quer}}/2$	$= G_{k,2} = 11{,}76$ kN/m
		$G_k = 14{,}61$ kN/m

Schneelast (DIN 1055-5, Zone 2, 300 m ü. NN, $\alpha = 0°$)

$s_i = [s_k(300\ \text{m}) \cdot \mu_1(\alpha) = 0{,}89 \cdot 0{,}8]\ l_{\text{quer}}/2 \quad = Q_k = 3{,}42$ kN/m

6.2 Bemessungswerte

6.2.1 Grenzzustand der Gebrauchstauglichkeit

- Häufige Einwirkungskombination

G_k	= 14,61 kN/m
$Q_k \cdot \psi_{1,1} = 3{,}42 \cdot 0{,}2$	= 0,69 kN/m
	= 15,30 kN/m

- Quasi-ständige Einwirkungskombination

G_k	= 14,61 kN/m
$Q_k \cdot \psi_{2,1}$	=
	= 14,61 kN/m

6.2.2 Grenzzustand der Tragfähigkeit

$G_{k,1} \cdot \gamma_G$	= 2,85·1,35	= 3,85 kN/m
$G_{k,1} \cdot \gamma_{G,\text{inf}}$	= 2,85·1,0	= 2,85 kN/m
$G_{k,2} \cdot \gamma_G$	= 11,76·1,35	= 15,88 kN/m
$G_k \cdot \gamma_G$	= 14,61·1,35	= 19,72 kN/m
$Q_k \cdot \gamma_Q$	= 3,42·1,5	= 5,13 kN/m
$G_k \cdot \gamma_G + Q_k \cdot \gamma_Q$		= 24,85 kN/m

7 Schnittgrößen

7.1 Grenzzustand der Gebrauchstauglichkeit

$M_{\text{Ed,häufig}} = 15{,}30 \cdot 9{,}25^2/8 = 164$ kNm
$M_{\text{Ed,ständig}} = 14{,}61 \cdot 9{,}25^2/8 = 156$ kNm

7.2 Grenzzustand der Tragfähigkeit

– *Transportzustand*

Das Feldmoment ist nicht maßgebend.

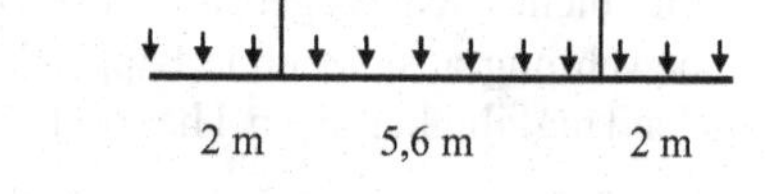

$M_{\text{Ed,Stütze}} = -3{,}85 \cdot 2^2/2 \approx -8$ kNm

– *Endzustand*

$M_{\text{Ed,Feld}} = 24{,}85 \cdot 9{,}25^2/8 = 266$ kNm
$V_{\text{Ed}} = 24{,}85 \cdot 9{,}25/2 = 115$ kN
$T_{\text{Ed}} = (15{,}88+5{,}13) \cdot 0{,}07 \cdot 9{,}25/2 \approx 7$ kNm

$G_{k2} \cdot \gamma_G + Q_k \cdot \gamma_Q$
$G_{k1} \cdot \gamma_G$

8 Bemessung im Grenzzustand der Tragfähigkeit

8.1 Bemessung für Biegung

8.1.1 Transportzustand

$d > 55$ cm (obere Bewehrung nur einlagig)
Näherung als Rechteckquerschnitt mit $b = 16$ cm (Druckzone unten)

$$\mu_{\text{Ed}} = \frac{M_{\text{Ed}}}{b\, d^2 f_{\text{cd}}} \approx \frac{0{,}008}{0{,}16 \cdot 0{,}55^2 19{,}8} = 0{,}0083 \quad \Rightarrow \quad \omega = 0{,}0083 \quad \zeta = 0{,}99$$

erf $A_s = 0{,}0083 \cdot 16 \cdot 55 \cdot 19{,}8/456{,}5 = 0{,}3$ cm²
$A_{s,\min} = f_{\text{ctm}}\, b\, h^2/(6\, z\, f_{\text{yk}}) = 3{,}2 \cdot 20 \cdot 60^2/(6 \cdot 0{,}99 \cdot 55/500) =$ **1,4 cm²**

gewählt: **2 ϕ20** $A_s = 6{,}3$ cm² $> 1{,}4$ cm² obere Bewehrung

8.1.2 Endzustand

Der Querschnitt wird als Rechteck angenähert. Die Druckzonenhöhe x wird vorgeschätzt.

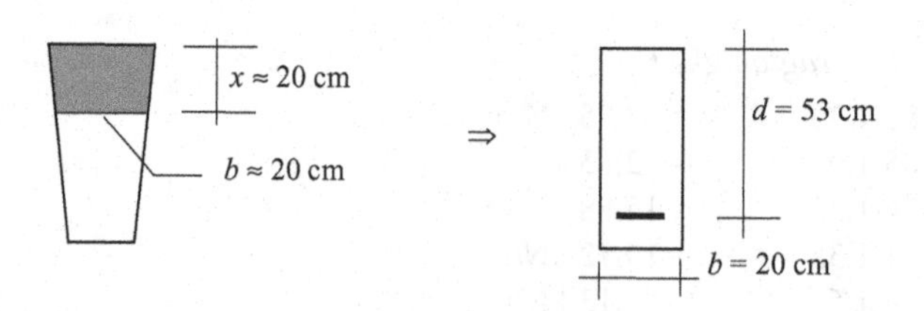

$$\mu_{\text{Ed}} = \frac{M_{\text{Ed}}}{b\, d^2 f_{\text{cd}}} \approx \frac{0{,}266}{0{,}2 \cdot 0{,}53^2 19{,}8} = 0{,}24$$

Abgelesen aus Bild 4.5-8: $\omega = 0{,}28$ $\zeta = 0{,}856$ $\xi = 0{,}35 < \xi_{\text{lim}} = 0{,}62$ $\sigma_{\text{sd}} = 439$ N/mm²
Druckzonenhöhe: $x = 0{,}35 \cdot 0{,}53 = 0{,}19$ cm (Vorschätzung ≈ richtig)

Hebelarm der inneren Kräfte: $z = 0{,}856 \cdot 0{,}53 = 0{,}45$ m

$\boxed{\text{erf } A_s = 0{,}28 \cdot 20 \cdot 53 \cdot 19{,}8/439 = 13{,}4 \text{ cm}^2}$ $\quad Z_s = 13{,}4 \cdot 43{,}9 = 588$ kN

$A_{s,min} = f_{ctm}\, b\, h^2/(6\, z\, f_{yk}) = 3{,}2 \cdot 20 \cdot 60^2/(6 \cdot 45 \cdot 500) = 1{,}71 \text{ cm}^2 << 13{,}4 \text{ cm}^2$

gewählt: $\boxed{\mathbf{2\,\phi 25 + 2\,\phi 20} \quad A_s = 16{,}1 \text{ cm}^2 > 13{,}4 \text{ cm}^2}$ $\quad Z_s = 16{,}1 \cdot (<43{,}9) < 706$ kN

Erste (untere) Lage: 2 ϕ25:

erf $b = 2c_v + 2\,\phi_w + 2\,\phi 25 + a_{min} = 2 \cdot 3{,}0 + 2 \cdot 0{,}8 + 2 \cdot 2{,}5 + 2{,}5 = 15{,}1 < 16$ cm

8.1.3 Überprüfung der Annahmen zum Nachweis der Biegeschlankheit

$\rho = 16{,}1/(20 \cdot 53) = 0{,}015 > 0{,}013$ ✓ Prozentsatz der Zugbewehrung

$\sigma_s \approx (\sigma_{sd}/1{,}4) \cdot \text{erf } A_s/\text{vorh } A_s = (439/1{,}4) \cdot 13{,}4/16{,}1$ Stahlspannung im GZG

$\approx 260 \text{ N/mm}^2 < 310 \text{ N/mm}^2$

Die Grenzwert l/d erhöht sich somit um den Faktor 310/260 = 1,19:

vorh $l/d = 9{,}25/0{,}53 = 17{,}4 < 15{,}1 \cdot 1{,}19 = 18{,}0$ ✓

Der Nachweis der Biegeschlankheit ist somit erfüllt. Wegen der weitgehenden Ausnutzung des Grenzwertes wird aus optischen Gründen eine Schalungsüberhöhung von 15 mm vorgesehen.

8.2 Bemessung für Querkraft

8.2.1 Tragfähigkeit ohne Schubbewehrung

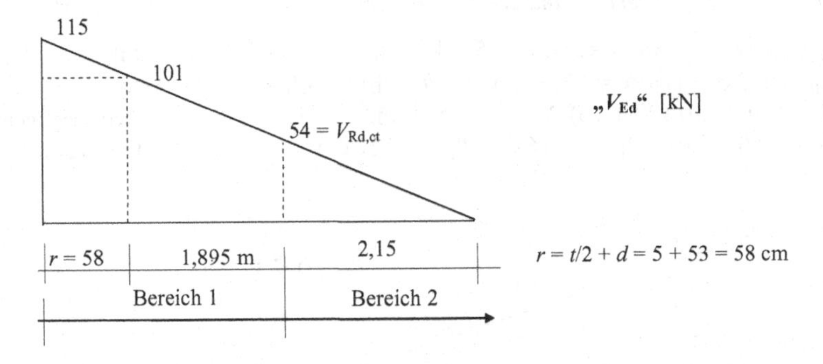

$V_{Rd,c} = (0{,}15/\gamma_c) \cdot k \cdot (100\, \rho_l \cdot f_{ck})^{1/3} \cdot b_w \cdot d$ Gleichung (6.3-2)

$\geq V_{Rd,c,min} = (0{,}0525/\gamma_c) \cdot k^{3/2} \cdot f_{ck}^{1/2} \cdot b_w \cdot d$

$\rho_l = 2 \cdot 4{,}9/(53 \cdot 20) = 0{,}0092 < 0{,}02$ 2 ϕ25 bis ins Auflager geführt

$k = (1 + \sqrt{200/d[\text{mm}]}) = \mathbf{1{,}61} < 2{,}0$ 1,61 maßgebend

$V_{Rd,c} = (0{,}15/1{,}5) \cdot 1{,}61 \cdot (100 \cdot 0{,}0092 \cdot 35)^{1/}3 \cdot 0{,}2 \cdot 0{,}53 \cdot 10^3 = 54 \text{ kN} << 102$

$V_{Rd,c,min} = (0{,}0525/1{,}5) \cdot 1{,}61^{3/2} \cdot 35^{1/2} \cdot 0{,}2 \cdot 0{,}53 \cdot 10^3 = 45 \text{ kN} < 54$ $V_{Rd,c,min}$ nicht maßgebend

$V_{Rd,ct} = 54 \text{ kN} << 102 \text{ kN}$ ⚡ $\Rightarrow$ **Schubbewehrung erforderlich**

8.2.2 Druckstrebennachweis

Unterer Grenzwert für die Neigung der Druckstreben:

$$\cot\theta \leq \frac{1{,}2}{1-0{,}24\cdot f_{ck}^{1/3}\cdot b_w\cdot z/V_{Ed}} = \frac{1{,}2}{1-0{,}24\cdot 35^{1/3}\cdot 0{,}2\cdot 0{,}45/0{,}115} = 3{,}1 > \mathbf{3{,}0} \quad \text{maßgebend}$$

Es wird aber mit $\cot\theta = 1{,}2$ (in Anlehnung an DIN 1045-1) ein mittlerer Neigungswinkel von $\theta \approx 40°$ gewählt, um keine zu große Abweichung vom Neigungswinkel der Torsionsdruckstreben zu erhalten. Damit ergibt sich für lotrechte Bügel und CC35/45:

$V_{Rd,max} = 0{,}75\cdot f_{cd}\, b_w\, 0{,}9\, d \sin\theta \cos\theta = 0{,}75\cdot 19{,}8\cdot 0{,}2\cdot 0{,}9\cdot 0{,}53\cdot 0{,}643\cdot 0{,}766 = 0{,}698$ MN

$V_{Rd,max} = 698$ kN >> $V_{Ed} = 115$ kN ✓

8.2.3 Zugstrebennachweis

– *Bereich 1*

Aus $V_{Rd,s} = (A_{sw}/s_w)\, 0{,}9\, d\, f_{ywd} \cot\theta = V_{Ed}$ erhält man die erforderliche Schubbewehrung:

erf $A_{sw}/s_w = V_{Ed}/(0{,}9\, d\, f_{ywd} \cot\theta) = 0{,}101\cdot 10^4/(0{,}9\cdot 0{,}53\cdot 435\cdot 1{,}2) = 4{,}1$ cm²/m

Wahl der Bügel siehe später.

– *Bereich 2 (Mindestschubbewehrung nach Tabelle 6.6-1)*

$\rho_{w,min} = 0{,}00103$ für C35/45 und B500

erf $A_{sw}/s_w = \rho_{w,min}\, b_w = 0{,}00103\cdot 20\cdot 100 = 2{,}1$ cm²/m

8.3 Bemessung für Torsion

8.3.1 Schnittgrößenverlauf und Geometriewerte

$t_{eff,max} = 2\, c_l + \min \phi_l = 2\cdot 3{,}8 + 2{,}5 = 10{,}1$ cm > vorh $b_{w,min}/2 = \mathbf{8}$ cm — bei $b_{w,min}$

$t_{eff,min} = 2\, c_l + \min \phi_l = 2\cdot 3{,}8 + 2{,}0 =$ **9,6** cm < vorh $b_{w,max}/2 = 11$ cm — bei $b_{w,max}$

$A_k = (60 - 9{,}0)[(22 + 16)/2 - 9{,}0] = 510$ cm² — Kernquerschnitt mit $t_{eff} \approx 9$ cm

$u_k = 2(60 - 9{,}0) + 2[(22 + 16)/2 - 9{,}0] = 122$ cm — Umfang des Kernquerschnittes

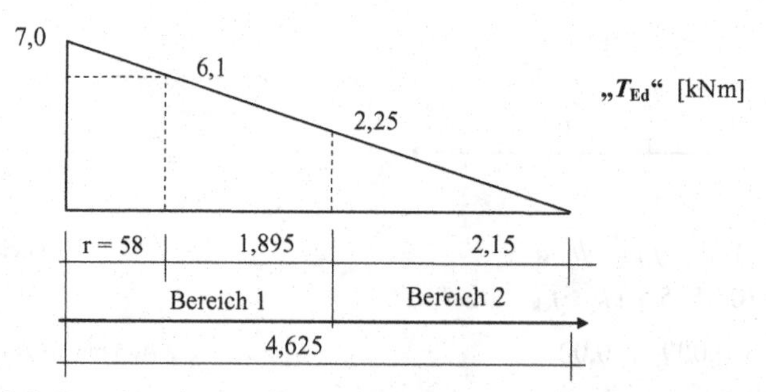

8.3.2 Druckstrebennachweis (Näherung mit $\theta = 45°$) mit Gl. 17.3-5

$T_{Rd,max} = \nu f_{cd}\, t_{eff}\, 2\, A_k \sin\theta \cos\theta = 0{,}525\cdot 19{,}8\cdot 0{,}09\cdot 2\cdot 0{,}051\cdot 0{,}707^2$

$T_{Rd,max} = 0{,}048$ MNm >> $T_{Ed} = 0{,}007$ MNm ✓

8.3.3 Zugstrebennachweis mit Gl. 17.3-5

Aus $T_{Rd,sy} = 2\,A_k \cdot \cot\theta \cdot f_{ywd} \cdot A_{sw}/s_w = T_{Ed}$ erhält man die erforderliche Bügelbewehrung:

- Bereich 1

  erf $A_{sw}/s = 0{,}007 \cdot 10^4/(2 \cdot 0{,}0510 \cdot 435 \cdot 1{,}0)$ $= 1{,}6$ cm²/m und Stegseite

- Bereich 2

  erf $A_{sw}/s = 1{,}6 \cdot 2{,}15/4{,}625$ $= 0{,}75$ cm²/m und Stegseite — mit Strahlensatz

Mit $A_{sl} = T_{Rd,sy}\, u_k \cot\theta/(2\, A_k\, f_{yld})$ erhält man die erforderliche Längsbewehrung:

erf $A_{sl} = 0{,}007 \cdot 1{,}22 \cdot 1{,}0 \cdot 10^4/(2 \cdot 0{,}0510 \cdot 435) = 1{,}9$ cm²

Mindestbewehrung: $\min \rho_w = \min \rho_l = 0{,}00103$

$\min a_{sw} = 0{,}00103\; t_{eff} = 0{,}00103 \cdot 9{,}0 \cdot 10^2 = \mathbf{0{,}93}$ cm²/m Balkenlänge — > 0,75 cm²/m je Seite

$\min a_{sl} = 0{,}00103\; t_{eff} = 0{,}00103 \cdot 9{,}9 \cdot 10^2 = 0{,}93$ cm²/m Umfang u_k

$\min \Sigma A_{sl} = \min a_{sl} \cdot u_k = 0{,}93 \cdot 1{,}22 = 1{,}15 \text{ cm}^2 < \mathbf{1{,}9} \text{ cm}^2$

8.4 Nachweis der Interaktion aus Schub und Torsion

8.4.1 Druckstrebennachweis

Maßgebend ist die rechnerische Auflagerlinie:

$$\left[\frac{T_{Ed}}{T_{Rd,max}}\right]^2 + \left[\frac{V_{Ed}}{V_{Rd,max}}\right]^2 = \left(\frac{7}{48}\right)^2 + \left(\frac{115}{698}\right)^2 = \boxed{0{,}05 \ll 1{,}0 \quad ✓}$$

8.4.2 Zugstrebennachweis

Wie man durch Einsetzen leicht nachweisen kann, ist das erste Kriterium nach Gleichung (17.3-8) an keiner Stelle des Trägers erfüllt. Somit ist grundsätzlich über die ganze Trägerlänge Schubbewehrung erforderlich.

$T_{Ed}(x)/V_{Ed}(x) \le b_w/4{,}5 \quad \Rightarrow \quad 7/115 = 0{,}06 > 0{,}2/4{,}5 = 0{,}044$ — nicht erfüllt

- *Bereich 1 mit nachzuweisender Schubbewehrung:* *(Größtwert)*

  erf $(A_{sw}/s) = \text{erf}\,(A_{sw}/s)_{VEd} + 2\,\text{erf}\,(A_{sw}/s)_{TEd} = 4{,}1 + 2 \cdot 1{,}6 = 7{,}3$ cm²/m

  (Die Stegbewehrung aus T_{Ed} ist je Seite anzuordnen und somit doppelt einzusetzen.)

- *Bereich 2 mit Mindestbewehrung für Schub:* *(Größtwert)*

  erf $(A_{sw}/s) = \min\,(A_{sw}/s)_{VEd} + 2\,\text{erf}\,(A_{sw}/s)_{TEd} = 2{,}1 + 2 \cdot 0{,}93 = 4{,}0$ cm²/m

8.5 Wahl der Bewehrung

8.5.1 Längsbewehrung

Aus Biegung:

2 ϕ20	6,3 cm²	unten 2. Lage
2 ϕ25	9,8 cm²	unten 1. Lage
	16,1 cm² > 13,4 cm²	

Aus Torsion: Aufteilung von A_{sl} auf 6 Stäbe: erf $A_{sl}/6 = 1{,}9/6 = 0{,}32$ cm²

2 ϕ20	6,3 cm² > 2·0,32 cm²	oben in den Ecken
2 ϕ10	1,6 cm² > 2·0,32 cm²	Mitte
2 ϕ25	Reserve >> 2·0,32 cm²	unten in den Ecken

Anmerkung: A_{sl} ist im Bereich großer T_{Ed} nicht ausgenutzt, der Stababstand ist an allen Seiten < 35 cm.

8.5.2 Bügel

– *Bereich 1:*

gewählt: Mattenbügel B500 150·8/250·5 POS 6

s = 15 cm < $u_k/8$ = 15,2 cm, < max s aus V_{Ed}

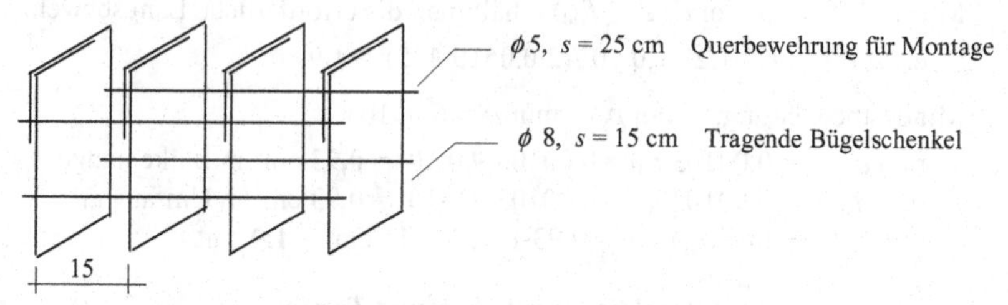

vorh $(A_{sw}/s) = 2 \cdot 0{,}5\ \text{cm}^2/0{,}15 = 6{,}7\ \text{cm}^2/\text{m} \approx$ erf $(A_{sw}/s) = 7{,}3\ \text{cm}^2/\text{m}$ bezogen auf $n = 2$

Die Unterschreitung von < 9 % ist tolerierbar, weil sie praktisch nur über dem Auflager auftritt. Dort geht jedoch die Beanspruchung des Anteils der Schubbewehrung (4,1 cm²/m) deutlich zurück.

– *Bereich 2:*

gewählt: Mattenbügel B500 150·6/250·5 POS 7

vorh $(A_{sw}/s) = 2 \cdot 0{,}28\ \text{cm}^2/0{,}15 = 3{,}8\ \text{cm}^2/\text{m} \approx$ erf $(A_{sw}/s) = 4{,}0\ \text{cm}^2$ bezogen auf $n = 2$

Die Querbewehrung ϕ 5 wird nicht als Torsionslängsbewehrung angesetzt. Die Bügelkörbe brauchen deshalb in Trägerlängsrichtung nicht gestoßen zu werden. Dies erleichtert die Konstruktion und den Einbau.

9. Nachweise in den Grenzzuständen der Gebrauchstauglichkeit

9.1 Allgemeines

Im vorliegenden Fall braucht nur der Grenzzustand der Rissbildung nachgewiesen zu werden. Die Durchbiegungsbegrenzung wurde bereits untersucht.

9.2 Grenzzustand der Rissbildung

9.2.1 Mindestbewehrung

Es handelt sich um ein nahezu zwangsfrei gelagertes, statisch bestimmtes System. Der Nachweis einer Mindestbewehrung ist nicht erforderlich.

9.2.2 Beschränkung der Rissbreite

Die statisch erforderliche Längsbewehrung muss so gewählt und angeordnet werden, dass die geforderte Begrenzung der Rissbildung sichergestellt ist. Im vorliegenden Fall ist der Rechenwert der Rissbreite nach Tabelle 10.1-1 auf $w_k \approx 0{,}3$ mm zu begrenzen. Dies geschieht durch Einhalten der Bedingungen der Tabelle 10.4-1 bzw. 10.4-2.

– *Stahlspannung unter quasi-ständiger Einwirkung:*

$M_{Ed,ständig} = 156$ kNm $\quad M_{Ed} = 266$ kNm

Die Stahlspannung unter M_{Ed} wird näherungsweise unter Verwendung des inneren Hebelarmes z aus der Biegebemessung errechnet:

$\sigma_s \approx M_{Ed,ständig}/(z \cdot \text{vorh } A_s) = 0{,}156/(0{,}45 \cdot 16{,}1 \cdot 10^{-4}) = 215$ N/mm²

– *Nachweis mit Tabelle 10.4-1 (Gleichung 10.4-3) für $w_k = 0{,}3$ mm und $f_{ct,eff} = 3{,}2$ N/mm²*

$\phi^* = 23{,}0$ mm $\Rightarrow$ $\phi = \phi^* \cdot \sigma_s \cdot A_s / [4(h\text{-}d)\, b \cdot f_{ct,0}] \geq \phi^* \cdot f_{ct,eff}/f_{ct,0}$

$\phi = 23{,}0 \cdot 215 \cdot 16{,}1 \cdot 10^{-4}/[4\,(0{,}60\text{-}0{,}53) \cdot 0{,}2 \cdot 3{,}0] = \mathbf{47\ mm} > 23{,}0 \cdot 3{,}2/3{,}0$

$\boxed{\phi = 47 \text{ mm} > \text{vorh } \phi = 25 \text{ mm}}$ ✓ **Nachweis erfüllt**

– *Nachweis mit Tabelle 10.4-2 für reine Biegung* ***(alternativ)***

$\boxed{\max s = 231 \text{ mm} >> \text{vorh } s \approx 9 \text{ cm}}$ ✓ **Nachweis erfüllt**

Hinweis: Bei Balken mit eng liegender Bewehrung ist der Nachweis der Beschränkung der Rissbreite praktisch immer erfüllt. Er kann zumeist entfallen. Wird nachgewiesen, so führt die Verwendung von Tabelle 10.4-2 einfacher zum Ziel.

10 Konstruktion, Bewehrungsführung

10.1 Verankerungslängen

10.1.1 Grundmaße der Verankerungslängen

Die Verankerungslängen werden nach Tabelle 8.4-1, ermittelt. Die obere Querschnittshälfte des Trägers gehört zum mäßigen, die untere Hälfte zum guten Verbundbereich. Dabei ist für C35/45 im guten Verbundbereich $\boldsymbol{l_b = 32 \cdot \phi}$, im mäßigen Verbundbereich $\boldsymbol{l_b = 32 \cdot \phi/0{,}7}$. Damit erhält man die in der folgenden Tabelle angegebenen Verankerungslängen:

Verbundbereich	ϕ [mm]	l_b [cm]
gut	25	80
gut	20	64
gut	8	25,5
mäßig	20	91
mäßig	10	46
mäßig	8	36,5

10.1.2 Endauflager A, B

Die zu verankernde Zugkraft beträgt mit Gleichung (8.4-7) für $N_{Ed} = 0$:

$F_{sE} = V_{Ed} \cdot a_l/z \quad$ mit $\quad z \approx 0{,}9\, d = 0{,}54$ m

$a_l = 0{,}5 \cdot 0{,}54 \cdot \cot 40° \approx 0{,}32$ m — Versatzmaß

$F_{sE} = 115 \cdot 0{,}32/0{,}54 = 69 \text{ kN} > 116/2$ ✓

$\text{erf } A_s = 0{,}069 \cdot 10^4/435 = 1{,}6$ cm²

Die erforderliche Verankerungslänge beträgt nach Bild 8.4-3:

$l_{bd} = 2/3 \cdot l_b \cdot A_{s,erf}/A_{s,vorh} \geq l_{b,min} = 0{,}3 \cdot l_b$ bzw. $\geq 10 \cdot \phi$ — gerades Stabende

$A_{s,erf}$ = 1,6 cm² aus F_{sE}

$A_{s,vorh}$ = 9,8 cm² 2 ϕ25 > 0,25 max $A_{s,erf}$ = 0,25·13,46 cm²

$l_{b,min}$ = 0,3·80 = 24 cm < 10·2,5 = **25 cm**

l_{bd} = 2/3·80·1,6/9,8 = 8,1 cm < 2/3·25 = 16,7 cm

Damit ist:

$l_{bd,A,B}^{\phi 25}$ = 25·2/3 ≈ 17 cm < vorh $l_{bd,A,B}$ = 10 + 11,5 - nom c = 22,5 - 3,0 = 19,5 cm ✓

Bei $l_{A,B}$ > vorh $l_{A,B}$ wären statt der Stäbe ϕ25 die Stäbe ϕ20 in die untere Lage zu legen und ungestaffelt bis ins Auflager zu führen, um $l_{b,min}$ zu verringern. Sollte auch diese Maßnahme nicht ausreichen, so könnten Steckschlaufen mit kleinerem ϕ und α_a = 0,7 zugelegt und mit den geraden Stäben durch Übergreifungsstoß verbunden werden. Dies ist eine übliche Maßnahme im Fertigteilbau:

Draufsicht auf Schlaufe

2/3 l_{bd}

l_0

10.1.3 Verankerung der Torsionslängsbewehrung

Die Torsionslängsbewehrung wird von der rechnerischen Auflagerlinie ab verankert. Der geringe Anteil in den ϕ25 ist ohne Nachweis abgedeckt. Für die restlichen Stäbe sind die ϕ 20 maßgebend:

$l_{bd} = \alpha_1\, l_b\, A_{s,req}/A_{s,prov} \geq l_{b,min}$

α_1 = 0,7 Winkelhaken, nach innen gebogen, Betondeckung > 3 ϕ

$A_{s,erf}$ = 0,32 cm² = 1,9 cm²/6

$A_{s,vorh}$ = 3,14 cm²

l_{bd} = 0,7·91·0,32/3,14 = 6,5 cm ohne Faktor 2/3, da keine Querpressung

$l_{b,min}$ = 0,3·91 = **27,3 cm** > 10·2,0 = 20 cm

$l_{bd,A,B}$ ≈ 27 cm > vorh $l_{A,B}$ = 16,5 - nom c =16,5 - 3,0 = 13,5 cm ✗

Neu gewählt: Steckschlaufe ϕ10 mit l_0 an ϕ20 (ohne Haken). Die ϕ20 werden beibehalten: Ausreichende Steifigkeit des Bewehrungskorbes und Kippsicherheit des Druckgurtes.

α_1 = 0,7 Steckschlaufe liegend, Betondeckung > 3 d_s

$A_{s,erf}$ = 0,32 cm²

$A_{s,vorh}$ =0,79 cm² je Schenkel der Schlaufe ϕ10

l_{bd} = 0,7·46·0,32/0,79 = 13,0 cm ohne Faktor 2/3, da keine Querpressung

$l_{b,min}$ = 0,3·46 = 13,8 cm > 10·1,0

$l_{bd,A,B}^{\varnothing 10}$ = 13,8 cm ≈ vorh $l_{A,B}$ = 14 cm ✓

Länge l_0 des Übergreifungsstoßes (gerade Stäbe) nach Gleichung (8.4-11), ϕ10 maßgebend:

l_0 = $l_{bd}\cdot\alpha_6 \geq l_{0,min} = 0{,}3\cdot\alpha_6\cdot l_b \geq 15\,\phi \geq 20$ cm mit ·$\alpha_A \leq 1{,}0$

α_6 = 1,4 gerader Stoß, Stoßanteil 100%, a > 8 ϕ aber c_1 < 4 ϕ

$l_0^{\phi 10}$ = 46·0,32/0,79·1,4 ≈ 26 cm oben liegende Schlaufe, mäßiger Verbund

> 0,3·1,4·46 = 19,3 cm > 15·1,0 = 15 cm > 20 cm

Die Längsbewehrung ϕ 10 wird ebenfalls ohne Endhaken, aber mit Steckschlaufe ausgeführt.

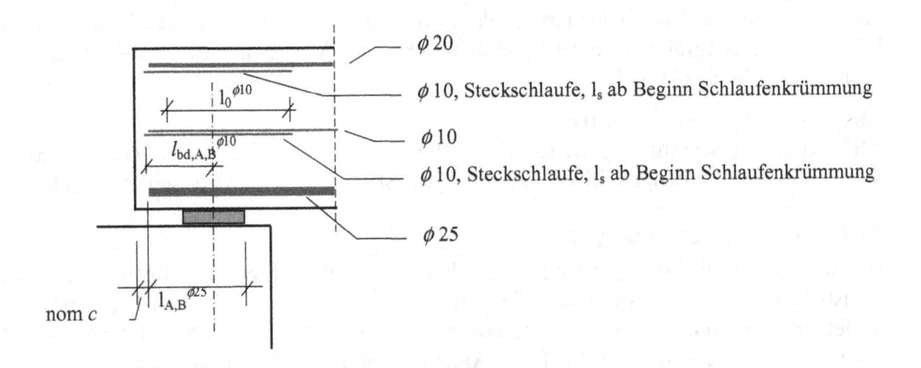

10.1.4 Verankerung der gestaffelten Biegezugbewehrung

Es wird nach der Treppenfunktion (s. Bild 8.3-1) gestaffelt. Die zwei ϕ20 werden mit gleicher Länge ausgeführt, aber durch gegenseitig verschobenen Einbau an zwei Stellen gestaffelt. Dies führt zu einer Verringerung der Bewehrungsmenge ohne Erhöhung der Anzahl unterschiedlicher Positionen.

$l_{bd} = \alpha_1 \, l_b \, A_{s,erf}/A_{s,vorh} \geq l_{b,min}, \geq d$ (Empfehlung, Gl (8.4-9)

Staffelungspunkt E_1: $A_{s,erf}/A_{s,vorh} = (2\ \phi 25 + 1\ \phi 20)/(2\ \phi 25 + 2\ \phi 20) = 13{,}0/16{,}1 = 0{,}8$

$l_{bd} = 1{,}0 \cdot 64 \cdot 0{,}8 = 51$ cm **gew. 53 cm**

Staffelungspunkt E_2: $A_{s,erf}/A_{s,vorh} = (2\ \phi 25)/(2\ \phi 25 + 1\ \phi 20) = 9{,}8/12{,}9 = 0{,}76$

$l_{bd} = 1{,}0 \cdot 64 \cdot 0{,}76 = 48$ cm **gew. 53 cm**

10.1.5 Übergreifungsstoß der Bügelschenkel

Die Bügelschenkel müssen wegen der Torsionsbeanspruchung kraftschlüssig gestoßen werden. Die Stöße liegen teilweise im guten Verbundbereich (vertikaler Anteil) und teilweise im mäßigen Verbundbereich (horizontaler Anteil). Der Stoß wird als normaler Stoß und nicht als Mattenstoß behandelt. Die konstruktiven Längsstäbe $\phi 5$ müssen dann nicht passend im Bereich des Stoßes angeordnet werden. Der Stoß befindet sich in der Druckzone. Eine Erhöhung der Verankerungslänge wegen möglicher Risse parallel zum Stoß ist daher nicht erforderlich.

Der Stoßanteil liegt mit 100 % über 33 %. Konservativ wird der Stoß für die erf. Gesamtbewehrung aus Querkraft und Torsion ermittelt.

$l_0 = l_{bd}\ \alpha_6 \geq l_{0,min} = 0{,}3\ \alpha_6\ l_b \geq 15\ \phi, \geq 20$ cm — hier $l_{bd} = l_b$ wegen $A_{s,erf}/A_{s,vorh} \approx 1{,}0$

$A_{s,vorh} = 3{,}35$ cm²/m — Matte ϕ8 - 15

$\alpha_6 = 1{,}0$ — Tab. 8.4.2 für a ≈ 15 cm > 8·0,8 und c_1 >> 4·0,8

Guter Verbundbereich:

$l_0 = 25{,}5 \cdot 1{,}0 \cdot 1{,}0 =$ **25,5 cm** > 0,3·1,0·25,5 = 8 cm > 25 cm **maßgebend**

Mäßiger Verbundbereich:

$l_s = 25{,}5/0{,}7 =$ **36,5 cm** > 25 cm

Gewählt: **l_0 = (25,5 + 36,5)/2 = 31 cm** > 25 cm

10.2 Abstandhalter

Die richtige Wahl und Anordnung der Abstandhalter bestimmt die Qualität des Bauteils, insbesondere hinsichtlich der Dauerhaftigkeit. Wegen der Reduzierung des Vorhaltemaßes Δc ist besondere Sorgfalt erforderlich. Man beachte das Merkblatt des Deutschen Beton- und Bautechnik-Vereins [1-18].

Abstandhalter für nom $c = 3{,}0$ cm

Abstand in Längsrichtung: gew. $1{,}0 \text{ m} < 1{,}25 \text{ m}$ — Grenzwert nach [1-18]

Verteilung über Umfang: seitlich und unten je 2 Stück — entspricht [1-18] für $h < 1{,}0$ m

10.3 Bewehrungszeichnung

Die folgende Bewehrungsdarstellung ist kein vollständiger Bewehrungsplan. Sie soll die Konstruktion der Bewehrung und die Umsetzung der zuvor ermittelten Ergebnisse zeigen. So fehlen z. B. Angaben zu den Biegerollendurchmessern sowie Angaben der Baustoffe und der Betondeckung und das Schriftfeld. Andererseits ist die Zugkraftdeckungslinie normalerweise nicht Bestandteil von Bewehrungsplänen.

Weiterhin müssen spezielle Angaben zu Fertigteilen (s. a. [6-5]) ergänzt werden: Mindestdruckfestigkeit des Betons für Transport, Lage und Art der Transportanker und natürlich das Gewicht der Teile, hier 27,4 kN.

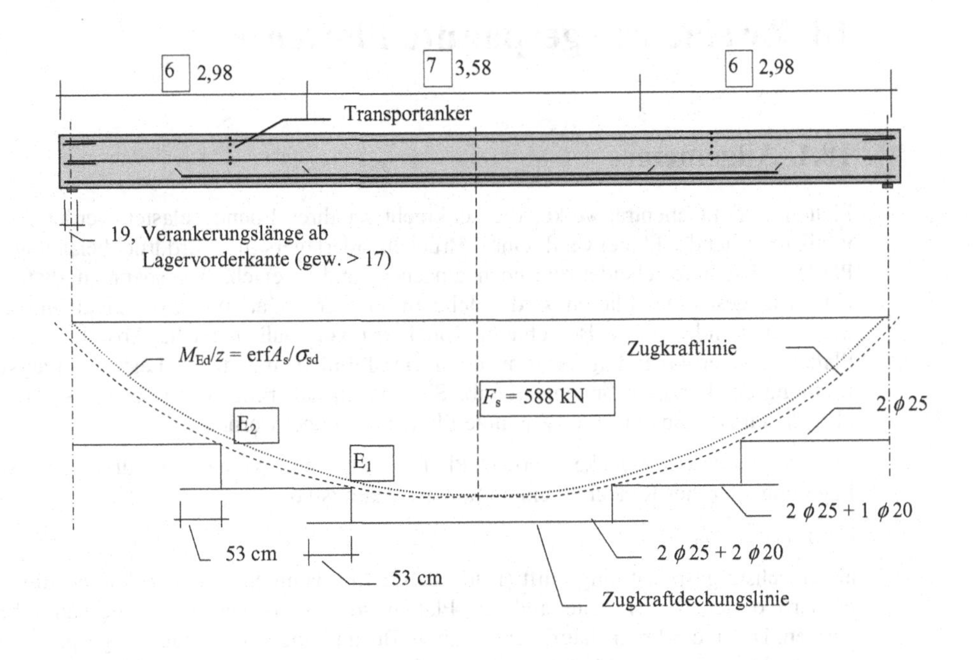
6 2,98
7 3,58
6 2,98
Transportanker
19, Verankerungslänge ab Lagervorderkante (gew. > 17)
$M_{Ed}/z = \mathrm{erf}A_s/\sigma_{sd}$
Zugkraftlinie
F_s = 588 kN
E2
E1
2 ϕ25
2 ϕ25 + 1 ϕ20
53 cm
53 cm
2 ϕ25 + 2 ϕ20
Zugkraftdeckungslinie

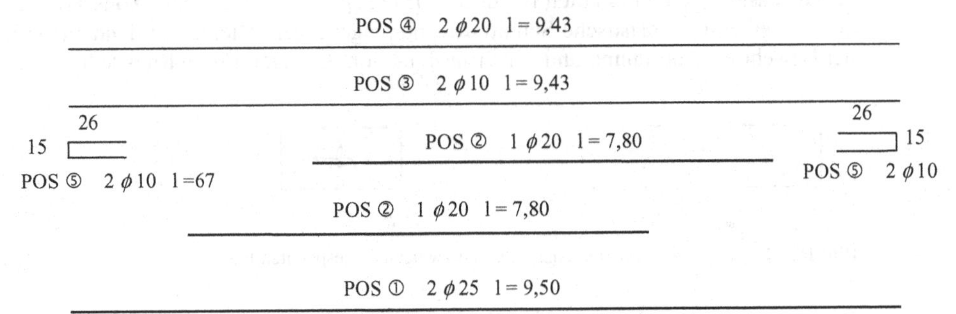
POS ④ 2 ϕ20 l = 9,43
POS ③ 2 ϕ10 l = 9,43
26
15
POS ⑤ 2 ϕ10 l =67
POS ② 1 ϕ20 l = 7,80
26
15
POS ⑤ 2 ϕ10
POS ② 1 ϕ20 l = 7,80
POS ① 2 ϕ25 l = 9,50

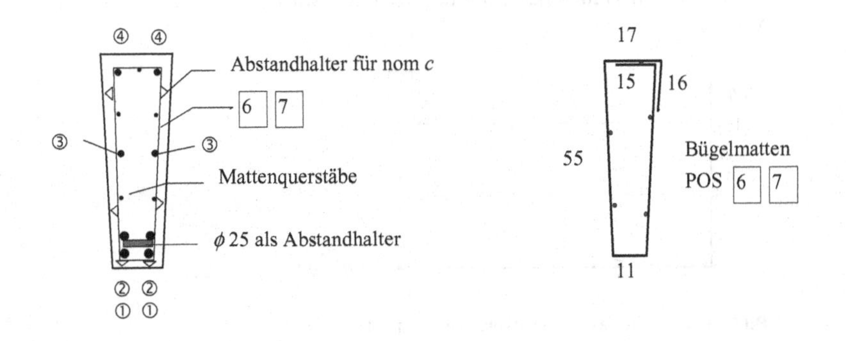
④ ④
Abstandhalter für nom c
6 7
③ ③
Mattenquerstäbe
ϕ25 als Abstandhalter
② ②
① ①
17
15
16
55
11
Bügelmatten
POS 6 7

18 Zweiachsig gespannte Platten

18.1 Allgemeines

Platten sind Flächentragwerke, die senkrecht zu ihrer Ebene belastet werden (auch eine vertikal stehende Flügelwand eines Brückenwiderlagers mit Erddruckbelastung ist eine Platte). Man unterscheidet zwischen einachsig und zweiachsig gespannten Platten. Echte einachsig gespannte Platten sind solche mit Lagerung an nur zwei einander gegenüber liegenden Rändern. Ihre Berechnung ähnelt der von Balken (siehe Abs. 11.3). Längliche Platten mit vertikaler Lagerung an allen vier Rändern tragen die Lasten vorzugsweise in Richtung der kürzeren Spannweite ab. Sie können näherungsweise ebenfalls als einachsig über die kürzere Spannweite gespannte Platten berechnet werden.

Für baupraktische Zwecke werden Platten mit rechteckigem Grundriss und vertikaler Lagerung aller vier Ränder ab einem Seitenverhältnis von

(18.1-1) $\quad l_{max}/l_{min} > 2$

als einachsig gespannt eingestuft (Bild 18.1-1, Einspannungen an den kurzen Rändern vergrößern diesen Wert). Alle anderen Platten sollten als zweiachsig gespannt berechnet werden. Die in der Praxis häufig angewandte Behandlung von zweiachsig gespannten Platten als einachsig gespannte Platten ist für die „Hauptspannrichtung" meist konservativ, erfordert aber oft erhebliche plastische Schnittgrößenumlagerungen. Hierauf ist dann nachträglich bei der Bewehrungsanordnung und der Ermittlung von Auflagerkräften Rücksicht zu nehmen.

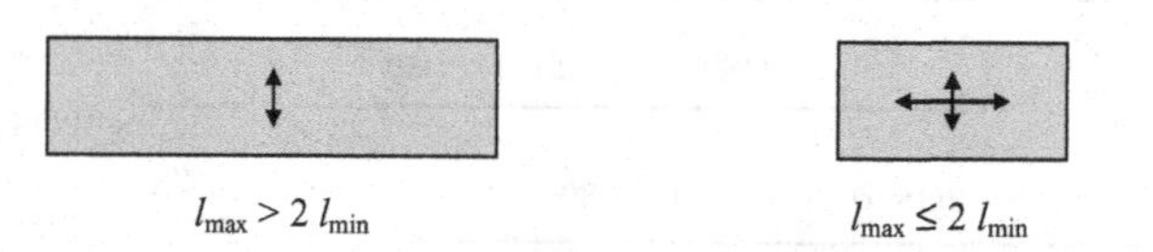

Bild 18.1-1 Zur Abgrenzung von einachsig und zweiachsig gespannten Platten

Das Verhältnis des Abtrages einer Flächenlast q in der langen Spannrichtung q_y zum Abtrag in der kurzen Hauptspannrichtung q_x hat etwa den auf Bild 18.1-2 qualitativ angegebenen Verlauf:

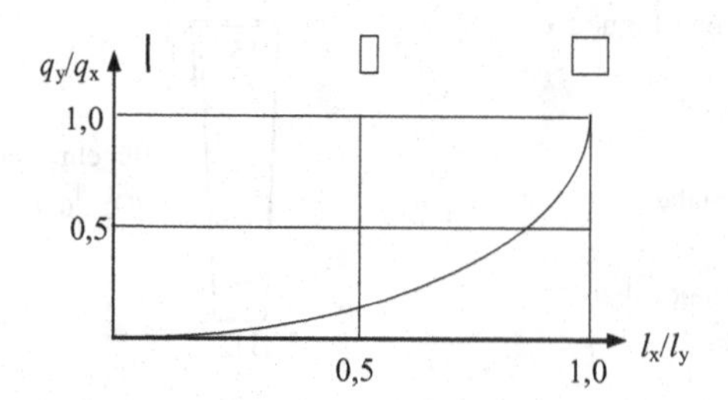

Bild 18.1-2 Zum Lastabtrag zweiachsig gespannter Platten

Im Folgenden wird die Berechnung und konstruktive Durchbildung zweiachsig gespannter Platten behandelt. Im Vordergrund stehen rechteckige Einzelplatten und Felder durchlaufender Rechteckplatten. Dabei wird auf die klassischen Methoden der Schnittgrößenermittlung vertieft eingegangen. Die im EC2 ebenfalls zugelassenen plastischen Methoden werden nur kurz behandelt. Ergänzend wird in die Berechnung von Platten mit Programmen auf Basis der Finiten Elemente eingeführt.

18.2 Tragverhalten

Für Flächentragwerke gilt (abgesehen von der näherungsweisen Berechnung einachsig gespannter Platten als Plattenstreifen) die Stabstatik nicht. Das Tragverhalten von Stäben wird mathematisch beschrieben durch eine Differentialgleichung vierter Ordnung mit einer Variablen x in Richtung der Stabachse, das Tragverhalten von Platten hingegen durch eine partielle Differentialgleichung vierter Ordnung mit zwei Variablen x und y. Das Tragverhalten ist gekennzeichnet durch:

- Gegenseitige Beeinflussung der beiden Tragrichtungen x und y
- Einfluss der Querdehnung
- Einfluss der Torsionssteifigkeit
- Bereiche annähernd konstanter Krümmung und somit konstanter Biegemomente

Es entstehen Schnittgrößen in zwei zueinander senkrechten Richtungen. Bei der üblichen Annahme eines karthesischen Koordinatensystems x, y erhält man folgende, in der Regel mit kleinen Buchstaben bezeichnete Plattenschnittgrößen bezogen auf eine Längeneinheit in x- oder y-Richtung:

- m_x, m_y Biegemomente, die in x- bzw. in y-Richtung Spannungen erzeugen
- m_{xy} Torsions- oder Drillmomente, vorzugsweise in den Plattenecken
- q_x, q_y Plattenquerkräfte

Man beachte die von der Stabstatik abweichende Definition der Momentenvektoren. Aus den Momenten m_x, m_y und m_{xy} können (analog zum Vorgehen bei Spannungen) Hauptmomente ermittelt werden.

Das Tragverhalten von Platten kann am Modell eines Trägerrostes verdeutlicht werden. Dabei ist davon auszugehen, dass die einzelnen Ersatzbalken an den Kreuzungspunkten biegesteif miteinander verbunden sind (Bild 18.2-1).

Das Bild zeigt deutlich das Entstehen der Torsionsmomente in den Trägern, besonders in den Grundrissbereichen, die von den Symmetrieachsen entfernt sind. Dies sind vor allem die Eckbereiche. Dem Bild kann man weiter entnehmen, dass im mittleren Bereich des Tragwerks fast konstante Momente auftreten. Es reicht deshalb bei Rechteckplatten, die Extremwerte der Biegemomente im Feld und gegebenenfalls an Randeinspannungen zu ermitteln. Die tatsächlichen Momentenverläufe können dann ausreichend genau durch einfache Funktionen ersetzt werden.

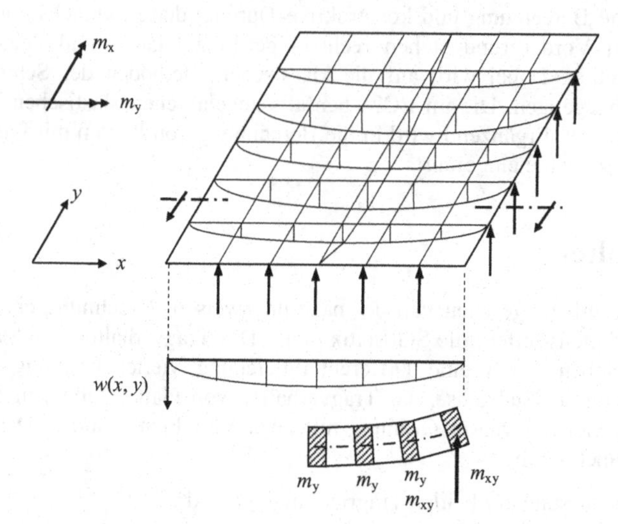

Bild 18.2-1 Trägerrostmodell zur Erläuterung des Tragverhaltens von Platten

Vor der Verfügbarkeit von FEM-Plattenprogrammen war die Abbildung als Trägerrost ein leistungsfähiges Verfahren bei der Berechnung unregelmäßiger Platten. Dies kann auch heute noch bei Platten mit vielen und unregelmäßigen Durchbrüchen, wie sie im Industriebau häufig auftreten, sinnvoll sein.

Die Aktivierung der Torsionsmomente verringert die Biegemomente im Feld erheblich, erfordert aber insbesondere in den Eckbereichen der Platten eine entsprechend bemessene Torsions- oder Drillbewehrung. Das Entstehen und die Wirkung der Torsion in den Plattenecken werden durch das auf Bild 18.2-2 gezeigte Modell nochmals verdeutlicht.

Das Modell zeigt einige wichtige Eigenschaften von Platten, die am Umfang ohne Momenteneinspannung vertikal gestützt sind:

- In den Ecken ist **unten** eine diagonale und **oben** eine auf die Ecke zu gerichtete Bewehrung erforderlich. Die untere Bewehrung ist meist vorhanden, die obere muss jedoch zugelegt werden.
- Es entsteht eine kräftige abhebende Eckkraft, die im Bauwerk durch Auflast oder Rückhängebewehrung aufgenommen werden muss.

Die volle Aufnahme der Torsionsmomente ist **nur** sichergestellt, wenn:

- Torsionsbewehrung eingelegt wird,
- die Ecken gegen Abheben gesichert sind,
- die Eckbereiche nicht durch zu viele oder zu große Durchbrüche geschwächt sind.

In allen anderen Fällen erhöhen sich die Feldmomente. Dies ist bei der Schnittgrößenermittlung angemessen zu berücksichtigen. Der theoretische Grenzfall vollständig fehlender Torsionssteifigkeit wird in der Praxis kaum auftreten.

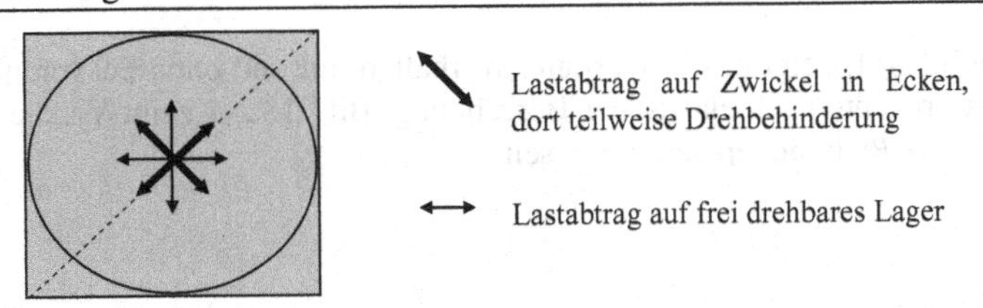

Ersatzmodell im Bereich der oberen Ecke:

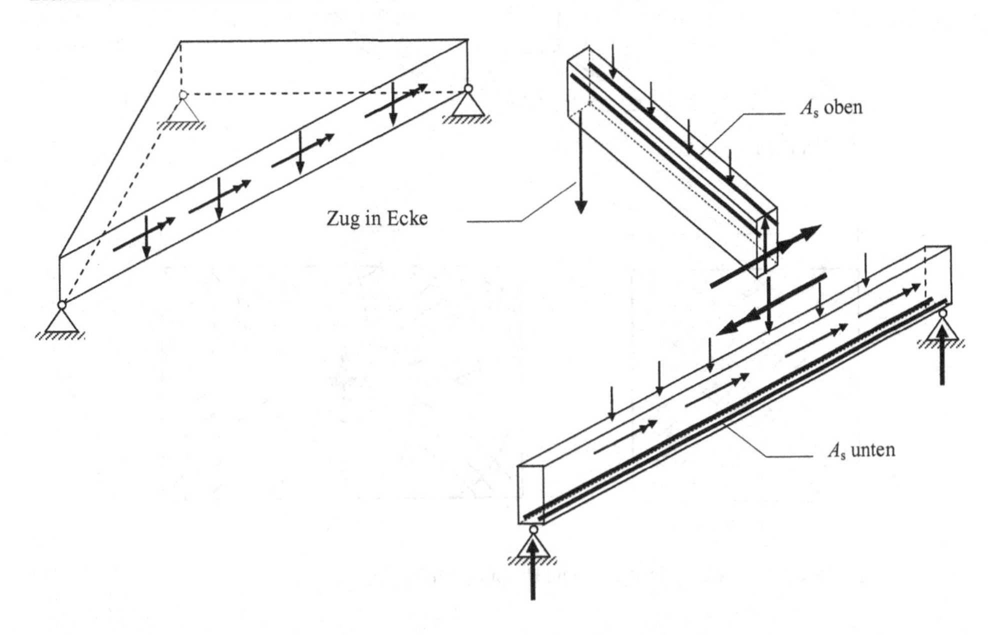

Bild 18.2-2 Ersatzmodell zur Verdeutlichung der Torsion in den Plattenecken

Die Ermittlung der Schnittgrößen nach der Elastizitätstheorie gilt für Stahlbeton streng genommen nur im Zustand I. Durch Rissbildung können erhebliche Umlagerungen, die durch die Bewehrungsanordnung beeinflusst werden, auftreten. Unter Designlasten bildet sich ein System von charakteristischen, konzentrierten Rissbereichen, sogenannten **Fließgelenklinien**.

Sie sind Grundlage der nichtlinearen Schnittgrößenermittlung nach der Fließgelenklinien-Theorie. Diese wurde in Deutschland bisher nur in Sonderfällen (z.B. bei Extremlastfällen wie Flugzeuganprall bei Kernkraftwerken) angewendet. Im Ausland, z. B. in der Schweiz, ist dieses Berechnungsverfahren zur Bemessung von Platten schon seit längerem in den Normen geregelt.

Bild 18.2-3 (nach [8-1]) zeigt das Verformungsverhalten mit und ohne Eckverankerung und die Plattenhauptmomente nach elastischer Berechnung. Bild 18.2-4 zeigt Versuchergebnisse mit Rissverläufen an Plattenober- und Unterseite.

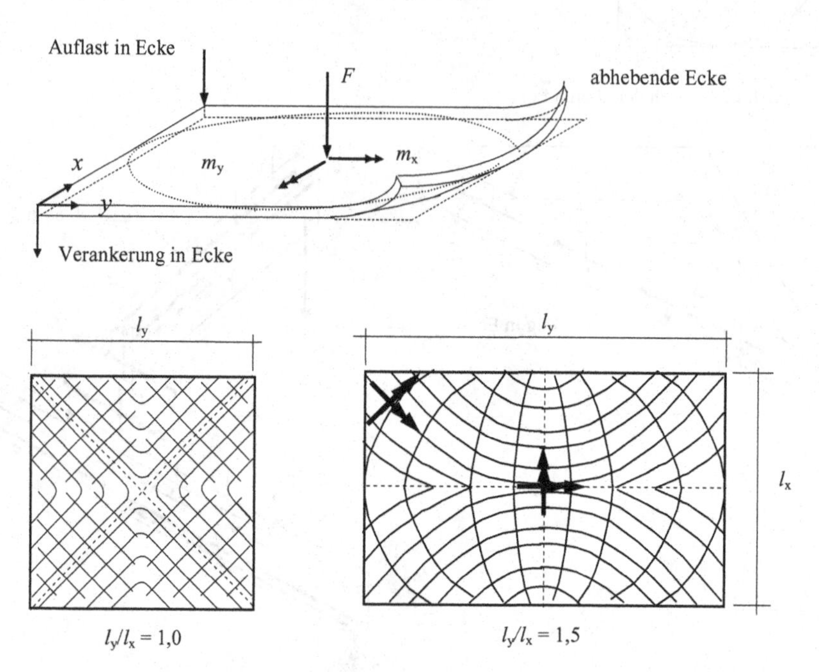

Bild 18.2-3 Verformungsverhalten und Hauptmomente

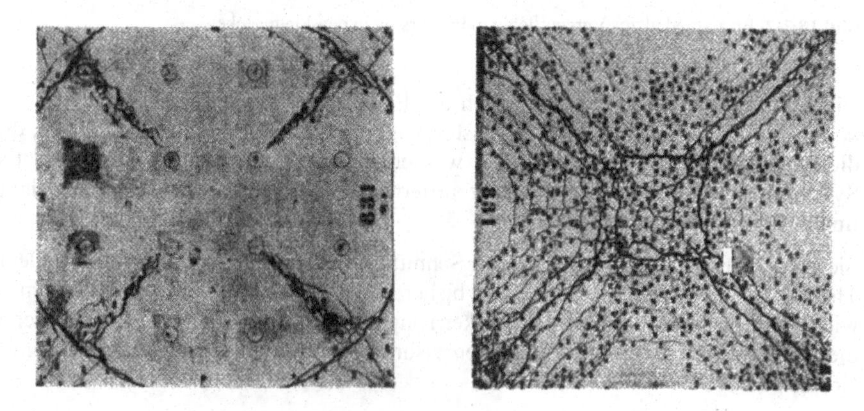

Bild 18.2-4 Rissbilder aus Plattenversuchen (aus [8-1])

18.3 Schnittgrößenermittlung bei Einzelplatten

18.3.1 Allgemeines

Obwohl in der Baupraxis überwiegend Systeme zusammenhängender Platten vorkommen, wird zunächst die Schnittgrößenermittlung von Einzelplatten ausführlich behandelt, da hierauf auch die Berechnung von Plattensystemen basiert.

Zur Schnittgrößenermittlung stehen verschiedene Möglichkeiten zur Verfügung:

- Das „klassische" Vorgehen auf der Basis der Elastizitätstheorie. Hierbei wird entweder die Plattengleichung (siehe Abschnitt 18.3.2.1) analytisch oder numerisch gelöst, oder die Schnittgrößen werden mit dem Verfahren der Finiten Elemente (FEM) errechnet.
- Verfahren auf der Basis nichtlinearen Tragverhaltens unter Designlasten. Hier kommen vereinfachte Ansätze unter Annahme von lokalen Plastizierungen (Fließgelenklinien-Theorie) oder aufwendige Berechnungen mit nichtlinearen FEM-Ansätzen in Frage (siehe Abschnitt 18.3.3 und 18.12).

18.3.2 Schnittgrößenermittlung nach der Elastizitätstheorie

18.3.2.1 Grundlagen

Wie bereits erwähnt wurde, wird das Tragverhalten von „dünnen" Platten (diese entsprechen dem „schlanken" Balken, d.h. der Einfluss der Bauteildicke auf Verformungen und Schnittgrößenverteilung ist vernachlässigbar) durch eine partielle Differentialgleichung vierter Ordnung beschrieben. Diese verknüpft die Plattendurchbiegung $w(x, y)$ mit der Belastung und wird Plattengleichung genannt. Ist für eine bestimmte Platte unter vorgegebener Belastung die Lösung und damit die Biegefläche bekannt, so können daraus alle Schnittgrößen abgeleitet werden.

Leider ist die mathematische Lösung der Gleichung - von einfachen Sonderfällen abgesehen - relativ schwierig. Oft ist sie analytisch nicht möglich. In solchen Fällen helfen nur numerische Lösungsmethoden für die Differentialgleichung oder andere Berechnungsverfahren wie FEM. Die Lösungen für oft vorkommende Plattenformen und Belastungsarten sind in der Literatur vielfach vertafelt, siehe Abschnitt 18.3.2.2.

Die Plattengleichung hat folgende Form:

(18.3-1) $$\frac{\partial^4 w}{\partial x^4} + \frac{2 \cdot \partial^4 w}{\partial x^2 \partial y^2} + \frac{\partial^4 w}{\partial y^4} = \frac{q}{N}$$

mit $w = w\,(x,y)$ Biegefläche
$q = q\,(x,y)$ Flächenlast, konstant oder veränderlich mit x und y
$N = E\,h^3/[12(1-\nu^2)]$ Biegesteifigkeit der Platte

Zur Rechenerleichterung bei analytischen Lösungen wird häufig die Querdehnzahl $\nu = 0$ gesetzt. Dies beeinflusst die Ergebnisse zum Teil merklich, wird jedoch allgemein akzeptiert, wobei auch zu bedenken ist, dass die Querdehnung im Zustand II eine sehr ungewisse Größe und sicher $< 0{,}2$ ist.

Grundsätzlich kann festgestellt werden, dass zweiachsig tragende Platten deutlich höhere Umlagerungsmöglichkeiten haben als Stabtragwerke, da sie einem innerlich „unendlich"-fach unbestimmten statischen System entsprechen. Sie haben somit auch eine wesentlich größere inhärente Systemsicherheit als Stäbe.

Die folgende analytische Lösung der Plattengleichung (hier aus [18-1]) wurde bereits 1821 von Navier (1785 – 1830) angegeben.

(18.3-2a)

$$w=\frac{pb^4}{N}\left\{\frac{1}{24}\left(\frac{y^4}{b^4}-\frac{2y^3}{b^3}+\frac{y}{b}\right)-\frac{2}{\pi^5}\sum_{1,3,..}^{\infty}\frac{1}{n^5\cosh\alpha_n}\left[\left(2+\alpha_n\tanh\alpha_n\right)cosh\frac{n\pi\cdot x}{b}+\frac{n\pi\cdot x}{b}\sinh\frac{n\pi\cdot x}{b}\right]\sin\frac{n\pi\cdot y}{b}\right\}$$

Die Schnittgrößen erhält man durch Differentiation der Biegefläche:

(18.3-2b) $$m_x=-N\left(\frac{\partial^2 w}{\partial x^2}+\mu\frac{\partial^2 w}{\partial y^2}\right)\quad m_y=-N\left(\frac{\partial^2 w}{\partial y^2}+\mu\frac{\partial^2 w}{\partial x^2}\right)\quad m_{xy}=-N(1\text{-}v)\frac{\partial^2 w}{\partial x\partial y}$$

(18.3-2bc) $$v_x=-N\frac{\partial}{\partial x}\left(\frac{\partial^2 w}{\partial x^2}+\frac{\partial^2 w}{\partial y^2}\right)\quad v_y=-N\frac{\partial}{\partial y}\left(\frac{\partial^2 w}{\partial x^2}+\frac{\partial^2 w}{\partial y^2}\right)$$

Man erkennt, dass die Möglichkeiten, die Plattengleichung analytisch zu lösen, auf relativ wenige Plattenlagerungen, Steifigkeitsverhältnisse und Lastanordnungen beschränkt sind.

Auf Bild 18.3-1 sind die an einem Plattenelement mit den Seitenlängen *dx* und *dy* auftretenden Schnittgrößen dargestellt.

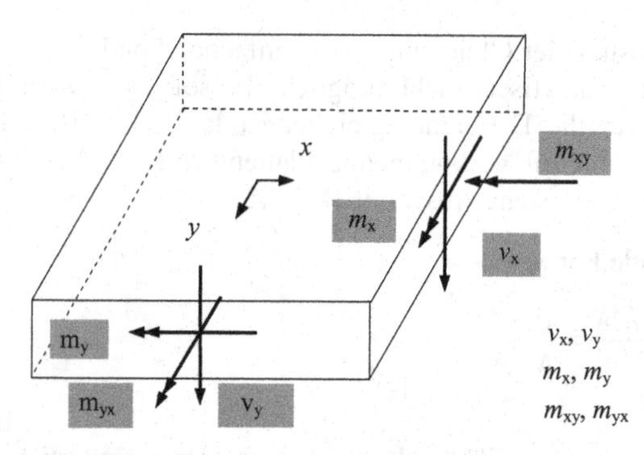

Bild 18.3-1 Plattenschnittgrößen am Element

Die Torsions- oder Drillmomente treten vor allem in den Plattenecken auf. Bei vollständiger oder teilweiser Drehbehinderung (Einspannung) der Ränder werden sie zu Null bzw. vernachlässigbar klein. Eine teilweise Einspannung wird bereits durch einen monolithisch angeschlossenen Unterzug erreicht.

Die Biegemomente erzeugen Biegenormalspannungen in Plattenebene, die Torsionsmomente erzeugen an den Plattenober- und Unterseiten gegenläufige Schubspannungen. Man kann die Momente zu Hauptmomenten zusammenfassen. Ebenso ergeben sich aus den Schubspannungen und den Biegespannungen Hauptspannungsfelder an Plattenober- und Unterseite.

Eine Bemessung auf Basis der Hauptmomente oder Hauptspannungen beinhaltet die Wirkung der Torsionsmomente. Die Möglichkeiten der Bemessung werden in Abschnitt 18.4 näher erläutert.

18.3.2.2 Schnittgrößenermittlung mit Zahlentafeln für Standardfälle

Zahlentafeln mit Lösungen der Plattengleichung für häufig vorkommende Plattenformen und Belastungsarten finden sich in der Literatur. Überwiegend werden dabei Rechteckplatten mit gleichmäßig verteilten oder linear veränderlichen Flächenlasten behandelt.

Die Tafeln ermöglichen die Berechnung der Biege- und Torsionsmomente in wenigen, charakteristischen Punkten der Plattenfläche. Die Momentenverläufe können durch vereinfachte Funktionsansätze ergänzt werden. Leider enthalten viele Tafeln keine Angaben zu Auflager- und Querkräften. Es sei schon hier ausdrücklich darauf hingewiesen, dass selbstverständlich auch die Querkrafttragfähigkeit von Platten sichergestellt werden muss.

Wichtige Veröffentlichungen von Tafeln sind z.B. in [14-2], [18-2] und [18-3] enthalten. Weitere Tafeln für diverse Sonderfälle sind in einschlägigen Fachzeitschriften veröffentlicht. Einige Tafeln werden im Folgenden wiedergegeben. Trotz der relativ leichten Verfügbarkeit von FEM-Programmen ist die Verwendung von Zahlentafeln immer noch ein einfaches, übersichtliches und schnell zum Ergebnis führendes Berechnungsverfahren für Standardfälle.

Bei der Anwendung von Tafeln ist unbedingt zu beachten, dass fast jeder Autor andere Definitionen für wichtige Tafeleingangswerte verwendet. Vor Anwendung von Tafeln sind diese, sowie weitere darin verwendete Bedingungen und Vereinfachungen, zu prüfen. Die wichtigsten sind:

- Spannweitenverhältnis $\varepsilon = l_y/l_x$ mit $l_x \leq l_y$ oder l_x beliebig
- Parameter für Gesamtbelastung $q \cdot l_x^2$ **oder** $q \cdot l_x \cdot l_y$ q = Flächenlast (i. R. im Designzustand)
- Querdehnung $\nu = 0$ oder $\nu = 0{,}2$
- Torsionssteifigkeit 100 % (Standardlösung)
- Torsionssteifigkeit 0 % (für Grenzbetrachtung bei Platten mit gestörtem Torsionswiderstand)
- torsionssteife Platten mit abhebenden Ecken

Je nach verwendetem Lösungsverfahren können Tafeln verschiedener Autoren bei sonst völlig gleichen Bedingungen in einigen Fällen zu deutlich unterschiedliche Ergebnissen führen. Eine übertriebene Genauigkeit bei der Verarbeitung der Tafelwerte ist somit unsinnig.

Bild 18.3-2 bis Bild 18.3-5 zeigen beispielhaft Tafeln nach Czerny [18-2] für zwei Standardfälle.

Die Lastangabe q steht hier für eine beliebige Flächenlast (wie in der Statik immer noch üblich) und nicht speziell für „nichtständige Nutzlasten“.

- **„Vierseitig einspannungsfrei gelagerte" Rechteckplatte mit Gleichlast:**

– Biegemomente an den Stellen der Maximalwerte, genäherte Funktionsverläufe.
– Torsionsmomente. Sie erreichen ihre Größtwerte in den Ecken.
– Zugkräfte in den Ecken.
– Auflagerkräfte. Sie verlaufen zwischen den Ecken etwa parabelförmig. Bemerkenswert ist, dass sie zum Einhalten des vertikalen Gleichgewichtes (unter Beachtung der Zugkräfte in den Ecken) größer sind als die unmittelbar neben dem Rand auftretenden Plattenquerkräfte.
– Querkräfte. Größtwerte in Randmitte, Verläufe qualitativ.
– Durchbiegung in Feldmitte.

- **„An allen vier Rändern eingespannte" Rechteckplatte mit Gleichlast:**

– Feld- und Einspannmomente an den Stellen der Extremwerte sowie die Funktionsverläufe an den Rändern und auf den Symmetrieachsen und die angenäherten Verläufe.
– Torsionsmomente verschwinden auf den Rändern. Im restlichen Plattenbereich sind sie vernachlässigbar.
– Zugkräfte in den Ecken treten nicht auf. Die Auflagerkräfte sind daher identisch mit den Querkräften.
– Querkräfte. Größtwerte in Randmitte, Verläufe qualitativ.
– Durchbiegung in Feldmitte.

$\varepsilon = l_y/l_x$	1,0	1,1	1,2	1,3	1,4	1,5	1,6	1,7	1,8	1,9	2,0
m_{xm}	27,2	22,4	19,1	16,8	15,0	13,7	12,7	11,9	11,3	10,8	10,4
$m_{y,max}$	27,2	27,9	29,1	30,9	32,8	34,7	36,1	37,3	38,5	39,4	40,3
m_{xye}	21,6	19,7	18,4	17,5	16,8	16,3	15,9	15,6	15,4	15,3	15,1
R_e	10,8	9,85	9,2	8,75	8,4	8,15	7,95	7,80	7,7	7,65	7,55
v_{xrm}	2,96	2,78	2,64	2,52	2,43	2,36	2,30	2,25	2,21	2,18	2,15
$v`_{xrm}$	2,19	2,11	2,04	2,00	1,97	1,95	1,93	1,92	1,92	1,92	1,92
v_{yrm}	2,96	2,89	2,84	2,80	2,76	2,75	2,73	2,73	2,72	2,71	2,70
$v`_{yrm}$	2,19	2,09	2,02	1,96	1,92	1,89	1,87	1,85	1,83	1,82	1,82
f_m	0,0487	0,0584	0,0678	0,0767	0,0850	0,0927	0,0997	0,1060	0,1118	0,1169	0,1215

Bild 18.3-2 Zahlentafel für Platten mit einspannungsfreier Lagerung- torsionssteif - $\nu = 0$

Rechenvorschriften:

Plattenmomente m:	$m = q\, l_x^2$/Tafelwert	z. B. [MNm/m]
Auflagerkräfte $v`$:	$v` = q`\, l_x$/Tafelwert	z. B. [MN/m]
Querkräfte v:	$v = q\, l_x$/Tafelwert	z. B. [MN/m]
Eckkraft R_e:	$R_e = q\, l_x^2$/Tafelwert	z. B. [MN]
Durchbiegung f_m:	f_m = Tafelwert$\cdot q\, l_x^4/(E_c\, h^3)$	z. B. [m]

Werte für $\varepsilon > 2,0$ erübrigen sich (siehe Abschnitt 18.1). Der Verlauf der Schnittgrößen ist auf Bild 18.3-3 dargestellt:

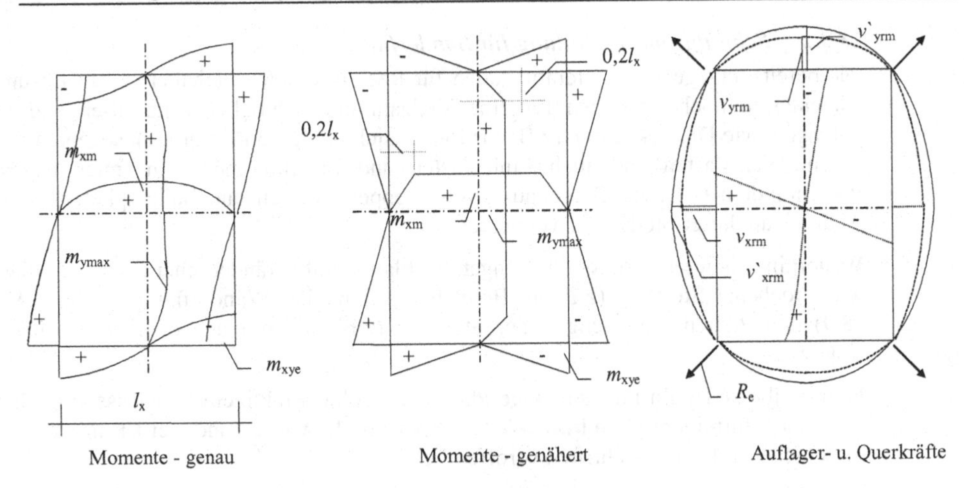

Bild 18.3-3 Schnittgrößenverläufe zu Bild 18.3-2 (schematisch)

$\varepsilon = l_y/l_x$	1,0	1,1	1,2	1,3	1,4	1,5	1,6	1,7	1,8	1,9	2,0
m_{xerm}	-19,4	-17,1	-15,5	-14,5	-13,7	-13,2	-12,8	-12,5	-12,3	-12,1	-12,0
m_{xm}	56,8	46,1	39,4	34,8	31,9	29,6	28,1	26,9	26,0	25,4	25,0
m_{yerm}	-19,4	-18,4	-17,9	-17,6	-17,5	-17,5	-17,5	-17,5	-17,5	-17,5	-17,5
m_{ymax}	56,8	60,3	65,8	73,6	83,4	93,5	98,1	101,3	103,3	104,6	105,0
v_{xerm}	2,24	2,1	2,01	1,96	1,92	1,92	1,92	1,91	1,91	1,91	1,91
v_{yerm}	2,24	2,16	2,12	2,1	2,09	2,12	2,12	2,12	2,12	2,13	2,13
f_m	0,0152	0,0181	0,0207	0,0230	0,0248	0,0264	0,0277	0,0287	0,0294	0,0300	0,0304

Bild 18.3-4 Zahlentafel für Platten mit eingespannten Rändern- torsionssteif - $\nu = 0$

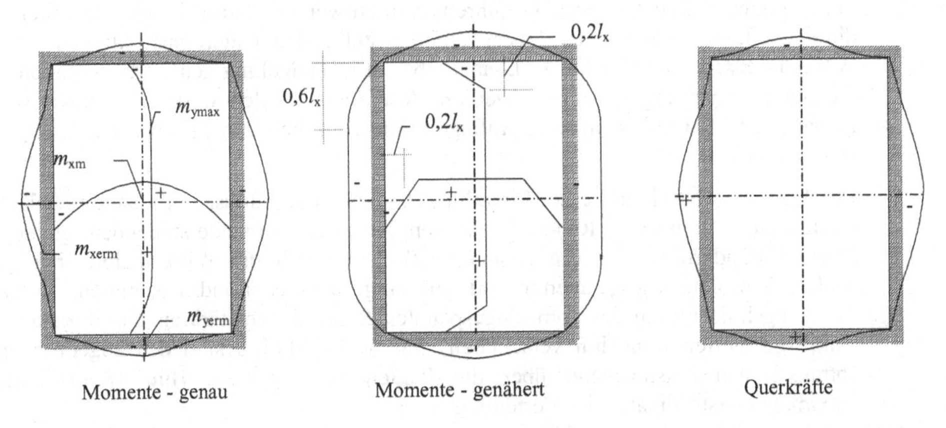

Bild 18.3-5 Schnittgrößenverläufe zu Bild 18.3-4 (schematisch)

Da baupraktisch bei Massivplatten der Fall der völlig torsionsweichen Platte nur selten auftritt, gibt [3-1] Korrekturfaktoren an, mit denen die Feldmomente torsionssteifer Platten erhöht werden, um einen teilweisen Ausfall der Torsionssteifigkeit zu berücksichtigen.

18.3.2.3 Schnittgrößenermittlung für Sonderfälle

Die bereits angegebenen Literaturstellen für Rechteckplatten enthalten neben Lösungen für Gleichlasten noch Lösungen für eine Vielzahl unterschiedlicher Lastarten und Lastverteilungen, wie Dreieckslasten (z.B. zur Berücksichtigung von Erddruck), sogenannte Kraterlasten, Einzellasten und auch Linienlasten und Linienmomente an freien ungestützten Plattenrändern (z.B. zur Berechnung von Treppenpodesten und Balkonplatten). Auf einen Abdruck an dieser Stelle wird verzichtet.

Weiterhin existieren vertafelte Lösungen für Platten mit veränderlicher Dicke, für Platten mit unterbrochener Stützung (z.B. im Bereich geschoßhoher Wandöffnungen, siehe Abschnitt 18.9) und Platten mit nachgiebiger Stützung (z.B. bei Stützung durch sehr biegeweiche Unterzüge).

Ferner gibt es Tafeln für viereckige Platten mit schiefwinkligem Grundriss und für Platten mit dreieckförmigem Grundriss. Weitere Spezialfälle wurden und werden immer wieder in verschiedenen Fachzeitschriften veröffentlicht.

Im Behälterbau (z.B. Klärbecken, Erdgasspeicher) werden auch kreis- und kreisringförmige Platten verwandt. Eine umfangreiche Sammlung von vertafelten Lösungen für solche Platten und auch für rotationssymmetrische Schalen enthält z. B. [18-4].

Bei erheblichen Unregelmäßigkeiten, wie sehr ungleichmäßigen Grundrissen, sehr ungleichmäßig verteilten Lasten, unregelmäßigen Lagerungsbedingungen und veränderlichen Plattendicken, die eine Zuordnung zu vertafelten Fällen nicht gestatten, kann auf die Berechnung mit numerischen Verfahren, insbesondere mit FEM (siehe Abschnitt 18.12) zurückgegriffen werden.

18.3.2.4 Ermittlung der Auflagerkräfte

In vielen Tafeln werden weder Querkräfte noch Auflagerkräfte angegeben. In diesen Fällen können die Auflagerkräfte von Rechteckplatten mit Gleichlast näherungsweise nach einem in [3-1] bzw. [3.2] enthaltenen Verfahren ermittelt werden. Dieses ist zwar in erster Linie für die schnelle Berechnung der Lasten auf die stützenden Unterkonstruktionen (Unterzüge, Wände) gedacht, die Ergebnisse können aber in Ermangelung genauerer Angaben auch für die Schubbemessung verwendet werden. Allerdings werden weder die Zugkräfte in den Ecken noch ihr Einfluss auf die Auflagerkräfte zwischen den Ecken bei gelenkiger Randlagerung erfasst.

Das Verfahren beruht auf einer Einteilung des Plattengrundrisses in Lastabtragsflächen, die die Lasten den einzelnen Rändern zuordnen. An zwei aneinanderstoßenden, gleichartig gelagerten Rändern werden die Lastabtragsflächen durch die Winkelhalbierende getrennt. Treffen ein gelenkig gelagerter und ein eingespannter Rand zusammen, so wird die Trennungslinie wegen des zum eingespannten Rand hin verstärkten Lastabtrages zum gelenkig gelagerten Rand hin verschoben. Die Auflagerkräfte sind den zugeordneten Lastabtragsflächen entsprechend über die Plattenränder verteilt. Bild 18.3-6 enthält die maximalen Lastordinaten der Verteilungen.

Plattenlagerung		max Ordinaten der Auflagerkräfte	
x, y	$\varepsilon = l_y/l_x$	unter frei drehbaren Rändern	unter eingespannten Rändern
	≥ 1,0	$q_0 = 0{,}500\, q\, l_x$	
	< 1,0	$q_0 = 0{,}500\, q\, l_y$	
	≥ 1,366	$q_0 = 0{,}500\, q\, l_x$	$q_e = 0{,}866\, q\, l_x$
	< 1,366	$q_0 = 0{,}366\, q\, l_y$	$q_e = 0{,}634\, q\, l_y$
	≥ 1,732	$q_0 = 0{,}500\, q\, l_x$	$q_e = 0{,}866\, q\, l_x$
	< 1,732	$q_0 = 0{,}289\, q\, l_y$	$q_e = 0{,}500\, q\, l_y$
	≥ 1,0	$q_0 = 0{,}366\, q\, l_x$	$q_e = 0{,}634\, q\, l_x$
	< 1,0	$q_0 = 0{,}366\, q\, l_y$	$q_e = 0{,}634\, q\, l_y$
	≥ 1,268	$q_0 = 0{,}366\, q\, l_x$	$q_e = 0{,}634\, q\, l_x$
	< 1,268	$q_0 = 0{,}289\, q\, l_y$	$q_e = 0{,}500\, q\, l_y$
	≥ 1,0		$q_e = 0{,}500\, q\, l_x$
	< 1,0		$q_e = 0{,}500\, q\, l_y$

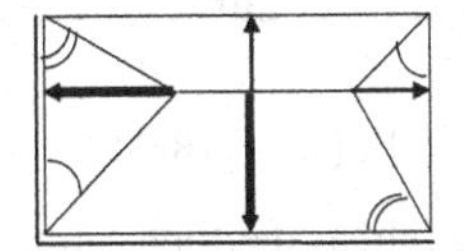

Bild 18.3-6 Maximale Lastordinaten der Ersatzlastbilder zur Ermittlung der Auflagerkräfte zweiachsig gespannter Platten

18.3.3 Schnittgrößenermittlung mit nichtlinearen Berechnungsverfahren

18.3.3.1 Allgemeines

Wie bereits erwähnt, gibt es unterschiedliche Ansätze zur Berechnung von Platten mit nichtlinearen Verfahren. In [18-5] werden einige dieser Verfahren vorgestellt.

Berechnungen, die - vom elastischen Verhalten ausgehend - sukzessive die mit steigender Last zunehmende Rissbildung und das dann nichtlineare Materialverhalten berücksichtigen, werden numerisch durchgeführt. Sie liegen in der Regel in einer FEM-Formulierung vor. Die Verfahren erfordern eine Vorbemessung. Die Risse werden verschmiert (mittlere Dehnungen unter Ansatz der Mitwirkung des Betons) oder (wesentlich komplizierter) als diskrete Einzelrisse erfasst.

Ein anderes Verfahren geht von den sich unter Bruchbelastung einstellenden Fließgelenklinien aus. Auf Bild 18.2-4 lassen sich solche Linien erkennen. Es wird dabei angenommen, dass sich nahezu die gesamte Verformung der Platte als plastische Verdrehung in den linienartig verlaufenden Fließgelenken konzentriert. Die dazwischenliegenden Plattensegmente bleiben linear-elastisch.

Nimmt man weiterhin an, dass die in den Fließgelenken wirkenden Momente über die ganze Länge der Linien konstant sind (das entspricht einem voll plastifizierten Zustand), so können die zur Aufnahme der Plattenbelastungen erforderlichen Fließmomente aus den Gleichgewichtsbedingungen errechnet und daraus die erforderliche Bewehrung ermittelt werden.

Selbstverständlich muss (ähnlich wie bei der plastischen Umlagerung der Stützmomente von Durchlaufträgern) nachgewiesen werden, dass die Fließgelenke in der Lage sind, die zugehörigen plastischen Drehwinkel aufzunehmen.

Die Schwierigkeit dieses Verfahrens liegt darin, dass die tatsächliche Konfiguration der Fließgelenklinien bekannt sein muss, da häufig mehrere unterschiedliche Verläufe rechnerisch möglich aber physikalisch unzutreffend sind. Für Rechteckplatten und übliche Belastungen sind die Fließgelenkfiguren durch Versuche bekannt (siehe insbesondere [18-6]). Die Figuren ähneln (sind aber nicht gleich) den in Abschnitt 18.3.2.4 verwendeten Lastflächen zur Berechnung der Auflagerkräfte. Die Lage der Fließgelenklinien kann durch gezielte Bewehrungsführung beeinflusst werden.

Auf die zuerst angesprochenen nichtlinearen Verfahren soll im Rahmen dieses Buches nicht eingegangen werden. Eine Berechnung ist in der Regel nur mit aufwendigen Programmen möglich.

Das Verfahren der Fließgelenklinien wird hier kurz vorgestellt (s. a. [18-5]),

- weil es einen Einblick in eine vom üblichen Vorgehen deutlich abweichende Betrachtungsweise gibt und
- weil es verblüffend einfach und damit auch für Handrechnungen geeignet ist.

18.3.3.2 Berechnung von Platten mit der Theorie der Fließgelenklinien

Die Begründung für die Zulässigkeit des Verfahrens und seine Anwendungsgrenzen ergeben sich aus der Plastizitätstheorie. Hierauf wird an dieser Stelle nicht näher eingegangen.

Das Verfahren wird an einer dreiseitig gelenkig gelagerten und am vierten Rand eingespannten Rechteckplatte unter konstanter Flächenlast vorgestellt. Es wird vereinfachend angenommen, dass die wirksame Bewehrung an allen im Feld liegenden Gelenken und somit das Fließmoment m_R an allen inneren Fließlinien gleich ist. Das Einspannmoment $m_e = \kappa \cdot m_R$ wird im Verhältnis zum Feldmoment frei gewählt (siehe Berechnungsbeispiel in Abschnitt 18.5.4).

Bild 18.3-7 zeigt die Platte in der Draufsicht mit eingetragenen Fließgelenklinien. Die beiden Schnitte zeigen die Durchbiegungsfigur für eine angenommene Größtverformung $\delta w = 1$. In den Gelenken wirkt das Fließmoment m_R, im Gelenk an der Einspannung wirkt m_e, auf der Platte die Designlast q_d. In den Gelenken wird für $m = m_{max}$ die Querkraft zu null angenommen.

Eine Bemessung auf der Grundlage von Fließgelenklinien führt in der Regel zu geringeren Bewehrungsquerschnitten als die Bemessung auf Grundlage der elastisch ermittelten Schnittgrößen. Man beachte jedoch, dass die Rissbreitenbegrenzung im Grenzzustand der Gebrauchstauglichkeit eingehalten sein muss.

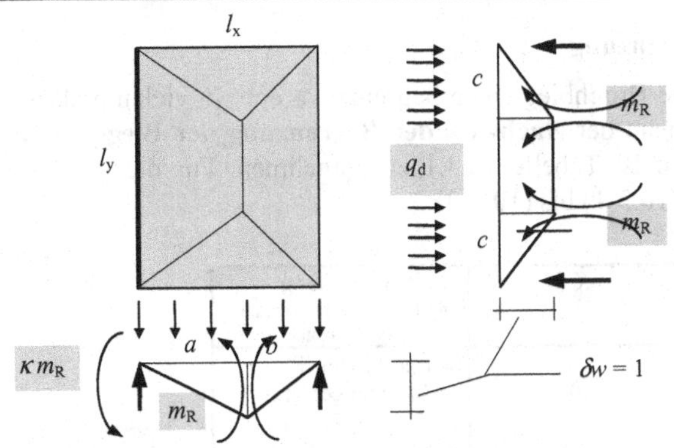

Bild 18.3-7 Platte mit Fließgelenklinien (vertikale Auflagerkräfte nicht bezeichnet)

Für jedes Plattensegment müssen die Gleichgewichtsbedingungen erfüllt sein. Im Folgenden ist das Momentengleichgewicht von Interesse:

– **Dreieckssegment:** ΣM um Querränder l_x

(18.3-2) $$q_d \frac{c \cdot l_x}{2} \frac{c}{3} - l_x \cdot m_R = 0$$

$$m_R = q_d \frac{c^2}{6}$$

– **Linkes Trapezsegment:** ΣM **um Längsrand** $l_{y,\text{links}}$ **(mit** $m_e = \kappa \cdot m_R$**)**

(18.3-3) $$q_d \cdot (l_y - 2c) a^2 / 2 + 2 \cdot \frac{q_d \cdot c}{2} \frac{a^2}{3} - m_R \cdot l_y - \kappa \cdot m_R \cdot l_y = 0$$

$$m_R = q_d \frac{a^2}{l_y (1+\kappa)} \left(\frac{l_y}{2} - \frac{2 \cdot c}{3} \right)$$

– **Rechtes Trapezsegment:** ΣM **um Längsrand** $l_{y,\text{rechts}}$

(18.3-4) $$q_d \cdot (l_y - 2c) \frac{b^2}{2} + 2 \cdot \frac{q_d \cdot c}{2} \frac{b^2}{3} - m_R \cdot l_y = 0$$

$$m_R = q_d \frac{b^2}{l_y} \left(\frac{l_y}{2} - \frac{2 \cdot c}{3} \right)$$

Eine direkte Auflösung der Gleichungen nach b, c und m_R ist nicht möglich. Die Lösung erfolgt iterativ. Dazu müssen zunächst Werte für die „freien“ Parameter b, c und κ vorgeschätzt werden ($a = l_x - b$ ist keine unabhängige Variable). Wegen der getroffenen Annahmen gleicher Bewehrung und damit gleicher Fließmomente müssen die Momente aus allen drei Gleichungen gleich sein. Ist dies nicht der Fall, so sind neue Parameter zu wählen.

18.3.4 Durchbiegungsbegrenzung

Auch bei Platten müssen die Durchbiegungen begrenzt werden. In vielen praktischen Fällen genügt ebenfalls vereinfachend der **Nachweis der Begrenzung der Biegeschlankheit**. Die Ermittlung der Ersatzlängen ist Tabelle 18.3.1 zu entnehmen. Für die Grenzwerte gelten weiterhin die Gleichungen (10.3-1) bis (10.3-3).

System	K	Anmerkung für Leichtbeton zusätzliche Festlegungen
$l_{eff,1}$ $l_{eff,2}$	1,0	Bei gestützten Rändern ist $l_{eff,1}$ maßgebend
$l_{eff,1}$ $l_{eff,2}$	1,3	Bei gestützten Rändern ist $l_{eff,1}$ maßgebend
$l_{eff,1}$ $l_{eff,2}$	1,5	Bei gestützten Rändern ist $l_{eff,1}$ maßgebend
$l_{eff,1}$ l_{ef}	0,4	Es ist $l_{eff,2}$ maßgebend
$l_{eff,2}$ $l_{eff,1}$	1,2	Bei Flachdecken ist $l_{eff,2}$ maßgebend *Keine Unterscheidung zwischen Innen- und Außenfeld*

Tabelle 18.3-1 Faktoren α zur Berechnung der Biegeschlankheit l_i/d

Nicht erfasste Einspannungsfälle liegen zwischen Zeile 1 und 2 bzw. zwischen Zeile 2 und Zeile 3 (wie neben der Tabelle angedeutet). Der Unterschied ist jeweils gering.

Es sei nochmals eindringlich darauf hingewiesen, dass die in Tafeln angegebenen oder mit FEM errechneten Durchbiegungen für Stahlbetonbauteile wegen der nicht berücksichtigten Rissbildung und wegen des nicht erfassten zeitabhängigen Materialverhaltens des Betons (Schwinden, Kriechen) deutlich zu klein sind. Auf Missachtung dieser Effekte basieren zahlreiche Bauschäden.

18.4 Bemessung

18.4.1 Allgemeines

Bei Platten sind - wie auch bei Stabwerken - die Biegetragfähigkeit und die Schubtragfähigkeit nachzuweisen. Es gelten dabei die gleichen Grundlagen wie bei der Bemessung von Stabtragwerken. Besonderheiten ergeben sich aus dem zweiachsigen Lastabtrag und insbesondere aus der Tatsache, dass es nur in Ausnahmefällen möglich ist, die Bewehrungsrichtung in der gesamten Platte der Richtung der Hauptspannungen anzupassen.

18.4.2 Biegebemessung im Normalfall

Besonders im Hochbau werden Platten in der Regel mit einem orthogonalen Bewehrungsnetz bewehrt. Die Richtung der Bewehrungsstäbe entspricht dann im Bereich der Symmetrieachsen von Rechteckplatten sowie senkrecht zu eingespannten Rändern weitgehend der Richtung der Koordinatenmomente, die hier gleichzeitig auch Hauptmomente sind.

In diesen Fällen (also bei Übereinstimmung von Bewehrungsrichtung und Biegezugspannungen) können die Momente in zwei zueinander senkrechten Richtungen als voneinander entkoppelt angesehen werden. Die Bemessung erfolgt dann in beiden Momentenrichtungen jeweils unabhängig voneinander mit einem der aus der Balkenbemessung bekannten Verfahren (siehe Teil A).

18.4.3 Biegebemessung bei Abweichung von Bewehrungsrichtung und Hauptmomentenrichtung

Ein Bewehrungsstab, der nicht in Richtung der Biegezugspannungen verläuft, sondern diese unter einem Winkel kreuzt, führt zu einer verminderten Zugkraftdeckung. Bei größeren Richtungsabweichungen ist eine zusätzliche Bewehrungslage erforderlich. Diese sollte bei zweiachsigem Biegezug die erste Lage möglichst unter 90° kreuzen. Dieser Fall tritt z.B. in den Ecken von randparallel bewehrten Rechteckplatten, also im Bereich der größten Torsionsmomente, auf. Bei unregelmäßig berandeten oder unregelmäßig gelagerten Platten und bei Platten mit nicht gleichmäßiger Belastung ist er die Regel.

Es ist nicht ausreichend, die Bewehrungsquerschnitte durch einfache Umrechnung über Sinus bzw. Cosinus zu ermitteln. Folgende Bemessungsverfahren werden häufig verwendet:

- **Bewehrung in Richtung der Koordinatenmomente**

Vereinfachter Ansatz: In den Bereichen, in denen die m_{xy} nicht vernachlässigt werden können (d. h., die m_x, m_y sind nicht Hauptmomente), dürfen vereinfachend und konservativ die Bemessungsmomente der Biegezugbewehrung aus folgenden Gleichungen ermittelt werden:

(18.4-1) $m_{x,d} = \text{sign}(m_x) \cdot (|m_x| + |m_{xy}|)$

(18.4-2) $m_{y,d} = \text{sign}(m_y) \cdot (|m_y| + |m_{xy}|)$

Bei $|m_{xy}| > |m_x|$ bzw. $|m_{xy}| > |m_y|$ muss die ermittelte Bewehrung oben und unten eingelegt werden. Die Bemessung kann für diese Momente mit den bekannten Verfahren erfolgen.

Im EC2 Anhang F wird ein (recht umständlich formuliertes) Verfahren zur Berechnung der Bewehrung angegeben. Das Verfahren soll aber in Deutschland nicht angewendet werden [1-14]. Das in der 4. Auflage dieses Buches angegebene Verfahren nach der seinerzeit geltenden Fassung des EC2 ist in der aktuellen Fassung des EC2 nicht mehr enthalten.

- **Bewehrung gegen Koordinatenachsen gedreht:**

Bei einer Drehung des orthogonalen Bewehrungsnetzes (ξ, ψ) im Uhrzeigersinn gegenüber den Koordinatenachsen (x, y) um einen Winkel α, werden die Momente in Richtung der Bewehrungen transformiert (siehe Bild 18.4-1).

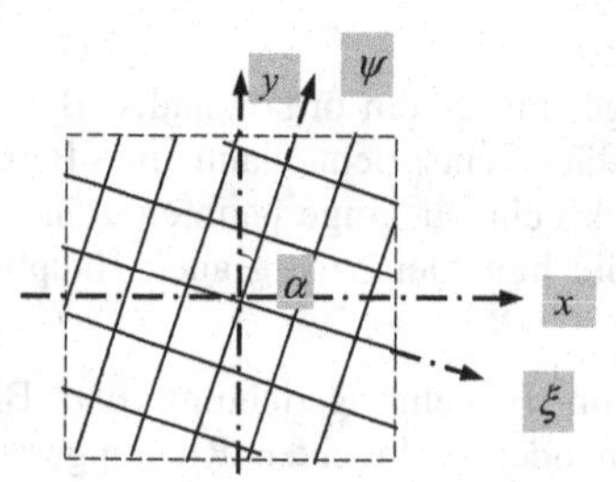

Bild 18.4-1 Gedrehtes Bewehrungsnetz

Aus den ursprünglichen Koordinatenmomenten ergeben sich:

(18.4-3) $m_{\xi,d} = m_{x,d} \cdot \cos^2\alpha + m_{y,d} \cdot \sin^2\alpha + 2\, m_{xy,d} \cos\alpha \cdot \sin\alpha$

(18.4-4) $m_{\psi,d} = m_{x,d} \cdot \sin^2\alpha + m_{y,d} \cdot \cos^2\alpha + 2\, m_{xy,d} \cos\alpha \cdot \sin\alpha$

(18.4-5) $m_{\xi\psi,d} = (m_{y,d} - m_{x,d}) \sin\alpha \cdot \cos\alpha + m_{xy,d} (\cos^2\alpha - \sin^2\alpha)$

Hieraus werden dann mit den Gleichungen (18.4-1) und (18.4-2) die endgültigen Bemessungsmomente in Richtung der Bewehrung ermittelt, wobei x, y durch ξ, ψ ersetzt werden. Dieses Verfahren ist für Handrechnungen wenig geeignet, wird aber in FEM-Programmen häufig verwendet.

- **Bemessungsverfahren nach Baumann für beliebige Bewehrungsrichtungen unter Berücksichtigung von Rissen**

Bei diesem Bemessungsverfahren werden die gezogenen Plattenober- oder Unterseiten als separate Scheibenmodelle untersucht. Dabei wird ein Ersatzstabwerk aus Zugstreben (Bewehrung) und Druckstreben ähnlich wie bei den Schubnachweisen in Balkenstegen verwendet. Die Druckstreben verlaufen parallel zu Rissen, die senkrecht zu den Hauptzugspannungen angenommen werden. Letztere werden aus den elastisch ermittelten Momenten m_x, m_y, und m_{xy} ermittelt.

Das Verfahren nach Baumann ist in vielen FEM-Programmen alternativ zum zuvor beschriebenen Vorgehen installiert. Da es für Handrechnungen zu aufwändig ist, werden die Gleichungen zur Ermittlung der Bewehrung hier nicht abgedruckt. Für nähere Informationen wird auf [18-7] verwiesen.

18.4.4 Biegebemessung bei Berechnung mit der Fließgelenklinientheorie

Die in Abschnitt 18.3.3 getroffenen Annahmen erfordern ein orthogonales Bewehrungsnetz mit gleichem Querschnitt in x- und y-Richtung, bemessen für das angesetzte Fließmoment m_R. Im Bereich erhöht angenommener Momententragfähigkeit (Beispiel 18.5.4: eingespannter Rand) ist natürlich das erhöhte Moment $\kappa \cdot m_R$ zu nehmen.

18.4.5 Schubbemessung

Schubbewehrung in dünnen Platten ist schwierig einzubauen und ihre Verankerung in Zug- und Druckzone ist kaum zufriedenstellend möglich. Platten im Hochbau sollten deshalb in der Regel hinsichtlich der Bauteildicke h und der Betonfestigkeit C so ausgelegt werden, dass auf eine Schubbewehrung verzichtet werden kann. Dickere, hoch belastete Platten, wie sie im Industriebau häufig vorkommen, sind oft nicht ohne Schubbewehrung baubar.

Für die Schubnachweise gelten die schon in Teil A, Abschnitt 6 abgeleiteten Gleichungen. Im Bereich der größten Querkräfte, wie an Linienauflagern und neben Linienlasten, liegt in der Regel einachsiger Lastabtrag vor ($v_{Ed,x}$, $v_{Ed,y} \approx 0$) oder ($v_{Ed,x} \approx 0$, $v_{Ed,y}$).

Ist es erforderlich, z. B. bei unregelmäßigen Plattensystemen, Kombinationen von $v_{Ed,x}$ und $v_{Ed,y}$ zu untersuchen, so müssen „Hauptquerkräfte" v_{Ed} ermittelt werden (Bild 18.4-2). Die im Folgenden angegebene Gleichung gilt im Falle, dass eine Schubbewehrung erforderlich wird, nur bei vertikaler Bügelbewehrung [18-8].

(18.4-6) $$v_{Ed} = \sqrt{v_{Ed,x}^2 + v_{Ed,y}^2}$$

Nach EC2 darf vereinfacht eine nach x- und y-Richtung getrennte Bemessung stattfinden. Die Bewehrungen sind zu addieren.

Im Bereich von Einzelstützen und Einzellasten ist der zweiachsige Lastabtrag zu berücksichtigen. Wegen der Konzentration großer Querkräfte am meist kleinen Stützenumfang sind lokale Nachweise der Sicherheit gegen Durchstanzen zu führen. Diese werden im Rahmen von Flachdecken in einem gesonderten Abschnitt behandelt.

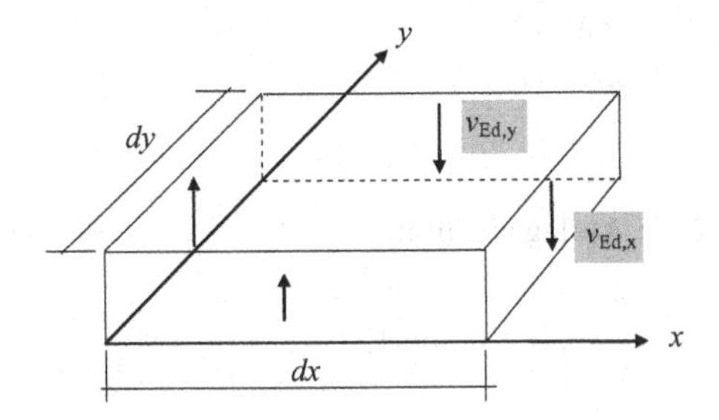

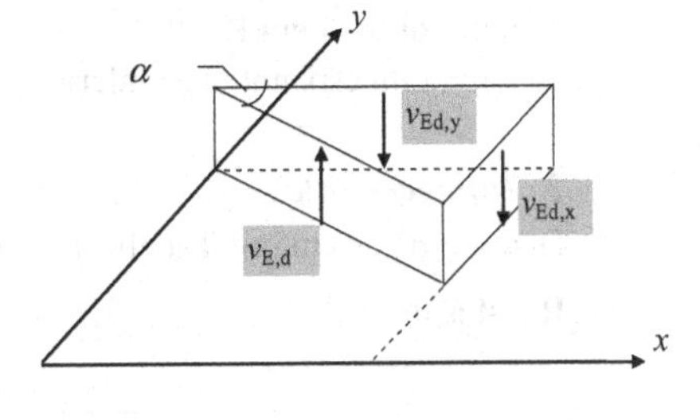

Bild 18.4-2 Zur Ableitung der „Hauptquerkräfte" v_{Ed}

18.5 Beispiele zu Einfeldplatten

18.5.1 Ermittlung von Auflagerkräften

1 System, Abmessungen, Lasten

Für die dargestellte rechteckige Einzelplatte sind die Auflagerkräfte zu bestimmen:

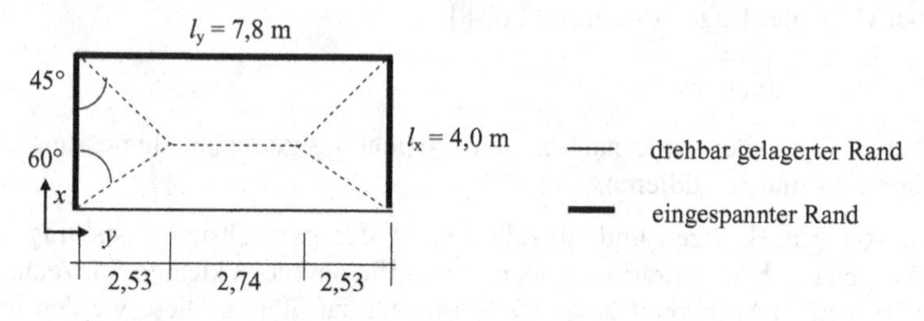

Spannweitenverhältnis mit $l_y > l_x$: $\varepsilon = l_y/l_x = 7{,}8/4 = 1{,}95 > 1{,}268$ Bild 18.3-6

Belastung : $q_d = G \cdot 1{,}35 + Q \cdot 1{,}5 = 12{,}0$ kN/m²

Maximalwerte der Auflagerlasten

unter drehbarem Rand: $q_{d,o} = 0{,}366 \cdot q_d\, l_x$

unter eingespannten Rändern: $q_{d,e} = 0{,}634 \cdot q_d\, l_x$

2 Auflagerkräfte

Damit erhält man mit Tabelle 18.3-6 folgende Auflagerkräfte:

Rand unten:

$q_{d,o} = 0{,}366 \cdot 12{,}0 \cdot 4 = 17{,}6$ kN/m

Rand links/rechts:

$q_{d,e} = 0{,}634 \cdot 12{,}0 \cdot 4 = 30{,}4$ kN/m

Rand oben:

$q_{d,e} = 0{,}634 \cdot 12{,}0 \cdot 4 = 30{,}4$ kN/m

Probe: $17{,}6 \cdot 2{,}74 + 17{,}6 \cdot 2{,}53 \cdot 1/2 \cdot 2 + 30{,}4 \cdot 4{,}0 \cdot 1/2 \cdot 2 + 30{,}4 \cdot 2{,}74 + 30{,}4 \cdot 2{,}53 \cdot 1/2 \cdot 2 = 375$
$\approx q_d \cdot l_y \cdot l_x = 12{,}0 \cdot 7{,}8 \cdot 4{,}0 = 374$ kN ✓

Treffen zwei gelenkig gelagerte Ränder aneinander, so sollte zur angenäherten Berücksichtigung der durch die Zugkräfte in den Ecken erhöhten Auflagerkräfte das trapez- bzw. dreieckförmige Lastbild durch ein rechteckiges mit gleicher Ordinate ersetzt werden.

18.5.2 Treppenpodest

1 Allgemeine Anmerkungen zur Berechnung von Treppen:

Massivtreppen bestehen im Allgemeinen aus Treppenläufen, Podesten und unterstützenden Wänden oder Unterzügen. Je nach Herstellungsart ergeben sich die verschiedensten statischen Systeme. Im Fertigteilbau ist eine Abbildung der Konstruktion auf einfache, oft statisch bestimmte Systeme in der Regel möglich. Treppen aus Ortbeton können meist nur unter starker Vereinfachung auf leicht berechenbare Grundsysteme zurückgeführt werden.

Im allgemeinen Fall ist eine Massivtreppe ein räumliches Tragwerk mit kombiniertem Platten- und Scheibentragverhalten, also ein Faltwerk. In [18-9] wurde ein räumliches Treppensystem in Versuchen und ergänzenden Berechnungen untersucht. Die auf Bild 18.5-1 dargestellten, gemessenen Momentenverläufe zeigen den Einfluss des räumlichen Tragverhaltens. Durch Faltwerkwirkung verhalten sich die Knickstellen wie Zwischenauflager des Laufes.

In der Bemessung werden diese günstigen räumlichen Effekte oft vernachlässigt. Ein Treppenpodest wird dann z.B. als dreiseitig gelagerte Platte mit Gleichlast und am freien Rand angreifender Linienlast (gegebenenfalls auch mit Randmomenten aus monolithisch angebautem Treppenlauf) abgebildet, siehe Bild 18.5-2. Die Treppenläufe werden dann als schräg liegende, gerade oder geknickte Balken berechnet. Diese Vereinfachungen sind bei richtiger Wahl der „Ersatzsysteme" konservativ. Die wirtschaftlichen Nachteile auf der Seite der Bemessung sind in der Regel vernachlässigbar. Im Allgemeinen ist eine sinnvoll konstruierte Bewehrungsführung einer aufwändigen Berechnung räumlicher Systeme vorzuziehen.

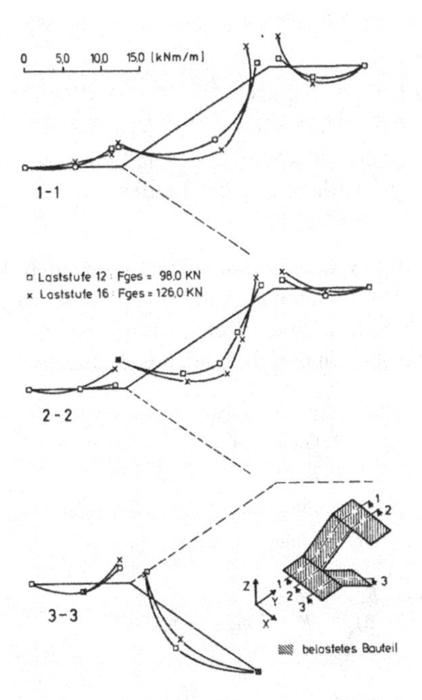

Bild 18.5-1 Gemessene Momentenverläufe des Faltwerkes „Treppe" aus [18-9]

2 System, Abmessungen und Lasten

Als Beispiel wird eine an drei Rändern gelenkig gelagerte und an einem Längsrand nicht gestützte Rechteckplatte berechnet (Bild 18.5-2). Die Platte wird durch ständige und veränderliche Gleichlast und am ungestützten Rand durch eine Linienlast belastet. Diese entsteht als Auflagerkraft zweier nebeneinander angreifender Treppenläufe unter Volllast. Eine derartig gelagerte und belastete Platte ist z.B. in [14-2] vertafelt. Mit den Tafeln können Biegemomente und Eckkräfte berechnet werden. Angaben zu den resultierenden Auflagerkräften werden nur für Gleichlast und Randmoment, aber leider nicht für den wichtigen Lastfall Linienlast gemacht. In diesen Tafeln wird die Richtung des ungestützten Randes mit x bezeichnet.

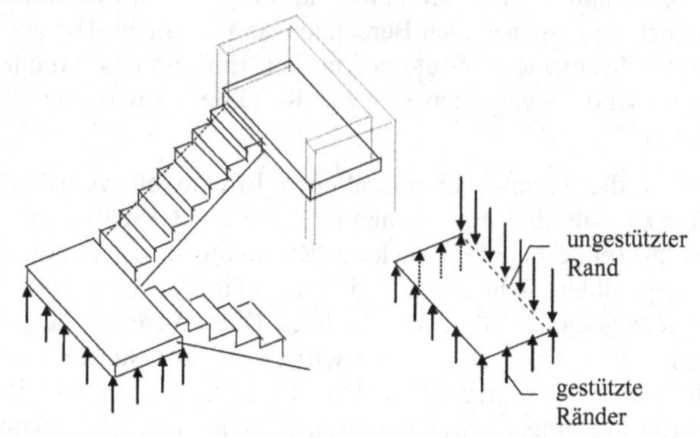

Bild 18.5-2 Treppe aus Stahlbetonfertigteilen und vereinfachtes System für das Podest

Es seien:

$l_x = 6$ m, $l_y = 3$ m	ε	$= l_y/l_x = 3/6 = 0{,}5$	
Gleichlast	q_d	$= G \cdot 1{,}35 + Q \cdot 1{,}5 \;= 16{,}0$ kN/m²	$G = 6{,}3$ kN/m², $Q = 5{,}0$ kN/m²
resultierende Flächenlast	K	$= q_d\, l_x\, l_y = 16 \cdot 6 \cdot 3 \;= 288$ kN	
Linienlast	$q_{d,x}$	$= G_x \cdot 1{,}35 + Q_x \cdot 1{,}5 = 40$ kN/m	$G_x = 15{,}7$ kN/m, $Q_x = 12{,}55$ kN/m
Randmoment:	m_d	$= 0$ (gelenkige Auflagerung des Laufes)	
Resultierende Linienlast	S	$= q_{d,x} \cdot l_x = 40 \cdot 6 \;= 240$ kN	

Die Berechnung erfolgt mit den auf Bild 18.5-3 und 18.5-4 wiedergegebenen Tafeln für torsionssteife Platten aus [14-2], wobei die dort fehlenden m_{xy1} in Zeile 3 nach [18-3] ergänzt wurden. Die Momente werden an den in der Skizze gekennzeichneten Punkten angegeben. Die Tabellenwerte sind die ***fett gedruckten*** Größen in den folgenden Gleichungen.

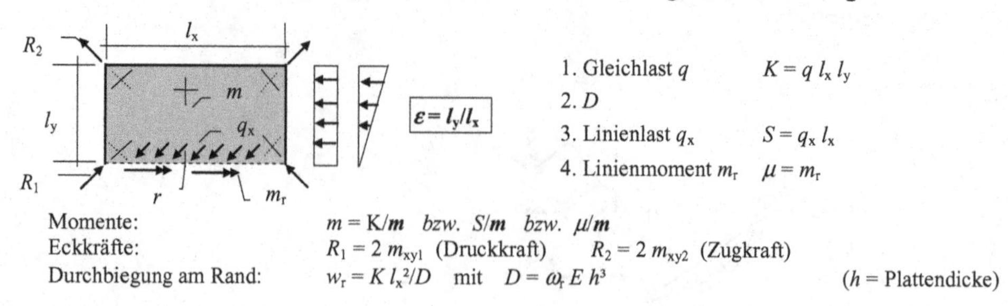

	ε=	1,5	1,4	1,3	1,2	1,1	1,0	0,9	0,8	0,7	0,6	0,5	0,4	0,3	0,25	0,125
1	m_{xr}	12,6	11,9	11,3	10,7	10,2	9,8	9,4	9,1	9,1	9,2	9,8*	11,0	13,7	16,2	30,0
	m_{xm}	15,3	14,9	14,5	14,1	13,8	13,7	13,6	13,8	14,2	15,2	17,0	20,2	26,3	31,5	49,0
	m_{ym}	62,4	58,4	54,2	50,0	45,9	41,7	37,1	33,2	29,9	27,4	25,9	26,3	29,7	33,7	60,0
	$\pm m_{xy2}$	22,3	20,6	19,3	17,9	16,7	15,4	14,1	12,9	11,8	10,8	10,1	9,4	8,8	8,6	8,4
	$\pm m_{xy1}$	412	300	220	161	118	86,5	63,6	47,0	35,0	26,3	20,1	15,8	12,8	11,6	10,0
	ω_r	9,1	8,7	8,35	8,05	7,8	7,6	7,45	7,35	7,35	7,4	7,65	8,25	9,9	11,6	21,7
2	m_{xr}	24,9	22,7	20,7	19,0	17,5	16,2	15,2	14,4	14,0	14,0	14,7	16,5	20,5	24,1	>40
	m_{xm}	17,6	17,3	17,1	17,0	17,0	17,1	17,4	18,0	19,1	20,8	23,8	28,9	38,7	47,0	>70
	m_{ym}	33,6	32,1	30,5	29,2	27,3	25,6	24,4	23,5	22,6	22,2	22,4	23,9	28,2	32,4	>60
	$\pm m_{xy2}$	18,1	17,5	16,9	16,3	15,7	15,1	14,5	13,9	13,4	12,9	12,6	12,5	12,4	12,8	14,0
	$\pm m_{xy1}$	**-133**	**-134**	**-138**	**-150**	**-179**	**-263**	**-930**	349	121	64,4	40,7	28,3	21,3	18,9	15,1
3	m_{xr}	4,1	4,1	4,1	4,1	4,1	4,1	4,1	4,2	4,3	4,5	4,9	5,6	6,9	8,1	15,9
	m_{xm}	18,0	16,1	14,3	13,1	11,9	10,9	10,2	9,6	9,4	9,3	9,7	10,8	13,1	16,1	31,3
	$-m_{ym}$	36,2	33,0	30,8	29,2	27,9	27,2	27,2	29,3	32,8	39,4	52,5	91,0	200	500	∞
	$\pm m_{xy2}$	65,0	51,5	40,5	32,4	25,6	20,4	16,0	12,6	10,2	8,3	6,9	5,8	5,2	4,9	4,4
	$\pm m_{xy1}$	7,35	7,3	7,2	7,1	7,0	6,9	6,8	6,6	6,4	6,2	5,9	5,5	5,2	5,0	4,8
	ω_r	3,1	3,1	3,1	3,1	3,1	3,1	3,05	3,05	3,1	3,35	3,7	4,45	5,75	7,0	13,2
4	m_{xr}	2,95	2,94	2,93	2,92	2,91	2,9	2,85	2,8	2,74	2,65	2,5	2,35	2,2	2,08	2,0
	m_{xm}	**-18,2**	**-18,4**	**-18,8**	**-20,5**	**-23,2**	**-31,0**	-69	105	30,0	12,5	7,9	5,7	4,6	4,2	4,0
	$-m_{ym}$	32,1	22,4	16,5	12,8	9,8	7,6	6,1	4,8	3,4	3,1	2,5	2,2	2,1	2,0	2,0
	ω_r	2,0	2,0	2,0	2,0	2,0	2,0	1,95	1,9	1,85	1,78	1,71	1,63	1,54	1,49	1,36

* zum Vergleich: bei drillweicher Platte und abhebenden Ecken ist $\boldsymbol{m}_{xr}$ = 2,8

Bild 18.5-3 Momentenbeiwerte $\boldsymbol{m}$ für dreiseitig frei drehbar gestützte Platte - torsionssteif - $\nu = 0$

3 Schnittgrößen

– ***Lastfall 1 - Gleichlast:*** K = 288 kN

$m_{xr} = K/\boldsymbol{m}_{xr} = 288/9{,}8 = 29{,}4$ kNm/m

$m_{xm} = K/\boldsymbol{m}_{xm} = 288/17 = 16{,}9$ kNm/m

$m_{ym} = K/\boldsymbol{m}_{ym} = 288/25{,}9 = 11{,}1$ kNm/m

$m_{xy1} = K/\boldsymbol{m}_{xy1} = \pm 288/20{,}1 = \pm 14{,}3$ kNm/m $\quad R_1 = 2 \cdot 14{,}3 = 29$ kN (Druck)

$m_{xy2} = K/\boldsymbol{m}_{xy2} = \pm 288/10{,}1 = \pm 28{,}5$ kNm/m $\quad R_2 = 2 \cdot 28{,}5 = 57$ kN (Zug)

– ***Lastfall 2 - Linienlast:*** S = 240 kN

$m_{xr} = S/\boldsymbol{m}_{xr} = 240/4{,}9 = 49{,}0$ kNm/m

$m_{xm} = S/\boldsymbol{m}_{xr} = 240/9{,}7 = 24{,}7$ kNm/m

$m_{ym} = S/\boldsymbol{m}_{ym} = 240/(-52{,}5) = -4{,}6$ kNm/m

$m_{xy1} = S/\boldsymbol{m}_{xy1} = \pm 240/5{,}9 = \pm 40{,}7$ kNm/m $\quad R_1 = 2 \cdot 40{,}7 = 82$ kN (Druck)

$m_{xy2} = S/\boldsymbol{m}_{xy2} = \pm 240/6{,}9 = \pm 34{,}8$ kNm/m $\quad R_2 = 2 \cdot 34{,}8 = 70$ kN (Zug)

– ***Lastfallüberlagerung:*** **LF 1 + LF 2:**

m_{xr} = 29,4 + 49,0 = 78,4 kNm/m
m_{xm} = 16,9 +24,7 = 41,6 kNm/m
m_{ym} = 11,1 - 4,6 = 6,5 kNm/m
m_{xy1} = ± 14,3 ± 40,7 = ± 55,0 kNm/m $R_1 = 2 \cdot 55{,}0 = 110$ kN **(Druck)**
m_{xy2} = ± 28,5 ± 34,8 = ± 63,3 kNm/m $R_2 = 2 \cdot 63{,}3 = 127$ kN **(Zug)**

– ***Hauptmomente:***

Die Hauptmomente berechnet man aus den Koordinatenmomenten m_x, m_y und m_{xy}:

(18.5-1) $$m_{1/2} = (m_x + m_y)/2 \pm \sqrt{(m_x - m_y)^2/4 + m_{xy}^2}$$

Der Neigungswinkel gegenüber den Koordinatenrichtungen beträgt:

(18.5-2) $$\tan 2\alpha = 2\, m_{xy}/(m_x - m_y)$$

Die zuvor angegebenen Extremwerte der Biegemomente liegen auf der Symmetrieachse. Sie sind bereits Hauptmomente. Die zugehörigen Torsionsmomente sind null. Die Größtwerte der Torsionsmomente gelten in den Ecken. Dort sind die zugehörigen Biegemomente null.

Diese Torsionsmomente ergeben (wie man durch Einsetzen der Zahlenwerte in die Gleichungen leicht zeigen kann) Hauptmomente gleichen Betrages, die um 45° gegenüber den Koordinatenrichtungen gedreht sind.

In der inneren Ecke 2 ergeben sich daraus Zugspannungen in Richtung der Winkelhalbierenden an der Oberseite und quer dazu an der Unterseite. In der äußeren Ecke 1 ergeben sich Zugspannungen in Richtung der Winkelhalbierenden an der Unterseite und quer dazu an der Oberseite.

4 Auflagerkräfte

– ***Lastfall 1 - Gleichlast:*** $K = 288$ *kN*

Bild 18.5-4 gibt die resultierenden Auflagerkräfte je Rand an. Die Verteilungsfunktion ist nur qualitativ angedeutet.

Seitenränder: $K_x = \nu_x \cdot K = 0{,}28 \cdot 288 = 81$ kN
Längsrand: $K_y = \nu_y \cdot K = 0{,}64 \cdot 288 = 184$ kN
Probe: $2 \cdot 81 + 184 + 2 \cdot (2 \cdot 14{,}3) - 2 \cdot (2 \cdot 28{,}5) = 289 \approx K = 288$

Die Verteilung dieser Kräfte über die Plattenränder und die Größtwerte $q_{d,o}$ können etwa wie folgt abgeschätzt werden:

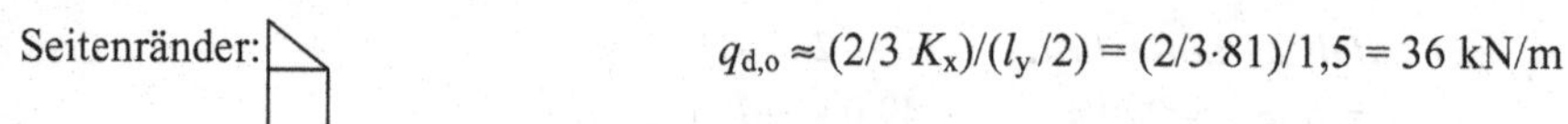

Seitenränder: $q_{d,o} \approx (2/3\, K_x)/(l_y/2) = (2/3 \cdot 81)/1{,}5 = 36$ kN/m

Längsrand: $q_{d,o} \approx 3\, K_y/(2 \cdot l_x) = 3 \cdot 184/(2 \cdot 6{,}0) = 46$ kN/m

	$\varepsilon=$	1,5	1,4	1,3	1,2	1,1	1,0	0,9	0,8	0,7	0,6	0,5	0,4	0,3	0,25	0,125
1	ν_x	0,45	0,45	0,44	0,43	0,42	0,41	0,39	0,37	0,34	0,31	0,28	0,22	0,16	0,13	0,09
	ν_y	0,28	0,30	0,32	0,34	0,36	0,40	0,44	0,49	0,54	0,59	0,64	0,72	0,80	0,84	0,90
	ρ_1	0	0	0,01	0,01	0,02	0,02	0,03	0,04	0,06	0,08	0,10	0,13	0,16	0,18	0,20
	$-\rho_2$	0,09	0,10	0,10	0,11	0,12	0,13	0,14	0,15	0,17	0,18	0,20	0,21	0,22	0,23	0,24
	$1+2\rho_2$	1,18	1,20	1,22	1,22	1,24	1,26	1,28	1,31	1,34	1,37	1,40	1,42	1,44	1,46	1,48
2	$-\nu_x$						1,19	1,39	1,52	1,55	1,52	1,49	1,46	1,36	1,30	
	$-\nu_y$						0,62	0,64	0,70	0,78	0,80	0,80	0,70	0,50	0,28	
	ρ_1						1,25	1,55	1,78	1,94	2,03	2,15	2,35	2,65	2,96	
	$-\rho_2$						- **0,25**	- **0,16**	- **0,09**	- **0,01**	0,11	0,26	0,54	1,04	1,52	

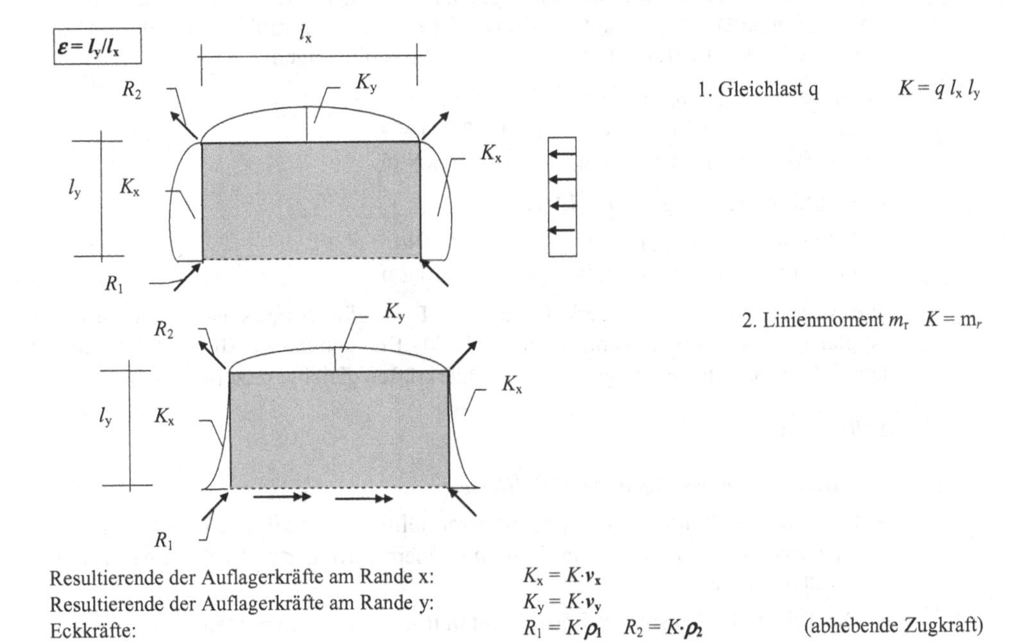

Resultierende der Auflagerkräfte am Rande x: $K_x = K \cdot \nu_x$

Resultierende der Auflagerkräfte am Rande y: $K_y = K \cdot \nu_y$

Eckkräfte: $R_1 = K \cdot \rho_1 \quad R_2 = K \cdot \rho_2$ (abhebende Zugkraft)

Bild 18.5-4 Größe und Verteilung der Auflagerkräfte für dreiseitig frei drehbar gestützte Platte - torsionssteif - $\nu = 0$, nach [14-2]

Eine Näherung mit dem Verfahren nach Bild 18.3-6 ergibt wegen der nicht erfassten, großen Eckkräfte an den Seitenrändern um etwa 11 % und am Längsrand um etwa 22 % geringere K_x- bzw. K_y-Werte. Für die Abschätzung von Auflagerkräften, die durch die Eckkräfte derartig stark beeinflusst werden, ist dieses Verfahren somit keine brauchbare Näherung.

– ***Lastfall 2 - Linienlast:*** ***S* = 240 kN**

Die Tafeln geben leider keine Hinweise auf die Auflagerkräfte. Der größte Teil der Last S in der Nähe des ungestützten Randes wird über die Spannrichtung x abgetragen. Für die Verteilung der Auflagerkraft am Rande l_y wird etwa folgende Annahme getroffen:

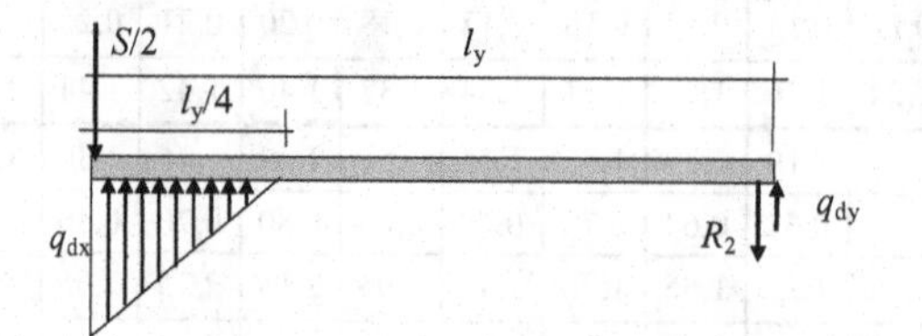

$S = 120$ kN
$R_2 = 2 \cdot 34{,}8 = 70$ kN
$R_1 = 2 \cdot 40{,}7 = 82$ kN
$l_y = 3{,}0$ m

Die Einzelecklast R_1 braucht unter der Annahme, dass sie sich ebenfalls auf $l_y/4$ dreieckförmig verteilt, nicht als Einzellast angesetzt zu werden. Sie ist dann näherungsweise in $q_{d,x}$ implizit enthalten. Man erhält den Randwert $q_{d,x}$ und die mittlere Auflagerlast $q_{d,y}$ auf dem Längsrand aus der Erfüllung der Gleichgewichtsbedingungen:

ΣV : $120 - q_{d,x} \cdot 0{,}75/2 - q_{d,y} \cdot 6{,}0/2 + 70 = 0$
ΣM_r : $120 \cdot 3{,}0 - q_{d,x} \cdot 0{,}75/2 \cdot (3{,}0 - 0{,}75/3) = 0$
Lösung: $q_{d,x} = 350$ kN/m $q_{d,y} = 20$ kN/m

Lastfallüberlagerung Lf 1 + Lf 2:

Seitenränder: max $q_{d,o} \approx 36 + 350 = 386$ kN/m
Längsrand: max $q_{d,o} \approx 46 + 20 = 66$ kN/m

Die Aufnahme dieser Auflagerkräfte und der Eckkräfte R_2 muss nachgewiesen werden. Man vergleiche dieses Ergebnis mit dem der FEM- Berechnung in Abschnitt 18.12.2. Die Auflagerkräfte werden näherungsweise den Querkräften gleichgesetzt ($q_d \approx v_{Ed}$).

5 Bemessung

5.1 System, Abmessungen, Materialwerte

- Es handele sich um ein werksmäßig hergestelltes Fertigteil. Die Betonfestigkeitsklasse ist relativ hoch, die Betondeckung kann mit einem verringerten Vorhaltemaß von $\Delta c = 5$ mm ermittelt werden.
- Die Teile befinden sich im Endzustand in trockenen Innenräumen.
- Die Bewehrung wird werksmäßig aus Stabstahl vom Ring zu Zeichnungsmatten verschweißt.
- Wegen der werksmäßigen Herstellung wird die massenmäßig günstigere, aber aufwendiger herzustellende Eckbewehrung in Richtung der Hauptzugspannungen gewählt.

Betondeckung, Lage der Bewehrung: Es sei für $h = 25$ cm und $\phi \leq 10$ mm:

untere Bewehrung	x-Richtung:	$d_{sx} = 0{,}225$ m	(untere = 1. Lage)
	y-Richtung:	$d_{sy} = 0{,}215$ m	(obere. = 2. Lage)
	schräg:	$d_{ss} = 0{,}205$ m	(3.Lage)
obere Bewehrung	schräg:	$d_{ss} = 0{,}225$ m	(oberste = 4. Lage)

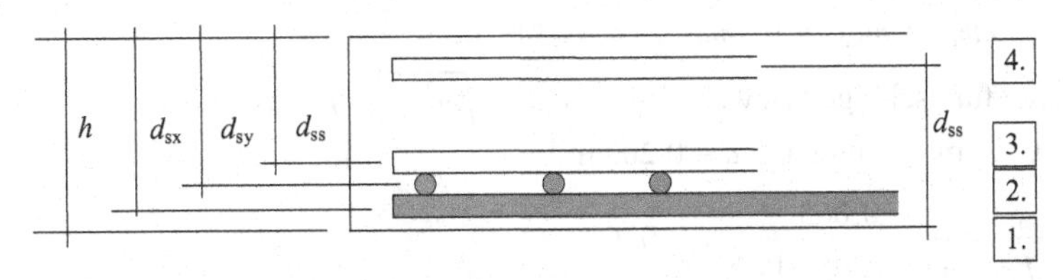

Beton: C35/45 $f_{ck} = 35$ N/mm² $f_{cd} = 0{,}85 \cdot 35/1{,}5 = 19{,}8$ N/mm²
Betonstahl: B500 $f_{yk} = 500$ N/mm² $f_{yd} = 500/1{,}15 = 435$ N/mm²

5.2 Biegebemessung (gewählt: Verfahren mit dimensionslosen Beiwerten)

– ***Stelle x_r:*** $m_{Ed} = 78{,}4$ kNm/m

$$\mu_{Ed} = \frac{m_{Ed}}{bd^2 f_{cd}} = \frac{0{,}078}{1{,}0 \cdot 0{,}225^2 \cdot 19{,}8} = 0{,}078$$

Abgelesen aus Bild 4.5-8:

$$\omega = 0{,}081 \quad \zeta = 0{,}961 \quad \varepsilon_c = -3{,}2\ ‰ \quad \varepsilon_s = 25{,}0\ ‰ \quad \sigma_{sd} = 456{,}5 \text{ N/mm}^2$$

$$a_{s,x} = \frac{\omega}{f_{yd}} f_{cd} \cdot b \cdot d = \frac{0{,}081}{456{,}5} \cdot 19{,}8 \cdot 1{,}0 \cdot 0{,}225 \cdot 10^4 = 7{,}9 \text{ cm}^2/\text{m}$$

– ***Stelle x_m:*** $m_{Ed} = 41{,}6$ kNm/m

$$\mu_{Ed} = \frac{m_{Ed}}{bd^2 f_{cd}} = \frac{0{,}042}{1{,}0 \cdot 0{,}225^2 \cdot 19{,}8} = 0{,}042$$

Abgelesen aus Bild 4.5-8: $\omega = 0{,}042$ $\sigma_{sd} = 456{,}5$ N/mm

$$a_{s,x} = \frac{\omega}{f_{yd}} f_{cd} \cdot b \cdot d = \frac{0{,}042}{456{,}5} \cdot 19{,}8 \cdot 1{,}0 \cdot 0{,}225 \cdot 10^4 = 4{,}1 \text{ cm}^2/\text{m}$$

– ***Stelle y_m:*** $m_{Sd} = 6{,}5$ kNm/m

$$\mu_{Ed} = \frac{m_{Ed}}{bd^2 f_{cd}} = \frac{0{,}0065}{1{,}0 \cdot 0{,}215^2 \cdot 19{,}8} = 0{,}007$$

Abgelesen aus Bild 4.5-8: $\omega = 0{,}007$ $\sigma_{sd} = 456{,}5$ N/mm

$$a_{s,y} = \frac{\omega}{f_{yd}} f_{cd} \cdot b \cdot d = \frac{0{,}007}{456{,}5} \cdot 19{,}8 \cdot 1{,}0 \cdot 0{,}215 \cdot 10^4 = 0{,}65 \text{ cm}^2/\text{m}$$

– ***Stelle xy_1:*** $m_{Ed,x} = m_{Ed,y} = 0$ $m_{Ed,xy1} = 55{,}0$ kNm/m

Hauptmomente für „schräge“ Bewehrung: $m_{1/2} = \sqrt{m_{Ed,xy1}^2} = m_{Ed,xy1}$

oben: $d = 0{,}225$ m unten: $d = 0{,}205$ m

$$\mu_{Ed} \le \frac{m_{Ed}}{bd^2 f_{cd}} = \frac{0{,}067}{1{,}0 \cdot 0{,}205^2 \cdot 19{,}8} = 0{,}066$$

Abgelesen aus Bild 4.5-8: $\omega = 0{,}067$ $\sigma_{sd} = 456{,}5$ N/mm²

$$a_{s,1,2} \le \frac{\omega}{f_{yd}} f_{cd} \cdot b \cdot d = \frac{0{,}067}{456{,}5} \cdot 19{,}8 \cdot 1{,}0 \cdot 0{,}225 \cdot 10^4 = \mathbf{6{,}5\ cm^2/m}$$ konservativ $d = 0{,}225$ m

– ***Stelle xy₂:*** $m_{Ed,x} = m_{Ed,y} = 0 \quad m_{Ed,xy2} = 63{,}3$ kNm/m

Hauptmomente für „schräge" Bewehrung: $m_{1/2} = \sqrt{m^2_{Ed,xy1}} = m_{Ed,xy1}$

oben: $d = 0{,}225$ m unten: $d = 0{,}205$ m

$$\mu_{Ed} \leq \frac{m_{Ed}}{bd^2 f_{cd}} = \frac{0{,}063}{1{,}0 \cdot 0{,}205^2 \cdot 19{,}8} = 0{,}076$$

Abgelesen aus Bild 4.5-8: $\omega = 0{,}076 \quad \sigma_{sd} = 456{,}5$ N/mm²

$$a_{s,1,2} \leq \frac{\omega}{f_{yd}} f_{cd} \cdot b \cdot d = \frac{0{,}076}{456{,}5} \cdot 19{,}8 \cdot 1{,}0 \cdot 0{,}225 \cdot 10^4 = \mathbf{7{,}4\ cm^2/m}$$

konservativ $d = 0{,}225$

– ***Zur Anordnung der Bewehrung:*** a_s in [cm²/m]

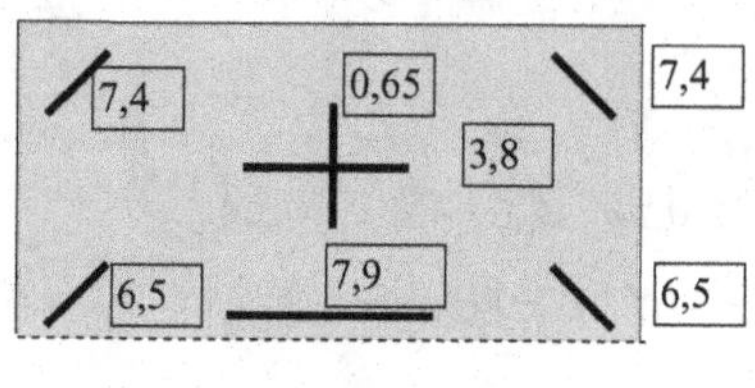

unten

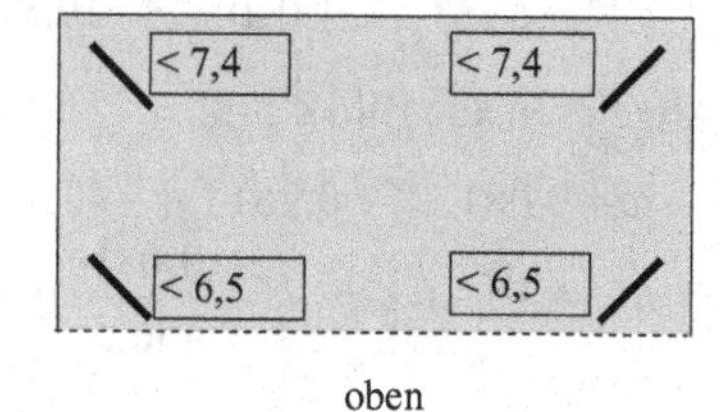

oben

Die Richtung der schrägen Bewehrung ergibt sich anschaulich aus der Vorstellung der Wirkung der Eckkräfte R_1 und R_2.

– ***Mindestbewehrung (Duktilität)***

Nach Abschnitt 4.6.2 muss eine Mindestbewehrung zur Sicherstellung der Duktilität eingebaut werden. Diese wird einhüllend für alle Richtungen abgeschätzt:

$$a_{s,min} = \frac{f_{ctm}}{f_{yk}} \cdot \frac{b \cdot h^2}{6 \cdot z} = \frac{3{,}2}{500} \cdot \frac{100 \cdot 25^2}{6 \cdot 0{,}961 \cdot 22{,}5} = 3{,}1 \text{ cm}^2/\text{m}$$

(f_{ctm} aus Tabelle 1.2-1)

5.3 Begrenzung der Rissbildung

Die Stahlspannungen im Gebrauchszustand werden näherungsweise durch proportionales Umrechnen aus der Streckgrenze über einen mittleren Teilsicherheitsbeiwert $\gamma \approx 1{,}4$ ermittelt. Den zugehörigen höchstzulässigen Stababstand erhält man für $w_k = 0{,}4$ mm aus Tabelle 10.4-2:

$$\sigma_{sd} = 435/1{,}4 = 310 \text{ N/mm}^2 \quad \Rightarrow \quad s \leq 160 \text{ mm}$$

Bei Verwendung vom Betonstahlmatten Typ Q wird dieser Wert automatisch eingehalten.

5.4 Aufnahme der abhebenden Eckkräfte

Die abhebenden Eckkräfte bei Punkt 2 sind wegen der Podestabmessungen sehr groß. Bei **Mauerwerkswänden** könnten sie durch die Auflast aus einer Geschossdecke kaum aufgenommen werden (siehe folgende Skizze).

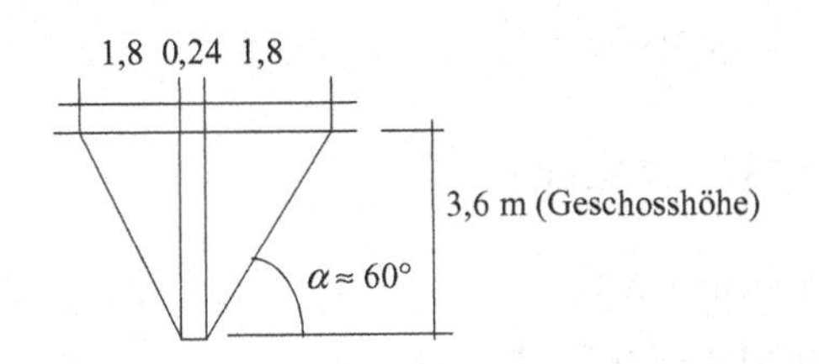

Abwicklung der Wand in der Ecke:
Mauerwerkswand, h_{Wand} = 0,24 m

Auflast: $G_{w,d} = 0{,}24\,(1{,}8+0{,}24)\cdot 3{,}6\cdot 18\cdot 0{,}9 = 28{,}5$ kN (mit $\gamma_G = 0{,}9$)

$\boldsymbol{R_{2d} = 127}$ **kN >>** $\boldsymbol{G_{w,d} = 28{,}5}$ **kN** ✗

– ***Alternativen:***

- Beim Einbinden in einen horizontalen Schlitz einer **Stahlbetonwand** muss der Spalt zwischen Oberkante Platte und Oberkante Schlitz kraftschlüssig geschlossen werden. Die obere Begrenzung des Schlitzes ist entsprechend zu bewehren. In der Wand ist hinter dem Schlitz eine vertikale Rückhängebewehrung zur Aufnahme von $\boldsymbol{R_{2d}}$ anzuordnen.

- Beim Auflegen auf Bandkonsolen müssen die hinteren Plattenecken z. B. mit je einem Gewindestab und einbetonierten Schraubhülsen in der Konsole vertikal nach unten verankert werden (Bemessung und Detail nicht dargestellt).

- Es sollte besser ein Unterzug an Vorderkante Platte angeordnet werden, der die abhebenden Kräfte deutlich reduzieren würde.

5.5 Schubnachweise

- 5.5.1 Querränder

Der Schubnachweis wird für den größten Randwert der Querkraft geführt.
Am Seitenrand: $q_{d,x} \approx v_{Ed,x} = 386$ kN/m ≈ 0,39 MN/m ⇒ bei r: $v_{Ed,max} = 0{,}35$ MN/m
Wegen der relativ dicken Platte und Werksfertigung wird Bügelbewehrung gewählt.

– ***Zugstrebennachweis:***

$v_{Rd,c} = 0{,}1\cdot k\cdot(100\,\rho_l\cdot f_{ck})^{1/3}\cdot b_w\cdot d$

$k = (1+\sqrt{200/250}) = 1{,}89 \leq 2{,}0$

$\rho_l = 7{,}9/(100\cdot 22{,}5) = 0{,}0035 < 0{,}02$ Grad der Längsbewehrung, max a_s am Rand durchgehend

$v_{Rd,c} = 0{,}1\cdot 1{,}89\cdot(100\;0{,}0035\cdot 35)^{1/3}\cdot 1{,}0\cdot 0{,}225 = 0{,}098 \approx 0{,}10\text{ MN/m} < 0{,}35\text{ MN/m}$

$V_{Rd,c,min} = (0{,}0525/\gamma_c)\cdot k^{3/2}\cdot f_{ck}^{\;1/2}\cdot b_w\cdot d$
$= (0{,}0525/1{,}5)\cdot 1{,}89^{3/2}\cdot 35^{1/2}\cdot 1{,}0\cdot 0{,}225 = 0{,}12\text{ MN/m} < 0{,}35\text{ MN/m}$

Es muss Schubbewehrung angeordnet werden.

$z = 0{,}9\;22{,}5 = 20{,}2 > d - c_{nom,längs} - 3{,}0 = 0{,}225 - (0{,}020 + 0{,}008) - 0{,}03 = \mathbf{0{,}17\text{ m}}$

– ***Druckstrebennachweis:***

$v_{Rd,max} = 0{,}75\,f_{cd}\,b_w\,z\sin\theta\cos\theta$ ohne Nachweis mit θ 30°

$v_{Rd,max} = 0{,}75\cdot 19{,}8\cdot 1{,}0\cdot 0{,}17\cdot 0{,}50\cdot 0{,}87 = 1{,}10\text{ MN/m} >> 0{,}39\text{ kN/m}$ ✓

$$v_{\mathrm{Rd,s}} = \frac{A_{\mathrm{sw}}^{\perp}}{s_{\mathrm{w}}} \cdot f_{\mathrm{ywd}}\, z \cdot \cot\theta = v_{\mathrm{Ed,max}} = 0{,}35 \text{ MN/m}$$

$$a_{\mathrm{sw,erf}} = \frac{A_{\mathrm{sw}}^{\perp}}{s_{\mathrm{w}}} = 0{,}35 \cdot 10^4/(435 \cdot 0{,}17 \cdot 1{,}73) = 27{,}3 \text{ cm}^2/\text{m}^2$$

Höchstzulässiger Bügelabstand nach Tabelle 6.6-3:

Für $v_{\mathrm{Ed,max}} = 0{,}39$ MN > $0{,}3 \cdot v_{\mathrm{Rd,max}} = 0{,}3 \cdot 1{,}10 = 0{,}33$ MN gilt

$s_{\mathrm{t,\,max}} = 0{,}5\ \mathrm{h} = 0{,}5 \cdot 0{,}25 = 0{,}125$ m ✓

Gew.: Bü ∅ 8 mit 12,5 cm Breite und 12,5 cm Abstand. Dies sind 64 Bügelschenkel/m².
vorh $a_{\mathrm{sw}} = 32{,}0$ cm² > erf $a_{\mathrm{sw}} = 27{,}3$ cm² ✓

Nimmt man konservativ an, dass die Querkraft am Plattenrand über l_x linear verteilt ist, so erhält man den durch Schubbewehrung in x-Richtung abzudeckenden Querkraftbereich (schraffiert):

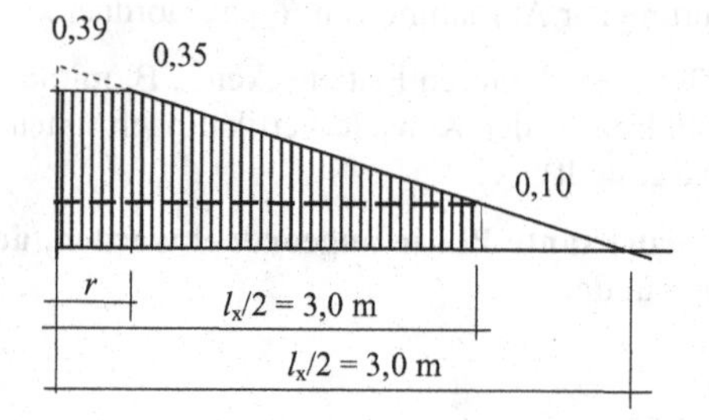

$r = t/3 + d \approx 5 + 24{,}5 = 29{,}5$ cm

Die Bewehrung ist in x-Richtung im schraffierten Bereich einzubauen. Sie braucht in Querrichtung y nur im vorderen Viertel des Querrandes (also auf etwa 0,75 m Breite) angeordnet zu werden:

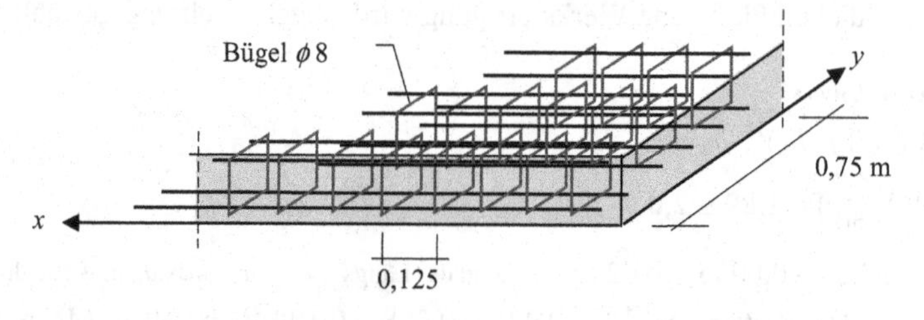

- *5.5.2 Längsrand*

Der Schubnachweis wird für den größten Randwert der Querkraft geführt. Die Reduzierung auf Stelle r wird vernachlässigt.

Am Längsrand: $q_{\mathrm{d,y}} = 64$ kN/m ⇒ $v_{\mathrm{Ed,max}} \approx 0{,}064$ MN/m

– ***Druckstrebennachweis:***

Trotz der geringeren statischen Höhe d erübrigt sich ein Nachweis.

– ***Zugstrebennachweis:***

$\rho_l \geq 3{,}1/(100 \cdot 21{,}5) = 0{,}00144 < 0{,}02$ aus Längsbewehrung⊥ zum Rand $a_{s,min}$ maßgebend

$v_{Rd,ct} = 0{,}1 \cdot (1+\sqrt{200/235}) \cdot (100 \cdot 0{,}00144 \cdot 35)^{1/3} \cdot 1{,}0 \cdot 0{,}215 = 0{,}071 \text{ MN/m} > 0{,}064 \text{ MN/m}$

Eine Schubbewehrung ist somit nicht erforderlich.

5.6 Abschätzung der Durchbiegung

Die Platte hat eine recht große Spannweite in x-Richtung. Die Bemessung an der Mitte des freien Randes zeigt eine hohe Ausnutzung von Bewehrung und Beton. Dies führt zu einer erheblichen Durchbiegung. Eine Beurteilung anhand der Biegeschlankheit ist für den vorliegenden Lagerungsfall nicht möglich. Die Durchbiegung **unter Gebrauchslasten** wird deshalb explizit berechnet.

– ***Flächenlast unter Gebrauchslast (Vollast)***
$q_{G+Q} = 11{,}3 \text{ kN/m}^2 \quad K = 11{,}3 \cdot 6 \cdot 3 = 203 \text{ kN}$

– ***Linienlast unter Gebrauchslast (Vollast)***
$q_{Gx+Qx} = 28{,}2 \text{ kN/m} \quad K_x = 28{,}2 \cdot 6 = 170 \text{ kN}$

– ***Dauerlastanteile unter Gebrauchslast***
$K_{creep} = 6{,}3 \cdot 6 \cdot 3 = 113 \text{ kN} \quad K_{x,creep} = 15{,}7 \cdot 6 = 94 \text{ kN} \quad 113/203 \approx 94/170 \approx 0{,}55 = 55\ \%$

Die Durchbiegung im Gebrauchszustand sollte in der Regel $l_i/250$ nicht überschreiten.

– ***Elastische Durchbiegung in Mitte des freien Randes***

$E^{C35} = 34000 \text{ N/mm}^2$

$$w = \frac{K \cdot l_x^2}{\omega_r \cdot E \cdot h^3} = (K/\omega_r)\, 6^2/(34000 \cdot 0{,}25^3) = (K/\omega_r) \cdot 0{,}068$$

Die ω_r-Werte werden Bild 18.5-3 entnommen:

$w = (0{,}203/7{,}65 + 0{,}170/3{,}7) \cdot 0{,}068 = 0{,}005 \text{ m} = \mathbf{5\ mm}$

Dieser Wert ist sehr klein. Entsprechende Ergebnisse erhält man z.B. auch mit den üblichen FEM-Programmen. Wie schon am Ende von Abschnitt 18.1.4 betont, erhöhen sich alle auf der Basis linear-elastischen Verhaltens errechneten Verformungen erheblich bei Berücksichtigung der Rissbildung (Zustand II unter Mitwirkung des Betons zwischen den Rissen) und infolge des Schwindens und Kriechens des Dauerlastanteiles der Verformung unter der oben angegebenen Dauerlast.

In der Regel muss mit einer Erhöhung auf etwa den 5- bis 7-fachen Betrag gerechnet werden. Dies wird durch eine hier nicht wiedergegebene Berechnung in Anlehnung an [3-1] bestätigt (eine Abschätzung nach der direkten Berechnung gemäß EC2 ist auch möglich). Man erhält für den kriechwirksamen Dauerlastanteil von 55 % etwa:

$w \approx 29 \text{ mm} \quad > \approx l_x/250 = 6000/250 = 24 \text{ mm}$

Ein Unterzug an Plattenvorderkante würde sich sehr günstig auswirken. *Er wäre einer Vergrößerung der Plattendicke vorzuziehen. Dadurch würde auch das bei einer Treppe nicht unwichtige Schwingungsverhalten durch deutliche Erhöhung der Eigenfrequenz positiv beeinflusst.*

18.5.3 Kellerschacht

1 System und Abmessungen

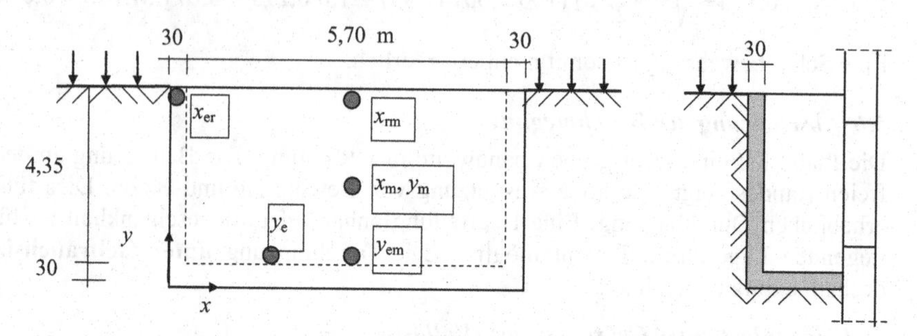

Die rechnerischen Abmessungen der Frontplatte werden auf die Mittelflächen der stützenden Querplatten bezogen: $l_x = 6{,}0$ m $l_y = 4{,}5$ m

2 Lasten

Die Schachtwand wird durch die Lasten aus Erddruck als Platte beansprucht. Es sei:

$\gamma_{cal} = 20$ kN/m³ Erdruckbeiwert: $K_{agh} = K_{aph} = 0{,}42$ Auflast: 10 kN/m²

Erddruckordinaten:

oben: $e_{a,h} = 0{,}42 \cdot 10 \qquad = 4{,}2$ kN/m²

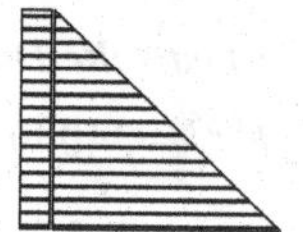

unten: $e_{a,h} = 0{,}42 \cdot 10 + 0{,}42 \cdot 20 \cdot 4{,}5$
$= 4{,}2 + 37{,}8 \qquad = 42{,}0$ kN/m²

Die resultierenden Designlasten auf die Platte betragen:

$K_Q = (4{,}2 \cdot 1{,}5) \cdot 4{,}5 \cdot 6{,}0 \qquad = 170$ kN
$K_G = (37{,}8 \cdot 1{,}35) \cdot 4{,}5 \cdot 6{,}0/2 \qquad = 689$ kN

3 Schnittgrößenermittlung

Bei dem vorliegenden System genügt es, die Schnittgrößen der Frontplatte zu ermitteln. Die kurzen Querwände und der Boden werden konstruktiv bewehrt. Die tatsächliche Drehbehinderung der Frontplatte an den Kanten durch Einspannung in die Querwände ist kaum genau erfassbar. Deshalb werden die Schnittgrößen für folgende eingrenzende Systemannahmen errechnet:

- Einspannmomente an den Kanten: Platte mit starrer Dreheinspannung
- Feldmomente: Mittelwert aus den Schnittgrößen für starre Dreheinspannung und denen aus gelenkiger Lagerung an den Kanten.

Der obere Plattenrand ist ungestützt. Verwendet werden diesmal Tafeln aus [18-2], die auf Bild 18.5-5 und Bild 18.5-6 auszugsweise wiedergegeben sind. Die Schnittgrößen werden an den in der Systemskizze markierten Punkten für $\varepsilon = l_y/l_x = 4{,}5/6{,}0 = 0{,}75$ berechnet.

Die fett geschriebenen Werte sind die Tabellenbezeichnungen, mit deren Hilfe die statischen Größen ermittelt werden.

	ε	m_{xer}	m_{xrm}	m_{xm}	m_{yem}	m_{ye}	m_{ym}
1	0,7	-8,24	19,7	35,6	-12,6	-15,7	91,2
(III/1/a)	0,8	-9,27	20,9	34,2	-14,2	-17,9	91,7
2	0,7	-20,2	37,9	51,3	-12,5	-15,8	56,5
(III/1/b)	0,8	-24,6	41,5	46,7	-13,0	-16,6	58,6

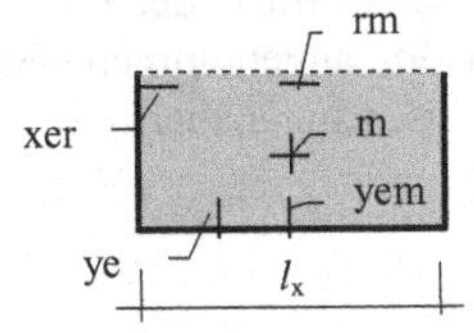

1. Gleichlast q $K = q\, l_x\, l_y$
2. Dreieckslast q $K = 0{,}5\, q\, l_x\, l_y$

Momente: $m = K/\boldsymbol{m}$

Bild 18.5-5 Platte mit dreiseitiger Randeinspannung - 1 Gleichlast - 2 Dreieckslast

	ε	R_r	m_{xrm}	m_{xm}	R_e	m_{ym}
1	0,7	17,5	9,05	14,2	-5,94	30,4
(III/4/a)	0,8	23,5	9,15	13,8	-6,45	34,5
2	0,7	60,2	13,9	19,1	-6,70	26,2
(III/4/b)	0,8	175,0	14,4	18,0	-6,95	28,6

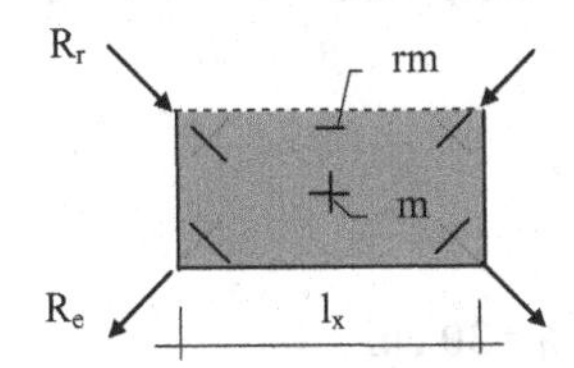

1. Gleichlast q $K = q\, l_x\, l_y$
2. Dreieckslast q $K = 0{,}5\, q\, l_x\, l_y$

Momente: $m = K/\boldsymbol{m}$ $m_{xy} = 0{,}5\, R$

Eckkräfte: $R/\boldsymbol{R}$

Bild 18.5-6 Platte mit dreiseitiger gelenkiger Lagerung - 1 Gleichlast - 2 Dreieckslast

3.1 Biegemomente, dreiseitig eingespannte Platte - Platten Nr. III/1/a und /b

$m_{x,er}$ = - 170/8,75 - 689/22,4 = - 50,2 kNm/m
$m_{x,rm}$ = +170/20,3 + 689/39,2 = +26,0 kNm/m
$m_{x,m}$ = +170/34,9 + 689/49,0 = +18,9 kNm/m
$m_{y,m}$ = +170/91,4 + 689/57,5 = +13,8 kNm/m
$m_{y,em}$ = - 170/13,4 - 689/12,8 = - 66,5 kNm/m
$m_{y,e}$ = - 170/16,8 - 689/16,2 = - 52,6 kNm/m

3.2 Biegemomente, dreiseitig gelenkig gelagerte Platte - Platten Nr. III/4/a und /b

$m_{x,rm}$ = +170/9,1 + 689/14,1 = +67,5 kNm/m
$m_{x,m}$ = +170/14,0 + 689/18,5 = +49,4 kNm/m
$m_{y,m}$ = +170/32,4 + 689/27,4 = +30,4 kNm/m

3.3 Bemessungsmomente

$m_{x,er}$ $= -50{,}2$ kNm/m
$m_{x,rm} = +(26{,}0 + 67{,}5)/2$ $= +46{,}8$ kNm/m
$m_{x,m} = +(18{,}9 + 49{,}4)/2$ $= +34{,}1$ kNm/m
$m_{y,m} = +(13{,}8 + 30{,}4)/2$ $= +22{,}1$ kNm/m
$m_{y,em}$ $= -66{,}5$ kNm/m
$m_{y,e}$ $= -52{,}6$ kNm/m

3.4 Abschätzung der Quer- und Auflagerkräfte

Es wird vom Näherungsverfahren Gebrauch gemacht, da der Einfluss der Eckkräfte wegen der Einspannung gering ist. Der dreieckförmig über die Höhe angenommene Erdruckanteil wird durch eine Rechteckverteilung mit 60 % des Höchstwertes angenähert.

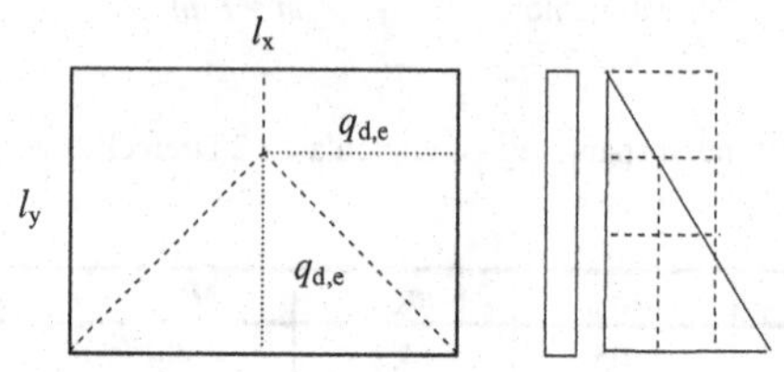

Flächenlast: $q_d \approx (4{,}2 \cdot 1{,}5 + 0{,}6 \cdot 37{,}8 \cdot 1{,}35) = 37$ kN/m²

Größtwert der Auflagerkraftverteilungen (Trapez und Dreieck):

$q_{d,e} = 0{,}5\, q_d\, l_x \approx 0{,}5 \cdot 37 \cdot 6{,}0 = 111$ kN/m

Die Auflagerkräfte können als Näherung für die Querkräfte zum Nachweis der Schubtragfähigkeit der Platte verwendet werden.

4 Bemessung im Grenzzustand der Tragfähigkeit

4.1 System, Abmessungen, Materialwerte

- Es handele sich um ein Bauteil aus Ortbeton. Dicke $h = 30$ cm
- Die (ungünstigere) Luftseite entspricht im Endzustand der Expositionsklasse XC4 und XF1 mit ≥ C25/30 und $c_{nom} = 25 + 15 = 40$ mm. Dieser Wert wird konservativ auch für die Erdseite angesetzt.
- Es wird Bewehrung in Koordinatenrichtung verwendet.

Lage der Bewehrung für $\phi \leq 10$ mm:

x-Richtung: $d_x = 0{,}255$ m horizontal, „äußere Lage" (Erdseite)
y-Richtung: $d_y = 0{,}245$ m vertikal, „innere Lage" (Luftseite)

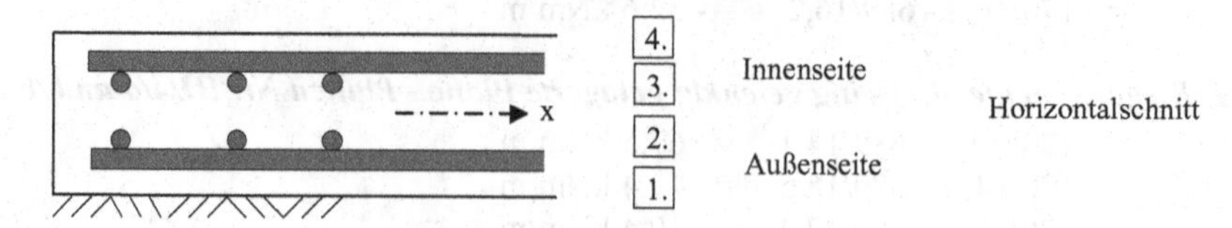

Beton C30/35: $f_{ck} = 30$ N/mm² $f_{cd} = 0{,}85 \cdot 30/1{,}5 = 17{,}0$ N/mm²
Betonstahl B500: $f_{yk} = 500$ N/mm² $f_{yd} = 500/1{,}15 = 435$ N/mm²

4.2 Biegebemessung (gewählt: Verfahren mit dimensionslosen Beiwerten)

Einhüllend für die x-Richtung wird für die innere und äußere Oberfläche nachgewiesen:

– ***Stelle x_{er}:*** $m_{Ed} = (-)50{,}2$ kNm/m

$$\mu_{Ed} = \frac{m_{Ed}}{bd^2 f_{cd}} = \frac{0{,}05}{1{,}0 \cdot 0{,}255^2 \cdot 17{,}0} = 0{,}045$$

Abgelesen aus Bild 4.5-8: $\omega = 0{,}0465$ $\zeta = 0{,}97$ $\sigma_{sd} = 456{,}5$ N/mm²

$$a_{s,x} = \frac{\omega}{f_{yd}} f_{cd} \cdot b \cdot d = \frac{0{,}0465}{456{,}5} 17{,}0 \cdot 1{,}0 \cdot 0{,}255 \cdot 10^4 = 4{,}4 \text{ cm}^2/\text{m}$$ horizontal, Lage 1 und 4

Einhüllend für die y-Richtung wird für die äußere Oberfläche nachgewiesen:

– ***Stelle y_{em}:*** $m_{Ed} = -66{,}5$ kNm/m

$$\mu_{Ed} = \frac{m_{Ed}}{bd^2 f_{cd}} = \frac{0{,}067}{1{,}0 \cdot 0{,}245^2 \cdot 17{,}0} = 0{,}066$$

Abgelesen aus Bild 4.5-8: $\omega = 0{,}068$ $\zeta = 0{,}96$ $\sigma_{sd} = 456{,}5$ N/mm²

$$a_{s,y} = \frac{\omega}{f_{yd}} f_{cd} \cdot b \cdot d = \frac{0{,}068}{456{,}5} 17{,}0 \cdot 1{,}0 \cdot 0{,}245 \cdot 10^4 = 6{,}2 \text{ cm}^2/\text{m}$$ vertikal, Lage 2

Einhüllend für die y-Richtung wird für die innere Oberfläche nachgewiesen:

– ***Stelle y_m:*** $m_{Ed} = 22{,}1$ kNm/m

$$\mu_{Ed} = \frac{m_{Ed}}{bd^2 f_{cd}} = \frac{0{,}022}{1{,}0 \cdot 0{,}245^2 \cdot 17{,}0} = 0{,}022$$

Abgelesen aus Bild 4.5-8: $\omega = 0{,}022$ $\zeta = 0{,}98$ $\sigma_{sd} = 456{,}5$ N/mm²

$$a_{s,y} = \frac{\omega}{f_{yd}} f_{cd} \cdot b \cdot d = \frac{0{,}022}{456{,}5} 17{,}0 \cdot 1{,}0 \cdot 0{,}245 \cdot 10^4 = 2{,}0 \text{ cm}^2/\text{m}$$ vertikal, Lage 3

– ***Mindestbewehrung (Duktilität)***

$$a_{s,min} \geq \frac{f_{ctm}}{f_{yk}} \cdot \frac{b \cdot h^2}{6 \cdot z} = \frac{2{,}9}{500} \cdot \frac{1 \cdot 0{,}3^2}{6 \cdot 0{,}95 \cdot 0{,}245} 10^{-4} = 3{,}7 \text{ cm}^2/\text{m}$$

4.3 Wahl der Bewehrung

horizontal Innen- u. Außenseite:
ϕ 10 – 8,5 cm (s. Risssicherung) $a_{s,vorh} = 9{,}2$ cm²/m > 4,4 cm²/m

vertikal Innenseite:
ϕ 10- 20 cm $a_{s,vorh} = 3{,}9$ cm²/m > 3,7 cm²/m

vertikal Außenseite:

Grundbewehrung:	ϕ 10 - 20 cm	$a_{s,vorh} = 3{,}9\ \ \mathrm{cm}^2/\mathrm{m}$
Verstärkung in Mitte:	ϕ 10 - 10 cm	$a_{s,vorh} = 7{,}85\ \mathrm{cm}^2/\mathrm{m} > 6{,}2$

max s = 20 cm < max zul $s = 1{,}5\ h\ \ \leq 35$ cm (s. Abschnitt18.8) ✓

– ***Schema der Bewehrungsanordnung:***

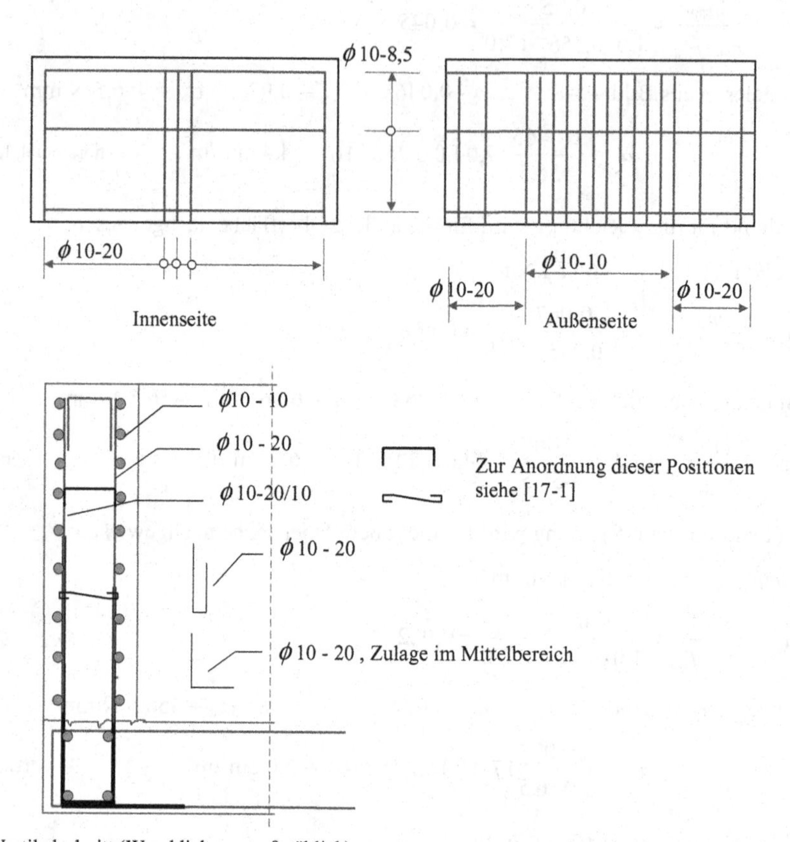

Vertikalschnitt (Wanddicke unmaßstäblich)

Wie aus dem Vertikalschnitt ersichtlich, wurde die Horizontalbewehrung jeweils in den äußeren Lagen angeordnet. Die Horizontalbewehrung kann somit von beiden Seiten an den aus der Bodenplatte herausstehenden, vertikalen Anschlussschlaufen montiert werden. Steht an der Außenseite kein ausreichender Arbeitsraum zur Verfügung, so empfiehlt es sich, die äußere Horizontalbewehrung in der zweiten Lage anzuordnen. Sie kann dann von Innen montiert werden.

Im Horizontalschnitt werden die Eckbereiche vorteilhaft analog zur Ecke an der Bodenplatte ebenfalls mit (horizontalen) Steckschlaufen ausgebildet:

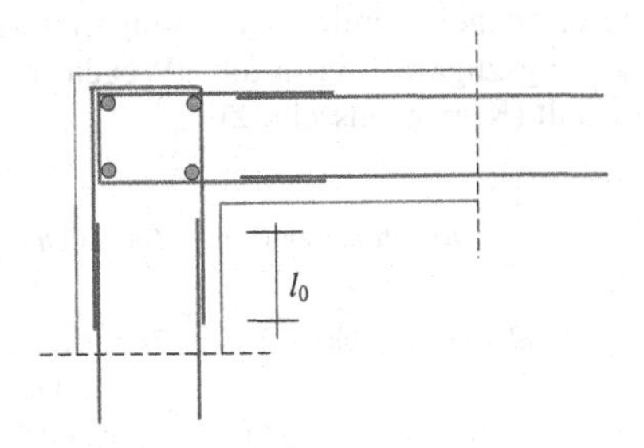

4.4 Schubnachweise

Der Schubnachweis wird für folgende Annahmen geführt:

- größter Randwert der Querkraft $q_{d,e} = 111$ kN/m ≈ 0,11 MN/m
- maßgebend ist x-Richtung $d_x = 0{,}255$ m
- maßgebende Biegezugbewehrung $a_s = 7{,}85$ cm²/m

Nachweisstelle: $r = 0{,}25/2 + 0{,}255 = 0{,}38$ m Last ≈ 37 kN/m²

$v_{Ed,max} \approx 0{,}11 - 0{,}037 \cdot 0{,}38 = 0{,}096$ MN/m

– ***Druckstrebennachweis:***

Bei Bauteilen ohne Schubbewehrung ist der Nachweis entbehrlich ✓

– ***Zugstrebennachweis:***

$$v_{Rd,ct} = 0{,}1 \cdot (1 + \sqrt{200/d}) \cdot (100\ \rho_l \cdot f_{ck})^{1/3} b_w \cdot d \qquad \text{mit} \quad \kappa = (1 + \sqrt{200/d}) < 2{,}0$$

Grad der Längsbewehrung (Einspannbereiche): $\rho_l \geq 7{,}85/(100 \cdot 25{,}5) = 0{,}0031 < 0{,}02$

Betonstahl: $f_{ywd} = 435$ N/mm²

$$v_{Rd,ct} \geq 0{,}1 \cdot (1 + \sqrt{200/255}) \cdot (100 \cdot 0{,}0031 \cdot 30)^{1/3} 1{,}0 \cdot 0{,}255 = 0{,}100$$

$$v_{Rd,ct,min} = (0{,}0525/1{,}5) \cdot \sqrt{1{,}88^3 \cdot 30} \cdot 1{,}0 \cdot 0{,}255 = \mathbf{0{,}126}\ \text{MN/m} > 0{,}096\ \text{MN/m} \quad ✓$$

Keine Schubbewehrung erforderlich

Dieser Nachweis ist trotz der nur grob näherungsweise ermittelten Querkraft ausreichend, zumal im Bereich von $d_{min} = d_y$ die Biegezugbewehrung deutlich größer als angenommen ist.

5 Nachweise im Grenzzustand der Gebrauchstauglichkeit

5.1 Begrenzung der Biegeschlankheit

Ein Nachweis der Biegeschlankheit kann mit Bild 10.3.1 nicht geführt werden. Es wird auf Beispiel 18.5.2 verwiesen. Die Verhältnisse liegen hier wesentlich günstiger (zum freien Rand hin abnehmende Last). Ein Durchbiegungsnachweis erübrigt sich.

5.2 Ermittlung der Mindestbewehrung nach Abschnitt 10.4.3

Bei der Plattenlänge von 6 m ist die Ausbildung mindestens eines vertikalen Trennrisses nicht auszuschließen. Es wird deshalb eine rissverteilende Mindestbewehrung in horizontaler Richtung für (konservativ) überwiegende Zwangszugkraft ermittelt. Wegen nicht vorhandenen Grundwassers wird $w_k = 0{,}3$ mm gewählt (Korrosionsschutz).

$a_s = k_c \cdot k \cdot f_{ct,eff} \cdot A_{ct} / \sigma_s$

$a_{ct} = 0{,}3 \cdot 1{,}0 \text{ m}^2/\text{m}$ — Annahme zentrischer Zug und $h_{c,eff} = 0{,}15$ m

$\phi = 10$ mm

$f_{ct,eff} \approx 0{,}6 \cdot 3{,}0 \text{ N/mm}^2 = 1{,}8 \text{ N/mm}^2$ — Rissbildung in relativ frühem Betonalter zu erwarten

$k_c = 1{,}0$ — für reinen Zug

$k = 0{,}8$ — für $h \leq 30$ cm, direkter Zwang

$$\phi \leq \phi_s^* \cdot \frac{k_c \cdot k \cdot h_{cr}}{4(h-d)} \cdot \frac{f_{ct,eff}}{f_{ct,0}} \geq \phi_s^* \cdot \frac{f_{ct,eff}}{f_{ct,0}}$$

$$\phi \leq \phi^* \cdot \frac{1{,}0 \cdot 0{,}8 \cdot 0{,}15}{4(0{,}3-0{,}255)} \cdot \frac{1{,}8}{2{,}9} \geq \phi^* \cdot \frac{1{,}8}{2{,}9} \Rightarrow \phi \leq \phi^* \cdot 0{,}41 \geq \phi^* \cdot \mathbf{0{,}62} \quad \textbf{maßgebend}$$

$\phi^* = \phi / 0{,}62 = 16{,}1$ mm

$\sigma_s = 226 \text{ N/mm}^2$ — für ϕ^* aus Tab. 10.4-1 entnommen

$a_s = 1{,}0 \cdot 0{,}8 \cdot 1{,}8 \cdot 0{,}15/226 = 0{,}00095 \text{ m}^2/\text{m} = 9{,}5 \text{ cm}^2/\text{m}$ Wandhöhe — je Seite

$\approx$ vorh $a_s = 9{,}2 \text{ cm}^2/\text{m}$ ✓

5.3 Nachweis der Beschränkung der Rissbreiten nach Abschnitt 10.4.4

Der Nachweis ist durch den Nachweis in Abschnitt *5.2* über die Wahl von ϕ^* abgedeckt.

18.5.4 Berechnung einer Platte unter Ansatz von Fließgelenklinien

1 System, Abmessungen, Lasten

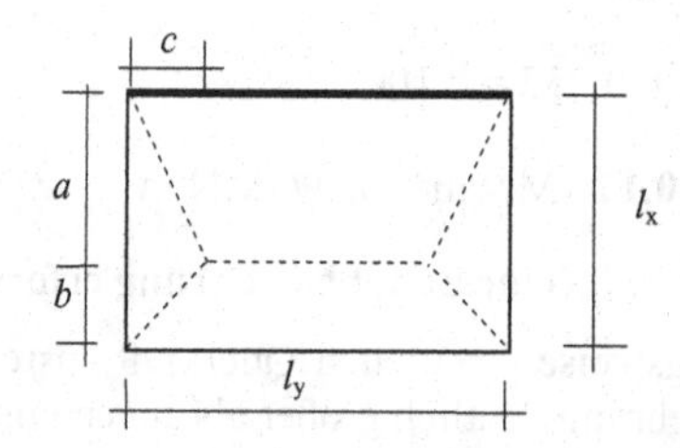

$l_y = 6$ m $\quad l_x = 4{,}8$ m

Flächenlast: Designlast q_d

2 Vorschätzung der „freien" Parameter

2.1 Lage der Fließgelenklinien

Es wird in erster Näherung von 60°- und 45°- Diagonalen ausgegangen:

$a = 3{,}1$ m $\qquad b = 1{,}7$ m $\qquad c = 1{,}8$ m

2.2 Einspannmoment

Aus einer elastischen Berechnung (z.B. mit Tafeln nach [18-2]) würde sich das Verhältnis zwischen Einspannmoment m_e und Feldmoment m_R ergeben zu: $m_e = 2{,}36\ m_R$.

Im Sinne einer Momentenumlagerung wie bei Durchlaufträgern wird hier **gewählt**:

$m_e = 1{,}75\ m_R$ d.h. $\kappa = 1{,}75$

3 Ermittlung der Momente

3.1 Erster Iterationsschritt

(1) $$m_R = q_d \frac{1{,}8^2}{6} = 0{,}54\, q_d$$

(2) $$m_R = q_d \frac{3{,}1^2}{6(1+1{,}75)}\left(\frac{6}{2} - \frac{1{,}8 \cdot 2}{3}\right) = 1{,}05\ q_d$$

(3) $$m_R = q_d \frac{1{,}7^2}{6}\left(\frac{6}{2} - \frac{1{,}8 \cdot 2}{3}\right) = 0{,}87\, q_d$$

Da alle drei m - Werte verschieden sind, werden die geometrischen Parameter geändert (selbstverständlich könnte man zusätzlich auch den Wert κ ändern). Nach wenigen Zwischenschritten erhält man eine gute Näherung für den letzten Iterationsschritt.

3.2 Letzter Iterationsschritt

Neu gewählt: a = 3,0 m $b = 1{,}8$ m $c = 2{,}23$ m

(1) $$m_R = q_d \frac{2{,}23^2}{6} = 0{,}83\ q_d$$

(2) $$m_R = q_d \frac{3{,}0^2}{6(1+1{,}75)}\left(\frac{6}{2} - \frac{2{,}23 \cdot 2}{3}\right) = 0{,}82\ q_d$$

(3) $$m_R = q_d \frac{1{,}8^2}{6}\left(\frac{6}{2} - \frac{2{,}23 \cdot 2}{3}\right) = 0{,}82\ q_d$$

Die Übereinstimmung der drei Werte für m ist ausreichend. Die Iteration ist beendet.

Der hier verwendete einfache Ansatz setzt gleiche Bewehrung in x- und y-Richtung voraus. **Die Bemessung erfolgt für das Moment $m_{R,x} = m_{R,y} = m_R \approx 0{,}83\ q_d$** unter Verwendung eines der in Teil A, Abschnitt 4 vorgestellten Verfahren.

Der Nachweis ausreichender Rotationsfähigkeit ist kompliziert. Er darf jedoch bei zweiachsig gespannten Platten entfallen, wenn die bezogene Druckzonenhöhe im Gelenkbereich für Beton bis C50/60 nicht größer als $x/d = 0{,}25$ wird (für Betone > C50/60 gilt $x/d \leq 0{,}15$).

Es ist grundsätzlich Betonstahl mit hoher Duktilität B zu verwenden. Ergänzend sind die üblichen Nachweise unter Gebrauchsbedingungen zu führen. Diese basieren in der Regel auf den elastischen Schnittgrößen, sollten aber nicht bemessungsmaßgebend werden.

18.6 Durchlaufende Plattensysteme

18.6.1 Allgemeines

Im Hoch- und Industriebau werden häufig über mehrere Felder durchlaufende Plattensysteme verwendet, wobei sich die Felder in zwei zueinander senkrechten Richtungen erstrecken. Die Schnittgrößen der einzelnen Plattenfelder hängen dabei von den Belastungen, Lagerungsbedingungen und Spannweiten der benachbarten Plattenfelder weit komplexer ab als bei den Feldern von Durchlaufträgern. Bild 18.6-1 illustriert dies am Beispiel einer zweifeldrigen Platte für den Momentenverlauf unter statisch unbestimmtem Stützmoment.

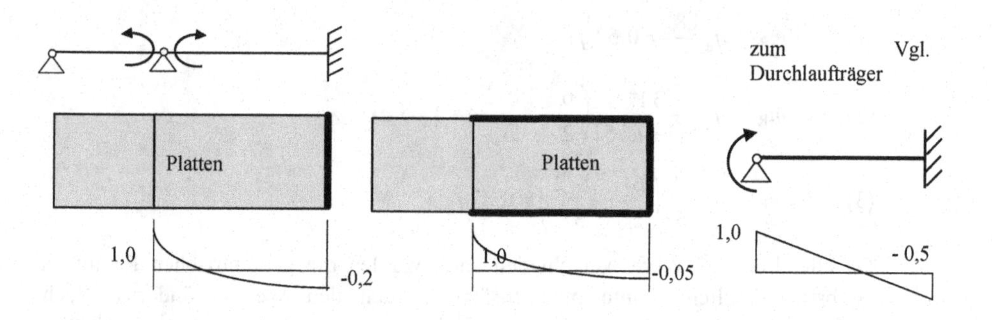

Bild 18.6-1 Einfluss der Querränder auf die Plattenmomente in Längsrichtung

Diese komplexen Zusammenhänge verbieten in vielen Fällen das früher viel benutzte Verfahren, bei dem ein Plattensystem nach Lastaufteilung in q_x und q_y als zwei voneinander unabhängige Durchlaufsysteme berechnet wurde. Solches Vorgehen sollte nur in einfachen Fällen und bei sinnvoller Umsetzung der Ergebnisse in Bewehrung und Bewehrungsführung angewendet werden.

Zur Schnittgrößenermittlung durchlaufender Plattensysteme gibt es mehrere Möglichkeiten:

- Berechnung mit Differenzenformulierung der Plattendifferentialgleichung. Numerisch aufwendig. Führt auf große lineare Gleichungssysteme. Nur mit Programmen sinnvoll.
- Berechnung mit Finiten Elementen (FEM). Führt ebenfalls auf große lineare Gleichungssysteme. Nur mit Programmen sinnvoll. Heute meist eingesetzte Methode in Programmen.
- Ersatzstabwerke mit Trägerrostmodellen. Ebenfalls nur mit Programmen sinnvoll. Anwendung insbesondere bei Platten mit vielen und großen Öffnungen (z. B. im Industriebau).
- „Schachbrettverfahren" bei regelmäßigen Plattensystemen im Geschossbau. Lösung mit Tafeln für Einzelplatten.

- Näherungsverfahren nach Pieper und Martens [18-10] mit Rückführung auf Lösungen von Einzelplatten.
- Verfahren nach Hahn und Brunner [14-2]. Lösung des statisch unbestimmten Plattensystems durch Momentenausgleich der Volleinspannmomente in Anlehnung an das Drehwinkelverfahren z. B. mit numerischer Lösung nach Cross bei Balken.

Die drei zuerst genannten Verfahren sind aufwändig und nur mit Hilfe von Programmen anwendbar. Sie können mit Vorteil bei entweder sehr ungleichmäßigen Systemen mit unregelmäßig verteilten Öffnungen, unvollständigen Stützungen und/oder bei örtlich veränderlicher Belastung und bei großen Einzellasten angewendet werden. Man sollte aber immer prüfen, ob nicht einfache Verfahren und Abschätzungen auf Basis vertafelter Lösungen möglich sind.

Das Schachbrettverfahren ist nur bei regelmäßigen, rechteckigen Grundrissen anwendbar.

Das Verfahren nach Pieper und Martens ist z.T. deutlich konservativ aber relativ einfach und deckt auch Grundrisse mit versetzten Plattenrändern ab.

Das Verfahren nach Hahn und Brunner ist bei höheren Ansprüchen anzuwenden und erfasst feldweise unterschiedliche Plattensteifigkeiten, aber keine versetzten Plattenränder. Das Verfahren ist keine Näherungslösung. Seine theoretische Grundlage ist „exakt".

18.6.2 Das „Schachbrettverfahren"

Ausgehend von einem älteren Berechnungsverfahren für Durchlaufträger mit annähernd gleichen Feldweiten kann für regelmäßige, durchlaufende Platten ebenfalls ein einfaches Berechnungsverfahren abgeleitet werden.

Es geht davon aus, dass die maßgebenden Lastanordnungen nach Lastumordnung näherungsweise aus einfachen Grundlastfällen zusammengesetzt werden können. Dabei wird die Tangentenneigung der Biegelinie über den vertikalen Stützungen entweder als voll behindert oder als frei drehbar angesetzt. Bild 18.6-2 zeigt das Prinzip an der Berechnung der größten Feldmomente eines dreifeldrigen Durchlaufträgers.

Die einzelnen Felder reduzieren sich auf drei einfache Ersatz-Einfeldträger, deren Lösungen für die jeweiligen umgeordneten Teillastfälle bekannt sind (Bild 18.6-3).

Dieses Verfahren lässt sich auf Platten übertragen, sofern bei veränderlichen Stützabständen eingehalten ist:

(18.6-1) $\quad l_{x,min} \geq 0{,}75\; l_{x,max} \quad$ und $\quad l_{y,min} \geq 0{,}75\; l_{y,max}$

Werden die Lasten analog zu Bild 18.6-2 umgelagert, so erhält man entsprechend zu Bild 18.6-3 Ersatz-Einfeldplatten, deren Lösungen aus Tabellen bekannt sind.

Dabei werden je nach Belastung die Innenränder der Ersatzplatten entweder als frei drehbar oder als fest eingespannt angenommen. Die Außenränder werden ihrer tatsächlichen Lagerung entsprechend (meist frei drehbar aber auch eingespannt oder ungestützt) angesetzt. Das Vorgehen wird am Beispiel der Berechnung der größten Feldmomente in x-Richtung $m_{x,max}$ vorgeführt.

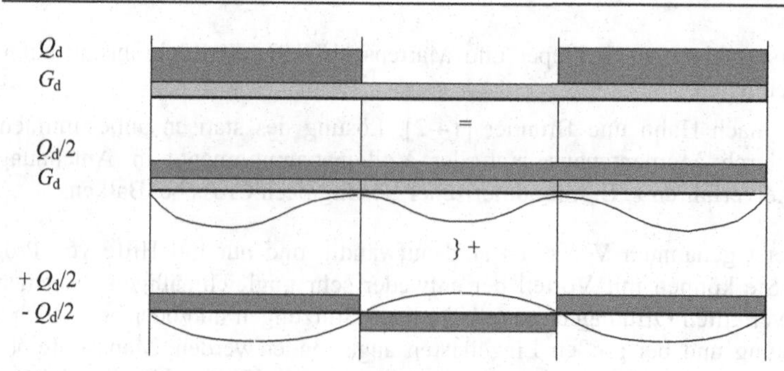

Bild 18.6-2 Prinzip der Lastungsumordnung am Durchlaufträger

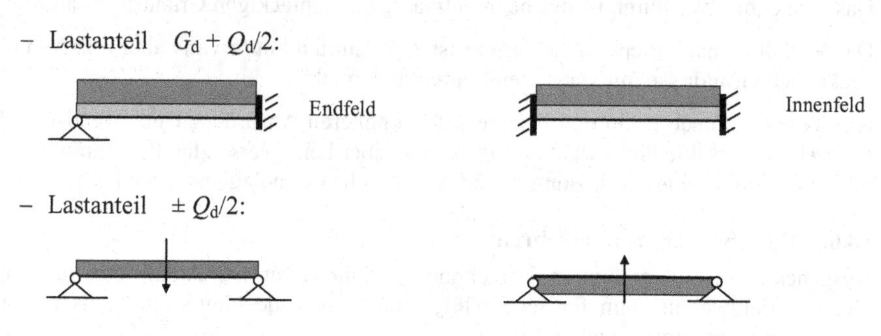

Bild 18.6-3 Ersatz-Einfeldträger

Bild 18.6-4 zeigt das Prinzip an der **Ermittlung der größten Feldmomente** in den dunkel hinterlegten Feldern:

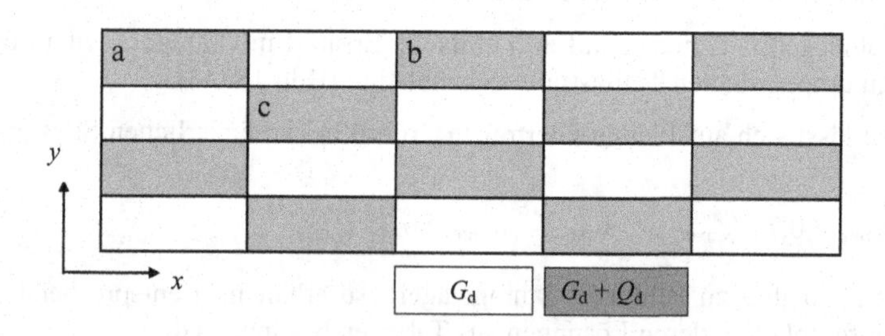

Bild 18.6-4 Lastanordnung zur Ermittlung der größten Feldmomente

Die Lösung erfolgt an Vergleichs-Einfeldplatten. Die „Typ"-Bezeichnungen der einzelnen Lagerungsfälle beziehen sich auf die Plattentafeln von [18-2].

Dabei bedeuten: $q' = G_d + Q_d/2$ und $q'' = Q_d/2$

– Feld a:

Typ 4 + Typ 1

$$m_{xm,a} = \frac{q' \cdot l_x^2}{m_{x,4}} + \frac{q'' \cdot l_x^2}{m_{x,1}}$$

– Feld b:

Typ 5 + Typ 1

$$m_{xm,a} = \frac{q' \cdot l_x^2}{m_{x,5}} + \frac{q'' \cdot l_x^2}{m_{x,1}}$$

– Feld c:

Typ 6 + Typ 1

$$m_{xm,a} = \frac{q' \cdot l_x^2}{m_{x,6}} + \frac{q'' \cdot l_x^2}{m_{x,1}}$$

Zur **Ermittlung der extremalen Stützmomente** wird angenommen, dass bei Volllast über allen Innenrändern die Auflagerdrehwinkel etwa = 0 sind. Somit sind nur noch Einfeldplatten mit eingespannten Innenrändern unter Volllast q = G_d + Q_d zu untersuchen.

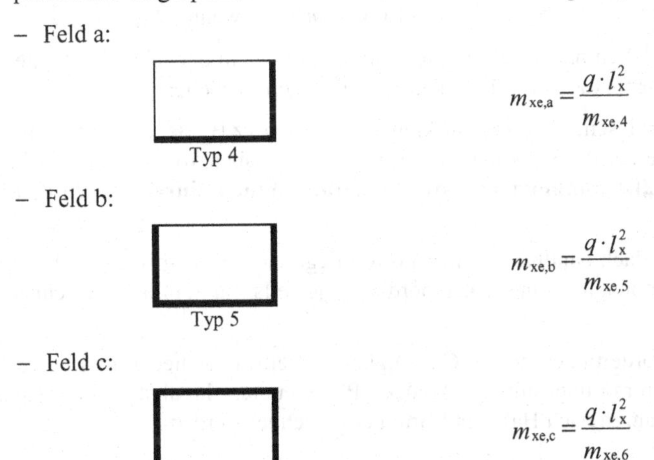

$$m_{xe,a} = \frac{q \cdot l_x^2}{m_{xe,4}}$$

$$m_{xe,b} = \frac{q \cdot l_x^2}{m_{xe,5}}$$

$$m_{xe,c} = \frac{q \cdot l_x^2}{m_{xe,6}}$$

Aus den Einspannmomenten m_{xe} der angrenzenden Platten ergeben sich die Stützmomente über gemeinsamen Stützungen näherungsweise als Mittelwerte:

(18.6-2) $$m_{Ed,e} \approx (m_{xe,links} + m_{xe,rechts})/2$$

Da es sich bei diesen Werten um Näherungen handelt, sollte auf eine Anpassung an die Auflagerungsverhältnisse durch Ausrundung oder Anschnitt verzichtet werden (vgl. [3-1]).

18.6.3 Das Verfahren nach Pieper und Martens

Das Verfahren wurde in [18-10] veröffentlicht. Die Autoren haben durch sehr viele Vergleichsrechnungen nachgewiesen, dass bei Einhaltung der Bedingung

$$Q \cdot 1{,}5 \leq 2\,(1{,}35 \cdot G)$$

die Ergebnisse in der Regel auf der sicheren Seite liegen.

Die **maximalen Feldmomente** ergeben sich für „halbe" Einspannung der Innenränder. Sie werden als Mittelwerte der Feldmomente der Einzelplatten bei gelenkiger Lagerung der Innenränder und bei voller Einspannung dieser Ränder ermittelt. Man hat also die gleichen Plattentypen zu untersuchen wie im Schachbrettverfahren, **aber immer unter Volllast**.

Um die Ablesearbeit zu reduzieren und die Mittelwertbildung zu vermeiden, sind in [18-10] eigene Plattenbeiwerte angegeben (f-Werte, s. z. B. auch in [11-6]). Man beachte, dass als Lastbeiwert grundsätzlich $q\, l_x^2$ mit $l_x \leq l_y$ verwendet wird. Damit erhält man:

(18.6-3) $$m_{Ed,x} = q \cdot l_x^2 / f_x \qquad \text{und} \qquad m_{Ed,y} = q \cdot l_x^2 / f_y$$

Die **extremalen Stützmomente** ergeben sich ähnlich wie zuvor beim Schachbrettverfahren als Mittelwerte aus den Volleinspannmomenten der an den betrachteten Rand angrenzenden Einzelplatten **unter Volllast**. Bei sehr unterschiedlichen Werten (z. B. infolge unterschiedlicher Plattenspannweiten in der betrachteten Richtung) sind einige Zusatzbedingungen zu beachten:

(18.6-4) $$m_{Ed,e} \approx (m_{e,links} + m_{e,rechts})/2 \geq 0{,}75 \min m_e \qquad \text{wenn} \quad l_{max}/l_{min} \leq 5$$
$$= 1{,}0 \min m_e \qquad \text{wenn} \quad l_{max}/l_{min} > 5$$

Bei sehr schmalen Platten neben sehr breiten Platten können in der schmalen Platte negative Feldmomente auftreten. Auch hierfür enthält [18-10] eigene Tabellen.

Es sei darauf hingewiesen, dass frei auskragende Platten (z.B. Balkonplatten) für die angrenzenden Plattenfelder die Wirkung einer Einspannung haben können. Dies ist im Einzelfall zu untersuchen. **„Balkonmomente" dürfen natürlich nicht durch Mittelung reduziert werden.**

Das Verfahren ist einfach handhabbar. Ein Vorteil liegt darin, dass sowohl die Feldmomente als auch die Stützmomente ohne Lastumordnung jeweils für Volllast berechnet werden können.

Werden höhere Anforderungen an die Genauigkeit gestellt, oder liegen besondere Verhältnisse vor (wie Platten mit ungestützten Rändern, Platten unterschiedlicher Steifigkeit), sollte besser mit dem Verfahren nach Hahn und Brunner gerechnet werden.

18.6.4 Das Verfahren nach Hahn und Brunner

18.6.4.1 Allgemeines

Das Verfahren basiert auf den schon bekannten Lösungen der Einzelplatten. Diese werden ergänzt durch Lösungen für angreifende Randmomente. Dadurch wird die Berechnung der als statisch unbestimmt angesetzten Stützmomente möglich. Das hier beschriebene Verfahren ermittelt die Lösung durch Momentenausgleich der Volleinspannmomente. Als Lösungsverfahren wird die von Stabtragwerken her bekannte iterative Methode nach Cross verwendet. Hierfür gibt [14-2] Überleitungs- und Steifigkeitswerte an. Dabei wird der Einfluss aller Plattenränder auf den jeweils betrachteten Rand berücksichtigt.

18.6.4.2 Die Steifigkeitswerte ρ

Die Ableitung der Steifigkeitswerte wird in Bild 18.6-5 an zwei Plattentypen erläutert.

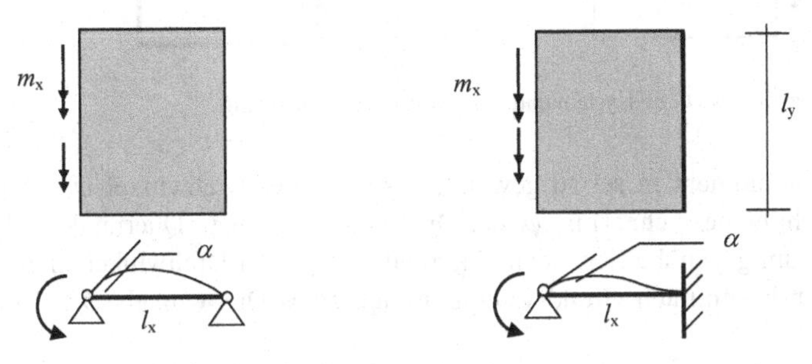

Bild 18.6-5 Zur Ableitung der Steifigkeitswerte

Alle Randmomente sind etwa nach einer Sinusfunktion über die entsprechenden Ränder (hier Rand l_y) verteilt. Die folgenden Ableitungen sind immer für die Randmitte geschrieben. Der Drehwinkel α infolge des Momentes m_x beträgt in Randmitte:

(18.6-5) $\alpha = m_m\, l_x/(\rho' EI)$

Das Moment, das gerade den Winkel $\alpha = 1$ erzeugt, wird k' genannt. Setzt man für Platten EI als proportional zu Eh^3, so kann man mit umgerechneten Werten k und ρ schreiben:

(18.6-6) $k = h^3 \rho / l_x$

Die Beiwerte ρ entstammen der Lösung der Plattengleichung für die Belastung mit Randmomenten. Sie sind in [14-2] vertafelt und auf Bild 18.6-7 für fünf verschiedene Lagerungsfälle wiedergegeben. Andere Lagerungsfälle können näherungsweise durch „Interpolation“ abgeschätzt werden. Kursiv und fett gedruckte Zahlenwerte gehören zu Beispiel 18.7.

18.6.4.3 Die Übertragungswerte γ

Die Übertragungswerte γ stellen die Momente dar, die infolge eines Randmomentes $m = 1,0$ in Feldmitte und an den anderen Plattenrändern entstehen. Sie werden als Lösung des Gleichungssystems einer statisch unbestimmten Berechnung ermittelt. Dies wird am Beispiel einer dreiseitig eingespannten Platte gezeigt (Bild 18.6-6):

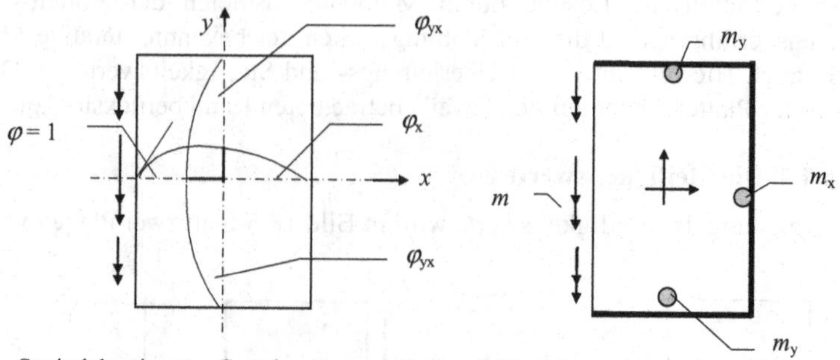

Bild 18.6-6 Statisch bestimmtes Grundsystem und Platte mit Randeinspannung

Das belastende Randmoment m sei so gewählt, dass sich der Drehwinkel $\varphi = 1$ einstellt. Weiterhin (hier nicht eingezeichnet) ist φ_y der Drehwinkel an einem Querrand infolge eines Drehwinkels $\varphi = 1$ am gegenüberliegenden Querrand und φ_{xy} der Drehwinkel an den Längsrändern des statisch bestimmten Grundsystems infolge eines Drehwinkels $\varphi = 1$ an einem Querrand.

Aus der Forderung nach Verformungskontinuität an den abgelegenen Rändern (d.h. Summe der Drehwinkel an eingespannten Rändern = 0) ergibt sich wegen der Symmetrie ein Gleichungssystem mit den zwei unbekannten Einspannmomenten m_x und m_y.

Dieses entspricht den aus der Stabstatik bekannten Gleichungssystemen:

- Die Unbekannten m_x und m_y entsprechen den X_i
- Die Faktoren vor den Unbekannten entsprechen den δ_{ii} und den δ_{ik}
- Die Glieder mit dem belastenden Moment m entsprechen den δ_{i0}.

(18.6-7) $1,0\, m_x + 2\, \varphi_{xy}\, m_y \quad + \varphi_x\, m = 0$ Eingespannter Längsrand

(18.6-8) $\varphi_{yx}\, m_x + (1 + \varphi_y)\, m_y + \varphi_{yx}\, m = 0$ Eingespannte Querränder

Mit den Abkürzungen $\gamma_x = m_x/m$ und $\gamma_y = m_y/m$ erhält man das Gleichungssystem für die neuen Unbekannten Größen γ_x und γ_y:

(18.6-9) $\gamma_x \quad + 2\, \gamma_y\, \varphi_{xy} \quad + \varphi_x \quad = 0$

(18.6-10) $\gamma_x\, \varphi_{yx} \; + \gamma_y\, (1 + \varphi_y) \; + \varphi_{yx} \; = 0$

Die γ_x und γ_y lassen sich damit durch die Drehwinkel des statisch bestimmten Grundsystems ausdrücken. Die Auswertung für verschiedene Lagerungsfälle ist nach [14-2] auf den Bildern 18.6-8 und 18.6-9 angegeben. Weiterhin enthalten diese Tafeln die zugehörigen Momente in Feldmitte. Kursiv gedruckte Werte gehören zu Beispiel 18.7.

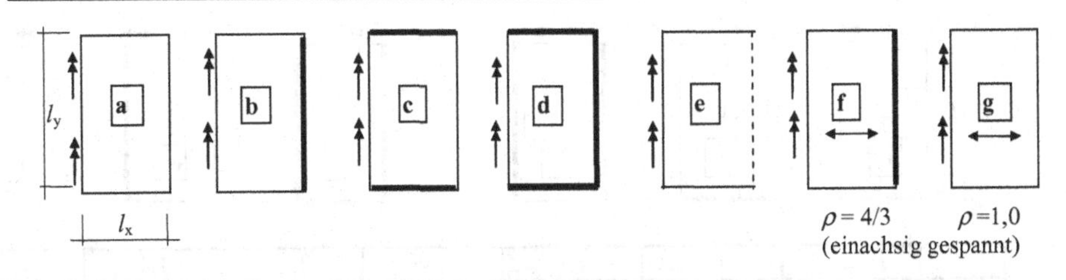

$\varepsilon = l_y/l_x$	0	1,0	1,1	1,2	1,3	1,4	1,5	1,6	1,7	1,8	1,9	2,0	3,0	4,0	8,0
a	***2,14***	***2,14***	1,96	1,83	1,73	1,64	1,55	1,48	1,43	1,39	1,36	1,33	1,18	1,08	1,01
b	2,14	2,22	2,07	1,95	***1,85***	1,78	1,73	1,68	1,63	1,60	1,57	1,55	1,45	1,38	1,33
c	***2,50***	***2,50***	2,30	2,13	1,99	1,86	1,76	1,66	1,58	1,52	1,46	1,42	1,19	1,08	1,01
d	2,50	2,50	2,32	2,17	2,05	1,94	1,86	1,79	1,73	1,68	1,64	1,61	1,42	1,37	1,33
e	2,14	2,07	1,86	1,68	1,52	1,39	1,27	1,17	1,08	1,00	0,95	0,90	0,50	0,32	0,10

Bild 18.6-7 Steifigkeitsbeiwerte ρ nach [14-2]

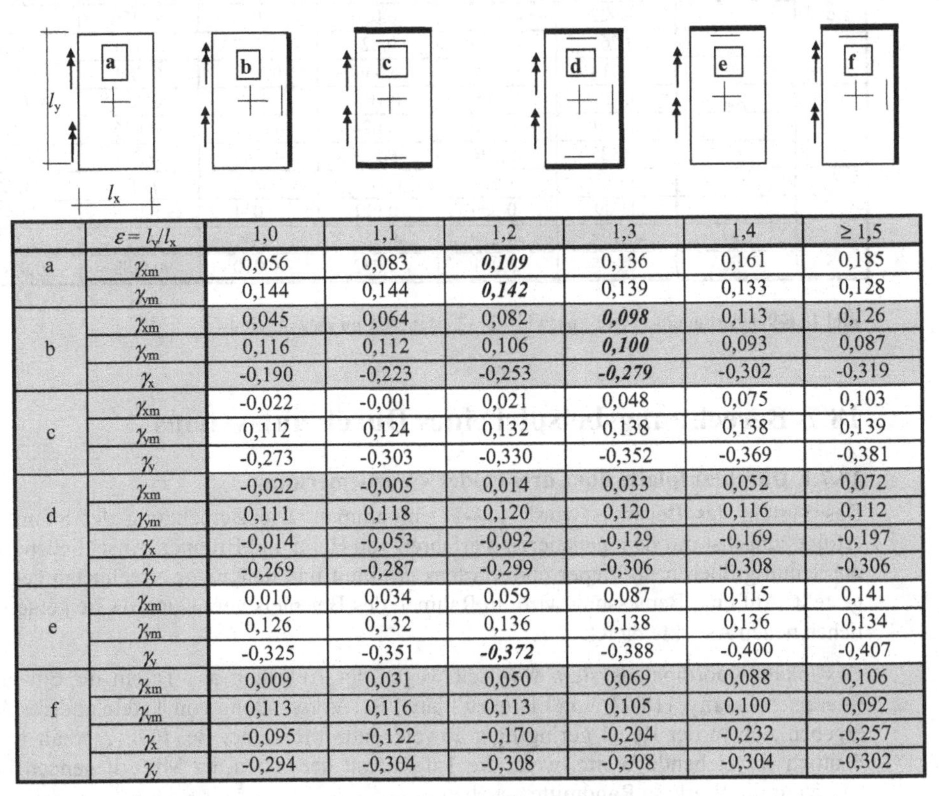

	$\varepsilon = l_y/l_x$	1,0	1,1	1,2	1,3	1,4	≥ 1,5
a	γ_{xm}	0,056	0,083	***0,109***	0,136	0,161	0,185
	γ_{ym}	0,144	0,144	***0,142***	0,139	0,133	0,128
b	γ_{xm}	0,045	0,064	0,082	***0,098***	0,113	0,126
	γ_{ym}	0,116	0,112	0,106	***0,100***	0,093	0,087
	γ_x	-0,190	-0,223	-0,253	***-0,279***	-0,302	-0,319
c	γ_{xm}	-0,022	-0,001	0,021	0,048	0,075	0,103
	γ_{ym}	0,112	0,124	0,132	0,138	0,138	0,139
	γ_y	-0,273	-0,303	-0,330	-0,352	-0,369	-0,381
d	γ_{xm}	-0,022	-0,005	0,014	0,033	0,052	0,072
	γ_{ym}	0,111	0,118	0,120	0,120	0,116	0,112
	γ_x	-0,014	-0,053	-0,092	-0,129	-0,169	-0,197
	γ_y	-0,269	-0,287	-0,299	-0,306	-0,308	-0,306
e	γ_{xm}	0.010	0,034	0,059	0,087	0,115	0,141
	γ_{ym}	0,126	0,132	0,136	0,138	0,136	0,134
	γ_y	-0,325	-0,351	***-0,372***	-0,388	-0,400	-0,407
f	γ_{xm}	0,009	0,031	0,050	0,069	0,088	0,106
	γ_{ym}	0,113	0,116	0,113	0,105	0,100	0,092
	γ_x	-0,095	-0,122	-0,170	-0,204	-0,232	-0,257
	γ_y	-0,294	-0,304	-0,308	-0,308	-0,304	-0,302

Bild 18.6-8 Übertragungswerte γ nach [14-2] - Lastangriff am langen Rand

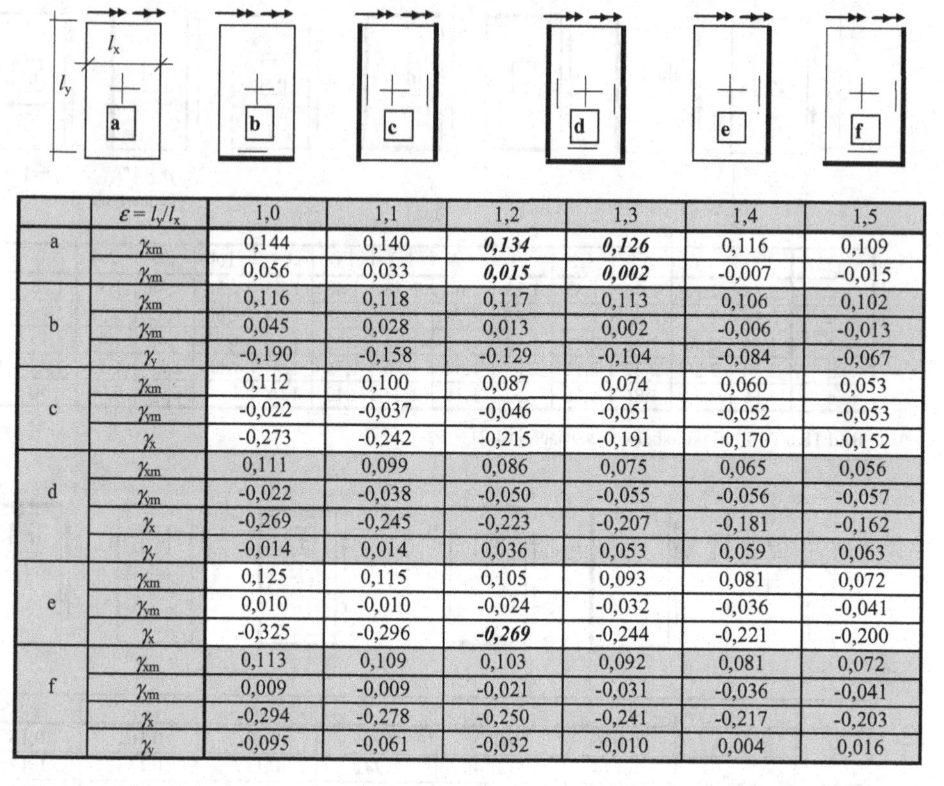

	$\varepsilon = l_y/l_x$	1,0	1,1	1,2	1,3	1,4	1,5
a	γ_{xm}	0,144	0,140	***0,134***	***0,126***	0,116	0,109
	γ_{ym}	0,056	0,033	***0,015***	***0,002***	-0,007	-0,015
b	γ_{xm}	0,116	0,118	0,117	0,113	0,106	0,102
	γ_{ym}	0,045	0,028	0,013	0,002	-0,006	-0,013
	γ_y	-0,190	-0,158	-0.129	-0,104	-0,084	-0,067
c	γ_{xm}	0,112	0,100	0,087	0,074	0,060	0,053
	γ_{ym}	-0,022	-0,037	-0,046	-0,051	-0,052	-0,053
	γ_x	-0,273	-0,242	-0,215	-0,191	-0,170	-0,152
d	γ_{xm}	0,111	0,099	0,086	0,075	0,065	0,056
	γ_{ym}	-0,022	-0,038	-0,050	-0,055	-0,056	-0,057
	γ_x	-0,269	-0,245	-0,223	-0,207	-0,181	-0,162
	γ_y	-0,014	0,014	0,036	0,053	0,059	0,063
e	γ_{xm}	0,125	0,115	0,105	0,093	0,081	0,072
	γ_{ym}	0,010	-0,010	-0,024	-0,032	-0,036	-0,041
	γ_x	-0,325	-0,296	***-0,269***	-0,244	-0,221	-0,200
f	γ_{xm}	0,113	0,109	0,103	0,092	0,081	0,072
	γ_{ym}	0,009	-0,009	-0,021	-0,031	-0,036	-0,041
	γ_x	-0,294	-0,278	-0,250	-0,241	-0,217	-0,203
	γ_y	-0,095	-0,061	-0,032	-0,010	0,004	0,016

Bild 18.6-9 Übertragungswerte γ nach [14-2] - Lastangriff am kurzen Rand

18.7 Berechnungsbeispiel eines Durchlaufsystems

18.7.1 Durchlaufplatte über drei Felder - Vorbemerkung

Das System des Beispiels wurde [14-2] entnommen. Die Berechnung der Schnittgrößen erfolgt zunächst mit dem genaueren Verfahren von Hahn und Brunner. Anschließend werden die Schnittgrößen nach Pieper und Martens ermittelt und den zuvor errechneten gegenübergestellt. Auf eine Bemessung wird im Rahmen des Beispiels verzichtet, da sie keine wesentlichen neuen Aspekte bietet.

Das lokale Koordinatensystem wechselt wegen der Ablesung aus Tafeln für Einzelplatten (hier nach Czerny, [18-2]) von Platte zu Platte. Bei Verwendung von Tafeln anderer Autoren ergeben sich in der Regel geringfügig abweichende Momente. Bei POS 2 erhält man u.U. deutlich abweichende Werte, wenn die Tafeln statt der neben der Mitte liegenden Extremwerte nur die Werte in Randmitte angeben.

Das Plattenfeld dient der Demonstration der Verfahren. In der Regel werden bei Neubauten die Plattendicken nicht innerhalb eines Geschosses gestaffelt. Bei alten Bestandsbauten trifft man jedoch durchaus auf Geschossdecken mit raumweise unterschiedlichen Deckendicken.

18.7.2 Durchlaufplatte über drei Felder nach Hahn und Brunner

1 System und Abmessungen

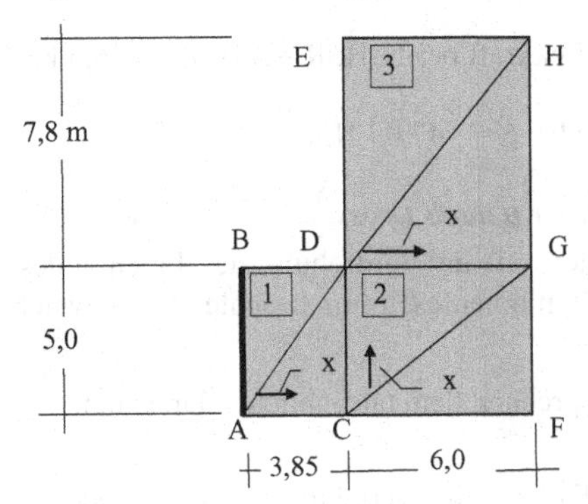

Positionsplan
Deckendicke:

POS 1	$h = 0{,}12$ m
POS 2	$h = 0{,}14$ m
POS 3	$h = 0{,}17$ m

2 Lasten

Es sei:

POS 1:	$G_d = 1{,}35 \cdot 4{,}25 = 5{,}74$ kN/m^2	$Q_d = 1{,}5 \cdot 2{,}0 = 3{,}00$ kN/m^2
POS 2:	$G_d = 1{,}35 \cdot 4{,}75 = 6{,}41$ kN/m^2	$Q_d = 1{,}5 \cdot 2{,}0 = 3{,}00$ kN/m^2
POS 3:	$G_d = 1{,}35 \cdot 5{,}40 = 7{,}29$ kN/m^2	$Q_d = 1{,}5 \cdot 3{,}5 = 5{,}25$ kN/m^2

Damit erhält man die Belastungswerte nach [18-1] mit dem **Quadrat der kleineren Spannweite** nach der Gleichung $K = q \cdot l_x^2$:

$K_{d1} = (5{,}74 + 3{,}00) \cdot 3{,}85^2 = 130$ kN
$K_{d2} = (6{,}41 + 3{,}00) \cdot 5{,}00^2 = 235$ kN
$K_{d1} = (7{,}29 + 5{,}25) \cdot 6{,}00^2 = 451$ kN

Die Tafeln gelten für torsionssteife Platten mit gehaltenen Ecken und Querdehnung $\nu = 0$.

3 Festeinspannmomente

Alle Innenränder (Ränder der durchlaufenden Platten über Stützungen) werden als fest eingespannt angesehen.

POS 1:

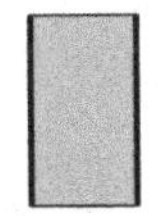

$\varepsilon = l_y/l_x = 5{,}0/3{,}85 = 1{,}3$
Tafel für Einspannung der langen Ränder

Rand AB, CD: $m_{\text{xerm},1} = -\ 130/12{,}6 = -\ 10{,}3$ kNm/m

POS 2:

$\varepsilon = l_y/l_x = 6{,}0/5{,}0 = 1{,}2$
Tafel für Einspannung benachbarter Ränder

Rand CD: $m_{\text{yer,min},2} = -\ 235/13{,}1 = -\ 17{,}9$ kNm/m
Rand DG: $m_{\text{xer,min},2} = -\ 235/11{,}5 = -\ 20{,}4$ kNm/m

POS 3:

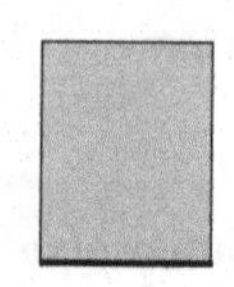

$\varepsilon = l_y/l_x = 7{,}8/6{,}0 = 1{,}3$

Tafel für Einspannung eines kurzen Randes

Abhebende Eckkraft bei E, H: R = 451/9,6 = 46,5 kN

Rand DG: $m_{yerm,3} = -\,451/9{,}6 = -\,47{,}0$ kNm/m

4 Steifigkeitswerte ρ und Verteilungszahlen μ nach Cross

Die Steifigkeitswerte beziehen sich immer auf die Verdrehung des Innenrandes unter der Wirkung des statisch unbestimmten Stützmomentes. Man beachte das abweichende Koordinatensystem für POS 2 in Bild 18.6-7.

Die gezeichneten Momentenvektoren entsprechen dem tatsächlichen Drehsinn.

POS 1: $\varepsilon = l_y/l_x = 5{,}0/3{,}85 = 1{,}3$ Fall b (seitenverkehrt)

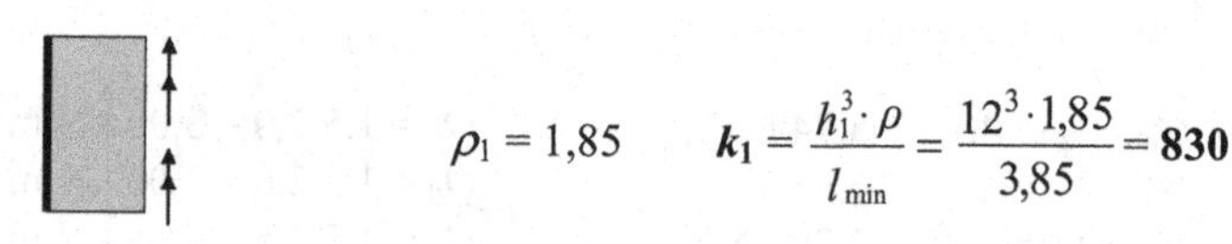

$$\rho_1 = 1{,}85 \qquad \boldsymbol{k_1} = \frac{h_1^3 \cdot \rho}{l_{\min}} = \frac{12^3 \cdot 1{,}85}{3{,}85} = \mathbf{830}$$

POS 2: Fall nicht auf Bild 18.6-7 enthalten. Für ρ_2 wird näherungsweise der Mittelwert aus Fall a und Fall c genommen.

Rand CD:

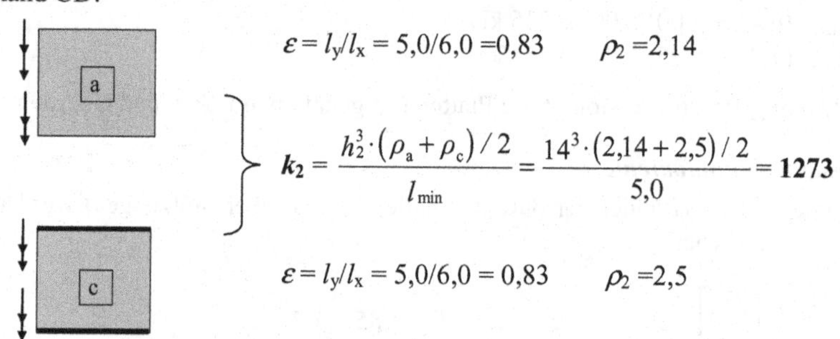

$\varepsilon = l_y/l_x = 5{,}0/6{,}0 = 0{,}83 \qquad \rho_2 = 2{,}14$

$$\boldsymbol{k_2} = \frac{h_2^3 \cdot (\rho_a + \rho_c)/2}{l_{\min}} = \frac{14^3 \cdot (2{,}14 + 2{,}5)/2}{5{,}0} = \mathbf{1273}$$

$\varepsilon = l_y/l_x = 5{,}0/6{,}0 = 0{,}83 \qquad \rho_2 = 2{,}5$

Rand DG:

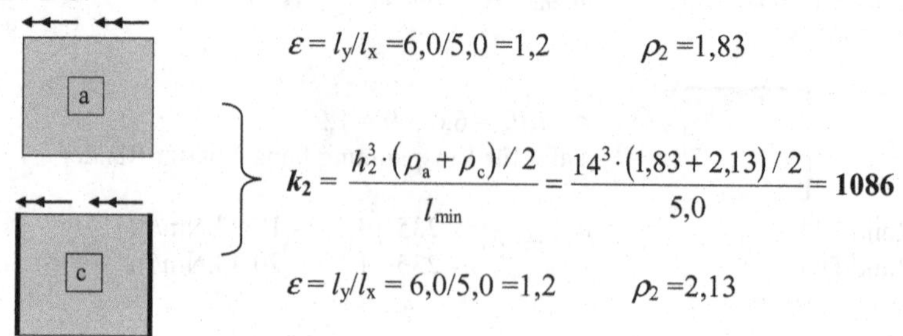

$\varepsilon = l_y/l_x = 6{,}0/5{,}0 = 1{,}2 \qquad \rho_2 = 1{,}83$

$$\boldsymbol{k_2} = \frac{h_2^3 \cdot (\rho_a + \rho_c)/2}{l_{\min}} = \frac{14^3 \cdot (1{,}83 + 2{,}13)/2}{5{,}0} = \mathbf{1086}$$

$\varepsilon = l_y/l_x = 6{,}0/5{,}0 = 1{,}2 \qquad \rho_2 = 2{,}13$

POS 3: $\varepsilon = l_y/l_x = 6{,}0/7{,}8 = 0{,}77$ Fall a

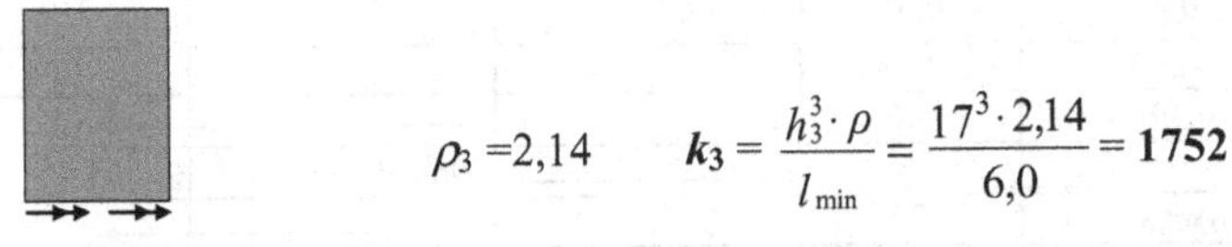

$\rho_3 = 2{,}14 \qquad \boldsymbol{k_3} = \dfrac{h_3^3 \cdot \rho}{l_{\min}} = \dfrac{17^3 \cdot 2{,}14}{6{,}0} = \mathbf{1752}$

Nun lassen sich die für das Cross-Verfahren erforderlichen Verteilungszahlen μ errechnen:

Rand CD:	nach POS 1	$\mu_1 = 830/(830 + 1273) = 0{,}39$
	nach POS 2	$\mu_2 = 1273/(830 + 1273) = 0{,}61$
Rand DG:	nach POS 2	$\mu_2 = 1086/(1086 + 1752) = 0{,}38$
	nach POS 3	$\mu_3 = 1752/(1086 + 1752) = 0{,}62$

5 Übertragungswerte γ

Für den Momentenausgleich zwischen Rand CD und Rand DG werden benötigt:

- Vom kurzen Rand CD zum langen Rand DG:
  $\gamma_{1\text{-}3} = -0{,}269$ Bild 18.6-9, Fall e $\varepsilon = 1{,}2$
- Vom langen Rand DG zum kurzen Rand CD:
  $\gamma_{3\text{-}1} = -0{,}372$ Bild 18.6-8, Fall e $\varepsilon = 1{,}2$

Die Vorzeichen der γWerte werden in Abschnitt *6.* wegen der besonderen Vorzeichenregeln des Cross-Verfahrens umgekehrt.

6 Knotenausgleichsmomente für das Cross-Verfahren (Vorzeichen nach Cross)

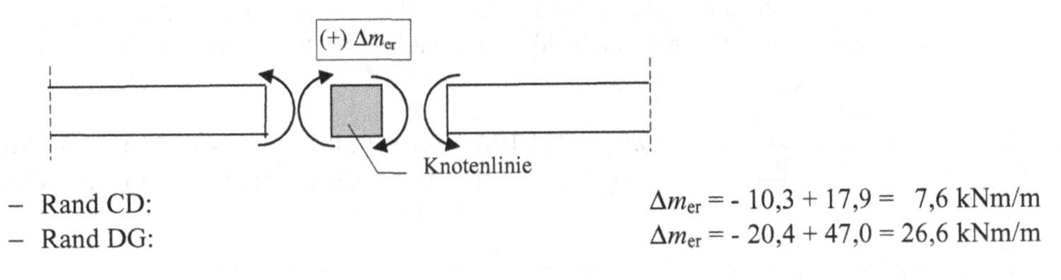

- Rand CD: $\Delta m_{er} = -10{,}3 + 17{,}9 = 7{,}6$ kNm/m
- Rand DG: $\Delta m_{er} = -20{,}4 + 47{,}0 = 26{,}6$ kNm/m

7 Momentenausgleich nach Cross

Der Ausgleich erfolgt vorteilhaft mit dem schon von Stabwerken her bekannten Schema. Zur Vereinfachung werden die Momentenwerte mit 10 multipliziert, um Zahlen ohne Komma zu erhalten.

Der Ausgleich beginnt am Knoten CD. Die Ausgleichsanteile ergeben sich zu $(-\Delta m_{er,CD} \cdot \mu)$. Der γ-fache Anteil wird zum Nachbarknoten übertragen (der Vorzeichenwechsel ist in den Cross-Vorzeichenregeln enthalten). Nun muss am Nachbarknoten das um diesen Betrag erhöhte Differenzmoment $(\Delta m_{er,DG} - \Delta m_{er,CD} \cdot \mu \cdot \gamma_{1\text{-}3})$ ausgeglichen werden. In den folgenden Rechenschritten werden nur noch die jeweils von einem Knoten zum anderen übertragenen Differenzmomente ausgeglichen, bis die Ausgleichsanteile vernachlässigbar klein sind. Die Summe der (hellgrau hinterlegten) m_{er} und aufgelaufenen Ausgleichsanteile ergibt die statisch unbestimmten Stützmomente.

Δm_{er}	Knoten CD	76			Knoten DG	266
μ	0,39	0,61	$\gamma_{1\text{-}3} = 0{,}269$	$\gamma_{3\text{-}1} = 0{,}372$	0,38	0,62
m_{er}	- 103	179			- 204	470
	-76·0,39= - 30	-46	⇒ -46·0,269	⟶	- 12	
		-36	⟵	-96·0,372⇐	- 96*)	- 157
	-(-36)·0,39= 14	22	⇒ 22·0,269	⟶	6	
					- 2	-4
	- 119	+ 119✓			- 308	309✓

*) = (266 - 12)·0,38

Die Stützmomente betragen somit:

Rand CD: $\boldsymbol{m_{d,CD}}$ **= - 11,9 kNm/m** Rand DG: $\boldsymbol{m_{d,DG}}$ **= - 30,8 kNm/m**

8 Ermittlung der zugehörigen Feldmomente

Da nun die statisch unbestimmten Stützmomente bekannt sind, können mit Hilfe der Lösungen der Einzelplatten für das „statisch bestimmte" Grundsystem und der Anteile der Stützmomente nach Bild 18.6-8 und 18.6-9 die endgültigen Feldmomente ermittelt werden.

POS 1 : $\varepsilon = 1{,}3$ Bild 18.6-8, Fall b: $\gamma_{xm} = 0{,}098$ $\gamma_{ym} = 0{,}1$

$\gamma_{xe} = -\,0{,}279$ (linker Rand)

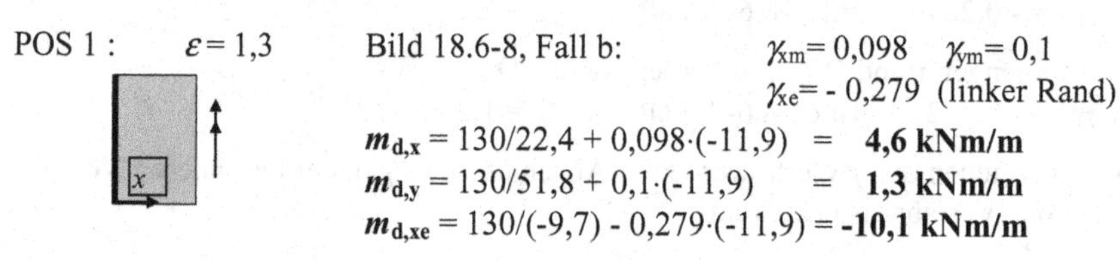

$\boldsymbol{m_{d,x}} = 130/22{,}4 + 0{,}098\cdot(-11{,}9) = \mathbf{4{,}6\ kNm/m}$

$\boldsymbol{m_{d,y}} = 130/51{,}8 + 0{,}1\cdot(-11{,}9) = \mathbf{1{,}3\ kNm/m}$

$\boldsymbol{m_{d,xe}} = 130/(-9{,}7) - 0{,}279\cdot(-11{,}9) = \mathbf{-10{,}1\ kNm/m}$

POS 2: $\varepsilon = 1{,}2$

Stützmoment am langen Rand: Bild 18.6-8, Fall a: $\gamma_{xm} = 0{,}109$ $\gamma_{ym} = 0{,}142$

Stützmoment am kurzen Rand: Bild 18.6-9, Fall a: $\gamma_{xm} = 0{,}134$ $\gamma_{ym} = 0{,}015$

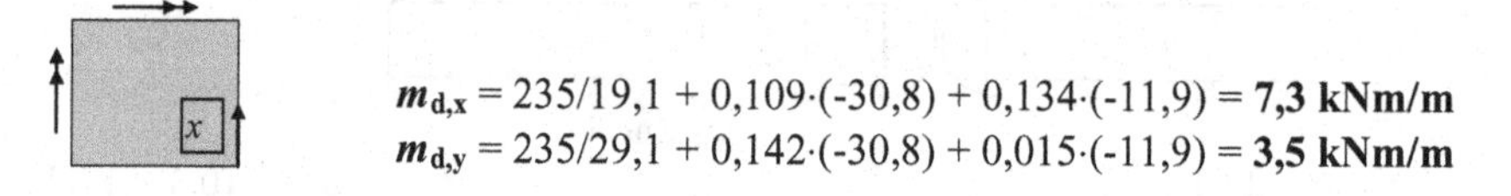

$\boldsymbol{m_{d,x}} = 235/19{,}1 + 0{,}109\cdot(-30{,}8) + 0{,}134\cdot(-11{,}9) = \mathbf{7{,}3\ kNm/m}$

$\boldsymbol{m_{d,y}} = 235/29{,}1 + 0{,}142\cdot(-30{,}8) + 0{,}015\cdot(-11{,}9) = \mathbf{3{,}5\ kNm/m}$

POS 3: $\varepsilon = 1{,}3$

Stützmoment am kurzen Rand: Bild 18.6-9, Fall a: $\gamma_{xm} = 0{,}126$ $\gamma_{ym} = 0{,}002$

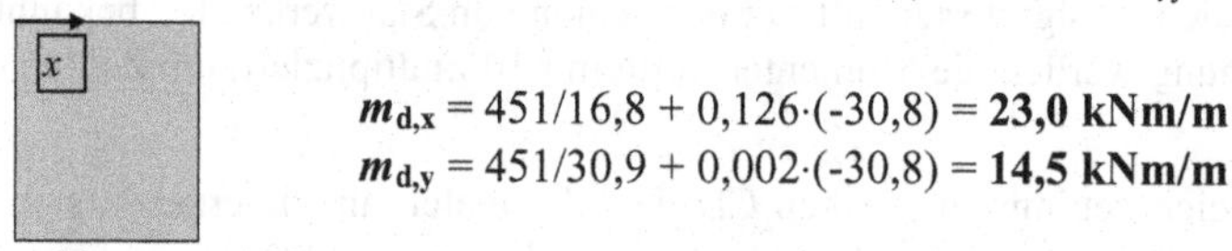

$\boldsymbol{m_{d,x}} = 451/16{,}8 + 0{,}126\cdot(-30{,}8) = \mathbf{23{,}0\ kNm/m}$

$\boldsymbol{m_{d,y}} = 451/30{,}9 + 0{,}002\cdot(-30{,}8) = \mathbf{14{,}5\ kNm/m}$

18.7.3 Durchlaufplatte über drei Felder nach Pieper und Martens

Es wird mit den Tafeln von Czerny [18-2] und Mittelwertbildung gerechnet. Ein Fall wird mit den f-Tafeln von Pieper/Martens gegengerechnet. Wegen gleicher Definition können die K-Werte vom vorangegangenen Beispiel übernommen werden.

1 Feldmomente

POS 1:

$m_x = 130/27,8 = 4,7$ kNm/m
$m_y = 130/73,5 = 1,8$ kNm/m

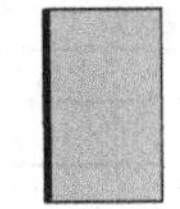

$m_x = 130/22,4 = 5,8$ kNm/m
$m_y = 130/51,8 = 2,5$ kNm/m

$\boldsymbol{m_{d,x}} = (4,7 + 5,8)/2 =$ **5,2 kNm/m**
$\boldsymbol{m_{d,y}} = (1,8 + 2,5)/2 =$ **2,2 kNm/m**

POS 2:

$m_x = 235/30,0 = 7,8$ kNm/m
$m_y = 235/44,0 = 5,3$ kNm/m

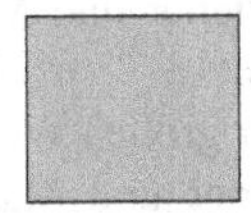

$m_x = 235/19,1 = 12,3$ kNm/m
$m_y = 235/29,1 = 8,1$ kNm/m

$\boldsymbol{m_{d,x}} = (7,8 + 12,3)/2 =$ **10,1 kNm/m**
$\boldsymbol{m_{d,y}} = (5,3 + 8,1)/2 =$ **6,7 kNm/m**

Vergleichsrechnung mit f-Tafeln:

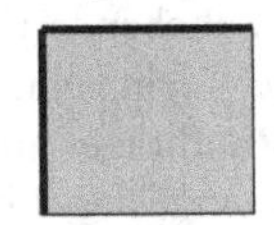

$\boldsymbol{m_{d,x}} = q\, l_x^2/f_x = K/f_x = 235/23,3 =$ **10,1 kNm/m** ✓
$\boldsymbol{m_{d,y}} = q\, l_x^2/f_y = K/f_y = 235/35,5 =$ **6,6 kNm/m** ✓

POS 3:

$m_x = 451/21,7 = 20,8$ kNm/m
$m_y = 451/29,7 = 15,2$ kNm/m

$m_x = 451/16,8 = 26,8$ kNm/m
$m_y = 451/30,9 = 14,6$ kNm/m

$\boldsymbol{m_{d,x}} = (20,8 + 26,8)/2 =$ **23,8 kNm/m**
$\boldsymbol{m_{d,y}} = (15,2 + 14,6)/2 =$ **14,9 kNm/m**

2 Stützmomente

Die Ausgangswerte entsprechen den Volleinspannmomenten des vorangegangenen Beispiels. Sie werden mit den dort verwendeten Bezeichnungen übernommen.

– Rand CD:
$\boldsymbol{m_{d,CD}} = m_{xerm,1} + m_{yer,min,2} = (-10,3 - 17,9)/2 =$ **- 14,1 kNm/m** $> 0,75 \cdot 17,9 = 13,4$ ✓

– Rand DG:
$\boldsymbol{m_{d,DG}} = m_{xer,min,2} + m_{yerm,3} = (-20,4 - 47,0)/2 = -33,7$ kNm/m $< 0,75 \cdot 47,0 =$ **- 35,2 kNm/m** (maßgebend)

18.7.4 Ergebnisvergleich der Beispiele

Feldmomente

	POS 1		POS 2		POS 3	
	Hahn/B	P/M	Hahn/B	P/M	Hahn/B	P/M
m_{dx}	4,6	5,2	7,3	10,1	23,0	23,8
m_{dy}	1,3	2,2	3,5	6,7	14,5	14,9

Stützmomente

	Rand CD		Rand DG		Rand AB	
	Hahn/B	P/M	Hahn/B	P/M	Hahn/B	P/M
$m_{d,Rand}$	- 11,9	- 14,1	-30,8	- 35,2	- 10,1	- 10,3

Beurteilung:

- Trotz unterschiedlicher Deckendicken gute Übereinstimmung der bemessungsmaßgebenden großen Momente.
- Die Näherung nach Pieper und Martens gibt höhere Werte als das genauere Verfahren nach Hahn und Brunner.
- Die Abweichungen der großen Werte liegt etwa bei < + 20 %. Dies ist vertretbar.
- Die Lösung nach Pieper und Martens deckt alle Lastanordnungen ab, die hier durchgeführte Berechnung nach Hahn und Brunner gilt nur für Volllast. Gezielte Lastanordnungen für jeweils maximale Feldmomente bzw. minimale Stützmomente würden die Abweichungen noch verringern.

An den Ecken F, E und H entstehen bei Auflagerung auf Mauerwerk abhebende Eckkräfte. Wie bereits in Beispiel 18.5-2 gezeigt wurde, ist die Aufnahme nicht einfach. Als konstruktive Maßnahme kann ein in der Mauerwerkwand integrierter Randträger angeordnet werden. Dieser erfüllt die Funktion einer teilweisen Randeinspannung der Platte und reduziert die Drillmomente und damit die Eckkräfte erheblich. Eine so verstärkte Plattenecke ist nicht mehr in der Lage zu schüsseln. Bei Anordnung einer außenliegenden Wärmedämmung ist diese Lösung auch bauphysikalisch unbedenklich.

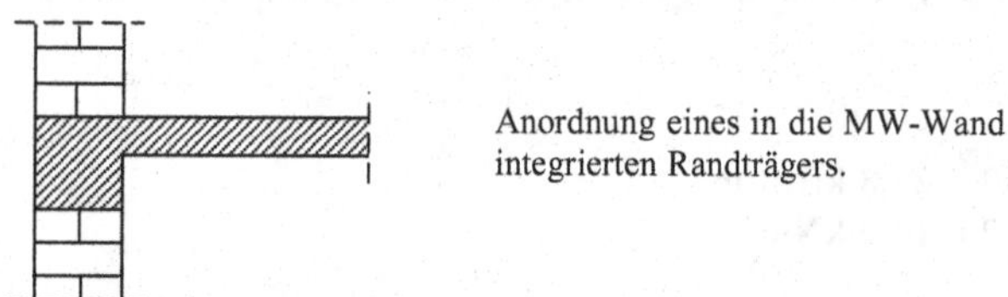

Anordnung eines in die MW-Wand integrierten Randträgers.

18.8 Konstruktive Ausbildung von Platten

18.8.1 Allgemeines

Grundsätzlich gelten die konstruktiven Festlegungen, die schon bei stabförmigen Tragwerken und einachsig gespannten Platten vorgestellt wurden. Im Folgenden werden nur zusätzliche oder abweichende Festlegungen erläutert, die durch das von Stäben abweichende Tragverhalten der Platten bedingt sind. Festlegungen finden sich in EC2. Ergänzende Hinweise sind z. B. in [3-2] zu finden.

Die folgenden Ausführungen gelten für **Vollplatten aus Ortbeton**. Diese müssen eine **Mindestdicke von 7 cm** haben (dieser Wert ist in Anbetracht der Betondeckung sehr niedrig. Solche Bauteile bedürfen sorgfältiger Bauüberwachung). Als Platte gelten dabei Bauteile mit $l_{eff}/h \geq 3$.

18.8.2 Biegebewehrung

- Versatzmaß: $a_l = d$ bei Platten ohne Schubbewehrung
- Querbewehrung: Es ist grundsätzlich eine Querbewehrung einzulegen mit $a_{s,\text{Querrichtung}} \geq 0{,}2\ a_{s,\text{Hauptrichtung}}$ mit $\phi_{quer} \geq 5$ mm
- Grenzwerte: die Maximal- und Minimalwerte der Bewehrung gelten nur für die Bewehrung in Haupttragrichtung
- Bewehrungsabstände: Hauptrichtung $s_l \leq 15$ cm für $h \leq 15$ cm
  $s_l \leq 25$ cm für $h \geq 25$ cm
  Querrichtung $s_q \leq 25$ cm
  für andere h interpolieren; Rissbreitenbegrenzung beachten
- Feldbewehrung am Endauflager: $a_s \geq a_{s,max,Feld}/2$
- Abreißbewehrung: Bei tatsächlich vorhandener Einspannung an einem gelenkig gerechneten Auflager ist eine obere Abreißbewehrung anzuordnen mit: $a_s \geq a_{s,max,Feld}/4$ und $l \geq 0{,}2\ l_{n,Feld}$ (Bild 18.8-1)

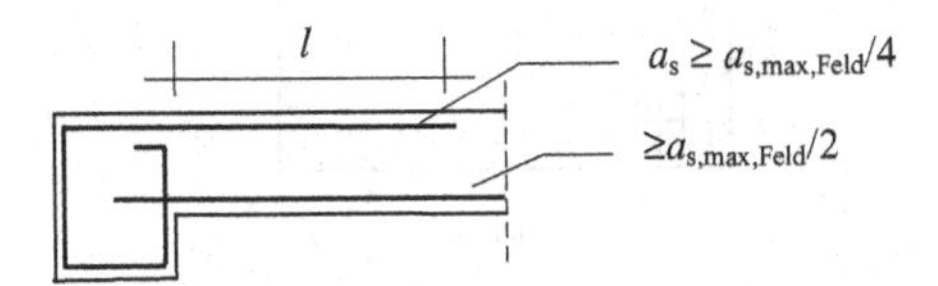

Bild 18.8-1 Abreißbewehrung (Beispiel)

- Einfassung freier (ungestützter) Ränder:

Derartige Ränder sind entsprechend Bild 18.8-2 einzufassen. Vorhandene Bewehrung kann angerechnet werden. Bei Fundamenten ist die Einfassung nicht nötig.

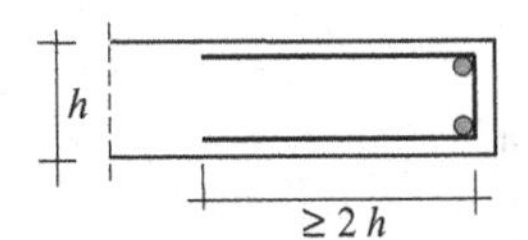

Bild 18.8-2 Bewehrung zur Einfassung freier Ränder

18.8.3 Schubbewehrung

- Mindestdicke: Bei Platten mit Schubbewehrung muss zur Sicherstellung der Verankerung der Schubbewehrung sein: $h \geq 16$ cm
- Art der Schubbewehrung: Für $v_{Ed} \leq 0{,}3\ v_{Rd,max}$ darf die Schubbewehrung aus Schubzulagen oder Schrägaufbiegungen ($s_{max} = h$) **ohne Bügel** bestehen (siehe Bild 18.8-3).
- Die Höchstabstände der Schubbewehrung in Tragrichtung sind in Tabelle 6.6-3 geregelt.

– Mindestbewehrung:

1	2	3	4	5	6
	b/h	$\rho_{w,min}$		b/h	$\rho_{w,min}$
$v_{Ed} \leq v_{Rd,c}$	< 4	$1{,}0 \cdot \rho_{w,min,\ Balken}$	$v_{Ed} > v_{Rd,c}$	< 4	$1{,}0 \cdot \rho_{w,min,\ Balken}$
	4 ≤ b/h ≤ 5	Interpolation		4 ≤ b/h ≤ 5	Interpolation
	> 5	0,0		> 5	$0{,}6 \cdot \rho_{w,min,\ Balken}$

Tabelle 18.8-1 Mindestschubbewehrung von Platten

18.8.4 Torsions-/Drillbewehrung:

Bei drillsteif berechneten Platten ist eine Torsions- oder Drillbewehrung vorzusehen. Diese ist mit den errechneten Querschnitten in den entsprechenden Lagen und Richtungen anzuordnen. Für die Regelfälle allseits gestützter Rechteckplatten kann nach [3-1] entsprechend Bild 18.8-3 (zwei alternative Möglichkeiten) bzw. Bild 18.8-4 vorgegangen werden. Die angegebenen Längen sind noch um die Verankerungslänge zu vergrößern: Bei Matten etwa ein Querstab, bei Stabstahl etwa 20 ϕ.

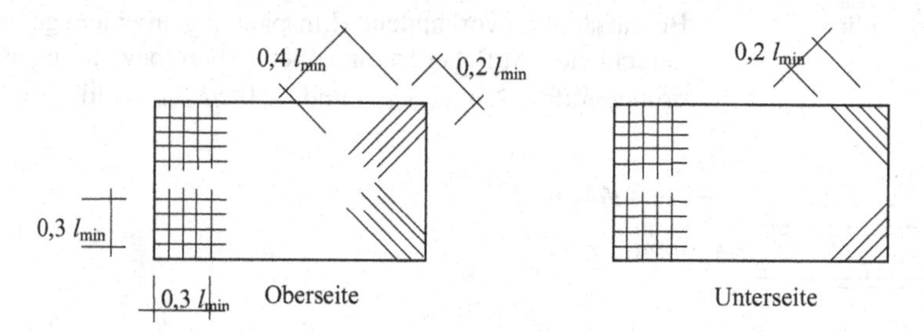

Je Richtung und Oberfläche: $a_s = a_{s,max,Feld}$

Bild 18.8-3 Torsionsbewehrung bei allseits gelenkiger Stützung

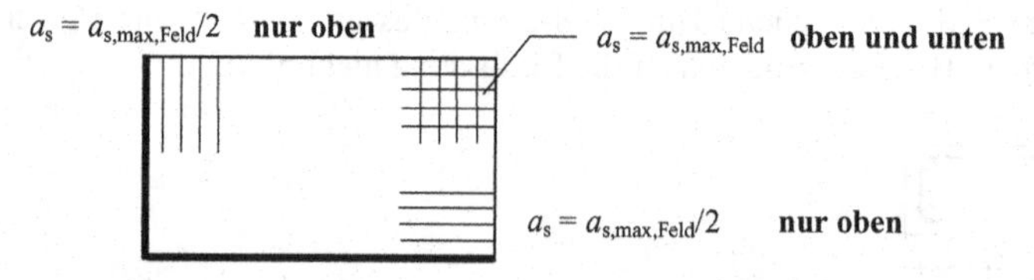

Bild 18.8-4 Torsionsbewehrung bei teilweiser Einspannung der Ränder

18.9 Deckengleiche Unterzüge

18.9.1 Allgemeines

Deckengleiche Unterzüge sind lokale Verstärkungen der Platte durch Bewehrung. Sie sollen eine fehlende Vertikallagerung ersetzen.

Wegen des nur unwesentlich vergrößerten Trägheitsmomentes (im Zustand I praktisch keine Veränderung, im Zustand II etwas deutlichere Vergrößerung) erfährt ein deckengleicher

Unterzug eine erhebliche Durchbiegung. Er stellt somit keine starre, sondern nur eine elastisch nachgiebige Unterstützung dar und entzieht sich damit teilweise dem Lastabtrag. **Dies führt gegenüber der Annahme starrer Unterstützung zu erheblichen Umlagerungen der Schnittgrößen in der Platte**. Deckengleiche Unterzüge, die als starre Randstützung gerechnet werden, sind grundsätzlich schlechte Konstruktionen. Dies gilt auch für in die Decke eingebaute Träger aus Profilstahl. Durch die Nachgiebigkeit der Stützung werden:

- die Feldmomente parallel zur nachgiebigen Stützung vergrößert (verstärkter Querabtrag),
- die Stützmomente im nachgiebigen Bereich stark verändert.
- Nur bei örtlich begrenztem Ausfall der vertikalen Stützung, z.B. über geschosshohen Türöffnungen, können die im Folgenden behandelten Näherungen angewendet werden. Bei größerer Ausdehnung, insbesondere wenn ein ganzer Plattenrand betroffen ist, sollte die Platte als dreiseitig gelagert gerechnet, bemessen und bewehrt werden.

18.9.2 Tragverhalten der Platte im Bereich unterbrochener Stützung

Auf Bild 18.9-1 werden die Schnittgrößenumlagerungen im Bereich der fehlenden Stützung verdeutlicht. Diese sind erheblich und bei der Bemessung zu berücksichtigen. Insbesondere die Momentenspitze und die damit verbundenen Querkraftkonzentrationen an den Öffnungsrändern müssen erfasst werden.

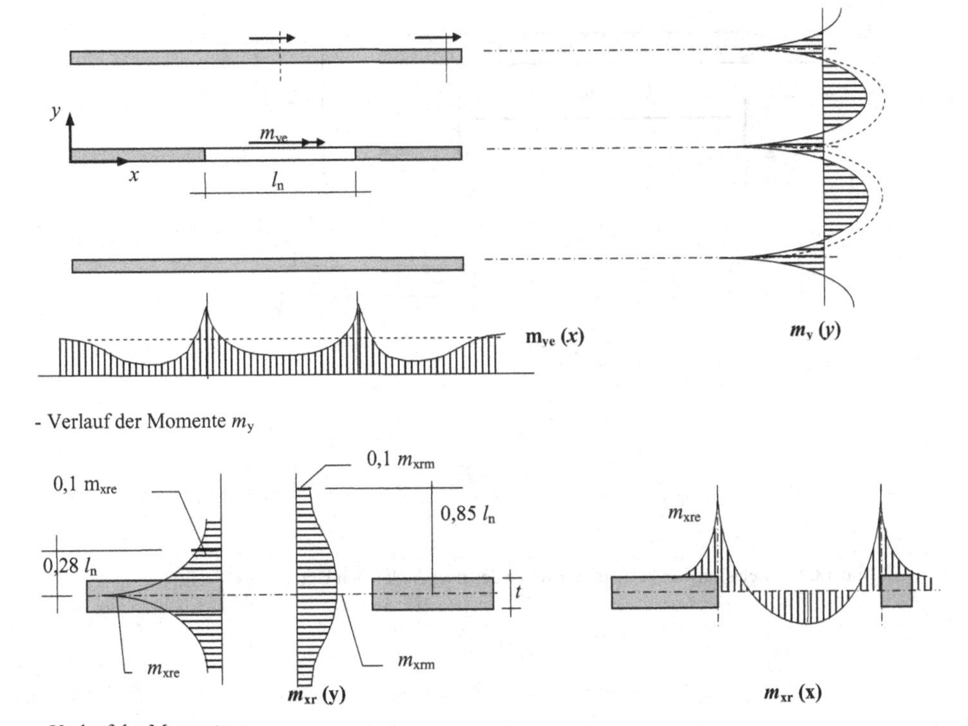

Bild 18.9-1 Schnittgrößenumlagerung im Bereich der fehlenden Stützung

18.9.3 Näherungsverfahren zur Berechnung von deckengleichen Unterzügen

Das Näherungsverfahren beruht auf den Angaben in [3-1]. Es gestattet die Erfassung des geänderten Tragverhaltens gegenüber einer durchgehenden starren Stützung und darf (vorwiegend ruhende Belastung vorausgesetzt) angewendet werden bei Öffnungen mit

(18.9-1) $7 < l_n/h_{Platte} \leq 15.$

Bei kleineren Öffnungen (z.B. Tür- und Fensteröffnungen) mit $l_n/h_{Platte} \leq 7$ ist eine konstruktive Verstärkung der Bewehrung ohne rechnerischen Nachweis ausreichend. Bei größeren Unterbrechungen der Stützung ist ein genauerer Nachweis auf Basis von Plattenlösungen (z.B. nach [18-11], [18-12] oder mit FEM-Programmen [18-13]) erforderlich.

– **Schnittgrößenermittlung in Richtung *x*:**

Das Verfahren geht zunächst von der „Regellösung" bei Annahme einer ungestörten, starren Stützung aus. In einem zweiten, korrigierenden Rechengang wird der Einfluss der unterbrochenen Stützung berücksichtigt.

Hierzu wird die auf eine Belastungsfläche entfallende Plattenbelastung erfasst und als Belastung eines fiktiven Plattenstreifens mit veränderlicher Breite angesetzt (Bild 18.9-2):

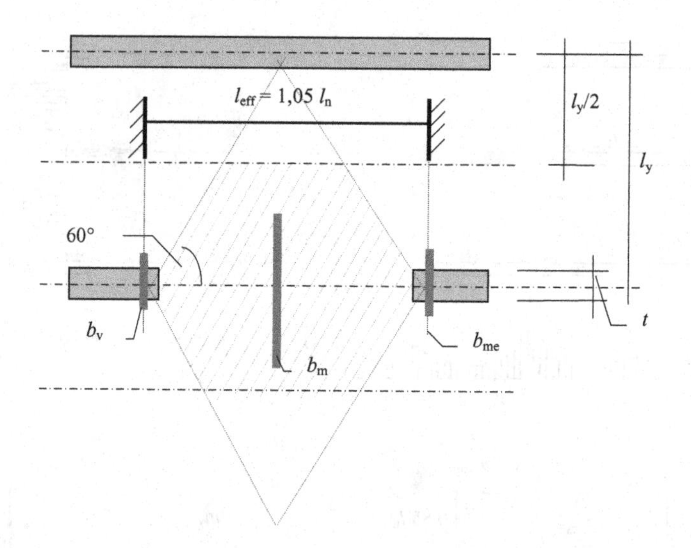

Bild 18.9-2 Belastung und effektive Breiten des deckengleichen Unterzuges

Für die Schnittgrößenermittlung kann von konstanter Breite b des deckengleichen Unterzuges ausgegangen werden. Für die Bemessung sind folgende effektive Breiten anzusetzen:

(18.9-2) Biegung in Feldmitte: $b_m = 0{,}50\ l_{eff} \geq b_V$
Biegung am Rand: $b_{me} = 0{,}25\ l_{eff} \geq b_V$
Schubnachweise: $b_V = t + h_{Platte}$

Die Wahl des Ersatzträgers und der effektiven Breiten sind bei anderen Anordnungen sinngemäß zu variieren; am Plattenrand zum Beispiel nach Bild 18.9-3:

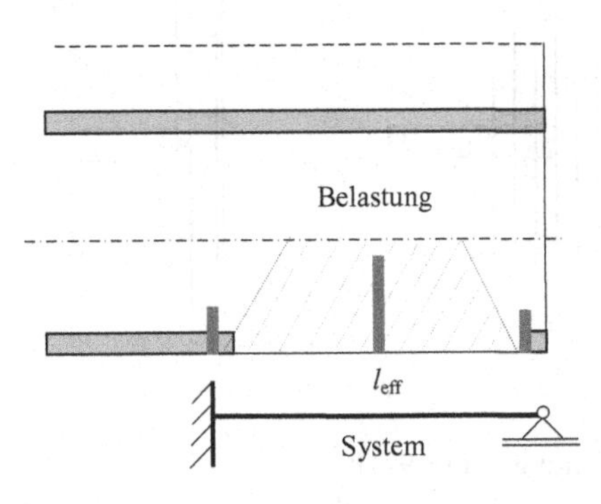

$b_m = 0{,}25\ l_{eff} \geq b_v$
$b_{me} = 0{,}125\ l_{eff} \geq b_v$
$b_v = t + h_{Platte}/2$

Bild 18.9-3 Belastung und effektive Breiten des deckengleichen Unterzuges am Plattenrand

- **Biegebemessung in Richtung x:**

Die Biegebemessung erfolgt unter Ansatz der effektiven Breiten wie für einen Balken. Die Bewehrung wird etwa nach Bild 18.9-4 eingelegt.

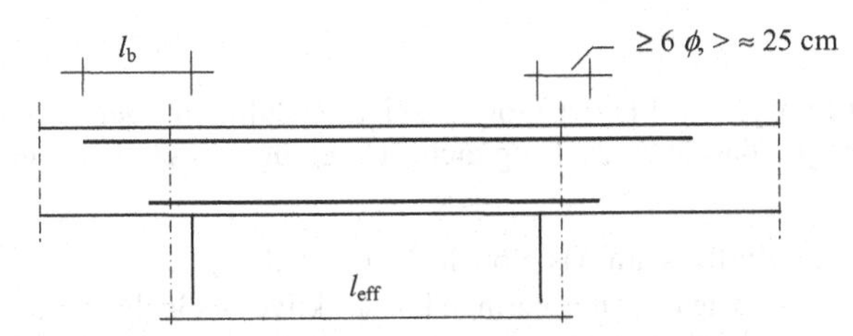

Bild 18.9-4 Anordnung und Verankerung der Biegebewehrung

– **Schubnachweise in Richtung *x*:**

Die Schubnachweise erfolgen wie bei Balkenstegen mit der effektiven Breite b_V. Sind Bügel erforderlich, so müssen sie die untere Bewehrung umfassen. Oben reichen Haken wie bei Plattenbalken. An freien Rändern (wie bei Bild 18.9-3) sind in jedem Falle Steckbügel anzuordnen.

– **Maßnahmen in Richtung y:**

In Richtung y, d.h. senkrecht zur unterbrochenen Stützung, brauchen keine rechnerischen Nachweise geführt zu werden. Es müssen aber zu der aus der Rechnung mit durchlaufender starrer Stützung ermittelten **Grundbewehrung a_{sy}** die auf Bild 18.9-5 dargestellten oberen **Bewehrungszulagen Δa_{sy}** angeordnet werden.

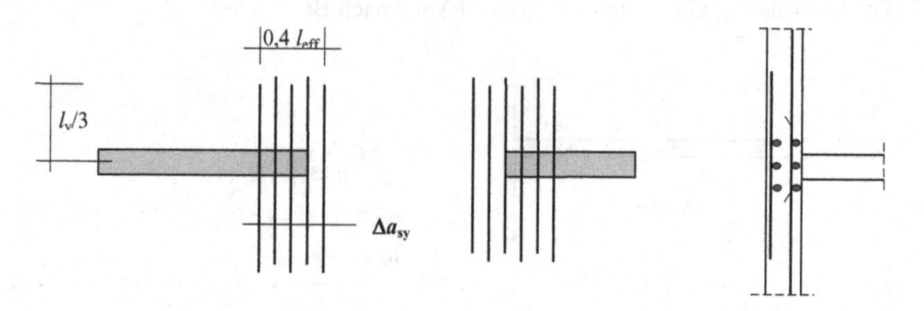

Bild 18.9-5 Bewehrungszulagen in y-Richtung

Die Zulagebewehrung ergibt sich aus Gleichungen (18.9-3):

(18.9-3) bei $l_{eff}/h_{Platte} = 10$ $\Delta a_{sy} = 1{,}0\ a_{sy}$
bei $l_{eff}/h_{Platte} = 15$ $\Delta a_{sy} = 1{,}4\ a_{sy}$ } Zwischenwerte dürfen interpoliert werden

18.10 Öffnungen in Platten

18.10.1 Allgemeines

Zur Behandlung von Öffnungen in Platten gibt es keine Richtlinien oder normenmäßigen Angaben. Grundsätzlich gilt das über deckengleiche Unterzüge Gesagte im übertragenen Sinne auch hier:

- **Kleine Öffnungen** (ohne Einfluss auf das globale Tragverhalten):
  ⇒ keine oder nur geringe konstruktive Maßnahmen;
  ⇒ rechnerische Nachweise nicht erforderlich.
- **Mittlere Öffnungen** (nur geringer Einfluss auf das globale Tragverhalten):
  ⇒ konstruktive Maßnahmen mit erhöhtem Aufwand,
  ⇒ rechnerische Nachweise entbehrlich.
- **Große Öffnungen** (merkbarer Einfluss auf das globale Tragverhalten):
  ⇒ erhöhte konstruktive Maßnahmen auf der Basis von
  ⇒ rechnerischen Nachweisen.

Zahlenmäßige Abgrenzungen können nicht angegeben werden. Als kleine Öffnungen dürfen aber in jedem Falle solche angesehen werden, deren Abmessungen etwa in der Größenordnung der doppelten Plattendicke bzw. des doppelten Bewehrungsrasters liegen.

Es ist unbedingt zu beachten, dass:

- mehrere kleine Öffnungen bei ungünstiger Anordnung ähnlich wie eine große Öffnung wirken können (Projektion der Öffnungen in die Bewehrungsrichtungen; zu schmale Zwischenstege),
- mehrere kleine Öffnungen in den Plattenecken zum teilweisen Verlust der Torsionssteifigkeit führen können,
- schmale aber lange Schlitze die Tragwirkung der Platte senkrecht zu den Schlitzen empfindlich stören,
- bei später mit Beton zu schließenden Öffnungen (insbesondere bei mittleren und großen Öffnungen) eine Anschlussbewehrung und ggf. eine Schubverzahnung vorzusehen ist.

Öffnungen in Deckenplatten werden erforderlich insbesondere für:

- Installationsrohre (häufig kleine und mittlere Öffnungen)
- Kamine (mittlere bis große Öffnungen)
- Treppen (große Öffnungen)

Es ist dringend erforderlich, schon bei der Planung auf die Abmessungen und die Lage der ***Öffnungen Einfluss zu nehmen, und die oft sehr großzügigen Anforderungen der Ausbauplaner*** *„zurechtzustutzen“.*

18.10.2 Kleine Öffnungen

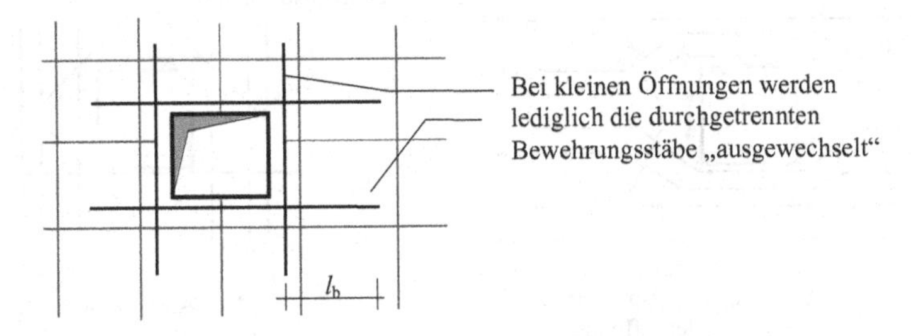

Bei kleinen Öffnungen werden
lediglich die durchgetrennten
Bewehrungsstäbe „ausgewechselt“
l_b

Bild 18.10-1 Auswechselung der Bewehrung an kleiner Öffnung

Bei nachträglicher Herstellung von Öffnungen (z. B. Bestandsbauten) muss auf die Auswechslungen naturgemäß verzichtet werden. Runde Öffnungen (Kernbohrungen) sind dann vorzuziehen.

18.10.3 Mittlere Öffnungen

Es wird ausgewechselt unter Berücksichtigung des tatsächlichen Spannungsverlaufes an Öffnungen. Dieser wird für Plattenober- und Unterseite getrennt betrachtet (vereinfacht als zweiachsiger Spannungszustand, elastisch, Zustand I). Ähnliche Betrachtungen werden auch bei Öffnungen in Scheiben (z. B. Wänden) angestellt.

Nachträglich herzustellende Öffnungen müssen größer ausgestemmt werden. Nach Einbau der randnahen Zulagen werden die Öffnungsränder mit geeigneten Reparaturbetonen [11-12] reprofiliert. Es können auch CFK-Lamellen oberflächig geklebt oder als Schlitzlamellen im Beton zur Verstärkung angebracht werden [2-7].

– **Plattenoberseite**

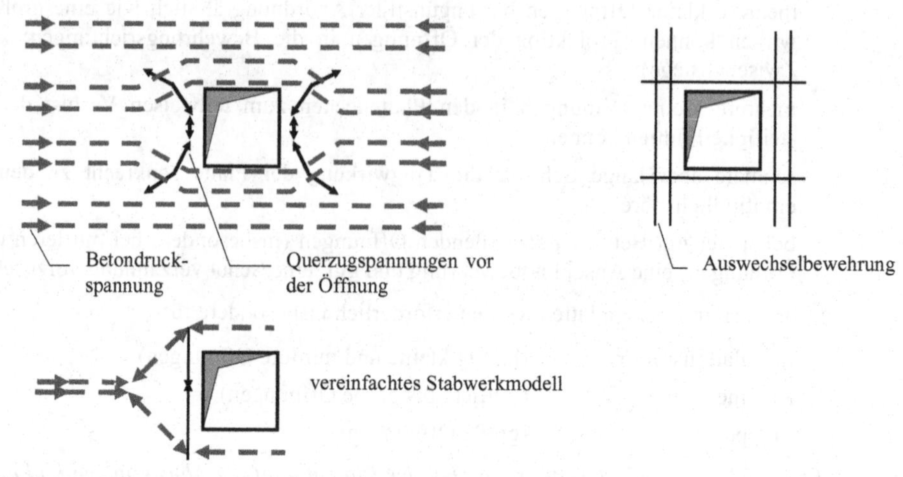

Bild 18.10-2 Spannungsverlauf um Öffnung in der Druckzone einer Platte

– **Plattenunterseite**

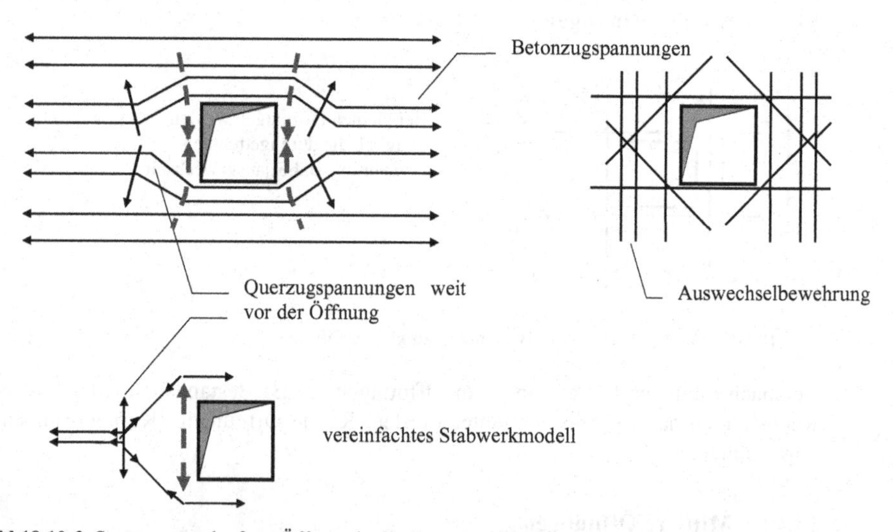

Bild 18.10-3 Spannungsverlauf um Öffnung in der Zugzone einer Platte

18.10.4 Große Öffnungen

Große Öffnungen verändern die globale Schnittgrößenverteilung im Vergleich zur Platte ohne Öffnung erheblich. Die Öffnungen müssen daher bei der Schnittgrößenermittlung zumindest näherungsweise berücksichtigt werden.

Dies kann geschehen zum Beispiel mit:

- Plattentafeln für Platten mit Öffnungen (nur Sonderfälle, z. B. [18-12])
- Lösung nach der „Hillerborg-Streifenmethode“, siehe [4-1],[18-5]
- FEM-Programmen für komplizierte Fälle
- der nachstehend beschriebenen Näherung (ausreichend für viele baupraktische Fälle).

Näherungsverfahren mit Zerlegung der Platte in Einzelplatten:

Das Vorgehen ist an die jeweils vorliegenden geometrischen Verhältnisse gebunden. Es kann daher nur an Beispielen erläutert werden. In die beiden Beispielplatten ist die vorgeschlagene Zerlegung mit den Spannrichtungen der Einzelplatten eingezeichnet. Andere Lösungen sind möglich. In jedem Falle muss das Gleichgewicht gewahrt bleiben:

- **Große Einzelplatte:**

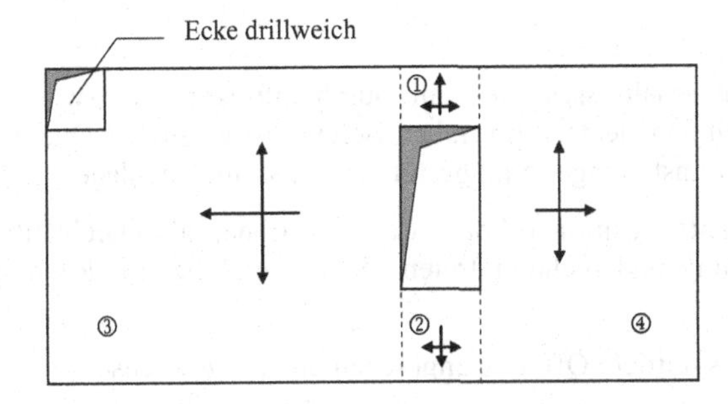

Vereinfachte Einzelplatten:

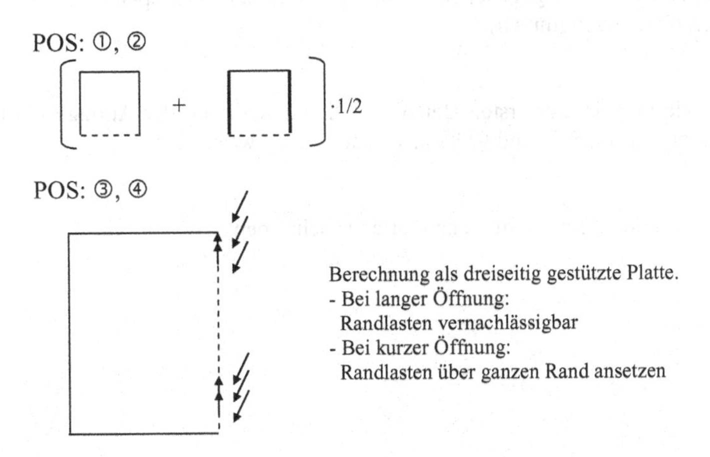

POS: ①, ②
+
·1/2
POS: ③, ④
Berechnung als dreiseitig gestützte Platte.
- Bei langer Öffnung:
Randlasten vernachlässigbar
- Bei kurzer Öffnung:
Randlasten über ganzen Rand ansetzen

Bei POS ③ ggf. für torsionsweiche Platte ablesen und diese Ergebnisse im oberen Plattenteil zur Bemessung verwenden.

– **Deckenfeld (Kellerdecke eines Einfamilienhauses mit tragender Mittelwand)**

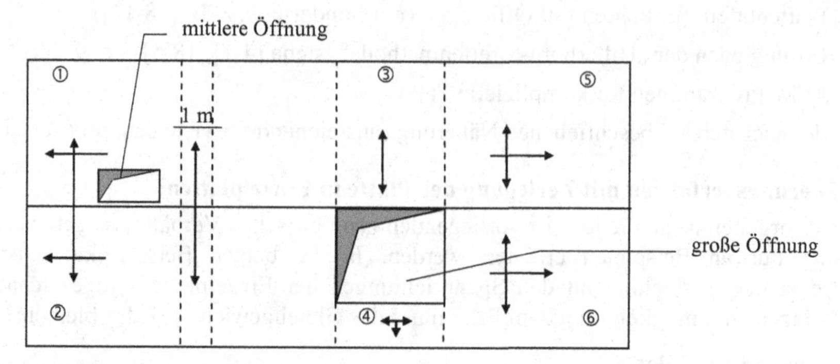

Vereinfachte Plattensysteme:

POS ① und ②:

- Wegen des großen Seitenverhältnisses kann ein Durchlaufträger über zwei Felder gerechnet werden (gestrichelt angedeutet). Im linken Bereich ist verstärkte Querbewehrung an Plattenunterseite wegen Lastabtrages zum gestützten Rand hin einzulegen.
- Bei mehr gedrungenen Plattenpositionen können die Positionen als Durchlaufplatte mit jeweils dreiseitiger Stützung und rechtem freien (d. h. ungestütztem) Rand gerechnet werden.
- Die Kaminöffnung wird als mittlere Öffnung angesehen und ausgewechselt.

POS ③:

- Trägt überwiegend in der angegebenen Richtung als einachsig gespannte Platte (Querränder als ungestützt angenommen).

POS ④:

- Trägt ähnlich wie POS ② des ersten Beispiels. Die Auswirkung der Auflagerkräfte und Einspannmomente auf POS ① und ② kann vernachlässigt werden.

POS ⑤ und ⑥:

- Wie unter POS ① und ② für gedrungene Platten beschrieben.

18.11 Platten auf elastischer Bettung

18.11.1 Allgemeines

Die Wirkung von Einzellasten auf ausgedehnte, auf dem Erdboden gegründete Platten kann mit dem mechanischen Modell der unendlich ausgedehnten, elastischen Platte auf elastischem Halbraum untersucht werden (Bild 18.11-1). Alle anderen Lastanordnungen lassen sich durch eine Summe von Einzellasten annähern.

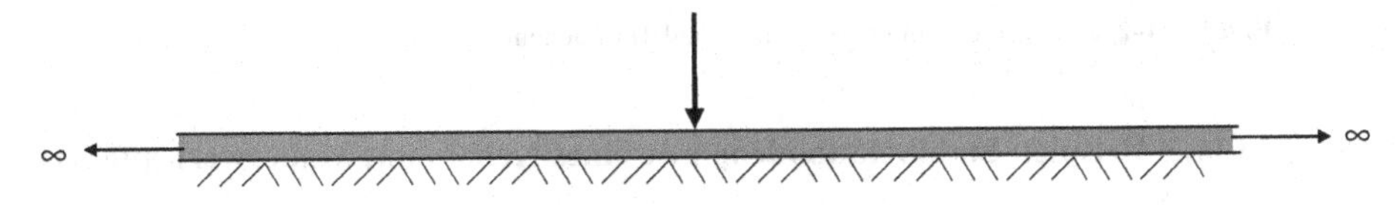

Bild 18.11-1 Einzellast auf ausgedehnter, elastisch gebetteter Platte

Für dieses Modell gibt es als Lösung der zugehörigen Differentialgleichung eine Einflussfläche für das Biegemoment m_x im Mittelpunkt (Koordinatenursprung) der Platte (Bild 18.11-3 nach [18-3]).

Der Einfluss einer Einzellast klingt mit zunehmendem Abstand vom Lastpunkt in der Regel rasch ab. Daher kann diese Lösung immer dann angewendet werden, wenn die Einzellast in ausreichendem Abstand von einem realen Plattenrand steht. Sie wird benutzt, um z.B. die Wirkung von Stützenlasten auf Fundamentplatten oder von Radlasten auf Fahrbahnplatten zu untersuchen. Die Anwendung der Einflussfläche wird direkt an einem Beispiel erläutert.

Platten auf elastischer Bettung stellen einen Sonderfall der Fundamente dar (vgl. Teil C, Abschnitt 14). Ergänzend ist der **Nachweis der Sicherheit gegen Durchstanzen** (dieser Nachweis ersetzt den Nachweis der Schubtragfähigkeit) zu führen.

18.11.2 Anmerkungen zum Ansatz von Einzellasten

Die Einzellast ist eine mathematische Fiktion. Sie führt zu Singularitäten der Plattenlösung unter der Last (Biegemoment **direkt unter der Last** $\Rightarrow$ unendlich). In der Realität gibt es aber keine Einzellasten (Bild 18.11-2):

- Eine Radlast hat eine Aufstandsfläche.
- Eine Stütze hat eine Querschnittsfläche.
- Jede Last (selbst die theoretische Punktlast) verteilt sich innerhalb der realen Plattendicke auf eine endliche Belastungsfläche.

Die Biegemomente können für die auf die Plattenmittelfläche verteilte Last berechnet werden. Dies führt zu einer Verteilung der Einzellast auf eine Teilflächenlast und damit zum Verschwinden der Singularität. Der Betrag des direkt unter der Last entstehenden Plattenbiegemomentes hängt sehr stark von der Ausdehnung dieser Belastungsfläche ab. Die Lastausbreitung sollte deshalb bei der Ermittlung der Momente unter der Last berücksichtigt werden. (Hier besteht eine Analogie zur Ausrundung der Stützmomente von Balken über den Auflagern). Für Stellen in einiger Entfernung von der Lasteinleitung nimmt der Einfluss der Lasteinleitungsfläche in der Regel schnell ab.

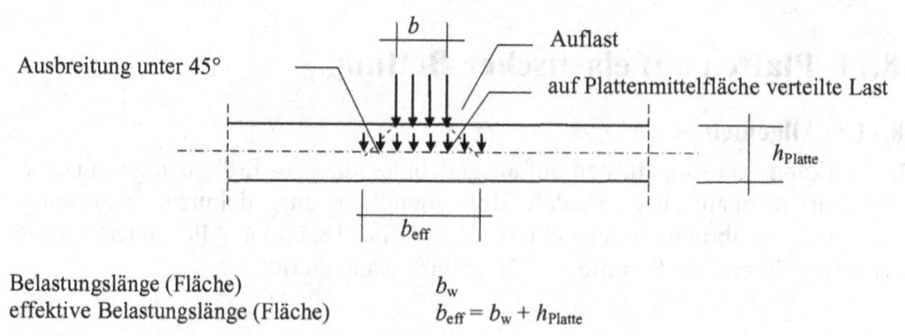

Belastungslänge (Fläche) b_w
effektive Belastungslänge (Fläche) $b_{eff} = b_w + h_{Platte}$

Bild 18.11-2 Zur Lastverteilung von Einzel- und Teilflächenlasten

18.11.3 Beispiel: Stahlbetonbodenplatte eines Kellers mit Mauerwerkspfeilern

1 System, Abmessungen, Lasten

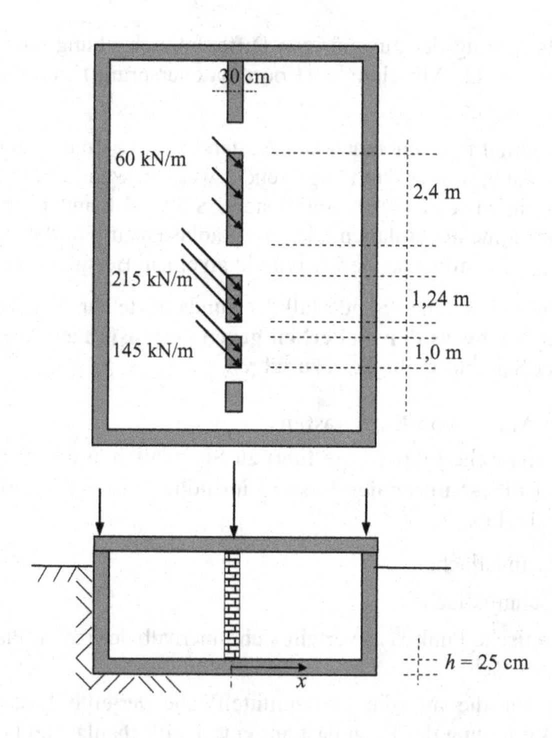

Es handelt sich um den Keller eines Wohnhauses. Der Keller ist als weiße Wanne konzipiert (d.h. die Bodenplatte und die Außenwände bestehen aus Stahlbeton mit erheblicher rissverteilender Horizontalbewehrung in den Wänden). Im Inneren steht eine in Pfeiler aufgelöste tragende Mauerwerkswand.

Die globalen Schnittgrößen in der gesamten Konstruktion wurden unter Ansatz einer konstanten Linienlast in der Mittelwand berechnet. Diese Schnittgrößen stimmen im Bereich der Pfeiler nicht. Dort werden sie deshalb unter Annahme einer ausgedehnten, elastisch gelagerten Bodenplatte mit hohen Teilflächenlasten unter den Pfeilern unter Verwendung von Bild 18.11-3 berechnet und der Bemessung zugrunde gelegt.

Alle für die Ablesung wesentlichen Maße und Laststellungen sind in Bild 18.11-3 eingezeichnet.

2 Ermittlung der Biegemomente in x-Richtung

Die größten Momente entstehen unter den Pfeilern in x-Richtung. Die Mitte des Diagramms wird auf den Punkt (Aufpunkt) gelegt, für den das Moment ermittelt werden soll (siehe Eintragungen in Bild 18.11-3, zur besseren Erkennbarkeit ist die eine Pfeilerposition seitlich verschoben angedeutet). Unter den Lasten werden dann die jeweiligen Einflussfaktoren abgelesen.

Flächen- und Linienlasten müssen für die Ablesung bereichsweise zu Einzellasten zusammengefasst werden. Dabei ist darauf zu achten, dass keine Last direkt über dem Aufpunkt liegt, um reale Ablesewerte zu erhalten.

Im Beispiel werden die Momente unter dem oberen und unter dem mittleren Pfeiler berechnet. Als Lasten sind nur die Pfeilerlasten angesetzt. Man erkennt leicht, dass weiter entfernte Lasten keinen nennenswerten Beitrag liefern.

Wegen der relativ groben Ablesung wurde auf eine Lastverteilung auf die Plattenmittelfläche gemäß Bild 18.11-2 verzichtet.

3 Ermittlung der charakteristischen Länge l

Die Länge l ist ein Parameter, der den Zusammenhang zwischen der Steifigkeit der Betonplatte $E_{cm} \cdot I_c$ und der Bodensteifigkeit in Gestalt der Bettungsziffer c_s [MN/m^3] und der Kontaktbreite zwischen Fundament und Boden (hier 1 m) herstellt (Boden-Bauwerk-Wechsel-wirkung, vgl. Fundamentbalken in Abschnitt 14.7).

Die Einflussfläche verwendet als Maßstab diese Länge und gilt damit für alle Kombinationen der Systemwerte $E_{cm} \cdot I_c$ und c_s.

Es seien: $h = 25$ cm $\quad E_{cm} = 31000$ MN/m^2 $\quad c_s = 0{,}4$ MN/m^3

$$l = \sqrt[4]{\frac{E_{cm} \cdot h^3}{12 \cdot c_s}} = \sqrt[4]{\frac{31000 \cdot 0{,}25^3}{12 \cdot 0{,}4}} = 3{,}16 \text{ m} \qquad (18.11\text{-}1)$$

Die fett markierte Strecke auf der Einflussfläche entspricht somit l = 3,16 m. Die Mauerwerkspfeiler sind in diesem Maßstab eingezeichnet.

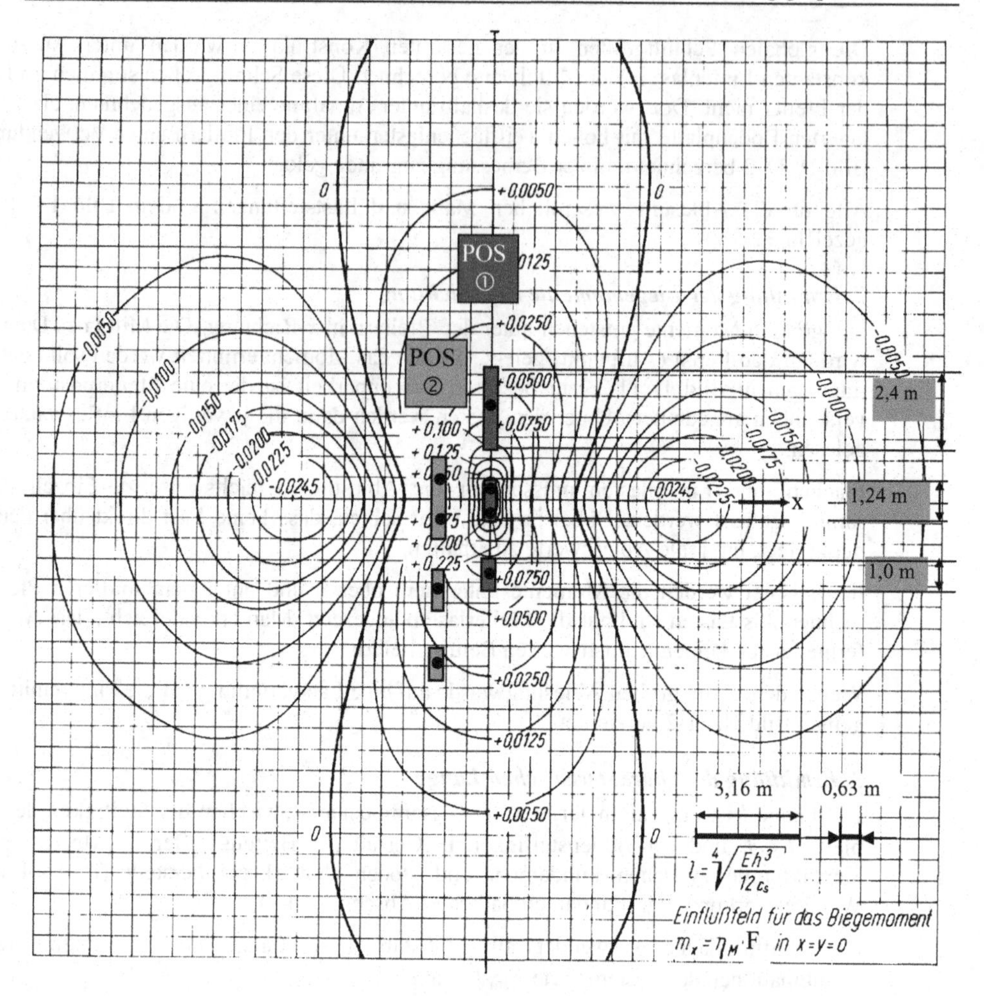

Bild 18.11-3 Einfußfläche für ausgedehnte Platte mit Mauerwerkspfeilern zur Ermittlung von m_x

4 Berechnung der Momente

Die Momente werden wie folgt errechnet:

(18.11-2) $m = F\,[\text{kN}] \cdot \eta$

mit: F = Einzellast, z. B. F = Streckenlast·Belastungslänge oder
F = Flächenlast·Belastungsfläche
η abgelesen an ● für Ersatzeinzellast

4.1 Moment unter dem mittleren Pfeiler (eingetragene Pfeilerposition ①):

$m_x = 60 \cdot 2{,}4 \cdot 0{,}0625$	Beitrag des oberen Pfeilers (als Einzellast)
$+ 215 \cdot 1{,}24/2 \cdot (0{,}225 + 0{,}225)$	Beitrag des mittleren Pfeilers (zwei Einzellasten **neben** dem Aufpunkt)
$+ 145 \cdot 1{,}0 \cdot 0{,}0875$	Beitrag des unteren Pfeilers (als Einzellast)

$\boldsymbol{m_x} = 9{,}0 + 60{,}0 + 12{,}7 = \mathbf{82\ kNm/m}$

4.2 Moment unter dem oberen Pfeiler (eingetragene Pfeilerposition ②):

Zur Ablesung denke man sich die Pfeilerreihe nach rechts in die vertikale Achse des Diagramms verschoben.

$m_x = 60 \cdot 2{,}4/2 \cdot (0{,}175 + 0{,}175)$	Beitrag des oberen Pfeilers (zwei Einzellasten **neben** dem Aufpunkt)
$+ 215 \cdot 1{,}24 \cdot 0{,}069$	Beitrag des mittleren Pfeilers (als Einzellast)
$+ 145 \cdot 1{,}0 \cdot 0{,}033$	Beitrag des unteren Pfeilers (als Einzellast)

$\boldsymbol{m_x} = 25{,}2 + 18{,}4 + 4{,}8 = \mathbf{48\ kNm/m}$

Die errechneten Momente sind Spitzenwerte, die nach allen Seiten abklingen. Die Momente in weiteren Aufpunkten können durch Verschieben des Mittelpunktes der Einflussfläche in den jeweiligen Aufpunkt ermittelt werden. Für die Berechnung der Momente m_y (also Biegung in Richtung der Pfeilerreihe) ist die Einflussfläche um 90° zu drehen. Im vorliegenden Falle sind diese Momente sehr klein und für die Bemessung nicht maßgebend.

18.12 Schnittgrößenermittlung mit Finiten Elementen (FEM)

18.12.1 Allgemeines

Die Methode der Finiten Elemente ist ein numerisches Verfahren zur Lösung der vielfältigsten Aufgaben aus der Physik. Die Entwicklung der Methode wurde nur möglich als Folge der Verfügbarkeit leistungsfähiger Elektronenrechner. Ab etwa 1960 haben sich die Anforderungen der rechnenden Ingenieure, die Weiterentwicklung des Wissens um das Verhalten der Baustoffe und die Fortschritte in der EDV (sowohl Hardware als auch Software) gegenseitig befruchtet. Es gibt heutzutage Lösungsansätze für so unterschiedliche Probleme wie:

- Flüssigkeitsdynamik
- Gasdynamik
- Dynamik elastischer und plastischer Körper
- Statik elastischer und plastischer Körper

In der Baustatik hat sich die Berechnung mit FEM einen wichtigen Platz erobert. Insbesondere durch die Entwicklung leistungsfähiger PCs ist diese Berechnungsmethode, die früher auf Großrechner beschränkt war, einem weiten Kreis von Anwendern zugänglich geworden.

Die FEM ermöglicht die Berechnung auch komplizierter Systeme, deren Beurteilung mit der üblichen Stabstatik nicht möglich ist und deren Behandlung bisher wenigen Fachleuten vorbehalten war.

Es ist daher wichtig, zumindest die Anwendung der FEM schon im Rahmen der Hochschulausbildung zu behandeln. Dabei darf nicht nur auf die Möglichkeiten und die Leistungsfähigkeit der Methode hingewiesen, sondern es müssen auch die Schwierigkeiten, Probleme und Grenzen ihrer Anwendung genannt werden.

Es gibt derzeit diverse Programmsysteme auf dem Markt. Wegen der hohen Komplexität sind die Programmpakete in der Regel in Programmteile aufgeteilt für:

- Stabwerke (meist getrennt nach Theorie I. und II. Ordnung)
- Ebene Flächentragwerke (meist getrennt nach Platten und Scheiben)
- Räumliche Flächentragwerke (Faltwerke, Schalentragwerke)

Die für PC erhältlichen Programme zur Berechnung von Schnittgrößen basieren überwiegend auf **elastischem Materialverhalten** („Gesetz aus dem 30-jährigen Krieg" von R. Hooke). Die von solchen Programmen errechneten Verformungen sind somit für Stahlbetontragwerke ohne erhebliche Zusatzberechnungen (von Hand) nicht aussagefähig. Hierauf wurde in diesem Buch schon mehrfach hingewiesen. Eine Ausnahme machen nur Programme zur Berechnung von Stützen aus Stahlbeton nach Theorie II. Ordnung, die das nichtlineare Tragverhalten aus Rissbildung und Materialplastizität erfassen müssen.

Die Bemessung erfolgt für Stahlbetonbauteile nach den genormten Festlegungen, z.B. nach EC2 für den Grenzzustand der Tragfähigkeit.

Es ist äußerst wichtig, sich vor der Anwendung eines Programms über seine mechanischen und sonstigen Grundlagen und über seine Anwendungsgrenzen Klarheit zu verschaffen. Dies ist nicht immer ganz einfach: nicht verkaufsfördernde Dinge werden oft nicht klar formuliert (das „Kleingedruckte" lesen!). Insbesondere die Ermittlung der Querkräfte von Platten ist nicht nur bei den Tafelwerken (s. Abschnitt 18.3) sondern auch bei vielen FEM-Programmen ein Schwachpunkt.

Die FEM-Methode ist - verglichen mit vielen konventionellen Berechnungsmethoden - ein High-Tech-Verfahren und bedarf der Erfahrung bei der Benutzung. Bei sorgfältiger Anwendung ist sie allerdings sehr leistungsfähig. Man bedenke jedoch stets, dass auch die beste Berechnungsmethode nicht bessere, bzw. genauere Ergebnisse liefern kann, als die Genauigkeit der Eingabewerte (Lasten, Abmessungen, Erfassung des tatsächlichen Materialverhaltens) zulässt.

Auch bei der Anwendung der FEM gilt also: „weniger ist oft mehr". Die Berechnung einfacherer Systeme für mehrere Parametersätze (z.B. Materialdaten, Bodensteifigkeiten) gibt oft bessere Informationen über ein Tragwerk als wenige Berechnungen mit hochkomplexen Systemannahmen.

Die Berechnung von Stahlbetonbauteilen mit FEM wird z. B. ausführlich in [18-13] und in [18-14] behandelt.

In den folgenden Abschnitten werden einige der in den vorangegangenen Abschnitten konventionell berechneten Systeme mit FEM nachgerechnet. Die Berechnungen erfolgten mit dem Programmsystem „microfe" [18-15].

18.12.2 Treppenpodest

18.12.2.1 Allgemeines

Die gewählte Elementierung ist völlig ausreichend, um die Bemessung mit ausreichender Genauigkeit durchführen zu können. Bei doppelter Feinheit der Einteilung ändern sich die Ergebnisse nur unwesentlich. Lediglich der Eckwert der Auflagerkraft am freien Rand wird deutlich höher. Da diese Spitze nur auf einem sehr kurzen Bereich des Randes l_y auftritt, ist sie für die Bemessung nicht maßgebend. Setzt man statt der starren vertikalen Stützung eine (tatsächlich vorhandene) geringe vertikale Nachgiebigkeit an, so sinkt der Spitzenwert wieder auf realistische Werte. Dieses Vorgehen wird auch empfohlen, um unsinnig hohe Spitzenwerte der Stützmomente über Einzelstützen und an Wandenden auf realitätsnahe Werte zu reduzieren.

Im Folgenden werden nur die wichtigsten Ergebnisse der FEM-Berechnung in grafischer Darstellung angegeben.

18.12.2.2 Eingabe des Systems, Elementnetz

Grundsätzlich muss die gesamte Eingabe des Systems und der Lasten vom FEM-Programm ausgedruckt werden. Nur so ist eine Prüfung auf Eingabefehler möglich. Aus Platzgründen wird hier nur das System mit Randbedingungen und die vom FEM-Programm gewählte Nummerierung der Knoten und Elemente auf den Bildern 18.12-1 und 18.12-2 angegeben.

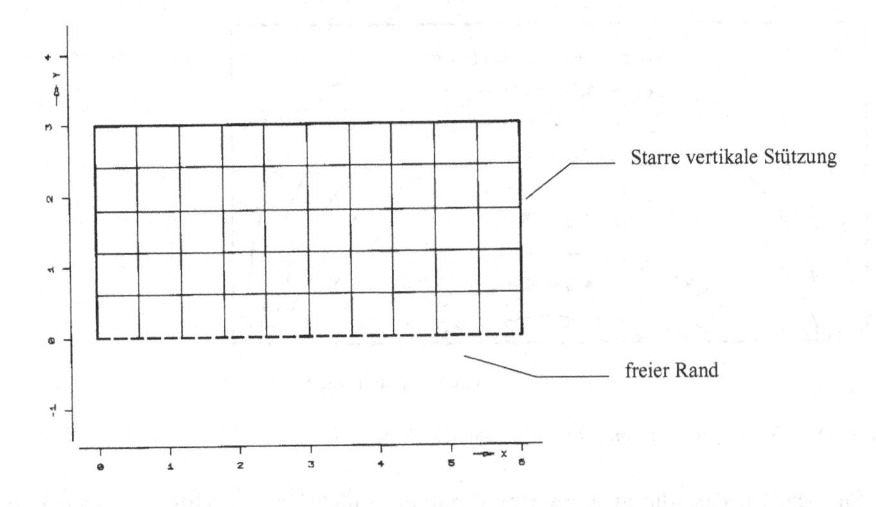

Bild 18.12-1 Elementnetz und Lagerung (Ausdruck FEM)

Da die bei der Handrechnung verwendeten Plattentafeln für die Querdehnung $\nu = 0$ gelten, wird diese Annahme für die FEM-Rechnung zur besseren Vergleichbarkeit beibehalten. Eine Vergleichsrechnung mit $\nu = 0,2$ ergibt um etwa 6 % höhere Biegemomente am freien Rand.

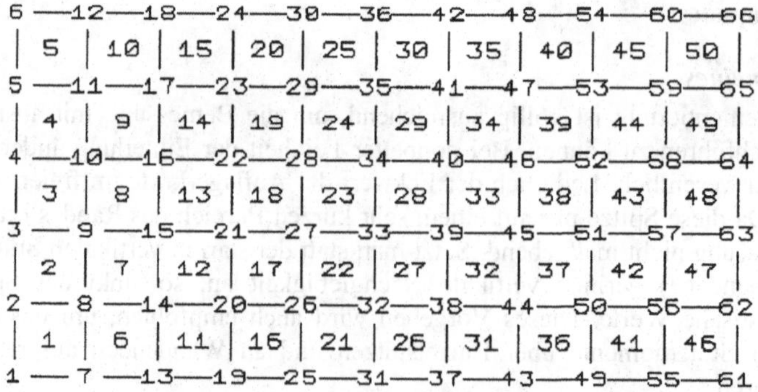

```
6 ——12——18——24——30——36——42——48——54——60——66
| 5  | 10 | 15 | 20 | 25 | 30 | 35 | 40 | 45 | 50 |
5 ——11——17——23——29——35——41——47——53——59——65
| 4  | 9  | 14 | 19 | 24 | 29 | 34 | 39 | 44 | 49 |
4 ——10——16——22——28——34——40——46——52——58——64
| 3  | 8  | 13 | 18 | 23 | 28 | 33 | 38 | 43 | 48 |
3 —— 9 ——15——21——27——33——39——45——51——57——63
| 2  | 7  | 12 | 17 | 22 | 27 | 32 | 37 | 42 | 47 |
2 —— 8 ——14——20——26——32——38——44——50——56——62
| 1  | 6  | 11 | 16 | 21 | 26 | 31 | 36 | 41 | 46 |
1 —— 7 ——13——19——25——31——37——43——49——55——61
```

Bild 18.12-2 Knoten- und Elementnummerierung (Ausdruck FEM)

18.12.2.3 Ergebnisse der FEM-Rechnung

Es werden nur die Ergebnisse für den Lastfall Linienlast am freien Rand mitgeteilt. Auf Bild 18.12-4 sind die aus den Koordinatenmomenten m_x, m_y und m_{xy} errechneten Verläufe der Hauptmomente dargestellt.

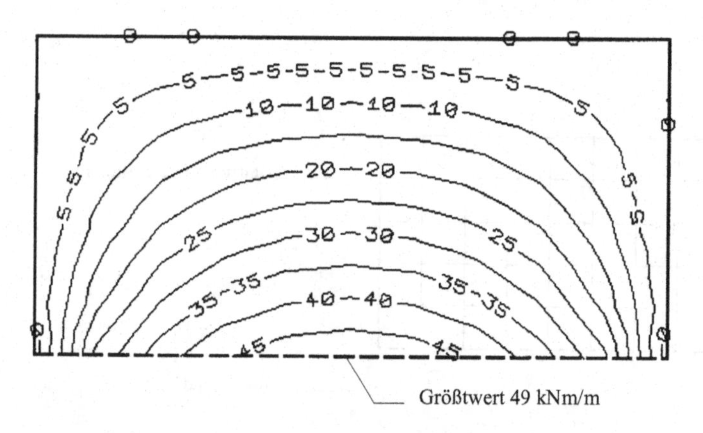

Bild 18.12-3 Biegemomente m_x [kNm/m] (Ausdruck FEM)

Man beachte, dass die **größten Hauptmomente nicht in der Mitte des freien Randes**, sondern etwas zu den Auflagern hin verschoben auftreten. Diese Werte werden von der Handrechnung nicht erfasst. Es wird deutlich, dass auf der Symmetrieachse die m_x und die m_y gleichzeitig die Hauptmomente sind. In den Ecken sind wegen $m_x = m_y = 0$ die Hauptmomente unter 45° geneigt.

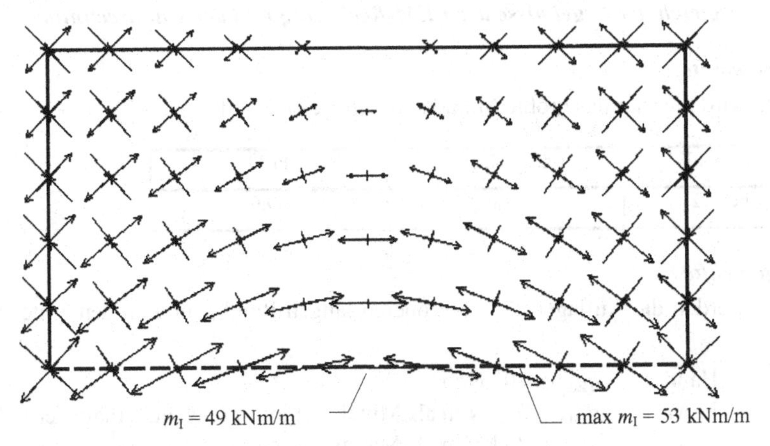

Bild 18.12-4 Verlauf der Hauptmomente $m_{I,II}$ (Ausdruck FEM)

Auf Bild 18.12-5 sind die Auflagerkräfte nicht als Knotenlasten, sondern bereits als Ordinaten der Linienlasten in räumlicher Darstellung angegeben. Man erkennt den Einfluss der negativen (d. h. abhebenden) Eckkraft).

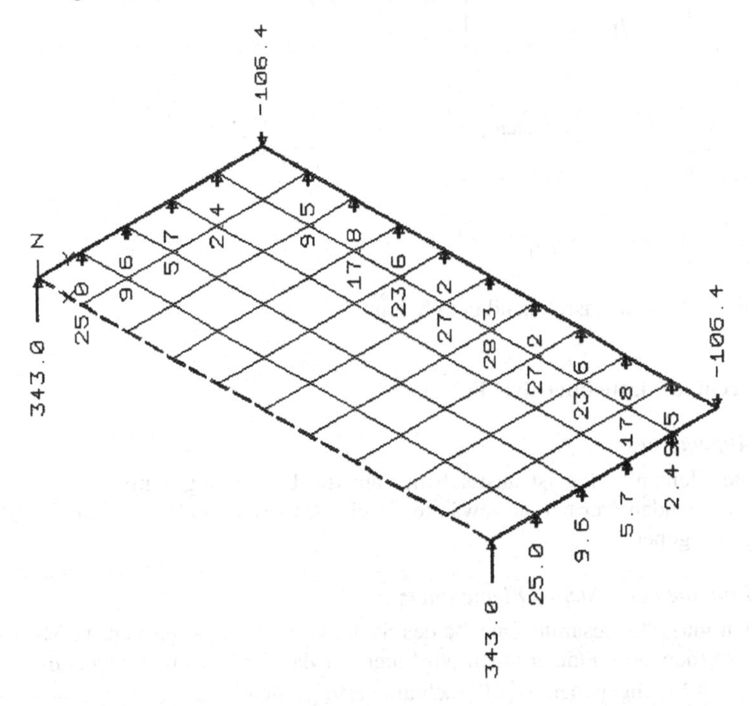

Bild 18.12-5 Verteilung der Auflagerkräfte als Linienlast [kN/m] (Ausdruck FEM)

18.12.2.4 Vergleich der Ergebnisse der FEM-Rechnung und der Handrechnung

– ***Biegemomente***

Verglichen wird hier nur das größte Moment m_x am freien Rand:

m_{Ed} [kNm/m]	Handrechnung	FEM
$m_{Ed,x}$ bei $l_x/2$	49,0	49,0

– ***Auflagerkräfte***

Verglichen werden die Auflagerkräfte am oberen langen Rand l_x und an den Seitenrändern l_y.

Rand l_x: Hand $q_{Ed,y} = 20$ kN/m

FEM $q_{Ed,y} \approx 24$ kN/m als Mittelwert im Bereich außerhalb der Ecken

≈ 28 kN/m als Maximalwert

Rand l_y:

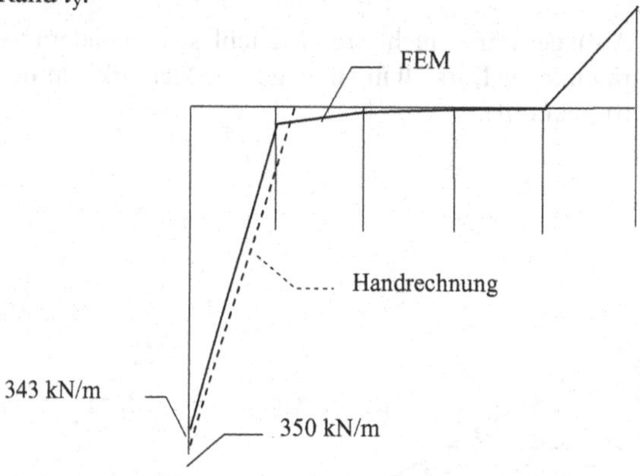

Die Ergebnisse stimmen ausreichend gut überein.

18.12.3 Durchlaufplatte über drei Felder

18.12.3.1 Allgemeines

Die gewählte Elementierung ist ausreichend, um die Bemessung sinnvoll durchführen zu können. Im Folgenden werden ausgewählte Ergebnisse der FEM-Berechnung in grafischer Darstellung angegeben.

18.12.3.2 Eingabe des Systems, Elementnetz

Grundsätzlich muss die gesamte Eingabe des Systems und der Lasten vom FEM-Programm ausgegeben werden. Aus Platzgründen wird hier nur das System mit Randbedingungen auf den Bildern 18.12-6 angegeben. Die Berechnung erfolgt für $\nu = 0,2$.

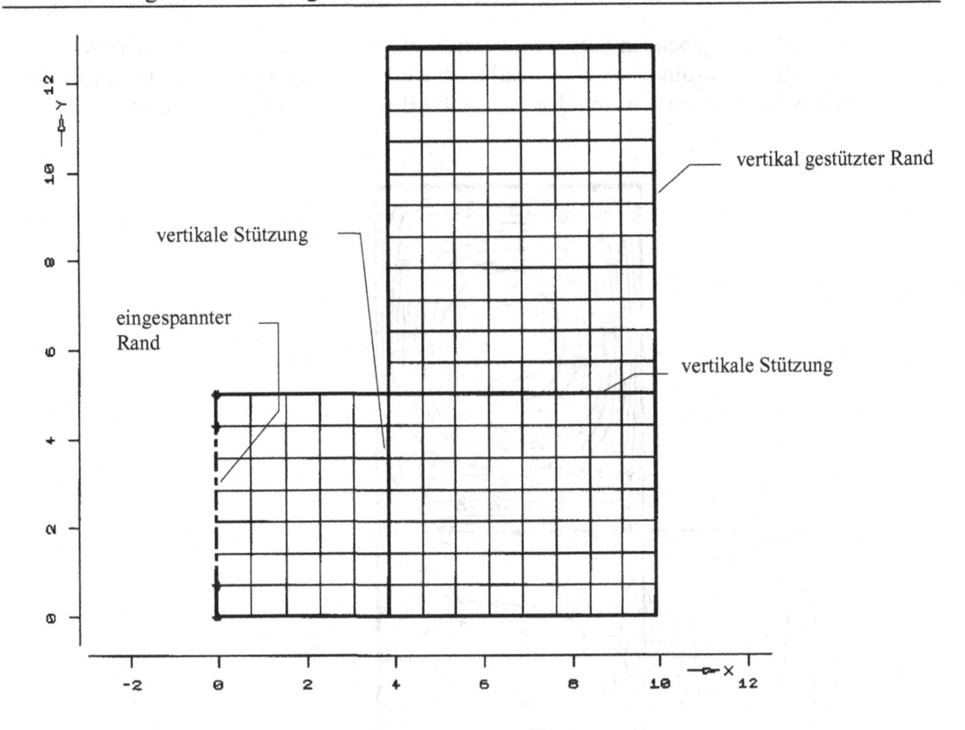

Bild 18.12-6 Elementnetz und Lagerung (Ausdruck FEM)

18.12.3.3 Ergebnisse der FEM-Rechnung

Bei größeren Systemen ist es sehr nützlich, die Verformungen zeichnen zu lassen (Bild 18.12-7). Sie ermöglichen eine gute Plausibilitätskontrolle.

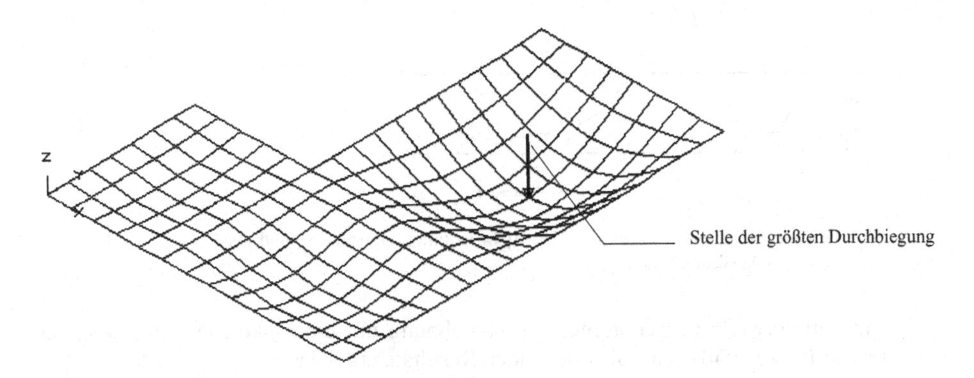

Bild 18.12-7 Verformungsfläche (Ausdruck FEM)

Auf den folgenden Bildern sind die Biegemomente m_{Edx} und m_{Edy} für den Lastfall Volllast in Form von Isolinien dargestellt. Zur Verdeutlichung sind zusätzlich die Schnittgrößenverläufe auf zwei maßgebenden Schnitten gezeichnet. Man beachte, dass in der FEM mit einem einheitlichen Koordinatensystem gearbeitet wird. Die Koordinatenrichtungen in der Eckplatte unterscheiden sich also von der nach Hahn/Brunner (x und y vertauscht).

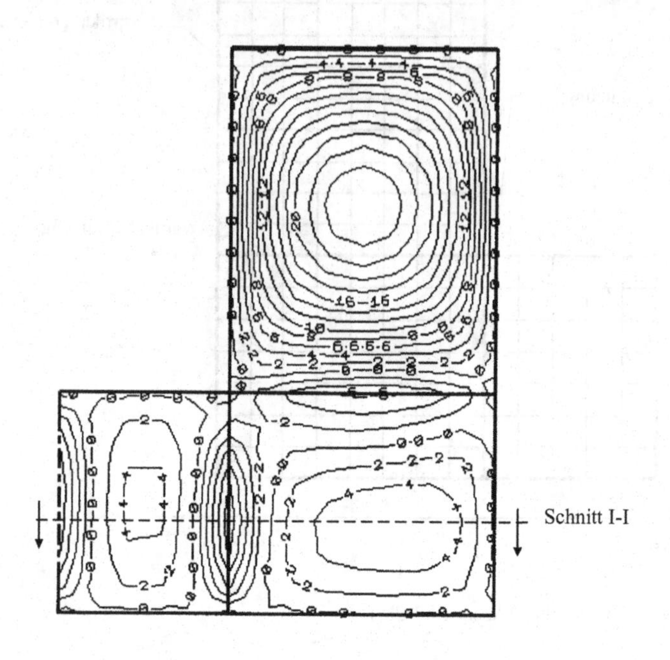

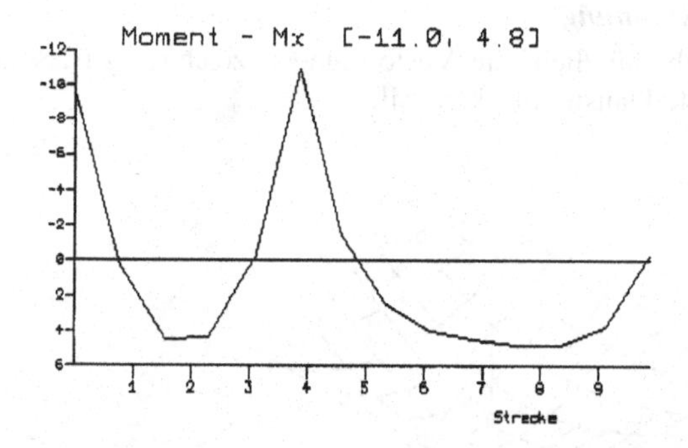

Bild 18.12-8 Biegemomente m_{Edx} [kNm/m] in Isolinien-Darstellung und als Funktionsverlauf im Schnitt I-I (Ausdruck FEM)

Eine mittlerweile vorgenommene Nachrechnung mit einer aktuellen Programmversion hat (erwartungsgemäß) keine abweichenden Resultate ergeben.

Die in Mode gekommene Darstellung der Ergebnisse mit farbigen Flächenverläufen ist für statische Berechnungen und Druckerzeugnisse wenig geeignet, da sie nur bei Farbwiedergabe gut zu erkennen ist.

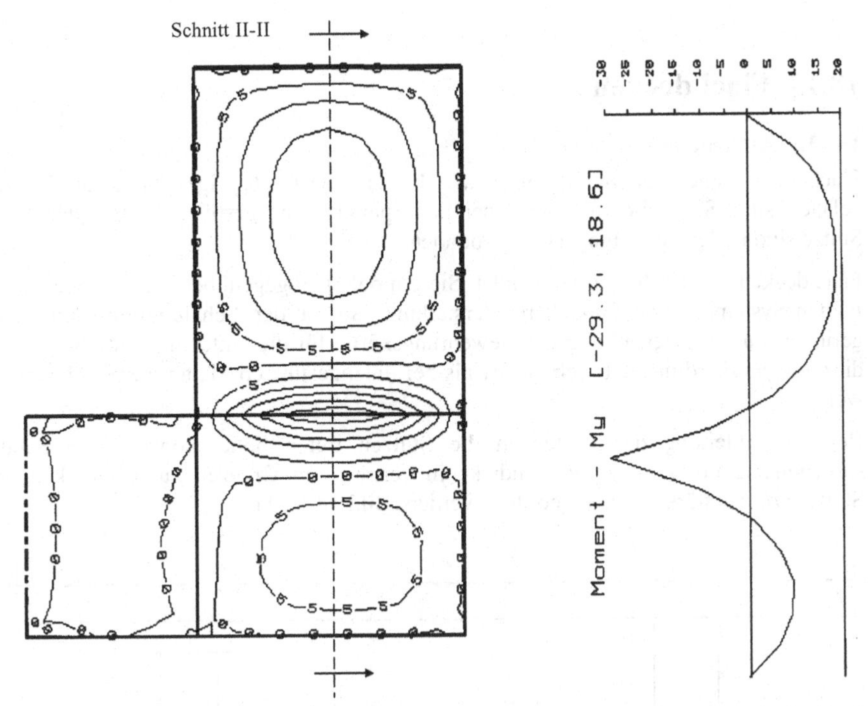

Bild 18.12-9 Biegemomente m_{Edy} [kNm/m] in Isolinien-Darstellung und als Funktionsverlauf im Schnitt II-II (Ausdruck FEM)

18.12.3.4 Vergleich der Ergebnisse der FEM-Rechnung und der Handrechnung

Feldmomente

	POS 1		POS 2		POS 3	
	Hahn/B	FEM	Hahn/B	FEM	Hahn/B	FEM
m_{Edx}	4,6	4,4	7,3	8,0	23,0	25,9
m_{Edy}	1,3	1,6	3,5	5,0	14,5	19,9

Stützmomente

	Rand CD		Rand DG		Rand AB	
	Hahn/B	FEM	Hahn/B	FEM	Hahn/B	FEM
$m_{Ed,Rand}$	- 11,9	- 11,6	-30,8	-29,9	- 10,1	- 9,6

Die Übereinstimmung ist gut. Beim Vergleich der Feldmomente in POS 3 bedenke man, dass die Ergebnisse der Handrechnung in Plattenmitte gelten, die FEM-Ergebnisse an der Stelle max *m*. Diese ist von der Mitte zum oberen Rand hin verschoben. Die von der Handrechnung abweichende Querdehnung macht sich ebenfalls etwas bemerkbar.

18.13 Flachdecken

18.13.1 Allgemeines

Flachdecken sind Platten, die ohne Zwischenbauteile (Unterzüge) direkt auf Stützen aufgelagert sind. Sie stellen aus statischer Sicht punktförmig gestützte Platten dar. Platte und Stütze sind in der Regel biegesteif verbunden.

Flachdecken werden häufig verwendet. Sie ermöglichen gegenüber konventionellen Balken-Platten-Systemen eine einfachere Herstellung. So ist der Schalungsaufwand wesentlich geringer, und die Herstellung der Bewehrungskörbe für die Unterzüge entfällt. Die Plattendicken sind allerdings deutlich größer als bei liniengestützten Platten vergleichbarer Spannweite.

Bei der Einleitung der Lasten in die Stützen treten hohe, konzentrierte Schubbeanspruchungen auf. Um die Plattendicke in vertretbaren Grenzen zu halten, können dann Stützenkopfverstärkungen angeordnet werden (Bild 18.13-1).

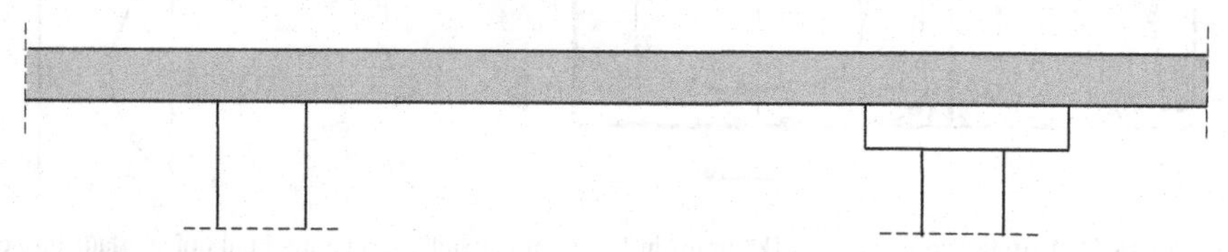

Bild 18.13-1 Flachdecke ohne und mit Stützenkopfverstärkung (sog. Pilzdecke)

18.13.2 Tragverhalten

Das Tragverhalten wird wesentlich durch zwei Aspekte gekennzeichnet:

- Die Verteilung der Biegemomente ist deutlich anders als bei liniengestützten Platten. Es bildet sich ein System innerer Platten- und Trägerbereiche.
- Lokale hohe Schubspannungskonzentrationen in unmittelbarer Stützennähe führen zu einem charakteristischen Bruchverhalten (Durchstanzen), das vom Schubtragverhalten von Balken abweicht.

Das Biegetragverhalten wird auf Bild 18.13-2 in räumlicher Darstellung angedeutet. Man erkennt die Konzentration der Stützmomente. Die Momentenflächen weisen in Stützennähe große Gradienten auf. Diesen entsprechen die Schubspannungskonzentrationen im Stützenbereich. Der Verlauf der Koordinatenmomente wird am Beispiel des Momentes m_y auf Bild 18.13-3 dargestellt.

Das Bruchverhalten von Flachdecken wurde bereits in Teil A auf Bild 1.3-3 gezeigt.

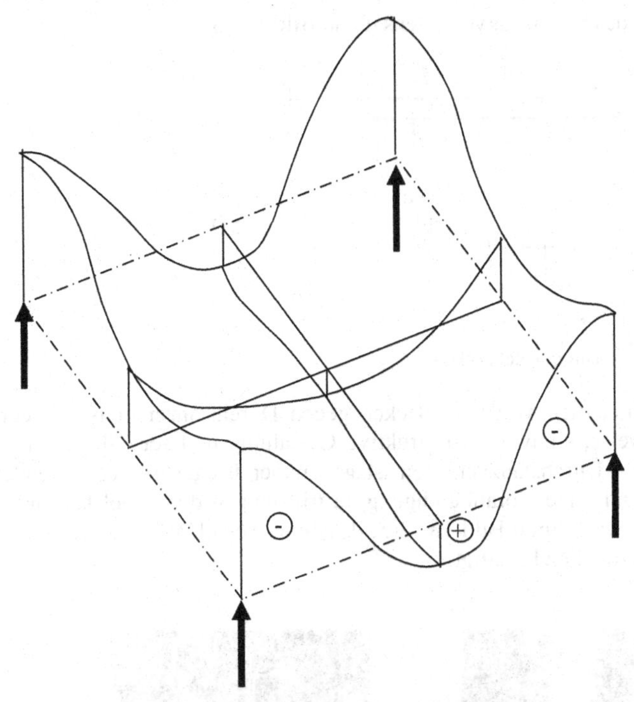

Bild 18.13-2 Räumliche Darstellung der Momentenfläche eines Plattenfeldes

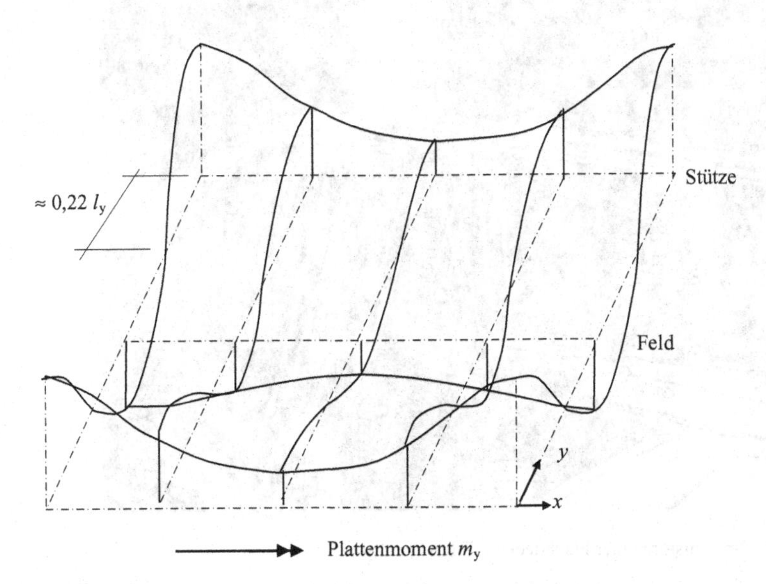

Bild 18.13-3 Verteilung der m_y in einem Plattenfeld

Zur Verdeutlichung des Schubtragverhaltens diene Bild 18.13-4.

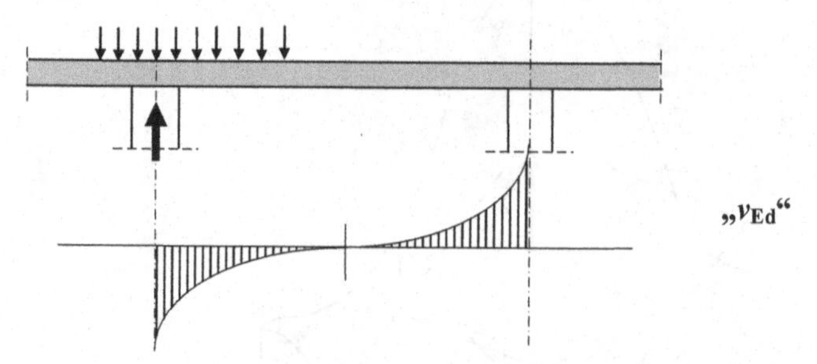

Bild 18.13-4 Schubkraftverlauf in Flachdecken

Die ausreichende Sicherheit von Flachdecken gegen Durchstanzen muss unbedingt durch rechnerische Nachweise, sinnvolle konstruktive Gestaltung und sorgfältige Bauausführung sichergestellt werden. Durchstanzversagen ist gegenüber Biegeversagen besonders gefährlich, da es weitgehend ohne Vorankündigung auftritt und in der Regel katastrophale Auswirkungen hat. Dies wird durch Bild 18.13-5, das einen Schadensfall in Australien aus dem Jahr 1990 zeigt, eindrücklich bestätigt.

Bild 18.13-5 Einsturz einer Flachdecke infolge Durchstanzens

Hier war die Situation noch zusätzlich dadurch verschärft, dass es sich um eine Kassettendecke mit zu kleinen Massivbereichen in Stützennähe handelte.

18.13.3 Ermittlung der Biegemomente

18.13.3.1 Allgemeines

Grundsätzlich sind die Biegemomente nach der Plattentheorie zu ermitteln. Hierzu stehen insbesondere FEM-Programme zur Verfügung. Bei gleichmäßigen, rechteckigen Stützenrastern können auch einfache Näherungsverfahren, wie sie z. B. in [3-2] erläutert werden, angewendet werden. Stützenkopfverstärkungen können damit allerdings nicht oder nur unzureichend erfasst werden. Im Folgenden wird aus [3-2] ein Verfahren vorgestellt, das auf vertafelten Plattenlösungen beruht. Das in EC2, Anhang I vorgestellte Verfahren mit Ersatzrahmen soll in Deutschland nicht verwendet werden.

18.13.3.2 Näherungsverfahren auf Basis der Plattentheorie

Die Anwendung des Verfahrens ist an folgende Bedingungen gebunden:

- Rechteckiger Stützenraster mit einem Seitenverhältnis der Plattenfelder: $0{,}67 \leq l_x/l_y \leq 1{,}5$
- Verhältnis benachbarter Stützweiten je Richtung: $0{,}67 \leq l_i/l_{i+1} \leq 1{,}5$
- Stützen mit quadratischem Querschnitt (für abweichende Formen erfolgt Umrechnung auf flächengleiches Quadrat mit Seitenlänge d_{St})
- Gleichlast

Die Decke wird im Grundriss in eine Schar sich kreuzender Gurt- und Feldstreifen aufgeteilt (Bild 18.13-6). Für diese sind aus [3-1] Zahlenwerte zu entnehmen, mit deren Hilfe die (bereichsweise konstanten) Biegemomente errechnet werden. Die Berechnung erfolgt getrennt für beide Spannrichtungen.

Wichtige Begriffe und Indices, wie sie auch in Bild 18.13-6 verwendet werden, sind:

Innenfelder	Felder ohne Außenränder
Randfelder	Felder mit Außenrändern
Feldstreifen	Innerer Bereich eines Plattenfeldes
Innerer Gurtstreifen	Direkt über der Stütze verlaufender Gurtstreifen
Äußerer Gurtstreifen	Neben der Stütze verlaufender Gurtstreifen
Stütze	I - Innenstütze, R - Randstütze, E - Eckstütze
F	Feld, Feldstreifen
G	Gurt, Gurtstreifen
S	Stützen, Stützenanschnitt
c	Korrekturfaktor (Einfluss der Stützendicke d_{St})
d_{St}	Quadratstütze (a/a): $d_{St} = a$
	Rechteckstütze (a/b): $d_{St} = (a \cdot b)^{0{,}5}$
	Kreisstütze (r): $d_{St} = r \cdot 1{,}77$
l	Stützweite in der betrachteten Richtung
l_m	Mittlere Stützweite benachbarter Felder in der betrachteten Richtung
min l	Kleinerer Wert der Stützweiten zweier an eine Stütze angrenzender Felder in der betrachteten Richtung.

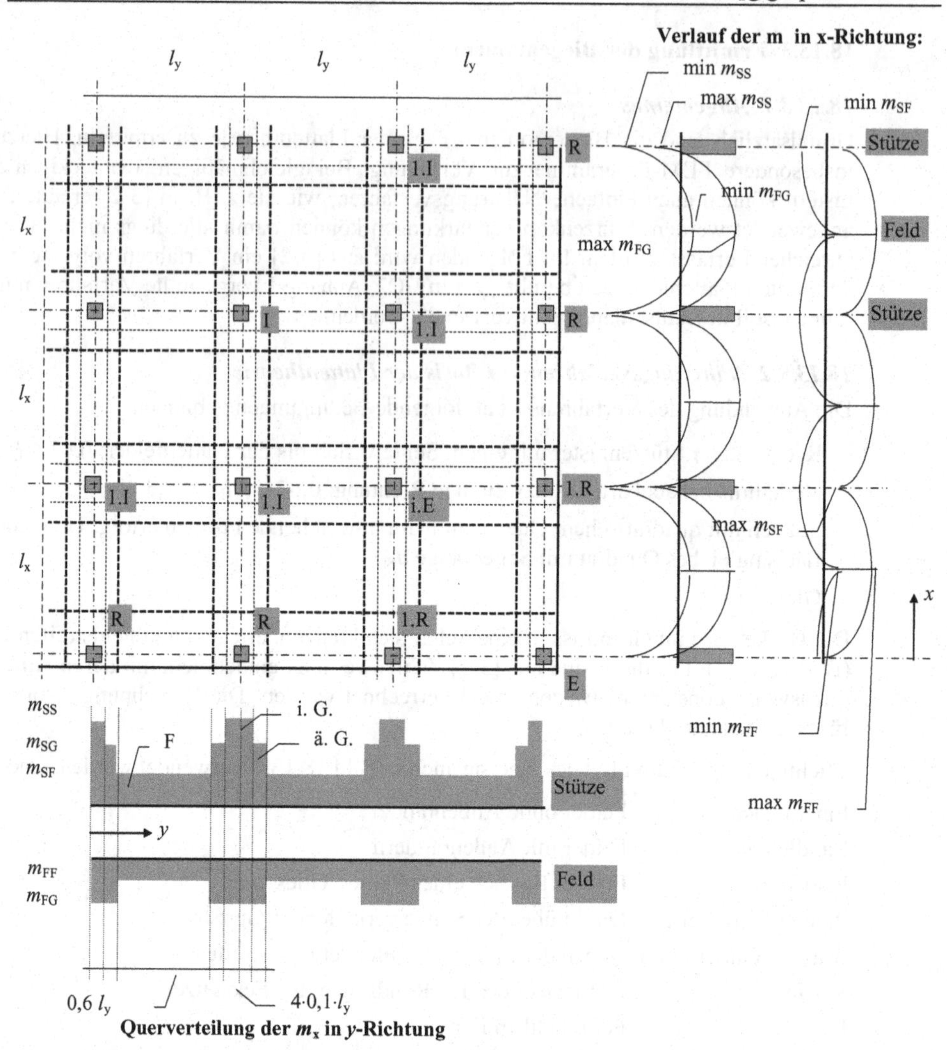

Bild 18.13-6 Flachdecke mit Bezeichnungen und Verteilung der m_x

Die Ordinaten der in Bild 18.13-6 eingezeichneten Stufenfunktionen der Querverteilung sind [3-2] zu entnehmen. Sie hüllen die tatsächlichen, stetigen Funktionsverläufe ein. Die angedeuteten Verläufe in Richtung der Spannweite (x-Richtung) dürfen als Parabelstücke angenommen werden. Für die Momente m_y gilt Bild 18.13-6 sinngemäß (Drehung der Funktionsverläufe um 90°).

Die Feldmomente gelten für mäßige Randeinspannung der Platte in die Stützen. Die Einspannmomente werden in getrennten Berechnungen ermittelt.

Die Plattenmomente werden mit folgenden Gleichungen berechnet:

- **Ermittlung der Stützmomente**

– Innerer Gurtstreifen

(18.13-1) $m_{SS} = c \cdot k_{SS}{}^{G} \cdot G_d \cdot l_m{}^2 + c \cdot k_{SS}{}^{Q} \cdot Q_d\, l_m{}^2$

– Stützenanschnitt von Randstützen, Richtung ⊥ zum freien Rand

(18.13-2) $m_{SS} = \dfrac{M_{Su} - M_{So}}{d_{St} \cdot (2{,}2 - 8 d_{St} / l_R)}$

– Anschnitt von Eckstützen in beiden Richtungen

(18.13-3) $m_{SS} = \dfrac{M_{So} - M_{Su}}{1{,}5 \cdot d_{St}}$

– Äußerer Gurtstreifen

(18.13-4) $m_{SG} = 0{,}7\, m_{SS}$

– Feldstreifen

(18.13-5) $m_{SF} = k_{SF}{}^{G} \cdot G_d\, l_m{}^2 + k_{SF}{}^{Q} \cdot Q_d\, l_m{}^2$

- **Ermittlung der Feldmomente**

– Gurtstreifen

(18.13-6) $m_{FG} = k_{FG}{}^{G} \cdot G_d\, l^2 + k_{FG}{}^{Q} \cdot Q_d\, l^2$

– Feldstreifen

(18.13-7) $m_{FF} = k_{FF}{}^{G} \cdot G_d\, l^2 + k_{FF}{}^{Q} \cdot Q_d\, l^2$

Die k-Beiwerte werden [3-1] entnommen (siehe Berechnung des Beispiels). Der Fußindex d bedeutet den Designzustand. Die Anschnittmomente der Randstützen M_{So} und M_{Su} werden aus Rahmenberechnungen ermittelt (Bild 18.13-7).

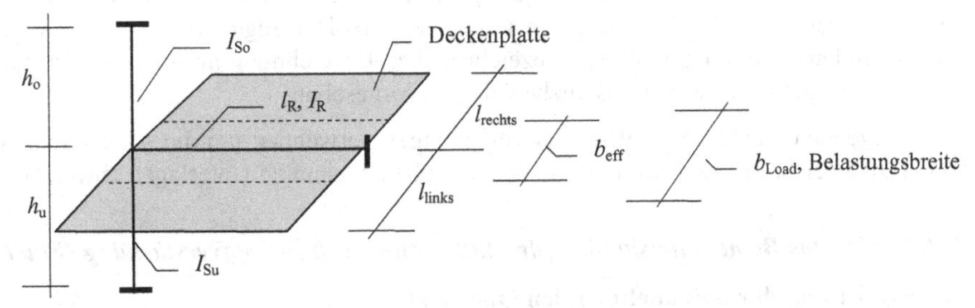

Bild 18.13-7 Ersatzrahmen zur Berechnung der Einspannmomente in die Stützen

(18.13-8) $M_R^{(o)} = -\, \psi (G_d + Q_d)\, b_{Load} \cdot l_R{}^2/12$

$c_o = l_R \cdot I_{So} / (h_o \cdot I_R)$ mit $I_R = (b_{eff} \cdot h^3{}_{Platte})/12$

$c_u = l_R \cdot I_{Su} / (h_u \cdot I_R)$ $b_{eff} = \lambda \cdot \min\, l_{rechts,links}$

(18.13-9) $M_{So} = - M_R^{(o)}\, c_o/(1 + c_o + c_u)$

(18.13-10) $M_{Su} = + M_R^{(o)}\, c_u/(1 + c_o + c_u)$

(18.13-11) $\psi = 0{,}5 + 3\, d_{St}/\min l$ mit $d_{St}/\min l \leq 0{,}3$

(18.13-12) $\lambda = 0{,}2 + 4\, d_{St}/\min l$ mit $0{,}4 \leq \lambda \leq 1{,}0$

18.13.4 Nachweis der Sicherheit gegen Durchstanzen

18.13.4.1 Allgemeines

Der Nachweis der Tragfähigkeit der Platte am Stützenanschluss entspricht im Wesentlichen dem für Einzelfundamente, wie er bereits in Abschnitt 14.5.3 vorgestellt worden ist. Die vorhandene Querkraft v_{Ed} je Längeneinheit am „kritischen Rundschnitt“ wird den aufnehmbaren Querkräften gegenübergestellt:

– Druckstrebennachweis	$v_{Ed} \leq v_{Rd,max}$	
– Zugstrebennachweis	$v_{Ed} \leq v_{Rd,c}$	keine Durchstanzbewehrung erf.
	$v_{Rd,c} < v_{Ed} \leq v_{Rd,s}$	mit Durchstanzbewehrung (nur bei $h \geq 20$ cm zulässig)

Im Folgenden wird unterschieden in:

- Flachdecken ohne Stützenkopfverstärkung
- Flachdecken mit Stützenkopfverstärkung

Anmerkung: Die eindeutigen und einsichtigen Bezeichnungen der DIN 1045-1 wurden im EC2 teilweise durch aus dem Englischen übernommene Begriffe ersetzt (z. B. r_{crit} durch r_{cont} von „control perimeter“). Insgesamt sind die im EC2 [1-11], im zugehörenden Nationalen Anhang [1-13] und den Kommentaren in [1-14] verwendeten Bezeichnungen nicht immer konsistent, z. T. widersprüchlich. Für den Radius des Durchstanzkegels r_{cont} finden noch die Bezeichnungen r_{crit} und a_{crit} Verwendung (so z. B. auch in den nationalen Anwendungs-Ergänzungen zum Durchstanzen von Fundamenten). Der zugehörige Umfang wird einmal u_1, an anderer Stelle dann als u_{crit} bezeichnet. Die Bezeichnung u_1 wiederum war früher für die erste Bügelreihe der Durchstanzbewehrung vorgesehen.

Im Folgenden werden einheitliche Bezeichnungen verwendet, um die Anwendung als Lehrbuch zu erleichtern, auch wenn diese von den oben genannten Unterlagen abweichen.

18.13.4.2 Das Bemessungsmodell für Platten ohne Stützenkopfverstärkung (Flachdecken)

– Ermittlung der aufzunehmenden Querkraft

Die am „kritischen Rundschnitt“ aufzunehmende Querkraft V_{Ed} wird aus der Auflagerkraft N_{Ed} der Platte (dies ist bei durchgehenden Geschossstützen die Differenz zwischen Stützenkraft an UK Platte und Stützenkraft an OK Platte) errechnet:

(18.13-13) $V_{Ed} = N_{Ed} = N_{Ed,unten} - N_{Ed,oben}$

$v_{Ed} = V_{Ed} \cdot \beta / (u_{crit} \cdot d)$ Querkraft je m² am Umfang

Hinweis: v_{Ed} und $v_{Rd,c}$ sind im EC2 abweichend von DIN 1045-1 als Spannungen definiert.

Sofern die Verteilung (z.B. aus FEM-Berechnungen) von v_{Ed} auf dem Umfang u_{crit} nicht bekannt ist, ist der Mittelwert $V_{Ed}/(u_{crit} \cdot d)$ mit einem Korrekturfaktor β zu erhöhen. Der Faktor berücksichtigt ungleichmäßige Verteilungen von v_{Ed} auf u_{crit} in Abhängigkeit von der Lage der Stützen im Grundriss. Der Faktor darf nur in begründeten Sonderfällen zu $\beta = 1$ gesetzt werden (z.B. Innenstützen bei Platten mit Quadratraster).

Bei unverschieblichen Gebäuden und für häufig vorkommende regelmäßige Grundrisse, bei denen sich die angrenzenden Spannweiten um nicht mehr als 25 % unterscheiden, dürfen die Faktoren nach Bild 18.13-8 angesetzt werden, selbstverständlich zusätzlich zu den eventuell vorzunehmenden Abminderungen von u_{crit} bei randnahen Stützen.

Für alle anderen Fälle stellt EC2 etliche Berechnungsgleichungen zur Verfügung, die die am Stützenkopf angrenzenden Biegemomente und verschiedene geometrische Situationen berücksichtigen. Einige dieser Gleichungen dürfen allerdings in Deutschland nicht angewendet werden. Genaueres hierzu ist in [1-14] enthalten.

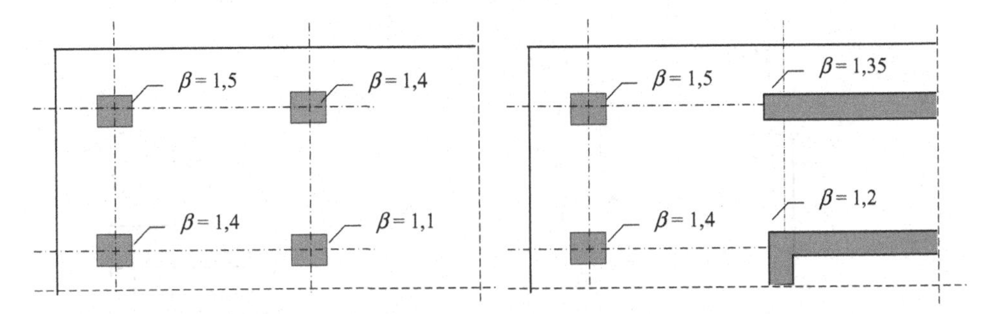

Bild 18.13-8 Korrekturfaktoren für die Querkraftverteilung auf u_{crit}

– Geometrische Beziehungen

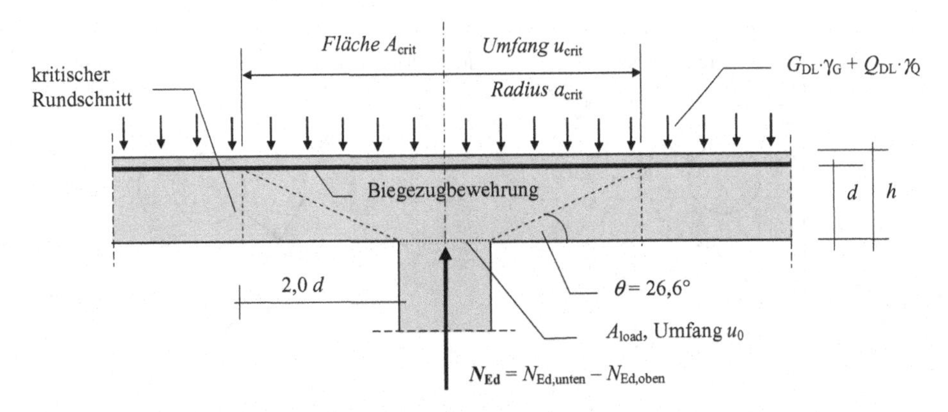

Bild 18.13-9 Bemessungsmodell ohne Stützenkopfverstärkung

Der kritische Rundschnitt wird aus den Stützenabmessungen abgeleitet (Bild 18.13-10):

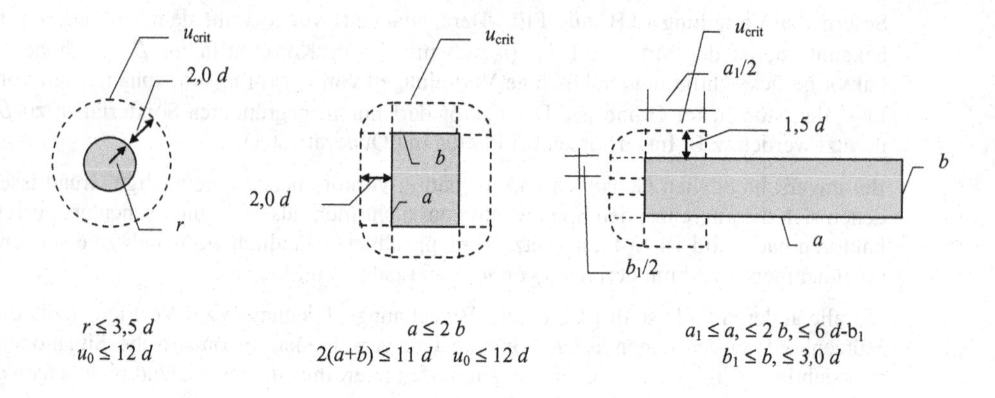

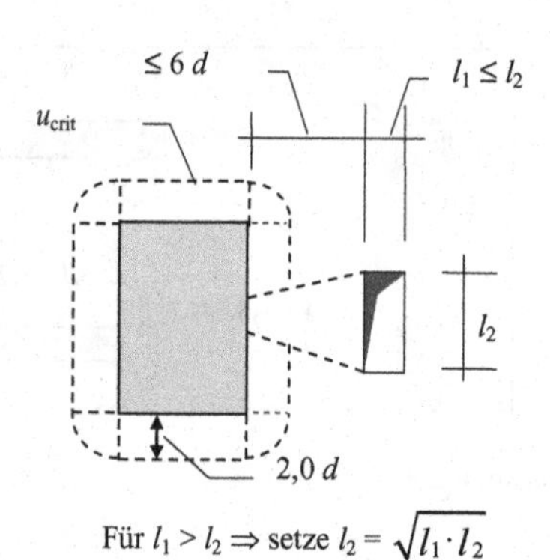

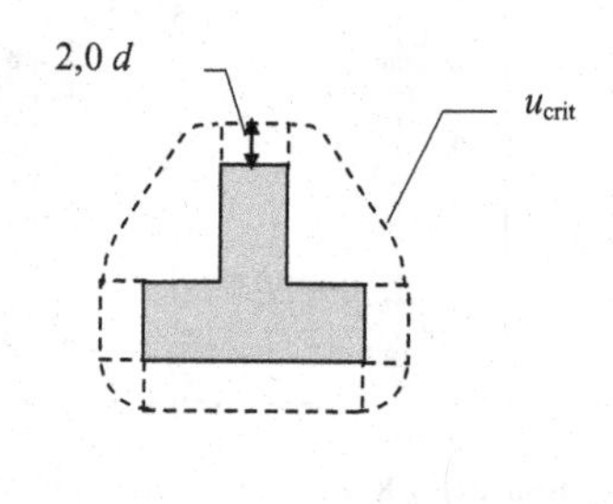

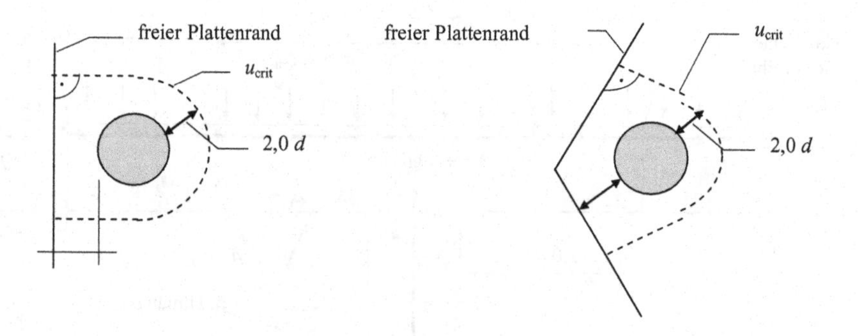

Bild 18.13-10 Definition des „kritischen Rundschnittes" (s. a. Abs. 14.5.3 Fundamente), d = statische Höhe der Platte

– **Flachdecken ohne rechnerisch erforderliche Durchstanzbewehrung**

Der Nachweis ist in der Regel auf dem kritischen Rundschnitt $u_{crit} = u_1$ zu führen:

(18.13-14) $v_{Rd,c} = C_{Rd,c} \cdot (1 + \sqrt{200/d[mm]}) \cdot \eta_1 \cdot (100 \cdot \rho_1 \cdot f_{ck})^{1/3} + 0{,}1 \cdot \sigma_{cp}$ [N/mm²]

$\geq v_{Rd,c,min} + 0{,}1 \cdot \sigma_{cp}$

mit:

$d = (d_x + d_y)/2$ mittlere statische Höhe der Biegezugbewehrung

$C_{Rd,c} = 0{,}18/\gamma_c$ (in der Regel ist $\gamma_c = 1{,}5$)

$C_{Rd,c} = 0{,}18/\gamma_c \cdot (0{,}1\ u_0/d + 0{,}6) \geq 0{,}1$ schlanke Stützen mit $u_0/d < 4\ d$

$\eta_1 = 1{,}0$ für Normalbeton; Sonderregelung für Leichtbeton

$\rho_1 = \sqrt{\rho_{lx} \cdot \rho_{ly}} \leq 0{,}02 \leq 0{,}5 \cdot f_{cd}/f_{yd}$ Grad der oberen Längsbewehrung in x- bzw. y-Richtung. Sie muss an den Enden ausreichend verankert sein.

$k = (1 + \sqrt{200/d[mm]}) \leq 2{,}0$ Einfluss der absoluten Plattenhöhe

$\sigma_{cp} = (N_{Ed,x}/A_{c,x} + N_{Ed,y}/A_{c,y})/2$ $N_{Ed} < 0$ als Längsdruckkraft (z. B. Vorspannung)

$v_{Rd,c,min} = (0{,}0525/\gamma_c) \cdot k^{3/2} \cdot f_{ck}^{1/2}$ für $d \leq 600$ mm

$v_{Rd,c,min} = (0{,}0375/\gamma_c) \cdot k^{3/2} \cdot f_{ck}^{1/2}$ für $d > 800$ mm

Die Berechnung des Bewehrungsgrades der obenliegenden Biegezugbewehrung ρ_l wird (entsprechend Bild 14.5-6 im Abschnitt über Fundamente) auf eine mitwirkende Breite entsprechend der Stützenbreite zuzüglich einer Breite von $3 \cdot d$ je Seite bezogen.

– **Flachdecken mit rechnerisch erforderlicher Durchstanzbewehrung**

Platten mit Durchstanzbewehrung müssen ≥ 20 cm dick sein. Der Durchmesser der Durchstanzbewehrung wird für Bügel begrenzt auf $\phi \leq 0{,}05 \cdot d$ und für Schrägstäbe auf $0{,}08 \cdot d$.

– *Druckstrebentragfähigkeit*

Der Nachweis ist in der Regel auf dem kritischen Rundschnitt u_{crit} mit $v_{Rd,c}$ nach Gleichung (18.13-14) zu führen:

(18.13-15) $v_{Rd,max} = 1{,}4\ v_{Rd,c}$

Dieser Wert ist nur 40 % größer als die Zugstrebenkraft ohne Durchstanzbewehrung. Die Steigerung der Tragfähigkeit durch Durchstanzbewehrung ist somit eng begrenzt.

– *Zugstrebentragfähigkeit mit Durchstanzbewehrung*

Die Grundlagen des Berechnungsmodells wurden bereits in Abschnitt 14.5.3 vorgestellt. Zunächst wird ein Grundwert der Durchstanzbewehrung (Erläuterungen s. [1-16]) bezogen auf den kritischen Rundschnitt bei $a_{crit} = 2 \cdot d$ aus folgender Gleichung berechnet:

(18.13-16) $$v_{Rd,cs} = 0{,}75 \cdot v_{Rd,c} + 1{,}5 \cdot \frac{d}{s_r} \cdot \frac{A_{sw} \cdot f_{ywd,eff} \cdot \sin\alpha}{u_{crit} \cdot d}$$

u_{crit} Umfang des kritischen Rundschnittes

$u_{crit} \cdot d$ Fläche des kritischen Rundschnittes ⊥ zur Plattenfläche

A_{sw} Summe der Durchstanzbewehrung auf dem Umfang des Schnittes

$f_{ywd,eff} = 250 + 0{,}25 \cdot d \leq f_{ywd}$ d in [mm], wirksame Streckgrenze für Bügel

s_r radialer Abstand der Reihen mit Durchstanzbewehrung

α Neigung der Schubbewehrung

Die Reduzierung der Streckgrenze berücksichtigt das schlechtere Verankerungsverhalten von Bügeln in den dünnen Betonbereichen an den Rissenden. Für Schrägaufbiegungen darf f_{ywd} ohne Abminderung angesetzt werden. Bügelschlösser müssen in der unten befindlichen Betondruckzone angeordnet werden.

Aus Gl. (18.13-16) kann nach Gleichsetzen mit v_{Ed} die Grundbewehrung $A_{sw,i}$ ermittelt werden. Sie ist in jeder Reihe i einzulegen. Für **Bügel mit $\alpha = 90°$** muss in Anpassung an Versuchsergebnisse diese Grundbewehrung je Bewehrungsreihe i mit einem Faktor $\kappa_{sw,i}$ vergrößert werden:

(18.13-17) $$A_{sw,i} = \kappa_{sw,i} \cdot (v_{Ed} - 0{,}75 \cdot v_{Rd,c}) \cdot \frac{s_r \cdot u_{crit}}{1{,}5 \cdot f_{ywd,eff}}$$

mit

$\kappa_{sw,1} = 2{,}5$ Reihe 1 mit $0{,}3 \cdot d \leq s_0 \leq 0{,}5 \cdot d$

$\kappa_{sw,2} = 1{,}4$ Reihe 2 mit $s_r \leq 0{,}75 \cdot d$

$\kappa_{sw,>2} = 1{,}0$ für alle weiteren Reihen

Bei der Anordnung *geneigter Durchstanzbewehrung* gilt mit $d/s_r = 0{,}53$ folgende Bemessungsgleichung für die wirksame Durchstanzbewehrung je Umfang und Reihe:

(18.13-18) $$A_{sw} = (v_{Ed} - 0{,}75 \cdot v_{Rd,c}) \cdot \frac{d \cdot u_{crit}}{0{,}8 \cdot f_{ywd} \cdot \sin\alpha}$$ auf Schnitt bei $d/2$

Der äußere Nachweisschnitt u_{out}, für den keine Durchstanzbewehrung mehr erforderlich ist, ergibt sich wie folgt:

(18.13-19) $$u_{out} = V_{Ed} \cdot \beta / (v_{Rd,c} \cdot d)$$

Die Lage der äußersten Reihe der Durchstanzbewehrung und der Abstand der äußersten Schrägaufbiegungen ist Bild 18.13-11 zu entnehmen. Der tangentiale Abstand der Bügelschenkel darf innerhalb des Umfanges u_{crit} den Wert $s_t \leq 1{,}5\ d$ und für weiter außen liegende Schnitte $s_t \leq 2{,}0\ d$ nicht überschreiten.

Für alle Nachweise gilt: Der Wert $v_{Rd,c}$ ist stets mit dem auf dem jeweilig untersuchten Umfang vorhandenen Bewehrungsgrad ρ_l zu berechnen. Da die wirksame Längsbewehrung auf einen mitwirkenden Deckenbreite von $(d_{St} + 2 \cdot 3\ d)$ begrenzt ist und die Längsbewehrung hinter u_{out} verankert sein soll, wird ρ_l in der Regel für alle Schnitte konstant sein.

Die Lage der äußersten Reihe der Durchstanzbewehrung und der Abstand der äußersten Schrägaufbiegungen ist Bild 18.13-11 zu entnehmen. Der tangentiale Abstand der Bügelschenkel darf innerhalb des Umfanges u_{crit} den Wert $s_t \leq 1{,}5\ d$ und für weiter außen liegende Schnitte $s_t \leq 2{,}0\ d$ nicht überschreiten.

Wird bei **Bügeln** rechnerisch nur eine Reihe Durchstanzbewehrung erforderlich, so muss eine weitere Reihe für die Mindestbewehrung nach Gl. (18.13-20) im Abstand $s_r = 0,75\ d$ angeordnet werden.

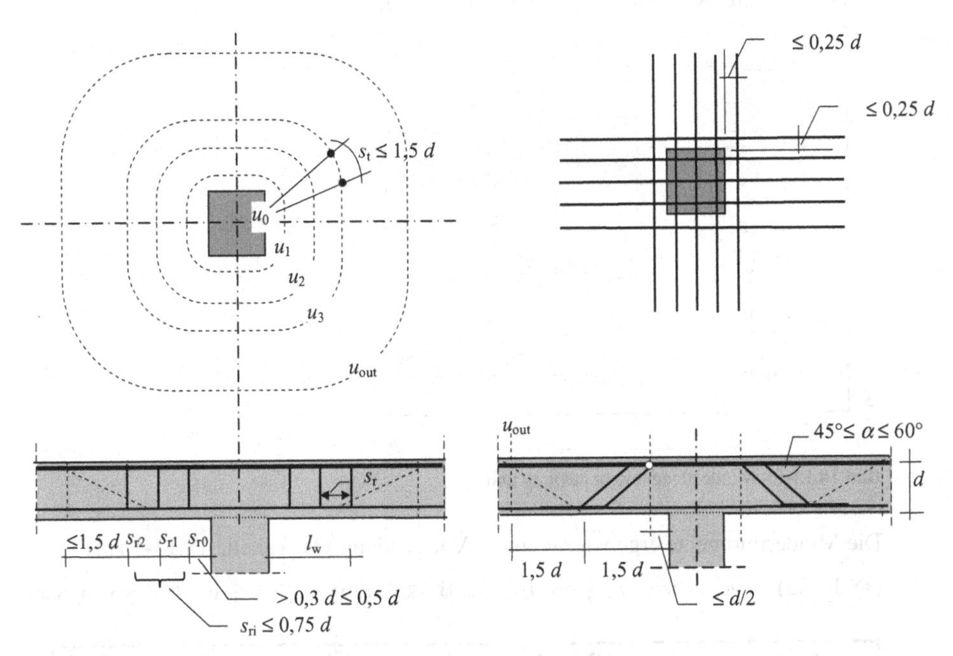

Bild 18.13-11 Anordnung der Durchstanzbewehrung

Auf allen Nachweisschnitten muss der **Querschnitt eines Bewehrungsstabes** der Durchstanzbewehrung (z. B. ein Bügelschenkel, ein Schrägeisen) bezogen auf seine wirksame Grundfläche $s_r \cdot s_t$ mindestens betragen:

(18.13-20) $$A_{sw,min} = A_s \cdot \sin\alpha = \frac{0,08}{1,5} \frac{\sqrt{f_{ck}}}{f_{yk}} \cdot s_r \cdot s_t$$ alle Werte in [mm] und [N]

Der Bruch wird in [1-14] als „Mindestdurchstanzbewehrungsgrad" bezeichnet:

(18.13-21) $$\rho_{w,min} = 53,3 \frac{\sqrt{f_{ck}}}{f_{yk}} \quad [‰]$$

mit

A_s	wirksame Durchstanzbewehrung
α	Neigungswinkel der Durchstanzbewehrung
s_r	Abstand der Bewehrungsreihen in radialer Richtung
s_t	Abstand der Bewehrungsstäbe in Umfangsrichtung

– **Mindestbemessungsmomente zur Sicherstellung der Durchstanzsicherheit**

Wegen der besonderen Wichtigkeit des Nachweises der Sicherheit gegen Durchstanzen sind die Stützbereiche der Platten in den auf Bild 18.13-12 angegebenen Streifen für die Mindestmomente nach Tabelle 18.13-1 zu bemessen, sofern die Schnittgrößenermittlung nach Abschnitt 18.13.3 keine größeren Werte ergibt.

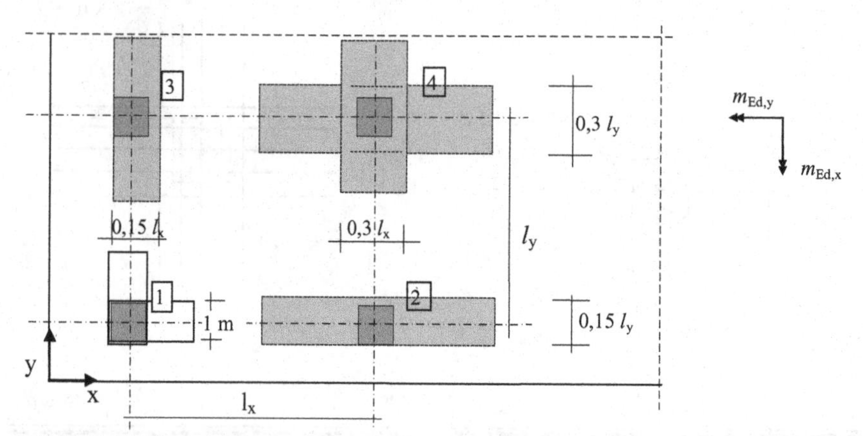

Bild 18.13-12 Mindestbiegemomente m_{Edx} und m_{Edy}

Die Mindestmomente ergeben sich unter Verwendung von Tabelle 18.13-1 zu:

(18.13-22) m_{Edx} bzw. $m_{Edy} = \eta \cdot V_{Ed}$ z. B. [kNm/m] $m < 0$ Zug oben (Stützmoment)

m_{Edx}: η_x	Oberseite	Unterseite	Streifenbreite
Innenstütze 4	- 0,125	0	0,3 l_y
Randstütze 2	- 0,250	0	0,15 l_y
Randstütze 3	- 0,125	+ 0,125	je 1 m
Eckstütze 1	- 0,500	+ 0,500	je 1 m

m_{Edy}: η_y	Oberseite	Unterseite	Streifenbreite
Innenstütze 4	- 0,125	0	0,3 l_x
Randstütze 2	- 0,125	+ 0,125	je 1 m
Randstütze 3	- 0,250	0	0,15 l_x
Eckstütze 1	- 0,500	+ 0,500	je 1 m

Tabelle 18.13-1 η - Werte zur Berechnung der Mindestmomente und wirksame Streifenbreite

18.13.4.3 Das Bemessungsmodell für Platten mit Stützenkopfverstärkung („Pilzdecken")

Stützenkopfverstärkungen ermöglichen dünnere Platten, erfordern aber Mehraufwand bei der Herstellung. Zumeist sind dickere Platten ohne Verstärkung wirtschaftlicher. Bei schmalen Stützen (z. B. aus höherfesten Betonen) kann aber die Anordnung einer Verstärkung durchaus sinnvoll sein.

Man unterscheidet „kurze" und „lange" Verstärkungen. Im Folgenden werden die geometrischen Beziehungen für beide Arten von Verstärkungen erläutert. Die Nachweisführung entspricht dann der für Flachdecken.

- **Geometrische Beziehungen – „kurze Verstärkung" $l_H \leq 1{,}5 \cdot h_H$ *)**

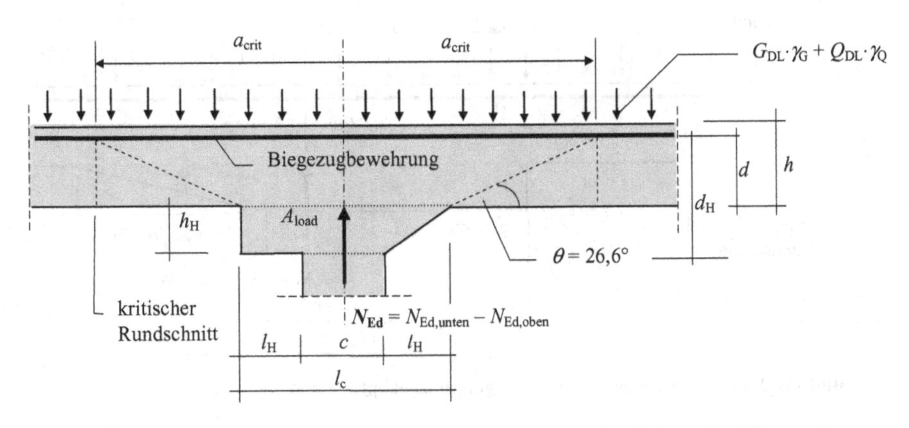

Bild 18.13-13 Bemessungsmodell mit kurzer Stützenkopfverstärkung (zwei alternative Lösungen)

Der Rundschnitt wird durch den Abstand a_{crit} von der Stützenachse festgelegt:

(18.13-23) $a_{crit} = 2{,}0 \cdot d + l_H + 0{,}5 \cdot c$ runde Verstärkung

(18.13-24) $a_{crit} = 2{,}0 \cdot d + 0{,}56 \cdot \sqrt{l_{c,x} \cdot l_{c,y}}$ rechteckige Verstärkung $l_{c,x} \leq l_{c,y}$

$\leq 2{,}0 \cdot d + 0{,}64 \cdot l_{c,x}$ $l_{c,x} = l_{c,x} + 2 \cdot l_{H,x}$ $l_{c,y} = l_{c,y} + 2 \cdot l_{H,y}$

Die Nachweise entsprechen denen der Platte ohne Stützenkopfverstärkung, wobei der verstärkte Bereich als Lasteinleitungsfläche A_{load} (siehe Bild 18.13-13) angenommen wird.

***)Sonderregel:**

Im EC2 gelten (ohne Nationale Sonderregel) auch Stützenkopfverstärkungen bis $l_H = 2{,}0 \cdot h_H$ als „kurz". Soll diese Grenze ausgenutzt werden, so wird nach dem Nationalen Anhang zum EC2 (NA 2013-04 [1-13]) ein zusätzlicher Nachweis gefordert:

- Im Abstand d_H vom Rand der Stütze aus ist ein zusätzlicher Nachweis zu führen. Dabei darf der Betontraganteil $v_{Rd,c}$ im Verhältnis der Umfänge $u_{2,0\,d}$ zu $u_{1,5\,d}$ erhöht werden.
- Als statische Höhe darf d_H angenommen werden.

- **Geometrische Beziehungen – „lange Verstärkung" $l_H > 2{,}0\ l_H$**

Die Nachweise entsprechen denen der Platte ohne Stützenkopfverstärkung. Sie sind auf beiden „kritischen Rundschnitten" gemäß Bild 18.13-14 bzw. auf weiteren Rundschnitten inner- und außerhalb der Verstärkung zu führen:

(18.13-25) $a_{crit,int} = 1{,}5(d + h_H) + 0{,}5\ c$

(18.13-26) $a_{crit,ext} = l_H + 1{,}5\ d + 0{,}5\ c$

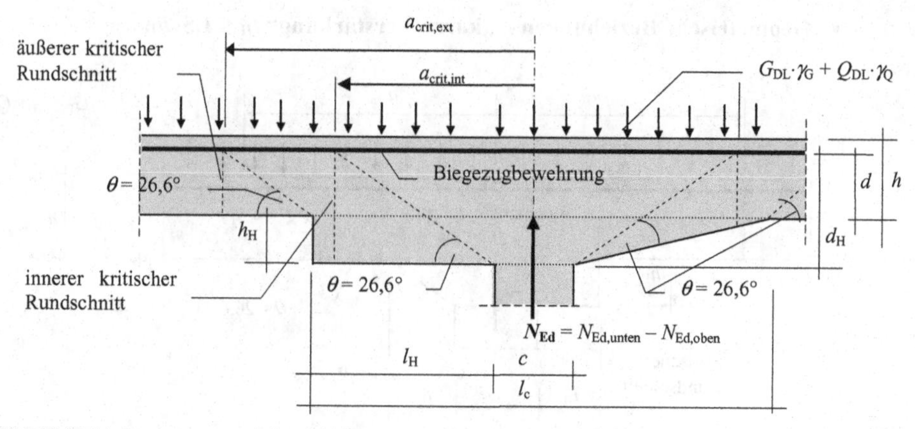

Bild 18.13-14 Bemessungsmodell mit langer Stützenkopfverstärkung

18.13.5 Beispiel

18.13.5.1 Ermittlung der Biegemomente (Innenfeld)

1 System und Abmessungen

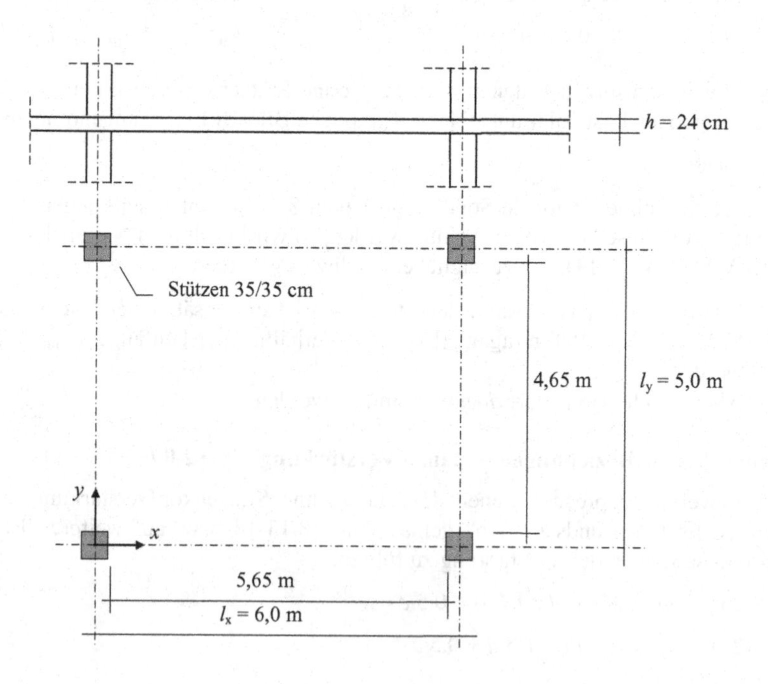

2 Lasten

$G{\cdot}1{,}35 + Q{\cdot}1{,}5 = 7{,}0{\cdot}1{,}35 + 5{,}0{\cdot}1{,}5 = 9{,}45 + 7{,}5 \approx 17$ kN/m²

3 Biegemomente m_x in x-Richtung

3.1 Auszüge aus den Tafeln zur Ermittlung der k-Werte aus [3-2]

d_{St}/min l	Lastfall	I-Stütze beide Richtungen	1.I-Stütze Richtung ∥ zum Rand	1.I-Stütze Richtung ⊥ zum Rand	i.E.-Stütze beide Richtungen	R-Stütze Richtung ∥ zum Rand	1.R-Stütze Richtung ∥ zum Rand
		k_{SS}	k_{SS}	k_{SS}	k_{SS}	k_{SS}	k_{SS}
0,05	G_d	-0,224	-0,272	-0,301	-0,301	-0,171	-0,205
	max Q_d	0,081	0,054	0,033	0,033	0,052	0,030
	min Q_d	-0,305	-0,326	-0,334	-0 334	-0,223	-0,235
0,10	G_d	-0,160	-0,197	-0,218	-0,218	-0,153	-0,183
	max Q_d	0,061	0,040	0,024	0,024	0,035	0,022
	min Q_d	-0,221	-0,237	-0,242	-0,242	-0,188	-0,205

Tabelle 18.13-2 Auszug aus der Tafel zur Ermittlung der k_{SS}-Werte (Bezeichnungen siehe Bild 18.13-6)

d_{St}/min l ⇓ ε ⇒	0,8	0,9	1,1	1,2
0,05	1,28	1,13	0,96	0,92
0,10	1,29	1,13	0,97	0,94

Tabelle 18.13-3 Auszug aus der Tabelle zur Ermittlung von c

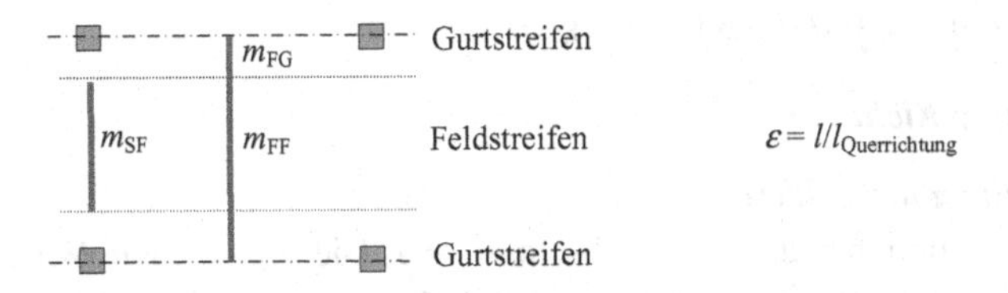

		Feldmomente		Stützmoment
		m_{FF}	m_{FG}	m_{SF}
ε	Lastfall	k_{FF}	k_{FG}	k_{SF}
0,8	G_d	0,039	0,057	-0,020
	max Q_d	0,084	0,093	0,032
	min Q_d	-0,045	-0,036	-0,045
1,0	G_d	0,041	0,052	-0,030
	max Q_d	0,083	0,089	0,020
	min Q_d	-0,042	-0,037	-0,050
1,25	G_d	0,043	0,049	-0,040
	max Q_d	0,083	0,086	0,023
	min Q_d	-0,040	-0,037	-0,063

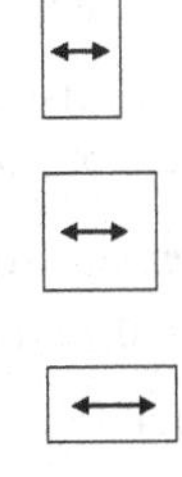

Tabelle 18.13-4 Auszug aus der Tafel für Innenfelder zur Ermittlung der k-Werte

3.2 Stützmomente

Im Folgenden werden nur die minimalen Stützmomente ermittelt.

Es ist: $d_{St}/\min l_x = 0{,}35/6{,}0 = 0{,}06$ $\quad \varepsilon = l_x/l_y = 6{,}0/5{,}0 = 1{,}2$ $\quad \Rightarrow \quad c = 0{,}92$

LF G: $k_{SS} = -0{,}224 + (0{,}224-0{,}160)\cdot 0{,}01/0{,}05 = -0{,}211$
LF Q: $k_{SS} = -0{,}305 + (0{,}305-0{,}221)\cdot 0{,}01/0{,}05 = -0{,}288$ (min Q)
LF G: $k_{SF} = -0{,}038$ (interpoliert aus Tab. 18.13-4)
LF Q: $k_{SF} = -0{,}060$ (interpoliert aus Tab. 18.13-4)

- Innerer Gurtstreifen

  $m_{SSx,d} = 0{,}92\cdot(-0{,}211)\cdot 9{,}45\cdot 6{,}0^2 + 0{,}92\cdot(-0{,}288)\cdot 7{,}5\cdot 6{,}0^2 = -138$ kNm/m

- Äußerer Gurtstreifen

  $m_{SSx,d} = 0{,}7\cdot(-138) = -97$ kNm/m

- Feldstreifen

  $m_{SFx,d} = -0{,}038\cdot 9{,}45\cdot 6{,}0^2 - 0{,}060\cdot 7{,}5\cdot 6{,}0^2 = -29$ kNm/m

3.3 Feldmomente

Im Folgenden werden nur die maximalen Feldmomente berechnet.

LF G: $k_{FG} = 0{,}050$ $\quad k_{FF} = 0{,}043$
LF Q: $k_{FG} = 0{,}086$ $\quad k_{FF} = 0{,}083$ (max Q)

- Gurtstreifen

  $m_{FGx,d} = 0{,}050\cdot 9{,}45\cdot 6{,}0^2 + 0{,}086\cdot 7{,}5\cdot 6{,}0^2 = 40$ kNm/m

- Feldstreifen

  $m_{FFx,d} = 0{,}043\cdot 9{,}45\cdot 6{,}0^2 + 0{,}083\cdot 7{,}5\cdot 6{,}0^2 = 37$ kNm/m

4 Biegemomente m_y in y-Richtung

4.1 Tafeln zur Ermittlung der k-Werte

Es werden die gleichen Tafeln benutzt wie in Abschnitt - *3.1*. Die abgelesenen Werte werden direkt in die Gleichungen zur Errechnung der m_y eingesetzt.

4.2 Stützmomente

Es ist: $d_{St}/\min l_x = 0{,}35/5{,}0 = 0{,}07$ $\quad \varepsilon = l_y/l_x = 5{,}0/6{,}0 = 0{,}83$ $\quad \Rightarrow \quad c = 1{,}24$

- Innerer Gurtstreifen

  $m_{SSy,d} = 1{,}24\cdot(-0{,}198)\cdot 9{,}45\cdot 5{,}0^2 + 1{,}24\cdot(-0{,}271)\cdot 7{,}5\cdot 5{,}0^2 = -121$ kNm/m

- Äußerer Gurtstreifen

  $m_{SSy,d} = 0{,}7\cdot(-102) = -85$ kNm/m

- Feldstreifen

  $m_{SFy,d} = -0{,}023\cdot 9{,}45\cdot 5{,}0^2 - 0{,}044\cdot 7{,}5\cdot 5{,}0^2 = -14$ kNm/m

4.3 Feldmomente

- Gurtstreifen

  $m_{FGy,d} = 0{,}056 \cdot 9{,}45 \cdot 5{,}0^2 + 0{,}092 \cdot 7{,}5 \cdot 5{,}0^2 = 31$ kNm/m

- Feldstreifen

  $m_{FFy,d} = 0{,}039 \cdot 9{,}45 \cdot 5{,}0^2 + 0{,}084 \cdot 7{,}5 \cdot 5{,}0^2 = 25$ kNm/m

5 Grafische Darstellung der Ergebnisse

5.1 Momente m_x in x-Richtung:

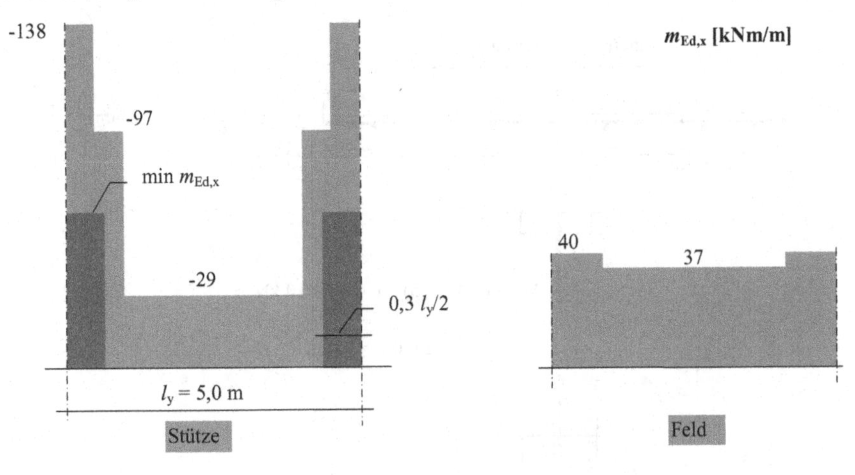

5.2 Momente m_y in y-Richtung:

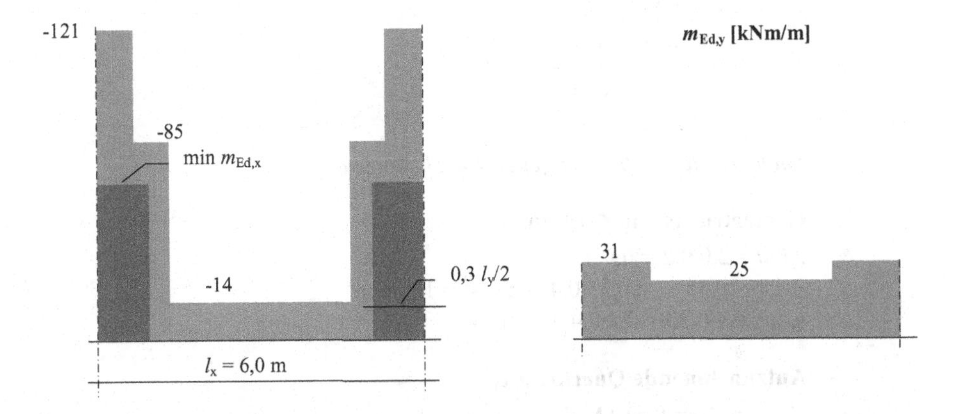

Auf die Biegebemessung wird in diesem Beispiel verzichtet. Zu min m_{Ed} siehe Abs. 18.13.5.2.

18.13.5.2 Nachweis der Sicherheit gegen Durchstanzen für eine Innenstütze

Im Rahmen dieses Buches wird nur der Nachweis an einer Innenstütze geführt. Eine vollständig durchgerechnete Decke enthält z. B. [11-10].

1 System und Abmessungen

Beton: C20/25 Betonstahl: B500 $f_{cd} = 0{,}85 \cdot 20/1{,}5 = 11{,}3$ N/mm²
Es sei im inneren Gurtstreifen (Breite = $0{,}2\ l_y = 1{,}0$ m): $a_{sx} = 20$ cm²/m $a_{sy} = 17{,}5$ cm²/m
Es sei im äußeren Gurtstreifen (Breite = $0{,}2\ l_x = 1{,}2$ m): $a_{sx} = 14$ cm²/m $a_{sy} = 12{,}5$ cm²/m

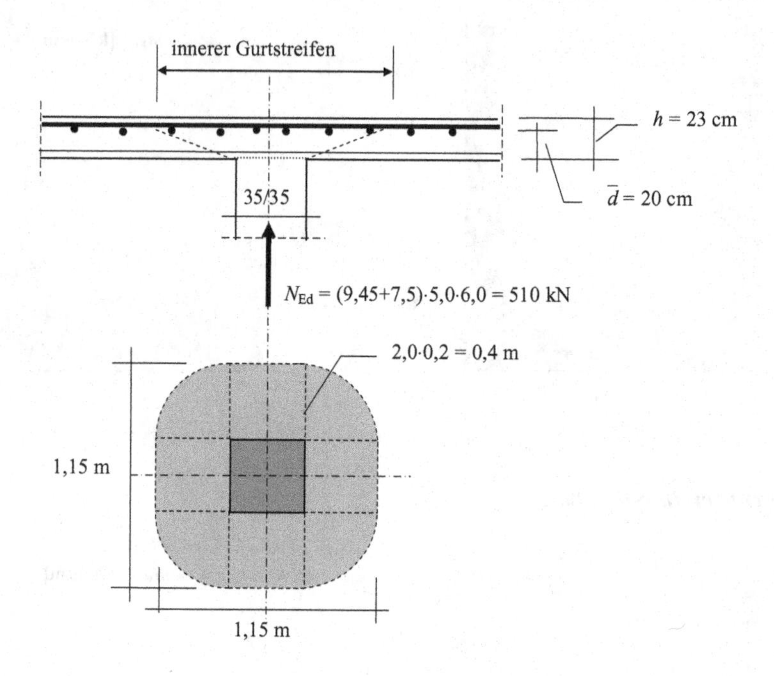

2 Nachweis der Sicherheit gegen Durchstanzen

- **Geometrie (siehe Zeichnung)**

  $2{,}0 \cdot \bar{d} = 2{,}0 \cdot 0{,}2 = 0{,}4$ m
  $A_{crit} = 0{,}35^2 + 4 \cdot 0{,}35 \cdot 0{,}4 + \pi \cdot 0{,}4^2 = 1{,}185$ m²
  $u_{crit} = 4 \cdot 0{,}35 + 2\ \pi \cdot 0{,}4 = 3{,}91$ m

- **Aufzunehmende Querkraft v_{Ed}**

  $V_{Ed} = N_{Ed} = 0{,}510$ MN $\beta = 1{,}1$ Innenstütze, Rechteckraster
  $v_{Ed} = 0{,}510 \cdot 1{,}1/(3{,}91 \cdot 0{,}2) = 0{,}717$ MN/m²

– **Aufnehmbare Querkraft ohne Durchstanzbewehrung**

Die Ermittlung der je Tragrichtung wirksamen Bewehrung wird an folgender Skizze verdeutlicht. Die Zahlenwerte ohne Klammern gelten für die *x*-Richtung, die Zahlen in Klammern () für die *y*-Richtung. Die jeweils vorhandene Längsbewehrung wird über die Breite von 1,55 m gemittelt.

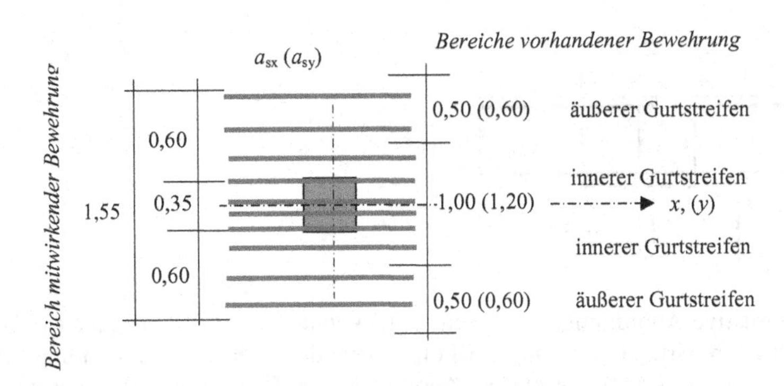

$\bar{a}_{sx} = [(20{,}0 \cdot 1{,}0 + 14{,}0 \cdot (1{,}55 - 1{,}00)]/1{,}55 = 17{,}9 \text{ cm}^2/\text{m}$

$\bar{a}_{sy} = [(17{,}5 \cdot 1{,}2 + 12{,}5 \cdot (1{,}55 - 1{,}20)]/1{,}55 = 16{,}4 \text{ cm}^2/\text{m}$

$\rho_{lx} = 17{,}9/(100 \cdot 20) = 0{,}0090 \qquad \rho_{ly} = 16{,}4/(100 \cdot 20) = 0{,}0082$

$\rho_l = \sqrt{0{,}0090 \cdot 0{,}0082} = \mathbf{0{,}0086} < 0{,}5 \cdot 11{,}3/435 = 0{,}013$ und $< 0{,}02$ **maßgebend**

$v_{Rd,c} = 0{,}12 \cdot 2\,(100 \cdot 0{,}0086 \cdot 20)^{1/3} = 0{,}619 \text{ MN/m}^2 < v_{Ed} = 0{,}717 \text{ MN/m}^2$ ✗

$v_{Rd,\,c,min} = (0{,}0525/\gamma_c) \cdot k^{3/2} \cdot f_{ck}^{\;1/2} = 0{,}035 \cdot 2^{3/2} \cdot 20^{0{,}5} = 0{,}443 < \mathbf{0{,}619 \text{ MN/m}^2}$ **maßgebend**

Es ist Durchstanzbewehrung erforderlich.

– **Druckstrebennachweis**

$v_{Rd,max} = 1{,}4\, v_{Rd,c} = 1{,}4 \cdot 0{,}619 = 0{,}867 \text{ MN/m} > v_{Ed} = 0{,}717 \text{ MN/m}$ ✓

– **Grundwert der Durchstanzbewehrung bei u_{crit}**

Die Biegezugbewehrung wird für alle Nachweise unverändert angesetzt. Es werden vertikale Bügel als Durchstanzbewehrung gewählt. Es werden zwei Reihen von Durchstanzbewehrung angesetzt, die erste bei $s_{r0} = 0{,}5 \cdot d$, die zweite mit $s_{r1} = 0{,}75 \cdot d$ Abstand.

$f_{ywd,eff} = 250 + 0{,}25 \cdot d = 250 + 0{,}25 \cdot 200 = \mathbf{300} \text{ MN/m}^2 < 435 \text{ MN/m}^2$ **maßgebend**

Damit ergibt sich der Grundwert der Durchstanzbewehrung ohne Faktor $\kappa_{sw,i}$ zu:

$$A_{sw,I} = \cdot (v_{Ed} - 0{,}75 \cdot v_{Rd,c}) \cdot \frac{s_r \cdot u_{crit}}{1{,}5 \cdot f_{ywd,eff}}$$

$$= (0{,}717 - 0{,}75 \cdot 0{,}619)\, \frac{0{,}75 \cdot 0{,}20 \cdot 3{,}91}{1{,}5 \cdot 300}\, 10^{-4} = 3{,}3 \text{ cm}^2$$

– **Größe des Bereiches mit Durchstanzbewehrung u_{out}**

$u_{out} = V_{Ed} \cdot \beta / (v_{Rd,c} \cdot d) = 0{,}510 \cdot 1{,}1/(0{,}619 \cdot 0{,}20) = 4{,}53$ m
$a_{out} = (4{,}53 - 4 \cdot 0{,}35)/(2 \cdot \pi) = 0{,}50$ m $\qquad a_{out}/d = 2{,}5$

Entsprechend Bild 18.13-11 muss dann die letzte äußere Reihe der Durchstanzbewehrung bei $a_{out} - 1{,}5 \cdot d = (2{,}5 - 1{,}5) \cdot d = 1{,}0 \cdot d = 0{,}20$ m liegen. Damit ergibt sich unter Beachtung der konstruktiven Randbedingungen folgende Anordnung der Bewehrung im Schnitt:

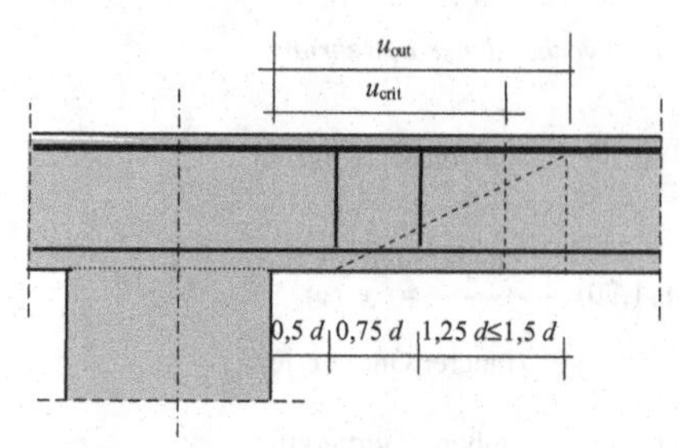

Es wären alternative Anordnungen möglich, z. B. könnte $s_{r1} = 0{,}5 \cdot d$ gewählt werden. Dies hätte eine geringere Grundbewehrung zur Folge, ohne die Anzahl der Bewehrungsreihen zu erhöhen. Andererseits bringt die engere Anordnung der Bewehrung Einbauprobleme mit sich. Außerdem muss, um eine gleichmäßige Verteilung der Bügel am Umfang zu erreichen sowieso mehr Bewehrung eingebaut werden, als statisch erforderlich.

– **Erforderliche Durchstanzbewehrung**

erf $A_{sw,1} = A_{sw} \cdot \kappa_{sw,1} = 3{,}3 \cdot 2{,}5 = 8{,}25$ cm^2 innere Reihe bei s_{r0}
erf $A_{sw,2} = A_{sw} \cdot \kappa_{sw,2} = 3{,}3 \cdot 1{,}4 = 4{,}6$ cm^2 äußere Reihe bei s_{r1}

– **Mindestbewehrung**

$$A_{sw,min} = \frac{0{,}08}{1{,}5} \frac{\sqrt{20}}{500} \cdot 0{,}75 \cdot 20 \cdot 1{,}5 \cdot 20 = 0{,}22 \text{ cm}^2 \text{ je Bügelschenkel}$$

– **Wahl der Bewehrung**

gewählt Bügel ϕ 8 zweischnittig < max $\phi = 0{,}05 \cdot 200 = 10$ mm

Bewehrungsreihe 1 bei 0,5·*d*:

Gewählt: 8 Bügel ϕ 8 mit vorh $A_{sw} = 8{,}04$ cm$^2 \approx 8{,}25$ cm^2 Abweichung -2,5 % akzeptabel

Der Abstand der Bügelschenkel auf dem Rundschnitt darf $1{,}5 \cdot d$ nicht überschreiten:

min $n = u_{Reihe1}/(1{,}5 \cdot d) = (4 \cdot 0{,}35 + \pi \cdot 0{,}20)/(1{,}5 \cdot 0{,}20) = 6{,}8 \approx 7$ Bügelschenkel < vorh 16 ✓

Bewehrungsreihe 2 bei 1,25·*d*:

Gewählt: 8 Bügel ∅ 8 mit vorh $A_{sw} = 8$ cm$^2 > 3{,}1$ cm^2

Der Abstand der Bügelschenkel auf dem Rundschnitt darf 1,5 *d* nicht überschreiten:

min $n = u_{Reihe2}/(1{,}5 \cdot d) = (4 \cdot 0{,}35 + \pi \cdot 0{,}5)/(1{,}5 \cdot 0{,}20) = 9{,}9 \approx 10$ Bügelschenkel < vorh 16 ✓

– **Anordnung der Bewehrung**

Die Anordnung der Bügel sowie ihre Form und Lage im Querschnitt sind auf den folgenden Skizzen dargestellt. Die abzusichernde Grundrissfläche muss möglichst gleichmäßig mit Bügeln durchsetzt sein. Dies hat zur Folge, dass insbesondere auf Bewehrungsreihe 2 deutlich mehr Bewehrung vorhanden ist als statisch erforderlich.

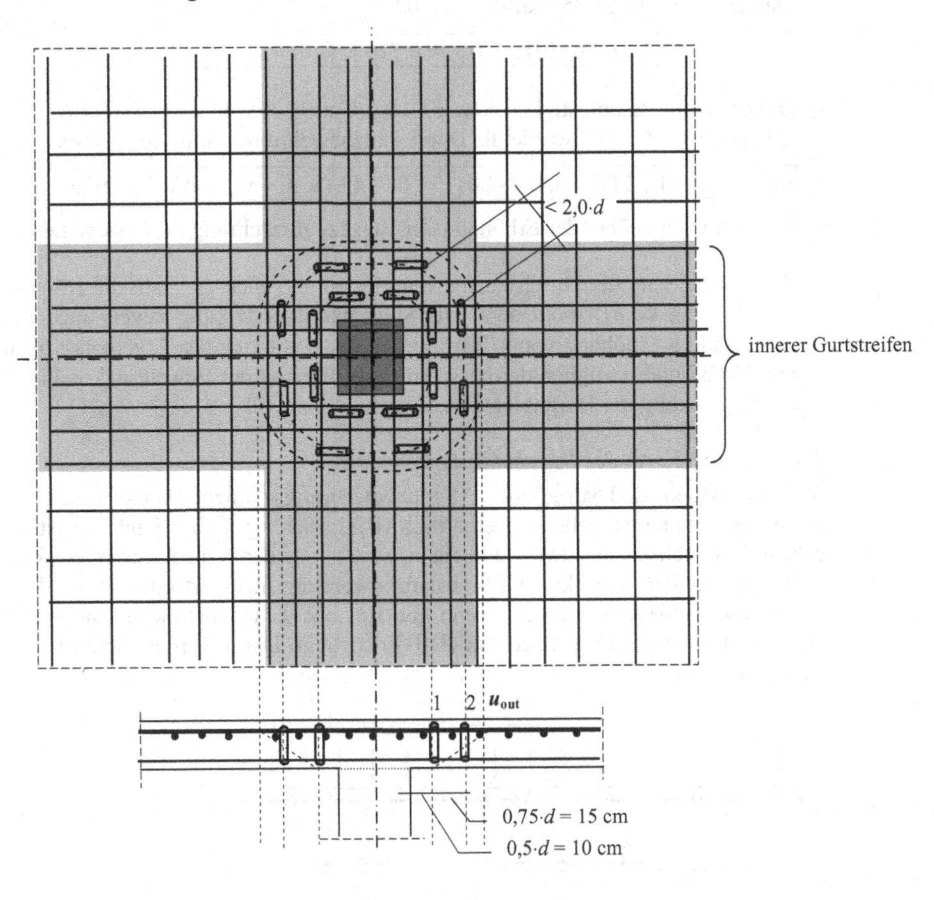

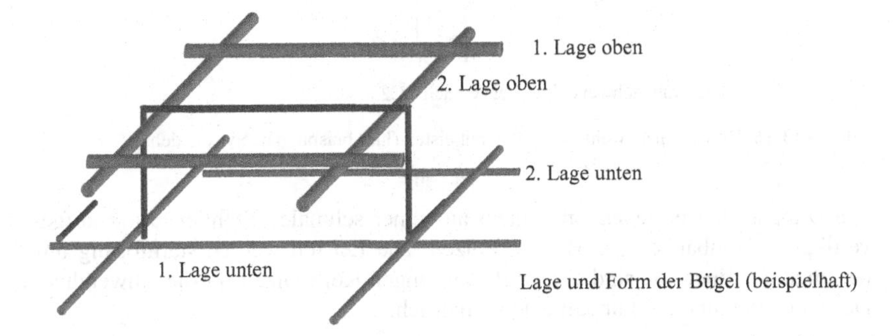

Lage und Form der Bügel (beispielhaft)

3 Möglichkeiten zur Vermeidung der Durchstanzbewehrung

- Eine Erhöhung der Biegezugbewehrung um etwa 50 % auf max ρ_l bringt im vorliegenden Falle gerade den Entfall der Durchstanzbewehrung! Die geringe Abweichung von -1 % ist vernachlässigbar.

  max ρ_l $= 0{,}5 \cdot 11{,}3/435 = \mathbf{0{,}013} < 0{,}02$ **maßgebend**

  $v_{Rd,ct} = 0{,}12 \cdot 2\ (100 \cdot 0{,}013 \cdot 20)^{1/3} = 0{,}710$ MN/m $\approx v_{Ed} = 0{,}717$ MN/m ✓

- Die gewählte Betonfestigkeitsklasse C20/25 ist für eine Flachdecke gering. Eine deutliche Erhöhung auf C30/37 würde die Durchstanzbewehrung gerade vermeiden:

  $v_{Rd,ct} = 0{,}12 \cdot 2\ (100 \cdot 0{,}0088 \cdot 30)^{1/3} = 0{,}714$ MN/m $\approx v_{Ed} = 0{,}717$ MN/m ✓

  Dies wäre gegenüber der Erhöhung der Biegezugbewehrung die bessere Lösung.

- Zur Vermeidung der Durchstanzbewehrung könnte auch die statische Höhe d (und damit die Plattendicke h) erhöht oder eine Stützenkopfverstärkung (teuer) angeordnet werden. Eine mäßige Erhöhung von h wäre wegen der recht knappen Ergebnisse für max ρ_l oder für C30/37 und bezüglich der besseren Einbaubarkeit der Bewehrung und in Hinblick auf die Begrenzung der Durchbiegungen durchaus sinnvoll.

4 Alternative Form der Durchstanzbewehrung

Auf dem Markt sind vorgefertigte Schubbewehrungselemente verschiedener Hersteller in Form sogenannter Dübelleisten erhältlich (Bild 18.13-16). Ihre Funktion ist es, den maßgebenden Durchstanznachweis auf einen weiter von der Stütze entfernten Rundschnitt zu verlagern, für den dann keine Durchstanzbewehrung mehr erforderlich wird. Dübelleisten dürfen nur verwendet werden, wenn für sie eine bauaufsichtliche Zulassung (abZ) des Deutschen Institutes für Bautechnik (DIBT) vorliegt. Darin werden die zu führenden Nachweise erläutert.

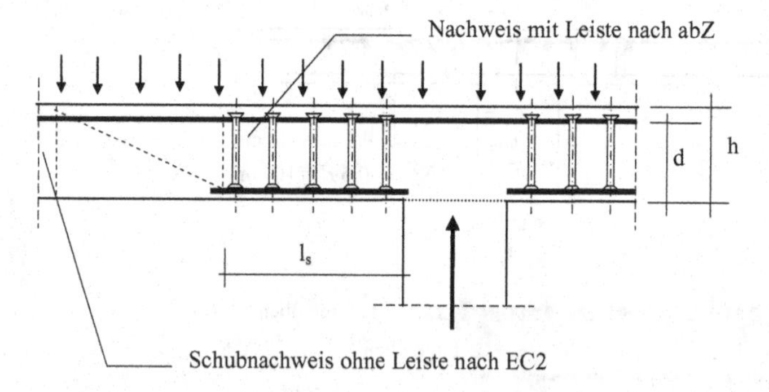

Bild 18.13-16 Durchstanzbewehrung mit Dübelleisten (hier beispielhaft System deha)

Die Dübelleisten bestehen im Prinzip aus einer schmalen Stahlleiste mit aufgeschweißten, vertikalen Schubankern, z. B. Kopfbolzen. Die Leisten werden sternförmig um die Stütze herum angeordnet. Sie sind auch mit sehr langen Kopfbolzen für die Anwendung bei dicken Deckenplatten und bei Fundamenten erhältlich.

Es gibt die auf Bild 18.13-16 gezeigten stehenden Leisten, aber auch solche, die von oben in die Bewehrung eingehängt werden. Die folgenden Fotos zeigen die Anwendung solcher Leisten.

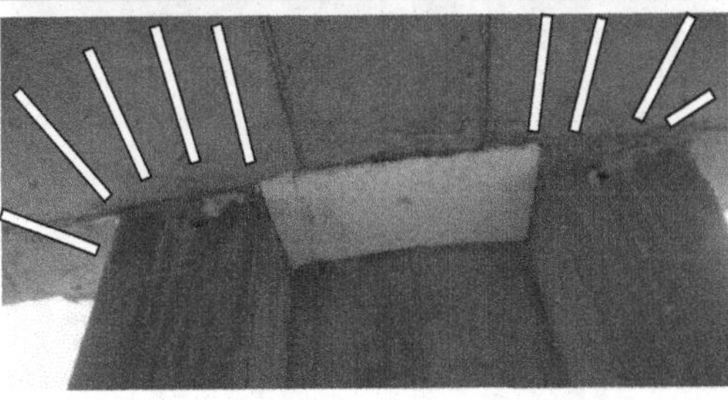

Bild 18.13-17 Durchstanzbewehrung mit Dübelleisten (hier beispielhaft System halfen-deha), Fotos©Bindseil

5 Überprüfen auf Einhalten der Mindestmomente

Nach Bild 18.13-12 müssen die Stützenanschnitte der Innenstützen auf der Breite von 0,3 l je Richtung mindestens für ein Moment von min m_{Ed} = -0,125 V_{Ed} bemessen werden.

– x-Richtung: $m_{Ed,x} = -0{,}125 \cdot 510 = -64$ kNm/m auf $0{,}3 \cdot 5{,}0 = 1{,}5$ m

– y-Richtung: $m_{Ed,y} = -0{,}125 \cdot 510 = -64$ kNm/m auf $0{,}3 \cdot 6{,}0 = 1{,}8$ m

Die Momente sind in der grafischen Darstellung der Biegemomente eingetragen (siehe Abschnitt 18.13.5.1, *5.1* und *5.2)*. Sie werden nicht maßgebend.

6 Ergänzende Hinweise zur Bewehrungsführung

Die bisherigen Forderungen an die Biegebewehrung beziehen sich auf die oben liegende Stützbewehrung. Um ein ausreichendes Tragverhalten sicherzustellen, sollte ein Anteil von etwa 50 % der maximalen Feldbewehrung an der Plattenunterseite im Stützbereich gestoßen oder durchgeführt (in der Regel bessere Lösung) werden.

19 Scheiben, Wände

19.1 Allgemeines

Scheiben sind ebene Flächentragwerke, die überwiegend durch Kräfte in ihrer Ebene beansprucht werden. Scheiben kommen z.B. vor als (Bild 19.1-1):

- freitragende Bauteile zum Abtrag vertikaler Lasten (wandartige Träger)
- vertikal unterstütze Wandscheiben zum Abtrag vertikaler und horizontaler Lasten
- horizontale aussteifende Bauteile (Deckenscheiben)
- geneigt im Raum liegende Teile räumlicher Faltwerke

Häufig findet man ein gemischtes Tragverhalten als Scheibe und Platte, z.B. bei Decken und Faltwerken.

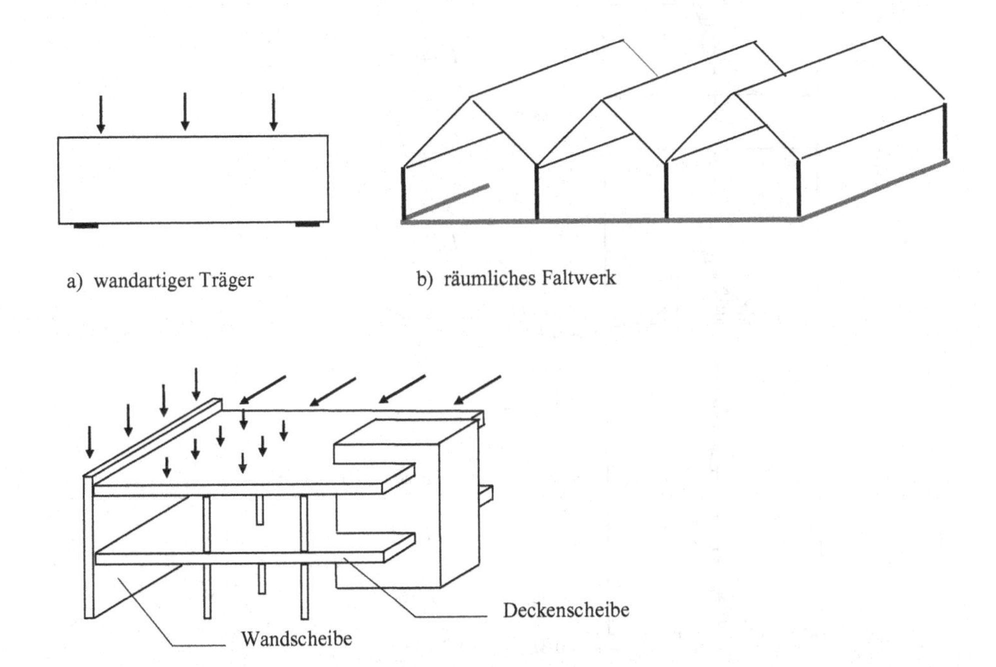

Bild 19.1-1 Beispiele für die Anwendung von Scheiben im Hochbau

19.2 Tragverhalten von Scheiben

Im Gegensatz zu den bisher betrachteten Tragwerken (Balken, Platten) kann bei Scheiben wegen der im Verhältnis zur Höhe kurzen Spannweiten nicht mehr vom Ebenbleiben der Querschnitte ausgegangen werden. Die Annahme linearer Dehnungsverteilung der Balkentheorie gilt somit nicht.

Der Übergang von der einachsigen Balkentheorie zur zweiachsigen Scheibentheorie wird durch die auf Bild 19.2-1 dargestellten Spannungsverläufe veranschaulicht. Die Grenze für lineare Spannungsverläufe (Balken) mit $l_{eff}/h \geq 3$ gemäß EC2, NA, [1-13] stellt eine recht grobe Vereinfachung dar. Vom Ebenbleiben der Querschnitte kann eigentlich erst ab etwa $l_{eff}/h > 4$ ausgegangen werden.

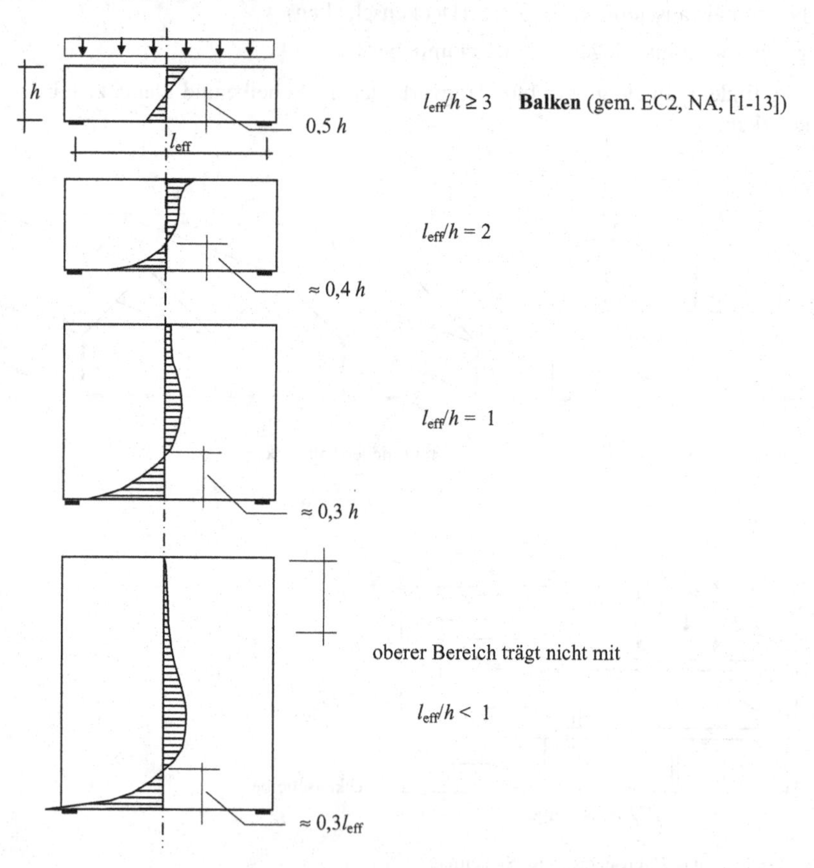

Bild 19.2-1 Übergang vom Balken zur Scheibe; Verteilung der Biegespannungen über die Höhe

Das Tragverhalten lässt sich gut durch den Verlauf der elastisch berechneten Hauptspannungen verdeutlichen (Bild 19.2-2).

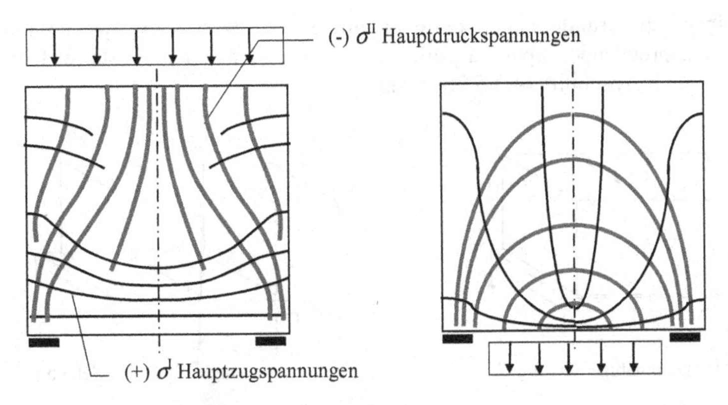

Bild 19.2-2 Hauptspannungstrajektorien in Scheiben

Aus diesen Hauptspannungsverläufen lassen sich Ersatzstabwerke entwickeln, die eine sehr anschauliche Behandlung von Scheibenproblemen ermöglichen (Bild 19.2-3).

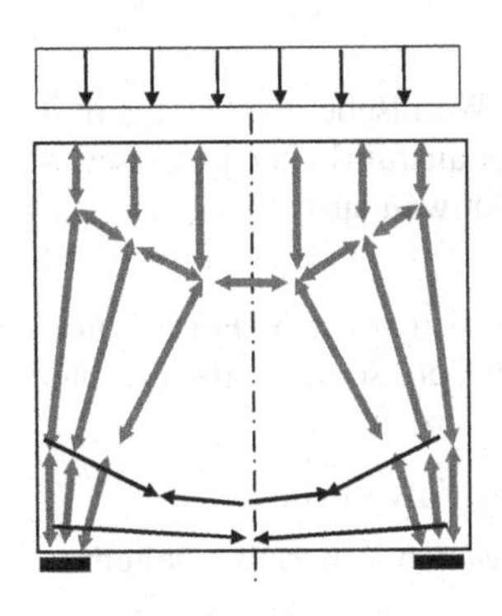

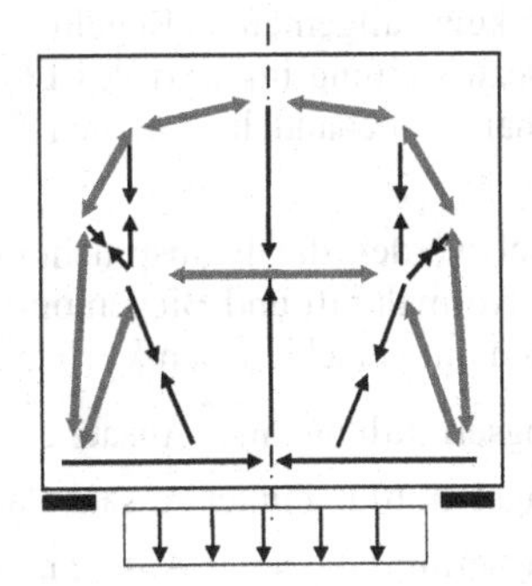

Bild 19.2-3 Stabwerksmodelle

Man erkennt, dass jede Belastung eine unterschiedliche Bewehrungsführung erfordert. Allen Fällen gemeinsam ist aber ein unteres horizontales, ungestaffelt durchgehendes Zugband. Unten angreifende Lasten müssen durch Bewehrung nach oben gehängt werden. Dies gilt auch für die Eigenlast der Scheibe.

Versuche haben gezeigt, dass das Tragverhalten von Scheiben auch im gerissenen Zustand II bis hin zum Grenzzustand der Tragfähigkeit mit guter Näherung dem des ungerissenen, elastischen Zustands ähnelt.

Scheiben sind in ihrer Ebene sehr starre Tragwerke. Bei statisch unbestimmter Lagerung können sie Auflagersetzungen kaum folgen. Beim Abheben vom Lager können dann Systeme mit großen Spannweiten und entsprechenden Beanspruchungen entstehen. Prägt man Scheiben Verformungen in ihrer Ebene ein, so entstehen in der Regel sehr große Zwangsbeanspruchungen.

Wandscheiben auf Gründungen erzwingen eine konstante Setzung des gesamten Fundamentes mit entsprechenden Spannungsumlagerungen in der Scheibe („starrer Überbau“, Bild 19.2-4, siehe auch Abschnitt 14.3.5 über Fundamente).

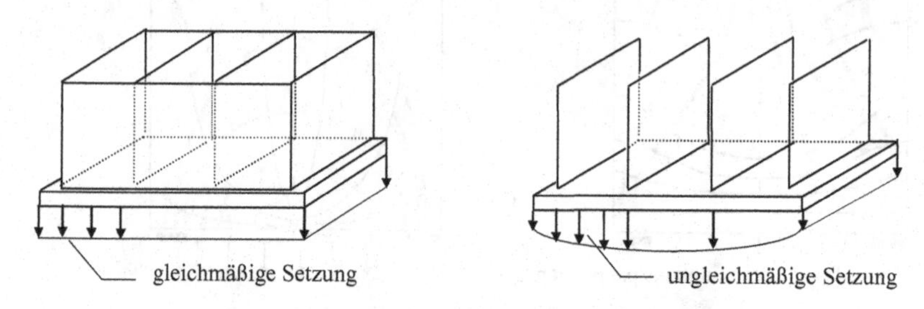

Bild 19.2-4 Einfluss der Scheibensteifigkeit des Überbaus auf die Setzungen

19.3 Ermittlung von Schnittgrößen bzw. Spannungen

19.3.1 Schnittgrößenermittlung allgemein

EC2 enthält keine allgemeinen Regeln für Scheiben. Wandscheiben werden in ihrer Funktion als Gebäudeaussteifung im Text des EC2 und etwas ausführlicher in dessen nicht verbindlichem Anhang I behandelt. Auf den Sonderfall der wandartigen Träger wird knapp eingegangen.

In der Regel werden die Beanspruchungen in Scheiben nicht in Form von Schnittgrößen (Querkraft, Normalkraft und Biegemomenten) angegeben, sondern als (Haupt-)Spannungen. Diese können mit verschiedenen Verfahren ermittelt werden:

- Spannungsermittlung unter Ansatz elastischen Materialverhaltens
- Spannungsermittlung unter Ansatz elastisch-plastischen Materialverhaltens
- Spannungsermittlung unter Ansatz nichtlinearen Materialverhaltens

Die Ermittlung der Spannungen unter Ansatz elastischen Tragverhaltens kann in (hinsichtlich Belastung und Geometrie) einfachen Fällen durch analytische Lösung des in x- und z-Richtung gekoppelten Differentialgleichungssystems vierter Ordnung erfolgen. In komplizierteren Fällen führt die Formulierung als Differenzenverfahren zu umfangreichen linearen Gleichungssystemen, die numerisch gelöst werden. Darauf basieren Lösungen für verschiedene Scheibensysteme, die in der Literatur angegeben sind (z.B. [3-2], [19-1]).

Spannungsermittlungen unter Berücksichtigung elastoplastischer Umlagerungen bzw. nichtlinearen Materialverhaltens sind nur numerisch möglich.

Für Scheibenberechnungen hat sich heute das Verfahren der Finiten Elemente (FEM) durchgesetzt. In einfacheren Fällen können Scheibenbeanspruchungen aber auch an Hand von Ersatzstabwerken ermittelt werden. Dieses Verfahren zählt zu den nichtlinearen Berechnungsmethoden, da gezielt die inneren Kräfteverläufe beeinflusst werden können.

Stabwerksmodelle sind im EC2 ausdrücklich zugelassen. Die Modellierung der Stabwerke sollte sich allerdings am elastischen Tragverhalten orientieren. Dadurch werden die auftretenden plastischen Rotationen begrenzt und zu große Unterschiede zwischen den Spannungsverläufen aus den Grenzzuständen der Tragfähigkeit und denen der Gebrauchstauglichkeit vermieden. Wandartige Träger können je nach Belastungsanordnung und statischem System durch einfache Fachwerke (Dreigelenksystem mit Zugband), Bogen-Zugband Modelle oder durch Kombination beider Modelle abgebildet werden (Bild 19.3-1 nach [6-1]).

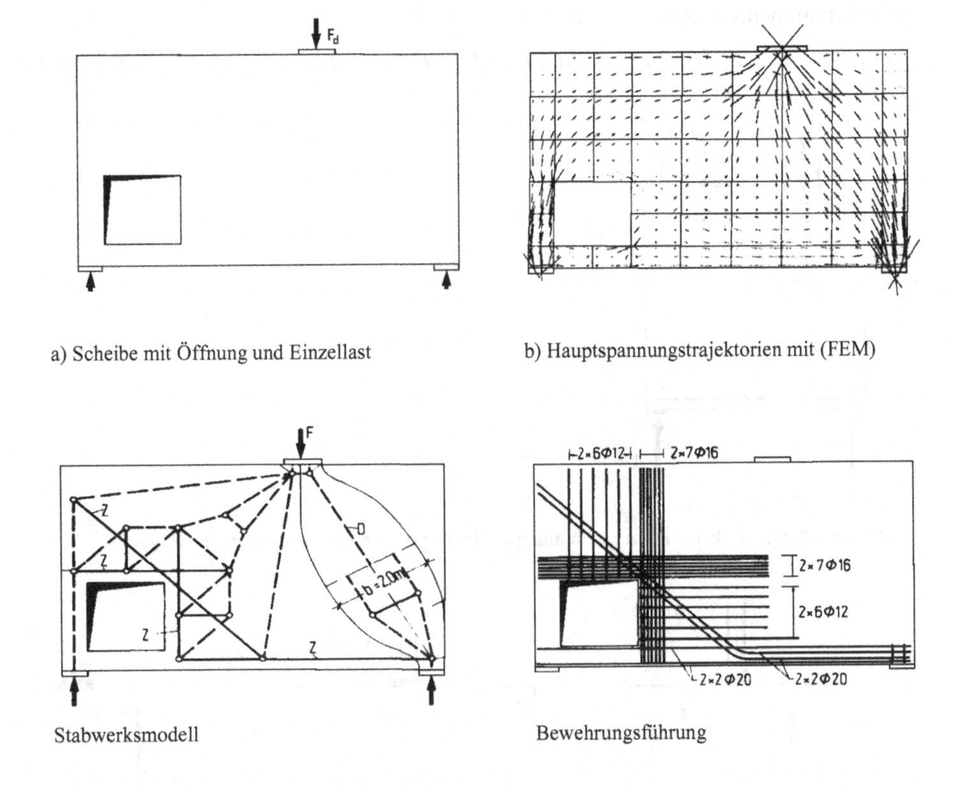

a) Scheibe mit Öffnung und Einzellast

b) Hauptspannungstrajektorien mit (FEM)

Stabwerksmodell

Bewehrungsführung

Bild 19.3-1 Berechnung von Scheiben mit Erzstabwerken

In [16-4], Abs. 3 werden einige ergänzende Festlegungen getroffen. Die darin im Anhang zu Abs. 3 enthaltenen weiteren Ausführungen gelten nicht als mit dem DAfStb abgestimmt. Sie stellen jedoch eine nützliche Anregung für die Berechnung wandartiger Träger dar. Umfangreiche Anleitungen zum Modellieren von Ersatzstabwerken finden sich in [6-1] und [19-2].

19.3.2 Schnittgrößenermittlung einfacher wandartiger Träger

Für die Schnittgrößenermittlung einfacher wandartiger Träger werden in [16-4] die auf Bild 19.3-2 und Bild 19.3-3 gezeigten Ansätze empfohlen.

– **Gedrungene Scheiben**

Der Neigungswinkel der Druckstreben ist in der Regel $\theta \geq 55°$. Dann gilt das auf Bild 19.3-1 dargestellte Stabwerk. Die Höhe z entspricht dem Hebelarm der inneren Kräfte.

(19.3-1) $z \approx 0{,}6......0{,}7\ l_{eff}$

– **Schlanke Scheiben**

Bei schlankeren Scheiben mit $\theta < 55°$ und insbesondere bei Einzellasten empfiehlt sich zur Vermeidung zu flacher Druckstreben eine Kombination verschiedener Stabwerke gemäß Bild 19.3-2. Die Lastaufteilung ist statisch unbestimmt, kann aber näherungsweise wie folgt vorgenommen werden:

(19.3-2) $F = F_1 + F_2$ mit $F_2 = F\,(2a/z - 1)/3$ und $z/2 \leq a/z \leq 2{,}0$

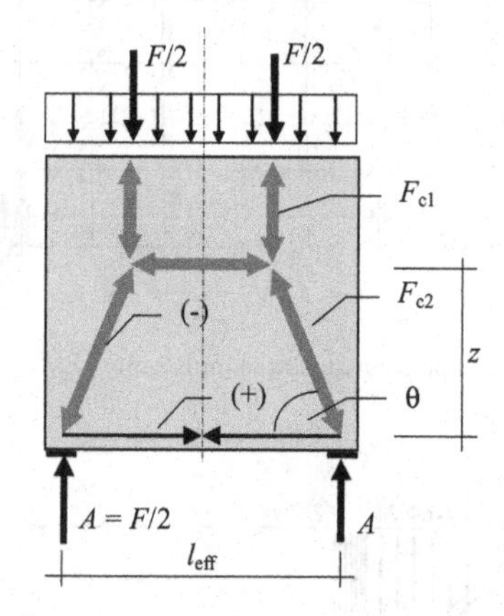

Bild 19.3-2 Stabwerksmodell zur Ermittlung der Beanspruchung eines wandartigen Trägers

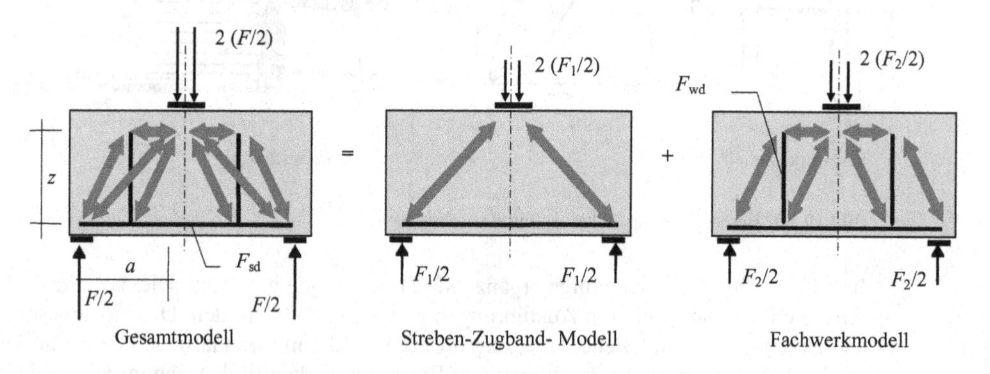

Bild 19.3-3 Kombination zweier Stabwerke zur Ermittlung der Beanspruchung eines wandartigen Trägers

Der Lastanteil $F_2 = F_{wd}$ ergibt eine vertikale Bügelbewehrung.

19.4 Bemessung

19.4.1 Allgemeine Anmerkungen

Im EC2 ist das Arbeiten mit Stabwerksmodellen beschrieben. Ähnlich wie schon in [8-1] und später ausführlich in [6-1] werden Nachweise zu Knoten und zu Druckstreben mit sich ausbreitenden Spannungsfeldern behandelt.

Grundsätzlich gehören zu einem Stabwerksmodell Knotenbereiche und „freie" Strebenbereiche. Für den Nachweis sind in der Regel die Druckspannungen in den Knoten maßgebend. Die folgenden Festlegungen gelten für ebene Knoten. Sie können auch für die Beurteilung lokaler Krafteinleitungen in Stabtragwerken verwendet werden (z. B. bei Konsolen).

In den „freien" Strebenbereichen sind zwar die Druckspannungen in der Regel nicht maßgebend, dafür ergeben sich aber Querzugspannungen, die grundsätzlich eine kreuzweise oberflächennahe Bewehrung der Scheibenflächen erfordern. Bei der sogenannten Teilflächenbelastung (s. Kap. 20) handelt es sich um ähnliche Probleme.

Bewehrungen sind grundsätzlich bis in die Knoten hineinzuführen und dort zu verankern. Bei sogenannten verschmierten Knoten darf hiervon abgewichen werden.

19.4.2 Spannungszustände in Druckstreben

Schlanke Druckstreben ($b \leq H/2$) enthalten einen mittleren Bereich mit weitgehend parallel verlaufenden Spannungen (sogenannter Kontinuitätsbereich B nach [6-1]) und „Randbereiche" mit Einschnürungen (sogenannte Diskontinuitätsbereiche D ebenfalls nach [6-1]). In diesen werden die Druckspannungen umgelenkt und dadurch konzentriert. Dabei treten Querzugspannungen auf. In gedrungenen Druckfeldern ($b > H/2$) sind die B-Bereiche kurz, die D-Bereiche größer:

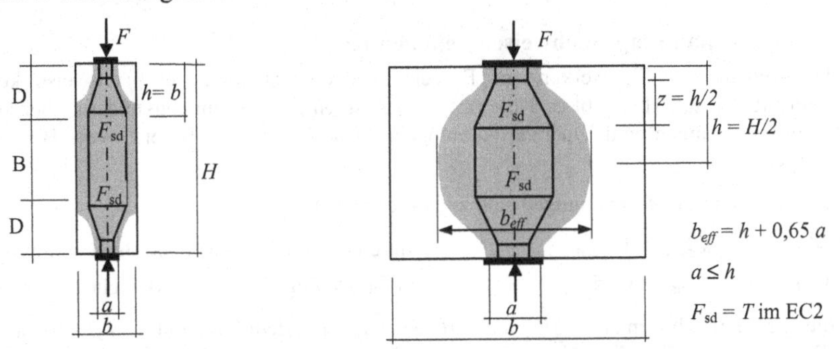

Bild 19.4-1 Verlauf der Ersatzstabwerke in einem Druckfeld (nach EC2 [1-11])

Die Querzugkraft F_{sd} (im EC2 T genannt) beträgt (ausführlichere Nachweise siehe [1-2]):

(19.4-1) $$F_{sd} = \frac{1}{4} \cdot \frac{b-a}{b} \cdot F$$ Druckstrebe mit begrenzter Ausbreitung

(19.4-2) $$F_{sd} = \frac{1}{4} \cdot \left(1 - 0,7\frac{a}{H}\right) \cdot F$$ Druckstrebe mit unbegrenzter Ausbreitung

19.4.3 Druckstrebennachweis

Das Versagen von gedrückten Bauteilen im Druckversuch (z. B. Zylinderproben) geschieht durch ein nahezu vertikales Aufspalten infolge von „internen" Querzugspannungen im Probeninneren. Hieraus ergibt sich die einaxiale Druckfestigkeit. Es ist offensichtlich, dass schon vorhandene Risse parallel zur Hauptdruckspannung die Druckfestigkeit reduzieren, dies geschieht erst recht beim Auftreten von „externen" Querzugspannungen. Umgekehrt erhöhen schon geringe Querdruckspannungen die Drucktragfähig des Betons. Die Bemessung der Druckstreben trägt daher diesen Einflüssen Rechnung.

Die in den folgenden Formeln verwendeten Vorfaktoren zu f_{cd} sind die bereits ausgerechneten Produkte $0{,}6 \cdot \nu$` aus dem EC2. Die Werte (auch in den folgenden Abschnitten) gelten für Normalbeton. Bei Leichtbeton sind sie mit $\eta_1 < 1{,}0$ zu multiplizieren (s. Kap. 11 im EC2).

Die schiefen Hauptdruckspannungen sind zu begrenzen auf:

(19.4-3) $\sigma_{Rd,max} = 1{,}0 \cdot f_{cd}$ ungerissene Betondruckzonen

(19.4-4) $\sigma_{Rd,max} = 0{,}75 \cdot f_{cd}$ Druckstreben parallel zu Rissen

(19.4-5) $\sigma_{Rd,max} = 0{,}6 \cdot f_{cd}$ Druckstreben mit wenigen kreuzenden Rissen

(19.4-6) $\sigma_{Rd,max} = 0{,}525 \cdot f_{cd}$ Druckstreben mit vielen kreuzenden Rissen

Druckstreben parallel zu Rissen treten z. B. bei der Spreizung der Druckstreben in flaschenförmigen Druckstreben (siehe Bild 19.3-1) auf. Wegen der großen Breite sind die Druckstrebennachweise trotz abgeminderter Betondruckfestigkeit meist nicht maßgebend. Querzugspannungen müssen in jedem Fall durch Bewehrung aufgenommen werden.

Kreuzende Risse sind meist gegen die Richtung der Druckstreben geneigt. Sie treten beispielsweise bei Kombination von Querkraft mit Torsion auf.

19.4.4 Druckspannungsnachweise in ebenen Knoten

In den Knoten von Stabwerken zur Berechnung von Scheiben treten teilweise komplizierte Spannungsfelder auf. Hier gibt es Fälle mit zweiachsigen Druckspannungsfeldern, aber auch solche mit Druckspannungen und Querzugspannungen, insbesondere im Bereich von Bewehrungsverankerungen.

Die schiefen Hauptdruckspannungen sind zu begrenzen auf:

(19.4-7) $\sigma_{Rd,max} = 1{,}1 \cdot f_{cd}$ in reinen Druckknoten ohne Bewehrungsverankerung

(19.4-8) $\sigma_{Rd,max} = 0{,}75 \cdot f_{cd}$ in Druck-Zug-Knoten mit Bewehrungsverankerungen

Für die Festigkeitsklassen ab C55/67 aufwärts ist $\sigma_{Rd,max}$ mit dem Faktor $(1{,}1 - f_{ck}/500)$ zu reduzieren. Der Beiwert 1,1 erfasst die höhere Betondruckfestigkeit unter zweiachsiger Druckbeanspruchung. Bei Vorliegen verschiedener günstiger Bedingungen (z. B. $\alpha \geq 55°$) dürfen die $\sigma_{Rd,max}$ nochmals um 10 % erhöht werden.

Die deutlich höheren Betonfestigkeiten unter dreiachsiger Druckbeanspruchung (s. z. B. [19-3]) in räumlichen Knoten darf im Einzelfall berücksichtigt werden.

EC2 zeigt die im Folgenden abgebildeten typischen Knoten mit den entsprechenden Größen für die Bemessung. Die Bezeichnungen für Druck- und Zugkräfte wurden hier so angesetzt wie in den anderen Kapiteln dieses Buches, auch wenn im EC2 [1-12] und davon wieder abweichend im NA [1-13] für die Knotennachweise abweichende Bezeichnungen eingeführt wurden.

- **Druck-Zug-Knoten mit Bewehrungsverankerungen**

Im Folgenden werden zwei mögliche Knotenvarianten vorgestellt. Das obere Bild stammt aus dem EC2, das untere aus [1-14]. Weitere Varianten können erforderlichenfalls konstruiert werden, z. B. mit Schlaufenverankerung oder mit Ankerplatten an den Stabenden.

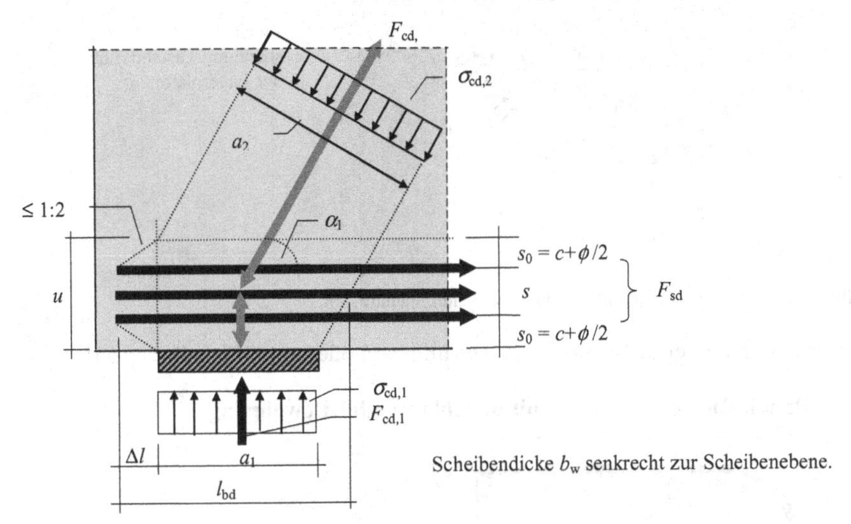

Bild 19.4-2 Auflagerknoten mit nachzuweisenden Spannungen bei langem Überstand Δl

Nach EC2 ist $\Delta l \geq 2 \cdot s_0$. Nach [9-1] bzw. [1-14] kann bei kürzerem Überstand Δl reduziert werden. Dann ist $u = s + \phi$. Damit wird die Druckstrebe schmaler. Die Verankerungslängen der Bewehrung l_{bd} müssen nach Kapitel 8 ermittelt werden. (Der explizite Ansatz von Querdruck p bei der Berechnung von α_5 bringt keine Vergünstigung gegenüber dem pauschalen Ansatz von $\alpha_5 = 2/3$ bei Druckauflagern.)

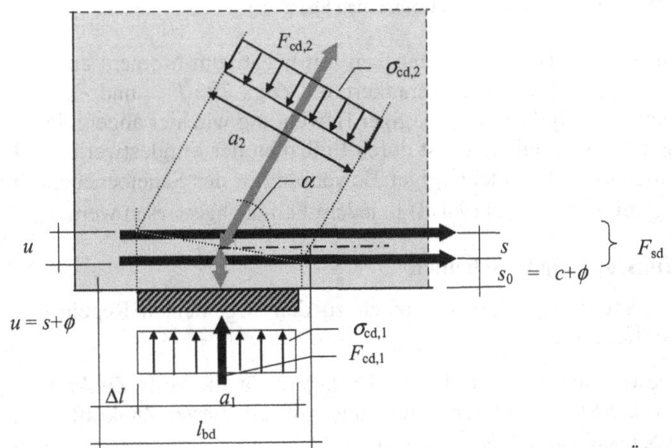

Bild 19.4-3 Auflagerknoten mit nachzuweisenden Spannungen bei kurzem Überstand Δl

- **Reiner Druckknoten**

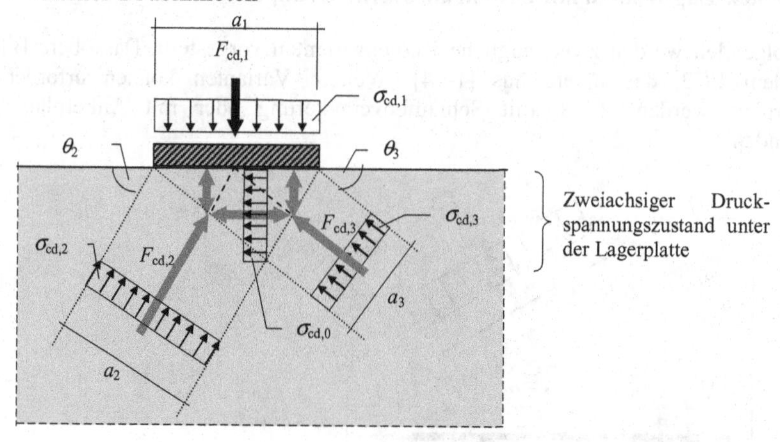

Bild 19.4-3 Auflagerknoten mit nachzuweisenden Spannungen

Druckknoten treten z. B. über Zwischenauflagern oder unter Einzellasten auf.

- **Druck-Zug-Zug-Knoten mit durchlaufender Bewehrung**

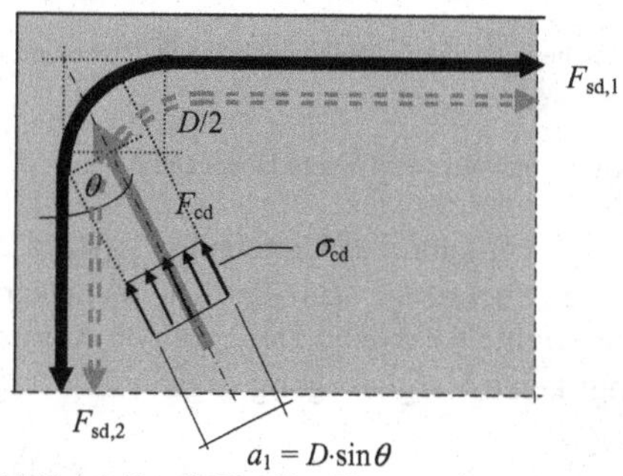

Bild 19.4-4 Druck-Zug-Zug-Knoten mit nachzuweisenden Spannungen

Derartige Knoten treten z. B. an Rahmenecken mit negativem Moment auf. Ist $\theta \neq 45°$, so wird ein Teil der Zugkraft im Knoten verankert, die Zugkräfte $F_{sd,1}$ und $F_{sd,2}$ sind dann verschieden groß. Gemäß [1-2] darf bei einlagiger Bewehrung wie hier abgebildet der Nachweis der Betondruckspannung entfallen, er ist durch Einhalten der Mindestwerte der Biegerollendurchmesser D abgedeckt. Bei mehrlagiger Bewehrung in der Scheibenebene (hellgrau gestrichelt) muss σ_{cd} mit Gleichung (19.4-8) in jedem Fall nachgewiesen werden.

19.4.5 Bewehrungsführung in Scheiben

Für die Bewehrungsführung gelten zusätzlich zu den allgemeinen Regeln des Kapitels 8 folgende grundsätzliche Regeln:

- Die Zugbandbewehrung muss an den Endauflagern für die volle Zugkraft F_{sd} verankert werden (also keine Staffelung der Bewehrung mit reduzierter Zugkraft F_{Ed} an der Verankerung wie bei Balken, vgl. Kapitel 8.2).

- In Bereichen mit lokalen, konzentrierten Lasteinleitungen (also an allen Knoten) ist sowohl in der Scheibenebene als auch senkrecht dazu über die Dicke b_w ist Querbewehrung anzuordnen.
- Die gesamte Scheibe erhält an beiden Oberflächen eine Netzbewehrung als Grundbewehrung (z.B. aus Q-Matten).

Bei schmalen Scheiben und grundsätzlich bei Konsolen werden liegende Schlaufen zur Endverankerung eingesetzt. Hier kann in Anlehnung an [16-3] mit modifizierten Verankerungslängen gearbeitet werden (vgl. auch Abschnitt 16.6 zu Konsolen). Alternativ können auch Ankerplatten eingesetzt werden.

Netzbewehrung der Oberflächen:

- **Wandartige Träger**

Sofern aus anderen Gründen keine größere Bewehrung erforderlich ist (z.B. aus F_w), ist je Oberfläche ein rechtwinkliges Bewehrungsnetz mit folgenden Mindestwerten anzuordnen:

(19.4-9) $\min a_s = 0{,}075 \cdot b_w \text{ cm}^2/\text{m} \geq 1{,}5 \text{ cm}^2/\text{m}$ je Richtung und Oberfläche

Der Stababstand soll sein:

(19.4-10) $s \leq 2 \cdot b_w \leq 30$ cm

Dabei ist b_w die Wanddicke in [cm].

- **Wandscheiben, tragende Wände**

Gedrungene Wände ohne Einfluss der Theorie II. Ordnung:

(19.4-11) $0{,}0015 \cdot A_c \leq \text{vorh } a_s \leq 0{,}04 \cdot A_c$ Summe der vertikalen Bewehrung an beiden Seiten

Schlanke Wände mit Einfluss der Theorie II. Ordnung; Wände mit $|N_{Ed}| \geq 0{,}3 f_{cd} \cdot A_c$:

(19.4-12) $0{,}003 \cdot A_c \leq \text{vorh } a_s \leq 0{,}04 \cdot A_c$ Summe der vertikalen Bewehrung an beiden Seiten

Der Stababstand soll sein:

(19.4-13) $s \leq 2 \cdot b \leq 30$ cm für vertikale Bewehrung

(19.4-14) $s \leq 35$ cm und $\phi_{horizontal} \geq 0{,}25 \cdot \phi_{vertikal}$ für horizontale Bewehrung

Die druckbeanspruchten Stäbe müssen in der inneren Lage angeordnet werden (Ausnahmen siehe nächster Absatz). Die außenliegenden Bewehrungsstäbe beider Oberflächen müssen grundsätzlich miteinander verbunden werden. Dies geschieht bei dünnen Wänden durch mindestens vier S-Haken je m^2 Wandfläche. Bei dicken Wänden dürfen stattdessen Steckbügel mit einer Verankerungslänge von $l_b/2$ verwendet werden.

Bei Durchmessern der Tragstäbe $\phi > 16$ mm und einer Betondeckung von $\geq 2\ \phi$ dürfen die Verbindungen entfallen. In diesem Fall und immer bei Betonstahlmatten dürfen die druckbeanspruchten Stäbe außen liegen.

- **Mindestwanddicken für wandartige Träger und für tragende Wände:**

Unter Wänden werden im Gegensatz zu wandartigen Trägern solche Bauteile verstanden, die an ihrer Unterseite kontinuierlich gestützt sind. Tragende Wände sind Wände, die am Lastabtrag des Gebäudes mitwirken.

		Unbewehrte Wände		Stahlbeton	
		Decken nicht durchlaufend	Decken durchlaufend	Decken nicht durchlaufend	Decken durchlaufend
C12/15	Ortbeton	20	14	-	-
≥ C16/20	Ortbeton	14	12	12	10
≥ C16/20	Fertigteile	12	10	10	8

Tabelle 19.4-1 Mindestwanddicken von wandartigen Trägern und Wänden in [cm]

- **Lokale Druckbewehrung im Bereich hoher Betondruckspannungen:**

Bei Scheiben mit Öffnungen kann es geschehen, dass neben und zwischen den Öffnungen die Betondruckspannungen unzulässig groß werden. Um konstruktive Änderungen zu vermeiden (z. B. größere Scheibendicke), können solche örtlichen Wandzonen wie Druckglieder nachgewiesen und bewehrt werden. Hierzu müssen die Spannungen über die gewählte „Stützenbreite" zu Normalkräften und gegebenenfalls Biegemomenten integriert werden. Für diese Schnittgrößen wird dann eine Bemessung entsprechend Abschnitt 13 durchgeführt.

Als Beispiel ist auf Bild 19.4-15 das FEM-Netz eines wandartigen Trägers (Spannweite etwa 26 m) mit Öffnungen dargestellt. Der Ausschnitt der linken oberen Öffnung zeigt die Druckspannungstrajektorien und den Verlauf der Spannungen im schmalen Scheibensteg. Die daraus vereinfachte lineare Spannungsverteilung wird zu einer exzentrischen Normalkraft integriert. Die damit durchgeführte Bemessung des schmalsten Querschnittes führt zu einer Druckbewehrung, die unter etwa 25° Neigung eingebaut und verbügelt wurde.

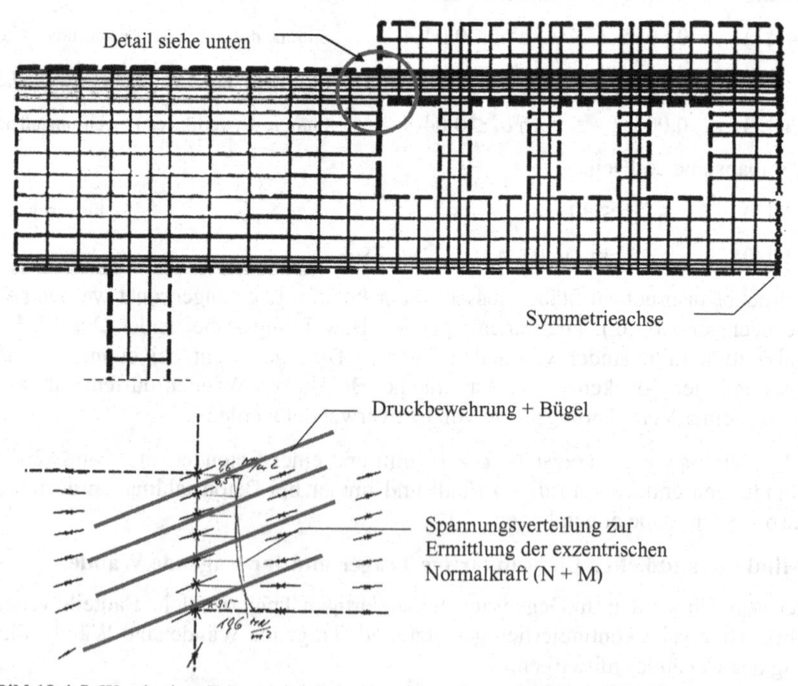

Bild 19.4-5 Wandartiger Träger mit lokaler Druckbewehrung (FEM mit [18-11])

19.4.6 Beispiel: unterer Knoten einer Konsole

Der untere Anschnitt der Konsole aus Beispiel 16.7 wird als reiner Druckknoten nachgewiesen.

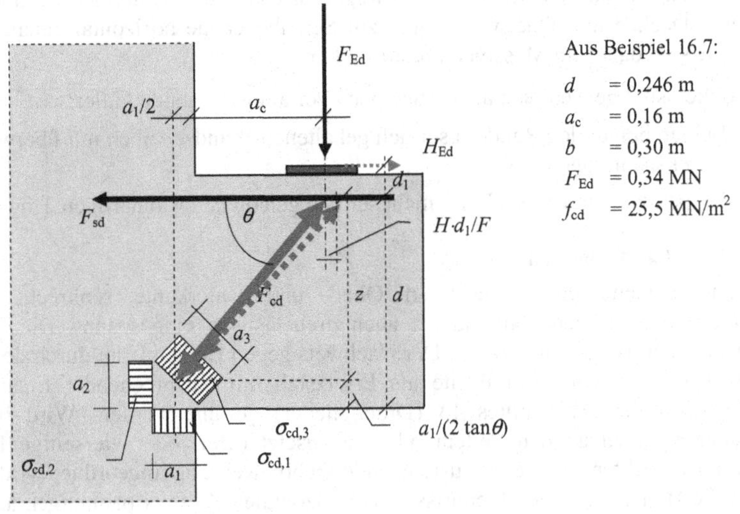

– Geometrie

Unter der Annahme, dass die Druckspannung $\sigma_{cd,1}$ voll ausgenutzt wird, erhält man nach Gleichung 19.4-4 mit der Konsolbreite b:

$$a_1 = F_{Ed}/(b_w \cdot \sigma_{Rd,max}) = F_{Ed}/(b_w \cdot 1{,}1 \cdot f_{cd}) = 0{,}34/(0{,}30 \cdot 1{,}1 \cdot 25{,}5) = 0{,}04 \text{ m}$$

Damit ergibt sich aus der Skizze mit $e = a_1/2 + a_c$ sowie $\tan\theta = z/e$ und $z = d - a_1/(2 \tan\theta)$ eine Bestimmungsgleichung für $\tan\theta$:

$$\tan^2\theta - \frac{d}{e} \cdot \tan\theta + \frac{a_1}{2e} = 0 \quad \text{und daraus} \quad \tan\theta = \frac{d}{2e} \pm \sqrt{\frac{d^2}{4e^2} - \frac{a_1}{2e}}$$

Nach Vereinfachung und Einsetzen der Zahlen erhält man als maßgebende Lösung:

$$\tan\theta = 0{,}683 + 0{,}597 = 1{,}280$$

$$\theta = 52° \approx 54° \text{ aus Beispiel 16.7} \quad \text{und} \quad z = 0{,}18 \cdot 1{,}28 = 0{,}23 \text{ m} \approx 0{,}93\, d$$

– Bemessung

Infolge der geometrischen Beziehungen gilt:

$$\boxed{\sigma_{cd,1} = \sigma_{cd,2} = \sigma_{cd,3} = \sigma_{Rd,max} = 1{,}1 \cdot f_{cd} = 1{,}1 \cdot 25{,}5 = 28{,}0 \text{ MN/m}^2 \ \checkmark}$$

Der zugehörige Nachweis der Bewehrung kann dann mit $z = 0{,}23$ m erfolgen und entspricht der Lösung aus Beispiel 16.7.

Da Lager nie reibungsfrei sind, tritt meist noch eine nach außen gerichtete Horizontalkraft an der Lagerplatte auf. Dies kann durch eine Exzentrizität $H{\cdot}d_1/F$ des Angriffs der Druckdiagonalen erfasst werden. Deren Neigung wird dadurch etwas flacher (vgl. oben eingetragene Variante und Beispiel in [6-5]).

19.5 Stabilitätsprobleme bei Scheiben

19.5.1 Allgemeines

Scheiben im Massivbau sind in der Regel an Ober- und Unterkante, zumeist auch seitlich, durch Decken und Querwände quer zur Scheibenebene horizontal gehalten. Stabilitätsprobleme sind daher im Massivbau relativ selten.

Möglich sind bei sehr schlanken Scheiben vor allem folgende Fälle:

- Beulen bei an den Rändern seitlich gehaltenen Wandscheiben mit überwiegend vertikalen Druckspannungen.
- Kippen von am oberen Rand nicht seitlich gehaltenen wandartigen Trägern.

19.5.2 Wandscheiben

Wandscheiben sind zumeist an Ober- und Unterkante senkrecht zur Wandebene unverschieblich gehalten und oft auch drehelastisch eingespannt. Die kritischen Druckspannungen verlaufen vertikal. Der Nachweis gegen Beulen kann durch den eines vertikalen Wandstreifens von 1 m Breite als Ersatzstab mit entsprechender Ersatzlänge nach den Methoden des Abschnittes 13 (Druckglieder) geführt werden. Wird bei Wänden eine Halterung auch an den Seitenrändern angesetzt (drei- oder vierseitige Lagerung), so ist darauf zu achten, dass eine ausreichende Querbewehrung angeordnet wird, die in der Lage ist, die Breite vertikaler Trennrisse aus horizontalen Zwangsspannungen ausreichend zu begrenzen (s. Abschnitt 10). Andernfalls darf die stabilisierende Quertragwirkung nicht angesetzt werden.

Zur Ermittlung der Ersatzstablängen werden im EC2, Abs. 12.6.5.1 für schwach bewehrte Wände folgende Gleichungen angegeben:

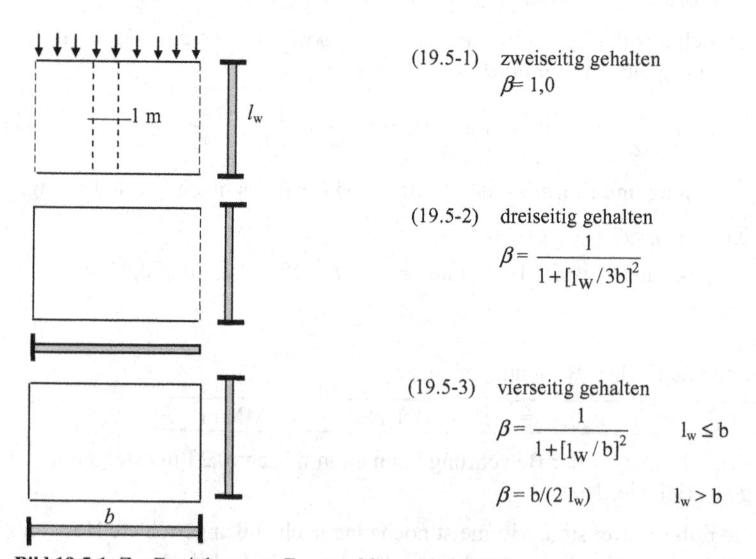

1 m
l_w
b
(19.5-1) zweiseitig gehalten
$\beta = 1{,}0$
(19.5-2) dreiseitig gehalten
$\beta = \frac{1}{1+[l_w/3b]^2}$
(19.5-3) vierseitig gehalten
$\beta = \frac{1}{1+[l_w/b]^2}$ $l_w \le b$
$\beta = b/(2\,l_w)$ $l_w > b$

Bild 19.5-1 Zur Ermittlung von Ersatzstablängen bei Wänden

Bei monolithischem und biegesteifem Anschluss der Wände an die angrenzenden Bauteile dürfen die Werte β mit dem Faktor 0,85 abgemindert werden. Weitere konstruktive Bedingungen an die angrenzenden Bauteile enthält EC2, Abs. 12.6.5.1.

19.5.3 Wandartige Träger

Wandartige Träger der effektiven Spannweite l_0 und der Dicke (Stegdicke) b_w müssen an den Auflagern gegen Kippen, z. B. durch aussteifende Querwände, gesichert werden. Dies entspricht der Gabellagerung von torsionsbeanspruchten Trägern. Sofern die Oberkante des Trägers nicht seitlich zur Scheibenebene unverschieblich gehalten ist, kann eine Abschätzung nach der schon im Beispiel zur Torsion (Kapitel 17.5) verwendeten Gleichungen aus Kapitel 13.8 erfolgen:

(19.5-4) $$b_w \geq \sqrt[4]{h\left(\frac{l_0}{50}\right)^3}$$ alle Längen in [m]

Es sei darauf hingewiesen, dass dieses Kriterium in der Regel nicht zu einer positiven Beurteilung führt. Will man nicht die Breite deutlich erhöhen, so kann unter Umständen eine gurtartige Verbreiterung des Druckrandes wie bei T-Trägen zum Ziel führen. Dann ist b_w durch b_{Gurt} zu ersetzen. Andernfalls sind aufwendige Berechnungen als Scheibe unter Einfluss der Verformungsfläche und des Zustandes II nicht zu vermeiden.

Konstruktive Lösungen sind aber in der Regel vorzuziehen, z. B. durch einen monolithischen Deckenanschluss oder die eben erwähnte Verbreiterung des freien Druckrandes.

Es sei darauf hingewiesen, dass bei künftigem Einsatz ultrahochfester Betone (UHPC) sehr dünne Wandstärken (wenige Zentimeter) möglich werden. Dann müssen natürlich auch im Betonbau die bisher nur im Stahlbau auftretenden Stabilitäts- und Schwingungsphänomene in der Bemessung berücksichtigt werden. Die immer noch geringe Zugfestigkeit des Betons kann dann durch Faserbeigaben zumindest angehoben werden.

20 Teilflächenbelastung

20.1 Allgemeines

Die im Folgenden behandelte Problematik ist eng verwandt mit dem in Abschnitt 19 erläuterten Tragverhalten von Scheibenknoten.

Die lokale Einleitung konzentrierter Lasten (Einzellasten) kann auf einer Höhe von etwa der Querschnittsbreite (Prinzip von de St. Venant, 1797-1886; s. a. Anmerkung in Abschnitt 3.3.5) nicht mit den Mitteln der Statik schlanker Balken behandelt werden.

Es treten zwei wesentliche Erscheinungen auf, die sowohl mit Lösungen der Scheibenstatik als auch mit einfachen Ersatzstabwerken wie sie bereits von Mörsch vor 1950 angewendet wurden verdeutlicht werden können (Bild 20.1-1):

- Hoher Querdruck unter der Lasteinleitungsfläche ⇒ zweiachsiger Druckspannungszustand im ebenen Fall, dreiachsiger Druckspannungszustand im räumlichen Fall mit erhöhter Betondruckfestigkeit
- Spaltzug (Querzugspannungen) quer zur Lastrichtung im Bauteilinneren ⇒ Querbewehrung erforderlich

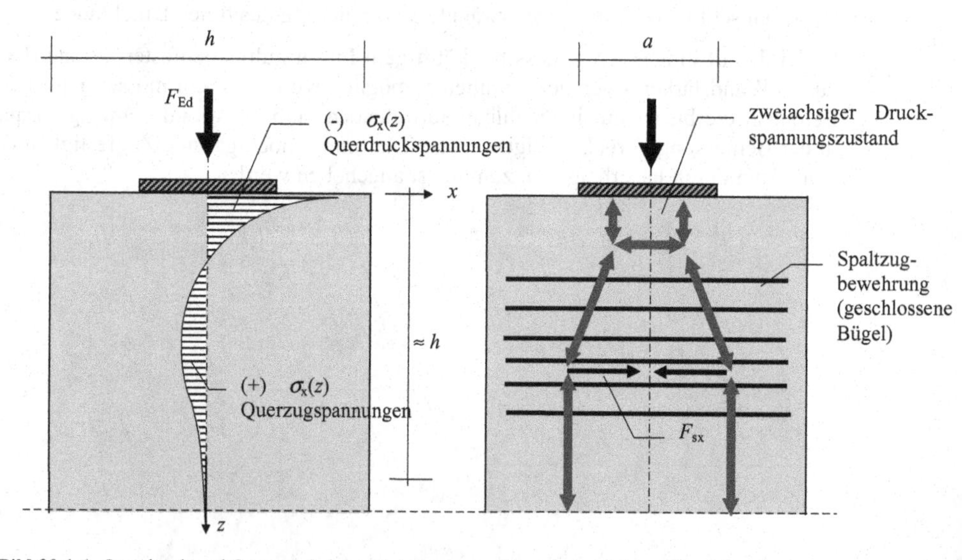

Bild 20.1-1 Querdruck und Querzug bei der Einleitung von Einzellasten (ebene Darstellung)

Die Stellen des Nulldurchganges und des Maximums von $\sigma_x(z)$ hängen vom Verhältnis a/h ab (siehe Abschnitt 20.3).

Hinweis: Leider weicht die Bezeichnung der Ankerplattenbreite mit b bzw. d im zugehörenden Kapitel von EC2 von der in anderen Kapiteln des EC2 verwendeten Bezeichnung a ab.

Teilflächenpressung tritt fast immer bei der Einleitung von Einzellasten in Betonbauteile auf, insbesondere unter Lagern, unter Ankerplatten von Stahlstützen und im Knotenbereich von Ersatzstabwerken (s. Abschnitt 19.4). Im Prinzip liegt die gleiche Problemstellung auch unter Spannankern von Spanngliedern vor. Diese Stellen werden jedoch im Rahmen von allgemeinen bauaufsichtlichen Zulassungen (abZ) auf der Basis von Versuchsergebnissen geregelt.

20.2 Lokale Teilflächenpressung

Die Querpressung behindert die Querdehnung des in z-Richtung gedrückten Betons unmittelbar unter der Last. Dadurch wird die Tragfähigkeit des Betons in Lastrichtung erhöht. Im dreidimensionalen Fall erfährt der Beton unter der Lastplatte eine zweiachsige Querpressung. Dadurch wird seine Tragfähigkeit extrem gesteigert. Es können deshalb unter lokalen Lasteinleitungen stark erhöhte Pressungen zugelassen werden. Um aber nicht schon unter Gebrauchslasten in den Bereich irreversibler lokaler Strukturschäden (Verformungen und Rissbildungen) zu kommen, wird die zulässige Erhöhung begrenzt. Die aufnehmbare Last im Grenzzustand der Tragfähigkeit ergibt sich (Bild 20.2-1) zu:

(20.2-1) $$F_{\mathrm{Rd}} = A_{\mathrm{c0}} f_{\mathrm{cd}} \sqrt{A_{\mathrm{c1}}/A_{\mathrm{c0}}} \leq A_{\mathrm{c0}} f_{\mathrm{cd}} \cdot 3{,}0$$ (für Leichtbeton Sonderregel)

mit A_{c0} lokale Belastungsfläche

A_{c1} Fläche im Bauteilinneren. Sie ergibt sich bei Ausbreitung der Last unter einem Winkel von ≥ 63° symmetrisch zur Lastachse. Die Flächenschwerpunkte müssen übereinanderliegen.

Der Faktor 3 ergibt sich z. B. bei quadratischer Lastfläche A_{c0} und voller zulässiger Ausbreitung der Druckspannungen bis $b_1 = 3\ b_0$ bzw. bis $h = 2\ b_0$.

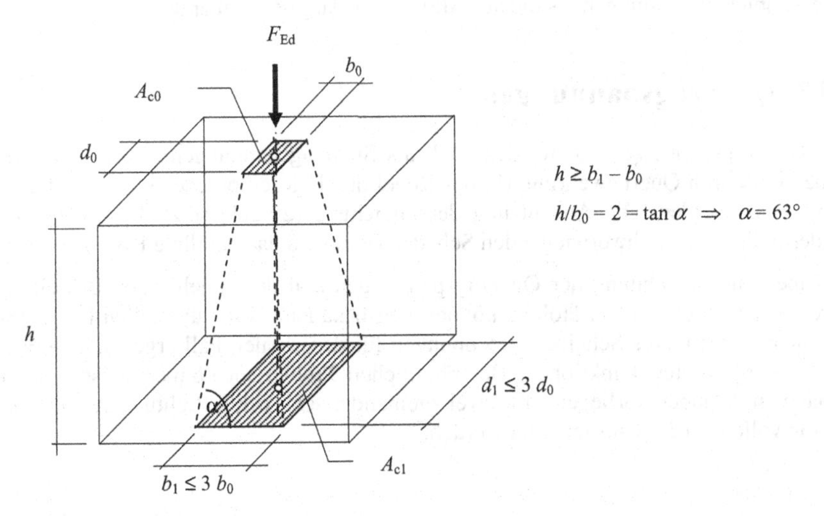

Bild 20.2-1 Festlegung der Flächen zur Teilflächenpressung

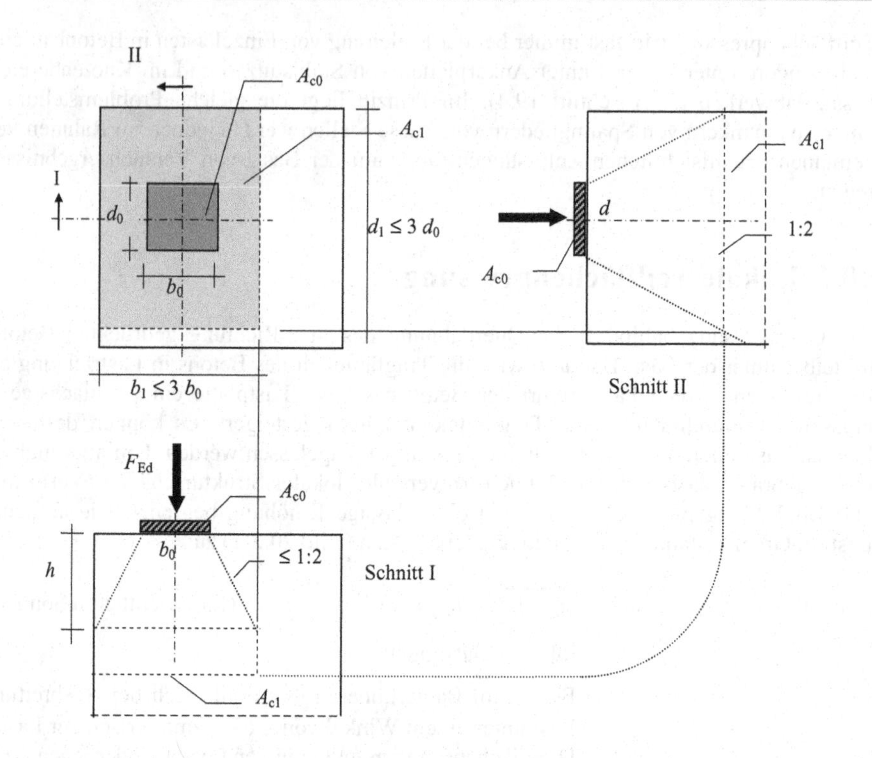

Bild 20.2-2 Festlegung der Flächen zur Teilflächenpressung – Randpositionen

Es sei darauf hingewiesen, dass sich wegen der exzentrischen Lage der Lasteinleitung andere Zugspannungsverteilungen als die auf Bild 20.1-1 dargestellten ergeben.

20.3 Querzugspannungen

Die Querzugspannungen σ_x werden auch als Spaltzugspannungen bezeichnet. Sie müssen unbedingt durch Querbewehrung (in der Regel durch geschlossene Bügel, Bild 20.1-1) aufgenommen werden. Die Ausnutzung der Gleichung (20.2-1) setzt dies zwingend voraus. Andernfalls ist mit schwerwiegenden Schäden (vertikale, lastparallele Risse) zu rechnen.

Angaben zur Berechnung der Querzugspannungen und der zugehörigen Bewehrung sowie deren Verteilung über die Höhe z können den bekannten Literaturstellen (z. B. [8-1]) entnommen werden. Aus Scheibenberechnungen für den ebenen Fall ergeben sich die auf Bild 20.3-1 dargestellten Funktionen. Bei räumlichen Problemen können diese - sofern keine genaueren Angaben vorliegen - für zwei zueinander senkrechte Richtungen getrennt (jeweils für die volle Last F_{Ed}) ausgewertet werden.

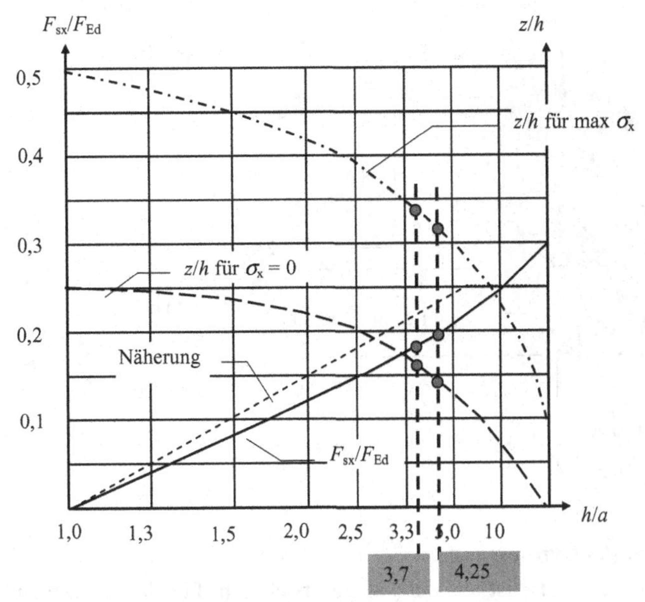

Bild 20.3-1 Kennwerte der Spaltzugspannungsverteilung (nach [8-1]); grau: Ablesungen zum Beispiel

Aus Ersatzstabwerken entsprechend Bild 20.1-1 kann die dünn gestrichelte Linie als einfache Näherung für den Verlauf von F_{sx}/F_{Ed} abgeleitet werden. Sie ist im baupraktisch interessanten Bereich konservativ und entspricht der folgenden Funktion:

(20.3-1) $$F_{sx} = 0{,}3\ F_{Ed}\ (1 - a/h) \leq 0{,}25\ F_{Ed}$$

Die Zugkraft F_{sx} muss durch Bewehrung abgedeckt werden. Diese ist im Bereich zwischen der Nullstelle der Querzugspannung und etwa $z = h$ zu verteilen und im Bereich des Zugspannungsmaximums zu konzentrieren. Wird in Sonderfällen auf die Spaltzugbewehrung verzichtet, muss in Gl. (20.2-1) der Faktor 3,0 auf 0,6 reduziert werden.

(20.3-2) $$\text{erf}\ A_{sx} = F_{sx}/f_{yd}$$

Die Spaltzugbewehrung muss in der Regel aus horizontalen Bügeln oder Schlaufen bestehen. Diese sind durch Übergreifungsstoß oder durch Schweißverbindungen (s. Kapitel 8.4.9) zu schließen.

20.4 Berechnungsbeispiel

1 System, Abmessungen und Lasten

Pfeilerkopf mit Stahlplatte und Auflast. Abmessungen siehe folgende Skizze.

– *Baustofffestigkeiten:*

Beton C30/37 $f_{cd} = 0{,}85 \cdot 30/1{,}5 = 17$ N/mm² Betonstahl B500 $f_{yd} = 435$ N/mm²

– *Belastung:*

Zentrische Last auf Stahlplatte: $F_{Ed} = 2{,}8$ MN

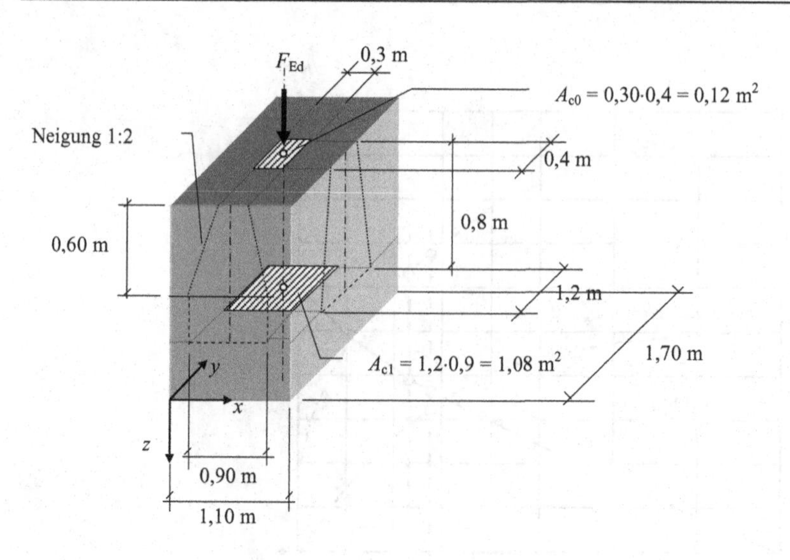

2 Nachweis der Teilflächenpressung

Die Ermittlung der Fläche A_{c1} ist aus der Skizze ersichtlich. Für das maßgebende Flächenverhältnis erhält man:

$$\sqrt{A_{c1}/A_{c0}} = \sqrt{1{,}08/0{,}12} = 3{,}0 \quad \checkmark$$

Damit erhält man:

$$\boxed{F_{Rd} = 0{,}12 \cdot 17 \cdot 3{,}0 = 6{,}12 \text{ MN} \gg F_{Ed} = 2{,}8 \text{ MN} \quad \checkmark}$$

3 Bemessung der Spaltzugbewehrung

Der Nachweis wird in beiden Koordinatenrichtungen getrennt jeweils für volle Auflast geführt:

– ***x*-Richtung:**

$h/a = 1{,}1/0{,}3 = 3{,}7$

Mit den Ablesungen aus Bild 20.3-1 erhält man:

$F_{sx} \approx 0{,}18\, F_{Ed}$ $\quad z(\sigma_x = 0)/h \approx 0{,}17$ $\quad z(\sigma_{x,max})/h \approx 0{,}34$ m

$z(\sigma_x = 0) \approx 0{,}17 \cdot 1{,}1 = 0{,}19$ m $\quad z(\sigma_{x,max}) \approx 0{,}34 \cdot 1{,}1 = 0{,}37$ m

$F_{sx} = 0{,}18 \cdot 2{,}8 = 0{,}50$ MN $\quad A_{sx,erf} = 0{,}50 \cdot 10^4/435 = 11{,}5 \text{ cm}^2$

– ***y*-Richtung:**

$h/a = 1{,}7/0{,}4 = 4{,}25$

Mit den Ablesungen aus Bild 20.2-3 erhält man:

$F_{sy} \approx 0{,}2\, F_{Ed}$ $\quad z(\sigma_y = 0)/h \approx 0{,}14$ $\quad z(\sigma_{y,max})/h \approx 0{,}32$

$z(\sigma_y = 0) \approx 0{,}14 \cdot 1{,}7 = 0{,}24$ m $\quad z(\sigma_{y,max}) \approx 0{,}32 \cdot 1{,}7 = 0{,}54$ m

$F_{sy} = 0{,}2 \cdot 2{,}8 = 0{,}56$ MN $\quad A_{sy,erf} = 0{,}56 \cdot 10^4/435 = 12{,}9 \text{ cm}^2$

4 Wahl der Bewehrung

Die Bewehrung wird in Form von Bügeln angeordnet. Die Bügel müssen mit Übergreifungsstoß l_0 geschlossen werden. Als Verteilungshöhe wird etwa der doppelte Wert des Abstandes zwischen Spannungsnullhöhe und Höhe der maximalen Spaltzugspannung angesetzt.

Gewählt: 10 Bügel ϕ 10 kreuzweise in fünf Lagen

Wegen der großen Breite des Pfeilers werden außer Umfassungsbügeln auch im Inneren Bügel angeordnet. Der horizontale Stababstand liegt mit ≈ 30 cm an der oberen Grenze.

Die in der jeweiligen Verteilungshöhe liegende wirksame Bewehrung ist ausreichend:

x-Richtung: $\text{eff}\, A_{s,x} = 4{,}7 \cdot 4 = 18{,}8\ \text{cm}^2 > 11{,}5\ \text{cm}^2$ ✓

y-Richtung: $\text{eff}\, A_{s,y} = 3{,}1 \cdot (\approx 4{,}5) = 14{,}0\ \text{cm}^2 > 12{,}9\ \text{cm}^2$ ✓

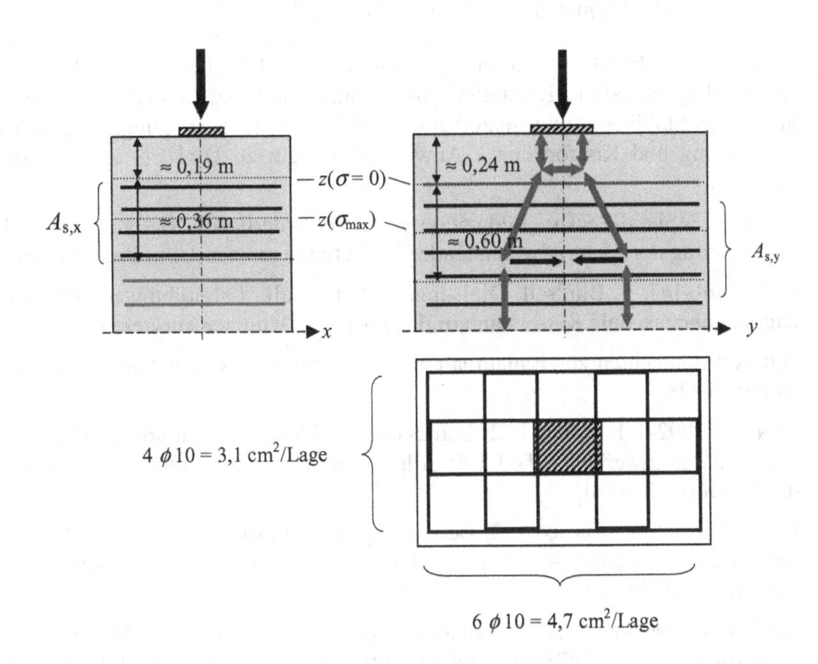

Literaturverzeichnis

[1-1] Pieper, Sicherung historischer Bauten. Ernst & Sohn, Berlin 1983

[1-2] DAfStb-Heft 600. Beuth Verlag, Berlin 2012

[1-3] Bartenbach, Maué: Theoretische und experimentelle Untersuchungen zum Tragverhalten von Stahlbetonträgern. Diplomarbeit, Fachhochschule Rheinland-Pfalz, Abt. Kaiserslautern, 1989

[1-4] DIN EN 1990 (EC 0) Grundlagen der Tragwerksplanung; 2010-12 (noch nicht bauaufsichtlich eingeführt)

[1-5] Leitfaden Nachhaltiges Bauen. Bundesministerium für Verkehr, Bau und Stadtentwicklung. Berlin 2011

[1-6] VDI-Richtlinie 6200: Standsicherheit von Bauwerken – Regelmäßige Überprüfung. VDI Gesellschaft Bauen und Gebäudetechnik, 2010-02

[1-7] DIN Fachbericht 100: Zusammenstellung von DIN EN 206-1 Beton, Teil 1: Festlegung, Eigenschaften, Herstellung und Konformität und DIN 1045-2 Tragwerke aus Beton Stahlbeton und Spannbeton, Teil 2: Beton - Festlegung, Eigenschaften, Herstellung und Konformität - Anwendungsregeln zu DIN EN 206-1, Ausgabe 2001

[1-8] Gehlen, Schiessl-Pecka: Reduzierung der erforderlichen Betondeckung durch Optimierung der Materialwiderstände. 51. BetonTage, Neu-Ulm, Proceedings 2007

[1-9] Prof. Dipl.-Ing. P. Bindseil, Dipl.-Ing. (FH) B. Volk: Laborübungen zum Massivbau. Fachhochschule Kaiserslautern, Fachbereich Bauingenieurwesen

[1-10] Bindseil: Gutachten zur Bauaufnahme eines Altbaus aus dem Jahr 1912, Kaiserslautern, 1998

[1-11] DIN EN 1992-1-1 Eurocode 2: Bemessung und Konstruktion von Stahlbeton- und Spannbetontragwerken – Teil 1-1: Allgemeine Bemessungsregeln und Regeln für den Hochbau, 2011-01

[1-12] DIN EN 1992-1-2 Eurocode 2: Bemessung und Konstruktion von Stahlbeton- und Spannbetontragwerken – Teil 1-2: Allgemeine Regeln – Tragwerksbemessung für den Brandfall, 2010-10

[1-13] DIN EN 1992-1-1/NA Nationaler Anhang Eurocode 2: Bemessung und Konstruktion von Stahlbeton- und Spannbetontragwerken – Teil 1-1: Allgemeine Bemessungsregeln und Regeln für den Hochbau, 2013-04

[1-14] Fingerloos, Hegger, Zilch: Eurocode 2 für Deutschland, kommentierte Fassung. Beuth, Ernst&Sohn, 2012, und Berichtigungen 2013-01

[1-15] DIN 488-1 bis -6 Betonstahl, 2009-08 bis 2010-01

[1-16] DAfStb-Heft 600, Erläuterungen zu DIN EN 1992-1-1 und DIN EN 1992-1-1/NA. Beuth Verlag, Berlin 2012

[1-17] Bachmann, Hugo: Abschiedsvorlesung von Hugo Bachmann, ETH Zürich. In K. Meskouris, Bauingenieur, Band 78, Februar 2003

[1-18] DBV-Merkblatt „Betondeckung und Bewehrung - Sicherung der Betondeckung beim Entwerfen, Herstellen und Einbauen der Bewehrung sowie des Betons nach Eurocode 2". Fassung Januar 2011

[2-1] DIN 1055 Einwirkungen auf Tragwerke - Teile 1 bis 10; 1976, 2002-2006

[2-2] DIN 1055 Einwirkungen auf Tragwerke - Teil 100: Grundlagen der Tragwerksplanung; 2001-03

[2-3] DGNB Handbuch für Neubau, Büro- und Verwaltungsgebäude, Deutsche Gesellschaft für nachhaltiges Bauen, 2012

[2-4] DBV-Merkblatt „Bauen im Bestand – Leitfaden". Fassung Januar 2008

[2-5] DBV-Merkblatt „Bauen im Bestand – Beton und Betonstahl". Fassung Januar 2008

[2-6] DBV-Merkblatt „Bauen im Bestand – Brandschutz". Fassung Januar 2008

[2-7] Schnell, Bindseil, Loch: Tragwerksplanung für das Bauen im Bestand. Stahlbetonbau aktuell 2011. Bauwerk Verlag Berlin

[2-8] Schnell, Fischer: Modifizierte Teilsicherheitsbeiwerte zum Nachweis von Stahlbetonbauteilen im Bestand. Bauingenieur Band 85, Ausgabe Juli/August. Springer VDI Verlag, 2010

[2-9] DIN EN 13791 Bewertung der Druckfestigkeit von Beton in Bauwerken oder in Bauwerksteilen; 2008-05

[2-10] Angnes, Uwe: Bauwerksprüfungen im Hochbau nach dem aktuellen Stand der Technik unter besonderer Berücksichtigung der VDI-Richtlinie 6200, Februar 2011, Masterarbeit im Studiengang Bauschäden, Baumängel und Instandsetzungsplanung (Bauen im Bestand) der *TAS* Technische Akademie Südwest an der FH Kaiserslautern

[3-1] Grasser, Thielen: Hilfsmittel zur Berechnung der Schnittgrößen. DAfStb, Heft 240, 1. Auflage 1972

[3-2] Grasser, Thielen: Hilfsmittel zur Berechnung der Schnittgrößen. DAfStb, Heft 240, 3. Auflage 1991

[4-1] DAfStb-Heft 220; Beuth Verlag, Berlin 1979

[4-2] Bindseil, Uebel: Bemessungstafeln nach EC2, eigene Berechnungen, 2012

[4-3] Vismann, U. (Hrsg.): Wendehorst Bautechnische Zahlentafeln. Vieweg+Teubner, 34. Auflage, 2012

[4-4] Schmitz, U., A. Goris: Bemessungstafeln nach Eurocode 2. 2. Auflage, Werner Verlag, 2012

[4-5] Holschemacher, K. (Hrsg.): Entwurfs- und Berechnungstafeln für Bauingenieure, 5. Auflage. Beuth Verlag, Berlin, 2012.

[4-6] Zilch, Jähring, A. Müller: Zur Berücksichtigung der Nettobetonquerschnittsfläche bei der Bemessung von Stahlbetonquerschnitten mit Druckbewehrung. DAfStb, Heft 525, 2003

[5-1] Zerayohannes: Bemessungsdiagramme für schiefe Biegung mit Längskraft nach DIN 1045-1. Technische Universität Kaiserslautern, 2005

[6-1] Schlaich, Schäfer: Konstruieren im Stahlbetonbau. BK T2, 2001

[6-2] Mörsch: Der Eisenbetonbau, seine Theorie und Anwendung. K. Wittwer, 1902

[6-3]

[6-4] Reineck: Hintergründe zur Querkraftbemessung in DIN 1045-1. Bauingenieur, Band 76, April 2001

[6-5] Bindseil: Stahlbetonfertigteile - Konstruktion, Berechnung und Ausführung. Werner Verlag, 4. Auflage 2012

[6-6] Hegger, Kerkeni, Doser: Gutachten zur Querkraftbemessung von Verbundfugen unter Berücksichtigung von Umlagerungsschnittgrößen. Forschungsbericht T 3105, IRB Verlag 2005

[6-7] Pauser: Eisenbeton 1850 – 1950. Manz Verlag, Wien 1994

[6-8] Schnell, Thiele: Querkrafttragfähigkeit von Stahlbetondecken mit integrierten Leitungsführungen, Bauingenieur 82 (2007), Heft 4

[8-1] Leonhardt: Vorlesungen über Massivbau. Springer Verlag, 1972

[8-2] Bindseil, Schmitt: Betonstahl vom Beginn des Stahlbetonbaus bis zur Gegenwart. CD-ROM. Verlag Bauwesen, 2002

[8-3] DBV-Merkblatt „Rückbiegen von Betonstahl und Anforderungen an Verwahrkästen nach Eurocode 2“. Fassung Januar 2011

[9-1] Erläuterungen zu DIN 1045-1. DAfStb Heft 525, 2. Auflage 2010

[10-1] Akkermann, Golonka: Weltstadthaus Peek & Cloppenburg Wien. Beton- und Stahlbetonbau, Heft 4, April 2012, Verlag Ernst&Sohn

[10-2] Zilch, Donaubauer, Schneider: Zur Berechnung und Begrenzung der Verformungen im Grenzzustand der Gebrauchstauglichkeit. In DAfStb Heft 525, 2003

[10-3] Brameshuber, Beer, Kang: Vermeiden von Rissschäden bei nicht tragenden Trennwänden und wenig belasteten tragenden Wänden. RWTH Aachen, Institut für Bauforschung, 2006 – Forschungsbericht F 777

[10-4] Krüger, Mertzsch: Beitrag zur Verformungsberechnung von überwiegend auf Biegung beanspruchten bewehrten Betonquerschnitten. Beton- und Stahlbetonbau 97 (2002), Heft 11

[10-5] DAfStb – Richtlinie Wasserundurchlässige Bauwerke aus Beton (WU-Richtlinie), 2003-11 + Berichtigung 2006-3

[10-6] Bindseil: Weiße Wannen – Bemessung und Konstruktion nach DIN 1045-1. Beton Marketing Süd, Beton Seminar an der Technischen Universität Kaiserslautern, 2006

[10-7] Lohmeyer, Ebeling: Weiße Wannen – einfach und sicher. Verlag Bau+Technik, 9. Auflage, 2013

[10-8] W. Ramm: Versuchsreihe zur Rissbildung in Platten unter zentrischem Zug. Technische Universität Kaiserslautern, Praxisseminar 1989

[10-9] Meier: Der späte Zwang als unterschätzter – aber maßgebender – Lastfall für die Bemessung. Beton- und Stahlbetonbau, Heft 4, April 2012

[11-1] *nicht belegt*

[11-2] Bindseil, Rings: Gutachten zur Schadensuntersuchung und Instandsetzungsplanung einer Brücke. Kaiserslautern, 2001

[11-3] Mörsch: Die Bemessung im Eisenbetonbau. 5. Auflage, Konrad Wittwer, 1950

[11-4] Institut für Betonstahlbewehrung: Lagermattenprogramm. Düsseldorf 1.1.2008, www.isb-ev.de

[11-5] Edel: Programm zur Bemessung eines Durchlaufträgers mit 5 Feldern nach EC 2. Diplomarbeit, Fachhochschule Rheinland-Pfalz, Abt. Kaiserslautern, 1994

[11-6] Schneider u. a.: Bautabellen für Ingenieure. 19. Auflage. Werner Verlag

[11-7] DBV-Merkblatt „Unterstützungen nach Eurocode 2“. Fassung Januar 2011

[11-8] Ole Mejlhede Jensen, Danmarks Tekniske Universitet: Vortrag am ZHB Zentrum für Hochleistungsbaustoffe der TU und der FH Kaiserslautern, 2006

[11-9] Bindseil: Gutachten zur Schadensuntersuchung eines Schwimmbeckens. Kaiserslautern, 2001

[11-10] DBV, Beispiele zur Bemessung nach Eurocode 2, Band1 Hochbau. Ernst&Sohn, 2011

[11-11] Schnell: Modifizierte Teilsicherheitsbeiwerte zum Nachweis von Stahlbetonbauteilen im Bestand; in Neue Normen und Werkstoffe im Betonbau, Holschemacher (Hrsg.), Bauwerkverlag 2011

[11-12] DAfStb: Richtlinie Schutz und Instandsetzung von Betonbauteilen, 2001

[13-1] Petersen: Statik und Stabilität der Baukonstruktionen. Vieweg 1980

[13-2] Kordina, Quast: Bemessung von schlanken Bauteilen für den durch Tragwerksverformungen beeinflussten Grenzzustand der Tragfähigkeit. BK T1, 2002

[13-3] Stiglat: Näherungsberechnung der Kipplast von Stahlbeton- und Spannbetonträgern über Vergleichsschlankheiten. Beton und Stahlbeton, Heft 10, 1991

[13-4] Backes: Beitrag zur geometrisch und physikalisch nichtlinearen Berechnung von Stabtragwerken unter Berücksichtigung räumlicher Stabilitätsprobleme des Massivbaus. Dissertation, Universität Kaiserslautern, 1994

[13-5] König, Pauli: Nachweis der Kippstabilität schlanker Fertigteilträger aus Stahlbeton und Spannbeton. Beton und Stahlbeton, Heft 5 und 6, 1992

[14-1] DIN 4018; Berechnung der Sohldruckverteilung unter Flächengründungen, 1974 und Beiblatt mit Berechnungsbeispielen, 1981

[14-2] Hahn: Durchlaufträger, Rahmen, Platten, Balken auf elastischer Bettung. Werner Verlag

[14-3] Kany: Flächengründungen. Wilhelm Ernst und Sohn

[14-4] Hamm: Elastisch gebetteter Gründungsbalken mit Stockwerksrahmen, Programm ELRAS. Diplomarbeit, Fachhochschule Rheinland-Pfalz, Abt. Kaiserslautern, 1990

[14-5] Buchberger: Berechnung von Rechteckfundamenten unter biaxialer Biegung mit klaffender Fuge. Diplomarbeit, Fachhochschule Rheinland-Pfalz, Abt. Kaiserslautern, 1989

[14-6] Empfehlungen des Arbeitsausschusses "Ufereinfassungen" HTG e.V. (Hrsg.). Fassung 2009

[14-7] Grünberg, Vogt: Teilsicherheitskonzept für Gründungen im Hochbau. BetonKalender 2009 Teil1, Verlag Ernst&Sohn

[14-8] Ricker: Zur Zuverlässigkeit der Bemessung gegen Durchstanzen bei Einzelfundamenten. Dissertation. IMB RWTH Aachen, Heft 28, 2009.

[15-1] Kordina: Bewehrungsführung in Ecken und Rahmenendknoten. DAfStb, Heft 354

[15-2] Kordina, Schaaff, Westphal: Empfehlungen für die Bewehrungsführung in Rahmenecken und - knoten. DAfStb, Heft 373

[15-3] Kordina, Teutsch, Wegener: Trag- und Verformungsverhalten von Rahmenknoten. DAfStb, Heft 486

[15-4] Hegger, Roeser: Die Bemessung und Konstruktion von Rahmenknoten, Grundlagen und Beispiele gemäß DIN 10435-1. DAfStb Heft 532, 2002

[15-5] Bertram, Bunke: Erläuterungen zu DIN 1045. DAfStb Heft 400, 1989

[15-6] Fingerloos, Stenzel: Konstruktion und Bemessung von Details. BK T2, 2007

[16-1] Hegger, Roeser: Zur Ausbildung von Knoten. DAfStb Heft 525, 2003

[16-2] Paschen, Malonn: Vorschläge zur Bemessung rechteckiger Konsolen unter exzentrischer Belastung aufgrund neuer Versuche. DAfStb Heft 354, 1984.

[16-3] Eligehausen: in Erläuterungen zu DIN 1045. DAfStb Heft 400, 1989

[16-4] Kordina und andere: Bemessungshilfsmittel zu Eurocode 2 T1. DAfStb Heft 425, 2. Aufl. 1992

[18-1] Flügge: Festigkeitslehre und Elastizitätstheorie. In F. Schleicher: Taschenbuch für Bauingenieure, 2. Auflage 1955, Springer Verlag

[18-2] Czerny: Plattentafeln. BK T1, 1982, 1983, 1987, 1999

[18-3] Stiglat, Wippel: Platten. Wilhelm Ernst und Sohn, 2. Auflage 1973

[18-4] Markus: Theorie der rotationssymmetrischen Flächentragwerke. Werner Verlag

[18-5] Bergmeister, Kaufmann: Tragverhalten und Modellierung von Platten. BetonKalender 2, 2007

[18-6] Sawzuk, Jaeger: Grenztragfähigkeitstheorie der Platten. Springer Verlag, 1963

[18-7] Baumann: Tragwirkung orthogonaler Bewehrungsnetze beliebiger Richtung in Flächentragwerken aus Stahlbeton. DAfStb Heft 217

[18-8] Bindseil: Im Rahmen einer statischen Berechnung. Unveröffentlicht, Krupp Universalbau, Essen, 1976

[18-9] Osteroth: Zur Faltwerkwirkung der Stahlbetontreppen. DAfStb Heft 398, 1989

[18-10] Pieper, Martens: Durchlaufende vierseitig gestützte Platten im Hochbau. Beton und Stahlbetonbau 6, 1965

[18-11] Eisenbiegler, Drexler: Momente in Platten mit unterbrochener Stützung. Beton und Stahlbetonbau 10, 1984

[18-12] Stiglat, Wippel: MassivePlatten. Betonkalender T2, 2000

[18-13] Stempniewski, Eibl: Finite Elemente im Stahlbetonbau. BK T1, 1996

[18-14] Werkle: Finite Elemente in der Baustatik - Statik und Dynamik der Stab- und Flächentragwerke. 3. Aufl., Vieweg 2007

[18-15] Fa. mb AEC Software GmbH, Kaiserslautern: Programmsystem microfe

[18-16] Kemmler, Ramm: Modellierung mit der Methode der Finiten Elemente. Betonkalender BK2, 2001, Ernst & Sohn

[19-1] Schleeh: Zahlentafeln für Scheiben. Betonkalender T1, 1978

[19-2] DAfStb: Kolloquium Bemessen und Konstruieren mit Stabwerksmodellen. Universität Stuttgart, 1987

[19-3] Bindseil, P.: Beitrag zum Verhalten von Beton untere mehraxialen Spannungszuständen. First International Conference on Structural Mechanics in Reactor Technology (SMIRT), Paper H l/6, Berlin, Sept.1971

Wichtige Anschriften

Informationssystem Argebau der Bauministerkonferenz; http://www.is-argebau.de/

Deutsches Institut für Bautechnik DIBt; http://www.dibt.de/

Deutscher Beton- und Bautechnik-Verein e.V DBV.; http://www.betonverein.de

Deutscher Ausschuss für Stahlbeton DAfStb, Vertrieb Beuth Verlag GmbH, Berlin und Köln; www.dafstb.de

Institut für Stahlbetonbewehrung e. V., Düsseldorf ISB, www.isb-ev.de

Sachwortverzeichnis

Printed in the United States
By Bookmasters